I0043803

PRODROME DE MALACOLOGIE FRANÇAISE

CATALOGUE GÉNÉRAL

DES

MOLLUSQUES

VIVANTS

DE FRANCE

— MOLLUSQUES MARINS —

PAR

ARNOULD LOCARD

LYON
LIBRAIRIE HENRI GEORG
65, RUE DE LA RÉPUBLIQUE

PARIS
LIBRAIRIE J.-B. BAILLIÈRE & FILS
RUE HAUTEFEUILLE, 19

GENÈVE ET BALE, HENRI GEORG

1886

PRODROME DE MALACOLOGIE FRANÇAISE

CATALOGUE GÉNÉRAL

DES

MOLLUSQUES

VIVANTS

DE FRANCE

— MOLLUSQUES MARINS —

OUVRAGES DE MALACOLOGIE ET DE PALÉONTOLOGIE DU MÊME AUTEUR

Note sur la présence de deux Bone-Bed dans le Mont-d'Or lyonnais. Paris, 1865, 1 br. in-8.

Monographie géologique du Mont-d'Or lyonnais et de ses dépendances. Lyon, 1866, 1 vol. gr. in-8, avec carte géologique, coupes et planches (en collaboration avec M. A. Falsan).

Note sur les brèches osseuses des environs de Bastia (Corse). Lyon, 1873, 1 br. gr. in-4 avec une pl.

Muséum d'histoire naturelle de Lyon, guide aux collections de zoologie, géologie et minéralogie. Lyon, 1875, 1 vol. in-8 jésus.

Malacologie lyonnaise, ou description des mollusques terrestres et aquatiques des environs de Lyon, 1877, 1 vol. gr. in-8.

Description de la faune des terrains tertiaires moyens de la Corse. Lyon, 1877, 1 vol. gr. in-8, avec 17 pl. (description des échinides par G. Cotteau).

Note sur les migrations malacologiques aux environs de Lyon. Lyon, 1878, 1 br. gr. in-8

Note sur les formations tertiaires et quaternaires des environs de Miribel (Ain). Lyon, 1878, 1 br. gr. in-8 (en collaboration avec M. A. Falsan).

Description de la faune de la mollasse marine et d'eau douce du Lyonnais et du Dauphiné. Lyon, 1878, 1 vol. gr. in-8 avec pl.

Description de la faune malacologique des terrains quaternaires des environs de Lyon. Lyon, 1879, 1 vol. gr. in-8 avec pl.

Observations paléontologiques sur les couches à Ostrea Falsani dans les environs de Hauterives (Drôme). Paris, 1879, 1 br. in-8 avec 1 pl.

Nouvelles recherches sur les argiles lacustres des terrains quaternaires des environs de Lyon. Lyon, 1880, 1 br. gr. in-8.

Études sur les variations malacologiques d'après la faune vivante et fossile de la partie centrale du bassin du Rhône. Lyon, 1880-1881, 2 vol. gr. in-8 avec pl.

Catalogue des mollusques vivants terrestres et aquatiques du département de l'Ain. Lyon, 1881, 1 vol. gr. in-8.

Notice sur la constitution géologique du sous-sol de la ville de Lyon, considéré au point de vue du régime hydrographique. Lyon, 1881, 1 br. gr. in-8.

Monographie des genres Bulimus et Chondrus. Lyon, 1881, 1 br. gr. in-8, avec une pl.

Catalogue des mollusques terrestres et aquatiques des environs de Lagny (Seine-et-Marne). Lyon, 1881, 1 br. gr. in-8.

Description de la faune malacologique des dépôts préhistoriques de la vallée de la Saône. Mâcon, 1882, 1 br. in-8.

Prodrome de malacologie française, catalogue général des mollusques vivants de France, mollusques terrestres, des eaux douces et des eaux saumâtres. Lyon, 1882, 1 fort vol. gr. in-8.

Monographie du genre Lartetia. Lyon, 1882, 1 br. gr. in-8 avec une pl.

Sur la présence d'un certain nombre d'espèces méridionales dans la faune malacologique des environs de Lyon. Lyon, 1882, 1 br. gr. in-8.

Note sur les Hélices françaises du groupe de l'Helix nemoralis. Lyon, 1882, 1 br. gr. in-8.

Malacologie des lacs de Tibériade, d'Antioche et d'Homs. Lyon, 1883, 1 vol. gr. in-4, 5 pl.

Description d'une espèce nouvelle de mollusques appartenant au genre Paulia. Lyon, 1883, 1 br. 1 gr. in-8.

Monographie des Hélices du groupe de l'Helix Heripensis (Mabille). Lyon, 1883, br. gr. in-8.

Recherches paléontologiques sur les dépôts tertiaires à Milne-Edwardsia et Vivipara du pliocène inférieur du département de l'Ain. Mâcon, 1883, 1 vol. in-8 avec 4 pl.

De la valeur des caractères spécifiques en malacologie. Lyon, 1883, 1 br. gr. in-8.

Sur quelques cas d'albinisme et de mélanisme chez les mollusques terrestres et d'eau douce de la faune française. Lyon, 1883, 1 br. gr. in-8.

Histoire des mollusques dans l'antiquité. Lyon, 1884, 1 vol. gr. in-8 avec pl.

Monographie des Hélices du groupe de l'Helix Bollenensis (Locard). Lyon, 1884, 1 br. gr. in-8 avec pl.

Note sur un Céphalopode nouveau de la famille des Loliginidæ. Paris, 1884, 1 br. gr. in-8 avec fig.

Description de quelques Anodontes nouveaux pour la faune française. Lyon, 1885, un gr. in-8.

Monographie des Hélices françaises du groupe de l'Helix unifasciata (Poiret). Lyon, 1885, 1 br. gr. in-8.

Description de deux Nayades nouvelles pour la faune française. Rouen, 1885, 1 br. in-8.

Description d'une espèce nouvelle de mollusque gastéropode, Bythinella Lancelevei. Rouen, 1885, 1 br. in-8.

Note sur une faunule malacologique gallo-romaine trouvée en 1885, dans la nécropole de Trion. Lyon, 1885, 1 br. gr. in-8.

LYON — IMPRIMERIE PITRAT AINÉ, RUE GENTIL, 4

PRODROME DE MALACOLOGIE FRANÇAISE

CATALOGUE GÉNÉRAL

DES

MOLLUSQUES

VIVANTS

DE FRANCE

— MOLLUSQUES MARINS —

PAR

ARNOULD LOCARD

LYON

LIBRAIRIE HENRI GEORG

65, RUE DE LA RÉPUBLIQUE

PARIS

LIBRAIRIE J.-B. BAILLIÈRE & FILS

RUE HAUTEFEUILLE, 19

GENÈVE ET BALE, HENRI GEORG

1886

INTRODUCTION

Depuis les travaux déjà bien anciens de Petit de la Saussaye, il n'a été publié aucun catalogue complet des Mollusques marins qui vivent sur les côtes du continent français. Le bienveillant accueil fait à notre *Catalogue général des Mollusques vivants de France, mollusques terrestres, des eaux douces et des eaux saumâtres*, publié en 1882, nous a encouragé à entreprendre une étude similaire, conçue sur le même plan et dans le même esprit, mais s'appliquant alors exclusivement à la faune marine.

L'étude de la conchyliologie dans ces derniers temps a fait bien des progrès, et grâce aux nombreuses monographies locales publiées depuis une vingtaine d'années seulement, les éléments de notre faune sont aujourd'hui bien mieux connus. Il importait donc de présenter un travail d'ensemble résumant toutes les données que nous possédons actuellement, pour permettre de se rendre un compte aussi exact que possible des richesses malacologiques des différentes mers qui baignent les côtes de la France. Tel est le but que nous nous sommes proposé.

Mais pour y arriver que de difficultés n'avons-nous pas eu à surmonter, et c'est là notre excuse pour toutes les imperfections que peut présenter ce travail. Au point de vue des formes elles-mêmes, nous nous sommes efforcé de réunir le plus de matériaux possible, provenant des stations les plus diverses, pour les étudier et les comparer entre eux. Nous avons été très heureusement secondé par de nombreux amis et correspondants, qui ont généreusement collaboré à cette partie de notre tâche. Qu'ils reçoivent ici tous nos remerciements pour leur bienveillant et précieux concours. Au point de vue bibliographique, nous avons dû revoir et compulser tout ce qui avait été écrit par nos devanciers sur un pareil sujet, pour y puiser les éléments utiles à notre œuvre. Cette dernière partie présentait de sérieux obstacles, car il n'existait aucune bibliographie assez complète pour être utilement consultée. En outre, nombre de ces mémoires sont dispersés dans des publications locales trop peu connues, tandis que d'autres, tirées à petit nombre d'exemplaires, sont épuisées et partant fort difficiles à se procurer.

Mais en comparant les échantillons qui nous étaient envoyés de toutes provenances, en lisant les mémoires écrits sur des faunes bien distinctes, nous nous sommes aperçu que bien souvent la même forme était inscrite sous des noms différents, soit comme genre, soit comme espèce ; parfois, au contraire, nous avons reçu avec la même appellation des coquilles absolument distinctes au point de vue spécifique. Pour sortir d'un pareil dédale, nous avons dû étudier successivement et séparément chaque genre, et dans chaque genre chaque espèce, en nous rapportant toujours, autant que possible, à la description originale qui en avait été donnée par le créateur même du genre ou de l'espèce.

C'est ainsi que nous sommes arrivé à établir ces synonymies qui occupent une grande place dans notre catalogue, et dont la nécessité nous paraît cependant démontrée. Malgré nos soins, malgré de longues et minutieuses recherches, il y a sans doute encore bien à faire dans cet ordre d'idées ; nous ne nous le dissimulons pas, un pareil sujet est loin d'être épuisé. Pour ne point surcharger inutilement notre texte, nous avons dû nous borner à donner simplement chaque appellation proposée pour telle ou telle forme. Mais en même temps, comme nous l'avions déjà fait dans notre autre volume, nous avons toujours eu soin de citer à la suite de chacun de ces noms les principales iconographies donnant la meilleure figuration des espèces que nous avions à signaler.

A la suite de la synonymie, nous avons indiqué l'habitat de chacune de nos espèces en suivant un ordre géographique tel qu'en partant du nord-est de la Manche, nous descendons dans l'Océan pour arriver ensuite à la Méditerranée. Ces indications sont toujours suivies du nom de l'auteur qui les a consignées, de telle sorte qu'en ayant soin de se reporter à la publication de cet auteur signalée dans notre bibliographie, on pourra y puiser des détails plus précis relativement à chaque mollusque, détails dans lesquels nous ne pouvions entrer avec le programme que nous nous sommes tracé.

Au point de vue de l'extension des formes en profondeur, et de leur dispersion au large des continents, nous avons été également condamné à nous assigner une limite un peu factice. La faune des mers profondes n'a encore été l'objet que d'un petit nombre de travaux localisés sur certains points seulement. Il importe donc d'attendre que cette étude soit généralisée dans toutes les mers qui baignent notre continent. Aussi nous sommes-nous borné dans ce catalogue à citer seulement les espèces qui ont été trouvées dans le voisinage de nos côtes, soit qu'elles se soient développées sur place, soit que vivant un peu plus au large, elles aient été rejetées sur les plages.

Lorsque l'on compare la faune marine à la faune terrestre et à celle des eaux douces, on est frappé de la variété et de la multiplicité des formes qui existent dans le monde marin. De là, la nécessité de créer pour cette faune, un nombre de familles et de genres beaucoup plus considérable. Quoique nos deux catalogues aient été conçus sur le même plan d'ensemble, il ne faudra donc point s'étonner d'une pareille différence. La tendance du jour, à mesure que ces innombrables formes sont mieux étudiées, porte encore à multiplier de plus en plus ces coupes génériques pour remplacer les anciens sous-genres. Il en résulte que tel genre nouveau ne comporte plus aujourd'hui qu'un petit nombre d'espèces. Nous n'avons pas suivi cette voie ; malgré tout son attrait, elle nous paraît tendre à compliquer une nomenclature déjà bien complexe, au lieu de la simplifier.

Dans la plupart des genres tels que nous les comprenons, nous avons groupé les formes les plus affines autour d'un certain nombre de types bien connus, admis par tous les naturalistes. Cette disposition par *groupes* dont nous avons fait usage dans nos autres publications, nous paraît présenter ce grand avantage qu'elle donne satisfaction aux exigences les plus diverses. Ceux qui ne veulent admettre que les types dits Linnéens, ou tout au moins les formes générales les plus communes et les plus caractéristiques, se borneront à prendre comme *espèce* nos têtes de groupe ; ils trouveront à la suite soit des sous-espèces, soit tout au moins des variétés parfaitement définies. Ceux qui, au contraire, admettent une plus large conception de l'espèce malacologique trouveront, nous l'espérons du moins, dans les formes affines qui se rattachent à ces têtes de groupes, les données plus complètes de leur programme.

Mais, en dressant ce Catalogue, nous avons été surpris du peu d'homogénéité qui existait dans certains genres, relativement à l'attribution et à la répartition des caractères spécifiques. Tel genre, par exemple, comprenait un certain nombre d'espèces dont les caractères, quoique pourtant bien voisins, étaient admis par tous les malacologistes ; dans tel autre genre, au contraire, des formes de même nature, de même valeur spécifique, n'étaient indiquées qu'à titre de simple variété. Nous avons donc essayé de rétablir une sorte d'équilibre normal entre toutes les formes citées dans ce Catalogue, en donnant à chacune d'elle une égale valeur dans l'échelle des espèces.

Peut-être nous accusera-t-on d'avoir donné trop d'importance à ce que nous appellerons l'unité spécifique qui compose nos différents groupes; mais nous répondrons à ceux qui veulent bien étudier sans parti pris ces formes nouvelles, qu'il existe tout autant de différences entre n'importe laquelle de nos espèces, et nombre d'espèces anciennes admises par tous les auteurs même les plus rigoristes. Une seule idée a toujours présidé à notre manière de procéder : donner autant que faire se pouvait à toutes les espèces malacologiques la même valeur, la même importance; peu importe que le nombre des espèces soit grand ou petit, pourvu qu'elles soient bonnes, claires, précises, faciles à distinguer. Tel est l'objectif vers lequel nous devons toujours tendre. Et nous nous estimerons heureux si nous avons pu, dans la limite de nos forces, contribuer pour une faible part à faire connaître sous leur vrai jour les éléments spécifiques de la faune malacologique vivante de notre pays.

LYON, mai 1885.

CATALOGUE GÉNÉRAL

DES

MOLLUSQUES VIVANTS

DE FRANCE

MOLLUSQUES MARINS

CEPHALOPODA

OCTOPODA

ELEDONIDÆ

Genre ELEDONA, Risso.

Risso, 1826. *Hist. nat. eur. merid.*, t. IV, p. 2.

Eledona moschata, DE LAMARCK.

Octopus moschatus, de Lamarck, 1798. *Mem. soc. hist. nat.*, I, p. 22, pl. II.
Sepia moschata, Bosc, 1802. *Buffon de Deterville, Vers*, I, p. 48.
Ozœna moschata, Rafinesque, 1814. *Précis découv. Somiol.*, p. 29.
Eledon moschata, Ranzani, 1819. *Mem. di stor. nat. deca.*, 3°, p. 151.
Eledona moschata, Risso, 1826. *Hist. nat. eur. merid.*, IV, p. 2.
Octopus moschites, Carus, 1826. *Icon. Sep. nov., in Act. acad. nat. cur.*, XII, 1re part., p. 319, pl. XXXII.
Eledon moschatus, de Ferussac, 1826. *In d'Orbigny, Tabl. Céphal.*, p. 55. — De Ferussac et d'Orbigny, 1835-1848. *Hist. nat. Céphal.*, p. 72, pl. I; pl. I *bis*; pl. III. — Verany, 1851. *Moll. médit., Céphal.*, p. 7, pl. IV, V, VI. — De Rochebrune, 1884. *In Bull. soc. phil. Paris*, 7e série, VIII, p. 159.

La Méditerranée ; sur les côtes de Provence, entre 10 et 100 mètres de profondeur, dans les fentes et les cavités des rochers ; le golfe d'Aigues-Mortes près des côtes, dans le Gard (Clément) ; l'Hérault (Dubreuil) ; les environs de Marseille dans les Bouches du-Rhône (Marion) ; la rade de Toulon, dans le Var (Nob) ; les environs de Nice (Risso, Verany, Roux) ; etc.

Eledona Aldrovandi, Delle Chiaje.

Eledone Aldrovandi, Delle Chiaje, 1829. *Mem. degli anim. sens. vert. Reg. Nap.*, IV, p. 45, pl. LVI, fig. 2. — Vernay, 1851. *Moll. médit.*, *Céphal.*, p. 12, pl. II et III. — De Rochebrune, 1884. *In Bull. soc. phil. Paris*, 7e série, VIII, p. 151.
Ozœna Aldrovandi, Raffinesque, 1824. *Précis découv. Somiol.*, p. 29.
Octopus leucoderma, Sangiovani, 1829. *Ann. sc. nat.*, XVI, p. 315.

La Méditerranée ; entre 100 et 200 mètres de profondeur : au sud de Maïré, dans le golfe de Marseille (Marion) ; les environs de Nice (Verany, Roux).

Eledona octopodia, Pennant.

Sepia octopodia, Pennant, 1776. *Brit. zool.*, IV, p. 53, pl. XXVIII, fig. 84.
Octopus cirrhosus, de Lamarck, 1798. *In Mem. soc. hist. nat.*, I, p. 21, pl I. fig. 2.
Sepia cirrhosa, Bosc, 1802. Buffon de Deterville, *Vers*, I, p. 47.
Octopus octopodia, Fleming, 1828. *Brit. anim. Angl.*, p. 254.
Eledone Pennanti, Forbes, 1838. *Malac. Monensis*, p. 1.
— *cirrhosus*, d'Orbigny et de Ferussac, 1835-1848. *Hist. nat. Céphal.*, pl. II. — Verany, 1851. *Moll. médit.*, *Céphal.*, p. 15.
— *octopodia*, Gray, 1849. *Brit. mus. catal.*, p. 22.
Eledon moschatus, Fischer, 1866. *In soc. Linn. Bord.*, XXV, p. 335 (*n.* Lamarck).
Eledona octopodia, Targioni Tozzetti, 1869. *In Bull. soc. mal. Ital.*, II, p. 214.
— *cirrhosa*, de Rochebrune, 1884. *In Bull. soc. phil. Paris*, 7e série, VIII, p. 151.

La Manche : les environs de Cherbourg (Fischer).

La Méditerranée : les environs de Nice dans les Alpes-Maritimes (T. Tosseti).

Genre HALLIA, Valenciennes.

Valenciennes, *in* de Rochebrune, 1884. *In Bull. soc. Phil.*, 7e série, VIII, p. 155.

Hallia sepioidea, Valenciennes.

Hallia sepioidea, Valenciennes, *in de Rochebrune*, 1884. *In Bull. soc. phil.*, 7e série, VIII, p. 156, pl. VII.

La Manche : au large de Cherbourg (De Rochebrune).

OCTOPODIDÆ

Genre OCTOPUS, de Lamarck.

de Lamarck, 1798. *In Mem. soc. hist. nat. Paris*, p. 17.

Octopus vulgaris, de Lamarck.

Octopus vulgaris, de Lamarck, 1798. *Mem. soc. hist. nat. Paris*, I, p. 18. — De Ferussac et d'Orbigny, 1835-1848. *Hist. nat. Céphal.*, p. 26, pl. II, III et III *bis* ; pl. VIII, fig. 1 et 2 ; pl. XI, XIII à XV ; pl. XXIX, fig. 7. — Verany, 1851. *Moll. médit.*, *Céphal.*, p. 16, pl. VIII. — Forbes et Hanley, 1853. *Brit. Conch.*, IV, pl. N N N, fig. 2.
Sepia octopus, Bosc, 1802. Buffon de Déterville, *Vers*, I, p. 47.
Polypus octopodia, Leach, 1817. *Journ. phys.*, LXXXVI, p. 397.

Toutes les côtes de France, dans les fentes et les crevasses des rochers :

La Manche : le Boulonnais (Bouchard-Chantereaux) ; Saint-Malo, dans l'Ille-et-Vilaine (Grube) ; etc.

L'Océan : Brest, les îles de Sein, de Molène, d'Ouessant dans le Finistère (Daniel) ; le golfe du Morbihan (Taslé) ; la Loire-Inférieure (Cailliaud) ; la Charente-Inférieure (Beltremieux) ; la Gironde (Lafont, Fischer) ; etc.

La Méditerranée : de Cette à Aigues-Mortes dans l'Hérault (Dubreuil) ; le golfe d'Aigues-Mortes dans le Gard (Clément) ; les environs de Marseille, le Roucas-Blanc, etc. (Verany, Marion) ; les environs de Toulon, dans le Var (Verany) ; les environs de Nice, dans les Alpes-Maritimes (Vèrany, Roux) ; etc.

Octopus tuberculatus, de Blainville.

Octopus ruber? Rafinesque, 1824. *Précis découv. Somiol.*, p. 28.
— *tuberculatus*, de Blainville, 1826. *Dict. sc. nat.*, p. 6, pl. 1, fig. 3 (*n.* Risso). — De Ferussac et d'Orbigny, 1835-1848. *Hist. moll. Céphal.*, p. 38, pl. XXI, fig. 1, 2; pl. XXIII, fig. 1.

La Manche : Boulogne-sur-mer, dans le Pas-de-Calais (Fischer).

L'Océan : la Charente-Inférieure (Taslé, Beltremieux).

La Méditerranée : les environs de Nice, dans les Alpes-Maritimes (T. Tozzetti, Roux).

Octopus Salucesi, Verany.

Octopus Salutii, Verany, 1836. *In Mem. acad. Turin*, I, 2e sér., pl. III. — 1851. *Moll. médit.*, *Céphal.*, p. 20, pl. IX.

La Méditerranée : les profondeurs des environs de Nice dans les Alpes-Maritimes (Verany, Roux) ; etc.

Octopus macropus, Risso.

Octopus macropus, Risso, 1826. *Hist. nat. eur. merid.*, IV, p. 3. — Verany, 1851. *Moll. médit.*, *Céphal.*, p. 27, pl. X.
— *macropodus*, Sangiovanni, 1829. *In Ann. sc. nat.*, XVI ; *Bull. scienc. nat.*, XX, p. 338.
— *ruber*, Cantraine, 1840. *Malacol. méditer.*, p. 18.

La Méditerranée : au sud de Maïré, aux environs de Marseille, dans les Bouches-du-Rhône (Marion) ; les environs de Nice, dans les Alpes-Maritimes (Risso, Verany, Roux) ; etc.

Octopus Defilippii, Verany.

Octopus Defilippii, Verany, 1851. *Moll. médit.*, *Céphal.*, p. 30, pl. XI.

La Méditerranée : les Alpes-Maritimes (Roux).

Octopus Alderi, Verany.

Octopus Alderi, Verany, 1851. *Moll. médit.*, *Céphal.*, p, 34, pl. VII *bis*, fig. b, c.

La Méditerranée : les environs de Nice, dans les Alpes-Maritimes, probablement de passage à la suite des jeunes sardines (Verany, Roux) (1).

(1) Nous inscrivons pour mémoire avec un fort point de doute l'*Octopus pilosus*, Risso (1826. *Hist. nat. eur. mérid.*, IV, p. 3) que l'auteur prétend être caractérisé par des faisceaux de poils roussâtres. Personne, jusqu'à présent du moins, n'a revu une forme aussi singulière.

Genre SCÆURGUS, Troschel.

Scæurgus Coccoi, VERANY.

Octopus Coccoi, Vernay, 1851. *Moll. médit.*, *Céphal.*, p. 22, pl. XII et XII *bis*.

Scæurgus Coccoi, Fischer, 1882. *Man. Conchyl.*, p. 333.

La Méditerranée : les profondeurs moyennes des environs de Nice, dans les Alpes-Maritimes (Verany, Roux).

Genre PTEROCTOPUS, Fischer.

Fischer, 1882. *Manuel Conchyl.*, p. 334.

Pteroctopus tetracirrhus, DELLE CHIAJE (1).

Octopus tetracirrhus, Delle Chiaje, 1829. *Mem. anim. s. vert.*, V, I, p. 4, pl. IV. — Verany, 1851. *Moll. médit.*, *Céphal.*, p. 15, pl. VII; pl. VII *bis*, fig. a.

Pteroctopus tetracirrhus, Fischer, 1882. *Man. Conch.*, p. 334.

La Méditerranée : accidentellement ; dans les profondeurs moyennes des environs de Nice, dans les Alpes-Maritimes (Verany, Roux).

TREMOCTOPODIDÆ

Genre PARASIRA, Steenstrup.

Steenstrup, 1861. *In* Bronn, *die Klass. und ordn. der Thier.*

Parasira carena, VERANY.

Octopus tuberculatus, Risso, 1826. *Hist. nat. eur. mérid.*, IV, p. 3 (*non* Blainville).

— *carena*, Verany, 1851. *Moll. médit.*, *Céphal.*, p. 34, pl. XIV, fig. 2, 3.

Parasira tuberculata, Targioni Tozzetti, 1869. *In Bull. mal. ital.*, II, p. 151.

— *carena*, Fischer, 1882 *Man. Conch.*, p. 335.

(1) Le mot *tetracirrhus* est doublement vicieux ; le mot *cirrus* est un substantif latin qui ne prend pas la lettre *h*; en second lieu l'adjectif numéral *tetra* est tiré de la langue grecque et ne peut accompagner un mot latin ; il conviendrait donc d'écrire *quadricirratus*.

La Méditerranée : la Provence (Granger) ; les parages de Nice, dans les Alpes-Maritimes (Verany, Risso) ; etc.

Genre TREMOCTOPUS, Delle Chiaje

Delle Chiaje, 1829. *Mem. anim. invert.*, p. 6.

Tremoctopus catenulatus, DE FERUSSAC.

Octopus catenulatus, de Ferussac, 1828. *Monogr. Céphal.*, *Poulpe*, pl. VI *bis* et *ter*. — Vernay, 1851. *Moll. médit.*, *Céphal.*, p. 157. pl. XIII.
— *Verany*, Wagner, 1828. *In Bull. univ. sc. nat.*, XIX, p. 388.
— *Ferussaci*, Delle Chiaje, 1829. *Mem.*, IV. p. 41.
— *tuberculatus*, Delle Chiaje, 1829. *Mem. anim. invert.*, p. 4, pl. LVI.
— *pictus*, de Blainville, 1830. *Faune française*, p. 8.
Philonexis tuberculatus, d'Orbigny, 1848. *In* de Ferussac et d'Orbigny, *Hist. nat. Céphal.*, p. VI *bis* et *ter*; pl. XXIII, fig. 6 à 9.
Parasira catenulata, Targioni Tozzetti, 1869. *In Bull. mal. Ital.*, II, p. 149.

La Méditerranée : au sud de Riou et du Planier, par 100 et 200 mètres de profondeur, aux environs de Marseille, dans les Bouches-du-Rhône (Marion); les environs de Nice, dans les Alpes-Maritimes (Risso, Verany); etc.

Tremoctopus velifer, DE FERUSSAC.

Octopus velifer, de Ferussac, 1828. *Monogr. Céphal.*, *Poulpe*, pl. XVIII et XIX.
Tremoctopus violaceus, Delle Chiaje, 1829. *Mem. anim. invert.*, p. 6, pl. VIII.
Octopus velatus, Rang, 1837. *In Mag. zool.*, p. 60.
Philonexis velifer, d'Orbigny, 1835-1848. *In* de Ferussac et d'Orbigny, *Hist. nat. Céphal.*, p. 91, pl. XVIII à XX; pl. XXIII, fig. 2 à 4.
Octopus violaceus, Verany, 1851. *Moll. médit.*, *Céphal.*, p. 41, pl. XIV, fig. a; pl. XV et XVI.

La Méditerranée : au sud de Maïré, aux environs de Marseille, dans les Bouches-du-Rhône (Marion) ; les environs de Nice, dans les Alpes-Maritimes (Verany, Roux) ; etc.

ARGONAUTIDÆ

Genre ARGONAUTA, Linné

Linné, 1758. *Syst. nat.*, édit. X, p. 708.

Argonauta Argo, Linné (1).

Argonauta Argo, Linné, 1758. *Syst. nat.*, édit. XII, p. 708. — De Ferussac et d'Orbigny, 1835-1848. *Hist. nat. Céphal.*, pl. I et II ; pl. VI. — Verany, 1851. *Moll. médit.*, *Céphal.*, p. 48, pl. XVII et XVIII.

Nautilus papyraceus, Martini, 1769. *Conch. cab.*, I, p. 230, pl. XVII, fig. 157.

Ocythoe tuberculata, Rafinesque, 1824. *Précis découv. Somiol.*, p. 19.

Octopus antiquorum, de Blainville, 1826. *Dict. hist. nat.*, XLIII, p. 193, pl. I *bis*.

— *Argonautæ*, de Blainville, 1828. *Man. malac.*, p. 366, pl. I *bis*, fig. 1.

La Méditerranée (Petit de la Saussaye, Verany, Weinkauff) : plage de Carnon près Pérols, dans l'Hérault (Dubreuil) ; les fonds sablonneux de la Provence (Petit) ; Saint-Tropez dans le Var (de Ferrussac et d'Orbigny, Doublier) ; les environs de Nice, dans les Alpes-Maritimes (Risso, Verany, Roux) ; etc.

(1) Le mot *Argonauta Argo* constitue une tautologie qui ne saurait être admise dans une bonne nomenclature ; le mot spécifique *Argo* est contraire à toutes les règles de la nomenclature. *Argonauta papyracea*, dans lequel le nom de *papyracea* est déjà proposé par Martini, serait infiniment plus correct.

DECAPODA

CHIROTEUTHIDÆ

Genre CHIROTEUTHIS, d'Orbigny

D'Orbigny, 1841. *In Ann. sc. nat.*, 2e série, XVI.

Chiroteuthis Veranyi, DE FERUSSAC.

Loligopsis Veranyi, 1834. *In Mag. zool.*, pl. LXV. — Verany, 1851. *Moll. médit.*, *Céphal.*, p. 120, pl. XXXVIII et XXXIX.
Chiroteuthis Veranyi, d'Orbigny, 1835-1848. *In* de Ferussac et d'Orbigny, *Hist. nat. Céphal.*, p. 325, pl. II; pl. IV, fig. 17-23.

La Méditerranée : les environs de Nice, dans les Alpes-Maritimes (de Ferussac, d'Orbigny, Verany, Roux).

Genre HISTIOTEUTHIS, d'Orbigny

D'Orbigny, 1839. *In* de Ferussac et d'Orbigny, *Hist. nat. Céphal.*, p. 326.

Histioteuthis Bonelliana, DE FERUSSAC.

Chranchia Bonelliana, de Ferussac, 1835. *In Mag. zool.*, pl. LVI.
Histioteuthis Bonelliana, d'Orbigny, 1835-1848. *In* de Ferussac et d'Orbigny, *Hist. nat. Céphal.*, p. 327, pl. II. — Verany, 1851. *Moll. médit.*, *Céphal.*, p. 114, pl. XIX.

La Méditerranée : sur les plages de galets qui s'étendent de Nice à l'embouchure du Var (de Ferussac, d'Orbigny, Verany); les environs de Nice, dans les Alpes-Maritimes (Roux); etc.

Histioteuthis Ruppelli, VERANY.

Histioteuthis Ruppelli, Verany, 1846. *Catal. invert. Genova e Nizza*, p. 28. — 1851. *Moll. médit.*, *Céphal.*, p. 117, pl. XX et XXI.

La Méditerranée : entre Nice, dans les Alpes-Maritimes et San-Rémo à 800 mètres de profondeur (Verany, Roux).

ONYCHOTEUTHIDÆ

Genre ONYCHOTEUTHIS, Lichtenstein

Lichtenstein, 1818. *In Isis von Oken*, p. 1591.

Onychoteuthis Lichtensteini, de Ferussac.

Onychoteuthis Lichtensteinii, de Ferussac, 1834. *Mss.* — de Ferussac et d'Orbigny, 1839. *Onychoteutes*, pl. XIV, fig. 1-3. — 1835-1848. *Hist. nat. Céphal.*, p. 334, pl. VII, fig. 8-12. — Verany, 1851. *Moll. médit., Céphal.*, p. 78, pl. XXIX.

Ancistrotheutis Lichtensteini, Gray, 1849. *Brit. mus. catal.*, p. 55.

La Méditerranée : les environs de Nice, dans les Alpes-Maritimes (de Ferussac, d'Orbigny, Verany, Roux),

Genre ENOPLOTEUTHIS, d'Orbigny

D'Orbigny, 1841. *In* de Ferussac et d'Orbigny, *Hist. nat. Céphal.*, p. 336.

Enoploteuthis Oweni, Verany.

Onychoteuthis Oweni, Verany. *Act. congr. scient. Naples.*, p. 794. — 1851. *Moll. médit., Céphal.*, p. 84, pl. XXX, fig. c, d.

La Méditerranée : sur les fonds de galets aux environs de Nice, dans les Alpes-Maritimes (Verany, Roux).

OMMATOSTREPHIDÆ

Genre OMMATOSTREPHES, d'Orbigny

D'Orbigny, 1835. *Voy. Amer*, p. 45, 50.

Ommatostrephes sagittatus, de Lamarck.

Sepia Loligo (pars), Gmelin, 1789. *Syst. nat.*, édit. XIII, p. 3150.

Loligo sagittata (var. B.)., de Lamarck, 1798. *In Mem. soc. hist. nat. Paris*, p. 13 — Verany, 1851. *Moll. médit., Céphal.*, p. 106, pl. XXXI et XXXII.

Ommastrephes sagittatus, d'Orbigny, 1845. *Paléont. univ.*, pl. XXII, fig. 12-16. — de Ferussac et d'Orbigny, 1835-1848. *Hist. moll. Céphal.*, p. 345, pl. IV, fig. 6. — Forbes et Hanley, 1853. *Brit. moll.*, IV, p. 233, pl. R R R. fig. 1.

Ommatostrephes sagittatus, Jeffreys, 1859. *Brit. Conch.*, V, p. 129.

L'Océan : régions armoricaine et aquitanique Fischer); les environs de Brest (Daniel), dans le Finistère (Collard des Cherres); les environs de Lorient, dans le Morbihan (Taslé); la Loire-Inférieure (Cailliaud) ; au large des passes de la Gironde (Lafont); etc.

La Méditerranée : Cette, dans l'Hérault (Granger) ; au sud de Maïré, aux environs de Marseille, dans les Bouches-du-Rhône (Marion) ; les environs de Nice, dans les Alpes-Maritimes (Risso, Verany, Roux); etc.

Ommatostrephes Todaroi, Rafinesque.

Loligo sepia (pars), Gmelin, 1789. *Syst. nat.*, édit. XIII, p. 3150.

— *sagittata* (*var.* A), de Lamarck, 1798. *In Mem. soc. hist. nat. Paris*, p. 13.

— *Todarus*, Rafinesque, 1814. *Précis découv. Somiol.* — Verany, 1851. *Moll. médit.*, *Céphal.*, p. 101, pl. XXXIII.

Ommastrephes Todarus, de Ferussac et d'Orbigny, 1835-1848. *Hist. nat Céphal.*, p. 349, pl. II, fig. 4-10. — Forbes et Hanley, 1853. *Brit. Conch.*, IV, p. 233, pl. R R R, fig. 2.

Ommatostrephes Todarus, Jeffreys, 1869. *Brit. Conch.*, V, p. 128, pl. V, fig. 1.

L'Océan : indiqué avec un point de doute dans la région aquitanique (Fischer).

La Méditerranée : généralement dans les grandes profondeurs : au sud de Maïré, aux environs de Marseille, dans les Bouches-du-Rhône (Marion); les environs de Toulon, dans le Var (de Ferussac et d'Orbigny); tout le littoral du Var (Doublier) ; les environs de Nice, dans les Alpes-Maritimes (Verany, Roux); etc.

Ommatostrephes Coindeti, Verany.

Loligo Coindetii, Verany, 1837. *In Mem. Ac. Roy. sc. Turin.* — 1851. *Moll. Médit.*, *Céphal.*, p. 110, pl. XXXVI, fig. a, b, c.

La Méditerranée : sur les plages de galets, aux environs de Nice, dans les Alpes-Maritimes (Verany, Roux).

Ommatostrephes crassus, Lafont.

Ommastrephes crassus, Lafont, 1872. *In Act. soc. Lin. Bord.*, XXVII, p. 275, pl. XVI.

L'Océan : au large du bassin d'Arcachon, dans la Gironde (Lafont, Fischer) (1).

SEPIOLIDÆ

Genre SEPIOLA, Schneider

Schneider, 1784. *Samml. verm. Abhandl.*, p. 116.

Sepiola atlantica, D'ORBIGNY.

Sepia sepiola, Pennant, 1774. *Brit. zool.*, IV, 54, pl. XXIX, fig. 4.
Loligo sepiola (*pars*), de Lamarck, 1799. *Mem. soc. hist. nat. Paris*, p. 16.
Sepiola atlantica, d'Orbigny, 1835-1848. *In* de Ferussac et d'Orbigny, *Hist. nat. Céphal.*, p. 235, pl. IV, fig. 1-12.

La Manche : le Boulonnais (Bouchard-Chantereaux); etc.

L'Océan : tout le littoral (Fischer, Taslé) ; le Morbihan (Taslé) ; la Charente-Inférieure (Fischer) ; l'embouchure de la Gironde (Fischer) ; Eyrac, le bassin d'Arcachon, dans la Gironde (Lafont) ; etc.

Sepiola Rondeleti, LEACH.

Loligo sepiola (*pars*), de Lamarck, 1799. *In Mem. soc. hist. nat.*, p. 16.
Sepiola Rondeleti, Leach, 1817. *Th. nat. miscel.*, III, p. 138. — De Ferussac et d'Orbigny, 1835-1848. *Hist. nat. Céphal.*, p. 230, pl. I, fig. 1-2; pl. II ; pl. III, fig. 6-9. — Verany, 1851. *Moll. médit.*, *Céphal.*, p. 50, pl. XXII. — Forbes et Hanley, 1853. *Brit. moll.*, IV, pl. 220, pl. M M M, fig. 2.

La Manche : Dunkerque, dans le Nord (Nob.) ; la région normande (Fischer) ; etc.

L'Océan : la région armoricaine (Fischer) ; les environs de Brest, dans le Finistère (Collard des Cherres, Taslé, Daniel) ; la Charente-Inférieure (Taslé) ; etc.

La Méditerranée : le Roussillon, dans les Pyrénées-Orientales

(1) M. le docteur Fischer (*Faune conch. de la Gironde*, 2e *supplément*) indique l'*Ommatostrephes Bertrami* Lesueur, dans le bassin d'Arcachon dans la Gironde, mais avec un point de doute.

D'après Dubreuil (*Promenade de Cette à Aigues-Mortes*), M. Steenstrup aurait reconnu son *Ommatostrephes pteropus* comme vivant dans les environs de Cette. Nous ne croyons pas que cette assertion ait été définitivement confirmée.

(Granger); le golfe d'Aigues-Mortes, dans le Gard (Clément); le Roucas-Blanc et lés environs de Marseille, dans les Bouches-du-Rhône (Marion); les environs de Nice, dans les Alpes-Maritimes (Risso, Verany, Roux); etc.

Genre ROSSIA, Owen

Owen, 1835. *Teste* J. Clark, *In J. Ross' Voy.*, *append.*

Rossia macrosoma, Delle Chiaje.

Sepiola macrosoma, Delle Chiaje, 1827. *Mem.*, pl. LXX. — 1827. *Anim. s. vert.*, I, pl. XI, fig. 11,

Rossia macrosoma, de Ferussac et d'Orbigny, 1835-1848. *Hist. nat. Céphal.*, p. 247, pl. IV, fig. 13-24. — Forbes et Hanley, 1853. *Brit. moll.*, IV. p. 220, pl. N N N, fig. 2.

La Méditerranée : les environs de Nice, dans les Alpes-Maritimes (Verany, Roux).

LOLIGINIDÆ

Genre LOLIGO, de Lamarck

De Lamarck, 1799. *In Mem. soc. hist. nat. Paris*, p. 11.

Loligo vulgaris, de Lamarck.

Sepia loligo, Linné, 1789. In Gmelin, *Syst. nat.*, édit. XIII, p. 3130.

Loligo vulgaris, de Lamarck, 1799. *In Mém. soc. hist. nat. Paris*, p. 11. — De Ferussac et d'Orbigny, 1835-1848. *Hist. nat. Céphal.*, p. 308, pl. XXII, fig. 1-2. — Verany, 1851. *Moll. médit.*, *Céphal.*, p. 89, pl. XXXIV.

La Manche : le Boulonnais (Bouchard-Chantereaux); etc.

L'Océan : sur tout le littoral des régions armoricaine et aquitanique (Fischer); le Finistère (Collard des Cherres, Taslé, Daniel); la Loire-Inférieure (Cailliaud); la Charente-Inférieure (Beltremieux); le bassin d'Arcachon, dans la Gironde (Lafont, Fischer); etc.

La Méditerranée : de Cette à Aigues-Mortes, dans l'Hérault (Dubreuil); le golfe d'Aigues-Mortes, dans le Gard (Clément); les environs de Marseille, dans les Bouches-du-Rhône (Marion); les environs de Toulon, d'Hyères, de Fréjus, etc., dans le Var (Nob.) ; les environs de Nice, dans les Alpes-Maritimes (Risso, Roux) ; etc.

Loligo affinis, Lafont.

Loligo affinis, Lafont, 1872. *In Act. soc. Lin. Bord.*, XXVIII, p. 273, pl. XIII.

L'Océan : le bassin d'Arcachon, dans la Gironde (Lafont, Fischer).

Loligo microcephala, Lafont.

Loligo microcephala, Lafont, 1872. *In Act. soc. Lin. Bord.*, XXVIII, p. 273, pl. XIV.

L'Océan : au large des passes dans la région aquitanique (Lafont, Fischer).

Loligo Forbesi, Steenstrup.

Loligo Forbesi, Steenstrup, 1836. *Kong. Danske vidensk. Selsk. skrift.*
— H. et A. Adams, 1853. *Gen. rec. moll.*, pl. IV, fig. 3.
— *vulgaris*, Forbes et Hanley, 1853. *Brit. moll.*, pl. LLL (*teste* Fischer).

Les côtes océaniques : régions normande, armoricaine et aquitanique (Fischer).

Loligo Desmoulinsi, Lafont.

Loligo vulgaris, de Ferussac et d'Orbigny, 1835-1848. *Hist. nat. Céphal.*, pl. VIII (*n.* Lamarck).
— *Moulinsi*, Lafont, 1872. *In Act. soc. Lin. Bord.*, XXVIII, p. 274.

L'Océan : région aquitanique (Fischer) ; au large du bassin d'Arcachon, dans la Gironde (Fischer, Lafont).

Loligo macrophthalma, Lafont.

Loligo macrophthalma, Lafont, 1872. *In Act. soc. Lin. Bord.*, XXVIII, p. 274, pl. XV.

L'Océan : région aquitanique (Fischer) : au large du bassin d'Arcachon, dans la Gironde (Lafont, Fischer).

Loligo pulchra, de Blainville.

Loligo pulchra, de Blainville, 1823. *Dict. sc. nat.*, XXVII, p. 144.

Loligo vulgaris, de Ferussac et d'Orbigny, 1835-1848. *Hist. nat. Céphal.*, pl. XXII, fig. 2-3 (*n.* Verany).

— *Bertheloti*, Fischer, 1869. *In Journ. conch.*, XVII, p. 9 (*n.* Verany).

L'Océan : l'embouchure de la Loire, dans la Loire-Inférieure (Taslé, Fischer); le bassin d'Arcachon, dans la Gironde (Lafont, Fischer); etc.

Loligo Bertheloti, Verany.

Loligo Bertheloti, Verany, 1837. *In Acad. sc. Turin.* — 1851. *Moll. médit.*, *Céphal.*, p. 93, pl. XXXVI, fig. h-k.

La Méditerranée : les environs de Nice, dans les Alpes-Maritimes (Verany, Roux).

Loligo Lamarmoræ, Verany.

Loligo Marmoræ, Verany, 1851. *Moll. medit.*, *Céphal.*, p. 95, pl. XXXVII.

La Méditerranée : les environs de Marseille, dans les Bouches-du-Rhône (Marion); les environs de Nice, dans les Alpes-Maritimes (Verany, Roux) ; etc.

Genre TEUTHIS, Gray

Gray, 1849. *Ceph. Antep.*, p. 66, 76.

Teuthis media, Linné.

Sepia media, Linné, 1767. *Syst. nat.*, édit. XII, p. 1095.
Loligo subulata, de Lamarck, 1799. *In Mem. soc. hist. nat.*, I, p. 15.
Sepia subulata, Bosc, 1802. *Buffon Deterv.*, *Vers*, I, p. 47.
Loligo parva, Leach, 1817. *Natur. miscel.*, III, p. 138. — De Ferussac et d'Orbigny, 1835-1848. *Hist. nat. Céphal.*, p. 310, pl. XVII.
Loligo media, Forbes et Hanley, 1853. *Brit. moll.*, IV, p. 228, pl. Q Q Q.
Loligopsis subulata, Lafont, 1872. *In Act. soc. Lin. Bord.*, XXVIII, p. 272.

La Manche : la région normande (Fischer).

L'Océan: régions armoricaine et aquitanique (de Ferussac et d'Orbigny, Fischer) ; le Finistère (Collard des Cherres) ; le Morbihan (Taslé) ; la Vendée (Fischer); la Charente-Inférieure (Beltremieux) ; au large des passes de la Gironde (Lafont) ; près de l'embouchure de la Bidassoa, dans les Basses-Pyrénées (Fischer) ; etc.

SEPIIDÆ

Genre SEPIA, de Lamarck

De Lamarck, 1799. *In Mem. soc. hist. nat. Paris.*, p. 4.

Sepia officinalis, Linné.

Sepia officinalis, Linné, 1761. *Fauna Suec.*, p. 2106. — 1767. *Syst. nat.*, édit. XII, p. 1095. — Bruguière, 1789. *Encycl. meth.*, pl. LXXVI, fig. 56. — De Ferussac et d'Orbigny, 1835-1848. *Hist. nat. Céph.*, p. 260, pl. II, fig. 4-5. — Verany, 1851. *Moll. médit.*, *Céph.*, p. 65, pl. XXIV. — Forbes et Hanley, 1853. *Brit. moll.*, IV, p. 238, pl. O O O; pl. P P P, fig. 1.

La Manche : Dunkerque, dans le Nord (Terquen) ; le Boulonnais, dans le Pas-de-Calais (Bouchard-Chantereaux) ; la région normande, la Seine-Inférieure, le Calvados, la Manche (Fischer) ; etc.

L'Océan : les environs de Brest (Daniel), dans le Finistère (Collard des Cherres) ; le golfe du Morbihan, dans le Morbihan (Taslé) ; la Loire-Inférieure (Cailliaud) ; la Charente-Inférieure (Beltremieux) ; le bassin d'Arcachon, dans la Gironde (Lafont, Fischer) ; etc.

La Méditerranée : les Pyrénées-Orientales (Nob.) ; l'Hérault (Dubreuil) ; le golfe d'Aigues-Mortes, dans le Gard (Clément) ; les Bouches-du-Rhône (Marion) ; le littoral du Var (Doublier) ; les environs de Nice (Risso, Verany, Roux) ; etc.

Sepia Filliouxi, Lafont.

Sepia officinalis, de Ferussac et d'Orbigny, 1835-1848. *Hist. nat. Céph.*, p. 260, pl. II, fig. 1-3. Verany, 1851. *Moll. médit.*, *Céph.*, p. 65, pl. XXV.

— *Fillouxi*, Lafont, 1868. *In Bull. assoc. scient. Franc.*, n° 81. — 1869. *In Journ. conch.*, XVII, p. 11. — De Rochebrune, 1884. *In Bull. soc. phil.*, 7e sér., VIII, p. 118.

La Manche : Boulogne-sur-Mer, dans le Pas-de-Calais (Fischer) ; la région normande ; la Seine-Inférieure, le Calvados, la Manche (Fischer) ; etc.

L'Océan : les régions aquitanique et armoricaine (Fischer) ; les environs de Brest, dans le Finistère (Daniel); le golfe de Gascogne (Lafont, Taslé, de Rochebrune); etc.

La Méditerranée : Marseille, dans les Bouches-du-Rhône (de Rochebrune.

Genre ASCAROSEPION, de Rochebrune

De Rochebrune, 1884. *In Bull. soc. phil*, 7e série, VIII, p. 98.

Ascarosepion Fischeri, LAFONT.

Sepia Fischeri, Lafont, 1872. *In Act. soc. Lin. Bord.*, XXVIII, p. 271.
Ascarosepion Fischeri, de Rochebrune, 1884. *Et. monogr. Sep.*, p. 27.

L'Océan : le bassin d'Arcachon, cantonné dans les parties de la baie les plus rapprochées de l'Océan (Lafont, Fischer, de Rochebrune).

La Méditerranée : les environs de Marseille, dans les Bouches-du-Rhône (de Rochebrune).

Genre ACANTHOSEPION, de Rochebrune

De Rochebrune, 1884. *In Bull. soc. phil.*, 7e série, VIII, p. 100.

Acanthosepion Orbignyanum, DE FERUSSAC.

Sepia Orbignyana, de Ferussac, 1826. *Tabl. meth.*, p. 66. — De Ferussac et d'Orbigny, 1835-1848. *Hist. moll. Céph.*, p. 273, pl. V, fig. 1-2.
Acanthosepion Orbignyanum, de Rochebrune, 1884. *Et. monogr. Sep.*, p. 32.

L'Océan : Quiberon, dans le Morbihan ; les côtes de la Loire-Inférieure ; de la Vendée ; île de Noirmoutiers (de Ferussac et d'Orbigny, Taslé) ; la Charente-Inférieure, l'île de Ré (de Ferussac et d'Orbigny, de Rochebrune; Beltremieux); la Gironde ; les Basses-Pyrénées (Fischer, Taslé).

Genre RHOMBOSEPION, de Rochebrune

De Rochebrune, 1883. *In Bull. soc. phil.*, 7e série, VIII, p. 82.

Rhombosepion rupellarium, D'ORBIGNY.

Sepia rupellaria, d'Orbigny, 1848. *In* de Ferussac et d'Orbigny, 1835-1848. *Hist. moll. Céph.*, p. 274, pl. III, fig. 10-13.

Rhombosepion rupellarium, de Rochebrune, 1883. *Et monogr. Sep.*, p. 10.

L'Océan : le Finistère (Taslé) ; la Loire-Inférieure (Taslé) ; l'île de Noirmoutiers, dans la Vendée (d'Orbigny, Taslé) ; les environs de la Rochelle, dans la Charente-Inférieure (d'Orbigny, Beltremieux) ; la Gironde (Lafont, Fischer) ; les Basses-Pyrénées (Fischer, Taslé) ; etc.

Rhombosepion elegans, d'Orbigny.

Sepia elegans, d'Orbigny, 1826. *In* de Ferussac et d'Orbigny, 1835-1848. *Hist. moll. Céphal.*, p. 280, pl. VIII, fig. 1-5 ; pl. XXVII, fig. 3-6.
— *biserialis*, Verany, 1851. *Moll. médit.*, *Céphal.*, p. 73, pl. XXVI, fig. k.
Rhombosepion elegans, de Rochebrune, 1883. *Et. monogr. Sep.*, p. 14.

L'Océan : en dehors de la rade de Brest, Camaret, baies de Toulinguet, de Dinant et de Douarnenez, dans le Finistère (Daniel) ; les plages du cap Ferret, dans la Gironde (Lafont) ; etc.

La Méditerranée : de Cette à Aigues-Mortes, dans l'Hérault (Dubreuil) ; le sud de Maïré et les environs de Marseille, dans les Bouches-du-Rhône (Marion) ; les environs de Toulon, dans le Var (de Blainville) ; les environs de Nice, dans les Alpes-Maritimes (Verany, Roux) ; etc.

SPIRULIDÆ

Genre SPIRULA, de Lamarck

De Lamarck, 1822. *Anim. sans vert.*, VII, p. 60.

Spirula Peroni, de Lamarck.

Nautilus spirula, Linné, 1758. *Syst. nat.*, édit. XII, p. 1163.
Spirula Australis, de Blainville, 1789. *Encycl. méth.*, p. 463, pl. V, fig. a-b
— *Peroni*, de Lamarck, 1822. *Anim. s. vert.*, VII, p. 601. — Sowerby. *Ill. Brit. shell.*, pl. XX, fig. 31.

L'Océan, vivant au large ; rejeté à la cote par les tempêtes : les environs de Brest, dans le Finistère (Daniel) ; la Charente-Inférieure (Fischer) ; entre le phare et les ports de la Garonne, dans la Gironde (Lafont, Fischer, Taslé) ; etc.

PTEROPODA

MALACODERMATA

PNEUMODERMIDÆ

Genre PNEUMODERMA, Cuvier

Cuvier, 1804. *In Ann Museum*, IV, p. 228 *(Pneumodermon)*

Pneumoderma Mediterranea, VAN BENEDEN.

Pneumodermon Mediterraneum, van Beneden, 1840. *In Mem. acad. Brux.*, XI, p. 53, pl. III, fig. 1-2.
— *Audebardi*, Rang, 1852. *In* Rang et Souleyet, *Hist. nat. Ptérop.*, pl. X, fig. 13.

La Méditerranée ; à la surface de la mer, près des côtes : les environs de Nice, dans les Alpes-Maritimes (Verany).

Pneumoderma Peroni, DE LAMARCK.

Pneumodermon Peronii, de Lamarck, 1819. *Anim. s. vert.*, VI, p. 294.
— Rang et Souleyet, 1852. *Hist. nat. Ptérop.*, p. 75, pl. IX, fig. 1-9 ; pl. XI, fig. 14-19.

L'Océan : à la surface de la mer, près des côtes (Nob.).

SUBTESTACEA

CYMBULIIDÆ

Genre CYMBULIA, Peron et Lesueur

Péron et Lesueur, 1810. *In Ann. Muséum*, XV, p. 66.

Cymbulia Peroni, Cuvier.

Cymbulia Peroni, Cuvier, 1817. *Règne animal.*, II, p. 380. — Cantraine, 1840. *Malac. médit.*, p. 33, pl. II, fig. 1. — Rang et Souleyet, 1852. *Hist. nat. Ptérop.*, p. 68, pl. I, fig. 1-6.

La Méditerranée : les côtes de Provence (Weinkauff) ; les environs de Nice, dans les Alpes-Maritimes (Verany, Rang et Souleyet, Roux) ; etc.

Cymbulia proboscidea, Risso.

Cymbulia proboscidea, Risso, 1826. *Hist. nat. eur. mer.*, IV, p. 26.

Les environs de Nice, dans les Alpes-Maritimes (Risso) (1).

(1) Nous gardons quelques doutes au sujet de cette espèce qui n'a été retrouvée ni par Verany, ni par Cantraine, ni par Weinkauff.

TESTACEA

SPIRIALIIDÆ

Genre SPIRIALIS, Eydoux et Souleyet.

Eydoux et Souleyet, 1840. *In Rev. Zool.*, p. 235.

Spirialis Macandrewi, Forbes et Hanley.

Spiralis Mac-Andrei, Forbes et Hanley, 1853. *Brit. moll.*, II, p. 385, pl. LVII, fig. 6-7.
— *retroversus* (*var. Macandreæ*), Jeffreys, 1869. *Brit. conch.*, V, p. 115.
— *Macandrewi*, Daniel, 1883. *In Journ. conch.*, XXXI, p. 388.

L'Océan : au port du refuge de Postrein, avec des déchets de drague et des oursins, aux environs de Brest, dans le Finistère (Daniel).

Spirialis Jeffreysi, Forbes et Hanley.

Spiralis Jeffreysi, Forbes et Hanley, 1853. *Brit. moll.*, II, p. 386, pl. XVII, fig. 8.
— *rostralis* (*pars*), Weinkauff., 1868. *Conch. mittelm.*, II, p. 427.
— *retroversus* (*var. Jeffreysi*), Jeffreys, 1869. *Brit. conch.*, V, p. 115.

La Manche : les environs de Cherbourg (Fischer).

Spirialis rostralis, Souleyet.

Spiralis rostralis, Souleyet, 1840. *In Rev. zool.*, p. 236. — 1840. *Voy. de la Bonite*, II, p. 216, pl. XIII, fig. 1-10. — Rang et Souleyet, 1852. — *Hist. nat. Ptérop.*, p. 62, pl. XIV, fig. 7-12.
Heliconoides rostralis, de Monterosato, 1884. *Nom. conch. méd.*, p. 151.

La Méditerranée : les environs de Nice, dans les Alpes-Maritimes (Verany, Roux).

Spirialis bulimoidea, Souleyet.

Spiralis bulimoides, Souleyet, 1840. *In Rev. zool.*, p. 138. — 1840. *Voy. de la Bonite*, II, p. 224, pl. XIII, fig. 35-42. — Rang et Souleyet, 1852. *Hist. nat. Ptérop.*, p. 65, pl. XV, fig. 3-4.

La Méditerranée : les environs de Nice, dans les Alpes-Maritimes (Verany, Roux).

Spirialis retroversus, Fleming.

Fusus retroversus, Fleming, *In Mem. Werm. soc.*, IV, p. 490, pl. XV, f. 2.
Atlanta trochiformis, d'Orbigny, 1835. *Voy.*, p. 177, pl. XII, fig. 29-31.
Spiralis trochiformis, Souleyet, 1840. *In Rev. zool.*, p. 237. — 1840. *Voy. Bonite*, II, p. 223, pl. XIII, fig. 27-34. — Rang et Souleyet, *Hist. nat. Ptérop.*, p. 64, pl. XIV, fig. 27-31.
Scaea stenogyra, Philippi, 1844. *Enum. moll. Sic.*, II, p. 164, pl. XXV, fig. 20.
Peracle Flemingii, Forbes, 1848. *In Brit. assoc. Rep.*, p. 249.
Limacina naticoides, Rang, 1852. *In* Rang et Souleyet, *Hist. nat. Ptér.*, pl. X, fig. 1-2.
Spiralis retroversus, de Monterosato, 1875. *Enum. e sin.*, p. 55.

L'Océan : les côtes de Gascogne (Fischer, Jeffreys).

Spirialis Flemingi, Forbes.

Spiralis Flemingii, Forbes, 1848. *In Brit. assoc. rep.*, p. 249. — Forbes et Hanley, 1853. *Brit. moll.*, II, p. 384, pl. LVII, fig. 4-5.

La Manche : sur les côtes du Calvados (Nob.).

CAVOLINIIDÆ

Genre CAVOLINIA, Gioeni

Gioeni, 1783. *Teste* Abildgaard, 1791. *Skrivt. nat. selsk.*, I, 2, p. 171.

Cavolinia tridentata, Forskahl.

Anomia tridentata, Forskahl, 1775. *Fauna Arab.*, p. 124. — *Icon. anim.*, pl. XL, fig. B.
Hyalæa tridentata, de Lamarck, 1819. *Anim. s. vert.*, VI, I, p. 286.
— *cornea*, de Lamarck, 1819. *Loc. cit.*, VI, I, p. 286.
— *Forskahli*, de Blainville, 1821. *Dict. sc. nat.*, XXII, p. 79.
Hyalæa Peroni, de Blainville, 1821. *Loc. cit.*, XXI, P. 80.
Cavolina natans, Delle Chiaje, 1826. *In* Poli, *Test. Sic.* III, p. 39, pl. XLIV, fig. 12 bis.
Cavolinia tridentata, Fischer, 1882. *Man. Conch.*, p. 434.

L'Océan : le cap Breton, dans les Landes (de Folin) ; etc.

La Méditerranée : de Cette à Agde, dans l'Hérault (Dubreuil) ; le littoral de Cette, entre le lazaret et les salins de Villeroy, dans le Gard (Clément); les environs de Nice, dans les Alpes-Maritimes (Verany, Cantraine, Risso) ; etc.

Cavolinia gibbosa, L. Rang.

Hyalæa gibbosa, L. Rang, 1828?. *In* Rang et Souleyet, 1852. *Hist. nat. Ptérop.*, p. 38, pl. X, fig. 3-4.
— *flava*, d'Orbigny, 1835. *Voy. Amér.*, V, p. 97, pl. V, fig. 21-25.

La Méditerranée : les environs de Nice, dans les Alpes-Maritimes (Verany, Cantraine).

Cavolinia trispinosa, Lesueur.

Hyalæa trispinosa, Lesueur, 1821. *In* de Blainville, *Dict. sc. nat.*, XXII, p. 82. — Rang et Souleyet, 1852. *Hist. nat. Ptérop.*, p. 45, pl. III, fig. 1-7.
— *mucronata*, Quoy et Gaimard, 1827. *In Ann. sc. nat.*, X, p. 231.
— *depressa*, Bivona, 1832. *Efemer. scient. Sicil.*, pl. II, fig. 4-5.

L'Océan ; flotte en pleine mer ; rejeté à la côte par les tempêtes : le Finistère (Daniel) ; le cap Breton, dans les Landes (de Folin) ; etc.

La Méditerranée : les environs de Nice, dans les Alpes-Maritimes (Verany).

Cavolinia vaginella, Cantraine.

Hyalæa vaginella, Cantraine, 1848. *Malac. médit.*, p. 28, pl. I, fig 6,
— *uncinata (pars)*, Rang et Souleyet, 1836. *Hist. nat. Ptérop.*, p. 37.

La Méditerranée : le littoral de Cette, dans l'Hérault (Granger) ; Marsilli, le golfe de Marseille, dans les Bouches-du-Rhône (Marion) ; les environs de Cannes, dans les Alpes-Maritimes (Dautzenberg) ; Nice, dans les Alpes-Maritimes (Nob.) etc.

Cavolinia inflexa, Lesueur.

Hyalæa inflexa, Lesueur. *In Bull. Soc. phil.*, III, pl. V, fig. 4, a-d. — Rang et Souleyet, 1852. *Hist. nat. Ptér.*, p. 44, pl. III, fig. 9-12.

L'Océan : le cap Breton, sous les Landes (de Folin, Fischer).

Cavolinia uncinata, Hæninghaus.

Hyalæa uncinata, Hæninghaus. *In Philippi*, 1836. *Enum. moll. Sic.*, I, p. 101, pl. VI, fig. 18.

La Méditerrannée : Marsilli, dans les Bouches-du-Rhône (Jeffreys) Nice, dans les Alpes-Maritimes (Nob.).

Genre CLEODORA, Péron et Lesueur

Péron et Lesueur, 1810. *Hist. Ptér.*, *in Ann. Mus. Paris*, XV.

Cleodora cuspidata, QUOY ET GAIMARD.

Cleodora cuspidata, Quoy et Gaimard, 1826-1829. *Voy. Astrolabe*, pl. XXVII, fig. 1-5. — Rang et Souleyet, 1852. *Hist.nat.Ptérop.*, p. 48, pl. V, fig. 4-5.; pl. X, fig. 5.
Hyalæa cuspidata, Bosc. *Coq.*, II, p. 238, pl. IX, fig. 5-7.

L'Océan : le golfe de Gascogne (Jeffreys).

La Méditerranée : l'Hérault (Nob.); les environs de Nice, dans les Alpes-Maritimes (Verany, Roux); etc.

Cleodora pyramidata, LINNÉ.

Clio pyramidata, Linné, 1767. *Syst. nat.*, édit. XII, p. 1094.
Cleodora pyramidata, Péron et Lesueur, 1810. *In Ann. Mus. Paris*, XV, pl. II, fig. 14. — Rang et Souleyet, 1852. *Hist. nat. Ptérop.*, p. 50, pl. V, fig. 7-10.
Hyalæa pyramidata, d'Orbigny, 1835. *Voy. Amer.*, V, p. 113, pl. VII, fig. 30-32.

La Manche : la région normande, la Seine-Inférieure ; le Calvados et la Manche (Fischer); etc.

L'Océan : les régions armoricaine et aquitanique (Fischer); le cap Breton, dans les Landes (de Folin); le golfe de Gascogne (Jeffreys); etc.

La Méditerranée : l'Hérault (Dubreuil); Marsilli, le golfe de Marseille, dans les Bouches-du-Rhône (Marion); les environs de Nice, dans les Alpes-Maritimes (Verany); etc.

Cleodora lanceolata, LESUEUR.

Hyalæa lanceolata, Lesueur, 1813. *In Nouv. Bull. sc.*, III, p. 69, pl. V, fig. 3
Cleodora lanceolata, L. Rang, 1828. *In Ann. sc. nat.*, XIII, p. 497, pl. XIX, fig. 1. — Rang et Souleyet, 1852. *Hist. nat. Ptérop.*, pl. V, fig. 11.

L'Océan : le golfe de Gascogne (Jeffreys).

La Méditerranée : les environs de Nice, dans les Alpes-Maritimes (Verany, Roux).

Genre CRESEIS, L. Rang

L. Rang, 1828. *In Ann. sc. nat.*, XIII. p. 302.

Creseis aciculata, L. Rang.

Creseis clava, L. Rang, 1828. *In Ann. sc. nat.*, XIII, p. 317.
Cleodora acicula, L. Rang, 1828. *In Ann. sc. nat.*, XIII, p. 318, pl. XVIII, fig. 6. — Rang et Souleyet, 1852. *Hist. nat. Ptérop.*, p. 56, pl. VI, fig. 5 et 7.

La Méditerranée : les environs de Nice, dans les Alpes-Maritimes (Verany, Roux).

Creseis virgulata, L. Rang,

Cleodora virgula, L. Rang, 1828. *In Ann. sc. nat.*, XIII, p. 316, pl. XVII, fig. 2-3. — Rang et Souleyet, 1852. *Hist. nat. Ptérop.*, p. 57, pl. VI, fig. 2; pl. XIII, fig. 20-24.
Hyalæa virgula, d'Orbigny, 1835. *Voy. Amer.*, V, p. 121, pl. VIII, fig. 26-28.
Creseis virgula, Guérin-Meneville, 1844. *Icon. règne anim.*, pl. V, fig. 9.

La Méditerranée : les environs de Nice, dans les Alpes-Maritimes (Verany, Roux).

Genre STYLIOLA, Lesueur

Lesueur, 1826. *In* de Blainville, *Malac.*, p. 655.

Styliola subulata, Quoy et Gaymard.

Cleodora subulata, Quoy et Gaimard, 1827. *In. Ann. sc. nat.*, X, p. 233, pl. VIII, fig. 1-3. — Rang et Souleyet, 1852. *Hist. nat. Ptérop.*, p. 55, pl. VI, fig. 6 et fig. 2.
Creseis spinifera, Rang, 1828. *In Ann. sc. nat.*, XIII, p. 314, pl. XVII, fig. 1.
— *subulata*, Souleyet, 1837. *Voy. Bonite*, II, p. 192, pl. VIII, fig. 5-9.
Creseis subulata, de Monterosato, 1875. *Enum. e sin.*, p. 55.
Styliola subulata, Fischer, 1882. *Man. malac.*, p. 437.

La Méditerranée : les environs de Nice, dans les Alpes-Maritimes (Verany, Roux).

GASTROPODA

OPHISTOBRANCHIATA

NUDIBRANCHIATA

DORIIDÆ

Genre DORIDOPSIS, Alder et Hancock

Alder et Hancock, 1864. *Coll. Nudibr. Moll.*

Doridopsis limbata, Cuvier.

Doris limbata, Cuvier, 1817. *In Ann. Museum.*, IV, p. 468, pl. II, fig. 3.
Doridopsis limbata, Fischer, 1882. *Man. conch.*, p. 520.

L'Océan : Guéthary, dans les Basses-Pyrénées (Fischer).

La Méditerranée : la Provence (Fischer); les environs de Nice, dans les Alpes-Maritimes (Verany, Roux) ; etc.

Genre DORIS, Linné

Linné, 1758. *Syst. nat.*, édit. X.

Doris tuberculata, Cuvier.

Doris tuberculata, Cuvier, 1817. *Mem. moll.*, p. 23, pl. II, fig. 5. — Alder et Hancock, 1845-1855. *Mon. Brit. Nud.*, fam. 1, pl. III.

Doris pseudo-doris, Bouchard-Chantereaux, 1835. *Cat. moll. Boul.*, p. 41.
Archidoris tuberculata, Bergh, 1878. *Malac. untersuch.*, Helft. XIV, p. 616.

La Manche : Dunkerque, dans le Nord (Nob.); les côtes du Boulonnais, dans le Pas-de-Calais (Bouchard-Chantereaux, E. Sauvage) ; Granville, dans la Manche (Servain); etc.

L'Océan : les environs de Brest (Daniel), Concarneau (de Guerne) (1), dans le Finistère ; le golfe du Morbihan (Taslé) ; l'îlot du Four, dans la Loire-Inférieure (Cailliaud) ; l'île de Ré (Cuvier), la Rochelle (Beltremieux, Fischer), dans la Charente-Inférieure ; le littoral aquitanique (Fischer) ; etc.

La Méditerranée : le golfe de Marseille, Carry, au large de Méjcan, etc., dans les Bouches-du-Rhône (Marion); les environs de Nice, dans les Alpes-Maritimes (Verany) ; etc.

Doris Argus, Linné.

Doris Argo, Linné, 1769. *Syst. nat.*, edit. XII, p. 1683.
— *tuberculata (var)*, Cuvier, 1817. *Mém. moll.*, p. 23.
— *Argus*, Bouchard-Chantereaux, 1835. *Cat. moll. Boul.*, p. 40.
Platydoris Argo, Bergh, 1875. *In Jahrb. deuts. malac. gessel.*, IV, p. 73

La Manche : la Roche-Bernard, dans le Pas-de-Calais (Bouchard-Chantereaux, Sauvage) ; etc.

L'Océan : l'îlot du Four, dans la Loire-Inférieure (Cailliaud) ; les environs de Brest, dans le Finistère (Daniel) ; etc.

La Méditerranée : les environs de Nice, dans les Alpes-Maritimes (Verany).

Doris tomentosa, Cuvier.

Doris tomentosa, Cuvier, 1817. *In Ann. Mus.*, IV, p. 466.

L'Océan : la Rochelle, dans la Charente-Inférieure (Cuvier, Fischer, Beltremieux) ; le bassin d'Arcachon (Fischer) ; etc.

La Méditerranée : les environs de Nice, dans les Alpes-Maritimes (Verany, Roux).

(1) Les citations d'auteurs que nous avons indiquées se rapportent toujours à des travaux déjà publiés et dont on trouvera la liste dans la partie bibliographique de ce volume. Toutefois nous faisons ici exception en faveur de M. Jules de Guerne qui a bien voulu mettre à notre disposition ses manuscrits, en attendant qu'il publie lui-même les résultats de ses recherches

Doris pilosa, Müller.

Doris pilosa, Müller, 1776. *Zool. Dan.*, III, p. 7, pl. LXXXV, fig. 5-8. — Alder et Hancock, 1845-1855. *Mon. Brit. Nud.*, fam. I, pl., XV.
— *stellata*, Gmelin, 1789. *Syst. nat.*, édit. XIII, p. 3107.

La Manche : Dunkerque, dans le Nord (de Guerne) ; Châtillon, Wimereux, dans le Pas-de-Calais (Bouchard-Chantereaux, E. Sauvage) ; le Havre, dans la Seine-Inférieure (Cuvier) ; etc.

L'Océan : les environs de Brest, dans le Finistère (Fischer) ; l'îlot de la Banche, dans la Loire-Inférieure (Cailliaud ; Fischer) ; les environs de la Rochelle, dans la Charente-Inférieure (Cuvier) ; l'île aux Oiseaux, le bassin d'Arcachon, dans la Gironde (Fischer, Taslé) ; etc.

Doris Biscayensis, Fischer.

Doris Biscayensis, Fischer, 1872. *In Journ. conch.*, XX, p. 6.

L'Océan : le bassin d'Arcachon, dans la Gironde (Fischer).

Doris seposita, Fischer.

Doris seposita, Fischer, 1872. *In Journ. conch.*, XX, p. 8.

L'Océan : le bassin d'Arcachon, dans la Gironde (Fischer).

Doris eubalia, Fischer.

Doris eubalia, Fischer, 1872. *In Journ. conch.*, XX, p. 10.

L'Océan : le bassin d'Arcachon, dans la Gironde (Fischer).

Doris aspera, Alder et Hancock.

Doris aspera, Alder et Hancock, 1842. *In Ann. nat. hist.*, Ie ser., IX, p. 32. — 1845-1855. *Mon. Brit. Nud.*, fam. I, pl. IX, fig. 1-9.

L'Océan : les régions armoricaine et aquitanique (Fischer) ; les environs de Brest, Postrein, dans le Finistère (Daniel, Taslé) ; etc.

Doris muricata, Müller.

Doris muricata, Müller, 1776. *Zool. Dan.*, III, p. 7, pl. LXXXV, fig. 2-4. — Alder et Hancock, 1845-1855. *Mon. Brit. Nud.*, fam, I, p. 42 ; app., pl. III.

L'Océan : les régions armoricaine et aquitanique (Fischer) ; le banc de

Saint-Marc, dans le Finistère (Taslé) ; les tuiles des parcs à huîtres des crassats de Lahillon, dans la Gironde (Lafont) ; etc.

Doris testudinaria, Risso.

Doris testudinaria, Risso, 1826. *Hist. nat. eur. merid.*, IV, p. 33, fig. 15.

L'Océan : la région armoricaine (Fischer) ; les environs de Brest, dans le Finistère (Fischer, Taslé) ; etc.

La Méditerranée : les environs de Nice, dans les Alpes-Maritimes (Risso, Verany, Roux).

Doris planata, Alder et Hancock.

Doris planata, Alder et Hancock, 1847. *In Ann. nat. hist.*, XVIII, p. 292.
— 1845-1855. *Mon. Brit. Nud.*, fam. I, pl. VIII.
— *testudinaria*, Jeffreys, 1869. *Brit. conch.*, V, p. 85.

La Manche : les côtes du Boulonnais, dans le Pas-de-Calais (E. Sauvage).

L'Océan : la rade de Brest, dans le Finistère (Taslé, Fischer).

Doris derelicta, Fischer.

Doris verrucosa, Philippi, 1836. *En. moll. Sic.*, I, p. 104 (*n.* Cuvier).
— *derelicta*, Fischer, 1867. *In Journ. conch.*, XV, p. 7.

L'Océan : les régions armoricaine et aquitanique (Fischer) ; Royan, la Rochelle, l'île de Ré, dans la Charente-Inférieure (Fischer, Taslé, Beltremieux) ; le bassin d'Arcachon, Cordouan, chenal de Cousse, dans la Gironde (Lafont, Fischer) ; etc.

Doris bilamellata, Linné.

Doris bilamellata, Linné, 1769. *Syst. nat.*, édit. XII, p. 1083. — Alder et Hancock, 1845-1855. *Mon. Brit. Nud.*, fam. I, pl. II.
— *verrucosa*, Pennant, 1767. *Brit. zool.*, IV, p. 82, pl. XXIII, fig. 2.
— *fusca*, Müller, 1789. *Zool. Dan.*, pl. XLVII, fig. 6-9.
— *obvelata*, Bouchard-Chantereaux, 1835. *Cat. moll. Boul.*, p. 42.

La Manche : Dunkerque, dans le Nord (de Guerne) ; les côtes des environs de Boulogne, dans le Pas-de-Calais (Bouchard-Chantereaux) ; Fécamp (E. Sauvage), Etretat (Fischer), dans la Seine-Inférieure ; etc.

L'Océan ; la région armoricaine (Fischer) ; les environs de Brest, à l'entrée du port militaire, dans le Finistère (Taslé, Daniel) ; le golfe du Morbihan (Taslé) ; etc.

Doris scutigera, d'Orbigny.

Villersia scutigera, d'Orbigny, 1837. *In Mag. zool.*, VII, p. 15, pl. CIX.
Doris depressa, Alder et Hancock, 1842. *In Ann. nat. hist.*, IX, p. 82.
— 1845-1855. *Mon. Brit. Nud.*, fam. I, pl. XII, fig. 1-8.

L'Océan ; les régions armoricaine et aquitanique (Fischer) : la pointe du Chez, près la Rochelle, dans la Charente-Inférieure (d'Orbigny, Fischer), etc.

Doris coccinea, Forbes.

Doris rubra, d'Orbigny, 1837. *In Mag. zool.*, VII, p. 2, pl. CII (*n.* Risso).
— *coccinea*, Forbes, 1843. *Rep. Ægean invert.* — Alder et Hancock, 1845-1855. *Mon. Brit. nud.*, fam. I, pl. VII.

La Manche : la région normande (Fischer) ; les environs de Boulogne, dans le Pas-de-Calais (E. Sauvage, Fischer).

L'Océan : les régions armoricaine et aquitanique (Fischer) : les environs de Brest, le banc de Saint-Marc, dans le Finistère (Fischer) ; la pointe des Minimes, près la Rochelle, dans la Charente-Inférieure (d'Orbigny, Fischer, Taslé) ; Arcachon, dans la Gironde (Fischer, Taslé) ; etc.

Doris repanda, Alder et Hancock.

Doris repanda, Alder et Hancock, 1842. *In Ann. nat. hist.*, 1re sér., IX, p. 35. — 1845-1855. *Mon. Brit. Nud.*, fam. I. pl. VI.

La Manche : Luc-sur-Mer, dans le Calvados (Fischer)

Doris Johnstoni, Alder et Hancock.

Doris obvelata, Johnston, 1838. *In Ann. nat. hist.*, 1re série, I, p. 52 (*n.* Müller).
— *Johnstoni*, Alder et Hancock, 1845-1855. *Mon. Brit. Nud.*, fam. I, pl. V.

La Manche : Dunkerque, dans le Nord (Nob.) ; etc.

L'Océan : Concarneau, dans le Finistère (de Guerne) ; le bassin d'Arcachon, dans la Gironde (Fischer, Taslé) ; etc.

Doris inconspicua, Alder et Hancock.

Doris inconspicua, Alder et Hancock, 1845-1855. *Mon. Brit. Nud.*, fam. I, pl. XII, fig. 6-16.

L'Océan : le bassin d'Arcachon, dans la Gironde (Fischer, Taslé).

Doris punctata, d'Orbigny.

Doris punctata, d'Orbigny, 1839. *Zool. Canaries, Moll.*, p. 4, fig. 1-5..

L'Océan : Eyrac, dans la Gironde (Lafont).

Doris Nardoi, Verany.

Doris Nardii, Verany, 1846. *Cat. anim. inv. Nizza*, p. 20.
Chromodoris Cantrainii (pars), Bergh, 1884. *In Voy. Challeng.*, X, p. 67.

La Méditerranée : les environs de Nice, dans les Alpes-Maritimes (Verany).

Doris Calcaræ, Verany.

Doris Calcaræ, Verany, 1846. *Cat. anim. inv. Nizza*, p. 20.
— *picta*, Roux, 1862. *Stat. Alpes Maritimes*, p. 422.
Chromodoris Cantrainii (pars), Bergh, 1884. *In Voy. Challeng.*, X, p. 67.

La Méditerranée : les environs de Nice, dans les Alpes-Maritimes (Verany).

Doris lutescens, Delle Chiaje.

Doris lutescens, Delle Chiaje, 1846. *In* Verany, *Cat. anim. inv. Nizza*, p. 20.
— *picta*, Roux, 1862. *Stat. Alpes-Maritimes*, p. 422.
Chromodoris Cantrainii, Bergh, 1884. *In Voy. Challeng.*, X, p. 67.

La Méditerranée : les environs de Nice, dans les Alpes-Maritimes (Verany).

Doris Pasinii, Verany.

Doris Pasinii, Verany, 1846. *Cat. anim. inv. Nizza*, p. 20.
Chromodoris Pasinii, Bergh, 1884. *In Voy. Challeng.*, X, p. 64.

La Méditerranée : les environs de Nice, dans les Alpes-Maritimes (Verany).

Doris Orsinii, Verany.

Doris Orsinii, Verany, 1846. *Cat. anim. inv. Nizza*, p. 20.
Chromodoris Orsinii, Bergh, 1884. *In Voy. Challeng.*, X, p. 67.

La Méditerranée : les environs de Nice, dans les Alpes-Maritimes (Verany).

Doris Villafrancæ, Risso.

Doris Villafranca, Risso, 1826. *Hist. nat. eur. mérid.*, IV, p. 32.

Doris pulcherrima, Cantraine, 1841. *Malac. médit.*, p. 57, pl. III, fig. 6.
Chromodoris Villafranca, Bergh, 1884. *In Voy. Challeng.*, X, p. 66.

La Méditerranée : les environs de Nice, dans les Alpes-Maritimes (Verany, Roux).

Doris verrucosa, Linné.

Doris verrucosa, Linné, 1769. *Syst. nat.*, édit., XII, p. 1683. — Cuvier, 1817. *In Ann. Mus.*, IV, p. 467, pl. I, fig. 4-6.

La Méditerranée : les environs de Nice, dans les Alpes-Maritimes (Risso, Verany, Roux).

Doris guttata, Risso.

Doris guttata, Risso, 1826. *Hist. nat. eur. mérid.*, IV, p. 33.

La Méditerranée : les environs de Nice, dans les Alpes-Maritimes (Verany, Roux).

Doris Rizzæ, Verany.

Doris Rizzæ, Verany, 1846. *Cat. anim. invert. Nizza*, p. 21.

La Méditerranée : les environs de Nice, dans les Alpes-Maritimes (Verany, Roux).

Doris Villæ, Verany.

Doris Villæ, Verany, 1846. *Cat. anim. invert. Nizza*, p. 21.
Chromodoris Messinensis, v. Jhering, 1884. *In* Bergh, *Voy. Challeng.*, X, p. 67.

La Méditerranée : les environs de Nice, dans les Alpes-Maritimes (Risso, Verany, Roux).

Doris Piraynoi, Verany.

Doris Piraynii, Verany, 1846. *Cat. anim. invert. Nizza*, p. 21.
Chromodoris albescens, Schultz, 1884. *In* Bergh, *In Voy. Challeng.*, X, p. 67.

La Méditerranée : les environs de Nice, dans les Alpes-Maritimes (Verany, Roux).

Doris Schembrii, Verany.

Doris Schembrii, Verany, 1846. *Cat. anim. invert. Nizza*, p. 21.
— *flavipes*, Roux, 1862. *Stat. Alpes-Maritimes*, p. 422.

La Méditerranée : les environs de Nice, dans les Alpes-Maritimes (Verany, Roux).

Doris Porroi, Verany.

Doris Porii, Verany, 1846. *Cat. anim. invert. Nizza*, p. 22.

La Méditerranée : les environs de Nice, dans les Alpes-Maritimes (Verany).

Doris Krohni, Verany.

Doris Krohni, Verany, 1846. *Cat. anim. invert. Nizza*, p. 22.
Chromodoris Krohni, Bergh, 1884. *In Voy. Challeng.*, X, p. 67.

La Méditerranée : les environs de Nice, dans les Alpes-Maritimes (Verany).

POLYCERIDÆ

Genre GONIODORIS, Forbes

Forbes, 1841. *In Ann. mag. nat. hist.*, V, p. 103.

Goniodoris elegans, Cantraine.

Doris picta (pars), Schultz, 1836. *In* Philippi, *Enum. mo Sic.*, I, p. 105, pl. XIX, fig. 10.
— *elegans*, Cantraine, 1836. *In Bull. Acad. Brux.*, II, p. 383. — 1840. *Malac. médit.*, p. 55, pl. III, fig. 4.
Goniodoris elegans, Fischer, 1872. *In Journ. conch.*, XX, p. 12.

L'Océan : le bassin d'Arcachon, sur le crassat de Lahillon, dans la Gironde (Lafont, Fischer).

Goniodoris nodosa, Montagu.

Doris nodosa, Montagu, 1815. *In Linn. Trans.*, IX, p. 107, pl. VII, fig. 2.
— *Barvicensis*, Johnston, 1838. *In Ann. nat. hist.*, I, p. 55, pl. II, fig. 11-13.
Goniodoris nodosa, Alder et Hancock, 1845-1855. *Mon. Brit. Nud.*, fam. I, pl. XVIII. — Forbes et Hanley, 1853. *Brit. moll.*, III, p. 572, pl. XX, fig. 3.
— *elongata*, Taslé, 1870. *Faune malac. ouest France, sup.*, p. 43, (*n.* Thomp.).

La Manche : le Boulonnais, dans le Pas-de-Calais (E. Sauvage); Saint-Malo, dans l'Ille-et-Vilaine (Fischer); etc.

L'Océan : banc de Saint-Marc, aux environs de Brest, dans le Finistère (Taslé, Daniel).

Goniodoris castanea, ALDER ET HANCOCK.

Goniodoris castanea, Alder et Hancock, 1845. *In Ann. nat. hist.*, XVI, p. 314. — 1845-1855. *Mon. Brit. Nud.*, fam. I, pl. IX.

La Manche : Saint-Vaast, dans le Calvados (Fischer).

L'Océan : Roscoff, Brest, dans le Finistère (Fischer, Grube) ; le bassin d'Arcachon, dans la Gironde (Fischer) ; etc.

Goniodoris Paretoi, VERANY.

Doris Paretii, Verany, 1846. *Cat. anim. invert. Nizza*, p. 22, pl. II, fig. 4-5.

Goniodoris Paretii, Verany, 1853. *In Journ. conch.*, IV, p. 388.

La Méditerranée : les environs de Nice, dans les Alpes-Maritimes (Verany).

Genre IDALIA, Leuckart

Leuckart, 1828. *Brev. anim. quor. descr.*

Idalia elegans, LEUCKART.

Idalia elegans, Leuckart, 1828. *Brev. anim. descr.*, p. 15, fig. 2. — Alder et. Hancock, 1845-1855. *Mon. Brit. Nud.*, fam. I, pl. XXVII, fig. 1-4.

La Manche : Boulogne, dans le Pas-de-Calais (Fischer) ; Saint-Malo, dans l'Ille-et-Vilaine (Fischer).

Idalia aspersa, ALDER ET HANCOCK.

Idalia aspersa, Alder et Hancock, 1845-1855. *Mon. Brit. Nud.*, fam. I, pl. XXVI ; app., p. IV.

La Manche : côtes du Boulonnais, dans le Pas-de-Calais (E. Sauvage).

L'Océan : le parc aux huîtres d'Arcachon, dans la Gironde (Fischer) ; Guéthary, dans les Basses-Pyrénées (Fischer) ; etc.

Idalia ramosa, CANTRAINE.

Doris ramosa, Cantraine, 1836. *In Bull. Acad. Brux.*, p. 383. — 1840. *Malac. médit.*, p. 54, pl. III, fig. 7.

Enplocamus frondosus, Philippi, 1839. *In Wiegm. arch.*, I, p. 114, pl. III, fig. 1.
Idalia ramosa, Philippi, 1846. *Enum. moll. Sic.*, II, p. 76.

La Méditerranée : les environs de Nice, dans les Alpes-Maritimes (Verany, Roux).

Genre ANCULA, Lovén

Lovén, 1846. *Ind. moll. Scand.*, p. 5.

Ancula cristata Alder.

Polycera cristata, Alder, 1840. *In Ann. nat. hist.*, VI, p. 340, pl. IX, fig. 10-12.
Ancula cristata, Lovén, 1846. *Ind. moll. Scand.*, p. 5. — Alder et Hancock, 1845-1855. *Mon. Brit. Nud.*, fam. I, pl. XXV.

La Manche ; Wimereux, dans le Pas-de-Calais (de Guerne).

L'Océan : dans la rade de Brest (Daniel), Concarneau (de Guerne), sur les côtes du Finistère (Fischer, Taslé).

Genre DREPANIA, Lafont

Lafont, 1874. *In Journ. conch.*, XXII, p. 369.

Drepania fusca, Lafont.

Drepania fusca, Lafont, 1874. *In Journ. conch.*, XXII, p. 369.
Ancula fusca, Fischer, 1883. *Man. Conch.*, p. 525.

L'Océan : sous les tuiles-collecteurs des parcs aux huîtres du bassin d'Arcachon, dans la Gironde (Lafont, Fischer).

Genre THECACERAS, Fleming

Fleming, 1828. *Hist. Brit. an.*, p. 283 *(Thecacera)*.

Thecaceras pennigerum, Montagu.

Doris pennigera, Montagu, 1815. *In Linn. Trans.*, XI, p. 17, pl. IV, fig. 5.
Thecacera pennigera, Fleming, 1828. *Hist. Brit. an.*, p. 283. — Alder et Hancock, 1845-1855. *Mon. Brit. Nud.*, fam. I, pl. XXI, a.

La Manche : la Tour-Croy, les environs de Boulogne, dans le Pas-de-

Calais (E. Sauvage, Fischer) ; l'île Bréhat, dans les Côtes-du-Nord (Fischer) ; etc.

L'Océan : baie du Moulin-Blanc, dans le Finistère (Daniel, Taslé).

Genre CRIMORA, Alder et Hancock

Alder et Hancock, 1862. *In Ann. nat. hist.*, 3e sér., X, p. 263.

Crimora papillata, ALDER ET HANCOCK.

Crimora papillata, Alder et Hancock, 1862. *In Ann. nat. hist.*, 3e sér., X, p. 263.

L'Océan : région armoricaine, ou du massif breton (Fischer).

Genre POLYCERAS Cuvier

Cuvier, 1817. *Mem. hist. nat.*, II (*Polycera*).

Polyceras quadrilineatum, MÜLLER.

Doris quadrilineata, Müller 1776. *Zool. Dan.*, I, p. 18, pl. XVIII, fig. 4-6; IV, p. 23, pl. CXXXVIII, fig. 5 6.
— *flava*, Montagu, 1815. *In Linn. Trans.*, VII, p. 79. pl. VII, fig. 6.
Polycera lineata (pars), Risso, 1826, *Hist, nat. eur. merid.*, IV, p. 30.
— *flava*, Fleming, 1828. *Brit. Ann.*, p. 283.
— *quadrilineata*, Thompson, 1840. *In Ann. nat. hist.*, V, p. 92, pl. II, fig. 6. — Alder et Hancock, 1845-1855. *Mon. Brit. Nud.*, fam. I, pl. XX. — Forbes et Hanley, 1853. *Brit. moll.*, III, p. 576, pl. XX, fig. 6.
Polycerus quadrilineatus, Roux, 1862. *Stat. Alpes-Maritimes*, p. 427.

La Manche : l'île Bréhat, dans les Côtes-du-Nord ; Saint-Vaast, dans le Calvados ; Saint-Malo, dans l'Ille-et-Vilaine (Fischer) ; etc.

L'Océan : Brest, Douarnenez, dans le Finistère (Fischer, Taslé, Daniel); pointe du Chef de Baie, dans la Charente-Inférieure (Taslé) ; etc.

La Méditerranée : Pomègue, près Marseille, dans les Bouches-du-Rhône (Marion) ; les environs de Nice, dans les Alpes-Maritimes (Risso, Verany, Roux) ; etc.

Polyceras ocellatum, ALDER ET HANCOCK.

Polycera ocellata, Alder et Hancock, 1842. *In Ann. nat. hist.*, IX, p. 33. — 1845-1855. *Mon. Brit. Nud.*, fam. I, pl. XXIII.

La Manche : côtes du Boulonnais, la Tour-Croy, dans le Pas-de-

Calais (E. Sauvage); Saint-Malo, dans l'Ille-et-Vilaine (Fischer, Grube); etc.

L'Océan : les environs de Brest, dans le Finistère (Fischer, Taslé, Daniel).

Polyceras Lessoni, d'Orbigny.

Polycera Lessoni, d'Orbigny, 1837. *In Mag. zool.*, VII, p. 5, pl. CV. — Alder et Hancock, 1845-1855. *Mon. Brit. Nud.*, fam. I, pl. XXIV.

La Manche : les côtes du Boulonnais, les environs de Boulogne, dans le Pas-de-Calais (E. Sauvage, Fischer) ; l'île Bréhat, dans les Côtes-du-Nord (Fischer) ; etc.

L'Océan : pointe du Plomb et pointe du Chef-de-Baie, près la Rochelle, dans la Charente-Inférieure (d'Orbigny, Taslé, Fischer).

Polyceras horridum, Hesse.

Polycera horrida, Hesse, 1872. *In Journ. conch.*, XX, p. 345. — 1873. *Loc. cit.*, XX, p. 306, pl. XII, fig. 1, 2.

L'Océan : la rade de Brest, dans le Finistère (Hesse, Fischer, Daniel).

Polyceras lineatum, Risso.

Polycerus lineatus, Risso, 1826. *Hist. nat. eur. mérid.*, IV, p. 30, fig. 5.

La Méditerranée : les environs de Nice, dans les Alpes-Maritimes (Risso, Verany). (1).

Genre EUPLOCAMUS Philippi

Philippi, 1836. *Enum. moll. Sic.*, I, p. 103.

Euplocamus croceus, Philippi.

Idalia crocea, Philippi, 1836. *Enum. moll. Sic.*, I, p. 76.
Euplocamus croceus, Philippi, 1836. *Loc. cit.*, I, p. 103, pl. VII, fig. 1.

La Méditerranée : Méjean, près Marseille, dans les Bouches-du-Rhône (Marion).

(1) *Polyceras nov. sp.* — M E. Sauvage (1873. *In Journ. conch.*, XXI, p. 31) indique sur les côtes du Boulonnais une forme nouvelle, voisine du *P. Lessoni*, d'après Bouchard-Chantereaux, mais sans la définir suffisamment pour que l'on puisse lui donner une désignation spécifique.

Genre TRIOPA, Johnston

Johnston, 1838. *In Ann. nat. hist.*, I, p. 114.

Triopa clavigera, Müller.

Doris clavigera, Müller, 1776. *Zool. Dan.*, I, pl. XVII, fig. 1-3.
Tergipes claviger, Johnston, 1841. *In Mag. nat. hist.*, VII, p. 490, fig. 59.
Triopa claviger, Johnston, 1838. *In Ann. nat. hist.*, I, p. 124. — Forbes et Hanley, 1853. *Brit. moll.*, III, p. 573, pl. AAA, fig. 1. — Alder et Hancock, 1845-1855. *Mon. Brit. Nud.*, fam. I, pl. XX.
Euplocamus claviger, Thompson, 1843. *Rep. Brit. assoc.*, p. 252.

L'Océan : banc de Saint-Marc (Fischer, Taslé, Daniel), Concarneau (de Guerne), dans le Finistère.

Genre ÆGIRUS, Lovén

Lovén, 1844. *Ofvers. vet. Handl.*, p. 49 (*Ægires*).

Ægirus punctilucens, d'Orbigny.

Polycera punctilucens, d'Orbigny, 1837. *In Mag. zool.*, VII, p. 7, pl. CVI.
Ægires punctilucens, Lovén, 1846. *Ind. moll. Scand.*, p. 6.
Ægirus punctilucens, Alder et Hancock, 1845-1855. *Mon. Brit. Nud.*, fam. I, pl. XX — Forbes et Hanley, 1853. *Brit. moll.*, III, p. 571, pl. AAA, fig. 2.

L'Océan : rade de Brest, dans le Finistère (d'Orbigny, Fischer, Taslé, Daniel); pointe du Chef-de-Baie, près la Rochelle, dans la Charente-Inférieure (Taslé, Beltremieux); etc.

Ægirus hispidus, Hesse.

Ægirus hispidus, Hesse, 1872. *In Journ. conch.*, XX, p. 346. — 1873. *Loc. cit.*, XXI, p. 307, pl. XII, fig. 3-7.

L'Océan : sur une des grèves de la rade de Brest, dans le Finistère (Hesse, Fischer, Daniel)

Ægirus Leucarti, Verany.

Ægires Leucartii, Verany, 1853. *In Journ. conch.*, IV, p. 388.

La Méditerranée : sous les pierres profondes, aux environs de Nice, dans les Alpes-Maritimes (Verany, Roux).

PLEUROPHYLLIDIIDÆ

Genre PLEUROPHYLLIDIA, Meckel

Meckel, 1810. *In Stanner observ. anat. comp.*

Pleurophyllidia lineata, Otto.

Diphyllidia lineata, Otto, 1823. *In Nov. act. acad. Leop. nat. cur.* X, I, p. 121, pl. VII, fig. 1.
Pleurophillidia Neapolitana, Delle Chiaje, 1823. *Mem.*, I, p. 128.
— *lineata*, Verany, 1853. *In Journ. conch.*, IV, p. 389.

L'Océan : La Rochelle, dans la Charente-Inférieure (Fischer, Beltremieux).

La Méditerranée : au large du cap Couronne, dans les Bouches-du-Rhône (Marion); les environs de Nice, dans les Alpes-Maritimes (Verany, Roux).

Pleurophyllidia pustulosa, Schultz.

Diphyllidia pustulosa, Schultz, 1836. *In* Philippi, *Enun. moll. Sic.*, I, p. 106, pl. XIX, fig. 12.
Pleurophillidia pustulosa, Verany, 1846. *Cat. Anim. inv. Nizza*, p. 20,
— *Delle-Chiaje?*, Roux, 1867. *Stat. Alpes-Maritimes*, p. 423.

L'Océan : le bassin d'Arcachon, dans la Gironde (Fischer, Lafont).

La Méditerranée : les environs de Nice, dans les Alpes-Maritimes Roux).

TETHYIDÆ

Genre TETHYS, Linné

Linné, 1758. *Systema naturæ*, édit. X, p. 653.

Tethys leporina, Gmelin.

Tethys leporina, Gmelin, 1789. *Syst. nat.*, édit., XIII, p. 3136. — De Blainville, 1825. *Man. malac.*, pl. XLVI, bis, fig. 9.

La Méditerranée : les Gourdes, Méjean, les environs de Marseille, dans les Bouches-du-Rhône (Marion); les environs de Nice, dans les Alpes-Maritimes (Risso, Cantraine, Verany); etc.

SPHÆROSTOMIDÆ

Genre SPHÆROSTOMA, Mac-Gillivray

Mac-Gillivray, 1843. *Moll. Aberd.*, p. 335.

Sphærostoma Hombergi, Cuvier.

Tritonia Hombergi, Cuvier, 1802. *In Ann. Mus.*, I, p. 483, pl. XXXI, fig. 1-2. — Alder et Hancock. *Mon. Brit. Nud.*, fam. II, pl. II. — Forbes et Hanley, 1853. *Brit. moll.*, III, pl. AAA, fig. 3.

La Manche : toutes les côtes de la Manche (Fischer); les environs de Boulogne, dans le Pas-de-Calais (Bouchard, E. Sauvage); le Havre, Fécamp, dans la Seine-Inférieure (Fischer); etc.

L'Océan : en dehors de la rade de Brest, Toulinguet, île Molène, dans le Finistère (Fischer, Daniel); îlot du Four, dans la Loire Inférieure (Cailliaud, Taslé); etc.

La Méditerranée : le golfe de Marseille, dans les Bouches-du-Rhône (Marion).

Sphærostoma lineatum, Alder et Hancock.

Tritonia lineata, Alder et Hancock, 1848. *In Ann. nat. hist.*, 2e sér., I, p. 191. — 1845-1855. *Mon. Brit. Nud.*, fam. III, pl. IV.
Candiella lineata, Bergh, 1884. *In Voy. Challeng.*, X, p. 45.

La Manche : les côtes de Normandie (Fischer).

L'Océan : les environs de Brest, dans le Finistère (Fischer).

Sphærostoma plebeium, Johnston.

Tritonia plebeia, Johnston. *In Edinb. nev. Phil. Journ.*, V, p. 77. — 1848. *In Ann. nat. hist.*, I, p. 115, pl. III, fig. 3-4. — Alder et Hancock, 1845-1855. *Mon. Brit. Nud.*, fam. II, pl. III.
Candiella plebeia, Bergh, 1884. *In Voy. Challeng.*, X, p. 45.

La Manche : Dunkerque, dans le Nord (de Guerne); les côtes du Boulonnais, depuis la Roche-Bernard, jusqu'au fort de l'Heurt, dans le Pas-de-Calais (E. Sauvage); etc.

L'Océan : Concarneau, dans le Finistère (de Guerne); etc.

Sphærostoma Blainvillei, Risso.

Tritonia Blainvillea, Risso, 1826. *Hist. nat. eur. mérid.*, IV, p. 35.

La Méditerranée : les environs de Nice, dans les Alpes-Maritimes (Risso, Verany, Roux).

Sphærostoma gibbosum, Risso.

Tritonia gibbosa, Risso, 1826. *Hist. nat. eur. mérid.*, IV, p. 35.

La Méditerranée : les environs de Nice, dans les Alpes-Maritimes (Risso, Verany).

Genre MARIONIA, Vayssière

Vayssière, 1877. *In Comptes rendus Acad. sc.*, LXXXV, p. 299.

Marionia Berghi, Vayssière.

Marionia Berghi, Vayssière, 1879. *In Journ. conch.*, XXVII, p. 108, pl. VII.

La Méditerranée : le golfe de Marseille, les environs du Caroubier et du Prado, dans les Bouches-du-Rhône (Vayssière, Marion).

Marionia Costæ, Verany.

Tritonia Costæ, Verany, 1846. *Cat. Anim. inv. Nizza*, p. 23, pl. II, fig. 7-8.

Marionia Costæ, Bergh, 1884. *In Voy. Challeng.*, X, p. 48.

La Méditerranée : les environs de Nice, dans les Alpes-Maritimes (Verany, Roux).

Genre DENDRONOTUS, Alder et Hancock

Alder et Hancock, 1845-1855. *Mon. Brit. Nud.*, fam. III.

Dendronotus arborescens, Müller.

Doris arborescens, Müller, 1776. *Zool. Dan.*, p. 229.

Tritonia arborescens, Cuvier, 1805. *In Ann. Mus.*, VI, p. 434, pl. CXI, fig. 8 à 10.

Dendronotus arborescens, Alder et Hancock, 1845-1855. *Mon. Brit. Nud.* fam. III, pl. III. — Forbes et Hanley, 1853. *Brit. moll.*, III, III, p. 586, pl. Z Z, fig. 5.

La Manche (Cuvier) : Dunkerque, dans le Nord (de Guerne) ; la Roche-Bernard, dans le Pas-de-Calais (E. Sauvage) ; Fécamp, dans la Seine-Inférieure (Fischer) ; etc.

L'Océan : les îlots du Four et de la Banche, dans la Loire-Inférieure (Cailliaud, Taslé) ; la Rochelle, dans la Charente-Inférieure (Fischer, Taslé, Beltremieux) ; les rochers de la pointe d'Eroumardi, près Guéthary, dans les Basses-Pyrénées (Lafont, Fischer) ; etc.

Dendronotus luteolus, Lafont.

Dendronotus luteolus, Lafont, 1872. *In Act. soc. Lin. Bord.*, XXVIII, p. 267, pl. XVII, fig. 1.

L'Océan : le chenal du cap Feret, dans le bassin d'Arcachon, dans la Gironde (Lafont, Fischer).

Dendronotus pulchellus, Alder et Hancock.

Tritonia pulchella (var), Alder et Hancock, 1842. *In Ann. nat. hist.*, IX, p. 33.

L'Océan : Guéthary, dans les Basses-Pyrénées (Fischer).

Genre LOMANOTUS, Verany

Verany, 1844. *In Rev. Zool.*, p. 303.

Lomanotus Genei, Verany.

Lomanotus Genei, Verany, 1846. *Cat. anim. inv. Nizza*, p. 22, pl. II, fig. 6.

La Méditerranée : les environs de Nice, dans les Alpes-Maritimes (Verany, Roux).

SCYLLÆIDÆ

Genre SCYLLÆA, Linné

Linné, 1758. *Systema naturæ*, édit. X, p. 656.

Scyllæa pelagica, Linné.

Scyllæa pelagica, Linné, 1758. *Syst. nat.*, édit., X, p. 656. — Cuvier, 1817. *In Ann. mus.*, IV, p. 416, pl. LXI, fig. 1, 3, 4. — Forbes et Hanley, 1853. *Brit. moll.*, III, pl. AAA, fig. 5.

La Manche : les côtes du Boulonnais, dans le Pas-de-Calais (Bouchard-Chantereaux).

L'Océan : baie de Bourgneuf, dans la Loire-Inférieure (Cailliaud).

Scyllæa punctata, Bouchard-Chantereaux.

Scyllœa punctata, Bouchard-Chantereaux, 1835. *Cat. moll. mar. Boulonnais*, p. 39.

La Manche : la Roche-Bernard, dans le Pas-de-Calais (Bouchard-Chantereaux).

PHYLLIRRHOIDÆ

Genre PHYLLIRRHOÆ, Peron et Lesueur

Péron et Lesueur, 1810. *In Ann. mus.*, XV, p. 65 *(Phyllirœ)*.

Phyllirrhoæ bucephala, Peron et Lesueur.

Phyllirroæ Bucephalum, Péron et Lesueur, 1810. *In Ann. mus.*, XV, p. 65, pl. I, fig. 1-3.

La Méditerranée : les environs de Nice, dans les Alpes-Maritimes (Risso, Verany, Roux).

JANIDÆ

Genre JANUS, Verany

Verany, 1844. *In Rev. Zool.*, p. 302.

Janus Spinolæ, Verany.

Janus Spinolæ, Verany, 1846. *Cat. anim. invert. Nizza*, p. 24, pl. II, fig. 9.

La Méditerranée : les environs de Nice, dans les Alpes-Maritimes (Verany, Roux).

ÆOLIDÆ

Genre EMBLETONIA, Alder et Hancock

Alder et Hancock, 1851. *In Ann. nat. hist.*, VIII, p. 294.

Embletonia pulchra, Alder et Hancock.

Embletonia pulchra, Alder et Hancock, 1845-1855. *Mon. Brit. Nud.*, fam. III, pl. XXXVIII.

Pterochilus pulcher, Alder et Hancock, 1845. *In Ann. nat. hist.*, 1re sér., XIV, p. 329.

L'Océan : la rade de Brest, dans le Finistère (Fischer, Taslé, Daniel).

Embletonia Mariæ, Meyer et Mobius.

Embletonia Mariæ, Meyer et Mobius, 1865. *Faun. Kiel. Bucht.*, p. 13, pl. III.

L'Océan : dragué au large d'Arcachon, dans la Gironde (Lafont).

Genre ÆOLIS, Cuvier

Cuvier, 1798. *Tabl. élém. (Eolis).*

Æolis papillosa, Linné.

Limax papillosus, Linné, 1769. *Syst. nat.*, édit. XII, p. 1082.

Doris papillosa, Müller, 1776. *Zool. Dan.*, pl. CXLIX, fig. 1-4.
Tritonia papillosa, Fleming. *In Edinb. Encycl.*, XIV, p. 619.
Eolida Cuvieri, de Blainville, 1825. *Malac.*, p. 486, pl. XLVI bis, fig. 8.
— *papillosa*, Fleming, 1828. *Brit. anim.*, p. 285.
Eolis papillosa, Forbes et Hanley, 1853. *Brit. moll.*, III, p. 590, pl. B B B, fig. 1. — Alder et Hancock, 1845-1855. *Mon. Brit. Nud.*, fam. III, pl. IX.

La Manche : les côtes du Boulonnais, dans le Pas-de-Calais (Bouchard-Chantereaux, E. Sauvage, de Guerne) ; les rivages normands (Fischer) ; etc.

L'Océan : Saint-Marc, Postrein (Daniel), Concarneau (de Guerne), dans le Finistère ; la Rochelle, dans la Charente-Inférieure (Fischer) ; la région aquitanique, la Gironde (Lafont, Fischer) ; etc.

Æolis Cuvieri, de Lamarck.

Eolis Cuvieri, de Lamarck, 1836 *Anim. s. vert.*, 2e édit., VII, p. 450. — Cuvier, 1804. *In Ann. Mus.*, VI, p. 433, pl. LXI, fig 12-13 *(Eolide)*.

La Manche : sur le littoral (Fischer).

L'Océan : le golfe du Morbihan (Taslé) ; digue de Richelieu, dans la Charente-Inférieure (Beltremieux) ; au large de Pouliguen, dans la Loire-Inférieure (Cailliaud) ; etc.

Æolis glauca, Alder et Hancock.

Eolis glauca, Alder et Hancock, 1845. *In Ann. nat. hist.*, XIV, p. 314. — 1845-1855. *Mon. Brit. Nud.*, fam. III, pl. XI.

L'Océan : les environs de Roscoff, dans le Finistère (Fischer, Grube) ; Arcachon, dans la Gironde (Fischer) ; etc.

Æolis Alderi, Cocks.

Eolis Alderi, Cocks. *In the Naturalist*, II, p. 1, pl. I, fig. 1. — Alder et Hancock, 1845-1855. *Mon. Brit. Nud.*, fam. III, pl. XXV.

La Manche : les côtes du Boulonnais, dans le Pas-de-Calais (E. Sauvage, Fischer).

L'Océan : Concarneau, dans le Finistère (de Guerne) ; etc.

Æolis coronota, Forbes.

Eolis affinis (*n.* Lamarck), Bouchard-Chantereaux, 1835. *Cat. moll. mar. Boulonnais*, p. 36.

Eolis coronata, Forbes, 1839. *Proc. of Brit. assoc., in Athen.*, p. 647. — Alder et Hancock, 1845-1855. *Mon. Brit. Nud.*, fam. III, pl XII.

La Manche : Dunkerque, dans le Nord (de Guerne) ; les côtes du Boulonnais, dans le Pas-de-Calais (Bouchard-Chantereaux, Sauvage, Fischer, de Guerne); Luc-sur-Mer, Saint-Waast, dans le Calvados (Fischer); Saint-Malo, dans l'Ille-et-Vilaine (Fischer, Grube) ; etc.

L'Océan : les environs de Brest, dans le Finistère (Fischer, Taslé) ; La Rochelle, dans la Charente-Inférieure (Taslé, Fischer, Beltremieux) ; le bassin d'Arcachon, dans la Gironde (Fischer) ; Guéthary, dans les Basses-Pyrénées (Lafont, Fischer) ; etc.

La Méditerranée : le Pharo, Montredon, aux environs de Marseille, dans les Bouches-du-Rhône (Marion).

Æolis Drumondi, Thompson.

Eolis Drumondi, Thompson, 1843. *Rep. Brit. assoc.*, p. 250. — Alder et Hancock, 1845-1855. *Mon. Brit. Nud.*, fam. III, pl. XIII.

L'Océan : La Rochelle, dans la Charente-Inférieure (Fischer, Taslé) ; le bassin d'Arcachon, dans la Gironde (Fischer); etc.

Æolis punctata, Alder et Hancock.

Eolis punctata, Alder et Hancock, 1845. *In Ann. nat. hist.*, XVI, p. 315. — 1845-1855. *Mon. Brit. Nud.*, fam. III, pl. XV.

L'Océan : Concarneau (de Guerne), la rade de Brest (Fischer), dans le Finistère ; le parc aux huîtres du bassin d'Arcachon, dans la Gironde (Fischer) ; etc.

La Méditerranée : le Pharo, à Marseille, dans les Bouches-du-Rhône (Marion).

Æolis elegans, Alder et Hancock.

Eolis elegans, Alder et Hancock, 1845. *In Ann. nat. hist.*, XVI, p. 316. — 1845-1855. *Mon. Brit. Nud.*, fam. III, pl. XVIII, fig. 4. —

L'Océan : les environs de Brest, dans le Finistère (Fischer).

Æolis grossularia, Fischer.

Eolis grossularia, Fischer, 1869. *In Journ. conch.*, XVII, p. 6.

L'Océan : les environs de Brest, dans le Finistère ; le bassin d'Arcachon, dans la Gironde (Fischer) ; etc.

Æolis conspersa, Fischer.

Eolis conspersa, Fischer, 1869. *In Journ. conch.*, XVII, p. 7.

L'Océan : Brest, dans le Finistère ; le bassin d'Arcachon, dans la Gironde (Fischer) ; etc.

Æolis rufibranchialis, Johnston.

Eolidia rufibranchialis, Johnston, 1840. *In Mag. nat. hist.*, 1re sér., V, p. 428. — Alder et Hancock, 1845-1855. *Mon Brit. Nud.*, fam. III, pl. XIV.

Eolis rufibranchialis, Forbes et Hanley, 1853. *Brit. moll.*, III, p. 593.

L'Océan : la rade de Brest, dans le Finistère (Daniel).

Æolis Martinoi, Verany.

Eolidia de Martino, Verany, 1846. *Cat. anim. inv. Nizza*, p. 25.

La Méditerranée : les environs de Nice, dans les Alpes-Maritimes (Verany).

Æolis Landsburgi, Alder et Hancock.

Eolis Landsburgi, Alder et Hancock, 1846. *In Ann. nat. hist.*, XVIII, p. 294. — 1845-1853. *Mon. Brit. Nud.*, fam. III, pl. XX.

L'Océan : Brest, dans le Finistère (Fischer) ; la Rochelle, dans la Charente-Inférieure (Fischer, Taslé, Beltremieux) ; le bassin d'Arcachon, dans la Gironde ; Guéthary, dans les Basses-Pyrénées (Fischer) ; etc.

Æolis alba, Alder et Hancock.

Eolis alba, Alder et Hancock, 1846. *In Ann. nat. hist.*, XIII, p. 164. — 1845-1855. *Mon. Brit. Nud.*, fam. III, pl. XXI.

L'Océan : Brest, Roscoff, dans le Finistère (Fischer, Grube) ; en dehors du bassin d'Arcachon, dragué au large, dans la Gironde (Fischer, Lafont) ; etc.

Æolis Peachii, Alder et Hancock.

Eolis Peachii, Alder et Hancock, 1848. *In Ann. nat. hist.*, 2e sér., I, p. 190. — 1845-1853. *Mon. Brit. Nud.*, fam. III, pl. X.

La Manche : la région normande (Fischer) ; Saint-Malo, dans l'Ille-et-Vilaine (Grube) ; etc.

Æolis pallidula, Lafont.

Eolis pallidula, Lafont, 1872. *In Act. soc. Lin. Bord.*, XXVIII, p. 267, pl. XVII, fig. 2.

L'Océan : La Rochelle, dans la Charente-Inférieure (Beltremieux, Fischer); crassats de Lahillon, bassin d'Arcachon, dans la Gironde (Lafont, Fischer); etc.

Æolis nana, Alder et Hancock.

Eolis nana, Alder et Hancock, 1842. *In Ann. nat. hist.*, IX, p. 36. — 1845-1855. *Mon. Brit. Nud.*, fam. III, pl. XXV.

La Manche : les côtes du Boulonnais, dans le Pas-de-Calais (E. Sauvage, Fischer).

Æolis cærulea, Montagu.

Doris cærulea, Montagu, 1815. *In Linn. Trans.*, IX, pl. VII, fig. 4-5.
Montagua cærulea, Fleming, 1828. *Brit anim.*, p. 285.
Eolis cærulea, Forbes et Hanley, 1853. *Brit. moll.*, III, p. 603. — Alder et Hancock, 1845-1855. *Mon. Brit. Nud.*, p. 51.

L'Océan : banc de Saint-Marc, dans le Finistère (Taslé, Fischer, Daniel) ; le golfe du Morbihan (Taslé) ; etc.

Æolis picta, Alder et Hancock.

Eolis pallida, Alder et Hancock, 1843. *In Ann. nat. hist.*, XI, p. 35.
— *picta*, Alder et Hancock, 1845-1855. *Mon. Brit. Nud.*, fam. III, pl. XXXIII.

L'Océan : les environs de Brest, dans le Finistère (Fischer).

Æolis tricolor, Forbes.

Eubranchus tricolor, Forbes, 1836. *Malac. Mon.*, p. 5, pl. I, fig. 1.
Eolis tricolor, Alder et Hancock, 1845-1855. *Mon. Brit. Nud.*, fam. I, pl. XXXIV.

L'Océan : dans la rade de Brest, à l'entrée du port militaire, dans le Finistère (Fischer, Daniel).

Æolis violacea, Alder et Hancock.

Eolis violacea, Alder et Hancock, 1844. *In Ann. nat. hist*, XIII, p. 166.

L'Océan : la rade de Brest, dans le Finistère (Fischer).

Æolis glaucoidea, ALDER ET HANCOCK.

Eolis glaucoides, Alder et Hancock, 1845-1855. *Mon. Brit. Nud.*, fam. III, pl. XXII.

L'Océan : les côtes de Bretagne, Brest, Roscoff, dans le Finistère (Fischer).

Æolis paradoxa, DE QUATREFAGES.

Eolidina paradoxa, de Quatrefages, 1843. *In Ann. sc. nat.*, 2e sér., XIX, pl. XI.
Eolis paradoxa, Fischer, 1867. *In Journ. conch.*, XV, p. 10.
— *angulata*, Alder et Hancock, 1844. *In Ann. nat. hist.*, XIII, p. 165.

La Manche : Saint-Waast-la-Hougue, dans la Manche (de Quatrefages, Taslé, Fischer).

L'Océan : Brest, dans le Finistère (Fischer) ; le bassin d'Arcachon, dans la Gironde (Lafont, Fischer) ; Guéthary, dans les Basses-Pyrénées (Fischer) ; etc.

Æolis Nemesis, HESSE.

Eolis Nemesis, Hesse, 1872. *In Journ. conch.*, XX, p. 346. — 1873. *Loc. cit.*, XXI, p. 312, pl. XII, fig. 13.

L'Océan : rade de Brest, dans le Finistère (Hesse, Fischer, Daniel) (1).

Æolis Armoricana, HESSE.

Eolis Armoricana, Hesse, 1872. *In Journ. conch.*, XX, p. 346. — 1873. *Loc. cit.*, XXI, p. 313, pl. XII, fig. 14-15.

L'Océan : la rade de Brest, dans le Finistère (Hesse, Fischer, Daniel).

Æolis Farrani, ALDER ET HANCOCK.

Eolis Farrani, Alder et Hancock; 1844. *In Ann. nat. hist.*, XIII, p. 164. — 1845-1855. *Mon. Brit. Nud.*, fam. III, pl. XXXV.
Amphorina Alberti, de Quatrefages, 1844. *In Ann. sc. nat.*, 3e sér., I, pl. XI.

La Manche : l'île Bréhat, dans les Côtes-du-Nord (de Quatrefages, (Fischer).

(1) On n'a encore trouvé, à notre connaissance, qu'un seul exemplaire de cette espèce. Il a été recueilli en 1845 sur la carène d'un navire qui venait d'Amérique. C'est donc avec un point de doute qu'il faut inscrire cette espèce dans le catalogue de la faune française.

Æolis Neapolitana, Delle Chiaje.

Ethalion histrix (?), Risso, 1826. *Hist. nat. eur. mérid.*, IV, p. 36.
Eolidia neapolitana, delle Chiaje, 1846. *In* Verany, *Cat. an. inv. Nizza*, p. 24.

La Méditerranée : les environs de Nice, dans les Alpes-Maritimes, (Risso, Verany, Roux).

Æolis Panizzæ, Verany.

Eolis Panizza, Verany, 1846. *Cat. an inv. Nizza*, p. 24.

La Méditerranée : les environs de Nice, dans les Alpes-Maritimes (Verany, Roux).

Æolis fasciculata, Gmelin.

Doris fasciculata, Gmelin, 1789. *Syst. nat.*, édit. XIII, p. 3104.
Eolis fasciculata, de Lamarck, 1836. *An. s. vert.*, édit. II, VII, p. 451.
Eolidia fasciculata, Verany, 1846. *Cat. an. inv. Nizza*, p. 25.

L'Océan : la Charente-Inférieure (Beltremieux).

La Méditerranée : les environs de Nice, dans les Alpes-Maritimes (Verany, Roux) (1).

Æolis flabellina, Verany.

Eolidia flabellina, Verany, 1846. *Cat. an. inv. Nizza*, p. 25.

La Méditerranée : les environs de Nice, dans les Alpes-Maritimes (Verany, Roux).

Æolis Jani, Verany.

Eolidia Ianii, Verany, 1846. *Cat. an. inv. Nizza*, p. 25.

La Méditerranée : les environs de Nice, dans les Alpes-Maritimes (Verany, Roux).

Æolis lineata, Lovén.

Eolis lineata, Lovén, 1846. *Ind. moll. Scand.*, p. 8. — Alder et Hancock, 1845-1855. *Mon. Brit. Nud.*, fam. III, pl. XVI.
Eolidia Desmartinii, Verany, 1846. *Cat. anim. inv. Nizza*, p. 25.

La Méditerranée : Montredon près Marseille, dans les Bouches-du-

(1) C'est avec un point de doute que M. J. Roux indique cette espèce dans les Alpes-Maritimes.

Rhône (Marion); les environs de Nice, dans les Alpes-Maritimes (Verany, Roux).

Æolis Rusconii, VERANY.

Eolidia Rusconii, Verany, 1846. *Cat. anim. inv. Nizza*, p. 25.

La Méditerranée : les environs de Nice, dans les Alpes-Maritimes (Verany, Roux).

Æolis Cavolinii, VERANY.

Eolidia Cavolinii, Verany, 1846. *Cat. anim. inv. Nizza*, p. 26.

La Méditerranée : les environs de Nice, dans les Alpes-Maritimes (Verany, Roux).

Æolis Defilippii, VERANY.

Eolidia Defilippii, Verany, 1846. *Cat. anim. inv. Nizza*, p. 26.

La Méditerranée : les environs de Nice, dans les Alpes-Maritimes (Verany, Roux).

Æolis peregrina, GMELIN.

Doris peregrina, Gmelin, 1789. *Syst. nat.*, édit. XIII, p. 3105.
Eolidia peregrina, de Lamarck, 1792. *Encycl. meth.*, *Vers.*, II, p. 115.
Eolis peregrina, de Lamarck, 1819. *Anim. s. vert.*, VI, I, p. 303.

La Méditerranée : les environs de Nice, dans les Alpes-Maritimes (Verany, Roux).

Æolis Bellardii, VERANY.

Eolidia Bellardii, Verany, 1846. *Cat. anim. inv. Nizza*, p. 26.

La Méditerranée : les environs de Nice, dans les Alpes-Maritimes (Verany, Roux).

Æolis Durazzoi, VERANY.

Eolidia Durazzii, Verany, 1846. *Cat. anim. inv. Nizza*, p. 26.

La Méditerranée : les environs de Nice, dans les Alpes-Maritimes (Verany, Roux).

Æolis Gandolfii, VERANY.

Eolidia Gandolfii, Verany, 1846. *Cat. anim. inv. Nizza*, p. 27.

La Méditerranée : les environs de Nice, dans les Alpes-Maritimes (Verany, Roux).

Æolis Whatelyi, Verany (1).

Eolidia Whately, Verany, 1846. *Cat. anim. inv. Nizza*, p. 27.

La Méditerranée : les environs de Nice, dans les Alpes-Maritimes (Verany, Roux).

Æolis Bassii, Verany.

Eolidia Bassii, Verany, 1846. *Cat. anim. inv. Nizza*, p. 27.

La Méditerranée : les environs de Nice, dans les Alpes-Maritimes (Verany, Roux).

Æolis Casarettoi, Verany (2).

Eolidia Casarettii, Verany, 1846. *Cat. anim. inv. Nizza*, p. 27.

La Méditerranée : les environs de Nice, dans les Alpes-Maritimes (Verany, Roux).

Æolis tergipedina, Verany.

Eolidia tergipedina, Verany, 1846. *Cat. anim. inv. Nizza*, p. 28.

La Méditerranée : les environs de Nice, dans les Alpes-Maritimes (Verany, Roux).

Æolis Leuckarti, Verany.

Eolidia Leuckarti, Verany, 1853. *In Journ. conch.*, IV, p. 384.

La Méditerranée : les environs de Nice, dans les Alpes-Maritimes (Verany, Roux).

Æolis Grubbi, Verany.

Eolidia Grubbi, Verany, 1853 *In Journ. conch.*, IV, p. 384.

La Méditerranée : les environs de Nice, dans les Alpes-Maritimes (Verany, Roux).

(1) Dans le *Catalogue* de 1846, ce nom est écrit *Whately*, tandis que dans la note publiée en 1853 dans le tome IV du *Journal de conch.*, nous lisons *Watelhy*.

(2) Ce nom est écrit dans le *Catalogue* de 1846 *Casaretto*, tandis qu'en 1853, on lit *Casareti*.

Æolis Souleyeti, Verany.

Eolidia Souleyeti, Verany, 1853. *In Journ. conch.*, IV, p. 384.

La Méditerranée : les environs de Nice, dans les Alpes-Maritimes (Verany, Roux).

Æolis affinis, Gmelin.

Doris affinis, Gmelin, 1789. *Syst. nat.*, édit. XIII, p. 3016.
Eolis affinis, Lamarck, 1819. *Anim. s. vert.*, VI, p. 303. (*n.* Bouch.-Chant.)
Eolidia affinis, Risso, 1826. *Hist. nat. eur. mérid.*, IV, p. 37.

L'Océan : les côtes de la Loire-Inférieure (Cailliaud).

La Méditerranée : les environs de Nice, dans les Alpes-Maritimes (Risso).

FIONIDÆ

Genre FIONA, Alder et Hancock

Alder et Hancock, 1845-1855. *Mon. Brit. Nud.*, fam. III.

Fiona nobilis, Alder et Hancock.

Oithona nobilis, Alder et Hancock, 1851. *In Ann. nat. hist.*, 2e sér., VIII, p. 291, pl. IX, X.
Fiona nobilis, Alder et Hancock, 1845-1855. *Mon. Brit. Nud.*, fam. III, pl. XXXVIII, a.

L'Océan : Postrein, dans le Finistère (Fischer, Taslé, Daniel).

ANTIOPIDÆ

Genre ANTIOPA, Alder et Hancock

Alder et Hancock, 1848. *In Ann. nat. hist.*, I, p. 190.

Antiopa cristata, delle Chiaje.

Eolis cristata, delle Chiaje, 1829. *Mem. stor. an. Nap.*, pl. LXXXVIII.
Antiopa cristata, Alder et Hancock, 1845-1855. *Mon. Brit. Nud.*, fam. III, pl. XLIV, fig. 1-7.

La Manche : Boulogne, dans le Pas-de-Calais (Bouchard-Chantereaux, E. Sauvage).

Genre ZEPHYRINA, de Quatrefages

De Quatrefages, 1844. *In Ann. sc. nat.*, 3e sér., I.

Zephyrina pilosa, de Quatrefages.

Zephyrina pilosa, de Quatrefages, 1844. *In Ann. sc. nat.*, 3e sér., I, pl. III, fig. 1.

La Manche : Saint-Waast-la-Hougue, dans la Manche (de Quatrefages, Fischer).

DOTOIDÆ

Genre DOTO, Oken

Oken, 1812. *Lehrb. d. Naturg.*

Doto coronata, GMELIN.

Doris coronata, Gmelin, 1789. *Syst. nat.*, édit. XIII, p. 3105.
Melibæa coronata, Johnston, 1838. *In Ann. nat. hist.*, I, p. 117, pl. III, fig. 5-8.
Doto coronata, Lovén. *Arch. Scand. nat.*, p. 151. — Alder et Hancock, 1845-1855. *Mon. Brit. Nud.*, fam. III, pl. LXVI. — Forbes et Hanley, 1853. *Brit. moll.*, III, p. 587, pl. AAA, fig. 4.
Scyllæa punctata, Bouchard, 1835. *Cat. moll. mar. Boulon.*, p. 39.
Tergipes coronata, d'Orbigny, 1837. *In Mag. zool.*, p. 3, pl. CIII.

La Manche : Dunkerque, dans le Nord (de Guerne) ; la Roche-Bernard, les environs de Boulogne, dans le Pas-de-Calais (Bouchard-Chantereaux, E. Sauvage, Fischer) ; etc.

L'Océan : la rade de Brest, l'île Longue, dans le Finistère (Taslé, Daniel) ; pointe du Plomb, les environs de la Rochelle, dans la Charente-Inférieure (d'Orbigny, Taslé, Beltremieux) ; Arcachon, dans la Gironde (Fischer, Taslé) ; Biarritz, Guéthary, dans les Basses-Pyrénées (Fischer) ; etc.

La Méditerranée : les environs de Nice, dans les Alpes-Maritimes (Verany, Roux).

Doto pinnatifida, MONTAGU.

Doris pinnatifida, Montagu, 1815. *In Linn. trans.*, VII, p. 78, pl. VII, fig. 2-3.
Doto pinnatifida, Alder et Hancock, 1845-1855. *Mon. Brit. Nud.*, fam. III, pl. XLV, fig. 1-3.

L'Océan : la rade de Brest, dans le Finistère (Fischer, Daniel) ; la région aquitanique (Fischer).

Doto uncinata, HESSE.

Doto uncinata, Hesse, 1852. *In Journ. conch.*, XX, p. 347. — 1873. *Loc. cit.*, XXI, p. 313, pl. XIII, fig. 1-3.

L'Océan : la rade de Brest, dans le Finistère (Hesse, Fischer, Daniel).

Doto pinnigera, Hesse.

Doto pinnigera, Hesse, 1872. *In Journ. conch.*, XX, p. 347. — 1873. *Loc. cit.*, XXI, p. 315, pl. XIII, fig. 4-5.

L'Océan : la rade de Brest, dans le Finistère (Hesse, Fischer, Daniel).

Doto Armoricana, Hesse.

Doto Armoricana, Hesse, 1872. *In Journ. conch.*, XX, p. 347. — 1873. *Loc. cit.*, XXI, p. 316, pl. XIII, fig. 6.

L'Océan : la rade de Brest, dans le Finistère (Hesse, Fischer, Daniel).

Doto styligera, Hesse.

Doto styligera, Hesse, 1872. *In Journ. conch.*, XX, p. 348. — 1873. *Loc. cit.*, XXI, p. 317, pl. XIII, fig. 12.

L'Océan : la rade de Brest, dans le Finistère (Hesse, Fischer, Daniel).

Doto conflans, Hesse.

Doto conflans, Hesse, 1872. *In Journ. conch.*, XX, p. 348. — 1873. *Loc. cit.*, XXI, p. 318, pl. XIII, fig. 13.

L'Océan : baie de Poulmic, dans le Finistère (Hesse, Fischer, Daniel).

Doto onusta, Hesse.

Doto onusta, Hesse, 1872. *In Journ. conch.*, XX, p. 348. — 1873. *Loc. cit.*, XXI, p. 319, pl. XIII, fig. 7 à 11.

L'Océan : la rade de Brest, dans le Finistère (Hesse, Fischer, Daniel).

Genre GELLINA, Gray

Gray, 1850. *Fig. moll.*, IV, p. 106.

Gellina affinis, d'Orbigny.

Tergipes affinis, d'Orbigny, 1835. *In Mag. zool.*, p. 4, pl. CIV.

L'Océan : pointe du Plomb, près la Rochelle, dans la Charente-Inférieure (d'Orbigny, Fischer, Taslé, Beltremieux).

HERMÆIDÆ

Genre HERMÆA, Lovén

Lovén, 1844. *Ofvers. Kong. vet. acad. Handl.*

Hermæa dendritica, Alder et Hancock.

Calliopæa dendritica, Alder et Hancock, 1843. *In Ann. nat. hist.*, XII, p. 233.
Hermæa dendritica, Alder et Hancock, 1845-1855. *Mon. Brit. Nud.*, fam. III, pl. XL. — Forbes et Hanley, 1853. *Brit. moll.*, III, p. 609, pl. ZZ, fig. 1.

L'Océan : la rade de Brest, dans le Finistère (Fischer, Daniel).
La Méditerranée : le Pharo, à Marseille, dans les Bouches-du-Rhône (Marion).

Hermæa bifida, Montagu.

Doris bifida, Montagu, 1815. *In Linn. Trans.*, XII, p. 198, pl. XIV, fig. 3.
Tritonia bifida, Fleming, 1837. *Brit. anim.*, p. 287.
Hermæa bifida, Lovén, 1846. *Moll. Scand.*, p. 7. — Alder et Hancock, 1845-1855. *Mon. Brit. Nud.*, fam. III, pl. XLIX.

L'Océan : la rade de Brest, dans le Finistère (Hesse, Fischer, Daniel).
La Méditerranée : Le Pharo, à Marseille dans les Bouches-du-Rhône (Marion),

Hermæa polychroma, Hesse.

Hermæa polychroma, Hesse, 1872. *In Journ. conch.*, XX, p. 346. — 1873. *Loc. cit.*, XXI, p. 304, pl. XII, fig. 8-12.

L'Océan : la rade de Brest, dans le Finistère (Hesse, Fischer, Daniel).

Hermæa Rissoi, Milne-Edwards.

Calliopæa Risso, Milne-Edwards.
Hermæa Risso, Verany, 1853. *In Journ. conch.*, IV, p. 385.

La Méditerranée : les environs de Nice, dans les Alpes-Maritimes (Verany, Roux).

Genre STILIGER, Ehrenberg

Ehrenberg, 1831. *In Isis*, 1832, p. 1275.

Stiliger bellula, D'ORBIGNY.

Calliopæa bellula, d'Orbigny, 1844. *In Mag. zool.*, p. 12, pl. CVIII.
Stiliger bellula, Fischer, 1883. *Man. malac.*, p. 543.

L'Océan : les environs de Brest, dans le Finistère (Taslé, Fischer); la Charente-Inférieure (Taslé).

Stiliger Souleyeti, VERANY,

Calliopæa Souleyeti, Verany, 1846. *Cat. anim. inv. Nizza*, p. 23.

La Méditerranée : les environs de Nice, dans les Alpes-Maritimes (Verany, Roux).

ELYSIIDÆ

Genre ELYSIA, Risso

Risso, 1818. *In Journ. phys.*, LXXXVII, p. 376

Elysia viridis, MONTAGU.

Laplysia viridis, Montagu, 1815. *In Linn. Trans.*, VII, pl. VII, fig. 1.
Acteon viridis, de Quatrefages, 1844. *In Ann. sc. nat.*, 3e sér., I, p. 138.
Elysia viridis, Verany, 1846. *Cat. an. inv. Nizza*, p. 19, pl II, fig. 1.
— Forbes et Hanley, 1853. *Brit. moll.*, III. p. 614, pl. CCC, fig. 3.

La Manche : les côtes du Boulonnais, dans le Pas-de-Calais (E. Sauvage); les îles Chaussey, dans la Manche (Fischer); l'île Bréhat, dans les Côtes-du-Nord (de Quatrefages); Saint-Malo, dans l'Ille-et-Vilaine (Fischer, Grube); etc.

L'Océan : la rade de Brest et ses environs, dans le Finistère (Taslé, Fischer); les crassats du bassin d'Arcachon, dans la Gironde (Fischer).

La Méditerranée : Montredon, près Marseille, dans les Bouches-du-Rhône (Marion).

Elysia elegans, DE QUATREFAGES.

Acteon elegans, de Quatrefages, 1844. *In Ann. sc. nat.*, 3e sér., I, p. 139, pl. III, fig. 3.
Elysia elegans, Fischer, 1867. *In Journ. conch.*, XV, p. 11.

La Manche : l'île de Tatichon, près Saint-Waast-la-Hougue, dans la Manche (Fischer).

L'Océan : la rade de Brest, dans le Finistère (Taslé, Fischer).

Elysia Hoppei, VERANY.

Actæon Hopei, Verany, 1853. *In Journ. conch.*, IV, p. 392.

La Méditerranée : le bassin de Villefranche, dans les Alpes-Maritimes (Verany).

Elysia timida, RISSO.

Elysia timida, Risso, 1826. *Hist. nat. eur. mérid.*, IV, p. 45, fig. 3 (*non* Cantraine).

La Méditerranée : les environs de Nice, dans les Alpes-Maritimes (Risso).

Genre DIPLOPELECYA, Morçh

Morch, 1872. *In Journ. conch.*, XX, p. 125 *(Diplopelycia)*.

Diplopelecya trigonura, MÖRCH.

Diplopelycia trigonura, Mörch, 1872. *In Journ. conch.*, XX, p. 125, pl. V, fig. 1 ; pl. VI, fig. 1-2.

La Méditerranée : les environs de Nice, dans les Alpes Maritimes (Mörch).

LIMAPONTIIDÆ

Genre LIMAPONTIA, Johnston

Johnston, 1836. *In Lond. mag.*, IX, p. 79.

Limapontia cærulea, DE QUATREFAGES.

Chalidis cærulea, de Quatrefages, 1844. *In Ann. sc. nat.*, 3e sér., I, p. 155, pl. III, fig. 7.

Lipamontia cærulea, Fischer, 1867. *In Journ. conch.*, XV, p. 12.
Limapontia cærulea, Taslé, 1868. *Faune malac. Ouest France*, p. 73.

La Manche : l'île Bréhat, dans les Côtes-du-Nord (de Quatrefages, Fischer).

L'Océan : rochers du golfe du Morbihan (Taslé).

Limapontia nigra, Johnston.

Limapontia nigra, Johnston, 1836. *In Lond. mag. nat. hist.*, IX, p. 79. — Alder et Hancock, 1848. *In Ann. nat. hist.*, 2e sér., I, p. 402, pl. XIX, fig. 4-8. — Forbes et Hanley, 1853. *Brit. moll.*, III, p. 614, pl. CCC, fig. 4.

L'Océan : la rade de Brest, dans le Finistère (Taslé, Fischer, Daniel); le golfe du Morbihan (Taslé).

Genre LAFONTIA, Locard

Lafontia senestra, de Quatrefages.

Actæonia senestra, de Quatrefages, 1844. *In Ann. sc. nat.*, 3e sér., I, p. 43, pl. III, fig. 4.

La Manche : l'île Bréhat, dans les Côtes-du Nord (de Quatrefages, Fischer).

L'Océan : lés côtes du Morbihan (Taslé, Fischer).

Lafontia corrugata, Alder et Hancock.

Actæonia corrugata, Alder et Hancock, 1848. *In Ann. nat. hist.*, 2e sér. I, p. 403, pl. XIX, fig. 2-3. — Forbes et Hanley, 1853. *Brit. moll.*, III, p. 615, pl. CCC, fig. 5.

L'Océan : la rade de Brest, dans le Finistère (Taslé, Fischer, Daniel).

Genre CENIA, Alder et Hancock

Alder et Hancock, 1848. *In Ann. nat. hist.*, 2e sér., I, p. 404.

Cenia Cocksii, Alder et Hancoch.

Cenisa Cocksii, Alder et Hancock, 1848. *In Ann. nat. hist.*, 2e sér., I, p. 404, pl. XIX, fig. 1. — Forbes et Hanley, 1853. *Brit. moll.*, III, p. 616, pl. CCC, fig. 6.

L'Océan : la rade de Brest, dans le Finistère (Taslé, Fischer, Daniel).

TECTIBRANCHIATA

APLYSIIDÆ

Genre APLYSIA, Linné

Linné, 1767. *Systema naturæ*, édit. XII, p. 1072.

A. — Groupe de l'*A. fasciata.*

Aplysia fasciata, Poiret.

Aplysia fasciata, Poiret, 1789. *Voy. en Barb.*, II, p. 2. — S. Rang, 1828. *Hist. nat. Aplys.*, p. 54, pl. VI et VII.
Laplysia fasciata, Bosc. *Hist. nat.*, *Vers.*, I, p. 74.
Laplysia fasciata, de Lamarck, 1822. *Ann. s. vert*, VI, 2e part., p. 39.
Dolabella lepus, Risso, 1826. *Hist. nat. eur. mérid.*, IV, p. 44, fig. 12.

L'Océan : les régions armoricaine et aquitanique (Fischer); le golfe du Morbihan (Taslé); Mesquer, dans la Loire-Inférieure (Cailliaud, Taslé); la Charente-Inférieure (Beltremieux, Taslé); etc.

La Méditerranée : le Grau-du-Roi, dans le Gard (Clément); le Pharo, à Marseille, dans les Bouches-du-Rhône (Marion); les environs de Nice, dans les Alpes-Maritimes (Risso, Verany, Roux); etc.

Aplysia marmorata, de Blainville.

Aplysia marmorata, de Blainville, 1823. *In Journ. sc. phys.*, XCVI, p. 286, fig. 3 et 4. — S. Rang, 1828. *Hist. nat. Aplys.*, p. 58, pl. XII, fig. 6-9.

L'Océan : La Rochelle, dans la Charente-Inférieure (Beltremieux, Fischer); Biarritz, dans les Basses-Pyrénées (Fischer, Taslé); etc.

Aplysia unicolor, DE BLAINVILLE.

Aplysia unicolor, de Blainville, 1823. *In Journ. sc. phys.*, XCVI, p. 287.

L'Océan : les environs de Bayonne, dans les Basses-Pyrénées (de Blainville).

Aplysia cameliformis, CUVIER.

Aplysia camelus, Cuvier, 1803. *In Ann. Mus.*, II, p. 295, pl. I, fig. 1. — S. Rang, 1828. *Hist. nat. Aplys.*, p. 60, pl. XV, fig. 1.

L'Océan : les rochers aux environs de Quimper, dans le Finistère (Collard des Cherres, Petit, Taslé, Daniel) ; côtes de Mesquer, dans la Loire-Inférieure (Cailliaud, Taslé) ; etc.

Aplysia depilans. LINNÉ.

Laplysia depilans, Linné, 1767. *Syst. nat.*, édit. XII, p. 1082.
Aplysia depilans, Gmelin, 1789. *Syst. nat.*, édit. XIII, p. 3103. — S. Rang, 1828. *Hist. nat., Aplys.*, p. 62, pl. XVI et XVII.

La Manche : les îles Chaussey, dans la Manche (Nob.)

L'Océan : banc de Saint-Marc, au Moulin-Blanc, les environs de Brest dans le Finistère (Collard des Cherres, Petit, Daniel) ; Lorient, le golfe du Morbihan (Taslé) ; côtes de Piriac, le Croisic, la baie de Bourgneuf, dans la Loire-Inférieure (Cailliaud, Taslé) ; etc.

La Méditerranée : le littoral de Cette, l'étang de Thau, dans l'Hérault (Granger) ; le Pharo à Marseille, dans les Bouches-du-Rhône (Marion) ; les environs de Nice, dans les Alpes-Maritimes (Verany, Roux) ; etc.

Aplysia punctata, CUVIER.

Aplysia punctata, Cuvier, 1804. *In Ann. Mus.*, III, p. 295, pl. I, fig. 2-4. — S. Rang, 1828. *Hist. nat. Aplys*, p. 65, pl. XVIII, fig. 2-4. — Philippi, 1844. *En. moll. Sic.*, II, p. 98, pl. XXII, fig. 1.
— *Cuvieri*, delle Chiaje, 1826. *Mem.*, I, p. 71.
Laplysia punctata, de Lamarck, 1822. *Anim. s. vert.*, VI, II, p. 40.
Aplysia hybrida, Forbes et Hanley, 1853. *Brit. moll.*, III, p. 552, pl. CXIV, fig. 4 ; pl. YY, fig. 1.

L'Océan : banc de Saint-Marc (Taslé), les environs de Quimper, île Tady (Daniel), dans le Finistère (Collard des Cherres) ; le golfe du Morbihan (Taslé) ; les côtes du Piriac, le Croisic, la baie de Bourgneuf, dans la Loire-Inférieure (Cailliaud, Taslé) ; la Charente-Inférieure (Beltremieux, Fischer) ; le bassin d'Arcachon, dans la Gironde (Fischer) ; etc.

La Méditerranée : la Joliette, le golfe de Marseille, dans les Bouches-du-Rhône (Marion) ; le golfe de Nice, dans les Alpes-Maritimes (Risso, Verany, Roux); etc.

Aplysia marginata, DE BLAINVILLE.

Aplysia marginata, de Blainville, 1823. *In Journ. sc. phys.*, XCXVI, p. 285, fig. 5.

La Méditerranée : les environs de Nice, dans les Alpes-Maritimes (Verany).

Aplysia Poliana, DELLE CHIAJE.

Aplysia Poliana, delle Chiaje, 1825. *Mem. hist. nat. Aplys.*, pp. 30, 72, pl. III, fig. 1. — S. Rang, 1828. *Hist. nat. Aplys.*, pl. XV bis, fig. 2.
— *Polii*, Roux, 1862. *Stat. Alpes-Maritimes*, p. 417.

La Méditerranée : les environs de Nice, dans les Alpes-Maritimes (Verany).

Aplysia longicornis, S. RANG.

Aplysia longicornis, S. Rang, 1828. *Hist. nat. Aplys.*, p. 66, pl. XIX, fig. 1-4.

L'Océan : l'anse de Pornichet, dans la Loire-Inférieure (Cailliaud, Taslé).

La Méditerranée : sur les côtes de France (S. Rang).

Aplysia Ferussaci, S. RANG.

Aplysia Ferussaci, S. Rang, 1828. *Hist. nat. Aplys.*, p. 66, pl. XIX, fig. 6-9.

L'Océan : sous les rochers, dans la Charente-Inférieure (Taslé).

Aplysia virescens, RISSO.

Aplysia virescens, Risso, 1826. *Hist. nat. eur. mérid.*, IV, p. 42, fig. 10. — S. Rang, 1828. *Hist. nat. Aplys.*, p. 66, pl. XIX, fig. 5.

La Méditerranée : le golfe de Nice, les environs de Nice, dans les Alpes-Maritimes (Risso, S. Rang, Verany, Roux).

Aplysia lutea, Risso.

Aplysia lutea, Risso, 1826. *Hist. nat. eur. mérid.*, IV, p. 43.

La Méditerranée : les environs de Nice, dans les Alpes-Maritimes (Risso).

Aplysia stellata, Risso.

Aplysia stellata, Risso, 1826. *Hist. nat. eur. mérid.*, IV, p. 43.

La Méditerranée : les environs de Nice, dans les Alpes-Maritimes (Risso, Roux).

Aplysia Brugnatelli, Roob et van Beneden.

Aplysia Brugnatelli, Roob et Van Beneden, 1836. *In Rev. Mag. Zool.*, pl. LXXVII, fig. 1, 2.

La Méditerranée : les environs de Nice, dans les Alpes-Maritimes (Verany, Roux).

B. — Groupe de l'*A. Webi.*

Aplysia Webi, Roob et van Beneden.

Aplysia Webi, Roob et van Beneden, 1836. *In Rev. Mag. Zool.*, V, pl. LXXVII, fig. 9.
— *depressa*, Cantraine, 1840. *Malac. médit.*, p. 71, pl. III, fig. 1.
Aplysiella Webi, Fischer, 1872. *In Journ. conch.*, XX, p. 295.

La Méditerranée : le golfe de Marseille, dans les Bouches-du-Rhône (Marion); les environs de Nice, dans les Alpes-Maritimes (Verany, Roux) (1).

Genre NOTARCHUS, Cuvier

Cuvier, 1817. *Règne animal.*

Notarchus griseus, Risso.

Busiris griseus, Risso, 1826. *Hist. nat. eur. mérid.*, IV, p. 34, fig. 6.
Notarchus punctatus, Philippi, 1836. *Enum. moll. Sic.*, I, p. 255, pl. VIII, fig. 9.

La Méditerranée : les environs du Caroubier et du Prado (Marion), le

(1) D'après M. J. Roux, il conviendrait de séparer l'*Aplysia Webi* de l'*A. depressa;* nous conservons quelques doutes au sujet de ces deux types. Pour le même auteur, les *Aplysia stellata*, *A. punctata*, *A. marginata*, et *A. virescens*, sont indiqués dans les Alpes-Maritimes avec un point de doute. Enfin, il signale un *Aplysia Macei* Verany, *Nov. sp.*

golfe de Marseille (Vayssière), dans les Bouches-du-Rhône ; les environs de Nice, dans les Alpes-Maritimes (Risso) ; etc.

Genre PHYLLAPLYSIA, Fischer

Fischer, 1872. *In Journ. conch.*, XX, p. 296.

Phyllaplysia Lafonti, FISCHER.

Phyllaphysia Lafonti, Fischer, 1872. *In Journ. conch.*, XX. p. 297, pl. XV, fig. 1-3.

L'Océan : le bassin d'Arcachon, dans la Gironde (Fischer).

PLEUROBRANCHIDÆ

Genre PLEUROBRANCHUS, Cuvier

Cuvier, 1805. *In Ann. Mus.*, V, p. 266.

Pleurobranchus plumulatus, MONTAGU.

Bulla plumula, Montagu, 1803. *Test. Brit.*, p. 214, pl. XV, fig. 9, vig. 2, fig. 5.

Sigaretus stomatellus, Risso, 1826. *Hist. nat. eur. mérid.*, IV, p. 352, fig. 152.

Berthella porosa, de Blainville, 1828. *Man. malac.*, pl. XLIII, fig. 1.

Pleurobranchus plumula, Fleming, 1828. *Brit. anim.*, p. 291. — Brown, 1844. *Illust. Conch.*, p. 62., pl. II, fig. 14.-15. — Forbes et Hanley, 1853. *Brit. moll.*, III, p. 559, pl. CXIV, F, fig. 6, 7 ; pl. XX, fig. 1. — Vayssière, 1880. *In Journ. conch.*, XXVIII, p. 208, pl. VIII, fig. 2.

— *brevifrons*, Philippi, 1844. *Enum. moll. Sic.*, II, p. 208, pl. XX, fig. 5.

Lamellaria Kleciachi, Brusina, 1866. *Contr. faun. Dalm.*, p. 35.

La Manche : le Boulonnais, dans le Pas-de-Calais (Bouchard-Chantereaux); les côtes de la Manche (Petit, Fischer); Saint-Malo, dans l'Ille-et-Vilaine (Grube) ; etc.

L'Océan : Roscoff (Grube), Lanninon, Postrein, Saint-Marc, la côte nord de la rade de Brest (Daniel), Concarneau (de Guerne), dans le Finistère; port Navalo, dans le Morbihan (Taslé); baie de Bourgneuf, dans la Loire-Inférieure (Cailliau !); l'île de Noirmoutier, dans la Vendée

(Taslé, Fischer); l'île de Ré, dans la Charente-Inférieure (Taslé, Fischer); en dehors du bassin d'Arcachon, dans la Gironde (Fischer); etc.

La Méditerranée : le Caroubier, près Marseille (Marion), le golfe de Marseille (Vayssière), dans les Bouches-du-Rhône.

Pleurobranchus membranaceus, MONTAGU.

Lamellaria membranacea, Montagu, 1811. *In Trans. Linn. soc.*, XI, p. 184, pl. XII, fig. 3-4.
Bulla membranacea, Turton, 1819. *Conch. diction.*, p. 25.
Pleurobranchus membranaceus, Fleming, 1828. *Brit. anim.*, p. 291. — Brown, 1844. *Illust. Conch.*, p. 62, pl. II, fig. 9. — Forbes et Hanley, 1853. *Brit. moll.*, III, p. 558, pl. CXIV, F, fig. 5; pl. XX, fig. 3.
Oscanius membranaceus, de Monterosato, 1884. *Nom. conch. médit.*, p. 148.

L'Océan : Lanninon, Saint-Marc, le Poulnic, dans le Finistère (Daniel); le golfe du Morbihan (Taslé); etc.

La Méditerranée : le golfe de Marseille, dans les Bouches-du-Rhône (Marion).

Pleurobranchus Haanii, CANTRAINE.

Pleurobranchus de Haanii, Cantraine, 1840. *Malac. médit.*, p. 89, pl. IV, fig. 6.
— *tuberculatus (pars)*, Philippi, 1844. *Enum. moll. Sic.*, II, p. 85.
— *Deshaanii*, de Monterosato, 1878. *In Journ. conch.*, XXVI, p. 160.
— *membranaceus*, Vayssière, 1880. *In Journ. conch.*, XXVIII, p. 211, pl. VII, fig. 4 (*n.* Montagu).
Oscanius de Haanii, de Monterosato, 1884. *Nom. conch. médit.*, p. 149.

La Méditerranée : le golfe de Marseille, dans les Bouches-du-Rhône (Vayssière, de Monterosato); Nice, dans les Alpes-Maritimes (Nob); etc.

Pleurobranchus testudinarius, CANTRAINE.

Pleurobranchus Forskahlii, (*non* Rup. et Leuc.), delle Chiaje. *Mem.*, III, p. 150 et 154, pl. XLI, fig. 11.
— *mamillatus*, Schultz, 1836. *In* Philippi, *Enum. moll. Sic.*, I, p. 112.
— *tuberculatus*, Cantraine, 1840. *Malac. médit.*, p. 89.
— *testudinarius*, Cantraine, 1840. *Loc. cit.*, p. 88. — Vayssière, 1880. *In Journ. conch.*, XXVIII, p. 209, pl. VII, fig. 3.
Susania testudinaria, de Monterosato, 1884. *Nom. conch. médit.*, p. 149.

L'Océan : baie de Bourgneuf, dans la Loire-Inférieure (Cailliaud, Taslé, Fischer).

La Méditerranée : le golfe de Marseille, dans les Bouches-du-Rhône (Vayssière, Marion).

Pleurobranchus aurantiacus Risso.

Pleurobranchus aurantiacus, Risso, 1826. *Hist. nat. eur. mérid.*, IV, p. 40, fig. 8. — Vayssière, 1880. *In Journ. conch.*, XXVIII, p. 206, pl. VII, fig. 1.
— *elongatus*, Cantraine, 1836. *In Acad. Brux.*, II, p. 385; *Diagn.*, p. 6. — 1840. *Malac. médit.*, p. 90, pl. IV, fig. 7.

La Méditerranée : les Martigues (Petit), le golfe de Marseille (Vayssière, Marion), dans les Bouches-du-Rhône; les environs de Nice, dans les Alpes-Maritimes (Risso, Verany, Roux); etc.

Pleurobranchus Monterosatoi, Vayssière.

Pleurobranchus Monterosati, Vayssière, 1880. *In Journ. conch.*, XXVIII, p. 212, pl. VII, fig. 6.

La Méditerranée : le golfe de Marseille, entre le Caroubier et le château d'If, dans les Bouches-du-Rhône (Vayssière).

Pleurobranchus Denotarisi, Verany.

Pleurobranchus Denotarisii, Verany, 1846. *Cat. anim. inv. Nizza*, p. 19.

La Méditerranée : les environs de Nice, dans les Alpes-Maritimes (Verany, Roux).

Pleurobranchus Savii, Verany.

Pleurobranchus Savii, Verany, 1846. *Cat. anim. inv. Nizza*, p. 19.

La Méditerranée : les environs de Nice, dans les Alpes-Maritimes (Verany, Roux).

Pleurobranchus Contarinii, Verany.

Pleurobranchus Contarinii, Verany, 1846. *Cat. anim. inv. Nizza*, p. 19.

La Méditerranée : les environs de Nice, dans les Alpes-Maritimes (Verany, Roux).

Pleurobranchus stellatus, Risso.

Pleurobranchus stellatus, Risso, 1826. *Hist. nat. eur. mérid.*, IV, p. 41.

La Méditerranée : les environs de Nice, dans les Alpes-Maritimes (Verany, Roux).

Genre PLEUROBRANCHÆA, Meckel

Meckel, 1813. *In Leve, Diss. inaug. d. Pleur.*

Pleurobranchæa Meckeli, Leve.

Pleurobranchæa Meckelii, Leve, 1813. *Dissert. inaug.*. — De Blainville, 1825-1827. *Man. malac.*, p. 471, pl. XLIII, fig. 3. — Cantraine, 1840. *Malac. medit.*, p. 87, pl. III, fig. 3.

Pleurobranchidium Meckelii, Verany, 1853. *In Journ. conch.*, IV, p. 389.

La Méditerranée : Méjean, dans les Bouches-du-Rhône (Marion) ; les environs de Nice, dans les Alpes-Maritimes (Verany, Roux) ; etc.

Pleurobranchæa Chiajei, Verany.

Pleurobranchus delle Chiaje, Verany, 1846. *Cat. anim. inv. Nizza.*, p. 19, pl. II, fig. 2 et 3.

La Méditerranée : les environs de Nice, dans les Alpes-Maritimes (Verany, Roux).

RUNCINIDÆ

Genre RUNCINA, Forbes

Forbes, 1853. *Brit. moll.*, III, p. 611.

Runcina coronata, de Quatrefages.

Pelta coronata, de Quatrefages, 1846. *In Ann. sc. nat.*, 3e sér., I, p. 151, pl. III, fig. 6.

Runcina coronata, Fischer, 1883. *Man. conch.*, p. 574.

La Manche : l'île Bréhat, dans les Côtes-du-Nord (de Quatrefages, Fischer).

La Méditerranée : le Pharo, près Marseille, dans les Bouches-du-Rhône (Marion).

UMBRELLIDÆ

Genre TYLODINA, Rafinesque

Rafinesque, 1814. *In Journ. encycl. Sic.*, n°. 12.

Tylodina Rafinesquei, Philippi.

Tylodina Rafinesquei, Philippi, 1836. *Enum. moll. Sic.*, I, p. 114, pl. VII, fig. 8.

La Méditerranée : Carry, le golfe de Marseille, dans les Bouches-du-Rhône (Marion).

Tylodina excentrica, Tiberi.

Gadinia excentrica, Tiberi, 1857. *In Journ. conch.*, VI, p. 37, pl. II, f. 2.
— *lateralis*, Requien, 1848. *Cat. moll. Corse*, p. 39.
Tylodina excentrica, de Monterosato, 1878. *Enum. e sin.*, p. 58.

La Méditerranée : Côtes de Provence (de Monterosato).

Genre UMBRELLA, de Lamarck.

De Lamarck, 1812. *Extr. d'un cours.*

Umbrella Mediterranea, de Lamarck.

Umbrella Mediterranea, de Lamarck, 1822. *Anim. s. vert.*, VI, 2e part. p. 343. — Philippi, 1836. *Enum. moll. Sic.*, I, p. 113, pl. VII, fig. 11.

La Méditerranée : la Provence (Petit); le golfe de Marseille, dans les Bouches-du-Rhône (Marion); Toulon (Nob.), dans le Var (Petit, Doublier); les environs de Nice, dans les Alpes-Maritimes (Risso, Verany, Roux); etc.

Umbrella Lamarckiana, Recluz.

Umbrella Lamarckiana, Reclus, 1843. *In Rev. Mag. Zool.*

La Méditerranée : les environs d'Adge, dans l'Hérault (Reclus, Petit, Weinkauff) (1).

(1) M. J. Roux signale dans les Alpes-Maritimes l' *Umbrella Indica* de Lamarck, qui est une espèce exotique.

ACTÆONIDÆ

Genre ACTÆON, de Montfort

de Montfort, 1810. *Conch. system.*, II, p. 314.

Actæon tornatilis, Linné.

Voluta tornatilis, Linné, 1767. *Syst. nat.*, édit. XII, p. 1117.
Turbo ovalis, da Costa, 1778. *Brit. Conch.*, p. 101, pl. VIII, fig. 2.
Bulimus tornatilis, Bruguière, 1789. *Encycl. meth.*, *Vers.*, I, p. 338.
Tornatella fasciata, de Lamarck, 1819. *Anim. s. vert.*, VI, 1re part., p. 220. — Reeve. *Conch. icon.*, III, pl. CCVI, fig. 11. — Brown, 1844. *Illust. Conch.*, 2e édit., p. 21, pl. VIII, fig. 4-5. — Forbes et Hanley, 1853. *Brit. moll.*, III, p. 523, pl. CXIV, D, fig. 3; pl. VV, fig. 7.
Speo bifasciatus, Risso, 1826. *Hist. nat. eur. mérid.*, IV, p. 236, fig. 107.
Petipes tornatilis, de Blainville, 1828. *Man. Conch.*, pl. XXXVIII, fig. 5.
Tornatella tornatilis, Fleming, 1818. *Brit. anim.*, p. 336.
Actæon tornatilis, Alder, 1830. *Cat. moll. North.*, p. 29.

La Manche : le Boulonnais, dans le Pas-de-Calais (Bouchard-Chantereaux); les côtes de la Manche (Macé, de Gerville); Cancale, dans l'Ille-et-Vilaine (Nob.); banc de Dinant, dans les Côtes-du-Nord (Daniel); etc.

L'Océan : plage de Morlaix (Daniel), Quimper, Quelern (Collard), dans le Finistère; Quiberon, Belle-Isle, Houat, Gavre, dans le Morbihan (Taslé); Pornichet, côtes de Piriac et de Ker-Cabelec, dans la Loire-Inférieure (Cailliaud); île d'Yeu, dans la Vendée (Servain); la Rochelle (Taslé), plage d'Angolin (Beltremieux), Royan, île d'Oleron (Nob). dans la Charente-Inférieure; le cap Breton, dans les Landes (de Folin); embouchure de l'Adour, dans les Basses-Pyrénées (de Folin); etc.

La Méditerranée : plage de la Franqui, dans l'Aude (Pepratx); le littoral de Cette (Granger); de Cette à Aigues-Mortes (Dubreuil); Palavas dans l'Hérault, (Dolfus); le golfe d'Aigues-Mortes, dans le Gard (Clément); cap Caveau, au sud de Maïré, Broundo de Mourepiano, Ratonneau, dans les Bouches-du-Rhône (Marion); Saint-Tropez, dans le Var (Doublier); les environs de Nice, dans les Alpes-Maritimes (Risso, Roux); etc.

Actæon pusillus, Forbes.

Tornatella pusillus, Forbes, 1843. *Rep. Aeg. invert.*, p. 191.
Acteon pusillus, de Monterosato, 1875. *Nuov. revist.*, p. 46.

La Méditerranée : Peyssonnel, dans les Bouches-du-Rhône (Marion).

Actæon exilis, JEFFREYS.

Actæon exilis, Jeffreys, 1870. *In Ann. nat. hist.*, 4e ser, VI, p. 85.

L'Océan : le golfe de Gascogne (Jeffreys).

VOLVULIDÆ

Genre VOLVULA, A. Adams

A. Adams, 1850. *In* Sowerby, *Thes. conch.*, II, p. 558.

Volvula acuminata, BRUGUIÈRE.

Bulla acuminata, Bruguière, 1789. *Encycl. meth.*, *Vers*, I, p. 779. — Philippi, 1836. *Enum. moll. Sic*, I, p. 172, pl. VII, fig. 18.
Cylichna acuminata, Lovén, 1846. *Index moll. Scand.*, p. 10. — Jeffreys, 1867-1869. *Brit. conch.*, IV, p. 411 ; V, pl. XCIII, fig. 1.
Bulla (volvula) acuminata, A. Adams, 1850. *In* Sowerby, *Thes. conch.*, II, 596, pl. CXXV, fig. 5411.
Ovula? acuminata, Forbes et Hanley, 1853. *Brit. moll.*, III, p. 500, pl. CXIV, B, fig. 3.

L'Océan : les régions armoricaine et aquitanique (Fischer) ; sables à l'entrée de la Gironde (Fischer) ; le cap Breton, dans les Landes (de Folin) ; etc.

La Méditerranée : Montredon, dans les Bouches-du-Rhône (Marion).

SCAPHANDRIDÆ

Genre SCAPHANDER, de Montfort

de Montfort, 1810. *Conch. syst.*, II, p. 325.

Scaphander lignarius, LINNÉ.

Bulla lignaria, Linné, 1767. *Syst. nat.*, édit. XII, p. 1184. — Reeve *Conch. Icon.*, II, pl. CLV, fig. 5.
Bullæa lignaria, Gray, 1815. *In Ann. philos.*, p. 408.

Bulla (scaphander) lignarius, A. Adams, 1850. *In* Sowerby, *Thes. Conch.*, II, p. 574, pl. CXXI, fig. 47.
Scaphander lignarius, Forbes et Hanley, 1853. *Brit. moll.*, III, p. 536, pl. CXIV, fig. 3; pl. VV, fig. 5. — Jeffreys, 1867-1869. *Brit. conch.*, IV, p. 443; V, p. 224, pl. XCV, fig. 5.

La Manche : le Boulonnais (Bouchard-Chantereaux); la région normande (Fischer) ; le Calvados (Nob.) ; etc.

L'Océan : régions armoricaine et aquitanique (Fischer); le Finistère (Collard, Taslé, Daniel, de Guerne); le Morbihan (Taslé) ; la Loire-Inférieure (Cailliaud); île d'Yeu, dans la Vendée (Servain) ; la Gironde (Fischer); etc.

La Méditerranée (Petit, Weinkauff) : l'Aude (Pepratx); le Gard (Clément) ; l'Hérault (Granger); les Bouches-du-Rhône (Petit, Marion) ; le Var (Doublier); les Alpes-Maritimes (Risso, Roux) ; etc.

Scaphander giganteus, Risso.

Scaphander giganteus, Risso, 1826. *Hist. nat. eur. mérid.*, IV, p. 51, fig. 12.
— *gibbulus*, Roux, 1862. *Stat. Alpes-Maritimes*, p. 419.

La Méditerranée : le Grau-du-Roi, dans l'Hérault (Nob.) ; les environs de Nice, dans les Alpes-Maritimes (Risso, Roux) ; etc.

Scaphander puncto-striatus, Mighels.

Bulla puncto-striata, Mighels, 1842. *In Boston Journ. nat. hist.*, IV, p. 43, pl. IV, fig. 10.
Scaphander librarius, Lovén, 1846. *Ind. Moll. Scand.*
— *puncto-striatus*, G. O. Sars, 1878. *Moll. Arct. Norv*, p. 292, pl. XVIII, f. 6.

L'Océan : le golfe de Gascogne (Jeffreys, Fischer).

Genre CYLICHNA, Lovén

Lovén, 1846. *Ind. moll. Scand.*, p. 10.

A. — Groupe du *C. cylindracea*

Cylichna cylindracea, Pennant.

Bulla cylindracea, Pennant, 1767. *Brit. zool.*, IV, p. 117, pl. LXXVII, fig. 85.
Bullina cylindracea, Macgillivray, 1843. *Moll. Aberd.*, p. 91.

Volvaria cylindracea, Brown, 1844. *Illust. conch.*, 2e édit., p. 3, pl. XIX, fig. 36-37.

Bulla (cylichna) cylindracea, A. Adams, 1850. *In* Sowerby, *Thes. conch.*, II, p. 590, pl. CXXV, fig. 132.

Cylichna cylindracea, Forbes et Hanley, 1853. *Brit. moll.*, III, p 508, pl. CXIV, B, fig. 6; pl. VV, fig. 3. — Jeffreys, 1867-1869. *Brit. conch.*, IV, p. 415, pl. XCIII, fig. 4. — Sowerby, 1859. *Ill. ind.*, pl. XX, fig. 4.

Dinia cylindracea, J. Roux, 1862. *Stat. Alpes-Maritimes*, p. 419.

La Manche : la région normande (Fischer); les côtes de la Manche (de Gerville); Cancale, dans l'Ille-et-Vilaine (Nob.); baie de Saint-Brieuc, dans les Côtes-du-Nord (Nob.); etc.

L'Océan : les régions armoricaine et aquitanique (Fischer); Quiberon, dans le Morbihan (Taslé); l'étier du Pot, au Croisic, dans la Loire-Inférieure (Cailliaud); île d'Yeu, dans la Vendée (Servain); Royan, la Rochelle, dans la Charente-Inférieure (Nob.); sables à l'entrée de la Gironde, au large du golfe de Gascogne (de Folin, Fischer, Taslé); cap Breton, dans les Landes (de Folin); en bouchure de l'Adour, dans les Basses-Pyrénées (de Folin) ; etc.

La Méditerranée : Maïré, près Marseille, dans les Bouches-du-Rhône (Marion) ; les environs de Nice (Risso) ; etc.

Cylichna elongata, Locard.

Cylichna elongata, Locard, 1883. *Mss.*

La Manche : Granville, dans la Manche (Nob.).

B. — Groupe du *C. obtusa*

Cylichna obtusa, Montagu.

Bulla obtusa, Montagu, 1803. *Test. Brit.*, I, p. 223, pl. VII, fig. 3.

Utriculus obtusus, Brown, 1844. *Illust. conch.*, p. 58, pl. XIX, fig. 5-6. — Jeffreys, 1867-1869. *Brit. conch.*, IV, p. 423; V, p. 223, pl. XCIV, fig. 3.

Cylichna obtusa, Forbes et Hanley, 1853. *Brit. moll.*, III, p. 512, pl. CXIV, C, fig 1-3. — Sowerby, 1859. *Ill. ind.*, pl. XX, fig. 5.

La Manche : région normande (Fischer); Maupertuis, dans la Manche (Macé) ; etc.

L'Océan : régions armoricaine et aquitanique (Fischer); les environs de Brest, dans le Finistère (Daniel) ; Quiberon, dans le Morbihan (Taslé);

Royan, dans la Charente-Inférieure (Beltremieux, Taslé) ; embouchure de la Gironde (Fischer) ; etc.

Cylichna Lajonkaireana, Basterot.

Bulla Lajonkaireana, Basterot, 1825. *Mem. géol. Bord.*, p. 22, pl. I, fig. 25.
Utriculus obtusus (var. Lajonkaireana), Jeffreys, 1867-1869. *Brit. conch.*, IV, p. 424, pl. XCIV, fig. 4.
— *Lajonkaireanus*, Taslé, 1870. *Faune malac. mar. Ouest, Suppl.*, p. 39.

L'Océan : baie de Goulven, dans le Finistère (Taslé).

Cylichna mamillata, Philippi.

Bulla mamillata, Philippi, 1836. *Enum. moll. Sic.*, I, p. 122, pl. VII, fig. 20.
Bulla (tornatina) mammillata, A. Adams, 1850. *In* Sowerby, *Thes. conch.*, II, p. 566, pl. CXXI, fig. 26.
Cylichna mammillata, Forbes et Hanley, 1853. *Brit. moll.*, III, p. 154, pl. CXIV, C, fig. 4-5. — Sowerby, 1859. *Ill. ind.*, pl. XX, fig. 6.
Utriculus mammillatus, Jeffreys, 1867-1869. *Brit. conch.*, V, p. 420 ; V, p. 223, pl. XCIV, fig. 1.

L'Océan : régions armoricaine et aquitanique (Fischer) ; le Finistère (Taslé, Daniel) ; Quiberon, dans le Morbihan (Taslé), les côtes de la Loire-Inférieure (Cailliaud, Taslé) ; le golfe de Gascogne, en dehors du bassin d'Arcachon (Fischer, Taslé) ; sables à l'entrée de la Gironde (de Folin) ; etc.

La Méditerranée : Garlaban, Ratonneau, dans les Bouches-du-Rhône (Marion) ; Nice (Nob.), dans les Alpes-Maritimes (Roux) ; etc.

Cylichna truncatula, Bruguière.

Bulla truncatula, Bruguière, 1789. *Encycl. meth.*, *Vers.*, I, p. 377.
— *truncata*, Montagu, 1803. *Test. Brit.*, p. 223, pl. VII, fig. 5.
Volvaria truncata, Brown, 1844. *Illust. conch.*, p. 4, pl. XIX, fig. 17, 18.
Bulla (tornatina) truncata, A. Adams, 1850. *In* Sowerby, *Thes. conch.*, II, p. 567, pl. CXXI, fig. 27.
Cylichna truncata, Forbes et Hanley, 1853. *Brit. moll.*, III, p. 510, pl. CXIV, B, fig. 7 et 8 ; pl. VV, fig. 4. — Sowerby, 1859. *Ill. ind.*, pl. XX, fig. 7.
Utriculus truncatalus, Jeffreys, 1867-1869. *Brit. conch.*, IV, p. 421 ; V, p. 223, pl. XCIV, fig. 2.

La Manche : baie de la Hougue, Maupertuis, dans la Manche (Macé),

L'Océan : régions armoricaine et aquitanique (Fischer) ; Quiberon dans le Finistère (Taslé); Basse-Kikerie, plateau du Four, dans la Loire-Inférieure (Cailliaud) ; île d'Yeu, dans la Vendée (Servain); les crassats du bassin d'Arcachon, à Eyrac (Fischer), sables à l'entrée de la Gironde (de Folin), dans la Gironde.

La Méditerranée : Garlaban, Ratonneau, dans les Bouches-du-Rhône (Marion); le cap d'Antibes, dans le Var (Doublier); Cannes (Dautzenberg), Nice (Nob.), dans les Alpes-Maritimes (Roux); etc.

Cylichna truncatella, Locard.

Cylichna truncatella, Locard, 1885. *Mss.*

La Méditerranée : Cannes, dans les Alpes-Maritimes (Nob.).

Cylichna semisulcata, Philippi.

Bulla semisulcata, Philippi, 1836. *Enum. moll. Sic.*, I, p. 187, pl. VII, fig. 19.

Utriculus semisulcatus, de Monterosato, 1884. *Nom. conch. medit.*, p. 142.

La Méditerranée : les environs de Nice, dans les Alpes-Maritimes (Roux).

C. — Groupe du *C. umbilicata*

Cylichna umbilicata, Montagu.

Bulla umbilicata, Montagu, 1803. *Test. Brit.*, I, p. 222, pl. VII, fig. 4.

Bullina umbilicata, Macgillivray, 1843. *Moll. Aberd.*, p. 190.

Volvaria umbilicata, Brown, 1844. *Ill. conch.*, p. 3.

— *subcylindrica*, Brown, 1844. *Loc. cit.*, p. 3, pl. XIX, fig. 19, 20.

Cylichna umbilicata, Forbes et Hanley, 1853. *Brit. moll.*, III, p. 519, pl. CXIV, C, fig. 9. — Sowerby, 1859. *Ill. ind.*, pl. XX, fig. 11. — Jeffreys, 1867-1869. *Brit. conch.*, IV, p. 413 ; V, p. 223, pl. XCIII, fig. 3.

Cylichnina umbilicata, de Monterosato, 1884. *Nom. conch. medit.*, p. 143.

L'Océan : les régions armoricaine et aquitanique (Fischer); Quiberon, dans le Morbihan (Taslé); l'étier du Pot, le Croisic, dans la Loire-Inférieure (Cailliaud, Taslé); île d'Yeu, dans la Vendée (Servain); au large du golfe de Gascogne (de Folin, Taslé); au large des passes d'Arcachon (Taslé, Fischer), dans la Gironde ; cap Breton, dans les Landes (de Folin) ; etc.

La Méditerranée : Palavas, dans l'Hérault (Dolfus); Montredon, Ratonneau, dans les Bouches-du-Rhône (Marion); Cannes, Nice, dans les Alpes-Maritimes (Nob.); etc.

Cylichna ovata, Jeffreys.

Cylichna umbilicata (var. conulus), Jeffreys, 1867. *Brit. conch.*, IV, p. 414.
— *ovata*, Jeffreys, 1880. *In Ann. nat. hist.*, 5e ser., VI, p. 326. — *Loc. cit.*, X, p. 34. 1882.

L'Océan : le golfe de Gascogne (Jeffreys).

Cylichna nitidula, Lovén.

Cylichna nitidula, Lovén, 1846. *Ind. moll. Scand.*, p. 10. — Forbes et Hanley, 1853. *Brit. moll.*, III, p. 515, pl. CXIV, C, fig. 6.— Sowerby, 1859. *Ill. ind.*, pl. XX, fig. 8. — Jeffreys, 1867-1869. *Brit. conch.*, IV, p. 412; V, p. 222, pl. XCIII, fig. 2.
Cylichnina nitidula, de Monterosato, 1884. *Nom. conch. medit.*, p. 143.

L'Océan : régions armoricaine et aquitanique (Fischer); Houat, dans le Morbihan (Taslé); sables à l'entrée de la Gironde (Fischer) ; golfe de Gascogne (Fischer, Taslé), au large des passes (Lafont), dans la Gironde; cap Breton, dans les Landes; embouchure de l'Adour, dans les Basses-Pyrénées (de Folin); etc.

La Méditerranée : La Cassidagne, dans les Bouches-du-Rhône (Jeffreys).

Cylichna lævisculpta, Granata.

Cylichna lævisculpta, Granata, 1877. *Descrip. Nap.*, p. 11.
Cylichnina lævisculpta, de Monterosato, 1884. *Nom. conch. medit.*, p. 143.

La Méditerranée : les environs de Marseille, dans les Bouches-du-Rhône (de Monterosato).

Cylichna strigella, Lovén.

Cylichna strigella, Lovén, 1846. *Ind. moll. Scand.*, p. 10. — Forbes et Hanley, 1853. *Brit. moll.*, III, p. 518, pl. CXIV, C, fig. 8. — Sowerby, 1859. *Ill. ind.*, pl. XX, fig. 10.
Bulla (cylichna) strigella, A. Adams, 1850. *In* Soverby, *Thes. conch.*, I, p. 592.
— *(atys) ovulata*, A. Adams, 1850. *Loc. cit.*, p. 586, pl. CXXV, fig. 118.

L'Océan : Royan, dans la Charente-Inférieure (Nob.).

Cylichna Jeffreysi, Weinkhauff.

Bulla umbilicata (pars), Cantraine, 1840. *Mal. med.*, p. 79.
— *strigella*, Mac-Andrew, 1849. *Brit. Mus.* (*teste* Jeffreys).
— *ovulata*, Jeffreys-Capellini, 1860. *Piedm. Coast.*, p. 49, pl. I, fig. 19. (*n.* Brocchi).
Cylichna Jeffreysi, Weinkauff, 1866. *In Journ. conch.*, XIV, p. 238.
Roxaniella Jeffreysi. de Monterosato, 1884. *Nom. conch. medit.*, p. 45.

La Méditerranée : côtes de Provence (Weinkauff) ; Ratonneau, dans les Bouches-du-Rhône (Marion).

Cylichna Robagliana, Fischer.

Cylichna Robagliana, Fischer, 1867. *In Les fonds de la mer*, I, p. 150, pl. XXIII, fig. 2.

L'Océan : sables à l'entrée de la Gironde (de Folin) ; golfe de Gascogne, en dehors de l'embouchure de la Gironde, par 60 brasses (Fischer).

Genre AMPHISPHYRA Lovén

Lovén, 1846. *Ind. moll. Scand.*, p. 10.

Amphisphyra hyalina, Turton.

Bulla hyalina, Turton, 1841. *In Ann. nat. hist.*, VII, p. 353.
Utriculus hyalinus, Brown, 1844. *Ill. Conch.*, 2e édit., p. 59. — Jeffreys, 1867-1869. *Brit. Conch.*, IV, p. 427; V, 223, pl. XCIV, fig. 7.
Amphisphyra hyalina, Forbes et Hanley, 1853. *Brit. moll.*, III, p. 521, pl. CXIV, D, fig. 1-2 ; pl. UU, fig. 2. — Sowerby, 1853. *Ill. ind.*, pl. XX, fig. 14.

L'Océan : les régions armoricaine et aquitanique ; les Côtes du Finistère (Taslé); en dehors des passes du bassin d'Arcachon, dans la Gironde (Lafont, Fischer); le cap Breton, dans les Landes (de Folin); etc.

Amphisphyra expansa, Jeffreys.

Amphisphyra expansa, Jeffreys, 1864. *In Rep. Brit. assoc.*, p. 330.
Utriculus expansus, Jeffreys, 1867-1869. *Brit. Conch.*, IV, p. 426 ; V, p. 223, pl. XCIV, fig. 6.

L'Océan : le golfe de Gascogne (de Monterosato, Fischer).

Amphisphyra quadrata, de Monterosato.

Amphisphyra quadrata, 1874. *In Journ. Conch.*, XXII, p 280.

L'Océan : le golfe de Gascogne (de Monterosato, Fischer).

BULLIDÆ

Genre BULLA, Linné

Linné, 1759. *Syst. nat.*, édit. X, p. 715.

A. — Groupe du *B. hydatis*

Bulla hydatis, LINNÉ.

Bulla hydatis, Linné, 1767. *Syst. nat.*, édit. XII, p. 1189. — Brown, 1844. *Ill. Conch.*, p. 57, pl. XIX, fig. 29 et 30. — Forbes et Hanley, 1853. *Brit. moll.*, III, p. 530, pl. CXIV, D, fig. 7; pl. UU, fig. 3. — Jeffreys, 1867-1869. *Brit. conch.*, IV, p. 437; V, p. 224, pl. XCV, fig. 3.
Bulla (haminea) hydatis, A. Adams, 1850. *In* Sowerby, *Thes. conch.*, II, p. 578, pl. CXXIV, fig. 82.
Atys hydatis, J. Roux, 1862. *Stat. Alpes-Marit.*, p. 419.
Haminea hydatis, de Monterosato, 1884. *Nom. conch. medit.*, p. 146.

La Manche : la région normande (Fischer); baie de Cherbourg (Macé); les côtes de la Manche (de Gerville); Cancale, dans l'Ille-et-Vilaine (Nob.); etc.

L'Océan : les régions armoricaine et aquitanique (Fischer); les environs de Brest, (Daniel) îles de Glenan, Concarneau (de Guerne), Quimper (Collard), dans le Finistère; le golfe du Morbihan (Taslé); au large de Pouliguen et de Portnichet, dans la Loire-Inférieure (Cailliaud, Taslé); île d'Yeu, dans la Vendée (Servain); la Charente-Inférieure (Beltremieux); les crassats d'Arcachon, l'île aux Oiseaux, la pointe du Sud, dans la Gironde (Fischer); etc.

La Méditerranée : le littoral de Cette, l'étang de Thau (Granger); Palavas (Dolfus), dans l'Hérault; le golfe d'Aigues-Mortes, dans le Gard (Clément); Carry, Garlaban, Ratonneau, etc., dans les Bouches-du-Rhône (Marion); le littoral du Var (Doublier); le golfe de Nice, les environs de Nice, dans les Alpes-Maritimes (Risso, Verany); etc.

Bulla cornea, DE LAMARCK.

Bulla cornea, de Lamarck, 1822, *Anim. s. vert.*, VI, II, p. 36. — 2e édit., 1836. VII, p. 672. — Sowerby, 1859. *Ill. ind.*, pl. XX, fig. 18.

Bulla hydatis (var. globosa), Jeffreys, 1867-1869. *Brit. conch.*, IV, p. 438.
— *hydatis (var.)*, Veinkauff, 1868. *Conch. mittelm.*, II, p. 188.
Haminea cornea, de Monterosato, 1884. *Nom. conch. medit.*, p. 145.

L'Océan : les côtes du Finistère (Petit); l'île de Ré, l'île d'Oléron, l'embouchure de la Seudre (Nob.), dans la Charente-Inférieure (Beltremieux) ; île aux Oiseaux, dans la Gironde (Lafont) ; etc.

La Méditerranée : le golfe d'Aigues-Mortes, dans le Gard (Clément, Dubreuil).

Bulla elegans, Leach.

Haminea elegans, Leach, 1852. *Moll. Brit. syn.*, p. 42.
Bulla hydatis, Sowerby, 1859. *Ill. Brit.*, pl. XX, fig. 19.
— *elegans*, Taslé, 1868. *Cat. moll. Morbihan*, 2e édit., p. 42.

L'Océan : Gavre, dans le Morbihan (Taslé, Fischer); les côtes de la Charente-Inférieure (Fischer).

B. — Groupe du *B. striata*.

Bulla striata, Bruguière.

Bulla striata, Bruguière, 1789. *Dictionn.*, p. 372. — 1792. *Encycl. meth.*, *Vers.*, pl. CCCLVIII, fig. 2, *a*, *b*. — Brown, 1845. *Ill. conch.*, 2e édit., p. 56, pl. XIX.
— *modesta*, Risso, 1826. *Hist. nat. eur. merid.*, IV, p. 49.

L'Océan : Belle-Isle, dans le Morbihan (Taslé).

La Méditerranée (Petit, Weinkauff) : de Cette à Aigues-Mortes (Dubreuil); les environs de Cette (Petit), dans l'Hérault ; le golfe d'Aigues-Mortes, dans le Gard (Clément); Saint-Raphaël, dans le Var (Nob.); les environs de Cannes (Nob.), dans les Alpes-Maritimes (Risso, Roux), etc.

C. — Groupe du *B. utriculata*

Bulla utriculata, Brocchi.

Bulla utriculus, Brocchi, 1814. *Conch. foss. sub.*, p. 633, pl. I, fig. 6.
— *Cranchii*, Leach, *In* Fleming, 1828. *Brit. anim.*, p. 292. — Forbes et Hanley, 1853. *Brit. moll.*, III, p. 533, pl. CXIV, D, fig. 8, 9; pl. VV, fig. 2. — Sowerby, 1859. *Ill. ind.*, pl. XX, fig. 17. — Jeffreys, 1867-1869. *Brit. conch.*, IV, p. 440; V, p. 224, pl. XCV, fig. 4.
— *punctura*, Brown, 1845. *Ill. conch.*, p. 57, pl. XIX, fig. 41, 42.
— *ovulata*, J. Roux, 1862. *Stat. Alpes-Maritimes*, p. 419.

Scaphander Cranckii, Lovén, 1846. *Index moll. Scand.*, p. 10.
Roxania utriculus, de Monterosato, 1884. *Nom. conch. medit.*, p. 145.

L'Océan : les régions armoricaine et aquitanique (Fischer); côtes de Quélern, Quimper, dans le Finistère (Collard) ; au large des passes d'Arcachon, dans la Gironde (Lafont, Fischer) ; cap Breton, dans les Landes (de Folin) ; etc.

La Méditerranée : Broundo de Murepiano, Méjean, Maïré, etc., dans les Bouches-du-Rhône (Marion) ; les environs de Nice, dans les Alpes-Maritimes (Risso) ; etc.

Bulla diaphana, Aradas et Maggiore.

Bulla diaphana, Aradas et Maggiore, 1839. *Cat. rag. conch. Sicil.*, p. 40
— *turgidula*, Forbes, 1843. *Rep. Æg. inv.*, p. 188.
— *semistriata*, Requien, 1848. *Cat. moll. Corse*, p. 47.
Haminea diaphana, Danillo et Sandri, 1853. *Eleng. nom. moll Zara*, p. 126.
Scaphander gibbulus, Jeffreys, 1860. *Moll. Piem.*, p. 56, fig. 20, 21.
Weinkauffia diaphana, de Monterosato, 1884. *Nom. conch. medit.*, p. 45.

La Méditerranée : Garlaban, dans les Bouches-du-Rhône (Marion).

Bulla dilatata, S. Wood.

Bulla dilatata, S. Wood. *In Charleworth, Mag. nat.*, III, pl. VII, fig. 3.
Haminea dilatata, Leach, 1852. *Moll. brit. synops.*, p. 42.
Bulla Orbignyana, de Ferussac, *Teste* Fischer, 1878. *In Act. Soc. Linn. Bord.*, XXXII, p. 184.

L'Océan : régions armoricaine et aquitanique (Fischer) ; baie de la Barrière, au Croisic, dans la Loire-Inférieure (Cailliaud) ; l'île de Ré, l'île d'Aix, dans la Charente-Inférieure (Taslé) ; le bassin d'Arcachon, dans la Gironde (Fischer, Taslé) ; etc.

Genre ACERAS, O. F. Müller

O. F. Müller, 1776. *Zool. Dan. Prodr.*, p. XXIX et 242 *(akera)*.

Aceras bullatum, Müller.

Akera bullata, Müller, 1776. *Zool. Dan. Prodr.*, p. 242, pl. LXXI, fig. 1-5. — Forbes et Hanley, 1853. *Brit. moll.*, III, p. 537, pl. CXIV, D, fig. 4 à 6 ; pl. VV, fig. 2. — Sowerby, 1859. *Ill. ind.*, pl. XX, fig. 16.
— *akera*, Gmelin, 1789. *Syst. nat.*, édit. XIII, p. 3434.

Bulla Norwegica, Bruguière, 1789. *Encycl. meth.*, *Vers.*, I, p. 377, pl. CCCLX, fig. 4.
— *fragilis*, de Lamarck, 1836. *Anim. s. vert.*, 2e édit., VII, p. 672.
Akera flexilis, Brown, 1844. *Ill. conch.*, 2e édit., p. 59, pl. XIX, fig. 31, 32.
Acera bullata, Jeffreys, 1867-1869. *Brit. conch.*, IV, p. 430; V, pl. XCV, fig. 1.

La Manche : région normande (Fischer) ; Cherbourg, dans la Manche (de Gerville) ; Cancale, dans l'Ille-et-Vilaine (Nob.) ; etc.

L'Océan : régions armoricaine et aquitanique (Fischer) ; baie du Moulin-Blanc, baie de Saint-Marc (Daniel), Quélern, Quimper, dans le Finistère (Collard) ; le Morbihan (Taslé) ; la Loire-Inférieure (Cailliaud) ; île d'Yeu, dans la Vendée (Servain) ; Crassats de la baie du Sud, dans la Gironde (Fischer) ; etc.

La Méditerranée (Petit, Weinkauff) ; la Joliette, à Marseille, dans les Bouches-du-Rhône (Marion) ; le golfe de Nice, dans les Alpes-Maritimes (Verany, Roux) ; etc.

Aceras elegans, Locard.

Aceras elegans, Locard, 1884. *Mss.*

L'Océan : Quiberon, dans le Morbihan (Nob.) (1).

RINGICULIDÆ

Genre RINGICULA, Deshayes

Deshayes, 1838. *In de Lamarck, Anim. s. vert.*, 2e édit., VIII, p. 341.

Ringicula auriculata, Ménard.

Marginella auriculata, Menard, 1811. *In Ann. Mus.*, XVII, p. 331.
Ringicula auriculata, Philippi, 1844. *Enum. moll. Sic.*, II, p. 198, pl. XXVII, fig. 13. — Morlet, 1878. *Mon. Ring.*, p. 18, pl. V, fig. 14.

L'Océan : région aquitanique (Fischer) ; en dehors des passes d'Ar-

(1) Petit de la Saussaye (*In Journ. conch.*, t. III, p. 80) cite avec un point de doute l'*Acera carnosa*, Cuvier (*In Ann. mus.*, XVI, pl. 1, fig. 15 et 16) qui aurait été trouvé sur nos côtes. Cette assertion n'a pas encore été vérifiée.

cachon, dans la Gironde (Lafont) ; le cap Breton, dans les Landes (de Folin) ; etc.

La Méditerranée : les environs de Nice, dans les Alpes-Maritimes (Risso).

Ringicula conformis, DE MONTEROSATO.

Ringicula auriculata (var. conformis), de Monterosato, 1875. *Nov. rev. conch. medit.*, p. 45.
— *conformis*, de Monterosato, 1877. *In Journ. conch.*, XXV, p. 4, pl. XI, fig. 4. — Morlet, 1878. *Mon. Ring.*, p. 19, pl. V, f. 15.

L'Océan, région aquitanique (Fischer) ; cap Breton, dans les Landes (de Folin, Morlet).

La Méditerranée : côtes de Provence (de Monterosato).

Ringicula leptochila, BRUGNONE.

Ringicula leptocheila, Brugnone, 1873. *Miscel. malac.*, p. 11, pl. I, fig. 17.
— *leptochila* Morlet, 1878. *Mon. Ring.*, p. 19, pl. V, fig. 17.
Ringiculina leptocheila, de Monterosato, 1884. *Nom. conch. medit.*, p. 141.

L'Océan : région aquitanique (Fischer) ; baie du cap Breton, dans les Landes (de Folin, Morlet).

La Méditerranée : côtes de Provence (de Monterosato) ; Peyssonnel, dans les Bouches-du-Rhône (Marion).

Ringicula buccinea, BROCCHI.

Voluta buccinea, Brocchi, 1814. *Conch. foss. sub.*, II, p. 645, pl. IV, fig. 9.
Auricula buccinea, Sowerby, 1825. *Min. conch.*, V, p. 100, pl. CCCCLXV, fig. 2.
Ringicula buccinea, Deshayes, 1838. *In* de Lamarck, *Anim. s. vert.*, 2e édit., VIII, p. 344. — Morlet, 1878. *Mon. Ring.*, p. 20, pl. V, fig. 16.

L'Océan : la région aquitanique (Fischer) ; poste des douanes dit de la Garonne, côtes de la Gironde (Fischer, Morlet) ; cap Breton, dans les Landes (de Folin) ; embouchure de l'Adour, dans les Basses-Pyrénées de Folin) ; etc.

La Méditerranée (Petit) : les Alpes-Maritimes (Roux).

Ringicula Passieri, MORLET.

Ringicula Passieri, Morlet, 1878. *In Les fonds de la mer*, III, p. 276, pl. IX, fig. 6. — 1880. *Mon. Ring., supl.*, p. 8, pl. V, fig. 5.

L'Océan : fosse du cap Breton, dans les Landes (Morlet).

GASTROPTERIDÆ

Genre GASTROPTERON, Meckel

Meckel, 1813. *In* Kosse, *Dissert. nov. gen. Pterop. (gasteropteron).*

Gastropteron Meckeli, Kosse.

Gasteropteron Meckelii, Kosse, 1813. *Dissert. nov. gen. Pterop.*
Gasteroptera Meckelii, de Blainville, 1827. *Man. malac.*, pl. XLV, fig. 5.
Gastropteron Meckeli, Fischer, 1883. *Man. conch.*, p. 562, fig. 323, 324.

La Méditerranée : au sud de Maïré, La Cassidagne, dans les Bouches-du-Rhône (Marion) ; les environs de Nice, dans les Alpes-Maritimes (Verany, Roux) ; etc.

PHILINIDÆ

Genre PHILINE, Ascanias

Ascanias, 1772. *In Act. Holm. (Philina).*

A. — Groupe du *Ph. aperta*

Philine aperta, Linné.

Bulla aperta (pars), Linné, 1767. *Syst. nat.*, édit. XII, p. 1183.
Philine aperta, de Lamarck, 1822. *Anim. s. vert.*, VI, II, p. 63. — Brown, 1845. *Ill. conch.*, p. 57, pl. II, fig. 5, 7. — Forbes et Hanley, 1853. *Brit. moll.*, III, p. 539, pl. CXIV, E, fig. 1 ; pl. UU, fig. 1. — Sowerby, 1859. *Ill. ind.*, pl. XX, fig. 20. — Jeffreys, 1867-1869. *Brit. conch.*, IV, p. 457, pl. XCVI, fig. 1.
Bullæa aperta, de Blainville, 1827. *Man. malac.*, pl. XLV. fig. 2.

La Manche : Dunkerque, dans le Nord (Terquem); les côtes du Boulonnais, dans le Pas-de-Calais (Bouchard-Chantereaux) ; région normande (Fischer); plage de Cherbourg et de la Hougue, dans la Manche (de Gerville, Macé) ; Cancale, dans l'Ille-et-Vilaine (Nob.) ; etc.

L'Océan : régions armoricaine et aquitanique (Fischer) ; Douarnenez, Morgat, Lanninon (Daniel), Concarneau (de Guerne), Quelern, Quimper (Collard), dans le Finistère ; Quiberon, dans le Morbihan (Taslé) ; Pouliguen, Portnichet, île Dumet, etc., dans la Loire-Inférieure (Cailliaud, Taslé) ; île d'Yeu, dans la Vendée (Servain) ; l'île de Ré, la Rochelle dans la Charente Inférieure (Fischer); le bassin d'Arcachon, la pointe d'Eyrac, la pointe du Sud, sables de la Gironde (Fischer, de Folin), dans la Gironde; le cap Breton, dans les Landes (de Folin); etc.

La Méditerranée : le littoral de Cette, dans l'Hérault (Granger); le golfe d'Aigues-Mortes, dans le Gard (Clément, Dubreuil); le golfe de Marseille, dans les Bouches-du-Rhône (Ancey, Marion); le Var (Doublier); le golfe de Nice (Verany, Roux); etc.

B. — Groupe du *Ph. scabra*

Philine scabra, MÜLLER.

Bulla scabra, Müller, 1776. *Zool. Dan. Prodr.*, II, pl. LXXI, fig. 11, 12.
Philine scabra, Lovén, 1846. *Ind. moll. Scand.*, p. 9. — Forbes et Hanley, 1853. *Brit. moll.*, III, p. 543, pl. CXIV, E, fig. 4-5; pl. VV, fig. 1. — Sowerby, 1859. *Ill. ind.*, pl. XX, fig. 21. — Jeffreys, 1867-1869. *Brit. conch.*, IV, p. 447; V, p. 224, pl. XCVI, fig. 1.
Hermania scabra, de Monterosato, 1884. *Nom. conch. medit.*, p. 147.
Philine punctata, *pars auct. medit.*

L'Océan : régions armoricaine et aquitanique (Fischer); Quiberon, dans le Morbihan (Taslé); île d'Yeu, dans la Vendée (Servain); au large des passes du bassin d'Arcachon, sables à l'entrée de la Gironde (Fischer, Taslé, de Folin), dans la Gironde; cap Breton, dans les Landes (de Folin); embouchure de l'Adour, dans les Basses-Pyrénées (de Folin); le golfe de Gascogne (Jeffreys); etc.

La Méditerranée : Riou, cap Cavaux, etc., dans les Bouches-du-Rhône (Marion); les Alpes-Maritimes (Roux); etc.

Philine angustata, PHILIPPI.

Bullæa angustata, Philippi, 1836. *Enum. moll. Sic.*, I, p 121, pl. VII, fig. 17.

La Méditerranée : les Martigues, dans les Bouches-du-Rhône (Petit); les environs de Nice, dans les Alpes-Maritimes (Nob.); etc.

Philine catenata, MONTAGU.

Bulla catena, Montagu, 1802. *Test. brit.*, p. 215, pl. VII, fig. 7.
Bullæa catena, Clark. *In Zool. Journ.*, III, p. 337. — Brown, 1844. *Ill. conch.*, 2e édit., p. 57, pl. XIX, fig. 33, 34.
Bulla (philine) catena, A. Adams, 1850. *In* Sowerby, *Thes. conch.*, II, p. 601, pl. CXXV, fig. 163.
Philine catena, Forbes et Hanley, 1853. *Brit. moll.*, III, p. 545, pl. CXIV, E, fig. 6-7; pl. UU, fig. 6. — Sowerby, 1859. *Ill. ind.*, pl.

XX, fig. 23. — Jeffreys, 1867-1869. *Brit. conch.*, IV, p. 449; V, p. 224, pl. XCVI, fig. 2.

L'Océan : régions armoricaine et aquitanique (Fischer); Quiberon, dans le Morbihan (Taslé); sur les côtes au sud-ouest de Périac, dans la Loire-Inférieure (Cailliaud, Taslé); île d'Yeu, dans la Vendée (Servain); sables à l'entrée de la Gironde (de Folin), au large du bassin d'Arcachon (Fischer, Taslé), dans la Gironde; etc.

La Méditerranée : Garlaban, Ratonneau, dans les Bouches-du-Rhône (Marion) ; les Alpes-Maritimes (Roux); etc.

Philine punctata, Clark.

Bullæa punctata, Clark. *In Zool. Journ.*, III, p. 339. — Brown, 1845. *Ill. conch.*, 2e édit. p. 58.

Bulla (philine) punctata, A. Adams, 1850. *In* Sowerby, *Thes. conch.*, II, p. 60, pl. CXXV, fig. 161.

Philine punctata, Forbes et Hanley, 1853. *Brit. moll.*, III, p. 547, pl. CXIV, E, fig. 8-9; pl. UU, fig. 6. — Sowerby, 1859. *Ill. ind.*, pl. XX, fig. 24. — Jeffreys, 1867-1869. *Brit. conch.*, IV, p. 53; V, p. 224, pl. XCVI, fig. 5.

La Manche : Boulogne, dans le Pas-de-Calais (Nob.).

Philine quadrata, S. Wood.

Bullæa quadrata, S. Wood, 1839. *In Ann. nat. hist.*, New. sér., III, p. 461, pl. VII, fig. 1.

Bulla quadrata, S. Wood, 1842. *In Ann. nat. hist.*, p. 460.

Philine scutulum, Lovén, 1846. *Ind. moll. Scand.*, p. 9.

— *quadrata*, Forbes et Hanley, 1853. *Brit. moll.*, III, p. 541, pl. CXIV, E, fig. 2, 3. — Sowerby, 1859. *Ill. ind.*, pl. XX, fig. 22. — Jeffreys, 1867-1869. *Brit. moll.*, IV, p. 452; V, p. 224, pl. XCVI, fig. 4.

L'Océan : au large des passes d'Arcachon, dans la Gironde (Lafont, Taslé); le golfe de Gascogne (Jeffreys); etc.

Philine Monterosatoi, Jeffreys.

Philine Monterosati, Jeffreys, *Mss. In* de Monterosato, 1878. *Nuov. revist.*, p. 47.

Ossiania Monterosati, de Monterosato, 1884. *Nom. conch. medit.*, p. 14.

La Méditerranée : Marseille, dans les Bouches-du-Rhône (Marion).

DORIDIDÆ

Genre DORIDIUM, Meckel

Meckel, 1809. *Bertr. vergl. anat.*, I, 2, p. 14.

Doridium marmoratum, Risso.

Eidothea marmorata, Risso, 1826. *Hist. nat. eur. merid.*, IV, 46, fig. 7.
Doridium aplysiæformis, delle Chiaje, 1827. *Mem.*, II, p. 158, pl. XII, fig. 12.
— *marmoratum*, Cantraine, 1836. *Bull. acad. Brux.*, II, p. 386; *Diagn.*, p. 9.
Acera marmorata, Cantraine, 1840. *Malac. medit.*, p. 73, pl. II, fig. 2.

La Méditerranée : les environs de Nice, dans les Alpes-Maritimes (Risso, Verany, Roux).

Doridium Meckeli, Delle Chiaje.

Doridium Meckelii, delle Chiaje, 1823. *Mem.*, I, p. 117, pl. X, fig. 1, 2.
Acera Meckelii, Verany, 1853. *In Journ. conch.*, IV, p. 391.
Doridium Meckeli, Fischer, 1883. *Man. conch*, p. 565, fig. 327.

La Méditerranée : les environs de Nice, dans les Alpes-Maritimes (Verany, Roux).

Doridium carnosum, Cuvier.

Acera carnosa, Cuvier, 1804. *In Ann. Mus.*, p. 10, pl. I, fig 15, 16.
Doridium carnosum, J. Roux, 1862. *Stat. Alpes-Marit.*, p. 419.

La Méditerranée (Petit) : les environs de Nice, dans les Alpes-Maritimes (Verany, Roux).

NUCLEOBRANCHIATA

PTEROTRACHEIDÆ

Genre PTEROTRACHEA, Forskal

Forskal, 1775. *Faun. Aeg. Arab.*, p. 117.

Pterotrachea coronata, Forskal.

Pterotrachea coronata, Forkal, 1775. *Descr.*, p. 117, n° 41 ; *Iconog.*, pl. XXXIV, fig. A. — Philippi, 1844. *Enum. moll. Sic.*, II, p. 204, pl. XXVIII, fig. 15.

Firola coronata, Bruguière, 1789. *Encycl. meth.*, *Vers.*, pl. LXXXVIII, f. 1.
Pleurotrachea coronata, J. Roux, 1862. *Stat. Alpes-Maritimes*, p. 426.

La Méditerranée : les environs de Nice, dans les Alpes-Maritimes (Risso, Verany, Roux).

Pterotrachea Frederici, Lesueur.

Firoloida Fredericia, Lesueur, 1817. *In Journ. acad. Phil.*, I, pl. I, f. 5.
Firola Frederici, de Blainville, 1827. *Man. malac.*, pl. XLVII, fig. 4.
Pterotrachea Lesueuri, Risso, 1826. *Hist. nat. eur. merid.*, IV, p. 29.
— *Frederica*, delle Chiaje, *Mem.*, 1828. IV, p. 184, pl. LXIX, fig. 3.
Firola Fredericiana, Verany, 1853. *In Journ. conch.*, IV, p. 381.
Pleurotrachea Fredericiana, J. Roux, 1862. *Stat. Alpes-Maritimes*, p. 426.

La Méditerranée : les environs de Nice, dans les Alpes-Maritimes (Risso, Verany, Roux).

Pterotrachea mutica, Lesueur.

Firoloida mutica, Lesueur, 1817. *In Journ. acad. Phil.*, I, pl. I.
Firola mutica, Cantraine, 1840. *Malac. medit.*, p. 44.
Pleurotrachea mutica, J. Roux, 1862. *Stat. Alpes-Maritimes*, p. 426.

La Méditerranée : les environs de Nice, dans les Alpes-Maritimes (Verany, Roux).

Genre FIROLOIDA, Lesueur

Lesueur, 1817. *In Journ. Acad. Phil.*, I, p. 37.

Firoloida Lesueuri, Eydoux et Souleyet.

Firoloida Lesueuri, Eydoux et Souleyet, 1810. *In Ann. Mus.*, XV.
Firoloides Lesueuri, J. Roux, 1862. *Stat. Alpes-Maritimes*, p. 426.

La Méditerranée : les environs de Nice, dans les Alpes-Maritimes (Verany, Roux).

Genre CARINARIA, de Lamarck

De Lamarck, 1801. *Syst. anim.*, p. 98.

Carinaria Mediterranea, Peron et Lesueur.

Carinaria Mediterranea, Peron et Lesueur, 1810. *In Ann. Mus.*, XV, pl. II, fig. 15. — De Blainville, 1827. *Man. malac.*, pl. XLVII, fig. 3.
Argonauta vitreus, delle Chiaje, 1828. *Mem.*, III, p. 28, pl. XLIV, fig. 2.

Pterotrachea lophyra, delle Chiaje, 1828. *Mem.*, III, p. 28, LXIV, fig. 1.
Carinaria vitrea, J. Roux, 1862. *Stat. Alpes Maritimes*, p. 426.

L'Océan : Le golfe de Gascogne, au large (Jeffreys).

La Méditerranée : les côtes de Provence (Michaud, Petit, Weinkauff); entre Antibes et Villeneuve-d'Entrannes (Doublier), les environs de Nice (Risso, Verany, Petit), dans les Alpes-Maritimes (Roux).

ATLANTIDÆ

Genre ATLANTA, Lesueur

Lesueur, 1817. *In Journ. phys.*, LXXXV.

Atlanta Peroni, Lesueur.

Atlanta Peroni, Lesueur, 1817. *In Journ. Phys.*, LXXXV, pl. II, fig. 1. — Rang. *Mem.*, III, p. 380, pl. IX, fig. 1-3. — Cantraine, 1840. *Malac. médit.*, p. 39, pl. I, fig. 1.

La Méditerranée : les environs de Nice, dans les Alpes-Maritimes (Verany, Roux).

Genre OXYGYRUS, Benson

Benson, 1837. *In Journ. Asiat. Beng.*, VI, p. 316.

Oxygyrus Keraudreni, Lesueur.

Atlanta Keraudreni, Lesueur, 1817. *In Journ. Phys.*, LXXXV. — Rang. *Mem.*, III, p. 380, pl. IX, fig. 4-6.
Ladas Keraudreni, Cantraine, 1840. *Malac. médit.*, p. 38, pl. I, fig. 2.
Oxygyrus Keraudreni, Mac-Andrew, 1847-1853. *Rep.*, p. p. — Fischer, 1883. *Man. malac.*, p. 583, fig. 347.

La Méditerranée : les environs de Nice, dans les Alpes-Maritimes (Verany, Roux).

GASTROPODA

PULMONIFERA

INOPERCULATA

ONCIDIIDÆ

Genre ONCIDIELLA, Gray

Gray, 1850. *Fig. moll*, IV, p. 108.

Oncidiella Celtica, CUVIER.

Onchidium Celticum, Cuvier, 1817. *Règne anim.*, III, p. 46. — Forbes et Hanley, 1853. *Brit. moll.*, IV, p. 3, pl. F F F, fig. 6.
Oncidium Celticum, Jeffreys, 1867-1869. *Brit. conch.*, V, p. 95, pl. III, fig. 5.
Onchidium tuberculatum ? Crouan, 1870. *In* Taslé, *Faun. malac. Ouest France, suppl.*, p. 49.
Oncidiella celtica, Fischer, 1878. *In Act. soc. Lin. Bord.*, XXXII, p. 181.

L'Océan : Batterie-du-Diable, Bertheaume, Morgat, rochers près du débarcadère du fret, dans le Finistère (Cuvier, Taslé, Fischer, Daniel).

OTINIDÆ

Genre OTINA, Gray

Gray, 1847. *In Zool. Proc.*, p. 156.

Otina otis, TURTON (1).

Helix otis, Turton, 1819. *Conch. dict.*, p. 70.
Velutina otis, Fleming, 1836. *Brit. Anim.*, p. 324.
? *Galericulum ovatum*, Brown, 1845. *Ill. Conch.*, p, 23, pl. XIX, fig. 27-28.
— *otis*, Brown, 1845. *Loc. cit.*. p. 14.
Otina otis, Forbes et Hanley, 1853. *Brit. Moll.*, III, p. 321, pl. XCIX, fig. 23; [pl. OO, fig. 4. — Sowerby, 1859. *Ill. Conch.*, pl. XVI, fig. 25. — Jeffreys, 1869. *Brit. conch.*, V, p. 110, pl. IV, fig. 3.

La Manche : Etretat, dans la Seine-Inférieure (Jeffreys) ; îles Chaussey, dans la Manche (Nob.) ; etc.

L'Océan : Brest, dans le Finistère (Daniel, Taslé) ; Quiberon, dans le Morbihan (Taslé) ; Piriac, dans la Loire-Inférieure (Cailliaud) ; etc.

(1) Nom à changer par suite du pléonasme ; on peut écrire *Otina Turtoni*.

GASTROPODA

PROSOBRANCHIATA

SIPHONOSTOMATA

OVULIDÆ

Genre PEDICULARIA, Swainson

Swainson, 1840. *Malac.*, p. 245, 357.

Pedicularia Sicula, Swainson.

Pedicularia Sicula, Swainson, 1840. *Malac.*, p. 245. — Seguenza, 1865 *In Journ. conch.*, XIII, p. 61, pl. IV, fig. 2.
Thyreus paradoxus, Philippi, 1844. *Enum. moll. Sic.*, II, p. 92, pl. XVIII, fig. 11.
? *Gadinia lateralis*, Requien, 1848. *Cat. coq. Corse*, p. 39.

La Méditerranée : côtes de Provence (de Monterosato); Nice (Nob), dans les Alpes-Maritimes (Roux).

Genre OVULA, Bruguière

Bruguière, 1789. *Encycl. meth*, *Vers.*, I, XV.

Ovula Adriatica, Sowerby.

Ovulum Adriaticum, Sowerby, 1828. *In Zool. Journ.*, IV, p. 150.
Bulla virginea, Cantraine, 1835. *Diagn. esp. nouv.*, p. 10.

Ovula Adriatica, Philippi, 1836. *Enum. moll. Sic.*, I, p. 233, pl. XII, fig. 12. — 1844. *Loc. cit.*, II, p. 198, pl. XXVII, fig. 20. — Hidalgo, 1870. *Moll. marin.*, p. 2, pl. XI, fig. 15 et 16. — Bucquoy, Dautzenberg et Dollfus, 1883. *Moll. Rouss.*, p. 132, pl. XVI, fig. 29, 30.

— *Adriatici*, Kiener, 1848. *Coq. viv.*, *Ovul.*, p. 9, pl. II, fig. 4.

La Méditerranée (Petit, Weinkauff) : Leucate, dans l'Aude (Bucquoy, etc.) ; Agde, dans l'Hérault (Granger) ; les Martigues, dans les Bouches-du-Rhône (Petit) ; le golfe de Nice (Verany, Roux) ; etc.

Ovula carnea, Poiret.

Bulla carnea, Poiret, 1789. *Voy. en Barbarie*, II, p. 21.

Ovula carnea, de Lamarck, 1822. *Anim. s. vert.*, VII, p. 368. — Kiener, 1846. *Coq. viv.*, *Ovul.*, p. 10, pl. VI, fig. 2. — Hidalgo, 1870. *Moll. marin.*, p. 4, pl. XI, fig. 13, 14 ; pl. XX, fig. 6 et 7. — Bucquoy, Dautzenberg et Dollfus, 1883. *Moll. Rouss.*, p. 133, pl. XVI, fig. 25, 26.

La Méditerranée (Weinkauff) : Leucate et Barcarès, le Roussillon, dans les Pyrénées-Orientales et dans l'Aude (Bucquoy, etc.) ; Cette, dans l'Hérault (Dubreuil) ; la Provence (Petit) ; cap Cavaux, dans les Bouches-du-Rhône (Marion) ; les environs de Nice, dans les Alpes-Maritimes (Risso, Verany, Roux).

Genre SIMNIA, Leach

Leach, 1826. *In* Risso, *Hist. nat. eur. merid.*, IV, p. 235.

Simnia spelta, Linné.

Bulla spelta, Linné, 1769. *Syst. nat.*, édit. XII, p. 1182.

Ovula spelta, de Lamarck, 1822. *Anim. s. vert.*, VII, p. 370. — De Blainville, 1826. *Faune franç.*, p. 252, pl. IX, A, fig. 5. — Philippi, 1836. *Enum. moll. Sic.*, I, p. 233, pl. XII, fig. 14. — Kiener, 1846. *Coq. viv.*, *Ovul.*, p. 22, pl. V, fig. 4. — Hidalgo, 1870. *Moll. marin.*, p. 5, pl. XI, fig. 11-12 ; pl. XX, C, fig. 4, 5. — Bucquoy, Dautzenberg, Dollfus, 1883. *Moll. Rouss.*, p. 134, pl. XVI, fig. 27, 28.

La Méditerranée (Petit, Weinkauff) : le Roussillon, dans les Pyrénées-Orientales et dans l'Aude (Bucquoy, etc.) ; entre Cette et Aigues-Mortes, fort Brescou, près d'Agde (Dubreuil), Palavas (Dollfus), dans l'Hérault ; Carry, Brondo de Mourepiano, fort Saint-Jean, Pharo, Montredon,

Pomègue, Roucas-Blanc, etc., dans les Bouches-du-Rhône (Marion); les environs de Nice, dans les Alpes-Maritimes (Risso, Roux); etc.

Simnia obtusa, Sowerby.

Ovulum obtusum, Sowerby, 1848. *Spec. conch.*, p. 8, pl. II, fig. 34.
Ovula spelta (var. obtusa), Bucquoy, Dautzenberg et Dollfus, 1883. *Moll. Rouss.*, p. 125.

La Méditerranée : le Roussillon, dans les Pyrénées-Orientales? (Bucquoy, etc.); les environs de Marseille, dans les Bouches-du-Rhône (Nob.); etc.

Simnia Nicæensis, Risso.

Simnia Nicæensis, Risso, 1826. *Hist. nat. eur. mer.*, IV, p. 235, fig. 150.
Ovula Nicæensis, Weinkauff, 1868. *In Journ. conch.*, XIV, p. 246.

La Méditerranée : les environs de Nice, dans les Alpes-Maritimes (Risso).

Simnia patula, Pennant.

Bulla patula, Pennant, 1767. *Brit. zool.*, IV, p. 117, pl. LXX, fig. 25. — Donovan, 1805. *Brit. shells*, pl. CXXX. — Brown, 1844. *Ill. conch.*, p. 7, pl. II, fig. 11-13.
— *haliotidea*, de Gerville, 1815. *Cat. moll. Manche*, p. 35.
Simnia purpurea, Risso, 1826. *Hist. nat. eur. merid.*, IV, p. 235.
Ovulum patulum, Sowerby, 1848. *Spec. conch.*, p. 58.
Ovula purpurea, Requien, 1848. *Cat. coq. de Corse*, p. 84.
— *patula*, Forbes et Hanley, 1853. *Brit. moll.*, III, p. 498, pl. CXIV, fig. 1-2. — Sowerby, 1859. *Ill. ind.*, pl. XX, fig. 2. — Jeffreys, 1867-1869. *Brit. conch.*, IV, p. 407; V, p. 222, pl. XCII, fig. 3.

La Manche : baies de la Hougue et de Cherbourg, dans la Manche (de Gerville); etc.

L'Océan : région armoricaine (Fischer); au large, près d'Ouessant, dans le Finistère (Daniel); etc.

La Méditerranée (Petit, Weinkauff) : les environs de Nice, dans les Alpes-Maritimes (Risso, Roux).

CYPRÆIDÆ

Genre TRIVIA, Gray

Gray, 1832. *Descr. catal. Cypr.*

Trivia Europæa, Montagu.

Cypræa pediculus (pars), Linné, 1767. *Syst. nat.*, édit. XII, p. 1180. — Bruguière, 1789. *Encycl. meth.*, *Vers*, pl. CCCLVI, fig. 1, b.
— *arctica (pars)*, Pultney, 1799. *Cat. Dorset.*, p. 37.
— *bullata (pars)*, Pultney, 1799. *Loc. cit.*, p. 39.
Bulla diaphana (pars), Montagu, 1803. *Test. Brit.*, II, p. 225, pl. VI, f. 9.
Cypræa europæa, Montagu, 1803. *Test. Brit.*, *suppl.*, p. 88. — Sowerby, 1859. *Ill. ind.*, pl. XIX, fig. 28. — Jeffreys, 1867-1869. *Brit. conch.*, IV, p. 403 ; V, p. 222, pl. CXII, fig. 2. — Hidalgo, 1870. *Moll. marin.*, pl. XI, fig. 5-6. — Bucquoy, Dautzenberg et Dollfus, 1883. *Moll. Rouss.*, p. 127, pl. XVII, fig. 18 à 21.
— *coccinella*, de Lamarck, 1810. *In Ann. Mus.*, XV, p. 104 et p. 247, pl. IX, A, fig. 1. — Kiener, 1847. *Coq. viv.*, *Cypr.*, pl. LII, fig. 5 et 6.
Trivia coccinella, Chenu, 1859. *Man. conch.*, I, p. 270, fig. 1732.
— *europæa (pars)*, Weinkauff, 1868. *Conch. mitt.*, II, p. 7.

La Manche : Dunkerque, dans le Nord (Terquen); Saint-Valery, dans la Somme (Nob.) ; le Boulonnais, dans le Pas-de-Calais (Bouchard-Chantereaux) ; la région normande (Fischer) ; Cherbourg, Valognes, dans la Manche (de Gerville, Macé) ; Saint-Lunaire (Bucquoy, etc.), Cancale (Nob.), Saint-Malo (Grube), dans l'Ille-et-Vilaine ; etc.

L'Océan : régions armoricaine et aquitanique (Fischer) ; Roscoff (Grube), les environs de Brest (Daniel), Concarneau (de Guerne), Quimper, Quelern (Collard), dans le Finistère ; le Morbihan (Taslé) ; la Loire-Inférieure (Cailliaud) ; île d'Yeu, dans la Vendée (Servain) ; plage d'Angoulin, Royan, l'île de Ré, la Rochelle, dans la Charente-Inférieure (Beltremieux, Fischer) ; Vieux-Soulac, Cordouan, Arcachon, dans la Gironde (Fischer, Taslé) ; Saint-Jean-de-Luz, dans les Basses-Pyrénées (Fischer) ; etc.

La Méditerranée (Petit, Weinkauff) : le Roussillon, dans les Pyrénées-Orientales et dans l'Aude (Bucquoy, etc.) ; les environs de Cette, de

Cette à Aigues-Mortes, dans l'Hérault (Granger, Dubreuil) ; le rocher des Moles, dans le Gard (Clément) ; Marseille, Roucas-Blanc, Mourepiano, Ratonneau, cap Pinède, etc., dans les Bouches-du-Rhône (Ancey, Marion); Toulon, Saint-Tropez, Saint-Raphaël, dans le Var (Doublier); Cannes, Nice, dans les Alpes-Maritimes (Dautzenberg, Risso, Verany, Roux) ; etc.

Trivia Jousseaumei, Locard.

Cypræa pediculus (pars), Linné, 1767. *Syst. nat.*, édit. XII, p. 1180. — Bruguière, 1789. *Encycl. meth.*, *Vers*, pl. CCCLVI, fig. 1, a. — De Blainville, 1826. *Faune franç.*, p. 246, pl. IX, A, fig. 2 — Kiener, 1847. *Coq. viv.*, *Cypr.*, pl. LII, fig. 4.a
— *europæa*, Bucquoy, Dautzenberg et Dollfus, 1883. *Moll. Rouss*, pl. XVI, fig. 24.
Trivia Jousseaumei, Locard, 1883, *Mss.*

La Manche : Langrune, dans le Calvados ; Paramé, Saint-Malo, Cancale, dans l'Ille-et-Vilaine (Nob.); etc.

L'Océan : le Croisic, dans la Loire-Inférieure ; l'île de Ré, l'île d'Oléron, Royan, dans la Charente-Inférieure ; la Gironde (Nob.) ; etc.

Trivia pulex, Solander.

Cypræa pediculus (var.), Dillwyn, 1817. *Descr. cat.*, I, p. 467.
— *coccinella (var. b)*, de Lamarck, 1822. *Anim.s.vert.*, VII, p. 404.
— *mediterranea (pars)*, Risso, 1826. *Hist. nat. eur. mérid.*, IV, p. 239.
— *pulex*, Solander, 1818. *In* Gray, *Zool. Journ.*, III, p. 368. — Kiener, 1847. *Coq. viv.*, *Cypr.*, p. 142, pl. LIII, fig. 1. — Bucquoy, Dautzenberg et Dollfus, 1883. *Moll. Rouss.*, p. 130, pl. XVI, fig. 15-17.
— *latyrus*, de Blainville, 1826. *Faune franç.*, p. 248, pl. IX, A, f. 3.
Trivia pulex, Weinkauff, 1868. *Conch. mittel.*, II, p. 9.

L'Océan : le Croisic, dans la Loire-Inférieure (Nob.).

La Méditerranée (Petit, Weinkauff) : le Roussillon, dans les Pyrénées-Orientales et dans l'Aude (Bucquoy, etc) ; les environs de Cette, de Cette à Aigues-Mortes, dans l'Hérault (Granger, Dubreuil); Pomègue, Ratonneau, Roucas-Blanc, Montredon, château d'If, dans les Bouches-du-Rhône (Marion) ; Saint-Madrier, la Seyne, Saint-Nazaire, Saint-Tropez, dans le Var (Nob.) ; Cannes, dans les Alpes-Maritimes (Nob.); etc.

Genre MONETARIA, Jousseaume (1)

Jousseaume, 1884. *In Bull. soc. zool. Fr.*, t. IX.

Monetaria moneta, LINNÉ.

Cypræa moneta, Linné, 1775. *Amœnit. acad.*, p. 142. — Martini, 1767. *Conch. cab.*, I, p. 404, pl. XXXI, fig. 337, 338.

Monetaria moneta, de Rochebrune, 1884. *In Bull. soc. malac.*, I, p. 77, pl. I, fig. 1.

La Manche : Boulogne-sur-Mer, dans le Pas-de-Calais (Jousseaume, de Rochebrune).

La Méditerranée : la Provence (Petit, Weinkauff); Toulon, Saint-Tropez, Saint-Raphaël, dans le Var (Doublier, Nob.); les environs de Nice, dans les Alpes-Maritimes (Risso) ; etc.

Monetaria annulata, LINNÉ.

Cypræa annulus, Linné, 1767. *Syst. nat.*, édit. XII, p. 1179.

Monetaria annulus, Jousseaume, 1884. *In Bull. soc. zool.*, IX (*tir. à part*, p. 25). — De Rochebrune, 1884. *In Bull. soc. malac.*, I, p. 89, pl. II, fig. 3.

La Méditerranée : plage du Foz, dans les Bouches-du-Rhône; Saint-Tropez, dans le Var (Nob.) ; Cannes, dans les Alpes-Maritimes (Nob.) ; etc.

Monetaria ethnographica, DE ROCHEBRUNE.

Cypræa moneta (pars), Gray, 1825. *Mon. Cypr.*, *In Zool. Journ.*, I, p. 492.

Monetaria ethnographica, de Rochebrune, 1884. *In Bull. soc. malac.*, I, p. 78, pl. I, fig. 2.

La Méditerranée : Saint-Tropez, dans le Var (Nob).

Genre LURIA, Jousseaume

Jousseaume, 1884. *In Bull. soc. zool. Fr.*, t. IX.

Luria lurida, LINNÉ.

Cypræa lurida, Linné, 1767. *Syst. nat.*, édit. XII, p. 1175. — De Blain-

(1) Les espèces du genre *Monetaria* que nous citons ici ont toutes été trouvées sur les côtes de France; mais nous ne croyons pas qu'un seul individu ait été récolté vivant.

ville, 1825. *Faune franç.*, p. 242, pl. IX, fig. 2. — Kiener, 1847. *Coq. viv., Cypr.*, pl. XXIII, fig 1 — Hidalgo, 1870. *Moll. marin.*, pl. X, fig. 5 à 7.

Luria lurida, Jousseaume, 1884. *In Bull. soc. zool.*, IX (*tir. à part*, p. 12)

La Méditerranée : les côtes de Provence (Petit, Weinkauff) ; port de Marseille, dans les Bouches-du-Rhône (Marion) ; Toulon, Saint-Tropez, Saint-Raphaël, dans le Var (Doublier) ; les environs de Nice, dans les Alpes-Maritimes (Risso, de Blainville, Verany, Roux) ; etc.

Genre ZONARIA, Jousseaume

Jousseaume, 1884 *In Bull. soc. zool. Fr.*, t. IX.

Zonaria piriformis, GMELIN (1).

Cypræa pyrum, Gmelin, 1789. *Syst. nat.*, édit. XIII, p. 3411. — Reeve, *Conch. icon.*, pl. VIII, fig. 26. — Hidalgo, 1870. *Moll. marin.*, pl. X, fig. 1-4.

— *Rufa*, de Blainville, 1826. *Faune franç.*, p. 241, pl. XI, fig. 1. — Kiener, 1847. *Coq. viv.*, *Cypr.*, p. 15, pl. XXVIII, fig. 2.

Zonaria pyrum, Jousseaume, 1884. *In Bull. soc. zool.* (tir. à part, p. 13).

La Méditerranée (Petit, Weinkauff) : en dehors de la rade de Toulon, dans le Var (Petit, Doublier, Nob.) ; Cannes, dans les Alpes-Maritimes (Roux) ; etc.

Zonaria Grayi, KIENER.

Cypræa achatidea, (*n.* Brocchi) Gray. *In* Sowerby, 1832. *Ill. Conch.*, fig. 179. — Reeve, *Conch. icon.*, II, p. 234, pl. CCLXXXIX, fig. 179. — Hidalgo, 1870. *Moll. marin.*, pl. IX, fig. 8-9.

— *Grayi*, Kiener, 1847. *Coq. viv.*, *Cypr.*, p. 20, pl. XXVI, fig. 3.

— *flaveola*, Doublier, 1853. *In Prodr. hist. nat. Var.*, p. 121.

La Méditerranée : les côtes de Provence (Petit, Weinkauff, de Monterosato) ; Saint-Tropez, Saint-Raphaël, dans le Var (Doublier) ; Nice, dans les Alpes-Maritimes (Nob.) ; etc.

(1) Ce nom vient du celte *peren*, *pir* dont les Latins ont fait *pirus* et *pirum* et les Français poire, et non pas du grec πυρ feu, ou πυρος froment. Il faut donc écrire *pirum* et pour accorder avec le féminin *zonaria*, il conviendrait d'adopter *piriformis*. Quelques auteurs ont traduit le nom de *Cypræa pyrum* par *porcelaine roussette* ; en ce cas il faudrait écrire *Zonaria pyrrha*, du grec πυῤῥὸς, roux ; mais nous ne pouvons pas supposer que Gmelin ait commis pareille faute de latin ; il s'est borné à écrire le mot *pyrum* par un *y* au lieu d'un *i* comme l'ont fait quelques auteurs du dix-huitième siècle.

MARGINELLIDÆ

Genre ERATO, Risso

Risso, 1826. *Hist. nat. eur. merid.*, IV, p. 240.

Erato lævis, Donovan.

Voluta lævis, Donovan, 1803. *Brit. shells.*, V, pl. CXLV.
Cypræa voluta, Montagu, 1803. *Test. Brit.*, p. 203, pl. VI, fig. 7.
Marginella Donovani, Payraudeau, 1826. *Moll. Corse.*, p. 167. — Kiener, 1847. *Coq. viv.*, *Marg.*, p. 16, pl. VIII, fig. 3.
Volvaria Donovani, de Blainville, 1826. *Malac. fr.*, p. 228, pl. VIII, f. 3.
Erato cypræola, Risso, 1826. *Hist. nat. eur. mer.*, IV, p. 240, f. 85.
Marginella cypræola, Scacchi, 1834. *Cat. reg. Neap.*, p. 10.
Columbella lævis, Brown, 1844. *Ill. Conch.*, 2e édit., p. 4, pl. VIII, fig. 15.
Marginella lævis, de Lamarck, 1844. *Anim. s. vert.*, 2e édit., X, p. 451. — Forbes et Hanley, 1853. *Brit. moll.*, III, p. 502, pl. CXIV, fig. 4-5; pl. NN, fig. 8, 9. — Jeffreys, 1867-1869. *Brit. conch.*, IV, p. 400; pl. XCII, fig. 1.
Erato lævis, Bronn, 1841. *Index palæontol.*, *Nomencl.*, p. 465. — Reeve. *Conch. icon.*, III, pl. CCLXXXV, fig. 3. — Sowerby, 1859. *Ill. ind.*, pl. XIX, fig. 27.

L'Océan : région armoricaine (Fischer); Belle-Isle, dans le Morbihan (Taslé) ; fosse du cap Breton, dans les Landes (de Folin); etc.

La Méditerranée (Petit, Weinkauff) : Agde, dans l'Hérault (Petit) ; Ratonneau, château d'If, la Cassidagne, dans les Bouches-du-Rhône (Marion); Toulon, Saint-Raphaël, dans le Var (Petit, Doublier); les environs de Nice, dans les Alpes-Maritimes (Verany, Roux) ; etc.

Genre VOLVARINA, Jousseaume

Jousseaume, 1875. *Coq. Margin.*, *monogr.*, p. 2.

Volvarina secalina, Philippi.

? *Voluta mitrella*, Risso, 1826. *Hist. nat. eur. mérid.*, IV, p. 233.
Volvaria triticea, (*n.* Lamarck). Payraudeau, 1826. *Moll. Corse.*, p 168. — Philippi, 1836. *Enum. moll. Sic.*, I, p. 197, pl. XII, fig. 15.

Marginella secalina, Philippi, 1844. *Enum. moll. Sic.*, II, p, 197, pl. XXVII, fig. 19.
Valvarina secalina, Jousseaume, 1875. *Coq. Margin., monogr.*, p. 83.

La Méditerranée : au large de Marseille, dans les Bouches-du-Rhône (Nob.); les Alpes-Maritimes (Roux) ; etc.

Genre MARGINELLA, de Lamarck

De Lamarck, 1779. *Prodr.* — 1801. *Syst. an.*, p. 75.

A. — Groupe du *M. miliaria*

Marginella miliaria, Linné.

Voluta miliaria Linné, 1767. *Syst. nat.*, édit., XII, p. 1189.
— *minima*, Renieri, 1804. *Tav. alfab. Adriat.*, p. 4.
— *miliacea*, de Lamarck, 1822. *Anim. s. vert.*, VII, p. 364.
Volvaria miliaria, de Blainville, 1826. *Faune fr.*, p. 230, pl. VIII, fig. 6.
Marginella miliacea, Kiener, 1834. *Coq. viv., Marg.*, p. 19, pl. VI, fig. 26.
Volvaria miliacea, Philippi, 1836. *Enum. moll. Sic.*, I, p 232.
Marginella oryza, Doublier, 1853. *In Prodr. hist. nat. Var.*, p. 120.
— *miliaria*, Hanley, 1855. *Ipsa Linn. conch.*. p. 217. — Bucquoy, Dautzenberg et Dollfus, 1883. *Moll. Rouss.*, p. 122, pl. XV, fig. 40-42.
Gibberula miliaria, Jousseaume, 1875. *Coq. Margin., monogr.*, p. 78.

L'Océan : cité par de Blainville, dans le golfe de Gascogne, mais n'a pas été retrouvé jusqu'à ce jour (Fischer).

La Méditerranée (Petit, Weinkauff) : Paulilles, le Roussillon, dans les Pyrénées-Orientales (Bucquoy, etc.); l'Aude (Nob.) ; Cette (Granger) Palavas (Dollfus), dans l'Hérault ; Aigues-Mortes, dans le Gard (Clément) ; la Provence (Petit) ; la Joliette, le Pharo, Roucas-Blanc, Pomègue, Ratonneau, Garlaban, etc., dans les Bouches-du-Rhône (Ancey, Marion) ; Toulon, Saint-Tropez (Doublier), Saint-Nazaire, la Seyne, Saint-Raphaël (Nob.), dans le Var ; Cannes, les environs de Nice, dans les Alpes-Maritimes (Verany, Roux) ; etc.

Marginella recondita, de Monterosato.

Gibberula recondita, de Monterosato, 1884. *Nom. conch. medit.*, p. 138.

La Méditerranée ; les côtes de Provence (de Monterosato).

Marginella Philippii, de Monterosato.

Marginella minuta (*non* L. Pfeiffer), Philippi, 1844. *Enum. moll. Sic.*, II, p. 197, pl. XXVII, fig. 23.
— *Philippii*, de Monterosato, 1878. *Enum. e sin.*, p. 49.
— *Philippi*, Bucquoy, Dautzenberg et Dollfus, 1883. *Moll. Rouss.*, p. 124, pl. XV, fig. 43.

La Méditerranée (Petit, Weinkauff) : Paulilles, le Roussillon, dans les Pyrénées-Orientales (Bucquoy, etc.) ; Ratonneau, dans les Bouches-du-Rhône (Marion) ; Saint-Nazaire, Saint-Raphaël (Nob.), Saint-Tropez, Antibes (Doublier), dans le Var ; Cannes (Dautzenberg), dans les Alpes-Maritimes (Roux) ; etc.

B. — Groupe du *M. clandestina*.

Marginella clandestina, Brocchi.

Voluta clandestina, Brocchi, 1814. *Conch. foss. sub.*, II, p. 642, pl. XV, fig. 11.
Volvaria marginella, Bivona, 1832. *Nuov. gen.*, p. 24, pl. III, fig. 5.
Marginella clandestina, Kiener, 1834. *Coq. viv.*, *Marg.*, p. 39, pl. XIII, fig. 1. — Bucquoy, Dautzenberg et Dollfus, 1883. *Moll. Rouss.*, p. 125, pl. XV, fig. 44.
Volvaria Brocchi, Scacchi, 1836. *Cat. reg. Neap.*, p. 10.
Bullata clandestina, Jousseaume, 1875. *Coq. Marg.*, p. 91.
Gibberulina clandestina, de Monterosato, 1884. *Nom. conch. medit.*, p. 139.

La Méditerranée (Petit, Weinkauff, de Monterosato) : Paulilles, le Roussillon, dans les Pyrénées-Orientales (Bucquoy, etc.) ; Ratonneau, Peyssonnel, dans les Bouches-du-Rhône (Marion) ; Antibes, dans le Var (Petit, Doublier) ; Cannes (Dautzenberg), dans les Alpes-Maritimes (Roux) ; etc.

Marginella occulta, de Monterosato.

Marginella occulta, de Monterosato, 1869. *Test. nuov.*, p. 17, fig. 10.
Bullata occulta, Jousseaume, 1875. *Non. Marg.*, p. 71.
Gibberulina occulta, de Monterosato, 1884. *Nom. conch. médit.*, p. 139.

La Méditerranée : Garlaban, Ratonneau, la Cassidagne, dans les Bouches-du-Rhône (Marion) ; Nice, dans les Alpes-Maritimes (Nob.) ; etc.

CONIDÆ

Genre CONUS, Linné

Linné, 1758. *Syst. nat.*, édit. X, p. 712.

Conus Mediterraneus, Bruguière.

Conus mediterraneus, Bruguière, 1789. *Encycl. méth.*, *Vers*, pl. CCCXXX fig. 4; *dict.* II, nº 87. — Kiener, 1848. *Coq. viv.*, *Cônes*, p. 193, pl. LVI, fig. 1, f. — De Blainville, 1826. *Faune franç.*, pl. VII, fig. 3 et 5. — Bucquoy, Dautzenberg et Dollfus, 1882. *Moll. Rouss.*, p. 79, pl. XIII, fig. 11, 16, 17, 20 et 22.
— *ventricosus*, Gmelin, 1789. *Syst. nat.*, édit. XIII, p. 397.
— *ignobilis*, Olivi, 1791. *Zool. Adr.*, p. 130.
— *jaspis*, Von Salis Marschlins, 1793. *Reise Koen. Neap.*, p. 369.
— *olivaceus*, Von Salis Marschlins, 1793. *Loc. cit.*, p. 368.
— *capitaneus* (*non* Linné), Renieri, 1804. *Tav. alfab. Adriat.*
— *franciscanus*, de Lamarck, 1823. *Anim. s. vert.*, VII, p. 494.

L'Océan : cité par de Blainville, dans le golfe de Gascogne, mais n'a pas été retrouvé depuis cette époque (Fischer).

La Méditerranée (Petit, Weinkauff) : le Roussillon, Port-Vendres, Paulilles, Banyuls, anses de Peyrefite, de Terrembou, de Cerbère, etc., dans les Pyrénées-Orientales (Bucquoy, etc.); la Nouvelle, dans l'Aude (Nob.) ; de Cette à Aigues-Mortes, dans l'Hérault (Dubreuil) ; Marseille, fort Saint-Jean, le Pharo, Montredon, Pomègues, Roucas-Blanc, etc. dans les Bouches-du-Rhône (Ancey, Marion); Toulon, Saint-Tropez, Saint-Raphaël (Doublier), Saint-Nazaire, la Seyne, etc. (Nob.), dans le Var ; les environs de Nice, dans les Alpes-Maritimes (Risso, Verany, Roux); etc.

Conus submediterraneus, Locard.

Conus mediterraneus, *Pars auct.* — Philippi, 1836. *Enum. moll. Sic.*, I, pl. XII, fig. 17, 18, 19. — Kiener, 1848. *Coq. viv.*, *Cônes*, pl. LVI, fig. 1. — Hidalgo, 1870. *Moll. marin.*, pl. IV, fig. 1-2. — Bucquoy, Dautzenberg et Dollfus, 1882. *Moll. Rouss.*, pl. XIII, fig. 12, 13.

La Méditerranée : le Roussillon, dans les Pyrénées-Orientales ; les environs de Marseille, dans les Bouches-du-Rhône ; Saint-Mandrier, Saint-Tropez, dans le Var (Nob.) ; etc.

Conus galloprovincialis, Locard.

Conus mediterraneus, *Pars auct.* — Bruguière, 1789. *Encycl. meth.*, *Vers.*, pl. CCCXXX, fig. 5. — Philippi, 1876. *Enm. moll. Sic.*, I, pl. XII, fig. 20, 21. — Kiener, 1848. *Coq. viv.*, *Cônes.*, pl. LVI, fig. 1, c. d. — Bucquoy, Dautzenberg et Dollfus, 1882. *Moll. Rouss.*, pl. XIII, fig. 14, 15, 18, 19, 21.

La Méditerranée : le Roussillon, dans les Pyrénées-Orientales ; les environs de Marseille ; Saint-Tropez, la Seyne, Saint-Raphaël, dans le Var (Nob.) ; etc.

COLUMBELLIDÆ

Genre COLUMBELLA, de Lamarck

De Lamarck, 1799. *Prodr.* — 1801. *Syst. an.*, p. 75.

A. — Groupe du *C. rustica*

Columbella rustica, Linné.

Voluta rustica, Linné. 1767. *Syst. nat.*, édit. XII, p. 1190.
Columbella rustica, de Lamarck, 1822. *Anim. s. vert.*, VII, p. 296 — De Blainville, 1826. *Faune franç.*, p. 205, pl. VII, fig. 8 à 10. — Kiener, 1841. *Coq. viv.*, *Columb.*, pl II, fig. 1-2. Bucquoy, Dautzenberg et Dollfus, 1882. *Moll. Rouss.*, p 71, pl. XII, fig. 31, 32.
— *Guildfordia*, Risso, 1826. *Hist. nat. eur. merid.*, IV, p. 205.
— *punctura*, Risso, 1826. *Loc. cit.*, p. 206.

La Méditerranée (Petit, Weinkauff) : le Roussillon, Port-Vendres, dans les Pyrénées-Orientales (Bucquoy, etc.) ; la Nouvelle, dans l'Aude (Nob.) ; les environs de Cette (Granger), de Cette à Aigues-Mortes (Dubreuil), dans l'Hérault ; Marseille, le Pharo, l'Estaque, Pomègues, Roucas-Blanc, etc., dans les Bouches-du-Rhône ; le littoral du Var (Doublier), Toulon, la Seyne, Saint-Mandrier, Saint-Nazaire, Saint-

Raphaël, Saint-Tropez (Nob.), dans le Var; Cannes (Dautzenberg), les environs de Nice (Risso, Verany), dans les Alpes-Maritimes (Roux); etc.

Columbella procera, Locard.

Columbella rustica, *Pars auct.* — Philippi, 1836. *Enum. moll. Sic.*, I, p. 228, pl. XII, fig. 11. — Kiener, 1841. *Coq. viv.*, *Columb.*, pl. I, fig. 3. — Duclos, 1835-1850. *Hist. nat. Oliv. Columb.*, pl. III, fig. 7-12. — Bucquoy, Dautzenberg et Dollfus, 1882. *Moll. Rouss.*, pl. XII, fig. 32-33.

La Méditerranée : le Canet, dans les Pyrénées-Orientales ; Toulon, la Seyne, Saint-Tropez, dans le Var ; Cannes, dans les Alpes-Maritimes (Nob.) ; etc.

Columbella spongiarum, Duclos.

Columbella spongiarum, Duclos, 1835-1850. *Hist. nat. Oliv. Columb.*, pl. III, fig. 13-16. — Kiener, 1841. *Coq. viv.*, *Columb.*, p. 9 pl. III, fig. 2.

— *rustica (var. spongiarun)*, Bucquoy, Dautzenberg et Dollfus, 1882. *Moll. Rouss.*, p. 72, pl. XII, fig. 34 et 35.

La Méditerranée : Saint-Tropez, dans le Var (Nob.) ; etc.

Columbella Græci, Philippi.

? *Mitra olivoidea*, Cantraine, 1835. *Diagn.*, *in Acad. Brux.*, p. 291.

— *columbellaria*, Scacchi, 1836. *Cat. rege. Neap.*, p. 10.

Columbella græci, Philippi, 1844 *Enum. moll. Sic.*, II, p. 194, pl. XXVI, f. 8.

Mitra leontocroma, Brusina, 1866. *Contr. faun. Dalm.*, p. 34.

La Méditerranée : La Cassidagne, dans les Bouches-du-Rhône (Marion).

Columbella costulata, Cantraine.

Fusus costulatus, Cantraine, 1835. *Diagn.*, p. 20. — 1840. *Malac. Medit.*, pl. VII, f. 24.

Buccinum acutecostatum, Philippi, 1844. *Enum. moll. Sic.*, II, p. 192, pl. XXVII, fig. 14.

Columbella Haliæeti, Jeffreys, 1867-1869. *Brit. conch.*, IV, p. 365; V, p. 219, pl. LXXXVIII, fig. 3.

— *costulata*, de Monterosato, 1878. *Enum. e sin.*, p. 44.

L'Océan : le golfe de Gascogne (Jeffreys).

La Méditerranée : Peyssonnel, dans les Bouches-du-Rhône (Marion).

B. — Groupe du *C. scripta*

Columbella scripta, Linné.

Murex scriptum, Linné, 1767. *Syst. nat.*, édit. XII, p. 1225.
— *conulus*, Olivi, 1792. *Zool. Adr.*, p. 154, pl. V, fig. 1-2.
— *politus*, Renieri, 1804. *Tav. alfab. Adriat.*
Buccinum corniculatum, de Lamarck, 1822. *Anim. s. vert.*, VII, p. 724. — Kiener, 1834. *Coq. viv.*, *Buccin.*, p. 48, pl. XIV, fig 56; pl. XIV, fig. 47.
Columbella Linnæi, Payraudeau, 1826. *Moll. Corse.*, p. 161, pl. VIII, fig. 10 à 12.
Mittrella flaminea, Risso, 1826. *Hist. nat. eur. mér.*, IV, p. 248, f. 144.
Fusus glaber, Risso, 1826. *Loc. cit.*, p. 532.
Columbella conulos, de Blainville, 1826. *Faune fr.*, p. 208, pl. VIII, A, fig. 5.
Buccinum Linnæi, Philippi, 1836. *Enum. moll. Sic.*, p. 225.
— *scriptum*, Philippi, 1844. *Loc. cit.*, II, p. 190.
Columbella scripta, Weinkauff, 1866. *Conch. mittelm.*, II, p. 168. — Bucquoy, Dautzenberg et Dollfus, 1882. *Moll. Rouss.*, p. 73. pl. XIII, fig. 1-2.

La Méditerranée (Petit, Weinkauff) : le Roussillon, Paulilles, Port-Vendres, dans les Pyrénées-Orientales (Bucquoy, etc.); de Cette à Aigues-Mortes, dans l'Hérault (Dubreuil); les Martigues (Nob.), l'Estaque, Morgillet, Pomègues, Roucas-Blanc, Ratonneau, etc. (Marion), dans les Bouches-du-Rhône; Saint-Tropez, Saint-Nazaire, la Seyne, etc., dans le Var (Nob.); les environs de Nice, dans les Alpes-Maritimes (Risso, Roux); etc.

Columbella lanceolata, Locard.

Columbella scripta (var. elongata), Bucquoy, Dautzenberg et Dollfus, 1883. *Moll. Rouss.*, p. 75, pl. XIII, fig. 3-4.

La Méditerranée : Saint-Tropez, Saint-Raphaël, dans le Var (Nob.).

Columbella Gervillei, Payraudeau.

Mitra Gervillii, Payraudeau, 1826. *Moll. Corse*, p. 165, pl. VIII, fig. 21.
Purpura corniculata, Risso, 1826. *Hist. nat. eur. mér.*, IV, p. 168, f. 88.
Columbella Gervillii, de Blainville, 1826. *Faune fr.*, p. 209, pl. VIII, A, f. 6.
Buccinum Gervilli, Kiener, 1834. *Coq. viv.*, *Buc.*, p. 46, pl. XIII, f. 43.
— *Linnæi (var.)*, Philippi, 1836. *Enum. moll. Sic.*, I, p. 225.
— *scriptum (var.)*, Philippi, 1836. *Loc. cit.*, II, p. 190,

Columbella scripta (var.), Weinkauff, 1868. *Conch. mittel.*, II, p. 36.
— *(mitrella) Gervillei*, de Monterosato, 1878. *Enum. e sinon*, p. 45. — Bucquoy, Dautzenberg et Dollfus, 1882. *Moll. Rouss.*, p. 75, pl. XIII, fig. 5 et 6.

La Méditerranée : le Roussillon, Paulilles, Port-Vendres (Bucquoy, etc.) ; les côtes de Provence (de Blainville) ; les Martigues (Nob.), le Pharo, Pomègues, l'Estaque, Roucas-Blanc, Morgillet, Ratonneau, etc., dans les Bouches-du-Rhône (Marion) ; Cannes (Nob.), dans les Alpes-Maritimes (Roux) ; etc.

Columbella Crosseana, Reclus.

Colombella Crossiana, Reclus, 1851. *In Journ. conch.*, II, p. 267, pl. II, fig. 5.
Columbella Crosseana, Weinkauff, 1868. *Conch. mittel.*, II, p. 35.

La Méditerranée : le Roussillon, dans les Pyrénées-Orientales (Bucquoy, etc.).

Columbella decollata, Brusina.

Columbella decollata, Brusina, 1865. *Conch. Dalm. ined.*, p. 10. — Bucquoy, Dautzenberg et Dollfus, 1882. *Moll. Rouss.*, p. 77, pl. XIII, fig. 7 et 8.
— *scripta (var decollata)*, Weinkauff, 1868. *Conch. mittel.*, II, p. 36.
— *Gervillei (var.)*, de Monterosato, 1878. *Enum. e sin.*, p. 44.

La Méditerranée : le Roussillon, Paulilles, dans les Pyrénées-Orientales (Bucquoy, etc.).

C. — Groupe du *C. minor*

Columbella minor, Scacchi.

Columbella minor, Scacchi, 1836. *Cat. reg. Neap.*, p. 10, fig. 11. — Bucquoy, Dautzenberg et Dollfus, 1882. *Moll. Rouss.*, p. 78, pl. XIII, fig. 9 et 10.
Buccinum minor, Philippi, 1844. *En. moll. Sic.*, II, p. 190, pl. XXVII, f. 12.
— *Scacchii*, Calcara, 1845. *Mon. dei gen. Claus. e Bul.*, p. 5.
Columbella (mitrella) minor, de Monterosato, 1878. *Enum. e. sin.*, p. 44.

La Méditerranée : le Roussillon, Paulilles, dans les Pyrénées-Orientales (Bucquoy, etc.) ; Ratonneau, Garlaban, dans les Bouches-du-Rhône (Marion) ; etc.

CYMBIIDÆ

Genre CYMBIUM, Denis de Montfort

Denis de Montfort, 1810. *Conch. Syst.*, II, p. 554.

Cymbium papillatum, SCHUMACHER.

Voluta olla (n. Linné), Schroeter, 1783. *Einl.*, I, p. 245, pl. I, fig. 14. Kiener, 1848. *Cop. viv.*, p. 11, pl. XIV.
Cymbium papillatum, Schumacher, 1817. *Essai nouv. syst.*, p. 237. Hidalgo, 1870. *Moll. marin.*, pl. IV, fig. 3.
Cymba olla, Sowerby, 1842-83, *Thes. conch.*, pl. LXXIX, fig. 3, 4, 11.
Cymbium olla, Mac-Andrew, 1849. *Repports, PP.*

La Méditerrannée : Nice, dans les Alpes-Maritimes (Nob.).

MITRÆIDÆ

Genre MITRA, de Lamarck

De Lamarck, 1799. *Prodr.*, 1801. *Syst. anim.*, p. 76.

A. — Groupe du *M. ebenus*

Mitra ebenus, DE LAMARCK (1).

Voluta caffra (*n.* Linné), Olivi, 1792. *Zool. Adriat.*, p. 172.
— *vulpecula* (*n.* Linné), Renieri, 1804. *Tav. alfab. Adriat.*
Mitra ebenus, de Lamarck, 1811. *In Ann. Mus.*, XVII, n° 58. — De Blainville, 1826. *Faune franç.*, p. 217, pl. VIII, A, fig. 2. — Reeve. *Icon. conch.*, pl. XX, fig. 151, b. — Kiener, 1838. *Coq. viv.*, p. 30, pl. XII, fig. 35 (à gauche). — Bucquoy, Dautzenberg et Dollfus. 1883. *Moll. Rouss.*, p. 115, pl. XVI, f. 1.

La Méditerranée (Petit, Weinkauff) : le Roussillon, dans les Pyrénées-Orientales (Bucquoy, etc.) ; golfe d'Aigues-Mortes, dans le Gard (Clément) ; la Provence (Petit) ; Mortgillet, Garlaban, Ratonneau, dans les

(1) Melius *ebenina*.

Bouches-du-Rhône (Marion) ; Toulon, Saint-Tropez, dans le Var (Doublier); Cannes (Dautzenberg), les environs de Nice (Risso, Verany), dans les Alpes-Maritimes (Roux ; etc.).

Mitra plumbea, DE LAMARCK.

Mitra plumbea, de Lamarck, 1811. *In Ann. Mus.*, XVII, p. 73. — 1822. *Anim. s. vert*, VII, 322.
— *ebenus (pars)*, Philippi, 1836. *Enum. moll. Sic.*, I, pl. XII, fig. 8. — Kiener, 1838. *Coq. viv.*, *Mitr.*, pl. XII, fig. 35 (à droite). — Bucqoy, Dautzenberg et Dollfus, 1883. *Moll. Rouss.*, p. 116, pl. XVI, fig. 5-7.

La Méditerranée : le Roussillon, dans les Pyrénées-Orientales (Bucquoy, etc.); les environs de Marseille, dans les Bouches-du-Rhône (Nob.); les environs de Nice, dans les Alpes-Maritimes (Risso, Roux ; etc.).

Mitra Defrancei, PAYRAUDEAU.

Mitra Defrancii, Payraudeau, 1826. *Moll. Corse*, p. 166, pl. VIII, fig. 16.
— *zonata (pars)*, Risso, 1826. *Hist. nat. eur. mérid.*, IV, p. 244.
— *ebenus (pars)*, Philippi, 1836. *Enum. moll. Sic.*, I, pl. XII, fig. 9. — Reeve. *Icon. conch.*, pl. XXI, fig. 159. — Bucquoy, Dautzenberg et Dollfus, 1883. *Moll. Rouss.*, pl. XVI, fig. 2.

La Méditerranée : le Roussillon, dans les Pyrénées-Orientales (Bucquoy) ; de Cette à Aigues-Mortes, dans l'Hérault (Dubreuil); Toulon, Saint-Tropez, Saint-Raphaël, dans le Var (Doublier) ; les environs de Nice, dans les Alpes-Maritimes (Risso, Roux) ; etc.

Mitra pyramidella, BROCCHI.

Voluta pyramidella, Brocchi, 1814. *Conch. foss. sub.*, p. 318, pl. IV, f. 5.
Mitra pyramidella, Risso, 1826. *Hist. nat. eur. mérid.*, IV, p. 247.
— Bellardi, 1850. *Mon. Mittr.*, p. 25, pl. II, fig. 24, 25.
- Hörnes, 1851-1870. *Tert. Wien.*, I, p. 107, pl. X, fig. 28.

La Méditerranée : le Roussillon, dans les Pyrénées-Orientales (Bucquoy, etc.) ; le Var (Nob.); les environs de Nice, dans les Alpes-Maritimes (Risso) ; etc.

Mitra congesta, LOCARD.

Mitra ebenus, pars auct.
— *congesta*, Locard, 1884. *Mss.*

La Méditerranée : Saint-Tropez, dans le Var (Nob.); Cannes, dans les Alpes-Maritimes ; etc.

B. — Groupe du *M. corniculata*

Mitra corniculata, Linné.

Voluta cornicula, Linné, 1767. *Syst. nat.*, édit. XII, p. 1191.
— *Schröteri*, Chemnitz, 1769-1788. *Conch. cab.*, XI, p. 179, fig. 1735, 1736.
Mitra lutescens, de Lamarck, 1811. *In Ann. Mus.*, XVII, p. 210. — Kiener, 1838. *Coq. viv.*, *Mitr.*, p. 31, pl. XI, fig. 32.
— *cornicularis*, de Lamarck, 1822. *Anim. s. vert.*, VII, p 312.
— *glabra*, Risso, 1826. *Hist. nat. eur. mérid.*, IV, p 241.
— *nitens*, Risso, 1826. *Loc. cit.*, p. 241. — De Blainville, 1826. *Faune franç.*, p. 215, pl. VIII, A, fig. 1.
— *media*, Risso, 1826. *Loc. cit.*, IV, p. 242.
— *inflata*, Risso, 1826. *Loc. cit.*, IV, p. 242.
— *buccinoidea*, Risso. 1826. *Loc. cit.*, IV, p. 245, fig. 142
— *Schröteri*, Deshayes, 1844. *In de* Lamarck, *Anim. s. vert.*, 2e édit., X, p. 322.
— *cornicula*, Weinkauff, 1868. *Conch. mittel.*, II, p. 28. — Bucquoy, Dautzenberg et Dollfus, 1883. *Moll. Rouss.*, p. 117, pl. XVI, fig. 8, 9, 11.

La Méditerranée (Petit, Weinkauff) : le Roussillon, Port-Vendres, Banyuls, Paulilles, dans les Pyrénées-Orientales (Bucquoy, etc.) ; de Cette à Aigues-Mortes, dans l'Hérault (Dubreuil) ; le golfe d'Aigues-Mortes, dans le Gard (Clément) ; la Joliette, Roucas-Blanc, Corbière, cap Caveau, dans les Bouches-du-Rhône (Marion) ; Saint-Tropez, Saint-Raphaël, Toulon, dans le Var (Doublier) ; les environs de Nice, dans les Alpes-Maritimes (Risso, Roux) ; etc.

Mitra cornea, de Lamarck.

Mitra cornea, de Lamarck, 1811. *In Ann. Mus.*, XVII, p. 211. — Payraudeau, 1826. *Moll. Corse*, p. 164, pl. VIII, fig. 20. — De Blainville. 1845. *Faune franç.*, pl. VIII, B, fig. 1. — Kiener, 1838. *Coq. viv.*, *Mitr.*, p. 29, pl. XII, fig. 36.
— *cornicula* (*n.* Linné), de Lamarck, 1844. *Anim. s. vert.*, 2e édit., X, p. 324,.
— *lutescens (pars)*, Philippi, 1844. *Enum. moll. Sic.*, II, p. 195.
— *ebenus (pars)*, Requien, 1848. *Cat. Coq. Corse*, p. 83.

La Méditerranée : les côtes de Provence (Petit, Weinkauff) ; de Cette à

Aigues-Mortes (Dubreuil); Saint-Tropez, Toulon, dans le Var (Nob.); Cannes (Nob.), les environs de Nice (Verany), dans les Alpes-Maritimes (Roux); etc.

Mitra zonata, MARRYAT.

Mitra zonata, Marryat, 1817. *In Trans. Linn. soc.*, XIII, p. 338, pl. X, fig. 1, 2. — Risso, 1826. *Hist. nat. eur. mérid.*, IV. fig. 73. — Kiener, 1338. *Coq. viv.*, *Mitr.*, pl. XXXIII, fig. 108 ? — Kuster. *Conch. cab.*, 2e édit., X, p. 110, pl. XVII, a, fig. 17, 18. — Reeve. *Icon. conch.*, III, fig. 17.

La Méditerranée : Toulon (Petit), les Embiers, sur la côte entre le cap Sicié et Saint-Nazaire (Doublier), dans le Var ; les environs de Nice, dans les Alpes-Maritimes (Risso, Roux) ; etc.

Mitra Philippiana, FORBES.

Mitra cornea (pars), Kuster, *Conch. cab.*, 2e édit., p. 66, pl. XII, fig. 13.
— *Philippiana*, Forbes, 1844. *Rep. Aeg. inv.*, p. 192. — Reeve. *Conch. icon.*, pl. XXXV, fig. 287.
— *lutescens (pars)*, Weinkauff, 1862. *In Journ. conch.*, X, p. 365.
— *cornicula (pars)*, Bucquoy, Dautzenberg et Dollfus, 1883. *Moll. Rouss.*, pl. XVI, fig. 12 et 13.

La Méditerranée : le Roussillon, dans les Alpes-Maritimes (Bucquoy, etc.) ; Saint-Tropez, Saint-Raphaël, dans le Var (Nob.) ; etc.

Mitra obtusa, LOCARD.

Mitra cornicula (pars), Bucquoy, Dautzenberg et Dollfus, 1883. *Moll. Rouss.*, pl. XVI, fig. 10.

La Méditerranée : le Roussillon, dans les Pyrénées-Orientales (Bucquoy) ; etc.

Mitra fusca, SWAINSON.

Mitra fusca, Swainson, 1821. *Zool. illust.*, 2e sér., pl. VI, fig. 1. — Kiener, 1838. *Coq. viv.*, *Mitr.*, p. 35, pl. XIII, fig. 40.

L'Océan : la région aquitanique (Fischer).

C, — Groupe du *M. tricolor*

Mitra tricolor, GMELIN.

Voluta tricolor, Gmelin, 1789. *Syst. nat.*, édit. XIII, p. 3456.
Mitra punctata, Risso, 1826. *Hist. nat. eur. mérid.*, IV, p. 245.

Mitra Savignyi (pars), Philippi, 1836. *Enum. moll. Sic.*, I, p. 230. — Kiener, 1838. *Coq. viv.*, *Mitr.*, p. 100, pl. XXVIII, fig. 93.
— *tricolor*, Weinkauff, 1868. *Conch. mittel.*, II, p. 31. — Bucquoy, Dautzenberg et Dollfus, 1883. *Moll. Rouss.*, p. 119, pl. XIV, fig. 28-29.

La Méditerranée (Petit, Weinkauff) : le Roussillon, Paulilles, Collioure, dans les Pyrénées-Orientales (Bucquoy, etc.); Palavas, dans l'Hérault (Dollfus); la Provence (Petit); Cannes, dans les Alpes-Maritimes (Dautzenberg); etc.

Mitra Savignyi, Payraudeau.

Mitra Savignyi, Payraudeau, 1826. *Moll. Corse*, p. 161, pl. VIII, fig. 23 à 25. — Bucquoy, Dautzenberg et Dollfus, 1883. *Moll. Rouss.*, p. 120, pl. XV, fig. 38 et 39.
— *microzonalis*, de Blainville, 1826. *Faune franç.*, p. 218, pl. VIII, A, fig. 3.
— *pusilla (pars)*, Bivona, 1838. *Nuov. gen.*, p. 23, pl. VIII, fig. 3.
— *tricolor (pars)*, Weinkauff, 1868. *Conch. mittelm.*, II, p. 31.

La Méditerranée (Weinkauff) : de Cette à Aigues-Mortes (Dubreuil), les environs de Cette (Granger), dans l'Hérault; Garlaban, Ratonneau, dans les Bouches-du-Rhône (Marion); Toulon, Saint-Tropez, dans le Var (Doublier); etc.

Genre MITROLUMNA, Bucquoy, Dautzenberg et Dollfus

Bucquoy, Dautzenberg et Dollfus, 1882. *Moll. Rouss.*, p. 121.

Mitrolumna olivoidea, Cantraine.

Mitra olivoidea, Cantraine, 1835. *Diagn.*, in *Bull. acad. Brux.*, p. 394.
— *obsoleta*, Philippi, 1836. *Enum. moll. Sic.*, I, p. 230 (*n.-Auct*).
— *columbellaria*, Scacchi, 1836. *Cat. reg. Neap.*, p. 10, fig. 12-13. — Philippi, 1844. *En. moll. Sic.*, II, p. 195, pl. XXVII, f. 17.
Columbella Greci, Philippi, 1844. *Loc. cit.*, II, p. 194, pl. XXVII, fig. 18
Mitra striarella, Calcara, 1845. *Cenno moll. Sicil.*, p. 42.
— *clandestina*, Reeve, 1845. *Conch. Icon.*, pl. XXXII, fig. 253.
Mitrolumna olivoidea, Bucquoy, Dautzenberg et Dollfus, 1883. *Moll. Rouss.*, p. 121, pl. XV, fig. 33 à 35.

La Méditerranée : le Roussillon, Paulilles, dans les Pyrénées-Orientales (Bucquoy, etc.) ; les environs de Cette, dans l'Hérault (Nob.) ; etc.

Mitrolumna major, Locard.

Mitrolumna olivoidea (var. major), Bucquoy, Dautzenberg et Dollfus, 1883. *Moll. Rouss.*, p. 122, pl. XV, fig. 36 et 37.

La Méditerranée : les Martigues, dans les Bouches-du-Rhône (Nob.).

Mitrolumna granulosa, Locard.

Mitrolumna olivoidea (var. granulosa), de Monterosato, 1883. *In* Bucquoy, Dautzenberg et Dollfus. *Moll. Rouss.*, p. 122, pl. XV, fig. 38 et 39.

La Méditerranée : Cannes, dans les Alpes-Maritimes (Nob.).

PLEUROTOMIDÆ

Genre PLEUROTOMA, de Lamarck

De Lamarck, 1799. *Prodr.*, 1801. — *Syst. anim.*, p. 84.

A. — Groupe du *Pl. anceps*

Pleurotoma anceps, Eichwald.

Pleurotoma anceps, Eichwald, 1830. *Nat. v. Lith. undwolh.*, p. 225. — Bucquoy, Dautzenberg et Dollfus, 1883. *Moll. Rouss.*, p. 87, fig. 1.
— *teres* (*n.* Reeve), Forbes, 1844. *Rep. Aeg. inv.*, p. 139 et 190.
Fusus La Viæ, Calcara, 1845. *Cenno moll. Sic.*, p. 37, pl. IV, fig. 280.
Pleurotoma boreale, Lovén, 1846. *Ind. moll. Scand.*
— *fusiforme*, Requien, 1848. *Cat. coq. Corse, Suppl.*, p. 101.
Mangelia teres, Sowerby, 1859. *Ill. ind.*, pl. XIX, fig. 7.
Pleurotoma minutum (var. polyzronatum), Brugnone, 1862. *Pleur. foss. Pal.*, pl. I, fig. 10.
Raphitoma Barbierii, Brusina, 1866. *Contr. fauna Dalm.*, p. 33.
Defrancia teres, Jeffreys, 1867-1869. *Brit. conch.*, IV, p. 362; pl. LXXXVIII, fig. 5.
Homotoma anceps, Bellardi, 1877. *Moll. Piem.*, II, p. 280.
Raphitoma anceps, G. O. Sars, 1877. *Moll. Arct.*, p. 214, pl. XVII, fig. 9.

L'Océan : île d'Yeu, dans la Vendée (Servain) ; le golfe de Gascogne, au large des passes, en dehors du bassin d'Arcachon, sables à l'entrée de la Gironde (Lafont, Fischer, de Folin) ; etc.

La Méditerranée : le Roussillon, dans les Pyrénées-Orientales (Bucquoy, etc.)

Pleurotoma Renieri, SCACCHI.

Pleurotoma Renieri, Scacchi, 1835. *Notiz*, p. 44, pl. I, fig. 21. — Philippi, 1836. *Enum. moll. Sic.*, II, p. 176, pl. XXVI, fig. 22.

La Méditerranée : Peyssonnel, aux environs de Marseille dans les Bouches-du-Rhône (Marion).

Pleurotoma crispata, DE CRISTOFORI ET JAN.

Pleurotoma crispata, de Cristofori et Jan, 1832. *Cat.*, p. 9, fig. 28. — Philippi, 1844. *Enum. moll. Sic.*, II, p. 170, pl. XXVI, f. 12.
Mangelia crispata, Mac Andrew, 1849-54 *Report*.

L'Océan : le golfe de Gascogne (Jeffreys).

Pleurotoma Loprestina, CALCARA.

Pleurotoma Loprestina, Calcara, 1839. *Mon. Sp. Pleurot.*
— *Tarentina*, Philippi, 1844. *Enum. moll. Sic.*, II, p. 175.
— *crispata (n. Jan)*, Weinkauff, 1868. *Conch. mittelm.*, II, p. 121.

La Méditerranée : Peysonnel, dans les Bouches-du-Rhône (Marion).

Pleurotoma torquatum, PHILIPPI.

Pleurotoma torquatum, Philippi, 1844. *Enum. moll. Sic.*, II, p. 171, pl. XXVI, fig. 14.
— *torquata*, de Monterosato, 1878. *Enum. e sin.*, p. 46.

La Méditerranée : les côtes de Provence (de Monterosato).

Pleurotoma modiola, DE CRISTOFORI ET JAN

Fusus modiolus, de Cristofori et Jan, 1832. *Cat.*, p. 10.
Pleurotoma carinata, Bivona, 1833. *Gen. spec. posthum.*, p. 12. — Jeffreys, 1869. *Brit. conch.*, V, p. 221, pl. CII, fig. 7.
— *carinatum*, Philippi, 1844. *Enum. Moll. Sic.*, II, p. 176, pl. XXII, f. 19.
— *modiola*, de Monterosato, 1875. *Nuova revista*, p. 42.

L'Océan : le golfe de Gascogne (Jeffreys).

B. — Groupe du *Pl. emarginata*.

Pleurotoma emarginata, DONOVAN.

Murex emarginatus, Donovan, 1809. *Brit. shells*, V, pl. CLXIX, fig. 2.

Murex gracilis, Montagu, 1803. *Test. Brit.*, p. 267, pl. XV, fig. 5; *Suppl.* p. 115.
— *oblongus*, Brocchi, 1814. *Conch. foss. sub.*, p. 430, pl. IX, f. 10.
Fusus Franscombi, Clarck. *In Ann. nat. hist.*, IV, p. 425.
Defrancia suturalis, Millet, 1826. *In soc. Linn. Paris*, p. 6, fig. 4.
Pleurotoma Comarmondi, Michaud, 1829. *In Bull. soc. Lin. Bord.*, III, p. 260, pl. I, fig. 6. — Kiener, 1840. *Coq. viv.*, *Pleurot.*, p. 68, pl. XXIV, fig. 2.
— *suturale*, Philippi, 1836. *Enum. moll. Sic.*, I, p. 197.
— *vulpecula*, Deshayes, 1833. *In* de Lamarck. *Anim. s. vert.*, 2e édit., IX, p. 359.
— *gracile*, Philippi, 1844. *Enum. moll. Sic.*, II, p. 166. — Bucquoy, Dautzenberg et Dollfus, 1883. *Moll. Rouss.*, p. 88, pl. XIV, fig. 1 et 2.
Mangelia gracilis, Forbes et Hanley, 1853 *Brit. moll.*, III, p. 472, pl. CXIV, fig. 4; pl. R R, fig. 8. — Sowerby, 1859. *Ill. ind.*, pl. XIX, fig. 10.
Defrancia gracilis, Jeffreys, 1868-1869. *Brit. conch.*, IV, p. 363, pl. LXXXVIII, f. 6.
Raphitona gracilis, Weinkauff, 1868. *Conch. mittelm.*, II, p. 135.
Clathurella emarginata, Bellardi, 1877. *Moll. Piem.*, II, p. 260.
Bellardia gracilis, de Monterosato, 1844. *Nom. conch. médit.*, p. 135.

La Manche : la région normande (Fischer); Cherbourg, dans la Manche (Taslé, de Gerville); etc.

L'Océan : régions armoricaine et aquitanique (Fischer); la rade de Brest, l'île Longue (Taslé, Daniel), Concarneau (de Guerne), dans le Finistère; la Bauche, la côte de Pouliguen, dans la Loire-Inférieure (Cailliaud, Taslé); île d'Yeu, dans la Vendée (Servain); au large des passes, dans la Gironde (Fischer, Taslé); le cap Breton, dans les Landes (de Folin); etc.

La Méditerranée : dans des estomacs de poissons pêchés au Barcarès, entre la Franqui et le Canet, dans les Pyrénées-Orientales (Bucquoy, etc.); cap Cavaux, cap Pinède, Maïré, la Cassidagne, dans les Bouches-du-Rhône (Marion); etc.

C. — Groupe du *Pl. incrassata*.

Pleurotoma incrassata, Dujardin.

Pleurotoma elegans (*n.* Defrance), Scacchi, 1836. *Not. conch. foss.*, p. 43, pl. I, f. 8. — Philippi, 1844. *Enum. moll. Sic.*, II, p. 168, pl. XXVI, f. 5.
— *incrassata*, Dujardin, 1837. *Mém. Tour.*, p. 292, pl. XX, fig. 28.
— *Maravignæ*, Bivona, 1838. *Oper. post.*, p. 13.

Raphitoma incrassata, Bellardi, 1847. *Mon. Pleur.*, p. 108, pl. IV, f. 27.
Drillia incrassata, Bellardi, 1877. *Moll. Piem.*, II, p. 140.
Mangelia elegans, Fischer, 1869. *Faune conch. Gir., suppl.*, p. 139.

L'Océan : région aquitanique (Fischer); au large du golfe de Gascogne, dans la Gironde (Taslé, Fischer) ; cap Breton, dans les Landes (de Folin).

Genre CLATHURELLA, Carpenter

Carpenter, 1857. *Mazatl. cat.*, p. 399.

A — Goupe du *Cl. purpurea*

Clathurella purpurea, Montagu.

Murex purpureus, Montagu, 1803. *Test. Brit.*, p. 260, pl. IX, fig. 3.
Pleurotoma purpurea, Petit de la Saussaye, 1852. *In Journ. conch.*, II, p. 186. — Kiener, 1840. *Coq. viv., Pleur.*, p. 71, pl. XXV, f. 3.
Mangelia purpurea, Forbes et Hanley, 1853. *Brit. moll*, III, p. 465, pl. XCIII, fig. 3. — Sowerby, 1857. *Ill. ind.*, pl. XIX, fig. 8. — Bucquoy, Dautzenberg et Dollfus, 1883. *Moll. Rouss.*, p. 140, pl. XIV, fig. 6 et 7.
Defranc purpurea, Jeffreys, 1867-69. *Brit. conch.*, IV, p. 373, pl. XXXIX, fig. 5.
Homotom purpurea, Bellardi, 1877. *Moll. Piem.*, p. 270.

La Manche : a région normande (Fischer) ; Granville (Servain); baie de la Hougue (Taslé), Cancale (Nob.), dans la Manche; Saint-Malo (Grube), dans l'Ille-et-Vilaine ; etc.

L'Océan : régions armoricaine et aquitanique ; les environs de Brest (Daniel), Lanninon (Taslé), dans le Finistère ; Quiberon, Belle-Isle, dans le Morbihan (Taslé); Basse-Kikerie, Pouliguen, dans la Loire-Inférieure (Cailliaud) ; île d'Yeu, dans la Vendée (Servain) ; Vieux-Soulac, dans la Gironde (Fischer) ; etc.

La Méditerranée : le Roussillon, Paulilles, dans les Pyrénées-Orientales (Bucquoy, etc.); les Alpes-Maritimes (Roux) ; etc.

Clathurella Philiberti, Michaud.

Pleuroto a bicolor, Risso, 1826. *Hist. nat. eur. mérid.*, IV, p. 214, pl. I, fig. 2, 3. — *Philiberti*, Michaud, 1829. *In Bull. soc. Lin. Bordeaux*, III, p. 201. — Kiener, 1840. *Coq. viv.*, *Pleurot.*, p. 72, pl. XXIV, fig. 4.
— *variegatum*, Philippi, 1836. *En. moll. Sic.*, I, p. 197, pl. XI, f. 14.

Raphitoma Philiberti, Bellardi, 1847. *Mon. Pleur.*, p. 88.
Defrancia Philiberti, Tapparone-Canefri, 1869. *Moll. Spezzia*, p. 19.
Mangelia purpurea (var. Philiberti), Taslé, 1868. *Faune ouest Fr.*, p. 85.
Defrancia purpurea (var.), de Monterosato, 1872. *Foss. m. Pellegr.*, p. 34.
Homotoma Philiberti, Bellardi, 1877. *Moll. Piem.*, p. 272.
Clathurella purpurea (var. Philiberti), Bucquoy, Dautzenberg et Dollfus, 1883. *Moll. Rouss.*, p. 91, pl. XIV, fig. 16 et 17.
Philibertia bicolor, de Monterosato, 1884. *Nom. conch. médit.*, p. 132.

L'Océan : régions armoricaine et aquitanique (Fischer) ; Quiberon, dans le Morbihan (Taslé) ; lagune du Sud, le Grand-Banc, dans la Gironde (Fischer, Taslé) ; cap Breton, dans les Landes (de Folin); etc.

La Méditerranée : le Roussillon, Paulilles (Bucquoy, etc.) ; la Nouvelle, dans l'Aude (Nob.) ; Cette, dans l'Hérault (Petit, Granger) ; Marseille, Ratonneau, dans les Bouches-du-Rhône (Ancey, Marion) ; Antibes, Nice, dans les Alpes-Maritimes (Risso, Petit, Roux, Doublier) ; etc.

Clathurella Bucquoyi, LOCARD.

Defrancia purpurea (var. oblonga), Jeffreys, 1867-69. *Brit. conch.*, IV, pl. 274, pl. LXXIX, fig. 6.
Clathurella purpurea (pars), Bucquoy, Dautzenberg et Dollfus, 1883. *Moll. Rouss.*, pl. XIV, fig. 13 et 14.

La Manche : Saint-Lunaire, dans l'Ille-et-Vilaine (Bucquoy, etc., Nob.).

Clathurella contigua, DE MONTEROSATO.

Clathurella purpurea, Bucquoy, Dautzenberg et Dollfus, 1883. *Moll. Rouss.*, p. 91, pl. XIV, fig. 15.
Philibertia contigua, de Monterosato, 1884. *Nom. conch. médit.*, p. 133.

La Méditerranée : le Roussillon, dans les Pyrénées-Orientales (Nob.).

Clathurella La Viæ, PHILIPPI.

Pleurotoma La Viæ, Philippi, 1844. *Enum. moll. Sic.*, II, p. 170. pl. XXIV, fig. 7.
Raphitoma La Viæ, Brusina, 1866. *Contr. faun. Dalm.*, p. 64.
Defrancia La Viæ, Weinkauff, 1868. *Conch. mittelm.*, II, p. 133.
Clathurella purpurea (var. La Viæ), Bucquoy, Dautzenberg et Dollfus, 1883. *Moll. Rouss.*, p. 91, pl. XIV, fig. 18-19.
Philibertia La Viæ, de Monterosato, 1884. *Nom. conch. médit.*, p. 133.

La Méditerranée : le Roussillon, dans les Pyrénées-Orientales (Bucquoy, etc.); Saint-Tropez, Saint-Nazaire, dans le Var (Nob.); etc.

Clathurella corbis, Michaud (1).

Pleurotoma corbis, Michaud, 1838. *Galer. moll. Douai*, p. 445, pl. XXXVI, fig. 1-2.
Defrancia corbis, Dautzenberg, 1881. *Feuille des jeunes natur.*, p. 119.

La Méditerranée (Potiez et Michaud): Cannes, dans les Alpes-Maritimes (Dautzenberg).

B. — Groupe du *Cl. rudis*

Clathurella pupoidea, de Monterosato.

Pleurotoma rudis (*n.* Brod.), Scacchi, 1836. *Cat. Neap.*, p. 12, fig. 17.
— *reticulatum* (*var. rudis*), Requien, 1848. *Cat. coq. Corse*, p. 72.
Defrancia reticulata (*pars*), Weinkauff, 1868. *Conch. mitt.*, II, p. 138.
Pleurotoma (*homotoma*) *rudis*, de Monterosato, 1878. *En. e sin.*, p. 46.
Clathurella rudis, Bucquoy, Dautzenberg et Dollfus, 1883. *Moll. Rouss.*, p. 94, pl. XIV, fig. 8 et 9.
— *pupoides*, de Monterosato, 1884. *Nom. conch. médit.*, p 137.

La Méditerranée : le Roussillon, Paulilles, Collioure, dans les Pyrénées-Orientales (Bucquoy, etc); Pomègue, Roucas-Blanc, Garlaban, Montredon, Ratonneau, etc., dans les Bouches-du-Rhône (Marion); Cannes, dans les Alpes-Maritimes (Nob.); etc.

C. — Groupe du *Cl. Cordieri*

Clathurella Cordieri, Payraudeau.

Pleurotoma Cordieri, Payraudeau, 1826. *Moll. Corse*, p. 144, pl. VII, fig. 11. — De Blainville, 1826. *Faune fr.*, p. 106, pl. IV, fig. 9. — Kiener, 1840. *Coq. viv.*, *Pleur.*, p. 60, pl. XXIV, fig. 1.
— *reticulatum* (*pars*), Philippi, 1844. *Enum. moll. Sic.*, II, p. 165.
Defrancia reticulata (*pars*), Weinkauff, 1868. *Conch. mittel.*, II, p. 128.
Pleurotoma (*homotoma*) *Cordieri*, de Monterosato, 1838. *En. e sin.*, p. 46.
Clathurella Cordieri, Bucquoy, Dautzenberg et Dollfus, 1883. *Moll. Rouss.*, p. 92, pl. XIV, fig. 10, 11.
Cordieria Cordieri, de Monterosato, 1884. *Nom. conch. médit.*, p. 131.

La Méditerranée : le Roussillon, dans les Pyrénées-Orientales (Bucquoy, etc.); les environs de Cette (Granger), de Cette à Aigues-Mortes (Dubreuil), dans l'Hérault ; le golfe d'Aigues-Mortes, dans le Gard

(1) Melius *corbiformis*.

(Clément); Marseille (Ancey), Mourepiano, Roucas-Blanc, Carry, cap Pinède, etc. (Marion), dans les Bouches-du-Rhône; Toulon, Saint-Raphaël, Saint-Tropez, dans le Var (Doublier); Antibes (Doublier), les environs de Nice, dans les Alpes-Maritimes (Risso, Verany, Roux); etc.

Clathurella reticulata, Renieri.

Murex reticulatus, Renieri, 1804. *Tav. alfab. Adriat.*
— *echinatus*, Brocchi, 1814. *Conch. foss. sub.*, p. 283, pl. VIII, fig. 3, et p. 663.
Pleurotoma reticulata, Bronn, 1831. *Ital. Tert. Geb.*, p. 47.
Raphitoma reticulata, Bellardi, 1847. *Mon. Pleurot.*, p. 85.
Mangelia reticulata, Jeffreys-Capellini, 1860. *Test. mar. Piem.*, p. 47.
— Sowerby, 1850. *Ill. ind.*, pl. XIX, fig. 10.
Defrancia reticulata, Jeffreys, 1867-69. *Brit. conch.*, IV, p. 370, pl. LXXXIX, fig. 3 et 4.
Homotoma reticulata, Bellardi, 1877. *Moll. Piem.*, p. 268.
Clathurella Cordieri (pars), Bucquoy, Dautzenberg et Dollfus, 1883. *Moll. Rouss.*, p. 92.
Cordieria reticulata, de Monterosato, 1884. *Nom. conch. médit*, p. 131.

La Manche : les côtes de la Manche (de Gerville).

L'Océan : régions armoricaine et aquitanique (Fischer); Quelern, Taslé), la rade de Brest (Daniel), Concarneau (de Guerne), dans le Finistère ; Belle-Isle, dans le Morbihan (Taslé); île d'Yeu, dans la Vendée (Servain); au large des passes, dans la Gironde (Fischer) ; etc.

Clathurella Dollfusi, Locard.

Pleurotoma reticulatum (var. spinosa), Forbes, 1844. *Rep. Aeg. inv*, p. 139.
Mangelia purpura (var. asperrima), Forbes et Hanley, 1853. *Brit. moll.*, III, p. 467, pl. CXIII, fig. 5.
— *cancellata*, Sowerby, 1859. *Ill. ind.*, pl. XIX, fig. 9.
Clathurella Cordieri (var.), Bucquoy, Dautzenberg et Dollfus, 1883. *Moll. Rouss.*, p. 83.

La Manche : les îles Chaussey, dans la Manche (Nob.).

D. — Groupe du *Cl. Leufroyi*

Clathurella Leufroyi, Michaud.

Pleurotoma Leufroyi, Michaud, 1828. *In Bull. soc. Linn. Bord.*, II, p. 121, pl. I, fig. 5-6. — Kiener, 1840. *Coq. viv.*, *Pleur.*, p. 70, pl. XXIV, fig. 3.

Pleurotoma zonalis, Delle Chiaje, 1829. *Mém.*, pl. LXXXIV, fig. 1.
Fusus Boothi, Schmitt, 1839. *In Wern. soc.*, p. 98, pl. I, fig 1.
Raphitoma Leufroyi, Philippi, 1844. *Enum. moll. Sic.*, II, p. 165 et 174.
Mangelia Leufroyi, Forbes et Hanley, 1853. *Brit. moll.*, III, p. 468, pl. CXII, fig. 6, 7; pl. R R, fig. 1,
Defrancia Leufroyi, Sowerby, 1859. *Ill. ind.*, pl. XIX, fig. 11. —Jeffreys, 1867-69. *Brit. conch.*, IV, p. 366, pl. LXXXIX, fig. 1.
Homotoma Leufroyi, Bellardi, 1877. *Moll. Piem.*, II, p. 274.
Clathurella Leufroyi, Bucquoy, Dautzenberg et Dollfus, 1883. *Moll. Rouss.*, p. 95, pl. XIV, fig. 3 et 4.
Leufroyia Leufroyi, de Monterosato, 1884. *Nom. conch. médit.*, p. 134.

L'Océan : région armoricaine (Fischer); Quiberon, dans le Morbihan (Taslé).

La Méditerranée: le Roussillon, Paulilles, dans les Pyrénées-Orientales (Bucquoy, etc.); les Martigues (Nob.), Corbière, Mourepiano, Roucas-Blanc, etc., dans les Bouches-du-Rhône (Marion); les Alpes-Maritimes (Roux); etc.

E. — Groupe du *Cl. concinna*

Clathurella concinna, Scacchi.

Pleurotoma concinna, Scacchi, 1836. *Cat. reg. Neap.*, p. 12, fig. 18.
— De Monterosato, 1877. *In Journ. conch.*, XXV, p. 43, pl. II, fig. 1.
— *lineare (pars)*, Philippi, 1844. *En. moll. Sic.*, II, p. 166 (*n.* Mtg),
— *linearis (pars)*, Petit de la Saussaye, 1852. *In Journ. conch.*, III, p. 187 (*n.* Mtg).
— *Cyrilli* (*n.* Scacchi), Sandry, 1856. *Elenco nomin.*, p. 136.
Mangelia scabra, Jeffreys, 1858. *In. Ann. nat. hist.*, p. 16 et 17, pl. V, f. 9.
Pleurotoma Leufroyi (var.), Jeffreys, 1865. *Brit. conch.*, IV, p. 368.
Defrancia linearis (pars), Weinkauff, 1868. *Conch. mittelm.*, II, p. 133.
Clathurella concinna, Bucquoy, Dautzenberg et Dollfus, 1883. *Moll. Rouss.*, p. 98, pl. XIV, fig. 5.
Leufroyia concinna, de Monterosato, 1884. *Nom. conch. médit.*, p. 134.

La Méditerranée : le Roussillon, Paulilles, dans les Pyrénées-Orientales (Bucquoy, etc.); cap Pinède, dans les Bouches-du-Rhône (Marion); Nice, dans les Alpes-Maritimes (Nob.); etc.

Clathurella horrida, de Monterosato.

Clathurella Cordieri (var. pungens), Bucquoy, Dautzenberg et Dollfus, 1883. *Moll. Rouss.*, p. 92, pl. XIV, fig. 12.
— *horrida*, de Monterosato, 1884. *Nom. conch. médit.*, p. 131.

La Méditerranée : le Roussillon (Bucquoy, etc.); les côtes de Provence (de Monterosato).

Clathurella radula, de Monterosato.

Pleurotoma purpureum (n. Mtg), Philippi. *In Col. Hanley, teste* de Monterosato.

Clathurella radula, de Monterosato, 1884. *Nom. conch. médit.*, p. 132.

La Méditerranée : les côtes de Provence (de Monterosato).

Clathurella elegans, Donovan.

Murex elegans, Donovan, 1803. *Brit. sells*, V, pl. CLXXIX, fig. 3.

— *linearis*, Montagu, 1803. *Test. brit.*, p. 261, pl. IX, fig. 4; suppl., p. 115.

Pleurotoma linearis, de Blainville, 1826. *Faune franç.*, p. 110. — Kiener, 1840. *Cop. viv.*, *Pleur.*, p. 73, pl. XXV, fig. 4.

Defrancia linearis, Hinds, 1844. *Moll. voy. Sulphur.*, p. 25. — Jeffreys, 1867-69. *Brit. conch.*, IV, p. 368, pl. LXXXIX, fig. 2.

Mangelia linearis, Forbes et Hanley, 1853. *Brit. moll.*, III, p. 470, pl. CXIV, fig. 1-3. — owerby, 1859. *Ill. ind.*, pl. XIX, fig. 12.

Homotoma elegans, Bellardi, 1878. *Moll. Piem.*, II, p. 271.

Clathurella linearis, Bucquoy, Dautzenberg et Dollfus, 1883. *Moll. Rouss.*, p. 96, pl. XIV, fig. 20, 21.

Cirillia linearis, de Monterosato, 1884. *Nom. conch. médit.*, p. 133.

La Manche : région normande (Fischer); baie de la Hougue, dans la Manche (de Gerville, Macé) ; etc.

L'Océan : régions armoricaine et aquitanique (Fischer) ; le golfe du Morbihan, Quiberon, Belle-Isle, dans le Morbihan (Taslé) ; baie de Barrière, Croisic, Pouliguen, dans la Loire-Inférieure (Cailliaud, Taslé); île d'Yeu (Servain), sables d'Olonne (Nob.), dans la Vendée; sables à l'entrée de la Gironde, embouchure du bassin d'Arcachon (Lafont, Fischer, Taslé); etc.

La Méditerranée : le Roussillon, Paulilles, Banyuls, Port-Vendres, Collioure, dans les Pyrénées-Orientales (Bucquoy, etc.) ; la Nouvelle, dans l'Aude (Nob.) ; les environs de Cette, dans l'Hérault (Nob.) ; la Provence (Petit, Weinkauff); Morgilet, Garlaban, Ratonneau, Riou, etc., (Marion), Bouc (Petit), dans les Bouches-du-Rhône ; les environs de Toulon, dans le Var (Petit, Doublier); les environs de Cannes (Dautzenberg, de Nice (Risso), Menton (Granger), dans les Alpes-Maritimes (Roux) ; etc.

Clathurella muricoidea, DE BLAINVILLE.

Pleurotoma muricoidea, de Blainville, 1826. *Faune franç.*, p. 111, pl. IV, fig. 7.

Claturella linearis (pars), Bucquoy, Dautzenberg et Dollfus, 1883. *Moll. Rouss.*, p. 96.

La Manche : Saint-Malo, dans l'Ille-et-Vilaine (de Blainville).

Clathurella æqualis, DE MONTEROSATO.

Mangelia linearis (var. intermedia), Forbes et Hanley, 1853. *Brit. moll.*, III, p. 471.

Defrancia linearis (var. æqualis), Jeffreys, 1865. *Brit. conch.*, IV, p. 369.

Clathurella linearis (var. æqualis), Bucquoy, Dautzenberg et Dollfus, 1883. *Moll. Rouss.*, p. 98.

Cirillia æqualis, de Monterosato, 1884. *Nom. conch. médit.*, p. 134.

La Manche : les environs de Cherbourg, dans la Manche (Nob.).

Genre RAPHITOMA, Bellardi

Bellardi, 1846. *Monog. Pleurot.*

A. — Groupe du *R. attenuata*

Raphitoma attenuata, MONTAGU.

Murex attenuatus, Montagu, 1803. *Test. Brit.*, p. 266, pl. IX, fig. 6.

Pleurotoma attenuata, de Blainville, 1826. *Faune franç.*, p. 102. — Brown, 1827. *Ill. conch.*, p. 7, pl. V, fig. 37, 38. — Jeffreys, 1867-69. *Brit. moll.*, IV, p. 377, pl. XC, fig. 2.

— *Villiersi* (n. Michaud), Kiener, 1840. *Coq. viv.*, *Pleurot.*, p. 80, pl. XXVII, fig. 1.

Mangelia attenuata, Petit, 1852. *In Journ. conch.*, III, p. 187 — Forbes et Hanley, 1853. *Brit. moll.*, III, p. 488, pl. CXIII, fig. 8, 9, pl. RR, fig. 5. — Sowerby, 1859. *Ill. ind.*, pl. XIX, fig. 25.

— *Bertrandii* (n. Payr), Cailliaud, 1865. *Catal. Loire-Inf.*, p. 168.

Raphitoma attenuata, Weinkauff, 1868. *Conch. mittelm*, II, p. 136. — Bucquoy, Dautzenberg et Dollfus, 1883. *Moll. Rouss.*, p. 101, pl. XIV, fig. 24 et 25.

Vielliersia attenuata, de Monterosato, 1884. *Nom. conch. médit.*, p. 128 (1).

(1) M. le marquis de Monterosato (*Loc. cit. sopr.*) a créé pour cette espèce le genre *Viellier-sia*. Si ce genre devait être maintenu, il conviendrait de l'écrire *Villiersia*, car le *Pleurotoma Villiersi*, qui a été pris pour type, a été dédié par Michaud à Bombes de Villiers, naturaliste lyonnais.

La Manche : le Boulonnais, dans le Pas-de-Calais (Bouchard); la région normande (Fischer); Cancale, dans l'Ille-et-Vilaine (Nob.); etc.

L'Océan : régions armoricaine et aquitanique (Fischer); rade de Brest (Taslé, Daniel) ; Quiberon, dans le Morbihan (Taslé); Croisic, côtes de la Bauche, dans la Loire-Inférieure (Cailliaud, Taslé) ; île d'Yeu, dans la Vendée (Servain) ; au dehors du bassin d'Arcachon, banc Blanc, lagune du sud, dans la Gironde (Lafont, Fischer, Taslé); cap Breton, dans les Landes (de Folin) ; etc.

La Méditerranée : le Roussillon, Paulilles, dans les Pyrénées-Orientales (Bucquoy, etc.) ; Palavas, dans l'Hérault (Dollfus); la Joliette, Garlaban, dans les Bouches-du-Rhône (Marion); Cannes (Dautzenberg), dans les Alpes-Maritimes (Roux) ; etc.

Raphitoma Villiersi, Michaud.

Pleurotoma Villiersi, Michaud, 1826. *In Bull. soc. Lin. Bord.*, p. 262, pl. I, fig. 4, 5.
— *gracilis* (*n.* Mtg), Scacchi, 1836. *Cat. reg. Neap.*, p. 13, fig. 21.
— *gracile*, Philippi, 1836. *Enum. moll. Sic.*, I, p. 198, pl. XI, f. 23.

La Méditerranée (Michaud) : les environs de Cannes, dans les Alpes-Maritimes (Nob.).

Raphitoma Payraudeaui, Deshayes.

Pleurotoma Payraudeaui, Deshayes, 1836. *Exp. sc. Morée*, p. 179.
Raphitoma Payraudeauti, Weinkauff, 1868. *Conch. mittelm.*, II, p. 137.

La Méditerranée : les Martigues, dans les Bouches-du-Rhône (Petit, Weinkauff).

Raphitoma nuperrima, Tiberi.

Pleurotoma decussatum (*n.* Grateloup), Philippi, 1844. *Enum. moll. Sic.*, II, p. 174, pl. XXIV, fig. 23.
— *nuperrima*, Tiberi, 1878. *Descr. nuov. test. medit.*

L'Océan : région armoricaine (Fischer) ; au large des passes d'Arcachon, dans la Gironde (Lafont, Fischer).

B. — Groupe du . *nebula*

Raphitoma nebula, Montagu.

Murex nebula, Montagu, 1803. *Test. brit.*, p. 267, pl. XV, fig. 6. — Wood, 1820. *Ind. test.*, pl. XVII, fig. 129.

Pleurotoma nebula, de Blainville, 1826. *Faune franç.*, p. 103, pl. IV, fig. 3. — Reeve, *Icon. conch.*, pl. XXIII, fig. 198, 203. — Jeffreys, 1867-69. *Brit. conch.*, IV, p. 384, pl. XCI, fig. 1.

Mangelia nebula, Forbes et Hanley, 1853. *Brit. moll.*, III, p. 476, pl. CXIV, fig. 7; pl. RR, fig. 7. — Sowerby, 1859. *Ill. ind.*, pl. XIX, fig. 14.

La Manche : le Boulonnais, dans le Pas-de-Calais (Bouchard); région normande (Fischer); les environs de Cherbourg et de Valognes, dans la Manche (de Gerville, Macé) ; etc.

L'Océan : régions armoricaine et aquitanique (Fischer); Lanninon (Daniel), Quelern (Taslé), dans le Finistère ; Quiberon, dans le Morbihan (Taslé) ; les Evains, basse-Kikerie, dans la Loire-Inférieure (Cailliaud, Taslé); île d'Yeu, dans la Vendée (Servain) ; en dehors du bassin d'Arcachon, dans la Gironde (Lafont, Fischer); etc.

? La Méditerranée : le Roussillon, Paulilles, dans les Pyrénées-Orientales (Bucquoy, etc.) ; les Alpes-Maritimes (Roux); etc.

Raphitoma Ginnaniana, Risso.

Mangelia Ginnania, Risso, 1826. *Hist. nat. eur. mer.*, IV, p. 220, f. 99.

Pleurotoma fusca, Deshayes, 1833. *Exp. scient. Morée*, p. 115.

— *Ginannia*, Scacchi. 1836. *Cat. reg. Neap.*, p. 12.

— *Ginnanianum*, Philippi, 1844. *Enum. moll. Sic.*, II, p. 168, pl. XXVI, fig. 6.

Mangelia nebula (pars), Forbes et Hanley, 1853. *Brit. conch.*, pl. CXIV, fig. 9.

— *Guinniana*, Sowerby, 1859. *Ill. ind.*, pl. XIX, fig. 16.

Raphitoma nebula, Weinkauff, 1868. *Conch. mittelm.*, II, p. 143. — Bucquoy, Dautzenberg et Dollfus, 1883. *Moll. Rouss.*, p. 99, pl. XIV, fig. 22 et 23.

Clavatulata Ginanniana, J. Roux, 1862. *Stat. Alpes-Marit.*, p. 412.

Raphitoma Ginnaniana, de Monterosato, 1878. *Enum. e sin.*, p. 45.

Ginnania fusca, de Monterosato, 1884. *Nom. conch. medit.*, p. 127.

L'Océan : Lanninon, dans le Finistère (Daniel).

La Méditerranée : le Roussillon (Bucquoy, etc.) ; les côtes de Provence (Petit) ; la Joliette, Roucas-Blanc, Maïré, Garlaban, etc., dans les Bouches-du-Rhône (Marion) ; les environs de Nice, dans les Alpes-Maritimes (Risso); etc.

Raphitoma Rissoi, Locard.

Mangelia costulata (n. auct.), Risso, 1826. *Hist. nat. eur. merid.*, p. 219.

Pleurotoma nebula (var. costulata), Fischer, 1878. *In Act. soc. Linn. Bord.*, XXXIII, p. 189.

Raphitoma nebula (var. costulata), Bucquoy, Dautzenberg et Dollfus, 1883. *Moll. Rouss.*, p. 101.

L'Océan : région aquitanique (Fischer) ; la Gironde, en dehors du bassin d'Arcachon (Lafont, Taslé, Fischer).

La Méditerranée : Antibes (Doublier, Petit), Nice (Risso), dans les Alpes-Maritimes.

Raphitoma lævigata, Philippi.

Pleurotoma lævigatum, Philippi, 1836. *Enum. moll. Sic.*, I, p. 199, pl. IX, fig. 17. — Kiener, 1840. *Coq. viv.*, *Pleurot.*, p. 79, pl. XXVII, fig. 2.
— *lævigata*, Jeffreys, 1867. *Brit. conch.*, pl. XCI, fig. 3.
Mangelia nebula (var), Forbes et Hanley, 1853. *Brit. moll.*, III, p. 476, pl. CXIV, fig. 8. — Sowerby, 1857. *Ill. ind.*, pl. XIX, fig. 15,
— *lævigata*, Lafont, 1868. *In Act. soc. Linn. Bord.*, XXVI, p. 129.
Raphitoma nebula (var. lævigata), Bucquoy, Dautzenberg et Dollfus, 1883. *Moll. Rouss.*, p. 101.
Ginnania lævigata, de Monterosato, 1884. *Nom. conch. médit.*, p. 128.

L'Océan : régions armoricaine et aquitanique (Fischer) ; Quiberon, Belle-Isle, dans le Morbihan (Taslé) ; Plateau du Four, dans la Loire-Inférieure (Cailliaud) ; au large des passes de la Gironde (Lafont, Fischer, Taslé) ; etc.

La Méditerranée : Palavas, dans l'Hérault (Dollfus) ; les côtes de Provence (Petit) ; golfe de Nice, dans les Alpes-Maritimes (Risso) ; etc.

C. — Groupe du *R. striolata*

Raphitoma striolata, Scacchi.

Pleurotoma costata (*non* Pennant), de Blainville, 1826. *Faune franç.*, p. 103, pl. IV, fig. 6.
— *striolata*, Scacchi, 1836. *Catal. Regn. Neap.*, p. 13. — Reeve, *Conch. Icon.*, pl. XXXV. fig. 320. — Jeffreys, 1867-69. *Brit. conch.*, III, p. 376, pl. XC, fig. 1.
— *striolatum*, Philippi, 1844. *Enum. moll. Sic.*, II, p. 168, pl. XXVI, fig. 7.
Mangelia striolata, Forbes et Hanley, 1853. *Brit. moll.*, p. 483, pl. CXIV, fig. 12. — Sowerby, 1853. *Ill. ind.*, pl. XIX, fig. 18, 19.
Raphitoma striolata, Weinkauff, 1868. *Conch. mittelm.*, II, p. 138.
Smithia striolata, de Monterosato, 1884. *Nom. conch. médit.*, p. 128.

La Manche : Granville, dans la Manche (Servain).

L'Océan : régions armoricaine et aquitanique (Fischer) ; les Evains, plateau du Four, dans la Loire-Inférieure (Cailliaud, Taslé) ; île d'Yeu, dans la Vendée (Servain); le banc Blanc (Lafont, Taslé), en dehors du bassin d'Arcachon (Fischer), dans la Gironde; le cap Breton, dans les Landes (de Folin); etc.

Raphitoma costulata, DE BLAINVILLE.

Pleurotoma costulata (*n*. Risso), de Blainville, 1826. *Faune franç.*, pl. IV, f. 6. — Kiener, 1840. *Coq. viv.*, *Pleur.*, p. 78, pl. XXV, f. 2.
Mangelia costulata, Weinkauff, 1862. *In Journ. conch.*, X, p. 188.
Raphitoma costulata, Weinkauff, 1868. *Conch. mittelm*, II, p. 138.

La Méditerranée (Petit, Weinkauff): les côtes de Provence (de Blainville); les Martigues (Nob.), Garlaban, cap Cavaux (Marion), dans les Bouches-du-Rhône; Saint-Nazaire, dans le Var (Nob.); Antibes (Petit), Cannes (Nob.), dans les Alpes-Maritimes,

Raphitoma brachystoma, PHILIPPI.

Pleurotoma brachystomum, Philippi, 1844. *En moll. Sic.*, II, p. 169, pl. XXVI, fig. 10.
— *brachystoma*, Requien, 1848. *Cat. coq. Corse.*, p. 75. — Jeffreys, 1867-69. *Brit. conch.*, V, p. 220, pl. XL, fig. 5.
Mangelia brachistoma, Jeffreys, 1848. *In Ann. nat. hist.*, XIX, p. 311. — Forbes et Hanley, 1853. *Brit. moll.*, III, p. 480, pl. CXIV, fig. 5-6. — Sowerby, 1857. *Ill. ind.*, pl. XIX, fig. 17.
Raphitoma brachystoma, Brusina, 1856. *Contr. faun. Dalm.*, p. 65.

L'Océan : régions armoricaine et aquitanique (Fischer); les environs de Brest, dans le Finistère (Daniel); le Croisic, la Bauche, dans la Loire-Inférieure (Cailliaud, Taslé); Arcachon, dans la Gironde (Fischer, Taslé); le cap Breton, dans les Landes (de Folin); etc.

La Méditerranée : la Joliette, Roucas-Blanc, Garlaban, dans les Bouches-du-Rhône (Marion); etc.

Genre MANGILIA, Risso

Risso, 1826. *Hist. nat. eur. merid.*, IV, p. 219 (*Mangelia*).

A. — Groupe du *M. Vauquelini*

Mangilia Vauquelini, PAYRAUDEAU.

Pleurotoma Vauquelini, Payraudeau, 1826. *Moll. Corse*, p. 145, pl. VII, fig. 14, 15. — De Blainville, 1826. *Faune franç.*, p. 97, pl. IV, fig. 1. — Kiener, 1840. *Coq. viv.*, *Pleurot.*, p. 76, pl. XXVI, fig. 2.

Mangelia Vauquelini, Weinkauff, 1866. *Conch. mittelm.*, II, p. 166.
Mangilia Vauquelini, Bucquoy, Dautzenberg et Dollfus, 1883. *Moll. Rouss.*, p. 103, pl. XV, fig. 1-3.

? L'Océan : Quiberon, dans le Morbihan (Taslé) ; îlot du Four, dans la Loire-Inférieure (Cailliaud, Taslé); etc.

La Méditerranée (Petit, Weinkauff) : le Roussillon, Paulilles, dans les Pyrénées-Orientales (Bucquoy, etc.); Agde, dans l'Hérault (Petit, Dubreuil) ; Roucas-Blanc, dans les Bouches-du-Rhône (Marion); Toulon, Saint-Tropez, Saint-Nazaire (Nob.), dans le Var (Petit) ; Cannes (Dautzenberg), Nice (Risso, Verany), dans les Alpes-Maritimes ; etc.

Mangilia tæniata, Deshayes.

Pleurotoma tæniata, Deshayes, 1836. *Exp. scient. Morée*, p. 178, pl. XIX, fig. 37-39.
— *tæniatum*, Philippi, 1844. *Enum. moll. Sic.*, II, p. 167, pl. XXVI, f. 3
Mangelia tæniata, Weinkauff, 1868. *Conch. mittelm.*, II, p. 127.
Mangilia tæniata, Bucquoy, Dautzenberg et Dollfus, 1883. *Moll. Rouss.*, p. 104, pl. XV, fig. 4-6.

La Méditerranée : le Roussillon, Paulilles, dans les Pyrénées-Orientales (Bucquoy, etc) ; Palavas, dans l'Hérault (Dollfus); les Martigues, dans les Bouches-du-Rhône (Nob.) ; les Alpes-Maritimes (Roux) ; etc.

Mangilia Paciniana, Calcara.

Pleurotoma Paciniana, Calcara, 1839. *Ricer. malac.*, p. 7, fig. 2.
Raphitoma Sandrii, Brusina, 1865. *Conch. Dalm. inéd.*, p. 6.
— *Sandriana*, Brusina, 1868. *Contr. fauna Dalm.*, p. 65.
— *tæniata (pars)*, Weinkauff, 1868. *Conch. mittelm.*, II, p. 127.
— *(mangelia) Sandriana*, Weinkauff, 1874. *In Malac. Jahrb. Extr. Abdr.*, p. 9, pl. X, fig. 5.
Pleurotoma (mangelia) Paciniana, de Monterosato, 1878. *En. e sin.*, p. 47,
Mangilia Pacinii, Bucquoy, Dautzenberg et Dollfus, 1883. *Moll. Rouss.*, p. 105, pl. XV, fig. 7 à 9.

La Méditerranée : le Roussillon, Paulilles, dans les Pyrénées-Orientales (Bucquoy, etc). ; Palavas, dans l'Hérault (Dollfus) ; etc.

Mangilia albida, Deshayes.

Pleurotoma albida, Deshayes, 1836. *Exp. scient. Morée*, III, p. 176, pl. XIX, fig. 22-24.
Raphitoma albida, Weinkauff, 1868. *Conch. mittelm.*, II, p. 137.
Mangilia albida (pars), Bucquoy, Dautzenberg et Dollfus, 1883. *Moll. Rouss.*, p. 106, pl. XV, fig. 10 et 11.

La Méditerranée : le Roussillon, Paulilles, dans les Pyrénées-Orientales (Bucquoy, etc.); Palavas, dans l'Hérault (Dollfus) ; etc.

Mangilia Stossiciana, Brusina.

Mangelia Stossiciana, Brusina, 1869. *In Journ. conch.*, XVII, p. 235.
Pleurotoma (mangelia) Stossiciana, de Monterosato, 1878. *Enum. e sinon.*, p. 47.
Mangilia albida (var. Stossiciana), Bucquoy, Dautzenberg et Dollfus, 1883. *Moll. Rouss.*, p. 107, pl. XV, fig. 16.

La Méditerranée : le Roussillon, Paulilles, dans les Pyrénées-Orientales (Bucquoy ; etc).

Mangilia rugulosa, Philippi.

Pleurotoma rugulosum, Philippi, 1844. *Enum. moll. Sic.*, II, p. 169, pl. XXVI, fig. 8.
— *rugulosa*, Brusina, 1866. *Contr. fauna Dalm*, p. 45. — Jeffreys, 1867. *Brit. conch.*, IV, p. 381, pl. XC, fig. 4.
Mangelia rugulosa, Weinkauff, 1868. *Conch. mittelm.*, II, p. 24.
Raphitoma rugulosa, Weinkauff, 1874. *In Malac. Jahrb.*, p. 13, pl. X, fig. 8 à 10.
Mangilia albida (var. rugulosa), Bucquoy, Dautzenberg et Dollfus, 1883. *Moll. Rouss.*, p. 107, pl. XV, fig. 12, 13 et 17.

L'Océan : la région aquitanique (Fischer).

La Méditerranée : La Cassidagne, dans les Bouches-du-Rhône (Marion) ; les Alpes-Maritimes (Roux).

Mangilia cærulans, Philippi.

Pleurotoma cærulans, Philippi. *En. moll. Sic.*, II, p. 168, pl. XXVI, f. 4.
Mangelia cærulans, Weinkauff, 1868. *Conch. mittelm.*, II, p. 126.
Mangilia albida (var. cærulans), Bucquoy, Dautzenberg et Dollfus, 1883. *Moll. Rouss.*, p. 107, pl. XV, fig. 18, 19.

La Méditerranée (Petit, Weinkauff) : le Roussillon, Paulilles, dans les Pyrénées-Orientales (Bucquoy, etc.); côtes de Provence (Petit) ; les Alpes-Maritimes (Roux) ; etc.

Mangilia Companyoi, Bucquoy, Dautzenberg et Dollfus.

Mangilia Companyoi, Bucquoy, Dautzenberg et Dollfus, 1882. *Mss.* — 1883. *Moll. Rouss.*, p. 108, pl. XV, fig. 20, 21, 22.

La Méditerranée : le Roussillon, Paulilles, dans les Pyrénées-Orientales (Bucquoy, etc.) ; Bandol, dans le Var (de Monterosato) ; etc.

B. — Groupe du *M. multilineolata*

Mangilia multilineolata, Deshayes.

Pleurotoma multilineolata, Deshayes, 1836. *Exp. scient. Morée*, p. 178, pl. XIX, f. 46.
— *multilineolatum*, Philippi, 1844. *Enum. moll. Sic.*, II, p. 166, pl. XXVI, f. 1.
Raphitoma multilineolata, Weinkauff, 1868. *Conch. mittelm.*, II, p. 138. — 1874. *In Malac. Jahrb.*, p. 11, pl. X, fig. 7.
Mangilia multilineolata, Bucquoy, Dautzenberg et Dollfus, 1883. *Moll. Rouss.*, p. 108, pl. XV, fig. 24.

La Méditerranée : le Roussillon, Paulilles, dans les Pyrénées Orientales (Bucquoy, etc.); Cette, dans l'Hérault (Nob.); les Martigues, dans les Bouches-du-Rhône (Nob.); Antibes (Petit), Cannes (Dautzenberg), dans les Alpes-Maritimes (Roux) ; etc.

Mangilia pusilla, Scacchi.

Pleurotoma pusilla, Scacchi, 1836. *Cat. reg. Neap.*, p. 13, fig. 22.
— *pusillum*, Philippi, 1844. *En. moll. Sic.*, II, p. 167, pl. XXVI, f. 2.
Raphitoma pusilla, Weinkauff, 1868. *Conch. mittelm.*, II, p. 138.
Mangilia multilineolata (var. pusilla), Bucquoy, Dautzenberg et Dollfus, 1883. *Moll. Rouss.*, p. 109.

La Méditerranée : Cannes, dans les Alpes-Maritimes (Nob.).

C. — Groupe du *M. costata*

Mangilia costata, Pennant.

Murex costatus, Pennant, 1767. *Brit. zool.*, 4e édit., IV, p. 125, pl. LXXIX, fig. 1. — Donovan, 1801. *Brit. shells.*, III, pl. XCI.
Buccinum costatum, da Costa, 1778. *Brit. conch.*, p. 128, pl. VIII, f. 4.
Fusus costatus, Fleming, 1842. *Brit. anim.*, p. 349. — Brown, 1844. *Ill. conch.*, p. 6, pl. V, fig. 45, 46.
Mangelia costata, Forbes et Hanley, 1853. *Brit. moll.*, III, p. 485, pl. CXIV, A, fig. 3 à 5; pl. R R, fig. 4. — Sowerby, 1859. *Ill. ind.*, pl. XIX, fig. 21.
Pleurotoma costata, Jeffreys, 1867-69. *Brit. conch.*, IV, p. 379, pl. XC, fig. 3.

La Manche : région normande (Fischer) ; la Manche (de Gerville); etc.
L'Océan : régions armoricaine et aquitanique (Fischer) ; Roscoff, Morlaix, rade de Brest, dans le Finistère (Daniel, Taslé, Grube) ; Quiberon,

dans le Morbihan (Taslé); Croisic, Pouliguen, baie des Paillis, dans la Loire-Inférieure (Cailliaud, Taslé); la Rochelle, dans la Charente-Inférieure (Beltremieux, Taslé); sables à l'entrée de la Gironde, Vieux-Soulac, Pointe du sud, bassin d'Arcachon, dans la Gironde (Lafont, Fischer, Taslé); etc.

La Méditerranée : au large du golfe de Marseille, dans les Bouches-du-Rhône (Marion).

Genre HÆDROPLEURA, de Monterosato

De Monterosato, 1882. *Mss.* — 1883. *In* Bucq., etc. *Moll. Rouss.*, p. 110.

A. — Groupe du *H. septangularis*

Hædropleura septangularis, Montagu.

Murex septangularis, Montagu, 1808. *Test. Brit.*, p. 268, pl. IX, fig. 3; *sup.*, p. 115, — Wood, 1825. *Ind. test.*, pl. XXVII, fig. 132.

— *septangulatus*, Donovan, 1809. *Brit. shells*, V, pl. CLXXIX, f. 4.

Fusus septangularis, Fleming, 1842. *Brit. anim.*, p. 350. — Brown, 1844. *Ill. conch.*, 2e édit., p. 7, pl. V, fig. 11.

Pleurotoma septangularis, de Blainville, 1826. *Faune franç.*, pl. IV, fig. 4. — Kiener, 1840. *Coq. viv.*, *Pleurot*, p. 76, pl. XXVI, fig. 3. — Reeve, *Icon. conch.*, pl. XXV, fig. 322. — Jeffreys, 1867-69. *Brit. conch.*, IV, p. 399, pl. CXI, fig. 5.

Mangelia septangularis, Forbes et Hanley, 1853. *Brit. moll.*, III, p. 458, pl. CXII, fig. 67; pl. T T, fig. 3. — Jeffreys, 1859. *Ill. ind.*, pl. XIX, fig. 24.

Bela septangularis, Weinkauff, 1868. *Conch. mittelm.*, II, p. 120.

Hædropleura septangularis, Bucquoy, Dautzenberg et Dollfus, 1883. *Moll. Rouss.*, p. 110, pl. XIV, fig. 26 et 27.

La Manche : baie de la Hougue, dans la Manche (de Gerville, Macé); région normande (Fischer); etc.

L'Océan : régions armoricaine et aquitanique (Fischer); rade de Brest (Daniel), Concarneau (de Guerne), dans le Finistère; Gâvre, Quiberon, Belle-Isle, etc., dans le Morbihan (Taslé); plateau du Four, Basse-Kikerie, dans la Loire-Inférieure (Cailliaud, Taslé); île d'Yeu, dans la Vendée (Servain); Vieux-Soulac, Eyrac, île des Oiseaux, dans la Gironde (Fischer, Taslé); etc.

La Méditerranée : le Roussillon, Paulilles, dans les Pyrénées-Orientales (Bucquoy, etc.); la Provence (Petit, Weinkauff); Antibes (Petit, Doublier), dans les Alpes-Maritimes (Roux); etc.

Hædropleura Bertrandi, Payraudeau.

Pleurotoma Bertrandi, Payraudeau, 1826. *Moll. Corse*, p. 144, pl. VII, fig. 12, 13. — De Blainville, 1826. *Faune franç.*, p. 97, pl. IV, fig. 2. — Reeve. *Icon. conch.*, pl. VI, fig. 46.
Raphitoma Bertrandi, Brusina, 1866. *Contr. faune Dalm.*, p. 65.
Mangelia Bertrandi, Weinkauff, 1868. *Conch. mittelm.*, II, p. 124.

La Méditerranée (Petit, Weinkauff) : Roucas-Blanc, dans les Bouches-du-Rhône (Marion) ; Toulon, Saint-Tropez, Saint-Raphaël, dans le Var (Doublier) ; Alpes-Maritimes (Roux) ; etc.

B. — Groupe du *H. turriculata*

Hædropleura turriculata, Montagu.

Murex turriculatus, Montagu, 1802. *Test. Brit.*, I, p. 262; pl. IX, fig. 1. — 1808. *Suppl.*, p. 115.
— *angulatus*, Donovan, 1803. *Brit. shells*, V, pl. CLVI.
Pleurotoma turriculata, de Blainville, 1826. *Faune franç.*, p. 104. — Reeve. *Icon. conch.*, pl. XIX, fig. 162. — Jeffreys, 1867-69. *Brit. conch.*, IV, p. 395, pl. XCI, fig. 7.
Fusus turricola, Fleming, 1828. *Brit. anim.*, p. 349.
— *turriculus*, Brown, 1845. *Ill. conch.*, p. 7, pl. V, fig. 51, 52.
Mangelia turriculata, Forbes et Hanley, 1853. *Brit. moll.*, III, p. 450, pl. CXI, fig. 7 et 8 ; pl. TT, fig. 2. — Sowerby, 1859. *Ill. ind.*, pl. XIX, fig. 4.

La Manche : Dunkerque, dans le Nord (Nob.) ; région normande (Fischer) ; Cherbourg, la Hougue, dans la Manche (de Gerville, Macé) ; etc.

L'Océan : région aquitanique (Fischer) ; les côtes de la Gironde, au poste de la Garonne (Fischer, Taslé) ; etc.

La Méditerranée : Cannes, dans les Alpes-Maritimes (Dautzenberg).

Hædropleura Trevelliana, Turton.

Pleurotoma Trevelliana, Turton, 1841. *In Mag. nat. hist.*, VII, p. 351. — Jeffreys, 1867-69. *Brit. conch.*, IV, p. 398, pl. XCI, f. 8
— *reticulata*, Brown, 1845. *Ill. conch.*, p. 8, pl. V, fig. 29, 30.
— *decussata*, Reeve. *Icon. conch.*, pl. XIX, fig. 159.
Mangelia Trevelliana, Forbes et Hanley, 1853. *Brit. moll.*, III, p. 452, pl. CXII, fig. 1, 2. — Sowerby, 1859. *Ill. ind.*, pl. XIX, fig. 5.

L'Océan : au large des passes d'Arcachon, dans la Gironde (Lafont, Taslé, Fischer) ; le golfe de Gascogne (Jeffreys) ; etc.

C — Groupe du *H. rufa*

Hædropleura rufa, Montagu.

Murex rufus, Montagu, 1802. *Test. brit.*, p. 350. — Wood, 1825. *Ind. test.*, pl. XXVII, fig. 134.
Fusus rufus, Fleming, 1842. *Brit. anim.*, p. 350. — Brown, 1845. *Ill. conch.*, 2e édit., p. 7, pl. V, fig. 47, 48.
Mangelia rufa, Forbes et Hanley, 1853. *Brit. moll.*, III, p. 454, pl. CXII, fig. 3-5 ; pl. TT, fig. 4. — Sowerby, 1859. *Ill. ind.*, pl. XIX, fig. 6.
Pleurotoma rufa, Jeffreys, 1867-69. *Brit. conch.*, IV, p. 392, pl. XCI, f. 6.,
Bela rufa, Weinkauff, 1868. *Conch. mittelm.*, II, p. 119.

La Manche : Dunkerque, dans le Nord (Terquem) ; région normande (Fischer); la Manche (de Gerville); etc.

L'Océan : régions armoricaine et aquitanique (Fischer); Quiberon, dans le Morbihan (Taslé); Vieux-Soulac, Arcachon (Fischer, Lafont, Taslé) ; etc.

La Méditerranée : côtes de Provence (Petit, Weinkauff).

Hœdropleura nivalis, Lovén.

Pleurotoma nivale, Lovén, 1846. *Ind. moll. Scand.*, p. 14.
— *nivalis*, Jeffreys, 1867-69. *Brit. conch.*, IV, p. 388; V, p. 220, pl. XCI, fig. 4.

L'Océan : le golfe de Gascogne (Jeffreys).

Genre DONOVANIA, Bucquoy, Dautzenberg et Dollfus

Bucquoy, Dautzenberg et Dollfus, 1882. *Mss.* — 1883. *Moll. Rouss.*, p. 112.

A. — Groupe du *D. minima*

Donovania minima, Montagu.

Buccinum minimum, Montagu, 1803. *Test. Brit.*, p. 247, pl. VIII, fig. 2. — 1808. *Suppl.*, p. 109. — Philippi, 1844. *Enum. moll. Sic.*, II, p. 189, pl. XXVII, fig. 9.
— *brunneum*, Donovan, 1803. *Brit. shells*, V, pl. CLXXIV, fig. 2.
Fusus subnigra, Brown, 1827. *Ill. conch.*, pl. V, fig. 58, 59.

Buccinum rubrum, Potiez et Michaud, 1878. *Cat. moll Douai*, I, p. 381, pl. XXXII, fig. 17, 18.

Fusus turriculatus, Deshayes, 1833. *Exp. scient. Morée*, p. 174, pl. XIX, fig. 28, 29.

Lachesis minima, Forbes et Hanley, 1853. *Brit. moll.*, III, p. 337, pl. CI, fig. 7 et 8. — Sowerby, 1859. *Ill. ind.*, pl. XVIII, fig. 6. — Jeffreys, 1867-69. *Brit. conch.*, IV, p. 1313, pl. LXXXIV, fig. 3. — Tiberi, 1868. *In Journ. conch.*, XVI, p. 70, pl. V, fig. 7.

Donovania minima, Bucquoy, Dautzenberg et Dollfus, 1883. *Moll. Rouss.*, p. 112, pl. XV, fig. 26-29.

— *turritellata*, de Monterosato, 1884. *Nom. conch. medit.*, p. 135.

La Manche : région normande (Fischer) ; cap Levi, Querqueville, dans la Manche (Macé).

L'Océan : région armoricaine (Fischer) ; Brest, Lanninon, dans le Finistère (Daniel) ; Quiberon, dans le Morbihan (Taslé) ; basse-Kikerie, dans la Loire-Inférieure (Nob.) ; etc.

La Méditerranée (Petit, Weinkauff) : le Roussillon, Paulilles, dans les Pyrénées-Orientales (Bucquoy, etc.); Leucate, la Nouvelle, dans l'Aude (Nob.); Cette, dans l'Hérault (Nob.) ; le Grau du Roi, dans le Gard (Nob.); les Martigues (Nob.); Roucas-Blanc, Morgillet, Garlaban, dans les Bouches-du-Rhône (Marion) ; Toulon (Doublier), Saint-Tropez, Saint-Nazaire (Nob.), dans le Var; les environs de Nice, dans les Alpes-Maritimes (Risso, Roux) ; etc.

Donovania mamillata, Risso.

Lachesis mamillata, Risso, 1826. *Hist. nat. eur. mér.*, IV, p. 211, f. 65. — Tiberi, 1868. *In Journ. conch.*, XVI, p. 71, pl. V, fig. 6.

Pleurotoma perlatum, Requien, 1848. *Cat. coq. Corse*, p. 75, 101.

Donovania minima (var. maminillata), Bucquoy, Dautzenberg et Dollfus, 1883. *Moll. Rouss.*, p. 113, pl. XV, fig. 31 et 32.

La Méditerranée : le Roussillon, Paulilles, dans les Pyrénées-Orientales (Bucquoy, etc.); Cannes (Nob.), les environs de Nice (Risso), dans les Alpes-Maritimes (Roux); etc.

B. — Groupe du *D. granulata*

Donovania granulata, Calcara.

Fusus granulatus, Calcara, 1839. *Ric. malac.*, fig. 10.

Buccinum Lefebvrii, Maravigna, 1840. *In Rev. zool.*, p. 325.

Buccinum granulatum, Calcara, 1842. *Stor. nat. Is. ust.*, p. 56.
— *Folineæ*, Philippi, 1844. *Enum. moll. Sic.*, I, p. 189, pl. XXVII, fig. 10 (*non* Delle Chiaje).
Lachesis Folineæ, Weinkauff, 1868. *Conch. mittelm.*, II, p. 118.
— *areolata*, Tiberi, 1868. *In Journ. conch.*, XVI, p. 73.
Folineana Lefebvrii, de Monterosato, 1884. *Nom. conch. médit*, p. 136.

La Méditerranée (Petit, Weinkauff) : Toulon, dans le Var; Antibes, dans les Alpes-Maritimes (Petit, Doublier); etc.

Genre CHAUVETIA, de Monterosato

De Monterosato, 1884. *Nom. conch. medit.*, p. 137.

Chauvetia candidissima, Philippi.

Buccinum candidissimum, Philippi, 1836. *Enum. moll. Sic.*, I, p. 222, pl. XI, f. 8.
Polia candidissima, Forbes, 1844. *Rep. Aeg. inv.*, p. 140.
Nassa candidissima, Petit, 1852. *In Journ. conch.*, III, p. 200.
Lachesis candidissima, Weinkauff, 1868. *Conch. mittelm.*, II, p. 118.
Nesæa candidissima, Tiberi, 1868. *In Journ. conch.*, XVI, p. 77, pl. V, fig. 4.

La Méditerranée (Weinkauff) : le cap d'Antibes, dans les Alpes-Maritimes (Petit).

Chauvetia lineolata, Tiberi.

Nesæa lineolata, Tiberi, 1868. *In Journ. conch.*, XVI, p. 76, pl. V, fig. 5.
Chauvetia lineolata, de Monterosato, 1884. *Nom. conch. medit.*, p. 137.

La Méditerranée : côtes de Provence (de Monterosato).

Chauvetia vulpecula, de Monterosato.

Lachesis vulpecula, de Monterosato, 1872. *Not. conch. médit.*, p. 45.
— *recondita*, Brugnone, 1875. *Misc. malac.*, p. 10, fig. 15.
Chauvetia vulpecula, de Monterosato, 1884. *Nom. conch. médit.*, p. 137.

La Méditerranée : au large de Marseille, dans les Bouches-du-Rhône (Marion); côtes de Provence (de Monterosato); etc.

BUCCINIDÆ

Genre NERITULA, Plancus

Plancus, 1739. *Conch. min., not.*, 27.

Neritula neritea, LINNÉ.

Buccinum neriteum, Linné, 1767. *Syst. nat.*, édit. XII, p. 1201. — Kiener, 1835. *Coq. viv., Bucc.*, p. 103, pl. XXIX, fig. 120
Fabula nana, Chemnitz, 1769-1788. *Conch. cab.*, V, pl. CLXIV, fig. 1602-1603.
Nana neritea, Schumacher, 1817. *Nouv. syst.*, p. 226.
Cyclope neritoidea, Risso, 1826. *Hist. nat. eur. merid.*, IV, p. 170.
Nassa nerita, Petit, 1852. *In Journ. conch.*, III, p. 200.
Cyclops neriteus, Chenu, 1859. *Man. conch*, I, p. 165, fig. 789 à 791.
Neritula neritea, Brusina, 1866. *Contr. fauna Dalm.*, p. 65. — Bucquoy, Dautzenberg et Dollfus, 1882. *Moll. Rouss.*, p. 59, pl. XII, fig. 21-25.
Cyclope neriteus, Weinkauff, 1868. *Conch. mittelm.*, II, p. 53.
Cyclops neriteum, Clément, 1873. *Cat. moll. Gard*, p. 8.
Cyclonassa neritea, de Monterosato, 1878. *Enum. e sinon.*, p. 43.

La Méditerranée (Petit, Weinkauff) : le Roussillon, étang de Canet, dans les Pyrénées-Orientales (Bucquoy, etc.); étang de Leucate, dans l'Aude (Bucquoy, etc.); les environs de Cette (Granger), de Cette à Aigues-Mortes (Dubreuil), Palavas (Dollfus), dans l'Hérault; le Grau du Roi, dans le Gard (Clément); les Catalans, le Prado, les environs de Marseille, dans les Bouches-du-Rhône (Ancey, Marion); la Provence (Petit); Saint-Tropez, Saint-Raphaël (Doublier), Toulon, Saint-Mandrier, la Seyne (Nob.), dans le Var, les Alpes-Maritimes (Risso); etc.

Neritula Donovani, RISSO.

Cyclope Donavania (per error.), Risso, 1826. *Hist. nat. eur. mérid.*, IV, p. 271, fig. 56.
— *neriteus*, de Blainville, 1826. *Faune fr.*, p. 186, pl. VII, A, f. 4.
Nassa pellucida (pars), Petit, 1860. *In Journ. conch.*, VIII, p. 257.
Cyclonassa pellucida (pars), de Monterosato, 1878. *En. e sinon.*, p. 43.
Neritula Donovani, Bucquoy, Dautzenberg et Dollfus, 1882. *Moll. Rouss.*, p. 61, pl. XII, fig. 26, 27.

La Méditerranée : le Roussillon, Canet, dans les Pyrénées-Orientales (Bucquoy, etc.); Leucate, la Nouvelle, dans l'Aude (Nob.); les environs de Cette, dans l'Hérault (Granger); Saint-Tropez, Saint-Nazaire, dans le Var (Nob.); Cannes (Dautzenberg), Nice (Risso), dans les Alpes-Maritimes ; etc.

Neritula pellucida, Risso.

Cyclope pellucida, Risso, 1826. *Hist. nat. eur. mérid.*, IV, p. 272.
Nassa pellucida (pars), Petit, 1860. *In Journ. conch.*, VIII, p. 257.
Cyclope neriteus (pars), Weinkauff, 1868. *Conch. mittelm.*, II, p. 54.
Cyclonassa pellucida (pars), de Monterosato, 1878. *Enum. e sin.*, p. 43.
Neritula Donovani (var. pellucida), Bucquoy, Dautzenberg et Dollfus, 1882. *Moll. Rouss.*, p. 61, pl. XII, fig. 28, 29.

La Méditerranée : le Roussillon (Bucquoy, etc.); Leucate, dans l'Aude (Nob.) ; Saint-Tropez, dans le Var (Nob.) ; les environs de Nice, dans les Alpes-Maritimes (Risso) ; etc.

Genre SPHÆRONASSA, Locard

Locard, 1884. *Mss.*

A. — Groupe du *S. mutabilis*.

Sphæronassa mutabilis, Linné.

Buccinum mutabile, Linné, 1867. *Syst. nat.*, édit., XII, p. 1201. — De Blainville, 1826. *Faune franç.*, p. 181, pl. VII, A, fig. 2. — Kiener, 1835. *Coq. viv.*, *Bucc.*, p. 88, pl. XXIV, fig. 93.
Cassis imperfecta, Martini, 1773. *Conch. cab.*, II, p. 54, pl. XXXVIII, fig. 387, 338.
Buccinum tessulatum (pars), Gmelin, 1789. *Syst. nat.*, édit. XIII, p. 3479.
— *gibbum*, Bruguière, 1792. *Encycl. mellh.*, *Vers.*, I, p. 23.
Nassa mediterranea, Risso, 1826. *Hist. nat. eur. mérid.*, IV, p. 30.
Buccinum foliosum, Wood, 1828. *Index test.*, pl. XXII, fig. 39.
Nassa mutabilis, Petit de la Saussaye, 1852. *In Journ. conch.*, III, p. 199. — Bucquoy, Dautzenberg et Dollfus, 1882. *Moll. Rouss.*, p. 42, pl. X, fig. 3 et 4.

La Méditerranée (Petit, Weinkauff) : le Roussillon, Leucate, Canet, dans les Pyrénées-Orientales (Bucquoy, etc.); plage de la Franqui (Pepratx), la Nouvelle (Nob.), dans l'Aude ; Cette (Granger), Palavas

(Dollfus), de Cette à Aigues-Mortes (Dubreuil), dans l Hérault ; le Grau du Roi, dans le Gard (Clément) ; les Martigues (Petit), Marseille (Ancey), le Prado, le Pharo, etc. (Marion), dans les Bouches-du-Rhône ; Saint-Tropez, Saint-Raphaël, etc., dans le Var (Nob.) ; Cannes (Dautzenberg), Nice (Risso, Verany), dans les Alpes-Maritimes (Roux) ; etc.

Sphæronassa inflata, de Lamarck.

Buccinum tessulatum (pars), Gmelin, 1789. *Syst. nat.*, édit. XIII, p. 3479.
— *inflatum*, de Lamarck, 1822. *Anim. s. vert.*, VII, p. 270. — 2e édit., X, p. 167.
Nassa mutabilis (var. inflata), Bucquoy, Dautzenberg et Dollfus, 1882. *Moll. Rouss.*, p. 43, pl. X, fig. 5 et 6.

La Méditerranée : le Roussillon, dans les Pyrénées-Orientales (Bucquoy. etc.) ; Cette, Palavas, dans l'Hérault (Nob.) ; Toulon, dans le Var (Nob.) ; Cannes, dans les Alpes-Maritimes (Nob.) ; etc.

Sphæronassa globulina, Locard.

Nassa mutabilis (var. minor), Bucquoy, Dautzenberg et Dollfus, 1882, *Moll. Rouss.*, p. 43, pl. X, fig. 7.
— *globulina*, Locard, 1882. *Mss.*

La Méditerranée : le Roussillon, dans les Pyrénées-Orientales (Bucquoy, etc.) ; Saint-Tropez, dans le Var (Nob.) ; etc.

B. — Groupe du *S. gibbosula*

Sphæronassa gibbosula, Linné.

Buccinum gibbosulum, Linné, 1767. *Syst. nat.*, édit. XII, p. 1201. — De Blainville, 1826. *Faune franç.*, p. 185, p. VII', A, fig. 3. —Kiener, 1835. *Coq. viv.*, *Bucc.*, p. 102, pl. XXVIII, fig. 116.
Eione gibbosula, Risso, 1826. *Hist. nat. eur. mérid.*, IV, p. 438, fig. 80.
Nassa gibbosula, Weinkauff, 1868. *Conch. mittelm.*, II, p. 55.

La Méditerranée (Petit, Weinkauff) : Cette, dans l'Hérault (Granger) ; les îles d'Hyères, dans le Var (Doublier, Petit) ; Antibes (Petit), Nice (Risso), dans les Alpes-Maritimes ; etc.

Genre NASSA, de Lamarck

De Lamarck, 1779. *Prodr.* — 1801. *Syst. anim.*, p. 78.

A. — Groupe du *N. reticulata*

Nassa nitida, Jeffreys.

Planaxis mamillata, Risso, 1826. *Hist. nat. eur. mér.*, IV, p. 178, f. 122.
Buccinum reticulatum (var.), de Blainville, 1826. *Faune franç.*, pl. VII, fig. 1. — Kiener, 1835. *Coq. viv.*, *Bucc.*, pl. XIX, fig. 71.
Nassa nitida, Jeffreys, 1867-1869. *Brit. conch.*, IV, p. 349, pl. LXXXVII, fig. 4.
— *reticulata (var. nitida)*, Bucquoy, Dautzenberg et Dollfus, 1882. *Moll. Rouss.*, p. 51, pl. X, fig. 10 et 11.

La Manche : Granville, Cherbourg, dans la Manche (Nob.); etc.

L'Océan: régions armoricaine et aquitanique (Fischer) ; Concarneau, dans le Finistère (de Guerne) ; les estuaires de la Loire-Inférieure (Taslé) ; île d'Yeu (Servain), Sables d'Olonne (Nob.), dans la Vendée ; Royan, dans la Charente-Inférieure (Nob.) ; le bassin d'Arcachon, dans la Gironde (Fischer, Taslé) ; le cap Breton, dans les Landes (de Folin) ; etc.

La Méditerranée : le Roussillon (Bucquoy, etc.) ; la Nouvelle, dans l'Aude (Nob.) ; Cette, l'étang de Thau, dans l'Hérault (Nob.) ; la Seyne, dans le Var (Nob.) ; Cannes, Nice, dans les Alpes-Maritimes (Nob.); etc.

Nassa limata, Chemnitz.

Buccinum limatum, Chemnitz, 1809. *Conch. cab.*, IX, p. 87, pl. 1809. — Hörnes et Aninger, 1882. *Gaster. österr. Ungar.*, p. 130, pl. XIII, f. 2-7.
— *prismaticum ?* Brocchi, 1815. *Conch. foss. sub.*, II, p. 337, pl. V, fig. 5-7. — Deshayes, 1836. *Exp. scient. Morée*, III, p. 196. — Kuster, *In* Chemnitz. *Conch. cab.*, 2e édit., p. 15, pl. IV, fig. 8.
— *scalariforme*, Kiener, 1835. *Coq. viv.*, *Bucc.*, p. 79, pl. XXI, f. 80.
Nassa prismatica, Mac Andrew, 1850. *In Rep. Brit. assoc.*, p. p.
— *limata*, Weinkauff, 1868. *Conch. mittelm.*, II, p. 56.

La Manche : Dunkerque, dans le Nord (Nob.).

L'Océan : Brest, dans le Finistère ; Royan, dans la Charente-Inférieure (Nob.) ; le golfe de Gascogne (Jeffreys) ; etc.

La Méditerranée (Petit, Weinkauff) : le Roussillon, dans les Pyrénées-Orientales ; la Nouvelle, dans l'Aude ; Cette, dans l'Hérault (Nob.) ; les Martigues (Petit), Peyssonnel, la Cassidagne, les environs de Marseille (Marion), dans les Bouches-du-Rhône ; la Seyne, Saint-Tropez, dans le Var (Nob.) ; etc.

Nassa reticulata, LINNÉ.

Buccinum reticulatum, Linné, 1767. *Syst. nat.*, édit. XII, p. 1205. — De Blainville, 1826. *Faune franç.*, p. 172, pl VII, A, fig. 1. — Kiener, 1835. *Coq. viv.*, *Bucc.*, p. 67, pl. XXIII, fig. 91.
— *pullus* (*n.* Linné), Pennant, 1776. *Brit. zool.*, pl. LXXII, fig. 92.
— *vulgatum*, Gmelin, 1789. *Syst. nat*, édit. XIII, p. 3496.
— *tessulatum*, Olivi, 1792. *Zool. Adr.*, p. 144.
— *hepaticum*, Montagu, 1803. *Test. brit.*, I, p. 243, pl. VIII, f. 1.
Planaxis reticulata, Risso, 1826. *Hist. nat. eur. mérid.*, IV, p. 173.
Nassa reticulata, Petit de la Saussaye, 1853. *In Journ. conch.*, III, p. 198. — Forbes et Hanley, 1853. *Brit. moll.*, III, p. 388, pl. CVIII, fig. 1, 2 ; pl. LL, fig. 3. — Sowerby, 1859. *Ill. ind.*, pl. XIX, fig. 1. — Jeffreys, 1867-1869. *Brit. conch.*, IV, p. 346, pl. LXXXVII, fig. 3. — Bucquoy, Dautzenberg et Dollfus, 1882. *Moll. Rouss.*, p. 49, pl. XI, fig. 8, 9.
Columbella reticulata, J. Roux, 1882. *Stat. Alpes-Maritimes*, p. 413.

La Manche : région normande (Fischer) ; Dunkerque, dans le Nord (Terquem) ; le Boulonnais, dans le Pas-de-Calais (Bouchard-Chantereaux) ; Granville (Nob.), Cherbourg, Valogne (Macé), dans la Manche (de Gerville) ; Cancale (Nob.), Saint-Malo (Grube), dans l'Ille-et-Vilaine ; etc.

L'Océan : Roscoff (Grube), les environs de Brest (Daniel), Lorient (Nob.), dans le Finistère ; les côtes du Morbihan (Taslé) ; île d'Yeu (Servain), Sables-d'Olonne (Nob.), dans la Vendée ; la Loire-Inférieure (Cailliaud, Taslé) ; la Charente-Inférieure (Beltremieux) ; la Gironde (Fischer, Lafont) ; etc.

La Méditerranée : le Roussillon, Leucate, Port-Vendre (Bucquoy, etc.) ; la Nouvelle, dans l'Aude (Nob.) ; Palavas (Dollfus), Cette (Granger), de Cette à Aigues-Mortes (Dubreuil), dans l'Hérault ; le Grau du Roi, dans le Gard (Clément) ; Saint-Tropez, dans le Var (Doublier) ; Nice, dans les Alpes-Maritimes (Risso, Roux) ; etc.

Nassa isomera, LOCARD.

Nassa isomera, Locard, 1884. *Mss.*

La Manche : Dunkerque, dans le Nord ; Langrune, dans le Calvados ; Granville, Cherbourg, dans la Manche (Nob.) ; etc.

L'Océan : Royan, dans la Charente-Inférieure (Nob.) ; etc.

La Méditerranée : le Roussillon, dans les Pyrénées-Orientales ; Saint-Tropez, la presqu'île de Gien, dans le Var (Nob.) ; etc.

B. — Groupe du *N. incrassata*

Nassa interjecta, LOCARD.

Nassa interjecta, Locard, 1884. *Mss.*

La Méditerranée : les Martigues, dans les Bouches-du-Rhône ; Saint-Tropez, dans le Var (Nob.) ; etc.

Nassa incrassata, MÜLLER.

Tritonium incrassatum, Müller, 1776. *Zool. Dan. Prodr.*, p. 2946.
Buccinum minutum, Pennant, 1777. *Brit. zool.*, IV, p. 122, pl. LXXIX.
Murex incrassatus, Gmelin, 1789. *Syst, nat.*, édit. XIII, p. 3547.
Buccinum macula, Montagu, 1803. *Test. brit.*, p. 241, pl. VIII, f. 4. — De Blainville, 1826. *Faune franç.*, p. 174, pl. VI, C, fig. 7.
— *coccinella*, de Lamarck, 1822. *Anim. s. vert.*, VII, p. 274. — Kiener, 1835. *Coq. viv.*, *Bucc.*, p. 82, pl. XXV, fig. 98.
Nassa incrassata, Petit de la Saussaye, 1852. *In Journ. conch.*, III, p. 199. — Forbes et Hanley, 1853. *Brit. moll.*, p. 391, pl. CVIII, fig. 3-4 ; pl. LL, fig. 1. — Sowerby, 1859. *Ill. ind.*, pl. XIX, fig. 2. — Jeffreys, 1867-1869. *Brit. conch.*, IV, p. 351, pl. LXXXVIII, fig. 1. — Bucquoy, Dautzenberg et Dollfus, 1882. *Moll. Rouss.*, p. 45, pl. XI, fig. 3, 4, et 7.
Columbella incrassata. J. Roux, 1882. *Stat. Alpes-Marit. (pars)*, p. 413.

La Manche : Dunkerque, dans le Nord (Nob.) ; le Boulonnais, dans le Pas-de-Calais (Bouchard-Chantereaux) ; Dieppe, dans la Seine-Inférieure (Nob.) ; Langrune, dans le Calvados (Nob.) ; la région normande (Fischer) ; Granville (Servain), Cherbourg, Valogne (Macé), dans la Manche (de Gerville) ; Cancale (Nob.), Saint-Malo (Grube), dans l'Ille-et-Vilaine ; etc.

L'Océan : régions armoricaine et aquitanique (Fischer) ; Postrein, Lanninon, Ouessant (Daniel), Concarneau (de Guerne), dans le Finistère ; les côtes du Morbihan (Taslé) ; Portnichet, dans la Loire-Inférieure (Cailliaud, Taslé) ; île d'Yeu (Servain), Sables d'Olonne (Nob.), dans la Vendée ; la Charente-Inférieure (Beltremieux) ; la Gironde (Fischer) ; le cap Breton, dans les Landes (de Folin) ; l'embouchure de l'Adour, dans les Basses-Pyrénées (Fischer) ; etc.

La Méditerranée (Petit, Weinkauff) : le Roussillon (Bucquoy, etc.) ; la Nouvelle, Leucate, dans l'Aude (Nob.); Palavas (Dollfus), Cette (Granger), dans l'Hérault ; le Grau du Roi, dans le Gard (Clément) ; les Martigues (Nob.), le Prado, la Joliette, Pomègue, Corbière, l'Estaque, etc. (Marion), dans les Bouches-du-Rhône ; Saint-Tropez (Doublier), Toulon, Saint-Nazaire, la Seyne, Saint-Mandrier (Nob.), dans le Var ; Cannes (Dautzenberg), Nice (Risso), dans les Alpes-Maritimes ; etc.

Nassa valliculata, Locard.

Buccinum macula (non Montagu), Payraudeau, 1826. *Moll. Corse.*, p. 157, pl. VII, fig. 23-24. — De Blainville, 1826. *Faune franç.*, pl. VI, C, fig. 8.

— *coccinella (pars)*, Kiener, 1834. *Coq. viv.*, *Bucc.*, p. 83, pl. XX, fig. 78.

Nassa incrassata (var. elongata), Bucquoy, Dautzenberg et Dollfus, 1882. *Moll. Rouss.*, p. 47, pl. XI, fig. 6.

La Manche : Cancale, dans l'Ille-et-Vilaine Nob.) ; etc.

L'Océan : Brest, dans le Finistère ; Biarritz, dans les Basses-Pyrénées (Nob.) ; etc.

La Méditerranée : le Roussillon (Bucquoy, etc.) ; les Martigues dans les Bouches-du-Rhône (Nob.) ; Saint-Nazaire, dans le Var (Nob.); etc.

Nassa Ascaniasi, Bruguière.

Buccinum Ascanias, Bruguière, 1789. *Diction.*, n° 42. — De Lamarck, 1822. *Anim. s. vert.*, VII, p. 273. — De Blainville, 1826. *Faune franç.*, pl. VI, B, fig. 4. — Kiener, 1835. *Coq. viv.*, *Bucc.*, p. 81, pl. XXVI, fig. 104.

Columbella incrassata, J. Roux, 1862. *Stat. Alpes-Marit. (pars)*, p. 413.

La Méditerranée : les environs de Nice, dans les Alpes-Maritimes (Nob.).

Nassa Lacepedei, Payraudeau.

Buccinum Lacepedii, Payraudeau, 1826. *Moll. Corse*, p. 161, pl. VIII, fig. 13-14. — De Blainville, 1826. *Faune franç.*, p. 178, pl. VI, C, fig. 6.

— *coccinella (pars)*, Kiener, 1835. *Coq. viv.*, *Bucc.*, p. 84, p. XX, fig. 77.

?*Nassa incrassata*, Bucquoy, Dautzenberg et Dollfus, 1882. *Moll. Rouss.*, pl. XV, fig. 5.

Columbella incrassata, J. Roux; 1862. *Stat. Alpes-Maritimes*, p. 413.

La Méditerranée : le Roussillon ; les côtes de l'Hérault (Dubreuil); Saint-Nazaire, la Seyne, dans le Var (Nob.) ; les environs de Nice, dans les Alpes-Maritimes (Verany, Roux) ; etc.

Nassa ambigua, Montagu.

Buccinum ambiguum, Montagu, 1803. *Test. brit.*, p. 242, pl. IX, fig. 7.
— Kiener, 1835. *Coq. viv.*, *Bucc.*, p. 84, pl. XXI, fig. 81.
Nassa ambigua, Weinkauff, 1868. *Conch. mittelm*, II, p. 89.

La Manche : le Boulonnais, dans le Pas-de-Calais (Bouchard-Chantereaux); baie de Cherbourg dans la Manche (de Gerville, Macé) ; etc.

L'Océan : Brest, dans le Finistère (Nob.) ; Basse-Kikerie dans la Loire-Inférieure (Nob.) ; etc.

La Méditerranée : côtes de Provence (Kiener); les îles d'Hyères (Kiener), rade de Toulon (Petit, Doublier, Weinkauff), dans le Var.

Nassa Pygmæa, de Lamarck.

Ranella pygmæa, de Lamarck, 1822. *Anim. s. vert.*, VII, p. 154.
Buccinum tritonium, de Blainville, 1826. *aune fr.*, p. 180, pl. VII, f. 5.
— *asperula (pars)*, Philippi, 1836. *Enum. mo l. Sic.*, I, p. 220.
Nassa pygmæa, Forbes et Hanley, 1853. *Brit. moll.*, III, p. 394, pl. CVIII, fig. 5 et 6 ; pl. LL, fig. 2. — Sowerby, 1859. *Ill. ind.*, pl, XIX, fig. 3. — Jeffreys, 1867-1869. *Brit. conch.*, IV, p. 354, pl. LXXXVIII, fig. 2. — Bucquoy, Dautzenberg et Dollfus, 1882. *Moll. Rouss.*, p. 47, pl. XI, fig. 11 à 13.
— *varicosa*, Turton. *In Zool. Journ.*, II, p. 365, pl. XIII, fig. 7. — Brown, 1845. *Ill. conch.*, 2e édit., p 5, pl. IV, fig. 24.
Columbella pgymaea, J. Roux, 1862. *Stat. Alpes-Maritimes*, p. 413.

La Manche : Dunkerque, dans le Nord (Terquem); le Boulonnais, dans le Pas-de-Calais (Bouchard-Chantereaux) ; région normande (Fischer) ; Granville, dans la Manche (Servain) ; Saint-Malo, dans l'Ille-et-Vilaine (Nob.) ; etc.

L'Océan : régions armoricaine et aquitanique (Fischer) ; Brest, Ouessant, dans le Finistère (Daniel); Quiberon, dans le Morbihan (Taslé) ; Pornichet, Pouliguen, dans la Loire-Inférieure (Cailliaud, Taslé) ; île d'Yeu, dans la Vendée (Servain) ; la Rochelle (Taslé), Royan, l'île de Ré (Nob.), dans la Charente-Inférieure ; pointe du Sud, dans la Gironde (Lafont, Taslé) ; le cap Breton, dans les Landes (de Folin) ; etc.

La Méditerranée (Petit, Weinkauff) : le Roussillon, Paulilles, dans les

Pyrénées-Orientales (Bucquoy, etc.); les Martigues (Nob.), la Joliette, Ratonneau, cap Pinède, Garlaban, les Goudes, etc. (Marion), dans les Bouches-du-Rhône; la Seyne, Toulon, Saint-Mandrié, dans le Var (Nob.); les Alpes-Maritimes (Roux); etc.

Nassa Jousseaumei, Locard.

Nassa incrassata (var. minor), Bucquoy, Dautzenberg et Dollfus, 1882. *Moll. Rouss.*, p. 45, pl. XI, fig. 8.

La Méditerranée : le Roussillon, dans les Pyrénées-Orientales (Bucquoy, etc.); les environs de Toulon, dans le Var (Nob.); etc.

Nassa elongatula, Locard.

Nassa pygmaea (var. elongata), Bucquoy, Dautzenberg et Dollfus, 1882. *Moll. Rouss.*, p. 49, pl. XI, fig. 14.
— *elongatula*, Locard, 1884. *Mss.*

L'Océan : Royan, dans la Charente-Inférieure (Nob.).

La Méditerranée : le Roussillon, dans les Pyrénées-Orientales (Bucquoy, etc.); les Martigues, dans les Bouches-du-Rhône (Nob.); les environs de Toulon, dans le Var (Nob.); etc.

C. — Groupe *N. Ferussaci*

Nassa Ferussaci, Payraudeau.

Buccinum costulatum (pars), Renieri, 1804. *Tav. alfab. Adr.* — Brocchi, 1814. *Conch. foss. sub.*, pl. V, fig. 9.
— *Ferussaci*, Payraudeau, 1826. *Moll. Corse.*, p. 162, pl. VIII, fig. 15, 16. — De Blainville, 1826. *Faune franç.*, p. 177, pl. VII, C, fig. 5.
— *variabile*, Philippi, 1836. *En. moll. Sic.*, I, p. 221, pl. XII, f. 7.
Nassa variabilis (pars), Petit, 1852. *In Journ. conch.*, III, p. 199.
— *costulata (pars)*, Weinkauff, 1868. *Conch. mittelm.*, II, p. 62. — Bucquoy, Dautzenberg et Dollfus, 1882, *Moll. Rouss.*, pl. XI, fig. 17.

La Méditerranée : le Roussillon, Port-Vendre, Paulilles (Bucquoy, etc.); Leucate, la Nouvelle, dans l'Aude; les environs de Cette, dans l'Hérault; les Martigues, les environs de Marseille, dans les Bouches-du-Rhône; Toulon, Saint-Tropez, Saint-Raphaël, dans le Var; Antibes, Cannes, Nice, dans les Alpes-Maritimes (Nob.); etc.

Nassa Cuvieri, PAYRAUDEAU.

Buccinum costulatum (pars), Renieri, 1804. *Tav. alfab. Adr.*
— *Cuvieri*, Payraudeau, 1826. *Moll. Corse.*, p. 163, pl. VIII, fig. 17-18. — De Blainville, 1826. *Faune franç.*, p. 176, pl. VI, B, fig. 3. — Kiener, 1835. *Coq. viv.*, *Bucc.*, p. 77, pl. XX, fig. 74 à 76.
— *variabile*, Philippi, 1836. *En. moll. Sic.*, I, p. 221, pl. XII, fig. 6.
Nassa variabilis, Petit de la Saussaye, 1858. *In Journ. conch.*, III, p. 199.
Columbella variabilis, J. Roux, 1862. *Stat. Alpes-Maritimes*, p. 413.
Nassa costulata (pars), Weinkauff, 1868. *Conch. mittelm.*, II, p. 64. Bucquoy, Dautzenberg et Dollfus, 1882. *Moll. Rouss.*, p. 543, pl. XI, f. 15 et 16.
— *Cuvieri*, de Monterosato, 1878. *Enum. e sinon.*, p. 43.

La Méditerranée (Petit, Weinkauff) : le Roussillon, Port-Vendre, Paulilles, dans les Pyrénées-Orientales (Bucquoy, etc.); Leucate, la Nouvelle, dans l'Aude (Nob.); de Cette à Aigues-Mortes, dans l'Hérault (Dubreuil); le Grau du Roi, dans le Gard (Nob.); les Martigues (Nob.), le Prado, Montredon, Pomègue, Roucas-Blanc (Marion), dans les Bouches-du-Rhône; Toulon, Porquerolles, la Seyne, Saint-Nazaire, Saint-Tropez, Saint-Raphaël, dans le Var (Nob.); Cannes, Antibes (Nob.), les environs de Nice (Verany), dans les Alpes-Maritimes ; etc.

Nassa Guernei, LOCARD.

Nassa costulata (var. lanceolata et pulcherrima)? Bucquoy, Dautzenberg et Dollfus, 1882. *Moll. Rouss.*, p. 55, pl. XI, fig. 34 à 36.
— *Guernei*, Locard, 1883. *Mss.*

La Méditerranée : la Seyne, Saint-Nazaire, dans le Var; Cannes, Antibes, dans les Alpes-Maritimes (Nob.) ; etc.

Nassa encaustica, BRUSINA.

Nassa encaustica, Brusina, 1869. *In Journ. conch.*, XVII, p. 233.
— *costulata (var. encaustica)*, Bucquoy, Dautzenberg et Dollfus, 1882. *Moll. Rouss.*, p. 54, pl. XI, fig. 20, 21.

La Méditerranée : le Roussillon, dans les Pyrénées-Orientales (Bucquoy ; etc.)

Nassa Madeirensis, REEVE.

Nassa Madeirensis, Reeve. *Conch. icon.*, pl. XXVII, fig. 182.
— *costulata (var. Madeirensis)*, Bucquoy, Dautzenberg et Dollfus, 1882. *Moll. Rouss.*, p. 54, pl. XI, fig. 22.

La Méditerranée : le Roussillon, dans les Pyrénées-Orientales (Bucquoy, etc.) ; la presqu'île de Gien, dans le Var (Nob.) ; etc.

Nassa flavida, DE MONTEROSATO.

Nassa costulata (var. flavida), de Monterosato, 1882. *In* Bucquoy, Dautzenberg et Dollfus, 1882. *Moll. Rouss.*, p. 55, pl. XI, fig. 26, 27.

La Méditerranée : Le Roussillon, dans les Pyrénées-Orientales (Bucquoy ; etc.) ; etc.

Nassa Edwardsi, FISCHER.

Nassa Edwardsi, Fischer, 1882. *In Journ. conch.*, XXII, p. 50.

La Méditerranée : Peyssonnel, dans les Bouches-du-Rhône (Marion) ; la Provence, entre Nice et la Corse (Fischer) ; etc.

D. — Groupe du *N. granum*

Nassa granum, DE LAMARCK (1).

Buccinum granum, de Lamarck, 1822. *Anim. s. vert.*, VII, p. 274. — Kiener, 1835. *Coq. viv.*, *Bucc.*, p. 22, pl. XVI, fig. 58.
Nassa grana, de Lamarck, 1844. *Anim. s. vert.*, 2e édit., X, p. 176.
— *granum*, Weinkauff, 1868. *Conch. mittelm.*, II, p. 69. — Bucquoy, Dautzenberg et Dollfus, 1882. *Moll. Rouss.*, p. 44, pl. XI, fig. 1-2.

La Méditerranée (Petit, Weinkauff) : le Roussillon, Leucate, dans les Pyrénées-Orientales et dans l'Aude (Bucquoy, etc.) ; Palavas (Dollfus), Cette (Granger), dans l'Hérault ; côtes de Provence (Petit) ; Hyères, dans le Var ; Antibes, dans les Alpes-Maritimes (Doublier) ; etc.

E. — Groupe du *N. semistriata*

Nassa semistriata, BROCCHI.

Buccinum semistriatum, Brocchi, 1815. *Conch. fos. sub.*, pl. XV, f. 15.
Nassa semistriata (pars), Forbes, 1844. *Rep. Aeg. inv.*, p. 140.
— *trifasciata*, A. Adams, 1851. *In Proceed.*, p. 113.

(1) Mellus : *graniformis*.

L'Océan : Royan, dans la Charente-Inférieure (Nob.); le golfe de Gascogne (Jeffreys); etc.

La Méditerranée : côtes de Provence (de Monterosato).

Nassa Gallandiana, Fischer.

Nassa Gallandiana, Fischer, 1862. *In Journ. conch.*, X, p. 37. — 1863. *Loc. cit.*, XI, p. 82, pl. II, fig. 6.
— *trifasciata*, Fischer, 1869. *In Act. s. Lin. Bord.*, XXVII, p. 140.

L'Océan : en dehors du bassin d'Arcachon, dans la Gironde (Fischer); cap Breton, dans les Landes (Nob.) ; etc.

Nassa ovoidea, Locard.

Nassa ovoidea, Locard, 1883. *Mss.*

L'Océan : Royan, dans la Charente-Inférieure (Nob.).

Nassa subcostulata, Locard.

Nassa subcostulata, Locard, 1883. *Mss.*

La Méditerranée : la Nouvelle, dans l'Aude ; Saint-Nazaire, dans le Var (Nob.) ; etc.

Genre AMYCLA, H. et A. Adams

H. et A. Adams, 1858. *Gen. rec. moll.*

Amycla raricostata, Risso.

Planaxis raricosta, Risso, 1826. *Hist. nat. eur. mér.*, IV, p. 174, f. 106.
Buccinum semiplicatum, Costa, 1829. *Cat. sist. Sicil.*, p. 78 et 80.
Nassa semistriata (*n.* Risso), Forbes, 1844. *Rep. Aeg. inv.*, p. 140
— *corniculum (pars)*, Weinkauff, 1868. *Conch. mitt.*, II, p. 67.
Amycla cornicula (var. raricosta), Bucquoy, Dautzenberg et Dollfus, 1882. *Moll. Rouss.*, p. 57, pl. XII, fig. 3 à 6.

La Méditerranée : le Roussillon, de Port-Vendre au cap Cerbère (Bucquoy, etc.); Cette, dans l'Hérault (Nob.) ; la Seyne, Saint-Nazaire, Saint-Tropez, dans le Var (Nob.); les environs de Nice, dans les Alpes-Maritimes (Risso, Roux); etc.

Amycla corniculata, Olivi.

Buccinum corniculum, Olivi, 1792. *Zool. Adr.*, p. 114. — De Blainville, 1826. *Faune franç.*, p. 183, pl. VI, D, fig. 5.
— *fasciolatum*, de Lamarck, 1822. *Anim. s. vert.*, VII, p. 272. — Kiener, 1835. *Coq. viv.*, *Bucc.*, p. 175, pl. XVII, f. 61 à 63.
— *Calmeillii*, Payraudeau, 1826. *Moll. Cor.*, p. 160, pl. VIII, f. 7 à 9.
Planaxis olivacea, Risso, 1826. *Hist. nat. eur. mérid.*, IV, p. 173, pl. VIII, f. 114.
Nassa cornicula, Petit de la Saussaye, 1852. *In Journ. conch.*, III, p. 200.
Amycla cornicula, Bucquoy, Dautzenberg et Dollfus, 1882. *Moll. Rouss.*, p. 56, pl. XII, fig. 1 et 2.

L'Océan : régions armoricaine et aquitanique (Fischer) ; le cap Breton, dans les Landes (de Folin) ; Saint-Jean-de-Luz, rochers au-dessous du fort Sainte-Barbe, dans les Basses-Pyrénées (Fischer, Taslé) ; etc.

La Méditerranée (Petit, Weinkauff) : le Roussillon, de Port-Vendre au cap Cerbère, dans les Pyrénées-Orientales (Bucquoy, etc.) ; la Nouvelle, dans l'Aude (Nob.) ; le littoral de Cette, l'étang de Thau, dans l'Hérault (Granger, Dubreuil) ; Marseille, le vieux port, la Joliette, le Pharo, Pomègue, Roucas-Blanc, l'Estaque, etc , dans les Bouches-du-Rhône (Marion) ; Toulon, la Seyne, Saint-Nazaire, Saint-Raphaël (Nob.), Saint-Tropez (Doublier), dans le Var ; la Provence (Petit) ; Cannes (Dautzenberg), Nice (Risso), dans les Alpes-Maritimes (Roux) ; etc.

Amycla Monterosatoi, Locard.

Amycla cornicula (pars), Bucquoy, Dautzenberg et Dollfus, 1882. *Moll. Rouss.*, p. 56, pl. XII, fig. 7 à 14.
— *Monterosatoi*, Locard. 1882, *Mss.*

La Méditerranée : le Roussillon, de Port-Vendre au cap Cerbère (Bucquoy, etc.) ; Cette, dans l'Hérault ; les Martigues, dans les Bouches-du-Rhône ; Toulon, Saint-Tropez, Saint-Nazaire, etc., dans le Var ; Cannes, dans les Alpes-Maritimes (Nob.) ; etc.

Amycla elongata, Locard.

Amycla elongata, Locard, 1883. *Mss.*

La Méditerranée : Port-Vendre, dans les Pyrénées-Orientales ; Cannes, dans les Alpes-Maritimes (Nob.) ; etc.

Genre BUCCINUM, Linné

Linné, 1767. *Syst. nat.*, édit. XII. p. 1196.

Buccinum undatum, Linné.

Buccinum undatum, Linné, 1767. *Syst. nat.*, édit. XII, p. 1204. — Donovan, 1801. *Brit. shells*, III, pl. CIV. — De Blainville, 1826. *Faune franç.*, p. 160, pl. VI, C, fig. 2, 3. — Kiener, 1835. *Coq. viv.*, *Bucc.*, p. 3, pl. II, fig. 5. — Reeve, *Conch. icon.*, pl. I, fig. 3. — Forbes et Hanley, 1853. *Brit. moll.*, III, p. 401, pl. CIX, fig. 3, 4, 5; pl. LLL, fig. 5. — Sowerby, 1859. *Ill. ind.*, pl. XVIII, fig. 8. — Jeffreys, 1867-1869. *Brit. conch.*, IV, p. 285, pl. LXXXII, f. 2, 3.

La Manche : Dunkerque, dans le Nord (Terquen) ; Wimereux (Nob.), le Boulonnais (Bouchard-Chantereaux), dans le Pas-de-Calais ; région normande (Fischer) ; Dieppe, Fécamp, dans la Seine-Inférieure (Nob.) ; Langrune, dans le Calvados (Nob.) ; Granville, dans la Manche (Servain) ; Saint-Malo, dans l'Ille-et-Vilaine (Fischer, Grube) ; etc.

L'Océan : régions armoricaine et aquitanique (Fischer); Brest (Daniel), Douarnenez (Nob.), dans le Finistère ; le littoral du Morbihan (Taslé) ; côtes de la Turballe et de Piriac, dans la Loire-Inférieure (Cailliaud, Taslé); île d'Yeu, dans la Vendée (Servain) ; Royan, l'île de Ré, l'île d'Oléron (Nob.), dans la Charente-Inférieure (Beltremieux, Taslé); Arcachon, Vieux-Soulac, etc., dans la Gironde (Fischer); cap Breton, dans les Landes (de Folin) ; etc.

Buccinum Humphreysianum, Bennett.

Buccinum Humphreysianum, Bennett. *In Zool. journ.*, I, p. 398, pl. XXII. — Brown, 1845. *Ill. conch.*, 2e édit., p. 4, pl. IV, fig. 14. — Forbes et Hanley, 1853. *Brit. moll.*, III, p. 410, pl. CX, fig. 1. — Sowerby, 1859. *Ill. ind.*, pl. XVIII, fig. 13. — Jeffreys, 1867-1869. *Brit. conch.*, IV, p. 293; V, p. 218, pl. LXXXIII, fig. 1.

— *fusiforme*, Petit de la Saussaye, 1860. *In Journ. conch.*, VIII. p. 255. — Weinkauff, 1870. *In Bollet. mal. Ital.*, III, p. 79,

La Manche : Dunkerque, dans le Nord (Terquem).

L'Océan : le golfe de Gascogne (Jeffreys).

La Méditerranée : côtes de Provence (Petit); les Martigues (Weinkauff), au large du cap Couronne, falaise de Peysonnel (Marion), dans les Bouches-du-Rhône; Toulon, dans le Var (Nob.); etc.

PURPURIDÆ

Genre PURPURA, Bruguière

Bruguière, 1789. *Encycl. meth.*, *Vers*, I, p. XV et 241.

A. — Groupe du *P. hæmastoma*.

Purpura hæmastoma, Linné.

Buccinum hæmastoma, Linné, 1767. *Syst. nat.*, édit. XII, p. 1202.
Purpura hæmastoma, de Lamarck, 1822. *Anim. s. vert.*, VII, p. 238. — Kiener, 1836. *Coq. viv.*, *Purpur.*, p. 110, pl. XXXIII, fig. 79. — Hidalgo, 1870. *Moll. marin.*, pl. XXVII, fig. 1. — Bucquoy, Dautzenberg et Dollfus, 1882. *Moll. Rouss.*, p. 62, pl. X, fig. 1-2. — Kobelt, 1883. *Icon. meeres.*, pl. V, fig. 1

La Méditerranée (Petit, Weinkauff) : au large du Roussillon, dans les Pyrénées-Orientales (Bucquoy, etc.); le golfe d'Aigues-Mortes, dans l'Hérault et dans le Gard (Clément); le fort Saint-Jean, près Marseille, dans les Bouches-du-Rhône (Marion); le littoral du Var (Doublier); les Alpes-Maritimes (Roux); etc.

Purpura Oceanica, Locard.

Purpura hæmastoma (pars auctorum). — Kiener, 1836. *Coq. viv.*, *Purpur.*, p. 110, pl. XXXII, fig. 7, 8. — Hidalgo, 1870. *Moll. marin.*, pl. XXVII, fig. 2. — Bucquoy, Dautzenberg et Dollfus, 1882. *Moll. Rouss.*, p. 62, pl. IX, fig. 4, 5. — Kobelt, 1883. *Icon. meeres.*, pl. VII, fig. 1.

L'Océan : régions armoricaine et aquitanique (Fischer); Brest, dans le Finistère (Daniel); l'île de Ré, la Rochelle, dans la Charente-Inférieure (Taslé, Beltremieux); embouchure du bassin d'Arcachon, cap Feret, Vieux-Soulac, etc., dans la Gironde (Lafont, Fischer, Taslé); cap Breton, Gastes, dans les Landes (de Folin, Taslé); Saint-Jean-de-Luz, Biarritz, dans les Basses-Pyrénées (Taslé, Fischer); etc.

B. — Groupe du *P. lapillus*

Purpura lapillus, Linné (1).

Buccinum lapillus, 1767. *Syst. nat.*, édit. XII, p. 1202.
Purpura lapillus, de Lamarck, 1822. *Anim. s. vert.*, VII, p. 244. — De Blainville, 1826. *Faune franç.*, p. 136, pl. VI, fig. 3 et 4. — Kiener, 1836. *Coq. viv.*, *Purp.*, pl. XXIX, XXX, XXXI, fig. 77, 77 b et 77 f à 77 s. — Reeve. *Conch. icon.*, pl. X, fig. 47. — Forbes et Hanley, 1853. *Brit. moll.*, III, p. 380, pl. CII, fig. 3; pl. LL, fig. 4. — Sowerby, 1859. *Ill. ind.*, pl. XVIII, fig. 5. — Jeffreys, 1867-1869. *Brit. conch.*, IV, p. 276; V, p. 217, pl. CXXXII, fig. 1. — Hidalgo, 1870. *Moll. marin.*, pl. XXVII, fig. 3-8; pl. XXVII, a, fig. 1-6.
— *bizonalis*, de Lamarck. *In* Taslé, 1868. *Faune malac. sud-ouest*, p. 88.

La Manche : Dunkerque, dans le Nord (Terquem); Wimereux (Nob.), le Boulonnais (Bouchard-Chantereaux), dans le Pas-de-Calais ; Dieppe, Fécamp, dans la Seine-Inférieure (Nob.); région normande (Fischer); Langrune (Nob.), Granville (Servain), dans le Calvados ; Cherbourg, Valogne (Macé), dans la Manche (de Gerville) ; Saint-Malo (Grube), Cancale (Nob.), dans l'Ille-et-Vilaine; etc.

L'Océan: régions armoricaine et aquitanique (Fischer) ; Brest (Daniel), Roscoff (Grube), dans le Finistère; aux Impairs, Pouliguen, côte de Ker-Cabalec, anse de Pornichet, etc., dans la Loire-Inférieure (Cailliaud, Taslé); île d'Yeu (Servain), Sables d'Olonne (Nob.), dans la Vendée ; la Rochelle, Royan, l'île de Ré, etc., dans la Charente-Inférieure (Fischer, Taslé, Beltremieux) ; Cordouan, Vieux-Soulac, dans la Gironde (Fischer); Saint-Jean-de-Luz, dans les Basses-Pyrénées (Fischer) ; etc. (1).

Purpura imbricata, de Lamarck.

Purpura imbricata, de Lamarck, 1822. *Anim. s. vert.*, VII, p. 244.
— *lapillus*, Kiener, 1836. *Coq. viv.*, *Purpur.*, pl. XXIX, fig. 77 b et c, pl. XXX, fig. 77 e. — Forbes et Hanley, 1853. *Brit. moll.*, III, p. 381, pl. CII, fig. 2.

(1) Melius: *lapillina*.

(2) Le *Purpura lapillus* est indiqué dans la Méditerranée, à Nice par Risso, et à Cannes, par M. Dautzenberg. Mais M. de Monterosato (*Conch. medit.*, *art. prin.*, p. 1) met en doute cette assertion.

La Manche : Dunkerque, dans le Nord; Beck-sur-Mer, Wimereux, dans le Pas-de-Calais; le Tréport, dans la Seine-Inférieure; Langrune, dans le Calvados (Nob.) ; Cherbourg, Valogne, dans la Manche (Macé) ; etc.

L'Océan : Quimper, Quelern (Collard), les environs de Brest, Douarnenez (Nob.), dans le Finistère ; l'île de Ré, l'île d'Oléron, Royan, dans la Charente-Inférieure (Nob.); etc.

Purpura Celtica, LOCARD.

Purpura lapillus, Kiener, 1836. *Coq. viv.*, *Purpur.*, pl. XXIX, fig. 77 a. — Forbes et Hanley, 1853. *Brit. moll.*, III, p. 380, pl. CII, f. 1.
— *Celtica*, Locard, 1884. *Mss.*

La Manche : Trouville, le Tréport, dans la Seine-Inférieure; Granville, dans la Manche (Nob.); etc.

L'Océan : les environs de Brest, dans le Finistère ; Angoulin, dans la Charente-Inférieure (Nob.); etc.

CASSIDÆ

Genre CASSIS, de Lamarck

De Lamarck, 1799. *Prodr.* — 1801. *Syst. nat.*, p. 97.

Cassis Saburon, BRUGUIÈRE (1).

Cassidea saburon, Bruguière, 1792. *Dict.*, n° 4.
Cassis saburon, de Lamark, 1822. *Anim. s. vert.*, VII, p. 227. — De Blainville, 1826. *Faune franç.*, p. 196, pl. VII, C, fig. 3. — Kiener, 1835. *Coq. viv.*, *Cass.*, p. 31, pl. XIV, fig. 27. — Hidalgo, 1870. *Moll. marin.*, p. 6, pl. III, fig. 2 et 3. — Bucquoy, Dautzenberg et Dollfus, 1882. *Moll. Rouss.*, p. 64, pl. VII, fig. 1-2.

L'Océan : régions armoricaine et aquitanique (Fischer) ; la Charente-Inférieure (Taslé, Beltremieux) ; Vieux-Soulac, pointe du Sud, rivage du

(1) Melius : *Saburoni*.

Sud-Ouest, dans la Gironde (Fischer, Taslé) ; cap Breton, dans les Landes (de Folin) ; etc.

La Méditerranée (Petit, Weinkauff) : le Roussillon, au large, dans les Pyrénées-Orientales (Bucquoy, etc.) ; les Martigues, dans les Bouches-du-Rhône (Petit) ; les Alpes-Maritimes (Roux) ; etc.

Cassis Adansoni, Locard.

Cassis saburon. Pars auct.
— *Adansoni*, Locard, 1883. *Mss.*

L'Océan : le cap Breton, dans les Landes (Nob.).

La Méditerranée : le Roussillon,, dans les Pyrénées-Orientales ; Cette, dans les Bouches-du-Rhône (Nob.) ; etc.

Cassis undulata, Gmelin.

Buccinum undulatum, Gmelin, 1789. *Syst. nat.*, édit. XIII, p. 3475.
Cassidea sulcosa, Bruguière, 1792. *Encycl. méth.*, *Vers.*, p. 422 (*n.* Born).
Cassis sulcosa, de Lamarck, 1822. *Anim. s. vert.*, VII, p. 226. — Kiener, 1835. *Coq. viv.*, *Cass.*, p. 29.
— *undulata*, Philippi, 1844. *Enum. moll. Sic.*, II, p. 187. — Hidalgo, 1870. *Moll. marin.*, p. 2, pl. XXI, fig. 2. — Bucquoy, Dautzenberg et Dollfus, 1882. *Moll. Rouss.*, p. 66, pl. VII, fig. 3 et 4.

L'Océan : Gavre, Groix, dans le Morbihan (Taslé).

La Méditerranée (Petit, Weinkauff) : au large du Roussillon, dans les Pyrénées-Orientales (Bucquoy, etc.) ; de Cette à Aigues-Mortes, dans l'Hérault (Dubreuil) ; Carry, près Marseille, dans les Bouches-du-Rhône (Marion) ; Toulon, Saint-Tropez, dans le Var (Doublier) ; les environs de Nice, dans les Alpes-Maritimes (Risso, Verany, Roux) ; etc.

Cassis Gmelini, Locard.

Cassis sulcosa, Kiener, 1835. *Coq. viv.*, *Cass.*, pl. XII, fig. 22.
— *undulata*, Hidalgo, 1870. *Moll. marin*, p. 2, pl. III, fig. 1.
— *Gmelini*, Locard, 1883. *Mss.*

La Méditerranée : les environs de Marseille, dans les Bouches-du-Rhône ; Toulon, dans le Var (Nob.) ; etc.

Cassis granulosa, Bruguière.

Cassidea granulosa, Bruguière, 1792. *Diction.*, n° 5.

Cassis granulosa, de Lamarck, 1822 *Anim. s. vert.*, VII, p. 227. — Kiener, 1835. *Coq. viv.*, *Cass.*, pl. XII fig. 23 ! et pl. XVI, fig. 33?
— *interrupta?*, Risso, 1826. *Hist. nat. eur. mérid.*, IV, p. 181.

La Méditerranée : les environs des Martigues, à de grandes profondeurs, dans les Bouches-du-Rhône ; les environs de Nice (Risso ?, Nob.), etc.

Cassis decussata, Linné.

Buccinum decussatum, Linné, 1767. *Syst. nat.*, édit. XII, p. 1199.
Cassidea decussata, Bruguière, 1792. *Diction.*, n° 9.
Cassis decussata, de Lamarck, 1822. *Anim. s. vert.*, VII, p. 223. — De Blainville, 1826. *Faune franç.*, p. 193, pl. VII, C, fig. 2. — Kiener, 1835. *Coq. viv.*, *Cass.*, p. 26, pl. IX, fig. 16.

La Méditerranée : les environs de Nice, dans les Alpes-Maritimes (Petit).

Genre CASSIDARIA, de Lamarck

De Lamarck, 1812. *Extr. d'un cours*

A. — Groupe de *C. echinophora*

Cassidaria echinophora, Linné.

Buccinum echinophorum, Linné, 1767. *Syst. nat.*, édit. XII, p. 1198.
Cassidea echinophora, Bruguière, 1792. *Enc. meth.*, *Vers.*, pl. CCCCV, f. 3.
Cassidaria echinophora, de Lamarck, 1822. *Anim. s. vert.*, VII, p. 215. — De Blainville, 1826. *Faune franç.*, p. 200, pl. VII, fig. 3. — Kiener, 1835. *Coq. viv.*, *Cass.*, p. 4, pl. I, fig. 2. — Hidalgo, 1870. *Moll. marin.*, p. 2, pl. I, fig. 2-3. — Bucquoy, Dautzenberg et Dollfus, 1882. *Moll. Rouss.*, p. 59, pl. VIII, fig. 1 à 3.

La Méditerranée (Petit, Weinkauff) : le Roussillon, Leucate, Canet, dans les Pyrénées-Orientales (Bucquoy, etc.); plage de la Franqui (Pépratx), la Nouvelle, dans l'Aude (Nob.); les environs de Cette (Granger), de Cette à Aigues-Mortes (Dubreuil), dans l'Aude; golfe d'Aigues-Mortes, dans le Gard (Clément); Garlaban, dans les Bouches-du-Rhône (Marion); Toulon, dans le Var (Doublier); les environs de Nice, dans les Alpes-Maritimes (Risso, Verany, Roux); etc.).

Cassidaria Bucquoyi, LOCARD.

Cassidaria echinophora. Pars auct. — Hidalgo, 1870. *Moll. marin.*, pl. XXI, fig. 1. — Bucquoy, Dautzenberg et Dollfus, 1882. *Moll. Rouss.*, pl. IX, fig. 1.
— *Bucquoyi*, Locard, 1884. *Mss.*

La Méditerranée : les environs de Marseille, dans les Bouches-du-Rhône ; Toulon, dans le Var (Nob.) ; etc.

Cassidaria mutica, TIBERI.

Cassidaria echinophora. Pars auct. — Hidalgo, 1870. *Moll. marin.*, pl. XI, fig. 1. —Bucquoy, Dautzenberg et Dollfus, 1882. *Moll. Rouss.*, pl. VIII, fig. 5.
— *rugosa*, Granger, 1879. *Cat. moll. Cette*, p. 9.
— *echinophora (var. mutica)*, Tiberi, 1863. *In Journ. conch.*, t. XI, p. 154.

La Méditerranée : le Roussillon (Bucquoy, etc.) ; les environs de Cette, dans l'Hérault (Clément) ; les environs de Marseille, dans les Bouches-du-Rhône ; Toulon, dans le Var ; Nice, dans les Alpes-Maritimes (Nob.),

Cassidaria Dautzenbergi, LOCARD.

Cassidaria echinophora. Pars auct. —Bucquoy, Dautzenberg et Dollfus 1882. *Moll. Rouss.*, p. 70, pl. IX, fig. 2.
— *Dautzenbergi*, Locard, 1884. *Mss.*

La Méditerranée : le Roussillon (Bucquoy, etc.) ; les environs de Toulon, dans le Var (Nob.) ; etc.

B. — Groupe du *C. rugosa.*

Cassidaria rugosa, LINNÉ.

Buccinum rugosum, Linné, 1771. *Mantissa*, p. 549 *(non auct)*.
— *tyrrhena*, Chemnitz, 1788. *Conch. cab.*, X, pl. CLIII, f. 1461, 1462.
Cassidea tyrrhena, Bruguière, 1792. *Encycl. meth.*, pl. CCCCV, f. 1, a b.
Cassidaria tyrrhena, de Lamarck, 1822. *Anim. s. vert.*, VII, p. 216. —De Blainville, 1826. *Faune franç.*, p. 206, pl. VII, B, fig. 4. —Kiener, 1835. *Coq. viv.*, *Cassid.*, pl. I, fig. 1.— Reeve, 1842. *Conch. icon.*, p. 210, pl. CCLII, fig. 2-3.
— *thyrrhena (pars)*, Philippi, 1844. *Enum. moll. Sic.*, II, p. 186.
— *rugosa*, Hidalgo, 1870. *Moll. marin.*, p. 5, pl. I, fig. 1.

L'Océan : régions armoricaine et aquitanique (Fischer), Croix, Belle-Isle, Houat, dans le Morbihan (Taslé) ; entre Belle-Isle, Hoedic et le Croisic, dans la Loire-Inférieure (Cailliaud) ; la Charente-Inférieure (Beltremieux) ; pointe sud en dehors de la baie d'Arcachon, dans la Gironde (Fischer) ; le golfe de Gascogne (Jeffreys) ; etc.

La Méditerranée : les environs de Cette (Granger) ; de Cette à Aigues-Mortes, dans l'Hérault (Dubreuil) ; le cap Couronne, dans les Bouches-du-Rhône (Marion) ; le golfe de Nice, dans les Alpes-Maritimes (Risso, Vernay, Roux) ; etc.

A. — Groupe du *C. provincialis* (1)

Cassidaria Provincialis, Martin.

Pyrula provincialis, Martin, 1851. *In Journ. conch.*, II, p. 258, pl. VIII, fig. 4.
Cassidaria provincialis, Petit de la Saussaye, 1851. *Loc. cit.*, p. 250. — Tiberi, 1863. *In Journ. conch.*, XI, p. 152. — De Monterosato, 1880. *In Bull. soc malac. Ital.*, VI, p. 257.

La Méditerranée : port de Martigues, dans les Bouches-du-Rhône (Marion, Petit, Tiberi).

Cassidaria depressa, Philippi.

Cassidaria depressa, Philippi, 1844. *Enum. moll. Sic.*, II, p. 186, pl. XXVII, fig. 3.

La Méditerranée : la rade de Toulon, dans le Var (Nob.).

DOLIIDÆ

Genre DOLIUM, Humphrey

Humphrey, 1797. *Mus. Calonn., teste Swainson*, *Malac.*, p. 20.

Dolium galea, Linné (2).

Buccinum galea, Linné, 1767. *Syst. nat.*, édit. XII, p. 1197.

(1) Nous inscrivons avec un fort point de doute les deux espèces qui sont comprises dans ce groupe ; quoique chacune d'elles ait été trouvée plusieurs fois en des points différents, nous les considérons, au moins provisoirement, comme des cas tératologiques.
(2) Melius : *galeatum*.

Dolium galea, de Lamarck, 1822. *Anim. s. vert.*, VII, p. 159. — De Blainville, 1826. *Faune franç.*, p. 191, pl. VIII, B, fig. 1. — Kiener, 1835. *Coq. viv. Dol.*, pl. II, fig. 12. — Reeve, *Conch. icon.*, pl. I, fig 1.

La Méditerranée (Petit, Weinkauff) : Agde, dans l'Hérault (Petit); Toulon, dans le Var (Petit, Doublier); les environs de Nice, dans les Alpes-Maritimes (Risso, Verany, Roux); etc. (1).

TRITONIDÆ

Genre RANELLA, de Lamarck

De Lamarck, 1812. *Extr. d'un cours.*

Ranella reticularis, Born.

Murex reticularis, Born, 1780. *Test. Mus. Vind.*, pl. XI, f. 5 (*n.* Lin.).
Apollo gyrina, Denis de Montfort, 1810. (*Teste* Lamarck, Blainville.)
Gyrina maculata, Schumacher, 1817. *Essai nouv. syst.*, p. 253.
Ranella gigantea, de Lamarck, 1822. *Anim. s. vert.*, VII, p. 150. — De Blainville, 1826. *Faune franç.*, p. 119, pl. IV, fig. 1. — Kiener, 1835. *Coq. viv. Ran.*, p. 25, pl. I. — Hidalgo, 1870. *Moll. marin.*, pl. XIX, fig. 5. — Bucquoy, Dautzenberg et Dollfus, 1882. *Moll. Rouss.*, p. 28, pl. III, fig. 1.
— *reticularis*, Taslé, 1868. *Faune marine ouest fr.*, p. 82.

L'Océan : région armoricaine (Fischer); cap Feret, dans la Gironde (Fischer); le golfe de Gascogne (Jeffreys); etc.

La Méditerranée (Weinkauff) : au large du Roussillon (Bucquoy), etc.; le golfe d'Aigues-Mortes, dans l'Hérault et le Gard (Clément); la Provence (Risso, Petit); Fos, les Martigues (Nob.); Riou, près Marseille, dans les Bouches-du-Rhône (Marion); Toulon, dans le Var (Doublier); Menton (Nob.), les environs de Nice, dans les Alpes-Maritimes (Risso, Roux); etc.

(1) Peut-être conviendrait-il d'ajouter à cette liste le *Dolium perdrix* (*Buccinum perdrix* Linné), que plusieurs auteurs, tel que de Blainville, Kiener, etc., ont cité dans la Manche d'après les auteurs anglais. Nous n'avons aucune certitude sur la présence de cette espèce sur le continent français.

Genre BUFONARIA, Schumacher

Schumacher, 1817. *Es. nouv. syst.*, p. 251.

Bufonaria scrobiculatoria, Linné.

Murex scrobiculator, Linné, 1767. *Syst. nat.*, édit. XII, p. 251.
Triton scrobiculator, de Lamarck, 1822. *Anim. s. vert.*, VII, p. 180. — Bruguière, 1789. *Enc. meth.*, *Vers*, pl. CCCCXIV, fig. 1. — Reeve, *Icon. conch.*, pl. VIII, fig. 28. — Payraudeau, 1826. *Moll. Corse*, p. 151. — De Blainville, 1826. *Faune franç.*, p. 114, pl. IV, B, fig. 4.
Bufonaria pesleonis, Schumacher, 1817. *Essai nouv. syst.*, p. 252.
Ranella scrobiculator, Kiener, 1875. *Coq. viv. Ran.*, p. 22, pl. X, fig. 1. — Hidalgo, 1870. *Moll. marin.*, pl LIV, fig. 4, 5.
Tritonium scrobiculator, Philippi, 1844. *Enum. moll. Sic.*, II, p. 184.
Bufonaria scrobiculator, Weinkauff, 1868. *Conch. Mittelm.*, II, p. 173.

La Méditerranée : la Provence (Petit, Weinkauff) ; Toulon, Porquerolles, dans le Var (Nob.) ; le golfe de Nice, dans les Alpes-Maritimes (Verany, Roux) ; etc.

Genre TRITONIUM, O. F. Müller

O. F. Müller, 1776. *Zool. Dan. Prodr.*, p. XXV.

A. — Groupe de *T. nodiferum*.

Tritonium nodiferum, de Lamarck.

Murex tritonis (*n.* Linné), v. Salis, 1793. *Reise in Neap.*, p. 372.
— *nerei (pars)*, Dilwin, 1817. *Descr. catal.*, II, p. 438.
Triton nodiferum, de Lamarck, 1822. *Anim. s. vert.*, VII, p. 179. — Kiener, 1834. *Coq. viv. Trit.*, p. 29, pl. I.
— *Mediterraneum*, Risso, 1826. *Hist. nat. eur. mer.*, IV, p. 203.
Tritonium nodiferum, de Blainville, 1826. *Faune franç.*, p. 113, pl. IV, B, fig. 2.
Triton nodiferus, Sowerby, 1859. *Ill. ind.*, pl. XVIII, fig. 2. — Jeffreys, 1867. *Brit. conch.*, IV, p. 301. — Bucquoy, Dautzenberg et Dollfus, 1882. *Moll. Rouss.*, p. 29, pl. IV, fig 1.
— *nodifer*, Jeffreys, 1869. *Brit. conch.*, V, p. 218, pl. LXXXIII, f, 3.

L'Océan : régions armoricaine et aquitanique (Fischer); Quimper (Collard), au large de Brest, dans les passes d'Ouessant et de l'île de Sein (Daniel), îles Glenau de (Guerne), dans le Finistère (Taslé); au large de Belle-Isle et de Groix, dans le Morbihan (Taslé); au large de la Bauche, dans la Loire-Inférieure (Cailliaud, Taslé); la Charente-Inférieure (Beltremieux, Taslé); côtes du bas Médoc, dans la Gironde (Fischer, Taslé); etc.

La Méditerranée (Petit, Weinkauff) : au large du Roussillon, dans les Pyrénées-Orientales (Bucquoy), etc.; Cette (Granger), de Cette à Aigues-Mortes (Dubreuil), dans l'Hérault; le golfe d'Aigues-Mortes, dans le Gard (Clément); Méjean, Riou, près Marseille, dans les Bouches-du-Rhône (Marion); Toulon, Saint-Tropez, Saint-Raphaël, Porquerolles (Nob.), dans le Var (Doublier); Nice, dans les Alpes-Maritimes (Risso, Vereny, Roux); etc.

Tritonium glabrum, LOCARD.

Tritonium variegatum (*n.* Lamarck), Philippi, 1836. *Enum. moll. Sic.*, I, p. 212.
Triton variegatum (*n.* Lamarck), Forbes, 1844. *Rep. Aeg. inv.*, p. 140.
Tritonium nodiferum (*var. glabra*), Weinkauff, 1868. *Conch. Mittelm.*, II, p. 75.

La Méditerranée : Toulon, dans le Var (Nob.).

Tritonium Parthenopum, VON SALIS.

Murex olearium (*pars*), Linné, 1758. *Syst. nat.*, édit. X, p. 748.
— *costatus* (*pars*), Born, 1780. *Test. Mus. Cæs. Vind.*, p. 297.
— *parthenopus*, v. Salis-Marchlins, 1793. *Reise in Neap.*, p. 370, pl. VII, fig. 1.
Triton succinctum, de Lamarck, 1822. *Anim. s. vert.*, VII, p. 181. — Bruguière, 1789. *Encycl. meth.*, *Vers.*, pl. CCCCXVI, fig. 2. — Kiener, 1835. *Coq. viv. Trit.*, p. 33, pl. VI, fig. 1. — Reeve, *Conch. icon.*, pl. V, fig. 32.
— *olearium*, Weinkauff, 1862. *In Journ. conch.*, X, p. 363.
— *succinctus*, Hidalgo, 1870. *Moll. marin.*, pl. XVII, fig. 1.
Tritonium parthenopus, Weinkauff, 1868. *Conch. Mittelm.*, II, p. 77.

La Méditerranée (Weinkauff : fort Saint-Jean, la Joliette, à Marseille, dans les Bouches-du-Rhône (Marion); etc.

B. — Groupe du *Tr. corrugatum*.

Tritonium corrugatum, DE LAMARCK.

Murex pileare (*n.* Lamarck), v. Salis, 1793. *Reise in Neap.*, p. 370.

Triton corrugatum, de Lamarck, 1822. *Anim. s. vert.*, VII, p. 181. — De Blainville, 1826. *Faune franç.*, p. 116, pl. IV, B, fig. 3. — Kiener, 1835. *Coq. viv.*, *Trit.*, p. 14, pl. VIII, fig. 1.

Tritonium corrugatum, Philippi, 1836. *Enum. moll. Sic.*, I, p. 213.

Triton corrugatus, de Monterosato, 1878. *Enum. e sinon.*, p. 40. — Bucquoy, Dautzenberg et Dollfus, 1882. *Moll. Rouss.*, p. 30, pl. IV, fig. 2. — Hidalgo, 1870. *Moll. marin.*, pl. XVI, fig. 1.

L'Océan : région aquitanique ; Arcachon, dans la Gironde (Fischer).

La Méditerranée : plage de la Franqui, dans l'Aude (Bucquoy, etc.) ; les environs de Cette, dans l'Hérault (Granger) ; le golfe d'Aigues-Mortes, dans le Gard (Clément) ; Carry, cap Cavaux, dans les Bouches-du-Rhône (Marion) ; la Provence (Petit) ; Toulon, Saint-Tropez, Saint-Raphaël ; dans le Var (Doublier) ; golfe de Nice, dans les Alpes-Maritimes (Verany, Roux) ; etc.

Tritonium reticulatum, DE BLAINVILLE.

Tritonium reticulatum, de Blainville, 1826. *Faune franç.*, p. 118, pl. IV, D, fig. 5.

Ranella lanceolata, Menke, 1828. *Syn. meth.*, p. 145.

Triton mediterraneum, Sowerby, 1833. *In Proc. zool. soc.*, p. 71.

— *reticulatum*, Kiener, 1835. *Coq. viv*, *Trit.*, p. 26, pl. XVIII, fig. 3. — Reeve, *Icon. conch.*, pl. XVII, fig. 72.

— *turriculatum*, Deshayes, 1836. *Exp. sc. Morée*, p. 187, pl. XIX, fig. 58-60.

Tritonium Bonanii, Scacchi, 1836. *Cat. regn. Neap.*, p. 12.

Cumia decussata, Bivona, 1838. *Card. di un nuovo gen.*

Triton lanceolatum, Petit, 1852. *In Journ. conch.*, III, p. 194.

Tritonium lanceolatum, Weinkauff, 1862. *In Journ. conch.*, X, p. 362.

Epidromus reticulatus, de Monterosato, 1878. *Enum. e sin.*, p. 40.

La Méditerranée (Weinkauff) : Marseille, dans les Bouches-du-Rhône (Nob.) ; Antibes, dans les Alpes-Maritimes (Petit, Doublier) ; etc.

D. — Groupe du *Tr. cutaceum*

Tritonium cutaceum, DE LAMARCK.

Triton cutaceum, de Lamarck, 1822. *Anim. s. vert.*, VII, p. 188. — Kiener, 1835. *Coq. viv.*, *Trit.*, p. 40, pl. XIII, fig. 1.

Tritonium cutaceum, de Blainville, 1826. *Faune franç.*, p. 115, pl. IV, B, fig. 5. — Philippi, 1836. *Enum. moll. Sic.*, I, p. 213.

Ranella tuberculata, Risso, 1826. *Hist. nat. eur. mer.*, IV, p. 202, fig. 11.

Triton cutaceus, Sowerby, 1859. *Ill. ind.*, pl. XVIII, fig. 1. — Jeffreys, 1867-69. *Brit. conch.*, IV, p. 303 ; V, p. 218, pl. LXXXIII, f. 4. — Hidalgo, 1870. *Moll. marin.*, pl. XVI, fig. 2-3. — Bucquoy, Dautzenberg et Dollfus, 1882. *Moll. Rouss.*, p. 31, pl. V, fig. 2.

L'Océan : régions armoricaine et aquitanique (Fischer) ; Quelern, Quimper (Collard), rade de Brest, banc de Saint-Jean, entrée de la rivière du Faou (Daniel), dans le Finistère ; côte de Saint-Jean-de-Mont au sud de la limite de la Loire-Inférieure (Cailliaud), le Croisic, loin des côtes sur tout le littoral de la Loire-Inférieure (Cailliaud, Taslé) ; île d'Yeu, dans la Vendée (Servain) ; la Charente-Inférieure (Beltremieux) ; Vieux-Soulac, Arcachon, dans la Gironde (Fischer) ; Biarritz, dans les Basses-Pyrénées (Fischer) ; etc.

La Méditerranée : le Roussillon, dans les Pyrénées-Orientales (Bucquoy, etc); la Nouvelle, dans l'Aude (Nob.) ; les environs de Cette (Granger) ; le golfe d'Aigues-Mortes, dans le Gard (Clément) ; la Provence (Petit) ; Mourepiano, Roucas-Blanc, dans les Bouches-du-Rhône (Marion) ; Saint-Tropez, Saint-Raphaël, les îles d'Hyères, dans le Var (Doublier) ; le golfe de Nice, dans les Alpes-Maritimes (Risso, Roux) ; etc.

Tritonium Danieli, Locard.

Triton cutaceus, Hidalgo, 1870. *Moll. marin.*, pl. LVI, fig. 7, 8.
Tritonium Danieli, Locard, 1884. *Mss.*

L'Océan : les environs de Brest, dans le Finistère (Daniel).

Tritonium curtum, Locard.

Triton cutaceus (var. curta), Bucquoy, Dautzenberg et Dollfus, 1882. *Moll. Rouss.*, p. 32, pl. V, fig. 3.

La Méditerranée : les environs de Cette, dans l'Hérault (Bucquoy, etc.) ; Toulon, dans le Var (Nob.) ; etc.

CANCELLARIIDÆ

Genre CANCELLARIA, de Lamarck

De Lamarck, 1799. *Prodr.* — 1801. *Syst. anim.*, p. 76.

Cancellaria cancellata, DE LAMARCK (1).

Cancellaria cancellata, de Lamarck, 1822. *Anim. s. vert.*, VII, p. 114. — De Blainville, 1826. *Faune franç.*, p. 142, pl. IV, D, fig. 1. — Kiener, 1835. *Coq. viv.*, *Cancell.*, p. 7, pl. VII, fig. 2. — Hidalgo, 1870. *Moll. marin.*, pl. XI, fig. 3 et 4. — Bucquoy, Dautzenberg et Dollfus, 1882. *Moll. Rouss.*, p. 32, pl. V, fig. 1.

L'Océan : fosse du cap Breton, dans les Landes (de Folin).

La Méditerranée (Weinkauff) : au large du Roussillon, dans les Pyrénées-Orientales ; Cette, dans l'Hérault (Petit) ; les Martigues, dans les Bouches-du-Rhône (Petit) ; Saint-Tropez, dans le Var (Doublier) ; le golfe de Nice, dans les Alpes-Maritimes (Verany, Roux) ; etc.

Cancellaria mitriformis, BROCCHI.

Voluta mitræformis, Brocchi, 1814. *Conch. foss. sub.*, p. 645, pl. XV, fig. 13.

Cancellaria mitræformis, Bellardi, 1841. *Conch. foss. Piém.* p. 9, pl. I, fig. 5, 6.

— *pusilla*, H. Adams, 1869. *In. Proceed. zool.*, *soc.* p. 274, pl. XIX, fig. 12.

L'Océan : le golfe de Gascogne (Jeffreys).

MURICIDÆ

Genre TYPHIS, Denis de Monfort

D. de Montfort, 1810. *Conch. syst.*, II, p. 614 (*non* Risso).

Typhis Sowerbyi, BRODERIP.

Murex fistulosus (var.), Brocchi, 1814. *Conch. foss. sub.*, p. 395. — De Blainville, 1826. *Faune franç.*, pl. V, B, fig. 2. — Kiener, 1835. *Coq. viv.*, *Mur.*, pl. VI, fig. 4.

(1) Nomen mutandum ; pleonasme.

Typhis Sowerbyi, Broderip, 1832. *In Proc. zool. soc.*, p. 208.
— *tetrapterus*, Bronn, 1836. *Leth. geogn.*, II, p. 1076, pl. XLI, fig. 13. — Michelotti, 1841. *Monogr. Murex*, p. 7, pl. I, fig. 67. — Bronn, 1852. *Leth. geogn.*, 2e édit., III, p. 527, pl. XLI, fig. 13 a, b. — Kobelt, 1883. *Icon. Meeres.*, pl. VI, fig. 4, 5.
Murex fistulosus, Bellardi et Michelotti, 1840. *Sagg. oritt.*, p. 37, pl. III, fig. 3, 4.

La Méditerranée (Weinkauff) : les environs des Martigues (Petit); Garlaban, le château d'If, dans les Bouches-du-Rhône (Marion) ; Toulon, dans le Var (Nob.) ; les Alpes-Maritimes (Roux) ; etc.

Genre MUREX, Linné

Linné, 1758. *Syst. nat.*, édit X, p. 746.

A. — Groupe de *M. brandaris*

Murex brandaris, Linné.

Murex brandaris, Linné, 1767. *Syst. nat.*, édit. XII, p. 1214. — De Blainville, 1820. *Faune franç.*, p. 123, pl. IV, D, fig. 3; pl. V, fig. 6. — Kiener, 1834. *Coq. viv.*, *Mur.*, p. 16, pl. III, fig. 1. — Hidalgo, 1870. *Moll. marin.*, pl. XII, fig. 3 et 4. — Bucquoy, Dautzenberg et Dollfus, 1882. *Moll. Rouss.*, p. 17, pl. I e II. — Kobelt, 1883. *Icon. meeres.*, pl. I, fig 1 à 5.

La Méditerranée (Petit, Weinkauff) : le Roussillon, dans les Pyrénées-Orientales (Bucquoy, etc.) ; plage de la Franqui, dans l'Aude (Pépratx) ; Palavas (Dollfus), Cette (Granger), de Cette à Aigues-Mortes (Dubreuil), dans l'Hérault ; le golfe d'Aigues-Mortes, dans le Gard (Clément) ; les Martigues (Nob.), Marseille, le fort Saint-Jean, la Cannebière, la Joliette, Carry, etc. (Ancey, Marion), dans les Bouches-du-Rhône ; Toulon, Saint-Tropez, Saint-Raphaël, dans le Var (Doublier) ; les environs de Nice, dans les Alpes-Maritimes (Risso, Verany, Roux) ; etc.

Murex trispinosus, Locard.

Murex brandaris (var.), Linné, 1767. *Syst. nat.*, édit. XII, p. 1214. — De Blainville, 1826. *Faune franç.*, p. 125, pl. IV, D, fig. 9. — Kobelt, 1883. *Icon. meeres.*, pl. I, fig. 7.
— *trispinosus*, Locard, 1882. *Mss.*

La Méditerranée : le Roussillon (Bucquoy, etc.) ; les environs de Marseille, dans les Bouches-du-Rhône (Nob.) ; etc.

Murex brandariformis, Locard.

? *Murex coronatus*, Risso, 1826. *Hist. nat. eur. merid.*, p. 190, fig. 78.
— *brandaris*, de Blainville, 1826. *Faune franç.*, p. 125, pl. IV, D, fig. 8. — Hidalgo, 1870. *Moll marin.*, pl. XI, A, fig. 7 et 8. — Kobelt, 1883. *Icon. meeres.*, pl. I, fig. 6.
— *brandariformis*, Locard, 1882. *Mss.*

La Méditerranée : les environs de Marseille, dans les Bouches-du-Rhône (Nob.) ; Toulon, dans le Var (Nob.); les environs de Nice, dans les Alpes-Maritimes (Risso) ; etc.

B. — Groupe du *M. trunculus*

Murex trunculus, Linné (1).

Murex trunculus, Linné, 1758. *Syst. nat.*, édit. X, p. 522; édit. XII, p. 1215. — De Blainville, 1826. *Faune franç.*, p. 125, pl. V, fig. 5. — Kiener, 1835. *Coq. viv.*, *Mur.*, p. 73, pl. XXIII, fig. 2. — Hidalgo, 1870. *Moll. marin.*, pl. XIII, fig. 2. — Bucquoy, Dautzenberg et Dollfus, 1882. *Moll. Rouss.*, p. 18, pl. I, fig. 3 et 4. — Kobelt, 1883. *Icon. Meeres.*, pl. II, fig. 1, 2, 4 ; pl. III, 1, 3, 4.

L'Océan? : roulé, sur les côtes de la Gironde (Lafont, Taslé).

La Méditerranée : le Roussillon (Bucquoy, etc.) ; plage de la Franqui (Pépratx), la Nouvelle (Nob.), dans l'Aude ; Cette (Granger), de Cette à Aigues-Mortes (Dubreuil), dans l'Hérault; le golfe d'Aigues-Mortes, dans le Gard (Clément) ; les environs de Marseille, dans les Bouches-du-Rhône (Ancey, Marion); les côtes du Var (Doublier) ; les environs de Nice, dans les Alpes-Maritimes (Risso, Verany, Roux); etc.

Murex conglobatus, Michelotti.

Murex pomum, Brocchi, 1814. *Conch. foss. sub.*, p. 301 (*non* Linné)
— *trunculus*, Borson, 1821. *Oritt. Piem.*, 2 (*n.* Linné). — Hidalgo 1870. *Moll. marin.*, pl. XII, fig. 5 et 6. — Kobelt, 1883. *Icon. Meeres.*, pl. II, fig. 3 ; pl. III, fig. 2.
— *conglobatus*, Michelotti, 1841. *Mon. Murex*, p. 16, pl. IV, fig. 7. — Bellardi, 1872. *Moll. Piem.*, I, p. 89.

La Méditerranée : les environs de Marseille, la Réserve, dans les Bouches-du-Rhône (Nob.).

(1) Melius : *trunculatus*.

C. — Groupe du *M. erinaceus*

Murex erinaceus, Linné.

Murex erinaceus, Linné, 1767. *Syst. nat.*, édit. XII, p. 1216. — De Blainville, 1826. *Faune franç.*, p. 129, pl. V, fig. 1-2. — Kiener, 1835. *Coq. viv.*, *Mur.*, p. 78, pl. XLIV, fig. 1. — Hidalgo, 1870. *Moll. marin.*, pl. XXI, fig. 8. — Bucquoy, Dautzenberg et Dollfus, 1882. *Moll. Rouss.*, p. 21, pl. XI, f. 1. — Kobelt, 1883. *Icon. meeres.*, pl. II, fig 5 ; pl. IV, fig. 2 à 4.

Ocinebra erinaceus, Fischer, 1884. *Man. conch.*, p. 642, fig. 400.

L'Océan : régions armoricaine et aquitanique (Fischer); Lorient, Douarnenez (Nob.), Concarneau (de Guerne), dans le Finistère ; Portnichet, dans la Loire-Inférieure (Nob.) ; île d'Yeu, dans la Vendée (Servain); les côtes de la Gironde (Fischer) ; Biarritz, Saint-Jean-de-Luz, dans les Basses-Pyrénées (Nob.) ; etc.

La Méditerranée : les côtes du Roussillon, dans les Pyrénées-Orientales (Bucquoy, etc.) ; Cette, Agde, dans l'Hérault (Nob.); Garlaban, les Goudes, la Joliette, etc., dans les Bouches-du-Rhône (Marion); Toulon, Saint-Tropez, dans le Var (Nob.) ; les Alpes-Maritimes (Roux) ; etc.

Murex Tarentinus, de Lamarck.

Murex Tarentinus, de Lamarck, 1822. *Anim. s. vert.*, VII, p. 175. — Kiener, 1835. *Coq. viv.*, *Mur.*, p. 79, pl. XLIV, fig. 2.

— *erinaceus*, de Blainville, 1826. *Faune franç.*, p. 129, pl. V, fig. 3. — Forbes et Hanley, 1853. *Brit. moll.*, III, p. 370, pl. CII, fig. 4; pl. TT, fig. 1. — Jeffreys, 1867-69. *Brit. conch.*, IV, p. 306; V, p. 218, pl. LXXXIV, fig. 1. — Sowerby, 1859. *Ill. ind.*, pl. XVIII, fig. 3. - Hidalgo, 1870. *Moll. marin.*, pl. XIII, f. 5 et 6. — Bucquoy, Dautzenberg et Dollfus, 1882. *Moll. Rouss.*, p. 22, pl. II, fig. 2. — Kobelt, 1883. *Icon. meeres.*, pl. II, fig. 6 à 8 ; pl. III, fig. 8 ; pl. IV, fig. 5, 8 et 9.

Ocinebra Tarentina, de Monterosato, 1884. *Nom. conch. medit.*, p. 110.

La Manche : Dunkerque, dans le Nord (Nob.) ; Boulogne, dans le Pas-de-Calais (Bouchard-Chantereaux); la région normande (Fischer); Dieppe, Fécamp), dans la Seine-Inférieure ; Langrune, dans le Calvados (Nob.); Granville (Servain), dans la Manche (de Gerville) ; Saint-Malo, dans l'Ille-et-Vilaine (Grube) ; etc.

L'Océan : régions normande et aquitanique (Fischer); Roscoff (Grube), les environs de Brest (Daniel), dans le Finistère ; golfe du Morbihan

(Taslé) ; plage de la Bernerie, côtes de Ker-Cabelec et de Pouliguen, littoral de la Loire-Inférieure (Cailliaud) ; Royan, l'île de Ré, l'île d'Oléron, la Rochelle (Fischer, Nob.), dans la Charente-Inférieure (Beltremieux) ; sables à l'entrée de la Gironde, bassin d'Arcachon, Vieux-Soulac, le Verdon, dans la Gironde (Fischer) ; etc.

La Méditerranée (Petit, Weinkauff) : le Roussillon, dans les Pyrénées-Orientales (Bucquoy); plage de la Franqui (Pépratx), la Nouvelle (Nob.), dans l'Aude ; Palavas (Dollfus), Cette, étang de Thau (Granger), de Cette à Aigues-Mortes (Dubreuil) dans l'Hérault ; Aigues-Mortes, dans le Gard (Clément) ; les Martigues (Petit), les environs de Marseille (Marion, Nob.), dans les Bouches-du-Rhône ; Toulon, Saint-Tropez, Saint-Raphaël (Doublier), îles de Porquerolles, presqu'île de Gien, etc. (Nob.), dans le Var ; les environs de Nice, dans les Alpes-Maritimes (Risso, Roux) ; etc.

Murex decussatus, Brocchi.

Murex decussatus, Brocchi, 1814. *Conch. foss. sub.*, p. 391 et 662, pl. VII, fig. 11.
— *erinaceus*, Kobelt, 1883. *Icon. meeres.*, pl. IV, fig. 6.

La Méditerranée : les environs de Marseille, dans les Bouches-du-Rhône ; les environs de Nice, dans les Alpes-Maritimes (Nob.) ; etc.

Murex cingulifer, de Lamarck.

Murex cinguliferus, de Lamarck, 1822. *Anim. s. vert.*, VII, p. 175. — Kiener, 1835. *Coq. viv.*, *Mur.*, p. 80, pl. XXX, fig. 2.
— *erinaceus*, Kobelt, 1883. *Icon. meeres.*, pl. IV, fig. 7.

L'Océan : les environs de Brset, dans le Finistère (Nob.) ; la Rochelle, Royan, dans la Charente-Inférieure (Nob.) ; etc.

D. — Groupe du *M. Blainvillei*

Murex Blainvillei, Payraudeau.

Murex Blainvillii, Payraudeau, 1826. *Moll. Corse*, p. 149, pl. VII, fig. 17 et 18.
— *ramulosus*, Risso, 1826. *Hist. nat. eur. merid.*, IV, p. 192.
Cancellaria Blainvillii, de Blainville, 1826. *Faune franç.*, p. 139.
Murex cristatus, Kobelt, 1883. *Icon. meeres.*, pl. V, fig. 3, 5, 6, 7.
Muricidea Blainvillii, de Monterosato, 1884. *Nom. conch. medit.*, p. 110.

La Manche : ? environs de Cherbourg et de Valogne, la Hogue, dans la Manche (Macé).

La Méditerranée (Petit, Weinkauff) : le Roussillon, anse de Paulilles, dans les Pyrénées-Orientales (Bucquoy, etc.); la Nouvelle, dans l'Aude (Nob.); Cette (Granger), de Cette à Aigues-Mortes (Dubreuil), dans l'Hérault; le golfe d'Aigues-Mortes, dans le Gard (Clément); la Provence (Petit); fort Saint-Jean, la Joliette, Roucas-Blanc, l'Estaque, Ratonneau, Morgillet, etc., dans les Bouches-du-Rhône (Marion); Toulon, Saint-Raphaël, Saint-Tropez, dans le Var (Doublier); Cannes (Dautzenberg), les environs de Nice, dans les Alpes-Maritimes (Risso, Roux); etc.

Murex inermis, de Monterosato.

Murex cristatus (var. inermis), Philippi, 1836. *Enum. moll. Sic.*, I, p. 209, pl. XI, fig. 25.
Cancellaria Blainvillii, de Blainville, 1826. *Faune franç.*, p. 139, pl. V, B, fig. 7.
Muricidea subspinosa, A. Adams, 1853. *In Proc. zool. soc.*, p. 72.
Murex cristatus (var. polliæformis), Weinkauff, 1868. *Conch. mittelm.*, II, p. 89.
— *Blainvillei (var. bicolor)*, Bucquoy, Dautzenberg et Dollfus, *Moll. Rouss.*, p. 21, pl. I, fig. 5, 6.
— *cristatus*, Kobelt, 1883. *Icon. meeres.*, pl. V, fig. 9, 10, 11.
Muricidea inermis, de Monterosato, 1884. *Nom. conch. medit.*, p. 110.

L'Océan : les environs de Brest, dans le Finistère (Nob.) ; etc.

La Méditerranée : sur toutes les côtes; le Roussillon, dans les Pyrénées-Orientales; Cette, dans l'Hérault; les environs de Marseille, dans les Bouches-du-Rhône; Saint-Nazaire, la Seyne, Saint-Tropez, dans le Var; Cannes, dans les Alpes-Maritimes (Nob.); etc.

Murex porrectus, Locard.

?*Cancellaria Blainvillii (var.)*, de Blainville, 1826. *Faune franç.*, p. 139, pl. V, fig. 4.
Murex Blainvillii (var.), Kiener, 1834. *Coq. viv.*, *Mur.*, p. 98, pl. LX, f. 2.
— *subspinosus (pars)*, A. Adams, 1853. *In Proc. zool.*, XXI, p. 72.
— *cristatus*, Kobelt, 1883. *Icon. meeres.*, pl. V, fig. 4.
— *porrectus*, Locard, 1883. *Mss.*

La Méditerranée : le Roussillon (Bucquoy, Nob.); les environs de Marseille, dans les Bouches-du-Rhône; la Seyne, Toulon, dans le Var (Doublier); les environs de Nice, dans les Alpes-Maritimes (Nob.) ; etc.

Murex spinulosus, O. G. Costa.

Murex spinulosus, O. G. Costa, 1861. *Microd. Medit.*, p. 56, pl. IX, f. 2.
— *diadema*, Aradas et Benoit, 1870. *Conch. Sic*, p. 271, pl. V, f. 8.
— Kobelt, 1883, *Icon. meeres.*, pl. V. fig. 12.
Muricidea spinulosa, de Monterosato, 1884. *Nom. conch. medit.*, p. 111.

La Méditerranée : la Provence (de Monterosato) ; cap Cavaux, Riou, Ratonneau, dans les Bouches-du-Rhône (Marion) ; Toulon, dans le Var (Nob.) ; etc.

E. — Groupe du *M. Edwardsi*

Murex Edwardsi, Payraudeau.

Purpura Edwardsii, Payraudeau, 1826. *Moll. Corse*, p. 155, pl. VII, fig. 17, 18.
Murex Edwardsii, de Blainville, 1826. *Faune franç.*, p. 129, pl. V, B, fig. 5. — Kiener, 1834. *Coq. viv.*, *Mur.*, p. 90, pl. XLVI, fig. 4. — Hidalgo, 1870. *Moll. marin.*, pl. XII, fig. 7 et 8. — Bucquoy, Dautzenberg et Dollfus, 1882. *Moll. Rouss.*, p. 23, pl. II, fig. 3. — Kobelt, 1883. *Icon. meeres.*, pl. V, fig. 18, 19.
Ocinebrina Edwardsii, de Monterosato, 1884. *Non. conch. medit*, p. 112.

L'Océan : régions armoricaine et aquitanique (Fischer) ; Vieux-Soulac, dans la Gironde (Fischer) ; cap Breton, dans les Landes (de Folin) ; Saint-Jean-de-Luz, Biarritz, Guethary, dans les Basses-Pyrénées (Fischer, Granger) ; etc.

La Méditerranée P(etit, Weinkauff) : le Roussillon, de Port-Vendre à Cerbère (Bucquoy, etc.) : la Nouvelle, dans l'Aude (Nob.); Cette (Granger), de Cette à Aigues-Mortes (Dubreuil), dans l'Hérault ; le Grau-du-Roi, etc., dans le Gard (Clément) ; Marseille (Ancey), le Pharo, le Prado, Pomègue, les Iles, etc., dans les Bouches-du-Rhône (Marion) ; Toulon, Saint-Tropez, Saint-Raphaël (Doublier), la Seyne, Saint-Nazaire, dans le Var (Nob.); Cannes (Dautzenberg). le golfe de Nice (Verany), dans les Alpes-Maritimes (Roux) ; etc.

Murex nux, Reeve (1).

Purpura nux, Reeve, 1846. *Conch. icon.*, pl. XIII, fig. 73.

(1) Mellus : *nucalis*.

Murex Edwardsi (var. nux), Bucquoy, Dautzenberg et Dollfus, 1882. *Moll. Rous.*, p. 23. — Kobelt, 1883. *Icon. meeres.*, pl. V, f. 17.

La Méditerranée : le Roussillon (Bucquoy, etc.); Toulon, dans le Var (Nob.); etc.

F. — Groupe du *M. aciculatus*

Murex aciculatus, DE LAMARCK.

Murex aciculatus, de Lamarck, 1822. *Anim. s. vert.*, VII, p. 176. — Jeffreys, 1867-69. *Brit. conch.*, IV, p. 310; V, p. 218, pl. LXXXIV, fig. 2. — Bucquoy, Dautzenberg et Dollfus, 1882. *Moll. Rouss.*, p. 24, pl. II, fig. 4.
— *corallinus*, Scacchi, 1836. *Cat. reg. Neap.*, p. 2, fig. 15. — Forbes et Hanley, 1853. *Brit. moll.*, III, p. 374, pl. CII, fig. 5 et 6. — Sowerby, 1859. *Ill. ind.*, pl. XVIII, fig. 4. — Kobelt, 1883. *Icon. meeres.*, pl. VI, fig. 2, 3.
Fusus lavatus, Philippi, 1836. *En. moll. Sic.*, I, p. 203 (*n.* Bast.)
— *corallinus*, Philippi, 1844. *Loc. cit.*, II, p. 178, pl. XXVI, f. 29.
Murex gyrinus, Brown, 1844. *Ill. conch.*, 2e édit., pl. V, fig. 12-13.
— *badius*, Reeve, 1848. *Conch. icon.*, pl. XXXII, fig. 159.
Ocinebrina corallina, de Monterosato, 1884. *Nom. conch. médit.*, p. 111.

La Manche : région normande (Fischer) ; le Hâvre (Nob.), dans la Seine-Inférieure ; Querqueville, dans la Manche (Macé) ; Cancale (Nob.), Saint-Malo (Grube), dans l'Ille-et-Vilaine.

L'Océan : régions armoricaine et aquitanique (Fischer); Roscoff, (Grube), dans le Finistère (Collard, Taslé); Quiberon, dans le Morbihan (Taslé); Biarritz (Fischer, Taslé) ; Hendaye, Saint-Jean-de-Luz (Nob.), dans les Basses-Pyrénées; etc.

La Méditerranée (Petit, Weinkauff) : le Roussillon, anses de Paulilles (Bucquoy, etc.); Cette (Granger), de Cette à Aigues-Mortes (Dubreuil), dans l'Hérault; Marseille (Ancey), la Joliette, Morgillet, Garlaban, Ratonneau, Mourepiano, etc. (Marion), dans les Bouches-du-Rhône; Cannes, dans les Alpes-Maritimes (Marion) ; etc.

Murex subaciculatus, LOCARD.

Murex aciculatus, Hidalgo, 1870. *Moll. marin.*, pl. XIII, fig. 7 et 8.
— *aciculatus (var. curta)*, Bucquoy, Dautzenberg et Dollfus, 1882. *Moll. Rouss.*, p. 25.

La Méditerranée : les environs de Toulon, dans le Var (Nob.).

Murex Cyclopus, Benoit.

Murex cyclopus, Benoit, *Mss. In* de Monterosato, 1878. *Enum. e sin.*, p. 41. — 1879. *In Bull. malac. Ital.*, p. 226.
Ocinebrina cyclopus, de Monterosato, 1884. *Nom. conch. medit.*, p. 112.

La Méditerranée : Garlaban, la Cassidagne, dans les Bouches-du-Rhône (Marion).

G. — Groupe du *M. scalaroides*.

Murex scalaroides, de Blainville (1).

Murex scalaroides, de Blainville, 1826. *Faune franç.*, p. 131, pl. V, D, fig. 57. — Kiener, 1834. *Coq. viv.*, *Mur.*, p. 95, pl. VII, f. 2.
— *distinctus*, Philippi, 1836. *En. moll. Sic.*, p. 209, pl. XI, f. 32.
— *leucoderma*, Scacchi, 1836. *Cat. reg. Neap.*, p. 12, fig. 16.
Poweria scalaroides, de Monterosato, 1884. *Nom. conch. medit.*, p. 113

La Méditerranée (Petit, Weinkauff) : Toulon, dans le Var (Petit, Doublier).

Genre CORALLIOPHILA, H. et A. Adams

H. et A. Adams, 1853. *Gen. rec. moll.*

Coralliophila lamellosa, de Cristofori et Jan.

Fusus lamellosus, de Cristofori et Jan, 1832. *Cat. rerum nat.*, p. 10. — Philippi, 1836. *Enum. moll. Sic.*, I, p. 204, pl. XI, fig. 30.
— *squamosus*, Bivona, 1848. *Postum.*, p. 14.
Murex lamellosus, Brusina, 1866. *Contr. Fauna Dalm.*, p. 63.
Coralliophila lamellosa, Weinkauff, 1868. *Conch. mittelm.*, II, p. 97. — Kobelt, 1883. *Icon. meeres*, p. 41, pl. VIII, fig. 1-3.
Pseudomurex lamellosus, de Monterosato, 1878. *Enum. e sin.*, p. 42.

L'Océan : région aquitanique (Fischer) ; cap Breton, dans les Landes (de Folin, Fischer).

La Méditerranée (Petit, Weinkauff) : les Martigues (Petit) ; la Cassidagne, cap Cavaux (Marion), dans les Bouches-du-Rhône ; rade de Toulon, dans le Var ? (Petit) ; etc.

(1) Melius : *scalaformis*.

Coralliophila Meyendorffi, CALCARA.

Murex Meyendorffi, Calcara, 1862. *Cenno moll. Sic.*, p. 33, pl. IV f. 22.
— *scalaris*, Brusina, 1866. *Contr. Fauna Dalmat.*, p. 63.
Coralliophila scalaris, Weinkauff, 1868. *Conch. mittelm.*, II, p. 98.
Pseudomurex Meyendorffi, de Monterosato, 1872. *Not. Conch. Pellegrino*, p. 33, pl. IV, fig. 22.
Coralliophila Meyendorffi, Kobelt, 1874. *Jahrb. mal.*, I, p. 222, pl. IX, f. 1. 1883. *Icon. mc res*, p. 40, pl. VIII, fig 12 à 14, 16 à 17.

La Méditerranée : Nice, dans les Alpes-Maritimes (Nob.).

PISANIIDÆ

Genre PISANIA, Bivona

Bivona, 1832. *Effem. scient. et litt. Sicilia*, n° 2, p. 55.

Pisania maculosa, DE LAMARCK.

? *Voluta Syracusana*, Gmelin, 1789. *Syst. nat.*, édit. XIII, p. 3456.
— *striata*, Gmelin, 1789. *Loc. cit*, p. 3455 (*non* Chemnitz).
Buccinum maculosum, de Lamarck, 1822. *Anim. s. vert.*, VII, p. 269. — *Encycl. meth.*, *Vers.*, pl. CCCC, fig. 7, a-b. — Payraudeau, 1826. *Moll. Corse*, p. 157, pl. VII, fig. 21, 22.
Purpura maculosa, de Blainville, 1826. *Faune franç.*, p. 149, pl. VI, fig. 6; pl. VI, B, fig. 2. — Kiener, 1835. *Coq. viv.*, *Purp.*, p. 126, pl. XLII, fig. 99 et 98, B.
Voluta mercatoria, delle Chiaje, *in* Poli, III, p. 33, pl. XLVI, fig. 44 46.
Purpura Gualtierii, Scacchi, 1836. *Cat. reg. Neap.*, p. 11.
Voluta striata, de Lamarck, 1844. *Anim. s. vert.*, 2e édit., X, p. 164.
Buccinum pusio, Philippi, 1844. *Enum. moll. Sic.*, II, p. 190.
Polia pusio, Jeffreys-Capellini, 1860. *Test. Piem.*, p. 47.
Pisania maculosa, Weinkauff, 1868. *Conch. mittelm.*, II, p. 112. — Bucquoy, Dautzenberg et Dollfus, 1883. *Moll. Rouss.*, p. 25, pl. III, fig. 2 et 3.
— *striata*, Granger, 1879. *Cat. moll. Cette*, p. 6.

La Méditerranée (Petit, Weinkauff) : le Roussillon, dans les Pyrénées-Orientales (Bucquoy, etc.) ; la Nouvelle, dans l'Aude (Nob.); les environs de Cette, dans l'Hérault (Granger) ; le Pharo, l'Estaque, Montredon,

Pomègue, Ratonneau, etc., dans les Bouches-du-Rhône (Marion); la Seyne, Toulon, Saint-Mandrier, Saint-Nazaire, Saint-Tropez, etc., dans le Var (Nob.); Cannes (Dautzenberg), Menton (Nob.), les environs de Nice (Risso), dans les Alpes-Maritimes (Roux); etc.

Pisania fasciolaris, DE LAMARCK.

Purpura fasciolaris, de Lamarck, 1822. *Anim. s. vert*, VII, p. 249.
Buccinum maculosum (var.), Kiener, 1835. *Coq. viv.*, *Bucc.*, p. 137.
Purpura fasciolaris, de Lamarck, 1844. *Anim. s. vert.*, 2e édit, X, p. 87.
Pisania maculosa (var.), Bucquoy, Dautzenberg et Dollfus, 1882. *Moll. Rouss*, p. 26.

La Méditerranée : les environs de Nice (Nob.).

Genre POLLIA, Gray

Gray, 1839. *Zool. of. Beech. voy*, p. 111.

Pollia Orbignyi, PAYRAUDEAU.

Buccinum d'Orbignyi, Payraudeau, 1826. *Moll. Corse*, p. 159, pl. VIII, fig. 4-6. — Kiener, 1835. *Coq. viv.*, *Bucc.*, p. 42, pl. XIII, f. 42.
Cancellaria d'Orbignyi, de Blainville, 1826. *Faune franç.*, p. 140, pl. V, D, fig. 4; pl. VI, B, fig. 1.
Turbinella craticulata, da Costa, 1836. *Cat. reg. Neap.*, p. 91.
Pollia d'Orbignyi, Weinkauff, 1868. *Conch. mittelm.*, II, p. 114.
Pisania d'Orbignyi, Tapparone Canefri, 1869. *Ind. moll.*, p. 18. — Bucquoy, Dautzenberg et Dollfus, 1882. *Moll. Rouss.*, p. 26, pl. III, fig. 4 et 5.

La Méditerranée : le Roussillon, dans les Pyrénées-Orientales (Bucquoy); la Nouvelle (Nob.), plage de la Franqui (Pépratx), dans l'Aude; Cette, dans l'Hérault; les Martigues (Nob.), Marseille (Ancey), Roucas-Blanc, le Château-d'If, etc. (Marion), dans les Bouches-du-Rhône; Toulon, Saint-Tropez, Saint-Raphaël, Saint-Nazaire, presqu'île de Gien, etc. (Nob.), dans le Var; Cannes (Dautzenberg), Menton (Nob.), dans les Alpes-Maritimes (Roux); etc.

Pollia scabra, DE MONTEROSATO.

? *Mitrella marminea*, Risso, 1826. *Hist. nat. eur. mer.*, IV, p. 272, f. 64.
Pollia scabra, de Monterosato, 1878. *Enum. e sin.*, p. 42.

La Méditerranée : côtes de Provence (de Monterosato); Bandol, dans le Var (de Monterosato) ; les environs de Nice, dans les Alpes-Maritimes (Risso) ; e c.

Pollia plicata, Brocchi.

Murex plicatus, Brocchi, 1814. *Conch. foss. sub.*, p. 410 (*n.* Linné).
Buccinum costatum, Deshayes, 1832. *Exp. scient. Morée*, III, p. 197, pl. XXX, fig. 12, 13.
Pollia plicata, Bellardi, 1872. *Moll. Piem.*, p. 181, pl. XII, fig. 21.
Pisania d'Orbignyi (var.), Bucquoy, Dautzenberg et Dollfus, 1882. *Moll. Rouss.*, p. 27.

La Méditerranée : les environs de Menton, dans les Alpes-Maritimes (Nob.).

Pollia bicolor, Cantraine.

Murex bicolor, Cantraine, 1835. *Diagn.*, p. 19. *In Acad. Brux.*
Buccinum leucozona, Philippi, 1843. *Zeitschr. für Malac.*, p. 111.
? *Fusus fasciolaroides*, Forbes, 1844. *Rep. Aeg. invert.*, p. 190.
— *pulchellus*, Danillo e Sandri, 1854. *Elenc. nom.*, p. 44 (*n.* Phil.)
Pollia leucozona, Brusina, 1866. *Contr. faun. Dalm.*, p. 63.
— *bicolor*, de Monterosato, 1884. *Nom. conch. medit.*, p. 114.

La Méditerranée : Cannes, dans les Alpes-Maritimes (Dautzenberg).

Pollia fusulus, Brocchi (1).

Murex fusulus, Brocchi, 1814. *Conch. foss. sub.*, p. 209, pl. VIII, fig. 9.
— *spadæ*, Libassi, 1859. *Conch. foss. Palerme*, p. 43, pl. I, fig. 29.
Pollia fusulus, Michelotti, 1872. *Moll. Piem.*, I, p. 169, pl. XII, fig. 4.

L'Océan : région aquitanique ; cap Breton, dans les Landes (Fischer).

Genre EUTHRIA, Gray

Gray, 1850. *Fig of moll. anim.*, IV.

Euthria cornea, Linné.

Murex corneus, Linné, 1767. *Syst. nat.*, édit. XII, p. 1224.
Fusus lignarius, de Lamarck, 1822. *Anim. s. vert.*, VII, p. 129. — De Blainville, 1826. *Faune franç.*, p. 82, pl. IV, A, fig. 1. — Kiener, 1834. *Coq. viv.*, *Fus.*, p. 43, pl. XXII, fig. 1.

(1) Melius : *fusulina*.

Fusus conulus, Risso, 1826. *Hist. nat. eur. merid.*, IV, p. 207.
— *corneus*, Scacchi, 1836. *Cat. reg. Neap.*, p. 12.
Euthria cornea, Weinkauff, 1868. *Conch. mittelm.*, II, p. 109. — Hidalgo, 1870. *Moll. marin.*, pl. LIV, fig. 2, 3. — Bucquoy, Dautzenberg et Dollfus, 1882. *Moll. Rouss.*, p. 38, pl. VI, fig. 6.

La Méditerranée (Petit, Weinkauff) : le Roussillon, Canet, etc., dans les Pyrénées-Orientales (Bucquoy, etc.); Cette (Granger), de Cette à Aigues-Mortes (Dubreuil), dans l'Hérault) ; la Provence (Petit); Marseille (Ancey), fort Saint-Jean, le Pharo, la Joliette, le Prado, l'Estaque, Carry, etc., (Marion), dans les Bouches-du-Rhône ; Toulon, Saint-Tropez (Doublier), Saint-Mandrier, la Seyne, Porquerolles, etc. (Nob.), dans le Var; Menton (Nob.), le golfe de Nice (Verany), dans les Alpes-Maritimes (Roux) ; etc.

Euthria minor, Bellardi.

Euthria minor, Bellardi, 1872. *Moll. Piem.*, p. 199, pl. XII, fig. 24.

La Méditerranée : Cannes, dans les Alpes-Maritimes (Nob.).

FUSIDÆ

Genre HADRIANIA, Bucquoy et Dautzenberg

Bucquoy et Dautzenberg, 1882. *Moll. Rouss.*, p. 33.

Hadriania craticulata, Brocchi.

Murex craticulatus, Brocchi, 1814. *Conch. foss. sub.*, p. 406, pl. VII, fig. 14 (*non* Linné)
Fusus craticulatus, de Blainville, 1826. *Faune franç.*, p. 142, pl. IV, D, fig. 2. — Hidalgo, 1870. *Moll. marin.*, pl. XVII, fig. 2.
Murex scaber (var.), de Lamarck, 1843. *Anim. s. vert.*, 2e édit., IX, p. 593. — Kiener, 1835. *Coq. viv.*, *Mur.*, p. 102, pl. IX, f. 2.
Fusus Roubienanus, Doublier, 1853. *In Prodr. hist. nat. Var*, p. 118.
Trophon Brochii, de Monterosato, 1878. *Enum. e sin.*, p. 1.
— *craticulatus*, Granger, 1879. *Moll. Cette*, p. 7.
Hadriania craticulata, Bucquoy, Dautzenberg et Dollfus, 1882. *Moll. Rouss.*, p. 33, pl. VI, fig. 1.

La Méditerranée (de Blainville Weinkauff) : le Roussillon, Canet, Port-Vendre, dans les Pyrénées-Orientales (Bucquoy, etc.); les environs de Cette, dans l'Hérault (Granger); les Martigues, Ratonneau, Maïré, Riou, dans les Bouches-du-Rhône (Marion); Saint-Tropez, dans le Var (Doublier); etc.

Genre FUSUS, de Lamarck

De Lamarck, 1801. *Syst anim.*, p. 82.

Fusus Syracusanus, LINNÉ.

Murex Syracusanus, Linné, 1767. *Syst. nat.*, édit. XII, p. 1224.
Fusus Syracusanus, de Lamarck, 1822. *Anim. s. vert.*, VII, p. 130. — De Blainville, 1826. *Faune franç.*, p. 84, pl. IV, A. fig. 2. — Kiener, 1835. *Coq. viv.*, *Fus.*, p. 23, pl. IV, fig. 2. — Hidalgo, 1870. *Moll. marin.*, pl. XVII, fig. 4 5. — Bucquoy, Dautzenberg et Dollfus, 1882. *Moll. Rouss.*, p. 35, pl. VI, f. 2. — Kobelt, 1883. *Icon. meeres.*, p. 50, pl. IX, fig. 3-5.
— *provincialis*, Risso, 1826. *Hist. nat. eur. mérid.*, IV, p. 207, fig. 131.
Trophon Syracusanus, de Monterosato, 1878. *Enum. e sinon.*, p. 41.
Latirus (aptysis) Syracusanus, Troschel, 1879. *Geb. Schneck.*, p. 64, pl. IX, f. 19.
Aptysis Syracusanus, de Monterosato, 1884. *Nom. conch. médit.*, p. 116.

La Méditerranée (Petit, Weinkauff) : les plages du Roussillon, dans les Pyrénées-Orientales (Bucquoy, etc.); plage de la Franqui, dans l'Aude (Pépratx); plage de Cette, dans l'Hérault (Dubreuil); la Provence (de Blainville, Petit); Toulon (Doublier), la Seyne, Saint-Tropez (Nob.), dans le Var; Cannes (Dautzenberg), Menton (Nob.), le golfe de Nice (Verany), dans les Alpes-Maritimes (Roux); etc.

Fusus rostratus, OLIVI.

Murex rostratus, Olivi, 1792. *Zool. Adriat.*, p. 153.
Fusus strigosus, de Lamarck, 1822. *Anim. s. vert.*, VII, p. 130. — Kiener, 1835. *Coq. viv.*, *Fus.*, p. 24, pl. III, fig. 2.
— *provincialis*, de Blainville, 1826. *F. franç.*, p. 87, pl. IV, D, 1.
— *rostratus*, Philippi, 1836. *Enum. moll. Sic.*, I, p. 203 — Hidalgo, 1870. *Moll. marin.*, pl. XVI, fig. 4-5. — Bucquoy, Dautzenberg et Dollfus, 1882. *Moll. Rouss.*, p. 36, pl. VI, fig. 3. — Kobelt, 1883. *Icon. meeres.*, pl. IX, fig 7-10.
Trophon rostratus, de Monterosato, 1878. *Enum. e sinon.*, p. 41.
Pseudofusus rostratus, de Monterosato, 1884. *Nom. conch. méd.*, p. 117.

La Méditerranée (Petit, Weinkauff) : le Roussillon, Canet, dans les Pyrénées-Orientales (Bucquoy, etc.); Cette (Granger), Grau-de-Carnon (Dubreuil), Agde (Petit), dans l'Hérault; golfe d'Aigues-Mortes, dans le Gard (Clément); Marseille, Roucas-Blanc, Ratonneau, Riou, l'Estaque, Corbière, etc., dans les Bouches-du-Rhône (Petit, Marion); Toulon, Saint-Tropez, dans le Var (Nob.); Cannes, Menton (Nob.), Nice (Risso), dans les Alpes-Maritimes (Roux); etc.

Fusus carinulatus, Locard.

Murex rostratus, Brocchi, 1814. *Conch. foss. sub.*, p. 416, pl. VIII, fig. 1.
Fusus rostratus (var. carinata), Bucquoy, Dautzenberg et Dollfus, 1882. *Moll. Rouss.*, p. 36.

La Méditerranée : les environs de Cannes et de Nice, dans les Alpes-Maritimes (Nob.).

Fusus pulchellus, Philippi

Fusus pulchellus, Philippi, 1844. *Enum. moll. Sic.*, II, p. 178, pl. XXV, fig. 28. — Bucquoy, Dautzenberg et Dollfus, 1882. *Moll. Rouss.*, p. 37, pl. VI, fig. 4. — Kobelt, 1883. *Icon. meeres.*, pl. VIII, fig. 20-23.
— *rostratus (var.)*, de Monterosato, 1878. *Enum. e sinon.*, p. 41.
Pseudofusus pulchellus, de Monterosato, 1884. *Nom. conch. med.*, p. 117.

La Méditerranée (Petit, Weinkauff) : le Roussillon, Canet, dans les Pyrénées-Orientales (Bucquoy, etc.); de Cette à Aigues-Mortes, dans l'Hérault (Dubreuil); les Martigues, dans les Bouches-du-Rhône (Petit); Toulon (Doublier), Saint-Tropez (Nob.), dans le Var; Cannes, dans les Alpes-Maritimes (Dautzenberg); etc.

Fusus carinatus, Bivona.

Murex carinatus, Bivona, 1832. *Nuov. gen., in Effem. sc. e litt.*, p. 23.
— *vaginatus*, de Cristofori et Jan, 1832. *Cat. rer. nat.*, p. 11. — Philippi, 1836. *Enum. moll. Sic.*, I, p. 211, pl. XI, fig. 27.
Fusus echinatus, Kiener, 1836. *Coq. viv., Fus.*, p. 10, pl. II, fig. 2
— *vaginatus*, de Lamarck, 1843. *Anim. s. vert.*, 2e édit., IX, p. 464. — Bucquoy, Dautzenberg et Dollfus, 1882. *Moll. Rouss.*, p. 37, pl. VI, fig. 5.
Trophon vaginatus, de Monterosato, 1878. *Enum. e sin*, p. 41. — Kobelt, 1883. *Icon. meeres.*, p. 29, pl. VI, fig. 13 à 15.
Pagodula carinata, de Monterosato, 1884. *Nom. conch. medit.*, p. 116.

La Méditerranée (Petit, Weinkauff) : plage de Canet, dans les Pyrénées-Orientales (Bucquoy, etc.); les Martigues (Petit), Peyssonnel, Riou, la Cassidagne, Marseille (Marion), dans les Bouches-du-Rhône ; cap Sicié, dans le Var (Marion) ; etc.

Fusus multilamellosus, Philippi.

Murex multilamellosus, Philippi, 1844. *Enum. moll. Sic.*, II, p. 182, pl. XXVII, fig. 8.
Trophon multilamellosus, de Monterosato, 1878. *Enum. e sin.*, p. 41. — Kolbelt, 1883. *Icon. meeres.*, pl. VI, fig. 20.
Pagodula multilamellosa, de Monterosato, 1884. *Nom. conch. medit.*, p. 116.

La Méditerranée : Peyssonnel, la Cassidagne dans les Bouches-du-Rhône (Marion).

Genre TROPHONOPSIS, Bucquoy et Dautzenberg

Bucquoy et Dautzenberg, 1882. *Moll. Rouss.*, p. 40.

Trophonopsis muricata, Montagu.

Murex muricatus, Montagu, 1803. *Test. brit.*, p. 262, pl. IX, fig. 2.
— *variabilis*, de Cristofori et Jan, 1833. *Cat. rer. nat.*, p. 8.
Fusus echinatus, Philippi, 1836. *Enum. moll. Sic.*, I, p. 200, pl. XI, f. 10.
Trophon muricatus, Forbes et Hanley, 1853. *Brit. moll.*, III, p. 439, pl. CXI, fig. 3 et 4 ; pl. SS, fig. 5. — Sowerby, 1859. *Ill. ind.*, pl. XVII, fig. 21. — Jeffreys, 1867-69. *Brit. conch.*, IV, p. 316; pl. LXXXIV, fig. 4. — Bucquoy, Dautzenberg et Dollfus, 1882. *Moll. Rouss.*, p. 39, pl. VI, fig. 7. — Kobelt, 1883. *Icon. meeres.*, p. 30, pl. VI, fig. 18, 19.
— *muricatum*, Weinkauff, 1868. *Conch. mittelm.*, II, p. 165.

La Manche : Dunkerque, dans le Nord (Terquem); Granville, dans la Manche (Servain); etc.

L'Océan : régions armoricaine et aquitanique (Fischer) ; rade de Brest, dans le Finistère (Daniel), Concarneau (de Guerne); Quiberon, Belle-Isle, dans le Morbihan (Taslé); îlot du Four, dans la Loire-Inférieure (Cailliaud, Taslé); île d'Yeu, dans la Vendée (Servain); la Gironde (Fischer) ; le golfe de Gascogne (Jeffreys) ; etc.

La Méditerranée (Weinkauff) : le Roussillon, anse de Paulilles (Bucquoy, etc.); cap Pinède, cap Cavaux, Garlaban, Maïré, la Cassidagne, etc., dans les Bouches-du-Rhône (Marion); Cannes, dans les Alpes-Maritimes (Dautzenberg); etc.

Trophonopsis truncata, Ström.

Buccinum truncatum, Ström. *In Norsk. vid. selsk. Skr.*, IV, p. 369, pl. XVI, fig. 26.
Trophon clathratus, Forbes et Hanley, 1853. *Brit. moll.*, III, p. 436, pl. CXI, fig. 1, 2; pl. SS, fig. 3. — Sowerby, 1859. *Ill. ind.*, pl. XVII, fig. 23.
— *truncatus*, Jeffreys, 1867-69. *Brit. conch.*, III, p. 319; IV, p. 218, pl. LXXXIV, fig. 4. — Kobelt, 1883. *Icon. meeres.*, p. 24, pl. VI, fig. 6, 7.

La Manche : Langrune, dans le Calvados (Nob.).

Trophonopsis Barvicensis, Johnston.

Fusus Barvicensis, Johnston. *In Edinb. Phil. Journ.*, XIII, p. 221. — Fleming, 1828. *Brit. conch.*, p. 206, fig. 2. — Reeve. *Conch. Icon.*, IV, pl. XXI, fig. 85.
Tritonium Barvicense, Lovén, 1846. *Ind. moll.*, *Scand.*, p. 12.
Trophon Barvicensis, Forbes et Hanley, 1853. *Brit. moll.*, III, p. 442, pl. CXI, fig. 5, 6; pl. SS, fig. 4. — Sowerby, 1859. *Ill. ind.*, pl. XVII, fig. 24. — Jeffreys, 1869. *Brit. moll.*, V, p. 218, pl. LXXXIV, fig. 5. — Kobelt, 1883. *Icon. meeres.*, p. 28, pl. VI, fig. 16, 17.

L'Océan : fonds profonds et rocailleux du Finistère, Brest (Daniel, Taslé); etc.

La Méditerranée : Méjean près Marseille, dans les Bouches-du-Rhône (Marion); Toulon, dans le Var (Nob.); etc.

Trophonopsis rudis, Philippi.

Fusus rudis, Philippi, 1844. *En. moll. Sic.*, II, p. 180, pl. XXV, fig. 30.
Trophon rudis, Taslé, 1870. *Faune ouest France*, p. 55.

L'Océan : Brest, dans le Finistère (Taslé, Daniel).

Genre NEPTUNIA, H. et A. Adams

H. et A. Adams, 1853. *Gen. rec. moll.* (*Neptunea*).

A. — Groupe du *N. antiqua*

Neptunia antiqua, Linné.

Murex antiquus, Linné, 1758. *Syst. nat.*, édit. X, p. 754.
— *despectus*, Pennant, 1767. *Brit. zool.*, IV, p. 124, pl. LXXVIII, fig. 98. — Donovan, 1804. *Brit. shells*, I, pl. XXXI (*non* Linné).
Tritonium antiquum, O. Fabricius, 1780. *Fauna Groënland.*, p. 397.
Fusus antiquus, de Lamarck, 1822. *Anim. s. vert.*, VII, p. 125 — De Blainville, 1826. *Faun. franç.*, p. 80, pl. IV, A, fig. 3. — Kiener, 1835. *Coq. viv.*, *Fus.*, p. 28, pl. XVIII, fig. 1. — Reeve. *Icon. conch.*, pl. XI, fig. 44. — Forbes et Hanley, 1853. *Brit. moll.*, III, p. 423, pl. CIX, fig. 1, 2. — Sowerby, 1859. *Ill. ind.*, pl. XVIII, fig. 16. — Jeffreys, 1867-1869. *Brit. conch.*, IV, p. 323 ; V, p. 218, pl. LXXXV, fig. 1, 2.
Neptunea antiqua, Mörch, 1853. *Cat. Yoldi.*, p. 104. — Kobelt, 1883. *Icon. meeres.*, p. 62, pl. X, fig. 1-5.

La Manche : Boulogne, dans le Pas-de-Calais (Bouchard-Chantereaux); la région normande (Fischer); etc.

L'Océan : régions armoricaine et aquitanique (Fischer); au large des côtes du Morbihan (Taslé); Belle-Isle, Houat, le Croisic, entre le Four et Hoëdic, dans la Loire-Inférieure (Cailliaud, Taslé, Fischer); la Charente-Inférieure (Aucapitaine, Beltremieux); les côtes de la Gironde, Arcachon (Fischer) ; etc.

Neptunia Islandica, Gmelin.

Murex Islandicus, Gmelin, 1789. *Syst. nat.*, édit. XIII, p. 3555.
Fusus corneus, Pennant, 1767. *Brit. zool.*, IV, p. 124, pl. LXXVI, fig. 99. — Donovan, 1804. *Brit. shells*, II, pl. XXXVIII. — Brown, 1845. *Ill. conch.*, 2e édit., p. 8, pl. VI, fig. 7 et 9. — Reeve. *Icon. conch.*, pl. XI, fig. 43.
— *Islandicus*, Chemnitz. 1780. *Conch. cab.*, IV, p. 159, pl. CXLI, fig. 1312, 1313. — Forbes et Hanley, 1853. *Brit. moll.*, III,

p. 416, pl. CIII, fig. 1; pl. SS, fig. 2. — Sowerby, 1859. *Ill. in l.*, pl. XVIII, fig. 17. — Jeffreys, 1867-69. *Brit. conch.*, IV, p. 338; V, pl. LXXXVI, fig. 1.
Tritonium Islandicum, Lovén, 1846. *Ind. moll. Scand.*, p. 11.
Sipho Islandicus, Kobelt, 1876. *In Jahrb. malac.*, p 165, pl. IV, fig. 2.
Neptunea Islandica, Fischer, 1878. *In Act. soc. Lin. Bord.*, XXXII, p. 190.
— Kobelt 1883. — *Icon. meeres*, p. 71, pl. XIII, fig. 2.

L'Océan : au large de l'île de Batz, dans le Finistère (Daniel) ; la Charente-Inférieure (Beltremieux) ; la région aquitanique (Fischer) ; etc.

Neptunia gracilis, da Costa.

Buccinum gracile, da Costa, 1778. *Brit. conch.*, p. 124, pl. VI, fig. 5.
Fusus gracilis, Alder, 1848. *Cat. moll. North.*, p. 63. — Jeffreys, 1867-69. *Brit. conch.*, IV, p. 335; V, p. 319, pl. LXXXVI, fig. 2.
— *Islandicus (pars)*, Forbes et Hanley, 1853. *Brit. moll.*, III, p. 416..
Sipho gracilis, Kobelt, 1876. *In Jahrb. malac.*, III, p 165, pl. IV, fig. 1.
Neptunea gracilis, Fischer, 1878. *In Act. soc. Lin. Bord.*, XXXII, p. 1 0.

La Manche : le Boulonnais, dans le Pas-de-Calais (Bouchard-Chantereaux); la région normande (Fischer); Langrune, dans le Calvados (Nob.).

L'Océan : régions armoricaine et aquitanique (Fischer) ; parages de Groix et de Houat, dans le Morbihan (Taslé); la Charente-Inférieure (Beltremieux, Taslé); Belle-Isle, Hoëdic, le Four, dans la Loire-Inférieure (Cailliaud, Taslé, Fischer); côtes de la Gironde (Fischer, Lafont); le golfe de Gascogne (Jeffreys) ; etc.

Neptunia Jeffreysiana, Fischer.

Fusus Jeffreysianus, Fischer, 1868. *In Journ. conch.*, XVI, p. 37.
Neptunea Jeffreysiana, Fischer, 1878. *In Act. soc. Lin. Bord.*, XXXII, p. 190. — Kobelt, 1880 *In Martini-Chemnitz*, II, p. 80, pl. XXV, fig. 7.

L'Océan : régions armoricaine et aquitanique (Fischer) ; parages de Belle-Isle, au large de Groix, dans le Morbihan (Taslé) ; la Loire-Inférieure (Taslé, Fischer); Royan, l'île de Ré, dans la Charente-Inférieure (Taslé, Fischer, Beltremieux); pointe du sud, cap Féret, Vieux-Soulac, dans la Gironde (Fischer, Taslé) ; Biarritz, dans les Basses-Pyrénées (Fischer) ; etc.

La Méditerranée : côtes de Provence (de Monterosato).

Neptunia attenuata, Jeffreys.

Fusus attenuatus, Jeffreys, 1870. *In Proceed. zool. soc.*, p. 434.
Sipho tortuosus (vas. attenuata), Sars, 1878. *Moll. reg. arct.*, p. 273, pl. XV, fig. 5.
Neptunea attenuata, Kobelt, 1883. *Icon. meeres.*, p. 78, pl. XIV, fig. 12.

L'Océan : le golfe de Gascogne (Jeffreys).

Neptunia propinqua, Alder.

Fusus corneus (var. pygmæus), Gould, 1841. *Inv. Massach.*, p. 284, fig. 199? — Brown, 1845. *Ill. conch.*, 2e édit., pl. VI, fig. 11, 12?
— *propinquus*, Alder, 1848. *Moll. North.*, p. 63. — Forbes et Hanley, 1853. *Brit. moll.*, III, p. 419, pl. CIII, fig. 2; pl. SS, fig. 1. — Sowerby, 1859. *Ill. ind.*, pl. XVIII, fig. 19. — Jeffreys, 1867-69. *Brit. conch.*, IV, p. 338; V, p. 319, pl. LXXXVI, fig. 3.
Neptunea propinqua, Fischer, 1878. *In Act. soc. Lin. Bord.*, XXXII, p. 190. — Kobelt, 1880. *In Martini-Chemnitz*, II, p. 79, pl. XXV, fig. 8.

L'Océan : région armoricaine (Fischer) ; Belle-Isle, Hoëdic, dans le Morbihan (Taslé, Fischer) ; la Charente-Inférieure (Beltremieux) ; etc.

B. — Groupe du *N. Berniciensis*

Neptunia Berniciensis, King.

Fusus Berniciensis, King, 1846. *In Ann. mag. nat. hist.*, XVIII, p. 246. — Forbes et Hanley, 1853. *Brit. moll.*, p. 421, pl. CV, fig. 2; pl. CVI, fig. 1. — Sowerby, 1859. *Ill. ind.*, pl. XVIII, fig. 14. — Jeffreys, 1867-69. *Brit. conch.*, IV, p. 341 ; V, p. 219, pl. LXXXVII, fig. 1.
Boreofusus Berniciensis, O. G. Sars, 1878. *Moll. reg. arct.*, p. 278.
Troschelia Berniciencis, Friele, 1882. *Norske Nord. exped.*, I, p. 26. — Kobelt, 1883. *Icon. meeres.*, p. 59, pl. IX, fig. 1, 2.

L'Océan : région armoricaine et aquitanique (Fischer) ; parages de Port-Louis, dans le Morbihan (Taslé); au large des passes d'Arcachon, dans la Gironde (Lafont, Taslé, Fischer) ; le golfe de Gascogne (Jeffreys) ; etc.

C. — Groupe du *N. contraria*

Neptunia contraria, Linné.

Murex contrarius, Linné, 1771. *Mantiss.*, n° 551 — Chemnitz, 1786. *Conch. cab.*, IX, pl. CV, fig. 894 et 895.
Fusus contrarius, Bruguière. *Encycl. meth.*, *Vers*, pl. CCCCXXXVII, fig. 1. — De Lamarck, 1822. *Anim. s. vert.*, VII, p. 133. — Kiener, 1835. *Coq. viv.*, *Fus.*, p. 36, pl. XX, fig. 1. — Reeve, *Icon. conch.*, pl. XII, fig. 46.
Pyrula perversa, de Blainville, 1826. *Faune fr.*, p. 90, pl. IV, A, fig. 5.
Tritonium contrarium, v. Middendorff, 1847. *Malac. Ross.*, p. 146.
Neptunea contraria, Chenu, 1859. *Man. conch.*, I, p. 140, fig. 603. — Hidalgo, 1870. *Moll. marin.*, pl. LIV, fig. 1. — Kobelt, 1883. *Icon. meeres.*, p. 65, pl. XIV, fig. 1.

L'Océan : région aquitanique (Fischer); la Rochelle, dans la Charente-Inférieure (de Blainville, Taslé, Fischer) ; Arcachon, cap Féret, dans la Gironde (Fischer) ; cap Breton, dans les Landes (de Folin, Fischer) ; etc.

Genre TARANIS, Jeffreys

Jeffreys, 1870. *In Ann. mag. nat. hist.*, 4e sér., VI, p. 360.

Taranis cirrata, Brugnone.

Pleurotoma cirratum (*n.* Bell.), Brugnone, 1862. *Pleur. foss. Palerme*, p. 17, fig. 9.
Trophon Mörchii, Malm, 1863. *Gotheb. veten. Lamb. Handl.*, p. 130, pl. II, fig. 15.
Bela demersa, Tiberi, 1868. *In Journ. conch.*, XVI, p. 179.
Taranis Mörchi, Jeffreys, 1870. *In Ann. nat. hist.*, 4e sér., VI, p. 360.
Pleurotoma Mörchii, de Monterosato, 1874. *In Journ. conch.*, XXII, p. 360.
Tranis cirrata, de Monterosato, 1878. *Enum. e sin.*, p. 41.
— *Mörchii*, O.-G. Sars, 1878. *Moll. regarct.*, p. 220, pl. XVII, fig. 1.

L'Océan : le golfe de Gascogne (Jeffreys).
La Méditerranée : Toulon, dans le Var (de Monterosato).

Genre FASCIOLARIA, de Lamarck

De Lamarck, 1799. *Prodr.* — 1801. *Syst. anim.*, p. 83.

Fasciolaria lignaria, Linné.

Fusus lignarius, Linné, 1767. *Syst. nat.*, édit. XII, p. 1224.
Fasciolaria Tarentina, de Lamarck, 1822. *Anim. s. vert.*, VII, p. 121. — Payraudeau, 1826. *Moll. Corse*, p. 146, pl. VII, fig 16. — De Blainville, 1826. *Faune franç.*, p. 91, pl. IV, A, fig. 4. — Kiener, 1835. *Coq. viv.*, *Fasc.*, p. 10, pl. VIII, fig. 12.
— *lignaria*, Philippi, 1846. *Enum. moll. Sic.*, II, p. 177. — Hidalgo, 1870. *Moll. marin.*, pl XII, fig. 1.

La Méditerranée (Petit, Weinkauff) : Cette, dans l'Hérault (Petit) ; le Pharo, Pomègue, Ratonneau, dans les Bouches-du-Rhône (Marion) ; Saint-Tropez, dans le Var (Doublier) ; Antibes (Petit), Cannes, Menton (Nob.), Nice (Risso), dans les Alpes-Maritimes (Roux) ; etc.

HOLOSTOMATA

CERITHIADÆ

Genre CERITHIUM (Adanson) Bruguière

Bruguière, 1789. *Encycl. méth.*, *Vers*, I, p. 467.

A. — Groupe du *C. tuberculatum*

Cerithium tuberculatum, Linné.

Strombus tuberculatus, Linné, 1767. *Syst. nat.*. édit. XIII, p. 1213.

Cerithium vulgatum, Bruguière, 1789. *Dict.* nº 13.—De Blainville, 1826. *Faune franç.*, p. 153, pl. VI, A, fig. 1. — Philippi, 1836. *Enum. moll. Sic.*, I, p. 192, pl. XI, fig. 3 et 4. — Kiener, 1843. *Coq. viv.*, *Cerith.*, p. 30, pl. IX, fig. 2. — Bucquoy, Dautzenberg et Dollfus, 1880. *Moll. Rouss.*, p. 198, pl. XXII, fig. 1, 2, 3.

Murex alucoides, Olivi, 1792. *Zool. Adriat.*, p. 153.

— *Moluccanus*, Renieri, 1804. *Tav. alfab. Adr.* (*teste* Weink.)

Cerithium alucoides, Risso, 1826. *Hist. nat. eur. mérid.*, IV, p. 55.

L'Océan : région armoricaine (Fischer) ; Pénestin, dans le Morbihan (Taslé); anse de Portnichet, Pouliguen, le Croisic, dans la Loire-Inférieure (Cailliaud, Fischer) ; etc.

La Méditerranée (Petit, Weinkauff) : le Roussillon, Port-Vendre, dans les Pyrénées-Orientales (Bucquoy, etc.); la Franqui (Pépratx), la Nouvelle (Nob), dans l'Aude ; Cette (Clément), de Cette à Aigues-Mortes (Dubreuil), dans l'Hérault ; le golfe d'Aigues-Mortes, dans le Gard (Granger); les Martigues (Nob.), Marseille (Ancey), fort Saint-Jean, le Pharo, la Joliette, Roucas-Blanc, Ratonneau, etc. (Marion), dans les Bouches-du-Rhône ; Toulon, Saint-Tropez, Saint-Raphaël (Doublier), la Seyne, Saint-Nazaire, Porquerolles, presqu'île de Gien, etc. (Nob.), dans le Var; Antibes, Menton (Nob.), Nice (Risso, Verany), dans les Alpes-Maritimes (Roux); etc.

Cerithium provinciale, Locard.

Cerithium provinciale, Locard, 1884. *Mss.*

La Méditerranée : Cette, dans l'Hérault ; la Seyne, Saint-Tropez, Toulon, dans le Var ; Cannes, dans les Alpes-Maritimes (Nob.).

Cerithium alucastrum, Brocchi.

Murex alucaster, Brocchi, 1814. *Conch. foss. sub.*, p. 438, pl. X, fig. 4.

Cerithium alucastrum, Risso, 1826. *Hist. nat. eur. mérid.*, IV, p. 154.

— *vulgatum (var. plicata)*, Philippi, 1836. *Enum. moll. Sic.*, I, p. 192.

— *vulgatum (var. alucastra)*, Bucquoy, Dautzenberg et Dollfus, 1884. *Moll. Rouss.*, p. 200, pl. XXII, fig. 4.

La Méditerranée : les environs de Marseille, dans les Bouches-du-Rhône (Nob.) ; Nice, dans les Alpes-Maritimes (Risso) ; etc.

Cerithium subvulgatum, Locard.

Cerithium vulgatum (var. spinosa), de Blainville, 1826. *Faune franç.*, pl. VI, A, fig. 3. — Bucquoy, Dautzenberg et Dollfus, 1884. *Moll. Rouss.*, p. 200, pl. XXII, fig. 7.

Cerithium subvulgatum, Locard, 1884. *Mss.*

La Méditerranée : le Roussillon, Port-Vendre, dans les Pyrénées-Orientales (Bucquoy, etc.); les environs de Marseille, dans les Bouches-du-Rhône ; la Seyne, Toulon, dans le Var (Nob.); etc.

Cerithium Bourguignati, Locard.

Cerithium vulgatum (var. tuberculata), Philippi, 1836. *Enum. moll. Sic.*, I, p. 193, pl. XI, fig. 6. — *(var. tuberculata)* Bucquoy, Dautzenberg et Dollfus, 1884. *Moll. Rouss.*, p. 200, pl. XXII, fig. 5 et 6.

— *alucaster*, Scacchi, 1836. *Cat. Reg. Neap.*, p. 131.

— *vulgatum (var. minima) (pars)*, Weinkauff, 1868. *Conch. mittelm.*, p. 154.

Bourguignati, Locard, 1884. *Mss.*

La Méditerranée : le Roussillon, dans les Pyrénées-Orientales (Bucquoy, etc.) ; la Nouvelle, dans l'Aude ; Cette, dans l'Hérault ; les Martigues, les environs de Marseille, dans les Bouches-du-Rhône ; la Seyne, Toulon, Saint-Tropez, dans le Var (Nob.) ; etc.

Cerithium Servaini, Locard.

Cerithium Servaini, Locard, 1884. *Mss.*

La Méditerranée : Cette, dans l'Hérault ; Toulon, dans le Var ; Cannes, dans les Alpes-Maritimes (Nob.); etc.

Cerithium muticum, Locard.

Cerithium vulgatum (var. mutica), Bucquoy, Dautzenberg et Dollfus, 1884. *Moll. Rouss.*, p. 200, pl. XXII, fig. 8.

— *muticum*, Locard, 1884. *Mss.*

La Méditerranée : le Roussillon, dans les Pyrénées-Orientales (Bucquoy, etc.)

Cerithium stenodeum, Locard.

? *Cerithium aluco*, v. Salis, 1793. *Reise Neap.*, p. 373.

Cerithium vulgatum, de Blainville, 1827. *Faune franç.*, pl. VI, A, fig. 2.

— *vulgatum (var. gracile)*, Philippi, 1826. *Enum. moll. Sic.*, I, p. 193, pl. X, fig. 5. — Bucquoy, Dautzenberg et Dollfus, 1884. *Moll. Rouss.*, p. 200, pl. XXII, fig. 9.

Cerithium vulgatum (var. angustissima), Weinkauff, 1868. *Conch. mittelm.*, II, p. 154.

La Méditerranée : les Martigues, dans les Bouches-du-Rhône ; Cannes, dans les Alpes-Maritimes (Nob.) ; etc.

Cerithium metulatum, Lovén.

Cerithium metula, Lovén, 1846. *Ind. moll. Scand.*, p. 23. — Forbes et Hanley, 1853. *Brit. moll.*, III, p. 198, pl. XCI, fig. 3, 4. — Jeffreys, 1867-1869. *Brit. conch.*, IV, p. 256 ; V, p. 217, pl. LXXX, fig. 3.

Cerithiopsis metula, Sowerby, 1859. *Ill. ind.*, pl. XV, fig. 13.

L'Océan : le golfe de Gascogne (Jeffreys).

B. — Groupe du *C. rupestre*

Cerithium rupestre, Risso.

Cerithium rupestre, Risso, 1826. *Hist. nat. eur. mérid.*, IV, p. 154. — Bucquoy, Dautzenberg et Dollfus, 1884. *Moll. Rouss.*, p. 202, pl. XXIII, fig. 1 à 4.

— *lividulum* ? Risso, 1826. *Loc. cit.*, p. 154.

— *fuscatum*, O. G. Costa, 1829. *Cat. sist.*, p. 8. — Philippi, 1836. *Enum. moll. Sic.*, I, p. 193, pl. XI, fig. 7. — Kiener, 1843. *Coq. viv.*, *Cerith.*, p. 30, pl. IX, fig. 1 (*non* Gmelin).

— *mediterraneum*, Deshayes, 1842. *In* de Lamarck, *Anim. s. vert.*, 2e édit., IX, p. 313.

— *doliolum*, Weinkauff, 1868. *Conch. mittelm.*, II, p. 157.

L'Océan : ? Pornichet, dans la Loire-Inférieure (Cailliaud, Jeffreys, Fischer).

La Méditerranée : le littoral du Roussillon (Bucquoy, etc.) ; la Franqui (Pépratx), la Nouvelle (Nob.), dans l'Aude ; Cette (Granger), de Cette à Aigues-Mortes (Dubreuil), dans l'Hérault ; le Grau-du-Roi, dans le Gard (Clément) ; la Provence (Petit) ; les Martigues (Nob.), l'Estaque, Montredon, Pomègue, Ratonneau, etc. (Marion), dans les Bouches-du-Rhône ; Saint-Tropez, Saint-Raphaël (Doublier), Saint-Nazaire, Porquerolles, etc. (Nob.), dans le Var ; Menton (Nob.), Nice (Risso, Verany), dans les Alpes-Maritimes (Roux) ; etc.

Cerithium strumaticum, Locard.

Cerithium tuberculatum, de Blainville, 1826. *Faune franç.* pl. VI, A, fig. 5 (*non* Linné).

Cerithium fuscatum (*non* Gmelin), Philippi, 1836. *Enum. moll. Sic.*, I, p. 193, pl. XI, fig. 7.
— *rupestre (var. plicata)*, Bucquoy, Dautzenberg et Dollfus, 1884. *Moll. Rouss.*, p. 203, pl. XXIII, fig. 5, 6.
— *lividulum (non* Risso), de Monterosato, 1884. *Nom. conch. médit.*, p. 120.
— *strumaticum*, Locard, 1884. *Mss.*

La Méditerranée : le Roussillon, dans les Pyrénées-Orientales (Bucquoy, etc.) ; Cette, dans l'Hérault ; les Martigues, Marseille, dans les Bouches-du-Rhône ; Toulon, Saint-Nazaire, la Seyne, dans le Var ; Cannes, Menton, dans les Alpes-Maritimes (Nob) ; etc.

Cerithium Massiliense, Locard.

Cerithium rupestre (var. minor), Bucquoy, Dautzenberg et Dollfus, 1884. *Moll. Rouss.*, p. 203, pl. XXIII, fig. 7 et 8.
— *Massiliense*, Locard, 1884. *Mss.*

La Méditerranée : Marseille, dans les Bouches-du-Rhône ; Toulon, dans le Var ; Nice, dans les Alpes-Maritimes (Nob.) ; etc.

C. — Groupe du *C. conicum*

Cerithium conicum, de Blainville.

Cerithium conicum, de Blainville, 1826. *Faune franç.*, p. 158, pl. VI, A, fig. 10. — Kiener, 1844. *Coq. viv.*, *Cerith.*, p. 66, pl. XXIII, fig. 2.
— *mamillatum*, Philippi, 1836. *Enum. moll. Sic.*, I, p. 194, pl. XI, fig. 11 et 12.
Pirenella conica (pars), de Monterosato, 1878. *Enum. e sin.*, p. 38.

La Méditerranée (Petit, Weinkauff) : le golfe de Nice (Verany).

Cerithium Sardoum, Cantraine (1).

Cerithium Sardoum, Cantraine, 1836. *In Acad. Brux.*, II, p. 392. — Kiener, 1844. *Coq. viv.*, *Cerith.*, p. 65, pl. XXII, fig. 2.
Pirenella conica (pars), de Monterosato, 1878. *Enum. e sin.*, p. 38.

La Méditerranée (Weinkauff) : la presqu'île de Gien, dans le Var (Petit).

(1) Melius *Sardoumicum*.

Genre CERITHIOPSIS, Forbes et Hanley

Forbes et Hanley, 1853. *Brit. moll.*, III, p. 364

A. — Groupe du *C. tubercularis*

Cerithiopsis tubercularis, Montagu.

Murex tubercularis, Montagu, 1803-09. *Test. brit.*, p. 270; *Supp.*, p 116.
Cerithium tuberculare, Fleming, 1828. *Brit. conch*, p. 193, fig. 8.
Cerithiopsis tuberculare, Forbes et Hanley, 1853. *Brit. moll.*, III, p. 365, pl. XCI, fig. 7 et 8; pl. OO, fig. 1, 2. — Sowerby, 1859. *Ill. ind.*, pl. XV, fig. 11.
— *tubercularis*, Jeffreys, 1867-69. *Brit. conch.*, IV, p. 226; V, p. 217, pl. LXXXI, fig. 1. — Bucquoy, Dautzenberg et Dollfus, 1884. *Moll. Rouss.*, p. 204, pl. XXVII, fig. 1, 2, 4.

La Manche : Dunkerque, dans le Nord (Terquem) ; le Boulonnais (Bouchard-Chantereaux) ; la région normande (Fischer) ; cap Levi, dans la Manche (Macé) ; etc.

L'Océan : régions armoricaine et aquitanique (Fischer) ; golfe du Morbihan (Taslé) ; îlot du Four, côtes du Piriac, dans la Loire-Inférieure (Cailliaud, Taslé) ; la Rochelle, dans la Charente-Inférieure (Taslé, Beltremieux) ; sables à l'entrée de la Gironde, crassats d'Eyrac, dans la Gironde (Fischer, Taslé) ; etc.

La Méditerranée (Petit, Weinkauff) : le Roussillon, dans les Pyrénées-Orientales ; la Provence (Petit) ; golfe de Marseille, Morgillet, Ratonneau, dans les Bouches-du-Rhône (Marion) ; Saint-Tropez, dans le Var (Nob.) ; les Alpes-Maritimes (Roux) ; etc.

Cerithiopis Barleei, Jeffreys.

Cerithium tuberculare (var. subulata), Wood, 1848. *Crag. moll.*, p. 70, pl. VIII, fig. 5, 7.
Cerithiopsis Barleei, Jeffreys, 1867. *Brit. conch.*, IV, p. 268; V, p. 217, pl. LXXXI, fig. 2.
— *tubercularis (var. subulata)*, Bucquoy, Dautzenberg et Dollfus, 1884. *Moll. Rouss.*, p. 205, pl. XXVII, fig. 3.

L'Océan : région aquitanique ; les crassats du bassin d'Arcachon (Fischer).

Cerithiopsis aciculata, Brusina.

Cerithium acicula, Brusina, 1864. *Conch. Dalm. ined.*, p. 17.
Cerithiopsis acicula, Brusina, 1866. *Contr. faun. Dalm.*, p. 71.

La Méditerranée : Cannes, dans les Alpes-Maritimes (Nob.).

Cerithiopsis metaxa, Delle Chiaje.

Murex metaxæ, Delle Chiaje, 1829. *Mem.*, III, p. 322, pl. XLIX, fig. 29-31.
Cerithium angustissimum, Mac-Andrew, 1854. *Geogr. distrib.*, p. 40.
— *Crosseanum*, Tiberi, 1863. *In Journ. conch.*, XI, p. 158, pl. VI, fig. 4.
— *metaxa*, Sowerby, 1859. *Ill. ind.*, pl. XV, fig. 9.
— *subcylindricum*, Brusina, 1864. *Conch. Dalm. ined.*, p. 17.
Cerithiopsis subcylindricus, Brusina, 1866. *Contr. faun. Dalm.*, p. 71.
— *metaxa*, Jeffreys, 1867-69. *Brit. conch.*, IV, pl. 271; V, p. 217, pl. LXXXI, fig. 4.
— *metaxæ*, Bucquoy, Dautzenberg et Dollfus, 1884, p. 207, pl. XXVI, *Moll. Rouss.*, fig, 21-25.
Metaxia rugulosa, de Monterosato, 1884. *Nom. conch. medit.*, p. 125.

L'Océan : régions armoricaine et aquitanique (Fischer) ; cap Breton, dans les Landes ; Hendaye, dans les Basses-Pyrénées (de Folin, Fischer) ; etc.

La Méditerranée : le Roussillon, Paulilles, dans les Pyrénées-Orientales (Bucquoy, etc.) ; Morgillet, Ratonneau, Peyssonnel, la Cassidagne, Marsilli, dans les Bouches-du-Rhône (Marion) ; etc.

Cerithiopsis trilineata, Philippi.

Cerithium trilineatum, Philippi, 1836. *Enum. moll. Sic.*, I, p. 195, pl. XI, fig. 13. — Kiener, 1842. *Coq. viv.*, *Cerith.*, p. 74, pl. XXV, fig. 3. — Sowerby, 1843-54. *Thes. conch.*, p. 280, pl. CLXXXIV, fig. 242, 243.
Cerithiopsis trilineata, Weinkauff, 1868. *Conch. mittelm.*, II, p. 356.
Cinctella trilineata, de Monterosato, 1884. *Nom. conch. medit.*, p. 123.

La Méditerranée (Petit, Weinkauff) : rochers de Saint-Gervais, cap Couronne aux Martigues, dans les Bouches-du-Rhône (Petit).

B. — Groupe du *C. minima*

Cerithiopsis minima, Brusina.

Cerithium minimum, Brusina, 1864. *Conch. Dalm. ined.*, p. 17.

Cerithiopsis minimum, Brusina, 1866. *Contr. faun. Dalm.*, p. 71.
— *minima*, Weinkauff, 1868. *Conch. mittelm.*, II, p. 170. — Bucquoy, Dautzenberg et Dollfus, 1884. *Moll. Rouss.*, p. 207, pl. XXVII, fig. 5 à 9.
— *tubercularis (var. minima)*, de Monterosato, 1835. *Nuova Revista*, p. 38.

La Méditerranée : le Roussillon, Paulilles, dans les Pyrénées-Orientales (Bucquoy) ; etc.

Cerithiopsis scalaris, DE MONTEROSATO.

Cerithiopsis corona (var. scalaris), de Monterosato, 1875. *Nuova Rev.*, p. 38.
— *scalaris*, de Monterosato, 1878. *Enum. e sinon.*, p. 39.

La Méditerranée : côtes de Provence (de Monterosato).

Cerithiopsis coronata, WATSON.

Cerithiopsis corona, Watson, *Mss. In* de' Monterosato, 1878. *Enum. e sin.*, p. 39.

La Méditerranée : Marseille, dans les Bouches-du-Rhône (de Monterosato).

Cerithiopsis Clarkii, HANLEY.

Cerithiopsis Clarkii, Hanley, *In* Sowerby. 1859. *Ill ind.*, pl. XV, fig. 12. — De Monterosato, 1872. *In Journ. conch.*, pl. XXV, p. 41.

La Méditerranée : Nice, dans les Alpes-Maritimes (Nob.).

Cerithiopsis bilineata, HÖRNES.

Cerithium bilineatum, Hörnes, 1848. *Verz. in Czjzek's Erläut.*, p. 21. — 1856. *Tert. Beck. Wien*, I, p. 416, pl. XLII, fig. 22.
Cerithiopsis tubercularis (pars), Jeffreys, 1869. *Brit. conch.*, V, p. 217.
— *Barleei*, Tiberi, 1869. *In Boll. malac. Ital.*, II, p. 267 (*n.* Jeffreys).
— *bilineata*, Brusina, 1871. *In Boll. malac. Ital.*, IV, p. 5. — Bucquoy, Dautzenberg et Dollfus, 1884. *Moll. Rouss.*, p. 205, pl. XXVII, fig. 10-12.

La Méditerranée : le Roussillon, Paulilles, Port-Vendre, dans les Pyrénées-Orientales (Bucquoy) ; etc.

Cerithiopsis diademata, WATSON.

Cerithiopsis diadema, Watson, 1874. *In* de Monterosato, *in Journ*.

conch., XXII, p. 273. — Jeffreys, 1885. *In Proceed. zool. soc.*, p. 60, pl. VI, fig. 8.

L'Océan : Le cap Breton, dans les Landes (Jeffreys).

Cerithiopsis pulchella, Jeffreys.

Cerithiopsis pulchella, Jeffreys, 1848. *In Ann. mag. nat. hist.*, 2e sér. II, p. 129, pl. V, fig. 8. — Sowerby, 1859. *Ill conch.*, pl. XI, fig. 15. — Jeffreys, 1867-69. *Brit. conch.*, IV, p. 269; V, p. 217, pl. LXXXI, fig. 3

Mathilda pulchella, Weinkauff, 1873. *Cat. Eur.*, p. 13.

La Manche : Dunkerque, dans le Nord (Terquem) ; etc.

L'Océan : région aquitanique ; cap Breton, dans les Landes (Fischer).

La Méditerranée : Nice, dans les Alpes-Maritimes (Weinkauff, de Monterosato).

Genre TRIFORIS, Deshayes

Deshayes, *Teste*, Basterot, 1825. *In Soc. Lin. Bord.*, p. 61 (*triphoris*).

Triforis perversus, Linné.

Trochus perversus, Linné, 1767. *Syst. nat.*, édit. XII, p. 1231.
Cerithium maroccanum, Bruguière, 1789. *Dict.*, n° 34.
Murex radula, Olivi, 1792. *Zool. Adr.*, p. 152.
— *adversus*, Montagu, 1803. *Test. Brit.*, p. 271.
Turbo reticulatus, Donovan, 1803. *Brit. shells*, V, pl. CLIX.
Murex granulosus. Brocchi, 1814. *Conch. foss. sub.*, p. 449, pl. IX, fig. 18.
Cerithium tuberculare (pars), de Blainville, 1826. *Faune franç.*, p. 157, pl. VI, A, fig. 6.
— *perversum*, de Lamarck, 1822. *Anim. s. vert.*, VII, p. 77. — Payraudeau, 1826. *Moll. Corse*, p. 142, pl. VII, fig. 7-8. — Kiener, 1841. *Coq. viv.*, *Cerith.*, p. 75, pl. XXV, fig. 1. — Jeffreys, 1867-69. *Brit. conch.*, IV, p. 261 ; V, p. 217, pl. LXXX, fig. 5.
Trochus seriatus, v. Muhlfeld, 1824. *Verh. Berl. Ges.*, I, p. 200, pl. I, fig. 7.
Cerithium granulosum, Scacchi, 1836. *Cat. Reg. Neap.*, p. 13.
— *pusillum*, Peiffer, 1840. *In Arch. f. Naturg.*, p. 256.
Murex Savignyus, delle Chiaje, 1841. *Mém.*, III, pl. XLIX, fig. 32, 34.
Cerithium adversum, Forbes et Hanley, 1853. *Brit. moll.*, III, p. 195, pl. XCI, fig. 5-6. — Sowerby, 1859. *Ill. ind.*, pl. XV, fig. 10.
Trochus perversus, Hanley, 1855. *Ipsa Linn. conch.*, p. 324.

Triforis perversum, Chenu, 1859. *Man. conch.*, I, p. 284, fig. 1914.
— *adversus*, Fischer, 1866. *In Act. soc. lin. Bord.*, XXV, p. 328.
— *perversa*, Weinkauff, 1868. *Conch. mittelm.*, II, p. 167.
— *perversus*, Granger, 1880. *In Bull. soc. Béziers*, V, p. 150.
Biforina perversa, de Monterosato, 1884. *Nom. conch. médit.*, p. 125.

La Manche : Dunkerque, dans le Nord (Terquem) ; région normande (Fischer) ; Langrune, dans le Calvados (Nob.); baie de Cherbourg, dans la Manche (Macé) ; Cancale, dans l'Ille-et-Vilaine (Nob.) ; etc.

L'Océan : régions armoricaine et aquitanique (Fischer); environs de Brest, Lanninon, etc. (Taslé, Daniel), Concarneau (de Guerne), dans le Finistère ; Gavre, Quiberon, dans le Morbihan (Taslé); îlot du Four-baie du Sable-Menu, pointe de Castelli, Piriac, etc., dans la Loire-Inférieure (Cailliaud, Taslé) ; île d'Yeu, dans la Vendée (Servain) ; Royan, île de Ré (Nob.), côtes de la Charente-Inférieure (Aucapitaine, Beltremieux, Taslé) ; Vieux-Soulac, dans la Gironde (Des Moulins, Fischer, Taslé) ; cap Breton, dans les Landes (de Folin); etc.

La Méditerranée : le Roussillon, Banyuls, Port-Vendre, Argelès, etc., dans les Pyrénées-Orientales (Bucquoy, etc.) ; la Nouvelle, dans l'Aude (Nob.) ; Cette (Granger), de Cette à Aigues-Mortes (Dubreuil), dans l'Hérault) ; Marseille (Ancey), la Joliette, Roucas-Blanc, Carry, Morgillet, Ratonneau, etc. (Marion), dans les Bouches-du-Rhône ; Toulon, Saint-Raphaël, Saint-Tropez, dans le Var (Doublier) ; cap d'Antibes (Doublier), golfe de Nice (Verany), dans les Alpes-Maritimes (Roux) ; etc.

Triforis obesulus, Locard.

Triforis obesulus, Locard, 1883. *Mss.*
— *perversus (var. obesula)*, Bucquoy, Dautzenberg et Dollfus, 1884. *Moll. Rouss.*, p. 212, pl. XXVI, fig. 18, 19, 20.

L'Océan : les côtes de la Loire-Inférieure (Nob.) ; etc.

La Méditerranée : le Roussillon (Bucquoy, etc.); les environs de Marseille, dans les Bouches-du-Rhône ; Toulon, Saint-Mandrier, dans le Var (Nob.) ; etc.

Triforis asper, Jeffreys.

Triforis aspera, Jeffreys, 1885. *In Proceed. zool. soc.*, p. 58, pl. VI, fig. 7.

L'Océan : le golfe de Gascogne (Jeffreys).

Genre BITTIUM, Leach

Leach, *Mss. In* Gray, 1847. *In Zool. Procced.*, XV, p. 154.

A. — Groupe du *B. reticulatum*

Bittium reticulatum, DA COSTA.

Strombiformis reticulatus, da Costa, 1799. *Br. conch.*, p. 117, pl. VIII, f. 13.
Murex scaber, Olivi, 1792. *Zool. Adr.*, p. 153.
Cerithium lima, Bruguière, 1792. *Dict.*, n° 33. — Kiener, 1842. *Coq. viv.*, *Cerith.*. p. 73, pl. XXIV, fig. 2.
Murex reticulatus, Montagu, 1803. *Test. Brit.*, p. 272.
Cerithium scabrum, Risso, 1826. *Hist. nat. eur. merid.*, IV, p. 157. — De Blainville, 1826. *Faune franç.*, p. 155, pl. VI, A, fig. 8.
— *reticulatum*, Forbes et Hanley, 1853. *Brit. moll.*, III, p. 192, pl. XCI, fig. 1, 2; pl. II, fig. 2. — Sowerby, 1859. *Ill. ind.*, pl. XV, fig. 8. — Jeffreys, 1867-69. *Brit. conch.*, IV, p. 258, pl. LXXX, fig. 4.
Rissoa vulgatissima, Clark, 1855. *Brit. mar. test.*, p. 271.
Cerithiopsis lima, Chenu, 1859. *Man. conch.*, I, p. 231, fig. 1337.
Cerithiolum scabrum, de Monterosato, 1878. *Enum. e sinon.*, p. 38.
Cerithiopsis scaber, Granger, 1879. *Cat. moll. Cette*, p. 12.
Bittium reticulatum, Bucquoy, Dautzenberg et Dollfus, 1884. *Moll. Rouss.*, p. 212, pl. XXL, fig. 3 à 9.

La Manche : Dunkerque, dans le Nord (Terquem); région normande (Fischer); Dieppe, Fécamp, dans la Seine-Inférieure ; Langrune, dans le Calvados (Nob.); Granville (Servain), Cherbourg, Valogne (Macé), îles Chausey (Nob.), dans la Manche ; Cancale, Saint-Malo, dans l'Ille-et-Vilaine (Nob.) ; etc.

L'Océan : régions armoricaine et aquitanique (Fischer) ; le Finistère (Daniel, Grube, de Guerne); le Morbihan (Taslé); la Loire-Inférieure (Cailliaud); île d'Yeu, dans la Vendée (Servain) ; la Charente-Inférieure (Aucapitaine, Beltremieux); la Gironde (Des Moulins, Fischer); le cap Breton, dans les Landes (de Folin) ; l'embouchure de l'Adour, dans les Basses-Pyrénées (de Folin) ; etc.

La Méditerranée : le littoral du Roussillon (Bucquoy, etc.) ; la Nouvelle, dans l'Aude (Nob.); Cette (Granger), Palavas (Dollfus), de Cette à Aigues-Mortes (Dubreuil), dans l'Hérault) ; les Martigues (Nob.), Marseille (Ancey), les Catalans, Roucas-Blanc, Pomègue, Morgillet, Montredon, Ratonneau, etc. (Marion), dans les Bouches-du-Rhône; Toulon, Saint-Nazaire, presqu'île de Gien, etc., dans le Var (Nob.); Cannes (Dautzenberg), Menton, Nice (Nob.), dans les Alpes-Maritimes (Roux); etc.

Bittium metulatum, Lovén.

Cerithium metula, Lovén, 1846. *Ind. moll. Scand.*, p. 23. — Forbes et Hanley, 1853. *Brit. moll.*, III, p. 198, pl. XCI, fig. 3, 4. — Jeffreys, 1867-69. *Brit. conch.*, IV, p. 256; V, p. 217, pl. LXXX, fig. 3.
— *nitidum*, Forbes, 1847. *In Ann. nat. hist.*, XIX, p. 97, pl. IX, fig. 2.
Cerithiopsis metula, Sowerby, 1857. *Ill. ind.*, pl. XV, fig. 14.

L'Océan : le golfe de Gascogne (Jeffreys).

Bittium afrum, Danillo et Sandri.

? *Cerithium mamillatum*, Risso, 1826. *Hist. nat. eur. mérid.*, IV, p. 158.
— *afrum*, Danillo et Sandri, 1856. *Elenco nom. Zara*, p. 15.
Cerithiopsis afer, Brusina, 1866. *Contr. fauna. Dalm.*, p. 71.
Bittium reticulatum (var. scabra), Bucquoy, Dautzenberg et Dollfus, 1884. *Moll. Rouss.*, p. 214, pl. XXV, fig. 1, 2.

La Méditerranée : Cannes, dans les Alpes-Maritimes (Dautzenberg).

Bittium Latreillei, Payraudeau.

Cerithium Latreillii, Payraudeau, 1826. *Moll. Corse*, p. 143, pl. VII, f 9-10.
Bittium reticulatum (var. Latrellii), Bucquoy, Dautzenberg et Dollfus, 1884. *Moll. Rouss.*, p. 214, pl. XXV, fig. 10 à 13.
Cerithiolum Latreillii, de Monterosato, 1884. *Nom. conch. medit.*, p. 121.

La Méditerranée : le Roussillon, dans les Pyrénées-Orientales (Bucquoy, etc.); Saint-Raphaël, dans le Var (Doublier); Cannes, dans les Alpes-Maritimes (Dautzenberg); etc.

Bittium paludosum, de Monterosato.

Bittium reticulatum (var. paludosa), Bucquoy, Dautzenberg et Dollfus, 1884. *Moll. Rouss.*, p. 215, pl. XXV, fig. 14 à 19.
Cerithiolum paludosum, de Monterosato, 1884. *Nom. conch. médit.*, p. 121

La Méditerranée : étang de Leucate, dans l'Aude; étang de Berre, dans les Bouches-du-Rhône (Bucquoy, etc.); etc.

Bittium Jadertinum, BRUSINA.

Cerithium Jadertinum, Brusina, 1865. *Conch. Dalm. inédit.*, p. 16.
Cerithiolum spina, Tiberi, 1869. *In Boll. mal. Ital.*, p. 264.
Cerithiopsis Jadertinum, Brusina, 1866. *Contr. fauna Dalm.*, p. 71.
Bittium reticulatum (var. Jadertina), Bucquoy, Dautzenberg et Dollfus, 1884. *Moll. Rouss.*, p. 215, pl. XXV, fig. 20 à 25.
Cerithiolum Jadertinum, de Monterosato, 1884. *Nom. conch. médit.*, p. 121.

L'Océan : Quiberon, dans le Morbihan ; le Croisic, Pouliguen, Basse-Kikerie, dans la Loire-Inférieure ; Royan, l'île de Ré, dans la Charente-Inférieure (Nob.) ; etc.

La Méditerranée : le Roussillon, dans les Pyrénées-Orientales (Bucquoy, etc.); Toulon, Saint-Nazaire, dans le Var ; Cannes, dans les Alpes-Maritimes (Nob.) ; etc.

Bittium bifasciatum, LOCARD.

Bittium reticulatum (var. bifasciata), Bucquoy, Dautzenberg et Dollfus 1884. *Moll. Rouss.*, p. 215.
— *bifasciatum*, Locard, 1884. *Mss.*

La Méditerranée : Toulon, dans le Var (Bucquoy, etc.) ; etc.

Bittium lacteum, PHILIPPI.

Cerithium lacteum, Philippi, 1836. *Enum. moll. Sic.*, I, p. 195.
— *elegans*, Petit de la Saussaye, 1853. *In Journ. conch.*, IV, p. 431 (*non* de Blainville).
Cerithiopsis lacteus, Brusina, 1866. *Contr. fauna Dalm.*, p. 36 et 71.
Cerithiolum elegans, de Monterosato, 1878. *Enum. e sin* , p. 38.
— *lacteum*, de Monterosato, 1879. *In Journ. conch.*, XXVII, p. 271.
Bittium lacteum, Bucquoy, Dautzenberg et Dollfus, 1884. *Moll. Rouss.*, p. 215, pl. XXVI, fig. 1-4.

L'Océan : région aquitanique (Fischer); cap Breton, dans les Landes (de Folin).

La Méditerranée (Petit, Weinkauff) : le Roussillon, Paulilles, dans les Pyrénées-Orientales (Bucquoy, etc.) ; de Cette à Aigues-Mortes, dans l'Hérault (Dubreuil) ; les Martigues, dans les Bouches-du-Rhône (Petit); Menton, dans les Alpes-Maritimes (Nob.) ; etc.

Bittium tessellatum, DE MONTEROSATO.

Bittium lacteum (var. tessellata), Bucquoy, Dautzenberg et Dollfus, 1883. *Moll. Rouss.*, p. 217, pl. XXVI, fig. 5 6.

Cerithiolum tessellatum, de Monterosato, 1884. *Nom. conch. med.*, p. 122.

La Méditerranée : les côtes de Provence (de Monterosato).

B. — Groupe du *B. pusillum*

Bittium pusillum, Jeffreys.

Turritella? pusilla, Jeffreys, 1860. *Test. mar. Piém.*, p. 42, fig. 10, 11.
Mesalia? pusilla, Jeffreys, 1870. *In Ann. mag. nat. hist.*, p. 14.
Cerithidium submamillatum, de Monterosato, 1884. *Nom. conch. medit.*, p. 123.

L'Océan : cap Preton, dans les Landes (de Folin, Jeffreys).

La Méditerranée : Garlaban, Montredon, la Cassidagne, dans les Bouches-du-Rhône (Marion).

APORRHAIDÆ

Genre APORRHAIS (Aristote) Dillwyn

Dillwyn, 1823. *In phil. Trans.*, II, p. 395.

Aporrhais pes-pelecani, Linné (1).

Strombus pes-pelecani, Linné, 1767. *Syst. nat.*, édit. XII, p. 395.
Aporrhais quadrifidus, Da Costa, 1779. *Brit. conch.*, p. 136, pl. VII, fig. 7.
Rostellaria pes-pelecani, de Lamarck, 1822. *Anim. s. vert.*, VII, p. 193. — de Blainville, 1826. *Faune franç.*, p. 202, pl. VIII, fig. 1-2. — Kiener, 1845. *Coq. viv.*, *Rostel.*, p. 12, pl. IV, fig. 1 et 1 a.
Fusus fragilis, Risso, 1826. *Hist. nat. eur. mérid.*, IV, p. 206, fig. 75.
Chenopus pes-pelecani, Philippi, 1836. *Enum. moll. Sic.*, I, p. 215. — Hidalgo, 1870. *Moll. marin.*, pl. II, fig. 3 et 4; pl. XVIII, fig. 2 et 3.
Aporrhais pes-pelecani, Petit de la Saussaye, 1852. *In Journ. conch.*, III, p. 195. — Forbes et Hanley, 1853. *Brit. moll.*, III, p. 188, pl. LXXXIX, fig. 4 ; pl. II, fig. 3. — Sowerby, 1859. *Ill. conch.*, pl. XV, fig. 4. — Jeffreys, 1867-1869. *Brit. conch.*, IV, p. 250; V, p. 216, pl. LXXX, fig. 1. — Bucquoy, Dautzenberg et Dollfus, 1884. *Moll. Rouss.*, p. 217, pl. XXIV, fig. 1, 2, 6 à 9.

(1) Melius : *pelecanopus*.

La Manche : côtes de la Manche (de Gerville).

L'Océan : régions armoricaine et aquitanique (Fischer); le Finistère (de Guerne, Taslé) ; le Morbihan (Taslé) ; la Loire-Inférieure (Cailliaud, Taslé); la Vendée (Servain, Nob.); la Charente-Inférieure (Aucapitaine, Beltremieux); la Gironde (Fischer, Lafont) ; etc.

La Méditerranée (Petit, Weinkauff) : les Pyrénées-Orientales (Bucquoy, etc.); l'Aude (Pépratx); l'Hérault (Granger, Dubreuil, Dollfus); le Gard (Clément); les Bouches-du-Rhône (Ancey, Marion); le Var (Doublier); les Alpes-Maritimes (Risso, Verany, Roux) ; etc.

Aporrhais bilobatus, Locard.

Aporrhais pes-pelecani (var. bilobata), Clément, 1875. *Cat. moll. Gard*, p. 10. — Bucquoy, Dautzenberg et Dollfus, 1884. *Moll. Rouss.*, p. 219, pl. XXIV, fig. 4-5.

— *bilobatus*, Locard, 1883. *Mss.*

L'Océan : les environs de Brest, Concarneau, dans le Finistère (Nob.) ; l'île de Ré (Bucquoy), l'île d'Oléron (Nob.), dans la Charente-Inférieure); Arcachon, dans la Gironde (Nob.); etc.

La Méditerranée : le Roussillon, dans les Pyrénées-Orientales (Bucquoy ; etc.); Cette, dans l'Hérault; le Grau-du-Roi, dans le Gard; Cannes, dans les Alpes-Maritimes (Nob.); etc.

Aporrhais Serresianus, Michaud.

Rostellaria Serresiana, Michaud, 1828. *In Bull. soc. Lin. Bord.*, II, p. 120, pl. I, fig. 3, 4.

Chenopus pes-carbonis, Deshayes, 1843. *In* de Lamarck, *Anim. s. vert.*, 2e édit., IX, p. 657 *(note)*.

— *Serresianus*, Philippi, 1844. *Enum. moll. Sic.*, II, p. 185, pl. XXVII, fig. 6. — Hidalgo, 1870. *Moll. mar.*, pl. II, fig. 2 et 3.

Aporrhais Serresianus, Petit de la Saussaye, 1852. *In Journ. conch.*, III, p. 195. — Bucquoy, Dautzenberg et Dollfus, 1884. *Moll. Rouss.*, p. 220, pl. XXIII, fig. 9 et 10.

Chenopus Serreseanus, Weinkauff, 1868. *Conch. mittelm.*, II, p. 183.

L'Océan : le golfe de Gascogne (Jeffreys).

La Méditerranée (Petit, Weinkauff) : au large du littoral du Roussillon, dans les Pyrénées-Orientales (Bucquoy, etc.); les environs de Cette, dans l'Hérault (Granger); les Martigues (Petit), cap Cavaux, Peyssonnel, Marsilli (Marion), dans les Bouches-du-Rhône ; Toulon, dans le Var (Nob.); les Alpes-Maritimes (Roux); etc.

TURRITELLIDÆ

Genre TURRITELLA, de Lamarck

De Lamarck, 1779. *Prod.*, p. 74. — 1801. *Syst. anim.*, p. 89.

Turritella communis, Risso.

Turbo ungulinus, Müller, 1776. *Prodr. zool. Dan.*, p. 242 (*n.*Linné).
— *terebra*, Pennant, 1777. *Brit. zool.*, p. 130, pl. LXXXI, fig. 113 (*non* Linné).
Turritella communis, Risso, 1826. *Hist. nat. eur. mér.*, IV, p. 106, fig. 37. — Forbes et Hanley, 1853. *Brit. moll.*, III, p. 172, pl. LXXXIX, fig. 1-3 ; pl. I I, fig. 4. — Sowerby, 1859. *Ill. ind.*, pl. XV, fig. 2 et 3. — Bucquoy, Dautzenberg et Dollfus, 1884. *Moll. Rouss.*, p. 224, pl. XXVIII, fig. 6 à 11.
— *terebra*, Payraudeau, 1826. *Moll. Corse*, p. 142 (*n.* Linné). — Jeffreys, 1867. *Brit. conch.*, IV, p. 80 ; p. 209, pl. LXX, fig. 6 à 11.
— *trisulcata*, de Blainville, 1826. *Faune franç.*, p. 308, pl. XII, H, fig. 4.
— *Linnæi*, Deshayes. 1832. *Exp. scient. Morée*, p. 146.
— *ungulina*, Deshayes, 1843. *In* de Lamarck, *Anim. s. vert.*, 2e édit., p. 260.
— *cornea*, Kiener, 1846. *Coq. viv.*, *Terebr.*, p. 27, pl. XIII, fig. 3 (*non* de Lamarck).
— *subdecussata*, Lafont, 1868. *In Act. soc. Lin. Bord.*, XXVI. p. 528.

La Manche : Dunkerque, dans le Nord (Terquem) ; région normande (Fischer) ; Langrune, dans le Calvados (Nob.) ; Cherbourg, Granville, baie de la Hougue, dans la Manche (de Gerville, Macé, Servain) ; Saint-Malo, dans l'Ille-et-Vilaine (Grube) ; etc.

L'Océan : régions armoricaine et aquitanique (Fischer) ; Brest, etc., (Daniel), Concarneau (de Guerne), dans le Finistère, le Morbihan (Taslé) ; Basse Kikerie, île Dumet, etc., dans la Loire-Inférieure (Cailliaud) ; île d'Yeu (Servain), sables d'Olonne (Nob.), dans la Vendée ; la Charente-Inférieure (Beltremieux) ; Arcachon, Vieux-Soulac, etc., dans la Gironde (Fischer, Lafont) ; le cap Breton, dans les Landes (de Folin) ; etc.

La Méditerranée (Petit, Weinkauff) : les Pyrénées-Orientales (Bucquoy, etc.); l'Aude (Pépratx); l'Hérault (Granger, Dubreuil); le Gard (Clément); les Bouches-du-Rhône (Marion); le Var (Doublier); les Alpes-Maritimes (Risso, Verany, Roux); etc.

Turritella triplicata, Brocchi.

Turbo triplicatus, Brocchi, 1814. *Conch. foss. sub.*, p. 368, pl. VI, fig. 14.
Turritella imbricata, Scacchi, 1836. *Cat. Reg. Neap.*, p. 16.
— *triplicata*, Philippi, 1836. *Enum. moll. Sic.*, I, 190. — 1844. *Loc. cit.*, II, p. 160, pl. XXV, fig. 23. — Kiener, 1846. *Coq. viv.*, *Turr.*, p. 35, pl. VI, fig. 1, 1 a. — Bucquoy, Dautzenberg et Dollfus, 1884. *Moll. Rouss.*, p. 227, pl. XXVIII, fig. 1, 2, 4.

L'Océan : régions armoricaine et aquitanique (Fischer); la Charente-Inférieure (Nob.); Vieux-Soulac, Arcachon, dans la Gironde (Fischer); etc.

La Méditerranée (Petit, Weinkauff) : le Roussillon, dans les Pyrénées-Orientales (Bucquoy, Dautzenberg et Dollfus); plage de la Franqui, dans l'Aude (Pépratx); de Cette à Aigues-Mortes, dans l'Hérault (Dubreuil); le golfe d'Aigues-Mortes, dans le Gard (Clément); la Joliette, Roucas-Blanc, Carry, Morgillet, Ratonneau, cap Pinède, etc., dans les Bouches-du-Rhône (Marion); Cannes (Dautzenberg), les environs de Nice (Risso), dans les Alpes-Maritimes (Roux); etc.

Turritella turbona, de Monterosato.

Turritella turbona, de Monterosato, 1876. *In Ann. Mus. civ. Genova*, IX, p. 420.
— *triplicata (var. turbona)*, Bucquoy, Dautzenberg et Dollfus, 1884. *Moll. Rouss.*, p. 228, pl. XXVIII, fig. 3.

La Méditerranée : Port-Vendre, dans les Pyrénées-Orientales (Bucquoy, etc.); Nice, dans les Alpes-Maritimes (Nob.); etc.

Turritella decipiens, de Monterosato.

Turritella subangulata (non Brocchi). *Pars auct.*
— *decipiens*, de Monterosato, 1878. *Enum. e sin.*, p. 28.

La Méditerranée : Nice, dans les Alpes-Maritimes (Nob.).

Genre MESALIA, Gray

Gray, 1840. *Syn. Brit. Mus.*

Mesalia subdecussata, Cantraine.

Scalaria subdecussata, Cantraine, 1835. *In Acad. Brux.*, II, p. 338.
? *Mesalia striata*, Hidalgo, 1867. *In Journ. conch.*, XV, 394.

Mesalia subdecussata, Weinkauff, 1868. *Conch. mittelm.*, II, p. 323.
Eglesia subdecussata, de Folin, 1872. *Les fonds de la mer*, II, p. 25.
Acirsa subdecussata, de Monterosato, 1878. *Enum. e sin.*, p. 30.

L'Océan : région aquitanique (Fischer) ; au large des passes d'Arcachon, dans la Gironde ; le cap Breton, dans les Landes (de Folin) ; etc.

La Méditerranée : Riou, cap Cavaux, dans les Bouches-du-Rhône (Marion).

SCALARIDÆ

Genre SCALARIA, de Lamarck

De Lamarck, 1801. *Syst. anim.*, p. 88.

A. — Groupe du *S. communis*

Scalaria communis, DE LAMARCK.

Turbo clathrus (pars), Linné, 1758. *Syst. nat.*, édit. X, p. 240. — Pennant, 1777. *Brit. zool.*, IV, pl. LXXXIV, fig. 111 et 112. — Donovan, 1799. *Brit. shels*, I, pl. XXVIII.
Strombiformis clathratus, da Costa, 1779. *Brit. conch.*, p. 115, pl. VII, fig. 11.
Scalaria communis, de Lamarck, 1819. *Anim. s. vert.*, VI. 2e part., p. 228. — De Blainville, 1826. *Faune franç.*, p. 314, pl. XII, A, fig. 5. — Kiener, 1838. *Coq. viv.*, *Scal.*, p. 112, pl. I, fig. 1 ; pl. IV, fig. 10 et 10 a. — Forbes et Hanley, 1853. *Brit. moll.*, III, p. 206, pl. LXX, fig. 9, 10. — Sowerby, 1859. *Ill. ind.*, pl. XV, fig. 16. — Jeffreys, 1867-69. *Brit. conch.*, IV, p. 91, pl. LXXI, fig. 3. — Bucquoy, Dautzenberg et Dollfus, 1884. *Moll. Rouss.*, p. 240, pl. XXIII, fig. 14 à 17.
— *lævigata*, Calcara, 1840. *Mon. gen. Claus et Bull.*, p. 47.
— *clathrus*, Lovén, 1846. *Ind. moll. Scand.*, p. 148.

La Manche : Dunkerque dans le Nord (Terquem) ; le Pas-de-Calais (Bouchard-Chantereaux) ; la région normande (Fischer) ; la Seine-Inférieure (Nob.) ; le Calvados (Nob.) ; la Manche (Macé) ; l'Ille-et-Vilaine (Nob.) ; etc.

L'Océan : régions armoricaine et aquitanique (Fischer) ; le Finistère (Taslé, Daniel, de Guerne) ; le Morbihan (Taslé) ; la Loire-Inférieure (Cailliaud) ; la Vendée (Nob.), la Charente-Inférieure (Beltremieux) ; la Gironde (Lafont, Fischer) ; les Landes (de Folin) ; etc.

La Méditerranée (Petit, Weinkauff); les Pyrénées-Orientales (Bucquoy, etc.); l'Aude (Pépratx); l'Hérault (Granger, Dubreuil, Dollfus); le Gard (Clément); les Bouches-du-Rhône (Marion); le Var (Doublier); les Alpes-Maritimes (Risso, Verany, Roux); etc.

Scalaria obsita, Locard.

Scalaria obsita, Locard, 1884. *Mss.*

La Manche : Cancale, dans l'Ille-et-Vilaine (Nob.).

L'Océan : Brest, dans le Finistère; Lorient, dans le Morbihan (Nob.); etc.

Scalaria Cantrainei, Weinkauff.

Scalaria..., Cantraine, 1841. *Malac. medit.*, pl. VI, fig. 16.
— *Cantrainei*, Weinkauff, 1866. *In Journ. conch.*, XIV, p. 241 et 246.

L'Océan : Le golfe de Gascogne (Jeffreys).

Scalaria Algeriana, Weinkauff.

Scalaria coronata (*non* Lamarck), Weinkauff, 1862. *In Journ. conch.*, X, p. 348.
— *Algeriana*, Weinkauff, 1866. *In Journ. conch.*, XIV, p. 241 et 347. — Jeffreys, 1884. *In Proceed. zool. soc.*, p. 134, pl. X, fig. 5.

L'Océan : cap Breton, dans les Landes (de Folin, Jeffreys).

Scalaria nana, Jeffreys.

Scalaria nana, Jeffreys, 1884. *In Proceed. zool. soc.*, p. 137, pl. X, fig. 6.

L'Océan : le golfe de Gascogne (Jeffreys).

Scalaria Turtonæ, Turton.

Turbo Turtonis, Turton, 1819. *Conch. dict.*, p. 208, pl. XXVII, fig. 97,
Scalaria Turtonia, Risso, 1826. *Hist. nat. eur. mérid.*, IV, p. 112.
— *tenuicosta*, Michaud, 1829. *In Bull. soc. Lin. Bord.*, III, p. 260, fig. 1. — Bucquoy, Dautzenberg et Dollfus, 1884. *Moll. Rouss.*, p. 243, pl. XXIII, fig. 12-13.
— *Turtoni*, de Blainville, 1826, *Faune franc.*, p. 326.
— *planicosta*, Bivona, 1832. *Nuov. gen. spec.*, pl. II, fig. B. — Philippi, 1836. *Enum. moll. Sic.*, I, p. 168, pl. X, fig. 4.
— *plicata*, Scacchi, 1836. *Cat. Reg. Neap.*, p. 16 (*n.* Lamarck).

Scalaria communis (var.), Kiener, 1838. *Coq. viv.*, *Scal.*, p. 13, pl. IV, fig. 10, b.
— *Turtonis*, Forbes et Hanley, 1853. *Brit. moll.*, III, p. 204, pl. LXX, fig. 1, 2. — Sowerby, 1859. *Ill. ind.*, pl. XV, fig. 8.
— *Turtonæ*, Jeffreys, 1867. *Brit. conch.*, IV, p. 89, pl. LXXI, fig. 2.

L'Océan : régions armoricaine et aquitanique (Fischer); côtes du nord de la rade de Brest, Lanninon, Sainte-Barbe, dans le Finistère (Daniel) ; Gavre, Quiberon, Belle-Isle, dans le Morbihan (Taslé) ; plateau du Four, dans la Loire-Inférieure (Cailliaud, Taslé); île d'Yeu, dans la Vendée (Servain); Royan, la Rochelle (Nob.), dans la Charente-Inférieure (Beltremieux, Taslé) ; Vieux-Soulac, dans la Gironde (Fischer) ; le cap Breton, dans les Landes (de Folin) ; etc.

La Méditerranée (Petit, Weinkauff) : le Roussillon, Paulilles, Collioure, dans les Pyrénées-Orientales (Bucquoy, etc.); les environs de Cette (Granger), de Cette à Aignes-Mortes (Dubreuil), dans l'Hérault; les Martigues, dans les Bouches-du-Rhône (Nob.) ; Saint-Raphaël, Toulon, dans le Var (Doublier) ; le golfe de Nice, dans les Alpes-Maritimes (Roux, Verany) ; etc.

Scalaria commutata, de Monterosato.

Scalaria lamellosa, (*non* Brocchi, *n.* Lamarck), Payraudeau, 1826. *Moll. Corse*, p. 123, pl. VI, fig. 2. — De Blainville, 1826. *Faune franç.*, p. 315, pl. XII, A, fig. 6. — Delessert, 1841. *Rec. coq.*, pl. XXXIII, fig. 10.
— *monocycla*, Scacchi, 1836. *Cat. Reg. Neap.*, p. 15. — Kiener, 1838. *Coq. viv.*, p. 19, pl. III, fig. 9 (*n.* Lamarck).
— *pseudoscalaris*, Philippi, 1836. *Enum. moll. Sic.*, I, p. 167, pl. X, fig. 2 (*non* Brocchi).
— *clathrus*, Sowerby, 1842. *Thes. conch.*, p. 101, pl. XXXVI, fig. 131, 132, 134.
— *commutata*, de Monterosato, 1877. *In Ann. mus. civ. Genova*, IX, p. 420. — Bucquoy, Dautzenberg et Dollfus, 1884. *Moll. Rouss.*, p. 245, pl. XXIII, fig. 18 et 19.

L'Océan : régions armoricaine et aquitanique (Fischer); en dehors de la rade de Brest, banc de Douarnenez (Daniel), Morgat (Taslé), dans le Finistère ; Gavre, Quiberon, dans le Morbihan (Taslé) ; Pornichet, dans la Loire-Inférieure (Nob.) ; île d'Yeu, dans la Vendée (Servain) ; la Rochelle, dans la Charente-Inférieure (Aucapitaine, Taslé); Vieux-Soulac, Arcachon, dans la Gironde (Fischer) ; etc.

La Méditerranée (Petit, Weinkauff) : le Roussillon, Paulilles, dans les

Pyrénées-Orientales (Bucquoy, etc.); les environs de Cette, dans l'Hérault (Dubreuil, Granger); la Provence (Petit); Pomègue, dans les Bouches-du-Rhône (Marion); Saint-Raphaël, dans le Var (Doublier); etc.

Scalaria geniculata, Brocchi.

Turbo geniculatus, Brocchi, 1814. *Conch. foss. sub.*, II, p. 659, pl. XVI, fig. 1.

Scalaria geniculata, de Monterosato, 1872. *Not. conch. médit.*, p. 39.

L'Océan : cap Breton, dans les Landes (de Folin); golfe de Gascogne Jeffreys); etc.

Scalaria frondosa, J. et J. G. Sowerby.

Scalaria frondosa, J. et J. C. Sowerby, 1829. *Min. conch.*, VI, p. 149, pl. DLXXVII, fig. 1.

— *soluta*, Tiberi, 1863. *In Journ. conch.*, XI, p. 159, pl. VI, fig. 3. — 1868. *Loc. cit.*, p. 84, pl. V, fig. 3.

L'Océan : le golfe de Gascogne (Jeffreys).

Scalaria clathratula, Montagu.

Turbo clathratulus, Montagu, 1803-08. *Test. Brit.*, II, p. 297. — *Suppl.*, 124. — Wood, 1818. *Index. test.*, pl. XXXI, fig. 92.

— *clathrus (var. β.)* Maton et Racket, 1807. *In Trans. Lin. soc.*, III, p. 171, pl. V, fig. 1.

Scalaria clathratula, Fleming, 1828. *Brit. Anim.*, p. 311. — Brown, 1845. *Ill. conch.*, 2e édit., p. 21, pl. VIII, fig. 13. — Forbes et Hanley, 1853. *Brit. moll.*, III, p. 209, pl. LXX, fig. 3, 4. — Sowerby, 1859. *Ill. ind.*, pl. XV, fig. 20. — Jeffreys, 1867-69. *Brit. conch.*, IV, p. 96; V, p. 210, pl. LXXI, f. 5.

— *clathrata*, Taslé, 1870. *Faune malac. ouest Fr.*, *suppl.*, p. 30.

L'Océan : régions armoricaine et aquitanique (Fischer); sables de Morgat, dans le Finistère (Daniel); Quiberon, Belle-Isle, dans le Morbihan (Taslé); plateau du Four, dans la Loire-Inférieure (Cailliaud, Taslé); Royan, dans la Charente-Inférieure (Nob.); entrée de la Gironde, Vieux-Soulac, dans la Gironde (Des Moulins, Fischer, Taslé); cap Breton, dans les Landes (de Folin); Saint-Jean-de-Luz, Hendaye, dans les Basses-Pyrénées (Granger); le golfe de Gascogne (Jeffreys); etc.

Scalaria Scacchii, Hörnes.

Risso ? coronata, Philippi, 1844. *En. moll. Sic.*, II, p. 127, pl. XXIII, fig. 7.

Scalaria Scacchii, Hörnes, 1851. *Foss. Tert. Wien.*, I, p. 479, pl. XLVI, fig. 12.

La Méditerranée : les environs de Nice, dans les Alpes-Maritimes (Hanley, *teste* Weinkauff).

Scalaria pulchella, Bivona.

Scalaria pulchella, Bivona, 1832. *Nuov. gen. spec. moll.*, p. 11, pl. I, fig. 3. — Philippi, 1836. *Enum. moll. Sic.*, I, p. 168, pl. X, fig. 1.

La Méditerranée : les Martigues, dans les Bouches-du-Rhône (Petit, Weinkauff) ; Cannes (Nob.), dans les Alpes-Maritimes (Roux) ; etc.

Scalaria subdecussata, Cantraine.

Scalaria subdecussata, Cantraine, 1836. *Diagn.*, *In Acad. Brux.*, II, p. 338. — 1840. *Malac. médit.*, pl. VI, fig. 24.

L'Océan : côtes de France (Jeffreys).

Scalaria Trevelyana, Leach.

Scalaria Trevelyana, Leach. *Raine's Darham* (*s. descr.*). — Forbes et Hanley, 1853. *Brit. moll.*, III, p. 213, pl. LXX, fig. 6, 7 ; pl. F F, fig. 1 à 3. — Sowerby, 1859. *Ill. ind.*, pl. XV, fig. 19. — Jeffreys, 1867-69. *Brit. conch.*, IV, p. 90 ; V, p. 209, pl. LXXI, fig. 4.

L'Océan : région aquitanique (Fischer) ; sables à l'entrée de la Gironde (Fischer) ; fonds profonds au large des passes d'Arcachon (Fischer, Lafont, Taslé), dans la Gironde ; le golfe de Gascogne (Jeffreys) ; etc.

Scalaria crenata, Linné.

Turbo crenatus, Linné, 1867. *Syst. nat.*, édit. XII, p. 1238. — Chemnitz, 1786. *Conch. cab.*, XI, p. 156, pl. CXCV, fig. 1880-1881.

Scalaria raricosta, Costa, 1829. *Cat. syst. Neap.*, p. 104.

— *crenata*, Deshayes, 1843. *In* de Lamarck, *Anim. s. vert.*, 2e édit., IX, p. 76. — Kiener, 1836. *Coq. viv.*, *Scal.*, p. 17, pl. VI, fig. 18. — Sowerby. *Thes. conch.*, I, p. 105, pl. XXXV, f. 123.

— *crenulata*, Fischer, 1866. *In Act. soc. Lin. Bord.*, XXV, p. 326.

L'Océan : région aquitanique (Fischer) ; bassin d'Arcachon, dans la Gironde ; Biarritz, Saint-Jean-de-Luz, Hendaye, dans les Basses-Pyrénées (Fischer, Taslé) ; etc.

B. — Groupe du *S. longissima*

Scalaria longissima, Seguenza.

Scalaria longissina, Seguenza, 1879. *Form. terz Reggio*, p. 266. — Jeffreys, 1884. *In Proc. zool. soc.*, p. 132, pl. X, fig. 3.

L'Océan : Le golfe de Gascogne (Nob.).

CÆCIDÆ

Genre CÆCUM, Fleming.

Fleming, 1814 *In Edimb. Encycl.*, VII, p. 147.

A. — Groupe du *C. trachea*

Cæcum trachea (1), Montagu.

? *Dentalium imperforatum*, G. Adams, 1798. *Essai. mic.*, pl. XIV, f. 8.
Brochus trachiformis, Brown, 1827. *Ill. conch.*, 1re édit., p. 124, pl. LVI, fig. 10.
— *striatus*, Brown, 1827. *Loc. cit.*, p. 124, pl. LVI, fig. 13.
Cæcum trachea, Petit de la Saussaye, 1860. *In Journ. conch.*, pl. VIII, p. 246. Forbes et Hanley, 1853. *Brit. moll.*, III, p. 178, pl. LXIX, fig. 4; pl. K K, fig. 1. — Sowerby, 1859. *Ill. ind.*, pl. XV, fig. 6. — Jeffreys, 1867-69. *Brit. conch.*, IV, p. 75; V, p. 209, pl. LXX, fig. 4. — Bucquoy, Dautzenberg et Dollfus, 1884. *Moll. Rouss.*, p. 229, fig. 2.

La Manche : Dunkerque, dans le Nord (Terquem).

L'Océan : régions armoricaine et aquitanique (Fischer); Concarneau, dans le Finistère (de Guerne); Quiberon, dans le Morbihan (Taslé); plateau du Four, Basse-Kikeric, dans la Loire-Inférieure (Cailliaud, Taslé) ; entre les îles d'Yeu et de Noirmoutiers, dans la Vendée (Taslé); l'île de Ré, dans la Charente-Inférieure (Fischer, Taslé) ; cap Breton, dans les Landes (de Folin) ; etc.

La Méditerranée : Paulilles, dans les Pyrénées-Orientales (Bucquoy, etc.) ; la Provence (Petit) ; Morgillet, Ratonneau, Garlaban, Montredon, la Cassidagne, dans les Bouches-du-Rhône (Marion); les Alpes-Maritimes (Roux); etc.

Cæcum rugulosum, Philippi.

Odontidium rugulosum, Philippi, 1836. *Enum. moll. Sic.*, I, p. 102, pl. VI, fig. 20.
Creseis rugulosa, Cantraine, 1840. *Malac. Medit*, p. 32.
Cæcum obsoletum, de Monterosato, 1875. *Nuov. Rev.*, p. 29.

(1) Nomen mutandum.

Cæcum fasciatum, de Folin, 1867. *Les fonds de la mer*, I, pl. I, fig. 2, 3.
— *rugulosum*, Brusina, 1866. *Contr. fauna Dalm.*, p. 76.

La Méditerranée : Ratonneau, Garlaban, Montredon, la Cassidagne, dans les Bouches-du-Rhône (Marion).

B. — Groupe du *C. minutum*

Cæcum minutum, Linné.

Dentalium minutum, Linné, 1767. *Syst. nat.*, édit. XII, p. 1264.
— *glabrum*, Montagu, 1803. *Test. brit*, p. 497.
Cæcum glabrum, Fleming, 1814. *In Edinb. Encycl.*, p 204, fig. 7 ; pl. CCV, fig. 819. — Forbes et Hanley, 1853. *Brit. moll.*, III, p. 181, pl. LXIX, fig. 5. —Sowerby, 1859. *Ill. ind.*, pl. XV, fig. 7. —Forbes et Hanley, 1867-69. *Brit. conch.*, IV, p. 75 ; V, p. 209, pl. LXX, fig. 5.
Orthocera glabra, Fleming, 1828. *Brit. anim.*, p. 237.
Brochus glabra, Brown, 1854. *Ill. conch.*, 2e édit., p. 125, pl. LVI, fig. 3.

La Manche : Dunkerque, dans le Nord (Terquem) ; région normande (Fischer) ; Maupertuis (Macé), îles Chaussey (Nob.), dans la Manche ; etc.

L'Océan : régions armoricaine et aquitanique (Fischer); Quiberon, dans le Morbihan (Taslé); plateau du Four, Basse-Kikerie, dans la Loire-Inférieure (Cailliaud); îles d'Yeu et de Noirmoutiers, dans la Vendée (Taslé); île de Ré (Nob.), dans la Charente-Inférieure (Fischer); le littoral de la Gironde (Fischer) ; cap Breton, dans les Landes (de Folin); etc.

Cæcum lævissimum, Cantraine.

Odontidium lævissimum, Cantraine, 1842. *In Acad. Brux.*, IX, p. 340.
Cæcum glabrum, Jeffreys, 1856. *Piedm. Coast.*, p. 30.
— *auriculatum*, de Folin, 1867. *Les fonds de la mer*, I, p. 95, pl. XI, fig. 2, 3. —Bucquoy, Dautzenberg et Dollfus, 1884. *Moll. Rouss.*, p. 232, fig. 4.
Brochina Chiereghiniana, Brusina, 1869. *In Journ. conch.*, XVII, p. 248.
Cæcum Chiereghinianum, Aradas et Benoît, 1870. *Conch. Sic.*, p. 155.
Brochina lævissima, de Monterosato, 1884. *Nom. conch. méd.*, p. 78.

La Méditerranée : Paulilles, dans les Pyrénées-Orientales (Bucquoy, etc.); Garlaban, Riou, dans les Bouches-du-Rhône (Marion) ; etc.

Cæcum Armoricanum, de Folin.

Cæcum Armoricanum, de Folin, 1869. *Les fonds de la mer*, I, p. 148, pl. XXIII, fig. 4, 5.

L'Océan : côtes de Bretagne (de Folin) ; au nord du golfe de Gascogne (de Folin, Fischer, Taslé) ; etc.

Cæcum subannulatum, de Folin.

Cæcum subannulatum, de Folin, 1869. *Les fonds de la mer*, I, p. 230, pl. XXIX, fig. 9, 10. — Bucquoy, Dautzenberg et Dollfus, 1884. *Moll. Rouss.*, p. 231, fig. 3.

Brochina subannulata, de Monterosato, 1884. *Nom. conch. médit.*, p. 79.

La Méditerranée : Paulilles, dans les Pyrénées-Orientales (Bucquoy, etc.) ; Maïré, dans les Bouches-du-Rhône (Marion) ; etc.

Cæcum spinosum, de Folin.

Cæcum spinosum, de Folin, 1873. *Les fonds de la mer*, II, p. 84, pl. III, f. 1.

L'Océan : cap Breton, dans les Landes (de Folin, Fischer).

Genre SPIROLIDIUM, O. G. Costa

O. G. Costa, 1861. *Microd. méd.* p. 66.

Spirolidium Asturianum, de Folin.

Parastrophia Asturiana, de Folin, 1869. *Les fonds de la mer*, I, p. 218, pl. XXIX, fig. 7.

L'Océan : le golfe de Gascogne (de Folin).

Spirolidium Mediterraneum, O. G. Costa.

Spirolidium Mediterraneum, O.-G. Costa, 1861. *Microd. med.*, p. 66, pl. XI, fig. 4.

Parastrophia Folini, Bucquoy, Dautzenberg et Dollfus, 1884. *Moll. Rouss.*, p. 233, fig. 5.

La Méditerranée : Paulilles, dans les Pyrénées-Orientales (Bucquoy, etc.) ; côtes de Provence (de Monterosato) ; etc.

VERMETIDÆ

Genre VERMETUS (Adanson), Cuvier

Cuvier, 1800. *Anat. comp.*

A. — Groupe du *V. subcancellatus*

Vermetus subcancellatus, Bivona.

? *Vermicularia glomerata*, Gravenhorst, 1831. *Tergest.*, p. 57.
Vermetus subcancellatus, Bivona, 1832. *Eff. sc. e litt.*, p. 5. — Philippi, 1836. *Enum. moll. Sic.*, I, p. 152, pl. IX, fig. 20.
Serpula glomerata, Hanley, 1855. *Ipsa Lin. Conch.*, p. 444.
Vermetus intortus, Weinkauff, 1868. *Conch. mittelm.*, II, p. 328.
— *glomeratus*, Bucquoy, Dautzenberg et Dollfus, 1884. *Moll. Rouss.*, p. 234, pl. XXX, fig. 11-14.

La Méditerranée : le Roussillon, Banyuls, Paulilles, Collioure, dans les Pyrénés-Orientales (Bucquoy, etc.); Marseille, dans les Bouches-du-Rhône (Nob.) ; les Alpes-Maritimes (Roux) ; etc.

B. — Groupe du *V. Cuvieri*

Vermetus Cuvieri, Risso.

Lementina Cuvieri, Risso, 1826. *Hist. nat. eur. mer.*, IV, p. 114, fig. 16, 18.
Serpulorbis polyphragma, Sassi, 1827. *Giorn. Liguist.*
Vermicularia arenaria, Gravenhorst, 1831. *Tergest.*, p. 50.
Vermetus gigas, Bivona, 1832. *Eff. sc. e Litt.*, p. 5, pl. II, fig. 1-2. — Philippi, 1836. *Enum. moll. Sic.*, I, p. 170, pl. IX, fig. 18.
Serpula arenaria, Hanley, 1855. *Ipsa Lin. conch.*, p. 447.
Vermetus arenarius (pars), Weinkauff, 1868. *Conch. mittelm.*, II, p. 325.
— *arenarius*, Bucquoy, Dautzenberg et Dollfus, 1884. *Moll. Rouss.*, p. 236, pl. XXIX, fig 1-3.

La Méditerranée : le Roussillon, dans les Pyrénées-Orientales (Bucquoy, etc.); Marseille, dans les Bouches-du-Rhône (Ancey) ; les Alpes-Maritimes (Risso) ; etc.

Vermetus dentifer, DE LAMARCK.

Serpula dentifera, de Lamarck, 1818. *Anim. s. vert.*, V, p. 367.
Vermetus arenarius (var. dentifera), Bucquoy, Dautzenberg et Dollfus, 1884. *Moll. Rouss.*, p. 237, pl. XXIX, fig. 4-6.

La Méditerranée : Le Roussillon, dans les Pyrénées-Orientales (Bucquoy, etc.) ; de Cette à Aigues-Mortes (Dubreuil) ; etc.

Vermetus semisurrectus, BIVONA.

Vermetus semisurrectus, Bivona, 1832. *Nuov. gen. e spec.*, p. 10, pl. II, fig 3. — Philippi, 1836. *Enum. moll. Sic.*, I, p. 171, pl. IX, fig. 9.

La Méditerranée : Garlaban, Ratonneau, dans les Bouches-du-Rhône (Marion) ; les Alpes-Maritimes (Roux) ; etc.

Vermetus cristatus, BIONDI.

Vermetus cristatus, Biondi, 1859. *In Atti acad. Gioenia*, p. 120, fig. 5. — De Monterosato, 1877. *In Journ. conch.*, XXV, p. 36, pl. III, fig. 10. — Bucquoy, Dautzenberg et Dollfus, 1884. *Moll. Rouss.*, p. 237, pl. XXX, fig. 7-10.
— *subcancellatus (var.)*, de Monterosato, 1875. *Nuov. Rev.*, p. 29.

La Méditerranée : Port-Vendre, dans les Pyrénées-Orientales (Bucquoy, etc.) ; Marseille, dans les Bouches-du-Rhône (Nob.) ; etc.

C. — Groupe du *V. triqueter*

Vermetus triqueter, BIVONA.

Vermetus triqueter, Bivona, 1832. *Nuov. gen. e spec.*, p. 11, pl. II, f. 4.
— *triqueter (pars)*, Philippi, 1836. *Enum. moll. Sic.*, I, p. 170, pl. IX, fig. 21. — Bucquoy, Dautzenberg et Dollfus, 1884. *Moll. Rouss.*, p. 238, pl. XXX, fig. 1-6.
— *contortoplicatus (var. a)*, Scacchi, 1836. *Cat. reg. Neap.*, p. 17.
?*Dofania triquetra*, de Monterosato, 1884. *Nom. conch. médit.*, p. 82.

La Manche : Cherbourg, Valogne, dans la Manche (Macé).

La Méditerranée : le Roussillon, dans les Pyrénées-Orientales (Bucquoy, etc.) ; Cette, dans l'Hérault (Granger) ; de Cette à Aigues-Mortes (Dubreuil), le Grau-du-Roi, rochers des Moles, dans le Gard (Clément); Ratonneau, Garlaban, dans les Bouches-du-Rhône (Marion) ; le littoral du Var (Doublier); golfe de Nice (Verany), dans les Alpes-Maritimes (Roux) ; etc.

Vermetus gregarius, DE MONTEROSATO.

Vermetus triqueter (var. c), Bivona, 1832. *Nuov. gen. e spec.*, p. 11.
— *triqueter (pars)*, Philippi, 1836. *Enum. moll. Sic.*, I, p. 170, pl. IX, fig. 22.
— *contortoplicatus (var. b)*, Scacchi, 1836. *Cat. reg. Neap.*, p. 17.
— *gregarius*, de Monterosato, 1875. *Enum. e sin.*, p. 28.
?*Dofania gregaria*, de Monterosato, 1884. *Nom. conch. médit.*, p. 82.

La Méditerranée : le Roussillon, dans les Pyrénées-Orientales (Bucquoy, etc.) ; le Grau-du-Roi, dans le Gard (Nob.) ; etc.

Genre SILIQUARIA, Bruguière

Bruguière, 1789. *Encycl. meth.*, *Vers*, I, p. XV.

Siliquaria anguina, LINNÉ.

Serpula anguina, Linné, 1767. *Syst. nat.*, édit. XII, p. 1267.
Siliquaria anguina, de Lamarck, 1818. *Anim. s. vert.*, V, p. 337. — Philippi, 1836. *Enum. moll. Sic.*, I, p. 173, pl. IX, fig. 24.
? — *glabra*, Risso, 1826. *Hist. nat. eur. mérid.*, IV, p. 115.

La Méditerranée : le château d'If, dans les Bouches-du-Rhône (Granger) ; les Alpes-Maritimes (Risso) ; etc.

EULIMIDÆ

Genre EULIMA, Risso

Risso, 1826. *Hist. nat. eur. mérid.*, IV, p. 123.

A. — Groupe de l'*E. polita*

Eulima polita, LINNÉ.

Helix polita, Linné, 1767. *Syst. nat.*, édit. XII, p. 1241.
Strombiformis albus, da Costa, 1779. *Brit. conch.*, p. 116.
Turbo albus, Donovan, 1803. *Brit. shells*, V, pl. CLXXVII.
Rissoa Boscii, Payraudeau, 1826. *Moll. Corse*, p. 112, pl. V, fig. 15, 16.
Eulima elegantissima, Risso, 1826. *Hist. eur. mér.*, IV, p. 123 (*n.* Mtg).
Melania Gervillei, Collard des Cherres, 1830. *Cat. Finistère*, p. 42.
Eulima Anglica, Sowerby, 1835. *Conch. ill.*, fig. 8.

Eulima polita, Deshayes, 1838. *In* de Lamarck, *Anim. s. vert.*, 2e édit., VIII, p. 453. — Forbes et Hanley, 1853. *Brit. moll.*, p. 229, pl. XCII, fig. 1, 2; pl. K K, fig. 3. — Sowerby, 1859. *Ill. ind.*, pl. XV, fig. 22. — Jeffreys, 1867-69. *Brit. conch.*, IV, p. 201; V, p. 214; pl. LXXVII, fig. 3. — Bucquoy, Dautzenberg et Dollfus, 1884. *Moll. Rouss.*, p. 180, pl. XXI, fig. 17 à 18.

— *brevis (pars)*, Requien, 1848. *Cat. coq. Corse*, p. 58.

La Manche : le Boulonnais, dans le Pas-de-Calais (Bouchard-Chantereaux) ; Langrune, dans le Calvados (Nob.) ; baie de Cherbourg, dans la Manche (Taslé) ; Saint-Malo, dans l'Ille-et-Vilaine (Nob.) ; etc.

L'Océan : régions normande et aquitanique (Fischer) ; Concarneau (de Guerne), rade de Brest, à l'embouchure du Faou, sables de Morlaix, dans le Finistère (Daniel) ; Belle-Isle, Quiberon, Gavre, dans le Morbihan (Taslé) ; plateau du Four, Basse-Kikerie, dans la Loire-Inférieure (Cailliaud, Taslé) ; île d'Yeu, dans la Vendée (Servain) ; au large des passes d'Arcachon, dans la Gironde (Lafont, Fischer) ; etc.

La Méditerranée (Petit, Weinkauff) : le Roussillon, Paulilles, Port-Vendre, Banyuls, etc., dans les Pyrénées-Orientales (Bucquoy, etc.) ; Cette, dans l'Hérault (Granger) ; Roucas-Blanc, cap Cavaux, Ratonneau, les Goudes, etc., dans les Bouches-du-Rhône (Marion) ; Saint-Maxime, Saint-Tropez, dans le Var (Doublier) ; golfe de Nice, dans les Alpes-Maritimes (Verany, Roux) ; etc.

Eulima Petitiana, Brusina.

Eulima Petitiana, Brusina, 1869. *In Journ. conch.*, XVII, p. 243.

— *polita (var. brevis)*, Bucquoy, Dautzenberg et Dollfus, 1884. *Moll. Rouss.*, p. 190, pl. XXI, fig. 16.

L'Océan : cap Breton, dans les Landes (de Folin).

La Méditerranée : le Roussillon, Paulilles, Port-Vendre, Banyuls, dans les Pyrénées-Orientales (Bucquoy ; etc.).

Eulima sinuosa, Scacchi.

Rissoa sinuosa, Scacchi, 1836. *Cat. reg. Neap.*, p. 16, fig. 26, 27.

Melania nitida (n. Linné), Philippi, 1836. *Enum. moll. Sic.*, I, p. 157.

Eulima nitida, Forbes, 1844. *Rep. Aeg. inv.*, p. 136. — Sowerby. *Thes. conch.*, p. 800, pl. CLXIX, fig. 17, 20.

— *polita*, Forbes et Hanley, 1853. *Brit. moll.*, III, p. 215, pl. XCII, fig. 3.

— *sinuosa*, Weinkauff, 1866. *In Journ. conch.*, XIV, p. 240.

La Méditerranée (Petit, Weinkauff) : Antibes (Petit, Doublier), Nice (Nob.), dans les Alpes-Maritimes.

Eulima intermedia, CANTRAINE.

Eulima intermedia, Cantraine, 1840. *Malac. médit., Suppl.*, p. 14.

L'Océan : régions armoricaine et aquitanique (Fischer) ; Quiberon, dans le Morbihan (Taslé) ; les côtes de la Gironde (Fischer) ; le golfe de Gascogne (Jeffreys) ; etc.

La Méditerranée : Morgillet, Garlaban, Riou, au large du golfe de Marseille, dans les Bouches-du-Rhône (Marion) ; etc.

Eulima stenostoma, JEFFREYS.

Eulima stenostoma, Jeffreys, 1858. *In Ann. mag. nat. hist.*, 3e sér., II, p. 128, pl. V, fig. 7. — 1867-1869. *Brit. conch.*, IV, p. 207 ; V, p. 221, pl. LXXVII, fig. 6.

L'Océan : le golfe de Gascogne (Jeffreys).

La Méditerranée : Peyssonnel, dans les Bouches-du-Rhône (Marion).

Eulima incurva, RENIERI.

Helix incurva, Renieri, 1804. *Tav. alf. Adriat.*, p. 4.

Melania distorta, Philippi, 1836. *Enum. moll. Sic.*, I, p. 158, pl. IX, fig. 10 (*non* Defrance).

Eulima distorta (*n.* Defr.), Philippi, 1844. *Enum. moll. Sic.*, II, p. 130. — Forbes et Hanley, 1853. *Brit. moll.*, III, p. 232, pl. XCII, fig. 4 ; pl. KK, fig. 4. — Sowerby, 1859. *Ill. ind.*, pl. XV, fig. 29. — Jeffreys, 1867-1869. *Brit. conch.*, IV, p. 205 ; V, p. 214, pl. 214, pl. LXXVII, fig. 5.

— *Philippii*, Weinkauff, 1868. *Conch. mittelm.*, II, p. 228 (*non* Rayn. et Ponzi).

— *incurva*, Bucquoy, Dautzenberg et Dollfus, 1884. *Moll. Rouss.*, p. 190, pl. XX, fig. 19 à 21.

Vitreolina incurva, de Monterosato, 1884. *Nom. conch. médit.*, p. 101.

La Manche : région normande (Fischer).

L'Océan : régions armoricaine et aquitanique (Fischer) ; sables de Morlaix, embouchure du Faou, dans le Finistère (Daniel) ; Quiberon, dans le Morbihan (Taslé) ; plateau du Four, dans la Loire-Inférieure (Cailliaud, Taslé) ; le Mouëng, dans la Gironde (Lafont, Fischer, Taslé) ; le cap Breton, dans les Landes (de Folin) ; le golfe de Gascogne (Jeffreys) ; etc.

La Méditerranée (Petit, Weinkauff) : le Roussillon, Paulilles, dans les Pyrénées-Orientales (Bucquoy, etc.); Palavas, dans l'Hérault (Dollfus); le golfe de Marseille, cap Cavaux, Morgillet, Ratonneau, Garlaban, etc., dans les Bouches-du-Rhône (Marion); Antibes (Petit, Doublier), Cannes (Dautzenberg), dans les Alpes-Maritimes ; etc.

Eulima antiflexa, DE MONTEROSATO.

Eulima distorta (var. exilis), de Monterosato, 1878. *En. e sin.*, p. 35.
Vitreolina antiflexa, de Monterosato, 1884. *Nom. conch. medit.*, p. 101.

La Méditerranée : le Roussillon, dans les Pyrénées-Orientales (Bucquoy, etc., de Monterosato).

Eulima microstoma, BRUSINA.

Eulima microstoma, Brusina, 1869. *In Journ. conch.*, XVII, p. 244.
? — *brevis (pars)*, Requien, 1848. *Cat. coq. Corse*, p. 58.

La Méditerranée : Ratonneau, dans les Bouches-du-Rhône (Marion); Nice, dans les Alpes-Maritimes (Nob.) ; etc.

Eulima curva, JEFFREYS.

Eulima curva, Jeffreys, 1874. *Mss. In* de Monterosato, *in Journ. conch.*, XIV, p. 269. —Bucquoy, Dautzenberg et Dollfus, 1884. *Moll. Rouss.*, p. 192, pl. XXI, fig. 13 à 15.
Vitreolina curva, de Monterosato, 1884. *Nom. conch. médit.*, p. 101.

L'Océan : le golfe de Gascogne (Jeffreys).

La Méditerranée : le Roussillon, Paulilles, dans les Pyrénées-Orientales (Bucquoy, etc.).

Eulima solida, JEFFREYS.

Eulima solida, Jeffreys, 1884. *In Proc. zool. soc.*, p. 368, pl. XXVIII, f. 4.

L'Océan : le golfe de Gascogne (Jeffreys).

Eulima obtusa, JEFFREYS.

Eulima obtusa, Jeffreys, 1880. *In Ann. nat. hist.*, 5e sér., VI, p. 317. — Jeffreys, 1884. *In Proc. zool. soc.*, p. 370, pl. XXVIII, f. 10.

L'Océan : le golfe de Gascogne (Jeffreys).

B. — Groupe du *E. subulata*

Eulima subulata, DONOVAN.

? *Strombiformis glaber*, da Costa, 1779. *Brit. conch.*, p. 117.

Turbo subulatus, Donovan, 1802. *Brit. shells*, V, pl. CLXXII.
— *fasciatus*, Renieri, 1804. *Tavol. alfab. Adr.*, p. 4.
Helix subulata, Montagu, 1808. *Test. brit.*, *Suppl.*, p. 142.
— *flavo-cincta*, v. Mühlfeld, 1824. *In Verhandl. Berl. Gesell.*, I, p. 216, pl. II, fig. 6, a, b.
Melania Cambessedesii, Payraudeau, 1826. *Moll. Corse*, p. 107, pl. V, fig. 11, 12.
Eulima subulata, Deshayes, 1838. *In* de Lamarck, *Anim. s. vert.*, 2e édit., VIII, p. 455.—Forbes et Hanley, 1853. *Brit. moll.*, III, p. 235, pl. XCII, fig. 7 et 8. —Sowerby, 1859. *Ill. ind.*, pl. XV, fig. 25. — Jeffreys, 1867-1869. *Brit. conch.*, IV, p. 208; V, p. 215, pl. LXXVII, fig. 7. — Bucquoy, Dautzenberg et Dollfus, 1884. *Moll. Rouss.*, p. 193, pl. XXI, fig. 9 et 10.
Melania Donovani, Forbes, 1838. *Malac. Monensis*, p. 15.
Leiostraca subulata, Chenu, 1859. *Man. conch.*, I, p. 230, fig. 1328.
Subularia subulata, de Monterosato, 1884. *Nom. conch. medit.*, p. 103.

L'Océan : régions armoricaine et aquitanique (Fischer); Concarneau, dans le Finistère (de Guerne); Quiberon, dans le Morbihan (Taslé); Basse-Kikerie, dans la Loire-Inférieure (Cailliaud, Taslé); île d'Yeu, dans la Vendée (Servain); au large des passes d'Arcachon, dans la Gironde (Fischer); cap Breton, dans les Landes (de Folin); etc.

La Méditerranée (Petit, Weinkauff) : le Roussillon, Paulilles, dans les Pyrénées-Orientales (Bucquoy, etc.); au large du golfe de Marseille, la Cassidagne, dans les Bouches-du-Rhône (Marion); Antibes (Petit, Doublier), golfe de Nice (Verany), dans les Alpes-Maritimes; etc.

Eulima bilineata, Alder.

Helix subulata (pars), Montagu, 1808. *Test. brit.*, *Suppl.*, p. 142.
Phasianella subulata, Fleming, 1828. *Brit. anim.*, p. 301.
Rissoa subulata, Johnston, 1838. *In Berwick club*, I, p. 272.
Eulima subulata (*n.* Don.), Macgillivray, 1843. *Moll. aberd.*, p. 142.
Pyramis subulata, Brown, 1845. *Ill. conch.*, 2e édit., p. 14, pl. IX, fig. 64, 65.
Eulima bilineata, Alder, 1848. *Moll. Northumb. and Durh.*, p. 47.— Forbes et Hanley, 1853. *Brit. moll.*, III, p. 237, pl. XCII, fig. 9; pl. KK, fig. 5. — Sowerby, 1859. *Ill. ind.*, pl. XV, fig. 26. —Jeffreys, 1867-69. *Brit. conch.*, IV, p. 210; V, p. 215, pl. LXXVII, fig. 8.
Subularia bilineata, de Monterosato, 1884. *Nom. conch. médit.*, p. 103.

L'Océan : région aquitanique (Fischer); sables à l'entrée de la Gironde (Fischer), et sables de fond, au large dans la Gironde (Fischer, de Folin, Taslé); cap Breton, dans les Landes (de Folin); etc.

La Méditerranée : golfe de Marseille, cap Cavaux, Garlaban, la Cassidagne, Ratonneau, Riou, etc., dans les Bouches-du-Rhône (Marion); les Alpes-Maritimes (Roux) ; etc.

Eulima fusco-apicata, Jeffreys. (1)

Eulima fusco-apicata, Jeffreys, 1884. *In Proceed. zool. soc.*, p. 369, pl. XXVIII, fig. 5.

L'Océan : le golfe de Gascogne (Jeffreys).

Eulima Jeffreysiana, Brusina.

Leiostraca Jeffreysiana, Brusina, 1869. *In Journ. conch.*, XVII, p. 245.
Eulima Jeffreysiana, de Monterosato, 1875. *Nuov. revista*, p. 25. — Jeffreys, 1884. *In Proc. zool. soc.*, p. 366, pl. XXVIII, fig. 1.
Subularia Jeffreysiana, de Monterosato, 1884. *Nom. conch. med.*, p. 103.

La Méditerranée : les environs de Marseille, la Cassidagne, dans les Bouches-du-Rhône (Marion, de Monterosato).

C. — Groupe de l'*E. compactilis*

Eulima compactilis, de Monterosato.

Eulima compactilis, de Monterosato, 1875. *Nuov. revista*, p. 35.
Acicularia compactilis, de Monterosato, 1884. *Nom. conch. médit.*, p. 103.

L'Océan : région aquitanique (Fischer); cap Breton, dans les Landes (Fischer, de Monterosato).

La Méditerranée : côtes de Provence (de Monterosato).

Eulima gracilis, de Monterosato.

Eulima distorta (var. gracilis), Jeffreys, 1867. *Brit. conch.*, IV, p. 205.
Acicularia gracilis, de Monterosato, 1884. *Nom. conch. médit.*, p. 102.

La Méditerranée : Peyssonnel, dans les Bouches-du-Rhône (Marion).

Eulima pyriformis, Brugnone.

Eulima pyriformis, Brugnone, 1873. *Miscel. malac.*, p. 7, fig. 5. — Jeffreys, 1884. *In Proc. zool. soc.*, p. 369, pl. XXVIII, fig. 6.

L'Océan : le golfe de Gascogne (Jeffreys).

(1) Melius. *Eulima acrophæa.*

TURBONILLIDÆ

Genre EULIMELLA, Forbes

Forbes, 1846. *In Ann. nat. hist.*, XIV, p. 412.

Eulimella aciculata, Philippi.

Melania acicula, Philippi, 1836. *Enum. moll. Sic.*, I, p. 158, pl. IX, f. 6.
Eulima acicula, Philippi, 1844. *Enum. moll. Sic.*, II, p. 135. — Forbes et Hanley, 1853. *Brit. moll.*, III, p. 311, pl. XCVIII, fig. 9 et 10. — Sowerby, 1859. *Ill. ind.*, pl. XIV, fig. 27. — Bucquoy, Dautzenberg et Dollfus, 1884. *Moll. Rouss.*, p. 187, pl. XX, fig. 17 et 18.
— *turritellata*, Requien, 1848. *Cat. coq. Corse*, p. 58.
Odostomia acicula, Jeffreys, 1867-69. *Brit. conch.*, IV, p. 170; V, p. 213, pl. LXXVI, fig. 6.

La Manche : Dunkerque, dans le Nord (Terquem) ; etc.

L'Océan : régions armoricaine et aquitanique (Fischer) ; environs de Brest, dans le Finistère (Daniel) ; Quiberon, dans le Morbihan (Taslé) ; Basse-Kikerie, dans la Loire-Inférieure (Cailliaud) ; sables à l'entrée de la Gironde, bassin d'Arcachon, au large du golfe de Gascogne, dans la Gironde (Lafont, Fischer, Taslé); cap Breton, dans les Landes (de Folin); embouchure de l'Adour, dans les Basses-Pyrénées (de Folin); le golfe de Gascogne (Jeffreys); etc.

La Méditerranée (Petit, Weinkauff) : le Roussillon, Paulilles, dans les Pyrénées-Orientales (Bucquoy, etc.); Montredon, Garlaban, Ratonneau, la Cassidagne, dans les Bouches-du-Rhône (Marion) ; la Garoupe, dans le Var (Petit, Doublier) ; les Alpes-Maritimes (Roux); etc.

Eulimella intersecta, de Folin.

Eulimella intersecta, de Folin, 1872. *Les fonds de la mer*, II, p. 112.

L'Océan : fosse du cap Breton, dans les Landes (de Folin).

Eulimella Scillæ, Scacchi.

Melania Scillæ, Scacchi, 1835. *Notiz. int. alle conch.*, p. 51.
Eulima Scillæ, Philippi, 1844. *Enum. moll. Sic.*, II, pl. 135, pl. XXIV.

fig. 6. — Forbes et Hanley, 1853. *Brit. moll.*, III, p. 309, pl. LXVIII, fig. 5, 6. — Sowerby, 1859. *Ill. ind.*, pl. XIV, fig. 26.
Turbonilla Scillæ, Lovén, 1846. *Ind. moll. Scand.*, p. 150.
Odostomia Scillæ, Jeffreys, 1853. *Brit. conch.*, pl. IV, p. 169; pl. V, p. 213, pl. LXXVI, fig. 5.

L'Océan : régions armoricaine et aquitanique (Fischer); plateau du Four, dans la Loire-Inférieure (Cailliaud, Taslé); golfe de Gascogne, bassin d'Arcachon, dans la Gironde (Fischer, Taslé); cap Breton, dans les Landes (de Folin); golfe de Gascogne (Jeffreys); etc.

La Méditerranée : Peyssonnel, Montredon, Ratonneau, dans les Bouches-du-Rhône (Marion); etc.

Eulimella Folini, Fischer.

Eulimella Folini, Fischer, 1869. *Les fonds de la mer*, I, p. 149, pl. XXII, fig. 8.

L'Océan : golfe de Gascogne, sables à l'entrée de la Gironde (Fischer).

Eulimella affinis, Philippi.

Eulima affinis, Philippi, 1844. *Enum. moll. Sic.*, II, p. 135, pl. XXIV, f. 7
Pyramis affinis, Brown, 1845. *Ill. conch.*, 2e édit., p. 14, pl. IX, f. 51, 52.
Eulimella gracilis, Jeffreys, 1847. *In Ann. nat. hist.*, XIX, p. 311.
Odostomia affinis, Jeffreys, 1848. *In Ann. nat. hist.*, II, p. 350.
Eulimella affinis, Forbes et Hanley, 1853. *Brit. moll.*, III, p. 313, pl. XCVIII, fig. 7. — Sowerby, 1859. *Ill. ind.*, pl. XIV, f. 28.
— *acicula (var. affinis)*, Fischer, 1878. *In Act. soc. Lin. Bord.*, XXXII, p. 186.

L'Océan : région aquitanique (Fischer); bassin d'Arcachon, dans la Gironde (Fischer); au large du golfe de Gascogne (de Folin); etc.

Eulimella attenuata, de Monterosato.

Odostomia (Eulimella) attenuata, (*non* Jeffr.), de Monterosato, 1878. *Enum. e sin.*, p. 27.

La Méditerranée : Garlaban, dans les Bouches-du-Rhône (Marion).

Genre ACLIS, Lovén

Lovén, 1846. *Ind. moll. Scand.*, p. 16.

A. — Groupe du *a. Ascaris*

Aclis Ascaris, Turton.

Turbo ascaris, Turton, 1819. *Conch. dict.*, p. 317.
Turritella ascaris, Hanley. *Brit. marine conch.*, pl. XIV, fig. 11.

Pyramis acutissimus, Brown, 1845. *Ill. conch.*, 2e édit., p. 15, pl. IX, f. 36.
Aclis supranitida, Lovén, 1846. *Ind. moll. Scand.*, p. 16.
— *ascaris*, Forbes et Hanley, 1853. *Brit. moll.*, p. 219, pl. LXXXIII, fig. 8. — Sowerby, 1859. *Ill. ind.*, p. XIV, fig. 23. — Jeffreys, 1867-69. *Brit. moll.*, IV, p. 102; V, p. 210, pl. LXXII, f. 2.

La Manche : région normande (Fischer) ; Quinéville, dans la Manche (Macé).

L'Océan : régions armoricaine et aquitanique (Fischer) ; sables de Morlaix et de l'île Vierge, dans le Finistère (Daniel) ; Quiberon, dans le Morbihan (Taslé) ; Basse-Kikerie, dans la Loire-Inférieure (Cailliaud) ; au large du golfe de Gascogne (de Folin, Taslé) ; sables à l'entrée de la Gironde (Fischer) ; etc.

Aclis supranitida, S. Wood.

Alvania supranitida, S. Wood, 1842. *Catal. Crag. moll.*
— *Ascaris*, S. Wood, 1842. *Crag. moll.*, p. 99, pl. XII, fig. 11.
Aclis supranitida, Forbes et Hanley, 1853. *Brit. moll.*, III, p. 220, pl. XC, fig. 23. — Sowerby, 1859. *Ill. ind.*, pl. XIV, fig. 24. — Jeffreys, 1867-69. *Brit. conch.*, IV, p. 103 ; V, p. 210, pl. LXXII. f. 3.

L'Océan : régions armoricaine et aquitanique (Fischer) ; Basse-Kikerie, dans la Loire-Inférieure (Cailliaud, Taslé) ; golfe de Gascogne, par 35 brasses (de Folin, Fischer) ; embouchure de l'Adour, dans les Basses-Pyrénées (de Folin) ; etc.

La Méditerranée : Garlaban, cap Cavaux, Ratonneau, dans les Bouches-du-Rhône (Marion) ; Toulon, dans le Var (de Monterosato) ; etc.

Aclis angulata, Fischer.

Aclis angulata, Fischer, 1869. *In Les fonds de la mer*, I, p. 150, pl. XXIII, fig. 1.
— *angulosa*, de Folin, 1852. *Loc. cit.*, II, p. 137.

L'Océan : le golfe de Gascogne ; sables à l'entrée de la Gironde (Fischer).

B. — Groupe de l'*A. unica*

Aclis unica, Montagu.

Turbo unicus, Montagu, 1803. *Test. brit.*, II, p. 299, pl. XII, fig. 2. — Wood, 1818. *Index test.*, pl. XXXI, fig. 108.
Turritella unica, Fleming, 1828. *Brit. anim.*, p. 203.

Pyramis unicus, Brown, 1845. *Ill. conch.*, 2e édit., p. 14.
Chemnitzia unica, Alder, 1848. *Cat. moll. Northumb.*, p. 49.
Aclis unica, Forbes et Hanley, 1853. *Brit. moll.*, III, p. 222, pl. XC, fig. 4. — Jeffreys, 1867-1869. *Brit. conch.*, IV, p. 100; V, p. 210, pl. LXXII, fig. 1.
Odostomia unica, J. Roux, 1862. *Stat. Alpes-Maritimes*, p. 415.
Cioniscus unicus, Fischer, 1858. *In Act. soc. Lin. Bord.*, t. XXXII, p. 186.

La Manche : Dunkerque, dans le Nord (Terquem); Cancale, dans l'Ille-et-Vilaine (Nob.); etc.

L'Océan : régions armoricaine et aquitanique (Fischer); Quiberon, dans le Morbihan (Taslé); Basse-Kikerie, dans la Loire-Inférieure (Cailliaud, Taslé); Eyrac, dans la Gironde (Lafont, Taslé); etc.

La Méditerranée : les Alpes-Maritimes (Roux).

Aclis gracilis, Jeffreys.

Cioniscus gracilis, Jeffreys, 1884. *In Proc. zool. soc.*, p. 341, pl. XXVI, f. 1.

L'Océan : le golfe de Gascogne (Jeffreys).

La Méditerranée : Peyssonnel, dans les Bouches-du-Rhône (Marion).

C. — Groupe de l'*A. nitidissima*

Aclis nitidissima, Montagu.

Turbo nitidissimus, Montagu, 1803. *Test. Brit.*, II, p. 399, pl. XII, f. 2.
Turitella nitidissima, Fleming, 1828. *Brit. anim.*, p. 309.
Pyramis nitidissimus, Brown, 1845. *Ill. conch.*, 2e édit., p. 15.
Chemnitzia nitidissima, Alder, 1848. *Cat. moll. Northumb.*, p. 49.
Aclis nitidissima, Forbes et Hanley, 1853. *Brit. moll.*, III, p. 223, pl. XC, fig. 6-7. — Sowerby, 1857. *Ill. ind.*, pl. XIV, fig. 25.
Eulimella nitidissima, Fischer, 1869. *In soc. Lin. Bord.*, XXVII, p. 137.
Anisocycla nitidissima, de Monterosato, 1884. *Nom. conch. médit.*, p. 99.

L'Océan : régions armoricaine et aquitanique (Fischer); sur les sables, du côté du large, aux environs de Brest, dans le Finistère (Daniel); au large du golfe de Gascogne (de Folin, Taslé); sables à l'entrée de la Gironde (Fischer), bassin d'Arcachon (Lafont, Taslé), dans la Gironde; cap Breton, dans les Landes (de Folin); etc.

La Méditerranée : côtes de Provence (Petit); Ratonneau, près Marseille, dans les Bouches-du-Rhône (Marion); les Alpes-Maritimes (Roux); etc.

Aclis Pointeli, DE FOLIN.

Turbonilla Pointeli, de Folin, 1867. *Les fonds de la mer*, p. 100, pl. XI, fig. 4.
Odostomia nitidissima (var. pura), de Monterosato, 1874. *In Journ. conch.*, XXII, p. 268.
— *Pointeli*, de Monterosato, 1876. *Not. conch. Civitav.*, p. 421.
Anisocycla Pointeli, de Monterosato, 1884. *Nom. conch. médit.*, p. 99.

La Méditerranée : côtes de Provence ; Toulon, dans le Var (de Monterosato).

Aclis ventricosa, FORBES.

Parthenia ventricosa, Forbes, 1843. *Rep. Aeg. inv.*, p. 188.
Eulima turritellata, Requien, 1848. *Cat. moll. Corse*, p. 58.
Eulimella ventricosa, G. O. Sars, 1878. *Moll. reg. arct.*, p. 209, pl. XI, fig. 19 et 22.
Odostomia ventricosa, Marion, 1882. *Consid. faun. prof. médit.*, p. 45.
Anisocycla ventricosa, de Monterosato, 1884. *Nom. conch. médit.*, p. 99.

La Méditerranée : Peyssonnel, Garlaban, la Cassidagne, dans les Bouches-du-Rhône (Marion).

Aclis Walleri, JEFFREYS.

Aclis Walleri, Jeffreys, 1867-1869. *Brit. conch.*, IV, p. 105 ; V, p. 210, pl. LXXII, fig. 4.

L'Océan : le golfe de Gascogne (Jeffreys).

La Méditerranée : Peyssonnel, près Marseille, dans les Bouches-du-Rhône (Marion).

Genre TURBONILLA, Risso

Risso, 1826. *Hist. nat. Eur. merid.*, p. 224.

Turbonilla lactea, LINNÉ.

Turbo lacteus, Linné, 1767. *Syst. nat*, édit. XII, p. 1238.
— *elegantissimus*, Montagu, 1803-1809. *Test. brit.*, p. 298, pl. X, fig. 2 ; *Suppl.*, p. 124.
— *acutus*, Donovan, 1803. *Brit. shells*, V, pl. CLXXIX, fig. 1.
Turritella elegantissima, de Blainville, 1826. *Faune franç.*, p. 312.

Melania campanellæ, Philippi, 1836. *Enum. moll. Sic.*, I, p. 156, pl. IX, fig. 5.
Rissoa turritella, Scacchi, 1836. *Cat. reg. Neap.*, p. 15, fig. 24.
Parthenia elegantissima, Love, 1840. *In Proc. zool. soc.*, p. 45.
Chemnitzia elegantissima, Philippi, 1844. *Enum. moll. Sic.*, II, p. 136. — Forbes et Hanley, 1853. *Brit. moll.*, III, p. 242, pl. XCIII, fig. 1, 2. — Sowerby, 1859. *Ill. ind.*, pl. XVI, fig. 1.
Odostomia elegantissima, Jeffreys, 1847. *In Ann. nat. hist.*, XIX, p. 348.
— *lactea*, Jeffreys, 1867. *Brit. conch.*, IV, p. 164; V, p. 213, pl. LXXVI, fig. 3.
Turbonilla elegantissima, Weinkauff, 1868 *Conch. mittelm.*, II, p. 207.
Chemnitzia lactea, Petit de la Saussaye, 1869. *Cat. test. mar.*, p. 114.
Turbonilla lactea, Bucquoy, Dautzenberg et Dollfus, 1883. *Moll. Rouss.*, p. 167, pl. XXI, fig. 6, 7.

La Manche : région normande (Fischer); Langrune, dans le Calvados (Nob.); baies de Cherbourg et de Saint-Waast, dans la Manche (Macé); etc.

L'Océan : régions armoricaine et aquitanique (Fischer); Roscoff (Grube), baie de Goulven (Taslé, Daniel), dans le Finistère; Quiberon, dans le Morbihan (Taslé); Kercabelec, Piriac, plateau du Four, dans la Loire-Inférieure (Cailliaud, Taslé); île d'Yeu, dans la Vendée (Servain); bassin d'Arcachon, dans la Gironde (Fischer); etc.

La Méditerranée (Petit, Weinkauff) : Paulilles, dans les Pyrénées-Orientales (Bucquoy, etc.); la Cassidagne, dans les Bouches-du-Rhône (Marion); environs de Toulon, dans le Var (Nob.); Antibes, dans les Alpes-Maritimes (Petit, Doublier); etc.

Turbonilla acuticostata, Jeffreys.

Odostomia acuticostata, Jeffreys, 1880. *In Proceed. zool. soc.*, p. 359, pl. XXVII, fig. 2.

L'Océan : le cap Breton, dans les Landes (de Folin, Jeffreys).

Turbonilla gracilis, Philippi.

Chemnitzia gracilis, Philippi, 1844. *En. moll. Sic.*, II, 137, pl. XXIV, f. 11.
Turbonilla gracilis, Weinkauff, 1862. *In Journ. conch.*, X, p. 342.
Odostomia delicata, de Monterosato, 1874. *In Journ. conch.*, XXII, p. 267.
Turbonilla delicata, de Monterosato, 1884. *Nom. conch. médit.*, p. 92.

L'Océan : la Loire-Inférieure (Jeffreys); le golfe de Gascogne (de Folin, Jeffreys); etc.

La Méditerranée : les Martigues, dans les Bouches-du-Rhône (Petit).

Turbonilla gradata, DE MONTEROSATO.

Odostomia (turbonilla) elegantissima (var. gradata), de Monterosato, 1878. *Enum. e sinon.*, p. 33.

Turbonilla gradata, Bucquoy, Dautzenberg et Dollfus, 1883. *Moll. Rouss.*, p. 180, pl. XXI, fig. 12.

La Méditerranée : Paulilles, dans les Pyrénées-Orientales (Bucquoy, etc.).

Turbonilla obliquata, PHILIPPI.

Chemnitzia obliquata, Philippi, 1844. *Enum. moll. Sic.*, II, p. 137, pl. XXIV, fig. 10.

Turbonilla obliquata, Weinkauff, 1868. *Conch. mittelm.*, II, p. 209. — Bucquoy, Dautzenberg et Dollfus, 1883. *Moll. Rouss.*, p. 182, pl. XX, fig. 14.

Odostomia (turbonilla) obliquata, de Monterosato, 1878. *En. e sin.*, p. 34.

La Méditerranée : Paulilles, dans les Pyrénées-Orientales (Bucquoy, etc.).

Turbonilla terebella, PHILIPPI.

Chemnitzia terebellum, Philippi, 1844. *Enum. moll. Sic.*, II, p. 138, pl. XXIV, fig. 12.

Turbonilla terebellum, Weinkauff, 1868. *Conch. mittelm.*, II, p. 209.

— *terebella*, Dollfus, 1883. *In Feuille natur.*, XIII, p. 94.

La Méditerranée : Palavas, dans l'Hérault (Dollfus).

Turbonilla pusilla, PHILIPPI.

Chemnitzia pusilla, 1844. *Enum. moll. Sic.*, II, p. 274, pl. XXVIII, fig. 21. — Forbes et Hanley, 1853. *Brit. moll.*, III, p. 243, pl. XCIII, fig. 112. — Sowerby, 1859. *Ill. ind.*, pl. XVI, f. 3.

Odostomia pusilla, Jeffreys, 1867-1869. *Brit. conch.*, IV, p. 167 ; V, p. 213, pl. LXXVI, fig. 4.

Turbonilla pusilla, Weinkauff, 1868. *Conch. mittelm.*, II, p. 210. — Bucquoy, Dautzenberg et Dollfus, 1883. *Moll. Rouss.*, p. 181, pl. XX, fig. 6.

L'Océan : régions armoricaine et aquitanique ; sables de Morlaix, dans le Finistère (Daniel) ; Quiberon, dans le Morbihan (Taslé) ; Piriac, Basse-Kikerie, dans la Loire-Inférieure (Cailliaud, Taslé) ; cap Breton, dans les Landes (de Folin) ; Hendaye, dans les Basses-Pyrénées (Fischer) ; etc.

La Méditerranée : le Roussillon, Paulilles, Banyuls, Port-Vendre, etc., dans les Pyrénées-Orientales? (Bucquoy, etc.); Palavas, dans l'Hérault (Dollfus); les Martigues, les environs de Marseille, dans les Bouches-du-Rhône (Nob.); Toulon, dans le Var (Nob.) ; les Alpes-Maritimes Roux); etc.

Turbonilla densecostata, Philippi.

Chemnitzia densecostata, Philippi, 1844. *Enum. moll. Sic.*, II, p. 137, pl. XXIV, fig. 9.
Turbonilla densestriata, Brusina, 1866. *Contr. fauna Dalm.*, p. 69.
— *densecostata*, Weinkauff, 1868. *Conch. mittelm.*, II, p. 210. — Bucquoy, Dautzenberg et Dollfus, 1883. *Moll. Rouss.*, p. 183, pl. XXI, fig. 11.
Odostomia (turbonilla) rufa (var. exigua), de Monterosato, 1878. *Enum. sin.*, p. 34.
Pyrgostelis densecostata, de Monterosato, 1884. *Nom. conch. médit.*, p. 90.

La Méditerranée : Paulilles, dans les Pyrénées-Orientales (Bucquoy, etc.).

Turbonilla attenuata, Jeffreys.

Odostomia attenuata, Jeffreys, 1884. *In Proceed. zool. soc.*, p. 360, pl. XXVII, fig. 4.

La Méditerranée : le golfe de Marseille (Marion, Jeffreys).

Turbonilla compressa, Jeffreys.

Odostomia compressa, Jeffreys, 1884. *In Proceed. zool. soc.*, p. 360, pl. XXVII, fig. 5.

La Méditerranée : le golfe de Marseille (Jeffreys); Peysonnel, dans les Bouches-du-Rhône (Marion).

Turbonilla paucistriata, Jeffreys.

Odostomia paucistriata, Jeffreys, 1880. *In Ann. nat. hist.*, 5e série, VI, p. 371. — 1884. *In Proceed. zool. soc.*, p. 361, pl. XXVII, fig. 6.

L'Océan : le golfe de Gascogne (Jeffreys).

Turbonilla semicostata, Jeffreys.

Odostomia semicostata, Jeffreys, 1884. *In Proceed. zool. soc.*, p. 361, pl. XXVII, fig. 7.

L'Océan : cap Breton, dans les Landes ; golfe de Gascogne (de Folin, Jeffreys).

Turbonilla striatulata, Linné.

Turbo striatulus Linné, 1767. *Syst. nat.*, édit., XII, p. 1238.
Turritella potamoides, Cantraine, 1835. *Diagn. In Acad. Brux.*, p. 12.
Melania pallida, Philippi, 1836. *Enum. moll. Sic.*, I, p. 157, pl. IX, f. 8.
Chemnitzia pallida, Philippi, 1844. *Loc. cit.*, II, p. 136.
Parthenia pallida, Forbes, 1844. *Rep. Aeg. inv.*, p. 136.
Turbonilla pallida, Brusina, 1865. *Conch. Dalm. inedit.*, p. 22.
— *striolata (per err.)*, Weinkauff, 1868. *Conch. Mittelm.*, II, p. 210.
Chemnitzia striolata, Aradas et Benoit, 1870. *Conch. Sic.*, p. 224.
Odostomia (turbonilla) striatula, de Monterosato, 1878. *En. e sin.*, p. 34.
Turbonilla striatula, Bucquoy, Dautzenberg et Dollfus, 1883. *Moll. Rouss.*, p. 183, pl. XXI, fig. 8.
Pyrgostylus striatulus, de Monterosato, 1884. *Nom. conch. medit.*, p. 90

La Méditerranée : le Roussillon, Port-Vendre, Argelès, dans les Pyrénées-Orientales (Bucquoy), etc.) ; les Martignes, dans les Bouches-du-Rhône (Nob.); Cannes, dans les Alpes-Maritimes (Dautzenberg) ; etc.

Turbonilla magnifica, Seguenza.

Turbonilla magnifica, Seguenza, 1879. *Form. tert. prov. Reggio*, p. 264, pl. XVI, fig. 25.
Odostomia magnifica, Jeffreys, 1884. *In Proceed. zool. soc.*, p. 357.

L'Océan : le golfe de Gascogne (Jeffreys).

Genre DUNKERIA, Carpenter

Carpenter, 1877. *In* de Folin, *Les fonds de la Mer*, III, p. 227.

Dunkeria rufa, Philippi

Melania rufa, Philippi, 1836. *Enum. moll. Sic.*, I, p. 156, pl. IX, f. 7.
Chemnitzia rufa, Philippi, 1844. *Enum. moll. Sic.*, II, p. 136. — Forbes et Hanley, 1853. *Brit. moll.*, III, p. 245, pl. XCIII, fig. 4. — Sowerby, 1859. *Ill. ind.*, pl. XVI, fig. 4.
— *fasciata*, Requien, 1848. *Cat. coq. Corse*, p. 59.
Odostomia rufa, Jeffreys, 1867-1869. *Brit. conch.*, IV, p. 162; V, p. 213, pl. LXXIV, fig. 1-2.
Turbonilla rufa, Weinkauff, 1868. *Conch. mittelm.*, II, p. 211. — Bucquoy, Dautzenberg et Dollfus, 1882. *Moll. Rouss.*, p. 183, pl. XX, fig. 15.
Pyrgostelis rufa, de Monterosato, 1884. *Nom. conch. medit.*, p. 89.

L'Océan : régions armoricaine et aquitanique (Fischer) ; plateau du Four, dans la Loire-Inférieure (Cailliaud, Taslé) ; sables à l'entrée de la Gironde, côtes de l'Océan, dans la Gironde (Lafont, Fischer, Taslé); cap Breton, dans les Landes (de Folin) ; etc.

La Méditerranée (Petit, Weinkauff) : le Roussillon, Paulilles, dans les Pyrénées-Orientales (Bucquoy), etc.; Palavas, dans l'Hérault (Dollfus) ; Bouc (Petit), Garlaban (Marion), dans les Bouches-du-Rhône; Antibes, dans les Alpes-Maritimes (Petit) ; etc.

Dunkeria fulvocincta, THOMPSON.

Turritella fulvocincta, Thompson, 1840. *In Ann. nat. hist.*, V, p. 98. — Thorpe, 1844. *Brit. mar. conch.*, p. 191, pl. II, fig. 19.

Chemnitzia fulvocincta, Forbes et Hanley, 1853. *Brit. moll., app.*, p. 276, pl. XCIII, fig. 3 ; pl. FF, fig. 4. — Sowerby, 1859. *Ill. ind.*, pl. XVI, fig. 5.

Odostomia rufa (v. fulvocincta), Jeffreys, 1867. *Brit. conch.*, IV, p. 163.

Pyrgostelis fulvocincta, de Monterosato, 1884. *Nom. conch. medit.*, p. 89.

L'Océan : Basse Kikerie, dans la Loire-Inférieure (Nob.).

Dunkeria formosa, JEFFREYS.

Odostomia formosa, Jeffreys, 1848. *In Ann. nat. hist.*, 2e sér., II, p. 345. — Forbes et Hanley, 1853. *Brit. moll.*, III, p. 248, pl. XCIII, fig. 5.

Chemnitzia formosa, Sowerby, 1859. *Ill. ind.*, pl. XVI, fig. 6.

L'Océan : baie de Bertheaume (Taslé, Daniel), Lanninon, sables de Morlaix, dans le Finistère.

Dunkeria Marioni, DE FOLIN.

Dunkeria Marioni, de Folin, 1877. *Les fonds de la mer*, III, p. 227, pl. I, fig. 7.

La Méditerranée : le golfe de Marseille (de Folin).

PTYCHOSTOMIDÆ

Genre PARTHENINA, Bucquoy, Dautzenberg et Dollfus

Bucquoy, Dautzenberg et Dollfus, 1883. *Moll. Rouss.*, p. 168.

A. — Groupe du *P. indistincta*

Parthenina indistincta, Montagu.

Turbo indistinctus, Montagu, 1803. *Test. Brit.*, *Suppl.*, p. 129.
Turritella truncata, Fleming, 1836. *Brit. anim.*, p. 303.
Pyramis indistinctus, Brown, 1845. *Ill. conch.*, 2e édit., p. 14.
Chemnitzia indistincta, Alder, 1848. *Cat. moll. Northumb.*, p. 48. — Forbes et Hanley, 1853. *Brit. moll.*, III, p. 255, pl. XCIV, fig. 2, 3. — Sowerby, 1859. *Ill. ind.*, pl. XVI, fig. 11.
Odostomia indistincta, Jeffreys, 1848. *In Ann. nat. hist.*, 2e sér., II, p. 344. — Jeffreys, 1867-69. *Brit. conch.*, IV, p. 149 ; V, p. 213, pl. LXXV, fig. 1.
Turbonilla indistincta, Weinkauff, 1868. *Conch. mittelm.*, II, p. 212.

L'Océan : régions armoricaine et aquitanique (Fischer) ; sables de Morlaix, île Tudy, dans le Finistère (Daniel) ; Quiberon, dans le Morbihan (Taslé) ; Piriac, Basse-Kikerie, dans la Loire-Inférieure (Cailliaud); le bassin d'Arcachon (Fischer), dans la Gironde (Lafont) ; etc.

Parthenina Desmoulinsiana, Fischer.

Odostomia Moulinsiana, Fischer, 1864. *In Journ. conch.*, XII, p. 70 ; XIII, p. 215, pl. VI. fig. 9.
Turbonilla Moulinsiana, Fischer, 1878. *In Act. soc. Lin. Bord.*, XXXII, p. 185.

L'Océan : les crassats de la pointe d'Eyrac, dans la Gironde (Fischer, Taslé).

B. — Groupe du *P. interstincta*

Parthenina interstincta, Montagu.

Turbo interstinctus, Montagu, 1803. *Test. Brit*, p. 324, pl. XII, fig. 10.
Rissoa striata, Philippi, 1836. *Enum. moll. Sic.*, I, p. 154, pl. X. fig. 8.

Rissoa suturalis, Philippi, 1844. *Loc. cit.*, II, p. 129.
Odostomia interstincta, Thorpe, 1844. *Brit. mar. conch.*, p. 173; *Index*, p. 35, fig. 37. — Forbes et Hanley, 1853. *Brit. moll.*, III, p. 296, pl. XCVII, fig. 1. — Sowerby, 1859. *Ill. ind.*, pl. XVII, fig. 26. — Jeffreys, 1867-69. *Brit. conch.*, IV, p. 151; V, p. 219, pl. LXXV, fig. 12. — Bucquoy, Dautzenberg et Dollfus, 1883. *Moll. Rouss.*, p. 169, pl. XX, fig. 7.
Turbonilla interstincta, Weinkauff, 1868. *Conch. mittelm.*, II, p. 215.
Chemnitzia interstincta, Petit de la Saussaye, 1868. *Cat. test. mar.*, p. 144.
Odostomia (pyrgulina) interstincta, de Monterosato, 1875. *N. Rev.*, p. 32.
Parthenia interstincta, G. O., Sars, 1878. *Moll. arct. Norv.*, p. 200, pl. XXII, fig. 14.

La Manche : Dunkerque, dans le Nord (Terquem) ; région normande (Fischer); plage de Quinéville, dans la Manche (Macé); Saint-Malo, dans l'Ille-et-Vilaine (Grube) ; etc.

L'Océan : régions armoricaine et aquitanique (Fischer); Quiberon, dans le Morbihan (Taslé); Bourgneuf, dans la Loire-Inférieure (Cailliaud, Taslé); île d'Yeu, dans la Vendée (Servain) ; sables à l'entrée de la Gironde, bassin d'Arcachon, au large du golfe de Gascogne, dans la Gironde (Lafont, Fischer, Taslé, Jeffreys) ; etc.

La Méditerranée (Petit, Weinkauff) : le Roussillon, Banyuls, Paulilles, Port-Vendre, dans les Pyrénées-Orientales (Bucquoy, etc.) ; la Provence (Petit) ; les Alpes-Maritimes (Roux) ; etc.

Parthenina terebellum Philippi, (1).

Chemnitzia terebellum, Philippi, 1844. *Enum. moll. Sic.*, II, p. 138, pl. XXIV, fig. 12.
Odostomia terebellum, Jeffreys, 1856. *Piedm. Coast*, p. 31.
Turbonilla terebellum, Weinkauff, 1868. *Conch. mittelm.*, II, p. 209.
Odostomia interstincta (var. terebellum), Bucquoy, Dautzenberg et Dollfus, 1883. *Moll. Rouss.*, p. 170.

La Méditerranée : Cannes, dans les Alpes-Maritimes (Nob.).

Parthenina flexicosta, Locard.

Odostomia Jeffreysi (var. flexicosta), Bucquoy, Dautzenberg et Dollfus, 1883. *Moll. Rouss.*, p. 171, pl. XX, fig. 10.

La Méditerranée : le Roussillon, dans les Pyrénées-Orientales (Bucquoy) ; etc.

(1) Melius : *terebellina*.

Parthenina Jeffreysi, Bucquoy, Dautzenberg et Dollfus.

Odostomia Jeffreysi, Bucquoy, Dautzenberg et Dollfus, 1883. *Moll. Rouss.*, p. 170, pl. XX, fig. 8 et 9.
Pyrgulina intermixta, de Monterosato, 1884. *Nom. conch. medit.*, p. 87.

La Méditerranée : le Roussillon, Paulilles, Banyuls, Port-Vendre, dans les Pyrénées-Orientales (Bucquoy) ; etc.

Parthenina gracilis, Philippi.

Rissoa gracilis, Philippi, 1844. *En. moll. Sic.*, II, p. 128, pl. XXIII, fig. 13.
Turbonilla pygmæa, Brusina, 1864. *Conch. Dalm. ined.* (*non* Grat.)
— *emaciata*, Brusina, 1865. *Contr. fauna Dalm.*, p. 69.
Odostomia Silvestri, Aradas et Benoit, 1870. *Conch. Sic.*, p. 219, pl. IV, fig. 7.
— *interstincta (var.)*, de Monterosato, 1875. *Nuova rev.*, p. 32.
— *(pyrgulina) emaciata*, de Monterosato, 1878. *En. e sin.*, p. 33.
— *emaciata*, Bucquoy, Dautzenberg et Dollfus, 1883. *Moll. Rouss.*, p. 172, pl. XX, fig. 5 et 6.
Pyrgulina emaciata, de Monterosato, 1884. *Nom. conch. médit*, p. 87.

La Méditerranée : Paulilles, Banyuls, Port-Vendre, dans les Pyrénées-Orientales (Bucquoy, etc.); les environs de Marseille, dans les Bouches-du-Rhône (de Monterosato) ; etc.

Parthenina brevicula, de Monterosato.

Pyrgulina brevicula, de Monterosato, 1878. *Enum. e sin.* p. 35.

La Méditerranée : Toulon, dans le Var (de Monterosato).

Parthenina monozona, Brusina.

Odostomia monozona, Brusina, 1869. *In Journ. conch.*, XVII, p. 240.
— Bucquoy, Dautzenberg et Dollfus, 1883. *Moll. Rouss.*, p. 173, pl. XX, fig. 12 et 13.
Chemnitzia monozona, Aradas et Benoit, 1870. *Conch. Sic.*, p. 226.
Odostomia (pyrgulina) interstincta (var), de Monterosato, 1875. *Nuova rev*, p. 32.
Pyrgulina monozona, de Monterosato, 1884. *Nom. conch. medit.*, p. 87.

La Méditerranée : Paulilles, Banyuls, Port-Vendre, dans le Roussillon (Bucquoy, etc.); Nice, dans les Alpes-Maritimes (Nob.) ; etc.

Parthenina Penchinati, Bucquoy, Dautzenb. et Dollf.

Odostomia Penychnati, Bucquoy, Dautzenberg et Dollfus, 1883. *Moll. Rouss.*, p. 171, pl. XX, fig. 11.
Pyrgulina Penchynati, de Monterosato, 1884. *Nom. conch. medit.*, p. 88.

La Méditerranée : le Roussillon, dans les Pyrénées-Orientales (Bucquoy), etc.

Parthenina turbonilloides, Brusina (1).

Odostomia turbonilloides, Brusina, 1869. *In Journ. conch.*, XVII, p. 140. — Bucquoy, Dautzenberg et Dollfus, 1883. *Moll. Rouss.*, p. 173, pl. XX, fig. 3, 4.

Pyrgulina turbonilloides, de Monterosato, 1884. *Nom. conch. medit.*, p. 88.

La Méditerranée : le littoral du Roussillon, dans les Pyrénées-Orientales (Bucquoy, etc.) ; Cannes, dans les Alpes-Maritimes (Nob.) ; etc.

Parthenina Hortensiæ, de Folin.

Elodia Hortensiæ, de Folin, 1872. *Les Fonds de la mer*, II, p. 48, pl. II, fig. 2.

Turbonilla Hortensiæ, Fischer, 1878. *In Act. soc. Lin. Bord.*, XXXII, p. 85.

L'Océan : région aquitanique (Fischer) ; Handaye, dans les Basses-Pyrénées (de Folin).

Parthenina Dagneti, de Folin.

Salassia Dagneti, de Folin, 1873. *Les Fonds de la mer*, II, p. 112, pl. III, fig. 2.

L'Océan : fosse du cap Breton, dans les Landes (de Folin) ; etc.

C. — Groupe de *P. spiralis*

Parthenina spiralis, Montagu.

Turbo spiralis, Montagu, 1803. *Test. Brit.*, II, p. 323, pl. XII, fig. 9.

Voluta spiralis, Maton et Racket, 1804. *In Trans. Lin. soc.*, VIII, p. 130.

Odostomia spiralis, Fleming, 1836. *Brit. anim.*, p. 310. — Forbes et Hanley, 1853. *Brit. conch.*, pl. XCVII, fig. 2 ; pl. F F, fig. 8-9. — Sowerby, 1859. *Ill. ind.*, pl. XVII, fig. 29. — Jeffreys, 1867-69. *Brit. conch.*, IV, p. 154 ; V, p. 213, pl. LXXV, fig. 3.

Rissoa spiralis, Brown, 1845. *Ill. conch.*, 2e édit., p. 13.

Turbonilla spiralis, Fischer, 1878. *In Act. soc. Lin. Bord.*, XXXII, p. 185.

La Manche : Dunkerque, dans le nord (Terquem) ; etc.

(1) Melius : *turbonillina*.

L'Océan : régions armoricaine et aquitanique (Fischer) ; Quiberon, dans le Morbihan (Taslé) ; plateau du Four, dans la Loire-Inférieure (Cailliaud, Taslé) ; île d'Yeu, dans la Vendée (Servain) ; la Rochelle, dans la Charente-Inférieure (Beltremieux, Taslé) ; sables à l'entrée de la Gironde (Fischer) ; cap Breton, dans les Landes (de Folin) ; etc.

La Méditerranée : Palavas, dans l'Hérault (Dollfus).

Parthenina decussata, Montagu.

Turbo decussatus, Montagu, 1803. *Test. Brit.*, II, p. 322, pl. XII, fig. 4.
Odostomia decussata, Forbes et Hanley, 1853. *Brit. moll.*, III, p. 303, pl. XCVII, fig, 6, 7. — Sowerby, 1859. *Ill. ind.*, pl. XVII, fig. 30. — Jeffreys, 1867-69. *Brit. conch.*, IV, p. 145 ; V, p. 212, pl. LXXIV, fig. 8. — Bucquoy, Dautzenberg et Dollfus, 1883. *Moll. Rouss.*, p. 174, pl. XIX, fig. 18 et 19.
Turbonilla decussata, Fischer, 1878. *In Act. soc. Lin. Bord.*, XXXII, p. 185.

L'Océan : régions armoricaine et aquitanique (Fischer) ; Quiberon dans le Morbihan (Taslé) ; sables à l'entrée de la Gironde, golfe de Gascogne, bassin d'Arcachon, dans la Gironde (Fischer, Lafont, Taslé) ; cap Breton, dans les Landes (de Folin) ; etc.

La Méditerranée : le Roussillon, Paulilles, dans les Pyrénées-Orientales (Bucquoy, etc,) ; etc.

Parthenina excavata, Philippi.

Rissoa excavata, Philippi, 1836. *Enum. moll. Sic.*, I, p. 154, pl. X, f. 6.
Parthenia turrita, Thorpe, 1844. *Brit. mar. conch.*, p. 44, fig. 91 (*n.* Hanl).
Odostomia excavata, Jeffreys, 1848. *In Ann. nat. hist.*, 2e sér., II, p. 345. — Forbes et Hanley, 1853. *Brit. moll.*, III, p. 305, pl. XCVIII, fig. 3 et 4. — Sowerby, 1859. *Ill. ind.*, pl. XVII, fig. 31. — Jeffreys, 1867-69. *Brit. conch.*, IV, p. 158 ; V, p. 213, pl. LXXV, fig 6. — Bucquoy, Dautzenberg et Dollfus, 1883. *Moll. Rouss.*, p. 177, pl. XIX, fig. 16.
Turbonilla excavata, Weinkauff, 1868. *Conch. Mittelm.*, II, p. 217.
Miralda excavata, de Monterosato, 1884. *Nom. conch. medit.*, p. 85.

La Manche : région normande (Fischer).

L'Océan : régions armoricaine et aquitanique (Fischer) ; Quiberon, dans le Morbihan (Taslé) ; plateau du Four, dans la Loire-Inférieure (Cailliaud, Taslé) ; île d'Yeu, dans la Vendée (Servain) ; au large du golfe de Gascogne (de Folin, Taslé) ; sables à l'entrée de la Gironde (Fischer) ; etc.

La Méditerranée (Petit, Weinkauff) : le Roussillon, Paulilles, Banyuls, Port-Vendre, etc., dans les Pyrénées-Orientales (Bucquoy, etc.); Palavas, dans l'Hérault (Dollfus) ; la Garoupe, dans le Var (Petit, Doublier); les Alpes-Maritimes (Roux) ; etc.

Parthenina Harveyi, THOMPSON.

Rissoa Harveyi, Thompson, 1840. *In Ann. nat. hist.*, V, p. 97, pl. II, f. 13.
Odostomia excavata (var. Harveyi), Bucquoy, Dautzenberg et Dollfus, 1883. *Moll. Rouss.*, p. 177, pl. XIX, fig. 17.

L'Océan : Basse-Kikerie, dans la Loire-Inférieure (Nob.).

Parthenina Humboldti, RISSO.

Turbonilla Humboldti, Risso, 1826. *Hist. nat. eur. mer.*, IV, p. 394, fig. 63.
Odostomia Humboldti, Jeffreys, 1884. *In Proceed. zool. soc.*, p. 352.

La Méditerrannée : les environs de Nice, dans les Alpes-Maritimes (Risso).

Parthenina scalaris, PHILIPPI.

Melania scalaris, Philippi, 1836. *Enum. moll. Sic.*, I, p. 157, pl. IX. f. 9.
Chemnitzia scalaris, Philippi, 1844. *Loc. cit.*, II, p. 137.
Odostomia scalaris, Jeffreys, 1848. *In Ann. nat. hist.*, 2e sér., II, p. 346. — Forbes et Hanley, 1853. *Brit. moll.*, III, p. 251, pl. XCIV, fig. 5; pl. F F, fig. 5. — Sowerby, 1859. *Ill. ind.*, pl. XVI, f. 9. — Jeffreys, 1867-69. *Brit. moll.*, IV, p. 160; V, p. 213, pl. LXXV, fig. 7.
Turbonilla scalaris, Weinkauff, 1868. *Conch. mittelm.*, II, p. 212.
Pyrgisculus scalaris, de Monterosato, 1884. *Nom. conch. medit.*, p. 89.

La Manche : région normande (Fischer) ; baie de Cherbourg, dans la Manche (Macé).

L'Océan : région armoricaine (Fischer); cap Breton, dans les Landes (de Folin).

La Méditerranée : le Roussillon, Banyuls, Port-Vendre, dans les Pyrénées-Orientales (Bucquoy, etc.) ; côtes de Provence (Petit); Nice, dans les Alpes-Maritimes (Nob.); etc.

D. — Groupe du *P. fenestrata*

Parthenina fenestrata, FORBES.

Odostomia fenestrata, Forbes. *In* Jeffreys, 1848. *In Ann. nat. hist.*,

2e sér., II, p. 345. — Jeffreys, 1867. *Brit. conch.*, IV, p. 156 V, p. 213, pl. LXXV, fig. 5.

Chemnitzia fenestrata, Forbes et Hanley, 1853. *Brit. moll.*, III, p. 249, pl. XCIII, fig. 6, 7. — Sowerby, 1859. *Ill. ind.*, pl. XVI, f. 7.

Turbonilla Weinkauffi, Dunker, 1862. *In Journ. conch.*, X, p. 343, pl. XIII, fig. 9.

— *fenestrata*, Weinkauff, 1866. *In Journ. conch.*, XIV, p. 240.

Tragula fenestrata, de Monterosato, 1884. *Nom. conch. medit.*, p. 86.

L'Océan : régions armoricaine et aquitanique (Fischer); Grand-Trait, le Croisic, dans la Loire-Inférieure (Cailliaud, Taslé) ; Eyrac, le Canon, dans la Gironde (Lafont, Taslé); cap Breton, dans les Landes de Folin) ; etc.

E. — Groupe du *P. doliolum*.

Parthenina doliolum, Philippi (1).

Rissoa doliolum, Philippi, 1844. *En. moll. Sic.*, II, p. 132, pl. XXIII, f. 19.

Odostomia tricincta, Jeffreys, 1855. *In Ann. nat. hist.*, 2e sér., XVII, p. 185, pl. II, fig. 12, 13. — Chenu, 1859. *Man. conch.*, I, p. 228, fig. 1299.

Turbonilla tricincta, Weinkauff, 1868. *Conch. mittelm.*, II, p. 216.

Chemnitzia tricincta, Aradas et Benoit, 1870. *Conch. Sic.*, p. 225.

Odostomia doliolum, Bucquoy, Dautzenberg et Dollfus, 1883. *Moll. Rouss.*, p. 167, pl. XIX, fig. 20.

Mumiola doliolum, de Monterosato, 1884. *Nom. conch. medit.*, p. 93.

L'Océan : région aquitanique (Fischer) ; baie de Bourgneuf, dans la Loire-Inférieure (Cailliaud, Fischer); etc.

La Méditerranée : Paulilles, dans les Pyrénées-Orientales (Bucquoy; etc.); les Martigues, dans les Bouches du-Rhône ; Cannes, dans les Alpes-Maritimes (Nob.); etc.

Parthenina Bucquoyi, Locard.

Odostomia doliolum (var. cylindrico-unicincta), Bucquoy, Dautzenberg et Dollfus, 1883. *Moll. Rouss.*, p. 168, pl. XIX, fig. 21.

La Méditerranée : Paulilles, dans les Pyrénées-Orientales (Bucquoy) ; etc.

Parthenina dolioliformis, Jeffreys.

Odostomia dolioliformis, Jeffreys, 1848. *In An. nat. hist.*, 2e sér., II, p. 342. — Forbes et Hanley, 1853. *Brit. moll.*, III, p. 301,

(1) Melius : *doliolina*.

pl. XCVII, fig. 5. — Sowerby, 1859. *Ill. ind.*, pl. XVII, fig. 27. — Jeffreys, 1867-69. *Brit. conch.*, IV, p. 144 ; V, p. 212, pl. LXXIV, fig. 7.

Odontostomia dolioliformis, Weinkauff, 1868. *Conch. mittelm.*, II, p. 217.

Noemia valida, de Folin, 1872. *Les Fonds de la mer*, p. 63, pl. II, fig. 6.

— *dolioliformis*, de Monterosato, 1884. *Nom. conch. medit.*, p. 85.

L'Océan : régions armoricaine et aquitanique (Fischer) ; Quiberon, dans le Morbihan (Taslé) ; île d'Yeu, dans la Vendée (Servain) ; le golfe de Gascogne, entre Biarritz et les côtes (de Folin, Fischer) ; etc.

La Méditerranée : Marseille, dans les Bouches-du-Rhône (de Monterosato).

Parthenina tricincta, JEFFREYS

Odostomia tricincta, Jeffreys, 1856. *In Ann. nat. hist.*, p. 185, pl. II, fig. 12, 13.

L'Océan : côtes océaniques (Jeffreys).

Genre PTYCHOSTOMON, Locard

Locard, 1884. *Mss.*

A. — Groupe du *P. obliquum*

Ptychostomon obliquum, ALDER.

Odostomia obliqua, Alder, 1844. *In Ann. nat. hist.*, XIII, p. 327, pl. VIII, fig. 12. — Forbes et Hanley, 1853. *Brit. moll.*, III, p. 291, pl. XCVI, fig. 1. — Sowerby, 1859. *Ill. ind.*, pl. XVII, fig. 22. — Jeffreys, 1867 *Brit. conch.*, IV, p. 142 ; V, p. 212, pl. LXXIV, fig. 6.

Odontostomia obliqua, Weinkauff, 1868. *Conch. mittelm.*, II, p. 221.

? *Auriculina exilissima*, Brusina, 1866. *Contr. fauna Dalm.*, p. 70.

La Manche : Etretat, dans la Seine-Inférieure (Macé).

L'Océan : régions armoricaine et aquitanique (Fischer) ; Quiberon, dans le Morbihan (Taslé).

La Méditerranée : cap Cavaux, Garlaban, dans les Bouches-du-Rhône (Marion).

Ptychostomon diaphanum, JEFFREYS.

Odostomia diaphana, Jeffreys, 1856. *In Ann. nat. hist.*, 2e sér., II, p. 341. — Sowerby, 1859. *Ill. ind.*, pl. XVII, fig. 23. —

Jeffreys, 1867-1869. *Brit. conch.*, IV, p. 141 ; V, p. 212, pl. LXXIV, fig. 5.

L'Océan : régions armoricaine et aquitanique (Fischer); île d'Yeu, dans la Vendée (Servain) ; sables à l'entrée de la Gironde ; golfe de Gascogne (Fischer) ; etc.

Ptychostomon cristallinum, DE MONTEROSATO.

Odostomia diaphana (pars), Jeffreys, 1856. *In Ann. nat. hist.*, 2e sér., II, p. 341.

— *cristallina*, de Monterosato, 1878. *Enum. e sin.*, p. 32.

La Méditerranée : côtes de Provence (de Monterosato).

Ptychostomon truncatulum, JEFFREYS.

Odostomia truncatula, Jeffreys, 1850. *In Ann. nat. hist.*, 2e sér., V, p. 109. — Forbes et Hanley, 1853. *Brit. moll.*, III, p. 294, pl. XCVI, fig. 8. — Sowerby, 1859. *Ill. ind.*, pl. XVII, fig. 10. — Jeffreys, 1867-1869. *Brit. conch.*, IV, p. 117 ; V, p. 211, pl. LXXII, fig. 8.

L'Océan : région aquitanique (Fischer); golfe de Gascogne de 30 à 70 brasses ; sables à l'entrée de la Gironde (Fischer) ; etc.

B. — Groupe du *P. albellum*

Ptychostomon albellum, LOVÉN.

Turbonilla albella, Lovén, 1846. *Ind. moll. Scand.*, p. 19.

Odostomia rissoides (var.), Forbes et Hanley, 1853. *Brit. moll.*, III, p. 284, pl. XCVI, fig. 4.

— *albella*, Sowerby, 1859. *Ill. ind.*, pl. XVII, fig. 21. — Jeffreys, 1867-69. *Brit. conch.*, IV, p. 121 ; V, p. 211, pl. LXXIII, f. 3.

La Manche : région normande (Fischer); la Hougue, Cherbourg, dans la Manche (Macé, Jeffreys) ; etc.

L'Océan : région armoricaine (Fischer); Quiberon, dans le Morbihan (Taslé) ; Piriac, dans la Loire-Inférieure (Cailliaud, Taslé) ; île d'Yeu, dans la Vendée (Servain) ; etc.

Ptychostomon Lukisi, JEFFREYS.

Odostomia Lukisi, Jeffreys, 1859. *In Ann. nat. hist.*, 3e sér., III, p. 112, pl. III, fig. 19. — Sowerby, 1859. *Ill. ind.*, pl. XVII, fig. 18. — Jeffreys, 1867-1869. *Brit. conch.*, IV, p. 120 ; V, p. 211, pl. LXXIII, fig. 2.

L'Océan : fosses du cap Breton, dans les Landes, par 50 brasses (de Folin) ; le golfe de Gascogne (Jeffreys) ; etc.

La Méditerranée : cap Cavaux, Garlaban, dans le Bouches-du-Rhône (Marion).

Ptychostomon turritum, Hanley.

Odostomia turrita, Hanley, 1844. *In Proceed. zool. soc.*, XII, p. 18. — Sowerby, 1859. *Ill. ind.*, pl. XVII, fig. 2 — Jeffreys, 1867-1869. *Brit. conch.*, IV, p. 135 ; V, p. 211, pl. LXXIV, fig. 2. — Bucquoy, Dautzenberg et Dollfus, 1883. *Moll. Rouss.*, p. 162, pl. XIX, fig. 1 et 2.

L'Océan : région armoricaine et aquitanique (Fischer); Quiberon, dans le Morbihan (Taslé); îlot de la Blanche, dans la Loire-Inférieure (Cailliaud, Taslé); ile d'Yeu, dans la Vendée (Servain); le bassin d'Arcachon, dans la Gironde (Lafont, Fischer); cap Breton, dans les Landes (de Folin) ; etc.

La Méditerranée : le Roussillon, Paulilles, dans les Pyrénées-Orientales (Bucquoy, etc) ; Cannes, dans les Alpes-Maritimes (Jeffreys) ; etc.

Ptychostomon prælongum, Jeffreys.

Odostomia prælonga, Jeffreys, 1880. *In Ann. nat. hist.*, 5e série, VI ; p. 317 — 1884. *In Proceed. zool. soc.*, p. 350, pl. XXVI, fig. 6.

L'Océan : le golfe de Gascogne (Jeffreys).

Ptychostomon unifasciatum, Forbes.

Eulima unifasciata, Forbes, 1843. *Rep. Aeg. inv.*, p. 188.
Odostomia unifasciata, Jeffreys, 1884. *In Proceed. zool. soc.*, p. 351, pl. XXVI, fig. 8.

L'Océan : le golfe de Gascogne (Jeffreys).

La Méditerranée : Peyssonnel, dans les Bouches-du-Rhône (Marion).

Ptychostomon marginatum, Cailliaud.

Odostomia marginata, Cailliaud, 1865. *Cat. moll. Loire-Inf.*, p 172, pl. III, fig. 1-4.

L'Océan : région armoricaine (Fischer) ; Quiberon, dans le Morbihan (Taslé); Etier-du-Pot, dans la Loire-Inférieure (Cailliaud) ; etc.

C. — Groupe de *P. conoideum*

Ptychostomon conoideum, Brocchi.

Turbo conoideus, Brocchi, 1814. *Conch. foss. sub.*, p. 660, pl. XVI, f. 2.
Odostomia plicata, Fleming, 1828. *Brit. anim.*, p. 310 (*non* Montagu).
Ovatella polita, Bivona. 1832. *Nuov. gen. spec.*, pl. I, fig. 7 ; pl. II, f. 11.
Rissoa polita, Scacchi, 1836. *Cat. Reg. Neap.*, p. 15, fig. 15.
Auricula conoidea, Philippi, 1836. *Enum. moll. Sic*, I, p. 143.
Odostomia eulimoides, Jeffreys, 1847. *In Ann. nat. hist.*, XX, p. 17.
Eulima monodon, Requien, 1848. *Cat. coq. Corse*, p. 58.
Odostomia conoidea, Forbes et Hanley, 1853. *Brit. moll.*, III, p. 260, pl. XCV, fig. 4. — Sowerby, 1859. *Ill. ind.*, pl. XVII, fig. 8. — Jeffreys, 1867-1869. *Brit. conch.*, IV, p. 127 ; V, p. 211, pl. LXXIII, fig. 6.
— *Nagli*, Brusina, 1865. *Conch. Dalm. ined.*, p. 20.
— *conoidea*, Brusina, 1866. *Contr. fauna Dalm.*, p. 70.
Odontostomia conoidea, Weinkauff, 1868. *Conch. mittelm.*, II, p. 218.

L'Océan : régions armoricaine et aquitanique (Fischer); Bourgneuf, dans la Loire-Inférieure (Cailliaud, Taslé); Royan, dans la Charente-Inférieure (Taslé); sables à l'entrée de la Gironde (Fischer); cap Breton, dans les Landes (de Folin) ; le golfe de Gascogne (Jeffreys) ; etc.

La Méditerranée : le Roussillon, Paulilles, dans les Pyrénées-Orientales (Bucquoy, etc.); Garlaban, au large du golfe de Marseille, dans les Bouches-du-Rhône (Marion) ; Cannes (Dautzenberg), dans les Alpes-Maritimes (Roux) ; etc.

Ptychostomon acutum, Jeffreys.

Odostomia acuta, Jeffreys, 1848. *In Ann. nat. hist.*, 2e sér., II, p. 338. Forbes et Hanley, 1853. *Brit. moll.*, III, p. 269, pl. XCVII, fig. 8, 9. — Sowerby, 1859. *Ill. ind.*, pl. XVII, fig. 3 et 4. — Jeffreys, 1867-1869. *Brit. conch.*, IV, p. 130 ; V, 211, pl. LXXIII, fig. 8.
Odontostomia acuta, Weinkauff, 1868. *Conch. mittelm.*, II, p. 218.

L'Océan : régions armoricaine et aquitanique (Fischer); Quiberon, dans le Morbihan (Taslé); Piriac, dans la Loire-Inférieure (Cailliaud, Taslé) ; île d'Yeu, dans la Vendée (Servain) ; sables à l'entrée de la Gironde (Fischer) ; etc.

La Méditerranée : les Alpes-Maritimes (Roux).

Ptychostomon umbilicatum, Alder.

Odostomia umbilicata, Alder, 1850. *In Trans. Tynes club*, I, p. 359.
— *acuta (var. umbilicata)*, Jeffreys, 1867. *Brit. conch.*, IV, p. 131.

L'Océan : région armoricaine (Fischer) ; la Loire-Inférieure (Fischer).

Ptychostomon conspicuum, Alder.

Odostomia conspicua, Alder, 1850. *In Trans. Tynes club*, I, p. 359. — Forbes et Hanley, 1853. *Brit. moll.*, III, p. 263, pl. XCV, fig. 6. — Sowerby, 1853. *Ill. ind.*, pl. XVII, 9. — Jeffreys, 1867-69. *Brit. conch.*, IV, p. 132 ; V, p. 211, pl. LXXIII, f. 9.
Megastomia conspicua, de Monterosato, 1884. *Nom. conch. medit.*, p. 94.

La Manche : région normande (Fischer); baie de la Hougue, plage de Quinéville, dans la Manche (Macé); etc.

L'Océan : région armoricaine (Fischer).

Ptychostomon unidentatum, Montagu.

Turbo unidentatus, Montagu, 1803. *Test. Brit.*, p. 324, pl. XXI, fig. 2.
Odostomia unidentata, Jeffreys, 1848 *In Ann. nat. hist.*, 2e sér., II, p. 340. — Forbes et Hanley, 1853. *Brit. moll.*, III, p. 264, pl. XCV, fig. 7-8. — Sowerby, 1859. *Ill. ind.*, pl. XVII, fig. 1. — Jeffreys, 1867-1869. *Brit. conch.*, IV, p. 134 ; V, p. 211, pl. LXXIV, fig. 1. — Bucquoy, Dautzenberg et Dollfus, 1883. *Moll. Rouss.*, p. 161, pl. XIX, fig. 13 et 14.
Odontostomia unidentata, Weinkauff, 1868. *Conch. mittelm.*, II, p. 219.

L'Océan : régions armoricaine et aquitanique (Fischer); les environs de Brest, près de la cale du Fret, Bec-Avel, dans le Finistère (Daniel); golfe du Morbihan, Quiberon, dans le Morbihan (Taslé); le Croisic, baie de la Barrière, dans la Loire-Inférieure (Cailliaud, Taslé) ; île d'Yeu, dans la Vendée (Servain) ; le golfe de Gascogne, le bassin d'Arcachon, dans la Gironde (Fischer, Lafont, Taslé); le cap Breton, dans les Landes (de Folin) ; etc.

La Méditerranée (Petit, Weinkauff) : Paulilles, dans les Pyrénées-Orientales (Bucquoy, etc.) ; les environs des Martigues, dans les Bouches-du-Rhône (Petit) ; les environs de Nice, dans les Alpes-Maritimes (Verany, Jeffreys, Roux) ; etc.

Ptychostomon suboblongum, Jeffreys.

Odostomia suboblonga, Jeffreys, 1884. *In Proceed. zool. soc.*, p. 345, pl. XXVI, fig. 3.

L'Océan : le golfe de Gascogne (Jeffreys).

Ptychostomon plicatum, Montagu.

Turbo plicatus, Montagu, 1808. *Test. brit., Suppl.*, p. 325, pl. XXI, f. 2.
Voluta plicata, Wood, 1825. *Ind. test.*, pl. XIX, fig. 27.
Jaminea plicata, Brown, 1845. *Ill. conch.*, 2e édit., p. 21, pl. VIII, f. 10.
Rissoa elongata, Philippi, 1836. *Enum. moll. Sic.*, I, p. 154, pl. X, f. 16.
Eulima unidens, Requien, 1848. *Cat. moll. Corse*, p. 58.
Odostomia plicata, Jeffreys, 1848. *In Ann. nat. hist.*, 2e sér., II, p. 329. — Forbes et Hanleys, 1853. *Brit. moll.*, III, p. 271, pl. XCVIII, fig. 1, 2. — Sowerby, 1859. *Ill. ind.*, pl. XVII, fig. 5. — Jeffrey, 1867-1869. *Brit. conch.*, IV, p. 137; V, p. 211, pl. LXXIV, fig. 3. — Bucquoy, Dautzenberg et Dollfus, 1883. *Moll. Rouss.*, p. 163, pl. XIX, fig. 3 à 5.
Odontostomia plicata, Weinkauff, 1868. *Conch. mittelm.*, II, p. 219.
Brachystomia plicata, de Monterosato, 1884. *Nom. conch. medit.*, p. 95.

La Manche : région normande (Fischer); plage de Quinéville, dans la Manche (Macé); Saint-Malo, dans l'Ille-et-Vilaine (Grube); etc.

L'Océan : régions armoricaine et aquitanique (Fischer); Quiberon, dans le Morbihan (Taslé); Belle-Isle (Fischer), la Bauche, dans la Loire-Inférieure (Cailliaud, Taslé); le golfe de Gascogne (Fischer); etc.

La Méditerranée (Petit, Weinkauff) : le Roussillon, dans les Pyrénées-Orientales (Bucquoy, etc.); Garlaban, près Marseille, dans les Bouches-du-Rhône (Marion); Antibes (Macé, Jeffreys), Nice (Verany, Jeffreys), dans les Alpes-Maritimes (Roux); etc.

D. — Groupe du *P. rissoides*.

Ptychostomon rissoides, Hanley.

Odostomia scalaris (*n.* Phil.), Macgillivray, 1843. *Moll. Aberd.*, p. 154.
— *rissoides*, Hanley, 1844. *In Proc. zool. soc.*, XII, p. 18. — Forbes et Hanley, 1853. *Brit. moll.*, III, p. 285, pl. XCVI, fig. 4, 5. — Sowerby, 1859. *Ill. ind.*, pl. XVII, fig. 20. — Jeffreys, 1867-69. *Brit. conch.*, IV, p. 122; V, p. 211, pl. LXXIII, fig. 4. — Bucquoy, Dautzenberg et Dollfus, 1883. *Moll. Rouss.*, p. 164, pl. XIX, fig. 7 à 10.
Odontostomia rissoides (pars), Weinkauff, 1868. *Conch. mittel.*, II, p. 220.
Brachystomia rissoides, de Monterosato, 1884. *Nom. conch. medit.*, p. 94.

La Manche : région normande (Fischer); Étretat, dans la Seine-Inférieure (Jeffreys).

L'Océan : régions armoricaine et aquitanique (Fischer); les environs de Brest, dans le Finistère (Daniel); Quiberon, dans le Morbihan (Taslé);

baie de la Barrière, le Croisic, dans la Loire-Inférieure (Cailliaud, Taslé); île d'Yeu, dans la Vendée (Servain); cap Breton, dans les Landes (de Folin); etc.

La Méditerranée : les côtes du Roussillon, dans les Pyrénées-Orientales (Bucquoy, etc.); Palavas, dans l'Hérault (Dollfus); etc.

Ptychostomon nitidum, Alder.

Odostomia nitida, Alder, 1844. *In Ann. nat. hist.*, XIII, p. 326, pl. VIII, fig. 5. — Forbes et Hanley, 1853. *Brit. moll.*, III, p. 280, pl. XCIV, fig. 6. — Sowerby, 1859. *Ill. ind.*, pl. XVII, fig. 17.

— *rissoides (var. nitida)*, Bucquoy, Dautzenberg et Dollfus, 1883. *Moll. Rouss.*, p. 166, pl. XIX, fig. 11.

Odontostomia rissoides (pars), Weinkauff, 1868. *Conch. mittel.*, II, p. 220

La Méditerranée : Paulilles, dans le Roussillon (Bucquoy, etc.); Cannes, dans les Alpes-Maritimes (Dautzenberg); etc.

Ptychostomon glabratum, v. Mühlfeldt.

Helix glabrata, von Mühlfeldt, 1824. *In Verhandl. Berl. Ges.*, I, p. 218, pl. III, fig. 10.

Odostomia glabrata, Forbes et Hanley, 1853. *Brit. moll.*, III, p. 283, pl. XCVIII, fig. 3. — Sowerby, 1859. *Ill. ind.*, pl. XVII, f. 19.

L'Océan : plateau du Four, dans la Loire-Inférieure (Nob.).

Ptychostomon album, Jeffreys.

Odostomia alba, Jeffreys, 1848. *In Ann. nat. hist.*, 2e sér., II, p. 337. — Forbes et Hanley, 1853. *Brit. moll.*, III, p. 278, pl. XCVI, fig. 7. — Sowerby, 1859. *Ill. ind.*, pl. XVII, fig. 15.

— *rissoides (var. alba)*, Bucquoy, Dautzenberg et Dollfus, 1883. *Moll. Rouss.*, p. 166, pl. XIX, fig. 12.

La Méditerranée : Paulilles, dans les Pyrénées-Orientales (Bucquoy, etc).

Ptychostomon nivosum, Montagu.

Turbo nivosus, Montagu, 1803. *Test. Brit.*, II, p. 326. — Wood, 1825. *Ind. Test.*, pl. XXXI, fig. 56.

Odostomia cylindrica, Alder, 1844. *In Ann. nat. hist.*, XIII, p. 327, pl. VIII, fig. 14. — Forbes et Hanley, 1853. *Brit. moll.*, III, p. 287, pl. XCVI, fig. 7. — Sowerby, 1859. *Ill. ind.*, pl. XVII, fig. 11.

Pyramis nivosus, Brown, 1845. *Ill. conch.*, 2e édit., p. 14, pl. IX, f. 25, 26.
Odostomia nivosa, Jeffreys, 1867-1869. *Brit. conch.*, IV, p. 116; V, p. 211, pl. LXXII, fig. 7.

La Méditerranée : Garlaban, près Marseille, dans les Bouches-du-Rhône (Marion).

Ptychostomon Monterosatoi, Bucquoy, Dautz., Dollf.

Odostomia Monterosatoi, Bucquoy, Dautzenberg et Dollfus, 1883. *Moll. Rouss*, p. 167, pl. XIX, fig. 15.

La Méditerranée : Paulilles, dans les Pyrénées-Orientales (Bucquoy, etc.).

Ptychostomon pallidum, Montagu.

Turbo pallidus, Montagu, 1803. *Test. Brit.*, II, p. 325, pl. XXI, fig. 4.
Odostomia eulimoides, Forbes et Hanley, 1853. *Brit. moll.*, III, p. 273, pl. XCV, fig. 2, 3. — Sowerby, 1859. *Ill. ind.*, pl. XVII, fig. 1, 2.
— *pallida*, Jeffreys, 1867-1869. *Brit. conch.*, IV, p. 124; VI, p. 211, pl. LXXIII, fig. 5.
Odontostomia eulimoides, Weinkauff, 1868. *Conch. mittelm.*, II, p. 210.

La Manche : région normande (Fischer).

L'Océan : régions armoricaine et aquitanique (Fischer) ; Royan, la Rochelle, dans la Charente-Inférieure (Fischer); île d'Yeu, dans la Vendée (Servain); le golfe de Gascogne ; sables à l'entrée de la Gironde, le bassin d'Arcachon, dans la Gironde (Lafont, Fischer, Taslé) ; etc.

La Méditerranée : les environs de Cette, dans l'Hérault (Granger) ; Garlaban, Ratonneau, près de Marseille, dans les Bouches-du-Rhône (Marion) ; etc.

Ptychostomon clavulum, Lovén.

Turbonilla clavula, Lovén, 1846. *Ind. moll. Scand.*, p. 18.
Odostomia clavula, Jeffreys, 1848. *In Ann. nat. hist.*, 2e sér, II, p. 349. — Jeffreys, 1867-1869. *Brit. conch.*, IV, p. 118 ; V, p. 211, pl. LXXIII, fig. 1.
Eulimella clavula, Forbes et Hanley, 1853. *Brit. moll.*, III, p. 314, pl. XCVIII, fig. 8. — Sowerby, 1859. *Ill. ind.*, pl. XIV, fig. 20.
Liostomia clavula, de Monterosato, 1884. *Nom. conch. medit.*, p. 95.

L'Océan : région aquitanique, golfe de Gascogne (Fischer) ; sables à l'entrée de la Gironde (Fischer, Taslé).

Ptychostomon umbilicare, Malm.

Turbonilla umbilicaris, Malm. *In Götheb. vet. Handl.*, n. sér., VIII, p. 128, pl. II, fig. 10.
Odostomia umbilicaris, Jeffreys, 1867-1869. *Brit. moll.*, IV, p. 129, ; V, p. 211, pl. LXXIII, fig. 7.

L'Océan : le golfe de Gascogne (Jeffreys).

E. — Groupe du *P. fusulum*

Ptychostomon fusulum, de Monterosato.

Odostomia (auriculina) fusulus, de Monterosato, 1878. *In Journ. conch.*, t. XXVI, p. 316.
Auristomia fusulus, de Monterosato, 1884. *Nom. conch. medit.*, p. 96.

La Méditerranée : les côtes de Provence (de Monterosato).

Genre ONDINA, de Folin

De Folin, 1872. *Les fonds de la mer*, II, p. 48.

Ondina insculpta, Montagu.

Turbo insculptus, Montagu, 1808. *Test. Brit.*, *Suppl.*, p. 129.
Voluta insculpta, Dillwyn, 1817. *Recent shells*, I, p. 509.
Odostomia insculpta, Fleming, 1828. *Brit. anim.*, p. 310. — Forbes et Hanley, 1853. *Brit. moll.*, III, p. 289, pl. XCVI, fig. 6. — Sowerby, 1859. *Ill. ind.*, pl. XVII, fig. 6. — Jeffreys, 1867-1869. *Brit. conch.*, IV, p. 139 ; V, p. 211, pl. LXXIV, fig. 4.
Jaminia insculpta, Brown, 1845. *Ill. conch.*, 2e édit., p. 22.

L'Océan : régions armoricaine et aquitanique (Fischer) ; Quiberon, dans le Morbihan (Taslé) ; le Croisic, dans la Loire-Inférieure (Cailliaud, Taslé) ; île d'Yeu, dans la Vendée (Servain) ; sables à l'entrée de la Gironde (Fischer) ; le golfe de Gascogne (Jeffreys) ; etc.

Ondina Warreni, Thompson.

Rissoa Warrenii, Thompson, 1844. *In Ann. nat. hist.*, XV, p. 315, pl. XIX, fig. 4.
? *Turbonilla obliqua*, Lovén, 1846. *Ind. moll. Scand.*, p. 19.
Odostomia Warrenii, Jeffreys, 1856. *In Ann. nat. hist.*, 2e sér., II, p. 341. — Forbes et Hanley, 1853. *Brit. moll.*, III, p. 292, pl. XCVI, fig. 2, 3. — Sowerby, 1859. *Ill. ind.*, pl. XVII, f. 28.

Odostomia obliqua (var. Warrenii), Jeffreys, 1867-69. *Brit. conch.*, IV, p. 143; pl. CII, fig. 2.

Odontostomia Warreni, Weinkauff, 1868. *Conch. mittelm.*, II, p. 221,

L'Océan : cap Breton, dans les Landes (Fischer, de Folin).
La Méditerranée : les Alpes-Maritimes (Roux); etc.

Ondina semiornata, de Folin.

Ondina semiornata, de Folin, 1872. *Les fonds de la mer*, II, p. 48, pl. II, fig. 1.

?*Auriculina exilissina*, de Monterosato, 1884. *Nom. conch. medit.*, p. 97.

L'Océan : fosse du cap Breton, dans les Landes (de Folin).

Ondina scandens, Brugnone.

Odostomia (auriculina) obliqua, de Monterosato, 1878. *Enum. e sinon.*, p. 32 (*non* Alder).

Auriculina scandens, Brugnone, *In* de Monterosato, 1884. *Nom. conch. medit.*, p. 97.

La Méditerranée : Marseille, dans les Bouches-du-Rhône (de Monterosato).

Genre PYRAMIDELLA, de Lamarck

De Lamarck, 1796. *In Mem. Soc. Hist. nat. Paris*

Pyramidella nitidula, A. Adams.

Syrnola nitidula, A. Adams, 1860. *In Ann. nat. hist.*, p. 336.

Pyramidella nitidula, Jeffreys, 1884. *In Proceed. zool. soc.*, p. 363, pl. XXVII, fig. 8.

L'Océan : le golfe de Gascogne (Jeffreys).

Genre MATHILDA, O. Semper

O. Semper, 1865. *In Journ. conch.*, XIII, p. 330.

Mathilda quadricarinata, Brocchi.

Turbo (turritella) quadricarinatus, Brocchi, 1814. *Conch. foss. sub.* pl. VII, fig. 6.

Turritella quadricarinata, Brown, 1831. *Ital. Tertiärgeb.*, p. 54.

Eglisia quadricarinata, Deshayes, 1863. *Anim. s. vert.*, II, p. 353.

Mathilda quadricarinata, O. Semper, 1865. *In Journ. conch.*, XIII, p. 332.

Eglisia Mac-Andreæ, A. Adams, 1865. *In Proceed. zool. soc.*, p. 753.

L'Océan : le golfe de Gascogne (Jeffreys).

Mathilda retusa, Brugnone.

Mathilda retusa, Brugnone, 1873. *Miscell. malac.*, p. 6, fig. 3.

La Méditerranée : Porquerolles, dans le Var (de Boury); côtes de Provence (de Monterosato); etc.

Mathilda elegantissima, O. G. Costa.

Trochus elegantissimus, O. G. Costa. *Microd. medit.*
Mathilda cochleæformis, Brugnone, 1873. *Misc. malac.*, p. 5, fig. 1
— *elegantissima*, de Monterosato, 1874. *In Journ. conch*, XXII, p. 265.
— *cochleæformis*, de Monterosato, 1874. *Loc. cit*, p. 265.

La Méditerranée : la Cassidagne, dans les Bouches-du-Rhône (Marion).

Mathilda granolirata, Brugnone.

Mathilda granolirata, Brugnone, 1873. *Miscel. malac.*, p. 6, fig. 2.

La Méditerranée : Nice, dans les Alpes-Maritimes (Nob,).

Genre MENESTHO, Möller

Möller, 1842. *Ind. moll. Groenl.*, p. 10.

Menestho Humboldti, Risso.

Turbonilla Humboldti, Risso, 1826. *Hist. nat. mérid.*, IV, p. 194, f. 63.
Tornatella lactea, Michaud, 1829. *In Soc. Lin. Bord.*, III, p. 271, f. 21-22.
— ? *clathrata*, Philippi, 1836. *Enum. moll. Sic.*, I, p. 166.
— *turriculata*, Calcara, 1840. *Mon. gen. Claus. e Bul.*, p. 50.
Chemnitzia Humboldti, Philippi, 1846. *En. moll. Sic*, II, p. 137.
Odostomia Humboldti, Jeffreys, 1856. *Piedm. Coast.*, p. 31.
Rissoa clathrata, Seguenza, 1876. *Moll. di Messina*, p. 2.
Menestho Humboldti, de Monterosato, 1878. *Enum. e sin.*, p. 31. — Bucquoy, Dautzenberg et Dollfus, 1883. *Moll. Rouss.*, p. 194, pl. XXI, fig. 20.

La Méditerranée : Cannes, dans les Alpes-Maritimes (Bucquoy, etc.).

Menestho Dollfusi, Locard.

Menestho Humboldti (var. sulcata), Bucquoy, Dautzenberg et Dollfus, 1883. *Moll. Rouss.*, p. 195, pl. XXI, fig. 21.

La Méditerranée : la Cassidagne, dans les Bouches-du-Rhône (Marion).

Genre PHERUSA, Jeffreys

Jeffreys, 1869. *Brit. conch*, V, p. 210.

Pherusa Gulsonæ, Clark.

Chemnitzia Gulsonæ, Clarck, 1862. *In Ann. nat. hist.*, VI, p. 459.
Odostomia Gulsonæ, Forbes et Hanley, 1853. *Brit. moll*, IV, *App.*, p. 281, pl. CXXXII, fig. 6.
Aclis Gulsonæ, Jeffreys, 1867. *Brit. conch*, IV, p. 106.
Pherusa Gulsonæ, Jeffreys, 1869. *Brit. conch.*, V, p. 210, pl. LXXII, fig. 5.
Menippe Gulsonæ, Fischer, 1878. *In Act soc. Lin. Bord.*, XXXII, p. 186.

L'Océan : région armoricaine (Fischer).

RISSOIIDÆ

Genre ALVANIA, Leach

Leach, *In* Risso, 1826. *Hist. nat. eur. mérid.*, p. 146.

A. — Groupe de l'*A. cimex*.

Alvania cimex, Linné (1).

Turbo cimex, Linné, 1767. *Syst. nat.*, édit. XII, p. 1233.
— *calathis us*, Montagu, 1803. *Test. Brit.*, *Suppl.*, p. 132, pl. XXX, fig. 5.
Rissoa cancellata, Desmarest, 1814 *In Bull. soc. Phil.*, IV, p. 8, pl. I, fig. 5 (*non* Costa).
Turbo calathriscus (per err.), Turton, 1819. *Conch. dict.*, p 211
Alvania europæa, Risso, 1826. *Hist. nat. eur. mérid.*, IV, p 142, fig. 116.
— *Freminvillea*, Risso, 1826. *Loc. cit.*, IV, p. 141, fig. 118.
Rissoa cimex, Scacchi, 1836. *Cat. Reg. Neap.*, p. 14 — Bucquoy, Dautzenberg et Dollfus, 1884. *Moll. Rouss.*, p. 283, pl. XXXIV, fig. 10 à 17.
— *granulata*, Philippi, 1836. *Enum. moll. Sic.*, I, p. 153.
Cingula calathiscus, Fleming, 1838. *Brit. anim.*, p. 305.
— *calathisca*, Thorpe, 1844. *Brit. mar. conch.*, p. 174.

(1) Melius : *cimicina*.

Rissoa calathiscus, Philippi, 1844. *Enum. moll. Sic.*, II, p. 125.
— *europæa*, Petit de la Saussaye, 1852. *In Journ. conch.*, III, p. 86.
Alvania calathiscus, H. et A. Adams, 1858. *Gen. moll.*, I, p. 331, pl. XXXV, fig. 5.
Acinus cimex, de Monterosato, 1884. *Conch. litt. medit.*, p. 21.

La Manche (de Gerville).

L'Océan : Basse-Kikerie, dans la Loire-Inférieure (Bucquoy, etc.).

La Méditerranée (Petit, Weinkauff) : le Roussillon, Port-Vendre, Banyuls, Paulilles, etc. dans les Pyrénées-Orientales (Bucquoy, etc.); la Nouvelle, dans l'Aude (Nob.); Palavas (Dollfus), Cette (Granger), dans l'Hérault; la Provence (Petit); Marseille (Ancey), la Joliette, Pomègue, Monrepiano, Ratonneau, Peyssonnel, etc. (Marion), dans les Bouches-du-Rhône; Toulon, Saint-Tropez, Saint-Raphaël (Doublier), Saint-Nazaire, Porquerolles, presqu'île de Gien, etc. (Nob.), dans le Var; Cannes (Dautzenberg), Menton (Nob.), Nice (Verany, Risso), dans les Alpes-Maritimes (Roux); etc.

Alvania mamillata, Risso.

Alvania mamillata, Risso, 1826. *Hist. nat. eur. mérid.*, IV. p. 145, f. 118
Rissoa cimex (var. mamillata), *pars auct.*

La Méditerranée : Toulon, dans le Var ; Cannes, Nice (Nob.), dans les Alpes-Maritimes (Risso); etc.

B. — Groupe de l'*A. cancellata*

Alvania cancellata, da Costa.

Turbo cancellatus, da Costa, 1779. *Brit. conch.*, p. 104, pl. VIII, fig. 6, 9.
— *cimex* (*n.* Linné), Donovan, 1799. *Brit. shells*, I, pl. II, fig. 1.
? *Alvania verrucosa*, Risso, 1826. *Hist. nat. eur. mérid.*, IV, p. 144.
Cingula cimex, Fleming, 1828. *Brit. anim.*, p. 305 (*non* Linné).
Rissoa crenulata, Michaud, 1832. *Descr. nouv. esp. Rissoa*, p. 13, fig. 1, 2. — Sowerby, 1859. *Ill. ind.*, pl. XIII, fig. 8.
Alvania crenulata, Brusina, 1866. *Contr. fauna Dalm.*, p. 25.
Rissoa cancellata, Jeffreys, 1867-1869. *Brit. conch.*, IV, p. 8; V, 7 p. 20, pl. LXVI, fig. 3. — Bucquoy, Dautzenberg et Dollfus, 1884. *Moll. Rouss.*, p. 294, pl. XXXIV, fig. 18 à 23.
Acinopsis cancellata, de Monterosato, 1884. *Conch. litt. medit.*, p. 22.

La Manche : région normande (Fischer); baies de la Hougue et de Cherbourg, dans la Manche (Recluz, Macé); Saint-Malo, dans l'Ille-et-Vilaine (Nob.); etc.

L'Océan : régions armoricaine et aquitanique (Fischer) ; Postrein, Lanninon, rade de Brest, dans le Finistère (Daniel) ; Quiberon, dans le Morbihan (Taslé) ; Piriac, dans la Loire-Inférieure (Cailliaud, Taslé) ; la Charente-Inférieure (Beltremieux, Taslé) ; au large du bassin d'Arcachon, dans la Gironde (Fischer) ; embouchure de l'Adour, dans les Basses-Pyrénées (de Folin) ; etc.

La Méditerranée (Petit, Weinkauff) : les côtes du Roussillon, dans les Pyrénées-Orientales (Bucquoy, etc.) ; la Nouvelle, dans l'Aude (Nob.) ; Palavas (Dollfus), de Cette à Aigues-Mortes (Dubreuil), Cette, Agde (Michaud), dans l'Hérault ; les Martigues (Nob.), Morgillet, Ratonneau, la Cassidagne, au large de Marseille, etc. (Marion), dans les Bouches du-Rhône ; Toulon, la Ciotat (Petit, Doublier), Saint-Nazaire, Saint-Tropez Porquerolles (Nob.), dans le Var ; Cannes (Dautzenberg), Antibes (Petit, Doublier), Nice (Risso), dans les Alpes-Maritimes (Roux) ; etc.

Alvania subcrenulata, Schwartz von Mohrenstern.

Rissoa crenulata (var. minor), Philippi, 1844. *En. moll. Sic.*, II, p. 126.
— *?granulata*, Requien, 1848. *Cat. coq. Corse*, p. 56.
Alvania subcrenulata, Schwartz von Mohrenstern, 1869. *In* Appelius. *Boll. malac. Ital.*, II, p. 191.
Rissoa Oceani, Aradas et Benoit, 1870. *Conch. Sicil.*, p. 197 (*n.* d'Orb.).
— *subcrenulata*, de Monterosato, 1872. *Not. conch. medit.*, p. 33. — Bucquoy, Dautzenberg et Dollfus, 1884. *Moll. Rouss.*, p. 293, pl. XXXVI, fig. 11 à 13.
Acinus subcrenulatus, de Monterosato, 1884. *Conch. lit. medit.*, p. 21.

La Méditerranée : le Roussillon, Paulilles, Banyuls, dans les Pyrénées-Orientales (Bucquoy, etc.) ; la Cassidagne, dans les Bouches-du-Rhône (Marion) ; la Seyne, dans le Var (Nob.) ; Cannes, dans les Alpes-Maritimes (Dautzenberg) ; etc.

Alvania Zetlandica, Montagu.

Turbo Zetlandicus, Montagu, 1811. *In Trans. Lin. soc.*, XI, p. 194 pl. XIII, fig. 3.
Cyclostrema Zetlandica, Fleming, 1836. *Brit. anim.*, p. 312.
Rissoa cyclostoma, Recluz, 1843. *In Rev. zool. Cuv.*, p. 104.
— *Zetlandica*, Brown, 1845. *Ill. conch.*, 2e édit., p. 11, pl. IX, fig. 79. — Forbes et Hanley, 1853. *Brit. moll.*, III, p. 78, pl. LXXX, fig. 1, 2. — Sowerby, 1859. *Ill. ind.*, pl. XIII, fig. 7. — Jeffreys, 1867 1869. *Brit. conch.*, IV, p. 20 ; V, p. 207, pl. LXVII, fig. 1.
Alvania Zetlandica, Weinkauff, 1868. *Conch. mittelm.*, II, p. 314.
Flemingia Zetlandica, de Monterosato, 1884. *Nom. conch. med.*, p. 64.

La Manche : région normande (Fischer); Langrune, dans le Calvados (Nob.); Cherbourg, dans la Manche (Recluz, Jeffreys); etc.

L'Océan : régions armoricaine et aquitanique (Fischer); Basse Kikerie, dans la Loire-Inférieure (Nob.); cap Breton, dans les Landes (de Folin).

La Méditerranée : la Cassidagne, dans les Bouches-du-Rhône (Marion); Nice, Antibes (Jeffreys), dans les Alpes-Maritimes (Roux); etc.

Alvania hispidula, DE MONTEROSATO.

Rissoa clathrata, Philippi, 1844. *Enum. moll. Sic.*, II, p. 223 et 227, pl. XXVIII, fig. 20.
— *cancellata*, Philippi, 1844. *Loc. cit.*, p. 303.
Acinus hispidulus, de Monterosato, 1884. *Nom. conch. medit.*, p. 63.

La Méditerranée : la Cassidagne, dans les Bouches-du-Rhône (Marion).

C. — Groupe de l'*A. Montagui*

Alvania Montagui, PAYRAUDEAU.

Rissoa Montagui, Payraudeau, 1826. *Moll. Corse*, p. 111, pl. V, fig. 14.
— Bucquoy, Dautzenberg et Dollfus, 1884. *Moll. Rouss.*, p. 285, pl. XXXIV, fig. 1 à 4 et fig. 6.
?*Alvania sardea*, Risso, 1826. *Hist. nat. eur. mérid.*, IV, p. 145.
Rissoa buccinoides (pars), Deshayes, 1832. *Exp. scient. Morée*, p. 151, pl. XIX, fig. 41 à 43.
— *costata* (*non* Adams), Scacchi, 1836. *Cat. Reg. Neap*, p. 14.
Alvania Montagui, Brusina, 1866. *Contr. fauna Dalm.*, p. 35.
Rissoa Montacuti, Jeffreys, 1884. *In Proceed. zool. soc.*, p. 122.

La Méditerranée (Petit, Weinkauff): le Roussillon, Port-Vendre, Banyuls, Paulilles, etc. (Bucquoy, etc); la Nouvelle, dans l'Aude (Nob.) ; de Cette à Aigues-Mortes, dans l'Hérault (Dubreuil); la Provence (Petit); les Martigues (Nob.), Morgil'et, Garlaban, Ratonneau, etc. (Marion), dans les Bouches-du-Rhône; Saint-Tropez, Toulon (Doublier), Saint-Nazaire, Porquerolles, etc. (Nob.), dans le Var; Cannes (Dautzenberg); Antibes (Petit, Doublier); golfe de Nice (Verany), dans les Alpes-Maritimes (Roux); etc.

Alvania Schwartziana, BRUSINA.

Alvania Schwartziana, Brusina, 1866. *Contr. fauna Dalm.*, p. 25, f. 9.

La Méditerranée : Menton, dans les Alpes-Maritimes (Nob.).

Alvania consociella, DE MONTEROSATO.

Alvania consociella, de Monterosato, 1884. *Conch. litt. med.*, p. 19.

La Méditerranée : le Roussillon, Port-Vendre, dans les Pyrénées-Orientales ; Bandol, dans le Var (de Monterosato) ; etc.

Alvania lineata, Risso.

Alvania lineata, Risso, 1826. *Hist. nat. eur. mérid.*, IV, p. 142, fig. 120.
— *costulosa*, Risso, 1826. *Loc cit.*, p. 142, fig. 126.
Rissoa buccinoides (pars), Deshayes, 1832. *Exp. scient. Morée*, p. 151, pl. XIX, fig. 41, 42.
— *Montagui*, Aradas et Benoit, 1870. *Conch. mar. Sic.*, p. 199, pl. IV, fig. 13.
— *lineata*, de Monterosato, 1878. *Enum. e sinon*, p. 24. — Bucquoy, Dautzenberg et Dollfus, 1884 *Moll. Rouss.*, p. 287, pl. XXXIII, fig. 5, 7 et 8.

La Méditerranée : le Roussillon, Port-Vendre, etc., dans les Pyrénées-Orientales (Bucquoy, etc.) ; la Seyne, les environs de Toulon, dans le Var (Nob.) ; Nice, dans les Alpes-Maritimes (Risso) ; etc.

Alvania aspera, Philippi.

Rissoa aspera, Philippi, 1844. *Enum. moll. Sic.*, II, p. 136, pl. XXIII, fig. 6.

La Méditerranée : les Alpes-Maritimes (Roux).

Alvania Canariensis, d'Orbigny.

Rissoa Canariensis, d'Orbigny, 1837. *Moll. Can.*, p. 78, pl. VI, f. 5-7.

La Méditerranée : le golfe de Marseille (Jeffreys).

Alvania Lanciæ, Calcara.

Rissoa Lanciæ, Calcara, 1845. *Cen. moll. Sic.*, p. 29, pl. IV, fig. 12. — Bucquoy, Dautzenberg et Dollfus, 1884. *Moll. Rouss.*, p. 288, pl. XXXVI, fig. 1 à 3.
— *scabra*, de Monterosato, 1878. *Enum. e sin.*, p. 25 (*non* Phil.).
Alvania Lanciæ, de Monterosato, 1884. *Conch. litt. medit.*, p. 20.

La Méditerranée (Petit) : le Roussillon, Port-Vendre, Banyuls, Paulilles, etc., dans les Pyrénées-Orientales (Bucquoy, etc.) ; les Martigues, dans les Bouches-du-Rhône ; Nice, dans les Alpes-Maritimes (Nob.) ; etc.

Alvania scabra, Philippi.

Rissoa scabra, Philippi, 1846. *Enum. moll. Sic.*, II, p. 126, pl. XXIII, f. 8.
Alvania scabra, Weinkauff, 1868. *Conch. mittelm.*, II, p. 307.

La Méditerranée (Petit, Weinkauff) : Cette, dans l'Hérault (de Monterosato) ; la Provence (Petit) ; Ratonneau, près Marseille, dans les Bouches-du-Rhône (Marion) ; Toulon, dans le Var (Nob.) ; etc.

Alvania Algeriana, DE MONTEROSATO.

Rissoa Algeriana, de Monterosato, 1877. *In Journ. conch.*, XXV, p. 34, pl. III, fig 5.

La Méditerranée : Nice, dans les Alpes-Maritimes (Nob.).

D. — Groupe de l'*A. reticulata*

Alvania reticulata, MONTAGU.

Turbo reticulatus, Montagu, 1807. *Test. Brit.*, *Suppl.*, p. 332, pl. XXI, f. 1.
? *Rissoa textilis*, Philippi, 1844. *En. moll. Sic.*, II, p. 131, pl. XXIII, f. 22.
— *reticulata*, Chenu, 1859. *Man. conch.*, I, p. 306, fig. 2167. — Jeffreys, 1867-1869. *Brit. conch.*, IV, p. 12 ; V, p. 207, pl. LXVI, fig. 5. — Bucquoy, Dautzenberg et Dollfus, 1884. *Moll. Rouss.*, p. 290, pl. XXXVI, fig. 4 à 6.
Alvania Brocchii, Weinkauff, 1868. *Conch. mittelm.*, II, p. 450.
— *reticulata (pars)*, Weinkauff, 1870. *In Boll. malac. Ital.*, III, p. 131.
Acinus reticulatus, de Monterosato, 1884. *Nom. conch. medit.*, p. 62.

La Manche : Dunkerque, dans le Nord (Terquem); Cancale, dans l'Ille-et-Vilaine (Nob.) ; etc.

L'Océan : régions armoricaine et aquitanique (Fischer) ; Postrein, Lanninon, dans le Finistère (Daniel); sables à l'entrée de la Gironde (Fischer) ; cap Breton, dans les Landes (de Folin) ; etc.

La Méditerranée : le Roussillon, Paulilles, Banyuls, dans les Pyrénées-Orientales (Bucquoy, etc.); Morgillet, Ratonneau, cap Cavaux, la Cassidagne, Garlaban, etc., dans les Bouches-du-Rhône (Marion) ; Cannes (Dautzenberg), Nice (Risso), dans les Alpes-Maritimes ; etc.

Alvania Gergonia, CHIEREGHINI.

Rissoa cimex (non Linné*)*, Brocchi, 1814. *Conch. foss. subap.*, p. 363, pl. VI, fig. 3.
— *reticulata (pars)*, Jeffreys, 1867. *Brit. conch.*, IV, p. 12.
Alvania Gergonia, Brusina, 1870. *Ipsa Chieregh. conch.*, p. 37 et 195.
Rissoa Mariæ (*non* d'Orbigny), Bucquoy, Dautzenberg et Dollfus, 1884. *Moll. Rouss.*, p. 291, pl. XXXVI, fig. 7-10.
Acinus Gergonius, de Monterosato, 1884. *Nom. conch. medit.*, p. 63.

La Méditerranée : le Roussillon, Port-Vendre, Banyuls, Paulilles, dans les Pyrénées-Orientales (Bucquoy, etc.); Palavas, dans l'Hérault (Dollfus); Nice, dans les Alpes-Maritimes (Nob.); etc.

Alvania Jeffreysi, Waller.

Rissoa Jeffreysi, Waller, 1864. *In Ann. nat. hist.*, 3e sér., XIV, p. 136. Jeffreys, 1867-1869. *Brit. conch.*, IV, p. 11? ; V, p. 207, pl. LXVI, fig. 7.

L'Océan : région aquitanique (Fischer); en dehors du bassin d'Arcachon, dans la Gironde (Lafont, Fischer); golfe de Gascogne (Fischer, Jeffreys); etc.

Alvania cimicoides, Forbes (1).

Rissoa cimicoides, Forbes, 1843. *In Rep. Brit. ass.*, p. 189. — Sowerby, 1859. *Ill. ind.*, pl. XIII, fig. 6. — Jeffreys, 1867-69. *Brit. conch.*, IV, p. 14; V, p. 207, pl. LXVI, fig. 6.
— *sculpta* (*non* Phil.), Forbes et Hanley, 1853. *Brit. moll.*, III, pl. LXXX, fig. 56.
Alvania cimicoides, Weinkauff, 1868. *Conch. mittelm.*, II, p. 304.

L'Océan : régions armoricaine et aquitanique (Fischer) ; le golfe de Gascogne (Fischer, Jeffreys); sables à l'entrée de la Gironde (Fischer); etc.

La Méditerranée (Petit, Weinkauff) : Peyssonnel, les environs de Marseille, dans les Bouches-du-Rhône (Marion) ; etc.

Alvania abyssicola, Forbes.

Rissoa abyssicola, Forbes, 1853. *In* Forbes et Hanley, *Brit. moll.*, III, p. 86, pl. LXXVIII, fig. 1, 2 ; pl. JJ, fig. 3. —Sowerby, 1859. *Ill. ind.*, pl. XIII, fig. 11. — Jeffreys, 1867-1869. *Brit. conch.*, IV, p. 19 ; V, p. 207, pl. LXVI, fig. 9.
Actonia abyssicola, de Monterosato, 1884. *Nom. conch. medit.*, p. 61.

L'Océan : région aquitanique (Fischer); sables à l'entrée de la Gironde (Fischer) ; au large des passes de la Gironde (Lafont); cap Breton, dans les Landes (de Folin) ; le golfe de Gascogne (Jeffreys); etc.

La Méditerranée : Morgillet, près Marseille, dans les Bouches-du-Rhône (Marion) ; Toulon, dans le Var (Nob.) ; etc.

Alvania subsoluta, Aradas.

Rissoa subsoluta, Aradas, 1847. *Mem. malac. Sic.*, p. 77. — Jeffreys, 1884. *In Proc. zool. soc.*, p. 115, pl. IX, fig. 3.

(1) Melius : *cimiciformis*.

Rissoa abyssicola, G. O. Sars, 1878. *Moll. Norv.*, p. 170, pl. X, fig. 5.
Alvania elegantissima, de Monterosato, 1875. *Nuov. rev.*, p. 27.
— *subsoluta*, de Monterosato, 1884. *Nom. conch. medit.*, p. 61

L'Océan : le golfe de Gascogne (Jeffreys).

La Méditerranée : le golfe du Lion (de Monterosato); Peyssonnel, dans les Bouches-du-Rhône (Marion); etc.

Alvania Testæ, Aradas et Maggiore.

Rissoa reticulata, Philippi, 1834. *Enum. moll. Sic.*, I, p. 156, pl. X, f. 14.
— *Testæ*, Aradas et Maggiore, 1844. *Cat. rag.*, p. 207.
— *abyssicola (var. conformis)*, Jeffreys, 1867. *Brit. conch.*, IV, p. 10
— *Testæ*, de Monterosato, 1875. *Nuov. rev.*, p. 27.
Actonia Testæ, de Monterosato, 1884. *Nom. conch. medit.*, p. 61.

La Méditerranée : Garlaban, Peyssonnel, dans les Bouches-du-Rhône (Marion) ; etc.

Alvania calathus, Forbes et Hanley (1).

Rissoa calathus, Forbes et Hanley, 1853. *Brit. moll.*, III, p. 82, pl. LXXVIII, fig. 3. — Sowerby, 1859. *Ill. ind.*, pl. XIII, fig. 9. — Jeffreys, 1867-1869. *Brit. conch.*, IV, p. 11 ; V, p. 207, pl. LXVI, fig. 4.
Alvania calathus, Weinkauff, 1868. *Conch. mittelm.*, II, p. 304.

La Manche : Dunkerque, dans le Nord (Terquem).

L'Océan : Quiberon, dans le Morbihan (Taslé); côtes de Piriac, dans la Loire-Inférieure (Cailliaud, Taslé) ; etc.

La Méditerranée : la Provence (Weinkauff, Jeffreys) ; Toulon, dans le Var (Nob.) ; les Alpes-Maritimes (Roux) ; etc.

Alvania Beani, Hanley.

Cingula Beani, Hanley, 1843. *Brit. mar. conch.*, p. 14, fig. 43.
Rissoa Beani, Lovén, 1846. *Ind. moll. Scand.*, p. 156. — Forbes et Hanley, 1853. *Brit. moll.*, III, p. 84, pl. LXXIX, fig. 5, 6. — Sowerby, 1859. *Ill. ind.*, pl XIII, fig 10.
— *reticulata (pars)*, Jeffreys, 1867. *Brit. conch.*, IV, p. 12.
Alvania Beani, Weinkauff, 1868. *Conch. mittelm.*, II, p. 305.

L'Océan : région armoricaine (Fischer); pointe de Castelli, au sud-ouest de Piriac, dans la Loire-Inférieure (Cailliaud).

La Méditerranée : le sud de la France (Weinkauff, Jeffreys).

(1) Melius : *calathiscus*.

Alvania puncturata, Montagu.

Turbo punctura, Montagu, 1803. *Test. Brit.*, II, p. 320, pl. XII, fig. 5.
Cingula reticulata (pars), Fleming, 1820. *Brit. anim.*, p. 306.
Rissoa punctura, Macgillivray, 1843. *Moll. Aberd.*, p. 327. — Forbes et Hanley, 1853. *Brit. moll.*, III, p. 89, pl. LXXX, fig. 8, 9. — Sowerby, 1859. *Ill. ind.*, pl. XIII, fig. 13. — Jeffreys, 1867-69. *Brit. conch.*, IV, p. 17; V, p. 207, pl. LXVI, f. 8.

L'Océan : régions armoricaine et aquitanique (Fischer) ; environs de Brest, dans le Finistère (Daniel) ; Quiberon, dans le Morbihan (Taslé); plateau du Four, dans la Loire-Inférieure (Cailliaud) ; sables à l'entrée de la Gironde (Lafont, Fischer) ; etc.

La Méditerranée (Petit) ; la Provence (Petit, Jeffreys, Weinkauff) ; Peyssonnel, dans les Bouches-du-Rhône (Marion) ; Antibes (Jeffreys), dans les Alpes-Maritimes (Roux) ; etc.

E. — Groupe de l'*A. lactea*

Alvania lactea, Michaud.

Rissoa lactea, Michaud, 1832. *Descr. esp. Rissoa*, p. 7, fig. 11 et 12. — Forbes et Hanley, 1853. *Brit. moll.*, III, p. 76, pl. LXXIX, fig. 3, 4. — Sowerby, 1859. *Ill. ind.*, pl. XIII, fig. 12. — Jeffreys, 1867 1869. *Brit. conch.*, IV, p. 7 ; V, p. 206, pl. LXVI, fig. 2. — Bucquoy, Dautzenberg et Dollfus, 1883. *Moll. Rouss.*, p. 298, pl. XXXV, fig. 7 à 13.
— *cancellata*, Petit de la Saussaye, 1853. *In Journ. conch.*, III, p. 85 (*non* auct.).
— *textilis*, Sandri, 1856. *Elenco nom.*, II, p. 57 (*non* Phil.).
Alvania lactea, Brusina, 1866. *Contr. fauna Dalm.*, p. 27.
Massotia lactea, de Monterosato, 1884. *Nom. conch. medit.*, p. 61.

La Manche : région normande (Fischer) ; Langrune, dans le Calvados (Nob.); baie de la Hougue et de Cherbourg, dans la Manche (Macé) ; Saint Malo, dans l'Ile-et-Vilaine (Grube); etc.

L'Océan : régions armoricaine et aquitanique (Fischer); baie de Goulven, dans le Finistère (Daniel) ; Quiberon, Belle-Isle, dans le Morbihan (Taslé); Piriac, dans la Loire-Inférieure (Cailliaud, Taslé); île d'Yeu, dans la Vendée (Servain); la Charente-Inférieure (Aucapitaine, Beltremieux, Taslé); au large des passes d'Arcachon, dans la Gironde (Lafont, Taslé); etc.

La Méditerranée : le Roussillon, Port-Vendre, Banyuls, dans les

Pyrénées-Orientales (Bucquoy, etc.) ; la Nouvelle, dans l'Aude (Nob.); Palavas (Dollfus), Cette (Nob.), dans l'Hérault ; Toulon (Doublier), Porquerolles (Nob.), dans le Var; Cannes (Dautzenberg), Menton (Nob.), dans les Alpes-Maritimes (Roux) ; etc.

F. — Groupe de l'*A. carinata*

Alvania carinata, DA COSTA.

Turbo carinatus, da Costa, 1779. *Brit. conch.*, p. 102, pl. VIII, fig. 10.
— *striatulus*, Montagu, 1803. *Test. Brit.*, p. 306, pl. X, f. 5 (*n.* Lin.).
— *monilis*, Turton, 1819. *Conch. dict.*, p. 200.
Rissoa trochlea, Michaud, 1832. *Descr. esp. Rissoa*, p. 14, fig. 3 et 4.
— *labiata*, Philippi, 1836. *Enum. moll. Sic.*, I, p. 151, pl. X, f. 7.
Cingula striatula, Fleming, 1838. *Brit. anim.*, p. 305.
Rissoa striatula, Forbes et Hanley, 1853. *Brit. moll.*, III, p. 73, pl. LXXIX, fig. 7, 8. — Sowerby, 1859. *Ill. ind.*, pl. XIII, fig. 5. — Jeffreys, 1867-1869. *Brit. conch.*, IV, p. 5 ; V, p. 206, pl. XLVI, fig. 1. — Bucquoy, Dautzenberg et Dollfus, 1884. *Moll. Rouss.*, p. 302, pl. XXXV, fig. 1, 2.
Alvania carinata, Brusina, 1866. *Contr. fauna Dalm.*, p. 27.
— *striatula*, Weinkauff, 1868. *Conch. mittelm.*, II, p 315.
Galeodina striatula, de Monterosato, 1884. *Conch. litt. medit.*, p. 23.

La Manche (Petit) : région normande (Fischer); Portbail, Querquéville (Macé), dans la Manche (de Gerville); Saint-Malo (Nob.), Saint-Lunaire (Bucquoy, etc.), dans l'Ille-et-Vilaine ; etc.

L'Océan : régions armoricaine et aquitanique (Fischer); baie de Goulven, sables de Morlaix, dans le Finistère (Daniel) ; Quiberon, dans le Morbihan (Taslé); Piriac, dans la Loire-Inférieure (Cailliaud, Taslé) ; les côtes de la Charente-Inférieure (Beltremieux) ; etc.

La Méditerranée (Petit, Weinkauff) : Toulon, dans le Var (Doublier, Petit); les Alpes-Maritimes (Roux) ; etc.

Alvania Russinoniaca, LOCARD.

Rissoa carinata (var. ecarinata), Bucquoy, Dautzenberg et Dollfus, 1884. *Moll. Rouss.*, p. 304, pl. XXXV, fig. 3 à 6.

La Méditerranée : le Roussillon, Port-Vendre, Paulilles, dans les Pyrénées-Orientales (Bucquoy, etc.).

Alvania cingulata, PHILIPPI.

Rissoa cingulata, Philippi, 1836. *Enum. moll. Sic.*, I, p. 152. — 1844. *Loc. cit.*, II, p. 128, pl. XXIII, fig. 14.

Alvania cingulata, Weinkauff, 1868. *Conch. mittelm.*, II, p. 314.
Acinus cingulatus, de Monterosato, 1884. *Conch. litt. medit.*, p. 21.

La Méditerranée (Petit, Weinkauff) ; côtes de Provence (Petit) ; Morgillet, Ratonneau, dans les Bouches-du-Rhône (Marion); etc.

Alvania tenera, Philippi.

Rissoa tenera, Philippi, 1844. *En. moll. Sic.*, II, p. 128, pl. XXIII, f. 15.
Alvania tenera, Weinkauff, 1868. *Conch. mittelm.*, II, p. 314.

La Méditerranée : Ratonneau, aux environs de Marseille, dans les Bouches-du-Rhône (Marion).

G. — Groupe de l' *A. costata*

Alvania costata, Adams.

Turbo costatus, Adams, 1796. *In Trans. Linn. soc.*, III, p. 65, f. 13, 14.
— Montagu, 1803. *Test. brit.*, II, p. 311, 400, pl. X, fig. 3.
— *plicatus*, von Mühlfeld, 1824. *In Verh. Berl. Ges.*, I, p. 212, pl. III, fig. 2.
Rissoa exigua, Michaud, 1832. *Descr. esp. Rissoa*, p. 16, fig. 29, 30.
— *carinata* (*non* da Costa), Philippi, 1826. *Enum. moll. Sic.*, I, p. 150, pl. X, fig. 10.
Cingula costata, Fleming, 1836. *Brit. anim.*, p. 305.
Rissoa costata, Jeffreys, 1856. *Piedm. coast.*, p. 29. — Forbes et Hanley, 1853. *Brit. moll.*, III, p. 92, pl. LXXVIII, fig. 6, 7. — Sowerby, 1859. *Ill. ind.*, pl. XIII, fig. 14. — Jeffreys, 1867-1869. *Brit. conch.*, IV, p. 22 ; V, p. 207, pl. LXVII, fig. 2. — Bucquoy, Dautzenberg et Dollfus, 1883. *Moll. Rouss.*, p. 300, pl. XXXVI, fig. 20 à 22.
Alvania costata, Brusina, 1866. *Contr. fauna Dalm.*, p. 28.
Manzonia costata, de Monterosato, 1884. *Conch. litt. medit.*, p. 22.

La Manche : Cherbourg, Saint-Vaast, la Hougue, dans la Manche (Macé, de Gerville); Saint-Malo, dans l'Ille-et-Vilaine (Grube) ; etc.

L'Océan : régions armoricaine et aquitanique (Fischer) ; Roscoff (Grube), Morlaix, dans le Finistère (Daniel); Méabon, Quiberon, dans le Morbihan (Taslé) ; les îlots de la Loire-Inférieure (Cailliaud, Taslé); île d'Yeu (Servain), sables d'Olonne (Nob.), dans la Vendée ; la Charente-Inférieure (Aucapitaine, Beltremieux); Vieux-Soulac, dans la Gironde (Lafont, Fischer, Taslé) ; Guethary, Hendaye, dans les Basses-Pyrénées (Lafont) ; etc.

La Méditerranée (Petit, Weinkauff) : le Roussillon, Paulilles, etc., dans les Pyrénées-Orientales (Bucquoy, etc.); la Nouvelle, dans l'Aude (Nob.); Palavas (Dollfus), Cette (Granger), de Cette à Aigues-Mortes (Dubreuil), dans l'Hérault; le Grau du Roi, dans le Gard (Clément); les Martigues (Nob.), Marseille (Ancey), dans les Bouches-du-Rhône; Saint-Tropez, les îles d'Hyères (Doublier), Toulon, Saint-Raphaël, Saint-Nazaire (Nob.), dans le Var; Cannes (Dautzenberg), Menton, Nice (Nob.), dans les Alpes-Maritimes (Roux); etc.

Alvania rudis, PHILIPPI.

Rissoa rudis, Philippi, 1844. *Enum. moll. Sic.*, II, p. 128, pl. XXIII, f. 12.
— Bucquoy, Dautzenberg et Dollfus, 1884. *Moll. Rouss.*, p. 304, pl. XXXVI, fig. 14 à 19.

La Méditerranée : le Roussillon, dans les Pyrénées-Orientales (Bucquoy, etc.); Palavas, dans l'Hérault (Dollfus); Nice, dans les Alpes-Maritimes (Nob.); etc.

Alvania simulans, DE MONTEROSATO.

Rissoa Watroni (*n.* Schw.), de Monterosato, 1875 *Nuov. revista*, p. 17.
— *simulans*, de Monterosato, 1878. *Enum. e sin.*. p. 25.

La Méditerranée : côtes de Provence (de Monterosato).

Alvania Marioni, DE MONTEROSATO.

Rissoa Marioni, de Monterosato, 1878. *Eum. e sinon.*, p. 26.

La Méditerranée : cap Cavaux, Garlaban, dans les Bouches-du-Rhône (Marion); rade de Toulon, dans le Var (de Monterosato); etc.

H. — Groupe de l' *A. pagodula*

Alvania pagodula, BUCQUOY, DAUTZENBERG ET DOLLFUS.

Rissoa Philippiana (*non* Nyst), Jeffreys, 1856. *Piedm. coast.*, p. 28, pl. I, fig. 4-5. — Chenu, 1859. *Man. conch.*, I, p. 307, fig. 2169.
Alvania Philippiana. Brusina, 1866. *Contr. fauna Dalm.*, p. 27.
Rissoa Lanciæ, Aradas et Benoit, 1870. *Conch. mar. Sic*, p. 200.
— *pagodula*, Bucquoy, Dautzenberg et Dollfus, 1884. *Moll. Rouss.*, p. 296, pl. XXXVI, fig. 23 à 26.
Alvinia Philippiana, de Monterosato, 1884. *Nom. conch. medit.*, p. 60.

La Méditerranée (Petit, Weinkauff) : le Roussillon, Paulilles, Banyuls, dans les Pyrénées-Orientales (Bucquoy, etc.); Marseille, dans les Bouches-du-Rhône (Nob.); Cannes, dans les Alpes-Maritimes (Dautzenberg, Roux); etc.

Alvania subareolata, DE MONTEROSATO.

Alvania subareolata, de Monterosato, 1869. *Test. nuovi Sic.*, p. 9, f. 3.
Rissoa Caribea, de Monterosato, 1872. *Not. conch. medit.*, p. 35.
Alviania subareolata, de Monterosato, 1884. *Nom. conch. medit.*, p. 60.

La Méditerranée : Nice, dans les Alpes-Maritimes (Nob.).

Genre RISSOINA, d'Orbigny

D'Orbigny, 1842. *Paléont. franç.*, *Ter. crét.*, II, p. 62.

Rissoina Bruguierei, PAYRAUDEAU.

Rissoa Bruguieri, Payraudeau, 1826. *Moll. Corse*, p. 113, pl. V, f. 17, 18.
Mangelia reticulata, Risso, 1826. *Hist. eur. merid.*, IV, p. 220, f. 102.
— *Poliana*, Risso, 1826. *Loc. cit.*, IV, p. 221, fig. 103.
Strombus reticulatus, v. Mühlfeld, 1829. *Verh. Berl. Ges.*, p. 207, pl. VIII, f. 1.
Mangelia Polii, delle Chiaje, 1829. *Mem. stor. Nap.*, pl. LXXXIII, f. 5, 6.
Rissoa decussata, Menke, 1830. *Syn. meth.*, p. 34 (*non* Mtg.).
Cingula Bruguieri, Thorpe, 1844. *Brit. mar. Conch.*, p. 41, pl. III, f. 38.
Rissoa Brughierii, Verany, 1846. *Inv. Gen. Nizza*, p. 15.
— *Bruguierii*, Petit de la Saussaye, 1852. *In Jour. conch.*, III, p. 85.
Rissoina Bruguierei, Schwartz von Mohrenstern, 1860. *Mon. Rissoina*, p. 42, pl. I, fig. 4. — Bucquoy, Dautzenberg et Dollfus, 1884. *Moll. Rouss.*, p. 260, pl. XXXIII, fig. 1 à 5.
— *Bruguieri*, Weinkauff, 1868. *Conch. mittelm.*, II, p. 316.
— *reticulata*, Tapparone-Canefri, 1870. *Moll. test. Spezia*, p. 57.

La Méditerranée (Petit, Weinkauff) : le Roussillon, Banyuls, Port-Vendre, etc., dans les Pyrénées-Orientales (Bucquoy, etc.); Agde (Petit), Cette (Nob.), dans l'Hérault; Marseille (Ancey), la Joliette, Roucas-Blanc, Morgillet, Ratonneau, etc., dans les Bouches-du-Rhône (Marion); Toulon (Doublier), Saint-Tropez, Saint-Nazaire (Nob.), dans le Var; Cannes (Dautzenberg), Antibes (Doublier, Petit), Nice (Risso, Verany), dans les Alpes-Maritimes (Roux); etc.

Rissoina denticulata, MONTAGU.

Turbo denticulatus, Montagu, 1803. *Test. Brit.*, p. 315. — Wood, 1825. *Ind. test.*, pl. XXXI, fig. 104.
Cingula denticulata, Fleming, 1836. *Brit. anim.*, p. 306.

Rissoa denticulata, Brown, 1845. *Ill. conch.*, p. 11 (pl. IX, f. 80)?
Rissoina denticulata, Jeffreys, 1867. *Brit. conch.*, IV, p. 54.

La Manche : côtes de la Manche (de Gerville).

Rissoina decussata, Montagu.

Helix decussata, Montagu, 1803. *Test. Brit.*, II, p. 399 ; *Suppl.*, pl. XV, f. 7
Turbo arenarius, Maton, Racket, 1804. *In Tr. Lin. soc.*, VIII, p. 209.
— *decussatus*, Dillwyn, 1817. *Recent shells*, II, p. 882.
Rissoa deformis, Sowerby, 1824. *Generaof shells*, fig. 2.
— *alata*, Menke, 1830. *Syn. meth.*, 2e édit., p. 138.
Phasianella decussata, Fleming, 1836. *Brit. anim.*, p. 302.
Rissoa pyramidella, Brown, 1845. *Ill. conch.*, 2e édit., p. 11, pl. IX, f. 63.
Rissoina decussata, Jeffreys, 1867. *Brit. conch.*, IV, p. 51.

La Méditerranée : Antibes (Bucquoy, etc.), dans les Alpes-Maritimes (Roux.)

Rissoina Bryerea, Montagu.

Turbo Bryereus, Montagu, 1803. *Test. Brit.*, p. 313, pl. XV, fig. 8 ; *Suppl.*, p. 124.
— *costatus*, Donovan, 1803. *Brit. shells*, V, pl. CLXXVIII, fig. 2.
Cingula Bryerea, Fleming, 1836. *Brit. anim.*, p. 307.
? *Rissoa Chesnelii*, Michaud, 1832. *Descr. esp. Rissoa*, p. 17, fig. 23, 24.
— *Bryerea*, Macgillivray, 1843. *Moll. Aberd.*, p. 341.
Nassa Bryerii, Brown, 1845. *Ill. conch.*, 2e édit., p. 5.
Rissoina Bryerea, Jeffreys, 1867. *Brit. conch.*, IV, p. 50.

L'Océan : Kerkabelec, dans la Loire-Inférieure (Cailliaud, Taslé).

Genre ZIPPORA, Leach

Leach, 1819. *In* Gray, 1847. *List of Gen. rec. shells.*

A. — Groupe de *Z. auriscalpium*

Zippora auriscalpium, Linné (1).

Turbo auriscalpium, Linné, 1767. *Syst. nat.*, édit. XII, p. 1240.
Rissoa acuta, Desmarest, 1814. *In Bull. soc. phil.*, p. 5, pl. 1, fig. 4.
— *pulchella*, Risso, 1826. *Hist. nat. eur. merid.*, IV, p. 121.
Turbo marginatus, Wood, 1828. *Ind. test.*, pl. XXXI, fig. 105 (*n.* Mtg).
Rissoa auriscalium, Philippi, 1844. *Enum. moll. Sic.*, II, p. 175,

1) Melius : *auriscalpiformis*.

pl. XXIII, fig. 2. — Schwartz von Mohrenstern, 1864. *Mon. Rissoa*, p. 13, pl. I, fig. 1. — Bucquoy, Dautzenberg et Dollfus, 1884. *Moll. Rouss.*, p. 276, pl. XXXIII, fig. 6 à 11 et f. 14.
Zippora Drummondi, Leach, 1852. *Syn. Brit. moll.*, p. 169.
— *auriscalpium*, de Monterosato, 1884. *Conch. litt. medit.*, p. 15.

? La Manche : côtes de la Manche (Collard des Cherres).

? L'Océan : le Finistère (Petit) ; la Charente-Inférieure (Aucapitaine).

La Méditerranée (Petit, Weinkauff) : le Roussillon, Port-Vendre, etc., dans les Pyrénées-Orientales (Bucquoy, etc.) ; Cette (Nob.), de Cette à Aigues-Mortes (Dubreuil), dans l'Hérault ; la Provence (Petit) ; les Martigues (Nob.), Roucas-Blanc, Ratonneau, etc. (Marion), dans les Bouches-du-Rhône ; Saint-Tropez, îles d'Hyères (Doublier), Toulon, Saint-Raphaël, Saint-Nazaire, etc. (Nob.) dans le Var ; Cannes, Menton, (Nob.), Nice (Risso), dans les Alpes-Maritimes (Roux) ; etc.

Zippora aciculata, DESMAREST.

Rissoa acicula, Desmarest, 1826. *In* Risso, *Hist. eur. mer.*, IV, p. 121.
— *auriscalpium (var. acicula)*, Bucquoy, Dautzenberg et Dollfus, 1884. *Moll. Rouss.*, p. 278, pl. XXXIII, fig. 12-13.

La Méditerranée : les environs de Cannes et de Nice, dans les Alpes-Maritimes (Roux) ; etc.

B. — Groupe de *Z. membranacea*

Zippora membranacea, ADAMS.

Turbo membranaceus, Adams, 1796. *In Trans. Lin. soc.*, V, p. 2, pl. IX, fig. 14, 15.
Helix labiosa, Montagu, 1803. *Test. Brit.*, II, p. 400, pl. XIII, fig. 7.
Turbo labiosus, Maton et Racket, 1804. *In Trans. Lin. soc.*, VIII, p. 164.
Cingula labiosa, Fleming, 1836. *Brit. anim.*, p. 307.
Rissoa labiosa, Brown, 1845. *Ill. conch.*, 2e édit., p. 10, pl. XVIII, fig. 19. — Forbes et Hanley, 1853. *Brit. moll.*, III, p. 109. pl. LXXVI, fig. 5 ; pl. LXXXVII, fig. 1 à 3 ; pl. LXXXI, fig. 3. — Sowerby, 1859. *Ill. ind.*, pl. XIII, fig. 31.
— *membranacea*, Lovèn, 1846. *Ind. moll. Scand.*, p. 24. — Jeffreys, 1867-1869. *Brit. conch.*, IV, p. 30 ; V, p. 208 pl. LXVII, fig. 8.
Zippora membranacea, de Monterosato, 1884. *Conch. litt. medit.*, p. 16.
Rissoia labiosa, Fischer, 1884. *Man. conch.*, p. 720.

La Manche : région normande (Fischer) ; Cherbourg, Saint-Waast, dans la Manche (de Gerville) ; Saint-Malo, dans l'Ille-et-Vilaine (Grube) ; etc.

L'Océan : régions armoricaine et aquitanique (Fischer) ; Roscoff (Grube), les environs de Brest (Daniel), Concarneau (de Guerne), dans le Finistère ; le golfe du Morbihan, Belle-Isle (Taslé); Piriac, Pouliguen, le Croisic, dans la Loire-Inférieure (Cailliaud, Taslé) ; île d'Yeu, dans la Vendée (Servain); la Charente-Inférieure (Aucapitaine, Beltremieux); bassin d'Arcachon, Vieux-Soulac, dans la Gironde (Fischer); cap Breton, dans les Landes (de Folin); Guethary, dans les Basses-Pyrénées (Lafont) ; etc.

? La Méditerranée (Petit, Weinkauff).

Zippora fragilis, Michaud.

Rissoa fragilis, Michaud, 1832. *Descr. esp. Rissoa*, p. 12, fig. 9 et 10.
— *membranacea (pars)*, Weinkauff, 1868. *Conch. mitt.*, II, p. 289.
Zippora fragilis, de Monterosato, 1884. *Conch. litt. medit.*, p. 16.

La Méditerranée (Weinkauff, de Monterosato) : Agde, Cette, dans l'Hérault (Michaud) ; la Provence (Petit, de Monterosato) ; etc.

Zippora elata, Philippi.

Rissoa elata, Philippi, 1844. *Enum. moll. Sic.*, II, p. 124, pl. XXIII, f. 3.
— ? Schwartz von Mohrenstern, 1864. *Mon. Rissoa*, p. 14, pl. I, fig. 2.
— *membranacea (var. elata)*, Jeffreys, 1867. *Brit. moll.*, IV, p. 31.
Zippora elata, de Monterosato, 1884. *Conch. litt. medit.*, p. 16.

La Méditerranée : les environs de Marseille, dans les Bouches-du-Rhône (Marion); Toulon, dans le Var (de Monterosato); Cannes, dans les Alpes-Maritimes (Dautzenberg); etc.

Zippora oblonga, Desmarest.

Rissoa oblonga, Desmarest, 1814. *In Bul. soc. Phil.*, p. 7, pl. I, fig. 3.
— Schwartz von Mohrenstern, 1864. *Mon. Rissoa*, p. 15, pl. I, fig. 3.
Zippora oblonga, de Monterosato, 1884. *Conch. litt. medit.*, p. 16.

La Méditerranée (Petit, Weinkauff) : Cette (Granger), Palavas (Dollfus), dans l'Hérault ; la Provence (Petit, de Monterosato); Saint-Tropez (Doublier), la Seyne (Nob.), dans le Var ; golfe de Nice, dans les Alpes-Maritimes (Verany) ; etc.

Genre RISSOIA, Fréminville

Fréminville, *in* Desmarest, 1814. *In Bull. soc. Phil.*, p. 7 *(Rissoa).*

A — Goupe du *R. variabilis*

Rissoia ventricosa, Desmarest.

Rissoa ventricosa, Desmarest, 1814. *In Bull. soc. phil.*, p. 7. pl. I, f. 3. — Schwartz von Mohrenstern, 1864. *Mon. Rissoa*, p. 15. pl. III, fig. 36. — Bucquoy, Dautzenberg et Dollfus, 1884. *Moll. Rouss.*, p. 269, pl. XXXI, fig. 11 à 13 et fig. 15.
— *membranacea*, Aradas et Benoit, 1870. *Conch. viv. Sic.*, p. 190.
Rissoia ventricosa. Fischer, 1884. *Man. conch.*, p. 720.

La Méditerranée (Petit, Weinkauff) : le Roussillon, Port-Vendre, Banyuls, Paulilles, etc., dans les Pyrénées-Orientales ; la Nouvelle, dans l'Aude (Nob.); Palavas (Dollfus), Cette (Nob.), dans l'Hérault ; les Martigues (Nob.), la Joliette, Pomègue, Roucas-Blanc, Ratonneau, etc. (Marion), dans les Bouches-du-Rhône; îles d'Hyères, Saint-Tropez (Doublier), Saint-Nazaire, Saint-Raphaël, Toulon, la Ciotat, etc. (Nob.), dans le Var; Cannes (Dautzenberg), Menton (Nob.), golfe de Nice (Verany), dans les Alpes-Maritimes (Roux) ; etc.

Rissoia subventricosa, Cantraine.

Rissoa subventricosa, Cantraine, 1842. *In Bull. acad. Brux.*, p. 348.
— *ventricosa (var. subventricosa)*, Bucquoy, Dautzenberg et Dollfus, 1884. *Moll. Rouss.*, p. 271, pl. XXXI, fig. 14.

La Méditerranée : les environs de Cannes et de Nice, dans les Alpes-Maritimes (Nob.).

Rissoia variabilis, Megerle von Mühlfeld.

Rissoa costata, Desmarest, 1814. *In Bull. phil.*, p. 7, fig. 1 (*n.* Adams)
Helix variabilis, von Mühlfeld, 1824. *In Berl. Verh.*, IV, p. 212, pl. I, f. 9.
Rissoa costulata, Risso, 1826. *Hist. nat. eur. mérid.*, IV, p. 119.
Turbo Rissoanus, delle Chiaje, 1829. *Mem.*, III, p. 223 et 213.
Rissoa variabilis, Jeffreys, 1856. *Piedm. Coast*, p. 29. — Schwartz von Mohrenstern, 1864. *Mon. Rissoa*, p. 44, pl. III, fig. 35. — Bucquoy, Dautzenberg et Dollfus, 1884. *Moll. Rouss.*, p. 263, pl. XXXI, fig. 4 et 5.

La Méditerranée (Petit, Weinkauff) : le littoral du Roussillon, dans les Pyrénées-Orientales (Bucquoy, etc.); la Nouvelle, dans l'Aude (Nob.);

Cette, Palavas (Nob.), dans l'Hérault; les Martigues (Nob.), Garlaban, près Marseille (Marion), dans les Bouches-du-Rhône; la Provence (Michaud); Toulon, Saint-Tropez, Saint-Nazaire, îles d'Hyères, etc. dans le Var (Nob.); Cannes (Dautzenberg), Menton, Nice (Nob.), dans les Alpes-Maritimes (Roux); etc.

Rissoia protensa, Locard.

Rissoa variabilis (var. elongata), Bucquoy, Dautzenberg et Dollfus, 1884. *Moll. Rouss.*, p. 263, pl. XXXI, fig. 1, 2, 3.
Rissoia protensa, Locard, 1884. *Mss.*

La Méditerranée : le Roussillon, dans les Pyrénées-Orientales (Bucquoy, etc.); Cette, dans l'Hérault (Nob.); les Martigues, dans les Bouches-du-Rhône; Toulon, Saint-Tropez, dans le Var; Cannes, dans les Alpes-Maritimes (Nob.); etc.

Rissoia neglecta, Locard.

Rissoa variabilis (var. brevis), Bucquoy, Dautzenberg et Dollfus, 1884. *Moll. Rouss.*, p. 263, pl. XXXI, fig. 6 à 10.

La Méditerranée : le Roussillon, dans les Pyrénées-Orientales (Bucquoy, etc.); Cette, dans l'Hérault; le Grau-du-Roi, dans le Gard; les Martigues, dans les Bouches-du-Rhône; Toulon, Saint-Mandrier, Saint-Tropez, Carqueiranne, les îles d'Hyères, etc., dans le Var; Menton, dans les Alpes-Maritimes (Nob.); etc.

B. — Groupe du *R. monodonta*

Rissoia monodonta, Bivona.

Loxostoma monodonta, Bivona, 1832. *Nuov. gen. sp. Moll.*
Rissoa monodonta, Philippi, 1836. *Enum. moll. Sic.*, I, p. 151, pl. X, fig. 9. — Schwartz von Mohrenstern, 1864. *Mon. Rissoa*, p. 17, pl. I, fig. 6. — Bucquoy, Dautzenberg et Dollfus, 1884. *Moll. Rouss.*, p. 279, pl. XXXIV, fig. 15 à 17.
— *subcarinata*, Cantraine, 1842. *In Bull. acad. Brux.*, IX, p. 340.
— *monodon*, Requien, 1848. *Cat. coq. Corse*, p. 58.
Schwartzia monodonta, de Monterosato, 1884. *Nom. conch. medit.*, p. 54.

La Méditerranée (Petit, Weinkauff) : le Roussillon, Port-Vendre, Banyuls (Bucquoy, etc.); Palavas, dans l'Hérault (Dollfus); côtes de Provence (Petit); Toulon, dans le Var (Nob.); Cannes (Dautzenberg), dans les Alpes-Maritimes (Roux); etc.

C. — Groupe du *R. violacea*

Rissoia lineolata, Michaud.

Rissoa lineolata, Michand, 1832. *Descr. esp. Rissoa*, p. 9, fig. 13, 14. — Schwartz von Mohrenstern, 1864. *Mon. Rissoa*, p. 38, pl. II fig. 27. — Bucquoy, Dautzenberg et Dollfus, 1884. *Moll. Rouss.*, p. 271, pl. XXXI, fig. 16 à 20.
— *Ehrenbergi*, Philippi, 1844. *Enum. moll. Sic.*, II, p. 127, pl. XXIII, fig. 9.

La Méditerranée (Petit, Weinkauff) : le Roussillon, étang de Leucate; dans les Pyrénées-Orientales et dans l'Aude (Bucquoy, etc.) ; Agde, Cette, étang de Thau, Palavas, dans l'Hérault (Dollfus); les Martigues (Petit), les environs de Marseille (Bucquoy, etc.), dans les Bouches-du-Rhône ; Toulon, dans le Var (Petit, Doublier) ; les Alpes-Maritimes (Roux); etc.

Rissoia violacea, Desmarest.

Rissoa violacea, Desmarest, 1814. *In Bull. soc. Phil.*, p. 8, pl. I, fig. 8. — Schwartz von Mohrenstern, 1864. *Mon. Rissoa*, p. 51, pl. III, fig. 42. — Bucquoy, Dautzenberg et Dollfus, 1884. *Moll. Rouss.*, p. 280, pl. XXXIII, fig. 18 à 22.
— *tricolor*, Risso, 1826. *Hist. nat. eur. mérid.*, IV, p. 120.
Persephona violacea, de Monterosato, 1884. *Conch. litt. medit.*, p. 18.

La Méditerranée (Petit, Weinkauff) : le Roussillon, Port-Vendre, dans les Pyrénées-Orientales (Bucquoy, etc.); Palavas (Dollfus), Cette (Nob.), de Cette à Aigues-Mortes (Dubreuil), dans l'Hérault ; Ratonneau, Morgillet, Garlaban, dans les Bouches-du-Rhône (Marion) ; la Seyne, dans le Var (Nob.) ; Cannes (Dautzenberg), Nice (Risso, Verany), dans les Alpes-Maritimes (Roux) ; etc.

Rissoia rufilabris, Leach (1).

?*Rissoa hyalina*, Desmarest, 1814. *In Bull. soc. Phil.*, p. 8, pl. I, fig. 6.
— ?*punctata*, Potiez et Michaud, 1838. *Galer. moll. Douai*, I, p. 274, pl. XXVIII, fig. 3, 4.
— *liliacea (pars)*, Recluz, 1843. *In Rev. soc. Cuv.*, p. 6.
Cingula rufilabris, Leach, *In* Bean. *Brit. marine conch.*, pl. XL, fig. 46.
Rissoa rufilabris, Alder, 1844. *In Ann. nat. hist.*, XIII, p. 335, pl. VIII, fig. 10-11. — Forbes et Hanley, 1853. *Brit. moll.*, III, p. 106, pl. LXXVII, fig. 8-9. — Sowerby, 1859. *Ill. ind.*, pl. XIII, f. 20.

(1) Melius : *rufilabrata*.

Rissoa violacea, Jeffreys, 1867-1869. *Brit. conch.*, IV, p. 33; V, p. 208 pl. LXVII, fig. 9.

La Manche : Langrune, dans le Calvados (Nob.); baies de la Hougue et de Cherbourg, dans la Manche (Macé) ; etc.

L'Océan : environs de Brest, dans le Finistère (Daniel) ; Quiberon, dans le Morbihan (Taslé) ; côtes de la Charente-Inférieure (Beltremieux, Taslé); bassin d'Arcachon, dans la Gironde (Fischer) ; etc.

Rissoia liliacina, Recluz.

Rissoa liliacina, Recluz, 1843. *In Rev. soc. Cuv.*, p. 6.
— *violacea*, Beltremieux, 1884. *In Soc. nat. Char.-Inf.*, p. 424.

La Manche : région normande (Fischer).

L'Océan : région armoricaine (Fischer) ; environs de Brest (Taslé), Quimper, Morlaix (Collard), dans le Finistère ; Quiberon, dans le Morbihan (Taslé); île d'Yeu, dans la Vendée (Servain); la Charente-Inférieure (Beltremieux) ; le cap Breton, dans les Landes (de Folin) ; etc.

Rissoia marginata, Michaud.

Rissoa marginata, Michaud, 1834. *Descr. Rissoa*, p. 13, fig. 15-16. — Schwartz von Mohrenstern, 1864. *Mon. Rissoa*, p. 29, pl. II, f. 16.
Sabanea marginata, de Monterosato, 1884. *Nom. conch. medit.*, p. 55.

La Méditerranée (Weinkauff, Schwartz) : Cette, dans l'Hérault (Petit, Michaud); Marseille, dans les Bouches-du-Rhône (Nob.) ; Antibes (Petit, Doublier), dans les Alpes-Maritimes (Roux) ; etc.

Rissoia venusta, Philippi.

Rissoa venusta, Philippi, 1844. *Enum. moll. Sic.*, II, p. 124, pl. XXIII, fig. 4. — Schwartz von Mohrenstern, 1864. *Mon. Rissoa*, p. 16, pl. I, fig. 5.

La Méditerranée : côtes de Provence (Weinkauff, Schwartz).

Rissoia grossa, Michaud.

Rissoa grossa, Michaud, 1834. *Descr. Rissoa*, p. 10, fig. 21, 22. — Schwartz von Mohrenstern, 1864. *Mon. Rissoa*, p. 16, pl. I, fig. 4.

La Méditerranée : Agde, Cette, dans l'Hérault (Michaud); la Provence (Michaud, Petit, Schwartz, Weinkauff) ; Marseille (Michaud); rade de Toulon, dans le Var (Michaud, Petit, Doublier) ; etc.

Rissoia radiata, Philippi.

Rissoa radiata, Philippi, 1836. *Enum. moll. Sic.*, I, p. 151, pl. X, fig. 15. — Schwarz von Mohrenstern, 1864. *Mon. Rissoa*, p. 37, pl. II, fig. 23.
Sabanea radiata, de Monterosato, 1884. *Nom. conch. medit.*, p. 55.

La Méditerranée : rade de Toulon, les îles d'Hyères, dans le Var (Petit, Doublier) ; etc.

D. — Groupe du *R. Guerini*

Rissoia Guerini, Recluz

Rissoa Guerini, Recluz, 1843. *In Rev. soc. Cuv.*, p. 7. — Schwartz von Mohrenstern, 1864. *Mon. Rissoa*, p. 41, pl. III, fig. 32. — Bucquoy, Dautzenberg et Dollfus, 1884. *Moll. Rouss.*, p. 267, pl. XXXII, fig. 4, 5.
— *costulata*, Alder (*non* Risso), 1844. *In. Ann. nat. hist.*, XIII, p. 324, pl. VIII, fig. 8, 9. — Forbes et Hanley, 1853. *Brit. moll.*, III, p. 103, pl. LXXVII, fig. 4, 5. — Sowerby, 1859. *Ill. ind.*, pl. XIII, fig. 19. — Jeffreys, 1867-1869. *Brit. conch.*, IV, p. 35 ; V, p. 208, pl. LXVIII, fig. 1.
— *decorata*, Philippi, 1846. *In Malacozool. Zeitschr.*, p. 97.
— *similis (var. costulata)*, de Monterosato, 1875. *Nuov. Rev.*, p. 26.
— *costulata (var. decorata)*, de Monterosato, 1878. *En. e sin.*, p. 24.
Apicularia Guerini, de Monterosato, 1884. *Nom. conch. medit*, p. 57.

La Manche : région normande (Fischer) ; baie de la Hougue, cap Lévi, Porbail, dans la Manche (Macé) ; Saint-Malo, dans l'Ille-et-Vilaine (Grube) ; etc.

L'Océan : régions armoricaine et aquitanique (Fischer) ; les environs de Brest, dans le Finistère (Daniel); Quiberon, dans le Morbihan (Taslé); baie de la Barrière, le Croisic, dans la Loire-Inférieure (Cailliaud, Taslé) ; la Vendée, île de Noirmoutiers (Taslé) ; Arcachon, dans la Gironde (Fischer); Biarritz, dans les Basses-Pyrénées (Fischer, Taslé) ; etc.

La Méditerranée : le Roussillon, Port-Vendre, Banyuls, Paulilles, etc., dans les Pyrénées-Orientales (Bucquoy, etc.); la Provence (Petit); Toulon, dans le Var (Nob.) ; Cannes (Dautzenberg), Nice (Nob.), dans les Alpes-Maritimes ; etc.

Rissoia subcostulata, Schwartz von Mohrenstern.

Rissoa subcostulata, Schwartz von Mohrenstern, 1864. *Mon. Rissoa*, p. 41, pl. III, fig. 32.

Apicularia subcostulata, de Monterosato, 1884. *Conch. litt. medit.*, p. 17.
Rissoa Guerini (var. subcostulata), Bucquoy, Dautzenberg et Dollfus, 1884. *Moll. Rouss.*, p. 269, pl. XXXII, fig. 1 à 3.

La Manche : région normande (Fischer).

L'Océan : région armoricaine (Fischer) ; le Croisic, dans la Loire-Inférieure (Nob.).

Rissoia similis, Scacchi.

Rissoa similis, Scacchi, 1836. *Cat. Reg. Neap.*, p. 14. — Philippi, 1844. *Enum. moll. Sic.*, II, p. 124, pl. XXIII, fig. 5 — Schwartz von Mohrenstern, 1864. *Mon. Rissoa*, p. 38, pl. III, fig. 28. — Bucquoy, Dautzenberg et Dollfus, 1884. *Moll. Rouss.*, p. 265, pl. XXXII, fig. 6.
— *apiculata*, Danilo et Sandri, 1856. *Elenco nom.*, p. 54.
— *costulata (var. similis)*, Jeffreys, 1856. *Piedm. Coast*, p. 29.
— *rubrocincta*, Danilo et Sandri, 1866. *In* Brusina, *Contr. fauna Dalm.*, p. 31.
Apicularia similis, de Monterosato, 1884. *Conch. litt. medit*, p. 17.

La Méditerranée (Petit, Schwartz, Weinkauff) : le Roussillon, Banyuls, Paulilles, etc., dans les Pyrénées-Orientales (Bucquoy, etc.) ; Palavas, dans l'Hérault (Dollfus); Marseille, dans les Bouches-du-Rhône (Nob.); Toulon, dans le Var (Nob.) ; Cannes (Dautzenberg), dans les Alpes-Maritimes (Roux) ; etc.

Rissoia Lia, Benoit.

Apicularia Lia, Benoit, *Mss.* 1884. *In* de Monterosato. *Conch. lit. medit.*, p. 15.
Rissoa Lia, Bucquoy, Dautzenberg et Dollfus, 1884. *Moll. Rouss.*, p. 267, pl. XXXII, fig. 8 à 10.

La Méditerranée : Port-Vendre, Banyuls, dans les Pyrénées-Orientales (Bucquoy, etc).

Rissoia nitens, de Monterosato.

Apicularia nitens, de Monterosato, 1884. *Nom. conch. médit.* p. 47.

La Méditerranée : Marseille, dans les Bouches-du-Rhône (de Monterosato).

Rissoia melanostoma, Requien.

Rissoa melanostoma, Requien, 1848. *Cat. coq. Corse*, p. 53.
Apicularia melanostoma, de Monterosato, 1884. *Nom. conch. med.*, p. 57.

La Méditerranée : Toulon, dans le Var (Nob.).

E. — Groupe du *R. parva*

Rissoia parva, DA COSTA.

Turbo parvus, da Costa, 1779. *Brit. conch.*, p. 104.
— *subluteus*, Adams, 1797. *In Trans. Lin. soc.*, III, p. 65, pl. XIII, fig. 8.
— *æreus*, Adams, 1797. *Loc. cit.*, p. 65, pl. XIII, fig. 29, 30.
— *albulus*, Adams, 1797. *Loc. cit.*, p. 65, pl. XIII, fig. 17, 18.
— *lacteus*, Donovan, 1803. *Brit. shells*, III, pl. XC.
— ? *costatus (pars)*, de Lamarck, 1822. *Anim. s. vert.*, VII, p. 50.
Pyramis albulus, Brown, 1827. *Ill. conch.*, 1re édit., p. 50, fig. 16-19.
Rissoa parva, Gray, 1833. *In Proc. zool. soc.*, p. 116. — Forbes et Hanley, 1853. *Brit. moll.*, III, p. 98, pl. LXXVI, fig. 2 à 6; pl. LXXVII, fig. 6, 7; pl. LXXXII, fig. 1-4. — Sowerby, 1857. *Ill. ind.*, pl. XIII, fig. 16. — Schwartz von Mohrenstern, 1864 *Mon. Rissoa*, p. 34, pl. II, fig. 12. — Jeffreys, 1867-1869. *Brit. conch.*, IV, p. 23; V, p. 207, pl. LXVII, fig. 3, 4. — Bucquoy, Dautzenberg et Dollfus, 1884. *Moll. Rouss.*, p. 272, pl. XXXII, fig. 11, 12.
Cingula parva, Fleming, 1838. *Brit. anim.*, p. 306.
— *alba*, Fleming, 1838. *Loc. cit.*, p. 309.
Rissoa semicostulata, Anton, 1839. *Conch. Verz.*, p. 62.
— *obscura*, Philippi, 1844. *En. moll. Sic.*, II, p. 127, pl. XXIII, f. 10.
— *cerasina*, Brusina, 1866. *Contr. fauna Dalm.*, p. 19.
Sabanea parva, de Monterosato, 1884. *Conch. litt. medit.*, p. 16.

La Manche : Dunkerque, dans le Nord (Terquem); région normande (Fischer); Langrune, dans le Calvados (Nob.); Cherbourg, Valogne (de Gerville, Macé), Granville (Servain), dans la Manche; Saint-Malo, dans l'Ille-et-Vilaine (Grube); etc.

L'Océan : régions armoricaine et aquitanique (Fischer); les environs de Brest (Daniel), Quelern, Morgatte (Collard), dans le Finistère ; les côtes de la Loire-Inférieure (Cailliaud, Taslé) ; île d'Yeu, dans la Vendée (Servain) ; Royan (Fischer), l'île de Ré, la Rochelle (Nob.), dans la Charente-Inférieure; bassin d'Arcachon, Vieux-Soulac, Cordouan, dans la Gironde (Fischer); le golfe de Gascogne (Jeffreys) ; etc.

La Méditerranée (Petit, Weincauff) : le Roussillon, Port-Vendre, dans les Pyrénées-Orientales (Bucquoy, etc.); les Alpes-Maritimes (Roux); etc.

Rissoia interrupta, ADAMS.

Turbo interruptus, Adams, 1797. *In Trans. Lin. soc.*, V, pl. I, f. 16-17. — Montagu, 1803. *Test. Brit.*, p. 329, pl. XX, fig. 8.

Cingula interrupta, Fleming, 1838. *Brit. anim.*, p. 308.
Rissoa interrupta, Johnston, 1843. *In Berwick Club.*, I, p. 271. — Forbes et Hanley, 1853. *Brit. moll.*, III, p. 100, pl. LXXXII, fig. 2, 3, 4. — Sowerby, 1853. *Ill. ind.*, pl. XIII, fig. 17.
— *parva (var. interrupta)*, Jeffreys, 1867-1869. *Brit. conch.*, IV, p. 24; V, pl. LXVII, fig. 4. — Bucquoy, Dautzenberg et Dollfus, 1884. *Moll. Rouss*, p. 274, pl. XXXI, fig. 13 à 15.

La Manche : région normande (Fischer) ; environs de Cherbourg et de Valogne, dans la Manche (Macé) ; etc.

L'Océan : régions armoricaine et aquitanique (Fischer) ; Quiberon, dans le Morbihan (Taslé); côtes au sud-ouest de Ker-Cabelec, dans la Loire-Inférieure (Cailliaud, Taslé); l'île de Ré, dans la Charente-Inférieure (Nob.) ; la Gironde (Lafont) ; etc.

La Méditerranée : les Alpes-Maritimes (Roux).

Rissoia inconspicua, Alder.

Rissoa inconspicua, Alder, 1844. *In Ann. nat. hist*, XIII, p. 323, fig. 6, 7. — Forbes et Hanley, 1853. *Brit. moll.*, III, p. 113, pl. LXXXII, fig. 5, 6. — Sowerby, 1859. *Ill. ind.*, pl. XIII, fig. 22-24. — Schwartz von Mohrenstern, 1864. *Mon. Rissoa*, p. 34, pl. II, fig. 22. — Jeffreys, 1867-1869. *Brit. conch.*, IV, p. 26 ; V, p. 207, pl. LXVII, fig. 5.
— *maculata*, Brown, 1845. *Ill. conch.*, p. 12, pl. IX, fig. 5, 6.
Sabanea inconspicua, de Monterosato, 1884. *Nom. conch. medit.*, p. 55.

La Manche : région normande (Fischer); baie de la Hougue, cap Lévi, dans la Manche (Macé) ; etc.

L'Océan : régions armoricaine et aquitanique (Fischer); Quiberon, dans le Morbihan (Taslé); Ker-Cabelec, Piriac, dans la Loire-Inférieure (Cailliaud, Taslé); île d'Yeu, dans la Vendée (Servain) ; l'île de Ré, dans la Charente Inférieure (Nob.) ; sables à l'entrée de la Gironde (Fischer); au large du golfe de Gascogne (de Folin, Fischer); cap Breton, dans les Landes (Fischer); etc.

La Méditerranée (Petit, Weinkauff): côtes de Provence (Petit) ; Garlaban, Montredon, Ratonneau, la Cassidagne, aux environs de Marseille, dans les Bouches-du-Rhône (Marion) ; Toulon, dans le Var (Nob.) ; etc.

Rissoia dolium, Nyst (1).

? *Rissoa pusilla*, Philippi, 1836. *En. moll. Sic.*, I, p. 154, pl. X, f. 13 (*n.* Br).
— *dolium*, Nyst. *Coq. foss. Belg.*, p. 417. — Schwartz von Mohren-

(1) Melius : *dolioli formis*.

stern, 1864. *Mon. Rissoa*, p. 26, pl. II, fig. 13. — Bucquoy, Dautzenberg et Dollfus, 1884. *Moll. Rouss.*, p. 275, pl. XXXII, fig. 16 à 20.

Rissoa ? pulchra, Forbes, 1843. *Rep. Aeg. inv.*, p. 137 et 189.

— *nana*, Philippi, 1844. *Tert. Verst.*, p. 53 (*n.* Grat., *n.* Lamarck).

— *inconspicua*, Jeffreys, 1856. *Piedm. Coast*, p. 29.

Pusillina pusilla, de Monterosato, 1884. *Nom. conch. medit.*, p. 56.

L'Océan : région aquitanique (Fischer); sables à l'entrée de la Gironde (Fischer).

La Méditerranée (Martin, Schwartz, Weinkauff) : le Roussillon, Port-Vendre, dans les Pyrénées-Orientales (Bucquoy, etc.) ; Garlaban, près Marseille, dans les Bouches-du-Rhône (Marion) ; etc.

Rissoia deliciosa, Jeffreys.

Rissoa deliciosa, Jeffreys, 1880. *In Ann. nat. hist.*, 5e sér., VI, p. 317. — 1884. *In Proceed. zool. soc.*, p. 121, pl. IX, fig. 7.

L'Océan : le golfe de Gascogne (Jeffreys).

Rissoia simplex, Philippi.

Rissoa simplex, Philippi, 1844. *Enum. moll. Sic.*, II, p. 129, pl. XXIII, fig. 17. — Schwartz von Mohrenstern, 1864. *Mon. Rissoa*, p. 36, pl. II, fig. 24.

Sabanea simplex, de Monterosato, 1884. *Nom. conch. medit.*, p. 55.

La Méditerranée : Nice, dans les Alpes-Maritimes (Nob.).

Rissoia pulchella, Philippi.

Rissoa pulchella, Philippi, 1836. *Enum. moll. Sic.*, I, p. 155, pl. X, fig. 2. — Schwartz von Mohrenstern, 1864. *Mon. Rissoa*, p. 33, pl. II, fig. 21, 22.

Sabanea pulchella, de Monterosato, 1884. *Conch. litt. medit.*, p. 16.

La Méditerranée : côtes du sud de la France (Schwartz, Weinkauff) ; la Seyne, dans le Var (Nob.) ; etc.

Rissoia gemmulata, Fischer.

Rissoa gemmula, Fischer, 1871. *Les fonds de la mer*, I, p. 151, pl. XXIII, fig. 3.

L'Océan : golfe de Gascogne, par 50 brasses ; sables à l'entrée de la Gironde (Fischer); le cap Breton, dans les Landes (de Folin) ; etc.

Genre PLAGIOSTYLA, Fischer

Fischer, 1872 *In Les fonds de la mer*, II, p. 50

Plagiostyla Asturiana, Fischer

Plagiostyla Asturiana, Fischer, 1873. *Les fonds de la mer*, II, p. 50, pl. II, fig 5.

L'Océan : Hendaye, dans les Basses-Pyrénées ; Gijon et baie de Vigo, de 10 à 18 brasses (Fischer, Jeffreys).

Genre CINGULA, Fleming

Fleming, 1828. *Brit. anim.*, p. 297, 305.

A. — Groupe du *C. cingilla*

Cingula cingilla, Montagu (1).

Turbo cingillus, Montagu, 1803. *Test. Brit.*, II, p. 328, pl. XII, fig. 7.
— *vittatus*, Donovan, 1803. *Brit. shells*, V, pl. CLXXVIII, fig. 1.
— *graphicus*, Turton, 1819. *Conch. diction.*, p. 200, fig. 34.
Cingula cingilla, Fleming, 1838. *Brit. anim.*, p. 309.
Rissoa cingillus, Michaud, 1834. *Descr. Rissoa*, p. 14, fig. 19, 20. — Forbes et Hanley, 1853. *Brit. moll.*, III, p. 122, pl. LXXIX, fig. 9, 10 ; pl. JJ, fig. 4. — Sowerby, 1859. *Ill. ind.*, pl. XIII, fig. 36. — Jeffreys, 1867-69. *Brit. conch.*, IV, p. 48; V, p. 208, pl. LXVIII, fig. 9.
— *rupestris*, Forbes, 1800. *In Ann. nat. hist.*, V, p. 107, pl. II, f. 13.
— *vittata*, Recluz, 1843. *In Rev. soc. Cuv.*, p. 10.
— *cingillata*, Macgillivray, 1843. *Moll. Aberd.*, p. 320.
— *graphica*, Brown, 1845. *Ill. conch.*, 2e édit., p. 12, pl. IX, f. 83.
Pyramis cingillus, Brown, 1845. *Loc. cit.*, p. 15, pl. IX, fig. 73.

La Manche : région normande (Fischer); Barfleur, Cherbourg, Portbail, Saint-Waast, dans la Manche (de Gerville, Macé) ; Cancale (Nob.), Saint-Malo (Grube), dans l'Ille-et-Vilaine ; etc.

L'Océan : régions armoricaine et aquitanique (Fischer); Roscoff (Grube), les environs de Brest, le long de la Peufeld, etc. (Daniel), dans le Finistère ; Quiberon, Meaban, golfe du Morbihan, dans le Morbihan (Taslé); baie des Paillis, Pouliguen, Piriac, Croisic, îlot du Four, dans la Loire-Inférieure (Cailliaud); île d'Yeu, dans la Vendée (Servain) ; Biarritz, dans les Basses-Pyrénées (Fischer); etc.

? La Méditerranée (Petit, Weinkauff).

(1) *Nomen mutandum ob pleonasmum.*

Cingula striata, Montagu.

Turbo striatus, Montagu, 1803. *Test. Brit.*, II, p. 312.
— *semicostatus*, Montagu, 1803. *Loc. cit.*, II, p. 326, pl. XXI, f. 5.
Cingula striata, Fleming, 1838. *Brit. anim.*, p. 307.
Rissoa minutissima, Michaud, 1838. *Descr. Rissoa*, p. 20, fig. 27, 28.
— *communis*, Forbes, 1838. *Malac. Mon.*, p. 17.
— *striata*, Johnston, 1843. *In Berwick. Club.*, I. p. 271. — Forbes et Hanley, 1853. *Brit. moll.*, III, p. 95, pl. LXXVIII, fig. 8, 9. — Sowerby, 1859. *Ill. ind.*, XIII, fig. 15. — Jeffreys, 1867-1869. *Brit. conch.*, IV, p. 37; V, p. 208, pl. LXVIII, fig. 2.
— *gracilis*, Macgillivray, 1843. *Mol. Aberd.*, p. 152.
Odostomia semicostata, Macgillivray, 1843. *Loc. cit.*, p. 155.
Rissoa semicostata, Brown, 1845. *Ill. conch.*, p. 11, pl. IX, fig. 1. 2.
Onoba striata, de Monterosato, 1884. *Conch. litt. medit.*, p. 26.

La Manche : Dunkerque, dans le Nord (Terquem); région normande (Fischer); Cherbourg, Portbail, Quinéville, dans la Manche (Macé); Saint-Malo, dans l'Ille-et-Vilaine (Nob.); etc.

L'Océan : régions armoricaine et aquitanique (Fischer); Roscoff, dans le Finistère (Grube); Quiberon, Belle-Isle, Meaban, etc., dans le Morbihan (Taslé); îlot du Four, Piriac, dans la Loire-Inférieure (Cailliaud, Taslé); île d'Yeu, dans la Vendée (Servain); Vieux-Soulac, dans la Gironde (Fischer); cap Breton, dans les Landes (Fischer); Hendaye, dans les Basses-Pyrénées (de Folin); etc.

La Méditerranée (Petit, Weinkauff) : Cette, Agde, dans l'Hérault (Michaud, Petit, Dubreuil); les Martigues, dans les Bouches-du-Rhône (Nob.); etc.

Cingula semistriata, Montagu.

Turbo semistriatus, Montagu, 1808. *Test. Brit.*, *Sup.*, p. 136, pl. XXI, f. 5.
Cingula semistriata, Thorpe, 1844. *Brit. conch.*, p. 43, 183, pl. VIII, f 90.
Rissoa subsulcata, Philippi, 1844. *En. moll. Sic.*, II, p. 129, pl. XXIII, f. 16.
— *semistriata*, Jeffreys, 1856. *Piedm. Coast*, p. 29. — Forbes et Hanley, 1853. *Brit. moll.*, III, p. 117, pl. LXXX, fig. 4-7. — Sowerby, 1859. *Ill. ind.*, pl. XIII, fig. 25. — Jeffreys, 1867-1869. *Brit. conch.*, IV, p. 46; V, p. 208, pl. LXVIII, fig. 8. — Bucquoy, Dautzenberg et Dollfus, 1884. *Moll. Rouss.*, p. 306, pl. XXXVII, fig. 1 à 3.
Cingula semistriata, Weinkauff, 1868. *Conch. mittelm.*, II, p. 282.

La Manche : région normande (Fischer); baie de la Hougue, cap Lévi, dans la Manche (Macé); etc.

L'Océan : régions armoricaine et aquitanique (Fischer); les environs de Brest, dans le Finistère (Daniel); le golfe du Morbihan, Belle-Isle, dans le Morbihan (Taslé); Piriac, dans la Loire-Inférieure (Cailliaud); île d'Yeu, dans la Vendée; sables à l'entrée de la Gironde, bassin d'Arcachon, dans la Gironde (Fischer, Taslé); embouchure de l'Adour, dans les Basses-Pyrénées (de Folin); le golfe de Gascogne (Jeffreys); etc.

La Méditerranée (Petit, Weinkauff) : le Roussillon, Port-Vendre, Banyuls, Paulilles, etc, dans les Pyrénées-Orientales (Bucquoy, etc.); Ratonneau, cap Cavaux, dans les Bouches-du-Rhône (Marion) ; rade de Toulon, dans le Var (Nob.) ; les Alpes-Maritimes (Roux) ; etc.

Cingula pulcherrima, Jeffreys.

Rissoa pulcherrima, Jeffreys, 1849. *In Ann. nat. hist.*, 2e sér., II, p. 351. — Forbes et Hanley, 1853. *Brit. moll.*, III, p. 128, pl. LXXXI, fig. 1-2. — Sowerby, 1853. *Ill. ind.*, pl. XIV, fig. 1. — Jeffreys, 1867-1869. *Brit. conch.*, IV, p. 42; V, p. 208, pl. LXVIII, fig. 5.

Setia pulcherrima, H. et A. Adams, 1853. *Gen. rec. moll.*, p. 333, pl. XXXV, fig. 7.

— *maculata*, de Monterosato, 1869. *Test. nuov.*, p. 1.

L'Océan : régions armoricaine et aquitanique (Fischer); cap Breton, dans les Landes (de Folin).

Cingula amabilis, de Monterosato.

Cingula pulcherrima, Weinkauff, 1868. *Conch. mittel.*, II, p. 281.

Rissoa pulcherrima (*n.* Jeffreys), *pars auct.* — Bucquoy, Dautzenberg et Dollfus, 1884. *Moll. Rouss.*, p. 307, pl. XXXVII, fig. 4-8.

Setia amabilis, de Monterosato, 1878. *Enum. e sin.*, p. 27.

La Méditerranée : le Roussillon, Banyuls, Paulilles, dans les Pyrénées-Orientales (Bucquoy, etc.) ; la Seyne, dans le Var (Nob.) ; Cannes, Nice, dans les Alpes-Maritimes (Jeffreys, Weinkauff, Roux).

Cingula Galvagnii, Aradas et Maggiore.

Rissoa Galvagnii, Aradas et Maggiore, 1839. *Cat. rag.*, p. 208.

La Méditerranée : au large du golfe de Marseille, Garlaban, dans les Bouches-du-Rhône (Marion) ; Cannes, dans les Alpes-Maritimes (Nob.); etc.

Cingula tenuisculpta, Jeffreys.

Rissoa tenuisculpta, Jeffreys, *In* Watson, 1873. *In Proceed. zool. soc.*, p. 369, pl. XXXVI, fig. 28.

L'Océan : le golfe de Gascogne (Jeffreys).

Cingula turgida, Jeffreys.

Rissoa turgida, Jeffreys, 1870. *In Ann. nat. hist.*, p. 8. — G. O. Sars, 1878. *Moll. arct. Norv.*, p. 183, pl. X, fig. 12.

L'Océan : le golfe de Gascogne (Jeffreys).

Cingula fulgida, Adams.

Helix fulgidus, Adams, 1796. *In Trans. Linn. soc.*, III, p. 254.
Turbo fulgidus, Montagu, 1807. *Test. Brit.*, p. 332.
Rissoa pygmæa, Philippi, 1836. *Enum. moll. Sic.*, I, p. 152 (*n.* Mich.).
Cingula fulgida, Thorpe, 1844. *Brit. conch.*, p. 43 et 255, pl. III, f. 51.
? *Rissoa fasciata*, Requien, 1848. *Cat. coq. Corse*, p. 56.
— *fulgida*, Forbes et Hanley, 1853. *Brit. moll.*, III, p. 128, pl. LXXXI, fig. 1, 2. — Sowerby, 1859. *Ill. ind.*, pl. XIV, fig. 4. — Jeffreys, 1867-1869. *Brit. conch.*, IV, p. 43 ; V, p. 208, pl. LXVIII, fig. 6.
Setia fulgida, de Monterosato, 1878. *Enum. e sin.*, p. 27.
Microsetia fulgida, de Monterosato, 1884. *Nom. conch. medit.*, p. 74.

La Manche : région normande (Fischer) ; cap Lévi, Saint-Waast, dans la Manche (Macé) ; etc.

L'Océan : régions armoricaine et aquitanique (Fischer) ; Portnaval dans le Morbihan (Taslé) ; plateau du Four, dans la Loire-Inférieure (Cailliaud, Taslé) ; etc.

La Méditerranée (Petit, Weinkauff) : le Roussillon, Banyuls, Paulilles dans les Pyrénées-Orientales (Bucquoy, etc.) ; la Provence (Petit) ; les Alpes-Maritimes (Roux) ; etc.

Cingula Beniamina, de Monterosato

Cingula concinna (*non* S. Wood), de Monterosato, 1869. *Test. nuov. Sic.*, p. 8, fig. 2.
— *Beniamina*, de Monterosato, 1884. *Nom. conch. medit.*, p. 66.

La Méditerranée : côtes de Provence (de Monterosato).

Cingula micrometrica, Seguenza.

? *Rissoa fasciata*, Requien, 1848. *Cat. coq. Corse*, p. 56.
— *micrometrica*, Seguenza, 1870. *In* Aradas et Benoit, *Conch. Sic.*,

p. 314, pl. V, fig. 3. — Bucquoy, Dautzenberg et Dollfus, 1884. *Moll. Rouss.*, p. 310, pl. XXXVII, fig. 10, 11.

Setia fulgida (var. micometrica), de Monterosato, 1878. *En. e sin.*, p. 27.

Microsetia micrometrica, de Monterosato, 1884. *Conch. litt. medit.*, p. 32.

La Méditerranée : le Roussillon, Paulilles, dans les Pyrénées-Orientales (Bucquoy, etc.).

Cingula fusca, Philippi.

Truncatella? fusca, Philippi, 1841. *In Wiem. Arch.*, p. 53, pl. V, f. 5. — 1846. *Enum. moll. Sic.*, II, p. 134, pl. XXIV, fig. 4.

Rissoa paludinioides, Calcara, 1841. *Mon. Gen. Spir. Suc.*, p. 10. — 1855. *Cenno moll. Sic.*, p. 27, pl. III, fig. 16.

Cingula fusca, Weinkauff, 1868. *Conch. mittelm.*, II, p. 281.

Setia fusca, de Monterosato, 1884. *Conch. litt. medit.*, p. 72.

La Méditerranée : Marseille, dans les Bouches-du-Rhône (de Monterosato); Toulon, dans le Var; Nice, dans les Alpes-Maritimes (Nob.); etc.

Cingula turriculata, de Monterosato.

Setia fusca (var. minor-turriculata), de Monterosato, 1878. *Enum. e sin.*, p. 25.

— *turriculata*, de Monterosato, 1884. *Conch. litt. medit.*, p. 31.

La Méditerranée : Marseille, dans les Bouches-du-Rhône (de Monterosato).

B. — Groupe du *C. glabrata*

Cingula glabrata, Megerle von Mühlfeld.

Helix glabrata, Megerle von Mühlfeld, 1824. *In Verh. Berl. Gesellsch.*, I, p. 218, pl. III, fig. 10.

Rissoa punctulum, Philippi, 1836. *En. moll. Sic.*, I, 154, pl. X, f. 11.

— *glabrata*, Philippi, 1844. *Loc. cit.*, II, p. 130. — Forbes et Hanley, 1853. *Brit. moll.*, III, p. 283, pl. XCVIII, fig. 3. — Sowerby, 1859. *Ill. ind.*, pl. XIV, fig. 10. — Bucquoy, Dautzenberg et Dollfus, 1884. *Moll. Rouss.*, p. 312, pl. XXXVII, fig. 19, 20.

Cingula glabrata, Brusina, 1866. *Contr. fauna Dalm.*, p. 28 et 75.

Pisina glabrata, de Monterosato, 1884. *Conch. litt. medit.*, p. 26.

L'Océan : batterie du Diable, aux environs de Brest, dans le Finistère (Daniel).

La Méditerranée (Petit, Weinkauff) : le Roussillon, Banyuls, Port-

Vendre, dans les Pyrénées-Orientales (Bucquoy, etc.); au large de Marseille, dans les Bouches-du-Rhône (Marion); la Seyne, dans le Var (Nob); Cannes (Dautzenberg), dans les Alpes-Maritimes (Roux); etc.

Cingula nitida, BUCQUOY, DAUTZENBERG ET DOLLFUS.

Rissoa glabrata (var. nitida), Brusina, 1875. *In* de Monterosato, *Nuov. rev.*, p. 78.
Peringiella nitida, Brusina, 1878. *In* de Monterosato, *Enum. e sin.*, p. 27.
Rissoa nitida, Bucquoy, Dautzenberg et Dollfus, 1884. *Moll. Rouss.*, p. 314, pl. XXXVIII, fig. 22, 23.

La Méditerranée : le Roussillon, Banyuls, Paulilles, etc., dans les Pyrénées-Orientales (Bucquoy, etc.); la Seyne, dans le Var (Nob.); etc.

Cingula vitrea, MONTAGU.

Turbo vitreus, Montagu, 1803. *Test. Brit.*, II, p. 321, pl. XII, fig. 3.
Helix vitrea, Maton et Racket, 1804. *In Trans. Lin. soc.*, VII, p. 213.
Cingula vitrea, Fleming, 1828. *Brit. anim.*, p. 308.
Rissoa vitrea, Macgillivray, 1843. *Moll. Aberd.*, p. 329. — Forbes et Hanley, 1853. *Brit. moll.*, III, p. 125, pl. LXXV, fig. 5, 6. — Sowerby, 1859. *Ill. ind.*, pl. XIII, fig. 27. — Jeffreys, 1867-1869. *Brit. conch.*, IV, p. 40; V, p. 208, pl. LXVI', fig. 4.
— *? crystallina*, Brown, 1845. *Ill. conch.*, 2e édit., p. 13, pl. IX, fig. 76.

La Manche : région normande (Fischer); baie de la Hougue, Cherbourg, dans la Manche (Macé, Jeffreys); etc.

L'Océan : régions armoricaine et aquitanique (Fischer); environs de Brest, dans le Finistère (Daniel); Quiberon, dans le Morbihan (Taslé); île d'Yeu, dans la Vendée (Servain); sables à l'entrée de la Gironde, au large des passes d'Arcachon, dans la Gironde (Fischer, Taslé); golfe de Gascogne (de Folin, Taslé); cap Breton, dans les Landes (de Folin); etc.

La Méditerranée : Ratonneau, près Marseille, dans les Bouches-du-Rhône (Marion); Nice, dans les Alpes-Maritimes (Nob.); etc.

Cingula proxima, ALDER.

Rissoa proxima, Alder, *in* Thompson, 1847. *In Ann. nat. hist.*, XX, p. 174. — Forbes et Hanley, 1853. *Brit. moll.*, III, p. 127, pl. LXXV, fig. 7, 8. — Sowerby, 1859. *Ill. ind.*, pl. XIII, fig. 28. — Jeffreys, 1867-1869. *Brit. conch.*, IV, p. 39; V, p. 208, pl. LXVIII, fig. 3.
Cingula proxima, Weinkauff, 1868. *Conch. mit'elm.*, II, p. 279.
Ceratia proxima, de Monterosato, 1884. *Nom. conch. medit.*, p. 71.

La Manche : Dunkerque, dans le Nord (Terquem); Saint-Malo, dans l'Ille-et-Vilaine (Grube); etc.

L'Océan : régions armoricaine et aquitanique (Fischer); Roscoff (Grube), les environs de Brest (Taslé, Daniel), Lanninon (Daniel), dans le Finistère; Quiberon, dans le Morbihan (Taslé); Arcachon, dans la Gironde (Fischer); cap Breton, dans les Landes (de Folin); etc.

La Méditerranée : côtes de Provence (Petit, Jeffreys, Weinkauff); Marseille, dans les Bouches-du-Rhône (Nob.); etc.

Cingula limpida, de Monterosato.

Setia limpida, de Monterosato, 1884. *Conch. litt. medit.*, p. 31.

La Méditerranée : côtes de Provence (de Monterosato).

C. — Groupe du *C. contorta*.

Cingula contorta, Jeffreys.

Rissoa contorta, Jeffreys, 1856. *Piedm. Coast*, p. 29, fig. 6, 7. — Bucquoy, Dautzenberg et Dollfus, 1884. *Moll. Rouss.*, p. 311, pl. XXXVII, fig. 12 à 16.
Cingula contorta, Weinkauff, 1868. *Conch. mittelm.*, II, p. 281.
Nodulus contortus, de Monterosato, 1884. *Conch. litt. medit.*, p. 26.

La Méditerranée : le Roussillon, Banyuls, Paulilles, dans les Pyrénées-Orientales (Bucquoy, etc.); la Seyne, dans le Var (Nob.); Nice, dans les Alpes-Maritimes (Jeffreys); etc.

Cingula intorta, de Monterosato.

Rissoa (nodulus) intorta, de Monterosato, 1878. *Enum. e sin.*, p. 26.
Nodulus intortus, de Monterosato, 1884. *Conch. litt. medit.*, p 26.
Rissoa contorta (var. intorta), Bucquoy, Dautzenberg et Dollfus, 1884. *Moll. Rouss.*, p. 312, pl. XXXVII, fig. 17.

La Méditerranée : les environs de Nice, dans les Alpes-Maritimes (Nob.).

B. — Groupe du *C. Alderi*

Cingula Alderi, Jeffreys.

Rissoa soluta (*non* Philippi), Forbes et Hanley, 1853. *Brit. conch.*, III, p. 131. pl. LXXV, fig. 3. — Sowerby, 1859. *Ill. ind.*, pl. XIV, fig. 2. — Jeffreys, 1867-1869. *Brit. conch.*, IV, p. 45; V, p. 208, pl. LXVII, f. 7.

Rissoa Alderi, Jeffreys, 1858. *In Ann. mag. nat. hist.*, 3e sér., III, p. 127, pl. V, fig. 5.

La Manche : région normande (Fischer); Étretat, dans la Seine-Inférieure (Jeffreys).

L'Océan : régions armoricaine et aquitanique (Fischer); sables à l'entrée de la Gironde (Fischer); etc.

Cingula obtusa, CANTRAINE.

Rissoa obtusa, Cantraine, 1842. *In Bull. acad. Brux.*, p. 9.
— *soluta*, Philippi, 1844. *En. moll. Sic.*, II, p. 130, pl. XXIII, f. 18.
Cingula soluta, Weinkauff, 1868. *Conch. mittelm.*, II, p. 281.
Cingulina obtusa, de Monterosato, 1884. *Nom. conch. medit.*, p. 67.

La Méditerranée : côtes de Provence (Petit, de Monterosato); Garlaban, dans les Bouches-du-Rhône (Marion); Antibes, dans les Alpes-Maritimes (Jeffreys, Roux); etc.

Genre JEFFREYSIA, Alder

Alder, 1851. *In Ann. nat. hist.*, VII, p. 193.

Jeffreysia glabra, BROWN.

Rissoa glabra, Brown, 1827. *Ill. conch.*, p. 13, pl. IX, fig. 37.
Rissoa? glabra, Alder, 1844. *In Ann. nat. hist.*, XIII, p. 325, pl. VIII, fig. 1 à 4.
Jeffreysia diaphana, Alder, 1848. *Cat. moll. Northumb.*, p. 55. — Forbes et Hanley, 1853. *Brit. moll.*, III, p. 152, pl. LXXVI, fig. 1. — Sowerby, 1859. *Ill. ind.*, pl. XIV, fig. 13. — Jeffreys, 1867-1869. *Brit. conch.*, p. 59; pl. LXIX, fig. 5.

La Manche : région normande (Fischer); cap Lévi, dans la Manche (Macé).

L'Océan : région armoricaine ; rade de Brest, dans le Finistère (Taslé, Daniel).

Jeffreysia opalina, JEFFREYS.

Rissoa? opalina, Jeffreys, 1849. *In Ann. nat. hist.*, 2e sér., II, p. 251.
Jeffreysia opalina, Forbes et Hanley, 1853. *Brit. moll.*, III, p. 154, pl. LXXVI, fig. 3, 4; IV, *Append.*, p. 267, pl. CXXXIII, fig. 6; pl. MM, fig. 2. — Sowerby, 1859. *Ill. ind.*, pl. XIV, fig. 2. — Jeffreys, 1867-1869. *Brit. conch.*, IV, p. 60; V, p. 209, pl. LXIX, fig. 6.

L'Océan : région armoricaine (Fischer); les environs de Brest, dans le Finistère (Daniel).

Genre BARLEEIA, Clark

Clark, 1855. *Hist. Brit. Test. moll.*, p. 391.

Barleeia rubra, Adams.

Turbo ruber, Adams, 1795. *In Tr. Lin. soc.*, III, p. 64, pl. XIII, f. 21, 22.
— *unifasciatus*, Montagu, 1803. *Test. Brit.*, p. 327, pl. XX, fig. 6.
Rissoa fulva, Michaud, 1832. *Rissoa*, p. 12, fig. 17, 18.
Cingula rubra, Thorpes, 1844. *Brit. conch.*, p. 42, 182, pl. II, f. 26.
— *unifasciata*, Thorpes, 1844. *Loc. cit.*, p. 42 et 182.
Sabanea Binghamiana, Leach, 1852. *Syn. moll. Gr. Brit.*, p. 154.
Rissoa rubra, Forbes et Hanley, 1853. *Brit. conch.*, III, p. 120, pl. LXXVIII, fig. 4, 5.
Barleeia rubra, Sowerby, 1859. *Ill. ind.*, pl. XIV, fig. 12. — Jeffreys, 1867-1869. *Brit. conch.*, IV, p. 56, pl. I, fig. 2 ; V, p. 209, pl. LXIX, fig. 4. — Bucquoy, Dautzenberg et Dollfus, 1884. *Moll. Rouss.*, p. 315, pl. XXXII, fig. 21, 22.

La Manche : région normande, Étretat, dans la Seine-Inférieure (Nob.); Cherbourg, Valogne, dans la Manche (Macé); Saint-Malo, dans l'Ille-et-Vilaine (Nob.); etc.

L'Océan : régions armoricaine et aquitanique (Fischer); Quiberon, dans le Morbihan (Taslé); île d'Yeu, dans la Vendée (Servain); la Rochelle (Taslé), Royan, l'île de Ré (Nob.), dans la Charente-Inférieure (Beltremieux); Biarritz, dans les Basses-Pyrénées (Taslé); etc

La Méditerranée (Petit, Weinkauff) : le Roussillon, Port-Vendre, Paulilles, etc., dans les Pyrénées-Orientales (Bucquoy, etc.); Agde, Cette, dans l'Hérault (Petit) ; Toulon, Saint-Nazaire, dans le Var (Nob.); Cannes (Dautzenberg), dans les Alpes-Maritimes (Roux); etc.

Barleeia elongata, Locard.

Barleeia rubra (var. elongata), Bucquoy, Dautzenberg et Dollfus, 1844. *Moll. Rouss.*, p. 316, pl. XXXII, fig. 23.
— *elongata*, Locard, 1884. *Mss.*

La Méditerranée : le Roussillon, Port-Vendre, Paulilles, dans les Pyrénées-Orientales (Bucquoy, etc.); Saint-Nazaire, dans le Var (Nob.); etc.

NATICIDÆ

Genre NATICA (Adanson) Scopoli

Scopoli, 1777. *Intr. hist. nat.*, p. 392,

A. — Groupe du *N. millepunctata*

Natica millepunctata, DE LAMARCK.

Nerita canrena (pars), Linné, 1767. *Syst. nat.*, édit. XII, p. 1251.
— *stercus-muscarum (juv)*, Gmelin, 1789: *S. nat.*, éd. XIII, p. 3673.
— *punctata (pars)*, Karsten, 1789. *Mus. Lesk.*, p. 288.
Natica millepunctata, de Lamarck, 1822. *Anim. s. vert.*, VI, 2e part., p. 199. — De Blainville, 1826. *Faune franç.*, pl. XIV, fig. 2. — Bucquoy, Dautzenberg et Dollfus, 1883. *Moll. Rouss.*, p. 141, pl. XVII, fig. 3 et 4.
Nacca punctata, Risso, 1826. *Hist. nat. eur. merid.*, IV, p. 148.
Natica stercus-muscarum, Scacchi, 1830. *Cat. Reg. Neap.*, p. 16.
— *punctata*, Récluz, 1852. *In Journ. conch.*, III, p. 265. — Hidalgo, 1870. *Moll. marin.*, pl. XX, A, fig. 1, 2.
— *sanguinolenta*, Brusina, 1865. *Conch. Dalm. ined.*, p. 19.
Nacca millepunctata, de Monterosato, 1884. *Nom. conch. medit.*, p. 106.

La Méditerranée (Petit, Weinkauff): le Roussillon, Canet, etc., dans les Pyrénées-Orientales (Bucquoy, etc.); Leucate (Bucquoy, etc.), la Franqui (Pépratx), la Nouvelle (Nob.), dans l'Aude; Cette (Granger), de Cette à Aigues-Mortes (Dubreuil), dans l'Hérault; golfe d'Aigues-Mortes, dans le Gard (Clément); la Joliette, le Prado, les environs de Marseille, dans les Bouches-du-Rhône (Marion); Toulon (Doublier), Saint-Mandrier, cap Sicié, la Seyne, Porquerolles, etc. (Nob.), dans le Var; Cannes (Nob.), dans les Alpes-Maritimes (Roux); etc.

Natica Hebræa, MARTYN.

Nerita Hebræa, Martyn, 1769-1784. *Univ. conch.*, pl. CIX.
— *canrena (var. ε, ζ)*, Gmelin, 1789. *Syst. nat.*, éd. XIII, p. 3669.
— *maculata*, Ulysses, 1795. *Travels Kingd. Naples*, p. 473.
Natica maculata (pars), Sowerby, 1825. *Tank. catal.*, p. 177.
— *cruenta (n. Gmel.)*, Payraudeau, 1826. *Moll. Corse*, p. 118. — De Blainville, 1826. *Faune franç.*, pl. XIV, fig. 1.

Nacca maxima, Risso, 1826. *Hist. nat. eur. mérid.*, IV, p. 148.
Natica adspersa, Menke, 1830. *Syn. meth.*, p. 46 *(excl. syn.)*
— *millepunctata (var. β)*, Philippi, 1836. *En. moll. Sic.*, I, p. 161.
— *Hebræa*, Récluz, 1852. *In Journ. conch.*, III, p. 264. — Hidalgo, 1870. *Moll. marin.*, pl. XX, fig. 5 à 8; pl. XX, B, fig. 1. — Bucquoy, Dautzenberg et Dollfus, 1883. *Moll. Rouss.*, p. 139, pl. XVII, fig. 1, 4.
— *stercus muscarum (var. β)*, Philippi, 1852. *In* Kuster-Chemnitz, 2e édit., p. 9 et 16, pl. II, fig. 5 et 6.
Nacca Hebræa, de Monterosato, 1884. *Nom. conch. médit.*, p. 106.

La Méditerranée (Petit, Weinkauff) : le Roussillon, Canet, etc., dans les Pyrénées-Orientales (Bucquoy, etc.); Leucate (Bucquoy, etc.), la Nouvelle (Nob.), dans l'Aude; Cette (Granger), de Cette à Aigues-Mortes (Dubreuil), dans l'Hérault; golfe d'Aigues-Mortes (Clément); la Joliette, les environs de Marseille, dans les Bouches-du-Rhône (Marion); Toulon, Saint-Raphaël, dans le Var (Doublier); Menton (Nob.), dans les Alpes-Maritimes (Roux); etc.

B. — Groupe du *N. catenata*

Natica catenata, DA COSTA.

Nerita glaucina (pars), Linné, 1769. *Syst. nat.*, édit. XII, p. 1251.
Cochlea catena, da Costa, 1779. *Brit. conch.*, p. 83, fig. 5, 7.
Nerita canrena (non Linné), Turton, 1819. *Dict.*, p. 124, fig. 71, 72.
Natica ampullaria, de Lamarck, 1822. *Anim. s. vert.*, VI, 2e part., p. 199. — Delessert, 1841. *Rec. coq.*, pl. XXXII, f. 11.
— *monilifera*, de Lamarck, 1822. *Loc. cit.*, p. 200. — De Blainville, 1826. *Faune franç.*, pl. XIV, fig. 5. — Hidalgo, 1870. *Moll. marin.*, pl. XX, A, fig. 3, 4.
— *castanea*, de Lamarck, 1822. *Loc. cit.*, p. 302.
— *glaucina*, Risso, 1826. *Hist. nat. eur. mérid.*, IV, p. 147.
— *helicina* (*n.* Brocchi), Récluz, 1852. *In Journ. conch.*, III, p. 268.
— *catena*, de Monterosato, 1878. *Enum. e sin.*, p. 36. — Bucquoy, Dautzenberg et Dollfus, 1883. *Moll. Rouss.*, p. 146, pl. XVII, fig. 5-6.
— *catenata*, Locard, 1882. *Mss.*

La Manche : Dunkerque, dans le Nord (Terquem); le Boulonnais, dans le Pas-de-Calais (Bouchard-Chantereaux); région normande (Fischer); Dieppe, le Havre, dans la Seine-Inférieure (Nob.); Langrune, dans le Calvados (Nob.); baie de la Hougue (Macé), Granville (Servain), dans la Manche; Saint-Malo, dans l'Ille-et-Vilaine (Nob.); baie de Dinan, dans les Côtes-du-Nord (Daniel); etc.

L'Océan : régions armoricaine et aquitanique (Fischer) ; Brest, Douarnenez, etc., dans le Finistère (Taslé, Daniel) ; le Morbihan (Taslé) ; la Loire-Inférieure (Cailliaud, Taslé) ; île d'Yeu (Servain), sables d'Olonne (Nob.), dans la Vendée ; l'île de Ré, Royan, etc., dans la Charente-Inférieure (Fischer, Beltremieux) ; bassin d'Arcachon, crassats d'Eyrac, pointe du Sud, dans la Gironde (Fischer) ; etc.

La Méditerranée (Petit, Weinkauff) : le Roussillon, Canet, etc., dans les Pyrénées-Orientales (Bucquoy, etc.) ; Leucate (Bucquoy, etc.), la Franqui (Pépratx), la Nouvelle (Nob.), dans l'Aude ; Cette (Granger), Palavas (Dollfus), de Cette à Aigues-Mortes (Dubreuil), dans l'Hérault ; golfe d'Aigues-Mortes (Clément), dans le Gard ; les Martigues, les environs de Marseille, dans les Bouches-du-Rhône (Nob.) ; Toulon, Saint-Nazaire, Saint-Tropez, dans le Var (Nob.) ; Cannes, Menton (Nob.), Nice (Risso), dans les Alpes-Maritimes (Roux) ; etc.

Natica Alderi, Forbes.

Nerita glaucina (pars), Linné, 1761. *Fauna Suec.*, 2e édit., p. 533.
Natica Marochiensis (*n.* Gmel.), Philippi, 1836. *En. moll. Sic.*, I, p. 256.
— *Alderi*, Forbes, 1838. *Malac. Monensis*, p. 31, pl. II, fig. 6, 7. —Forbes et Hanley, 1853. *Brit. moll.*, pl. P P, fig. 5. — Jeffreys, 1867-1869. *Brit. conch.*, IV, p. 224 ; V, p. 215, pl. LXXVIII, fig. 5. — Bucquoy, Dautzenberg et Dollfus, 1883. *Moll. Rouss.*, p. 143, pl. XVIII, fig. 13 et 14.
— *Poliana*, delle Chiaje, 1841. *In Poli*, III, pl. LV, fig. 13.
— *glaucina*, Récluz, 1852. *In Journ. conch.*, III, p. 267. — Hidalgo, 1870. *Moll. marin.*, pl. XX, B, fig. 8, 9.
— *nitida*, Forbes et Hanley, 1853. *Brit. moll.*, III, p. 330, pl. C, fig. 3, 4. — Sowerby. *Ill. ind.*, pl. XVI, fig. 6 (*n.* Donov.)
— *macilenta*, Reeve, 1855. *Conch. icon.*, pl. XXVIII, fig. 133.
Lunatia Poliana, de Monterosato, 1884. *Nom. conch. medit.*, p. 108.

La Manche : Dunkerque, dans le Nord (Terquem) ; région normande (Fischer) ; Dieppe, Fécamp, Étretat, le Havre, etc., dans la Seine-Inférieure ; Trouville, Cabourg, Langrune (Nob.), Ouistreham (Bucquoy), etc., dans le Calvados ; Cherbourg, Granville, etc., dans la Manche ; Saint-Malo, Saint-Lunaire, dans l'Ille-et-Vilaine ; baie de Saint-Brieuc, île Bréhat, dans les Côtes-du-Nord (Nob.) ; etc.

L'Océan : régions armoricaine et aquitanique (Fischer) ; rade et environs de Brest, Lanninon, banc de Saint-Marc, Morgat, etc. (Daniel), Concarneau (de Guerne), dans le Finistère ; Gavre, Quiberon, Belle-Isle, dans le Morbihan (Taslé) ; Basse-Kikerie, îlot du Four, dans la

Loire-Inférieure (Cailliaud); île d'Yeu (Servain), sables d'Olonne (Nob.), dans la Vendée; la Rochelle, Royan, île de Ré, île d'Oléron, dans la Charente-Inférieure (Nob.); Pointe de Bernet et du Sud, Eyrac, Vieux-Soulac, dans la Gironde (Fischer, Taslé); cap Breton, dans les Landes, (de Folin); embouchure de l'Adour, dans les Basses-Pyrénées (de Folin).

La Méditerranée : le Roussillon, dans les Pyrénées-Orientales (Bucquoy, etc.); Leucate (Bucquoy, etc.), la Franqui (Pépratx), la Nouvelle (Nob.), dans l'Aude; Cette, Agde, dans l'Hérault (Nob.); la Joliette, Carry, Ratonneau, Pomègue, Garlaban, les Goudes, cap Pinède, etc., les environs de Marseille, dans les Bouches-du-Rhône (Marion); Toulon, Saint-Tropez, Saint-Raphaël, dans le Var (Nob.); etc.

Natica Neustriaca, Locard.

Natica Alderi (var. ventricosa), Jeffreys, 1867. *Brit. conch.*, IV, p. 225.
— *Alderi (var. globulosa)*, Bucquoy, Dautzenberg et Dollfus, 1883. *Moll. Rouss.*, p. 146, pl. XVIII, fig. 17, 18.
— *Neustriaca*, Locard, 1883. *Mss.*

La Manche : Dunkerque, dans le Nord; le Havre, Fécamp, dans la Seine-Inférieure; Cherbourg, dans la Manche (Nob.); etc.

La Méditerranée : le Roussillon, dans les Pyrénées-Orientales (Bucquoy, etc); etc.

Natica pulchella, Risso.

Natica pulchella, Risso, 1826. *Hist. nat. eur. mer.*, IV, p. 148, f. 42.
— *intermedia*, Philippi, 1836. *En. moll. Sic.*, I, p. 163, pl. IX, f. 11.
— *Alderi (var. elata)*, Bucquoy, Dautzenberg et Dollfus, 1883. *Moll. Rouss.*, p. 145, pl. XVIII, fig. 15, 16.

La Méditerranée : Leucate, dans l'Aude; Cette, dans l'Hérault (Nob.); etc.

Natica complanata, Locard.

Natica complanata, Locard, 1885. *Mss.*

La Manche : Dunkerque, dans le Nord; Wimereux, dans le Pas-de-Calais (Nob.); etc.

Natica Rizzæ, Philippi.

Natica Rizzæ, Philippi, 1844. *Zeitsch. malac.*, p. 103. — 1845-1851. *Abbildung.*, II, pl. II, fig. 5. — 1852. *In* Martini et Chemnitz, 2e édit., p. 105, pl. XIV, fig. 7.

La Méditerranée : les côtes du Roussillon (Petit, Récluz); Agde, dans l'Aude (Petit); etc.

Natica fusca, DE BLAINVILLE.

Natica fusca, de Blainville, 1821. *Dict.*, p. 252. — 1826. *F. fr.*, pl. XIV, f 3.
— *sordida*, Philippi, 1844. *Enum. moll. Sic.*, II, p. 139, pl. XXIV, fig. 15. — Forbes et Hanley, 1853. *Brit. moll.*, III, p. 334, pl. C, fig. 5-6 ; pl. PP, fig. 3. — Sowerby, 1859, pl. XVI, fig. 18. — Jeffreys, 1867-1869. *Brit. conch*, IV, p. 218; V, p. 215, pl. LXXVIII, fig. 3.

La Manche : région normande (Fischer); le Havre, Dieppe, dans la Seine-Inférieure ; Langrune, dans le Calvados ; Saint-Malo, dans l'Ille-et-Vilaine (Nob.); etc.

L'Océan : régions armoricaine et aquitanique (Fischer) ; les environs de Morlaix, dans le Finistère (Nob.); Royan, la Rochelle, dans la Charente-Inférieure ; Vieux-Soulac, Pointe du Sud, dans la Gironde (Fischer); etc.

? La Méditerranée : Graves, dans les Alpes-Maritimes (Récluz).

Natica Guillemini, PAYRAUDEAU.

Nerita Maroccana (*n.* Chem.), v. Salis Marschlins, 1793. *Reise Neap.*, p. 379.
Natica Guillemini, Payraudeau, 1826. *Moll. Corse*, p. 119, pl. V, fig. 25, 26. — Hidalgo, 1870. *Moll. marin.*, pl. XX, B, fig. 4, 5; pl. XX, fig. 3, 4. — Bucquoy, Dautzenberg et Dollfus, 1884. *Moll. Rouss.*, p. 148, pl. XVIII, fig. 21, 22.
— *marmorata*, Risso, 1826. *Hist. nat. eur. mérid.*, IV, p. 147.

L'Océan : région armoricaine (Fischer); Basse-Kikerie, îlot du Four, dans la Loire-Inférieure (Cailliaud, Taslé) ; etc.

La Méditerranée : le Roussillon, Paulilles dans les Pyrénées-Orientales (Bucquoy, etc.); Cette (Granger), Palavas (Nob.), le golfe d'Aigues-Mortes, dans le Gard (Clément) ; Hyères, Toulon, dans le Var (Doublier) ; fort Saint-Jean, la Joliette, etc., aux environs de Marseille, dans les Bouches-du-Rhône (Marion) ; les environs de Nice, dans les Alpes-Maritimes (Risso, Roux) ; etc.

Natica Sagraiana, D'ORBIGNY.

Natica lineolata (*n.* Desh.). Philippi, 1844. *In Zeitsch. Malac.*, p. 107.
— ? *filosa*, Philippi, 1845-1847. *Abbild.*, II, pl. II, fig. 4.
— *Sagrana*, Mac-Andrew, 1849-1854. *Repport.*, p. p.
— *Sagraiana*, d'Orbigny, 1855. *Moll. Cuba*, pl. XVIII, fig. 20, 21.

L'Océan : cap Breton, dans les Landes (de Folin).

Natica subplicata, Jeffreys.

Natica subplicata, Jeffreys, 1885. *In Proc. zool. soc.*, p. 32, pl. IV, f. 2.

L'Océan : le golfe de Gascogne (Jeffreys).

C. — Groupe du *N. Dillwyni*

Natica Dillwyni, Payraudeau.

Natica Dillwyni, Payraudeau, 1826. *Moll. Corse*, p. 120, pl. V, fig. 27, 28. — Hidalgo, 1870. *Moll. marin.*, pl. XX, C, fig. 8, 9. — Bucquoy, Dautzenberg et Dollfus, 1883. *Moll. Rouss.*, p. 138, pl. XVIII, fig. 19, 20.

La Méditerranée : Leucate, dans l'Aude (Bucquoy, etc.) ; Toulon, dans le Var (Petit, Doublier) ; Cannes, Menton (Nob.), dans les Alpes-Maritimes (Roux) ; etc.

D. — Groupe du *N. intricata*

Natica intricata, Donovan.

Nerita intricata, Donovan, 1807. *Brit. shells*, V, pl. CLXVII.

— *canrena (var)*, Montagu, 1808. *Test. Brit.*, *Suppl.*, p. 148.

Natica Valenciennesii, Payraudeau, 1826. *Moll. Corse*, p. 118, pl. V, fig. 23, 24.

— *intricata*, Philippi, 1844. *Enum. moll. Sic.*, II, p. 140. — Hidalgo, 1870. *Moll. marin.*, pl. XX, H, fig. 8 à 10 — Bucquoy, Dautzenberg et Dollfus, 1883. *Moll. Rouss.*, p. 149, pl. XVIII, fig. 7 à 9.

? L'Océan : région armoricaine (Fischer).

La Méditerranée (Petit, Weinkauft) : le Roussillon, Paulilles, Port-Vendre, etc., dans les Pyrénées-Orientales ; Leucate, dans l'Aude (Bucquoy, etc.) ; Palavas (Dollfus), Cette (Granger), de Cette à Aigues-Mortes (Dubreuil), dans l'Hérault ; les Martigues (Nob.), Roucas-Blanc, Saint-Henri, le Prado, la Joliette, fort Saint-Jean, etc. (Marion), dans les Bouches-du-Rhône ; la Seyne, cap Sicié, Toulon, etc., dans le Var (Nob.) ; Cannes, Menton (Nob.), dans les Alpes-Maritimes (Roux) ; etc.

Natica crassatella, Locard.

Natica crassatella, Locard, 1883. *Mss.*

La Méditerranée : Cette, dans l'Hérault ; Toulon, le cap Sicié, dans le Var (Nob.) ; etc.

Genre NEVERITA, Risso

Risso, 1826. *Hist. nat. eur. mérid.*, IV, p. 149.

Neverita Josephinæ, Risso.

Nerita glaucina (*non* Linné), von Salis Marschlins, 1793. *Reise Kœn. Neap.*, p. 379.
Natica glaucina (*n.* Linné), Payraudeau, 1826. *Moll. Corse*, p. 117.
Neverita Josephina, Risso, 1826. *Hist. nat. eur. mérid.*, IV, p. 149, f. 43.
Natica olla, Marcel de Serres, 1829. *Geog. midi*, p. 157, pl. I, fig. 1, 2.
— *albumen* (*n.* Linné), Scacchi, 1836. *Cat. reg. Neap.*, p. 16.
— *Josephinæ*, Poticz et Michaud, 1838. *Gal. moll. Douai*, I, p. 292.
— *Philippiana*, Reeve, 1855. *Conch. icon.*, pl. XI, fig. 45.
— *naticoides* (*n.* Kust.), Sandri et Danilo, 1856. *Elenco Zara*, p. 133.
— *Josephina*, Weinkauff, 1868. *Conch. mittelm.*, p. 256. — Bucquoy, Dautzenberg et Dollfus, 1883. *Moll. Rouss.*, p. 151, pl. XVIII, fig. 1 à 4.

La Méditerranée (Petit, Weinkauff) : la Franqui, dans l'Aude (Bucquoy, etc.); Cette (Granger) ; Palavas (Dollfus), dans l'Hérault ; golfe d'Aigues-Mortes, dans le Gard (Clément) ; Marseille et ses environs, dans les Bouches-du-Rhône (Ancey, Marion); Toulon, Saint-Raphaël (Doublier), cap Sicié, la Seyne, les îles d'Hyères, etc. (Nob.), dans le Var ; Cannes (Dautzenberg), Menton (Nob.), Nice (Risso), dans les Alpes-Maritimes (Roux); etc.

VELUTINIDÆ

Genre LAMELLARIA, Montagu

Montagu, 1815. *In Trans. Linn. soc.*, XI, p. 2.

Lamellaria perspicua, Linné.

Helix perspicua, Linné, 1767. *Syst. nat.*, édit. XII, p. 1250.
— *haliotidea* (*n.* Linné), Müller, 1776. *Zool. Dan. Prodr.*, p. 240.
Bulla haliotidea, Montagu, 1803. *Test. Brit.*, p. 211, pl. VII, fig. 6.
Sigaretus Kindelmannianus, Michaud, 1828. *In Bull. soc. Lin. Bord.*, p. 120, fig. 1, 2.
— *perspicuus*, Philippi, 1836. *En. moll. Sic.*, I, p. 165, pl. X, f. 5.
— *neritoides* (*teste* For et Hanl), delle Chiaje, 1841. *In* Poli, III, p. 47, pl. VI, fig. 7.
Coriocella perspicua, Philippi, 1844. *Enum. moll. Sic.*, II, p. 142.
Lamellaria perspicua, Forbes et Hanley, 1853. *Brit. moll.*, III, p. 355,

pl. XCIX, fig. 8, 9 ; pl. PP, fig. 1. — Sowerby, 1859. *Ill. ind.*, pl. XVI, fig. 23. — Jeffreys, 1867-1869. *Brit. conch.*, IV, p. 235 ; V, p. 216, pl. LXXIX, fig. 2. — Bucquoy, Dautzenberg et Dollfus, 1883. *Moll. Rouss.*, p. 153, pl. XVIII, fig. 23-24.

La Manche : le Boulonnais (Bouchard-Chantereaux), Wimereux, dans le Pas-de-Calais (Nob.) ; région normande (Fischer) ; le Havre, Dieppe, dans la Seine-Inférieure (Nob.) ; Granville (Servain), baie de Cherbourg (Macé), dans la Manche ; etc.

L'Océan : régions armoricaine et aquitanique (Fischer) ; Roscoff (Grube), Lanninon, Postrein (Taslé, Daniel), Concarneau (de Guerne), dans le Finistère ; golfe du Morbihan, Quiberon, dans le Morbihan (Taslé) ; baie de Bourgneuf, îlot du Four, dans la Loire-Inférieure (Cailliaud, Taslé) ; île d'Yeu, dans la Vendée (Servain) ; côtes d'Oléron, dans la Charente-Inférieure (Beltremieux, Taslé) ; etc.

La Méditerranée : le Roussillon, Leucate, dans l'Aude (Bucquoy, etc.) ; Cette, dans l'Hérault (Granger) ; la Provence (Petit, Weinkauff) ; la Joliette, les Goudes, Garlaban, Roucas-Blanc, etc., dans les Bouches-du-Rhône (Marion) ; le golfe de Nice (Risso), dans les Alpes-Maritimes (Roux) ; etc.

Lamellaria tentaculata, MONTAGU.

Lamellaria tentaculata, Montagu, 1811. *In Trans. Lin. soc.*, XI, p. 183. — Forbes et Hanley, 1853. *Brit. moll.*, III, p. 358, pl. XCIX, fig. 10 ; pl. PP, fig. 2. — Sowerby, 1859. *Ill. ind.*, pl. XVI, fig. 24.

Bulla tentaculata, Turton, 1819. *Conch. dict.*, p. 25.

Coriocella tentaculata, Johnston, 1843. *In. Berwick Club*, I, p. 275.

Lamellaria perspicua (var. tentaculata), Jeffreys, 1867-1869. *Brit. conch.*, IV, p 235, pl. LXXIX, fig. 2 a.

L'Océan : Brest dans le Finistère (Taslé, Daniel) ; Basse-Kikeric, dans la Loire-Inférieure (Taslé, Cailliaud) ; etc.

Genre VELUTINA, de Blainville

De Blainville, 1825. ? *In Edinb. Encycl. Suppl.* — 1826. *In Man. malac.*, p. 468.

Velutina capuloides, DE BLAINVILLE (1).

? *Helix lævigata*, Pennant, 1766. *Brit. zool.*, IV, p. 140, pl. LXXXVI, fig. 139.

(1) Melius : *capuliformis*.

Velutina capuloides, de Blainville, 1826. *Man. malac.*, pl. XLII, fig. 4.
— *lævigata*, Fleming, 1836. *Brit. anim.*, p. 324. — Forbes et Hanley, 1853. *Brit. moll.*, III, p. 347, pl. XLIX, fig. 4, 5 ; pl. OO, fig. 7. — Sowerby, 1859. *Ill. ind.*, pl. XVI, fig. 21. — Jeffreys, 1867-1869. *Brit. conch.*, IV, p. 240 ; V, p. 216, pl. LXXIX, fig. 4.

La Manche : région normande (Fischer) ; Langrune, dans le Calvados (Nob.) ; baie de la Hougue, dans la Manche (Macé) ; etc.

L'Océan : régions armoricaine et aquitanique (Fischer) ; rade de Brest, dans le Finistère (Daniel, Taslé) ; île d'Oléron, dans la Charente-Inférieure (Beltremieux) ; etc.

XENOPHORIDÆ

Genre XENOPHORA, Fischer de Waldheim

Fischer de Waldheim, 1807. *Mus. Demid.*, III.

Xenophora crispa, König.

Trochus crispus, König, 1831. *In* Brown, *Italiens Tert. geb.*, p. 62. — Philippi, 1836. *Enum moll. Sic.*, I, p. 183, pl. X, fig. 26.
Xenophora crispa, Jeffreys, 1885. *In Proceed. zool. soc.*, p. 44.

L'Océan : le golfe de Gascogne (de Folin, Jeffreys).

LITTORINIDÆ

Genre LITTORINA, de Ferussac

De Ferussac, 1821. *Tabl. syst.*, p. XXXIV.

A. — Groupe du *L. obtusa*

Littorina obtusa, Linné.

Nerita littoralis, Pennant, 1766. *Brit. zool.*, IV, p. 141, pl. LXXX VII, fig. 143. — Da Costa, 1778. *Brit. conch.*, p. 50, pl. III, fig. 7 ; pl. IV, fig. 2-7. — Donovan, 1804. *Brit. shells*, I, pl. XX, fig. 2.
Turbo obtusus, Linné, 1767. *Syst. nat.*, édit. XII, p. 1232.

Turbo neritoides, de Lamarck, 1822. *Anim. s. vert.*, VII, p. 48. — De Blainville, 1826. *Faune franç.*, p. 301, pl. XII, fig. 8.
— *retusus*, de Lamarck, 1822. *Anim. s. vert.*, VII, p. 48. — De Blainville, 1826. *Faune franç.*, pl. XII, fig. 6. — Potiez et Michaud, 1838. *Gal. moll. Douai*, I, p. 316, pl. XXIII, fig. 1.
Littorina neritoides, Forbes, 1838. *Malac. Monens.*, p. 19.
— *obtusa*, Menke, 1845. *In Zeitschr. f. Malac.*, p. 55. — Jeffreys, 1865-1869. *Brit. conch.*, III, p. 356; V, p. 205, pl. LXV, f. 1.
— *littoralis*, Forbes et Hanley, 1853. *Brit. moll.*, III, p. 45, pl. LXXIV, fig. 3 et 4. — Sowerby, 1859. *Ill. ind.*, pl. XII, fig. 20-21.

La Manche : Dunkerque, dans le Nord (Terquem) ; Wimereux (Nob.), Boulogne (Bouchard-Chantereaux), dans le Pas-de-Calais ; Saint-Valery, dans la Somme (Nob.) ; région normande (Fischer) ; Dieppe, Fécamp, le Havre, Langrune, etc., dans le Calvados (Nob.); Granville, Cherbourg, Valogne, etc., dans la Manche (de Gerville, Macé, Servain) ; Cancale, Saint-Malo, dans l'Ille-et-Vilaine (Nob.) ; les Côtes-du-Nord (Nob.); etc.

L'Océan : régions armoricaine et aquitanique (Fischer); le Finistère (Taslé, Daniel, de Guerne) ; le Morbihan (Taslé) ; la Loire-Inférieure (Cailliaud, Taslé) ; île d'Yeu (Servain) ; sables d'Olonne, dans la Vendée (Nob.) ; la Charente-Inférieure (Beltremieux, Taslé) ; la Gironde (Taslé, Fischer) ; etc.

Littorina ustulata, de Lamarck.

Turbo ustulatus, de Lamarck, 1822. *Anim. s. vert.*, VII, p. 48. — De Blainville, 1826. *Faune franç.*, p. 301, pl. XII, fig. 7.
Littorina littoralis (pars), Forbes et Hanley, 1853. *Brit. moll.*, pl. LXXXIV, fig. 5 à 7.

L'Océan : Dunkerque, dans le Nord ; Wimereux, dans le Pas-de-Calais ; Granville, dans la Manche (Nob.) ; etc.

L'Océan : les environs de Brest, dans le Finistère ; Royan, la Rochelle, dans la Charente-Inférieure (Nob.) ; etc.

Littorina palliata, Say.

Turbo palliatus, Say, 1822. *In Journ. acad. nat. sc. Philad.*, II, p. 24.
Littorina palliata, Forbes et Hanley, 1853. *Brit. moll.*, III, p. 51, pl. LXXXIV, fig. 8 à 10. — Sowerby, 1859. *Ill. ind.*, pl. XII, fig. 24.
— *obtusa (var. ornata)*, Jeffreys, 1865. *Brit. conch.*, III, p. 353.

La Manche : le Havre, Fécamp, dans la Seine-Inférieure; baie de Saint-Brieuc (Nob.) ; etc.

L'Océan : baie de Douarnenez, dans le Finistère; Royan, la Rochelle, dans la Charente-Inférieure (Nob.); etc.

B. — Groupe du *L. rudis*

Littorina rudis, MATON.

Turbo rudis, Maton. *Nat. hist. and antiq. West. Count.*, I, p. 277.— Donovan, 1804. *Brit. shells*, I, pl. XXXIII, fig. 3.

Littorina rudis (var. a), Johnston, 1843. *In Bervick club*, I, p. 267. — Brown, 1845. *Ill. conch.*, 2e édit., p. 15, pl. X, fig. 10 à 14. — Forbes et Hanley, 1853. *Brit. moll.*, III, p. 32, pl. LXXXIII, fig. 1-7; pl. LXXXVI, fig. 1. — Sowerby, 1859. *Ill. ind.*, pl. XII, fig. 12, 13.— Jeffreys, 1867-1869. *Brit. conch.*, IV, p. 364; V, p. 206; pl. LXV, fig. 3.

La Manche : Dunkerque, dans le Nord (Terquem); région normande, le Havre, Dieppe, dans la Seine-Inférieure (Nob.) ; Langrune, dans le Calvados (Nob.); Quinéville, cap Lévi (Macé), Mont Saint-Michel (Nob.), Granville (Servain), dans la Manche ; Saint-Malo, dans l'Ille-et-Vilaine (Nob.) ; baie de Saint-Brieuc, dans les Côtes-du-Nord (Nob.) ; etc.

L'Océan : régions armoricaine et aquitanique (Fischer); les environs de Brest (Daniel), baie de Douarnenez (Nob.), dans le Finistère ; golfe du Morbihan (Taslé); île d'Yeu, dans la Vendée (Servain); la Charente-Inférieure (Beltremieux); cap Breton, dans les Landes (de Folin); etc.

Littorina Danieli, LOCARD.

Littorina obtusa (pars), Daniel, 1883. *In Journ. conch.*, XXXI, p. 341.
— *Danieli*, Locard, 1885. *Mss.*

La Manche : Mont Saint-Michel, dans la Manche (Nob.).

L'Océan : les environs de Brest, dans le Finistère (Nob.).

Littorina patula, JEFFREYS.

Littorina patula, Jeffreys, in Thorpe, 1844. *Brit. marine conch.*, p.259, fig. 7. — Forbes, et Hanley, 1853. *Brit. moll.*, III, p. 36, pl. LXXXV, fig. 6-10; pl. GG, fig. 2. — Sowerby, 1859. *Ill. ind.*, pl. XII, fig. 18.

— *labiata*, Brown, 1845. *Ill. conch.*, 2e édit., p. 16, pl. X, fig. 20, 21.

— *rudissima*, Alders, 1848. *Cat. moll. North.*, p. 55.

— *rudis (var. patula)*, Jeffreys, 1865. *Brit. conch.*, III, p. 365.

La Manche : Dunkerque, dans le Nord; Dieppe, le Havre, dans la Seine-Inférieure; Langrune, dans le Calvados; Saint-Malo, dans l'Ille-et-Vilaine (Nob.); etc.

L'Océan : région armoricaine (Fischer); les environs de Brest, baie de Douarnenez, dans le Finistère ; la Rochelle, Royan, l'île de Ré, etc., dans la Charente-Inférieure (Nob.) ; etc.

Littorina tenebrosa, MONTAGU.

Turbo tenebrosus, Montagu, 1803. *Test. Brit.*, II, p. 203; *Suppl.*, pl. XX, fig. 4. — Wood, 1818. *Ind. test.*, pl. XXX, fig. 6.

Littorina tenebrosa, Forbes, 1838. *Malac. Monensis*, p. 18. — Forbes et Hanley, 1853. *Brit. moll.*, III, p. 39, pl. LXXXIV, fig. 11-12. — Sowerby, 1859. *Ill. ind.*, pl. XII, fig. 16.

— *rudis (var. tenebrosa)*, Jeffreys, 1865-1869. *Brit. conch.*, II, p. 365, pl. LXV, fig. 3, b.

La Manche : le Havre, dans la Seine-Inférieure (Nob.) ; Saint-Malo, dans l'Ille-et-Vilaine (Grube) ; baie de Saint-Brieuc, dans les Côtes-du-Nord (Nob.); etc.

L'Océan : régions armoricaine et aquitanique (Fischer); Postrein, près du château (Daniel), baie de Douarnenez (Nob.), dans le Finistère ; l'île de Ré, dans la Charente-Inférieure (Nob.) ; etc.

Littorina jugosa, MONTAGU.

Turbo jugosus, Montagu, 1803. *Test. Brit.*, II, p. 586, pl. XX, fig. 2.

Littorina rudis (var), Forbes et Hanley, 1853. *Brit. moll.*, III, pl. LXXXVI, fig. 1 a et 1 b.

— *rudis (var. jugosa)*, Jeffreys, 1865-1869. *Brit. conch.*, p. 365, pl. LXV, fig. 3, a.

La Manche : Granville, côtes de Basse-Normandie (de Blainville); Saint-Malo, dans l'Ille-et-Vilaine (Nob.); Mont Saint-Michel, dans la Manche (Nob.) ; etc.

L'Océan : le Croisic, dans la Loire-Inférieure (Nob.).

Littorina saxatilis, JOHNSTON.

Littorina saxatilis, Johnston, 1843. *In Berwick Club.*, I, p. 268. — Forbes et Hanley, 1853. *Brit. conch.*, III, p. 43, pl. LXXXVI, fig. 4-5. — Sowerby, 1859. *Ill. ind.*, pl. XII, fig. 19.

— *rudis (var. saxatilis)*, Jeffreys, 1865. *Brit. conch.*, III, p. 365.

La Manche : région normande (Fischer); le Havre (Macé), Dieppe (Nob.), dans la Seine-Inférieure; Quinéville, cap Lévi, dans la Manche

(Macé) ; Saint-Malo, dans l'Ille-et-Vilaine ; baie de Saint-Brieuc, dans les Côtes-du-Nord (Nob.) ; etc.

L'Océan : régions armoricaine et aquitanique (Fischer); baie du Toulinguet, dans le Finistère (Daniel) ; golfe du Morbihan (Taslé) ; etc.

C. — Groupe du *L. littorea*

Littorina littorea, Linné.

Turbo littoreus, Linné, 1767. *Syst. nat.*, édit. XII, p. 232. — De Blainville, 1826. *Faune franç.*, pl. XII, fig. 3.
— *ustulatus*, de Lamarck, 1822. *Anim. s. vert.*, p. 49.
Littorina vulgaris, Sowerby, 1824. *Gen. shells*, fig. 1.
— *littorea*, Johnston, 1843. *In Berwick Club.*, I, p. 267. — Forbes et Hanley, 1853. *Brit. conch.*, III, p. 29, pl. LXXXIII, fig. 7, 8 ; pl. GG, fig. 3. — Sowerby, 1859. *Ill. ind.*, pl. XII, fig. 14, 15. — Jeffreys, 1865-1869. *Brit. conch.*, III, p. 368 ; V, p. 206, pl. LXV, fig. 4.

La Manche : Dunkerque, dans le Nord ; Wimereux (Nob.), Boulogne (Bouchard-Chantereaux), dans le Pas-de-Calais (Nob.) ; région normande (Fischer) ; Dieppe, Fécamp, le Havre, dans la Seine-Inférieure ; Langrune, dans le Calvados (Nob.) ; Cherbourg, Valogne (de Gerville, Macé), Granville (Servain), dans la Manche ; Saint-Malo, dans l'Ille-et-Vilaine ; baie de Saint-Brieuc, dans les Côtes-du-Nord (Nob.) ; etc.

L'Océan : régions armoricaine et aquitanique (Fischer) ; les côtes du Finistère (Taslé, Daniel) ; les côtes du Morbihan (Taslé) ; la Loire-Inférieure (Cailliaud, Taslé) ; île d'Yeu, dans la Vendée (Servain) ; la Charente-Inférieure (Beltremieux, Taslé) ; la Gironde (Fischer, Taslé) ; les Basses-Pyrénées (Fischer) ; etc.

Littorina Armoricana, Locard.

Littorina littorea (var), pars auct.
— *Armoricana*, Locard, 1883. *Mss.*

La Manche : Langrune, dans le Calvados ; Granville, Cherbourg, dans la Manche ; baie de Saint-Brieuc, dans les Côtes-du-Nord ; Saint-Malo, dans l'Ille-et-Vilaine (Nob.) ; etc.

L'Océan : Morlaix, Brest, baie de Douarnenez, Concarneau, dans le Finistère ; Royan, l'île de Ré, dans la Charente-Inférieure (Nob.) ; etc.

Littorina sphæroidalis, Locard.

Turbo littoreus (pars), de Blainville, 1826. *Faune franç.*, pl. XII, fig. 4.

Littorina littorea (pars), Brown, 1845. *Ill. conch.*, 2e édit., pl. X, fig. 3.
— *sphæroidalis*, Locard, 1883. *Mss.*

La Manche : le Hâvre, Fécamp, dans la Seine-Inférieure; Langrune, dans le Calvados; Granville, dans la Manche (Nob.); etc.

L'Océan : baie de Douarnenez, dans le Finistère; Royan, dans la Charente-Inférieure (Nob.); etc.

D. — Groupe du *L. punctata*

Littorina punctata, Gmelin.

Turbo punctatus, Gmelin, 1789. *Syst. nat.*, édit. XIII, p. 3597.
Littorina punctata, de Lamarck, 1843. *Anim. s. vert.*, 2e édit., II, p. 204. — Philippi, 1842-1847. *Abbild.*, II, p. 39 et 198, pl. IV, fig. 11. — Reeve. *Conch. icon.*, pl. XIII, fig. 66.

La Méditerranée : le Roussillon, dans les Pyrénées-Orientales (1); Cannes, Nice, dans les Alpes-Maritimes (Nob.); etc.

Littorina neritoides, Linné.

Turbo neritoides, Linné, 1767. *Syst. nat.*, édit. XII, p. 1232.
— *saxatilis*, Olivi, 1792. *Zool. Adriat.*, p. 172.
Helix petræa, Montagu, 1803. *Test. Brit.*, II, p. 403.
Turbo cærulescens, de Lamarck, 1822. *Anim. s. vert.*, VII, p. 49. — De Blainville, 1826. *Faune franç.*, p. 302, pl. XII, fig. 19.
Littorina Basteroti, Payraudeau, 1826. *Moll. Corse*, p. 115, pl. V, f. 19, 20.
Rissoa elegans, Risso, 1826. *Hist. nat. eur. mérid.*, IV, p. 119, f. 46.
Littorina cærulescens, de Lamarck, 1843. *An. s. vert.*, 2e éd. IX, p. 217.
— *neritoides*, Philippi, 1844. *Enum. moll. Sic.*, II, p. 159. — Forbes et Hanley, 1853. *Brit. moll.*, III, p. 26, pl. LXXXIV, fig. 2. — Sowerby, 1859. *Ill. ind.*, pl. XII, fig. 23. — Jeffreys, 1865-1869. *Brit. conch.*, III, p. 361; V, p. 206, pl. LXV, fig. 2. — Bucquoy, Dautzenberg et Dollfus, 1884. *Moll. Rouss.*, p. 250, pl. XXVIII, fig. 13 à 18.

La Manche : région normande (Fischer); Portbail, Cherbourg, dans la Manche (Macé); baie de Saint-Brieuc, dans les Côtes-du-Nord (Nob.).

L'Océan : régions armoricaine et aquitanique (Fischer); Camaret, Morgat, en dehors de la rade de Brest, dans le Finistère (Daniel); le Morbihan (Taslé); la Loire-Inférieure (Cailliaud, Taslé); île d'Yeu, dans

(1) Cette espèce n'est pas citée par MM. Bucquoy, Dautzenberg et Dollfus, dans leur ouvrage sur les mollusques du Roussillon. Cette coquille, fort rare du reste, a été recueillie dans cette région par Michaud, de qui nous tenons les échantillons que nous possédons.

la Vendée (Servain) ; Royan, la Rochelle, dans la Charente-Inférieure ; Pointe de Grave, dans la Gironde (Fischer) ; etc.

La Méditerranée (Petit, Weinkauff) : le Roussillon, dans les Pyrénées-Orientales (Bucquoy, etc.) ; Cette (Granger), de Cette à Aigues-Mortes (Dubreuil), dans l'Hérault ; le golfe d'Aigues-Mortes, dans le Gard (Clément) ; les Martigues (Nob.), les environs de Marseille (Ancey, Marion), dans les Bouches-du-Rhône ; Toulon, Saint-Tropez, Saint-Raphaël, dans le Var (Doublier) ; Antibes (Doublier), Cannes (Dautzenberg), Menton (Nob.), golfe de Nice (Risso, Verany), dans les Alpes-Maritimes (Roux) ; etc.

Littorina miliaris, Quoy et Gaimard.

Littorina miliaris, Quoy et Gaimard, 1834. *Voy. Astrolabe*, II, p. 484, pl. XXXIII, fig. 16 à 19.

L'Océan : acclimaté à la Rochelle, dans la Charente-Inférieure (Taslé) ; Gaste, dans les Landes (Fischer).

Genre FOSSARUS, Philippi

Philippi, 1841. *In Arch. f. Naturgesch.*, I, p. 42.

Fossarus ambiguus, Linné.

Helix ambigua, Linné, 1769. *Syst. nat.*, édit. XII, p. 1251.
Turbo costatus (*n.* Brocchi), Scacchi, 1832. *Osserv. zool.*, p. 24.
? *Rissoa Lucullana*, Scacchi, 1836. *Cat. conch. Reg. Neap.*, p. 14.
Delphinula costata, Philippi, 1836. *Enum. moll. Sic.*, I, p. 166.
Fossarus Adansoni, Philippi, 1844. *Enum. moll. Sic.*, II, p. 147, pl. XXV, fig. 1.
— *ambiguus*, Chenu, 1859. *Man. conch.*, I, p. 302, fig. 2133. — Bucquoy, Dautzenberg et Dollfus, 1884. *Moll. Rouss.*, p. 252, pl. XXVII, fig. 22, 23.
Stomatia ambigua, Brusina, 1865. *Conch. Dalm. inedit.*, p. 29.
Maravignia sicula, de Monterosato, 1884. *Nom. conch. medit.*, p. 52.

L'Océan : en dehors des passes du bassin d'Arcachon ; la Gironde (Lafont, Fischer).

La Méditerranée (Petit, Weinkauff) : le Roussillon, Paulilles, Collioure, dans les Pyrénées-Orientales (Bucquoy, etc.) ; jonction de l'étang de Thau à la mer, dans l'Hérault (Récluz) ; côtes de Provence (Petit, Récluz) ; les îles des environs de Marseille, cap Cavaux, Ratonneau, Maïré, etc., dans les Bouches-du-Rhône (Marion) ; etc.

Fossarus costatus Brocchi.

Nerita costata, Brocchi, 1814. *Conch. foss. sub.*, II, p. 300, pl. I, fig. 11.
Fossarus costatus, Chenu, 1859. *Man. conch.*, I, p. 302, fig. 2134. — Bucquoy, Dautzenberg et Dollfus, 1884. *Moll. Rouss.*, p.254, pl. XXVII, fig. 19 à 21.
Phasianema costatum, de Monterosato, 1884. *Nom. conch. medit.*, p. 52.

L'Océan : régions armoricaine et aquitanique (Fischer) ; Bourgneuf, dans la Loire-Inférieure (Cailliaud, Taslé) ; cap Breton, dans les Landes (de Folin); Guéthary, dans les Basses-Pyrénées (Fischer); etc.

La Méditerranée : le Roussillon, Paulilles, dans les Pyrénées-Orientales (Bucquoy, etc.) ; Toulon, dans le Var (Nob.) ; etc.

Fossarus minutus, Michaud.

Turbo minutus, Michaud, 1828. *In Bull. Lin. Bord.*, II, p. 122, f. 7 à 9.
Fossarus clathratus, Philippi, 1844. *En. moll. Sic.*, II, p. 144, pl. XXV, f. 5.
— *minutus*, Récluz, 1864. *In Journ. conch.*, XII, p. 250, 251.
Stomatia clathrata, Brusina, 1865. *Contr. Dalm. ined.*, p. 29.

L'Océan : Guéthary, dans les Basses-Pyrénées (Lafont).

La Méditerranée : Cette, dans l'Hérault (Michaud, Nob.).

Genre LACUNA, Turton

Turton, 1827. *In Zool. Journ.*, III, p. 190.

A. — Groupe du *L. pallidula*

Lacuna pallidula, da Costa.

Nerita pallidula, da Costa, 1778. *Brit. conch.*, p. 15, pl. IV, fig. 4-5. — Donovan, 1804. *Brit. shells*, I, pl. XVI, fig. 1.
Turbo pallidulus, Turton, 1819. *Conch. dict.*, p. 192, fig. 34, 35, 85, 86.
Natica pallidula, de Blainville, 1826. *Faun. franç.*, pl. XIV, fig. 6.
Lacuna pallidula, Turton, 1827. *In Zool. Journ.*, III, p. 190. — Forbes et Hanley, 1853. *Brit. moll.*, III, p. 56, pl. LXXII, fig. 1, 2. — Sowerby, 1859. *Ill. conch.*, p. XII, fig. 31. — Jeffreys, 1865-1869. *Brit. conch.*, III, p. 351 ; V, p. 205, pl. LXIV, fig. 5.

La Manche : le Boulonnais, dans le Pas-de-Calais (Bouchard-Chantereaux) ; le Havre, Fécamp, dans la Seine-Inférieure (Nob.); région normande (Fischer) ; Granville, dans la Manche (Servain); baie de Saint-

Brieuc, dans les Côtes-du-Nord (Nob.); Saint-Lunaire, dans l'Ille-et Vilaine (Nob.) ; etc.

L'Océan : régions armoricaine et aquitanique (Fischer); plages de Lanninon et de Postrein (Daniel), Concarneau (de Guerne), dans le Finistère ; Saint-Gildas, Quiberon, Belle-Isle, dans le Morbihan (Taslé); le Croisic, Bernerie, baie de Bourgneuf, dans la Loire-Inférieure (Cailliaud, Taslé) ; île d'Yeu, dans la Vendée (Servain) ; la Rochelle, l'île d'Oléron (Nob.), dans la Charente-Inférieure (Fischer, Beltremieux) ; Vieux-Soulac, bassin d'Arcachon, dans la Gironde (des Moulins, Fischer, Taslé); etc.

Lacuna patula, THORPE.

Lacuna patula, Thorpe, 1844. *Brit. mar. conch.*, p. 37, fig. 83. — Forbes et Hanley, 1853. *Brit. moll.*, pl. LXXII, fig. 3-4. — Sowerby, 1859. *Ill. ind.*, pl. XII, fig. 32.

— *pallidula (var. patula)*, Jeffreys, 1865. *Brit. conch.*, III, p. 352.

La Manche : Granville, dans la Manche (Nob.).

L'Océan : le Croisic, dans la Loire-Inférieure; la Rochelle, dans la Charente-Inférieure (Nob.).

Lacuna puteolus (1), TURTON.

Turbo puteolus, Turton, 1819. *Conch. dict.*, p. 193, fig. 90, 91.

Lacuna puteolus, Turton, 1827. *In Zool. Journ.*, III, p. 191. — Forbes et Hanley, 1853. *Brit. moll.*, III, p. 58, pl. LXXII, fig. 7, 8. — Sowerby, 1859. *Ill. ind.*, pl. XII, fig. 20. — Jeffreys, 1865-1869. *Brit. conch.*, III, p. 348; V, p. 205, pl. LXIV, fig. 4.

La Manche : région normande (Fischer) ; le Havre, dans la Seine-Inférieure (Nob.); Granville (Servain), cap Lévi (Macé), dans la Manche ; etc.

L'Océan : régions armoricaine et aquitanique (Fischer); Brest (Daniel), Lorient, Douarnenez (Nob.), dans le Finistère ; Quiberon, Belle-Isle, dans le Morbihan (Taslé); îlot du Four, Piriac, Pouliguen, dans la Loire-Inférieure (Cailliaud) ; île d'Yeu, dans la Vendée (Servain); la Rochelle (d'Orbigny), Royan, l'île de Ré (Nob.), dans la Charente-Inférieure ; etc.

(1) Melius : *puteolina*.

Lacuna intermedia, Locard.

Lacuna puteolus (pars), Forbes et Hanley, 1853. *Brit. moll.*, III, p. 58, pl. LXXII, fig. 9. — Sowerby, 1859. *Ill. ind.*, pl. XII, fig. 26.

L'Océan : îlot du Four, dans la Loire-Inférieure (Nob.).

B. — Groupe du *L. divaricata*

Lacuna divaricata, Fabricius.

Turbo divaricatus (*n.* Linné), Fabricius, 1780. *Fauna Groenl.*, p. 392.
— *vinctus*, Montagu, 1803. *Test. brit.*, p. 307; *Suppl.*, pl. XX, f. 3.
Lacuna vincta, Turton, 1827. *In Zool. Journ.*, III, p. 192. — Forbes et Hanley, 1853. *Brit. moll.*, III, p. 62, pl. LXXII, fig. 10 à 12. — Sowerby, 1859. *Ill. ind.*, pl. XII, fig. 27; pl. GG, fig. 4.
— *divaricata*, Lovén, 1846. *Ind. moll. Scand.*, p. 23. — Jeffreys, 1865-1869. *Brit. conch.*, III, p. 346; V, pl. LXIV, fig. 3.

La Manche : région normande (Jeffreys, Fischer) ; Dieppe, Fécamp, le Havre (Nob.), dans la Seine-Inférieure ; Langrune, dans le Calvados (Nob.) ; Granville (Servain), Cherbourg (Macé), dans la Manche ; baie de Saint-Brieuc, dans les Côtes-du Nord (Nob.) ; etc.

L'Océan : régions armoricaine et aquitanique (Fischer) ; plages de Lanninon et de Postrein, dans le Finistère (Daniel) ; Quiberon, Belle-Isle, dans le Morbihan (Taslé) ; Kercabelec, Piriac, le Croisic, Pouliguen, dans la Loire-Inférieure (Cailliaud, Taslé) ; île d'Yeu, dans la Vendée (Servain) ; Royan, la Rochelle, dans la Charente-Inférieure (Nob.) ; Vieux-Soulac, dans la Gironde (Des Moulins, Fischer, Taslé) ; etc.

Lacuna quadrifasciata, Montagu.

Turbo quadrifasciatus, Montagu, 1803. *Test. Brit.*, II, p. 328, pl. XX, fig. 7.
Lacuna quadrifasciata, Turton, 1827. *In Zool. Journ.*, III, p. 191.
— *vincta (pars)*, Forbes et Hanley, 1853. *Brit. moll.*, III, p. 62, pl. LXXXVI, fig. 6. — Sowerby, 1859. *Ill. ind.*, pl. XII, f. 28.
— *divaricata (var. quadrifasciata)*, Jeffreys, 1865. *Brit. conch.*, III, p. 347.

L'Océan : les environs de Brest, dans le Finistère (Daniel) ; Belle-Isle, dans le Morbihan (Taslé) ; etc.

Lacuna canalis, Montagu.

Turbo canalis, Montagu, 1803. *Test. Brit.*, II, p. 309, pl. XII, fig. 11.
Helix canalis, Maton et Racket, 1804. *In Trans. Lin. soc.*, VIII, p. 220.

Lacuna canalis, Turton, 1827. *In Zool. Journ.*, III, p. 192. — Brown, 1845. *Ill. conch.*, 2e édit., p. 9, pl. X, fig. 48.
— *divaricata (var. canalis)*, Jeffreys, 1865. *Brit. conch.*, III, p. 347.

La Manche : Granville, dans la Manche (Servain) ; Saint-Malo, dans l'Ille-et-Vilaine (Granger) ; etc.

Lacuna crassior, Montagu.

Turbo crassior, Montagu, 1803. *Test. Brit.*, II, p. 309 ; *Suppl.*, p. 27, pl. XX, fig. 1.
— *pallidus*, Donovan, 1803. *Brit. shells*, V, pl. CLXXVIII, fig. 4.
Lacuna crassior, Turton, 1827. *In Zool. Journ.*, III, p. 192. — Forbes et Hanley, 1853. *Brit. moll.*, III, p. 67, pl. LXXII, fig. 5-6. — Sowerby, 1859. *Ill. ind.*, pl. XII, fig. 29. — Jeffreys, 1865-1869. *Brit. conch.*, III, p. 344, pl. LXIV, fig. 2.

La Manche : région normande (Jeffreys, Petit, Fischer) ; Étretat, dans la Seine-Inférieure (Jeffreys) ; etc,

L'Océan : région armoricaine (Fischer).

C. — Groupe du *L. azonata*

Lacuna azonata, Brusina.

Stomatia azona, Brusina, 1865. *Conch. Dalm. inedit.*, p. 29.
Natica Crosseana, Kleciac, *In* Weinkauff, 1868. *Conch. mitt.*, II, p. 257.
Fossarus Petitianus, Tiberi, 1868. *In Journ. conch.*, XVI, p. 179.
Megalomphalus azonus, de Monterosato, 1884. *Nom. conch. medit.*, p. 109.
Lacuna azonata, Locard, 1885. *Mss.*

La Méditerranée : Côtes de Provence (de Monterosato).

D. — Groupe du *L. tenella*

Lacuna tenella, Jeffreys.

Lacuna tenella, Jeffreys, 1867. *Brit. conch.*, V, p. 204, pl. CI, fig. 7.
Hela tenella, Jeffreys, 1870. *In Ann. nat. hist.*, 4e sér., VI, p. 12.
Cithna tenella, Jeffreys, 1883. *In Proceed. zool. soc.*, p. 110.

L'Océan : le golfe de Gascogne (Jeffreys).

La Méditerranée : Peyssonnel, le golfe de Marseille, dans les Bouches-du-Rhône (Marion).

PHASIANELLIDÆ

Genre PHASIANELLA, de Lamarck

De Lamarck, 1804. *In Ann. Mus.*, IV, p. 295.

Phasianella pulla, Linné.

Turbo pullus, Linné, 1767. *Syst. nat.*, édit. XII, p. 1233.
— *pictus*, da Costa, 1778. *Brit. conch.*, p. 103, pl. VIII, fig. 1.
— *flammeus*, von Salis Marschlins, 1793. *Reise Neap.*, p. 377, pl. VIII, fig. 1.
Phasianella pulla, Payraudeau, 1826. *Moll. Corse*, p. 140. — Kiener, 1850. *Coq. viv.*, *Phasian.*, p. 10, pl. V, fig. 1 A à F. — Jeffreys, 1865-1869. *Brit. conch.*, III, p. 338; V, p. 204, pl. LXIV, fig. 1. — Bucquoy, Dautzenberg et Dollfus, 1884. *Moll. Rouss.*, p. 337, pl. XXXIX, fig. 1 à 12.
Tricolia pulla, Risso, 1826. *Hist. nat. eur. mérid.*, IV, p. 123.
Eudora varians, Leach, 1852. *Syn. moll.*, p. 200.
Phasianella pullus, Jeffreys, 1856. *Piedm. Coast*, p. 28. — Forbes et Hanley, 1853. *Brit. moll.*, II, p. 538, pl. LXIX, fig. 1-3; pl. DD, fig. 5. — Sowerby, 1859. *Ill. ind.*, pl. XI, fig. 27.
Eutropia pulla, Brusina, 1866. *Contr. fauna Dalm.*, p. 78.
Tricoliella pulla, de Monterosato, 1884. *Conch. litt. medit.*, p. 13.
Eudora pulla, de Monterosato, 1884. *Nom. conch. medit.*, p. 51.

La Manche : Dunkerque, dans le Nord (Terquem); région normande (Fischer); Étretat, Dieppe, le Havre, dans la Seine-Inférieure (Nob.); Langrune, dans le Calvados (Nob.); Granville (Servain), Cherbourg, Porbail, Quinéville, Saint-Waast (Macé), dans la Manche; Saint-Malo (Grube), Cancale (Nob.), dans l'Ille-et-Vilaine ; baie de Saint-Brieuc, dans les Côtes-du-Nord (Nob.) ; etc.

L'Océan : régions armoricaine et aquitanique (Fischer); Roscoff (Grube), les environs de Brest (Daniel), Lorient, Douarnenez (Nob.), Concarneau (de Guerne), dans le Finistère (Taslé) ; les côtes du Morbihan (Taslé); la Loire-Inférieure (Cailliaud, Taslé); île d'Yeu (Servain), île de Noirmoutiers, sables d'Olonne, dans la Vendée (Nob.); Royan, la Rochelle, île de Ré (Nob.), dans la Charente-Inférieure (Beltremieux); sables à l'entrée de la Gironde les côtes de la Gironde (Fischer, Taslé); Guéthary, Saint-Jean-de-Luz, dans les Basses-Pyrénées (Nob.).

La Méditerranée (Petit, Weinkauff) : le Roussillon, Port-Vendre, etc. dans les Pyrénées-Orientales (Bucquoy, etc.) ; la Nouvelle, dans l'Aude (Nob.); Palavas (Dollfus), Cette (Clément), de Cette à Aigues-Mortes (Dubreuil), dans l'Hérault ; les Martigues (Nob.), le Pharo, Corbières, Roucas-Blanc, etc. (Marion), dans les Bouches-du-Rhône; Saint-Raphaël, Saint-Tropez (Doublier), Saint-Nazaire, Toulon, cap Sicié, la Seyne, etc. (Nob.), dans le Var ; Cannes (Dautzenberg), Menton (Nob.), golfe de Nice (Risso, Verany), dans les Alpes-Maritimes (Roux); etc.

Phasianella picta, da Costa.

Turbo pictus, da Costa, 1778. *Brit. conch.*, p. 103, pl. VIII, fig. 3.
Phasianella pulla, Jeffreys, 1865-1869. *Brit. conch.*, III, p. 338, pl. VIII, fig. 1.
Phasianella pulchella, Récluz. *In* Bucquoy, Dautzenberg et Dollfus, 1884. *Moll. Rouss.*, p. 338, pl. XXXIX, fig. 13 à 18.
Eudora picta, de Monterosato, 1884. *Nom. conch medit.*, p. 51.

La Manche : Saint Lunaire, dans l'Ille-et-Vilaine (Bucquoy, etc).
L'Océan : les côtes du Finistère et de la Loire-Inférieure (Nob.) ; etc.

Phasianella speciosa, Megerle von Mühlfeld.

Turbo speciosus, Megerle von Mühlfeld, 1824. *In Verh. Berl. Ges.*, I, p. 214, pl. II, fig. 4.
Phasianella Vieuxii, Payraudeau, 1826. *Moll. Corse*, p. 140, pl. VII, f. 5, 6. — Kiener, 1850. *Coq. viv.*, *Phas.*, p. 8, pl. V, fig. 2
Tricolia Nicæensis, Risso, 1826. *Hist. nat. eur. mérid.*, p. 122.
— *rubra*, Risso, 1826. *Loc. cit.*, p. 122.
Phasianella Ferussaci, Guérin-Méneville, 1829. *In Icon. reg. anim. Cuv.*, pl. VII, fig. 5, 6.
— *speciosa*, Philippi, 1844. *Enum. moll. Sic.*, II, p. 158. — Bucquoy, Dautzenberg et Dollfus, 1884. *Moll. Rouss.*, p. 339, pl. XL, fig. 1 à 14.
— *prolongata*, Doublier, 1853. *In Prodr. hist. nat. Var*, p. 117.
— *Nicæensis*, Chenu, 1859. *Man. conch.*, I, p. 343, fig. 2531.
Tricolia speciosa, de Monterosato, 1884. *Conch. litt. medit.*, p. 13.
Eutropia speciosa, Brusina, 1866. *Contr. fauna Dalm.*, p 78.

La Méditerranée : le Roussillon, Port-Vendre, Banyuls, etc., dans les Pyrénées-Orientales (Bucquoy, etc.) ; Agde (Petit), Cette (Granger), dans l'Hérault; les Martigues (Nob.), le golfe de Marseille, les Catalans, Corbières, Roucas-Blanc, etc. (Marion), dans les Bouches-du-Rhône ; Toulon, Saint-Raphaël, Saint-Tropez, dans le Var (Doublier); Cannes (Dautzenberg), Menton (Nob.), golfe de Nice (Verany), dans les Alpes-Maritimes (Roux) ; etc.

Phasianella punctata, Risso.

Phasianella punctata, Risso, 1826. *Hist. nat. eur. mérid.*, IV, p. 123.
— *tenuis*, Michaud, 1829. *In Bull. Soc. Lin. Bord.*, III, p. 270, fig. 19-20. — Bucquoy, Dautzenberg et Dollfus, 1884. *Moll. Rouss.*, p. 341, pl. XXXIX, fig. 19-24.
— *intermedia*, Requien, 1848. *Cat. coq. Corse*, p. 70.
Tricolia punctata, de Monterosato, 1884. *Nom. conch. medit.*, p. 10.

L'Océan (Weinkauff) : Lanninon, Postrein, île Tudy, île d'Ouessant, etc., dans le Finistère (Daniel); îlot du Four, le Croisic, dans la Loire-Inférieure (Cailliaud); etc.

La Méditerranée : le Roussillon, Port-Vendre, Banyuls, etc., dans les Pyrénées-Orientales (Bucquoy, etc.); Toulon, dans le Var (Nob.); Cannes, Menton (Nob.), dans les Alpes-Maritimes (Roux) ; etc.

Genre STYLIFER, G. B. Sowerby

G. B. Sowerby, 1834. *Gen. shels.*, fasc. 38.

Stylifer Turtoni, Broderip.

Phasianella stylifera, Turton, 1826. *In Zool. Journ.*, II, p. 367, pl. XIII, fig. 11.
Velutina stylifera, Fleming, 1828. *Brit. anim.*, p. 326.
Stylifer Turtoni, Broderip, 1832. *In Zool. Proceed.*, part. II, p. 61. — Forbes et Hanley, 1853. *Brit. moll.*, III, p. 266, pl. XC, fig. 8, 9, pl. OO, fig. 5. — Sowerby, 1859. *Ill. ind.*, pl. XV, fig. 21. — Jeffreys, 1867-1869. *Brit. conch.*, IV, p. 195, V, p. 214; pl. III, fig. 2.

L'Océan : port de refuge de Postrein, dans le Finistère (Daniel).

JANTHINIDÆ

Genre JANTHINA, de Lamarck

De Lamarck, 1801. *Syst anim.*, p. 89.

Janthina communis, de Lamarck.

Helix janthina, Linné, 1767. *Syst. nat.*, édit., XII, p. 1246.
Trochus janthinus, Chemnitz. *Conch. cab.*, p. 166, fig. 1577, 1578.
Janthina fragilis, Bruguière, 1789. *Enc. meth.*, pl. CCCCLVI, fig. 1.
— *communis*, de Lamarck, 1822. *Anim. s. vert.*, VI, 2e part., p. 206.

— Forbes et Hanley, 1853. *Brit. Moll.*, II, p. 549, pl. LXIX, fig. 6, 7. — Sowerby, 1859. *Ill. ind.*, pl. XII, fig. 1.
Janthina rotundata, Leach, *In* Dillwyn, 1840. *Contr. hist. Swans.*, p. 59. — Jeffreys, 1865-1869. *Brit. conch.*, II, p. 186, pl. IV, fig. 1 ; V, p. 214, pl. LXXVII, fig. 1.

L'Océan : régions armoricaine et aquitanique (Fischer) ; côtes du Finistère (Collard, Petit, Taslé, Daniel) ; Etel, Quiberon, dans le Morbihan (Taslé) ; Belle-Isle, dans la Loire-Inférieure (Cailliaud, Taslé) ; la Rochelle (Beltremieux), plateau d'Angoulin (Taslé), Royan, l'île de Ré (Fischer), dans la Charente-Inférieure ; Vieux-Soulac, dans la Gironde (Fischer, Taslé) ; etc.

La Méditerranée : Cette, dans l'Hérault (Granger) ; le golfe d'Aigues-Mortes, dans le Gard (Clément) ; Toulon, dans le Var (Doublier) ; le golfe de Nice, dans les Alpes-Maritimes (Risso, Verany, Roux) ; etc.

Janthina exigua, de Lamarck.

Janthina exigua, de Lamarck, 1822. *Anim. s. vert*, VII, 2e part., p. 206. — Brown, 1845. *Ill. conch.*, 2e édit., p. 24, pl. VIII, fig. 16, 17. — Forbes et Hanley, 1853. *Brit. moll.*, II, p. 555, pl. LXIX, fig. 8, 9. — Sowerby, 1859. *Ill. ind.*, pl. XII, f. 4.

L'Océan : régions armoricaine et aquitanique (Fischer) ; côtes du Finistère (Daniel) ; Belle-Isle, dans le Morbihan (Taslé) ; Etier du Pot, dans la Loire-Inférieure (Cailliaud, Taslé) ; île d'Oléron, plateau d'Angoulin, dans la Charente-Inférieure (Beltremieux, Taslé) ; côtes de la Gironde, au large des passes d'Arcachon (Fischer) ; le golfe de Gascogne (Jeffreys) ; etc.

La Méditerranée : Toulon, dans le Var ; Nice, dans les Alpes-Maritimes (Nob.) ; etc.

Janthina nitens, Menke.

Janthina prolongata, Payraudeau, 1826. *Moll. Corse*, p. 121, pl. VI, fig. 1 (*non* Blainv.).
— *nitens*, Menke, 1828. *Syn. meth.*, p. 141. — Philippi, 1834. *Enum. moll. Sic.*, I, p. 166, pl. IX, fig. 15.
— *communis*, Costa, 1829. *Cat. sist. Sicil.*, p. CXII.

L'Océan : la Charente-Inférieure (Aucapitaine).

Janthina patula, Philippi.

Janthina patula, Philippi, 1844. *Enum. moll. Sic.*, II, p. 224, pl. XXVIII, fig. 14.

Amethistina pallida, de Monterosato, 1884. *Nom. conch. medit.*, p. 19.

La Méditerranée : les côtes de Provence (de Monterosato).

Janthina prolongata, de Blainville.

Janthina prolongata, de Blainville, 1822. *Dict. sc. nat.*, XXIV, p. 155. — *Man. malac.*, pl. XXXVII bis, fig. 1. — Philippi, 1836. *Enum. moll. Sic.*, I, p. 164, pl. IX, fig. 16.

— *prælongata,* J. Roux, 1872. *Stat. Alpes-Maritimes*, p. 415.

L'Océan : Quiberon, Quimper, dans le Finistère (Daniel), Etel, dans le Morbihan (Taslé); île d'Oléron, dans la Charente-Inférieure (Aucapitaine, Beltremieux) ; etc.

La Méditerranée : la Provence (Petit); le golfe d'Aigues-Mortes, dans le Gard (Clément) ; Toulon, les îles d'Hyères, dans le Var (Doublier) ; le golfe de Nice, dans les Alpes-Maritimes (Verany, Roux); etc.

Janthina Britannica, Leach.

Janthina Britannica, Leach, *Mss, in* Forbes et Hanley, 1853. *Brit. moll.*, IV, p. 260, pl. CXXX, fig. 1. — Sowerby, 1859. *Ill. ind.*, pl. XII, fig. 2.

— *rotundata (pars),* Jeffreys, 1867. *Brit. conch.*, IV, p. 186.

L'Océan : région aquitanique (Fischer) ; Royan (Taslé, Fischer) ; île d'Oléron (Beltremieux), dans la Charente-Inférieure ; plages de la Gironde, des Landes et des Basses-Pyrénées (Fischer) ; etc.

CYCLOSTREMIDÆ

Genre CYCLOSTREMA, Marryat

Marryat, *teste* Montagu, 1817. *In Trans. Lin. soc.*, XI, p. 194.

Cyclostrema culterianum, Clark.

Skenea culteriana, Clark, 1850. *In Ann. nat. hist.*, 2e sér., IV, p. 424.

Skenea ? culteriana, Forbes et Hanley, 1853. *Brit. moll.*, III, p. 164, pl. LXXXVIII.

Cyclostrema culterianum, Jeffreys, 1865-1869. *Brit. conch.*, III, p. 287; V, p. 201, pl. LXI, fig. 1.

L'Océan : région armoricaine (Fischer).

Cyclostrema nitens, Philippi.

Delphinula nitens, Philippi, 1844. *Enum. moll. Sic.*, p. 146, pl. XXV, f. 4.
Margarita pusilla, Jeffreys, 1848. *In Ann. nat. hist.*, XX, p. 17.
Trochus pusillus, Forbes et Hanley, 1853. *Brit. moll.*, II, p. 534, pl. LXXIII, fig. 3, 4.
Cyclostrema nitens, Jeffreys, 1865-1869. *Brit. conch.*, III, p. 289; V, p. 201, pl. LXI, fig. 2.
Skenea nitens, Weinkauff, 1868. *Conch. mittelm.*, II, p. 266.

L'Océan : régions armoricaine et aquitanique (Fischer) ; sables à l'entrée de la Gironde (Fischer) ; etc.

Cyclostrema trochoides, Jeffreys.

Cyclostrema trochoides, Jeffreys, *in* Friele, 1875. *Bidr. Vest. Molluskf.* (*Vid. forh.*, 1875), p. 2. — G. O. Sars, 1878. *Moll. arct. Norv.*, p. 131, pl. VIII, fig. 9.

L'Océan : le golfe de Gascogne (Jeffreys).

Cyclostrema affine, Jeffreys.

Cyclostrema affinis, Jeffreys, 1883. *In Proceed. zool. soc.*, p. 92, pl. XIX, fig. 2.

L'Océan : le golfe de Gascogne (Jeffreys).

Cyclostrema sphæroides, S. V. Wood.

Turbo sphæroidea, Wood, 1842. *In Ann. nat. hist.*, p. 533, pl. V, fig. 3.
Cyclostrema sphæroideum, Jeffreys, 1880. *In Ann. nat. hist.*, 5e sér., VI, p. 317.
— *sphæroides*, Jeffreys, 1883. *In Proceed. zool. soc.*, p. 93.

L'Océan : le golfe de Gascogne (Jeffreys).

Genre THARSIS, Jeffreys

Jeffreys. 1883. *In Proceed. zool. soc.* p. 93

Tharsis Romettensis, Seguenza.

Oxystele Romettensis, Seguenza, *in* Granata-Grillo, 1877. *Descr. esp. nouv. peu conn.*, p. 7.
Turbo Romettensis, Marion, 1882. *Consid. faun. prof. médit.*, p. 38.
Tharsis Romettensis, Jeffreys, 1883. *In Proceed. zool. soc.*, p. 93, pl. XIX, fig. 7.

L'Océan : Le golfe de Gascogne (Jeffreys).

La Méditerranée : le golfe de Marseille (Jeffreys), Peyssonnel, dans les Bouches-du-Rhône (Marion).

Genre SKENEIA, Fleming

Fleming, 1828. *Hist. Brit. anim*, p. 297, et 313 (Skenea).

A. — Groupe du *S. serpuloides*

Skeneia serpuloides, Montagu (1).

Helix serpuloides, Montagu, 1808. *Test. Brit., Suppl.*, p. 147, pl. XXI, f. 3.
Turbo serpuloides, Wood, 1818. *Index test.*, pl. XXXII, fig. 165.
Delphinula serpuloides, Brown, 1827. *Ill. conch.*, 2e édit., p. 20, pl. VII, fig. 40, 41.
Skenea divisa, Fleming, 1836. *Brit. anim.*, p. 314.
Skenea ? divisa, Forbes et Hanley, 1853. *Brit. moll.*, III, p. 261, pl. LXXIV, f. 4 à 6. — Sowerby, 1859. *Ill. ind.*, pl. XIV, f. 20.
Cyclostrema serpuloides, Jeffreys, 1865-1869. *Brit. conch.*, III, p. 290; V, p. 201, pl. LXI, fig. 3.

L'Océan : régions armoricaine et aquitanique (Fischer); plateau du Four, dans la Loire-Inférieure (Cailliaud, Taslé); golfe de Gascogne (Fischer, Taslé); sables à l'entrée de la Gironde (Fischer); etc.

Skeneia lævis, Philippi.

Delphinula lævis, Philippi, 1844. *En. moll. Sic.*, II, p. 146, pl. XXV, f. 2.
Skenea lævis, Sowerby, 1859. *Ill. ind.*, pl. XIV, fig. 22.

La Méditerranée : côtes de Provence (Jeffreys, Weinkauff); Garlaban, dans les Bouches-du-Rhône (Marion); les Alpes-Maritimes (Roux); etc.

Skeneia exilissima, Philippi.

Delphinula exilissima, Philippi, 1844. *Enum. moll. Sic.*, II, p. 224, pl. XXVIII, fig. 2.
Skenea exilissima, Philippi. *In* Chemnitz, 2e édit., p. 7, pl. I, fig. 1.

La Méditerranée : les Alpes-Maritimes (Roux).

B. — Groupe *S. planorbis*

Skeneia planorbis, O. Fabricius.

Helix planorbis, O. Fabricius, 1780. *Fauna Groënl.*, p. 294.
— *depressa*, Montagu, 1803. *Test. Brit.*, p. 439, pl. XIII, fig. 5.

(1) Melius : *serpuliformis*.

Turbo depressus, Maton et Racket, 1804. *In Tr. Linn. soc.*, VIII, p. 12.
Skenea depressa, Fleming, 1826. *Brit. anim.*, p. 313.
Delphinula depressa, Brown, 1835. *Ill. conch.*, 2e édit., p. 20, pl. VIII, fig. 35, 36.
Skenea planorbis, Forbes et Hanley, 1853. *Brit. moll.*, III, p. 156, pl. LXXIV, fig. 1, 3; pl. GG, fig. 1. — Sowerby, 1859. *Ill. ind.*, pl. XIV, fig. 19. — Jeffreys, 1867-1869. *Brit. moll.*, IV, p. 65, pl. I, fig. 4; V, p. 209, pl. LXX, fig. 1.
Skeneia planorbis, Bucquoy, Dautzenberg et Dollfus, 1882. *Moll. Rouss.*, p. 322, pl. XXXVII, fig. 27 à 29.

La Manche : Dunkerque, dans le Nord (Terquem); Cherbourg, Valogne, dans la Manche (Macé) ; etc.

L'Océan : régions armoricaine et aquitanique (Fischer) ; Lanninon, les environs de Brest, dans le Finistère (Taslé, Daniel) ; Quiberon, dans le Morbihan (Taslé) ; Piriac, plateau du Four, dans la Loire-Inférieure (Cailliaud, Taslé) ; île d'Yeu, dans la Vendée (Servain) ; Biarritz, dans les Basses-Pyrénées (Fischer) ; etc.

La Méditerranée : le Roussillon, Port-Vendre, Banyuls, dans les Pyrénées-Orientales (Bucquoy, etc.); Cannes (Jeffreys), golfe de Nice (Verany), dans les Alpes-Maritimes (Roux) ; etc.

Skeneia trochiformis, Locard.

Skenea planorbis (v. trochiformis), Jeffreys, 1867. *Br. conch.*, IV, p. 66.
Skeneia planorbis (var. trochiformis), Bucquoy, Dautzenberg et Dollfus, 1884. *Moll. Rouss.*, p. 323.

L'Océan : plateau du Four, dans la Loire-Inférieure (Nob.).

Genre CIRCULUS, Jeffreys

Jeffreys, 1867. *Brit. conch.*, III, p. 315.

Circulus striatus, Philippi.

Valvata? striata, Philippi, 1836. *En. moll. Sic.*, I, p. 147, pl. IX, f. 7.
Delphinula Duminyi, Requien, 1848. *Cat. coq. Corse*, p. 64.
Skenea striata, Weinkauff, 1862. *In Journ. conch.*, X, p. 343.
Trochus Duminyi, Jeffreys, 1865-1869. *Brit. conch.*, III, p. 316; V, p. 203, pl. LXII, fig. 5.
Cyclostrema striatum, Fischer, 1869. *Conch. Gir.*, p. 129.
Circulus striatus, de Monterosato, 1875. *Nuov. rev.*, p. 23.

L'Océan : régions armoricaine et aquitanique (Fischer); rade de Brest (Daniel, Taslé), dans le Finistère ; Quiberon, dans le Morbihan (Taslé) ;

île d'Yeu, dans la Vendée (Servain); la plage en dehors du bassin d'Arcachon, à la Garonne, Banc-Blanc, à l'intérieur du bassin (Lafont, Fischer, Taslé); cap Breton, dans les Landes (de Folin); etc.

La Méditerranée : Nice, dans les Alpes-Maritimes (Nob.); etc.

Genre HOMALOGYRA, Jeffreys

Jeffreys, 1867. *Brit. conch.*, IV, p. 69 (1860, *Omalogyra*).

Homalogyra atoma, Philippi.

Truncatella atomus, Philippi, 1841. *In Wiegm. Arch. nat.*, VII, 1re part., p. 54, pl. V, fig. 4. — 1844. *Enum. moll. Sic.*, II, p. 134, pl. XXIV, fig. 5.

Skenea nitidissima, Forbes et Hanley, 1853. *Brit. moll.*, III, p. 158, pl. LXXIII, fig. 7, 8 (*non* Adams).

Euomphalus nitidissimus, Sowerby, 1859. *Ill. ind.*, pl. XIV, f. 17 (*n.* Ad.).

Ammonicerina simplex, O. G. Costa, 1861. *Micr. medit.* (*teste* Jeffr.).

Homalogyra atomus, Jeffreys, 1867-1869. *Brit. conch.*, IV, p. 69; V, p. 209, pl. LXX, fig. 2. — Bucquoy, Dautzenberg et Dollfus, 1884. *Moll. Rouss.*, p. 324, pl. XXXVII, fig. 30 à 31.

Spira nitidissima, Weinkauff, 1868. *Conch. mittelm.*, II, p. 266.

La Manche : région normande (Fischer).

L'Océan : région armoricaine (Fischer, Jeffreys); île d'Yeu, dans la Vendée (Servain); etc.

La Méditerranée : le Roussillon, Port-Vendre, Paulilles, etc., dans les Pyrénées-Orientales (Bucquoy, etc.).

Homalogyra polyzona, Brusina.

Homalogyra polyzona, Brusina, *Mss.* (*teste* de Monterosato).

— *atomus* (*var. polyzona*), Bucquoy, Dautzenberg et Dollfus, 1884. *Moll. Rouss.*, p. 325, pl. XXXVII, fig 32.

La Méditerranée : le Roussillon, dans les Pyrénées-Orientales (Bucquoy, etc.); côtes de Provence (de Monterosato).

Homalogyra rotata, Forbes et Hanley.

Skenea rota, Forbes et Hanley, 1853. *Brit. moll.*, III, p. 160, pl. LXXIII, fig. 10; pl. LXXXVIII, fig. 1-2.

Euomphalus rota, Sowerby, 1859. *Ill. ind.*, pl. XIV, fig. 18.

Ammonicerina pulchella, O. G. Costa, 1861. *Microd. medit.* (*teste* Jeffr.).

Adeorbis costata, Weinkauff, 1868. *Conch. mittelm.*, II, p. 264.

Skenea costata, Aradas et Benoit, 1870. *Conch. viv. Sic.*, p. 157.

Homalogyra rota, Fischer, 1874. *Conch. Gir.*, p. 200.. — Bucquoy, Dautzenberg et Dollfus, 1884. *Moll. Rouss.*, p. 335, pl. XXXVII, fig. 33, 34.

La Manche : Dunkerque, dans le Nord (Terquem); etc.

L'Océan : régions normande et aquitanique (Fischer); golfe de Gascogne, au large de Biarritz, dans les Basses-Pyrénées (de Folin, Fischer); etc.

La Méditerranée : le Roussillon, Port-Vendre, Paulilles, etc., dans les Pyrénées-Orientales (Bucquoy, etc.).

Homalogyra Fischeriana, DE MONTEROSATO.

Homalogyra Fischeriana, de Monterosato, 1869. *In Journ. conch.*, XVII, p. 274, pl. XIII, fig. 1. — Bucquoy, Dautzenberg et Dollfus, 1884. *Moll. Rouss.*, p. 326, pl. XXXVII, fig. 35 à 37.
Skenea (homalogyra) Fischeriana, Aradas et Benoit, 1870. *Conch. viv. Sic.*, p. 158.
Homalogyra rota (var. Fischeriana), de Monterosato, 1875. *Nuov. rev.*, p. 39.

La Méditerranée : le Roussillon, Paulilles, dans les Pyrénées-Orientales (Bucquoy, etc.) ; côtes de Provence (de Monterosato) ; etc.

Genre ADEORBIS, S. Wood

S. Wood, 1842. *In Ann. nat. hist.*, IX, p. 530.

Adeorbis subcarinata, MONTAGU.

Helix subcarinata, Montagu, 1803. *Test. Brit.*, II, p. 438, pl. VII, f. 9.
Cingula subcarinata, Brown. *In Mem. Verner. soc*, II, part. 2, p. 520, pl. XXIV, fig. 5.
Adeorbis subcarinatus, S. Wood, 1842. *In Ann. nat. hist.*, IX, p. 530. — Forbes et Hanley, 1853. *Brit. moll.*, II, p. 541, pl. LXVIII, fig. 6 à 8. — Sowerby, 1859. *Ill. ind.*, pl. XI, f. 25.
Trochus subcarinatus, Récluz, 1843. *In Rev. zool. Cuv.*, p. 108.
Natica ? subcarinata, Philippi, 1844. *Enum. moll. Sic.*, II, p. 141, pl. XXIV, fig. 13.

La Manche : Dunkerque, dans le Nord (Terquem) ; région normande (Fischer) ; Etretat, dans la Seine-Inférieure (Nob.) ; Cherbourg, Valogne, etc., dans la Manche (Macé) ; Saint-Malo, dans l'Ille-et-Vilaine (Grube).

L'Océan : régions armoricaine et aquitanique (Fischer) ; sables de l'île Vierge, près Labervach, sables de Morlaix, dans le Finistère

(Daniel); Quiberon, dans le Morbihan (Taslé); Basse-Kikerie, Pornichet, dans la Loire-Inférieure (Cailliaud, Taslé); île d'Yeu, dans la Vendée (Servain); côtes de la Charente-Inférieure (Beltremieux); golfe de Gascogne (de Folin); sables à l'entrée de la Gironde (Fischer); le cap Breton, dans les Landes (de Folin); etc.

Genre MŒLLERIA, Jeffreys

Jeffreys, 1867. *Brit. conch.*, III, p. 291.

Mœlleria costulata, Möller.

Margarita? costulata, Möller, 1842. *Ind. moll. Groenl.*, p. 8.
Mœlleria costulata, Jeffreys, 1867. *Brit. conch.*, III, p. 291. — G. O. Sars 1878. *Moll. arct. Norv.*, p. 127, pl. IX, fig. 8.

L'Océan : le golfe de Gascogne (Jeffreys).

SOLARIIDÆ

Genre SOLARIUM, de Lamarck

De Lamarck, 1799. *Prodr.*, p. 74.

Solarium discoideum, Philippi.

Solarium discus, Philippi, 1844. *Enum. moll. Sic.*, II, p. 235, pl. XXVIII, fig. 12. — De Monterosato, 1873. *Not. Sol. medit.*, p. 4, fig. 1-4.
— *pseudo-perspectivum*, Jeffreys, 1880. *In Ann. nat. hist.*, 5e sér., VI, p. 318.
— *discoideum*, Locard, 1884. *Mss.*

L'Océan : le golfe de Gascogne (Jeffreys).

Solarium hybridum, Linné.

Trochus hybridus, Linné, 1769. *Syst. nat.*, édit. XII, p. 1228.
Solarium luteum, Philippi, 1836. *Enum. moll. Sic.*, I, p. 174, pl. X, fig. 27 (*n.* Lamarck). — Kiener, 1837. *Coq. viv., Solar.*, p. 9, pl. IV, fig. 9 A (*n.* Lamarck).
— *hybridum*, Petit de la Saussaye, 1852. *In Journ. conch.*, III, p. 176. — Bucquoy, Dautzenberg et Dollfus, 1884. *Moll. Rouss.*, p. 256, pl. XXVIII, fig. 16 à 19.

Solarium conulus, Weinkauff, 1868. *Conch. mittelm.*, II, p. 261.
— *Siculum*, Petit de la Saussaye, 1869. *Cat. test. mar.*, p. 120 (*non* Cantraine).

L'Océan : région aquitanique (Fischer) ; la Gironde (Lafont, Taslé) ; Guéthary, dans les Basses-Pyrénées (Fischer) ; etc.

La Méditerranée (Petit, Weinkauff) : le Roussillon, Terrembou, Paulilles, dans les Pyrénées-Orientales (Bucquoy, etc.); Agde, dans l'Hérault; la Provence (Petit) ; etc.

Solarium fallaciosum, TIBERI.

Solarium fallaciosum, Tiberi, 1872. *In Boll. malac. Ital.*, V, p. 35. — De Monterosato, 1873. *Mat. Solarii medit.*, p. 8, fig. 12 à 20.

L'Océan : cap Breton, dans les Landes (de Folin).

La Méditerranée (Petit, Weinkauff) : les Martigues, dans les Bouches-du-Rhône ; Toulon, dans le Var (de Monterosato) ; etc.

Solarium Siculum, CANTRAINE.

Solarium Siculum, Cantraine, 1843. *In Bull. acad. Brux.*, IX, II, p. 343.
— *stramineum*, Philippi. *Conch. cab.*, *édit. Kuster*, p. 32, pl. IV, fig. 14.

L'Océan : le golfe de Gascogne (de Folin, Jeffreys).

Solarium Archytæ, O. G. COSTA.

Solarium Architæ, O. G. Costa, 1830. *Cat. test. viv. Tarent.*, *In Atti. acc. sc.*, III, p. 40. — 1841. *Fauna del Napoli*, p. 5, pl. 1, fig. 1 *a*.

L'Océan : le golfe de Gascogne (de Folin, Jeffreys).

TURBINIDÆ

Genre TURBO (Rondelet), Linné

Linné, 1758. *Syst. nat.*, édit. X, p. 761 et 1767.

A. — Groupe du *T. rugosus*.

Turbo rugosus, LINNÉ.

Turbo rugosus, Linné, 1767. *Syst. nat.*, édit. XII, p. 1234. — De Blainville, 1826. *Faune franç.*, p. 295, pl. XII, fig. 1. — Hidalgo,

1870. *Moll. marin.*, pl. LVI, fig. 1 à 4. — Fischer, *In* Kiener, 1880. *Coq. viv.*, *Turbo*, p. 41, pl. XV, fig. 1. — Bucquoy, Dautzenberg et Dollfus, 1884. *Moll. Rouss.*, p. 332, pl. XXXVIII, fig. 1 à 11.

Trochus solaris, Brocchi, 1814. *Conch. foss.*, II, p. 357, pl. V, fig. 13.

Bolma rugosa, Risso, 1826. *Hist. nat. eur. mérid.*, IV, p. 117.

Trochus rugosus, Philippi, 1836. *Enum. moll. Sic.*, I, p. 178.

Pachypoma rugosum, Chenu, 1859. *Man. conch.*, I, p. 351, fig. 2582.

L'Océan : région aquitanique (Fischer); la Gironde (Lafont); Biarritz, dans les Basses-Pyrénées (Petit, Fischer); etc.

La Méditerranée (Petit, Weinkauff) : le Roussillon, Cannet, Leucate, dans les Pyrénées-Orientales et dans l'Aude (Bucquoy, etc.) ; la Franqui (Pépratx), la Nouvelle (Nob.), dans l'Aude ; Cette (Granger), Palavas (Dollfus), dans l'Hérault ; le Grau-du-Roi, dans le Gard (Clément) ; les Martigues (Nob.), Marseille (Ancey), château d'If, Roucas-Blanc, Mourepiano, Morgillet, Carry, etc. (Marion), dans les Bouches-du Rhône ; Toulon, Saint-Tropez, Saint-Raphaël (Doublier), cap Sicié, la Seyne, Saint-Nazaire, les îles d'Hyères (Nob.), dans le Var; Cannes, Menton (Nob.), dans les Alpes-Maritimes (Roux); etc.

B. — Groupe de *T. sanguineus*.

Turbo sanguineus, Linné.

Turbo sanguineus, Linné, 1867. *Syst. nat.*, édit. XII, p. 1235. — Hidalgo, 1870. *Moll. marin.*, pl. LVI, fig. 5-6. — Fischer, 1880. *In* Kiener. *Coq. viv.*, *Turbo*, p. 100, pl. XXXIX, fig. 2. — Bucquoy, Dautzenberg et Dollfus, 1884. *Moll. Rouss.*, p. 334, pl. XL, fig. 15 à 19.

— *coccineus*, von Mühlfeld, 1818. *In Verh. Berl. Gesell.*, p. 19, pl. II, fig. 13,

— *purpureus*, Risso, 1826. *Hist. nat. eur. merid.*, IV, p. 116, pl. IV, fig. 48.

Trochus sanguineus, Philippi, 1836. *Enum. moll. Sic.*, I, p. 179.

Collonia sanguinea, Brusina, 1866. *Contr. fauna Dalm.*, p. 78.

L'Océan : région aquitanique (Fischer).

La Méditerranée : le Roussillon, Port-Vendre, dans les Pyrénées-Orientales (Bucquoy, etc.) ; Cette, dans l'Hérault (Nob.); la Provence (Petit), les Martigues, Saint-Henry (Marion), dans les Bouches-du-Rhône ; Toulon (Doublier), Saint-Mandrier (Nob.), Saint-Nazaire, presqu'île de Gien (Nob.), dans le Var ; Saint-Raphaël, Cannes, dans les Alpes Maritimes (Risso, Roux) ; etc.

Turbo Peloritanus, CANTRAINE.

Turbo Ploritanus, Cantraine, 1835. *Diagn.*, p. 11. — 1840. *Malac. medit.*, pl. VI, fig. 22.

L'Océan : le golfe de Gascogne (Jeffreys).

Genre DANILLIA, Brusina

Brusina, 1865. *Conch. Dalm. ined.*, p. 25.

Danilia Tinei, CALCARA.

? *Olivia Ottaviana*, Cantraine, 1835. *Diagn.*, p. 12.
Monodonta Tinei, Calcara, 1839. *Ric. malac. Palermo*, p. 14, fig. 8.
Trochus Tineis, Forbes, 1843. *Rep. Æg. inv.*, p. 138.
Monodonta limbata, Philippi, 1844. *Enum. moll. Sic.*, II, p. 157, pl. XXV, fig. 19.
Craspedotus bilabiatus, Philippi, 1847. *In Zeitschr. f. Malac.*, p. 23.
— *Ottavianus*, H. et A. Adam, 1857. *Gen. shells*, I, p. 417, pl. XLVII, fig. 4.
Trochus horridus, O. G. Costa, 1861. *Micr. med. Nap.*, p. 56, pl. IX, f. 6.
Heliciella costellata, O. G. Costa, 1861. *Loc. cit.*, p. 63, pl. X, fig. 3.
Craspedotus limbatus, Ryckholt, 1862. *In Journ. conch.*, X, p. 413.
Danilia limbata, Brusina, 1865. *Conch. Dalm. ined.*, p. 25.
Craspedotus limbatus, Brusina, 1866. *Contr. fauna Dalm.*, p. 79.
— *Tinei*, de Monterosato, 1880. *In Boll. malac. ital.*, p. 252.
Danilia Tinei, de Monterosato, 1875. *Nuov. revista*, p. 25.1
Trochus Tinei, Fischer, 1880. *In* Kiener, *Coq. viv.*, *Troch.*, p. 141, pl. XLII, fig. 3.

L'Océan : cap Breton, dans les Landes (de Folin, Jeffreys).
La Méditerranée : la Provence (Petit, Weinkauff); cap Cavaux, la Cassidagne, Peyssonnel, dans les Bouches-du-Rhône; cap Sicié, dans le Var (Marion); etc.

Genre MACHÆROPLAX, Friele

Friele, *In* G. O. Sars, 1878. *Moll. arct. Norv.*, p. 136.

Machæroplax Hidalgoi, FISCHER.

Machæroplax Hidalgoi, Fischer, 1882. *In Journ. conch.*, XXX, p. 51.

L'Océan : le golfe de Gascogne (Fischer).

Genre ZIZYPHINUS, Gray

Gray, 1840. *Syn. Brit. Mus.*

A. — Groupe du *Z. conulus*.

Zizyphinus Linnæi, DE MONTEROSATO.

Trochus zizyphinus, Linné, 1767. *Syst. nat.*, édit. XII, p. 1231. — Hidalgo, 1870. *Moll. marin.*, pl. LIX, fig. 1, 2, 3. — Fischer, 1880. *In* Kiener, 1880. *Coq. viv.*, *Troch.*, p. 123, pl. XLII, fig. 2. — Bucquoy, Dautzenberg et Dollfus, 1885 *Moll. Rouss.*, pl. XLI, fig. 1 à 5.
— *polymorphus (pars)*, Cantraine, 1875. *Diagn.*, p. 10.
— *conulus (var.)*, Philippi. 1876. *Enum. moll. Sic.*, I, p. 175.
Lizyptinus Linnei, de Monterosato, 1884. *Nom. conch.*, *méd.*, p. 44.

La Méditerranée : Cannet, dans les Pyrénées-Orientales (Bucquoy, etc.); la Franqui, dans l'Aude (Bucquoy, etc.; Cette (Granger), Palavas (Dollfus), dans l'Hérault; le golfe d'Aigues-Mortes, dans le Gard (Clément); Fos, les Martigues (Nob.), le golfe de Marseille (Ancey, Marion), dans les Bouches-du-Rhône; Toulon, Saint-Mandrier, cap Sicié, Saint-Tropez, dans le Var (Nob.); Menton, Nice, dans les Alpes-Maritimes (Nob.); etc.

Zizyphinus conuloides, DE LAMARCK.

Trochus conuloides, de Lamarck, 1822. *Anim. s. vert.*, VII, p. 24. — Fischer, 1880. *In* Kiener, 1880. *Coq. viv.*, *Troch.*, p. 81, pl. XVIII, fig. 3. — Bucquoy, Dautzenberg et Dollfus, 1885. *Moll. Rouss.*, p. 347, pl. XLI, fig. 9 à 11.
— *polymorphus (pars)*, Cantraine, 1835. *Diagn.*, p. 10.
— *zizyphinus* (*n.* Linné), *pars auct.* — Forbes et Hanley, 1853. *Brit. moll.*, II, p. 491, pl. LXVII, fig. 1 à 6. — Sowerby, 1859. *Ill. ind.*, pl. XI, fig. 8. — Jeffreys, 1865-1869. *Brit. conch.*, III, p. 330; pl. V, p. 204, pl. LXIII, fig. 6. — Hidalgo, 1870. *Moll. marin.*, pl. LIX, fig. 4-5.

La Manche : Dunkerque, dans le Nord (Terquem); le Boulonnais, dans le Pas-de-Calais (Bouchard); Saint-Valery, dans la Somme (Nob.); région normande (Fischer); Dieppe, Fécamp, Trouville, le Havre, dans la Seine-Inférieure (Nob.); Cabourg, Langrune, dans le Calvados (Nob.); Cherbourg, Valogne (Macé), Granville (Servain), îles Chaussey (Nob.), dans la Manche; Saint-Malo (Grube), Cancale (Nob.), Saint-Lunaire (Bucquoy, etc.), dans l'Ille-et-Vilaine; baie de Saint-Brieuc, dans les Côtes-du-Nord (Nob.); etc.

L'Océan : régions armoricaine et aquitanique (Fischer) ; Roscoff (Grube), Pointe-du-Château, Lanninon, Batterie-du-Diable (Daniel), Concarneau (de Guerne), dans le Finistère ; le Morbihan (Taslé) ; Ker-Cabelec, Mesquer, île Dumet, Piriac, îlôts du Four et de la Banche, dans la Loire-Inférieure (Cailliaud) ; île d'Yeu, dans la Vendée (Servain); Royan, la Rochelle, îles de Ré et d'Oléron (Nob.), dans la Charente-Inférieure (Fischer, Beltremieux) ; Vieux-Soulac, sables à l'entrée de la Gironde, Arcachon, dans la Gironde (Fischer, Lafont) ; cap Breton, dans les Landes (de Folin); Saint-Jean-de-Luz (Fischer), Guéthary (Nob.), dans les Basses-Pyrénées ; etc.

Zizyphinus granulatus, Born.

Trochus granulatus, Born, 1778. *Test. Mus. Vind.*, p. 337, pl. XII, f. 9, 10.
— *papillosus*, da Costa, 1779. *Brit. conch.*, p. 38, pl. III, fig. 3. — Forbes et Hanley, 1853. *Brit. moll.*, III, p, 499, pl. LXVII, fig. 7 ; pl. LVIII, fig. 2 ; pl. DD, fig. 4. — Sowerby, 1859. *Ill. ind.*, pl. XI. fig. 12. — Jeffreys, 1865-1869. *Brit. conch.* III, p. 327 ; V, p. 204, pl. LXIII, fig. 5. — Hidalgo, 1870 *Moll. marin.*, pl. LIX, fig. 9, 11. — Fischer, 1880. *In.* Kiener, *Coq. viv.*, *Troch.*, p. 79, pl. XVIII, fig. 1. — Bucquoy, Dautzenberg et Dollfus, 1885. *Moll. Rouss.*, p. 359, pl. XLVIII, fig. 1 à 5.
— *fragilis*, Pultney, 1799. *Hutchins Dorset.*, p. 48, pl. XVI, fig 6.
— *tenuis*, Montagu, 1803. *Test. Brit.*, p. 275, pl. X, fig. 3.
Zizyphinus granulatus, Brusina, 1866. *Contr. fauna Dalm.*, p. 75.

La Manche : le Boulonnais, dans le Pas-de-Calais (Bouchard) ; région normande (Fischer); Trouville, le Hâvre, dans la Seine-Inférieure (Nob.); Cancale, dans l'Ille-et-Vilaine (Nob.) ; etc.

L'Océan : régions armoricaine et aquitanique (Fischer) ; rade de Brest, à l'entrée de la rivière de Morlaix, dans le Finistère (Daniel, Taslé); la Charente-Inférieure (Beltremieux); au large des passes d'Arcachon, dans la Gironde (Lafont, Fischer, Taslé) ; cap Breton, dans les Landes (de Folin) ; etc.

La Méditerranée (Petit, Weinkauff) : Cannet, dans les Pyrénées-Orientales (Bucquoy, etc.) : la Franqui, dans l'Aude (Pépratx, Bucquoy, etc.); le Grau-du-Roi (Clément) ; de Cette à Aigues-Mortes (Dubreuil) ; dans le Gard, Ratonneau, cap Cavaux, Mejean, Rion, etc., dans les Bouches-du-Rhône (Marion) ; les Alpes-Maritimes (Roux) ; etc.

Zizyphinus violaceus, Risso.

Trochus violaceus, Risso, 1826. *Hist. nat. eur. mér.*, IV, p. 127, f. 111.
Zizyphinus violaceus, de Monterosato, 1884. *Nom. conch. méd.*, p. 45.

Zizyphinus suturalis, Philippi.

Trochus suturalis, Philippi, 1836. *Enum. moll. Sic.*, I, p. 185, pl. X, f. 23.
Zizyphinus suturalis. de Monterosato, 1884. *Nom. conch. med.*, p. 45.

L'Océan : le golfe de Gascogne (Jeffreys).
La Méditerranée : le golfe de Marseille (Jeffreys, Marion).

Zizyphinus conulus, Linné.

Trochus conulus, Linné, 1767. *Syst. nat.*, édit. XII, p. 1230. — Hidalgo, 1870. *Moll. marin.*, pl. LIX, fig. 6 à 8 ; pl. LX, fig. 1. — Fischer, 1880. *In* Kiener, *Coq. viv.*, *Troch.*, p. 121, pl. XLII, fig. 1 ; pl. XLIX, fig. 4. — Bucquoy, Dautzenberg et Dollfus, 1885. *Moll. Rouss.*, p. 349, pl. XLII, fig. 1 à 4.
— *lucidus*, Risso, 1826. *Hist. nat. eur. mér.*, IV, p. 126.
— *polymorphus (pars)*, Cantraine, 1835. *Diagn.*, p. 10.
Zizyphinus conulus, Brusina, 1866. *Contr. fauna Dalm.*, p. 79.
Trochus zizyphinus (var.), Clément, 1873. *Coq. du Gard*, p. 56.

La Méditerranée (Petit, Weinkauff) : Cannet, dans les Pyrénées-Orientales (Bucquoy, etc.); la Franqui, dans l'Aude (Bucquoy, etc.); Cette (Granger), Palavas (Dollfus), dans l'Hérault; le Grau-du-Roi, dans le Gard (Clément); Marseille (Ancey), Roucas-Blanc, Carry, Ratonneau, cap Cavaux, les Goudes (Marion), dans les Bouches-du-Rhône ; îles d'Hyères, Porquerolles, Saint-Tropez, dans le Var (Nob.) ; Nice (Verany), dans les Alpes-Maritimes (Risso) ; etc.

Zizyphinus dubius, Philippi.

Trochus dubius, Philippi, 1844. *Enum. moll. Sic.*, II, p. 149, pl. XXV, fig. 7. — Bucquoy, Dautzenberg et Dollfus, 1885. *Moll. Rouss.*, p. 352, pl. XLII, fig. 5 à 9.
Zizyphinus dubius, Brusina, 1866. *Contr. fauna Dalm.*, p. 79.
Trochus Laugieri (pars), Weinkauff, 1868. *Conch. mittelm.*, II, p. 361.
— *conulus (var.)*, Petit de la Saussaye, 1869. *Cat. Test. mar.*, p. 114. — Fischer, 1880. *In* Kiener, *Coq. viv.*, *Troch.*, p. 121, pl. XLIX, fig. 4.

La Méditerranée : la Franqui, dans l'Aude (Bucquoy) ; Cette, dans l'Hérault (Nob.); Toulon, Saint-Tropez, dans le Var (Nob.) ; etc.

Zizyphinus Laugieri, Payraudeau.

Trochus Laugieri, Payraudeau, 1826. *Moll. Corse*, p. 125, pl. VI, fig. 3, 4. — Fischer, 1880. *In* Kiener, *Coq. viv., Troch.*, p. 150, pl. XLIX, fig. 4. — Bucquoy, Dautzenberg et Dollfus, 1885. *Moll. Rouss.*, p. 353, pl. XLII, fig. 10 à 14.
— *maculatus*, Risso, 1826. *Hist. nat. eur. mérid.*, IV, p. 128.
— *nigerrimus*, de Blainville, 1826. *Faune franç.*, p. 262.
— *seriopunctatus*, de Blainville, 1826. *Faune franç.*, p. 263.
— *hyacinthinus*, de Blainville, 1826. *Faune franç.*, p. 259, pl. X, f. 2.
— *polymorphus (pars)*, Cantraine, 1835. *Diagn.*, p. 386.
Zizyphinus Laugieri, Jeffreys, 1856. *Piedm. Coast*, p. 27.
— *candidus*, Brusina, 1865. *Conch. Dalm. ined.*, p. 25.
Trochus conulus (var.), Petit de la Saussaye, 1869. *Cat. Test. mar.*, p. 114.
— *zizyphinus (var.)*, Clément, 1873. *Coq. du Gard*, p. 56.

La Méditerranée (Petit, Weinkauff) : le Cannet, dans les Pyrénées-Orientales (Bucquoy, etc.); la Franqui, dans l'Aude (Bucquoy, etc.); Cette, dans l'Hérault (Granger) ; de Cette à Aigues-Mortes (Dubreuil), le Grau-du-Roi, dans le Gard (Clément) ; Fos, les Martigues (Nob.), Roucas-Blanc (Marion), dans les Bouches-du-Rhône ; Toulon, Saint-Tropez (Doublier), îles d'Hyères, Porquerolles (Nob.), dans le Var ; Nice (Verany), dans les Alpes-Maritimes (Risso, Roux); etc.

Zizyphinus Gualtierianus, Philippi.

Trochus lævigatus (n. Gmel.), Philippi, 1836. *En. moll. Sic.*, I, p. 178.
— *Gualtierianus*, Philippi, 1846. *In* Chemnitz, p. 69, pl. XIII, fig. 15. — Fischer, 1880. *In* Kiener, *Coq. viv., Troch.*, p. 404, pl. CXIX, fig. 5.
— *Gualtierii*, Weinkauff, 1868. *Conch. mittelm.*, II, p. 361.
— *conulus (var. lævigatus)*, Petit, 1869. *Cat. Test. mar.*, p. 114.
Zizyphinus Gualtierianus, de Monterosato, 1884. *Nom. conch. med.*, p. 45.

La Méditerranée (Petit, Weinkauff) : la Franqui, dans l'Aude (Bucquoy, etc) ; la Provence (Petit) ; Corbière, dans les Bouches-du-Rhône (Marion) ; Toulon, dans le Var (Doublier); Cannes (Dautzenberg), Menton (Nob.), dans les Alpes-Maritimes ; etc.

Zizyphinus miliaris, Brocchi.

Trochus miliaris, Brocchi, 1814. *Conch. foss. sub.*, p. 353, pl. VI, fig. 1. — Philippi, 1846. *In* Chemnitz, p. 71, pl. XIII, fig. 10.
— *Martini*, Brown, 1827. *Conch. Brit.*, p. 129, pl. LVII, fig. 11.
— *Clelandi*, Wood, 1829. *Ind. Test., Suppl.*, pl. IV, fig. 15.

Trochus millegranus, Philippi, 1836. *Enum. moll. Sic.*, I, p. 183, pl. X, fig. 25. —Forbes et Hanley, 1853. *Brit. moll.*, III, p. 502, pl. LXVI, fig. 9, 10. — Sowerby, 1853. *Ill. ind.*, pl. XI, fig. 11. —Jeffreys, 1865-1869. *Brit. conch.*, III, p. 325; pl. V, p. 204, pl. LXIII, fig. 4.—Fischer, 1880. *In* Kiener, *Coq. viv.*, *Troch.*, p. 146, pl. XLIX, fig. 1. — Bucquoy, Dautzenberg et Dollfus, 1885. *Moll. Rouss.*, p. 357, pl. XLII, fig. 20 à 25.

Zizyphinus millegranus, de Monterosato, 1884. *Nom. conch. med.*, p. 45.

La Manche : Dunkerque, dans le Nord (Terquem); îles Chaussey, dans la Manche (Nob.); etc.

L'Océan : régions armoricaine et aquitanique (Fischer); chenal de la rade de Brest (Taslé); sables à l'entrée de la Gironde (Fischer); au large du golfe de Gascogne (Fischer); etc.

La Méditerranée : la Provence (Jeffreys); le Roussillon, dans les Pyrénées-Orientales (Bucquoy, etc.); Marsilli, Maïré, Riou, dans les Bouches-du-Rhône (Marion); les Alpes-Maritimes (Risso); etc.

B. — Groupe de *Z. exasperatus*

Zizyphinus exasperatus, Pennant.

Trochus exasperatus, Pennant, 1777. *Brit. zool.*, IV, p. 126. —Jeffreys, 1865-1869. *Brit. conch.*, III, p. 324; V, p. 203, pl. LXIII, fig. 3. —Fischer, 1880. *In* Kiener, *Coq. viv.*, *Troch.*, p. 266, pl. LXXXIX, fig. 1. — Bucquoy, Dautzenberg et Dollfus, 1885. *Moll. Rouss.*, p. 362, pl. XLIII, fig. 1 à 3.

— *conulus* (*n.* Lin.), da Costa, 1779. *Brit. conch.*, p. 40, pl. II, f. 4.

— *minutus*, Chemnitz, 1781. *Conch. cab.*, V, p. 30 pl. CLXII, f. 1529.

— *erythroleucos*, Gmelin, 1789. *Syst. nat.*, édit. XIII, p. 3581.

— *exiguus*, Pultney, 1799. *Catal. Dorset.*, p. 48, pl. XII, fig. 4. —Forbes et Hanley, 1853. *Brit. moll.*, II, p. 505, pl. LXVII, fig. 11, 12. — Sowerby, 1859. *Ill. ind.*, XI, fig. 14.

— ? *crenulatus*, Brocchi, 1814. *Conch. foss. sub.*, p. 354, pl. VI. f. 2.

— *pyramidatus*, de Lamarck, 1822. *Anim. s. vert.*, VII, p. 30.

— *elegans*, de Blainville, 1826. *Faune franç.*, p. 266.

Zizyphinus crenulatus, Brusina, 1866. *Contr. fauna Dalm.*, p. 79.

La Manche : région normande (Fischer); Dieppe, Trouville, le Havre (Nob.); Cherbourg, Valogne, etc. (Macé), îles Chaussey (Nob.), dans la Manche ; Cancale, dans l'Ille-et-Vilaine (Nob.) ; etc.

L'Océan : régions armoricaine et aquitanique (Fischer); Brest, dans le Finistère ; (Daniel) ; le Morbihan (Taslé) ; Plateau-du-Four, dans la

Loire-Inférieure (Cailliaud); la Charente-Inférieure (Beltremieux); île d'Yeu, dans la Vendée (Servain); etc.

La Méditerranée : le Roussillon, dans les Pyrénées-Orientales (Bucquoy, etc.); Cette, dans l'Hérault (Nob.); le Grau-du-Roi, dans le Gard (Nob.); Fos, les Martigues (Nob.), Marseille (Ancey), le Pharo, Montredon, Pomègue, Ratonneau, Corbières, Roucas-Blanc, cap Cavaux, etc., (Marion), dans les Bouches-du-Rhône; Toulon, Saint-Tropez (Doublier), Saint-Nazaire, presqu'île de Gien, cap Sicié, etc. (Nob.), dans le Var; Cannes (Dautzenberg), Menton (Nob.), dans les Alpes-Maritimes; etc.

Zizyphinus Matoni, PAYRAUDEAU.

Trochus Matonii, Payraudeau, 1826. *Moll. Corse*, p. 126, pl. VI, fig. 5, et 6. — De Blainville, 1826. *Faune franç.*, p. 264, pl. X, fig. 6.
— *vulgaris*, Risso, 1826. *Hist. nat. eur. mérid.*, IV, p. 129.
Zizyphinus Matonii, de Monterosato, 1884. *Conch. litt. medit.*, p. 12.
Jujubinus Matonii, de Monterosato, 1884. *Nom. conch. medit.*, p. 46.
— *corallinus*, de Monterosato, 1884. *Loc. cit.*, p. 46.

La Méditerranée : le Roussillon, dans les Pyrénées-Orientales (Bucquoy, etc.); Cette, dans l'Hérault (Granger); le Grau-du-Roi, dans le Gard (Clément); de Cette à Aigues-Mortes (Dubreuil); Toulon, Saint-Nazaire, presqu'île de Gien, dans le Var (Nob.); Nice (Verany), dans les Alpes-Maritimes (Risso, Roux); etc.

Zizyphinus Montagui, W. WOOD.

Trochus Montagui, W. Wood, 1828. *Index Test.*, *Suppl.*, pl. VI, fig. 43. — Forbes et Hanley, 1853. *Brit. moll.*, II, p. 511, pl. LXV, fig. 10, 11. — Sowerby, 1859. *Ill. ind.*, pl. XI, fig. 15.
— *Montacuti*, Jeffreys, 1865-1869. *Brit. conch.*, III, p. 320; V, p. 203, pl. LXIII, fig. 1.

La Manche : Dunkerque, dans le Nord (Terquem), Wimereux, dans le Pas-de-Calais (Nob.); région normande (Fischer); Dieppe, Trouville; le Havre, dans la Seine-Inférieure (Nob.); îles Chaussey, dans la Manche (Nob.); Cancale, dans l'Ille-et-Vilaine (Nob.); etc.

L'Océan: régions armoricaine et aquitanique (Fischer); les environs de Brest (Daniel), Concarneau (de Guerne), dans le Finistère; Quiberon, dans le Morbihan (Taslé); Basse-Kikerie, dans la Loire-Inférieure (Cailliaud); île d'Yeu, dans la Vendée (Servain); île de Ré, dans la Charente-Inférieure (Nob.); sables à l'entrée de la Gironde, au large des passes d'Arcachon, dans la Gironde (Lafont, Fischer, Taslé); le golfe de Gascogne (Fischer); Guéthary, dans les Basses-Pyrénées (Nob).

Zizyphinus unidentatus, Philippi.

Trochus unidentatus, Philippi, 1844. *Enum. moll. Sic.*, II, p. 150, pl. XXV, fig. 8. — Fischer, 1880. *In* Kiener, *Coq. viv.*, *Troch.*, p. 279, pl. XCI, fig. 4.

Jujubinus unidentatus, de Monterosato, 1884. *Nom. conch. medit.*, p. 47.

La Méditerranée : le Pharo, près Marseille, dans les Bouches-du-Rhône (Marion) ; Porquerolles, dans le Var (Nob.) ; etc.

Zizyphinus Gravinæ, de Monterosato.

Trochus (Zizyphinus) Gravinæ, de Monterosato, 1878. *En. e sin.*, p. 32.

Zizyphinus (Jujubinus) Gravinæ, de Monterosato, 1884. *Conch. litt. medit.*, p. 12.

Jujubinus Gravinæ, de Monterosato, 1884. *Nom. conch. medit.*, p. 47.

Trochus Gravinæ, Bucquoy, Dautzenberg et Dollfus, 1885. *Moll. Rouss.*, p. 369, pl. XLIII, fig. 26 à 30.

La Méditerranée : Banyuls, Paulilles, etc., dans les Pyrénées-Orientales (Bucquoy, etc.) ; les Martigues, dans les Bouches-du-Rhône (de Monterosato) ; Saint-Tropez, Saint-Nazaire, dans le Var (Nob.) ; Cannes (Dautzenberg), Nice, dans les Alpes-Maritimes (de Monterosato) ; etc.

Zizyphinus striatus, Linné.

Trochus striatus, Linné, 1767. *Syst. nat.*, édit. XII, p. 1230. — Forbes et Hanley, 1853. *Brit. moll.*, II, p. 508, pl. LXVI, fig. 5, 6. — Sowerby, 1859. *Ill. ind.*, pl. XI, fig. 13. — Jeffreys, 1865-1869. *Brit. conch.*, III, p. 322 ; V, p. 203, pl. LXIII, fig. 2. — Fischer, 1880. *In* Kiener, *Coq. viv.*, *Troch.*, p. 268, pl. LXXXIX, fig. 2. — Bucquoy, Dautzenberg et Dollfus, 1885. *Moll. Rouss.*, p. 365, pl. XLIII, fig. 8 à 15.

— *parvus*, da Costa, 1779. *Brit. conch.*, p. 41.

— *conicus*, Donovan, 1803. *Brit. shells*, V, pl. CLV, fig. 1.

— *erythroleucos* (*n.* Lin.), Maton et Racket, 1804. *In Trans. Linn. soc.*, VII, p. 156.

— *exiguus (var.)*, Jeffreys, 1856. *Piedm. Coast*, p. 27.

Zizyphinus striatus, Brusina, 1866. *Contr. fauna Dalm.*, p. 77.

L'Océan : régions armoricaine et aquitanique (Fischer) ; les environs de Brest, dans le Finistère (Daniel) ; golfe du Morbihan (Taslé) ; Basse-Kikerie, dans la Loire-Inférieure (Cailliaud) ; au large des passes d'Arcachon, dans la Gironde (Fischer, Lafont, Taslé) ; etc.

La Méditerranée (Petit, Weinkauff) : le Roussillon, de Collioure à Cerbères, dans les Pyrénées-Orientales (Bucquoy, etc.) ; la Nouvelle, dans l'Aude (Nob.); Cette, étang de Thau (Granger), Palavas (Dollfus), dans l'Hérault; le golfe d'Aigues-Mortes, dans le Gard (Clément); Fos, les Martigues (Nob.), le Pharo, la Joliette, Pomègue, Roucas-Blanc, Morgillet, cap Cavaux, Ratonneau (Marion), dans les Bouches-du-Rhône; Toulon, cap Sicié, Saint-Nazaire, îles d'Hyères, Porquerolles, etc. dans le Var (Nob.); Cannes (Dautzenberg), Menton (Nob.), dans les Alpes-Maritimes; etc.

Zizyphinus æquistriatus, de Monterosato.

Jujubinus æquistriatus, de Monterosato, 1884. *Nom. conch. medit.*, p. 46.
Trochus æquistriatus, Bucquoy, Dautzenberg et Dollfus, 1885. *Moll. Rouss.*, p. 368, pl. XLIII, fig. 21, 22.

La Méditerranée : la Provence (de Monterosato).

Zizyphinus Wiseri, Calcara.

Trochus Wiseri, Calcara, 1841. *Il Mauralico*, p. 31, pl. VI, fig. 14.
— *gemmulatus*, Jeffreys, 1880. *In Ann. nat. hist.*, 5e sér., VII, p. 317.

L'Océan : le golfe de Gascogne (Jeffreys); etc.

Genre GIBBULA, Risso

Risso, 1826. *Hist. nat. eur. mérid.*, IV, p. 134.

A. — Groupe du *G. fanula.*

Gibbula fanula, Gmelin.

Trochus sacellum-sinense, Chemnitz, 1781. *Conch. Cab.*, V, p. 98, pl. CLXX, fig. 1648-1649.
— *fanulum*, Gmelin, 1789. *Syst. nat.*, édit. XIII, p. 3573. — Hidalgo, 1878. *Moll. marin.*, pl. LVIII, fig. 7 à 9.
Monodonta Ægyptiaca (*n.* Lamck.), Payraudeau, 1826. *Moll. Corse*, p. 137, pl. VI, fig. 26, 27.
Trochus tuberculatus (*n.* da Costa), Risso, 1826. *Hist. nat. eur. mérid.*, IV, p. 128, fig. 133.
— *Ægyptiacus*, Scacchi, 1836. *Cat. reg. Neap.*, p. 13.
Gibbula Ægyptiaca, Chenu, 1859. *Man. conch.*, I, p. 352, fig. 2689-91.
— *fanula*, Brusina, 1866. *Contr. fauna Dalm.*, p. 79.
Trochus fanulus, Clément, 1873. *Coq. du Gard*, p. 57.
Forskalia fanulum, de Monterosato, 1879. *In Boll. malac. ital.*, V, p. 217.

La Méditerranée (Petit, Weinkauff) : Port-Vendre, Paulilles, dans les Pyrénées-Orientales (Bucquoy, etc.); Cette, dans l'Hérault (Granger);

le Grau-du-Roi (Clément); de Cette à Aigues-Mortes (Dubreuil), dans le Gard; Eos (Nob.), Marseille (Ancey), Corbière, Garlaban, Montredon, Ratonneau (Marion), dans les Bouches-du-Rhône; Saint-Raphaël (Doublier), Toulon, Saint-Tropez, dans le Var (Nob.); Nice (Verany), dans les Alpes-Maritimes (Risso, Roux); etc.

B. — Groupe du *G. maga*.

Gibbula maga, Linné.

Trochus magus, Linné, 1767. *Syst. nat.*, édit. XII, p. 1228. — Forbes et Hanley, 1853. *Brit. moll.*, II, p. 522, pl. LXV, fig. 6, 7; pl. DD, fig. 3. — Jeffreys, 1865-1869. *Brit. conch.*, III, p. 305; V, p. 203, pl. LII, fig. 1. — Hidalgo, 1870. *Moll. marin.*, pl. LVIII, fig. 3 à 6. — Fischer, 1880. *In* Kiener, *Coq. viv.*, *Trochus*, p. 110, pl. XXXV, fig. 1. — Bucquoy. Dautzenberg et Dollfus, 1885. *Moll. Rouss.*, p. 373, fig. 1 à 8,
— *tuberculatus*, da Costa, 1779. *Brit. conch.*, p. 44, pl. III, f 1, 2.
Gibbula magus, Risso, 1826. *Hist. nat. eur. mérid.*, IV, p. 134.
Trochus majus, Sowerby, 1859. *Ill. ind.*, pl. XI, fig. 19.
Gibbula maga, Brusina, 1866. *Contr. fauna Dalm.*, p. 79.

La Manche : Berck, dans le Pas-de-Calais (Bucquoy, etc.); région normande (Fischer); le Havre, Trouville, dans la Seine-Inférieure (Nob.); Langrune, Cabourg, dans le Calvados; Granville (Servain), Cherbourg, Valogne, etc. (Macé), îles Chaussey (Nob.), dans la Manche; Paramé; Cancale (Nob.), Saint-Lunaire (Bucquoy, etc.), dans l'Ille-et-Vilaine, baie de Saint-Brieuc, dans les Côtes-du-Nord; etc.

L'Océan : régions armoricaine et aquitanique (Fischer); Roscoff (Grube), Lanninon, Saint-Marc, Lauberlac (Daniel), Concarneau (de Guerne), dans le Finistère; le Morbihan (Taslé); Croisic, Piriac, baie de Bourgneuf, dans la Loire-Inférieure (Cailliaud); île d'Yeu (Servain), sables d'Olonne (Nob.), dans la Vendée; Royan, la Rochelle, îles de Ré et d'Oléron (Nob.), dans la Charente-Inférieure (Beltremieux); Arcachon, dans la Gironde (Fischer); Saint-Jean-de-Luz, dans les Basses-Pyrénées (Nob.); etc.

La Méditerranée (Petit, Weinkauff) : Leucate, Canet, Paulilles, dans les Pyrénées-Orientales (Bucquoy, etc.); Cette, dans l'Hérault (Granger); Grau-du-Roi, dans le Gard (Clément); de Cette à Aigues-Mortes, (Dubreuil); Fos, les Martigues (Nob.), Roucas-Blanc, Carry, cap Cavaux, Montredon (Marion), dans les Bouches-du-Rhône; Saint-Raphaël, Toulon (Doublier), îles d'Hyères, Porquerolles, Saint-Tropez, etc. (Nob.), dans le Var ; Cannes (Dautzenberg), Menton (Nob.), Nice (Verany), dans les Alpes-Maritimes (Risso, Roux) ; etc.

Gibbula protumida, Locard.

Trochus magus (var. producta), Bucquoy, Dautzenberg et Dollfus, 1885. *Moll. Rouss.*, p. 375, pl. XLIV, fig. 9 à 11.
Gibbula protumida, Locard, 1884. *Mss.*

La Manche : Saint-Lunaire, dans l'Ille-et-Vilaine (Bucquoy, etc.) ; etc.

Gibbula umbilicaris, Linné.

Trochus umbilicaris, Linné, 1767. *Syst. nat.*, édit. XII, p. 1229. — Fischer, 1880. *In* Kiener, *Coq. viv.*, *Troch.*, p. 143, pl. XLVIII, f. 2. — Bucquoy, Dautzenberg et Dollfus, 1885. *Moll. Rouss.*, p. 376, pl. XLV, fig. 1 à 5.
— *fuscatus*, Gmelin, 1789. *Syst. nat.*, édit. XIII, p. 3576.
Gibbula Mediterranea, Risso, 1826. *Hist. nat. eur. mérid.*, IV, p. 136.
— *desserea*, Risso, 1826. *Loc. cit.*, p. 136.
Trochus Roissyi (*n.* Payr.), de Blainville, 1826. *Faune franç.*, p. 282, pl. X, B, fig. 1.
— *zonatus*, Jeffreys, 1856. *Piedm. Coast*, p. 28.
Gibbula umbilicaris, Brusina, 1866. *Contr. fauna Dalm.*, p. 80.

La Méditerranée : le Roussillon, entre Terrembou et Peyrefitte, dans les Pyrénées-Orientales (Bucquoy, etc.) ; Cette, dans l'Hérault (Granger) ; le Grau-du-Roi, dans le Gard (Clément) ; Fos, les Martigues (Nob.). Marseille (Ancey), fort Saint-Jean, le Prado, Corbière, Roucas-Blanc (Marion), dans les Bouches-du-Rhône ; Saint-Raphaël, Saint-Tropez (Doublier), Saint-Nazaire, presqu'île de Gien (Nob.), dans le Var ; Cannes (Dautzenberg), Menton (Nob.), dans les Alpes-Maritimes (Roux) ; etc.

Gibbula latior, de Monterosato.

Trochus latior, de Monterosato, 1878. *Mss.*
— *umbilicaris (var. latior)*, Bucquoy, Dautzenberg et Dollfus, 1885. *Moll. Rouss.*, p. 378, pl. XLV, fig. 6, 7, 8.

La Méditerranée : Marseille, dans les Bouches-du-Rhône ; Saint-Nazaire, dans le Var (Nob.).

Gibbula ardens, von Salis Marchlins.

? *Trochus tessellatus*, Chemnitz, 1781. *Conch. cab.*, V, p. 116, pl. CLXXI, fig. 1683.
— *ardens*, von Salis Marchlins, 1793. *Reise Kœn. Neap.*, p. 376,

pl. VIII, fig. 9. — Bucquoy, Dautzenberg et Dollfus, 1885. *Moll. Rouss.*, p. 379, pl. XLV, fig. 9 à 20.

Trochus Fermonii, Payraudeau, 1826. *Moll. Corse*, p. 178, pl. VI, f. 11-12.

— *Adansoni*, de Blainville, 1826. *Faune franç.*, pl. X, A, fig. 7.

— *canaliculatus* (*n.* Lamck.), Deshayes, 1832. *Exp. sc. Mor.*, III, p. 137.

Gibbula canaliculata, Brusina, 1866. *Contr. fauna Dalm.*, p. 80.

Trochus Fermoni, Weinkauff, 1868. *Conch. mittelm.*, II, p. 377. — Fischer, 1880. *In* Kiener, *Coq. viv.*, *Troch.*, p. 145, pl. XLVIII, fig. 3.

Gibbula ardens, de Monterosato, 1884. *Nom. conch. medit.*, p. 40.

La Méditerranée : le Roussillon, à la Barcarole, entre Terrembou et Peyrefitte, dans les Pyrénées-Orientales (Bucquoy, etc.); Cette, dans l'Hérault (Granger); Grau-du-Roi (Clément), de Cette à Aigues-Mortes (Dubreuil), dans le Gard ; Fos, les Martigues (Nob.), Marseille (Ancey), fort Saint-Jean, la Joliette, Pomègue, Corbière, Roucas-Blanc (Marion), dans les Bouches-du-Rhône; Toulon, Camarat (Doublier), Saint-Tropez, presqu'ile de Gien, etc. (Nob.), dans le Var; Cannes (Dautzenberg), Menton (Nob.), Nice (Verany), dans les Alpes-Maritimes (Risso, Roux).

Gibbula Philiberti, Récluz.

? *Trochus Michaudi*, de Blainville, 1826. *Faune franç.*, p. 278.

— *Philiberti*, Récluz, 1843. *In Rev. zool.*, V, p. 11. — Bucquoy, Dautzenberg et Dollfus, 1885. *Moll. Rouss.*, p. 283, pl. XLVI, fig. 1 à 5.

— *villicus*, Philippi, 1844. *Enum. moll. Sic.*, II, p. 152, pl. XXV, fig. 14. — Fischer, 1880. *In* Kiener, *Coq. viv.*, *Troch.*, p. 258, pl. LXXXVII, fig. 1.

Gibbula Philiberti, de Monterosato, 1884. *Nom. conch. medit.*, p. 41.

La Méditerranée : Paulilles, Collioure, dans les Pyrénées-Orientales (Bucquoy, etc.); Palavas, dans l'Hérault (Dollfus); le Pharo, à Marseille, dans les Bouches-du-Rhône (Marion); Saint-Nazaire, Porquerolles, dans le Var (Nob.); Cannes (Dautzenberg), Menton (Nob.), dans les Alpes-Maritimes; etc.

Gibbula varia, Linné.

Trochus varius, Linné, 1767. *Syst. nat.*, édit. XII, p. 1229. — Philippi, 1836. *Enum. moll. Sic.*, I, p. 180, pl. X, fig. 9. — Fischer, 1880. *In* Kiener, *Coq. viv.*, *Troch.*, p. 259, pl. LXXXVII, fig. 2. — Bucquoy, Dautzenberg et Dollfus, 1885. *Moll. Rouss.*, p. 385, pl. XLVI, fig. 6 à 14.

— *lævigatus*, Gmelin, 1789. *Syst. nat.*, édit. XIII, p. 3573.

Trochus pallidus, Forbes, 1843. *Rep. Æg. inv.*, I, p. 138, 139.
Gibbula elata, Brusina, 1865. *Conch. Dalm. inedit.*, p. 26.
— *varia*, Brusina, 1866. *Contr. fauna Dalm.*, p. 80.
— *gibbosula*, Brusina, 1866. *Loc. cit.*, p. 80.
? *Trochus cinerarius* (*n.* L.), Granger, 1879. *Cat. moll. Cette*, p. 17.

La Méditerranée : Port-Vendre, Collioure, Cerbère, etc., dans les Pyrénées-Orientales (Bucquoy, etc.); la Nouvelle, dans l'Aude (Nob.); Palavas, dans l'Hérault (Dollfus); Fos, les Martigues (Nob.), le Pharo, Montredon, Pomègue, les Catalans, Corbière, Roucas-Blanc, etc., (Marion), dans les Bouches-du-Rhône ; Toulon, cap Sicié, Saint-Raphaël, Saint-Nazaire, Porquerolles, etc., dans le Var (Nob.) ; Cannes (Dautzenberg), Menton (Nob.), dans les Alpes-Maritimes (Roux); etc.

Gibbula Roissyi, Payraudeau.

Trochus Roissyi, Payraudeau, 1826. *Moll. Corse*, p. 130, pl. VI, f. 13, 14.
— *varius (var. Roissyi)*, Bucquoy, Dautzenberg et Dollfus, 1885. *Moll. Rouss.*, p. 386.

La Méditerranée : le Roussillon, dans les Pyrénées-Orientales (Bucquoy, etc.) ; le Var (Doublier) ; etc.

C. — Groupe du *G. Richardi*.

Gibbula Richardi, Payraudeau.

Monodonta Richardi, Payraudeau, 1826. *Moll. Corse*, p. 138, pl. VII, f. 1, 2.
Phorcus margaritaceus, Risso, 1826. *Hist. nat. mér.*, IV, p. 133, f. 47.
Trochus Richardi, de Blainville, 1826. *Faune franç.*, p. 128, pl. XI, fig. 11. — Fischer, 1880. *In* Kiener, *Coq. viv.*, *Troch.*, p. 142, pl. XLVIII, fig. 1. — Bucquoy, Dautzenberg et Dollfus, 1885. *Moll. Rouss.*, p. 399, pl. XLVII, fig. 6 à 13.
— *margaritaceus*, Scacchi, 1836. *Cat. reg. Neap.*, p. 14.
— *radiatus*, Anton, 1839. *Verzeichn.*, p. 57.
Gibbula Richardi, 1866, Brusina. *Contr. fauna Dalm.* p. 80.
Phorcus Richardi, de Monterosato, 1884. *Nom. conch medit.*, p. 43.

La Méditerranée (Petit, Weinkauff) : le Roussillon, dans les Pyrénées-Orientales (Bucquoy, etc.); Cette (Granger), Agde (Petit), dans l'Hérault ; rochers des Môles, Grau-du-Roi (Clément), de Cette à Aigues-Mortes (Dubreuil), dans le Gard ; Fos, les Martigues (Nob.), le Pharo, l'Estaque, Montredon, Pomègue, Roucas-Blanc (Marion), dans les Bouches-du-Rhône; Toulon, Saint-Tropez (Doublier), Saint-Nazaire, Porquerolles, presqu'île de Gien (Nob.), dans le Var ; Antibes (Doublier),

Cannes (Dautzenberg), Menton (Nob.), Nice (Verany), dans les Alpes Maritimes (Risso, Roux) ; etc.

D. — Groupe du *G. Adansoni*

Gibbula Adansoni, Payraudeau.

Trochus Adansonii, Payraudeau, 1826. *Moll. Corse*, p. 127, pl. VI, fig. 7-8. — Fischer, 1880. *In* Kiener., *Coq. viv.*, *Troch.*, p. 343, pl. CVII, fig. 1-2. — Bucquoy, Dautzenberg et Dollfus, 1885. *Moll. Rouss.*, p. 394, pl. XLVII, fig. 1 à 5.
Gibbula variegata, Risso, 1826. *Hist. nat. eur. mérid.*, IV, p. 137.
Trochus varians, Deshayes, 1833. *Exp. Mor.*, p. 143, pl. XVIII, f. 31-33.
— *Adansoni (pars)*, Weinkauff, 1868. *Conch. mittelm.*, II, p. 372.
Gibbula Adansonii, de Monterosato, 1884. *Nom. conch. med.*, p. 41.

La Méditerranée (Petit, Weinkauff) : le Roussillon, dans les Pyrénées-Orientales (Bucquoy, etc.); Cette (Granger), Agde (Petit), dans l'Hérault ; le Grau-du-Roi, dans le Gard (Clément); Fos, les Martigues (Nob.), Marseille (Petit), dans les Bouches-du-Rhône ; Toulon (Petit), Saint-Nazaire, Porquerolles (Nob.), dans le Var; Cannes (Dautzenberg), Menton (Nob.), Nice (Verany), dans les Alpes-Maritimes (Risso, Roux).

Gibbula Racketti, Payraudeau.

Trochus Racketti, Payraudeau, 1826. *Moll. Corse*, p. 128, pl. VI, f. 9-10. — Bucquoy, Dautzenberg et Dollfus, 1885. *Moll. Rouss.*, p. 388, pl. XLVII, fig. 19 à 25.
Gibbula pygmæa, Risso, 1826. *Hist. nat. eur. mér.*, IV, p. 137.
Trochus tumidus (*non* Mtg.), Weinkauff, 1868. *Conch. mittelm.*, II, p. 371. — Fischer, 1880. *In* Kiener, *Coq. viv.*, *Troch.*, p. 345, pl. CVIII, fig. 5.

La Méditerranée : le Roussillon, dans les Pyrénées-Orientales (Bucquoy, etc.); Agde, dans l'Hérault (Petit); cap Sicié (Marion), Toulon (Petit, Doublier), dans le Var ; Cannes (Dautzenberg), dans les Alpes-Maritimes (Risso, Roux) ; etc.

Gibbula purpurea, Risso.

Turbo purpureus, Risso, 1826. *Hist. nat. eur. mér.*, IV, p. 116, fig. 48.
Trochus turbinoides, Deshayes. 1833. *Exp. scient. Morée*, p. 143, pl. XVIII, fig. 28-30. — Bucquoy, Dautzenberg et Dollfus, 1885. *Moll. Rouss.*, p. 396, pl. XLVII, fig. 26 à 30.
— *Adansoni (var.)*, Philippi, 1836. *En. moll. Sic.*, I, p. 182.

Gibbula Ivanicsi, Brusina, 1865.. *Conch. Dalm. ined.*, p. 27.
— *Ivanicsiana*, Brusina, 1866. *Conch. fauna Dalm.*, p. 30.
— *purpurea*, de Monterosato, 1884. *Conch. litt. Medit.*, p. 9.

La Méditerranée : le Roussillon, dans les Pyrénées-Orientales (Bucquoy, etc.); Agde, dans l'Hérault (Nob.) ; les Martigues, dans les Bouches-du-Rhône; Toulon, Saint-Tropez, dans le Var (Nob.) ; etc.

Gibbula Drepanensis, Brugnone.

Trochus Drepanensis, Brugnone, 1873. *Miscel. malac.*, p. 13, fig. 24. — Bucquoy, Dautzenberg et Dollfus, 1885. *Moll. Rouss.*, p. 398, pl. L, fig. 25, 26.
— *(gibbula) Drepanensis*, de Monterosato, 1878. *In Journ. conch.*, XXV, p. 31, pl. II, fig. 6.
Gibbula Drepanensis, de Monterosato, 1884. *Nom. conch. medit.*, p. 42.

La Méditerranée : le Roussillon, dans les Pyrénées-Orientales (Bucquoy, etc. ; côtes de Provence (de Monterosato) ; etc.

E. — Groupe du *G. cineraria*

Gibbula cineraria, Linné.

Trochus cinerarius, Linné, 1767. *Syst. nat.*, édit. XII, p. 1229. — Forbes et Hanley, 1853. *Brit. moll.*, II, p. 516, pl. LXV, fig. 1, 3; pl. DD, fig. 1. — Sowerby, 1859. *Ill. ind.*, pl. XI, fig. 17. —Jeffreys, 1865-69. *Brit. moll.*, III, 114, p. 309 ; V, p. 303, pl. LXII, fig. 3. — Fischer, 1880. *In* Kiener, *Coq. viv.*, *Troch.*, p. 192, pl. LXII, fig. 4.
— *lineatus*, da Costa, 1778. *Brit. conch.*, p. 43, pl. III, fig. 8.
— *perforans*, Smith. *In Mem.*, *Wern. soc.*, VIII, p. 99, pl. I, f. 3-14.
— *inflatus*, de Blainville, 1826. *Faune franç.*, p. 275, pl. XI, fig. 5.
— *lineolatus*, Potiez et Michaud, 1839. *Moll. Douai*, I, p. 334, pl. XXX, fig. 8, 9.
— *littoralis*, Brown, 1845. *Ill. conch.*, 2e édit., p. 18, pl. XI, f. 1, 4.

La Manche : Dunkerque, dans le Nord (Terquem) ; le Boulonnais (Bouchard), Berck (Nob.), dans le Pas-de-Calais ; Saint-Valery, dans la Somme (Nob.) ; région normande (Fischer) ; Dieppe, Fécamp, Trouville, dans la Seine-Inférieure (Nob.) ; Cabourg, Langrune, dans le Calvados (Nob.) ; Granville (Servain), îles Chaussey (Nob.), dans la Manche; Saint-Malo (Grube), Cancale (Nob.), dans l'Ille-et-Vilaine; baie de Saint-Brieuc, dans les Côtes-du-Nord (Nob.); etc.

L'Océan : régions armoricaine et aquitanique (Fischer) ; Roscoff (Grube), le Château, Postrein, Saint-Marc, Lanninon (Daniel), dans le

Finistère ; le Morbihan (Taslé) ; le littoral de la Loire-Inférieure (Cailliaud) ; île d'Yeu (Servain), les sables d'Olonne (Nob.), dans la Vendée; la Rochelle, Royan, îles de Ré et d'Oléron (Nob.), dans la Charente-Inférieure (Beltremieux) ; bassin d'Arcachon, Vioux-Soulac, dans la Gironde (Lafont, Fischer) ; Saint-Jean-de-Luz, dans les Basses-Pyrénées (Nob.) ; etc.

Gibbula obliquata, Gmelin.

Trochus obliquatus, Gmelin, 1789. *Syst. nat.*, édit. XIII, p. 2575. — Fischer, 1880. *In* Kiener, *Coq. viv., Troch.*, p. 191, pl. LXII, fig. 1, 7.
— *umbilicaris* (*non* Lin.), Pennant, 1767. *Brit. zool.*, IV, p. 126, pl. LXXX, fig. 106.
— *umbilicalis*, da Costa, 1778. *Brit. conch.*, p. 46, pl. III, fig. 4. — Forbes et Hanley, 1853. *Brit. moll.*, pl. LXVI, fig. 1 à 4.
— *oblique-radiatus*, Chemnitz, 1781. *Conch. cab.*, V, p. 117, pl. CLXXI, fig. 1685.
— *cinerarius* (*n.* Lin.), Pultney, 1799. *Hutchins Dorset.*, p. 44.
— *umbilicatus*, Montagu, 1803. *Test. Brit.*, p. 286. — Forbes et Hanley, 1853. *Brit. moll.*, p. 519. — Sowerby, 1859. *Ill. ind.*, pl. XI, fig. 18. — Jeffreys, 1865-1869. *Brit. conch.*, III, p. 312; V, p. 203, pl. LXII, fig. 4. — Hidalgo, 1870. *Moll. marin.*, pl. LXI, fig. 9-11.
— *obliquatus*, Dillwyn, 1817. *Recent shells*, II, p. 779.

La Manche : Dunkerque, dans le Nord (Terquem); le Boulonnais (Bouchard), Berck (Nob.), dans le Pas-de-Calais ; Saint-Valery, dans la Somme (Nob.) ; région normande (Fischer) ; Dieppe, Fécamp, Trouville, le Havre, etc., dans la Seine-Inférieure (Nob.) ; Cabourg, Langrune, dans le Calvados (Nob.) ; Granville (Servain), îles Chaussey (Nob.), dans la Manche ; Saint-Malo (Grube), Cancale (Nob.), dans l'Ille et-Vilaine; baie de Saint-Brieuc, dans les Côtes-du-Nord (Nob.); etc.

L'Océan : régions armoricaine et aquitanique (Fischer) ; Roscoff (Grube), Brest, etc. (Daniel), Concarneau (de Guerne), dans le Finistère ; le Morbihan (Taslé); les côtes de la Loire-Inférieure (Nob.) ; île d'Yeu (Servain), les sables d'Olonne (Nob.), dans la Vendée ; Royan, la Rochelle, îles de Ré et d'Oléron, dans la Charente-Inférieure (Nob.); bassin d'Arcachon, Vieux-Soulac, Bas-Médoc, dans la Gironde (Fischer); Saint-Jean-de-Luz, Guéthary, dans les Basses-Pyrénées (Nob.) ; etc.

Gibbula Agathensis, Récluz.

Trochus Agathensis, Récluz, 1843. *In Rev. zool. Cuv.*, p. 11.
— *umbilicatus* (*var. Agathensis*), Jeffreys, 1865-69. *Brit. conch.*,

III, p. 312; V, pl. LXII, fig. 4, a. — Fischer, 1880. *In*. Kiener, *Coq. viv.*, *Troch.*, p. 191, pl. LXII, fig. 3.

Gibbula Agathensis, de Monterosato, 1884. *Nom. conch. medit.*, p. 41.

La Manche : Dunkerque, dans le Nord (Nob.).

L'Océan : Royan, dans la Charente-Inférieure (Nob.).

La Méditerranée : Cette, Agde, dans l'Hérault (Récluz) ; Toulon, dans le Var (Jeffreys); etc.

Gibbula tumida, Montagu.

Trochus tumidus, Montagu, 1803. *Test. Brit.*, p. 280, pl. X, fig. 4. — Forbes et Hanley, 1853. *Brit. moll.*, II, p. 513, pl. LXV, fig. 8, 9; pl. DD, fig. 2. — Sowerby, 1859. *Ill. ind.*, pl. XI, fig. 16. — Jeffreys, 1865-69. *Brit. conch.*, III, p. 307; V, p. 203, pl. LXII, fig. 2. — Fischer, 1880. *In* Kiener, *Coq. viv.*, *Troch.*, p. 345, pl. CVIII, fig. 1-5.

— *patholatus*, Dillwyn, 1817. *Recent shells*, II, p. 776.

— *timidus*, Taslé, 1870. *Malac. Sud-Ouest.*, *Suppl.*, p. 51.

La Manche : Dunkerque, dans le Nord (Terquem) ; région normande (Fischer) ; le Havre, Trouville, dans la Seine-Inférieure (Nob.) ; Cabourg, dans le Calvados (Nob.) ; Cherbourg (Macé), îles Chaussey (Nob.), dans la Manche ; Cancale, dans l'Ille-et-Vilaine (Nob.) ; etc.

L'Océan : régions armoricaine et aquitanique (Fischer) ; Quiberon, dans le Morbihan (Taslé) ; Basse-Kikerie, dans la Loire-Inférieure (Cailliaud, Taslé) ; l'île d'Yeu, dans la Vendée (Servain) ; Royan, dans la Charente-Inférieure (Nob.) ; sables à l'entrée de la Gironde ; au large des passes d'Arcachon, dans la Gironde (Fischer, Lafont, Taslé) ; le golfe de Gascogne (Fischer) ; Biarritz, dans les Basses-Pyrénées (Fischer).

Gibbula rarilineata, Michaud.

Trochus rarilineatus, Michaud, 1829. *In Bull. soc. Linn, Bord.*, p. 7, fig. 12. — Bucquoy, Dautzenberg et Dollfus, 1885. *Moll. Rouss.*, p. 393, pl. XLVI, fig. 23 à 27.

Gibbula purpurata, Brusina, 1864. *Conch. Dalm. ined.*, p. 20.

Trochus divaricatus (pars), Weinkauff, 1868. *Conch. mittelm.*, II, p. 387.

Gibbulastra rarilineata, de Monterosato, 1884. *Nom. conch. medit.*, p. 43.

La Méditerranée : Collioure (Michaud), le Roussillon (Bucquoy ; etc.) dans les Pyrénées-Orientales ; Cette, Agde, dans l'Hérault (Michaud) ; Saint-Nazaire, Saint-Tropez, dans le Var (Nob.) ; Cannes (Dautzenberg), Nice (Michaud), dans les Alpes-Maritimes ; etc.

Gibbula divaricata, Linné.

Trochus divaricatus, Linné, 1767. *Syst. nat.*, édit. XII, p. 1229. — Hidalgo, 1870. *Moll. marin.*, pl. LXI, fig. 4-8. — Fischer, 1880. *In* Kiener, *Coq. viv.*, *Troch.*, p. 139, pl. XLVII, f. 1-2. — Bucquoy, Dautzenberg et Dollfus, 1885. *Moll. Rouss.* p. 390, pl. XLVI, fig. 15 à 22.
Monodonta Lessoni, Payraudeau, 1826. *Moll. Corse*, p. 139, pl. VII, f. 3-4.
Trochus cinerarius (*non* Lamck.), Petit de la Saussaye, 1853. *In Journ. conch.*, III, p. 179.
Gibbula divaricata, Brusina, 1865. *Contr. fauna Dalm.*, p. 80.
Gibbulastra divaricata, de Monterosato, 1884. *Nom. conch. med.*, p. 44.

La Méditerranée (Petit, Weinkauff) : le Roussillon, dans les Pyrénées-Orientales (Bucquoy, etc.) ; Cette, dans l'Hérault (Granger) ; Grau-du-Roi, dans le Gard (Clément) ; Fos, les Martigues (Nob.), le Pharo, l'Estaque, Montredon, Pomègue (Marion), dans les Bouches-du-Rhône, Saint-Nazaire, Saint-Tropez, Porquerolles, dans le Var (Nob.) ; Cannes (Dautzenberg), Nice (Verany), dans les Alpes-Maritimes (Roux.); etc.

Gibbula Vimontiæ, de Monterosato.

Gibbula Vimontiæ, de Monterosato, 1884. *Nom. conch. medit.*, p. 42.

La Méditerranée : la Provence; Toulon, dans le Var (de Monterosato).

Gibbula Guttadauri, Philippi.

Trochus Guttadauri, Philippi, 1834. *Enum. moll. Sic.*, I, p. 182, pl. XI, fig. 1. — Fischer, 1880. *In* Kiener, *Coq. viv.*, *Troch.*, p. 147, pl. XLIX, fig. 2.
Gibbula Guttadauri, Brusina, 1866. *Contr. fauna Dalm.*, p. 80.

La Méditerranée : cap Cavaux, Ratonneau, dans les Bouches-du-Rhône (Marion).

F. — Groupe du *G. cincta*

Gibbula cincta, Philippi.

Trochus cinctus, Philippi, 1836. *Enum. moll. Sic.*, I, p. 185, pl. X, f. 20.
— *amabilis*, Jeffreys, 1867. *Brit. conch.*, III, p. 300; V, pl. LXI, f. 6.

L'Océan : le golfe de Gascogne (Jeffreys).

Gibbula Ottoi, Philippi.

Trochus Ottoi, Philippi, 1844. *Enum. moll. Sic.*, II, p. 227, pl. XXVIII, fig. 9.

L'Océan : golfe de Gascogne (Jeffreys).

Genre CARAGOLUS, de Monterosato

De Monterosato, 1884. *Nom. conch. medit.*, p. 43.

Caragolus turbinatus, Born.

Trochus turbinatus, Born, 1780. *Test. Mus. Cæs. Vind.*, p. 333. — Fischer, 1880. *In* Kiener, *Coq. viv.*, *Troch.*, p. 201, pl. LXVII, fig. 6. — Bucquoy, Dautzenberg et Dollfus, 1885. *Moll. Rouss.*, p. 402, pl. XLVII, fig. 6 à 11.

— *tessellatus*, Born, 1780. *Loc. cit.*, p. 332, pl. XII, fig. 5, 6.

— *fragaroides*, de Lamarck, 1822. *Anim. s. vert.*, VII, p. 36. — Hidalgo, 1870. *Moll. marin.*, pl. LXI, fig. 2; pl. LXII, f. 9 à 11.

— *salmoneus*, Chiereghini, 1847. *Descr.*, fig. 799, 780.

Monodonta Olivieri, Payraudeau 1826. *Moll. Corse*, p. 133, pl. VI, fig. 115, 116.

— *tessellata*, Risso, 1826. *Hist. nat. eur. mérid.*, IV, p. 132, f. 51.

Trochus zebra, Wood, 1828. *Ind. test.*, *Suppl.*, pl. V, fig. 13.

Caragolus turbinatus, de Monterosato, 1884. *Nom. conch. medit.*, p. 43.

La Méditerranée (Petit, Weinkauff : le Roussillon, dans les Pyrénées-Orientales (Bucquoy, etc.); Cette, dans l'Hérault (Granger); Grau-du-Roi, dans le Gard (Clément) ; Fos, les Martigues (Nob.), Marseille (Ancey), le Vieux-Port, le Pharo, Montredon, Pomègue (Marion), dans les Bouches-du-Rhône ; Toulon, Saint-Tropez, Camarat (Doublier), cap Sicié, Saint-Nazaire, presqu'île de Gien, Porquerolles, etc. (Nob.), dans le Var; Nice (Verany), dans les Alpes-Maritimes (Risso, Roux); etc.

Caragolus lineatus, da Costa.

Turbo lineatus, da Costa, 1778. *Brit. conch.*, p. 100, pl. VI, fig. 7.

Trochus crassus, Pultney, 1799. *Hutchins, Dorset.*, p. 141. — Forbes et Hanley, 1853. *Brit. conch.*, pl. LXV, fig. 4, 5. — Fischer, 1880. *In* Kiener, *Coq. viv.*, *Troch.*, p. 202, pl. LXVII, f. 2. — Bucquoy, Dautzenberg et Dollfus, 1885. *Moll. Rouss.*, p. 407, pl. XLIX, fig. 89.

Monodonta lugubris, de Lamarck, 1822. *Anim. s. vert.*, VII, p. 37. — Delessert, 1841. *Rec. coq.*, pl. XXXV, fig. 7.

Trochus punctulatus, de Blainville, 1826. *Faune fr.*, p. 270, pl. XI, f. 2.

Monodonta crassa, Macgillivray, 1843. *Moll. Aberd.*, p. 325.

Trochus lineatus, Forbes et Hanley, 1853. *Brit. moll.*, II, p. 525, pl. LXV, fig. 4, 5. — Sowerby, 1859. *Ill. ind.*, pl. XI, fig. 20. — Jeffreys, 1865-1869. *Brit. conch.*, III, p. 317; V, p. 203, pl. LXII, fig. 6. — Hidalgo, 1870. *Moll. marin.*, pl. LXI, fig. 1; pl. LXII, fig. 1-5.

Caragolus crassus, de Monterosato, 1884. *Nom. conch. medit.*, p. 44.

La Manche : le Boulonnais (Bouchard), Beck, Wimereux (Nob.), dans le Pas-de-Calais; Saint-Valery, dans la Somme; région normande (Fischer); Dieppe, Fécamp, le Havre, Trouville, dans la Seine-Inférieure (Nob.); Cabourg, dans le Calvados (Nob.); Carteret, la Hougue (Macé), Granville (Servain), îles Chaussey (Nob.), dans la Manche; Saint-Malo (Grube), Cancale (Nob.), dans l'Ille-et-Vilaine; baie de Saint-Brieuc, dans les Côtes-du-Nord (Nob.); etc.

L'Océan : régions armoricaine et aquitanique (Fischer); Roscoff (Grube), Postrein, Lanninon, Laudévence (Daniel), Concarneau (de Guerne), dans le Finistère; le Morbihan (Taslé); Mesquer, les côtes de la Loire-Inférieure (Cailliaud); île d'Yeu, dans la Vendée (Servain); la Rochelle, Royan, îles de Ré et d'Oléron (Nob.), dans la Charente-Inférieure (Fischer); Cordouan, dans la Gironde (Fischer); Saint-Jean-de-Luz, Biarritz, dans les Basses-Pyrénées (Fischer); etc.

Caragolus articulatus, DE LAMARCK.

Trochus tessellatus (pars), von Salis Marschlins, 1793. *Reise Neap.*, p. 374, pl. VIII, fig. 7.

Monodonta articulata, de Lamarck, 1822. *Anim. s. vert.*, VII, p. 56.

Trochus Draparnaudii, Payraudeau, 1826. *Moll. Corse*, p. 131, pl. VI, fig. 17, 18.

— *articulatus*, Deshayes, 1843. *Anim. s. vert*, IX, p. 182. — Delessert, 1849. *Rec. coq.*, pl. XXXVI, fig. 9. — Hidalgo, 1870. *Moll. marin.*, pl. LXII, fig. 6-8; pl. LXI, fig. 3. — Fischer, 1880. *In* Kiener, *Coq. viv.*, *Troch.*, p. 204, pl. LXVIII, f. 1. Bucquoy, Dautzenberg et Dollfus, 1885. *Moll. Rouss.*, p. 404, pl. XLIX, fig. 1 à 7 et 10.

Caragolus articulatus, de Monterosato, 1884. *Nom. conch. medit.*, p. 44.

La Méditerranée : le Roussillon, dans les Alpes-Maritimes (Bucquoy, etc.); Cette, dans l'Hérault (Roux); Grau-du-Roi, dans le Gard (Clément); Fos, les Martigues (Nob.), Marseille, le Vieux-Port (Ancey, Marion); Toulon, Camarat (Doublier), Saint-Tropez, Saint-Nazaire, Porquerolles, etc. (Nob.), dans le Var; Nice (Verany), dans les Alpes-Maritimes (Roux); etc.

Caragolus mutabilis, PHILIPPI.

Trochus mutabilis, Philippi, 1837-1855. *In* Chemnitz, *Conch. cab.*, 2e éd., p. 166, pl. XXVI, fig. 18-27. — Fischer, 1880. *In* Kiener, *Coq. viv.*, *Troch.*, p. 314, pl. XCIX, fig. 2. — Bucquoy, Dautzenberg et Dollfus, 1885. *Moll. Rouss.*, p. 407, pl. XLIX, fig. 11 à 14.

Phorcus mutabilis, de Monterosato, 1884. *Conch. litt. medit.* p. 11.
Caragolus mutabilis, de Monterosato, 1884. *Nom. conch. medit.*, p. 44.

La Méditerranée : le Roussillon, dans les Pyrénées-Orientales (Bucquoy, etc.) ; côtes de Provence (de Monterosato) ; Toulon, dans le Var (Fischer) ; Menton, dans les Alpes-Maritimes (Fischer) ; etc.

Genre CLANCULUS, de Montfort

De Montfort, 1810. *Conch. Syst.*, II, p. 190.

A. — Groupe de *C. corallinus*

Clanculus corallinus, GMELIN.

Trochus corallinus (pars), Gmelin, 1789. *Syst. nat.*, édit. XIII, p. 576. Fischer, 1880. *In* Kiener, *Coq. viv.*, p. 296, pl. XCXV, f. 2.
— *Pharaonis*, Olivi, 1792. *Zool. Adr.*, p. 164.
— *roseus*, von Salis-Marschlins. 1793. *Reise Neap.*, p. 376.
Monodonta Couturii, Payraudeau, 1826. *Moll. Corse*, p. 134, pl. VI, fig. 19, 20.
Trochus Couturii, de Blainville, 1826. *Faune franç.*, p. 287, pl. X, B. f. 5, 6.
Otavia corallina, Risso, 1826. *Hist. nat. eur. mérid.*, IV, p. 133.
Clanculus corallinus, Weinkauff, 1862. *In Journ. conch.*, X, p. 352. — Bucquoy, Dautzenberg et Dollfus, 1885. *Moll. Rouss.*, p. 409, pl. L, fig. 1 à 4.

La Méditerranée : le Roussillon, dans les Pyrénées-Orientales (Bucquoy, etc.) ; Agde, dans l'Hérault (Petit) ; les Martigues (Petit), Marseille (Ancey), Montredon, Roucas-Blanc (Marion), dans les Bouches-du-Rhône ; Toulon, Saint-Tropez, Saint-Raphaël, dans le Var (Petit, Doublier) ; Nice (Verany), dans les Alpes-Maritimes (Risso, Roux) ; etc.

B. — Groupe du *C. cruciatus*

Clanculus cruciatus, LINNÉ.

Trochus cruciatus, Linné, 1767. *Syst. nat.*, XII, p. 1228. — Fischer, 1880. *In* Kiener, *Coq. viv.*, *Troch.*, p. 268, pl. XCV, f. 3.
Monodonta Vieilloti, Payraudeau, 1826. *Moll. Corse*, p. 135, pl. VI, fig. 21-23.
Trochus Vieilloti, de Blainville, 1826. *Faune franç.*, p. 286, pl. X, B, f. 4.
? *Gibbula rupestris*, Risso, 1826. *Hist. nat. eur. mérid.*, IV, p. 136.
Clanculus Vieilloti, Weinkauff, 1862. *In Journ. conch.*, X, p. 352.
— *cruciatus*, Weinkauff, 1886. *Conch. mittelm.*, II, p. 350. —

Bucquoy, Dautzenberg et Dollfus, 1885. *Moll. Rouss.*, p. 411, pl. L, fig. 5 à 12.

Clanculopsis cruciatus, de Monterosato, 1884. *Nom. conch. medit.*, p. 48.

La Méditerranée (Petit, Weinkauff) : le Roussillon, dans les Pyrénées-Orientales; Cette (Granger), Agde (Petit), dans l'Hérault; le golfe d'Aigues-Mortes, dans l'Hérault (Dubreuil); Fos, les Martigues (Nob.), Marseille, Ancey, Corbière, Roucas-Blanc (Marion), dans les Bouches-du-Rhône; Toulon, Saint-Tropez (Doublier), Porquerolles (Nob.), dans le Var; Cannes (Dautzenberg), Nice (Verany), dans les Alpes-Maritimes (Roux); etc.

Clanculus Jussieui, Payraudeau.

Monodonta Jussieui, Payraudeau, 1826. *Moll. Corse*, p. 136, pl. VI, fig. 34, 35.

Trochus Jussieui, de Blainville, 1826. *Faune franç.*, p. 286, pl. X, B fig. 3. — Fischer, 1880. *In* Kiener, *Coq. viv.*, *Troch.* p. 238, pl. LXXXII, fig. 1.

? *Gibbula Morio*, Risso, 1826. *Hist. nat. eur. mérid.*, IV, p. 136.

Clanculus Jussieui, Brusina, 1866. *Contr. fauna Dalm.*, p. 78. — Bucquoy, Dautzenberg et Dollfus, 1885. *Moll. Rouss.*, p. 413, pl. 4, fig. 13 à 20.

Clanculopsis Jussieui, de Monterosato, 1884. *Nom. conch. medit.*, p. 48.

La Méditerranée (Petit, Weinkauff) : le Roussillon, dans les Pyrénées-Orientales (Bucquoy, etc.); Agde (Petit), Cette (Granger), dans l'Hérault; le Grau-du-Roi, dans le Gard (Clément); les Martigues (Petit), Marseille (Ancey), la Joliette, l'Estaque, Corbière, Roucas-Blanc (Marion), dans les Bouches-du-Rhône; Toulon, Saint-Tropez, Camarat (Doublier), Saint-Nazaire, Porquerolles (Nob.), dans le Var; Cannes (Dautzenberg), Menton (Nob.), Nice (Verany), dans les Alpes-Maritimes (Risso, Roux).

CALYPTRÆIDÆ

Genre CALYPTRÆA, de Lamarck

De Lamarck, 1799. *Prodr.* — 1801. *Syst. anim.*, p. 70.

Calyptræa Sinensis, Linné.

Patella Chinensis, Linné, 1767. *Syst. nat.*, édit. XII, p. 1257.

— *Sinensis (pars)*, Gmelin, 1789. *Syst. nat.*, édit. XIII, p. 3692.

Patella squamula, Renieri, 1804. *Tav. alfab. Adriat.*
— *albida*, Donovan, 1805. *Brit. shells*, IV, pl. CXXIX.
Trochita Chinensis, Schumacher, 1817. *Syst. vers*, p. 1854.
Calyptræa lævigata, de Lamarck, 1822. *Anim. s. vert.*, V, 2, p. 21.
— *Sinensis*, Deshayes, 1824. *In Ann. sc. nat.*, III, p. 335, pl. XVII, fig. 1, 2. — Forbes et Hanley, 1853. *Brit. moll.*, II, p. 463, pl. LX, fig. 3-5 ; pl. B B, fig. 8-13. — Sowerby, 1859. *Ill. ind.*, pl. X, fig. 29.
— *Chinensis*, Fleming, 1828. *Brit. anim.*, p. 367. — Jeffreys, 1865-1869. *Brit. conch.*, III, p. 373 ; V, p. 201, pl. LX, fig. 1.
Patella muricata, Costa, 1829. *Moll. Sic.*, p. 124.
— *vulgaris*, Philippi, 1836. *Enum. moll. Sic.*, I, p. 119.
Galerus Sinensis, Roux, 1862. *Stat. Alpes-Maritimes*, p. 415.

La Manche : Dunkerque, dans le Nord (Terquem) ; Berck (Nob.), le Boulonnais (Bouchard), dans le Pas-de-Calais ; région normande (Fischer) ; le Havre, Fécamp, Trouville, dans la Seine-Inférieure (Nob.), Langrune, dans le Calvados (Nob.) ; Cherbourg, Querqueville (Macé), Granville (Servain), îles Chaussey (Nob.), dans la Manche ; Cancale (Nob.), Saint-Malo (Grube), dans l'Ille-et-Vilaine ; baie de Saint-Brieuc, dans les Côtes-du-Nord (Nob.) ; etc.

L'Océan : régions armoricaine et aquitanique (Fischer) ; Roscoff (Grube), Concarneau, îles de Glenan (de Guerne), environs de Brest (Daniel), dans le Finistère ; côtes du Morbihan (Taslé) ; le Croisic, la Bernerie, etc., dans la Loire-Inférieure (Cailliaud) ; île d'Yeu, dans la Vendée (Servain) ; îles de Ré et d'Oléron (Nob.), dans la Charente-Inférieure (Fischer, Beltremieux) ; sables à l'entrée de la Gironde, Arcachon, dans la Gironde (Lafont, Fischer) ; cap Breton, dans les Landes (de Folin) ; etc.

La Méditerranée (Petit, Weinkauff) : le Roussillon, dans les Pyrénées-Orientales (Nob.) ; Cette (Granger), Palavas (Dollfus), dans l'Hérault ; le Grau-du-Roi (Clément), de Cette à Aigues-Mortes (Dubreuil), dans le Gard ; Fos, les Martigues (Nob.), le Pharo, la Joliette, Rou cas-Blanc, Ratonneau, cap Pinède, Montredon, etc. (Marion), dans les Bouches-du-Rhône ; Toulon, Saint-Tropez, Porquerolles, etc., dans le Var (Nob.) ; Nice, dans les Alpes-Maritimes (Risso, Verany, Roux) ; etc.

Genre CREPIDULA, de Lamarck

De Lamarck, 1799. *Prodr.* — 1801. *Syst. anim.*, p. 79.

Crepidula unguiformis, DE LAMARCK.

Patella crepidula, Linné, 1767. *Syst. nat.*, édit. XII, p. 1257.
Crepidula unguiformis, de Lamarck, 1822. *Anim. s. vert.*, VI, 2, p. 25.
— Sowerby, 1814. *Genera shells*, fig. 6. — Reeve. *Conch. icon.*, pl. CXLIII, fig. 6. — Chenu, 1859. *Man. conch.*, I, p. 327, fig. 2360, 2361.
— *calceolina*, Deshayes. *Encycl. meth.*, II, p. 26.
— *candida*, Risso, 1826. *Hist. nat. eur. mérid.*, IV, p. 255, f. 138.
Crypta unguiformis, Brusina, 1866. *Contr. fauna Dalm.*, p. 77.

La Méditerranée (Petit, Weinkauff) : le Roussillon, dans les Pyrénées-Orientales (Nob.); Palavas (Dollfus), Cette (Granger), dans l'Hérault; de Cette à Aigues-Mortes, dans le Gard (Dubreuil); golfe de Marseille, cap Cavaux, dans les Bouches-du-Rhône (Marion); Cannes (Dautzenberg), Nice (Verany), dans les Alpes-Maritimes (Risso, Roux); etc.

Crepidula Desmoulinsi, MICHAUD.

Crepidula Moulinsii, Michaud, 1829. *In Bull. soc. Lin. Bord.*, III, p. 265, pl. I, fig. 9.
— *fornicata*, Philippi, 1836. *Enum. moll. Sic.*, I, p. 119.
— *gibbosa* (*n.* Defr.), Deshayes, 1836. *In* de Lamarck, *Anim. s. vert.*, 2ᵉ édit., VII, p. 647.
Crypta gibbosa, Brusina, 1866. *Contr. fauna Dalm.*, p. 77.

La Méditerranée (Petit, Weinkauff) : de Cette à Aigues-Mortes (Dubreuil); Marseille (Ancey), Carry (Marion), dans les Bouches-du-Rhône; Toulon, dans le Var (Michaud, Doublier, Petit); les Alpes-Maritimes (Roux); etc.

Genre CAPULUS, de Montfort

De Montfort, 1810. *Conch. syst.*, II, p. 54

Capulus Hungaricus, LINNÉ.

Patella Ungarica, Linné, 1767. *Syst. nat.*, édit. XII, p. 1259.
— *Hungarica*, Pennant, 1767. *Brit. zool.*, IV, p. 143, pl. XL, f. 147.
— *lepas*, Chemnitz, 1769. *Conch. cab.*, I, p. 143, pl. XII, f. 107-108.
— *pileus morionis major*, da Costa, 1776. *Elem. conch.*, p. 12, pl. I, fig. 7.

Capulus Ungaricus, Sowerby, 1814. *Genera shells.*
Amalthea maxima, Schumacher, 1817. *Syst. test.*, p. 182.
Pileopsis Hungarica, Cuvier, 1817. *Règne animal*, pl. XLVII, fig. 7.
— *Ungarica*, de Lamarck, 1822. *Anim. s. vert.*, VI, 2, p. 17.
Capulus Hungaricus, Fleming, 1827. *Brit. anim.*, p. 363. — Jeffreys, 1867-1869. *Brit. conch.*, IV, p. 269 ; V, p. 201, pl. XIL, fig. 6. — Hidalgo, 1870. *Moll. marin.*, pl. XLI, fig. 2-4.
— *militaris*, Macgillivray, 1847. *Moll. Aberd.*, p. 333.
Pileopsis Hungaricus, Forbes et Hanley, 1853. *Brit. moll.*, II, p. 459, pl. LX, fig. 1-2 ; pl. C C, fig. 3. —Sowerby, 1859. *Ill. ind.*, pl. X, fig. 28.

La Manche : Dunkerque, dans le Nord (Terquem) ; Boulogne, dans le Pas-de-Calais (Nob.); la région normande (Fischer) ; Dieppe, Fécamp, le Havre, dans la Seine-Inférieure (Nob.) ; Langrune, Cabourg, dans le Calvados (Nob.); baie de la Hougue (Macé), îles Chaussey (Nob.), dans la Manche ; Cancale, dans l'Ille-et-Vilaine (Nob.); baie de Saint-Brieuc, dans les Côtes-du-Nord (Nob.); etc.

L'Océan : régions armoricaine et aquitanique (Fischer); Quimper (Collard), environs de Brest (Daniel), Concarneau (de Guerne), dans le Finistère ; le Morbihan (Taslé) ; îlot du Four, Basse-Kikerie, dans la Loire-Inférieure (Cailliaud); île d'Yeu, dans la Vendée (Servain); la Charente-Inférieure (Fischer, Beltremieux); sables à l'entrée de la Gironde, Arcachon, dans la Gironde (Lafont, Fischer) cap Breton, dans les Landes (de Folin) ; etc.

La Méditerranée (Petit, Weinkauff) : le Roussillon, dans les Pyrénées-Orientales (Nob.); Cette, dans l'Hérault (Granger) ; de Cette à Aigues-Mortes (Dubreuil) ; le Gard (Clément) ; Méjean, cap Cavaux, la Cassidagne, dans les Bouches-du-Rhône (Marion); Toulon, Saint-Raphaël, dans le Var (Doublier) ; Nice (Verany), dans les Alpes-Maritimes (Risso, Roux); etc.

Capulus intortus, DE LAMARCK.

Patella militaris (*non* Linné), Montagu, 1803. *Test. Brit.*, p. 488, pl. XIII, fig. 11.
Pileopsis intorta, de Lamarck, 1822. *Anim. s. vert.*, VI, 2, p. 18. — Potiez et Michaud, 1838. *Moll. Douai*, I, p. 517, pl. XXXVI, fig. 9-10. — Delessert, 1841. *Rec. coq.*, pl. XXV, fig. 1.
Capulus militaris, Fleming, 1827. *Brit. anim.*, p. 264.
— *intortus*, de Blainville, 1830. *Man. malac.*, pl. XLIX, p. 11, f. 1.
Pileopsis militaris, Philippi, 1844. *Enum. moll. Sic.*, II, p. 92.
Hipponyx subrufa (*n.* Lin.), Cailliaud, 1847. *Cat. Loire-inf.*, p. 133.

L'Océan : au sud du Croisic, baie de la Barrière (Cailliaud), Batz (Nob.), dans la Loire-Inférieure (Taslé) ; etc,

La Méditerranée : les Alpes-Maritimes (Roux).

HALIOTIDÆ

Genre HALIOTIS, Linné

Linné, 1758. *Syst. nat.*, édit., X, p. 779 et 1767.

Haliotis tuberculata, Linné.

Haliotis tuberculata, Linné, 1758. *Syst. nat.*, édit. X, p. 779. — Forbes et Hanley, 1853. *Brit. moll.*, II, p. 485 ; pl. LXIV ; pl. CC, fig. 3. — Sowerby, 1859. *Ill. ind.*, pl. XI, fig. 7. — Jeffreys, 1865-69. *Brit. conch.*, III, p. 279 ; V, p. 111, pl. LX, fig. 2. — Hidalgo, 1870. *Moll. marin.*, pl. XXIX, fig. 1-3.

La Manche : Dunkerque, dans le Nord (Nob.) ; la région normande (Fischer) ; Fécamp, le Havre, dans la Seine-Inférieure (Nob.) ; Langrune, dans le Calvados (Nob.) ; Cherbourg, Valogne (Macé), Granville (Servain), îles Chaussey (Nob.), dans la Manche ; Saint-Malo (Grube), Cancale (Nob.), dans l'Ille-et-Vilaine ; baie de Saint-Brieuc, dans les Côtes-du-Nord (Nob.) ; etc.

L'Océan : régions armoricaine et aquitanique (Fischer) ; Roscoff (Grube), Brest, Postrein, Lanninon, île Longue, Argenton (Daniel), Concarneau (de Guerne), Douarnenez (Nob.), dans le Finistère ; les côtes du Morbihan (Taslé) ; île Dumet, îlots du Four et de la Banche, dans la Loire-Inférieure (Cailliaud) ; île d'Yeu (Servain), les sables d'Olonne (Nob.), dans la Vendée ; Royan, île de Ré (Nob.), dans la Charente-Inférieure (Fischer, Beltremieux) ; Vieux-Soulac, dans la Gironde (Fischer) ; cap Breton, dans les Landes (de Folin) ; Saint-Jean-de-Luz (Fischer), Guéthary (Nob.), dans les Basses-Pyrénées (Nob.) ; etc.

La Méditerranée (Petit, Weinkauff) : le Roussillon, dans les Pyrénées-Orientales (Nob.) ; la Nouvelle, dans l'Aude (Nob.) ; Palavas (Dollfus), Cette (Granger), dans l'Hérault ; de Cette à Aigues-Mortes (Dubreuil) ; le golfe d'Aigues-Mortes, dans le Gard (Clément) ; Fos, les Martigues (Nob.), Marseille (Ancey), dans les Bouches-du-Rhône ; Toulon (Doublier), cap Sicié, Saint-Nazaire, Porquerolles, etc. (Nob.), dans le Var ; Cannes, Menton (Nob.), Nice (Verany), dans les Alpes-Maritimes (Risso, Roux) ; etc.

Haliotis lamellosa, de Lamarck.

Haliotis striata, Linné, 1767. *Syst. nat.*, éd. XII, p. 1256 (*n.* éd., XIII).
— *lamellosa*, de Lamarck, 1822. *Anim. s. vert.*, VI, 2, p. 217. — Delle Chiaje. *Mem.*, III, pl. LV, fig. 22-26. — Delessert, 1841. *Rec. coq.*, pl. XXXIII, fig. 7. — Hidalgo, 1870. *Moll. marin.*, pl. XXIX, fig. 4-5.
— *tuberculata (var. 1)*, Philippi, 1836. *Enum. moll. Sic.*, I, p. 165.
— *tuberculata (v. rugosa)*, Weinkauff, 1868. *Conch. mitt.*, II, p. 387.

L'Océan : Lorient, dans le Morbihan (Nob.) ; cap Breton, dans les Landes (de Folin) ; etc.

La Méditerranée : Cette, le môle de Frontignan (Granger), Agde Clément), dans l'Hérault ; golfe d'Aigues-Mortes, dans le Gard (Clément) ; fort Saint-Jean, Ratonneau, Corbière, Roucas-Blanc, dans les Bouches-du-Rhône (Marion) ; la Seyne, Toulon, dans le Var (Nob.) ; Nice, Cannes (Clément), Menton (Nob.), dans les Alpes-Maritimes ; etc.

? Haliotis striata, Gmelin (1).

Haliotis striata, Gmelin, 1789. *Syst. nat.*, édit. XIII, p. 3688. — Chemnitz. *Conch. cab.*, pl. XIV, fig. 138.
— *tuberculata (var. 3)*, Philippi, 1836. *Enum. moll. Sic.*, I, p. 165.
— *tuberculata (var. striata)*, Weinkauff, 1868. *Conch. mittelm.*, II, p. 387.

La Méditerranée : Toulon, dans le Var (Petit, Doublier) ; etc.

SCISSURELLIDÆ

Genre SCHISMOPE, Jeffreys

Jeffreys, 1856. *In Ann. nat. hist.*

Schismope cingulata, O. G. Costa.

Scissurella cingulata, O. G. Costa, 1861. *Micr. med.*, p. 61, pl. XII, f. 8-9.
— *striatula*, Philippi. *In* Chemnitz, 2e édit., p. 37, pl. VI, fig. 9.
Schismope striatula, J. Roux, 1862. *Stat. Alp.-Mar.*, p. 416.
— *elegans*, Weinkauff, 1868. *Conch. mittelm.*, II, p. 386.
— *cingulata*, de Monterosato, 1884. *Nom. conch. med.*, p. 39.

La Méditerranée : les Alpes-Maritimes (Roux).

(1) Nous n'indiquerons ici cette espèce qu'avec un fort point de doute ; aucun auteur moderne n'en fait mention dans ses catalogues ; nous ne l'avons, nous-même, point observée ; il en est de même des *Haliotis parva* et *H. varia*, de Risso.

Genre SCISSURELLA, d'Orbigny

D'Orbigny, 1823. *In Mem. soc. hist. nat. Paris*, I, p. 340.

A. — Groupe du *S. costata*

Scissurella costata, d'Orbigny.

Scissurella costata, d'Orbigny, 1823. *In Mém. soc. hist. nat. Paris*, I, p. 340, pl. XXXII, fig. 2-6.
— *plicata*, Philippi, 1836. *Enum. moll. Sic.*, I, p. 187. — 1844. *Loc. cit.*, II, p. 159, pl. XXV, fig. 18.
— *cancellata*, Jeffreys, 1860. *Test. mar. Piem.*, p. 35, fig. 1.

La Méditerranée: côtes sud de la France (Petit, Weinkauff); Garlaban, Ratonneau, Peyssonnel, dans les Bouches-du-Rhône (Marion); cap Sicié, dans le Var (Marion); etc.

B. — Groupe du *S. crispata*

Scissurella crispata, Fleming.

Scissurella crispata, Fleming, 1832. *In Mém. Wern. soc.*, VI, p. 385, pl. VI, fig. 3. — Forbes et Hanley, 1853. *Brit. moll.*, II, p. 544, pl. LXIII, fig. 6. — Sowerby, 1859. *Ill. ind.*, pl. XI, fig. 36. — Jeffreys, 1865-69. *Brit. conch.*, III, p. 263; V, p. 201, pl. LX, fig. 3.
Schizotrochus crispatus, de Monterosato, 1884. *Nom. conch. med.*, p. 39.

L'Océan : région aquitanique (Fischer); sables à l'entrée de la Gironde (Fischer); le golfe de Gascogne (de Folin, Fischer, Taslé); etc.

La Méditerranée : les côtes sud de la France (Weinkauff); Garlaban, Peyssonnel, dans les Bouches-du-Rhône (Marion); cap Sicié, dans le Var (Marion); etc.

Scissurella aspera, Philippi.

Scissurella aspera, Philippi, 1844. *Enum. moll. Sic.*, II, p. 160, pl. XXV, fig. 17.
Schizotrochus asper, de Monterosato, 1884. *Nom. conch. medit.*, p. 39.

L'Océan : le golfe de Gascogne (Fischer).

Genre SEGUENZIA, Jeffreys

Jeffreys, 1876. *In Proceed. zool. soc.*, p. 200.

Seguenzia elegans, Jeffreys.

Seguenzia elegans, Jeffreys, 1876. *In Proceed. zool. soc.*, p. 200. — 1885. *Loc. cit.*, p. 42, pl. V, fig. 1.

L'Océan : le golfe de Gascogne (Jeffreys).

FISSURELLIDÆ

Genre FISSURELLA, Bruguière

Bruguière, 1789. *Encycl. méth.*, *Vers.*, I, p. XIV.

A. — Groupe du *F. reticulata*

Fissurella reticulata, Donovan.

Patula reticulata, Donovan, 1804. *Brit. shells*, I, pl. XXI, fig. 3.
Fissurella reticulata, Récluz, 1843. *In Rev. soc. Cuv.*, p. 110. — Forbes et Hanley, 1853. *Brit. moll.*, II, p. 469, pl. LXIII, fig. 4-5; pl. BB, fig. 7. — Sowerby, 1859. *Ill. ind.*, pl. XI, fig. 1.
Sipho radiata, Brown, 1845. *Ill. conch.*, 2e édit., p. 61, pl. XII, fig. 20.
Fissurella Græca, Jeffreys, 1865-1869. *Brit. conch.*, III, p. 266; V, p. 266, pl. LIX, fig. 5.

La Manche : Dunkerque, dans le Nord (Terquem) ; Boulogne, Wimereux, dans le Pas-de-Calais (Nob.) ; région normande (Fischer); Dieppe, Fécamp, le Havre, dans la Seine-Inférieure (Nob.) ; Langrune, Cabourg, dans le Calvados (Nob.) ; îles Chaussey, dans la Manche (Nob.) ; Saint-Malo (Grube), Cancale (Nob.), dans l'Ille-et-Vilaine ; baie de Saint-Brieuc, dans les Côtes-du-Nord (Nob.) ; etc.

L'Océan : régions armoricaine et aquitanique (Fischer) ; Roscoff (Grube), Concarneau (de Guerne), Brest (Daniel), dans le Finistère ; îlot du Four, dans la Loire-Inférieure (Cailliaud); la Charente-Inférieure (Beltremieux) ; Cordouan, dans la Gironde (Fischer) ; etc.

Fissurella neglecta, Deshayes.

Fissurella neglecta, Deshayes, 1836. *Exp. sc. Morée*, p. 134. — Sowerby, *Thes. conch.*, pl. CCXLI, fig. 13.
— *mediterranea*, Sowerby, 1832-1841. *Conch. ill.*, fig. 30.
— *costaria* (n. Bast.), Philippi, 1836. *Enum. moll. Sic.*, I, p. 116.

La Manche : Cancale, Saint-Malo (Nob.), dans l'Ille-et-Vilaine ; baie de Saint-Brieuc, dans les Côtes-du-Nord (Nob.) ; etc.

L'Océan : région aquitanique (Fischer) ; la Charente-Inférieure (Beltremieux, Fischer) ; Arcachon, Vieux-Soulac, dans la Gironde (Fischer) ; Guéthary, dans les Basses-Pyrénées (Nob.) ; etc.

La Méditerranée (Petit, Weinkauff) : le Roussillon, dans les Pyrénées-

Orientales (Nob.); Cette, dans l'Hérault (Granger); de Cette à Aigues-Mortes (Dubreuil); Marseille (Ancey), Carry, Riou (Marion), dans les Bouches-du-Rhône; Toulon, dans le Var (Doublier); Nice (Verany), dans les Alpes-Maritimes (Roux); etc.

Fissurella Græca, Linné.

Patella Græca, Linné, 1767. *Syst. nat.*, édit. XII, p. 1261.

Fissurella Græca, de Lamarck, 1822. *Anim. s. vert.*, VI, 2, p. 11. — De Blainville, 1830. *Man. conch.*, pl. XLVIII, fig. 3. — Deshayes, *Trait. conch.*, pl. LXIV, fig. 1.

— *mamillata*, Risso, 1826. *Hist. nat. eur. mér.*, IV, p. 257, f. 145.

La Manche : Dunkerque, dans le Nord (Terquem); baies de Cherbourg et de la Hougue (Macé), Granville (Servain), îles Chaussey (Nob.), dans la Manche ; baie de Saint-Brieuc, dans les Côtes-du-Nord (Nob.); etc.

L'Océan : Douarnenez (Nob.), Concarneau (de Guerne), dans le Finistère ; îlot du Four, dans la Loire-Inférieure (Cailliaud) ; île d'Yeu, dans la Vendée (Servain); la Charente-Inférieure (Beltremieux); etc.

La Méditerranée (Petit, Weinkauff) : le Roussillon, dans les Pyrénées-Orientales (Nob.) ; Palavas (Dollfus), Cette (Granger), dans l'Hérault ; de Cette à Aigues-Mortes (Dubreuil) ; Grau-du-Roi, rochers des Môles, dans le Gard (Clément) ; Marseille (Ancey), fort Saint-Jean, le Pharo, l'Estaque, Pomègue, Ratonneau, etc., (Marion), dans les Bouches-du-Rhône; Toulon (Doublier), Saint-Nazaire, Saint-Raphaël, îles d'Hyères (Nob.), dans le Var ; Menton (Nob.), Nice (Verany), dans les Alpes-Maritimes (Roux); etc.

Fissurella gibberula, de Lamarck.

Fissurella gibberula, de Lamarck, 1822. *Anim. s. vert.*, VI, 2, p. 15. — Delessert, 1841. *Rec. coq.*, pl. XXIV, fig. 2.

— *minuta*, Sowerby, 1832-41. *Ill. conch.*, fig. 16.

— *gibba*, Philippi, 1836. *Enum. moll. Sic.*, I, p. 117, pl. VII, fig. 16. — Sowerby. *Thes. conch.*, pl. CCXV, fig. 113-114. — Jeffreys, 1869. *Brit. conch.*, V, p. 200, pl. CI, fig. 5.

L'Océan : régions armoricaine et aquitanique (Fischer) ; îles Tudy, Lanninon, dans le Finistère (Taslé, Daniel); plateau du Four, dans la Loire-Inférieure (Cailliaud. Taslé) ; Vieux-Soulac, dans la Gironde (Fischer) ; Gastes, dans les Landes (Fischer, Taslé) ; etc.

La Méditerranée (Petit, Weinkauff) : le Roussillon, dans les Pyrénées-Orientales (Nob.); Cette, dans l'Hérault (Granger); de Cette à Aigues-Mortes (Dubreuil); fort Saint-Jean, Roucas-Blanc, Ratonneau, cap

Cavaux, dans les Bouches-du-Rhône (Marion); Toulon, Saint-Tropez, Saint-Raphaël (Doublier); Saint-Nazaire, Porquerolles (Nob.), dans le Var; Cannes (Dautzenberg), Antibes (Doublier), Nice (Nob.), dans les Alpes-Maritimes (Roux); etc.

Fissurella nubecula, LINNÉ.

Patella nubecula, Linné, 1767. *Syst. nat.*, édit. XII, p. 1262. — Chemnitz, 1769. *Conch. cab.*, I, pl. XII, fig. 105.
— *rosea*, Gmelin, 1789. *Syst. nat.*, édit. XIII, p. 3736.
Fissurella rosea, de Lamarck, 1822. *Anim. s. vert.*, VI, 2, p. 12.
— *nimbosa* (*n.* Lin.), Risso, 1826. *Hist. nat. eur. mér.*, IV, p. 257.
— *nubecula*, Deshayes, 1836. *In* de Lamarck, *Anim. s. vert.*, 2e édit., VII, p. 145.
— *Philippii*, Requien, 1848. *Cat. coq. Corse*, p. 40.

La Méditerranée (Weinkauff): Nice (Nob.), dans les Alpes-Maritimes (Risso).

B. — Groupe du *F. rostrata*

Fissurella rostrata, SEGUENZA.

Fissurella rostrata, Seguenza, 1862. *In Pal. mal. Messina* (*In Ann. accad. Aspir. nat.*), p. 10, pl. IV, fig. 13.
Fissurisepta rostrata, Jeffreys, 1883. *In Proceed. zool. soc.*, p. 675.

L'Océan : le golfe de Gascogne (Jeffreys).

Genre PUNCTURELLA, Lowe

Lowe, 1827. *In Zool Journ.*, III, p. 78.

A. — Groupe du *P. Noachina*

Puncturella Noachina, LINNÉ.

Patella Noachina, Linné. *Mantissa plant.*, p. 551.
— *fissura*, Müller, 1788-1806. *Zool. Dan.*, pl. XXIV, fig. 5, 6.
Fissurella Noachina, Schumacher, 1817. *Essai syst.*, p. 181.
Puncturella Noachina, Lowe, 1827. *In Zool. journ.*, III, p. 78. — Forbes et Hanley, 1853. *Brit. moll.*, II, p. 474, pl. LXII, fig. 10-12; pl. BB, fig. 4-6. — Sowerby, 1859. *Ill. ind.*, pl. XI, fig. 3. — Jeffreys, 1865-69. *Brit. conch.*, III, p. 257, pl. VI, fig. 3; V, p. 200, pl. LIX, fig. 1.
Cremoria Noachina, Gould, 1841. *Invert. Massach.*, p. 156, fig. 18.
Rimula Flemingii, Macgillivray, 1844. *Moll. Aberd.*, p. 178.
Sipho Noachina, Brown, 1845. *Ill. conch.*, 2e édit., p. 61, pl. XII, f. 14-16.
Rimula Noachina, Lovén, 1846. *Ind. moll. Scand.*, p. 21.

L'Océan : le golfe de Gascogne (Jeffreys).

La Méditerranée : Cannes, dans les Alpes-Maritimes (Dautzenberg).

Puncturella profunda, Jeffreys.

Puncturella profunda, Jeffreys, 1877. *In Ann. nat. hist.*, 6e sér., III, p. 232. — 1883. *In Proceed. zool. soc.*, p. 675, pl. L, f. 10.

L'Océan : le golfe de Gascogne (Jeffreys).

B. — Groupe du *P. Asturiana*

Puncturella Asturiana, Jeffreys.

Rimula Asturiana, Jeffreys, 1880. *In Ann. nat. hist.*, 5e sér., VI, p. 317 (s. descr.)
— *Asturiana*, Fischer, 1882. *In Journ. conch.*, XXX, p. 51.

L'Océan : le golfe de Gascogne (Jeffreys, Fischer).

Genre EMARGINULA, de Lamarck

A. — Groupe de l'*E. fissurata*

Emarginula fissurata, Linné.

Patella fissura, Linné, 1767. *Syst. anim.*, édit. XII, p. 1261.
Emarginula reticulata, Forbes et Hanley, 1853. *Brit. moll.*, II, p. 477. — Sowerby, 1859. *Ill. ind.*, pl. XI, fig. 4.
— *Mulleri*, Forbes et Hanley, 1853. *Brit. moll.*, pl. LXIII, fig. 1.
— *fissura*, Johnston, 1836. *In Berwick. club.*, II, p. 33. — Jeffreys, 1865-69. *Brit. conch.*, III, p. 259; V, p. 200, pl. LIX, fig. 2.

La Manche : Dunkerque, dans le Nord (Terquem), le Boulonnais, dans le Pas-de-Calais (Bouchard); région normande (Fischer); Dieppe, Fécamp, dans la Seine-Inférieure (Nob.); Querqueville, dans la Manche (Macé); Cancale, dans l'Ille-et-Vilaine (Nob.); etc.

L'Océan : régions armoricaine et aquitanique (Fischer); Brest (Daniel); Crozon (Collard, Taslé), dans le Finistère; Gavre, Quiberon, Belle-Isle, dans le Morbihan (Taslé); Basse-Kikerie, dans la Loire-Inférieure (Cailliaud); la Charente-Inférieure (Fischer); etc.

Emarginula Sicula, Gray.

Emarginula Sicula, Gray, 1825. *In Ann. philos.* — Potiez et Michaud, 1838. *Gal. Douai*, I, p. 516, pl. XXXVI, fig. 11, 12.
— *reticulata*, Risso, 1826. *Hist. nat. eur. mér.*, IV, p. 260.
— *fissura*, Payraudeau, 1826. *Moll. Corse*, p. 92.

Emarginula cancellata, Philippi, 1836. *Enum. moll. Sic.*, I, p. 114, pl. VII, fig. 15. — Jeffreys, 1869. *Brit. conch.*, V, p. 200, pl. CI, f. 4.
— *concellata*, Doublier, 1843. *In Prodr. hist. nat. Var.*, p. 113.
— *squamulosa*, Aradas, 1846. *In Att. ac. Gioenia*, p. 183, pl. II, fig. 4-6.

L'Océan : cap Breton, dans les Landes (de Folin).

La Méditerranée (Petit, Weinkauff) : le Roussillon, dans les Pyrénées-Orientales (Nob.); Cette, dans l'Hérault (Granger); de Cette à Aigues-Mortes (Dubreuil); Marseille (Petit), Marsilli, cap Cavaux (Marion), dans les Bouches-du-Rhône; Toulon, Saint-Raphaël, Saint-Tropez (Doublier), Porquerolles (Nob.), dans le Var; Antibes (Doublier), dans les Alpes-Maritimes (Risso); etc.

Emarginula solidula, Philippi.

Emarginula solidula, Philippi, 1836. *En. moll. Sic.*, I, p. 115, pl. VII, f. 14.

La Méditerranée : Toulon, dans le Var (Nob.); cap d'Antibes (Petit, Doublier), dans les Alpes-Maritimes (Roux).

Emarginula papillosa, Risso.

Emarginula papillosa, Risso, 1826. *Hist. nat. mér.*, IV, p. 240, f. 147.
— *Adriatica*, O. G. Costa, 1829. *Fauna Neap.*, p. 24, pl. I, f. 4-6.

L'Océan : régions armoricaine et aquitanique (Fischer); cap Breton, dans les Landes (de Folin); etc.

La Méditerranée : les environs de Nice, dans les Alpes-Maritimes (Risso).

Emarginula elongata, O. G. Costa.

Emarginula elongata, O. G. Costa, 1829. *Oss. in Pantelli*, p. 10. — Philippi, 1836. *Enum. moll. Sic.*, I, p. 115, pl. VII, fig. 13.

La Méditerranée (Petit, Weinkauff); la Provence (Petit); Marseille (Ancey), Bouc (Petit), Morgillet, la Cassidagne (Marion), dans les Bouches-du-Rhône; Antibes (Petit, Doublier); Cannes (Dautzenberg), dans les Alpes-Maritimes; etc.

Emarginula tenera, de Monterosato.

Emarginula tenera, de Monterosato, 1878. *Enum. e sin.*, p. 19.

L'Océan : cap Breton, dans les Landes (de Monterosato).

La Méditerranée : côtes de Provence (de Monterosato); Ratonneau, Garlaban, dans les Bouches-du-Rhône (Marion); Nice, dans les Alpes-Maritimes (Nob.); etc.

B. — Groupe de l'*E. Huzardi*

Emarginula depressa, Risso.

Emarginula depressa, Risso, 1826. *Hist. nat. eur. mér.*, IV, p. 259, f. 151.

La Méditerranée : les environs de Nice, dans les Alpes-Maritimes (Risso).

Emarginula Huzardi, Payraudeau.

Emarginula Huzardi, Payraudeau, 1826. *Moll. Corse*, p. 90, pl. V, f. 1-2.
?*Patella scissa*, von Salis Marchlins, 1793. *Reise Neap.*, p. 359, pl. VI, f. 1.
Emarginula Cusmischiana, Brusina, 1868. *Contr. fauna Dalm.*, p. 81

La Méditerranée (Petit, Weinkauff) : Cette, dans l'Hérault (Granger) ; de Cette à Aigues-Mortes (Dubreuil) ; Marseille, dans les Bouches-du-Rhône (Petit) ; Saint-Raphaël, les îles d'Hyères, dans le Var (Doublier) ; Antibes (Doublier), Cannes (Dautzenberg), dans les Alpes-Maritimes (Roux) ; etc.

C. — Groupe de l'*E. capuliformis*.

Emarginula rosea, Bell.

Emarginula rosea, Bell, 1824. *In Zool. journ.*, I, p. 52, pl. IV, fig. 1. — Forbes et Hanley, 1853. *Brit. moll.*, II, p. 479, pl. LXIII, fig. 3. — Sowerby, 1859. *Ill. ind.*, pl. XI, fig. 5. — Jeffreys, 1865-69. *Brit. conch.*, III, p. 261 ; V, p. 200, pl. LIX, fig. 3.
— *rubra*, de Lamarck, 1822. *Anim. s. vert.*, VI, II, p. 7.
— *pileolus*, Michaud, 1829. *In Bull. soc. Lin. Bord.*, III, p. 171, fig. 23-24.
— *conica (pars)*, Weinkauff, 1868. *Conch. mittelm.*, II, p. 397.

La Manche : région normande (Fischer) ; Maupertuis, dans la Manche (Macé).

L'Océan : régions armoricaine et aquitanique (Fischer) ; les environs de Brest, dans le Finistère (Petit, Taslé, Daniel) ; Belle-Isle, dans le Morbihan (Taslé) ; plateau du Four, Basse-Kikerie (Cailliaud), le Croisic (Petit), dans la Loire-Inférieure ; la Charente-Inférieure (Beltremieux, Fischer) ; etc.

Emarginula capuliformis, Philippi.

Emarginula capuliformis, Philippi, 1836. *Enum. moll. Sic.*, I, p. 114, pl. VII, fig. 2.

Emarginula conica (pars), Weinkauff, 1868. *Conch. mittelm.*, II, p. 397.
— *pileolus*, Marion, 1882. *Consid. faune prof. médit.*, p. 38.

La Méditerranée (Petit, Weinkauff) : Morgillet, Ratonneau, cap Cavaux, la Cassidagne, dans les Bouches-du-Rhône (Marion); Nice, dans les Alpes-Maritimes (Risso) ; etc.

SIPHONARIIDÆ

Genre SIPHONARIA, G. B. Sowerby

G. B. Sowerby, 1824. *Gen. shells*, fasc. 21.

Siphonaria Algesiræ, Quoy et Gaimard.

Siphonaria Algesiræ, Quoy et Gaimard, 1829. *Voy. Astrolobe*, II, p. 338, pl. XXV, fig. 23-25.
— *striato-punctata*, Weinkauff, 1862. *In Journ. conch.*, X, p. 334.

La Méditerranée : Port-Vendre, dans les Pyrénées-Orientales (Nob.)

GADINIIDÆ

Genre GADINIA, Gray

Gray, 1824. *In Philos. mag.*, LXIII, p. 274.

Gadinia Garnoti, Payraudeau.

Pileopsis Garnoti, Payraudeau, 1826. *Moll. Corse*, p. 94, pl. V, fig. 3-4.
Gadinia Garnoti, Deshayes, 1836. *Exp. sc. Morée*, p. 135.
Patella Garnoti, Philippi, 1836. *Enum. moll. Sic.*, I, p. 111.
Gadinia depressa, Requien, 1848. *Cat. coq. Corse*, p. 39.
— *mammillaris*, Petit de la Saussaye, 1862. *In Journ. conch.*, p. 225.

La Méditerranée (Petit, Weinkauff) : les Martigues (Petit), Garlaban, cap Cavaux, Ratonneau, Maïré (Marion), dans les Bouches-du-Rhône; Saint-Raphaël dans le Var (Doublier) ; Nice (Verany), dans les Alpes-Maritimes (Risso, Roux) ; etc.

PATELLIDÆ

Genre PATELLA (Lister), Linné

Linné, 1758. *Syst. nat.*, édit. X, p. 780.

A. — Groupe du *P. vulgata*

Patella ferruginea, Gmelin.

Patella ferruginea, Gmelin, 1789. *Syst. nat.*, édit. XIII, p. 3706.
— *Lamarckii*, Payraudeau, 1826. *Moll. Corse*, p. 10, pl. IV, f. 3-4.
— *vulgata*, Scacchi, 1836. *Cat. reg. Neap.*, p. 18.
— *costoso-plicata*, Hidalgo, 1867. *In Journ. conch.*, XV, p. 416.

La Manche : Cherbourg, Valogne, dans la Manche (Macé); Saint Malo, dans l'Ille-et-Vilaine (Grube) ; etc.

L'Océan : Roscoff, dans le Finistère (Grube); le cap Breton, dans les Landes (de Folin) ; etc.

La Méditerranée : Antibes, dans les Alpes-Maritimes (Petit, Doublier, Roux) ; etc.

Patella Rouxi, Payraudeau.

Patella Rouxi, Payraudeau, 1826. *Moll. Corse*, p. 90, pl. IV, fig. 1, 2.
— *ferruginea (var. pyramidata)*, Weinkauff, 1868. *Conch. mittelm.*, I, p. 401.

La Méditerranée : cap d'Antibes, îles Sainte-Marguerite, dans les Alpes-Maritimes (Petit, Doublier, Roux).

Patella vulgata, Linné.

Patella vulgata, Linné, 1767. *Syst. nat.*, édit. XII, p. 1258. — Forbes et Hanley, 1853. *Brit. moll.*, II, p. 421, pl. LXI, fig. 5, 6. — Sowerby, 1859. *Ill. ind.*, pl. X, fig. 18. — Jeffreys, 1865-1869. *Brit. conch.*, III, p. 236; V, pl. LVIII, fig. 1, 2. — Hidalgo, 1870. *Moll. marin.*, pl. LII et pl. LIII fig. 7-8.
— *vulgaris*, da Costa, 1776. *Brit. conch.*, pl. I, fig. 1, 2, 8.
— *ferruginea (pars)*, Weinkauff, 1868. *Conch. mittelm.*, II, p. 401.

La Manche : Dunkerque, dans le Nord (Terquem) ; le Boulonnais, dans le Pas-de-Calais (Bouchard) ; région normande (Fischer) ; Dieppe,

Trouville, dans la Seine-Inférieure (Nob.); Granville, dans la Manche (Servain); Cancale, dans l'Ille-et-Vilaine (Nob.); etc.

L'Océan : régions armoricaine et aquitanique (Fischer) ; Brest Cornouailles, Argenton, Laber, Camaret, îles Molène, Ouessant, Béniguet, dans le Finistère (Daniel); le Morbihan (Taslé); la Loire-Inférieure (Cailliaud); île d'Yeu, dans la Vendée (Servain); la Rochelle, Royan, îles de Ré et d'Oléron (Nob.), dans la Charente-Inférieure (Beltremieux); les côtes de la Gironde (Fischer); Biarritz (Nob.), dans les Basses-Pyrénées ; etc.

La Méditerranée : les Pyrénées-Orientales (Nob.); Cette, dans l'Hérault (Granger); le golfe d'Aigues-Mortes, dans le Gard (Clément); Toulon, Porquerolles, dans le Var (Nob.); les environs de Nice, dans les Alpes-Maritimes (Risso) ; etc.

Patella Safiana, DE LAMARCK.

Patella Safiana, de Lamarck, 1819. *Anim. s. vert.*, VI, I, p. 327. — Delessert, 1841. *Req. coq.*, pl. XXII, fig. 2.

La Méditerranée : Nice, dans les Alpes-Maritimes (Nob.).

B. — Groupe du *P. Lusitanica*

Patella Lusitanica, GMELIN.

Patella Lusitanica, Gmelin, 1789. *Syst. nat.*, édit. XIII, p. 3715. — Hidalgo, 1870. *Moll. marin.*, pl. LI, fig. 3-8.
— *granularis*, von Salis Marchlins, 1789. *Reise Neap.*, p. 360.
— *punctata*, de Lamarck, 1819 *Anim. s. vert.*, VI, I, p. 333. — Payraudeau, 1826. *Moll. Corse*, p. 88, pl. III, fig. 6-8. — Delessert, 1841. *Rec. Coq.*, pl. XXII, fig. 4.
— *nigro-punctata*, Mac-Andrew, 1853. *Reports*.

L'Océan : région aquitanique (Fischer); Biarritz, dans les Basses-Pyrénées (Fischer, Taslé).

La Méditerranée (Petit, Weinkauff) : Port-Vendre, Collioure, dans les Pyrénées-Orientales (Nob.) ; Leucate, dans l'Aude (Nob.); Cette, dans l'Hérault (Granger); le golfe d'Aigues-Mortes, dans le Gard (Clément); Marseille, château d'If, l'Estaque, Montredon, Pomègue, dans les Bouches-du-Rhône ; Toulon, Porquerolles, cap Sicié, dans le Var (Nob.); Antibes (Doublier), Cannes (Dautzenberg), Nice (Verany), dans les Alpes-Maritimes (Roux); etc.

C. — Groupe du *P. cærulea.*

Patella cærulea, Linné.

Patella cærulea, Linné, 1767. *Syst. nat.*, édit. XII, p. 1259. — Philippi, 1836. *Enum. moll. Sic.*, I, p. 110, pl. VII, fig. 5. — Hidalgo, 1870. *Moll. marin.*, pl. 4. fig. 3 à 8.
— *crenata*, Gmelin, 1789. *Syst. nat.*, édit. XIII, p. 3706.
— *scutellaris (var. α)*, Danillo et Sandri, 1854. *Elenco nom.* p. 51.
— *vulgata (var. cærulea)*, Jeffreys, 1865-1869. *Brit. conch.*, III, p. 237, pl. LVII, fig. 4.

L'Océan : Saint-Jean-de-Luz, Biarritz, dans les Basses-Pyrénées (Fischer, Taslé).

La Méditerranée : Port-Vendre, Collioure, dans les Pyrénées-Orientales (Nob.); Leucate, dans l'Aude (Nob.); Cette, dans l'Hérault (Granger); le golfe d'Aigues-Mortes, dans le Gard (Dubreuil); Marseille, le Port, le Pharo, l'Estaque, Montredon, dans les Bouches-du-Rhône (Marion); Toulon, Saint-Tropez, Saint-Raphaël (Doublier), Saint-Nazaire, Porquerolles (Nob.), dans le Var; Cannes (Dautzenberg), Menton (Nob.), Nice (Verany), dans les Alpes-Maritimes (Roux); etc.

Patella Tarentina, de Lamarck.

Patella Tarentina, de Lamarck, 1819. *Anim. s. vert.*, VI, I, p. 332. — Delessert, 1841. *Req. coq.*, pl. XXIII, fig. 7.
— *Bonardii*, Payraudeau, 1826. *Moll. Corse*, p. 89, pl. III, f. 9 à 11.
— *scutellaris (var. β)*, Danillo et Sandri, 1854. *Elenco nom.*, p. 51.
— *vulgata (var.)*, Jeffreys, 1865. *Brit. conch.*, III, p. 237.
— *cærulea (var. radiata)*, Weinkauff, 1868. *Conch. mittelm.*, II, p. 404.

La Manche : région normande (Fischer); Cherbourg, Valogne (Macé), îles Chaussey (Nob.), dans la Manche; Cancale, dans l'Ille-et-Vilaine (Nob.); etc.

L'Océan : régions armoricaine et aquitanique (Fischer); Brest, Lanninon, Sainte-Anne, dans le Finistère (Daniel); le Croisic, dans la Loire-Inférieure (Cailliaud); Biarritz, Saint-Jean-de-Luz, dans les Basses-Pyrénées (Fischer, Taslé); etc.

La Méditerranée : Port-Vendre, dans les Pyrénées-Orientales (Nob.); Cette, dans l'Hérault (Granger); le golfe d'Aigues-Mortes, dans le Gard (Clément); Marseille, dans les Bouches-du-Rhône (Ancey); Toulon, Porquerolles (Nob.), Saint-Tropez (Doublier) dans le Var; Nice, dans les Alpes-Maritimes (Roux); etc.

Patella aspera, de Lamarck.

Patella aspera, de Lamarck, 1819. *Anim. s. vert.*, VI, I, p. 328. — Reeve. *Conch. icon.*, pl. XI, fig. 23.
— *athletica*, Forbes et Hanley, 1853. *Brit. moll.*, II, p. 425 pl. LXI, fig. 7, 8. — Sowerby, 1859. *Ill. ind.*, pl. X, f. 18.
— *vulgata (var)*, Brown, 1845. *Ill. conch.*, 2e édit., pl. XX, f. 12.
— *cœrulea (var. aspera)*, Weinkauff, 1868. *Conch. mittelm.*, II, p. 404.

L'Océan : récifs de l'Iroise et du Four, Toulinguet, Camaret, dans le Finistère (Daniel) ; l'île de Ré, dans la Charente-Inférieure (Nob.) ; etc.

La Méditerranée : Pomègue, dans les Bouches-du-Rhône (Marion); etc.

Patella depressa, Pennant.

Patella depressa, Pennant, 1767. *Brit. zool.*, IV, p. 142, pl. LXXXIX, f. 146
— *vulgata (var. depressa)*, Jeffreys, 1865. *Brit. conch.*, III, p. 237.

La Manche : Cherbourg, Valogne, dans la Manche (Macé) ; etc.

Patella scutellaris, de Blainville.

Patella scutellaris, de Blainville, 1827. *Man. conch.*, pl. XLIX, fig. 3. — Reeve. *Icon. conch.*, pl. XX, fig. 49.
— *cœrulea (var. scutellaris)*, Hidalgo, 1867. *In Journ. conch.*, XV, p. 415.

L'Océan : Quiberon, dans le Morbihan (Taslé); Saint-Jean-de-Luz, Biarritz, dans les Basses-Pyrénées (Fischer) ; etc.

La Méditerranée : la Provence (Petit) ; de Cette à Aigues-Mortes, dans le Gard (Dubreuil); les Alpes-Maritimes (Roux) ; etc.

Genre HELCION, de Montfort

De Montfort, 1810. *Syst. conch.*, II, p. 62.

Helcion pellucidum, Linné.

Patella pellucida, Linné, 1767. *Syst. nat.*, édit. XII, p. 1260. — Forbes et Hanley, 1853. *Brit. moll.*, pl. LXI, fig. 3; pl. A A, fig. 1. — Sowerby, 1859. *Ill. ind.*, pl. X, fig. 20.
— *cœruleata*, da Costa, 1778. *Brit. conch.*, p. 7, pl. I, fig. 5, 6.
— *bimaculata*, Montagu, 1803. *Test. Brit.*, p. 482, pl. XIII, fig. 8.
— *cœrulea*, Montagu, 1808. *Test. Brit.*, *Suppl.*, p. 153.
— *elongata*, Fleming, 1814. *In Edinb. Encycl.*, pl. CCIV, fig, 2, 3.
Lottia pellucida, Cailliaud, 1865. *Cat. Loire-Inférieure*, p. 131.
Helcion pellucidum, Jeffreys, 1865-1869. *Brit. conch.*, III, p. 242 ; V, p. 199, pl. LVIII, fig. 1.

La Manche : Dunkerque, dans le Nord (Terquem); la région normande (Fischer); Dieppe, Trouville, le Havre, dans la Seine-Inférieure (Nob.); Cabourg, dans le Calvados (Nob.); baies de Cherbourg et de Saint-Waast (Macé); îles Chausssey (Nob.), dans la Manche (de Gerville); Cancale (Nob.), Saint-Malo (Grube), dans l'Ille-et-Vilaine; baie de Saint-Brieuc, dans les Côtes-du-Nord (Nob.) ; etc.

L'Océan : régions armoricaine et aquitanique (Fischer); Roscoff (Grube), Postrein, le Fer-à-cheval, Lanninon, le Sétif, Sainte-Anne, etc., dans le Finistère; le Morbihan (Taslé); plateau du Four, la Bauche, dans la Loire-Inférieure (Cailliaud); île d'Yeu, dans la Vendée (Servain); la Charente-Inférieure (Beltremieux); Saint-Jean-de-Luz, Hendaye, dans les Basses-Pyrénées (Nob.); etc.

Helcion læve, Pennant.

Patella lævis, Pennant, 1767. *Brit. zool.*, IV, p. 143, pl. XC, fig. 151.
— *pellucida*, Forbes et Hanley, 1853. *Brit. moll.*, pl. LXI, fig. 4.
— *pellucida (var. lævis)*, Sowerby, 1859. *Ill. ind.*, pl. X, fig. 21. — Jeffreys, 1865-1869. *Brit. conch.*, III, p. 243, pl. LVIII, f. 2.

La Manche : Cancale, dans l'Ille-et-Vilaine (Nob.); etc.

L'Océan : le Finistère (Nob.); golfe du Morbihan (Taslé); Basse-Kikerie, dans la Loire-Inférieure (Nob.); île d'Yeu, dans la Vendée (Servain); etc.

Helcion corneum, Potiez et Michaud.

Patella cornea, Potiez et Michaud, 1838. *Gal. Douai*, I, p. 525, pl. XXXVII, fig. 5, 6.
Helcion corneum, Daniel, 1883. *In Journ. conch.*, XXXI, p. 335.

La Manche (Potiez et Michaud) : Trouville, le Havre, dans la Seine-Inférieure (Nob.) ; Cancale, dans l'Ille-et-Vilaine (Nob.); etc.

L'Océan : Camaret, anse de Dinant, Berthaume, le Conquet, Argentan, Laber-il-dut, etc., dans le Finistère (Daniel) ; Batz, dans la Loire-Inférieure (Nob,) ; île de Ré, dans la Charente-Inférieure (Nob.) ; etc.

Genre TECTURA, Audouin et Milne-Edwards

Audouin et Milne-Edwards, 1870. *In Ann. sc. nat.*, XXI, p. 326.

Tectura virginea, Müller.

Patella virginea, Müller, 1776. *Zool. Dan.*, *Prodr.*, p. 237. — 1788-1806. *Zool. Dan.*, pl. XII, fig. 4, 5.
— *parva*, da Costa, 1778. *Brit. conch.*, p. 7, pl. VIII, fig. 11.

Lottia pulchella, Forbes, 1836. *Malac. Monens.*, p. 34.
Patella pulchella, Forbes, 1842. *In Ann. nat. hist.*, VIII, p. 591, f. 61.
— *virginea*, Alder, 1842. *In Ann. nat. hist.*, VIII, p. 404.
Acmæa virginea. Forbes et Hanley, 1853. *Brit. moll.*, II, p. 437, pl. LXI, fig. 1-2. — Sowerby, 1859. *Ill. ind.*, pl. X, fig. 23.
Tectura virginea, Jeffreys, 1865-1869. *Brit. conch.*, III, p. 248; V, p. 200, pl. LVIII, fig. 4.

La Manche : Dunkerque, dans le Nord (Terquem) ; région normande (Fischer) ; Trouville, le Havre, dans la Seine-Inférieure (Nob.) ; baies de Cherbourg et de Saint-Waast, dans la Manche (Macé) ; Cancale, dans l'Ille-et-Vilaine (Nob.) ; etc.

L'Océan : régions armoricaine et aquitanique (Fischer) ; Roscoff (Grube) ; les environs de Brest (Daniel), Concarneau (de Guerne), dans le Finistère ; le Morbihan (Taslé), plateaux du Four et de la Bauche ; îlots des Evains et des Baguenauds, dans la Loire-Inférieure (Cailliaud) ; île d'Yeu, dans la Vendée (Servain) ; îles de Ré et d'Oléron, dans la Charente-Inférieure (Nob.) ; Biarritz, Saint-Jean-de-Luz, dans les Basses-Pyrénées (Fischer) ; etc.

Tectura unicolor, Forbes.

Lottia unicolor, Forbes, 1843. *Rep. Æg. invert.*, p. 135.
Tectura unicolor, de Monterosato, 1878. *Enum. e sin.*, p. 18.
— *virginea* (*non* Müller), *pars auct.*

La Manche (Potiez et Michaud) : Trouville, dans la Seine-Inférieure ; Cancale, dans l'Ille-et-Vilaine (Nob.) ; etc.

L'Océan : Camaret, anse de Dinant, Berthaume, le Conquet, Argentan, Laber-il-dut, etc., dans le Finistère (Daniel) ; Batz, dans la Loire-Inférieure (Nob.) ; île de Ré, dans la Charente-Inférieure (Beltremieux).

La Méditerranée : Nice, dans les Alpes-Maritimes (Nob.).

Tectura fulva, Müller.

Patella fulva, Müller, 1776. *Prodr.*, p. 237. — 1788-1806. *Zool. Dan.*, pl. XXIV, fig. 1-3.
— *Forbesi*, Brown, 1845. *Ill. conch.*, 2e édit., pl. LVII, fig. 3, 4.
Acmæa fulva. *Brit. mar. conch.*, pl. XXXII (*Teste* F. et Hanley).
Tectura fulva, S. Wood, 1848. *Crag. moll.*, I, p. 161, pl. XVIII, fig. 7.
Pilidium fulvum, Forbes et Hanley, 1853. *Brit. moll.*, II, p. 441, pl. LXII, fig. 6, 7 ; pl. A A, fig. 3. — Sowerby, 1859. *Ill. ind.*, pl. X, fig. 24.
Tectura fulva, Jeffreys, 1865-1869. *Brit. conch.*, III, p. 250 ; V, p. 200, pl. LVIII, fig. 5.

La Manche : Granville (Servain) ; îles Chaussey (Nob.), dans la Manche.

Tectura Gussoni, O. G. Costa.

Ancylus Gussoni, O. G. Costa, 1829. *Oss. Pantelleria e Catal.*
Patelloidea vitrea, Cantraine, 1835. *In Acad. Brux., Diagn.*, II, p. 395.
Patella pellucida, Philippi, 1836. *Enum. moll. Sic.*, p. 111, pl. VII, f. 7.
— *Gussoni*, Philippi, 1844. *Loc. cit.*, II, p. 84.
Lottia pellucida, Doublier, 1853. *In Prodr. hist. nat. Var*, p. 113.
Tectura virginea, Weinkauff, 1868. *Conch. mittelm.*, II, p. 406.
Gadinia Gussonii, Jeffreys, 1870. *In Ann. nat. hist.*, p. 1.
Piliscus Gussoni, Mörch, 1877. *In Journ. conch.*, p. 210.
Scutulum Gussoni, de Monterosato, 1876. *In Ann. Mus. civ. Gen.*, p. 427.
Anysomyon Gussoni, Dall, 1879. *In Journ. conch.*, t. XXVII, p. 288.
Williamia Gussoni, de Monterosato, 1884. *Nom. conch. med.*, p. 150.

La Méditerranée : Palavas, dans l'Hérault (Dollfus); Marseille (Ancey), Carry, Morgillet, Ratonneau (Marion), dans les Bouches-du-Rhône ; cap d'Antibes, dans le Var (Doublier) ; Nice, dans les Alpes-Maritimes (Nob.); etc.

Genre PROPILIDIUM, Forbes et Hanley

Forbes et Hanley, 1857. *Brit. Moll.*, II, p. 443.

Propilidiun Aquitanense, Locard.

Propilidium Aquitanense, Locard, 1885. *Mss.*

L'Océan : le golfe de Gascogne (Nob.).

CHITONIDÆ

Genre CHITON, Linné

Linné, 1758. *Syst. nat.*, édit. X, p. 1767.

A. — Groupe du *C. olivaceus*

Chiton olivaceus, Spengler.

Chiton olivaceus, Spengler, 1797. *Skriv. nat. Selsk.*, p. 73, pl. VI, f. 8.
— *squamosus* (*n.* Lin.), Poli, 1789. *Test. utr. Sic.*, I, pl. III, f. 21, 22.
— Philippi, 1836. *Enum. moll. Sic.*, I, p. 106, pl. VII, f. 3.
— *sulcatus*, Risso, 1826. *Hist. nat. eur. mérid.*, IV, p. 267.
— *Siculus*, Gray, 1831. *Spicilegia zool.*, p. 5.
— *Polii*, Deshayes, 1836. *Exp. scient. Morée*, III, p. 132.

La Méditerranée (Petit, Weinkauff) : le Roussillon, dans les Pyrénées-Orientales (Nob.) ; Palavas, dans l'Hérault (Dollfus); Marseille, (Ancey); Toulon, Saint-Tropez (Doublier) ; Cannes (de Monterosato), dans les Alpes-Maritimes (Roux) ; etc.

Chiton corallinus, Risso.

Chiton corallinus, Risso, 1826. *Hist. nat. eur. mérid.*, IV, p. 268.
— *rubicundus*, O. G. Costa, 1829. *Cat. Sic.*, p. III, pl. I, fig. 2.
— *scytodesma*, Scacchi, 1836. *Cat. reg. Neap.*, p. 9.
— *pulchellus*, Philippi, 1844. *En. moll. Sic.*, II, p. 83, pl. XIX, f. 14.

La Méditerranée : les Alpes-Maritimes (Risso) ; Morgillet, cap Cavaux, dans les Bouches-du-Rhône (Marion).

B. — Groupe de *C. marginatus*

Chiton Rissoi, Payraudeau.

Chiton Rissoi, Payraudeau, 1826. *Moll. Corse*, p. 87, pl. III, fig. 4-5. — Reeve, 1847. *Conch. icon.*, pl. XXIII, fig. 152.

La Méditerranée (Weinkauff) : de Cette à Aigues-Mortes (Dubreuil) ; la Provence (Petit) ; le golfe de Marseille, Roucas-Blanc, dans les Bouches-du-Rhône (Marion) ; Toulon (Petit, Doublier), cap Sicié, Porquerolles (Nob.), dans le Var ; Cannes (Dautzenberg, de Monterosato), dans les Alpes-Maritimes (Roux) ; etc.

Chiton fulvus, Wood.

Chiton fulvus, Wood, 1828. *Index test.*, p. 1, pl. I, fig. 3.

L'Océan : région aquitanique (Fischer); pointe du Courbey, dans la Gironde (Lafont, Taslé, Fischer).

Chiton marginatus, Pennant.

Chiton marginatus, Pennant, 1767. *Brit. zool.*, IV, p. 71, pl. XXXVI, fig. 2. — Forbes et Hanley, 1853. *Brit. moll.*, LVIII, fig. 1. — Jeffreys, 1865-1869. *Brit. conch.*, III, p. 221 ; V, p. 199, pl. LVI, fig. 5.
— *cinereus*, Forbes et Hanley, 1853. *Brit. moll.*, II, p. 402. — Sowerby, 1853. *Ill. ind.*, pl. X, fig. 13.
— *fuscatus*, Brown, 1845. *Ill. conch.*, 2e édit., p. 66, pl. XXI, f. 17.

La Manche : le Boulonnais, dans le Pas-de-Calais (Petit, Bouchard) ; région normande (Fischer); Dieppe, le Havre, Trouville, dans la Seine-

Inférieure (Nob.); Cherbourg, Valogne, etc. (Macé), Granville (Servain), îles Chaussey (Nob.), dans la Manche; Cancale, dans l'Ille-et-Vilaine (Nob.); etc.

L'Océan : régions armoricaine et aquitanique (Fischer); Postrein, Lanninon, dans le Finistère (Daniel); Portnichet, dans la Loire-Inférieure (Nob.); île d'Yeu, dans la Vendée (Servain); la Charente-Inférieure (Beltrémieux); etc.

La Méditerranée : la Provence (de Monterosato); Morgillet, cap Cavaux, etc., dans les Bouches-du-Rhône (Marion); rade de la Seyne, dans le Var (Nob.); etc.

Chiton Polii, Philippi.

Chiton cinereus (*n.* Linné), Born, 1780. *Test. Mus. Cæs. Vind.*, p. 5, pl. I, fig. 3. — Poli, 1789. *Test. utr. Sic.*, I, pl. III, fig. 3.
— ? *crenulatus*, Risso, 1826. *Hist. nat. eur. mérid.*, VI, p. 267.
— *Euplaeæ*, O. G. Costa, 1829. *Cat. test. Sic.*, p. IV, pl. I, fig. 3.
— *Polii*, Philippi, 1836. *Enum. moll. Sic.*, I, p. 106.
— *Caprearum*, Scacchi, 1836. *Cat. reg. Neap.*, p. 9.

La Méditerranée : Palavas (Dollfus), Cette (Granger), dans l'Hérault; de Cette à Aigues-Mortes (Dubreuil); le golfe d'Aigues-Mortes, dans le Gard (Clément); le port de Marseille, dans les Bouches-du-Rhône (Marion); Nice (Verany), dans les Alpes-Maritimes (Risso, Roux); etc.

Chiton cinereus, Linné.

Chiton cinereus, Linné, 1767. *Syst. nat.*, édit. XII, p. 1107. — Jeffreys, 1865-1869. *Brit. conch.*, III, p. 218; V, p. 198, pl. LVI, f. 2.
— *asellus*, Chemnitz, 1784. *Conch. cab.*, VIII, p. 290, pl. XCVI, fig. 816. — Forbes et Hanley, 1853. *Brit. moll.*, II, p. 407, pl. LIX, fig. 1, 2; pl. AA, fig. 5. — Sowerby, 1859. *Ill. ind.*, pl. X, fig. 15, 16.

La Manche : région normande (Fischer); Dieppe, Trouville, dans la Seine-Inférieure (Nob.); Granville (Servain), îles Chaussey (Nob.), dans la Manche (de Gerville); Saint-Malo, dans l'Ille-et-Vilaine (Nob.); etc.

L'Océan : régions normande et aquitanique (Fischer); Lanninon, côte de Saint-Pierre, le Stif (Daniel), Douarnenez (Nob.), dans le Finistère; îlot du Four, le Croisic, dans la Loire-Inférieure (Cailliaud, Taslé); Royan, dans la Charente-Inférieure (Fischer), rochers de Cordouan, bassin d'Arcachon, dans la Gironde (Fischer); Hendaye, Saint-Jean-de-Luz, dans les Basses-Pyrénées (Nob.); etc.

Chiton albus, Linné.

Chiton albus, Linné, 1767. *Syst. nat.*, édit. XII, p. 1107. — Forbes et Hanley, 1853. *Brit. moll.*, II, p. 405, pl. LXII, fig. 2. — Sowerby, 1859. *Ill. ind.*, pl. X, fig. 14. — Jeffreys, 1865-1869. *Brit. conch.*, III, p. 220; V, p. 199, pl. LVI, fig. 3.

La Manche : Dunkerque, dans le Nord (Terquem); le Boulonnais, dans le Pas-de-Calais (Bouchard) ; la Manche (de Gerville) ; etc.

L'Océan : Lanninon, côte de Saint-Pierre, le Stif, dans le Finistère (Daniel); îlot du Four, dans la Loire-Inférieure (Cailliaud, Taslé); Arcachon, dans la Gironde (Lafont, Taslé); etc.

Chiton ruber, Linné.

Chiton ruber, Linné, 1767. *Syst. nat.*, édit. XII, p. 1107. — Forbes et Hanley, 1853. *Brit. moll.*, II, p. 399, pl. LIX, fig. 6; pl. AA, fig. 6. — Sowerby, 1859. *Ill. ind.*, pl. X, fig. 12. — Jeffreys, 1865-1869. *Brit. conch.*, III, p. 224; V, p. 199, pl. LVI, f. 5.

L'Océan : Brest, dans le Finistère (Taslé).

Chiton minimus, de Monterosato.

Chiton cancellatus (n. G. B. Sow.), Forbes et Hanley, 1853. *Brit. moll.*, II, p. 410, pl. LIX, fig. 3. — Sowerby, 1859. *Ill. ind.*, pl. X, fig. 17. — Jeffreys, 1865-1869. *Brit. conch.*, III, p. 217; V, p. 198, pl. LVI, fig. 1.

— *minimus*, de Monterosato, 1878. *Enum. e sin.*, p. 17.

La Manche : région normande (Fischer).

L'Océan : région armoricaine (Fischer); Roscoff (Grube), les environs de Brest (Daniel, Taslé), dans le Finistère ; îlot du Four, le Croisic, dans la Loire-Inférieure (Cailliaud, Taslé); etc.

Chiton alveolus, M. Sars.

Chiton alveolus, M. Sars, *in* Lovén, 1846. *Ind. moll. Scand.*, p. 27.

Lepidopleurus alveolus, G. O. Sars, 1878. *Moll. arct. Norv.*, p. 110, pl. VII, fig. 3.

L'Océan : le golfe de Gascogne (Jeffreys).

Chiton Algesirensis, Capellini.

Chiton Algesirensis, Capellini, 1858. *In Journ. conch.*, VII, p. 327, pl. XII, fig. a'''-c'''.

L'Océan : Biarritz, dans les Basses-Pyrénées (de Monterosato).

La Méditerranée : les Martigues, dans les Bouches-du-Rhône (de Monterosato); Toulon, dans le Var (de Monterosato) ; etc.

Chiton Mediterraneus, GRAY.

Chiton Mediterraneus, Gray, *Mss.* — Reeve, 1847. *Conch. Icon.*, *Chit.*, pl. XXIII, fig. 157. — De Monterosato, 1885. *Conch. del medit.*, *art. primo*, p. 2.

— *Rissoi (pars)*, de Monterosato, 1878. *Enum. e sin.*, p. 11.

La Méditerranée : Cannes, Nice, dans les Alpes-Maritimes (de Monterosato).

Chiton Cajetanus, POLI.

Chiton Cajetanus, Poli, 1789. *Test. utr. Sic.*, I, pl, IV, fig 1.

Lepidopleurus Cajetanus, Risso, 1826. *Hist. nat. eur. mér.*, IV, p. 267.

L'Océan : régions armoricaine et aquitanique (Fischer) ; Lanninon, dans le Finistère (Daniel) ; Quiberon, dans le Morbihan (Taslé) ; plateau du Four (Cailliaud, Taslé), le Croisic (Petit), dans la Loire-Inférieure ; etc.

La Méditerranée (Petit, Weinkauff) : de Cette à Aigues-Mortes (Dubreuil) ; la Provence (Petit) ; Montredon, Pomègue, Ratonneau, dans les Bouches-du-Rhône (Marion) ; Toulon, dans le Var (Doublier) ; Nice (Verany), dans les Alpes-Maritimes (Risso, Roux) ; etc.

C. — Groupe du *C. lævis*

Chiton lævis, PENNANT.

Chiton lævis, Pennant, 1767. *Brit. zool.*, IV, p. 72, pl. XXXVI, fig. 3. — Forbes et Hanley, 1853. *Brit. moll.*, II, p. 411, pl. LVIII, fig. 3. — Sowerby, 1859. *Ill. ind.*, pl. X, fig. 11. — Jeffreys, 1865-1869. *Brit. conch.*, III, p. 226 ; V, p. 199, pl. LVI, f. 6.

— *marginatus*, Pultney, 1799. *Hutchin's Dorset.*, p. 25.

— *achatinus*, Brown, 1845. *Ill. conch.*, 2e édit., p. 65, pl. XXI, fig. 4, 12, 13, 15.

La Manche : région normande (Fischer).

L'Océan : région armoricaine (Fischer) ; Roscoff, dans le Finistère (Grube) ; les Evains, dans la Loire-Inférieure (Cailliaud, Taslé) ; etc.

Chiton Doriæ, CAPELLINI.

Chiton lævis (pars auct.).

— *Doriæ*, Capellini, 1859. *In Journ. conch.*, p. 325, pl. XII, fig. 2, a'', b'', c''.

— *lævis (var. Doriæ)*, de Monterosato, 1879. *Enum. e sin.*, *Chit.*, p. 18.

La Méditerranée : côtes de Provence (Petit) ; Carry, Morgillet, Ratonneau, dans les Bouches-du-Rhône (Marion) ; Toulon, dans le Var

(Petit); Cannes (de Monterosato), Nice (Verany), dans les Alpes-Maritimes (Roux); etc.

Chiton marmoreus, O. Fabricius.

Chiton marmoreus, O. Fabricius, 1780. *Fauna Groenland.*, p. 420. — Forbes et Hanley, 1853 *Brit. moll.*, II, p. 414, pl. LVIII, fig. 2; pl. LIX, fig. 4. — Sowerby, 1859. *Ill. ind.*, pl. X, fig. 9, 10. — Jeffreys, 1865-1869. *Brit. conch.*, III, p. 227; V, p. 199, pl. LVI, fig. 7.

— *rubus* (*non* Lin.), Spengler. *In Skrf. nat. selsk. Kjobenhav.*, IV, I, p. 92.

— *lævigatus*, Fleming, 1814. *In Edinb. Encycl.*, p. 113.

L'Océan : Lanninon, dans le Finistère (Daniel).

Genre ACANTHOPLEURA, Guilding

Guilding 1829. *In Zool journ.*, V, p. 27

Acanthopleura Hanleyi, Bean.

Chiton Hanleyi, Bean, *In* Thorpe, *Brit. mar. conch.*, p. 262, fig. 57. — Forbes et Hanley, 1853. *Brit. moll.*, II, p. 398, pl. LXII, fig. 2. — Sowerby, 1859. *Ill. ind.*, pl. X, fig. 8. — Jeffreys, 1865-1869. *Brit. conch.*, III, p. 215; V, p. 198, pl. LV, f. 5.

L'Océan : rade de Brest, dans le Finistère (Taslé, Daniel).

Genre ACANTHOCHITES, Leach

Leach, *in* Risso, 1826. *Hist. nat. eur. mérid.*, IV, p. 269.

Acanthochites fascicularis, Linné.

Chiton fascicularis, Linné, 1767. *Syst. nat.*, édit. XII, p. 1106. — Forbes et Hanley, 1853. *Brit. moll.*, II, p. 393, pl. LIX, fig. 5. — Sowerby, 1859. *Ill. ind*, pl. X, fig. 5. — Jeffreys, 1865-1869. *Brit. conch.*, III, p. 211; V, p. 197, 198, pl. LV, f. 3.

— *crinitus*, Pennant, 1767. *Brit. zool.*, IV, p. 71, pl. XXXVI, f. 1.

Acanthochites carinatus, Risso, 1826. *Hist. nat. eur. mérid.*, IV, p. 267.

— *discrepans*, de Monterosato, 1878. *Enum. e sin.*, p. 18.

La Manche : le Boulonnais, dans le Pas-de-Calais (Bouchard) ; région normande (Fischer) ; Dieppe, le Havre, dans la Seine-Inférieure (Nob.); Cherbourg, Valogne (Macé), îles Chaussey (Nob.), dans la Manche; Saint-Malo (Grube), Cancale (Nob.), dans l'Ille-et-Vilaine ; etc.

L'Océan : régions armoricaine et aquitanique (Fischer) ; Brest, Saint-Marc, Lanninon (Daniel), dans le Finistère ; le Morbihan (Taslé) ; baie de Bourgneuf, le Croisic, dans la Loire-Inférieure (Cailliaud) ; île d'Yeu, dans la Vendée (Servain); digue de Richelieu (Beltremieux), Royan (Fischer), la Rochelle, îles de Ré et d'Oléron (Nob.), dans la Charente-Inférieure ; bassin d'Arcachon, dans la Gironde (Fischer) ; etc.

La Méditerranée (Petit, Weinkauff) : le Roussillon, dans les Pyrénées-Orientales (Nob.) ; Palavas, dans l'Hérault (Dollfus) ; de Cette à Aigues-Mortes (Dubreuil) ; Marseille (Ancey), fort Saint-Jean, le Pharo, l'Estaque, Montredon, Pomègue, Morgillet, Ratonneau, etc. (Marion), dans les Bouches-du-Rhône ; Toulon, Saint-Raphaël, dans le Var (Doublier); Nice (Verany), dans les Alpes-Maritimes (Roux) ; etc.

Acanthochites gracilis, JEFFREYS.

Chiton gracilis, Jeffreys, 1859. *In Ann. nat. hist.*, p. 106. — Sowerby, 1859. *Ill. ind.*, pl. X, fig. 6.

— *fascicularis (var. gracilis)*, Jeffreys, 1865-1869. *Brit. conch.*, III, p. 212.

L'Océan : région armoricaine (Fischer) ; îlot du Four, dans la Loire-Inférieure (Cailliaud, Taslé) ; etc.

Acanthochites discrepans, BROWN.

Acanthochites communis (pars), Risso, 1826. *Hist. eur. mér.*, IV, p. 269.

Chiton discrepans, Brown, 1827. *Ill. conch.*, p. 65, pl. XXI, fig. 20. — Forbes et Hanley, 1853. *Brit. moll.*, II, p. 396, pl. LVIII, fig. 4. — Sowerby, 1859. *Ill. ind.*, pl. X, fig. 7. — Jeffreys, 1865-1869. *Brit. conch.*, III, p. 214 ; V, pl. LV, fig. 4.

— *fascicularis*, Philippi, 1836. *Enum. moll. Sic*, I, pl. VII, f. 2.

L'Océan : régions armoricaine et aquitanique (Fischer) ; Brest, Saint-Marc, Lanninon, etc. (Taslé, Daniel), dans le Finistère ; Belle-Isle, dans le Morbihan (Taslé) ; îlot du Four, le Croisic, etc., dans la Loire-Inférieure (Cailliaud) ; île d'Yeu, dans la Vendée (Servain) ; etc.

La Méditerranée : Ratonneau, dans les Bouches-du-Rhône (Marion).

Acanthochites Æneus, RISSO.

Acanthochites Æneus, Risso, 1826. *Hist. nat. eur. mérid.*, IV, p. 269.

La Méditerranée : les Alpes-Maritimes (Risso).

CHÆTODERMATIDÆ

Genre CHÆTODERMA, Lovén

Lovén, 1844. *Ett. nytt. Maskslägte, in Of. akad. Stock.*, p. 116.

Chætoderma nitidulum, Lovén.

Chætoderma nitidulum, Lovén, 1844. *Ett. nytt. Maskslägte, In Ofvers. k. vet. Akad. förhandl. Stockholm.*, p. 116. — Fischer, 1885. *Man. conch.*, p. 888, fig. 632.

L'Océan : le golfe de Gascogne (Fischer).

NEOMENIIDÆ

Genre NEOMENIA, Tycho Tullberg

Tycho Tullberg, 1875. *In Bihang. k. svenska vetens. Akad.*

Neomenia carinata, Tycho Tullberg.

Neomenia carinata, Tycho Tullberg, 1875. *Neomenia a new genus of invert. anim., in Bihang. k. svenska vetens. Akad. Stock.*, p. 1 et 2.

La Méditerranée (Fischer) : les environs de Marseille, dans les Bouches-du-Rhône (Marion); etc.

Genre PRONEOMENIA, Hubrecht

Hubrecht, 1880. *In Niederland. arch. f. Zool.*, I, *Suppl.* 2.

Proneomenia vagans, Marion et Kowalevsky.

Proneomenia vagans, Marion et Kowalevsky, 1882. *In Ann. Mus. Marseille*, p. 69 *(s. descr.)*.

La Méditerranée : l'île de Tiboulen, dans les Bouches-du-Rhône (Marion).

Proneomenia desiderata, Marion et Kowalevsky.

Proneomenia desiderata, Marion et Kowalevsky, 1882. *In Ann. Mus. Marseille*, p. 69 *(s. descr.)*.

La Méditerranée : l'île de Tiboulen, dans les Bouches-du-Rhône (Marion).

Proneomenia Aglaopheniæ, Marion et Kowalevsky.

Proneomenia Aglaopheniæ, Marion et Kowalevsky, 1882. *In Ann. Mus. Marseille*, p. 69 *(s. descr.)*. — Fischer, 1885. *Man. malac.*, p. 889, fig. 635.

La Méditerranée : les côtes de Provence (Marion).

Proneomenia gorgonophila, Kowalevski.

Neomenia gorgonophila, Kowalevski, 1881. *Tabl. Moskva. In Izviest. imp. Obchetch. Lionb.*, XLIII (en russe).

Proneomenia gorgonophila, Kowalevski et Marion, 1882. *In Ann. Mus. Marseille*, p. 69.

La Méditerranée : les côtes de Provence (Marion).

Genre LEPIDOMENIA, Marion

Marion, 1882. *In Ann. Mus. Marseille*, p. 69.

Lepidomenia hystrix, Marion et Kowalevsky.

Lepidomenia hystrix, Marion et Kowalevski, 1882. *In Ann. Mus. Marseille*, p. 69 *(s. descr.)*. — Fischer, 1885. *Man. conch.*, p. 889, fig. 636.

La Méditerranée (Fischer) : la Provence, l'île de Tiboulen, dans les Bouches-du-Rhône (Marion).

SCAPHOPODA

DENTALIIDÆ

Genre DENTALIUM (Aldrovandi), Linné

Linné, 1758. *Syst. nat.*, édit. X, p. 785.

A. — Groupe du *D. dentale*

Dentalium dentale (1), LINNÉ.

Dentalium dentalis, Linné, 1767. *Syst. nat.*, édit. XII, p. 1263. — Born 1789. *Test. mus. Cæs. vind.*, pl. XVIII. fig. 14. — Deshayes, 1725. *In Mem. soc. hist. nat.*, II, p. 353, pl. XVI, fig. 9, 10. — Reeve, *Icon. conch.*, pl. CXXX, fig. 2. — Sowerby, 1842-1883. *Thes. conch.*, pl. CCXXIV, fig. 14.
— *dentale*, Weinkauff, 1862. *In Journ. conch.*, X, p. 369.

L'Océan : cap Breton, dans les Landes (de Folin).

La Méditerranée (Petit, Weinkauff) : le Roussillon, dans les Pyrénées-Orientales (Nob.); Cette (Granger), Palavas (Dollfus), dans l'Hérault; de Cette à Aigues-Mortes (Dubreuil); les rochers des Môles, dans le Gard (Clément); Fos, les Martigues (Nob.), la Joliette, le château d'If, les Goudes, Carry, Garlaban, Ratonneau, Montredon, etc. (Marion), dans

(1) On ne saurait conserver pareil pléonasme dans une bonne nomenclature. Le nom de *Dentalium* étant conservé, il convient de changer le nom spécifique. On peut écrire, par exemple : *Dentalium Linnæanum.*

les Bouches-du-Rhône ; les environs de Nice (Verany), dans les Alpes-Maritimes (Risso, Roux); etc.

Dentalium novemcostatum, de Lamarck.

Dentalium novemcostatum, de Lamarck, 1818. *Anim. s. vert.*, V, p. 344. — Deshayes, 1825. *In Mem. soc. hist. nat.*, II, p. 356, pl. XVI, fig. 11-12. — Sowerby, 1842-1883. *Thes. conch.*, pl. CCXIV, fig. 24-26.
— *dentalis*, Risso, 1826. *Hist. nat. eur. mérid.*, IV, p. 398.
— *dentale (var.)*, Weinkauff, 1862. *In Journ. conch.*, X, p. 369.

L'Océan : régions armoricaine et aquitanique (Fischer) ; Brest, banc de Saint-Marc, Moulin-Blanc, Sainte-Barbe, Bécavel, Canfront, Kerhuon (Daniel), Douarnenez (Nob.), Quelern, Morgatte (Collard), dans le Finistère ; Lorient (Nob.), Quiberon (Taslé), dans le Morbihan ; Basse-Kikerie, Pornichet, dans la Loire-Inférieure (Cailliaud) ; la Rochelle (de Lamarck), île de Ré (Fischer), dans la Charente-Inférieure (Beltremieux, Taslé) ; Arcachon (Lafont), côtes de la Gironde (Fischer), dans la Gironde; cap Breton, dans les Landes (de Folin); embouchure de l'Adour (de Folin), Saint-Jean-de Luz (Fischer), dans les Basses-Pyrénées; etc.

La Méditerranée (Weinkauff) : Cannes (Dautzenberg), dans les Alpes-Maritimes (Roux) ; etc.

Dentalium striolatum, Stimpson.

Dentalium striolatum, Stimpson, 1851. *In Proceed. Boston soc. nat. hist.*, p. 114.
Antalis striolata, G. O. Sars, 1878. *Moll. arct. Norv.*, p. 101, pl. VII, f. 1; pl. XX, fig. 10.

L'Océan : le golfe de Gascogne (de Folin, Jeffreys).

Dentalium capillosum, Jeffreys.

Dentalium capillosum, Jeffreys, 1877. *In Ann. nat. hist.*, 4e sér., XIX, p. 153. — 1882. *In Proceed. zool. soc.*, p. 658, pl. XLIX, fig. 1.

L'Océan : le golfe de Gascogne (Jeffreys).

B. — Groupe du *D. vulgare*

Dentalium vulgare, da Costa.

Dentalium entale (pars), Linné, 1767. *Syst. nat.*, édit. XII, p. 1263.
— *vulgare*, da Costa, 1778. *Brit. conch.*, p. 24, pl. II, fig. 10.
— *Tarentinum*, de Lamarck, 1818. *Anim. s. vert.*, V, p. 345. —

Forbes et Hanley, 1853. *Brit. moll.*, II, p. 451, pl. LVII, fig. 12.—Sowerby, 1859. *Ill. ind.*, pl. X, fig. 27. —Jeffreys, 1865-1869. *Brit. conch.*, III, p. 195; V, p. 197, pl. LV, f. 2.

Dentalium striatum, Montagu, 1803. *Test. Brit.*, p. 492.
— *labiatum*, Turton, 1819. *Conch. dict.*, p. 38.
— *entalis* (*n.* Lin.), Deshayes, 1825. *In Mem. soc. hist. nat.*, II, p. 359, pl. XV, fig. 7; pl. XVI, fig. 2.
— *multistriatum*, Risso, 1826. *Hist. nat. eur. mér.*, IV, p. 398.
— *striolatum*, Risso, 1826. *Loc. cit.*, p. 398.
— *affine*, Biondi, 1858. *In Atti ac. Gioen.*, p. 8, fig. 7.

La Manche : Dunkerque, dans le Nord (Terquem); région normande (Fischer); le Havre, Fécamp, Trouville, dans la Seine-Inférieure (Nob.), Langrune, Cabourg, dans le Calvados (Nob.); Granville (Servain), îles Chaussey (Nob.), dans la Manche; Cancale, dans l'Ille-et-Vilaine (Nob.); baie de Saint-Brieuc, dans les Côtes-du-Nord (Nob.).

L'Océan : régions armoricaine et aquitanique (Fischer); Brest, Douarnenez, Dinan (Daniel), Quelern, Morgatte (Taslé, Collard), Concarneau (de Guerne), dans le Finistère; Quiberon, dans le Morbihan (Taslé); la Bernerie, dans la Loire-Inférieure (Cailliaud); île d'Yeu, dans la Vendée (Servain); îles de Ré et d'Oléron (Nob.), dans la Charente-Inférieure (Beltremieux); bassin d'Arcachon, cap Féret, dans la Gironde (Fischer); etc.

La Méditerranée (Petit, Weinkauff) : le Roussillon, dans les Pyrénées-Orientales (Nob.); Palavas (Dollfus), Cette (Granger), dans l'Hérault; de Cette à Aigues-Mortes (Dubreuil); les côtes du Gard (Clément); Marseille (Ancey), le Pharo, la Joliette, Roucas-Blanc, Ratonneau, cap Cavaux, Garlaban (Marion), dans les Bouches-du-Rhône; Cannes (Dautzenberg), Nice (Verany), dans les Alpes-Maritimes (Risso); etc.

Dentalium entale, Linné.

Dentalium entalis, Linné, 1758. *Syst. nat.*, édit. X, p. 758. — Forbes et Hanley, 1853. *Brit. moll.*, II, p. 449, pl. LVII, fig. 11. — Sowerby, 1859. *Ill. ind.*, pl. X, fig. 26. — Jeffreys, 1865-69. *Brit. conch.*, III, p. 191; V, p. 195, 197, pl. LV, fig. 1.

La Manche : le Boulonnais (Bouchard), Berck, Wimereux (Nob.), dans le Pas-de-Calais; région normande (Fischer); Dieppe, Fécamp, le Havre, Trouville, dans la Seine-Inférieure (Nob.); Cabourg, dans le Calvados (Nob.); Granville (Servain), Cherbourg, Valogne, etc. (Macé), îles Chaussey (Nob.), dans la Manche; Cancale, dans l'Ille-et-Vilaine (Nob.); baie de Saint-Brieuc, dans les Côtes-du-Nord (Nob.); etc.

L'Océan : régions armoricaine et aquitanique (Fischer); Roscoff (Grube), Brest, Douarnenez, Morgat, Dinan, etc. (Daniel), dans le Finistère; le Morbihan (Taslé); Portnichet, les Impairs, le Pouliguen, le Croisic, Piriac, etc., dans la Loire-Inférieure (Cailliaud); île d'Yeu (Servain), les sables d'Olonne (Nob.), dans la Vendée; îles de Ré et d'Oléron (Nob.), dans la Charente-Inférieure (Beltremieux); cap Féret, dans la Gironde (Fischer); etc.

C. — Groupe du *D. agile*

Dentalium agile, M. Sars.

Dentalium agile, M. Sars, 1872. *Om Siphon. fam.*, p. 31, pl. III, f. 4-15.
Antalis agilis, G. O. Sars, 1878. *Moll. reg. arct.*, p. 102, pl. XX, fig. 9.
Dentalium fusticulus, Brugnone, 1878. *Misc. malac.*, p. 21. fig. 31.

La Méditerranée : au large du golfe de Marseille, Marsilly, Peyssonnel, Blanquière, dans les Bouches-du-Rhône (Marion); les environs de Nice, dans les Alpes-Maritimes (Marion); etc.

Dentalium Panormitanum, Chenu.

Dentalium Panormum, Chenu, 1842-47. *Ill. conch.*, pl. VI, fig. 13.
— *Lessoni*, Sowerby, 1842-83. *Thes. conch.*, pl. XV, fig. 18.
— *Panormitanum*, de Monterosato, 1874. *In Journ. conch.*, XXII,
— *Panormeum*, de Monterosato, 1878. *Enum. e sin.*, p. 16, p. 356.
Antalis Panormea, de Monterosato, 1884. *Nom. conch. medit.*, p. 152.

La Méditerranée : au sud de Riou et de Planier, la Cassidagne, dans les Bouches-du-Rhône (Marion); cap Sicié, dans le Var (Marion).

D. — Groupe du *D. rubescens*

Dentalium rubescens, Deshayes.

Dentalium rubescens, Deshayes, 1825. *In Mém. soc. hist. nat.*, II, p. 363, pl. XVI, fig. 23-24.
— *fissura*, Philippi, 1836. *Enum. moll. Sic.*, I, p. 244..
— *rufescens*, Weinkauff, 1868. *Conch. mittelm.*, II, p. 420
Pseudantalis rubescens, de Monterosato, 1884. *Nom. conch. med.*, p. 32.

L'Océan : la Charente-Inférieure (Aucapitaine).

La Méditerranée : le château d'If, Roucas-Blanc, dans les Bouches-du-Rhône (Marion); etc.

Dentalium filum (1), G. B. Sowerby.

Dentalium filum, Sowerby, 1866. *Ill. conch.*, p. 99, fig. 45.
— *gracile*, Jeffreys, 1870. *In Ann. nat. hist.*, 4e sér., VI, p. 10.
Pseudantalis filum, de Monterosato, 1884. *Nom. conch. medit.* p. 33.

L'Océan : région aquitanique (Fischer) ; cap Breton, dans les Landes (de Folin, Fischer) ; le golfe de Gascogne (Jeffreys) ; etc.

La Méditerranée : Peyssonnel, dans les Bouches-du-Rhône (Marion).

Genre SIPHONODENTALIUM (2), M. Sars

M. Sars, 1864. *Malac. Yagtt.*, p. 17.

A. — Groupe du *S. Lofotense*

Siphonodentalium Lofotense, M. Sars.

Siphonodentalium Lofotense, M. Sars, 1864. *Malac. Iagtt.*, *in Vid. Selsk. forh.*, p. 17, pl. VI, fig. 29-33. — Jeffreys, 1869. *Brit. moll.*, V, p. 195, pl. CI, fig. 2.
Siphodentalium Lofotense, Fischer, 1878. *In Act. soc. Lin. Bord.*, pl. XXXII, p. 180.
Siphonentalis Lofotense, de Monterosato, 1884. *Nom. conch. med.*, p. 33.

L'Océan : région aquitanique (Fischer); le golfe de Gascogne (Fischer); sables à l'entrée de la Gironde (Fischer) ; cap Breton, dans les Landes (de Folin) ; le golfe de Gascogne (Jeffreys) ; etc.

Siphonodentalium quinquangulare, Forbes.

Dentalium quinquangulare, Forbes, 1843. *Rep. Æg. inv.*, p. 135. — Sowerby, 1842-83. *Thes. conch.*, pl. CCXXIV, fig. 33.
Siphonodentalium pentagonum, M. Sars, 1864. *In Malac. Iagtt.*, p. 17.
Siphonodentalis quinquangulare, Weinkauff, 1868. *Conch. mittelm.*, II, p. 421.
Siphonentalis tetragona, O. G. Sars, 1878. *Moll. arct. Norv.*, p. 105, pl. XX, fig. 13.
Siphodentalium tetragonum, Jeffreys, 1880. *In Mag. nat. hist.*, 5e sér., t. VI, p. 317.
Entalina tetragona, de Monterosato, 1880. *In Boll. malac. Ital.*, p. 64.
— *quinquangulare*, de Monterosato, 1884. *Nom. conch. med.*, p. 33.

L'Océan : le golfe de Gascogne (Jeffreys).

La Méditerranée : Peyssonnel, la Cassidagne, dans les Bouches-du-Rhône (Marion.)

(1) Melius : *filiforme*.
(2) Nom hybride qui tient du grec et du latin ; il conviendrait d'écrire *Siphonodontum* ou mieux *Tubidentalium* qui conserve, selon la pensée de l'auteur, l'idée latine du *dentalium*.

Genre DISCHIDES, Jeffreys

Jeffreys, 1868. *in* Weinkauff, *Conch. mittelm.*, II, p. 421.

Dischides bifissus, S. Wood.

Dentalinum bifissum, S. Wood, 1848-1852. *Crag. moll.*, I, p. 190, pl. XX, fig. 3.

Dischides bifissus, Weinkauff, 1868. *Conch. mittelm.*, II, p. 421.

L'Océan : région aquitanique (Fischer) ; sables à l'entrée de la Gironde, en dehors du bassin d'Arcachon, dans la Gironde (Fischer) ; cap Breton, dans les Landes (de Folin) ; embouchure de l'Adour, dans les Basses-Pyrénées (de Folin) ; etc.

La Méditerranée : Garlaban, Ratonneau, dans les Bouches-du-Rhône (Marion) ; Toulon, dans le Var (Nob.) ; etc.

Genre CADULUS, Philippi

Cadulus, Philippi, 1844. *Enum. moll. Sic.*, II, p. 209.

Cadulus olivi, Scacchi.

Dentalium olivi, Scacchi, 1835. *Not. foss. Gravina, in Ann. civ.*, p. 56, pl. II, fig. 6.

Siphonodentalium olivi, Jeffreys, 1880. *In Ann. nat. hist.*, 5e sér., VI, p. 317.

Cadulus olivi, Jeffreys, 1882. *In Proceed. zool. soc.*, p. 663.

L'Océan : le golfe de Gascogne (Jeffreys) ; le cap Breton, dans les Landes (de Folin) ; etc.

Cadulus cylindratus, Jeffreys.

Cadulus cylindratus, Jeffreys, 1877. *In Ann. nat. hist.*, 5e sér., II, p. 158. — 1883. *In Proceed. zool. soc.*, p. 664, pl. XLIX, f. 6.

L'Océan : le golfe de Gascogne (Jeffreys).

Cadulus gracilis, Jeffreys.

Cadulus gracilis, Jeffreys, 1877. *In Ann. nat. hist.*, 5e sér., II, p. 157. 1880. *In Proceed. zool. soc.*, p. 664, pl. LXIX, fig. 7.

L'Océan : le golfe de Gascogne (Jeffreys).

Cadulus subfusiformis, M. Sars.

Siphonodentalium subfusiforme, M. Sars, 1864. *Vid. sekls Forh.*, p. 21, pl. VI, fig. 36-44.

Cadulus subfusiformis (pars), Jeffreys, 1869. *Brit. conch.*, V, p. 196.

Gadus subfusiformis, Fischer, 1874. *In Act. soc. Lin. Bord.*, XXIX, p. 180.
Helonyx subfusiformis, de Monterosato, 1878. *Enum. e sin.*, p. 17.

L'Océan : région aquitanique (Fischer) ; sables à l'entrée de la Gironde (Fischer); le golfe de Gascogne (Fischer, de Folin, Jeffreys) ; etc.

Cadulus propinquus, G. O. Sars.

Cadulus propinquus, G. O. Sars, 1878. *Moll. reg. Norv.*, p. 106, pl. XX, fig. 15.

L'Océan : le golfe de Gascogne (Jeffreys).

Cadulus Jeffreysi, de Monterosato.

Cadulus subfusiformis (pars), Jeffreys, 1869. *Brit. conch.*, pl. CI, fig. 3.
Helonyx Jeffreysi, de Monterosato, 1875. *Poche note conch.*, p. 110.

L'Océan : le golfe de Gascogne (Jeffreys).

La Méditerranée : le golfe de Marseille ; la Cassidagne, dans les Bouches-du-Rhône (Marion).

Cadulus tumidosus, Jeffreys.

Cadulus tumidosus, Jeffreys, 1877. *In Ann. nat. hist.*, 5e sér., III, p. 156. — 1883. *In Proc. zool. soc.*, p. 665, pl. XLIX, fig. 8,
Helonyx tumidosa, Marion, 1882. *Consid. faun. prof. med.*, p. 38.

La Méditerranée : Peyssonnel, dans les Bouches-du-Rhône (Marion).

L'Océan : le golfe de Gascogne (Jeffreys).

Cadulus gibbus, Jeffreys.

Cadulus gibbus, Jeffreys, 1880. *In Ann. nat. hist.*, 5e sér., VI, p. 375. — *In Proceed. zool. soc.*, p. 666, pl. XLIX, fig. 10.

L'Océan : le golfe de Gascogne (Jeffreys).

Cadulus ovulus, Philippi.

Dentalium ovulum, Philippi, 1844. *Enum. moll. sic.*, II, p. 208, pl. XXVII, fig. 21.

L'Océan : le golfe de Gascogne (Jeffreys).

LAMELLIBRANCHIATA

SIPHONIDA

SINUPALLEALES

PHOLADIDÆ

Genre TEREDO (Sellius), Linné

Linné, 1758. *Syst. nat.*, édit. X, p. 651.

A. — Groupe du *T. navalis*

Teredo navalis, Linné.

Teredo navalis, Linné, 1765. *Syst. nat.*, édit. XII, p. 1267. — Forbes et Hanley, 1853. *Brit. moll.*, I, p. 74, pl. I, fig. 7, 8 ; pl. XVIII, fig. 3, 4. — Sowerby, 1859. *Ill. ind.*, pl. I, fig. 1. — Jeffreys, 1867-69. *Brit. conch.*, III, p. 171 ; V, p. 194, pl. LIV, f. 2.

La Manche : Dunkerque, dans le Nord (Terquem) ; Wimereux (Nob.), Boulogne (Bouchard-Chantereaux, Petit), dans le Pas-de-Calais ; région normande (Fischer); le Havre, Dieppe, dans la Seine-Inférieure, Cherbourg, Valogne, etc., dans la Manche (de Gerville, Macé); Saint-Malo, dans l'Ille-et-Vilaine (Nob.) ; etc.

L'Océan : régions armoricaine et aquitanique (Fischer) ; Lorient, Brest, dans le Finistère (Petit, Taslé, Daniel) ; le Morbihan (Taslé), la Charente-Inférieure (Beltremieux) ; le bassin d'Arcachon, dans la Gironde (Lafont, Fischer) ; le cap Breton, dans les Landes (de Folin) ; etc.

La Méditerranée : Cette (Granger), Palavas (Nob.), dans l'Hérault ; le golfe d'Aigues-Mortes, dans le Gard (Clément) ; les environs de Marseille, dans les Bouches-du-Rhône (Ancey) ; Toulon, Saint-Tropez, dans le Var (Doublier Petit, Gay) ; les environs de Nice, dans les Alpes-Maritimes (Risso, Verany, Roux).

Teredo Norvegica, SPENGLER

Teredo Norvagicus, Spengler, 1792. *Skri. Natur. Selskab.*, part. I, p. 102, pl. II, fig. 4, 5, 6, B.

— *Norvagica*, Forbes et Hanley, 1853. *Brit. moll.*, I, p. 67, pl. I, fig. 1-5. — Fischer, 1855. *In Act. soc. Lin. Bord.*, p. 8, pl. II, f. 11 à 13 et 18 à 19.

— *Norvegica*, Sowerby, 1859. *Ill. ind.*, pl. I, fig. 2. — Jeffreys, 1865-1869. *Brit. conch.*, III, p. 168 ; V, p. 193, 194, pl. LIV, f. 1.

— *navalis*, Montagu, 1803. *Test. Brit.*, p. 527 ; *Suppl.*, p. 7.

— *nigra*, de Blainville, 1826. *Faune franç.* (*teste* Jeffr.).

— *Brugieri*, delle Chiaje. *Mém.*, IV, p. 28 et 32, pl. LIV, fig. 9-12.

— *Deshayesi*, de Quatrefages, 1856. *In Ann. sc. nat.*, 3e sér. XI, p. 25.

— *fatalis*, de Quatrefages, 1856. *Loc. cit.*, XI, p. 26.

— *Senegalensis*, Doublier, 1853. *Prodr. hist. nat. Var*, p. 107.

— *Norwegica*, Weinkauff, 1867. *Conch. mittelm.*, p. 3.

L'Océan : régions normande et aquitanique (Fischer) ; Lorient, Brest, dans le Finistère (Petit, Taslé, Daniel) ; le Morbihan (Taslé) ; la Charente-Inférieure (Beltremieux) ; le bassin d'Arcachon, dans la Gironde ; les Basses-Pyrénées (Fischer) ; etc.

La Méditerranée (Petit, Weinkauff) : les environs de Cette (Granger) ; Toulon, Hyères, Saint-Tropez, dans le Var (Petit, Doublier) ; etc.

Teredo divaricata, DESHAYES.

Teredo divaricata, Deshayes. *In* Fischer, 1856. *In Journ. conch.*, V, p. 137, pl. VIII, fig. 7-9.

— *Norvegica (var. divaricata)*, Jeffreys, 1865. *Brit. conch.*, III, p. 169.

La Méditerranée : rade de Toulon, dans le Var (Nob.).

Teredo pedicellata, DE QUATREFAGES.

Teredo pedicellata, 1856. *In Ann. sc. nat.*, 3e sér., p. 26, pl. I, fig. 2.

— *pedicellata*, Fischer, 1856. *In Journ. conch.*, V, p. 139.

L'Océan : régions armoricaine et aquitanique (Fischer); le Finistère (?) (Daniel) ; le bassin d'Arcachon, à Andeuze, Certes, la Teste, dans la Gironde (Fischer, Taslé); le golfe de Gascogne (Fischer) ; baie des Passages, près Bayonne (de Quatrefages) ; les Basses-Pyrénées (Fischer).

La Méditerranée (Petit, Weinkauff) : la Provence (Petit) ; Toulon, dans le Var (Petit, Doublier, Gay); etc.

Teredo megotara, HANLEY.

Teredo nana (juv.), Turton, 1822. *Dithyr. Brit.*, p. 16, pl. II, fig. 6, 7. — *megotara*, Forbes et Hanley, 1853. *Brit. moll.*, III, p. 77, pl. I, fig. 6, pl. XVIII, fig. 1, 2. — Sowerby, 1859. *Ill. ind.*, pl. I, fig. 3. — Jeffreys, 1865-69. *Brit. conch.*, III, p. 176; V, p. 194, pl. LIV, fig. 4.

L'Océan : régions armoricaine et aquitanique (Fischer); les environs de Brest, baie du Toulinguet, dans le Finistère (Daniel) ; le Morbihan (Taslé); la Rochelle (d'Orbigny), dans la Charente-Inférieure (Beltremieux) ; le bassin d'Arcachon, dans la Gironde (Fischer); etc.

Teredo malleolata, TURTON.

Teredo malleolus, Turton, 1822. *Dithyr. Brit.*, p. 255, pl. II, fig. 19. — Forbes et Hanley, 1853. *Brit. moll.*, I, p. 84, pl. I, fig. 12 à 14. — Sowerby, 1859. *Ill. ind.*, pl. I, fig. 5.

L'Océan : régions armoricaine et aquitanique (Fischer); le Finistère (Daniel); le Morbihan (Taslé) ; le bassin d'Arcachon, dans la Gironde (Fischer) ; etc.

B. — Groupe du *T. bipennata*

Teredo bipennata, TURTON.

Teredo bipennata, Turton, 1819. *Conch. dict.*, p. 184, fig. 38 à 40. — Forbes et Hanley, 1853. *Brit. moll.*, I, p. 80, pl. I, fig. 9 à 11. — Sowerby, 1859. *Ill. ind.*, I, fig. 4.

La Manche : Cherbourg, dans la Manche (Fischer).

L'Océan : régions armoricaine et aquitanique (Fischer); le Finistère (Daniel); le Morbihan (Taslé); Saint-Paul de-Mimizan, dans les Landes (Fischer) ; etc.

La Méditerranée : côtes de Provence (de Monterosato).

Teredo palmulata, DE LAMARCK.

Teredo palmulata, de Lamarck, 1818. *Anim. s. vert.*, V, p. 440. — Forbes et Hanley, 1853. *Brit. moll.*, I, p. 86, pl. II, fig. 8 à 11. — Sowerby, 1859. *Ill. ind.*, pl. I, fig. 6.

L'Océan : Camaret, Brignotan, dans le Finistère (Daniel).

Teredo Philippii, Gray.

Teredo bipalmulata, delle Chiaje. *Mem.*, IV, p. 28, pl. LIV, fig. 18, 22, 23.
— *palmulata* (*n.* Lamck.), Philippi, 1836. *En. moll. Sic.*, p. 2, pl. I, f. 8.
— *Philippii*, Gray. *In* Fischer, 1856. *In Journ. conch.*, V, p. 257.

La Méditerranée (Petit, Weinkauff) : Toulon, Hyères, dans le Var (Petit) ; les Alpes-Maritimes (Roux) ; etc.

Genre SEPTARIA, de Lamarck

De Lamarck, 1818. *Anim. s. vert.*, V, p. 436.

Septaria Mediterranea, Risso.

Septaria Mediterranea, Risso, 1826. *Hist. nat. eur. mérid.*, IV, p. 379.

La Méditerranée (Weinkauff) : Marseille, dans les Bouches-du-Rhône (Marion) ; les environs de Nice, dans les Alpes-Maritimes (Risso, Jeffreys, Weinkauff) ; etc.

Genre XYLOPHAGA, Turton

Turton, 1822. *Dithyr. Brit.* p. 16, et 2 3.

Xylophaga dorsalis, Turton.

Teredo dorsalis, Turton, 1819. *Conch. Diction.*, p. 185.
Xylophaga dorsalis, Turton, 1822. *Dithyr. Brit.*, p. 253. — Forbes et Hanley, 1853. *Brit. moll.*, I, p. 90, pl. II, fig. 3 et 4. — Sowerby, 1859. *Ill. ind.*, pl. I, fig. 7. — Jeffreys, 1865-69. *Brit. conch.*, III, p. 120 ; V, p. 193, pl. LIII, fig. 4.
Pholas xylophaga, Deshayes, 1835. *In* de Lamarck, *Anim. s. vert.*, 2e édit., VI, p. 47.

L'Océan : régions armoricaine et aquitanique (Fischer) ; rade de Brest, dans le Finistère (Daniel, Taslé) ; la Charente-Inférieure (Fischer, Taslé) ; la Gironde (Lafont, Taslé) ; etc.

La Méditerranée : les Martigues (Petit) ; Peyssonnel (Marion), dans les Bouches-du-Rhône ; Toulon, Carqueiranne, dans le Var (Nob.) ; etc.

Genre PHOLAS (Athénée), Linné

Linné, 1758. *Syst. nat.*, édit. X, p. 669 et 1767.

Pholas dactylus (1), Linné.

Pholas dactylus, Linné, 1767. *Syst. nat.*, édit. XII, p. 1110 — Forbes et

(1) Melius : *dactylina*.

Hanley, 1853, *Brit. moll.*, I, p. 108, pl. III. — Sowerby, 1859. *Ill. ind.*, pl. I, fig. 8. — Jeffreys, 1865-69. *Brit. conch.*, III, p. 104; V, p. 193, pl. LII, fig. 1. — Hidalgo, 1870. *Moll. marin.*, pl. XLVII, A, fig. 1, 2.

Pholas muricatus, da Costa, 1778. *Brit. conch.*, p. 244, pl. XVI, f. 2.
— *hians*, Pultney, 1799. *Catal. Dorset.*, p. 26.
— *callosa*, Cuvier, 1817. *Règne animal*, pl. CXIII, fig. 1.

La Manche : Dunkerque, dans le Nord (Terquem) ; le Boulonnais, dans le Pas-de-Calais (Bouchard-Chantereaux) ; région normande (Fischer) ; le Havre, Dieppe, dans la Seine-Inférieure; Cabourg, dans le Calvados (Nob.) ; Granville (Servain) ; Cherbourg, Valogne (de Gerville, Macé), dans la Manche ; Cancale (Nob.) ; Saint-Malo (Grube), dans l'Ille-et-Vilaine ; baie de Saint-Brieuc, dans les Côtes-du-Nord (Nob.).

L'Océan : régions armoricaine et aquitanique (Fischer) ; Canfrout, Saint-Marc, Lauberlach, Daoulas, etc., dans le Finistère (Daniel); Pénerf, Penlan, dans le Morbihan (Taslé); la Loire-Inférieure (Cailliaud) ; île d'Yeu, (Servain) ; Angoulin, Royan (Nob.), dans la Charente-Inférieure (Beltremieux) ; le bassin d'Arcachon (Fischer) ; etc.

La Méditerranée (Petit, Weinkauff) : Cette, dans l'Hérault (Granger) ; le golfe d'Aigues-Mortes, dans le Gard (Clément) ; la Provence (Petit) ; les Martigues (Nob.), l'Estaque (Marion), Marseille (Ancey), dans les Bouches-du-Rhône ; Toulon (Doublier), la Seyne, Carqueiranne, les îles d'Hyères, Bandols (Nob.), dans le Var ; les environs de Nice, dans les Alpes-Maritimes (Risso) ; etc.

Pholas candida, Linné.

Pholas candida, Linné, 1767. *Syst. nat.*, édit. XII, p. 1111. — Forbes et Hanley, 1853. *Brit. moll.*, I, p. 117, pl. IV, fig. 1-2. — Sowerby, 1859. *Ill. ind.*, pl. I, fig. 9. — Forbes et Hanley, 1865-69. *Brit. conch.*, III, p. 107 ; V, p. 193, pl. LII, f. 2. — Hidalgo, 1870. *Moll. marin.*, p. XLVII, A, fig. 3, 4.
— *papyracea*, Spengler, 1792. *Sk. Nat. Selsk.*, II, part. I, pl. I, f. 4.

La Manche : Dunkerque, dans le Nord (Terquem) ; le Boulonnais (Bouchard-Chantereaux), Berck, Calais, Wimereux (Nob.), dans le Pas-de-Calais ; la région normande (Fischer) ; Dieppe, Fécamp, le Havre (Nob.) ; Cabourg, Langrune, dans le Calvados (Nob.) ; Granville (Servain), Querqueville (Macé), dans la Manche ; Saint-Malo, dans l'Ille-et-Vilaine ; baie de Saint-Brieuc, dans les Côtes-du-Nord (Nob.); etc.

L'Océan : régions armoricaine et aquitanique (Fischer) ; Douarnenez, Morgat, ile Laber, dans le Finistère (Daniel); les côtes du Morbihan (Taslé);

les côtes de la Loire-Inférieure (Cailliaud, Taslé); île d'Yeu, dans la Vendée (Servain); île de Ré (Fischer), dans la Charente-Inférieure (Beltremieux); les sables d'Olonne, dans la Vendée (Nob.); le bassin d'Arcachon, dans la Gironde (Lafont, Fischer); cap Breton, dans les Landes (de Folin); etc.

La Méditerranée (Petit, Weinkauff) : la Nouvelle, dans l'Aude (Nob.); Palavas (Dollfus), les environs de Cette (Granger), dans l'Hérault; le golfe d'Aigues-Mortes, dans le Gard (Clément); les Martigues (Nob.), l'Estaque (Marion), dans les Bouches-du-Rhône; Toulon (Doublier, Gay), Carqueiranne, les îles d'Hyères (Nob.), dans le Var; etc.

Pholas crispata, Linné.

Pholas crispata, Linné, 1767. *Syst. nat.*, édit. XII, p. 1111. — Forbes et Hanley, 1853. *Brit. moll.*, I, p. 114, pl. IV, fig. 3 à 5. — Sowerby, 1859. *Ill. ind.*, pl. I, fig. 11. — Jeffreys, 1865-69. *Brit. conch.*, III, p. 112; V, p. 193, pl. LIII, fig. 1.

— *bifrons*, da Costa, 1778. *Brit. conch*, p. 242, pl. XVI, fig. 5.

— *parva*, Donovan, 1800. *Brit. shells*, II, pl. LXIX. — *Encycl. meth.*, *Vers*, pl. CLXIX, fig. 5.

La Manche : Dunkerque, dans le Nord (Terquem); le Boulonnais (Bouchard-Chantereaux); Boulogne, Berck, Wimereux (Nob.), dans le Pas-de-Calais; la région normande (Fischer); Dieppe, Fécamp, le Havre, dans la Seine-Inférieure (Nob.); Cabourg, Langrune, dans le Calvados (Nob.); Granville (Servain), Querqueville (Macé), dans la Manche; Saint-Malo, dans l'Ille-et-Vilaine; baie de Saint-Brieuc, dans les Côtes-du-Nord (Nob.); etc.

L'Océan : régions armoricaine et aquitanique (Fischer); Lanninon, dans le Finistère (Daniel); la Charente-Inférieure (Aucapitaine, Beltremieux).

Pholas callosa, de Lamarck.

Pholas dactylus, Brookes, 1815. *Introd. of conch.*, pl. I, fig. 7, 8.

— *callosa*, de Lamarck, 1818. *Anim. s. vert.*, V, p. 445.

L'Océan : la Rochelle, dans le Charente-Inférieure (Daniel) (?); Arcachon, dans la Gironde (Lafont); Bayonne, dans les Basses-Pyrénées (Lamarck, Petit); etc.

Pholas parva, Pennant.

Pholas parva, Pennant, 1766. *Brit. zool.*, IV, p. 77, pl. XL, fig. 13. — Forbes et Hanley, 1853. *Brit. moll.*, I, p. 111, pl. IV, fig. 1, 2; pl. II, fig. 2; pl. F, fig. 3 et 3 A. — Sowerby, 1859. *Ill ind.*, pl. I, fig. 10. — Jeffreys, 1865-69. *Brit. conch.*, III, p. 109; V, p. 193, pl. LII, fig. 3.

Pholas crenulata, Spengler, 1792. *Sk. Nat. Selsk.*, II, part. I, p. 92.

— *dactyloides*, de Lamarck, 1818. *Anim. s. vert.*, V, p. 445.

— *ligamentina*, Deshayes, 1839. *Elém. conch.*, pl. III, fig. 11, 12.

— *tuberculata*, Turton, 1822. *Dithyr. Brit.*, p. 5, pl. I, fig. 7, 8.

L'Océan : régions armoricaine et aquitanique (Fischer) ; Lanninon, Postrein, dans le Finistère (Daniel) ; côtes du Morbihan (Taslé) ; les côtes de la Loire-Inférieure (Cailliaud, Taslé) ; île d'Yeu (Servain), dans la Vendée ; Royan (Fischer), l'île de Ré (Nob.), dans la Charente-Inférieure (Beltremieux) ; les sables d'Olonne, dans la Vendée (Nob.) ; le bassin d'Arcachon, dans la Gironde (Lafont, Fischer) ; le cap Breton, dans les Landes ; etc.

? La Méditerranée (Petit, Weinkauff).

Genre PHOLADIDEA, Leach

Leach, 1819. *In Jour. phys.*, LXXXVIII, p. 465.

Pholadidea papyracea, Turton.

Pholas papyracea, Turton, 1822. *Dithyr. Brit.*, p. 2, pl. I, fig. 1 à 4.

Pholadidea papyracea, Forbes et Hanley, 1853. *Brit. moll.*, I, p. 123, pl. V, fig. 3 à 6 ; pl. II, fig. 1 ; pl. E, fig. 4. — Sowerby, 1859. *Ill. ind.*, pl. I, fig. 12. — Jeffreys, 1865-1869. *Brit. conch.*, III, p. 116 ; V, p. 193, pl. LIII, fig. 2.

? La Manche : Cherbourg, dans la Manche (Fischer).

L'Océan : région aquitanique (Fischer) ; au large de l'île de Ré, dans la Charente-Inférieure (Fischer, Taslé, Beltremieux) ; en dehors du bassin d'Arcachon, dans la Gironde (Lafont, Fischer, Taslé) ; etc. (1).

(1) Comme l'a fait observer M. Taslé (1870, *Faune malac. marine, ouest France, Suppl.*, p. 9) il faut probablement rapporter à cette espèce la coquille signalée par plusieurs auteurs sous le nom de *Martesia striata*, Linné, espèce exotique qui ne vit certainement pas en France. On l'aurait recueillie à La Rochelle et à Cherbourg. Le véritable *Martesia striata* a été trouvé vivant par M. Daniel dans les bordages d'un navire brisé sur la côte du Finistère. Il n'existait donc là qu'accidentellement.

GASTROCHÆNIDÆ

Genre GASTROCHÆNA, Spengler

Spengler, 1783. *Nye Saml. Kongl. Dansk. vid. Selsk. Skr.*, II, p. 174.

Gastrochæna dubia, Pennant.

Mya dubia, Pennant, 1777. *Brit. moll.*, IV, p. 82, pl. XLIV, fig. 19.
Chama parva, da Costa, 1778. *Brit. conch.*, p. 234.
Pholas pusilla, Poli, 1791. *Test. utr. Sic.*, I, p. 50, pl. VII, fig. 12-13.
Mya pholadia, Montagu, 1803. *Test. Brit.*, I, p. 28 et 559; *Suppl.*, p. 20.
Pholas faba, Pultney, 1813. *Hutchin's Dorset.*, p. 27.
Mytilus ambiguus, Dillwyn, 1817. *Recent shells*, I, p. 30.
Gastrochæna modiolina, de Lamarck, 1818. *Anim. s. vert.*, V, p. 447. — Reeve, *Conch. syst.*, pl. XX, fig. 1, 2. — Forbes et Hanley, 1853. *Brit. moll.*, I, p. 132, pl. II, fig. 5 à 8; pl. F, fig. 5. — Sowerby, 1859. *Ill. ind.*, pl. I. fig. 14.
— *pholadia*, Turton, 1822. *Dithyr. Brit.*, p. 18, pl. II, fig. 8, 9.
— *pelagica*, Risso, 1826. *Hist. nat. eur. mérid.*, IV, p. 378.
— *hians*, Fleming, 1828. *Brit. anim.*, p. 458.
— *Tarentina*, da Costa, 1829. *Cat. system.*, p. XI.
Fistulana hians, Deshayes, 1830. *Encycl. meth.*, *Vers*, II, p. 141.
Gastrochœna cuneiformis, delle Chiaje. *Mem.*, pl. LXXXIII, fig. 16, 20 (*n.* Lamarck).
— *dubia*, Deshayes, 1839. *Elem. conch.*, pl. II, fig. 4, 5. — Jeffreys, 1865-1869. *Brit. conch.*, III, p. 91; V, p. 193, pl. LI, f. 6.
— *Polii*, Philippi, 1844. *Enum. moll. Sic.*, II, p. 3.
— *Poliana*, Philippi, 1844. *In Zeitschr. f. Malac.*, p. 137.

La Manche : Dunkerque, dans le Nord (de Guerne); le Boulonnais, dans le Pas-de-Calais (Bouchard-Chantereaux); Dieppe, le Havre, dans la Seine-Inférieure (Nob.); la région normande (Fischer); Langrune dans le Calvados (Nob.); baies de Cherbourg et de la Hougue dans la Manche (de Gerville, Macé); baie de Saint-Brieuc, dans les Côtes-du-Nord (Nob.); etc.

L'Océan : régions armoricaine et aquitanique (Fischer); les côtes du Finistère (Daniel, de Guerne); côtes du Morbihan (Taslé); ilot du Four, dans la Loire-Inférieure (Cailliaud); île d'Yeu, dans la Vendée (Servain); Royan, la Rochelle, l'île de Ré (Nob.), dans la Charente-Inférieure (Beltremieux); le bassin d'Arcachon, Soulac, Cordouan, dans la Gironde (Des Moulins, Fischer, Taslé); cap Breton, dans les Landes (de Folin); etc.

La Méditerranée (Petit, Weinkauff) : le golfe d'Aigues-Mortes, dans le Gard (Clément); le Pharo, Montredon, Pomègue, Garlaban (Marion), Marseille (Ancey), dans les Bouches-du-Rhône ; la Provence (Petit) ; Toulon (Gay), Saint-Tropez (Doublier), dans le Var ; les environs de Nice, dans les Alpes-Maritimes (Risso, Roux); etc.

SOLENIDÆ

Genre SOLEN (Aristote), Linné

Linné, 1758. *Syst. nat.*, édit. X, p. 672 et 1767.

A. — Groupe du *S. vagina* [1]

Solen vagina, Linné.

Solen vagina, Linné, 1767. *Syst. nat.*, édit. XII, p. 1113. — Jeffreys, 1865-1869. *Brit. conch.*, III, p. 20; V, pl. XLVII, fig. 3. — Hidalgo, 1870. *Moll. marin.*, pl. XXVIII, fig. 1.

— *marginatus*, Pultney, 1799. *Catal. Dorset.*, p. 28. — Forbes et Hanley, 1853. *Brit. moll.*, I, p. 242, pl. XIV, fig. 1; pl. I, fig. 3. — Sowerby, 1859. *Ill. ind.*, pl. II, fig. 10.

Listeria vagina, Leach, 1852. *Moll. Brit. syn.* p. 261.

La Manche : Dunkerque, dans le Nord (Terquem); le Boulonnais (Bouchard-Chantereaux), Berck, —imereux, Boulogne (Nob.), dans le Pas-de-Calais; Saint-Valery, dans la Somme (Nob.); la région normande (Fischer); Dieppe, Fécamp, le Havre, dans la Seine-Inférieure (Nob.); Langrune, Cabourg, dans le Calvados (Nob.); Granville (Servain), plages de Lestre, de Morsalines, etc. (Macé, de Gerville), dans la Manche; Cancale (Nob.), Saint-Malo (Grube), dans l'Ille-et-Vilaine; baie de Saint-Brieuc, dans les Côtes-du-Nord (Nob.); etc.

L'Océan : régions armoricaine et aquitanique (Fischer); rade de Brest (Daniel), Douarnenez, Lorient (Nob.), Concarneau (de Guerne), dans le Finistère; côtes du Morbihan (Taslé); Pouliguen, Piriac, etc., dans la Loire-Inférieure (Cailliaud); sables d'Olonne (Nob.), île d'Yeu,

(1) Melius : *vaginatus*.

(Servain), dans la Vendée ; l'île de Ré, l'île d'Oléron, la Rochelle (Nob.), dans la Charente-Inférieure (Beltremieux, Taslé) ; la Teste, Arcachon, Soulac, dans la Gironde (Fischer) ; Gastes, dans les Landes (Fischer) ; embouchure de l'Adour (Fischer). Saint-Jean-de-Luz, Guéthary (Nob.), dans les Basses-Pyrénées ; etc.

La Méditerranée (Petit, Weinkauff) : les côtes du Roussillon, dans les Pyrénées-Orientales (Nob.) ; plage de la Franqui (Pépratx), la Nouvelle (Nob.), dans l'Aude ; Cette (Granger), Palavas (Nob.), dans l'Hérault ; le Grau-du-Roi (Nob.), le golfe d'Aigues-Mortes (Clément), dans le Gard ; les Martigues (Nob.), Marseille (Ancey), le Prado, la Réserve (Marion), dans les Bouches-du-Rhône ; le Var (Gay) ; les Alpes-Maritimes (Roux) ; etc.

B. — Groupe du *S. ensis* [1]

Solen ensis, Linné.

Solen ensis, Linné, 1767. *Syst. nat.*, édit. XII, p. 1114. — Forbes et Hanley, 1853. *Brit. moll.*, I, p. 250, pl. XIV, fig. 2. — Sowerby, 1859. *Ill. ind.*, pl. II, fig. 13. — Jeffreys, 1865-1869. *Brit. conch.*, III, p. 16 ; V, p. 190, pl. XLVII, fig. 1. — Hidalgo, 1870. *Moll. marin.*, pl. XXVIII, fig. 2.

Ensis magus, Schumacher, 1817. *Essai nouv. syst.*, p. 143, pl. XIII, f. 1.

La Manche : Dunkerque, dans le Nord (Terquem) ; le Boulonnais (Bouchard-Chantereaux), Berck, Wimereux (Nob.), dans le Pas-de-Calais ; Saint-Valery, dans la Somme (Nob.) ; la région normande (Fischer) ; Dieppe, Fécamp, le Havre, dans la Seine-Inférieure ; Cabourg, Langrune, dans le Calvados (Nob.) ; plages de Lestre, de Morsalines (Macé), Granville (Servain), dans la Manche (de Gerville) ; Saint-Malo, dans l'Ille-et-Vilaine ; golfe de Saint-Brieuc, dans les Côtes-du-Nord (Nob.) ; etc.

L'Océan : régions armoricaine et aquitanique (Fischer) ; Lanninon, baie de Dinan, Crozon, Morgat, etc. (Daniel), Concarneau (de Guerne), dans le Finistère ; les côtes du Morbihan (Taslé) ; baie de Pornichet, etc., dans la Loire-Inférieure (Cailliaud) ; les sables d'Olonne (Nob.), île d'Yeu (Servain), dans la Vendée ; Royan, Angoulême, île de Ré (Nob.), dans la Charente-Inférieure (Beltremieux) ; pointe sud du bassin d'Arcachon, dans la Gironde (Fischer) ; cap Breton, dans les Landes (de Folin) ; Biarritz, Saint-Jean-de-Luz, dans les Basses-Pyrénées (Nob.) ; etc.

(1) Melius : *ensiformis*.

La Méditerranée (Petit, Weinkauff) : les plages du Roussillon, dans les Pyrénées-Orientales (Nob.); la plage de la Franqui (Pépratx); la Nouvelle (Nob.), dans l'Aude; Cette (Granger), Palavas (Dollfus), dans l'Hérault), de Cette à Aigues-Mortes (Dubreuil); le golfe d'Aigues-Mortes (Clément), le Grau-du-Roi (Nob.), dans le Gard; les Martigues (Nob,), Marseille (Ancey), la Réserve, le Prado (Marion), dans les Bouches-du-Rhône; les côtes du Var (Gay); Nice, dans les Alpes-Maritimes (Verany); etc.

Solen siliqua (1), Linné.

Solen siliqua, Linné, 1766. *Syst. nat.*, édit. XII, p. 1113. — Forbes et Hanley, 1853. *Brit. moll.*, I, p. 216, pl. XIV, fig. 3; pl. I, fig. 1. — Sowerby, 1859. *Ill. ind.*, pl. II, fig. 13. — Jeffreys, 1865-1869. *Brit. conch.*, III, p. 16; V, p. 190, pl. XLVII, fig. 2. — Hidalgo, 1870. *Moll. marin.*, p. XXVIII, fig. 3.
— *novacula*, Montagu, 1803. *Test. Brit.*, p. 47.
— *ligula*, Turton, 1822. *Dithyra Brit.*, p. 82, pl. VI, fig. 6.
Ensis siliqua, Chenu, 1857. *Man. conch.*, II, p. 21, fig. 89, 90.

La Manche : Dunkerque, dans le Nord (Terquem), le Boulonnais (Bouchard-Chantereaux), Berck, Wimereux (Nob.), dans le Pas-de-Calais; Saint-Valery, dans la Somme (Nob.), la région normande (Fischer); Dieppe, Fécamp, le Havre, dans la Seine-Inférieure; Cabourg, Langrune, dans le Calvados (Nob.); plages de Leste, de Morsalines (Macé), Granville (Servain), dans la Manche (de Gerville); Saint-Malo, dans l'Ille-et-Vilaine; golfe de Saint-Brieuc, dans les Côtes-du-Nord (Nob.); etc.

L'Océan : régions armoricaine et aquitanique (Fischer); Lanninon, baies de Dinant, Crozon, Morgat, etc. (Daniel), Concarneau (de Guerne), dans le Finistère; les côtes du Morbihan (Taslé); baie de Pornichet, etc., dans la Loire-Inférieure (Cailliaud); les sables d'Olonne (Nob.), île d'Yeu (Servain), dans la Vendée; Royan, Angoulême, île de Ré (Nob.), dans la Charente-Inférieure (Beltremieux); pointe sud du bassin d'Arcachon, dans la Gironde (Fischer); cap Breton, dans les Landes (de Folin); Biarritz, Saint-Jean-de-Luz, dans les Basses-Pyrénées (Nob.); etc.

La Méditerranée (Petit, Weinkauff) : les plages du Roussillon, dans les Pyrénées-Orientales (Nob.); la plage de la Franqui (Pépratx), la Nouvelle (Nob.) dans l'Aude; Cette (Granger), Palavas (Dollfus) dans l'Hérault; de Cette à Aigues-Mortes (Dubreuil); le golfe d'Aigues-Mortes (Clément), le Grau-du-Roi (Nob.), dans le Gard; les Martigues

(1) Melius : *siliquosa.*

(Nob.), Marseille, (Ancey), la Réserve, le Prado (Marion), dans les Bouches-du-Rhône; les côtes du Var (Gay); Nice, dans les Alpes-Maritimes (Verany); etc.

C. — Groupe du *S. pellucidus*

Solen pellucidus, Pennant.

Solen pellucidus, Pennant, 1766. *Brit. zool.*, IV, p. 84, pl. XVI, fig. 23.
— Forbes et Hanley, 1853. *Brit. moll.*, I, p. 252, pl. XIII, fig. 3; pl. I, fig. 2. — Sowerby, 1859. *Ill. ind.*, pl. II, fig. 12, — Jeffreys, 1865-1869. *Brit. conch.*, III. p. 14; V, p. 190, pl. XLVI, fig. 4.
— *pygmæus*, de Lamarck, 1818. *Anim. s. vert.*, V, p. 452.
Cultellus pellucidus, Weinkauff, 1867. *Conch. mittelm.*, I, p. 14.

La Manche : région normande (Fischer); le Havre, Fécamp, dans la Seine-Inférieure (Nob.); Cabourg, dans le Calvados (Nob.); le Grand-Vey, dans la Manche (de Gerville, Macé); golfe de Saint-Brieuc, dans les Côtes-du-Nord (Nob.); etc.

L'Océan : régions armoricaine et aquitanique (Fischer); anse de Dinan, Lanninon (Daniel), Concarneau (de Guerne), dans le Finistère; îlot du Four, Basse-Kikerie, dans la Loire-Inférieure (Cailliaud); les sables d'Olonne (Nob.), île d'Yeu (Servain), dans la Vendée; la Rochelle (Nob.), l'île de Ré (Fischer), dans la Charente-Inférieure (Beltremieux); sables à l'entrée de la Gironde, pointe du Sud, dans la Gironde (Fischer); cap Breton, dans les Landes (de Folin); etc.

Solen tenuis, Philippi.

Solen tenuis, Philippi, 1836. *Enum. moll. Sic.*, I, p. 6, pl. I, fig. 2.
Cultellus pellucidus (pars), Weinkauff, 1836. *Conch. mittelm.*, I, p. 14.
— *tenuis*, de Monterosato, 1878. *Enum. e sin.*, p. 14.

La Méditerranée : l'Estaque, Saint-Henri, cap Pinède, Ratonneau, Méjean, etc., dans les Bouches-du-Rhône (Marion).

Genre CERATISOLEN, Forbes

Forbes, *in* Forbes et Hanley, 1848-1853. *Brit. moll.*, I, p. 255.

Ceratisolen legumen (1), Linné.

Solen legumen, Linné, 1767. *Syst. natur.*, édit. XII, p. 114.
Psammobia legumen, Turton, 1827. *Dithyra Brit.*, p. 90.

(1) Melius : *leguminiformis*.

Solecurtus legumen, de Blainville, 1825. *Man. malac.*, pl. VIII, fig. 1.

Artusius legumen, Leach, 1852. *Syn., édit.* Gray, p. 260.

Ceratisolen legumen, Forbes et Hanley, 1853. *Brit. moll.*, I, 256, pl. XIII fig. 2; pl. I, fig. 4. — Sowerby, 1859. *Ill. ind.*, pl. II, fig. 11. — Jeffreys, 1865-1869. *Brit. conch.*, III, p. 10; V, p. 190; pl. XLVI, fig 3. — Hidalgo, 1870. *Moll. marin.*, pl. XXVIII, fig. 4.

Phorus legumen, H. et A. Adams, 1858. *Gen. rec. moll.*, p. 343, pl. XCXII, fig. 3.

Cultellus legumen, Weinkauff, 1862. *In Journ. conch.*, X, p. 307.

L'Océan : régions armoricaine et aquitanique (Fischer); baie de Douarnenez, Lieue de Grèves, anse de Dinan, Morgat, etc., dans le Finistère (Daniel); les côtes du Morbihan (Taslé); Portnichet, la Turballe, le Croisic, Piriac, etc., dans la Loire-Inférieure (Cailliaud); les sables d'Olonne (Nob.), île d'Yeu (Servain), dans la Vendée; la Rochelle, île de Ré (Nob.), dans la Charente-Inférieure (Beltremieux); embouchure du bassin d'Arcachon, Vieux-Soulac, dans la Gironde (Fischer); le cap Breton, dans les Landes (de Folin); Biarritz, dans les Basses-Pyrénées (Nob.); etc.

La Méditerranée (Petit, Weinkauff) : le Roussillon, dans les Pyrénées-Orientales (Nob.); la plage de la Franqui (Pépratx), la Nouvelle (Nob.), dans l'Aude; Cette (Granger), Palavas (Nob.), dans l'Hérault; le golfe d'Aigues-Mortes (Clément), le Grau-du-Roi (Nob.), dans le Gard; les Martigues (Nob.), Marseille (Ancey), le Prado (Marion), dans les Bouches-du-Rhône; les îles d'Hyères, dans le Var (Nob.); etc.

Genre SOLECURTUS, de Blainville

De Blainville, 1824. *Dict. Sc. nat.*, XXXII, fig. 351.

Solecurtus strigilatus, Linné.

Solen strigilatus, Linné, 1767. *Syst. nat.*, édit. XII, p. 1115. — Poli, 1795. *Test. utr. Sic.*, I, pl. XXI, fig. 1 à 10. — *Encycl. meth.*, *Vers*, pl. CCXXIV, fig. 3. — De Blainville, 1825. *Man. malac.*, p. 569, pl. LXXIX, fig. 4.

Psammosolen strigilatus, Risso, 1826. *Hist. nat. eur. mérid.*, IV, p. 375.

Solecurtus strigilatus, Philippi, 1844. *Enum. moll. Sic.*, II, p. 5. — Hidalgo, 1870. *Moll. marin.*, pl. XXVI, A, fig. 10.

Macha strigilata, H. et A. Adams, 1858. *Gen. rec. moll.*, II, p. 346, pl. XCXIII, fig. 4.

? La Manche : Cherbourg, dans la Manche (de Gerville, Macé) (1).

(1) Cette espèce a été signalée dans la Manche par MM. de Gerville et Macé, ainsi que dans l'Océan par M. Cailliaud. Quoique cette espèce vive sur les côtes d'Espagne et de Portugal, ces déterminations auraient besoin d'être à nouveau vérifiées.

La Méditerranée (Petit, Weinkauff) : les côtes du Roussillon, dans les Prénées-Orientales (Nob.); la plage de la Franqui (Pépratx) ; la Nouvelle (Nob.), dans l'Aude ; Cette (Granger), Palavas (Nob.), dans l'Hérault; le golfe d'Aigues-Mortes, dans le Gard (Clément); la rade de Toulon, les îles d'Hyères (Nob.) ; Grimaud (Gay), dans le Var ; Nice (Verany), Cannes (Doublier), dans les Alpes-Maritimes (Roux) ; etc.

Solecurtus candidus, Renieri.

Solen candidus, Renieri, 1804. *Tavola alfab. Adriat.*
— *strigilatus*, de Lamarck, 1818. *Anim. s. vert.*, V, p. 455.
Solecurtus candidus, Deshayes, 1839. *Elém. conch.*, p. 122, pl. VI, fig. 11, 12. — Forbes et Hanley, 1853. *Brit. moll.*, I, p. 263, pl. XV, fig. 1, 2. — Sowerby, 1859. *Ill. ind.*, pl. II, fig. 18. — Jeffreys, 1865-1869. *Brit. conch.*, III, p. 3 ; V, p. 190, pl. XLVI, fig. 1. — Hidalgo, 1870. *Moll. marin.*, pl. XXVI, A, fig. 12.
— *strigilatus*, Chenu, 1859. *Man. conch.*, II, p. 24, fig. 104.

L'Océan : Quelern, Postrein, Moulin-Blanc, Crozon (Daniel), Concarneau (de Guerne), dans le Finistère ; Gâvre, Belle-Isle, Quiberon, dans le Morbihan (Taslé) ; Basse-Kikerie, entre le Croisic et l'îlot du Four, dans la Loire-Inférieure (Cailliaud, Taslé) ; les sables d'Olonne, dans la Vendée (Nob.) ; la Rochelle, l'île de Ré (Nob.), dans la Charente-Inférieure (Beltremieux) ; le Grand-Banc, pointe du Sud, dans la Gironde Lafont, Fischer, Taslé).

La Méditerranée (Petit, Weinkauff) : les côtes du Roussillon, dans les Pyrénées-Orientales (Nob.) ; les environs de Cette (Granger), Palavas (Nob.), dans l'Hérault ; cap Cavaux, dans les Bouches-du-Rhône (Marion) ; etc.

Solecurtus multistriatus, Scacchi.

Psammobia scopula (juv.), Turton, 1822. *Dithyra Brit.*, p. 81.
Solen multistriatus, Scacchi, 1835. *Notizie*, p. 9, pl. I, fig. 1.
Solecurtus multistriatus, Philippi, 1844. *Enum. moll. Sic.*, II, p. 6, pl. XIII, fig. 6.
Macha multistriata, Brusina, 1866. *Contr. fauna Dalm.*, p. 91.
Solecurtus scopula, de Monterosato, 1884. *Nom. conch. medit.*, p. 30.

La Manche : région normande (Fischer) ; Cherbourg, Valogne, dans la Manche (Nob.) ; etc.

L'Océan : régions armoricaine et aquitanique (Fischer) ; baie de Douarnenez, dans le Finistère (Nob.) ; l'île de Ré, dans la Charente-Inférieure (Nob.) ; etc.

Solecurtus antiquatus, PULTNEY.

Solen cultellus (*n.* Lin.), Pennant, 1766. *Brit. zool.*, IV, pl. LXXXV, f. 25.
Chama solen, da Costa, 1778. *Brit. conch.*, p. 238.
Solen antiquatus, Pultney, 1799. *Hutschin's Dorset*, p. 28.
— *emarginatus*, Spengler. *Skrift. nat. selsk.*, III, 2e part., p. 105.
— *coarctatus*, Dillwyn, 1817. *Rec. shells*, I, p. 64 (*n.* Gmel.).
Psammobia antiquata, Turton, 1822. *Dithyra Britan.*, p. 91.
Azor antiquatus, Brown, 1827. *Ill. conch.*, p. 113, pl. XLVII, fig. 6.
Solecurtus coarctatus, Deshayes, 1839. *Elém. conch.*, pl. V, fig. 8. — Forbes et Hanley, 1853. *Brit. moll.*, I, p. 259, pl. XV, fig. 3; pl. I, fig. 5. — Sowerby, 1859. *Ill. ind.*, pl. II, fig. 17.
Azor coarctatus, H. et A. Adams, 1858. *Gen. rec. moll.*, p. 347.
Machæra pellucidus, Cailliaud, 1865. *Cat. Loire-infér.*, p. 69.
Solecurtus antiquatus, Jeffreys, 1865-69. *Brit. conch.*, III, p. 6; V, p. 190, pl. XLVI, fig. 2. — Hidalgo, 1870. *Moll. marin.*, pl. XXVI, A, fig. 11.

L'Océan : régions armoricaine et aquitanique (Fischer) ; baie de Dinan dans le Finistère (Daniel); Belle-Isle, dans le Morbihan (Taslé); Pornichet, dans la Loire-Inférieure (Cailliaud, Taslé); lagune du Sud (Lafont), Banc-Blanc (Fischer), dans la Gironde; etc.

La Méditerranée (Petit, Weinkauff) : Agde (Petit), environs de Cette (Granger), dans l'Hérault; le golfe d'Aigues-Mortes, dans le Gard (Clément) ; Marseille (Ancey), Méjean, Montredon, la Joliette, le fort Saint-Jean (Marion), dans les Bouches-du-Rhône ; etc.

SAXICAVIDÆ

Genre SAXICAVA, Fleuriau de Belleville

Fleuriau de Belleville, 1808. *In Bull. soc. Phil.*, n° 62.

A. — Groupe du *S. arctica*.

Saxica arctica, LINNÉ.

Mya arctica, Linné, 1767. *Syst. nat.*, édit, XII, p. 1113.
Cardita arctica, Bruguière, 1789. *Encycl. méth.*, *Vers*, pl. CCXXXIV, f. 4.
Donax Irus, Olivi, 1792. *Zool. Adr.*, p. 98.
— *rhomboides*, Poli, 1795. *Test. utr. Sicil.*, pl. XV, fig. 12 à 15.
Mytilus præcisus, Montagu, 1803. *Test. Brit.*, p. 165.
Didonta bicarinata, Schumacher, 1817. *Nouv. syst.*, p. 125, pl. VI, fig. 2.

Hiatella arctica, de Lamarck, 1818. *Anim. s. vert.*, VI, p. 30.
Saxicava rhomboides, Deshayes, 1835. *Anim. s. vert.*, VI, p. 153.
Anatina arctica, Turton, 1822. *Dithyr. Brit.*, p. 49, pl. VI, fig. 7, 8.
Pholabia præcisa, Brown, 1827. *Ill. conch.*, pl. IX, fig. 16.
Saxicava arctica, Deshayes, 1839. *Elém. conch.*, pl. XII, fig. 8, 9 — Philippi, 1836. *Enum. moll. Sic.* I, p. 20, pl. III, fig. 3. — Forbes et Hanley, 1853. *Brit. moll.*, I, p. 141, pl. VI, fig. 4 à 6. — Sowerby, 1859. *Ill. ind.*, pl. I, fig. 15. — Hidalgo, 1870. *Moll. marin.*, pl. XL, A, fig. 8 à 10.
Rhomboides rugosus, Scacchi, 1836. *Cat. reg. Neap.*, p. 6.
? *Biapholus spinosus*, Leach, 1847. *In Ann. nat. hist.*, XX, p. 272.
Saxicava rugosa (*var. arctica*), Jeffreys, 1865-69. *Brit. conch.*, III, p. 82; V, pl. LI, fig. 4.

La Manche : Dunkerque, dans le Nord (Terquem) ; le Boulonnais (Bouchard-Chantereaux, Petit) ; Berck, Wimereux (Nob.) ; la région normande (Fischer) ; Dieppe, le Havre, dans la Seine-Inférieure (Nob.) ; Cherbourg, dans la Manche (Macé), Saint-Malo, dans l'Ille-et-Vilaine ; golfe de Saint-Brieuc, dans les Côtes-du-Nord (Nob.) ; etc.

L'Océan : régions armoricaine et aquitanique (Fischer) ; en dehors de la rade de Brest, dans l'Iroise et le chenal du Four, dans le Finistère ; au large de Groix, dans le Morbihan (Taslé) ; au large de l'îlot du Four, dans la Loire-Inférieure (Cailliaud, Taslé) ; côte de la Rochelle (Beltremieux), Royan, île de Ré (Nob.), dans la Charente-Inférieure ; sables à l'entrée de la Gironde (de Folin), les passes du bassin d'Arcachon, dans la Gironde (Fischer) ; le cap Breton, dans les Landes (de Folin) ; Biarritz, dans les Basses-Pyrénées (Nob.) ; etc.

La Méditerranée (Petit, Weinkauff) : les côtes du Roussillon, dans les Pyrénées-Orientales (Nob.) ; Palavas (Dollfus), Cette (Granger), Agde (Nob.), dans l'Hérault ; Carry, Garlaban, Ratonneau, Méjean, Maïré, Riou, etc. ; les environs de Marseille, dans les Bouches-du-Rhône (Marion) ; Saint-Tropez, Saint-Raphaël (Doublier), Porquerolles, les îles d'Hyères (Nob.), dans le Var ; les Alpes-Maritimes (Roux) ; etc.

axicava minuta, Linné.

Solen minutus, Linné, 1767. *Syst. nat.*, édit. XII, p. 1114. — Montagu, 1803. *Test. Brit.*, p. 53, pl. I, fig. 4.
Hiatella minuta, Turton, 1822. *Dithyr. Brit.*, p. 24, pl. II, fig. 12. — Brown, 1827. *Ill. conch.*, p. 103, pl. XLVII, fig. 1-16.
Saxicava arctica (*pars*), Forbes et Hanley, 1853. *Brit. moll.*, I, p. 141.
— *rugosa* (*var. minuta*), Jeffreys, 1865. *Brit. conch.*, III, p. 82.

L'Océan : la Rochelle, l'île de Ré, dans la Charente-Inférieure (Nob.).

Saxicava rugosa, Linné.

Mytilus rugosus, Linné, 1767. *Syst. nat.*, édit. XII, p. 1156.
— *pholadis*, Müller, 1788-1806. *Zool. Danica*, pl. XXXXVII, f. 1 à 3.
Mya byssifera, O. Fabricius, 1790 *Fauna Groenland.*, p. 408.
Saxicava rugosa, de Lamarck, 1818. *Anim. s. vert.*, V, p. 501. —Forbes et Hanley, 1853. *Brit. moll.*, I, p. 146, pl. VI, fig. 7-8; pl. F, fig. 6. — Sowerby, 1859. *Ill. ind.* pl. I, fig. 15. — Jeffreys, 1865-69. *Brit. conch.*, III, p. 81; V, p. 192, pl. LI, fig. 3.

La Manche : Dunkerque, dans le Nord (Terquem); le Boulonnais, dans le Pas-de-Calais (Bouchard-Chantereaux); la région normande (Fischer); le Havre, Dieppe, Fécamp, dans la Seine-Inférieure; Langrune, dans le Calvados; le golfe de Saint-Brieuc, dans les Côtes-du-Nord (Nob.); etc.

L'Océan : régions armoricaine et aquitanique (Fischer); pointe de l'Armorique et de l'île Ronde, Lanninon (Daniel), Concarneau (de Guerne), dans le Finistère ; les côtes du Morbihan (Taslé); ilot du Four et de la Banche, dans la Loire-Inférieure (Cailliaud); île d'Yeu, dans la Vendée (Servain); Royan, Cordouan, dans la Charente-Inférieure (Fischer); Arcachon, Soulac dans la Gironde (Fischer); cap Breton, dans les Landes (de Folin); le golfe de Gascogne (Jeffreys); etc.

La Méditerranée : les environs de Cette (Granger); Montredon, Riou, la Cassidagne, dans les Bouches-du-Rhône (Marion); etc.

Saxicava Gallicana, de Lamarck.

Saxicava gallicana, de Lamarck, 1818. *Anim. s. vert.*, V, p. 501. — Delessert, 1841. *Rec. coq.*, pl. IV, fig. IX. —Deshayes, 1829. *Elém. conch.*, pl. XII, fig. 1 à 3. — Hanley. *Recent. shells, Suppl.*, pl. IX, fig. 5.

La Manche : Saint-Valery, dans la Somme (de Lamarck); Querqueville, dans la Manche (Macé) ; etc.

L'Océan : la Rochelle, dans la Charente-Inférieure (de Lamarck, Beltremieux).

La Méditerranée : Agde, dans l'Hérault (Petit); Montredon, dans les Bouches-du-Rhône (Marion) ; les Alpes-Maritimes (Roux); etc.

Saxicava oblonga, Turton.

Hiatella oblonga, Turton, 1822. *Dithyra Brit.*, p. 25, pl. II, fig. 13.
?*Saxicava rugosa (var. pholadis)*, Jeffreys, 1865. *Brit. conch.*, III, p. 82.
— *arctica (var. mutica)*, Fischer, 1866. *In Act. soc. Lin. Bord.*, XXV, p. 394.

Saxicava oblonga, Taslé, 1868. *Faun. malac. Ouest France*, p. 12.

L'Océan : les côtes du Finistère (Daniel); le golfe du Morbihan (Taslé); îlot du Four, dans la Loire-Inférieure (Taslé) ; le bassin d'Arcachon, dans la Gironde (Fischer, Taslé) ; etc.

B. — Groupe du *S. plicata*

Saxicava plicata, Montagu.

Mytilus plicatus, Montagu, 1809. *Test. Brit.*, p. 70. — Laskey, 1811. *In Wern.*, *Mém.*, I, pl. VIII, fig. 2.
Saxicava plicata, Turton, 1822. *Dithyra Brit.*, p. 22.
Saxicavella plicata, Fischer, 1878. *In Act. soc. Lin. Bord.*, XXXII, p. 175.

L'Océan : Dunkerque, dans le Nord (Nob.) ; région normande (Fischer); Trouville, dans la Seine-Inférieure (Fischer) ; etc.

L'Océan : région aquitanique (Fischer); cap Breton, dans les Landes (Fischer).

Genre VENERUPIS, de Lamarck

De Lamarck, 1818. *Anim. s. vert.*, V, p. 506.

A. — Groupe du *V. Irus* (1)

Venerupis Irus, Linné.

Donax Irus, Linné, 1767. *Syst. nat.*, édit. XII, p. 1128.
Tellina Cornubiensis, Pennant, 1767. *Brit. zool.*, IV, p. 89.
Cuneus foliatus, da Costa, 1778. *Brit. conch.*, p. 204, pl. XV, fig. 6.
Venerupis Irus, de Lamarck, 1818. *Anim. s. vert.*, V, p. 507. — Forbes et Hanley, 1853. *Brit. moll.*, p. 156, pl. VII, fig. 1, 2; pl. G, fig. 2. — Sowerby, 1859. *Ill. ind.*, pl. I, fig. 6. — Jeffreys, 1865-69. *Brit. conch.*, III, p. 86 ; V, pl. LI, fig. 8.
Petricola Irus, Turton, 1822. *Dithyra Brit.*, p. 26, pl. II, fig. 14.
Pullastra Irus, Brown, 1825. *Ill. conch.*, 2e édit., p. 89, pl. XXXVII, f. 9.

La Manche : la région normande (Fischer) ; le Havre, Fécamp, Dieppe, dans la Seine-Inférieure ; Cabourg, dans le Calvados (Nob.) ; baies de Cherbourg et de la Hougue, dans la Manche (de Gerville, Macé); baie de Saint-Brieuc, dans les Côtes-du-Nord (Nob.) ; etc.

L'Océan : régions armoricaine et aquitanique (Fischer) ; le Finistère

(1) *Nomen absurdum; Irus*, mendiant d'Ithaque, messager des poursuivants de Pénélope, ou bien nom d'une ville de Thessalie ou d'une montagne de l'Inde, n'a, croyons-nous, rien à faire avec une coquille. Dans tous les cas, il conviendrait ou de le mettre au génitif, ou mieux encore de l'adjectiver : *Irusianus*.

(Daniel, de Guerne); le Morbihan (Taslé); plateau du Four et de la Banche, dans la Loire-Inférieure (Cailliaud); la Rochelle (Fischer), Royan, l'île de Ré (Nob.), dans la Charente-Inférieure (Beltremieux); Vieux-Soulac, dans la Gironde (Fischer); etc.

La Méditerranée : les côtes du Roussillon, dans les Pyrénées-Orientales; la Nouvelle, dans l'Aude (Nob.); Cette (Granger), Palavas (Dollfus), dans l'Hérault; la Provence (Petit); les Martigues (Nob.), Roucas-Blanc, fort Saint-Jean (Marion), dans les Bouches-du-Rhône; Toulon, Saint-Tropez (Doublier, Gay), Porquerolles, les îles d'Hyères, etc. (Nob.), dans le Var; Cannes (Gay, Dautzenberg), Menton (Nob.), Nice (Verany), dans les Alpes-Maritimes (Roux); etc.

Venerupis perforans, Montagu.

Venus perforans, Montagu, 1803. *Test. Brit.*, p. 127, pl. III, fig. 6.
Venerupis perforans, de Lamarck, 1818, *Anim. s. vert.*, V, p. 506.

La Manche : le Boulonnais, dans le Pas-de-Calais (Bouchard-Chantereaux).

L'Océan : îlots du Four et de la Banche, dans la Loire-Inférieure (Cailliaud); etc.

Venerupis nucleus (1), de Lamarck.

Venerupis nucleus, de Lamarck, 1818. *Anim. s. vert.*, V, p. 506. — Delessert, 1841. *Rec. coq.*, pl. V, fig. 1.

La Manche : le Boulonnais, dans le Pas-de-Calais (Bouchard-Chanteraux).

L'Océan : la Rochelle, dans la Charente-Inférieure (de Lamarck, Beltremieux); etc.

B. — Groupe du *V. Lajonkairi*

Venerupis Lajonkairi, Payraudeau.

Venerupis Lajonkairii, Payraudau, 1826. *Moll. Corse*, p. 36, pl. I, fig. 11, 12.
— *Layonkairi*, Weinkauff, 1867. *Conch. mittelm.*, I, p. 93.

La Méditerranée (Petit, Weinkauff) : Toulon, dans le Var (Petit, Doublier); Cannes, dans les Alpes-Maritimes (Dautzenberg); etc.

Venerupis substriatus, Montagu.

Venus substriata, Montagu, 1809. *Test. Brit., Suppl.*, p. 48, pl. XXIX, f. 6.
Venerupis decussata, Philippi, 1834. *Enum. moll. Sic.*, I, pl. III, fig. 5.

(1) Melius : *nucleatus*.

Venus candida, Scacchi, 1836. *Cat. reg. Neap.*, p. 7.
Tapes substriata, Sowerby. *Thes. conch.*, II, p. CL, fig. 116, 117.
Rupellaria decussata, Weinkauff, 1862. *In Journ. conch.*, X, p. 312.
Venerupis substriatus, Weinkauff, 1867. *Conch. mittelm.*, I, p. 94.

La Méditerranée : les îles d'Hyères, dans le Var (Nob.); les Alpes-Maritimes (Roux); etc.

Genre PETRICOLA, de Lamarck

De Lamarck, 1801. *Syst. anim.*, p. 121.

Petricola lithophaga, RETZIUS.

Venus lithophaga, Retzius, 1786. *In Act. acad. Taur.*, V, p. 11 à 14, f. 1, 2.
Mya decussata, Montagu, 1809. *Test. Brit.*, *Suppl.*, p. 20, pl. XXVIII, f. 1.
Petricola striata, de Lamarck, 1818. *Anim. s. vert.*, V, p. 502.
— *lithophaga*, Philippi, 1836. *Enum. moll. Sic.*, I, p. 21, pl. III, fig. 6. — Forbes et Hanley, 1853. *Brit. moll.*, I, pl. VI, fig. 9, 10; pl. G, fig. 1. — Sowerby, 1859. *Ill. ind.*, pl. I, fig. 7. — Hidalgo, 1870. *Moll. marin.*, pl. LXXIV, fig. 11.
— *rocellaria (pars)*, Cailliaud, 1865. *Cat. moll. Loire-Infér.* p., 56.

La Manche : région normande (Fischer); le Havre, dans la Seine-Inférieure; la baie de Saint-Brieuc, dans les Côtes-du-Nord; etc.

L'Océan : régions armoricaine et aquitanique (Fischer); rade de Brest, dans le Finistère (Daniel); le Morbihan (Taslé); îlots du Four et de la Banche, dans la Loire-Inférieure (Cailliaud); île d'Yeu, dans la Vendée (Servain); la Rochelle, l'île de Ré (Nob.), dans la Charente-Inférieure (de Lamarck, Nob.); Arcachon, le Verdon, Vieux-Soulac (Fischer), dans la Gironde; Biarritz, dans les Basses-Pyrénées (Nob.); etc.

La Méditerranée (Petit, Weinkauff) : le Roussillon, dans les Pyrénées-Orientales (Nob.); Cette, dans l'Hérault (Granger); le golfe d'Aigues-Mortes, dans le Gard (Clément); Marseille (Ancey), Montredon, Pomègue, Morgillet (Marion), dans les Bouches-du-Rhône; Toulon, les îles d'Hyères, dans le Var (Nob.); Nice, dans les Alpes-Maritimes (Verany); etc.

Petricola semilamellata, DE LAMARCK.

Petricola semilamellata, de Lamarck, 1818. *Anim. s. vert.*, V. p. 503.
— Delessert, 1841. *Rec. coq.*, pl. IV, fig. 10.
— *lithophaga*, Fischer, 1866. *In Act. soc. Lin. Bord.*, XXV, p. 302.

L'Océan : la Rochelle, dans la Charente-Inférieure (de Lamarck, Beltremieux).

Petricola costellata, DE LAMARCK.

Petricola costellata, de Lamarck, 1818. *Anim. s. vert.*, V, p. 504. — Delessert, 1841. *Rec. coq.*, pl. IV, fig. 12.
— *lithophaga*, Fischer, 1866. *In Act. soc. Lin. Bord.*, XXV, p. 302.

L'Océan : la Rochelle, dans la Charente-Inférieure (de Lamarck, Beltremieux) ; etc.

Petricola ruperella, DE LAMARCK.

Petricola ruperella, de Lamarck, 1818. *Anim. s. vert.*, V, p. 505. — Delessert, 1841. *Rec. coq.*, pl. IV, fig. 14.
— *lithophaga*, Fischer, 1866. *In Act. soc. Lin. Bord.*, XXV, p. 302.

L'Océan : la Rochelle, dans la Charente-Inférieure (de Lamarck, Beltremieux) ; Bayonne, dans les Basses-Pyrénées (de Lamarck); etc.

Petricola rocellaria, DE LAMARCK.

Petricola rocellaria, de Lamarck, 1818. *Anim. s. vert.*, V, p. 504. — Delessert, 1841. *Rec. coq.*, pl. IV, fig. 13.
— *lithophaga*, Fischer, 1866. *In Act. soc. Lin. Bord.*, XXV, p. 302.

L'Océan: La Rochelle, dans la Charente-Inférieure (de Lamarck, Beltremieux); Arcachon, dans la Gironde (Nob); etc.

MYADÆ

Genre MYA, Linné

Linné, 1758. *Syst. nat.*, édit. X, p. 676.

Mya truncata, LINNÉ.

Mya truncata, Linné, 1767. *Syst. nat.*, édit. XII, p. 1112. — *Encycl. meth.*, *Vers*, pl. CCIX, fig. 2. — Forbes et Hanley, 1853. *Brit. moll.*, I, p. 163, pl. X, fig. 1 à 3; pl. H, fig. 1. — Sowerby, 1859. *Ill. ind.*, pl. I, fig. 19. — Jeffreys, 1865-1869. *Brit. conch.*, III, p. 66; V, p. 192, pl. L, fig. 2.
Chama truncata, da Costa, 1778. *Brit. conch.*, p. 233, pl. XVI, fig. 1.
Mya ovalis, Turton, 1827. *Dithyra Brit.*, p. 33, pl. III, fig. 1, 2.

La Manche : Dunkerque, dans le Nord (Terquem), Berck, Wimereux (Nob.); le Boulonnais (Bouchard-Chantereaux), dans le Pas-de-Calais : Saint-Valery, dans la Somme (Nob.) ; la région normande (Fischer) ; Dieppe, Fécamp, le Havre, dans la Seine-Inférieure ; Cabourg, Langrune, dans le Calvados (Nob.) ; Cherbourg, Valogne, dans la Manche (Macé) ; baie de Saint-Brieuc, dans les Côtes-du-Nord (Nob.) ; etc.

L'Océan : régions armoricaine et aquitanique (Fischer); Paimpol, Roscoff, Morlaix, dans le Finistère (Daniel) ; Belle-Isle, Quiberon, dans le Morbihan (Taslé); îlot du Four et de la Banche, dans la Loire-Inférieure (Cailliaud, Taslé); ? les côtes de la Charente-Inférieure (Beltremieux ; etc. (1).

Mya arenaria, Linné.

Mya arenaria, Linné, 1767. *Syst. nat.*, édit. XII, p. 1112. — Forbes et Hanley, 1853. *Brit. moll.*, I, p. 168, pl. X, fig. 4 à 6. — Sowerby, 1859. *Ill. ind.*, pl. I, fig. 20. — Jeffreys, 1865-1869. *Brit. conch.*, III, p. 64; V, p. 192, pl. L, fig. 1.

Chama arenaria, da Costa, 1778. *Brit. conch.*, p. 232.

La Manche : Dunkerque, dans le Nord (Terquem); le Boulonnais (Bouchard-Chantereaux), Berck, Wimereux (Nob.), dans le Pas-de-Calais ; Saint-Valéry, dans la Somme ; région normande (Fischer); Dieppe, Fécamp, le Havre, Trouville, dans la Seine-Inférieure ; Cabourg, Langrune, dans le Calvados (Nob.) ; baie de Cherbourg (de Gerville, Macé), Granville (Servain), dans la Manche; Cancale, Saint-Malo, dans l'Ille-et-Vilaine ; golfe de Saint-Brieuc, île Bréhat, dans les Côtes-du-Nord (Nob.) ; etc.

L'Océan : régions armoricaine et aquitanique (Fischer); côte de Saint-Marc, Plougastel, Landevennec, Daoulas, etc. (Daniel), Concarneau (de Guerne), dans le Finistère; les côtes du Morbihan (Taslé) ; côtes de Ker-Cabelec, Pouliguen (Cailliaud) dans la Loire-Inférieure ; les sables d'Olonne, dans la Vendée (Nob.) ; la Rochelle, embouchure de la Seudre, l'île de Ré (Nob.), dans la Charente-Inférieure (Beltremieux) ; estuaire de la Gironde, sud de la baie d'Arcachon, dans la Gironde (Fischer) ; etc.

Mya elongata, Locard.

Mya elongata, Locard, 1884. *Mss.*

La Manche : Dunkerque, dans le Nord (Nob.) ; etc.

L'Océan : la Rochelle, dans la Charente-Inférieure (Nob.) ; Arcachon, dans la Gironde (Nob.) ; etc.

(1) Risso (*Hist. nat. Eur. mérid.*, IV, p. 371) cite dans son catalogue le *Mya truncata;* c'est très probablement une erreur; nous ne croyons pas que le *Mya truncata* vive dans la Méditerranée; dans l'Océan même, il ne paraît pas descendre beaucoup plus bas que l'embouchure de la Loire.

Genre PANOPÆA, Ménard de la Groye

Ménard de la Groye, 1807. *In Ann. Mus.*, IX, p. 131.

Panopæa Norvegica, SPENGLER.

Mya Norvegica, Spengler, 1792. *Skrift. naturh. Selskab.*, III, part. I, p. 46, pl. II, fig. 18.
Glycimeris arctica, de Lamarck, 1818. *Anim. s. vert.*, V, p. 458.
Panopæa Spengleri, Valenciennes, 1839. *In Arch. Mus.*, I, p. 15, pl. V, f. 2.
— *glycimeris*, Bean, 1842. *In Mag. nat. hist.*, VIII, p. 562, f. 50, 51.
— *arctica*, Gould, 1841. *Invert. Massach.*, p. 37, fig. 27
— *Norvegica*, Lovén, 1846. *Ind. moll. Scand.*, p. 49. — Forbes et Hanley, 1853. *Brit. moll.*, I, p. 174; IV, p. 249, pl. XI; pl. XI, pl. W, fig. 1. — Sowerby, 1859. *Ill. ind.*, pl. I, f. 2.
Saxicava Norvegica, Jeffreys, 1865-1869. *Brit. conch.*, III, p. 78; V, p. 192, pl. LI, fig. 2.

L'Océan : au large de Roscoff et de l'île de Batz, dans le Finistère (Daniel).

Panopæa glycimeria, BORN.

Mya glycimeris, Born, 1789, *Test. mus. Cæs. Vind.*, pl. 1, f. 8.
Panopæa Aldrovandi, Ménard d. la Groye, 1807, *In Ann. Mus.*, IX, p. 131. — de Blainville, 1825. *Man. malac.*, pl. LXXX, fig. 2. — Sowerby 1859. *Ill. ind.*, pl. I. fig. 21.
— *Faujasi*, Ménard de la Groye, 1807, *Loc. cit*, IX, p. 131, pl. XII.
— *Glycimeris*, Turton, 1822. *Dithyra Brit.*, p. 42.
Mya Panopæa, Brocchi, 1826. *Conch. foss. sub.*, p. 532.

La Méditerranée : côte de Maguelonne, dans l'Hérault (Granger); Nice, dans les Alpes-Maritimes (Nob.).

CORBULIDÆ

Genre SPHENIA, Turton (Sphenia).

Turton, 1822. *Dithyra. Brit.*, p. 26.

Sphenia Binghami, TURTON.

Sphenia Binghami, Turton, 1822. *Dithyra Brit.*, p. 36, pl. III, f. 3 à 6.
Corbula Binghami, Hanley. *Recent shells*, p. 47, *Suppl.*, pl. XII, fig. 4.
Sphænia Binghami, Forbes et Hanley, 1853. *Brit. moll.*, I, p. 90, pl. IX, fig. 1 à 3; pl. T, fig. 3.

Mya Binghami, Jeffreys, 1865-1869. *Brit. conch.*, III, p. 70 ; V, p. 192, pl. L, fig. 3.

La Manche : Dunkerque, dans le Nord (Terquem) ; région normande (Fischer) ; Dieppe, Trouville, dans la Seine-Inférieure (Nob.) ; baie de Saint-Brieuc, dans les Côtes-du-Nord (Nob.) ; etc.

L'Océan : régions armoricaine et aquitanique (Fischer) ; les environs de Brest (Daniel), Concarneau (de Guerne), dans le Finistère ; le golfe du Morbihan (Taslé) ; îlots du Four et de la Banche, dans la Loire-Inférieure (Cailliaud, Taslé) ; les Sables d'Olonne, dans la Vendée (Nob.) ; la Rochelle, l'île de Ré (Nob.), dans la Charente-Inférieure (Beltremieux) ; sables à l'entrée de la Gironde (Fischer), Soulac, Cordouan (des Moulins, Fischer), dans la Gironde ; cap Breton, dans les Landes (de Folin) ; etc.

La Méditerranée : Toulon, dans le Var (Nob.).

Genre CORBULOMYA, Nyst

Nyst, 1846. *Coq. tert. Belg.*, p. 59.

Corbulomya Mediterranea, DA COSTA.

Corbula Mediterranea, da Costa, 1829. *Catal. system.*, p. 26, pl. I, fig. 18. — Philippi, 1836. *En. moll. Sic.*, I, p. 17, pl. I, f. 18.

Tellina Parthenopæa, delle Chiaje. *Mem.*, pl. LXXXVI, fig, 35, 43.

Lentidium Maculatum, de Cristofori et Jan (*teste* Philippi).

Corbulomya Mediterranea, Weinkauff, 1862. *In Journ. conch.*, X, p. 311.

Corbula rosea, Weinkauff, 1865. *In Journ. conch.*, XIII, p. 230 (*non* Brown).

La Méditerranée : Palavas, dans l'Hérault (Dollfus) ; côtes de Provence (Petit, Weinkauff) ; l'étang de Berre (Petit), Marseille, la Joliette, le Prado (Marion), dans les Bouches-du-Rhône ; la rade de Toulon, dans le Var (Nob.) ; les Alpes-Maritimes (Roux) ; etc.

Genre CORBULA, Bruguière

Bruguière, 1792. *Encycl. meth.*, *Vers*, pl. CCXXX.

Corbula gibba, OLIVI.

Tellina gibba, Olivi, 1792. *Zool. Adriat.*, p. 101.

Mya inæquivalvis, Montagu, 1803. *Test. Brit.*, p. 38, pl. XXVI, fig. 7.

Corbula nucleus, de Lamarck, 1818. *Anim. s. vert.*, V, p. 496. — Forbes et Hanley, 1853. *Brit. moll.*, I, p. 181, pl. IX, fig. 7, 8, 11 et 12 ; pl. G, fig. 3. — Sowerby, 1859. *Ill. ind.*, pl. I, f. 22.

Corbula striata, Fleming, 1828. *Brit. anim.*, p. 425.
— *Olympica*, da Costa, 1829. *Test. Sicil.*, p. 27.
— *inæquivalvis*, Macgillivray, 1847. *Moll. Aberd.*, p. 303.
— *gibba*, Jeffreys, 1865-1869. *Brit. conch.*, III, p. 56 ; V, p. 192, pl. XLIX, fig. 6.

La Manche : Dunkerque, dans le Nord (Nob.); le Boulonnais (Bouchard-Chantereaux), Berck, Wimereux (Nob.), dans le Pas-de-Calais ; Saint-Valery, dans la Somme (Nob.) ; la région normande (Fischer); Dieppe, Fécamp, le Havre, dans la Seine-Inférieure; Langrune, Cabourg, dans le Calvados (Nob.) ; Cherbourg, Valognc (de Gerville, Macé), Granville (Servain), dans la Manche ; Saint-Malo, dans l'Ille-et-Vilaine ; baie de Saint-Brieuc, dans les Côtes-du-Nord ; etc.

L'Océan : régions armoricaine et aquitanique (Fischer) ; Postrein, Brest, Lanninon (Daniel), Lorient, Douarnenez (Nob.), Concarneau (de Guerne), dans le Finistère ; les côtes du Morbihan (Taslé) ; îlots du Four et de Kikerie, dans la Loire-Inférieure (Cailliaud) ; les Sables d'Olonne (Nob.), île d'Yeu, dans la Vendée (Servain) ; Royan, l'île de Ré, la Rochelle (Nob.), dans la Charente-Inférieure (Beltremieux, Fischer); sables à l'entrée de la Gironde, bassin d'Arcachon, pointe du Sud, dans la Gironde (Fischer, Taslé); cap Breton, dans les Landes (de Folin) ; embouchure de l'Adour (de Folin); Biarritz, Guethary (Nob.), dans les Basses-Pyrénées ; etc.

La Méditerranée (Petit, Weinkauff) : le Roussillon, dans les Pyrénées-Orientales ; la Nouvelle, dans l'Aude (Nob.); Cette (Granger), Palavas (Dollfus), Agde (Nob.), dans l'Hérault ; le golfe d'Aigues-Mortes, dans le Gard (Clément) ; les Martigues (Nob.), Marseille (Ancey), le Prado, Montredon (Marion), dans les Bouches-du-Rhône ; Toulon, Saint-Tropez (Doublier, Gay), cap Sicié, Porquerolles, Carqueirannes, les îles d'Hyères (Nob.), dans le Var ; Cannes (Dautzenberg), Menton (Nob.), dans les Alpes-Maritimes (Roux) ; etc.

Corbula rosea, Brown.

Corbula rosea, Brown, 1845. *Ill. conch.*, 2e édit., p. 105, pl. XLII, f. 6. — Forbes et Hanley, 1853. *Brit. moll.*, I, p 185, pl. IX, fig. 13, 14. — Sowerby, 1859. *Ill. ind.*, pl. I, fig. 23.
— *gibba (var. rosea)*, Jeffreys, 1865. *Brit. conch.*, III, p. 57.

La Manche : le Havre, dans la Seine-Inférieure ; baie de Saint-Brieuc dans les Côtes-du-Nord (Nob.) ; etc.

L'Océan : baie de Douarnenez, dans le Finistère ; la Rochelle, dans la Charente-Inférieure (Nob.) ; la Gironde (Lafont) ; etc.

Corbula ovata, Forbes.

Corbula ovata, Forbes, 1838. *Malac. Monensis*, p. 53, pl. II, fig. 8, 9. — Brown, 1845. *Ill. conch.*, 2e édit., p. 105, pl. XLII, f. 32, 33. — Forbes et Hanley, 1853. *Brit. moll.*, I, p. 187, pl. IX, fig. 15. — Sowerby, 1859. *Ill. ind.*, pl. I, fig. 24.

La Manche : Fécamp, le Havre, dans la Seine-Inférieure ; baie de Saint-Brieuc, dans les Côtes-du-Nord (Nob.) ; etc.

Corbula curta, Locard.

Corbula nucleus, Forbes et Hanley, 1853. *Brit. moll.*, pl. IX. fig. 9, 10.
— *curta*, Locard, 1884. *Mss.*

L'Océan : les îles de Ré et d'Oléron, dans la Charente-Inférieure (Nob.).

La Méditerranée : les Martigues, dans les Bouches-du-Rhône ; la rade de Toulon, dans le Var (Nob.) ; etc.

Genre PHOLADOMYA, G. B. Sowerby

G. B. Sowerby, 1823. *Gen. shells*, fasc. 19.

Pholadomya Loveni, Jeffreys.

? *Tracia pholadomya*, Forbes. *In* Weinkauff, 1866. *Conch. mitt.*, I, p. 40.
Pholadomya Loveni, Jeffreys, 1873. *In Rep. Brit. assoc.*, p. 112. — 1881. *In Proceed. zool. soc.*, p. 934, pl. LXX, fig 7.

La Méditerranée : Peyssonnel, dans les Bouches-du-Rhône (Marion).

Genre NEÆRA, Gray

Gray, 1834. *Griff. anim. Kingd.*

A. — Groupe du *N. cuspidata*

Neæra cuspidata, Olivi.

Tellina cuspidata, Olivi, 1792. *Zool. Adriat.*, p. 101, pl. IV, fig. 3.
Erycina cuspidata, Risso, 1826. *Hist. nat. eur. mer.*, IV, p. 366, f. 170.
Anatina brevirostris, Brown, 1827. *In Edinb. nat. sc.*, I, p. 11, pl. I, f. 1 à 4.
Corbula cuspidata (*pars*), Philippi, 1836. *En. moll. Sic.*, p. 17, pl. I, f. 19.
Thracia brevirostra, Brown, 1845. *Ill. conch.*, p. 110, pl. XLIV, f. 11 à 14.
Neæra brevirostris, Lovén, 1846. *Ind. moll. Scand.*, p. 48.
— *cuspidata*, Forbes et Hanley, 1853. *Brit. moll.*, I, p. 195, VII, f. 4-6. — Sowerby, 1853. *Ill. ind.*, pl. I, fig. 27. — Jeffreys, 1865-1869. *Brit. conch.*, III, p. 54 ; V, p. 191, pl. XLIX, fig. 5.

L'Océan : région aquitanique (Fischer) ; le cap Breton, dans les Landes (de Folin) ; le golfe de Gascogne (Jeffreys) ; etc.

La Méditerranée : les côtes de Provence (Petit); l'Estaque, Saint-Henri, cap Pinède, Peyssonnel, château d'If, Ratonneau, Garlaban, etc., dans les Bouches-du-Rhône (Marion); rade de Toulon (Nob.); etc.

Neæra sulcifera, Jeffreys.

Neæra sulcifera, Jeffreys, 1880. *In Ann. nat. hist.*, 5e sér., VI, p. 316. — 1881. *In Proceed. zool. soc.*, p. 937, pl. LXX, fig. 10.

L'Océan : le golfe de Gascogne (Jeffreys).

Neæra rostrata, Spengler.

Mya rostrata, Spengler, 1792. *Skr. nat. hist. selsk*, III, p. 42, pl. II, f. 16.
Anatina longirostris (pars), de Lamarck, 1818. *Anim. s. vert.*, V, p. 463.
Neæra attenuata, Forbes, 1844. *Rep. Æg. inv.*, p. 143.
Corbula rostrata, Hanley. *Ill. shells*, p. 46.
Neæra rostrata, Lovén, 1846. *Ind. moll. Scand.*, p. 47. — Jeffreys, 1865-1869. *Brit. conch.*, III, p. 51; V, p. 191, pl. XLIX, fig. 4.
— *cuspidata*, Petit de la Saussaye, 1860. *In Journ. conch.*, VIII, p. 237.

L'Océan : le golfe de Gascogne (Jeffreys).

La Méditerranée : les côtes de Provence (Petit, Weinkauff, Jeffreys); Caroubier, Riou, la Cassidagne, Marsilli, Peyssonnel, etc., dans les Bouches-du-Rhône (Marion); cap Sicié (Marion), Toulon, dans le Var (Jeffreys); etc.

Neæra bicarinata, Jeffreys.

Neæra bicarinata, Jeffreys, 1826. *In Ann. nat. hist.*, p. 496. — 1881. *In Proceed. zool. soc.*, p. 939, pl. LXXI, fig. 1.

L'Océan : le golfe de Gascogne (Jeffreys).

B. — Groupe du *N. costellata*

Neæra costellata, Deshayes.

Corbula costellata, Deshayes, 1836. *Exp. Morée*, p. 86, pl. XXIV, f. 1 à 3.
Neæra costellata, Hinds, 1843. *In Proceed. zool. soc.*, p. 77. — Forbes et Hanley, 1843. *Brit. moll.*, I, p. 199; pl. VII, fig. 8, 9; pl. B, fig. 89. — Sowerby, 1859. *Ill. ind.*, pl. 1, fig. 26. — Jeffreys, 1865-69. *Brit. conch.*, III, p. 49; V, p. 191, pl. XLIX, fig. 3.
— *sulcata*, Lovén, 1846. *Ind. moll. Scand.*, p. 48.

L'Océan : région aquitanique (Fischer); sables à l'entrée de la Gironde (Fischer); au large du golfe de Gascogne (Fischer, Taslé); etc.

La Méditerranée : l'Estaque, Saint-Henri, Ratonneau, Garlaban, Marsilli, Montredon, cap Pinède, Riou, etc., dans les Bouches-du-Rhône (Marion); cap Sicié, dans le Var (Marion); etc.

Neæra lamellosa, M. Sars.

Neæra lamellosa, M. Sars, 1858. *Arct. Moll. Norg. Kyst.*, p. 62.
— *jugosa*, G. O. Sars, 1878. *Mol. arct. Norv.*, p. 88, pl. VI, f. 9.

L'Océan : le golfe de Gascogne (Jeffreys).

Neæra striata, Jeffreys.

Neæra striata, Jeffreys, 1876. *In An. nat. hist*, p. 495. — 1881. *In Proceed. zool. soc.*, p. 944, pl. LXXI, fig. 11.

L'Océan : le golfe de Gascogne (Jeffreys).

Neæra abbreviata, Forbes.

Neæra abbreviata, Forbes, 1843. *In Proceed. zool. soc.*, p. 75. — Forbes et Hanley, 1853. *Brit. moll.*, I, p. 201, pl. VII, fig. 7. — Sowerby, 1859. *Ill. ind.*, pl. I, fig. 28. — Jeffreys, 1865. — 1869. *Brit. conch.*, III, p. 48; V, p. 191; pl. XLIX, fig. 2.
— *vitræa*, Lovén, 1846. *Ind. moll. Scand.*, p. 48.

L'Océan : région armoricaine (Fischer) ; ? les environs de Brest, dans le Finistère (Daniel) ; baie de Pornichet, dans la Loire-Inférieure (Cailliaud) ; le golfe de Gascogne (Jeffreys) ; etc.

Genre POROMYA, Forbes

Forbes, *in* Gray, 1847. *In Proceed. zool.*, p. 191.

Poromya granulata, Nyst et Westendorp

Corbula ? granulata (*non* Philippi), Nyst et Westendorp, 1839. *Nouv. Rech. coq. foss. Anv.*, p. 6, pl. III, fig. 3.
Poromya anatinoides, Forbes, 1843. *In Brit. associat. Rep.*, p. 191.
— *granulata*, Forbes et Hanley, 1853. *Brit. moll.*, I, p. 204, pl. IX, fig. 4 à 6. — Sowerby, 1859. *Ill. ind.*, pl. II, fig. 4. — Jeffreys, 1865-69. *Brit. conch.*, III, p. 45, pl. II, fig. 3; V, p. 191, pl. XLIX, fig. 1.
Embla Korenii, Lovén, 1846. *Ind. moll. Scand.*, p. 200.
Cuminghia Parthenopæa, Tiberi. *Descr. nuov. test.*, p. 18.

La Méditerranée : Caroubier, Riou, cap Couronne, aux environs de Marseille, dans les Bouches-du-Rhône (Marion) ; etc.

PANDORIDÆ

Genre PANDORA, Bruguière

Bruguière, 1792. *Enc. meth.*, *Vers*, pl. CCL, fig. 1.

Pandora inæquivalvis, Linné.

Tellina inæquivalvis, Linné, 1767. *Syst. nat.*, édit. XII, p. 1118.
Mya inæquivalvis, Pennant, 1766. *Brit. zool.*, IV, p. 166.
Pandora inæquivalvis, Bruguière, 1789. *Encycl. méth.*, *vers*, pl. CCL, fig. 1. — Jeffreys, 1865-1869. *Brit. conch.*, III, p. 24; V, p. 190, pl. XLVIII, fig. 1. — Hidalgo, 1870. *Moll. marin.*, XLIX, fig. 5, 6.
Hypogæna inæquivalvis, Poli, 1791. *Test. utr. Sic.*, I, p. 39, pl. XV, f. 5-7, 9.
Pandora rostrata, de Lamarck, 1818. *Anim. s. vert.*, V, p. 498. — Forbes et Hanley, 1853. *Brit. moll.*, I, p. 207, pl. VIII, fig. 1-4. — Sowerby, 1859. *Ill. ind.*, pl. III, fig. 2.
— *margaritacea*, Turton, 1822. *Dithyr. Brit.*, p. 40, pl. III, fig. 11 à 14.

La Manche : Saint-Valery, dans la Somme (Nob.) ; région normande (Fischer) ; le Havre, Fécamp, dans la Seine-Inférieure ; Cabourg, dans le Calvados (Nob.) ; Laie de la Hougue, plage de Lestre (Macé), Cherbourg, (Petit, de Gerville), Granville (Servain), dans la Manche ; Cancale, Saint-Malo, dans l'Ille-et-Vilaine; baie de Saint-Brieuc, dans les Côtes du-Nord (Nob.); etc.

L'Océan : régions armoricaine et aquitanique (Fischer); Roscoff (Grube), rade de Brest, entre Lieven et Canfrout, baie de Douarnenez, Morgat, île de Laber, dans le Finistère (Taslé, Daniel); côtes du Morbihan (Taslé) ; Bourgneuf, Ker-Kabelec, Pouliguen, etc., dans la Loire-Inférieure (Cailliaud) ; les Sables d'Olonne (Nob.), île d'Yeu (Servain), dans la Vendée ; la Rochelle, îles d'Oléron et de Ré (Nob.), dans la Charente-Inférieure (Beltremieux); crassats d'Eyrac, pointe du Sud, crassats de Mouëng, dans le bassin d'Arcachon, dans la Gironde (Fischer) ; cap Breton, dans les Landes (de Folin); Saint-Jean-de-Luz, dans les Basses-Pyrénées (Nob.) ; etc.

La Méditerranée (Petit, Weinkauff) : le Roussillon, dans les Pyrénées-Orientales (Nob.); la Franqui (Pépratx), la Nouvelle (Nob.), dans l'Aude;

Cette (Granger), Palavas (Nob.), dans l'Hérault ; les Martigues (Nob.), dans les Bouches-du-Rhône; Toulon, Saint-Tropez (Doublier, Gay), Saint-Nazaire, les îles d'Hyères (Nob.), dans le Var; Menton (Nob.), Nice (Risso, Verany), dans les Alpes-Maritimes ; etc.

Pandora pinna, Montagu (1).

Solen pinna, Montagu, 1803. *Test. Brit.*, I, p. 565, pl. XV, fig. 3.
Pandora obtusa, de Lamarck, 1818. *Anim. s. vert.*, V, p. 277. — Forbes et Hanley, 1853. *Brit. moll.*, I, p. 210, pl. VIII, fig. 5, pl. B, fig. 10. — Sowerby, 1859. *Ill. ind.*, pl. II, fig. 3.
— *obtusa* (var. *pinna*), Jeffreys, 1865-69. *Brit. conch.*, III, p. 25; V, p. 190, pl. XLVIII, fig. 1 a.
— *pinna*, Weinkauff, 1867. *Conch. mittelm.*, I, p. 32.

La Manche : Cabourg, dans le Calvados (Nob.); Cherbourg (Petit), plage de Lestre, baie de la Hougue (Macé), dans la Manche ; baie de Saint-Brieuc, dans les Côtes-du-Nord (Nob.) ; etc.

L'Océan : régions armoricaine et aquitanique (Fischer) ; Crozon, Saint-Marc, pointe de Liéven, dans le Finistère (Daniel); côte sud de Pornic, dans la Loire-Inférieure (Cailliaud); cap Breton, dans les Landes (de Folin); etc.

La Méditerranée (Petit, Weinkauff) : Agde, dans l'Hérault (Petit) ; Montredon, Ratonneau, cap Pinède, Méjean, etc., dans les Bouches-du-Rhône (Marion); les Alpes-Maritimes (Roux) ; etc.

Pandora obtusa, Leach.

Pandora obstusa, Leach, 1844. *In* Philippi. *Enum. moll. Sic.*, II, p. 14, pl. XIII, fig. 13.

La Méditerranée : Toulon, dans le Var (Nob.) ; la Cassidagne dans les Bouches-du-Rhône (Marion) ; etc.

Pandora flexuosa, Sowerby.

Pandora flexuosa, Sowerby, 1833. *Spec., conch. Pandora*, fig. 13, 15. — Philippi, 1844. *Enum. moll. Sic.*, II, p. 14, pl. XIII, f. 12.
— *inæquivalvis (pars)*, Weinkauff, 1867. *Conch. mittelm.*, I, p. 33.

La Méditerranée : Palavas, dans l'Hérault (Dollfus) ; côtes de Provence (Petit).

(1) Melius: *pinnoides*.

THRACIIDÆ

Genre LYONSIA, Turton

Turton, 1822. *Brit. biv.*, p. 35.

A. — Groupe du *L. Norvegica*

Lyonsia Norvegica, Chemnitz.

Mya Norvegica, Chemnitz, 1788. *Conch. Cab.*, X, p. 345, pl. CLXX, fig. 1647, 1648.

— *nitida*, Fabricius, 1798. *Sk. natur. selsk.*, IV, part. II, pl. X, fig. 10.

Amphidesma corbuloides, de Lamarck, 1818. *Anim. s. vert.*, V, p. 492.

— *pellucida*, Brown, 1818. *In Mem. Wern.*, II, p. 505, pl. XXIV, fig. 1.

Anatina Norvegica, Sowerby, 1833. *Gen. shells*, *Anat.*, fig. 2.

Osteodesma corbuloides, Deshayes, 1835. *Anim. s. vert.*, 2e édit., VI, p. 85.

Lyonsia Norvegica, Sowerby, 1835. *Conch. man.*, 2e édit., fig. 491, 492. — Forbes et Hanley, 1853. *Brit. moll.*, I, p. 214, pl. VII, fig. 6 à 7; pl. II, fig. 3. — Sowerby, 1859. *Ill. ind.*, pl. II, fig. 4. — Jeffreys, 1865-1869. *Brit. conch.*, III, p. 29; V, p. 190, pl. XLVIII, fig. 2.

Magdala striata, Brown, 1845. *Ill. conch.*, 2e édit., p. 111, pl. XL, fig. 26, 27.

La Manche : région normande (Fischer); Dieppe, le Havre, dans la Seine-Inférieure (Nob.); Cherbourg, dans la Manche (Petit, Macé); baie de Saint-Brieuc, dans les Côtes-du-Nord (Nob.); etc,

L'Océan : régions armoricaine et aquitanique (Fischer); Lanninon, Postrein, Saint-Marc, le Poulmic, Morgat, dans le Finistère (Daniel); Les Sables d'Olonne, l'île de Noirmoutiers, dans la Vendée (Fischer, Taslé); l'île de Ré, dans la Charente-Inférieure (Fischer, Taslé, Beltremieux); etc.

La Méditerranée : Ratonneau, Maïré, cap Couronne, Garlaban, Riou, Montredon, etc., dans les Bouches-du-Rhône (Marion), Porquerolles dans le Var (Nob.); etc.

Lyonsia coruscans, Scacchi.

Pandorina coruscans, Sccachi, 1835. *Osserv. zool.*, p. 14.
Osteodesma coruscans, Philippi, 1844. *En. moll. Sic.*, II, p. 15, pl. XIX, f. 1.
Anatina truncata, de Lamarck, 1818. *Anim. s. vert.*, V, p. 465.
Lyonsia elongata, Gray. *In British Mus.* (teste Forbes et Hanley).
— *coruscans*, Deshayes, 1848. *Exp. scient. Alg.*, pl. XXV, fig. A.

La Méditerranée : la Provence (Petit, Weinkaufl).

Lyonsia Montagui, Brown.

Mya striata, Montagu, 1807. *In Linn. Trans.*, XI, p. 188, pl. I, fig 13.
Lyonsia striata, Turton, 1822. *Dithyra Brit.*, p. 35, pl. III, fig. 6, 7.
Hyatella striata, Brown, 1827. *Ill. conch.*, pl. XVI, fig. 26, 27.
Myatella striata, Brown. *Conch. text. Book*, p. 142, pl. XVI, f. 12 et 30.
— *Montagui*, Brown. 1843. *Ill. conch.*, 2e édit., p. 111, pl. XL, f. 25, 27.
Lyonsia Norvegica (pars), Forbes et Hanley. *Brit. moll.*, I, p. 214, pl. VIII, fig. 8 et 9.

La Manche : Cherbourg, dans la Manche (Nob.) ; etc.

L'Océan : l'île de Noirmoutier dans la Vendée ; l'île de Ré, dans la Charente-Inférieure (Nob.) ; etc.

Lyonsia formosa, Jeffreys.

Lyonsia formosa, Jeffreys, 1880. *In Ann. nat. hist.*, 5e édit., VI, p. 316.
— 1881. *In Proceed. zool. soc.*, p. 930, pl. LXX, fig. 1.

La Méditerranée : Marsilli, Peyssonnel, dans les Bouches-du-Rhône (Marion).

B. — Groupe du *L. insculpta*

Lyonsia insculpta, Jeffreys.

Verticordia insculpta, Jeffreys, 1880. *In Ann. nat. hist.*, 5e sér., VI, p. 316.
Pecchiolia insculpta, Jeffreys, 1881. *In. Proceed. zool. soc.*, p. 931, pl. LXX, fig. 4.

L'Océan : le golfe de Gascogne (Jeffreys).

Genre THRACIA, Leach

Leach, *ined.* — De Blainville, 1844. — *In Dict. sc. nat.*, XXXII, p. 347.

A. — Groupe du *T. prætenuis*

Thracia prætenuis, Pultney.

Mya prætenuis, Pultney, 1799. *Cat. Dorset.*, p. 28, pl. IV, fig. 7.
Anatina prætenuis, Turton, 1822. *Dithyra Brit.*, p. 48, pl. IV, fig. 4.

Ligula prætenuis, Brown, 1827. *Ill. conch.*, pl. XIV, fig. 8.
Amphidesma prætenue, Fleming, 1828. *Brit. anim.*, p. 442.
Periploma myalis, Collard des Cherres, 1830. *In soc. Lin. Bord.*, IV, p. 12.
Cochlodesma prætenue, Couthouy, 1839. *In Boston Journ. nat.* — Forbes et Hanley, 1853. *Brit. moll.*, I, p. 235, pl. XV, fig. 4. — Sowerby, 1859. *Ill. ind.*, pl. II, fig. 10.
Thracia prætenuis, Lovén, 1846. *Ind. moll. Scand.*, p. 47. — Jeffreys, 1865-1869. *Brit conch.*, III, p. 34; V, p. 190, pl. XLVII, f. 3.
Periploma prætenuis, Mac-Andrew, 1849. *Reports*, pp.
Cochlodesma leana, Cailliaud, 1865. *Cat. Loire-Inf.*, p. 66 (*n.* Couth.).
Thracia papyracea (pars), Weinkauff, 1862. *In Journ. conch.*, X, p. 309.

La Manche : région normande (Fischer) ; le Havre, dans la Seine-Inférieure (Nob.) ; îles Chaussey, dans la Manche ; baie de Saint-Brieuc dans les Côtes-du-Nord (Nob.) ; etc.

L'Océan : région armoricaine (Fischer) ; baie de Douarnenez, Quélern, Morgat, dans le Finistère (Collard des Cherres, Daniel) ; Vannes, dans le Morbihan (de Lamarck) ; île de Noirmoutiers, dans la Vendée (Nob.) ; plateau du Four, Basse-Kikerie (Cailliaud, Taslé) ; île d'Oleron, dans la Charente-Inférieure (Nob.) ; etc.

B. — Groupe du *T. papyracea*

Thracia papyracea, Poli.

Tellina papyracea, Poli, 1791. *Test. utr. Sic.*, I, p. 43, pl. XV, fig. 14 1.
Ligula pubescens, Montagu, 1809. *Test. Brit.*, *Suppl.*, p. 116.
Amphidesma phaseolina, de Lamarck, 1818. *Anim. s. vert.*, V, p. 492.
Mya declivis, Turton, 1819. *Conch. diction.*, p. 98.
Anatina declivis, Turton, 1823. *Dithyra Brit.*, p. 47.
Amphidesma declivis, Fleming, 1828. *Brit. anim.*, p. 432.
Thracia phaseolina, Kiener, 1846. *Coq. viv.*, *Thrac.*, pl. II, fig. 4. — Forbes et Hanley, 1853. *Brit. moll.*, I, p. 221, pl. XVII, fig. 5, 6; pl. H, fig. 4. — Sowerby, 1859. *Ill. ind.*, pl. II, fig. 7.
— *pubescens*, Macgillivray, 1847. *Moll. Aberd.*, p. 296.
— *papyracea*, Weinkauff, 1862. *In Journ. conch.*, X, p. 309. — Jeffreys, 1865-1869. *Brit. conch.*, III, p. 36; V, p. 191, pl. XLVIII, fig. 4.

La Manche : région normande (Fischer) ; le Havre, Fécamp, dans la Seine-Inférieure ; Cabourg, dans le Calvados (Nob.) ; Granville (Servain), plages de Lestre et de Quineville (Macé), dans la Manche ; Saint-Malo, dans l'Ille-et-Vilaine ; baie de Saint-Brieuc, dans les Côtes-du-Nord (Nob.) ; etc.

L'Océan : régions armoricaine et aquitanique (Fischer); Douarnenez, Morgat, Dinan, le Conquet, Brest, Lanninon, Saint-Març, etc. (Daniel), Concarneau (de Guerne), dans le Finistère; golfe du Morbihan, Belle-Isle, Quiberon, dans le Morbihan (Taslé); la Bernerie, le Croisic, Piriac, dans la Loire-Inférieure (Cailliaud, Taslé); les Sables d'Olonne, île de Noirmoutiers (Nob.), île d'Yeu (Servain), dans la Vendée; la Rochelle, l'île de Ré (Nob.), dans la Charente-Inférieure (Beltremieux); crassats d'Eyrac, de la pointe du Sud, dans la Gironde (Fischer, Taslé); cap Breton, dans les Landes (de Folin); Saint-Jean-de-Luz, Guéthary, dans les Basses-Pyrénées (Nob.); etc.

La Méditerranée (Petit, Weinkauff): le Roussillon, dans les Pyrénées-Orientales (Nob.); Cette (Granger), l'étang de Thau (Nob.), dans l'Hérault; le littoral du Gard (Clément); Garlaban, dans les Bouches-du-Rhône Marion); Toulon, dans le Var (Doublier, Gay); Nice, dans les Alpes-Maritimes (Verany, Roux); etc.

Thracia villosiuscula, Macgillivray.

Anatina villosiuscula. Macgillivray, 1827. *In Edinb. phil. Journ.*, p. 370, pl. XI, fig. 6.
Thracia ovata, Brown, 1845. *Ill. conch.*, 2e édit., p. 110, pl. XLIV, f. 4.
— *villosiuscula*, Forbes et Hanley, 1853. *Brit. moll.*, I, p. 224, pl. XVII, fig. 4, 7. — Sowerby, 1859. *Ill. ind.*, pl. II, f. 9.
— *papyracea (var. villosiuscula)*, Jeffreys, 1865-1869. *Brit. conch.*, III, p. 37; V, pl. XLVIII, fig. 4, a.

La Manche (Petit, Jeffreys).

C. — Groupe du *T. pubescens*

Thracia pubescens, Pultney.

Mya pubescens, Pultney, 1799. *Cat. Dorset.*, p. 27.
— *declivis*, Donovan, 1801. *Brit. shells*, III, pl. LXXXII.
Anatina myalis, de Lamarck, 1818. *Anim. s. vert.*, V, p. 464.
— *pubescens*, Turton, 1822. *Dithyra Brit.*, p. 45.
Thracia pubescens, Kiener. *Coq. viv.*, *Thrac.*, p. 5, pl. II, fig. 2.
— Forbes et Hanley, 1853. *Brit. moll.*, I, p. 226, pl. XVI, fig. 1, 3. — Sowerby, 1859. *Ill. ind.*, pl. II, fig. 8. — Jeffreys, 1865-1869. *Brit. conch.*, III, p. 39; V, p. 191, pl. XLVIII, fig. 5.
Amphidesma pubescens, Fleming, 1828. *Brit. anim.*, p. 431.
Thracia declivis, Brown, 1845. *Ill. conch.*, p. 109, pl. XLIV, fig. 5.

La Manche : région normande (Fischer); le Havre, Fécamp, dans la Seine-Inférieure (Nob.); les côtes de la Manche (de Gerville, Macé);

Saint-Malo, dans l'Ille-et-Vilaine ; baie de Saint-Brieuc, dans les Côtes-du Nord (Nob.) ; etc.

L'Océan : région armoricaine (Fischer) ; rade de Brest, baie de Poulmic (Daniel) ; baie de Quiberon, dans le Morbihan (Taslé) ; ? la Charente-Inférieure (Beltremieux) ; etc.

La Méditerranée (Petit, Weinkauff) : la Provence (Petit) ; la Cassidagne, dans les Bouches-du-Rhône (Marion) ; etc.,

Thracia convexa, Wood.

Mya convexa, Wood, 1815. *General conch*, p. 92, pl. XVIII, fig. 1.
Anatina convexa, Turton, 1822. *Dithyra Brit.*, p. 45, pl. IV, fig. 1, 2.
Amphidesma convexum, Fleming, 1828. *Brit. anim.*, p. 431.
Thracia ventricosa, Philippi, 1836. *Enum. moll. Sic.*, I, p. 19, pl. I, f. 10.
— *convexa*, Conthony, 1839. *In Bost. Journ. nat. hist.*, II, p. 140. — Forbes et Hanley, 1853. *Brit. conch.*, I, p. 229, pl. XVI, fig. 1, 4. — Sowerby, 1859. *Ill. ind.*, pl. II, fig. 6. — Jeffreys, 1865-1869. *Brit. conch.*, III, p. 3 ; V, p. 191, pl. XLVIII, fig. 6.
— *declivis*, Macgillivray, 1847. *Moll. Aberd.*, p. 296.

L'Océan : le golfe de Gascogne (Jeffreys).

La Méditerranée : la Provence (Petit, Weinkauff, Jeffreys) ; etc.

Thracia corbuloides, Deshayes.

Thracia corbuloides, Deshayes. *Dict. hist. nat.*, XVI, pl. VI, fig. 6. — De Blainville, 1826. *Man. malac.*, pl. LXXVI, fig. 7. — Kiener, 18 . *Coq. viv.*, *Thrac.*, pl. II, fig. 1.
— *ovalis*, Philippi, 1844. *Enum. moll. Sic.*, II, p. 17, pl. XIV, f. 2.

La Méditerranée : le littoral du Gard (Clément) ; Marseille (Weinkauff), fort Saint-Jean, château d'If (Marion), dans les Bouches-du-Rhône ; Toulon, dans le Var (Doublier, Weinkauff) ; etc.

D. — Groupe du *T. distorta*

Thracia distorta, Montagu.

Mya distorta, Montagu, 1803. *Test. Brit.*, I, p. 42, pl. I, fig. 1.
Anatina distorta, Turton, 1822. *Dithyra Brit.*, p. 48, pl. IV, fig. 5.
Amphidesma distorta, Fleming, 1828. *Brit. anim.*, p. 432.
Thracia distorta, Brown, 1845. *Ill. conch.*, p. 110, pl. XLIV, fig. 7. — Forbes et Hanley, 1853. *Brit. moll.*, I, p. 231, pl. XVII, fig. 1, 2, 8. — Sowerby, 1859. *Ill. ind.*, pl. II, fig. 6. — Jeffreys, 1865-1869. *Brit. conch.*, III, p. 41 ; V, p. 191, pl. XLVIII, fig. 7.
Rupicola distorta, Gray, 1847. *Gen. rec. moll.*, p. 191.

La Manche : région normande (Fischer); Querqueville, dans la Manche (Macé) ; Saint-Malo, dans l'Ille-et-Vilaine (Nob.) ; etc.

L'Océan : régions armoricaine et aquitanique (Fischer); Lanninon, dans le Finistère (Daniel) ; le Morbihan (Taslé) ; ilot du Four, dans la Loire-Inférieure (Récluz) ; île d'Yeu, dans la Vendée (Servain) ; Soulac, dans la Gironde (Fischer) ; cap Breton, dans les Landes (de Folin) ; embouchure de l'Adour, dans les Basses-Pyrénées (de Folin) ; etc.

La Méditerranée : la Provence (Petit, Weinkauff) ; les Martigues (Récluz), Morgillet (Marion), dans les Bouches-du-Rhône ; la rade de Toulon (Gay), dans le Var ; etc.

Thracia rupicola, DE LAMARCK.

Anatina rupicola, de Lamarck, 1818. *Anim. s. vert.*, p. 465.—Delessert, 1841. *Rec. coq.*, pl. III, fig. 4.

Rupicola concentrica, Fleuriau de Bellevue, 1853. *In* Récluz, *in Journ. conch.*, III, p. 129.

Thracia distorta (pars), Fischer, 1866. *In Soc. Lin. Bord.*, XXV, p. 297.

L'Océan : rochers du Four, près Nantes, dans la Loire-Inférieure (Récluz) ; la Rochelle, dans la Charente-Inférieure (Récluz) ; etc.

Thracia truncata, TURTON.

Anatina truncata, Turton, 1822. *Dithyra Brit.*, p. 46, pl. IV, fig. 6.

Amphidesma truncata, Fleming, 1828. *Brit. anim.*, p. 431.

Thracia truncata, Brown, 1845. *Ill. conch.*, p. 110, pl. XLII, fig. 28.

— *distorta (pars)*, Forbes et Hanley, 1853. *Brit. moll.*, pl. XVII, f. 3.

L'Océan : le Croisic, dans la Loire-Inférieure (Petit) ; la Charente-Inférieure (Nob.) ; etc.

Thracia tenera, JEFFREYS.

Thracia tenera, Jeffreys, 1880. *In Ann. nat. hist.*, 5e sér., VI, p. 316 (s. descr.).

Cochlodesma tenera, Fischer, 1882. *In Journ. conch.*, XXX, p. 53.

L'Océan : le golfe de Gascogne (Jeffreys, Fischer).

MACTRIDÆ

Genre LUTRARIA, de Lamarck (1)

De Lamarck, 1799. *Prodr.* — 1801. *Syst. anim.*, p. 120.

Lutraria oblonga, CHEMNITZ.

Chama magna, da Costa, 1778. *Brit. conch.*, p. 230, pl. XVII, fig. 4.
Mya oblonga, Chemnitz, 1780. *Conch. cab.*, VI, p. 27, pl. II, fig. 12.
Mactra hians, Pultney, 1799. *Cat. Dorset.*, p. 32.
Lutraria oblonga, Turton, 1822. *Dithyra Britan.*, p. 64, pl. V, fig. 6. — Forbes et Hanley, 1853. *Brit. moll.*, I, p. 374, pl. XIII, fig. 1. — Sowerby, 1859. *Ill. ind.*, pl. IV, fig. 3. — Jeffreys, 1865-1869. *Brit. conch.*, II, p. 430; V, p. 188, pl. XLIV, fig. 2. — Hidalgo, 1870. *Moll. marin.*, pl. VI, fig. 1.
— *solenoides*, de Lamarck, 1801. *System.*, p. 120.
— *hians*, Fleming, 1828. *Brit. anim.*, p. 465.
Lutricola solenoides, de Blainville, 1827. *Man. malac.*, pl. LXXVII, f. 3.

La Manche : Dunkerque, dans la Manche (Nob.) ; le Boulonnais, dans le Pas-de-Calais (Bouchard-Chantereaux); la région normande (Fischer); le Havre, dans la Seine-Inférieure ; Cabourg, dans le Calvados (Nob.) Granville, dans la Manche (Macé) ; Saint-Malo, dans l'Ille-et-Vilaine ; baie de Saint-Brieuc, dans les Côtes-du-Nord (Nob.) ; etc.

L'Océan : régions armoricaine et aquitanique (Fischer) ; Lorient, Douarnenez (Nob.), les environs de Brest, etc. (Daniel), dans le Finistère ; les côtes du Morbihan (Taslé) ; Ker-Cabelec, étiers du Grand-Trait, le Croisic, Piriac (Cailliaud), dans la Loire-Inférieure, les Sables d'Olonne, île Noirmoutiers (Nob.), île d'Yeu (Servain), dans la Vendée ; Royan, la Rochelle, l'île d'Oléron (Nob.), île de Ré, Escandes (Fischer), dans la Charente-Inférieure (Beltremieux) ; la Teste, crassat dit du Musclos-du-Sud, dans la Gironde (Fischer).

La Méditerranée (Petit, Weinkauff) : le Roussillon, dans les Pyrénées-Orientales (Nob.) ; les environs de Cette, dans l'Hérault (Granger) ; le golfe d'Aigues-Mortes, dans le Gard (Clément) ; les Martigues, les environs de Marseille, dans les Bouches-du-Rhône (Nob.) ; etc.

Lutraria elliptica, DE LAMARCK.

Mactra lutraria, Linné, 1767. *Syst. nat.*, édit. XII, p. 1126.
Lutraria elliptica, de Lamarck, 1818. *Anim. s. vert.*, V, p. 468. —

(1) *Lutraria*, per errorem typograficam, pro *lutaria*, id est *Lutosa*.

Forbes et Hanley, 1853. *Brit. moll.*, I, p. 370, pl. XII; pl. H, fig. 2. — Sowerby, 1859. *Ill. ind.*, pl. IV, fig. 1. — Jeffreys, 1863-1869. *Brit. conch.*, II, p. 428; V, p. 188, pl. XLIV, fig. 1. — Hidalgo, 1870. *Moll. marin.*, pl. VI, fig. 2.

Lutraria vulgaris, Fleming, 1828. *Brit. anim.*, p. 464.

La Manche : Boulogne (Bouchard-Chantereaux), Berck, Wimereux (Nob.), dans le Pas-de-Calais; Fécamp, Dieppe, le Havre, dans la Seine-Inférieure (Nob.); la région normande (Fischer); Langrune, Cabourg, dans le Calvados (Nob.); Cherbourg, Valogne, etc. (Macé), Granville (Servain), dans la Manche; Saint-Malo, dans l'Ille-et-Vilaine (Grube); baie de Saint-Brieuc, dans les Côtes-du-Nord (Nob.); etc.

L'Océan : régions armoricaine et aquitanique (Fischer); Lanninon, Morgat, Saint-Marc, etc. (Daniel), Douarnenez, Lorient (Nob.), dans le Finistère; les côtes du Morbihan (Taslé); Ker-Cabelec, étier du Grand-Trait, le Croisic, Piriac, dans la Loire-Inférieure (Cailliaud); les Sables d'Olonne, île de Noirmoutiers (Nob.), île d'Yeu (Servain), dans la Vendée; Royan (Fischer), la Rochelle, l'île de Ré, l'île d'Oléron (Nob.), dans la Charente-Inférieure (Beltremieux); la Teste, Arcachon, le Verdon, Vieux-Soulac, dans la Gironde (Fischer); Saint-Jean-de-Luz, dans les Basses-Pyrénées (Nob.); etc.

La Méditerranée (Petit, Weinkauff) : le Roussillon, dans les Pyrénées-Orientales (Nob.); la Nouvelle, dans l'Aude (Nob.); Palavas (Dollfus), Cette (Granger), dans l'Hérault; le golfe d'Aigues-Mortes, dans le Gard (Clément); les Martigues, dans les Bouches-du-Rhône (Nob.); Marseille, fort Saint-Jean, Méjean, Riou (Marion), dans les Bouches-du-Rhône; etc.

Genre MACTRA, Linné

Linné, 1767. *Syst. nat.*, édit. XII, p. 1125.

A. — Groupe du *M. solida*

Mactra triangula, Renieri.

Mactra lactea (*n.* Gmel.), Poli, 1791. *Test. utr. Sic.*, XVIII, fig. 13, 14.
— *triangula*, Renieri, 1804. *Tav. alfab. Adr.* — Deshayes, 1839-1857. *Traité élém.*, p. 88, pl. X, fig. 4 à 6. — Reeve, *Conch. icon.*, pl. XVIII, fig. 84.
— *subtruncata* (*n.* da Costa), Mac-Andrew, 1849-1854. *Reports.*
Spirula triangula, H. et A. Adams, 1853-58. *Gen. rec. moll.*, II, p. 378.
Hemimactra triangula, Chenu, 1859. *Man. conch.*, II, p. 53, fig. 233.

La Méditerranée (Petit, Weinkauff) : les côtes du Roussillon, dans les Pyrénées-Orientales ; la Nouvelle, dans l'Aude ; Cette dans l'Hérault, le Grau-du-Roi, dans le Gard (Nob.) ; la Provence (Petit) ; Marseille (Ancey), fort Saint-Jean, la Joliette, le Prado, Roucas-Blanc, etc. (Marion), dans les Bouches-du-Rhône ; Saint-Nazaire, dans le Var ; Menton, dans les Alpes-Maritimes (Nob.) ; etc.

Mactra subtruncata, DA COSTA.

Mactra stultorum (*non* Linné), Pennant, 1776. *Brit. zool.*, IV, p. 92, pl. LII, fig. 42.

Trigonella subtruncata, da Costa, 1778. *Brit. conch.*, p. 198.

Mactra subtruncata, Forbes et Hanley, 1853. *Brit. moll.*, I, p. 358, pl. XXI, fig. 8 ; pl. XXII, fig. 2 ; pl. L, fig. 3. — Sowerby, 1859. *Ill. ind.*, pl. III, fig. 23. — Jeffreys, 1863-1869. *Brit. conch.*, I, p. 419 ; V, p. 188, pl. XLIII, fig. 3. — Hidalgo, 1870. *Moll. marin.*, pl. XXX, fig. 3, 4.

La Manche : Dunkerque, dans le Nord (Terquem) ; le Boulonnais (Bouchard-Chantereaux) ; Berck, Wimereux (Nob.), dans le Pas-de-Calais ; Saint-Valery, dans la Somme (Nob.) ; la région normande (Fischer) ; Dieppe, Fécamp, le Tréport, le Havre, etc., dans la Seine-Inférieure ; Cabourg, Langrune, dans le Calvados (Nob.) ; Cherbourg, Valogne (de Gerville, Macé), Granville (Servain), dans la Manche ; Saint-Malo, dans l'Ille-et-Vilaine ; baie de Saint-Brieuc, dans les Côtes-du-Nord (Nob.) ; etc.

L'Océan : régions armoricaine et aquitanique (Fischer) ; Lorient (Nob.), Quimper (Collard), Lanninon, Morgat, Douarnenez, Saint-Marc, dans le Finistère (Daniel) ; golfe du Morbihan, Gavre, Quiberon, dans le Morbihan (Taslé) ; Ker-Cabelec, Piriac, la Bernerie, le Pouliguen, dans la Loire-Inférieure (Cailliaud, Taslé) ; île d'Yeu, dans la Vendée (Servain) ; Royan (Fischer), les îles de Ré et d'Oléron (Nob.), dans la Charente-Inférieure (Beltremieux) ; embouchure de la Gironde et du bassin d'Arcachon, dans la Gironde (Fischer, Taslé) ; etc.

La Méditerranée : les côtes du Roussillon, Port-Vendre, dans les Pyrénées-Orientales (Nob.) ; Palavas (Dollfus), Cette (Granger) dans l'Hérault ; ? Nice, dans les Alpes-Maritimes (Risso) ; etc.

Mactra truncata, MONTAGU.

Mactra truncata, Montagu, 1809. *Test. Brit.*, p. 34. — Forbes et Hanley, 1853. *Brit. moll.*, I, p. 354, pl. XXIII, fig. 1. — Sowerby, 1859. *Ill. ind.*, pl. III, fig. 26.

— *subtruncata*, Donovan, 1803. *Brit. shells*, IV, pl. CXXVI.

Mactra crassa, Turton, 1822. *Dithyra Brit.*, p. 69 et 258, pl. V, fig. 7.
— *solida (var. truncata)*, Jeffreys, 1865. *Brit. conch.*, II, p. 417.

La Manche : Berck, dans le Pas-de-Calais ; Dieppe, le Tréport, Fécamp, le Havre, dans la Seine-Inférieure ; Cabourg, Langrune, dans le Calvados ; Cherbourg, dans la Manche ; baie de Saint-Brieuc, dans les Côtes-du-Nord (Nob.) ; etc.

L'Océan : Brest, Douarnenez, Lorient, etc. (Nob.); Concarneau, île de Glénan (de Guerne), dans le Finistère ; Royan, îles de Ré et d'Oléron, dans la Charente-Inférieure (Nob.) ; etc.

Mactra solida, Linné.

Mactra solida, Linné, 1776. *Syst. nat.*, édit. XII, p. 1126. — Forbes et Hanley, 1853. *Brit. moll.*, I, p. 351, pl. XXII, fig. 1 et 5 ; pl. L, fig. 2. — Sowerby, 1859. *Ill. ind.*, pl. III, fig. 25. — Jeffreys, 1865-1869. *Brit. conch.*, II, p. 415 ; V, p. 188, pl. XLIII, fig. 2.
Trigonella zonaria, da Costa, 1778. *Brit. zool.*, p. 197, pl. XV, fig. 2.
— *gallina*, da Costa. *Loc. cit.*, p. 199, pl. XIV, fig. 6.
Mactra truncata (*n.* Montagu), Turton, 1822. *Dithyra Brit* , p. 68.

La Manche : Dunkerque, dans le Nord (Terquem); le Boulonnais (Bouchard-Chantereaux), Berck (Nob.), dans le Pas-de-Calais ; la région normande (Fischer) ; Dieppe, Fécamp, le Havre, etc., dans la Seine-Inférieure (Nob.) ; Cabourg, dans le Calvados (Nob.); Cherbourg, Valogne, etc. (de Gerville, Macé), Granville (Servain), dans la Manche ; Saint-Malo, dans l'Ille-et-Vilaine ; baie de Saint-Brieuc, dans les Côtes-du-Nord (Nob.) ; etc.

L'Océan : régions armoricaine et aquitanique (Fischer) ; en dehors de la rade de Brest, côtes de Kerlouan, Guissiny, la Fer-il-dut, Morgat (Daniel), Lorient, Douarnenez (Nob.), etc., dans le Finistère ; les côtes du Morbihan (Taslé) ; le Croisic, la Turballe, Pornichet, Piriac, etc., dans la Loire-Inférieure ; les Sables d'Olonne (Nob.), île d'Yeu (Servain), dans la Vendée ; les plages de la Charente-Inférieure (Beltremieux, Fischer) ; les côtes de la Gironde, embouchure du bassin d'Arcachon (Fischer); etc.

Mactra elliptica, Brown.

Mactra elliptica, Brown, 1827. *Ill. conch.*, XV, fig. 6. — 2e édit., 1845. p. 108, pl. XLI, fig. 6. — Forbes et Hanley, 1853. *Brit. moll.*, I, p. 356, pl. XXII, fig. 3 ; pl. L, fig. 1. — Sowerby, 1859. *Ill. ind.*, pl. III, fig. 22.

Mactra solida (pars), Donovan, 1805. *Brit. shells*, II, pl. LXI, fig. 2.
— *solida (var. elliptica)*, Jeffreys, 1865. *Brit. conch.*, II, p. 417.

La Manche : Dunkerque, dans le Nord ; Wimereux, dans le Pas-de-Calais (Nob.) ; la région normande (Fischer) ; le Tréport, le Havre, dans la Seine-Inférieure (Nob.); Granville, dans la Manche (Servain); baie de Saint-Brieuc, dans les Côtes-du-Nord (Nob.) ; etc.

L'Océan : régions armoricaine et aquitanique (Fischer) ; Lorient, Brest, Douarnenez (Nob.), Concarneau (de Guerne), dans le Finistère ; anse de Pornichet (Nob.), la Turballe, aux Impairs, chenal de Pouliguen (Cailliaud), dans la Loire-Inférieure ; Royan, l'île de Ré, dans la Charente-Inférieure (Nob.) ; le bassin d'Arcachon, dans la Gironde (Fischer).

B. — Groupe du *M. stultorum*

Mactra stultorum, Linné.

Cardium stultorum, Linné, 1858. *Syst. nat.*, édit. X, p. 681. — Hanley. *Ipsa Lin. conch.*, p. 52, pl. II, fig. 8.
Mactra stultorum, Linné, 1767. *Syst. nat.*, édit. XII, p. 1125. — Forbes et Hanley, 1853. *Brit. moll.*, I, p. 362, pl. XXII, fig. 4, 6; pl. XXVI, fig. 2. — Sowerby, 1859. *Ill. ind.*, pl. III, fig. 21. — Jeffreys, 1865-1869. *Brit. conch.*, II, p. 422; V, p. 188, pl. XLIII, fig. 4.
— *corallina*, Linné, 1767. *Loc. cit.*, p. 1126.
— *inflata*, Philippi, 1836. *Enum. moll. Sic.*, I, p. 11, pl. III, fig. 1.

La Manche : Dunkerque, dans le Nord (Terquem); le Boulonnais (Bouchard-Chantereaux), Berck, Wimereux (Nob.), dans le Pas-de-Calais ; Saint-Valéry, dans la Somme (Nob.) ; région normande (Fischer) ; Dieppe, Fécamp, le Havre, le Tréport, dans la Seine-Inférieure ; Cabourg, Langrune, dans le Calvados (Nob.) ; Cherbourg, Valogne, etc. (de Gerville, Macé), Granville (Servain), dans la Manche ; Saint-Malo, dans l'Ille-et-Vilaine ; baie de Saint-Brieuc, dans les Côtes-du-Nord (Nob.) ; etc.

L'Océan : régions armoricaine et aquitanique (Fischer); Douarnenez, Dinan, Morgat (Daniel), Lorient (Nob.), dans le Finistère ; les côtes du Morbihan (Taslé); la Turballe, le Croisic, anse de Pornichet, côtes de Piriac, dans la Loire-Inférieure ; les Sables d'Olonne (Nob.), île d'Yeu (Servain), dans la Vendée, les côtes de la Vendée (Beltremieux); embouchure de la Gironde, plages de l'Océan en dehors du cap Ferret, dans la Gironde (Fischer) ; le cap Breton, dans les Landes (Fischer); etc.

La Méditerranée (Petit, Weinkauff) : les côtes du Roussillon, dans les Pyrénées-Orientales (Nob.); plage de la Franqui (Pépratx), la Nouvelle, dans l'Aude (Nob.); Cette (Granger), Palavas (Dollfus), dans l'Hérault; le golfe d'Aigues-Mortes (Clément), le Grau-du-Roi (Nob.), dans le Gard; les Martigues (Nob.), Marseille (Ancey), le Prado, Roucas-Blanc (Marion), dans les Bouches-du-Rhône ; rade de Toulon, les îles d'Hyères (Nob.), Saint-Raphaël (Doublier, Gay), dans le Var ; Menton (Nob.), Nice (Verany), dans les Alpes-Maritimes (Roux); etc.

Mactra lactea, Gmelin.

Mactra lactea, Gmelin, 1789. *Syst. nat.*, édit. XIII, p. 3259.
— *solida (var.), pars auctorum.*

La Méditerranée (Petit, Weinkauff) : les côtes du Roussillon, dans les Pyrénées-Orientales ; la Nouvelle, dans l'Aude (Nob.); Cette, dans l'Hérault (Petit); le Grau-du-Roi, dans le Gard ; les Martigues (Nob.), Marseille (Ancey), dans les Bouches-du-Rhône ; Toulon, Saint-Raphaël, dans le Var (Doublier, Gay); Menton (Nob.), Nice (Verany), dans les Alpes-Maritimes; etc.

Mactra helvacea, Chemnitz.

Mactra helvacea, Chemnitz, 1780. *Conch. cab.*, VI, p. 234, pl. XXIII, f. 232, 233. — Forbes et Hanley, 1853. *Brit. moll.*, I, p. 366, pl. XXIII, fig. 2. — Sowerby, 1859. *Ill. ind.*, pl. III, fig. 24. — Hidalgo, 1870. *Moll. marin*, pl. XXX, fig. 1, 2.
— *glauca* (*n.* Born), Gmelin, 1789. *Syst. nat.*, édit. XIII, p. 3260. — Jeffreys, 1865-1869. *Brit. conch.*, II, p. 425; V, p. 188, pl. XLIII, fig. 5.
— *Neapolitana*, Poli, 1791. *Test. utr. Sic.*, I, pl. XVIII, fig. 1 à 3.

La Manche : le Boulonnais, dans le Pas-de-Calais (Bouchard-Chantereaux); la région normande (Servain); le Havre, Fécamp, dans la Seine-Inférieure (Nob.); Granville, dans la Manche (Servain); le golfe de Saint-Brieuc, dans les Côtes-du-Nord (Nob.); etc.

L'Océan : régions armoricaine et aquitanique (Fischer); baie de Poulmic (Daniel), Lorient, Douarnenez (Nob.), dans le Finistère ; les côtes du Morbihan (Taslé); les côtes du Nord, dans la Loire-Inférieure (Cailliaud); île d'Yeu, dans la Vendée (Servain); la Charente-Inférieure (Beltremieux); bassin d'Arcachon, cap Ferret (Des Moulins, Fischer), dans la Gironde; etc.

Genre MESODESMA, Deshayes

Deshayes, 1830. *Encycl. meth.*, III, p. 441.

Mesodesma corneum, Poli.

Mactra cornea, Poli, 1791. *Test. utr. Sic.*, I, p. 73, pl. XIX, fig. 8 à 11.
Donax plebeia, Pennant, 1766. *Brit. zool.*, IV, p. 199. — Montagu, 1803. *Test. Brit.*, p. 107, pl. V, fig. 2.
Tellina variegata (var.), Gmelin, 1789. *Syst. nat.*, édit. XIII, p. 3237.
Amphidesma donacilla, de Lamarck, 1818. *Anim. s. vert.*, V, p. 490.
Donax plebeia, Wood, 1818. *Index test.*, pl. VI, fig. 9.
Erycina plebeia, Sowerby, 1820-1824. *Genera shells*, *Eryc.*, fig. 3.
Mesodesma donacilla, Deshayes, 1830. *Encycl. meth.*, II, p. 44, fig. 1.
Donacilla Lamarckii, Philippi, 1836. *Enum. moll. Sic.*, I, p. 37.
Mesodesma cornea, Petit de la Saussaye, 1851. *In Journ. conch.*, II, p. 295. — Hidalgo, 1870. *Moll. marin.*, XV, 4-13.
Donacilla cornea, H. et A. Adams, 1853-1855. *Gen. rec. moll*, II, p. 414, pl. CLXVI, fig. 4.
— *donacilla*, Chenu, 1859. *Man. conch.*, II, p. 79, fig. 343.

La Manche : région normande (Fischer) ; Cherbourg, Querqueville (Macé), îles Chaussey (Nob.), dans la Manche ; etc.

L'Océan : régions armoricaine et aquitanique (Fischer) ; Morgat, baie du Minhou, Douarnenez, Grève, Morlaix, dans le Finistère (Daniel) ; Lorient, Quiberon, Belle-Isle, dans le Morbihan (Taslé) ; le Croisic, dans la Loire-Inférieure (Cailliaud) ; Royan, île de Ré (Nob.), dans la Charente-Inférieure (Beltremieux) ; le bassin d'Arcachon, dans la Gironde (Fischer) ; etc.

La Méditerranée (Petit, Weinkauff) : le Roussillon, dans les Pyrénées-Orientales (Nob.) ; golfe d'Aigues-Mortes, dans le Gard (Clément) ; Saint-Raphaël, Saint-Tropez, golfe Juan, dans le Var (Doublier, Gay) ; Cannes (Dautzenberg), dans les Alpes-Maritimes (Roux) ; etc.

Genre ERVILIA, Turton

Turton, 1822. *Dithyr. Brit.*, p. 56.

Ervilia castanea, Montagu.

Donax castanea, Montagu, 1803. *Test. Brit.*, p. 573.
Capsa castanea, Turton, 1822. *Dithyra Brit.*, p. 128, pl. X, fig. 13.
Erycina pusilla, Philippi, 1836. *Enum. moll. Sic.*, I, p. 13, pl. I, f. 5.
Mesodesma castanea, T., 1845. *Brit. marin. conch.*, p. 54 (*teste* Forbes et Hanley).

Ervilia castanea, Récluz, 1845. *In Mag. zool.*, pl. XCV. — Forbes et Hanley, 1853. *Brit. moll.*, I, p. 341, pl. XXXI, fig. 5-6. — Sowerby, 1859. *Ill. ind.*, pl. III, fig. 17.

Amphidesma castaneum, Jeffreys, 1865-1869. *Brit. conch.*, II, p. 413 ; V, p. 188, pl. XLIII, fig. 1.

La Manche : région normande (Fischer) ; Cherbourg, dans la Manche (Petit).

L'Océan : région armoricaine (Fischer); Minhou, baie de Bertheaume, anse de Déalbors, dans le Finistère (Taslé, Daniel) ; etc.

Ervilia nitens, MONTAGU.

Mya nitens, Montagu, 1808. *Test. Brit.*, *Suppl.*, p. 165.

Amphidesma purpurascens, de Lamarck, 1828. *Anim. s. vert.*, V, p. 492.

Ervilia nitens, Turton, 1822. *Dithyra Brit.*, p. 56, pl. XIX, fig. 4. — Récluz, 1845. *In mag. zool.*, pl. XCVI.

Syndosmya purpurascens, Récluz, 1843. *In Rev. zool. Cuv.*, p. 365.

La Manche : Cherbourg, dans la Manche (Petit).

L'Océan : Morlaix, dans le Finistère (Collard).

Genre NESIS, de Monterosato

De Monterosato, 1875. *Nuova revista*, p. 4 et 17.

Nesis prima, DE MONTEROSATO.

Nesis prima, de Monterosato, 1875. *Nuova revista*, p. 17.

L'Océan : région aquitanique (Fischer); cap Breton, dans les Landes (de Folin, Fischer, de Monterosato).

Genre SCROBICULARIA, Schumacher

Schumacher, 1817. *Essai. nouv. syst.*, p. 127.

Scrobicularia piperata, GMELIN.

Trigonella plana, da Costa, 1778. *Brit. conch.*, p. 200, pl. XIII, fig. 1.

Mactra compressa, Pultney, 1799. *Hutchin's Dorset.*, p. 31.

— *piperata*, Gmelin, 1789. *Syst. nat.*, édit. XIII, p. 3261.

Tellina plana, Donovan, 1800. *Brit. shells*, II, LXIV, fig. 1.

Lutraria piperata, de Lamarck, 1818. *Anim. s. vert.*, V, p. 469.

— *compressa*, de Lamarck, 1818 *Loc. cit.*, p. 469.

Listeria compressa, Turton, 1822. *Dithyra Brit.*, p. 51, pl. V, fig. 1, 2.

Lutricola compressa, de Blainville, 1827. *Man. malac.*, pl. LXXVII, f. 2.

Scrobicularia piperata, Philippi, 1844. *Enum. moll. Sic.*, II, p. 8. — Forbes et Hanley, 1853. *Brit. moll.*, I, p. 326, pl. XV, f. 5; pl. K, fig. 6. — Sowerby, 1859. *Ill. ind.*, pl. III, fig. 18. —

Jeffreys, 1865-1869. *Brit. conch.*, II, p. 444; V, p. 189, pl. XLV, fig. 5.
Lavignon piperatus, Petit de la Saussaye, 1857. *In Jour. conch.*, V, p. 357.
Trigonella piperata, Sars, 1861. *Adr. fauna*, p. 5.
Lavignon planus, Weinkauff, 1882. *In Journ. conch.*, X, p. 398.
Scrobicularia plana, Weinkauff, 1867. *Conch. mittelm.*, I, p. 57.
Semele piperata, de Gregorio, 1884. *Stud. conch. med.*, p. 135.

La Manche : Dunkerque, dans le Nord (Terquem); le Boulonnais (Bouchard), Berck (Nob.), dans le Pas-de-Calais; la région normande (Fischer); le Havre, Fécamp, dans la Seine-Inférieure (Nob.); cap de La Hougue, Quinéville (Macé), îles Chaussey (Nob.), dans la Manche; Cancale, dans l'Ille-et-Vilaine (Nob.); etc.

L'Océan : régions armoricaine et aquitanique (Fischer); Landerneau, Quélern, Penfeld, Lauberlach, Landevennhec, etc., dans le Finistère (Collard, Taslé, Daniel); le Morbihan (Taslé); Pouliguen, Saint-Nazaire, etc., dans la Loire-Inférieure (Cailliaud); les Sables d'Olonne (Nob.), île d'Yeu (Servain), dans la Vendée; Royan, l'île de Ré (Nob.), dans la Charente-Inférieure (Beltremieux); embouchure de la Gironde, bassin d'Arcachon, dans la Gironde (Fischer); etc.

La Méditerranée (Petit, Weinkauff): le Roussillon, dans les Pyrénées-Orientales (Nob.); la Franqui (Pépratx), la Nouvelle (Nob.), dans l'Aude, les environs de Cette, dans l'Hérault (Granger); étang du Repausset, canal d'Aigues-Mortes, dans le Gard (Clément); Toulon, dans le Var (Doublier, Gay); les Alpes-Maritimes (Roux); etc.

Scrobicularia Cottardi, Payraudeau.

Lutraria Cottardi, Payraudeau, 1826. *Moll. Corse*, p. 28, pl. I, fig. 20.
Amphidesma Sicula, Sowerby, 1841. *Conch. ill.*, fig. XXIV.
Ligula Sicula, Forbes, 1844. *Rep. Æg. inv.*, p. 142.
Scrobicularia Cottardi, Philippi, 1844. *Enum. moll. Sic.*, II, p. 8.

La Méditerranée (Petit, Weinkauff) : l'étang du Repausset et le canal d'Aigues-Mortes, dans le Gard (Clément); la Provence (Petit); Cannes (de Monterosato), dans les Alpes-Maritimes (Roux); etc.

Genre SYNDESMYA, Récluz (Syndosmya)

Récluz, 1843. *In Rev. zool.*, p. 292, 359.

A. — Groupe du *S. alba*

Syndesmya Apelina, Renieri.

Tellina Apelina, Renieri, 1804. *Tav. alfab. Adriat.*

Erycina Renieri, Bronn, 1831. *In Ergeb. nat. Reise*, II. p. 259. — Philippi, 1836. *Enum. moll. Sic.*, I, p. 12, pl. I, fig. 6.
Amphidesma Boysii, Risso, 1826. *Hist. nat. eur. mérid.*, IV (*n.* Mtg).
Tellina semidentata, Scacchi, 1826. *Cat. Reg. Neap.*, p. 25.
Syndosmya Apelina, Récluz, 1843. *In Rev. zool.*, p. 307.
— *alba*, Weinkauff, 1868. *Conch. mittelm.*, I, p. 51.
Syndesmya Apelina, Taslé, 1868. *Faune malac. marine*, p. 17.
Sydosmya Renieri, de Monterosato, 1884. *Nom. conch. medit.*, p. 28.

L'Océan : le Croisic, Pouliguen, dans la Loire-Inférieure (Cailliaud, Taslé) ; etc.

La Méditerranée (Petit, Weinkauff) : Agde, Cette (Granger, Petit), Palavas (Dollfus), dans l'Hérault ; la Joliette, le château d'If, Montredon, cap Pinède, Maïré, dans les Bouches-du-Rhône (Marion) ; Toulon, dans le Var (Petit, Gay) ; Cannes (Dautzenberg), dans les Alpes-Maritimes (Roux) ; etc.

Syndesmya alba, S. Wood.

Mactra alba, S. Wood, 1800. *In Lin. Trans.*, VI, pl. XVIII, fig. 9 à 12.
— *Boysii*, Montagu, 1803. *Test. Brit.*, p. 98, pl. III. fig. 7.
Amphidesma Boysii, de Lamarck, 1818. *Anim. s. vert.*, V, p. 491.
— *album*, Fleming, 1814. *Brit. anim.*, p. 432.
Syndosmya alba, Récluz, 1843. *In Rev. zool.*, p. 432. — Forbes et Hanley, 1853. *Brit. moll.*, I, p. 316, pl. XVII, fig. 12 à 14. — Sowerby, 1859. *Ill. ind.*, pl. II, fig. XXII.
Scrobicularia alba, Jeffreys, 1863-1869. *Brit. conch.*, II, p. 438 ; V, p. 189, pl. XLV, fig. 3.
Syndesmya alba, Taslé, 1868. *Faune malac. marine*, p. 17.
Semele (syndosmya) alba, de Grégorio, 1884. *Stud. conch. med.*, p. 133.

La Manche : Dunkerque, dans le Nord (Terquem) ; le Boulonnais, dans le Pas-de-Calais (Petit) ; la région normande (Fischer) ; le Havre, Dieppe, dans la Seine-Inférieure (Nob.) ; Cabourg, dans le Calvados (Nob.) ; Cherbourg (Petit), baie de la Hougue (Macé), Granville (Servain), îles Chaussey (Nob.), dans la Manche ; Cancale, dans l'Ille-et-Vilaine (Nob.) ; baie de Saint-Brieuc, dans les Côtes-du-Nord (Nob.) ; etc.

L'Océan : régions armoricaine et aquitanique (Fischer) ; rade de Brest (Daniel), Concarneau (de Guerne), dans le Finistère ; golfe du Morbihan (Taslé), la Bernerie, dans la Loire-Inférieure (Cailliaud, Taslé) ; île d'Yeu, dans la Vendée (Servain) ; la Rochelle, Royan (Nob.), dans la Charente-Inférieure (Beltremieux) ; embouchure de la Gironde, crassats d'Eyrac, de la pointe du Sud, dans la Gironde (Fischer) ; embouchure de l'Adour, dans les Basses-Pyrénées (de Folin); le golfe de Gascogne (Jeffreys); etc.

La Méditerranée : Marseille, dans les Bouches-du-Rhône; Toulon, dans le Var (Nob.); etc.

Syndesmya occitanica, Récluz.

Syndosmya occitanica, Récluz, 1843. *In Rev. zool.*, p. 305.
Erycina tumida, Brusina, 1865. *Conch. Dalm. inedit.*, p. 34.
Syndosmya Renieri (var.), de Monterosato, 1884. *Nom. conch. medit.*, p. 29.

La Méditerranée : côtes de Provence (Récluz, de Monterosato).

Syndesmya longicallis, Scacchi.

Tellina longicallus, Scacchi, 1836. *Not. foss. Gravina*, p. 16, pl. I, f. 7.
Erycina longicallis, Philippi, 1844. *En. moll. Sic.*, II, p. 9, pl. XIII, f. 7.
Abra longicallis, G. O. Sars, 1878. *Moll. arct. Norv.*, p. 74, pl. VI, fig. 3; pl. XX, fig. 4.
Syndosmya longicalis, de Monterosato, 1884. *Nom. conch. medit.*, p. 29.
Semele (syndosmya) longicalla, de Gregorio. 1884, *Stud. conch. medit.*, p. 132.

L'Océan : le golfe de Gascogne (Jeffreys).

La Méditerranée: Marsilly, Peyssonnel, Blanquières, dans les Bouches-du-Rhône (Marion).

Syndesmya nitida, Müller.

Mya nitida (*n.* Fabr.), Müller, 1789. *In Selsk. skr.*, IV, II, p. 45.
Amphidesma intermedia, Thompson, 1844. *In Ann. nat. hist.*, XV, p. 318, pl. XIX, fig. 6.
Syndosmya nitida, Lovén, 1846. *Ind. moll. Scand.*, p. 44.
Abra profundissma, Jeffreys, 1847. *In Ann. nat. hist.*, XX, p. 19.
Syndosmya intermedia, Forbes et Hanley, 1853. *Brit. moll.*, I, p. 319, pl. XVII, fig. 9, 10; pl. K, fig. 5. — Sowerby, 1859. *Ill. ind.*, pl. II, fig. 21.
Scrobicularia nitida, Jeffreys, 1863. *Brit. moll.*, II, p. 436; V, p. 189, pl. XLV, fig. 2.
Semele (syndosmya) nitida, de Gregorio, 1884. *Stud. conch. medit.*, p. 131.

La Manche : Dunkerque, dans le Nord (Terquem); région normande (Fischer); baie de la Hougue, dans la Manche (Macé); Saint-Malo, dans l'Ille-et-Vilaine (Nob.); baie de Saint-Brieuc, dans les Côtes-du-Nord (Nob.); etc.

L'Océan : régions armoricaine et aquitanique (Fischer); sables à l'entrée de la Gironde, Arcachon, dans la Gironde (Lafont, Fischer); le golfe de Gascogne (de Folin, Jeffreys); etc.

La Méditerranée : la Provence (Petit, Weinkauff) ; Marseille, dans les Bouches-du-Rhône (Marion) ; etc.

Syndesmya ovata, Philippi.

Erycina ovata, Philippi, 1836. *Enum. moll. Sic.*, I, p. 13, pl. I, fig. 20.
Amphidesma segmentum, O. G. Costa, *Ris. viaggio Adr.*, I, fig. 5.
Syndosmya segmentum, Récluz, 1843. *In Rev. zool.*, p. 366.
— *Cailliaudi*, Fischer, 1867. *In J. conch.*, XV, p. 395, pl. IX, f. 2.
Scrobicularia fabula, Brusina, 1865. *Conch. Dalm. ined.*, p. 34.
Syndosmya ovata, Weinkauff, 1866. *Conch. mittelm.*, I, p. 56.
Syndesmya Cailliaudi, Taslé, 1868. *Faune malac. marine sud-est*, p. 17.
Lutricularia ovata, de Monterosato, 1884. *Nom. conch. medit.*, p. 28.

L'Océan : régions armoricaine et aquitanique (Fischer); le golfe du Morbihan (Taslé); le Croisic, dans la Loire-Inférieure (Fischer) ; marais du Verdon, bassin d'Arcachon, dans la Gironde (Lafont, Fischer, Taslé) ; etc.

La Méditerranée (Petit, Weinkauff) : la Provence (Petit) ; la Joliette, les canaux des salines, dans le Gard (Clément) ; Pomègue, dans les Bouches-du-Rhône (Marion) ; etc,

Syndesmya tenuis, Montagu.

Mactra tenuis, Montagu, 1803. *Test. Brit.*, p. 572, pl. XVII, fig. 7.
Amphidesma tenue, de Lamarck, 1818. *Anim. s. vert.*, V, p. 492.
Syndosmya tenuis, Récluz, 1843. *In Rev. zool.*, p. 366. — Forbes et Hanley, 1853. *Brit. moll.*, I, p. 323, pl. XVII, fig. 11. — Sowerby, 1859. *Ill. ind.*, pl. II, fig. 20.
Scrobicularia tenuis, Jeffreys, 1863-1869. *Brit. conch.*, II, p. 442 ; V, p. 189, pl. XLV, fig. 4.
Syndesmya alba (pars), Taslé, 1868. *Faune malac. marine*, p. 17.

La Manche : région normande (Fischer) ; le Havre, dans la Seine-Inférieure (Nob.) ; Cancale (Nob.), bassin de la Hougue (Macé), dans la Manche (de Gerville); etc.

L'Océan : régions armoricaine et aquitanique (Fischer); les environs de Brest (Daniel), Douarnenez, Lorient (Nob.), dans le Finistère ; golfe du Morbihan (Taslé) ; le Pouliguen, le Croisic, Ker-Cabelec, dans la Loire-Inférieure (Cailliaud, Taslé) ; les Sables d'Olonne (Nob.), île d'Yeu, dans la Vendée ; Eyrac, les Canons (Lafont), le bassin d'Arcachon (Fischer), dans la Gironde ; etc.

C. — Groupe du *S. prismatica*

Syndesmya fragilis, Risso.

Abra fragilis, Risso, 1826. *Hist. nat. eur. mérid.*, IV, p. 370.

Psammotea striata, O. G. Costa, 1829. *Cat. Sic.*, p. 21, pl. II, fig. 5.
Erycina Aradæ, Biondi, 1857. *In Atti acc. Gioenia*, p. 3, fig. 1.
Syndosmya angulosa, Weinkauff, 1867. *Conch. mittelm.*, I, p. 54.

La Méditerranée : la Joliette, Garlaban, Montredon, Ratonneau, cap Pinède, Riou, etc., dans les Bouches-du-Rhône (Marion); les Alpes-Maritimes (Risso); etc.

Syndesmya prismatica, Montagu.

Ligula prismatica, Montagu, 1808. *Test. Brit.*, p. 23, pl. XXVI, f. 3.
Mya prismatica, Turton, 1819. *Conch. dict.*, p. 103.
Amphidesma prismatica, de Lamarck, 1818. *Anim. s. vert.*, V, p. 492.
Syndosmya prismatica, Récluz, 1843. *In Rev. zool.*, p. 367. — Forbes et Hanley, 1853. *Brit. moll.*, I, p. 321, pl. XXVII, fig. 15. — Sowerby, 1859. *Ill. ind.*, pl. II, fig. 19.
Scrobicularia prismatica, Jeffreys, 1863-1869. *Brit. conch.*, II, p. 435; V, p. 189, pl. XLV, fig. 1.
Syndesmya alba (pars), Taslé, 1868. *Faune malac. mar.*, p. 17.
Abra prismatica, de Monterosato, 1884. *Nom. conch. medit.*, p. 29.
Semele (syndosmya) angulosa, de Gregorio, 1884. *Etud. conch. medit.*, p. 130.

La Manche : région normande (Fischer); Cancale, dans l'Ille-et-Vilaine (Nob.); baie de Saint-Brieuc, dans les Côtes-du-Nord (Nob.); etc.

L'Océan : régions armoricaine et aquitanique (Fischer) ; les environs de Brest (Daniel), Concarneau (de Guerne), dans le Finistère ; Belle-Isle, dans le Morbihan (Taslé); Basse-Kikerie, dans la Loire-Inférieure (Cailliaud, Taslé); en dehors du bassin d'Arcachon, dans la Gironde (Lafont, Fischer); cap Breton, dans les Landes (de Folin); etc.

La Méditerranée : Riou, dans les Bouches-du-Rhône (Marion).

TELLINIDÆ

Genre CAPSA, Bruguière

Bruguière, 1791. *Encycl, meth.*, *Vers*, pl. CCXXXI.

Capsa fragilis, Linné.

Tellina fragilis, Linné, 1767. *Syst. nat.*, édit. XII, p. 1117. — Römer, 1872. *Mon. Tell.*, p. 276, pl. LII, fig. 4-7.
Petricola ochroleuca, de Lamarck, 1818. *Anim. s. vert.*, V, p. 403.

Psammotæa Tarentina, de Lamarck, 1818. *Loc. cit.*, p. 518. — Delessert, 1841. *Rec. coq.*, pl. V, fig. 11.
Tellina jugosa, Brown, 1818. *In Wern. Mem.*, II, p. 306, pl. XXIV, f. 2.
Psammobia fragilis, Turton, 1822. *Dithyra Brit.*, p. 88, pl. VII, f. 11, 12.
Tellina ochroleuca, Wood, 1825. *Index test.*, *Suppl.*, pl. I, fig. 6.
Psammobia jugosa, Brown, 1827. *Ill. conch.*, p. 102, pl. XL, fig. 4 à 6.
Diodonta fragilis, Deshayes, 1848. *Exp. scient. Alger.*, *Moll.*, pl. LXVII, — Forbes et Hanley, 1853. *Brit. moll.*, II, p. 286, pl. XXI, fig. 3 ; pl. K, fig. 2. — Sowerby, 1859. *Ill. ind.*, pl. II, 16.
Fragilia fragilis, Deshayes, 1848. *Loc. cit.*, p. 561.
Gastrana fragilis, H. et A. Adams, 1853-1858. *Gen. rec. moll.*, II, p. 402, pl. CIV, fig. 4. — Jeffreys, 1863-1869. *Brit. conch.*, II, p. 367 ; V, p. 186, pl. XL, fig. 2.
Capsa fragilis, Mörch, 1858. *In Journ. conch.*, VII, p. 134.
Fragilia ochroleuca, Chenu, 1859. *Man. conch.*, p. 70, fig. 298, 299.
— *fragilis*, Chenu, 1859. *Loc. cit.*, fig. 300.

L'Océan : régions armoricaine et aquitanique (Fischer) ; Lanninon, Saint-Marc, Canfrout, Postrein, Morgat (Daniel), Concarneau (de Guerne), dans le Finistère ; Quiberon (Bertin), dans le Morbihan (Taslé) ; Pouliguen, dans la Loire-Inférieure (Cailliaud) ; île d'Yeu, dans la Vendée (Servain) ; île d'Oléron, dans la Charente-Inférieure (Nob.) ; le bassin d'Arcachon, dans la Gironde (Fischer) ; etc.

La Méditerranée : le Roussillon, dans les Pyrénées-Orientales ; la Nouvelle, dans l'Aude (Nob.) ; les environs de Cette (Granger), Palavas (Dollfus), l'étang de Thau (Nob.), dans l'Hérault ; îles d'Hyères (Nob.), Toulon (Gay), dans le Var ; Marseille, dans les Bouches-du-Rhône (Bertin) ; les environs de Nice, dans les Alpes-Maritimes (Risso) ; etc.

Genre DONAX, Linné

Linné, 1758. *Syst. nat.*, édit. X, p. 682 et 1797.

A. — Groupe de *D. politus*

Donax politus, Poli.

Tellina variegata (var.), Gmelin, 1789. *Syst. nat.*, édit. XIII, p. 3237.
— *vinacea*, Gmelin, 1789. *Loc. cit.*, p. 3238.
— *polita*, Poli, 1791. *Test. utr. Sic.*, pl. XXI, fig. 14 et 15.
Donax complanata, Montagu, 1803. *Test. Brit.*, p. 106, pl. V, fig. 4.
Psammobia polita, Costa, 1829. *Cat. test. Sic.*, p. 20.
Capsa complanata, Payraudeau, 1826. *Moll. Corse*, p. 46. — De Blainville, 1876. *Faune franç.*, pl. IX, fig. 2.
Donax longa, Philippi, 1836. *Enum. moll. Sic.*, I, p. 37, pl. III, fig. 19.
— *politus*, Forbes et Hanley, 1853. *Brit. moll.*, I, p. 336, pl. XXI,

fig. 7. — Sowerby, 1859. *Ill. ind.*, pl. III, fig. 30. — Jeffreys, 1863-1869. *Brit. moll.*, II, p. 408; V, pl. XLII, fig. 6.

Donax polita, Weinkauff, 1867. *Conch. mittelm.*, I, p. 67.

Capsella polita, de Monterosato, 1884. *Nom. conch. medit.*, p. 26.

La Manche : Grandville (Servain), Cherbourg, île Chaussey (Nob.), dans la Manche ; Cancale, Saint-Malo, dans l'Ille-et-Vilaine (Nob.) ; baie de Saint-Brieuc (Nob.) ; etc.

L'Océan : régions armoricaine et aquitanique (Fischer) ; Morgat, île Laber, Bertheaume, Déolbors, Douarnenez, Dinant (Daniel), Concarneau (de Guerne), dans le Finistère ; Gavre, Groix, Quiberon, Belle-Isle, dans le Morbihan (Taslé) ; Pornichet, la Bernerie (Cailliaud), la Turballe (Nob.), dans la Loire-Inférieure ; île d'Yeu, dans la Vendée (Servain) ; le bassin d'Arcachon, le Musclat du Nord, dans la Gironde (Lafont, Fischer) ; etc.

La Méditerranée (Petit, Weinkauff) : Marseille, dans les Bouches-du-Rhône (Ancey) ; etc.

B. — Groupe *D. trunculus*

Donax trunculus, Linné (1).

Donax trunculus, Linné, 1767. *Syst. nat.*, édit. XII, p. 1127. — Poli, 1791. *Test. utr. Sic.*, pl. XIX, fig. 13.

— *rhomboides*, Risso, 1826. *Hist. nat. eur. mérid.*, IV, p. 340.

— *anatinum* (*n.* Lamarck), Payraudeau, 1826. *Moll. Corse*, p. 46.

— *trunculus*, Reeve. *Icon. conch.*, pl. IV, fig. 23. — Hidalgo, 1870. *Moll. marin.*, pl. XLVIII, fig. 1-4.

— *brevis*, Requien, 1848. *Cat. coq. Corse*, p. 21.

Serrula trunculus, de Monterosato, 1884. *Nom. conch. medit.*, p. 24.

La Méditerranée (de Lamarck) : le Roussillon, dans les Pyrénées-Orientales ; Cette, Palavas, dans l'Hérault ; les environs de Marseille, dans les Bouches-du-Rhône ; Toulon, Saint-Nazaire, cap Sicié, etc., dans le Var ; Nice, Menton, dans les Alpes-Maritimes (Nob.) ; etc. (2).

Donax anatinus, de Lamarck.

Donax trunculus (pars)? Linné, 1767. *Syst. nat.*, édit. XII, p. 1127. — Jeffreys, 1863-1869. *Brit. conch.*, II, p. 407 ; V, p. 128, pl. XLII, fig. 7.

— *anatinum*, de Lamarck, 1818. *Anim. s. vert.*, V, p. 551.

(1) Melius : *trunculatus*.

(2) Par suite de la confusion faite par presque tous les auteurs entre le *Donax trunculus* et le *D. anatinus*, nous ne citons ici que les stations dont nous sommes absolument certain.

Donax anatinus (pars), Forbes et Hanley, 1853. *Brit. moll.*, I, p. 332, pl. XXI, fig. 6; pl. K, fig. 7. — Sowerby, 1859. *Ill. ind.*, pl. III, fig. 19.

La Manche : Dunkerque, dans le Nord (Terquem); le Boulonnais (Bouchard), Berck, Wimereux (Nob.), dans le Pas-de-Calais; région normande (Fischer); Dieppe, Fécamp, le Havre, Trouville, etc., dans la Seine-Inférieure (Nob.); Langrune, Cabourg, dans le Calvados (Nob.); baie de la Hougue (Macé); îles Chaussey (Nob.), dans la Manche ; Cancale, dans l'Ille-et-Vilaine (Nob.) ; etc.

L'Océan : régions armoricaine et aquitanique (Fischer); le Conquet, Dinan, Morgat, Douarnenez,, dans le Finistère (Daniel); le Morbihan (Taslé); le Croisic, la Turballe, Pornichet, Escoublac, dans la Loire-Inférieure (Cailliaud); les Sables d'Olonne, dans la Vendée (Nob.); Royan, la Rochelle, îles de Ré et d'Oléron (Nob.), dans la Charente-Inférieure (Beltremieux) ; les côtes de la Gironde (Fischer, Taslé) ; Hendaye, Saint-Jean-de-Luz, dans les Basses-Pyrénées (Nob.) ; etc.

C. — Groupe du *D. semistriatus*

Donax venustus, Poli.

Donax venusta, Poli, 1791. *Test. utr. Sic.*, pl. XIX, fig. 23, 24.
— *modesta*, Risso, 1826. *Hist. nat. eur. mérid.*, p. 339.
Serrula venusta, de Monterosato, 1884. *Nom. conch. medit.*, p. 25.

La Méditerranée : Palavas, dans l'Hérault (Dollfus) ; le Prado, près Marseille, dans les Bouches-du-Rhône (Marion); Toulon, dans le Var (Nob.) ; Cannes (Dautzenberg), Nice (Risso, Verany), dans les Alpes-Maritimes ; etc.

Donax vittatus, da Costa.

Cuneus vittatus, da Costa, 1789. *Brit. conch.*, p. 202, pl. XIV, fig. 3.
Donax anatinus (pars), Forbes et Hanley, 1853. *Brit. moll.*, I, p. 332, pl. XXI, fig. 4 et 5.
— *vittatus*, Jeffreys, 1863-1869. *Brit. conch.*, II, p. 402; V, p. 149, 188, pl. XLII, fig. 5. — Hidalgo, 1870. *Moll. marin.*, pl. XLVIII, fig. 7-8.

La Manche : région normande (Fischer) ; le Havre, Trouville, dans la Seine-Inférieure (Nob.) ; etc.

L'Océan : régions armoricaine et aquitanique (Fischer) ; Morgat (Daniel), Lorient (Nob.), Concarneau (de Guerne), dans le Finistère ; les Sables d'Olonne (Nob.), île d'Yeu (Servain), dans la Vendée; Royan, dans la Charente-Inférieure (Nob.); etc.

Donax semistriatus, Poli.

Donax semistriata, Poli, 1791. *Test. utr. Sic.*, I, pl. XIX, fig. 7. — Philippi, 1836. *Enum. moll. Sic.*, I, p. 36, pl. III, fig. 12.
— *trifasciata*, Risso, 1826. *Hist. nat. eur. mérid.*, IV, p. 341.
— *? denticulata*, Risso, 1826. *Loc. cit.*, p. 339.
— *flabagella*, Deshayes, 1832. *Exp. scient. Morée*, III, p. 94, pl. XVIII, fig. 20.
Serrula semistriata, de Monterosato, 1884. *Nom. conch. médit.*, p. 26.
Donax vittatus, *pars auct.*
— *venustus*, *pars auct.*

La Manche : Dunkerque, dans le Nord (Nob.); le Boulonnais, Berck, dans le Pas-de-Calais (Nob.); le Havre, Trouville, dans la Seine-Inférieure (Nob.); Cabourg, dans le Calvados (Nob.); Cherbourg, dans la Manche (Nob.); etc.

L'Océan : Lorient, Douarnenez, dans le Finistère (Nob.); les Sables d'Olonne, dans la Vendée (Nob.); la Rochelle, Royan (Fischer), dans la Charente-Inférieure (Fischer, Beltremieux); sables à l'entrée de la Gironde (Lafont), cap Féret, Vieux-Soulac, dans la Gironde; Gastes (Fischer), cap Breton (de Folin), dans les Landes; Hendaye, Saint-Jean-de-Luz, dans les Basses-Pyrénées (Fischer); etc.

La Méditerranée (Petit, Weinkauff) : Agde (Petit), Palavas (Dollfus), dans l'Hérault; Marseille (Ancey), le Prado (Marion), dans les Bouches-du-Rhône; Cannes (Dautzenberg), les environs de Nice (Risso, Verany), dans les Alpes-Maritimes (Roux); etc.

Genre PSAMMOBIA, de Lamarck

De Lamarck, 1818. *Anim. s. vert.*, V, p. 511.

Psammobia vespertina, Chemnitz.

Lux vespertina, Chemnitz, 1782. *Conch. cab.*, VI, p. 72, pl. VII, f. 59, 60.
Tellina depressa (*non* Linné), Pennant, 1776. *Brit. zool.*, IV, p. 87, pl. XLVII, fig. 2.
— *variabilis*, Pultney, 1799. *Hutchin's Dorset.*, p. 29.
— *Gari*, Poli, 1791. *Test. utr. Sic.*, pl. XV, fig. 19, 21, 23.
Solen vespertinus, Montagu, 1803. *Test. Brit.*, p. 54.
Tellina albida, Dillwyn, 1817. *Recent shells*, I, p. 78.
Psammobia vespertina, de Lamarck, 1818. *Anim. s. vert.*, V, p. 513. — Forbes et Hanley, 1853. *Brit. moll.*, I, p. 271, pl. XIX, fig. 1-2. — Sowerby, 1859. *Ill. ind.*, pl. III, fig. 4. — Jeffreys, 1863-1869. *Brit. conch.*, II, p. 388; V, p. 145, 187,

pl. XLII, fig. 4. — Hidalgo, 1870. *Moll. marin.*, pl. LXX, fig. 1-5.

Psammobia vespertinalis, de Blainville, 1829. *Man. conch.*, p. 567, pl. LXXVII, fig. 4.

— *florida*, Deshayes, *in* de Lamarck, 1835. *Anim. s. vert.*, VI, p. 174.

Sanguinolaria vespertina, Fleming, 1842. *Brit. anim.*, p. 460.

La Manche : Dunkerque, dans le Nord (Terquem) ; Berck, le Boulonnais, dans le Pas-de-Calais (Nob.); région normande (Fischer) ; le Havre, Trouville, Dieppe, Fécamp, etc., dans la Seine-Inférieure (Nob.); Langrune, dans le Calvados (Nob.); Querqueville (Macé), îles Chaussey (Nob.), dans la Manche ; Cancale, dans l'Ille-et-Vilaine (Nob.) ; baie de Saint-Brieuc, dans les Côtes-du-Nord (Nob.) ; etc.

L'Océan : régions armoricaine et aquitanique (Fischer) ; Roscoff (Grube), Brest, Lanninon, Saint-Marc, Canfrout, Saint-Jean, Quiberon (Daniel), île de Glénau, Concarneau (de Guerne), dans le Finistère ; le Morbihan (Taslé); Piriac, le Croisic, dans la Loire-Inférieure (Cailliaud); les Sables d'Olonne (Nob.), île d'Yeu (Servain), dans la Vendée; la Rochelle, Royan, l'île de Ré (Nob.), dans la Charente-Inférieure (Beltremieux); Arcachon, dans la Gironde (Fischer); etc.

La Méditerranée (Petit, Weinkauff) : le Roussillon, dans les Pyrénées-Orientales (Nob.); la Nouvelle, dans l'Aude (Nob.); Palavas (Dollfus), Cette (Nob.), dans l'Hérault; le Gard (Clément) ; fort Saint-Jean, la Joliette, Pharo, Roucas-Blanc (Marion), Marseille (Ancey), dans les Bouches-du-Rhône; Toulon (Petit, Gay), Saint-Tropez (Doublier), Saint-Nazaire, îles de Porquerolles (Nob.), dans le Var; etc.

Psammobia Ferroensis, Chemnitz.

Tellina incarnata (*non* Linné), Pennant, 1766-1767. *Brit. zool.*, IV, p. 88, pl. XLVII.

— *radiata* (*non* Linné), da Costa, 1778. *Brit. conch.*, p. 209, pl. XIV, fig. 1.

— *Ferroensis*, Chemnitz, 1782. *Conch. cab.*, VI, p. 99, pl. X, f. 1.

— *fervensis*, Gmelin, 1789. *Syst. nat.*, édit. XIII, p. 3235.

— *truncata*, Spengler, 1792. *In Skrif. nat. selsk.*, VI, 2, p. 10.

— *trifasciata*, Donovan, 1803. *Brit. shells*, II, pl. LX.

Psammobia Ferroensis (1), de Lamarck, 1818. *Anim. s. vert.*, V, p. 512. — Forbes et Hanley, 1853. *Brit. moll.*, I, p. 274, pl. XIX, fig. 3. — Sowerby, 1879. *Ill. ind.*, pl. III, fig. 1. — Jeffreys,

(1) Les auteurs ont écrit tantôt *Ferroensis*, tantôt *Feroensis*. Autrefois les îles Féroé étaient désignées sous le nom de Ferro. C'est ainsi que Chemnitz a écrit ce nom.

1865-69. *Brit. conch.*, II, p. 396 ; V, p. 187, pl. XLII, fig. 3. — Hidalgo, 1870. *Moll. marin.*, LXX, fig. 6-7.

Psammobia florida (*n.* Turton), Gay. *Cat. moll. Var*, p. 17.

La Manche : région normande (Fischer) ; le Havre, dans la Seine-Inférieure (Nob.) ; Querqueville, dans la Manche (Macé) ; Cancale, dans l'Ille-et-Vilaine (Nob.) ; etc.

L'Océan : régions armoricaine et aquitanique (Fischer) ; Morgat, Lanninon, île Laber, Douarnenez (Daniel), Concarneau (de Guerne), dans le Finistère ; le Morbihan (Taslé) ; Pouliguen, dans la Loire-Inférieure (Cailliaud) ; île d'Yeu, dans la Vendée (Servain) ; la Charente-Inférieure (Beltremieux) ; sables à l'entrée de la Gironde, embouchure du bassin d'Arcachon, dans la Gironde (Lafont, Fischer) ; cap Breton, dans les Landes (de Folin) ; etc.

La Méditerranée (Petit, Weinkauff) : Agde (Petit), Cette (Granger), dans l'Hérault ; golfe d'Aigues-Mortes, dans le Gard (Clément) ; Marseille (Ancey), château d'If, fort Saint-Jean, Carry, Ratonneau, Méjean, Garlaban, dans les Bouches-du-Rhône (Marion) ; Toulon, dans le Var (Gay).

Psammobia tellinella, DE LAMARCK.

Psammobia tellinella, de Lamarck, 1818. *Anim. s. vert.*, V, p. 493. — Forbes et Hanley, 1853. *Brit. moll.*, I, p. 277, pl. XIX, fig. 4 ; pl. L, fig. 1. — Sowerby, 1859. *Ill. ind.*, pl. III, fig. 3. — Jeffreys, 1863-69. *Brit. conch.*, II, p. 392 ; V, p. 187, pl. XLII, fig. 1.

— *florida*, Turton, 1822. *Dithyra Brit.*, p. 86, pl. VI, fig. 9.

La Manche : région normande (Fischer) ; Langrune, dans le Calvados (Nob.) ; Cherbourg (Petit, Lamarck), Querqueville (Macé), îles Chaussey (Nob.), dans la Manche ; baie de Saint-Brieuc, dans les Côtes-du-Nord (Nob.) ; etc.

L'Océan : régions armoricaine et aquitanique (Fischer) ; Morgat, Morlaix (Daniel), Concarneau, îles de Glénan (de Guerne), dans le Finistère ; le Morbihan (Taslé) ; la Turballe, Pouliguen, Piriac, dans la Loire-Inférieure (Cailliaud) ; les Sables d'Olonne, dans la Vendée (Nob.), la Charente-Inférieure (Beltremieux, Fischer) ; sables à l'entrée de la Gironde, côtes de la Gironde (Fischer) ; etc.

Psammobia costulata, TURTON.

Psammobia costulata, Turton, 1822. *Dithyra Brit.*, p. 87, pl. VI, fig. 8. — Forbes et Hanley, 1853. *Brit. moll.*, I, p. 279, pl. XIX, fig. 5. — Sowerby, 1859. *Ill. ind.*, pl. III, fig. 2. — Jeffreys

1863-69. *Brit. conch.*, II, p. 394; V, p. 187, pl. XLII, f. 2.
Psammobia discors, Philippi, 1836. *Enum. moll. Sic.*, I, p. 23, pl. III, f. 8.

L'Océan : régions armoricaine et aquitanique (Fischer); baie de Bertheaume, anse de Déalbors dans le Finistère (Taslé) ; au large du golfe de Gascogne (de Folin, Fischer), sables à l'entrée de la Gironde (Fischer); etc.

La Méditerranée : Carry, Ratonneau, Méjean, Corbière, dans les Bouches-du-Rhône (Marion); etc.

Genre TELLINA, Linné

Linné, 1758. *Syst. nat.*, édit. X, p. 674 et 1767.

A. — Groupe du *T. pulchella*

Tellina pulchella, de Lamarck.

Tellina pulchella, de Lamarck, 1818. *Anim. s. vert.*, V, p. 526. — Sowerby, 1842-83. *Thes. conch.*, I, p. 230, pl. XLIV, fig. 4. — Hidalgo, 1870. *Moll. marin.*, pl. XLVII, fig. 4-5. — Römer, 1872. *Mon. Tell.*, p. 24, pl. I, fig. 6; pl. IX, fig. 4-9.
— *rostrata*, Poli, 1791. *Test. utr. Sic.*, I, p. 58, pl. XV, fig. 8.
Tellinella pulchella, de Monterosato, 1884. *Nom. conch. medit.*, p. 20.

La Méditerranée (Petit, Weinkauff) : le Roussillon, dans les Pyrénées-Orientales (Nob.) ; la Franqui (Pépratx), la Nouvelle (Nob.), dans l'Aude ; Cette (Granger), Palavas (Dollfus), Agde (Petit), dans l'Hérault ; golfe d'Aigues-Mortes, dans le Gard (Clément); Fos (Bertin), Marseille (Ancey), le Prado (Marion), dans les Bouches-du-Rhône ; Toulon, Saint-Tropez (Doublier, Gay), Saint-Nazaire (Nob.), dans le Var ; Cannes (Doublier, Gay), Menton (Nob.), Nice (Verany), dans les Alpes-Maritimes (Roux); etc.

Tellina distorta, Poli.

Tellina distorta, Poli, 1791. *Test. utr. Sic.*, I, 39, pl. XV, fig. 11. — Hidalgo, 1870. *Moll. marin.*, pl. LVII, fig. 7; LVII, B, fig. 6, 7. — Römer, 1872. *Mon. Tell.*, p. 29, pl. X, f. 5 à 12.
Tellinella distorta, de Monterosato, 1884. *Nom. conch. medit.*, p. 20.

La Méditerranée (Weinkauff) : Cannes (Dautzenberg), Nice (Verany), dans les Alpes-Maritimes (Risso) ; etc.

Tellina donacina, Linné.

Tellina donacina, Linné, 1759. *Syst. nat.*, édit. X, p. 676. — Forbes et Hanley, 1850. *Brit. moll.*, I, p. 292, pl. XX, fig. 3-4. —

Sowerby, 1859. *Ill. ind.*, pl. III, fig. 7. — Jeffreys, 1863-69. *Brit. conch.*, II, p. 386 ; V, p. 187, pl. XLI, fig. 4. — Hidalgo, 1870. *Moll. marin.*, pl. LVII, fig. 9. — Römer, 1862. *Mon. Tell.*, p. 26, pl. IX, fig. 8-12.

Tellina variegata, Poli, 1791. *Test. utr. Sic.*, I, p. 45, pl. XV, fig. 10.

— *Lantivyi*, Payraudeau, 1826. *Moll. Corse*, p. 40, pl. I, fig. 13-15.

Moera donacina, de Monterosato, 1884. *Nom. conch. medit.*, p. 20.

La Manche : Dunkerque, dans le Nord (de Guerne) ; le Boulonnais Bouchard), Berck (Nob.), dans le Pas-de-Calais ; région normande (Fischer) ; Dieppe, Trouville, le Havre, etc., dans la Seine-Inférieure (Nob.) ; Cabourg, dans le Calvados (Nob.) ; Cherbourg (Bertin), îles Chaussey (Nob.), dans la Manche ; Cancale, dans l'Ille-et-Vilaine (Nob.).

L'Océan : régions armoricaine et aquitanique (Fischer) ; Brest, Morgat, Douarnenez, Morlaix (Daniel), Concarneau (de Guerne), dans le Finistère ; le Morbihan (Taslé) ; Basse-Kikerie, îlot du Four, dans la Loire-Inférieure (Cailliaud) ; île d'Yeu, dans la Vendée (Servain) ; la Charente-Inférieure (Beltremieux) ; sables à l'entrée de la Gironde, Pointe du Sud, Vieux-Soulac, dans la Gironde (Fischer) ; etc.

La Méditerranée (Petit, Weinkauff) : le Roussillon, dans les Pyrénées-Orientales (Nob.) ; Palavas (Dollfus), Agde (Petit), dans l'Hérault ; le Gard (Clément) ; Marseille (Ancey), fort Saint-Jean, les Goudes, le Pharo, la Joliette, Roucas-Blanc, Carry, cap Cavaux, Garlaban, Ratonneau (Marion), dans les Bouches-du-Rhône ; Saint Raphaël, Saint-Tropez (Doublier), Toulon, Cavalaire (Gay), Saint-Nazaire, îles de Porquerolles (Nob.), dans le Var ; Menton (Nob.), Nice (Verany), dans les Alpes-Maritimes (Roux) ; etc.

Tellina pusilla, Philippi.

Tellina pusilla, Philippi, 1836. *Enum. moll. Sic.*, I, p. 29, pl. III, fig. 9. — Jeffreys, 1863-1869. *Brit. conch.*, II, p. 388 ; V, p. 187, pl. XLI, fig. 5.

— *pygmæa*, Lovén, 1845. *Ind. moll. Scand.*, p. 42. — Reeve, 1866. *Conch. icon.*, X, fig. 41 ; pl. XXXI, fig. 179. — Forbes et Hanley, 1853. *Brit. moll.*, I, p. 295, pl. XIX, fig. 6, 7. — Sowerby, 1859. *Ill. Ind.*, pl. III, fig. 10, 11.

Moera pusilla, de Monterosato, 1884. *Nom. conch. medit.*, p. 21.

L'Océan : régions armoricaine et aquitanique (Fischer) ; baie de Bertheaume, anse de Déalbors, dans le Finistère (Taslé) ; golfe du Morbihan (Taslé) ; Basse-Kikerie (Cailliaud), le Croisic (Bertin), dans la Loire-Inférieure ; embouchure de la Gironde (Fischer), au large du bassin d'Arcachon (Lafont), dans la Gironde ; etc.

B. — Groupe du *T. fabula* (1)

Tellina fabula, Gronovius.

Tellina fabula, Gronovius, 1781. *Zoophyl.*, p. 263, pl. XVIII, fig. 9. — Forbes et Hanley, 1852. *Brit. moll.*, I, p. 302, pl. XIX, fig. 9. — Sowerby, 1859. *Ill. ind.*, pl. III, fig. 16. — Jeffreys, 1863-69. *Brit. moll.*, III, p 382 ; V, p. 186, pl. XLI, fig. 2. — Hidalgo, 1870. *Moll. mar.*, pl. LVII, fig. 10-11. — Römer. 1872. *Mon. Tell.*, p. 132, pl. III, fig. 9-11 ; pl. XXIX, f. 11-14.

La Manche : Dunkerque, dans le Nord (de Guerne) ; le Boulonnais (Bouchard), Berck (Bertin), Wimereux (Nob.), dans le Pas-de-Calais ; Saint-Valéry, dans la Somme (Nob.) ; région normande (Fischer) ; le Havre, Dieppe, Fécamp, Trouville, etc., dans la Seine-Inférieure (Nob.); Langrune, Cabourg, dans le Calvados (Nob.) ; baie de la Hougue (Macé), Granville (Servain), îles Chaussey (Bertin), etc., dans la Manche ; Cancale, dans l'Ille-et-Vilaine (Nob.) ; baie de Saint-Brieuc, dans les Côtes-du-Nord (Nob.); etc.

L'Océan : régions armoricaine et aquitanique (Fischer) ; Saint-Marc, Lanninon, dans le Finistère (Daniel); le Morbihan (Taslé); Pornichet, Pouliguen, dans la Loire-Inférieure ; île d'Yeu (Servain), les Sables d'Olonne, dans la Vendée (Cailliaud); la Rochelle (Nob.), l'île de Ré, l'île d'Oléron (Nob.), dans la Charente-Inférieure (Fischer, Beltremieux); sables à l'entrée de la Gironde, les côtes de la Gironde (Lafont, Fischer) ; cap Breton, dans les Landes (de Folin) ; embouchure de l'Adour, dans les Basses-Pyrénées (de Folin) ; etc.

Tellina fabuloides (2), de Monterosato.

Tellina fabula (*non* Gronov.), *auct. médit.*
— *fabula* (*var. minor*), de Monterosato, 1878. *Enum. e sin.*, p. 12.
Fabulina fabuloides, de Monterosato, 1884. *Nom. conch. medit.*, p. 21.

La Méditerranée : Palavas, dans l'Hérault (Dollfus) ; Fos, dans les Bouches-du-Rhône (Bertin) ; Porquerolles, dans le Var (Nob.) ; Menton dans les Alpes-Maritimes (Nob.) ; etc.

Tellina incarnata, Linné.

Tellina incarnata, Linné, 1758. *Syst. nat.*, édit. X, p. 675.
Fabulina incarnata, de Monterosato, 1884. *Nom. conch. medit.*, p. 34.

(1) Melius *fabuliformis*.
(2) Melius ; *fabulina*.

La Méditerranée (Petit, Weinkauff) : le Roussillon, dans les Pyrénées-Orientales (Nob.); la Franqui, dans l'Aude (Pépratx); Cette (Granger), Palavas (Dollfus), le golfe d'Aigues-Mortes, dans le Gard (Clément); Marseille (Bertin), les Catalans, Malmousque (Marion), dans les Bouches-du-Rhône; Toulon, dans le Var (Doublier, Gay); les environs de Nice, dans les Alpes-Maritimes (Risso, Roux); etc.

Tellina squalida, Pultney.

Tellina ? depressa, Gmelin, 1778. *Syst. nat.*, édit. XIII, p. 3238.
— *squalida*, Pultney, 1799. *Hutchin's Dorset.*, p. 29. — Jeffreys, 1863-69. *Brit. conch.*, II, p. 384; V, p. 186, pl. XLI, f. 3.
— *incarnata* (*non* Linné), Forbes et Hanley, 1853. *Brit. moll.*, I, p. 298, pl. XX, fig. 5. — Sowerby, 1859. *Ill. ind.*, pl. III, fig. 14. — Hidalgo, 1830. *Moll. marin.*, pl. LVII, fig. 3; pl. LVII, B, fig. 1. — Römer, 1872. *Mon. Tell.*, p. 126, pl. XXIX, fig. 1-5.

La Manche : le Boulonnais, dans le Pas-de-Calais (Bouchard); Saint-Valery, dans la Somme (Nob.); région normande (Fischer); îles Chaussey, dans la Manche (Nob.); Cancale, dans l'Ille-et-Vilaine (Nob.); baie de Saint-Brieuc, dans les Côtes-du-Nord (Nob.); etc.

L'Océan : régions armoricaine et aquitanique (Fischer); Roscoff (Grube), Crozon (Collard, Taslé), Morgat, île Laber, Lanninon, Saint-Marc (Daniel), Concarneau (de Guerne), dans le Finistère; Quiberon, Belle-Isle, Gavre, dans le Morbihan (Taslé); plateau du Four, Basse-Kikeric (Cailliaud), le Croisic (Bertin), dans la Loire-Inférieure; les Sables d'Olonne, dans la Vendée (Nob.); Royan, la Rochelle, l'île de Ré (Nob.), dans la Charente-Inférieure (Beltremieux); cap Féret, Verdon, dans la Gironde (Fischer); etc.

C. — Groupe du *T. Oudardii*

Tellina Oudardii, Payraudeau.

Tellina compressa (*n.* Desh.) Brocchi, 1814. *Conch. foss. sub.*, p. 514, pl. XII, fig. 9. — Hidalgo, 1870. *Moll. marin.*, pl. LVII, B, fig. 4, 5.
— *Oudardii*, Payraudeau, 1826. *Moll. Corse*, p. 40, pl. I, fig. 16-18. — Reeve, 1867. *Icon. conch.*, pl. XXV, fig. 133.
— *unicostalis*, Deshayes, 1832. *Exp. scient. Morée*, p. 92, pl. XX, fig. 11-12.
— *striatula*, Calcara, 1840. *Mon. gen. Claus. e Bul.*, p. 41 (*n.* Lk).
— *strigillata*, Philippi, 1844. *En. moll. Sic.*, II, p. 23, pl. XIV, f. 6.

Tellina Macandrœi, Reeve, 1867. *Icon. conch.*, pl. XXIII, fig. 132.
Oudardia compressa, de Monterosato, 1884. *Nom. conch. medit.*, p. 22.

L'Océan : région aquitanique (Fischer) ; cap Breton, dans les Landes (de Folin) ; etc.

Tellina striatula, DE LAMARCK.

Tellina striatula, de Lamarck, 1815. *Anim. s. vert.*, V, p. 529.

L'Océan : les côtes du Finistère (Collard, Taslé, Daniel) ; la Charente-Inférieure (Beltremieux, Taslé) ; etc.

D. — Groupe du *T. nitida*

Tellina nitida, POLI.

Tellina nitida, Poli, 1791. *Test. utr. Sic.*, I, p. XV, fig. 2-4. — Hidalgo, 1870. *Moll. marin.*, pl. LVII, fig. 1. — Römer, 1872. *Mon. Tell.*, p. 118, pl. III, fig. 12 ; pl. XXVII, fig. 11 à 14.
Peronæa nitida, de Monterosato, 1884. *Nom. conch. medit.*, p. 22.

La Méditerranée (Petit, Weinkauff) : le Roussillon, dans les Pyrénées-Orientales (Nob.) ; la Franqui (Pépratx), la Nouvelle (Nob.), dans l'Aude ; Cette, l'étang de Thau, dans l'Hérault (Granger, Bertin) ; le golfe d'Aigues-Mortes, dans le Gard (Clément, etc.) ; Marseille (Ancey, Bertin), la Joliette (Marion), dans les Bouches-du-Rhône ; Toulon (Doublier, Gay), Saint-Nazaire, Porquerolles (Nob.), dans le Var ; (Menton (Nob.), Nice (Verany), dans les Alpes-Maritimes (Risso, Roux) ; etc.

Tellina planata, LINNÉ.

Tellina planata, Linné, 1758. *Syst. nat.*, édit. X, p. 625. — Poli, 1791. *Test. utr. Sic.*, I, p. 31, pl. XIV, fig. 1-3. — Bruguière. *Encycl. méth.*, *Vers*, I, pl. CCLXXXIX, fig. 4. — Hidalgo, 1870. *Moll. marin.*, pl. LVII, fig. 2. — Römer, 1872. *Mon. Tell.*, p. 115. pl. I, fig. 2 ; pl. XXVIII, fig. 1-4.
— *complanata*, Gmelin, 1788. *Sys. nat.*, édit. XIII, p. 3239.
Omala inæquivalvis, Schumacher, 1817. *Essai nouv. Syst.*, p. 129, pl. X, fig. 1.

La Méditerranée (Petit, Weinkauff) : Marseille, dans les Bouches-du-Rhône (Ancey) ; Toulon, dans le Var (Doublier, Gay) ; les environs de Nice, dans les Alpes-Maritimes (Risso, Verany, Roux) ; etc.

Tellina Cumana, O. G. COSTA.

Psammobia Cumana, O. G. Costa, 1829. *Cat. test. Sic.*, p. 20, pl. II, f. 7.
Tellina Costae, Philippi, 1836. *Enum. moll. Sic.*, I, p. 28, pl. III, f. 11.
— *Cumana*, Hanley, 1846. *In* Sowerby. *Thes. conch.*, p. 298, pl. LVIII, fig. 73. — Hidalgo, 1870. *Moll. marin.*, pl. LVII, a, fig. 1.

— Römer, 1872. *Mon. Tell.*, p. 20, pl. III, fig, 8; pl. XLV fig. 11-14.

Macoma Cumana, Bertin, 1878. *In Arch. Mus.*, 2ᵉ sér., I, p. 338.

La Méditerranée (Petit, Weinkauff : les Martigues (Petit), Marseille, (Bertin), dans les Bouches-du-Rhône.

Tellina serrata, Renieri.

Tellina serrata, Renieri, 1804. *Tav. alfab. Adriat.* — Brocchi, 1814. *Conch. foss. sub.*, p. 510, pl. XII, fig. 1. — Reeve, 1868. *Conch. icon.*, pl. XLVI, fig. 271. — Hidalgo, 1870. *Moll. marin.*, pl. LVII a, fig. 2.

— *punicea*, Payraudeau, 1826. *Moll. Corse*, p. 38 (*n.* Born).

Tellinella serrata, de Monterosaro, 1884. *Nom. conch. medit.*, p. 20.

L'Océan ; régions armoricaine et aquitanique (Fischer) ; le Morbihan (Taslé) ; Basse-Kikerie, dans la Loire-Inférieure (Cailliaud) ; cap Breton, dans les Landes (de Folin, Fischer) ; etc.

La Méditerranée (Petit, Weinkauff) : les Martigues (Petit), fort Saint-Jean, la Joliette, Montredon, Ratonneau, Méjean, Maïré, Riou, etc., dans les Bouches-du-Rhône (Marion) ; Toulon, dans le Var (Petit, Doublier) ; etc.

? **Tellina punicea**, Born.

Tellina punilla, Born, 1780. *Mus. Cæs. Vind.*, pl. II, f. 8.

L'Océan : Rade de Brest, dans le Finistère (Petit, Taslé, Daniel).

La Méditerranée : Toulon, dans le Var (Gay).

E. — Groupe du *T. exigua* (1).

Tellina commutata, de Monterosato.

Tellina tenuis (var. angustata), Philippi, 1836. *Enum. moll. Sic.*, I, p. 27.

— *hyalina* (*n.* Gmel.), Deshayes, 1832. *Exp. scient. Morée*, p. 93, pl. XVIII, fig. 12-14. — Hidalgo, 1870. *Moll. marin.*, pl. LVII, B, fig. 2.

Macoma commutata, de Monterosato, 1884. *Nom. conch. med.*, p. 23.

L'Océan : le Croisic, Pornichet, dans la Loire-Inférieure ; Royan, la Rochelle, l'île de Ré, dans la Charente-Inférieure (Nob.) ; etc.

La Méditerranée : les côtes de Provence (de Monterosato) ; etc.

Tellina exigua, Poli.

Tellina exigua, Poli, 1791. *Test. utr. Sic.*, I, p. 35, pl. XV, fig. 15-17.

(1) Les différentes espèces qui composent ce groupe ayant été si souvent confondues, nous n'indiquerons ici, pour chacune d'elles que les stations dont nous avons pu vérifier la parfaite exactitude.

Tellina tenuis, Hidalgo, 1870. *Moll. marin.*, pl. LVII, fig. 8.
Macoma exigua, de Monterosato, 1884. *Nom. conch. med.*, p. 23.

La Manche : le Havre, Trouville, dans la Seine-Inférieure ; Cherbourg, Granville, îles Chaussey, dans la Manche; Cancale, dans l'Ille-et-Vilaine; baie de Saint-Brieuc, dans les Côtes-du-Nord (Nob.); etc.

L'Océan : Brest, Lorient, dans le Finistère; Pornichet, le Pouliguen, dans la Loire-Inférieure ; les Sables d'Olonne, dans la Vendée ; la Rochelle, Royan, l'île de Ré, l'île d'Oléron, dans la Charente-Inférieure, (Nob.) ; etc.

Tellina tenuis, da Costa.

Tellina tenuis, da Costa, 1778. *Brit. conch.*, p. 210. — Forbes et Hanley, 1853. *Brit. moll.*, I, p. 300, pl. XIX, fig. 8; pl. II, fig. 3. — Sowerby, 1859. *Ill. ind.*, pl. III, fig. 12-13. — Jeffreys, 1862-69. *Brit. conch.*, II, p. 379; V, p. 186, pl. XLI, fig. 1. — Hidalgo, 1870. *Moll. marin.*, pl. LVII, B, fig. 3.
Macoma tenuis, de Monterosato, 1884. *Nom. conch. medit.*, p. 23.

La Manche : Dieppe, Fécamp, le Havre, etc., dans la Seine-Inférieure; Langrune, dans le Calvados; Granville, îles Chaussey, dans la Manche ; Cancale, Saint-Malo, dans l'Ille-et-Vilaine, (Nob.) ; etc.

L'Océan : Lorient, Douarnenez, dans le Finistère ; Pornichet, Pouliguen, dans la Loire-Inférieure; les sables d'Olonne, dans la Vendée ; la Rochelle, île de Ré, Royan, dans la Charente-Inférieure ; Arcachon, dans la Gironde (Nob.) ; etc.

Tellina Bourguignati, Locard.

Tellina tenuis, *pars auct.*
— *exigua*, *pars auct.*
— *Bourguignati*, Locard, 1885. *Mss.*

La Méditerranée : Cette, dans l'Hérault; l'étang de Berre, dans les Bouches-du-Rhône (Nob.); etc.

F. — Groupe du *T. Balthica*

Tellina Baltica, Linné.

Tellina Baltica, Linné, 1758. *Syst. nat*, édit. X, p. 677. — Jeffreys, 1863-69. *Brit conch.*, II, p. 375; V, p. 186, pl. XL, fig. 5.
— *carnaria* (*non* Linné), Pennant, 1766-67. *Brit. zool.*, IV, p. 88, pl. XLIX, fig. 32.
— *zonata*, Gmelin, 1789. *Syst. nat.*, édit. XIII, p. 3288.
— *solidula*, Pultney, 1799. *Hutchin's Dorset.*, p. 29. — Forbes et

Hanley, 1854. *Brit. moll.*, I, p. 304, pl. XX, fig. 6. — Sowerby, 1859. *Ill. ind.*, pl. III, fig. 15.

Psammobia solidula, Turton, 1822. *Dithyra Brit.*, p. 95, pl. VIII, fig. 2.

La Manche : Dunkerque, dans le Nord (Terquem) ; le Boulonnais (Bouchard), Berck, Wimereux (Nob.), dans le Pas-de-Calais ; Saint-Valéry, dans la Somme ; région normande (Fischer) ; Dieppe, Fécamp, le Havre, Trouville, etc., dans la Seine-Inférieure ; Langrune, Cabourg, dans le Calvados ; baie de la Hougue (Macé), îles Chaussey (Nob.), dans la Manche ; Cancale, Saint-Malo, dans l'Ille-et-Vilaine (Nob.) ; baie de Saint-Brieuc, etc., dans les Côtes-du-Nord (Nob.) ; etc.

L'Océan : régions armoricaine et aquitanique (Fischer) ; Brest, Saint-Marc, Lieven, Canfrout, Ouessant, îles Molène et Tudy (Daniel), dans le Finistère ; le Morbihan (Taslé) ; Préfailles, la Bernerie, Pornichet, dans la Loire-Inférieure (Cailliaud) ; les Sables d'Olonne (Nob.), île d'Yeu (Servain), dans la Vendée ; la Rochelle, Royan, l'île de Ré, l'île d'Oléron (Nob.), dans la Charente-Inférieure (Fischer, Beltremieux) ; les côtes de la Gironde (Fischer) ; etc.

La Méditerranée : les côtes du sud de la France (Jeffreys, Weinkauff)) ; Toulon, dans le Var (Gay).

Tellina Neustriaca, Locard.

Tellina Neustriaca, Locard, 1885. *Mss.*

La Manche : les environs de Calais et de Boulogne, dans le Pas-de-Calais ; Fécamp, le Havre, Trouville, dans la Seine-Inférieure ; Cherbourg, dans la Manche ; Saint-Malo, dans l'Ille-et-Vilaine (Nob.) ; etc.

G. — Groupe du *T. crassa*

Tellina crassa, Pennant.

Tellina crassa, Pennant, 1776. *Brit. zool.*, IV, p. 87, pl. XLVIII, fig. 38. — Forbes et Hanley, 1853. *Brit. moll.*, I, p. 288, pl. XX, fig. 1, 2. — Sowerby, 1859. *Ill. ind.*, pl. III, fig. 5. — Jeffreys, 1863-1869. *Brit. conch.*, II, p. 373 ; V, p. 186, pl. XL, fig. 4. — Römer, 1872. *Mon. Tell.*, p. 80, pl. XXII, f. 7-10.

— *rigida*, Donovan, 1801. *Brit. shells*, III, pl. CIII.

— *maculata*, Turton, 1819. *Conch. dict.*, p. 173, fig. 13.

Arcopagia ovata, Brown, 1827. *Ill. conch.*, p. 99, pl. XL, fig. 9-10.

— *crassa*, Bertin, 1878. *In Arch. Mus.*, 2e sér., I, p. 319.

La Manche : Dunkerque, dans le Nord (Terquem) ; le Boulonnais, dans le Pas-de-Calais (Bouchard) ; région normande (Fischer) ; Dieppe,

Trouville, dans la Seine-Inférieure (Nob.) ; Portbail (Nob.), Cherbourg (Bertin), Granville (Servain), îles Chaussey (Bertin), dans la Manche ; baie de Saint-Brieuc, dans les Côtes-du-Nord (Nob.) ; etc.

L'Océan : régions armoricaine et aquitanique (Fischer) ; Brest, Quimper (Collard, Taslé) ; Labervach, Kerlouan, Douarnenez, Dinant, Toulinguet (Daniel), Concarneau (de Guerne), dans le Finistère ; golfe du Morbihan, Gavre, Quiberon, Belle-Isle, dans le Morbihan (Taslé) ; île d'Yeu, dans la Vendée (Servain) ; Piriac, le Croisic, dans la Loire-Inférieure (Cailliaud) ; embouchure du bassin d'Arcachon, dans la Gironde (Fischer) ; etc.

Tellina balaustina, Linné.

Tellina balaustina, Linné, 1758. *Syst. nat.*, édit. X, p. 676. — Forbes et Hanley, 1853. *Brit. moll.*, I, p. 290, pl. XXI, fig. 2. — Sowerby, 1859. *Ill. ind.*, pl. III, fig. 6. — Jeffreys, 1863-1869. *Brit. conch.*, II, p. 83 ; V, p. 186, pl. XL, fig. 3. — Hidalgo, 1870. *Moll. marin.*, pl. LVII, fig. 6. — Römer, 1872. *Mon. Tell.*, p. 92, pl. XXIV, fig. 10-12.

Lucina balaustina, Payraudeau, 1826. *Moll. Corse*, p. 43, pl. I, f. 21-22.

Arcopagia balaustina, Bertin, 1878. *In Arch. Mus.*, 2e sér., I, p. 371.

L'Océan : régions armoricaine et aquitanique (Fischer) ; cap Breton, dans les Landes (de Folin, Fischer) ; etc.

La Méditerranée (Petit, Weinkauff) : Agde, dans l'Hérault (Bertin) ; Fos (Bertin), Marseille (Ancey), la Joliette, fort Saint-Jean, Pharo, Roucas-Blanc, Garlaban, Pomègue, etc. (Marion), dans les Bouches-du-Rhône ; Toulon, Saint-Raphaël, dans le Var (Petit, Doublier, Gay) ; Nice (Verany), dans les Alpes-Maritimes (Roux) ; etc.

CYTHEREIDÆ

Genre LUCINOPSIS, Forbes et Hanley

Forbes et Hanley, 1853. *Brit. moll.*, I, p. 435.

Lucinopsis undata, Pennant.

Venus undata, Pennant, 1767. *Brit. zool.*, IV, p. 95, pl. LV, fig. 51.

— *sinuosa*, Pennant, 1767. *Loc. cit.*, p. 95, pl. LV, fig. 51, A.

Lucina undata, Turton, 1822. *Dithyra Brit.*, p. 115.

Venus incompta, Philippi, 1836. *Enum. moll. Sic.*, I, p. 44, pl. IV, f. 9.

Lucina caduca, Scacchi, 1836. *Cat. reg. Neap.*, p. 6.
Cytherea undata, Macgillivray, 1843. *Moll. Aberd.*, p. 263.
Artemis undata, Alder, 1848. *Cat. Northumb. Durh. moll.*, p. 81.
Lucinopsis undata, Forbes et Hanley, 1853. *Brit. moll.*, I, p. 435, pl. XXVIII, fig. 1, 2; pl. M, fig. 2. — Sowerby, 1859. *Ill. ind.*, pl. IV, fig. 9. — Jeffreys, 1863-1869. *Brit. conch.*, II, p. 363; V, p. 186, pl. XL, fig. 1.
— *corrugata*, Brusina, 1866. *Contr. fauna Dalm.*, p. 41.

La Manche : Dunkerque, dans le Nord (de Guerne); le Boulonnais, dans le Pas-de-Calais (Bouchard); région normande (Fischer); Trouville, dans la Seine-Inférieure (Nob.); la Manche (de Gerville); etc.

L'Océan : régions armoricaine et aquitanique (Fischer); Douarnenez (Taslé); Lanninon, Morgat, Dinan (Daniel), Quelern (Collard), îles de Glénan (de Guerne), dans le Finistère; golfe du Morbihan, Gâvre, Quiberon, dans le Morbihan (Taslé); la Bernerie, les Impairs, chenal de Pouliguen, dans la Loire-Inférieure; Pointe du Sud, dans la Gironde (Fischer); cap Breton, dans les Landes (de Folin); etc.

La Méditerranée (Petit, Weinkauff) : Palavas, dans l'Hérault (Dollfus); côte sud de Pomègue, dans les Bouches-du-Rhône (Marion); etc.

Genre DOSINIA, Gray

Gray, 1840. *Syst. Brit. Mus.*

A. — Groupe du *D. lupinus*

Dosinia lupinus (1), Poli.

Venus lupinus, Poli, 1789. *Test. utr. Sic.*, II, pl. XXI, fig. 2.
Cytherea lunaris, de Lamarck, 1818. *Anim. s. vert.*, V, p. 575.
Arctoe nitidissima, Risso, 1826. *Hist. nat. eur. mérid.*, IV, p. 361.
Venus lincta, Deshayes, 1836. *Exp. scient. Morée*, p. 97.
Cytherea lincta, Philippi, 1836. *Enum. moll. Sic.*, I, p. 41.
Arthemis lincta, Forbes, 1844. *Rep. Æg. inv.*, p. 144.
— *lunaris*, Hanley, 1848. *Rec. shells*, p. 101, pl. XIII, fig. 31.
— *lupinus*, Weinkauff, 1867. *Conch. mittelm.*, I, p. 119.
Dosinia lupinus, Römer, 1862. *Mon. Dos.*, p. 25, pl. V, fig. 1.
— *lunaris*, Hidalgo, 1870. *Moll. marin.*, pl. VIII, f. 4-5.

La Méditerranée (Petit, Weinkauff) : l'étang de Thau, dans l'Hérault (Granger); Marseille, dans les Bouches-du-Rhône; Menton, dans les Alpes-Maritimes (Nob.); Toulon, dans le Var (Gay); etc.

(1) Melius : *lupinina*.

Dosinia Rissoana, Locard.

Dosinia Rissoana, Locard, 1884. *Mss.*

La Méditerranée : Menton, dans les Alpes-Maritimes (Nob.); etc.

Dosinia lincta, Pultney.

Venus lincta, Pultney,1799. *Hutch.,Dors.*,p. 34. — Jeffreys, 1863-1869. *Brit. conch.*, II, 330; V, p. 182, 184, pl. XXXVIII, fig. 2.
— *exoleta (pars)*,Pennant,1767. *Brit. zool.*, IV, p. 94, pl. LVI, f. 59.
— *sinuata*, Turton, 1819. *Conch. diction.*, p. 242.
Cytherea lincta, de Lamarck, 1818. *Anim. s. vert.*, V.
— *sinuata*, Turton, 1822. *Dithyra Brit.*, p. 163.
Arthemis lincta, Deshayes, 1839. *Elem. conch.*, pl. XX, fig. 12, 13.
Artemis lincta, Forbes et Hanley, 1853. *Brit. moll.*, I, p. 431, pl. XXVIII fig. 5, 6. — Sowerby, 1859. *Ill. ind.*, pl. IV, fig. 11.
Dosinia lincta, Römer, 1862. *Mon. Dos.*, p. 39, pl. VII, fig. 3. —Hidalgo, 1870. *Moll. marin.*, XXI, fig. 3.

L'Océan : régions armoricaine et aquitanique (Fischer) ; Lanninon, Saint-Marc, Morgat, Douarnenez (Daniel), Lorient (Nob,), îles de Glenan (de Guerne), dans le Finistère; Gavre, Belle-Isle, Quiberon, dans le Morbihan (Taslé) ; Basse-Kikerie, dans la Loire-Inférieure (Cailliaud); la Charente-Inférieure (Beltremieux) ; sables à l'entrée de la Gironde (Lafont, Fischer) ; cap Breton, dans les Landes (de Folin) ; etc.

La Méditerranée : le golfe d'Aigues-Mortes, dans le Gard (Clément); Marseille (Ancey), Madrague et vieux port de Marseille, Prado, Montredon (Marion), dans les Bouches-du-Rhône ; Cannes, dans les Alpes-Maritimes (Dautzenberg); etc.

Dosinia inflata, Locard.

Dosinia lincta, *pars auct.*
— *inflata*, Locard, 1885. *Mss.*

L'Océan : Royan, la Rochelle, île de Ré, dans la Charente-Inférieure ; cap Breton, dans les Landes (Nob.) ; etc.

B. — Groupe du *D. exoleta*

Dosinia exoleta, Linné.

Venus exoleta, Linné, 1767. *Syst. nat.*, éd. XII, p.113. — Jeffreys, 1863-1869. *Brit. conch.*, II, p. 327; V, p. 184, pl. XXXVIII, fig. 1.
Pectunculus capillaceus, da Costa, 1778. *Brit. conch.*, p. 187, pl. XII, f. 5.
Cytherea exoleta, de Lamarck, 1818. *Anim. s. vert.*, V, p. 572.
Arthemis exoleta, Deshayes, 1839. *Elem. conch.*, p. XX, fig. 9 à 10.

Artemis exoleta, Forbes et Hanley, 1853. *Brit. moll.*, I, pl. 428, pl. XXIII, fig. 3-4. — Sowerby, 1859. *Ill. ind.*, pl. IV, fig. 10. — Hidalgo, 1870. *Moll. marin.*, pl. VII, fig. 4.
— *cotan*, Gay, 1858. *Cat. moll. Var*, p. 25.
Dosinia exoleta, Römer, 1862. *Mon. Dos.*, p. 31.

La Manche : Dunkerque, dans le Nord (Nob.), le Boulonnais (Bouchard), Berck (Nob.), dans le Pas-de-Calais; Saint-Valery, dans la Somme (Nob.); la région normande (Fischer); Dieppe, Fécamp, le Havre, etc., dans la Seine-Inférieure (Nob.); Langrune, Cabourg, dans le Calvados (Nob.) ; la Hougue (Macé), îles Chaussey (Nob.), dans la Manche ; Cancale, Saint-Malo, dans l'Ille-et-Vilaine (Nob.); baie de Saint-Brieuc, dans les Côtes-du-Nord (Nob.) ; etc.

L'Océan : régions armoricaine et aquitanique (Fischer) ; Roscoff (Grube), Quélern, Quimper (Collard), Plouguerneau, Guissiny, Douarnenez (Daniel), Concarneau, îles de Glenau (de Guerne), dans le Finistère; le Morbihan (Taslé); le Croisic, dans la Loire-Inférieure (Cailliaud) ; île d'Yeu (Servain); les Sables d'Olonne (Nob.), dans la Vendée ; la Charente-Inférieure (Beltremieux, Fischer); Cordouan, Soulac, bassin d'Arcachon, pointe du Sud, dans la Gironde (Fischer); etc.

La Méditerranée (Petit, Weinkauff) : le Roussillon, dans les Pyrénées-Orientales (Nob.) ; la Nouvelle, dans l'Aude (Nob.) ; Cette (Granger), Agde (Petit), dans l'Hérault ; golfe d'Aigues-Mortes, dans le Gard (Clément); les Martigues (Nob.), fort Saint-Jean, près Marseille (Marion), dans les Bouches-du-Rhône ; Toulon, dans le Var (Gay), les Alpes-Maritimes (Roux) ; etc.

Genre CYTHEREA, de Lamarck

De Lamarck, 1805. *In Ann. Mus.*, VII, p. 49.

A. — Groupe du *C. Chione*

Cytherea Chione, Linné.

Venus Chione, Linné, 1767. *Syst. nat.*, édit. XII, p. 1131. — Jeffreys, 1863-69. *Brit. conch.*, II, p. 332; V, p. 184, pl. XXXVIII, f. 3.
Pectunculus glaber, da Costa, 1778. *Brit. conch.*, p. 184, pl. XIV, fig. 7.
Cytherea Chione, de Lamarck, 1818. *Anim. s. vert.*, V, p. 566. — Forbes et Hanley, 1853. *Brit. moll.*, I, p. 396, pl. XXVII; pl. L, fig. 8. — Sowerby, 1859. *Ill. ind.*, pl. IV, fig. 23.
— *lævigata*, Risso, 1826. *Hist. nat. eur. mérid.*, IV, p. 354.
Callista Chione, H. et A. Adams, 1853-1858. *Gen. rec. moll.*, p. 475,

pl. CVIII, fig. 1. — Römer, 1864. *Monogr. Venus*, p. 45, pl. XIII, fig. 1. — Hidalgo, 1870. *Moll. marin.*, pl. VII, f. 5.

La Manche : Portbail (Macé), dans la Manche (de Gerville).

L'Océan : régions armoricaine et aquitanique (Fischer); Roscoff (Grube), Brest, Douarnenez, Lanninon, port Louis (Daniel), îles de Glenan (de Guerne), dans le Finistère; le Morbihan (Taslé); le Croisic, etc., dans la Loire-Inférieure (Cailliaud); île d'Yeu, dans la Vendée (Servain); Royan (Fischer), l'île de Ré, l'ile d'Oléron (Nob.), dans la Charente-Inférieure (Beltremieux); Pointe du Sud, bassin d'Arcachon, cap Féret, etc., dans la Gironde (Lafont, Fischer); cap Breton, dans les Landes (de Folin); etc.

La Méditerranée (Petit, Weinkauff) : le Roussillon, dans les Pyrénées-Orientales (Nob.); la Franqui (Pépratx), la Nouvelle (Nob.), dans l'Aude ; Cette (Granger), Palavas (Dollfus), dans l'Hérault; golfe d'Aigues-Mortes, dans le Gard (Clément) ; Marseille (Ancey), Madrague de Marseille (Marion), dans les Bouches-du-Rhône; les environs de Nice (Verany), dans les Alpes-Maritimes (Roux) ; etc.

B. — Groupe du *C. rudis*

Cytherea rudis, Poli.

Venus rudis, Poli, 1791. *Test. utr. Sic.*, II, p. 94, pl. XX, fig. 15, 16.
Cytherea venetiana, de Lamarck, 1818. *Anim. s. vert.*, V, p. 569. — Delessert, 1841. *Rec. coq.*, pl. IX, fig. 9. — Sowerby, 1843-1883. *Thes. conch.*, pl. CXXXVI, fig. 197-199.
— ? *nux*, Costa, 1829. *Cat. Reg. Neap.*, p. 41.
— *Arctoe*, Risso, 1826. *Hist. nat. eur. mérid.*, IV, p. 360.
Venus ochropicta, Krynicki, 1837. *In Bull. Moscou*, II, p. 64.
Cytherea rudis, Requien, 1848. *Cat. coq. Corse*, p. 23.
Caryatis nux, Römer, 1862. *In Malac. Blätt.*, IX, p. 79.
— *rudis*, Römer, 1864. *Monogr. Venus*, p. 116, pl. XXXI, fig. 4.

L'Océan : cap Breton, dans les Landes (de Folin).

La Méditerranée (Petit, Weinkauff) : Cette, dans l'Hérault (Granger); Marseille, la Cassidagne, Riou (Ancey), port de Marseille, fort Saint-Jean, la Joliette, Roucas-Blanc, château d'If, cap Cavaux, Ratonneau, Montredon, etc. (Marion.) dans les Bouches-du-Rhône ; Toulon (Gay), dans le Var ; Cannes (Doublier), dans les Alpes-Maritimes (Roux) ; etc.

Cytherea nitidula, de Lamarck.

Cytherea nitidula, de Lamarck, 1818. *Anim. s. vert.*, V, p. 566. — Delessert, 1841. *Rec. coq.*, pl. VIII, fig. 4.
Tivela nitidula, Römer, 1864. *Monogr. Venus*, p. 7.

La Méditerranée : Agde, dans l'Hérault (Petit) ; Toulon, dans le Var (Petit, Doublier, Gay) ; etc.

VENERIDÆ

Genre VENUS, Linné

Linné, 1758. *Syst. nat.*, édit. X, p. 684 et 1767.

A. — Groupe du *V. verrucosa*

Venus verrucosa, Linné.

Venus verrucosa, Linné, 1767. *Syst. nat.*, édit. XII, p. 1130. — Forbes et Hanley, 1863. *Brit. moll.*, I, p. 401, pl. XXIV, fig. 3. — Sowerby, 1859. *Ill. ind.*, pl. IV, fig. 13. — Jeffreys, 1863-1869. *Brit. conch.*, II, p. 339 ; V, p. 184, pl. XXXVIII, f. 6. — Hidalgo, 1870. *Moll. marin.*, pl. XXII, fig. 3-4.

— *Erycina*, Pennant, 1767. *Brit. zool.*, IV, p. 94, pl. XII, fig. 1.

Pectunculus strigosus, da Costa, 1778. *Brit. conch.*, p. 285, pl. XII, f. 1.

Venus cancellata, Donovan, 1805. *Brit. shells*, IV, pl. CXV.

— *Lemanii*, Payraudeau, 1826. *Moll. Corse*, p. 53, pl. I, f. 29 à 31.

Callista verrucosa, Leach, 1852. *Synops.*, p. 305.

La Manche : Granville (Servain), îles Chaussey (Nob.), dans la Manche (de Gerville); Cancale (Nob.), Saint-Malo, dans l'Ille-et-Vilaine (Grube); baie de Saint-Brieuc, dans les Côtes-du-Nord (Nob.) ; etc.

L'Océan : régions armoricaine et aquitanique (Fischer); Roscoff (Grube), Brest, entrée du Faou, Poulmic (Daniel), Concarneau (de Guerne), Quimper, Lorient, Douarnenez (Nob.), dans le Finistère ; le Morbihan (Taslé) ; le Croisic, etc., dans la Loire-Inférieure (Cailliaud) ; les Sables d'Olonne (Nob.), île d'Yeu (Servain), dans la Vendée ; Royan, la Rochelle, l'île de Ré (Nob.), dans la Charente-Inférieure (Fischer, Beltremieux); côtes de la Gironde, bassin d'Arcachon, Vieux-Soulac, etc., dans la Gironde (Fischer, Lafont) ; Gastes, dans les Landes (Fischer) ; etc.

La Méditerranée : le Roussillon, dans les Pyrénées-Orientales (Nob.); la Franqui, dans l'Aude (Pépratx) ; Cette (Granger), Palavas (Dollfus), dans l'Hérault ; golfe d'Aigues-Mortes, dans le Gard (Clément) ; Marseille (Ancey), fort Saint-Jean, le Pharo, la Joliette, Roucas-Blanc, etc., (Marion), dans les Bouches-du-Rhône; Toulon (Doublier, Gay), Saint-Nazaire, îles d'Hyères, de Porquerolles (Nob.), dans le Var ; les environs de Nice (Verany), dans les Alpe-Maritimes (Roux) ; etc.

Venus Casina, Linné.

Venus Casina, Linné, 1767. *Syst. nat.*, édit. XII, p. 1130. — Forbes et Hanley, 1853. *Brit. moll.*, I, p. 405, pl. XXIV, fig. 1, 5, 6. — Sowerby, 1859. *Ill. ind.*, pl. IV, fig. 12. — Jeffreys, 1863-1869. *Brit. moll*, II, p. 337; V, p. 184, pl. XXXVIII, f. 5. — Hidalgo, 1870. *Moll. marin.*, pl. XXII, fig 1-2.

Pectunculus membranaceus, da Costa, 1778. *B. conch.*, p. 193, pl. XIII, f. 4.

Venus lactea, Donovan, 1805. *Brit. shells*, V, pl. CXLIX.

— *reflexa (var.)*, Montagu, 1809. *Test. Brit.*, p. 41 et 168.

— *discina*, de Lamarck, 1818. *Anim. s. vert.*, V, p. 586.

Callista casina, Leach, 1852. *Synop.*, p. 305.

La Manche : Saint Valery, dans la Somme (Nob.) ; région normande (Fischer); Dieppe, le Havre, Trouville, etc., dans la Seine-Inférieure (Nob.) ; Cabourg, dans le Calvados (Nob.) ; baies de Cherbourg et de Sainte-Anne (Macé), Granville (Servain), îles Chaussey (Nob.), dans la Manche ; baie de Saint-Brieuc, dans les Côtes-du-Nord (Nob.) ; etc.

L'Océan : régions armoricaine et aquitanique (Fischer) ; Brest, Dinant, Toulinguet, Douarnenez, dans le Finistère (Daniel); le Morbihan (Taslé) ; le Croisic, etc., dans la Loire-Inférieure ; la Charente-Inférieure (Beltremieux) ; sables à l'entrée de la Gironde, bassin d'Arcachon, dans la Gironde (Fischer, Lafont) ; etc.

La Méditerranée (Petit, Weinkauff) : Cette (Granger), Palavas (Dollfus), dans l'Hérault; golfe d'Aigues-Mortes, dans le Gard (Clément) ; Carry, cap Cavaux, Garlaban, Montredon, Ratonneau, Méjean, etc., dans les Bouches-du-Rhône (Marion); cap Sicié (Marion) ; Toulon (Doublier, Gay), dans le Var, etc.

Venus Rusterucii, Payreaudau.

Venus Rusterucii, Payraudeau, 1826. *Moll. Corse*, p. 52, pl. I, f. 26 à 28.

— *casina (var.)*, de Monterosato, 1875. *Nuov. rev.*, p. 16.

La Méditerranée : Riou, cap Cavaux, etc., dans les Bouches-du-Rhône (Marion) ; Saint-Tropez, Toulon, dans le Var (Doublier); etc.

Venus Giraudi, Gay.

Venus Giraudi, Gay, 1858. *Cat. moll. Var*, p. 28.

La Méditerranée : Toulon, dans le Var (Gay).

Venus nux (1), Gmelin.

Venus nux, Gmelin, 1789. *Syst. nat.*, édit. XIII. p. 3289. — Hidalgo, 1870. *Moll. marin.*, pl. XXII, fig. 5; pl. XXIII, fig. 1.

(1) Melius : *nuciformis*.

Cytherea multilamella, de Lamarck, 1815. *Anim. s. vert.*, V, p. 560.

La Méditerranée : Peyssonnel, dans les Bouches-du-Rhône (Marion).

Venus gallina, Linné.

Venus gallina, Linné, 1767. *Syst. nat.*, édit. XII, p. 1130. — *Encycl. méth.*, *Vers*, I, pl. CCLXVIII, fig. 3. — Poli, 1795. *Test. utr. Sic.*, II, p. 92, pl. XXI, fig. 5-7. — Jeffreys, 1863-69. *Brit. conch.*, II, p. 344 ; V, p. 184, pl. XXXIX, fig. 4. — Hidalgo, 1870. *Moll. marin.*, pl. XXIII, fig. 2-7 ; pl. XXIV, f. 2-4.

La Manche : Dunkerque, dans le Nord (de Guerne); Berck, dans le Pas-de-Calais (Nob.) ; Saint-Valéry, dans la Somme (Nob.) ; région normande (Fischer); Dieppe, Fécamp, Trouville, dans la Seine-Inférieure (Nob.) ; Langrune, dans le Calvados (Nob.) ; baie de Cherbourg et de la Hougue (Macé), îles Chaussey (Nob.), dans la Manche ; Cancale, dans l'Ille-et-Vilaine (Nob.); baie de Saint-Brieuc, dans les Côtes-du-Nord (Nob.) ; etc.

L'Océan : régions armoricaine et aquitanique (Fischer) ; Lanninon Morgat (Daniel), Lorient, Douarnenez (Nob.), îles de Glénan (de Guerne), dans le Finistère ; le Morbihan (Taslé); les Impairs, Banc-des-Chiens, Rochers-Ronds, Pouliguen, dans la Loire-Inférieure ; île d'Yeu (Servain), les Sables d'Olonne (Nob.), dans la Vendée; la Rochelle, Royan, l'île de Ré, l'île d'Oléron (Nob.), dans la Charente-Inférieure (Beltremieux, Fischer) ; pointe du Sud, Soulac, etc., dans la Gironde (Fischer); Gastes (Fischer), cap Breton (de Folin), dans les Landes ; embouchure de l'Adour, dans les Basses-Pyrénées (de Folin); etc.

La Méditerranée (Petit, Weinkauff) : le Roussillon, dans les Pyrénées-Orientales (Nob.); la Nouvelle, dans l'Aude (Nob.); Cette (Granger), Palavas (Dollfus), dans l'Hérault; golfe d'Aigues-Mortes, dans le Gard (Clément) ; les Martigues, Fos (Nob.), Marseille (Ancey), la Joliette, le Prado, Roucas-Blanc (Marion), dans les Bouches-du-Rhône ; Toulon, Saint-Tropez (Doublier), Saint-Nazaire (Gay), Porquerolles, îles d'Hyères (Nob.), dans le Var; Cannes (Dautzenberg), Menton (Nob.), Nice (Risso), dans les Alpes-Maritimes (Roux) ; etc.

Venus effossa, Bivona.

Venus effossa, Bivona. *Mss. In* Philippi, 1836. *Enum. moll. Sic.*, I, p. 43, pl. III, fig. 20.

La Méditerranée : au sud de Riou et du Planier, la Cassidagne, dans les Bouches-du-Rhône (Marion) ; cap Sicié, dans le Var (Marion) ; etc.

B. Groupe de *V. fasciata*

Venus fasciata, da Costa.

Pectunculus fasciatus, da Costa, 1778. *Brit. conch.*, p. 188, pl. XIII, f. 3.
Venus Paphia, Pultney, 1799. *Hutchin's Dorset.*, p. 33.
— *fasciata*, Donovan, 1803. *Brit. shells*, V, pl. CLXX. — Forbes et Hanley, 1853. *Brit. moll.*, I, p. 415, pl. XXIII, fig. 3; pl. XXVI, fig. 7; pl. L, fig. 7. — Sowerby, 1859. *Ill. ind.*, pl. IV, fig. 14. — Jeffreys, 1863-69. *Brit. moll.*, II, p. 334; V, p. 184, pl. XXXVIII, fig. 4.

La Manche : Trouville, dans la Seine-Inférieure (Nob.) ; région normande (Fischer) ; la Manche (de Gerville) ; baie de Saint-Brieuc, dans les Côtes-du-Nord (Nob.) ; etc.

L'Océan : régions armoricaine et aquitanique (Fischer) ; Brest Douarnenez, îles Laber, Morgat, Morlaix (Daniel), Concarneau, îles de Glénant (de Guerne), dans le Finistère ; le Morbihan (Taslé) ; le Croisic, etc., dans la Loire-Inférieure (Cailliaud) ; île d'Yeu, dans la Vendée (Servain) ; la Charente-Inférieure (Fischer) ; pointe du Sud, cap Féret, dans la Gironde (Fischer) ; Gastes, dans les Landes (Fischer).

La Méditerranée : Toulon, dans le Var (Gay).

Venus Brongniarti, Payreaudau.

Venus Brongniarti, Payraudeau, 1826. *Moll. Corse*, p. 51, pl. I, f. 23-25.
— *Paphia*, Risso, 1826. *Hist. nat. eur. mérid.*, IV, p. 356.
— *biradiata*, Risso, 1826. *Loc. cit.*, IV, p. 357.
— *fasciata*, *pars auct.* — Hidalgo, 1870. *Moll. mar.*, pl. XXIV, f. 5-12.

La Méditerranée : Palavas, dans l'Hérault (Dollfus) ; Carry, Ratonneau, cap Cavaux, Garlaban, Montredon, château d'If, Riou, etc., dans les Bouches-du-Rhône (Marion) ; Toulon, Saint-Raphaël (Doublier), Nob.) ; îles de Porquerolles (Nob.), dans le Var ; les Alpes-Maritimes (Risso) ; etc.

C. — Groupe du *V. ovata*.

Venus ovata, Pennant.

Venus ovata, Pennant, 1767. *Brit. zool.*, IV, p. 97, pl. LVI, fig. 56. — Forbes et Hanley, 1853. *Brit. moll.*, I, p. 419, pl. XXIV, fig. 2 ; pl. XXVI, fig. 1 ; pl. L, fig. 6. — Sowerby, 1859. *Ill. ind.*, pl. IV, fig. 15. — Jeffreys, 1863-69. *Brit. conch.*, II, p. 342 ; V, p. 184, pl. XXXIX, fig. 1. — Hidalgo, 1870. *Moll. marin.*, pl. XXIV, fig. 1, pl. LXXIII, fig. 1.

Cytherea ovata, Fleming, 1814. *Brit. anim.*, p. 445.
Venus pectinula, de Lamarck, 1818. *Anim. s. vert.*, V, p. 592.
— *radiata*, Philippi, 1836. *Enum. moll. Sic.*, I, p. 44.
Chione ovata, Gray, 1847. *List. of Brit. moll.*, p. 11.
Pasiphae Pennantia, Leach, 1852. *Synop.*, p. 308.

La Manche : le Boulonnais, dans le Pas-de-Calais (Bouchard) ; la région normande (Fischer) ; Dieppe, Fécamp, Trouville, etc., dans la Seine-Inférieure ; Cabourg, Langrune, dans le Calvados (Nob.) ; îles Chaussey dans la Manche (Nob.) : Cancale, Saint-Malo, dans l'Ille-et-Vilaine (Nob.) ; Saint-Brieuc, dans les Côtes-du-Nord (Nob.) ; etc.

L'Océan : régions armoricaine et aquitanique (Fischer) ; Morlaix (Collard), Brest, embouchure du Faou, Lanninon, Postrein (Daniel), Concarneau (de Guerne), dans le Finistère ; golfe du Morbihan (Taslé) ; îlot du Four, Kikerie (Cailliaud), dans la Loire-Inférieure ; île d'Oléron, dans la Charente-Inférieure (Nob.) ; entrée de la Gironde, bassin d'Arcachon (Lafont, Fischer, Taslé) ; cap Breton, dans les Landes (de Folin) ; etc.

La Méditerranée : Marseille (Anrey), la Joliette, Roucas-Blanc, Carry cap Cavaux, Montredon, Ratonneau, Méjean, Maïré, etc. (Marion), dans les Bouches-du-Rhône ; cap Sicié (Marion), îles de Porquerolles (Nob.), Toulon (Gay), dans le Var ; les Alpes-Maritimes (Roux) ; etc.

Genre TAPES, Meyerle von Mühlfeld

Von Mühlfeld, 1821. *Entw.*, p. 51.

A. — Groupe du *T. decussata*

Tapes decussatus, Linné.

Venus decussata, Linné, 1767. *Syst. nat.*, édit. X, p. 690.
— *litterata*, Pennant, 1767. *Brit. zool.*, IV, p. 96, pl. LVII, f. 53.
Cuneus reticulatus, da Costa, 1771. *Brit. conch.*, p. 203, pl. XIV, f. 4.
Venus florida, Poli, 1791. *Test. utr. Sic.*, pl. XXI, fig. 16, 17.
Venerupis decussata, Fleming, 1828. *Brit. anim.*, p. 451.
Pullastra decussata, Brown, 1845. *Ill. conch.*, p. 88, pl. XXXVII, fig. 5-6.
Tapes decussata, Forbes et Hanley, 1853. *Brit. moll.*, I, p. 379, pl. XXV, fig. 1. — Sowerby, 1859. *Ill. ind.*, pl. IV, fig. 6.
— *decussatus*, Jeffreys, 1863-69. *Brit. conch.*, II, p. 359, V, p. 185, pl. XXXIX, fig. 7. — Hidalgo, 1870. *Moll. marin.*, pl. XLII, fig. 1-7.

La Manche : le Boulonnais, dans le Pas-de-Calais (Bouchard) ; Saint-Valery, dans la Somme (Nob.) ; région normande (Fischer) ; Dieppe, Fécamp, le Havre, Trouville, etc., dans la Seine-Inférieure (Nob.) ;

Cabourg, Langrune, dans le Calvados (Nob.); Cherbourg, Valogne, la Hougue (Macé), Granville (Servain), îles Chaussey (Nob.), dans la Manche; Saint-Malo (Grube), Cancale (Nob.), dans l'Ille-et-Vilaine; baie de Saint-Brieuc, dans les Côtes-du-Nord (Nob.) ; etc.

L'Océan : régions armoricaine et aquitanique (Fischer); Roscoff (Grube), le littoral du Finistère (Daniel), Concarneau, Douarnenez, Lorient, etc. (Nob.), dans le Finistère (Daniel); le Morbihan (Taslé); la Loire-Inférieure (Cailliaud); île d'Yeu (Servain), les Sables d'Olonne (Nob.), dans la Vendée; la Rochelle, Royan, îles de Ré et d'Oléron (Nob.), dans la Charente-Inférieure (Beltremieux); les côtes de la Gironde Fischer); les Basses-Pyrénées (Nob.) ; etc.

La Méditerranée : le Roussillon, dans les Pyrénées-Orientales (Nob.); la Nouvelle, dans l'Aude (Nob.); Cette (Granger), Palavas (Dollfus), dans l'Hérault; de Cette à Aigues-Mortes (Dubreuil), le golfe d'Aigues-Mortes, dans le Gard (Clément); Fos, les Martigues (Nob.), Marseille (Ancey), ports de Marseille, fort Saint-Jean, la Joliette, les Catalans, Pomègue, etc. (Marion), dans les Bouches-du-Rhône; Toulon, Saint-Tropez, etc. (Doublier, Gay), Saint-Nazaire, Porquerolles, îles d'Hyères, etc. (Nob.), dans le Var; Menton (Nob.), Nice (Verany), dans les Alpes-Maritimes (Roux); etc.

Tapes extensus, Locard.

Tapes decussata, vel pullastra (pars auctorum).
Tapes extensa, Locard, 1884. *Mss.*

La Méditerranée : Cette, dans l'Hérault; Marseille, dans les Bouches-du-Rhône ; Saint-Nazaire, Toulon, Saint-Tropez, dans le Var; Cannes, Nice, Menton, dans les Alpes-Maritimes (Nob.); etc.

Tapes reconditus, Locard.

Tapes pullastra (pars auctorum).
— *recondita*, Locard, 1884. *Mss.*

La Manche : Dunkerque, dans le Nord ; Boulogne, Wimereux, dans le Pas-de-Calais; Dieppe, Fécamp, Trouville, le Havre, etc., dans la Seine-Inférieure; Cabourg, Langrune, dans le Calvados; Cherbourg, les Chaussey, dans la Manche; Saint-Malo, Cancale, dans l'Ille-et-Vilaine; baie de Saint-Brieuc, dans les Côtes-du-Nord (Nob.); etc.

L'Océan : régions armoricaine et aquitanique (Fischer); Lorient dans le Morbihan; Piriac, dans la Loire-Inférieure ; la Rochelle, Royan, les îles de Ré et d'Oléron, dans la Vendée (Nob.); etc.

La Méditerranée : Saint-Tropez, dans le Var (Nob.); etc.

Tapes pullaster, Montagu.

? *Tellina rugosa*, Pennant, 1767. *Brit. zool.*, IV, p. 88, pl. LVII, fig. 36.
Venus pallustra, Montagu, 1803. *Test. Brit.*, p. 125.
— *Senegalensis*, Dillwyn, 1817. *Recents shells*, I, p. 306.
— *palustris*, Mawe, 1823. *Lin. conch.*, pl. X, fig. 3.
Venerupis pullastra, Fleming, 1828. *Brit. anim.*, p. 451.
Pullastra vulgaris, Brown, 1845. *Ill. conch.*, 2e éd., p. 89, pl. XXXVI, f. 7.
Tapes pullastra, Forbes et Hanley, 1853. *Brit. moll.*, I, p. 382, pl. XXV, fig. 2; pl. L, fig. 5. — Sowerby, 1859. *Ill. ind.*, pl. IV, fig. 5. — Jeffreys, 1863-69. *Brit. conch.*, II, p. 355; V, p. 185, pl. XXXIX, fig. 6.
Venus lunot, Gay, 1858. *Cat. moll. Var*, p. 32.
Tapes Senegalensis, Hidalgo, 1870. *Moll. marin.*, pl. XLIII, fig. 1-7; pl. XLVIII, a, fig. 8.

La Manche : Dunkerque, dans le Nord (Terquem) ; le Boulonnais (Bouchard), Berc, Wimereux (Nob.), dans le Pas-de-Calais ; Saint-Valéry, dans la Somme (Nob.); région normande (Fischer) ; Dieppe, Fécamp, le Havre, Trouville, dans la Seine-Inférieure (Nob.) ; Cabourg, Langrune, dans le Calvados (Nob.) ; baie de la Hougue (Macé), îles Chaussey (Nob.), dans la Manche ; Cancale, Saint-Malo, dans l'Ille-et-Vilaine (Nob.); baie de Saint-Brieuc, dans les Côtes-du-Nord (Nob.); etc.

L'Océan : régions armoricaine et aquitanique (Fischer); Brest (Daniel), Quimper, Lorient, Douarnenez (Nob.), dans le Finistère ; le Morbihan (Taslé) ; île Dumet, la Turballe, dans la Loire-Inférieure (Cailliaud) ; île d'Yeu, les Sables d'Olonne, île de Noirmoutiers, dans la Vendée (Servain); la Rochelle, Royan, île de Ré (Nob.), dans le Charente-Inférieure (Beltremieux); en dehors du bassin d'Arcachon, dans la Gironde (Fischer) ; etc.

La Méditerranée : le golfe d'Aigues-Mortes, dans le Gard (Clément); les environs de Marseille, dans les Bouches-du-Rhône (Nob.); Toulon, Saint-Nazaire, îles de Porquerolles, dans le Var (Nob.); Menton, dans les Alpes-Maritimes ; etc.

Tapes saxatilis, Fleuriau de Bellevue.

Venus saxatilis, Fleuriau de Bellevue, 1802. *In Mém. Journ. phys.*, LIV.
Pullastra perforans (pars), Petit de la Saussaye, 1851. *In Journ. conch.*, II, p. 298.
Tapes pullastra (var. perforans), pars auct. — Forbes et Hanley, 1853. *Brit. moll.* pl. XXV, fig. 3. — Sowerby, 1859. *Ill. ind.*, pl. IV, fig. 6.

La Manche : région normande (Fischer); le Havre, Dieppe, dans la Seine-Inférieure (Nob.); Cherbourg, îles Chaussey, dans la Manche (Nob.); etc.

L'Océan : régions armoricaine et aquitanique (Fischer); les côtes de la Loire-Inférieure (Nob.); la Rochelle (Fleuriau, de Lamarck); îles de Ré et d'Oléron (Nob.), dans la Charente-Inférieure (Beltremieux); Cordouan, Arcachon, dans la Gironde (Fischer); etc.

B. — Groupe du *T. texturata*

Tapes texturatus, de Lamarck.

Venus texturatus, de Lamarck, 1818. *Anim. s. vert.*, V, p. 603.
— *carneola*, de Lamarck, 1818. *Loc. cit.*, V, p. 603.
Tapes Castrensis, Deshayes, 1848. *Expl. scient. Algér.*, pl. LXXXVI.
— *pictura*, Requien, 1848. *Cat. coq. Corse*, p. 25.
— *texturatus*, Hidalgo, 1870. *Moll. marin.*, pl. XLVI, fig. 8-9; pl. XLVI, a, fig. 2, 4, 5, 7; pl. XLVII, fig. 1-7.

La Manche : le Havre, Trouville, dans la Seine-Inférieure; Cabourg, dans le Calvados, Granville, Cherbourg, îles Chaussey, dans la Manche; Cancale, dans l'Ille-et-Vilaine; baie de Saint-Brieuc, dans les Côtes-du-Nord (Nob.); etc.

L'Océan : Brest, Douarnenez, dans le Finistère; Lorient, dans le Morbihan; iles de Ré et d'Oléron, dans la Charente-Inférieure; Hendaye, Saint-Jean-de-Luz, dans les Basses-Pyrénées (Nob.); etc.

La Méditerranée : le Roussillon, dans les Pyrénées-Orientales (Nob.); Cette, dans l'Hérault (Granger); le Grau-du-Roi, le golfe d'Aigues-Mortes dans le Gard (Clément); les environs de Marseille, dans les Bouches-du-Rhône; Saint-Nazaire, Toulon, Porquerolles, dans le Var (Nob.); etc.

Tapes floridellus, de Lamarck.

Venus floridella, de Lamarck, 1818. *Anim. s. vert.*, V, p. 603. — Delessert, 1841. *Rec. coq.*, pl. X, fig. 2.
Tapes texturatus, Hidalgo, 1870. *Moll. marin.*, pl. XLVI, A, fig. 1, 3, 6; pl. XLVII, A, fig. 10.

La Manche : îles Chaussey, dans la Manche (Nob.); Cancale, dans l'Ille-et-Vilaine (Nob.); etc.

L'Océan : Brest dans le Finistère; Quiberon, dans le Morbihan; l'île de Ré, dans la Charente-Inférieure (Nob.); etc.

La Méditerranée : Port-Vendre, dans les Pyrénées-Orientales; Cette, dans l'Hérault; Porquerolles, dans le Var (Nob.); etc.

Tapes bicolor, de Lamarck.

Venus bicolor, de Lamarck, 1818. *Anim. s. vert.*, V, p. 603.
— *læta (var.)*, Weinkauff, 1867. *Conch. mittelm.*, I, p. 100.

L'Océan : Brest, dans le Finistère (Daniel) ; l'île de Ré, dans la Charente-Inférieure (Nob.) ; etc.

La Méditerranée : étang de Thau, Cette, dans l'Hérault (Jeffreys); le golfe d'Aigues-Mortes, dans le Gard (Clément); Toulon, Saint-Tropez, Saint-Raphaël (Doublier), la Seyne, Porquerolles (Nob.), dans le Var ; les environs de Nice, dans les Alpes-Maritimes (Verany); etc.

Tapes floridus, de Lamarck.

Venus læta (n. Lin.), Poli, 1795. *Test. utr. Sic.*, II, pl. XXI, fig. 1, 3, 4.
— *florida*, de Lamarck, 1818. *Anim. s. vert.*, V, p. 602.
— *petalina*, de Lamarck, 1818. *Loc. cit.*, V, p. 603.
— *bicolor (pars)*, de Lamarck, 1818. *Loc. cit.*, V, p. 603.
Tapes floridus, Sowerby, 1842-83. *Thes. conch.*, p. 688, pl. CXLIX, fig. 112, 113. — Hidalgo, 1870. *Moll. marin.*, pl. XLV, fig. 1-12; pl. XLV, a, fig. 7-10; pl. XLVII, a, fig. 5-7.
Pullastra florida, Petit de la Saussaye, 1851. *In Journ. conch.*, II, p. 298.
Tapes læta, Weinkauff, 1867. *Conch. mittelm.*, I, p. 99.

La Manche : Granville, dans la Manche (Nob.).

L'Océan : Lorient, dans le Morbihan (Nob.).

La Méditerranée : le Roussillon, dans les Pyrénées-Orientales (Nob.); Cette, dans l'Hérault (Granger); le golfe d'Aigues-Mortes, dans le Gard (Clément); les environs de Marseille (Ancey), la Joliette, Pomègue, Roucas-Blanc (Marion), dans les Bouches-du-Rhône ; Toulon, Saint-Tropez, Saint-Raphaël (Doublier, Gay), Saint-Nazaire, Porquerolles, etc. (Nob.), dans le Var ; Nice, Menton (Nob.), dans les Alpes-Maritimes (Roux) ; etc.

Tapes petalinus, de Lamarck.

Venus petalina, de Lamarck, 1818. *Anim. s. vert.*, V, p. 603.
Tapes læta (var.), Weinkauff, 1867. *Conch. mittelm.*, I, p. 100.

La Méditerranée : la Seyne, Porquerolles, dans le Var (Nob.) ; etc.

Tapes nitens, Philippi.

Venus nitens, Philippi, 1844. *Enum. moll. Sic.*, II, p. 27, pl. XIV, f. 14.
Tapes nitens, Weinkauff, 1867. *Conch. mittelm.*, I, p. 103

La Méditerranée : Carry, cap Cavaux, dans les Bouches-du-Rhône (Marion) ; etc.

Tapes Beudanti, PAYRAUDEAU.

Venus Beudanti, Payraudeau, 1826. *Moll. Corse*, p. 53, pl. I, fig. 32.
Pullastra Beudanti, Petit de la Saussaye, 1841. *In Journ. conch.*, II, p. 299.

La Méditerranée : le Roussillon, dans les Pyrénées-Orientales (Nob.); Cette, dans l'Hérault (Granger); le golfe d'Aigues-Mortes, dans le Gard (Clément); les environs de Marseille, dans les Bouches-du-Rhône (Nob.); Saint-Raphaël (Doublier), la Seyne, Saint-Tropez (Nob.), dans le Var ; Menton, Nice (Nob.), dans les Alpes-Maritimes (Roux); etc.

Tapes aureus, GMELIN.

Venus aurea, Gmelin, 1789. *Syst. nat.*, édit. XIII, p. 3288.
— *nebulosa*, Pultney, 1779. *Hutchin's Dorset.*, p. 34.
— *bicolor* (*pars*), de Lamarck, 1818. *Anim. s. vert.*, V, p. 603.
— *Œnea*, Turton, 1818. *Dithyra Brit.*, p. 152, pl. X, fig. 7.
— *nitens*, Turton, 1822. *Conch. dict.*, p. 247.
Pullastra aurea, Brown, 1845. *Ill. conch.*, p. 89, f. 5, 7, 8, pl. XXXVI.
Tapes aurea, Forbes et Hanley, 1853. *Brit. moll.*, I, p. 392, pl. XXV, fig. 5. — Sowerby, 1859. *Ill. ind.*, pl. IV, fig. 7.
— *aureus*, Jeffreys, 1863-67. *Brit. conch.*, II, p. 349; V, p. 185, pl. XXXIX, fig. 4. — Hidalgo, 1870. *Moll. marin.*, pl. XLV, a, fig. 1-6; pl. XLVI, fig. 1-7.

La Manche : la région normande (Fischer); Dieppe, le Havre, Trouville, dans la Seine-Inférieure; Langrune, Cabourg, dans le Calvados (Nob.); Granville (Servain), Cherbourg, îles Chaussey (Nob.), dans la Manche ; Cancale, dans l'Ille-et-Vilaine ; baie de Saint-Brieuc, dans les Côtes-du-Nord (Nob.) ; etc.

L'Océan : régions armoricaine et aquitanique (Fischer) ; les environs de Brest (Daniel), Douarnenez (Nob.), île de Glénan (de Guerne), dans le Finistère ; le Morbihan (Taslé) ; la Loire-Inférieure (Cailliaud) ; île d'Yeu, dans la Vendée (Servain); la Rochelle, Royan, île de Ré (Nob.), dans la Charente-Inférieure (Beltremieux); bassin d'Arcachon, île aux Oiseaux, dans la Gironde (Lafont, Fischer) ; embouchure de l'Adour, Biarritz, dans les Basses-Pyrénées (Fischer) ; etc.

La Méditerranée (Petit, Weinkauff) : le Roussillon, dans les Pyrénées-Orientales (Nob.) ; Cette, dans l'Hérault (Granger); le golfe d'Aigues-Mortes, dans le Gard (Clément) ; Marseille (Ancey), fort Saint-Jean, le Pharo, la Joliette, Pomègue, Catalans, Roucas-Blanc (Marion), dans les Bouches-du-Rhône; Toulon (Doublier, Gay), Saint-Tropez, Saint-Nazaire, Porquerolles, etc. (Nob.), dans le Var ; Cannes (Dautzenberg), Menton (Nob.), dans les Alpes-Maritimes (Roux) ; etc.

C. — Groupe du *T. edulis.*

Tapes edulis, Chemnitz.

Venus edulis, Chemnitz, 1784. *Conch. cab.*, VII, p. 60, pl. XLIII, f. 457.
— *rhomboides (pars)*, Pennant, 1767. *Brit. zool.*, IV, p. 97.
— *virginea* (*n.* Lin.), Gmelin, 1789. *Syst. nat.*, édit. XIII, p. 3294.
— *longa*, Olivi, 1792. *Zool. Adr.*, p. 109, pl. IV, fig. 4.
— *phaseolina*, de Lamarck, 1818. *Anim. s. vert.*, V, p. 602.
— *Sarniensis*, Turton, 1822. *Dithyra Brit.*, p. 153, pl. X, fig. 6.
Pullastra virginea, Sowerby, 1842-83. *T. conch.*, p. 490, pl. CXLIX, f. 81-84.
Venus virago, Lovén, 1846. *Ind. moll. Scand.*, p. 194.
Pullastra rhomboidea, Petit, 1851. *In Journ. conch.*, II, p. 294.
Venus longone, Danillo et Sandri, 1853. *Elenco nom. Zara*, I, p. 19.
Tapes virginea, Forbes et Hanley, 1853. *Brit. moll.*, I, p. 388, pl. XXV, fig. 4 à 6. — Sowerby, 1859. *Ill. ind.*, pl. IV, fig. 8.
— *virgineus*, Jeffreys, 1863-69. *Brit. conch.*, II, p. 352 ; V, p. 185, pl. XXXIX. fig. 5.
— *edulis*, Hidalgo, 1870. *Moll. marin.*, pl. XLIV, fig. 1-2 ; pl. XLVIII, a, fig. 9.

La Manche : Dunkerque, dans le Nord (de Guerne) ; le Boulonnais (Bouchard), Berck, Wimereux (Nob.), dans le Pas-de-Calais ; région normande (Fischer) ; Dieppe, Fécamp, Trouville, le Havre, dans la Seine-Inférieure (Nob.) ; Langrune, dans le Calvados (Nob.) ; baie de Cherbourg (Macé), Granville (Servain), îles Chaussey (Nob.), dans la Manche ; Cancale, dans l'Ille-et-Vilaine ; baie de Saint-Brieuc, dans les Côtes-du-Nord (Nob.) ; etc.

L'Océan : régions armoricaine et aquitanique (Fischer) ; Brest, Poulmic, île Longue (Daniel), Concarneau (de Guerne), dans le Finistère ; Lorient (Nob.), dans le Morbihan (Taslé) ; Basse-Kikerie, Croisic, Piriac, Ker-Cabelec, dans la Loire-Inférieure (Cailliaud) ; île d'Yeu (Servain), Sables d'Olonne (Nob.), dans la Vendée ; la Rochelle, Royan, île de Ré, dans la Charente-Inférieure (Nob.) ; pointe du Sud, dans la Gironde (Nob.) ; etc.

La Méditerranée (Petit, Weinkauff) : le Roussillon, dans les Pyrénées-Orientales (Nob.) ; Cette, dans l'Hérault (Granger) ; le golfe d'Aigues-Mortes, dans le Gard (Clément) ; Marseille, dans les Bouches-du-Rhône (Ancey) ; Toulon (Doublier), îles d'Hyères (Nob.), les Alpes-Maritimes (Roux) ; etc.

Tapes pulchellus, de Lamarck.

Venus pulchella, de Lamarck, 1818. *Anim. s. vert.*, V, p. 603. —Delessert, 1841. *Rec. coq.*, pl. X, fig. 9.
Pullastra pulchella, Petit de la Saussaye, 1851. *In Journ. conch.*, II, p. 298.
Tapes pulchella, Römer, 1864. *In Mal. Blätt.*, XI, p. 70.

La Méditerranée (de Lamarck, Petit) : côtes de Provence (Weinkauff).

Tapes geographicus, Gmelin.

Venus geographica, Gmelin, 1789. *Syst. nat.*, édit. XIII, p. 3293.
— *litterata* (*n.* Lin.). Poli, 1795. *Test. utr. Sic.*, II, pl. XXI, f. 12, 13.
— *Tenorii*, Costa, 1829. *Cat. sist.*, p. 36, pl. II, fig. 8.
Pullastra geographica, Forbes, 1843. *Rep. Æg. invert.*, p. 144. —Sowerby, 1842-83. *Thes. conch.*, p. 692, pl. CXLIX, fig. 87-91.
Venus glandina, Petit de la Saussaye, 1851. *In Journ. conch.*, II, p. 297.
Tapes geographica, Weinkauff, 1862. *In Journ. conch.*, X, p. 30.
— *geographicus*, Hidalgo, 1870. *Moll. marin.*, XLIV, fig 3-12.

La Méditerranée (Petit, Weinkauff) : le Roussillon, dans les Pyrénées-Orientales (Nob.) ; Palavas (Dollfus); Cette (Granger), dans l'Hérault; le golfe d'Aigues-Mortes, dans le Gard (Clément) ; Marseille (Ancey), fort Saint-Jean, le Pharo, la Joliette, Roucas-Blanc (Marion), dans les Bouches-du-Rhône; Toulon, Saint-Tropez (Doublier, Gay), Saint-Nazaire, Porquerolles, etc. (Nob.), dans le Var ; Cannes (Dautzenberg), Menton (Nob.), Nice (Risso), dans les Alpes-Maritimes (Risso, Roux); etc.

INTEGROPALLEALES

CYPRINIDÆ

Genre CYPRINA, de Lamarck

De Lamarck, 1812. *Ext. d'un cours.*

Cyprina Islandica, Linné.

Venus Islandica, Linné, 1767. *Syst. nat.*, édit. XII, p. 1131.
— *mercenaria*, Pennant, 1767. *Brit. zool.*, IV, p. 94, pl. LIII, f. 47.
Pectunculus crassus, da Costa, 1776. *Brit. conch.*, p. 183, pl. XIV, f. 5.
Cyprina Islandica, 1818, de Lamarck. *Anim. s. vert.*, V, p. 557. —Forbes et Hanley, 1853. *Brit. moll.*, I, p. 441, pl. XXIX; pl. M, f. 4. — Sowerby, 1859. *Ill. ind.*, pl. V, fig. 1. — Jeffreys, 1863-69. *Brit. conch.*, I, p. 304; V, p. 182, pl. XXXVI, f. 2.
— *regularis*, Sowerby, 1834. *Gen. shells.* — Brown, 1845. *Ill. conch.*, 2e édit., p. 93, pl. XXXVIII, f. 1; pl. XXXVIII, f. 11.

La Manche : le Boulonnais, dans le Pas-de-Calais (Bouchard); région normande (Fischer); Dieppe, Trouville, dans la Seine-Inférieure (Nob.); baie de Cherbourg (Macé), Granville (Servain), dans la Manche; Cancale, dans l'Ille-et-Vilaine (Nob.); baie de Saint-Brieuc, dans les Côtes-du-Nord (Nob.); etc.

L'Océan : régions armoricaine et aquitanique (Fischer); rade de Brest, îles Molène, île de Batz, Roscoff, dans le Finistère (Daniel); golfe du Morbihan (Taslé); au large des passes d'Arcachon, dans la Gironde (Lafont); etc.

Genre ASTARTE, J. Sowerby

J. Sowerby, 1816. *Min. conch.*, pl. CXXXVII.

A. — Groupe de l'*A. fusca*

Astarte fusca, Poli.

Tellina fusca, Poli, 1791. *Test. utr. Sic.*, I, p. 49, pl. XV, fig. 32, 33.

Venus petagnæ, da Costa, 1829. *Cat. syst.*, p. 34.
Crassina fusca, Deshayes, 1836. *In* de Lamarck, *Anim. s. vert.*, 2e éd., VI, p. 256.
— *incrassata*, Deshayes, 1836. *Loc. cit.*, p. 256.
Astarte incrassata, Philippi, 1836. *Enum. moll. Sic.*, I, p. 38.
— *fusca*, Sowerby, 1842-1884. *Thes. conch.*, II, p. 983, pl. CLXVIII, fig. 24. — Hidalgo, 1870. *Moll. marin.*, pl. XV, fig. 2-3
— *sulcata (var. incrassata)*, Jeffreys, 1863. *Brit. conch.*, II, p. 311.

La Méditerranée (Petit, Weinkauff) : Carry, Ratonneau, cap Cavaux, Garlaban, Montredon, château d'If, Maïré, etc., dans les Bouches-du-Rhône (Marion) ; Toulon, dans le Var (Petit, Doublier, Gay) ; etc.

Astarte sulcata, DA COSTA.

Pectunculus sulcatus, da Costa, 1778. *Brit. conch.*, p. 192.
Venus borealis (pars), Chemnitz, 1773. *Conch. cab.*, VII, p. 26, pl. XXXIX, fig. 413.
— *Danmonana*, Montagu, 1808. *Test. Brit.*, *Suppl.*, p. 45, pl. XXIX, fig. 4.
— *sulcata*, Turton, 1819. *Conch. dict.*, p. 235.
Crassina sulcata, Turton, 1822. *Dithyra Brit.*, p. 131, pl. XI, fig. 1, 2.
— *Danmoniensis*, de Lamarck, 1818. *Anim. s. vert.*, VI.
Astarte sulcata, Macgillivray, 1843. *Moll. Aberd.*, p. 250. — Forbes et Hanley, 1853. *Brit. moll.*, I, p. 452 ; pl. M, fig. 5. — Sowerby, 1859. *Ill. ind.*, pl. IV, fig. 19. — Jeffreys, 1863-1869. *Brit. conch.*, II, p. 311 ; V, p. XXXVII, fig. 1.
— *Danmoniensis*, Forbes et Hanley, 1853. *Brit. moll.*, pl. XXX, fig. 5 et 6 ; pl. M, fig. 5.

La Manche : Dunkerque, dans le Nord (Nob.) ; la région normande (Fischer) ; le Havre, dans la Seine-Inférieure (Nob.) ; baie de Saint Brieuc, dans les Côtes-du-Nord ; etc.

L'Océan : région aquitanique (Fischer) ; sables à l'entrée de la Gironde, le golfe de Gascogne, dans la Gironde (de Folin, Taslé, Fischer) ; etc.

La Méditerranée : la Provence (de Monterosato) ; Riou, Marsilli, Peyssonnel, la Cassidagne, dans les Bouches-du-Rhône (Marion) ; cap Sicié, dans le Var (Marion) ; les Alpes-Maritimes (Risso) ; etc.

Astarte Scotica, MATON.

Venus Scotica, Maton, 1807. *In Lin. Trans.*, VIII, p. 81, pl. II, fig. 3.
Crassina Scotica, Turton, 1822. *Dithyra Brit.*, p. 130, pl. XI, fig. 3, 4.
Astarte Scotica, Fleming, 1844. *Brit. anim.*, p. 440.
— *sulcata (var.)*, Forbes et Hanley, 1853. *Brit. moll.*, pl. CXXXIII, fig. 6.

Astarte sulcata (var. Scotica), Jeffreys, 1863. *Brit. conch.*, II, p. 312.

La Manche : Dieppe, Trouville, dans la Seine-Inférieure (Nob.).

Astarte elliptica, Brown.

Crassina sulcata (*non* da Costa), Nilson, 1822. *In Nov. act. Holm.*, p. 187, pl. II, fig. 1, 2.
— *ovata* (*non* Smith.), Brown, 1827. *In Edinb. Journ.*, I, p. 12, pl. 1, fig. 8-9.
— *elliptica*, Brown, 1828. *Ill. conch.*, p. 96, pl. XXXVIII, fig. 3.
Astarte elliptica, 1843, Macgillivray. *Moll. Aberd.*, p. 259. — Forbes et Hanley, 1853. *Brit. moll.*, I, p. 459, pl. XXX, fig. 8. — Sowerby, 1859. *Ill. ind.*, pl. IV, fig. 19.
— *sulcata (var. elliptica)*, Jeffreys, 1863. *Brit. conch.*, II, p. 312; V, pl. XXXVII, fig. 2.

La Manche : îles Chaussey, dans la Manche; Cancale, dans l'Ille-et-Vilaine (Nob.); etc.

B. — Groupe de l'*A. triangularis*.

Astarte compressa, Montagu.

Venus compressa, Montagu, 1808. *Test. Brit.*, *Suppl.*, p. 43, pl. XXVI, f. 1.
— *Montagui*, Dillwyn, 1817. *Recent shells*, I, p. 167.
Cyprina compressa, Turton, 1822. *Dithyra Brit.*, p. 137, pl. XI, f. 22, 23.
Astarte compressa, Fleming, 1828. *Brit. anim.*, p. 440. — Forbes et Hanley, 1853. *Brit. moll.*, I, p. 464, pl. XXX, fig. 1, 2, 3. — Sowerby, 1859. *Ill. ind.*, pl. IV, fig. 20. — Jeffreys, 1863-69. *Brit. conch.*, II, p. 315 ; V, p. 187, pl. XXXVII, fig. 3.
Crassina Montagui, Gray, 1825. *In Ann. Phil.*, p. 136.
— *striata*, Brown, 1845. *Ill. conch.*, 2e édit., p. 96, pl. XXXVIII, fig. 6 à 8.
Astarte Banksii, Lovén, 1846. *Ind. moll. Scand.*, p. 38.

La Manche : Trouville, dans la Seine-Inférieure (Nob.).

Astarte triangularis, Montagu.

Mactra triangularis, Montagu, 1803. *Test. Brit.*, p. 99, pl. III, fig. 5.
— *minutissima*, Montagu, 1808. *Test. Brit.*, *Suppl.*, p. 37.
Goodallia triangularis, Turton, 1822. *Dithyra Brit.*, p. 77, pl. VI, f. 14.
— *minutissima*, Turton, 1822. *Loc. cit.*, p. 77, pl. VI, fig. 15.
Mactrina triangularis, Brown, 1827. *Ill. conch.*, p. 108, pl. XL, f. 25.
— *minutissima*, Brown, 1828. *Loc. cit.*, p. 108, pl. XLII, f. 25, 26.
Astarte triangularis, Forbes et Hanley, 1853. *Brit. conch.*, I, p. 467, pl. XXX, fig. 4, 5. — Sowerby, 1859. *Ill. ind.*, pl. IV, f. 17. — Jeffreys, 1863-1869. *Brit. conch.*, II, p. 318, pl. XXXVII, fig. 5.

La Manche : Dunkerque, dans le Nord (Terquem); région normande (Fischer) ; Portbail, dans la Manche (Nob.); Saint-Malo, dans l'Ille-et-Vilaine (Grube); baie de Saint-Brieuc, dans les Côtes-du-Nord (Nob.) ; etc.

L'Océan : régions armoricaine et aquitanique (Fischer); Belle-Isle dans le Morbihan (Taslé); Plateau-du-Four, Etier-du-Pot, dans la Loire-Inférieure (Cailliaud, Taslé) ; sables à l'entrée de la Gironde (Lafont, Fischer); golfe de Gascogne (Fischer) ; cap Breton, dans les Landes (de Folin) ; etc.

La Méditerranée : Peyssonnel, la Cassidagne, dans les Bouches-du-Rhône (Marion).

Genre CIRCE, Schumacher

Schumacher, 1817. *Ess. nouv. syst.*, p. 152.

Circe minima, Montagu.

Venus minima, Montagu, 1803. *Test. Brit.*, p. 121, pl. III, fig. 3.
— *triangularis*, Montagu, 1808. *Loc. cit.*, p. 577, pl. XVII, fig. 3.
Cyprina minima, Turton, 1822. *Dithyra Brit.*, p. 137.
— *triangularis*, Turton, 1822. *Loc. cit.*, p. 136, pl. XI, fig. 19, 20.
Cytherea triangularis, Macgillivray, 1843. *Moll. Aberd.*, p. 268.
— *apicalis*, Philippi, 1836. *Enum. moll. Sic.*, I, p. 40, pl. 10, f. 5.
Circe triangularis, King, 1844. *In Ann. nat. hist.*, XV, p. 112.
Cytherea Cyrilli, Philippi, 1844. *Enum. moll. Sic.*, II, p. 32.
— *minima*, Brown, 1845. *Ill. conch.*, p. 92, pl. XXXVII, fig. 3.
— *minuta*, Brown, 1849. *Loc. cit.*, p. 92, pl. XXXVII, fig. 4.
Circe minima, Forbes et Hanley, 1853. *Brit. moll.*, I, p. 446, pl. XXXVI, fig. 4, 5, 6, 8; pl. M, fig. 3. — Sowerby, 1859. *Ill. ind.*, pl. V, fig. 2. — Jeffreys, 1863-1869. *Brit. conch.*, II, p. 322; V, p. 183, pl. XXXVII, fig. 6.
Lioconcha Cyrilli, Römer, 1864. *Monogr. Venus*, p. 170, pl. XLVI, f. 5.

La Manche : région normande (Fischer) ; Langrune, dans le Calvados (Nob.) ; Cancale, dans l'Ille-et-Vilaine (Nob.) ; etc.

L'Océan : régions armoricaine et aquitanique (Fischer); Concarneau (de Guerne), rade de Brest, embouchure du Faou, dans le Finistère (Taslé, Daniel) ; golfe du Morbihan (Taslé) ; plateau du Four, dans la Loire-Inférieure (Cailliaud, Taslé) ; l'île de Ré, dans la Charente-Inférieure (Nob.); golfe de Gascogne (Fischer); sables à l'entrée de la Gironde (Lafont, Fischer); cap Breton, dans les Landes (de Folin) ; etc.

La Méditerranée (Petit, Weinkauff) : étang de Thau, dans l'Hérault (Petit); Pomègue, Garlaban, Ratonneau, Roucas-Blanc, Morgillet, cap

Cavaux, Saint-Henry, Montredon, le Pharo, fort Saint-Jean, etc., dans les Bouches-du-Rhône (Marion); Toulon, dans le Var (Petit, Doublier); les Alpes-Maritimes (Roux) ; etc.

CARDIIDÆ

Genre ISOCARDIA, de Lamarck

De Lamarck, 1799. *Prodr.* — 1801. *Syst. anim.*, p. 118.

Isocardia cor (1), Linné.

Chama cor, Linné, 1767. *Syst. nat.*, édit. XII, p. 1137.
Cardita cor, Bruguière, 1789. *Encycl. meth.*, *Vers*, I, p. 403.
Isocardia cor, de Lamarck, 1819. *Anim. s. vert.*, VI, I, p. 31. — Forbes et Hanley, 1853. *Brit. moll.*, I, p. 472, pl. XXXIV, fig. 2 ; pl. M, fig. 6. — Sowerby, 1859. *Ill. ind.*, pl. V, fig. 1. — Jeffreys, 1863-1869. *Brit. conch.*, II, p. 298 ; V, p. 182, pl. XXXVI, fig. 1. — Hidalgo, 1870. *Moll. marin.*, pl. XLIX, fig. 1, 2.

La Manche : région normande (Fischer) ; îles Chaussey, dans la Manche (Nob.) ; etc.

L'Océan : régions armoricaine et aquitanique (Fischer) ; île de Batz, dans le Finistère (Daniel) ; au large de Groix, dans le Morbihan (Taslé); au large et à l'ouest de l'ilot du Four, dans la Loire-Inférieure (Cailliaud) ; ile d'Yeu, dans la Vendée (Servain) ; Royan, l'île de Ré (Nob.), dans la Charente-Inférieure (Taslé, Beltremieux); en dehors du bassin d'Arcachon, dans la Gironde (Fischer, Taslé); cap Breton, dans les Landes (de Folin); le golfe de Gascogne (Jeffreys) ; etc.

La Méditerranée : le Roussillon, dans les Pyrénées-Orientales (Nob.); Cette, dans l'Hérault (Granger) ; le golfe d'Aigues-Mortes, dans le Gard (Clément); au large de Méjean, dans les Bouches-du-Rhône (Marion); Saint-Tropez, dans le Var (Gay); Antibes (Doublier, Gay), Nice (Verany), dans les Alpes-Maritimes (Risso); etc.

(1) *Nomen infaustum*. On ne saurait admettre semblable pléonasme. *Isocardia Linnæi*, par exemple, serait infiniment plus correct.

Genre CARDIUM, Linné

Linné, 1758 *Syst. nat.*, édit. X, p. 673.

A. — Groupe du *C. hians*.

Cardium hians, Brocchi.

Cardium hians, Brocchi, 1818. *Conch. foss. sub.*, II, p. 508, pl. XIII, f. 6. — Reeve, 1845. *Conch. icon.*, pl. V, fig. 27. — Chenu, 1859. *Man. conch.*, II, p. 107, fig. 485.

— *Indicum*, de Lamarck, 1818. *Anim. s. vert*, VI, I, p. 4.

La Méditerranée : Toulon, dans le Var (Nob).

B. — Groupe du *C. erinaceum*.

Cardium erinaceum, de Lamarck.

Cardium echinatum (*non* Linné), Bruguière, 1789. *Encycl. meth.*, *Vers*, pl. CCLXCVII, fig. 5. — Poli, 1791. *Test. utr. Sic.*, I, pl. XVII, fig. 4-5.

— *erinaceum*, de Lamarck, 1819. *Anim. s. vert.*, VI, I, p. 8. — Reeve, 1845. *Icon. conch.*, pl. XII, fig. LXIII.

La Méditerranée (Petit, Weinkauff) : golfe d'Aigues-Mortes, dans le Gard (Clément); Montredon, cap Pinède, Méjean, Riou, dans les Bouches-du-Rhône (Marion); etc.

Cardium aculeatum, Linné.

Cardium aculeatum, Linné, 1767. *Syst. nat.*, édit. XII, p. 1122. — Forbes et Hanley, 1853. *Brit. moll.*, I, p. 5, pl. XXXIII, f. 2; pl. N, fig. 3. — Sowerby, 1859. *Ill. ind.*, pl. V, fig. 9. — Jeffreys, 1863-1869. *Brit. conch.*, II, p. 268 ; V, p. 180, pl. XXXIV, fig. 1. — Hidalgo, 1870. *Moll. marin.*, pl. XXXIX, fig. 1.

La Manche : région normande (Fischer); Dieppe, Fécamp, Trouville, le Havre, dans la Seine-Inférieure (Nob.) ; Langrune, dans le Calvados (Nob.); baie de Cherbourg, dans la Manche (Macé) ; baie de Saint-Brieuc, dans les Côtes-du-Nord (Nob.) ; etc.

L'Océan : régions armoricaine et aquitanique (Fischer) ; Brest, Poulmic, île Longue (Daniel), Concarneau (de Guerne), dans le Finistère ; le Morbihan (Taslé); Ker-Cabelec, les Impairs, Pouliguen, Piriac, dans la Loire-Inférieure (Cailliaud); île d'Yeu, dans la Vendée (Servain); Royan, l'île de Ré (Fischer), dans la Charente-Inférieure (Beltremieux) ;

en dehors de la Pointe du Sud et du cap Féret, dans la Gironde (Fischer); etc.

La Méditerranée (Petit, Weinkauff) : le Roussillon, dans les Pyrénées-Orientales (Nob.); Cette, dans l'Hérault (Granger); le golfe d'Aigues-mortes, dans le Gard (Clément) ; Marseille (Ancey), au large de Maïré, Ratonneau, Riou (Marion), dans les Bouches-du-Rhône ; Toulon, dans le Var (Gay) ; Cannes (Gay), Nice, dans les Alpes-Maritimes (Verany, Risso) ; etc.

Cardium mucronatum, Poli.

Cardium mucronatum, Poli, 1791. *Test. utr. Sic.*, I, p. 59, pl. XVII, fig. 7-8. — Hidalgo, 1870. *Moll. marin.*, pl. XXXVII, fig. 2.

— *echinatum, pars auct.* — Weinkauff, 1867. *Conch. mittelm.*, I, p. 133.

Acanthocardium mucronatum, de Monterosato, 1884. *Nom. conch. med.*, p. 18.

La Méditerranée : Marseille (Ancey), Montredon, cap Pinède, Méjean, Riou (Marion), dans les Bouches-du-Rhône; Toulon, dans le Var (Gay); les environs de Nice, dans les Alpes-Maritimes (Risso) ; etc.

Cardium echinatum, Linné.

Cardium echinatum, Linné 1767. *Syst. nat.*, édit. XII, p. 1122. — Forbes et Hanley, 1853. *Brit. moll.*, II, p. 7, pl. XXXIII, fig. 2; pl. N, fig. 3. — Sowerby, 1859. *Ill. index*, pl. V, fig. 11. — Jeffreys, 1863-1869. *Brit. conch.*, II, 270 ; V, p. 180, pl. XXXIV, fig. 2. — Hidalgo, 1870. *Moll. marin.*, pl. XXXVII, fig. 1.

La Manche : Dunkerque, dans le Nord (Terquem); le Boulonnais (Bouchard), Berck, Wimereux (Nob.), dans le Pas-de-Calais; Saint-Valéry, dans la Somme (Nob.); région normande (Fischer); Dieppe, Fécamp, le Havre, Trouville, etc., dans la Seine-Inférieure (Nob.); Cabourg, Langrune, dans le Calvados (Nob.) ; baie de la Hougue (Macé), îles Chaussey (Nob.), dans la Manche; Cancale, Saint-Malo, dans l'Ille-et-Vilaine (Nob.); baie de Saint-Brieuc, dans les Côtes-du-Nord (Nob.).

L'Océan : régions armoricaine et aquitanique (Fischer); Brest (Daniel), Quimper, Douarnenez (Nob.), dans le Finistère; le Morbihan (Taslé); île Dumet, la Turballe, dans la Loire-Inférieure (Cailliaud); île d'Yeu, dans la Vendée (Servain); la Rochelle, Royan, l'île de Ré (Nob.), dans la Charente-Inférieure (Beltremieux); en dehors du bassin d'Arcachon, dans la Gironde (Fischer) ; etc.

Cardium Deshayesi, Payraudeau.

Cardium Deshayesi, Payraudeau, 1826. *Moll. Corse*, p. 56, pl. I, fig. 33 à 35. — Hidalgo, 1870. *Moll. marin.*, pl. XXXVII, fig. 3.

La Méditerranée : le golfe d'Aigues-Mortes, dans le Gard (Clément); les environs de Marseille, dans les Bouches-du-Rhône (Nob.); Toulon, dans le Var (Nob.); etc.

Cardium paucicostatum, Sowerby.

Cardium ciliare (*n.* Lin.), Poli, 1791. *Test. utr. Sic.*, I, pl. XVI, fig. 20.
— *paucicostatum*, Sowerby, 1859. *Ill. ind.*, fig. 20. — Reeve, 1845. *Icon. conch.*, pl. IV, fig. 18. — Hidalgo, 1870. *Moll. marin.*, pl. XXXVII, fig. 4.

La Manche : baie de Cherbourg et de la Hougue, dans la Manche, (Nob.); etc.

L'Océan : chenal de la rade de Brest, dans le Finistère (Taslé, Daniel); Royan, dans le Charente-Inférieure (Beltremieux); lagune du Sud, Arcachon, dans les Landes (Lafont, Taslé, Fischer); cap Breton, (de Folin), dans les Landes (Fischer); etc.

La Méditerranée (Petit) : Palavas (Dollfus), Cette, l'étang de Thau (Granger), dans l'Hérault; le golfe d'Aigues-Mortes, dans le Gard, (Clément); fort Saint-Jean, la Joliette, cap Cavaux, cap Pinède, les Goudes, Méjean, etc., dans les Bouches-du-Rhône (Marion); Toulon (Petit), la Seyne, Porquerolles (Nob.), dans le Var; îles d'Hyères (Gay), les Alpes-Maritimes (Risso); etc.

Cardium tuberculatum, Linné.

Cardium tuberculatum, Linné, 1767. *Syst. nat.*, édit. XII, p. 1122. — Jeffreys, 1863-69. *Brit. conch.*, II, p. 273 ; V, p. 281, pl. XXXIV, fig. 3. — Hidalgo, 1870. *Moll marin.*, pl. XXXVIII, fig. 1-5.
— *rusticum*, Linné, 1767. *Syst. nat.*, édit. XII, p. 1124. — Poli, 1791. *Test. utr. Sic.*, I, p. 116, pl. XVI, fig. 5. — Forbes et Hanley, 1853. *Brit. moll.*, II, p. 11, pl. XXXI. fig. 3-4. — Sowerby, 1859. *Ill. ind.*, pl. V, fig. 10.
— *echinatum* (*var.*), Montagu, 1803. *Test. Brit.*, p. 79.
— *tuberculare*, Sowerby. *Genera shells*, *Cardium*, fig. 3.

La Manche : Saint-Valery, dans la Somme (Nob.); région normande (Fischer); Dieppe, Fécamp, le Havre, Trouville, etc., dans la Seine-Inférieure (Nob.); Langrune, Cabourg, dans le Calvados (Nob.); Cherbourg, Valogne, etc. (Macé), Granville (Servain), îles Chaussey (Nob.), dans la Manche; Cancale, Saint-Malo, dans l'Ille-et-Vilaine (Nob.); baie de Saint-Brieuc, dans les Côtes-du-Nord (Nob.); etc.

L'Océan : régions armoricaine et aquitanique (Fischer); Brest, Douarnenez, Grèves, Morgat (Daniel), Quimper (Nob.), dans le Finistère; le Morbihan (Taslé); Piriac, dans la Loire-Inférieure (Cailliaud); les Sables d'Olonne, dans la Vendée (Nob.); la Rochelle, Royan, l'île de Ré, l'île d'Oléron (Nob.), dans la Charente-Inférieure (Beltremieux); lagune du Sud, en dehors du bassin d'Arcachon, dans la Gironde (Fischer); etc.

La Méditerranée : le Roussillon, dans les Pyrénées-Orientales (Nob.); la Franqui (Pépratx), la Nouvelle (Nob.), dans l'Aude; Cette (Granger), Palavas (Dollfus), dans l'Hérault; le golfe d'Aigues-Mortes, dans le Gard (Clément); Fos, les Martigues (Nob.), Marseille (Ancey), le Prado, Méjean (Marion), dans les Bouches-du-Rhône; Toulon, Saint-Raphaël (Doublier, Gay), Saint-Nazaire, îles de Porquerolles, îles d'Hyères, dans le Var; Cannes (Dautzenberg), Menton (Nob.), Nice (Verany), dans les Alpes-Maritimes (Risso, Roux); etc.

C. — Groupe du *C. edule*.

Cardium edule, Linné.

Cardium edule, Linné, 1767. *Syst. nat.*, édit. XII, p. 1124. — Forbes et Hanley, 1853. *Brit. moll.*, II, p. 15, pl. XXXII, fig. 1, 3, 4; pl. N, fig. 5. — Sowerby, 1859. *Ill. ind.*, pl. V, fig. 12. — Jeffreys, 1863-69, *Brit. conch.*, II, p. 286; V, p. 187, pl. XXXV, fig. 5. — Hidalgo, 1870. *Moll. marin.*, pl. XXXIX, fig. 5.
— *vulgare*, da Costa, 1787. *Brit. conch.*, p. 150, pl. XI, fig. 1.
— *pectinatum*, de Lamarck, 1818. *Anim. s. vert.*, VI, I, p. 10.

La Manche : Dunkerque, dans le Nord (Terquem); le Boulonnais, dans le Pas-de-Calais (Bouchard); Saint-Valery, dans la Somme (Nob.); la région normande (Fischer); Dieppe, Fécamp, le Havre, Trouville, etc., dans la Seine-Inférieure (Nob.); Cabourg, Langrune, dans le Calvados (Nob.); Cherbourg, Valogne (Macé), Granville (Servain), dans la Manche; Saint-Malo (Grube), Concarneau (Nob.), dans l'Ille-et-Vilaine; baie de Saint-Brieuc, dans les Côtes-du-Nord (Nob.); etc.

L'Océan : régions armoricaine et aquitanique (Fischer); les côtes du Finistère (Collard, Taslé, Daniel), etc.; le Morbihan (Taslé); Pouliguen, etc., dans la Loire-Inférieure (Cailliaud); île d'Yeu (Servain), les Sables d'Olonne (Nob.), dans la Vendée; Royan, la Rochelle, l'île de Ré, l'île d'Oléron (Nob.), dans la Charente-Inférieure (Beltremieux); embouchure de la Gironde, bassin d'Arcachon, l'île aux Oiseaux, Soulac, Bas-

Médoc, dans la Gironde (Lafont, Fischer); côtes des Landes (Fischer), cap Breton, dans les Landes (de Folin); embouchure de l'Adour, dans les Basses-Pyrénées (Fischer); etc.

La Méditerranée (Petit, Weinkauff) : le Roussillon, dans les Pyrénées-Orientales (Nob.); la Nouvelle, dans l'Aude (Nob.); Cette (Granger); Palavas (Dollfus), dans l'Hérault; les étangs du bord de la mer, dans le Gard (Clément); Fos, les Martigues (Nob.), les environs de Marseille (Marion), dans les Bouches-du-Rhône; Cogolin, Roquebrune, Villepey (Doublier, Gay), cap Sicié, la Seyne (Nob.), dans le Var; les Alpes-Maritimes (Risso); etc.

Cardium obtritum, Locard.

Cardium edule, pars auct. — Hidalgo, 1870. *Moll. marin.*, pl XXXIX, f. 4.

La Manche : Dunkerque, dans le Nord; Boulogne, Wimereux, dans le Pas-de-Calais; Cabourg, Langrune, dans le Calvados; Cherbourg, îles Chaussey, dans la Manche (Nob.); etc.

L'Océan : Douarnenez, dans le Finistère; Portnichet, dans la Loire-Inférieure; îles de Ré et d'Oléron, dans la Charente-Inférieure; Arcachon, dans la Gironde (Nob.); etc.

La Méditerranée : les environs de Toulon, dans le Var (Nob.); etc.

Cardium Lamarcki, Reeve.

Cardium rusticum (*n.* Linné), Chemnitz, 1782. *Conch. cab.*, VI, pl. XIX, fig. 197. — Poli, 1791. *Test. utr. Sic.*, pl. XVII, fig. 12, 13.
— *? glaucum*, Bruguière, 1789. *Encycl. meth.*, *Vers*, I, p. 221.
— *Lamarckii*, Reeve, 1845. *Conch. Icon.*, *Cardium*, pl. XVIII, f. 93.
— *edule (pars auctorum)*. — Forbes et Hanley, 1853. *Brit. moll.*, II, p. 18, pl. XXXII, fig. 2. — Hidalgo, 1870. *Moll. marin.*, pl. XXXIX, fig. 2.

La Manche : région normande (Fischer); Dieppe, Trouville, dans la Seine-Inférieure (Nob.); îles Chaussey, dans la Manche (Nob.); etc.

L'Océan : régions armoricaine et aquitanique (Fischer); Saint-Marc (Daniel), dans le Finistère; Lorient (Nob.), dans le Morbihan; Pouliguen, le Croisic, dans la Loire-Inférieure (Nob.), la Tremblade (Fischer) Royan (Nob.), dans la Charente-Inférieure (Beltremieux); etc.

La Méditerranée : le Roussillon, dans les Pyrénées-Orientales (Nob.); Cette (Nob.), l'étang de Thau (Granger), dans l'Hérault); la Joliette, près Marseille (Marion), Fos, les Martigues (Nob.), dans les Bouches-du-Rhône; la Seyne, presqu'île de Gien, dans le Var (Nob.); Nice, dans les Alpes-Maritimes (Risso, Verany); etc.

Cardium crenulatum, de Lamarck.

Cardium crenulatum, de Lamarck, 1836. *Anim. s. vert.*, 2e édit., VI, p. 402. — Delessert, 1841. *Rec. coq.*, pl. XI, fig. 5.

La Manche (de Lamarck, Petit).

L'Océan : Brest, Saint-Marc, Plaugerneau, Laber-il-dût, dans le Finistère (Daniel); la Charente-Inférieure (Beltremieux); etc.

D. Groupe du *C. exiguum*

Cardium papillosum, Poli.

Cardium papillosum, Poli, 1791. *Test. utr. Sic.*, I, p. 56, pl. XVI, fig. 2, 4. — Reeve, 1845. *Conch. icon.*, *Cardium*, pl. XX, fig. 111. — Sowerby, 1859. *Ill. ind.*, pl. V, fig. 1. — Jeffreys, 1863-69. *Brit. conch.*, II, p. 275; V, p. 181, pl. XXXV, fig. 1. — Hidalgo, 1870. *Moll. marin.*, pl. XL, a, fig. 1.

— *planatum*, Renieri, 1804. *Tav. alfabet. Adriat.*

— *scobinatum*, de Lamarck, 1818. *Anim. s. vert.*, VI, I, p. 14.

— *Polii*, Payraudeau, 1826. *Moll. Corse*, p. 57.

L'Océan : régions armoricaine et aquitanique (Fischer); Brest, entrée du Faou, Douarnenez (Taslé, Daniel), Concarneau (de Guerne), dans le Finistère; golfe du Morbihan (Taslé), baie de Bourgneuf, Basse-Kikerie, dans la Loire-Inférieure (Cailliaud, Taslé); île d'Yeu, dans la Vendée (Servain); Arcachon (Lafont), au large des passes (Fischer), dans la Gironde; cap Breton, dans les Landes (de Folin); etc.

La Méditerranée (Petit, Weinkauff) : le Roussillon, dans les Pyrénées-Orientales (Nob.); la Nouvelle, dans l'Aude (Nob.); Palavas, dans l'Hérault (Dollfus); le golfe d'Aigues-Mortes, dans le Gard (Clément); Fos, les Martigues (Nob.), Marseille (Ancey), fort Saint-Jean, le Pharo, la Joliette, Roucas-Blanc, Carry, Morgillet, Ratonneau, Montredon, Riou, Maïré, Méjean, etc. (Marion), dans les Bouches-du-Rhône; Saint-Tropez Toulon (Doublier, Gay); Saint-Nazaire, Porquerolles, etc. (Nob.), dans le Var; Cannes (Doublier, Dautzenberg), Menton (Nob.), Nice (Verany), dans les Alpes-Maritimes (Risso, Roux); etc.

Cardium exiguum, Gmelin.

Cardium exiguum, Gmelin, 1789. *Syst. nat.*, XIII, p. 3255. — Jeffreys, 1863-69. *Brit. conch.*, II, p. 278; V, p. 181, pl. XXXV, fig. 2. — Hidalgo, 1870. *Moll. marin.*, XL, a, fig. 2 à 4.

— *pygmæum*, Donovan, 1804. *Brit. shells*, I, pl. XXXII, fig. 3. — Forbes et Hanley, 1853. *Brit. moll.*, II, p. 29, pl. XXXII, fig. 8; pl. N, fig. 2. — Sowerby, 1859. *Ill. ind.*, pl. V, f. 4.

— *subangulatum*, Scacchi, 1836. *Cat. Reg. Neap.*, p. 8.

La Manche : région normande (Fischer) ; Cabourg, dans le Calvados (Nob.) ; Cherbourg, Querqueville, dans la Manche (Macé); baie de Saint-Brieuc, dans les Côtes-du-Nord (Nob.) ; etc.

L'Océan : régions armoricaine et aquitanique (Fischer) ; Saint-Marc, Moulin-Blanc, Sainte-Barbe, Becavel, Saint-Nicolas (Daniel), Douarnenez (Nob.), dans le Finistère ; Lorient, golfe du Morbihan (Taslé); plateau du Four, dans la Loire-Inférieure (Cailliaud, Taslé) ; île d'Yeu, dans la Vendée (Servain) ; l'île de Ré, dans la Charente-Inférieure (Nob.); bassin d'Arcachon, dans la Gironde (Fischer, Taslé); etc.

La Méditerranée : le Roussillon, dans les Pyrénées-Orientales (Nob.) ; Cette, l'étang de Thau (Granger), Palavas (Dollfus), dans l'Hérault le golfe d'Aigues-Mortes, dans le Gard (Clément) ; Fos (Nob.), Marseille (Ancey), fort Saint-Jean, la Joliette, Roucas-Blanc, Montredon, etc. (Marion), dans les Bouches-du-Rhône ; Toulon (Doublier, Petit, Gay), presqu'île de Gien, Porquerolles (Nob.), dans le Var ; Cannes (Dautzenberg), Menton (Nob.), dans les Alpes-Maritimes ; etc.

Cardium fasciatum, Montagu.

Cardium oblongum (non. Brug.), Montagu, 1803. *Test. Brit.*, p. 86.
— *fasciatum*, Montagu, 1808. *Test. Brit., Suppl.*, p. 30, pl. XXVII, fig. 6. — Forbes et Hanley, 1853. *Brit. moll.*, II, p. 25, pl. XXXII, fig. 5 ; pl. IV, fig. 4. — Sowerby, 1859. *Ill. ind.*, pl. V, fig. 7. — Jeffreys, 1863-69. *Brit. conch.*, II, p. 282 ; V, p. 181, pl. XXXV, fig. 3.
— *ovale*, Sowerby. *Conch. ill.*, *Cardium*, n° 24. — Reeve, 1845. *Conch. icon.*, *Card.*, pl. XXI, fig. 119.
— *?parvum*, Philippi, 1844. *Enum. moll. Sic.*, II, p. 39.
— *rubrum*, Reeve, 1845. *Conch. icon.*, *Card.*, pl. XXII, fig. 124.

L'Océan : régions armoricaine et aquitanique (Fischer) ; Quiberon, dans le Morbihan (Taslé), plateau du Four, dans la Loire-Inférieure (Cailliaud, Taslé) ; île d'Yeu, dans la Vendée (Servain); l'île de Ré, dans la Charente-Inférieure (Nob.); le golfe de Gascogne (Fischer, Taslé) ; sables à l'entrée de la Gironde (Fischer) ; etc.

La Méditerranée : Carry, cap Cavaux, Ratonneau, Riou, dans les Bouches-du-Rhône (Marion) ; Cannes, dans les Alpes-Maritimes (Dautzenberg) ; etc.

Cardium roseum, de Lamarck.

Cardium roseum, de Lamarck, 1818. *Anim. s. vert.*, VI, p. 14.
— *nodosum*, Turton, 1822. *Dithyra Brit.*, p. 186, pl. XIII, fig. 3.

— Forbes et Hanley, 1853. *Brit. moll.*, II, p. 22, pl. XXXII, fig. 7. — Sowerby, 1859. *Ill. ind.*, pl. V, fig. 6. — Jeffreys, 1863-69. *Brit. moll.*, II, p. 283; V, p. 181, pl. XXXV, f. 4.

Cardiums cabrum, Philippi, 1844. *En. moll. Sic.*, II, p. 38, pl. XIV, f. 16.

— *punctatum*, Requien, 1848. *Cat. moll. Corse*, p. 98.

La Manche : région normande (Fischer) ; Cherbourg (Petit), Granville (Servain), îles Chaussey (Nob.), dans la Manche ; Cancale, dans l'Ille-et-Vilaine (Nob.); baie de Saint-Brieuc, dans les Côtes-du-Nord (Nob.).

L'Océan : régions armoricaine et aquitanique (Fischer) ; Brest, Morlaix (Daniel), dans le Finistère ; Lorient (Nob.), golfe du Morbihan (Taslé), dans la Loire-Inférieure (Cailliaud, Taslé) ; île d'Yeu, dans la Vendée (Servain) ; l'île de Ré, dans la Charente-Inférieure (Nob.) ; sables à l'entrée de la Gironde, Arcachon, le Banc-Blanc, dans la Gironde (Lafont, Fischer, Taslé) ; etc.

La Méditerranée : Morgillet, cap Cavaux, Montredon, Ratonneau, la Cassidagne, dans les Bouches-du-Rhône (Marion) ; Porquerolles, dans le Var (Nob.) ; Cannes, dans les Alpes-Maritimes (Jeffreys) ; etc.

Cardium minimum, Philippi.

Cardium minimum, Philippi, 1836. *Enum. moll. Sic.*, I, p. 51. — 1844. *Loc. cit.*, II, p. 38, pl. XIV, fig. 18. — Jeffreys, 1863-69. *Brit. conch.*, II, p. 292 ; V, p. 182, pl. XXXV, f. 6.

— *Suldiense*, Reeve, 1845. *Conch. icon.*, *Card.*, pl. XXII, fig. 132.

— *Loveni*, Thompson, 1845. *In Ann. nat. hist.*, XV, p. 317, pl. XIX, fig. 7.

— *Suecicum*, Lovén, 1846. *Ind. moll. Scand.*, p. 189. — Forbes et Hanley, 1853. *Brit. moll.*, II, p. 33, pl. XXXII, fig. 6. — Sowerby, 1859. *Ill. ind.*, pl. V, fig. 8.

L'Océan : régions armoricaine et aquitanique (Fischer); Brest (Daniel) dans le Finistère ; Lorient (Nob.), golfe du Morbihan (Taslé); Basse-Kikerie, dans la Loire-Inférieure (Cailliaud, Taslé) ; le golfe de Gascogne (Fischer, Taslé, Jeffreys); cap Breton, dans les Landes (de Folin); etc.

La Méditerranée : Marseille (Ancey), Ratonneau, cap Pinède, Maïré, Riou, Peyssonnel, Marcilli (Marion), dans les Bouches-du-Rhône; etc.

E. — Groupe du *C. Norvegicum.*

Cardium Norvegicum, Spengler.

Cardium lævigatum (*non* Linné), Pennant, 1787. *Brit. zool.*, IV, p. 91, pl. LI, fig. 40.

Cardium Norvegicum, Spengler, 1792. *In Skrift. naturhist. Selsk.*, VI, p. 42. — Forbes et Hanley, 1853. *Brit. moll.*, II, p. 35, pl. XXXI, fig. 1, 2; pl. IV, fig. 1. — Sowerby, 1859. *Ill. ind.*, pl. V, fig. 13. — Jeffreys, 1863-69. *Brit. conch.*, II, p. 294; V, p. 182, pl. XXXV, fig. 7. — Hidalgo, 1870. *Moll. marin.*, pl. XL, fig. 1, 2.

— *serratum* (*n.* Lin.), de Lamarck, 1818. *Anim. s. vert.*, VI, p. 11.

— *oblongum* (*n.* Chem.), Brown, 1825. *Ill. conch.*, 2e édit., p. 88, pl. XXXV, fig. 16. — Reeve, 1845. *Conch. icon.*, *Card.*, pl. XV, fig. 71.

— *Norwegicum*, Weinkauff, 1866. *Conch. mittelm.*, I, p. 146.

La Manche : Dunkerque, dans le Nord (Terquem); le Boulonnais (Bouchard), Berck (Nob.), dans le Pas-de-Calais; Saint-Valery, dans la Somme (Nob.) ; région normande (Fischer) ; Dieppe, Fécamp, le Havre, Trouville, etc., dans la Seine-Inférieure (Nob.); Cabourg, dans le Calvados (Nob.); Cherbourg, Valogne, baie de la Hougue et de Sainte-Anne (Macé), Granville (Servain), îles Chaussey (Nob.), dans la Manche ; baie de Saint-Brieuc, dans les Côtes-du-Nord (Nob.) ; etc.

L'Océan : régions armoricaine et aquitanique (Fischer) ; Brest, baie de Poulmic (Daniel), Quimper, Concarneau, île de Glenan (de Guerne), dans le Finistère ; Lorient (Nob.), le Morbihan (Taslé) ; la Turballe, dans la Loire-Inférieure (Cailliaud); île d'Yeu, dans la Vendée (Servain); l'île de Ré (Nob.), dans la Charente-Inférieure (Fischer) ; sables à l'entrée de la Gironde, pointe du Sud, dans la Gironde (Lafont, Fischer); cap Breton, dans les Landes (de Folin) ; etc.

La Méditerranée (Petit, Weinkauff) : le Pharo, Roucas-Blanc, Montredon, dans les Bouches-du-Rhône (Marion) ; Porquerolles, dans le Var (Nob.); Cannes (Dautzenberg), Menton (Nob.), dans les Alpes-Maritimes.

Cardium oblongum, Chemnitz.

Cardium oblongum, Chemnitz, 1782. *Conch. cab.*, VI, pl. XIX, fig. 190. — Hidalgo, 1870. *Moll. marin.*, pl. XL, fig. 1, 2.

— *flavum*, Poli, 1791. *Test. utr. Sic.*, I, p. 63, pl. XVII, fig. 9.

— *sulcatum*, de Lamarck, 1818. *Anim. s. vert.*, VI, p. 10. — De Blainville, 1826. *Faune franç.*, pl. VIII, fig. 8.

La Méditerranée (Petit, Weinkauff) : fort Saint-Jean, Carry, Ratonneau, cap Cavaux, les Goudes, Riou, etc., dans les Bouches-du-Rhône (Marion) ; Toulon (Petit, Doublier, Gay), la Seyne, Porquerolles (Nob.), dans le Var ; Nice (Verany), dans les Alpes-Maritimes (Risso) ; etc.

Genre CYAMIUM, Philippi

Philippi, 1845. *In Arch. nat.*, I, p. 50.

Cyamium minutum, FABRICIUS.

Venus minuta, O. Fabricius, 1780. *Fauna Grœnland.*, p. 412.
Mya purpurea, Montagu, 1809. *Test. Brit.*, *Suppl.*, p. 21.
Montacuta ? purpurea. *Brit. marine. conch.*, p. 25, f. 14 (*Test* F. et H.).
Lesæa minuta, Müller, 1842. *Ind. moll. Grœnl.*, p. 20.
Erycina purpurea, Récluz, 1844. *In Rev. zool.*, p. 329.
Saxicava purpurea, Brown, 1845. *Ill. conch.*, p. 103.
Cyamium? minutum, Lovén, 1846. *Ind. moll. Scand.*, p. 42.
Turtonia minuta, Alder, 1848. *Cat. Northumb. Durham Moll.*, p. 95. — Forbes et Hanley, 1853. *Brit. moll.*, II, p. 81, pl. XVIII, fig. 7 et 7 a; pl. O, fig. 1. — Sowerby, 1859. *Ill. ind.*, pl. VI, fig. 4.
Cyamium minutum, Jeffreys, 1863-69. *Brit. conch.*, II, p. 260; V, p. 180, pl. XXXIII, fig. 4.

La Manche : région normande (Fischer); îles Chaussey, dans la Manche; baie de Saint-Brieuc, dans les Côtes-du-Nord (Nob.); etc.

L'Océan : régions armoricaine et aquitanique (Fischer); Brest (Daniel), dans le Finistère; Lorient (Nob.), golfe du Morbihan (Taslé); Piriac, dans la Loire-Inférieure (Cailliaud, Taslé); île d'Yeu (Servain), île de Noirmoutiers (Fischer, Taslé), dans la Vendée; île de Ré, dans la Charente-Inférieure (Fischer, Beltremieux); sables à l'entrée de la Gironde, en dehors de la pointe de Grave, dans la Gironde (Fischer, Taslé); etc.

La Méditerranée (Weinkauff) : les Alpes-Maritimes (Roux); etc.

CARDITIDÆ

Genre CARDITA, Bruguière

Bruguière, 1789. *Encycl. méth.*, *Vers*, I, p. 401.

A. — Groupe du *C. sulcata*.

Cardita sulcata, BRUGUIÈRE.

Cardita sulcata, Bruguière, 1789. *Encycl. méth.*, *Vers*, I, p. 405, nº 3.

— Reeve. *Icon. conch.*, pl. VIII, fig. 35. — Hidalgo, 1870. *Moll. marin.*, pl. LVII, a, fig. 8, 9.

Chama antiquata (*non* Lin.), Poli, 1795. *Test. utr. Sic.*, II, p. 115, pl. XXIII, fig. 12, 13.

Venericardia sulcata, Payraudeau, 1826. *Moll. Corse*, p. 54.

Cardita antiquata, Scacchi, 1829. *Cat. Reg. Neap.*, p. 5.

La Méditerranée (Petit, Weinkauff) : le Roussillon, dans les Pyrénées-Orientales (Nob.); Fos, les Martigues (Nob.), le Pharo, la Joliette, Montredon, Pomègue, Roucas-Blanc, etc., dans les Bouches-du-Rhône (Marion) ; Toulon, Saint-Raphaël (Doublier, Gay), Porquerolles, Saint-Nazaire (Nob.), dans le Var; Cannes (Dautzenberg), Nice (Verany), dans les Alpes-Maritimes (Roux); etc.

Cardita laxa, Locard.

Cardita laxa, Locard, 1884. *Mss.*

La Méditerranée : presqu'île de Gien, dans le Var (Nob.).

B. — Groupe du *C. aculeata.*

Cardita aculeata, Poli.

Chama aculeata, Poli, 1795. *Test. utr. Sic.*, II, pl. XXIII, fig. 23.

Cardita aculeata, Risso, 1826. *Hist. nat. eur. mérid.* IV, p. 329. — Philippi, 1836. *Enum. moll. Sic.*, I, p. 54, pl. IV, fig. 18. — Hidalgo, 1870. *Moll. marin.*, pl. LVII, a, fig. 6.

— *squamosa* (*non* Lamarck), Potiez et Michaud, 1844. *Gal. moll. Douai*, II, p. 159.

La Méditerranée (Petit, Wenkauff) : cap Cavaux, Montredon, Méjean, Maïré, Riou, dans les Bouches-du-Rhône (Marion) ; Toulon, dans le Var (Doublier, Petit, Gay) ; les Alpes-Maritimes (Risso, Roux) ; etc.

Cardita trapezia, Linné.

Chama trapezia, Linné, 1767. *Syst. nat.*, édit. XII, p. 1138.

Cardita trapezia, Bruguière, 1789. *Encycl. meth.*, *Vers*, I, pl. CCXXXIV, fig. 7. — Reeve. *Icon. conch.*, pl. IV, fig. 15. — Hidalgo, 1870. *Moll. marin.*, pl. LVII, A, fig. 7.

Chama muricata, Poli, 1795. *Test. utr. Sic.*, II, pl. XXIII, fig. 22.

La Méditerranée (Petit, Weinkauff) : le Roussillon, dans les Pyrénées-Orientales (Nob.); golfe d'Aigues-Mortes, dans le Gard (Clément) ; la Joliette, Mourepiano, Roucas-Blanc, Corbière, etc., dans les Bouches-du-Rhône (Marion); Toulon (Doublier, Gay), cap Sicié (Marion), Saint-Nazaire, îles de Porquerolles (Nob.), dans le Var; Cannes (Dautzenberg), Menton(Nob.), Nice (Verany), dans les Alpes-Maritimes (Risso, Roux).

Cardita calyculata, Linné.

Chama calyculata, Linné, 1767. *Syst. nat.*, édit. XII, p. 1138.
Cardita calyculata, Poli, 1795. *Test. utr. Sic.*, II, pl. XXIII, fig. 7-9. — Hidalgo, 1870. *Moll. marin.*, pl. LVII, A, fig. 5.
— *sinuata*, de Lamarck, 1818. *Anim. s. vert.*, VI, I, p. 25.

La Méditerranée (Petit, Weinkauff) : fort Saint-Jean, le Pharo (Marion), Marseille (Ancey) dans les Bouches-du-Rhône ; Toulon, dans le Var (Doublier, Gay) ; Cannes (Gay, Dautzenberg, Risso), Menton (Nob.), Nice (Verany), dans les Alpes-Maritimes (Roux) ; etc.

Cardita corbis, Philippi.

Cardita corbis, Philippi, 1836. *Enum. moll. Sic.*, I, p. 55, pl. IV, f. 19.

L'Océan : le golfe de Gascogne (de Folin, Jeffreys).

Genre CYPRICARDIA, de Lamarck

De Lamarck, 1819. *Anim. s. vert.*, VI, I, p. 27.

Cypricardia lithophagella, de Lamarck.

? *Mytilus dentatus*, Renieri, 1804. *Tav. alfab. Adriat.*
Cardita lithophagella, de Lamarck, 1819. *Anim. s. vert.*, VI, I, p. 27.— Delessert, 1841. *Rec. coq.*, pl. XI, fig. 11.
Byssomya Guerini, Payraudeau, 1826. *Moll. Corse*, pl. I, fig. 6-8.
Saxicava Guerini, Deshayes 1836. *In* de Lamarck, *Anim. s. vert.*, 2e édit. VI, p. 153.
Cypricardia lithophagella, Weinkauff, 1867. *Conch. mittelm.*, I, p. 95.

L'Océan : cap Breton, dans les Landes (de Folin) ; etc.

La Méditerranée (Petit, Weinkauff) : Toulon, Hyères, dans le Var (Petit, Doublier, Gay) ; les Alpes-Maritimes (Roux) ; etc.

CHAMIDÆ

Genre CHAMA, Bruguière

Bruguière, 1789. *Encycl. meth.*, *Vers*, I, p. 393.

Chama gryphoides, Linné.

Chama gryphoides, Linné, 1767. *Syst. nat.*, édit. XII, p. 1139.—Chemnitz, 1784. *Conch. cab.*, VII, p. 145, pl. LI, fig. 510 à 513.

— Poli, 1795. *Test. utr. Sic.*, II, p. 122, pl. XXIII, fig. 3 et 3. — *Encycl. meth.*, *Vers*, pl. CXCVII, fig. 2.

Chama aculeata, Risso, 1826. *Hist. nat. eur. mérid.*, IV, p. 329.

— *cavernosa*, Risso, 1826. *Loc. cit.*, p. 329.

— *Lazarus*, Risso, 1826. *Loc. cit.*, p. 329.

— *unicornis*, Philippi, 1836. *Enum. moll. Sic.*, I, p. 68.

— *asperella*, Deshayes, 1836. *In* de Lamarck, *Anim. s. vert.*, 2e éd., VI, p. 581.

L'Océan : cap Breton, dans les Landes (de Folin).

La Méditerranée (Petit, Weinkauff) : le Roussillon, dans les Pyrénées-Orientales (Nob.); la Nouvelle, dans l'Aude (Nob.); Palavas, dans l'Hérault (Dollfus); golfe d'Aigues-Mortes, dans le Gard (Clément); Fos, les Martigues (Petit), l'Estaque, Roucas-Blanc, Morgillet (Marion), Marseille (Ancey), dans les Bouches-du-Rhône; Toulon, Saint-Raphaël (Doublier, Gay), Saint-Nazaire, Saint-Tropez, îles de Porquerolles (Nob.), dans le Var; Cannes (Dautzenberg), Menton (Nob.), Nice (Verany), dans les Alpes-Maritimes (Risso, Roux); etc.

Chama sinistrorsa, Brocchi.

Chama sinistrorsa, Brocchi, 1814. *Conch. foss. sub.*, II, p. 519.

— *gryphina*, de Lamarck, 1818. *Anim. s. vert.*, VI, I, p. 97. — Reeve, 1847. *Conch. icon.*, pl. VIII, fig. 43.

— *christella*, Doublier, 1853. *In Prodr. hist. Var* p. 111.

La Méditerranée (Petit, Weinkauff) : le golfe d'Aigues-Mortes, dans le Gard (Clément) ; les Martigues (Petit), le Pharo, Pomègue, Morgillet, dans les Bouches-du-Rhône (Marion) ; Toulon (Doublier), Saint-Nazaire, île de Porquerolles, etc. (Nob.), dans le Var ; etc.

Chama circinata, de Monterosato.

Chama circinata, de Monterosato, 1878. *Enum. e sin.*, p. 11.

La Méditerranée : Saint-Nazaire, dans le Var (Nob.) ; etc.

LUCINIDÆ

Genre DIPLODONTA, Brown

Bronn, 1831. *Ital. Tertiärgeb.*, p. IX.

Diplodonta rotundata, Montagu.

Tellina rotundata, Montagu, 1803. *Test. Brit.*, p. 71, pl. II, fig. 3.

Psammobia rotundata, Fleming, 1814. *Brit. anim.*, p. 438.
Lucina rotundata, Turton, 1822. *Dithyra Britan.*, p. 114, pl. VII, f. 3.
Diplodonta dilatata, Philippi, 1836. *En. moll. Sic.*, I, p. 31, pl. IV, f. 7.
— *rotundata*, Philippi, 1844. *Enum. moll. Sic.*, II, p. 24. — Forbes et Hanley, 1853. *Brit. moll.*, II, p. 66, pl. XXXV, fig. 6 ; pl. M, fig. 7. — Sowerby, 1859. *Ill. ind.*, pl. V, f. 19. — Jeffreys, 1863-69. *Brit. conch.*, II, p. 254 ; V, p. 180, pl. XXXIII, fig. 4. — Hidalgo, 1870. *Moll. mar.*, pl. LXXIV, f. 1.
Loripes rotundata, Cuvier. *Règne anim.*, édit. Crouch, pl. CIII, fig. 4.
Glauconome Montaguana, Leach, 1852. *Synops.*, p. 313.

La Manche : Dunkerque, dans le Pas-de-Calais (Nob.) ; baie de Saint-Brieuc, dans les Côtes-du-Nord (Nob.) ; etc.

L'Océan : régions armoricaine et aquitanique (Fischer) ; Morgat, Douarnenez, Dinan, Lanninon (Daniel), dans le Finistère ; Vannes (Jeffreys), Lorient (Nob.), golfe du Morbihan (Taslé) ; Piriac, Pornichet, les Impairs, la Bernerie, dans la Loire-Inférieure (Cailliaud, Taslé) ; la Rochelle, Royan (Nob.), l'île de Ré (Fischer, Taslé), dans la Charente-Inférieure ; Arcachon (Lafont), sables à l'entrée de la Gironde, Banc-Blanc, côtes de l'Océan (Fischer), dans la Gironde ; golfe de Gascogne (Fischer, Taslé) ; Guéthary, dans les Basses-Pyrénées (Nob.) ; etc.

La Méditerranée : Nice, dans les Alpes-Maritimes (Jeffreys).

Diplodonta apicalis, Philippi.

Diplodonta apicalis, Philippi, 1836. *En. moll. Sic.*, I, p. 31, pl. IV, f. 6.
Lucina trigonula, Scacchi, 1836. *Cat. Reg. Neap.*, p. 15.
Diplodonta trigonula (*non* Bronn), Weinkauff, 1867. *Conch. mittelm.*, I, p. 158.

La Méditerranée : les îles d'Hyères et de Porquerolles, dans le Var (Nob.).

Genre SPORTELLA, Deshayes

Deshayes, 1861. *In Journ. conch.*, IX, p. 379.

Sportella recondita, Fischer.

Scintilla recondita, Fischer, 1873. *In Les Fonds de la mer*, II, p. 49, pl. II, fig. 3.
Sportella recondita, Fischer, 1874. *In Act. soc. Lin. Bord.*, XXIX, p. 178.
— *abscondita*, de Monterosato, 1875. *Nuova revista*, p. 13.

L'Océan : région aquitanique (Fischer) ; le cap Breton, dans les Landes (Fischer, de Folin).

Genre PSEUDOPYTHINIA, Fischer

Fischer, 1878. *In Act. soc. Lin. Bord.*, XXXII, p. 178.

Pseudopythinia Mac-Andrewi, FISCHER.

Kellia Mac-Andrewi, Fischer, 1867. *In Journ. conch.*, XV, p. 194, pl. IX, fig. 1.

Pseudopythinia Mac-Andrewi, Fischer, 1878. *In Act. soc. Lin. Bord.*, XXXII, p. 178.

L'Océan : région aquitanique ; Banc-Blanc le bassin d'Arcachon, dans la Gironde (Fischer, Lafont, Taslé.) ; cap Breton, dans les Landes (de Folin) ; etc.

Genre SCACCHIA, Philippi

Philippi, 1844. *Enum. moll. Sic.*, II, p. 27.

Scacchia elliptica, SCACCHI.

Tellina elliptica, Scacchi, 1833. *Oss. zool.*, p. 14.

Lucina? oblonga, Philippi, 1834. *Enum. moll. Sic.*, I, p. 34, pl. IV, f. 1.

Loripes? ellipticus, Scacchi, 1836. *Cat. Reg. Neap.*, p. 5.

Scacchia elliptica, Philippi, 1844. *En. moll. Sic.*, II, p. 27, pl. XIV, f. 8.

La Méditerranée : les Martigues, dans les Bouches-du-Rhône (Petit).

Scacchia ovata, PHILIPPI.

Scacchia ovata, Philippi, 1844. *Enum. moll. Sic.*, II, p. 27, pl. XIV, fig. 9.

La Méditerranée : Marseille, dans les Bouches-du-Rhône (Ancey).

Scacchia phaseolina, DE MONTEROSATO.

Scacchia phaseolina, de Monterosato, 1875. *Nuova revista*, p. 13.

L'Océan : région aquitanique (Fischer) ; cap Breton, dans les Landes (de Monterosato, Fischer).

Genre LUCINA, Bruguière

Bruguière, 1792. *Encycl. meth.*, *Vers*, pl. CCLXXXIV.

Lucina borealis, LINNÉ.

Venus borealis, Linné, 1767. *Syst. nat.*, édit. XII, p. 1134.

Tellina radula, Montagu, 1803. *Test. Brit.*, p. 68.

Lucina radula, de Lamarck, 1818. *Anim. s. vert.*, V, p. 541.

— *alba*, Turton, 1822. *Dithyra Brit.*, p. 114, pl. VII, fig. 6-7.

— *borealis*, Forbes et Hanley, 1853. *Brit. moll.*, II, p. 46, pl. XXXV, fig. 5; pl. M, fig. 6. — Sowerby, 1859. *Ill. ind.*, pl. V, fig. 16. — Jeffreys, 1863-1869. *Brit. conch.*, II, p. 242; V, p. 179, pl. XXXII, fig. 7. — Hidalgo, 1870. *Moll. marin.*, pl. LXXIV, fig. 7.

La Manche : région normande (Fischer) ; Dieppe, Trouville, dans la Seine-Inférieure (Nob.) ; Querqueville (Macé) ; Granville (Servain), îles Chaussey (Nob.), dans la Manche ; baie de Saint-Brieuc, dans les Côtes-du-Nord (Nob.) ; etc.

L'Océan : régions armoricaine et aquitanique (Fischer) ; rade de Brest (Daniel), dans le Finistère ; Lorient (Nob.), golfe du Morbihan (Taslé) ; plateau du Four, dans la Loire-Inférieure (Cailliaud, Taslé) ; côtes de la Gironde (Fischer, Taslé) ; Arcachon (Lafont), dans la Gironde ; cap Breton, dans les Landes (Fischer) ; etc.

La Méditerranée : Carry, Maïré, Garlaban, Montredon, Riou, etc., dans les Bouches-du-Rhône (Marion) ; Nice, dans les Alpes-Maritimes (Risso) ; etc.

Lucina spinifera, Montagu.

Venus spinifera, Montagu, 1803. *Test. Brit.*, p. 577, pl. XVII, fig. 1.
Myrtea spinifera, Turton, 1822. *Dithyra Brit.*, p. 133.
Lucina hiatelloides, Philippi, 1836. *Enum. moll. Sic.*, I, p. 32.
— *spinifera*, Philippi, 1844. *Enum. moll. Sic.*, II, p. 25. — Forbes et Hanley, 1853. *Brit. moll.*, II, p. 49, pl. XXXV, fig. 1. — Sowerby, 1859. *Ill. ind.*, pl. V, fig. 18. — Jeffreys, 1863-1869. *Brit. conch.*, II, p. 240 ; V, p. 179, pl. XXXII, fig. 6. — Hidalgo, 1870. *Moll. marin.*, pl. LXXIV, fig. 3.

L'Océan : régions armoricaine et aquitanique (Fischer) ; Concarneau, dans le Finistère (de Guerne) ; Quiberon, dans le Morbihan (Taslé) ; Basse-Kikerie, dans la Loire-Inférieure (Cailliaud, Taslé) ; sables à l'entrée de la Gironde, Arcachon, etc., dans la Gironde (Fischer, Lafont, Taslé) ; cap Breton, dans les Landes (de Folin).

La Méditerranée (Petit, Weinkauff) : la Provence (Petit) ; la Joliette, Ratonneau, les Goudes, cap Pinède, Méjean, Maïré, Riou, Peyssonnel, dans les Bouches-du-Rhône (Marion) ; etc.

B. — Groupe du *L. leucoma*.

Lucina leucoma, Turton.

Tellina lactea (*n.* Lin.) Pultney, 1799. *In Hutchin's, Dorset.*, p. 30.
Lucina lactea (*n.* Phil.) de Lamarck, 1818. *Anim. s. vert.*, V, p. 543. — Forbes et Hanley, 1853. *Brit. moll.*, pl. XXXV, fig. 2.
? *Amphidesma lucinalis*, de Lamarck, 1818. *Anim. s. vert.*, V, p. 491.

Lucina leucoma, Turton, 1822. *Dithyra Brit.*, p. 113, pl. VII, fig. 8. — Forbes et Hanley, 1853. *Brit. moll.*, II, p. 57. — Sowerby, 1859. *Ill. ind.*, pl. V, fig. 17. — Hidalgo, 1870. *Moll. marin.*, pl. LXXIV, fig. 5.
— *amphidesma*, Deshayes, 1830. *Encycl. meth.*, II, p. 375.
Loripes lactea, Fleming, 1842. *Brit. anim.*, p. 430.
— *lacteus*, Leach, 1852. *Synop.*, p. 310.

La Manche : région normande (Fischer) ; Dieppe, Fécamp, Trouville, etc., dans la Seine-Inférieure (Nob.); Cabourg, dans le Calvados (Nob.) ; Cherbourg, Valogne (Macé), îles Chaussey (Nob.), dans la Manche ; Cancale (Nob.), Saint-Malo (Grube), dans l'Ille-et-Vilaine ; etc.

L'Océan : régions armoricaine et aquitanique (Fischer) ; Douarnenez, Morgat (Daniel), Quelern (Collard), dans le Finistère ; le Morbihan (Taslé) ; Pouliguen, les Impairs, plateau du Four, Basse-Kikerie, dans la Loire-Inférieure (Cailliaud) ; île d'Yeu (Servain), les Sables d'Olonne (Nob.), dans la Vendée ; la Rochelle, Royan, l'île de Ré, dans la Charente-Inférieure (Beltremieux) ; Cordouan, Arcachon, dans la Gironde (Fischer); Biarritz, Saint-Jean-de-Luz, dans les Basses-Pyrénées (Fischer); le golfe de Gascogne (Jeffreys) ; etc.

La Méditerranée (Petit, Weinkauff) : le Roussillon, dans les Pyrénées-Orientales (Nob.) ; Cette, l'étang de Thau, dans l'Hérault (Granger) ; le golfe d'Aigues-Mortes, dans le Gard (Clément); les Martigues, Fos (Nob.), Marseille (Ancey), le fort Saint-Jean, le Pharo (Marion), dans les Bouches-du-Rhône ; Toulon, Saint-Tropez (Doublier, Gay), Saint-Nazaire, îles de Porquerolles (Nob.), dans le Var ; Cannes (Dautzenberg), Nice (Verany), dans les Alpes-Maritimes (Risso, Roux) ; etc.

Lucina fragilis, Philippi.

Tellina gibbosa (*n.* Lin.), O. G. Costa, 1829. *Cat. Reg. Neap.*, p. 21.
Lucina fragilis, Philippi, 1836. *Enum. moll. Sic.*, I, p. 34.
— *bullata*, Reeve. *Icon. conch.*, pl. X, fig. 35.
— *lactea*, Weinkauff, 1867. *Conch. mittelm.*, I, p. 165.
Loripinus fragilis, de Monterosato, 1884. *Nom. conch. medit.*, p. 17.

La Méditerranée : côtes de Provence (Petit) ; ?Cannes, dans les Alpes-Maritimes (Dautzenberg).

Lucina commutata, Philippi.

?*Cardium arcuatum*, Montagu, 1803. *Test. Brit.*, p. 85, pl. III, fig. 2.
?*Lucina arcuata*, Fleming, 1814. *Brit. anim.*, p. 442.
— *commutata*, Philippi, 1836. *En. moll. Sic.*, I, p. 32, pl. III, f. 15.
— *divaricata* (*n.* Lin.), Forbes et Hanley, 1853. *Brit. moll.*, II,

p. 52, pl. XXXV, fig. 3. — Sowerby, 1859. *Ill. ind.*, pl. V, fig. 14. — Hidalgo, 1870. *Moll. marin.*, pl. LXXIV, fig. 6.

Loripes divaricatus, Jeffreys, 1863-69. *Brit. conch.*, II, p. 235; V, p. 179, pl. XXXII, fig. 5.

Lucinella commutata, de Monterosato, 1884. *Nom. conch. medit.*, p. 18.

La Manche : Dunkerque, dans le Nord (Terquem) ; région normande (Fischer) ; Dieppe, Trouville, dans la Seine-Inférieure (Nob.) ; Cabourg, dans le Calvados (Nob.) ; îles Chaussey (Nob.), dans la Manche (de Gerville) ; Cancale, dans l'Ille-et-Vilaine (Nob.) ; etc.

L'Océan : régions armoricaine et aquitanique (Fischer) ; Morgat, Dinan (Daniel), Quelern (Collard, Taslé), Concarneau, îles de Glénan (de Guerne), dans le Finistère ; Carnac, dans le Morbihan (Taslé) ; plateau du Four, Basse-Kikerie, dans la Loire-Inférieure (Cailliaud, Taslé) ; île d'Yeu, dans la Vendée (Servain) ; la Rochelle, l'île de Ré (Nob.), dans la Charente-Inférieure (Beltremieux, Taslé) ; bassin d'Arcachon, Banc-Blanc, dans la Gironde (Lafont, Fischer, Taslé) ; Guéthary, Hendaye, dans les Basses-Pyrénées (Nob.) ; etc.

La Méditerranée (Petit, Weinkauff) : le Roussillon, dans les Pyrénées-Orientales (Nob.) ; Palavas, dans l'Hérault (Dollfus) ; Fos, la Nouvelle (Nob.), Ratonneau, fort Saint-Jean (Marion), dans les Bouches-du-Rhône ; Toulon, Saint-Tropez (Doublier, Gay), îles de Porquerolles (Nob.), dans le Var ; Antibes (Doublier), Cannes (Dautzenberg), dans les Alpes-Maritimes (Risso, Roux) ; etc.

Lucina transversa, Bronn.

Lucina transversa, Bronn, 1831. *Italiens Tertiärgeb.*, p. 95. — Philippi, 1836. *Enum. moll. Sic.*, I, p. 35, pl. IV, fig. 2.

Diplodonta lævis, Eichwald, 1853. *Lethæa Rossica*, III, p. 84, pl. V, f. 5, 7.

Loripes transversus, de Monterosato, 1878. *Enum. e sin.*, p. 9.

La Méditerranée : côtes de Provence (de Monterosato).

C. — Groupe du *L. reticulata.*

Lucina reticulata, Poli.

Tellina reticulata, Poli, 1791. *Test. utr. Sic.*, I, pl. XX, fig. 14.

Lucina pecten, de Lamarck, 1818. *Anm. s. vert.*, V, p. 543. — Philippi, 1836. *Eum. moll. Sic.*, I, p. 31, pl. III, fig. 14.

Loripes reticulatus, Risso, 1826. *Hist. nat. eur. mérid.*, IV, p. 342.

Lucina squamosa, Deshayes, 1836. *Exp. sc. Morée*, p. 95.

— *reticulata*, Weinkauff, 1867. *Conch. mittelm.*, I, p. 160. — Hidalgo, 1870. *Moll. marin.*, pl. LXXIV, fig. 2.

Jagomia reticulata, de Monterosato, 1884. *Nom. conch. medit.*, p. 18.

La Manche : la Manche (Petit, de Gerville).

L'Océan : régions armoricaine et aquitanique (Fischer); rade de Bres (Taslé, Daniel), dans le Finistère; la Bernerie, dans la Loire-Inférieure (Cailliaud, Taslé); côtes de l'Océan (Fischer, Taslé) ; Arcachon (Lafont) dans la Gironde; etc.

La Méditerranée (Petit, Weinkauff) : Palavas, dans l'Hérault (Dollfus); fort Saint-Jean, la Joliette, Garlaban, Morgillet, dans les Bouches-du-Rhône (Marion) ; Toulon, dans le Var (Doublier); Nice (Verany), dans les Alpes-Maritimes (Roux) ; etc.

D. — Groupe du *L. Carnaria.*

Lucina Carnaria, Linné.

Lucina Carnaria, Linné, 1758. *Syst. nat.*, édit. X, p. 1119.
Strigilla Carnaria, Daniel, 1883. *In Journ. conch.*, XXXI, p. 237.

La Manche (Petit) : Portbail, dans la Manche (Petit, Macé).

L'Océan : Guissiny, en dehors de la rade de Brest, Labervach, dans le Finistère (Daniel) ; l'île de Houat, Quiberon, dans le Morbihan (Taslé, Daniel); embouchure de la Gironde (Fischer); etc.

La Méditerranée (Petit, Weinkauff) : Toulon, dans le Var (Petit, Gay); les Alpes-Maritimes (Risso) ; etc.

Genre WOODIA, Deshayes

Deshayes, 1858. *Anim. s. vert. bassin Paris*, I, p. 790.

Woodia digitaria, Linné.

Tellina digitaria, Linné, 1767. *Syst. nat.*, édit. XII, p. 1120.
Lucina digitalis, de Lamarck, 1818. *Anim. s. vert.*, V, p. 544. — Philippi, 1834. *Enum. moll. Sic.*, I, p. 33, pl. III, fig. 19. — Delessert, 1841. *Rec. coq.*, pl. VI, fig. 10.
Astarte digitaria, Wood, 1850. *Crag. moll.*, II, p. 190. pl. XVII, fig. 8.
Woodia digitaria, O. Semper, 1862. *In Journ. conch.*, X, p. 316.
— *digitalis*, Weinkauff, 1862. *In Journ. conch.*, X, p. 142.

L'Océan : cap Breton, dans les Landes (de Folin); le golfe de Gascogne (Jeffreys) ; etc.

La Méditerranée (Petit, Weinkauff) : Agde, dans l'Hérault (Petit); Saint-Tropez, dans le Var (Doublier); Menton, Nice, dans les Alpes-Maritimes (Nob.) ; etc.

Genre AXINUS, J. Sowerby

J. Sowerby, 1823. *Min. conch.*, pl. CCCXIV.

Axinus flexuosus, Montagu.

Venus sinuosa (*n.* Pen.), Donovan, 1800. *Brit. shells*, II, pl. XLII, fig. 2.
Tellina flexuosa, Montagu, 1803. *Test. Brit.*, p. 72.
Amphidesma flexuosa, de Lamarck, 1818. *Anim. s. vert.*, V, p. 492.
Lucina sinuata, de Lamarck, 1818. *Loc. cit.*, p. 543.
Cryptodon flexuosum, Turton, 1822. *Dithyra Brit.*, p. 121, pl. VII, f. 9, 10.
Lucina flexuosa, Fleming, 1828. *Brit. anim.*, p. 442. — Forbes et Hanley, 1853. *Brit. moll.*, II, p. 54, pl. XXXV, fig. 4. — Sowerby, 1859. *Ill. ind.*, pl. V, fig. 15.
Ptychina biplicata, Philippi, 1836. *En. moll. Sic.*, I, p. 15, pl. II, fig. 4.
Axinus flexuosus, Lovén, 1846. *Ind. moll. Scand.*, p. 38. — Jeffreys, 1863-69. *Brit. conch.*, II, p. 247; V, p. 179, pl. XXXIII, f. 1.
Thyasira flexuosa, Brusina, 1865. *Conch. fauna Dalm.*, p. 99.

La Manche : région normande (Fischer) ; Cherbourg (Petit) ; Granville (Servain), dans la Manche ; etc.

L'Océan : régions armoricaine et aquitanique (Fischer) ; rade de Brest, dans le Finistère (Taslé, Daniel) ; îlot du Four, Basse-Kikerie, dans la Loire-Inférieure (Cailliaud, Taslé) ; île d'Yeu, dans la Vendée (Servain) ; lagune du Sud, dans la Gironde (Lafont, Fischer, Taslé) ; cap Breton, dans les Landes (de Folin) ; le golfe de Gascogne (Jeffreys) ; etc.

La Méditerranée (Petit, Weinkauff) : la Joliette, Peyssonnel, cap Caaux, etc., dans les Bouches-du-Rhône (Marion) ; etc.

Axinus ferrugineus, Forbes.

Kellia ferruginosa, Forbes, 1844. *Rep. Æg. inv.*, p. 192.
Artemis? ferruginosa, Forbes, 1847. *In Ann. nat. hist.*, XIX, p. 313.
Clausina ferruginosa, Forbes, 1847. *In Ann. nat. hist.*, XX, p. 18. — Sowerby, 1859. *Ill. ind.*, pl. V, fig. 21.
— *Croulinensis*, Jeffreys, 1847. *In Ann. nat. hist.*, XX.
Lucina ferruginosa, Forbes et Hanley, 1853. *Brit. moll.*, II, p. 60, pl. XXXIV, fig. 1.
Axinus ferruginosus, Jeffreys, 1863-69. *Brit. conch.*, II, p. 251 ; V, p. 179, pl. XXXIII, fig. 3.
— *ferrugineus*, Locard, 1885. *Mss.*

L'Océan : embouchure de l'Adour, dans les Basses-Pyrénées (de Folin, Fischer) ; le golfe de Gascogne (Jeffreys) ; etc.

La Méditerranée : Peyssonnel, dans les Bouches-du-Rhône (Marion).

Axinus eumyarius, M. Sars.

Axinus eumyarius, M. Sars, 1870. *Arct. fauna*, II, p. 87, pl. XII, fig. 7-10. — O. G. Sars, 1878. *Moll. arct. Norv.*, p. 62, pl. XIX, fig. 9.

L'Océan ; le golfe de Gascogne (de Folin, Jeffreys) ; etc.

Axinus orbiculatus, Seguenza.

Verticordia orbiculata, Seguenza, 1876. *Sulle Verticor. foss.*, *in R. Accad. sc. fis. e mat.*, p. 9.

Axinus orbiculatus, Jeffreys, 1881. *In Proceed. zool. soc.*, p. 702, pl. LXI, fig. 5.

L'Océan : le golfe de Gascogne (Jeffreys).

Axinus tortuosus, Jeffreys.

Axinus tortuosus, Jeffreys, 1880. *In Ann. nat. hist.*, 5e sér., VI, p. 316. — 1881. *In Proceed. zool. soc.*, p. 702, pl. LXI, fig. 6.

L'Océan : le golfe de Gascogne (Jeffreys).

Axinus subovatus, Jeffreys.

Axinus subovatus, Jeffreys, 1880. *In Ann. nat. hist.*, 5e sér., VI, p. 316. — 1881. *In Proceed. zool. soc.*, p. 704, pl. LXI, fig. 8.

L'Océan : le golfe de Gascogne (Jeffreys).

KELLIIDÆ

Genre KELLIA, Turton

Turton, 1822. *Dithyra Brit.*, p. 57.

A. — Groupe du *K. suborbicularis*

Kellia suborbicularis, Montagu.

Mya suborbicularis, Montagu, 1803. *Test. Brit.*, p. 39 et 564.

Tellina suborbicularis, Turton, 1819. *Conch. Dict.*, p. 179.

Kellia suborbicularis, Turton, 1822. *Dithyra Brit.*, p. 57, pl. XI, fig. 5-6. — Forbes et Hanley, 1853. *Brit. moll.*, II, p. 87, pl. XVIII, fig. 9; pl. O, fig. 4. — Sowerby, 1859. *Ill. ind.* pl. VI, fig. 5. — Jeffreys, 1863-69. *Brit. conch.*, II, p. 225; V, p. 177, 179, pl. XXXII, fig. 2.

Tellimya suborbicularis, Brown, 1827. *Ill. conch.*, p. 106, pl. XLII, fig. 14, 15.
Bornia inflata, Philippi, 1836. *Enum. moll. Sic.*, I, p. 43, pl. III, fig. 37.
Kellia inflata, Weinkauff, 1862. *In Journ. conch.*, X, p. 310.

La Manche : Dunkerque, dans le Nord (de Guerne); région normande (Fischer) ; Dieppe, Trouville, dans la Seine-Inférieure (Nob.) ; Cancale, dans l'Ille-et-Vilaine (Nob.) ; etc.

L'Océan : régions armoricaine et aquitanique (Fischer); Brest (Daniel), Concarneau (de Guerne), dans le Finistère ; Lorient (Nob.); golfe du Morbihan, Méaban, dans le Morbihan (Taslé); plateau du Four, dans la Loire-Inférieure (Cailliaud, Taslé) ; la Rochelle (Beltremieux), l'île de Ré (Nob.), dans la Charente-Inférieure ; sables à l'entrée de la Gironde, Cordouan, Soulac, Arcachon, dans la Gironde (Fischer, Lafont, Taslé) ; cap Breton, dans les Landes (de Folin) ; embouchure de l'Adour, dans les Basses-Pyrénées (de Folin); etc.

La Méditerranée (Petit, Weinkauff) : Cette, dans l'Hérault (Granger); Morgillet, Garlaban, Ratonneau, dans les Bouches-du-Rhône (Marion) ; Nice, dans les Alpes-Maritimes (Nob.) ; etc.

Kellia Cailliaudi, Récluz.

Kellia Cailliaudi, Récluz, 1857. *In Journ. conch.*, VI, p. 346, pl. XII, f. 4-5.

L'Océan : rocher du Four, côte de Nantes, dans la Loire-Inférieure (Cailliaud).

Kellia Geoffroyi, Payraudeau.

Erycina Geoffroyi, Payraudeau, 1826. *Moll. Corse*, p. 30, pl. I, fig. 3 à 5.
Kellia Geoffroyi, Weinkauff, 1867. *Conch. mittelm.*, I, p. 173.
Bornia Geoffroyi, de Monterosato, 1878. *Enum. e sin.*, p. 8.
Pythina Geoffroyi, Jeffreys, 1881. *In Proceed. zool. soc.*, p. 694.

L'Océan : le golfe de Gascogne (Jeffreys).

La Méditerranée : Saint-Tropez, Saint-Raphaël, dans le Var (Doublier); Pomègue, cap Cavaux, dans les Bouches-du-Rhône (Marion) ; Nice, dans les Alpes-Maritimes (Nob.) ; etc.

Kellia complanata (1), Philippi.

Bornia complanata, Philippi, 1836. *Enum. moll. Sic.*, I, p. 14, pl. I, f. 14.
Erycina complanata, Petit de la Saussaye, 1857. *In Journ. conch.*, VI, p. 359.
Kellia complanata, Weinkauff, 1867. *Conch. mittelm.*, I, p. 173.

(1) Il est probable que cette espèce doit être réunie à la précédente, comme l'a proposé M. de Monterosato (*Enum. e sin.*, p. 8).

La Méditerranée : la Provence (Petit, Weinkauff); les Martigues, Saint-Henri, les environs de Marseille, dans les Bouches-du-Rhône (Nob.); cap Sicié, îles de Porquerolles, Saint-Nazaire, Saint-Tropez, dans le Var (Nob.); Nice, dans les Alpes-Maritimes (Nob.); etc.

B. — Groupe du *K. miliaris*.

Kellia miliaris, Philippi.

Venus? miliaris, Philippi, 1844. *Enum. moll. Sic.*, II, p. 36, pl. XIV, f. 15.
Kellia abyssicola, Forbes, 1843. *Rep. Æg. invert.*, p. 192.
Kelliella miliaris, G. O. Sars, 1878. *Moll. arct. Norv.*, p. 65, pl. XIX, f. 13.

La Méditerranée : Peyssonnel, la Cassidagne, dans les Bouches-du-Rhône ; cap Sicié, dans le Var (Marion) ; les environs de Nice, dans les Alpes-Maritimes (Nob.); etc.

Genre LESÆA, Leach

Leach, *In* H. P. C. Möller, 1842. *Nat. Tidsskr.*, IV, p. 93.

Lesæa rubra, Montagu.

Cardium rubrum, Montagu, 1803. *Test. Brit.*, p. 83.
Tellina rubra, Turton, 1819. *Conch. dict.*, p. 168.
Kellia rubra, Turton, 1822. *Dithyra Brit.*, p. 57 et 258, pl. XI, fig. 7, 8. — Forbes et Hanley, 1853. *Brit. moll.*, II, p. 94. — Sowerby, 1859. *Ill. ind.*, pl. V, fig. 7 et 8.
Lesæa rubra, Brown, 1827. *Ill. conch.*, pl. XX, fig. 17, 18. — Jeffreys, 1863-69. *Brit. conch.*, II, p. 219 ; V, p. 179 ; pl. XXXII, f. 1.
Bornia seminulum, Philippi, 1836. *Enum. moll. Sic.*, I, p. 14, pl. I, f. 16.
Poronia rubra, Récluz, 1843. *In Rev. soc. Cuv.*, p. 175. — Forbes et Hanley, 1853. *Brit. moll.*, pl. XXXVI, f. 5, 6, 7 ; pl. O, f. 3.
Kellya rubra, J. Roux, 1862. *Stat. Alpes-Marit.*, p. 427.

La Manche : région normande (Fischer) : Trouville, le Havre, dans la Seine-Inférieure (Nob.) ; cap Lévi, Maupertuis, dans la Manche (Macé) ; Saint-Malo (Grube), Cancale (Nob.), dans l'Ille-et-Vilaine ; baie de Saint-Brieuc, dans les Côtes-du-Nord (Nob.), etc.

L'Océan : régions armoricaine et aquitanique (Fischer) ; Roscoff (Grube), Brest, Sainte-Barbe, au Fret, Canfrout, etc. (Daniel), dans le Finistère ; Lorient (Nob.) ; Plœment, Gavre, Quiberon, Méaban, dans le Morbihan (Taslé); Kercabelec, Piriac, dans la Loire-Inférieure (Cailliaud, Taslé); île d'Yeu (Servain), les Sables-d'Olonne (Nob.), dans la Vendée ;

l'île de Ré (Fischer), la Rochelle, Royan (Nob.), dans la Charente-Inférieure (Beltremieux); golfe de Gascogne, bassin d'Arcachon (Fischer Lafont, Taslé); cap Breton, dans les Landes (de Folin); Biarritz, dans les Basses-Pyrénées (Fischer); le golfe de Gascogne (Jeffreys); etc.

La Méditerranée : les îles du golfe de Marseille, dans les Bouches-du-Rhône (Marion); Toulon, dans le Var (Doublier, Gay); les Alpes-Maritimes (Roux); etc.

Lesæa pumila, S. W. Wood.

Kellia pumila, S. W. Wood, 1850. *Crag. moll.*, p. 124, pl. XII, fig. 15.

L'Océan : le golfe de Gascogne (Jeffreys).

Genre MONTAGUIA, Turton

Turton, 1819. *Conch. dict.*, p. 102 (*Montacuta*) (1).

Montaguia bidentata, Montagu.

Mya bidentata, Montagu, 1803. *Test. Brit.*, p. 44.
Montacuta bidentata, Turton, 1822. *Dithyra Brit.*, p. 60. — Forbes et Hanley, 1853. *Brit. moll.*, II, p. 75, pl. XVIII, fig. 6. — Sowerby, 1859. *Ill. ind.*, pl. VI, fig. 2. — Jeffreys, 1863-69. *Brit. conch.*, II, p. 208; V, p. 177, 178, pl. XXXI, fig. 8.
Petricola bidentata, Gray, 1825. *In Annals of philos.*
Anatina bidentata, Brown, 1827. *Ill. conch.*, pl. XIV, fig. 20, 21.
Erycina nucleola, Récluz, 1844. *In Rev. zool.*, p. 331.
Tellimya bidentata, Brown, 1845. *Ill. conch.*, p. 107, pl. XLIV, f. 8, 9.
Montaguia bidentata, Taslé, 1868. *Faune malac. ouest France*, p. 30.

La Manche : Dunkerque, dans le Nord (Terquem); région normande (Fischer); Étretat, dans la Seine-Inférieure (Petit); Trouville, Villers, Houlgate, Cabourg, dans le Calvados (Fischer); îles Chaussey, dans la Manche (Nob.); Saint-Malo (Grube), Cancale (Nob.), dans l'Ille-et-Vilaine; baie de Saint-Brieuc, dans les Côtes-du-Nord (Nob.); etc.

L'Océan : régions armoricaine et aquitanique (Fischer); Roscoff (Grube), Brest (Daniel), dans le Finistère; Lorient (Nob.), Quiberon, dans le Morbihan (Taslé); Piriac, dans la Loire-Inférieure (Cailliaud); sables à l'entrée de la Gironde, Banc-Blanc, le Canon, dans la Gironde

(1) Le nom de *Montacuta* proposé par Turton a été redressé en 1828 par Fleming (*Brit. anim.*, p. 285) sous la forme de *Montagua*. Conformément aux règles de la nomenclature, il convient d'écrire *Montaguia*.

(Fischer, Taslé); golfe de Gascogne (Fischer); cap Breton, dans les Landes (de Folin); etc.

La Méditerranée : Toulon, dans le Var (Nob.); etc.

Montaguia ferruginea, Montagu.

Mya ferruginosa, Montagu, 1809. *Test. Brit., Suppl.*, p. 22 et 166, pl. XXVI, fig. 2.
Montacuta ferruginosa, Turton, 1822. *Dithyra Brit.*, p. 60.
— *oblonga*, Turton, 1822. *Loc. cit.*, p. 61, pl. XI, fig. 11 et 12.
Tellimya elliptica, Brown, 1827. *Ill. conch.*, pl. XIV, fig. 16 et 17.
— *glabra*, Brown, 1827. *Loc. cit.*, pl. XIV, fig. 20, 21.
Erycina ferruginosa, Récluz, 1844. *In Rev. soc. Cuv.*, p. 332.
Montacuta glabra, Macgillivray, 1844. *Moll. Aberd.*, p. 303.
— *ferruginosa*, Forbes et Hanley, 1853. *Brit. moll.*, II, p. 72. — Sowerby, 1859. *Ill. ind.*, pl. VI, fig. 1. — Jeffreys, 1863-69. *Brit. conch.*, II, p. 211; V, p. 178, pl. XXXI, fig. 9.
— *ferruginea*, Forbes et Hanley, 1853. *Brit. moll.*, pl. XVIII, f. 5.
— *tenella*, Lovén, 1846. *Ind. moll, Scand.*, p. 197.
Tellimya ferruginosa, de Monterosato, 1883. *In Bull. mal. Ital.*, VI. p. 57.
Montaguia ferruginea, Locard, 1885. *Mss.*

La Manche : Dunkerque, dans le Nord (Nob.); région normande (Fischer); îles Chaussey, dans la Manche (Nob.); etc.

L'Océan : régions armoricaine et aquitanique (Fischer); île d'Yeu, dans la Vendée (Servain); sables à l'entrée de la Gironde, Arcachon, le Banc-Blanc, en dehors du bassin d'Arcachon (Fischer, Lafont, Taslé), cap Breton, dans les Landes (de Folin); le golfe de Gascogne (Jeffreys).

La Méditerranée (Petit, Weinkauff): Palavas, dans l'Hérault (Dollfus).

Montaguia substriata, Montagu.

Mya substriata, Montagu, 1809. *Test. Brit., Suppl.*, p. 25.
Montacuta substriata, Turton, 1822. *Dithyra Brit.*, p. 59, pl. XI, fig. 9, 10. — Forbes et Hanley, 1853. *Brit. moll.*, II, p. 77, pl. XVIII. fig. 8; pl. O, fig. 2. — Sowerby, 1859. *Ill. ind.*, pl. VI, fig. 3. — Jeffreys, 1863-1869. *Brit. conch.*, II, p. 205; V, p. 177, pl. XXXI, fig. 6.
Erycina substriata, Récluz, 1844. *In Rev. Soc. Cuv.*, p. 330.
Tellimya substriata, Brown, 1827. *Ill. conch.*, pl. XVI, fig. 23.
Montacuta spatangi, Brusina, 1866. *Contr. fauna Dalm.*, p. 99.

L'Océan : en dehors du bassin d'Arcachon, Arcachon, le Courbey, dans la Gironde (Fischer, Lafont, Taslé); etc.

La Méditerranée (Weinkauff): Nice, dans les Alpes-Maritimes (Récluz, Verany, Roux); etc.

Montaguia tumidula, Jeffreys.

Montacuta tumidula, Jeffreys, 1867. *Brit. conch.*, V, p. 177, pl. G, f. 5.

L'Océan : le golfe de Gascogne (Jeffreys).

Montaguia ovata, Jeffreys.

Montacuta ovata, Jeffreys, 1881. *In Proc. zool. soc.*, p. 698, pl. LXI, f. 4.

L'Océan : le golfe de Gascogne (Jeffreys).

Genre BORNIA, Philippi

Philippi, 1836. *Enum. moll. Sic.*, I, p. 13.

Bornia corbuloides, Philippi.

Bornia corbuloides, Philippi, 1836. *En. moll. Sic.*, I, p. 14, pl. I, f. 15.
Erycina crenulata, Scacchi, 1836. *Cat. Reg. Neap.*, p. 6.
— *Geoffroyi* (*n.* Payr.), Potiez et Michaud, 1844. *Gal. Douai*, II, p. 15. — Chenu, 1859. *Man. conch.*, II, p. 124, fig. 394.
Kellia corbuloides, Weinkauff, 1862. *In Journ. conch.*, X, p. 310.
Kellya corbuloides, J. Roux, 1862. *Stat. Alpes-Marit.*, p. 427.

La Méditerranée (Petit, Weinkauff) : Marseille (Ancey), Pomègue, cap Cavaux (Marion), dans les Bouches-du-Rhône ; Cannes (Dautzenberg) ; Nice (Nob.), dans les Alpes-Maritimes (Roux) ; etc.

Genre LEPTON, Turton

Turton, 1822. *Dithyra Brit.*, p. 62.

A. — Groupe du *L. squamosum*.

Lepton nitidum, Turton.

Lepton nitidum, Turton, 1822. *Dithyra Brit.*, p. 63. — Jeffreys, 1863-1869. *Brit. conch.*, II, p. 198 ; V, p. 177, pl. XXXI, fig. 3.
Kellia nitida, Forbes et Hanley, 1853. *Brit. moll.*, II, p. 92, pl. XXXVI, fig. 3, 4. — Sowerby, 1859. *Ill. ind.*, pl. VI, fig. 10.

La Manche : Dunkerque, dans le Nord (Terquem).

L'Océan : régions armoricaine et aquitanique (Fischer); île d'Yeu, dans la Vendée (Servain) ; golfe de Gascogne (Fischer, Taslé) ; sables à l'entrée de la Gironde (Fischer) ; cap Breton, dans les Landes (de Folin) ; etc.

Lepton squamosum, Montagu.

Solen squamosus, Montagu, 1803. *Test. Brit.*, p. 565.
Lepton squamosum, Turton, 1822. *Dithyra Brit.*, p. 62, pl. VI, fig. 1 à 3.

—Forbes et Hanley, 1853. *Brit. moll.*, II, p. 98, pl. XXXVI, fig. 8, 9; pl. O, fig. 6. — Sowerby, 1859. *Ill. ind.*, pl. VI, fig. 9. — Jeffreys, 1863-69. *Brit. conch.*, II, p. 194; V, p. 177, pl. XXXI, fig. 2.

Lutraria squamosa, Gray, 1825. *In Ann. of philosoph.*

La Manche : région normande (Fischer); Etretat, dans la Seine-Inférieure (Jeffreys) ; Cherbourg (Fischer), îles Chaussay (Nob.), dans la Manche; etc.

L'Océan : régions armoricaine et aquitanique (Fischer); Brest, dans le Finistère (Taslé, Daniel); îlot du Four, Basse-Kikerie, dans la Loire-Inférieure (Cailliaud, Taslé) ; Royan, La Rochelle, l'Ile de Ré, dans la Charente-Inférieure (Nob) ; le cap Breton, dans les Landes (de Folin, Fischer).; etc.

Lepton lacertum, JEFFREYS.

Lepton lacertum, Jeffreys, 1873. *In* Fischer, *Les Fonds de la mer*, II, p. 84, pl. II, fig. 11.

L'Océan : région aquitanique (Fischer); cap Breton, dans les Landes (de Folin, Fischer).

Lepton subtrigonum, JEFFREYS.

Lepton subtrigonum, Jeffreys, 1873. *In* Fischer, *Les Fonds de la mer*, II, p. 84, pl. II, fig. 10.

— *trigonum*, de Folin, 1877. *In Les Fonds de la mer*, III, p. 217.

L'Océan : région aquitanique; cap Breton, dans les Landes (de Folin, (Fischer.

B. — Groupe du *L. sulcatum*.

Lepton sulcatum, JEFFREYS.

Lepton sulcatum, Jeffreys, 1859. *In Ann. nat. hist.*, p. 34, pl. II, fig. 2. — Sowerby, 1859. *Ill. ind.*, pl. VI, fig. 13. — Jeffreys, 1863-1869. *Brit. conch.*, II, p. 201 ; V, p. 177, pl. XXXI, fig. 4.

Neolepton sulcatum, de Monterosato, 1878. *Enum. e sin.*, p. 8.

La Manche : région normande (Fischer); Etretat, dans la Seine-Inférieure (Jeffreys, Fischer, Petit) ; les Chaussey dans la Manche (Nob) ; etc.

L'Océan : région armoricaine (Fischer) ; La Rochelle, l'île de Ré, Rayon, dans la Charente-Inférieure (Nob) ; etc.

La Méditerranée : Garlaban, la Cassidagne, dans les Bouches-du-

Rhône (Marion); Porquerolles, dans le Var (Nob.); Nice, dans les Alpes-Maritimes (Nob.); etc.

Lepton glabrum, Fischer.

Lepton glabrum, Fischer, 1873. *In Les Fonds de la mer*, II, p. 83, pl. II, fig. 9.

Neolepton glabrum, Fischer, 1878. *In Act. soc. Lin. Bord.*, XXXII, p. 178.

L'Océan : région aquitanique ; cap Breton, dans les Landes (de Folin, Fischer).

Lepton Clarkiæ, Jeffreys.

Lepton Clarkiæ, Jeffreys. 1852. *In Ann. nat. hist.*, p. 191. — Forbes et Hanley, 1853. *Brit. moll.*, IV, p. 255, pl. CXXXII, fig. 7. — Sowerby. 1859. *Ill. ind.*, pl. VI, fig. 12. — Jeffreys, 1863-69. *Brit. conch.*, II, p. 202, V, p. 177, pl. XXXI, fig. 3.

Neolepton Clarkiæ, de Monterosato, 1878. *Enum. e sin.*, p. 8.

L'Océan : régions armoricaine et aquitanique (Fischer) ; Brest, dans le Finistère (Taslé), Daniel ; La Rochelle, dans la Charente-Inférieure (Nob.); le cap Breton, dans les Landes (de Folin); en dehors de l'embouchure de l'Adour, dans les Basses-Pyrénées (Fischer).

Genre SCINTILLA, Deshayes

Deshayes, 1861. *In. Journ. conch.*, IX, p. 379.

Scintilla crispata, Fischer.

Scintilla crispata, Fischer, 1873. *Les Fonds de la mer*, II, p. 83, pl. II, fig. 7.

L'Océan : région aquitanique (Fischer) ; cap Breton, dans les Landes (Fischer, de Folin).

Scintilla Armoricæ, Crouan frères.

Scintilla Armoricæ, Crouan frères, *In* Taslé, 1870. *Faune malac. marine Ouest France, Suppl.*, p. 18.

L'Océan : région armoricaine (Fischer); Brest, dans le Finistère (Taslé, Daniel).

Scintilla setosa, Dunker.

Coralliophaga setosa, Dunker, *in* Grube, 1864. *Die Insel Lussin und ihre Meeresfauna*, p. 48.

Pythina setosa (pars), Jeffreys, 1881. *In Proceed. zool. soc.*, p. 693.

L'Océan : le cap Breton, dans les Landes (de Folin, Fischer).

L'Océan : le golfe de Gascogne (Jeffreys).

Genre DECIPULA, Jeffreys

Jeffreys, 1881. *In Proceed. zool. soc.*, p. 696.

Decipula ovata, Jeffreys.

Decipula ovata, Jeffreys, *in* Friele, 1875. *Vid. Förh.*, p. 57.
Tellimya ovalis, G. O. Sars, 1878. *Moll. arct. Norv.*, p. 341, pl. XXXIV, fig. 1.

L'Océan : le golfe de Gascogne (Jeffreys).

Genre VASCONIA, Fischer

Fischer, 1874. *In Act. soc. Lin. Bord.*, XXIX, p. 178.

Vasconia Jeffreysiana, Fischer.

Hindsia Jeffreysiana, Fischer, 1873. *Les Fonds de la mer*, II, p. 83, pl. II, fig. 8.
Vasconia Jeffreysiana, Fischer, 1874. *In Act. soc. Lin. Bord.*, XXIX, p. 178.

L'Océan : région aquitanique; cap Breton, dans les Landes (de Folin, Fischer).

Genre GALEOMMA, Turton

Turton, 1825. *In Zool. Journ.*, II, p. 361.

Galomma Turtoni, Sowerby.

Galeomma Turtoni, Sowerby, 1825. *In Zool. Journ.*, II, p. 361, pl. XIII, fig. 1. — Forbes et Hanley, 1853. *Brit. moll.*, II, p. 105, pl. XXXVI, fig. 11 ; pl. O, fig. 5. — Sowerby, 1859. *Ill. ind.*, pl. VI, fig. 14, 15. — Jeffreys, 1863-1869. *Brit. conch.*, II, p. 188 ; V, p. 176, pl. XXXI, fig. 1.
Parthenope formosa, Scacchi, 1836. *Cat.*, p. 4. — *Oss. Zool.*, p. 8, pl. XIX.
Hiatella Polii, Costa, 1884. *In Ann. sc. nat.*, XV, p. 100.

L'Océan : régions armoricaine et aquitanique (Fischer) ; Brest, Postrein, dans le Finistère (Taslé, Daniel) ; îlot du Four, dans la Loire-Inférieure (Cailliaud, Taslé) ; île de Noirmoutiers, dans la Vendée (Petit, Fischer, Taslé) ; cap Breton, dans les Landes (de Folin) ; etc.

La Méditerranée (Petit, Weinkauff) : Palavas, dans l'Hérault (Dollfus) ; Marseille (Ancey), fort Saint-Jean (Marion), dans les Bouches-du-Rhône ; Toulon, dans le Var (Petit, Doublier) ; etc.

LAMELLIBRANCHIATA

ASIPHONIDA

SOLENOMYIDÆ

Genre SOLENOMYA, de Lamarck (Solemya) (1)

De Lamarck, 1818. *Anim. s. vert*, V, p. 488.

Solenomya togata, Poli.

Mytilus ensis, Salis von Marschlins, 1793. *Reise Neap.*
Tellina togata, Poli, 1795. *Test. utr. Sic.*, II, p. 42, pl. XV, fig. 20.
Solemya Mediterranea, de Lamarck, 1818. *Anim. s. vert.*, V, p. 489.
— *Lamarckii*, Gay, 1858. *Cat. dép. du Var*, p. 11.
Solenomya togata, Weinkauff, 1867. *Conch. mittelm.*, I, p. 187.

La Méditerranée (Petit, Weinkauff) : Toulon, dans le Var (Petit, Doublier, Gay) ; Nice (Verany), dans les Alpes-Maritimes (Risso, Roux).

ARCIDÆ

Genre PECTUNCULUS, de Lamarck

De Lamarck, 1799. *Prodr.* — 1801. *Syst. anim.*, p. 115.

A. — Groupe du *P. glycymeris*.

Pectunculus glycymeris, Linné.

Arca glycymeris, Linné, 1767. *Syst. nat.*, édit. XII, p. 1143.

(1) Le nom de *Solemya*, proposé par de Lamarck, a été rectifié en *Solenomya* par Menke en 1830.

Glycymeris orbicularis, da Costa, 1778. *Brit. conch.*, p. 168, pl. XI, f. 2.
Arca undata, Chemnitz, 1784. *Conch. cab.*, VII, p. 224, pl. LVII, f. 560.
— *minima*, Turton, 1819. *Conch. diction.*, p. 8.
Pectunculus glycymeris, Turton, 1822. *Dithyra Brit.*, p. 171, pl. XII, fig. 1. — Forbes et Hanley, 1853. *Brit. moll.*, II, p. 245, pl. XLVI, fig. 4 à 7 ; pl. P, fig. 6. — Sowerby, 1859. *Ill. ind.*, pl. VIII, fig. 13. — Jeffreys, 1863-1869. *Brit. conch.*, II, p. 166 ; V, p. 175, pl. XXX, fig. 2. — Hidalgo, 1870. *Moll. marin.*, pl. LXXII, fig. 8.
— *undatus*, Turton, 1822. *Loc. cit.*, p. 173, pl. XII, fig. 3, 4.
— *decussatus*, Turton, 1822. *Loc. cit.*, p. 173, pl. XII, fig. 5.
— *nummarius*, Turton, 1822. *Loc. cit.*, p. 174, pl. XII, fig. 6.
— *pilosus*, *pars auct.*

La Manche : Dunkerque, dans le Nord (Terquem); le Boulonnais dans le Pas-de-Calais (Bouchard) ; Saint-Valery, dans la Somme (Nob.) ; région normande (Fischer); Dieppe, Fécamp, Trouville, le Havre, dans la Seine-Inférieure (Nob.) ; Cabourg, dans le Calvados (Nob.) ; Granville (Servain), Querqueville (Macé), îles Chaussey (Nob.), dans la Manche ; Cancale, dans l'Ille-et-Vilaine (Nob.) ; baie de Saint-Brieuc, dans les Côtes-du-Nord (Nob.) ; etc.

L'Océan : régions armoricaine et aquitanique (Fischer) ; Roscoff (Grube), Brest, Poulmic (Daniel), Concarneau (de Guerne). dans le Finistère ; Lorient (Nob.), dans le Morbihan (Taslé) ; îlot du Four, île Dumet, dans la Loire-Inférieure (Cailliaud) ; île d'Yeu, dans la Vendée (Servain); Royan, la Rochelle, l'île de Ré (Nob.), dans la Charente-Inférieure (Beltremieux) ; sables à l'entrée de la Gironde, Pointe du Sud, Arcachon, dans la Gironde (Lafont, Fischer) ; Guéthary dans les Basses-Pyrénées (Nob.) ; etc.

La Méditerranée (Petit, Weinkauff) : Palavas, dans l'Hérault (Dollfus) ; le Grau-du-Roi, dans le Gard (Nob.) ; Saint-Tropez, Porquerolles, dans le Var (Nob.); etc.

Pectunculus bimaculatus, Poli.

Arca bimaculata, Poli, 1795. *Test. utr. Sic.*, II, pl. XXV, fig. 17, 18.
Pectunculus bimaculatus, Risso, 1826. *Hist. nat. eur. mérid.*, IV, p. 316. — Hidalgo, 1870. *Moll. marin.*, pl. LXXIII, fig. 5 et 6.
— *Siculus*, Reeve, 1843. *Icon. conch.*, fig. 41.
— *stellatus*, Mayer, 1878. *Moll. tert. Zurich*, p. 113.
— *pilosus* (*non* Linné), *pars auct.*
— *glycimeris* (*non* Linné), *pars auct.*

La Méditerranée (Petit, Weinkauff) : Carry, cap Cavaux, château d'If, dans les Bouches-du-Rhône (Marion) ; Toulon, dans le Var (Nob.); les Alpes-Maritimes (Risso) (1).

Pectunculus pilosus, Linné.

Arca pilosa, Linné, 1767. *Syst. nat.*, édit. XII, p. 1143.
Pectunculus pilosus, Risso, 1826. *Hist. nat. eur. mérid.*, IV, p. 316.
— Reeve, 1843. *Icon. conch.*, fig. 13. — Hidalgo, 1870. *Moll. marin.*, pl. LXXII, fig. 7 ; pl. LXXIII, fig. 6.
— *glycimeris* (*non* Linné), *pars auct.*

La Méditerranée : le Roussillon, dans les Pyrénées-Orientales ; Cette, dans l'Hérault ; le Grau-du-Roi, dans le Gard ; les environs de Marseille, dans les Bouches-du-Rhône ; Toulon, Saint-Tropez, dans le Var ; les environs de Nice, dans les Alpes-Maritimes (Nob.) ; etc.

B. — Groupe du *P. violacescens* (2).

Pectunculus violacescens, de Lamarck.

Pectunculus violacescens, de Lamarck, 1818. *Anim. s. vert.*, VI, p. 53.
— Payraudeau, 1826. *Moll. Corse*, pl. II, fig. 1.
— *pilosellus*, Risso, 1826. *Hist. nat. eur. mérid.*, IV, p. 316.
— *reticulatus*, Risso, 1826. *Loc. cit.*, IV, p. 316, fig. 160.
— *insubricus*, Weinkauff, 1867. *Moll. marin.*, I, p. 187.
— *Gaditanus*, Hidalgo, 1870. *Moll. marin.*, pl. LXXIII, fig. 2, 3.
— *nummarius* (*non* Turton), *pars auct.*

La Méditerranée (Petit, Weinkauff) : le Roussillon, dans les Pyrénées-Orientales (Nob.); la Franqui (Pépratx), dans l'Aude; Cette (Granger), Palavas, dans l'Hérault ; golfe d'Aigues-Mortes, dans le Gard (Clément) ; Fos, les Martigues (Nob.), dans les Bouches-du-Rhône ; Toulon, Saint-Tropez (Doublier, Gay), îles de Porquerolles (Nob.), d'Hyères (Gay), dans le Var ; Cannes (Dautzenberg), Menton (Nob.), dans les Alpes-Maritimes (Risso, Roux) ; etc.

Genre ARCA, Linné

A. — Groupe de l'*A. Polii*.

Arca Polii, Mayer.

Arca antiquata (*non* Linné), Poli, 1791. *Test. utr. Sic.*, II, p. 146, pl. XXV, fig. 14, 15.

(1) Cette espèce et la suivante ont été si souvent confondues avec le *Pectunculus glycimeris* que nous ne donnons ici que les stations dont nous sommes positivement certain.

(2) Melius : *violaceus*.

Arca Scapho, von Salis Marschlins, 1793. *Reise Neap.*, p. 392.
— *diluvii (pars)*, de Lamarck, 1818. *Anim. s. vert.*, VI, I, p. 45. — Hidalgo, 1870. *Moll. marin.*, pl. LXVIII, fig. 1-4.
— *Polii*, Mayer, 1868. *Cat. foss. Zurich*, p. 75.

La Méditerranée (Petit, Weinkauff) : golfe d'Aigues-Mortes, dans le Gard (Clément) ; côte sud de Pomègue, Montredon, Maïré, dans les Bouches-du-Rhône (Marion) ; Camarat, dans le Var (Doublier) ; les Alpes-Maritimes (Risso) ; etc.

Arca corbuloides, de Monterosato.

Arca Polii (var. grandis), de Monterosato, 1875. *Nuova revista*, p. 12.
— *corbuloides*, de Monterosato, 1878. *Enum. e sin.*, p. 7.

La Méditerranée : Toulon, dans le Var (Nob.).

B. — Groupe de l'*A. Noæ*.

Arca Noæ, Linné.

Arca Noæ, Linné, 1767. *Syst. nat.*, édit. XII, p. 1140. — Poli, 1795. *Test. utr. Sic.*, II, pl. XXIV, fig. 1, 2. — *Encycl. méth.*, pl. CCCIII, fig. 1. — De Blainville, 1826. *Faune française*, pl. VII, fig. 3. — Hidalgo, 1870. *Moll. marin.*, pl. LXIX, fig. 2 et 3.

La Méditerranée (Petit, Weinkauff) : le Roussillon, dans les Pyrénées-Orientales (Nob.); Cette (Granger), Palavas (Dollfus), dans l'Hérault ; le golfe d'Aigues-Mortes, dans le Gard (Clément) ; Fos, dans les Bouches-du-Rhône (Nob.) ; Toulon, Saint-Tropez, Saint-Raphaël (Doublier, Gay) ; Saint-Nazaire, îles de Porquerolles (Nob.), dans le Var ; Nice (Verany), dans les Alpes-Maritimes (Risso, Roux) ; etc.

C. — Groupe de l'*A. tetragona*.

Arca tetragona, Poli.

Arca Noæ (*n.* Lin.), Montagu, 1803. *Test. Brit.*, p. 139, pl. IV, fig. 3.
— *fusca* (*n.* Brug.), Donovan, 1803. *Brit. shells*, V, pl. CLVIII, f. 3.
— *tetragona*, Poli, 1795. *Test. utr. Sic.*, II, p. 137, pl. XXV, fig. 12, 13. — Forbes et Hanley, 1853. *Brit. moll.*, II, p. 234, pl. XLV, fig. 9, 10 ; pl. P, fig. 1. — Sowerby, 1859. *Ill. ind.*, pl. VIII, fig. 10. — Jeffreys, 1863-1869. *Brit. moll.*, II, p. 180 ; V, p. 176, pl. XXX, fig. 6. — Hidalgo, 1870. *Moll. marin.*, pl. LXIX, fig. 4-5.
— *navicularis*, Deshayes, *In* de Lamarck, 1836. *Anim. s. vert.*, 2e édit., VI, p. 462.
— *Britannica*, Reeve. *Conch. icon.*, pl. XV, fig. 98.

L'Océan : régions armoricaine et aquitanique (Fischer) ; Brest, Lanninon, Fort du Diable, Sainte-Anne, Sainte-Barbe, baie de Saint-Marc (Daniel), Quimper, Morlaix (Nob.), Concarneau (de Guerne), dans le Finistère; îlots du Four et de la Bauche, dans la Loire-Inférieure (Cailliaud); la Charente-Inférieure (Beltremieux, Fischer) ; en dehors du bassin d'Arcachon, pointe du Sud, dans la Gironde (Fischer); cap Breton (de Folin), Gastes (Fischer), dans les Landes; Guéthary, dans les Basses-Pyrénées (Nob.) ; etc.

La Méditerranée (Petit, Weinkauff) : Marseille (Ancey), cap Cavaux, les Goudes, Ratonneau, cap Pinède, Méjean, Riou, Peyssonnel (Marion), dans les Bouches-du-Rhône; la Seyne, dans le Var (Nob.); Nice (Verany), dans les Alpes-Maritimes (Roux); etc.

Arca cardissa, de Lamarck.

Arca cardissa, de Lamarck, 1818. *Anim. s. vert.*, VI, p. 38. — Delessert, 1841. *Rec. coq.*, pl. XI, fig. 14.

L'Océan : régions armoricaine et aquitanique (Fischer) ; Brest, dans le Finistère (Fischer, Daniel) ; le Morbihan (Taslé) ; la Charente-Inférieure (Fischer, Taslé); en dehors du bassin d'Arcachon, pointe du Sud, dans la Gironde (Fischer); Gastes, dans les Landes (Fischer); etc.

Arca lactea, Linné.

Arca lactea, Linné, 1767. *Syst. nat.*, édit. XII, p. 1141. — Forbes et Hanley, 1853. *Brit. moll.*, II, p. 238, pl. XLVI, fig. 1, 2, 3. — Sowerby, 1859. *Ill. ind.*, pl. VIII, fig. 8, 9. — Jeffreys, 1863-1869. *Brit. moll.*, II, p. 177; V, pl. XXX, fig. 5. — Hidalgo, 1870. *Moll. marin.*, pl. LXIX, fig. 6-7.

— *modiolus*, Poli, 1795. *Test. utr. Sic.*, II, p. 137, pl. XXV, fig. 20, 21.

— *crinita*, Pulteney, 1799. *In Hutchin's Dorset.*, p. 35.

La Manche : Dunkerque, dans le Nord (Terquem); le Boulonnais, dans le Pas-de-Calais (Bouchard); Saint-Valéry, dans la Somme (Nob.); région normande (Fischer); Dieppe, Fécamp, le Havre, Trouville, etc., dans la Seine-Inférieure (Nob.) ; Cabourg, Langrune, dans le Calvados (Nob.); Cherbourg, Valogne (Macé), îles Chaussey (Nob.), dans la Manche ; Cancale, dans le Calvados (Nob.) ; baie de Saint-Brieuc, dans les Côtes-du-Nord (Nob.) ; etc.

L'Océan : régions armoricaine et aquitanique (Fischer) ; Brest (Daniel), Quimper (Collard, Taslé), dans le Finistère ; golfe du Morbihan, Lorient, Quiberon, Belle-Isle, dans le Morbihan (Taslé) ; îlot du Four, dans la Loire-Inférieure (Cailliaud, Taslé); île d'Yeu, dans la Vendée (Servain); Royan, l'île de Ré, dans la Charente-Inférieure (Nob.); sables à l'entrée de la Gironde, Cordouan, Arcachon, dans la Gironde (Lafont, Fischer, Taslé); cap Breton, dans les Landes (de Folin); Biarritz, Saint-Jean-de-Luz, dans les Basses-Pyrénées (Fischer, Cailliaud); le golfe de Gascogne (Jeffreys); etc.

La Méditerranée (Petit, Weinkauff) : le Roussillon, dans les Pyrénées-Orientales (Nob.); Cette (Granger), Palavas (Dollfus), dans l'Hérault; golfe d'Aigues-Mortes, dans le Gard (Clément); Marseille (Ancey), l'Estaque, Pomègue, Roucas-Blanc, Morgillet, Ratonneau, Maïré, Peyssonnel, etc., (Marion), dans les Bouches-du-Rhône; Toulon, Saint-Tropez, Saint-Raphaël (Doublier), îles de Porquerolles, Saint-Nazaire (Nob.), dans le Var; Cannes (Dautzenberg), Nice (Verany), dans les Alpes-Maritimes (Risso, Roux); etc.

Arca Quoyi, Payraudeau.

Arca Quoyi, Payraudeau, 1826. *Moll. Corse*, p. 62, pl. I, fig. 40 à 43.
— *lactea (pars)*, Weinkauff, 1867. *Conch. mittelm.*, I, p. 196.

La Méditerranée (Petit) : Marseille, dans les Bouches-du-Rhône (Ancey); Toulon, Saint-Tropez, Saint-Raphaël, Saint-Nazaire, dans le Var (Doublier, Gay); etc.

Arca Gaymardi, Payraudeau.

Arca Gaymardi, Payraudeau, 1826. *Moll. Corse*, p. 61, pl. I, fig. 36 à 39.
— *lactea (var. subrotundata)*, Requien, 1848. *Cat. coq. Corse*, p. 28.

L'Océan : Brest, dans le Finistère (Daniel); Quiberon, dans le Morbihan (Taslé); l'île de Ré, dans la Charente-Inférieure (Nob.); etc.

La Méditerranée : Toulon, Saint-Tropez, Saint-Raphaël, Saint-Nazaire, dans le Var (Petit, Doublier, Gay); etc.

Arca scabra, Poli.

Arca scabra, Poli, 1795. *Test.utr.Sic.*, II, pl. XXV, fig. 22.

La Méditerranée (Petit, Weinkauff) : la Provence (Petit); Marsilli, Peyssonnel, dans les Bouches-du-Rhône (Marion); etc.

Arca pulchella, Reeve.

Arca imbricata (*n.* Brug.), Poli, 1795. *Test.utr. Sic.*, II, pl. XXV, fig. 10, 11.
— *pulchella*, Reeve. *Conch. icon.*, pl. XVII, fig. 132.

La Méditerranée : Marseille, dans les Bouches-du-Rhône (Nob.); les environs de Nice, dans les Alpes-Maritimes (Risso); etc.

Arca obliqua, Philippi.

Arca obliqua, Philippi, 1844. *Enum. moll. Sic.*, II, p. 43, pl. XV, f. 2. — Jeffreys, 1863-1869. *Brit. conch.*, II, p. 175; V, p. 175, pl. XXX, fig. 4.

La Méditerranée : la Cassidagne, Peyssonnel, dans les Bouches-du-Rhône (Marion).

Arca pectunculoides, Scacchi (1).

Arca pectunculoides, Scacchi, 1835. *Notizie*, p. 25, pl. I, fig. 12. — Philippi, 1844. *Enum. moll. Sic.*, II, p. 44, pl. XV, fig. 8. — Jeffreys, 1863-1869. *Brit. conch.*, II, p. 171; V, p. 175, pl. XXX, fig. 3.

— *raridentata*, S. Wood, 1840. *In Mag. nat. hist.*, IV, p. 232, pl. XIII, fig. 4. — Forbes et Hanley, 1853. *Brit. moll.*, II, p. 241, pl. XLV, fig. 8. — Sowerby, 1859. *Ill. ind.*, pl. VIII, fig. 11.

La Manche : Dunkerque, dans le Nord (Terquem); îles Chaussey, dans la Manche (Nob.); etc.

L'Océan : région aquitanique (Fischer); golfe de Gascogne; sables à l'entrée de la Gironde (Fischer) ; etc.

La Méditerranée : Peyssonnel, dans les Bouches-du-Rhône (Marion); Toulon, dans le Var (Nob.); etc.

D. — Groupe de l'*A. barbata*.

Arca barbata, Linné.

Arca barbata, Linné, 1767. *Syst. nat.*, édit. XII, p. 1140. — Poli, 1795. *Test. utr. Sic.*, II, p. 135, pl. XXV, fig. 6, 7. — Hidalgo, 1870. *Moll. marin.*, pl. LXIX, fig. 1.

— *reticulata*, Turton, 1822. *Dithyra Brit.*, p. 259.

La Méditerranée (Petit, Weinkauff) : le Roussillon, dans les Pyrénées-Orientales (Nob.); Cette (Granger), Palavas (Dollfus), dans l'Hérault; le golfe d'Aigues-Mortes, dans le Gard (Clément) ; Fos, les Martigues (Nob.), Marseille (Ancey), fort Saint-Jean, Pomègue, Roucas-Blanc, Morgillet (Marion), dans les Bouches-du-Rhône; Toulon, Saint-Tropez, Saint-Raphaël (Doublier, Gay), Saint-Nazaire, Porquerolles (Nob.), dans le Var; Cannes (Dautzenberg), Menton (Nob), Nice (Verany), dans les Alpes-Maritimes (Risso, Roux); etc.

(1) Melius : *pectunculiformis*.

Arca glacialis, Gray.

Arca glacialis, Gray. *In Suppl. app. Parry's first voyage*, pl. CCXLII. — G. O. Sars, 1878. *Moll. arct. Norv.*, p. 43, pl. IV, f. 1.

L'Océan : cap Breton, dans les Landes (de Folin).

Genre NUCULA, de Lamarck

De Lamarck, 1799. *Prodr.* — 1801. *Syst. anim.*, p. 115.

A. — Groupe du *N. sulcata*

Nucula sulcata, Bronn.

Nucula sulcata, Bronn, 1831. *Ital. Tertiärgebild.*, p. 109. — Jeffreys, 1863-1869. *Brit. conch.*, II, p. 141 ; V, p. 172, pl. XXIX, fig. 1. — Hidalgo, 1870. *Moll. marin.*, pl. LXXII, fig. 4.

— *Polii*, Philippi, 1836. *Enum. moll. Sic.*, I, p. 63, pl. V, f. 10.

— *decussata*, Sowerby, 1841-1845. *Conch. ill.*, *Nucula*, nº 27, fig. 18. — Forbes et Hanley, 1853. *Brit. moll.*, II, p. 221, pl. XLVII, fig. 1-3. — Sowerby, 1859. *Ill. ind.*, pl. VIII, f. 2.

La Manche : Dunkerque, dans le Nord (Terquem) ; etc.

L'Océan : régions armoricaine et aquitanique (Fischer) ; Concarneau, dans le Finistère (de Guerne) ; plateau du Four, Basse-Kikerie, dans la Loire-Inférieure (Cailliaud, Taslé) ; sables à l'entrée de la Gironde, Arcachon, au large des passes, dans la Gironde (Lafont, Fischer, Taslé) ; cap Breton, dans les Landes (de Folin) ; le golfe de Gascogne (Jeffreys).

La Méditerranée (Petit, Weinkauff) : Montredon, cap Pinède, Méjean, Riou, Peyssonnel, etc., dans les Bouches-du-Rhône (Marion) ; Toulon, dans le Var (Nob.) ; les Alpes-Maritimes (Roux) ; etc.

Nucula nucleus (1), Linné.

Arca nucleus (pars), Linné, 1767. *Syst. nat.*, édit. XII, p. 1143.

Glycimeris argentea, da Costa, 1778. *Brit. conch.*, p. 170, pl. XV, f. 6.

Nucula margaritacea, de Lamarck, 1818. *Anim. s. vert.*, VI, I, p. 59.

— *nucleus*, Lovén, 1846. *Ind. moll. Scand.*, p. 188. — Forbes et Hanley, 1853. *Brit. moll.*, II, p. 215, pl. XLVII, fig. 7, 8 ; pl. P, fig. 4. — Sowerby, 1859. *Ill. ind.*, pl. VIII, fig. 1. — Jeffreys, 1863-1869. *Brit. conch.*, II, p. 143 ; V, p. 172, pl. XXIX, fig. 2. — Hidalgo, 1870. *Moll. marin.*, pl. LXXII, fig. 5.

La Manche : Dunkerque, dans le Nord (Terquem) ; le Boulonnais, dans le Pas-de-Calais (Bouchard) ; région normande (Fischer) ; Dieppe, Fé-

(1) Melius : *nucleata*.

camp, le Havre, Trouville, dans la Seine-Inférieure (Nob.) ; Cabourg, dans le Calvados; Querqueville, banc de Sainte-Anne (Macé), Granville (Servain), îles Chaussey (Nob.), dans la Manche ; Saint-Malo, Cancale, dans l'Ille-et-Vilaine (Nob.) ; baie de Saint-Brieuc, dans les Côtes-du-Nord (Nob.) ; etc.

L'Océan : régions armoricaine et aquitanique (Fischer); Brest (Daniel), Morlaix (Nob.), Concarneau (de Guerne), dans le Finistère ; le Morbihan (Taslé) ; la Bernerie, plateau du Four, Basse-Kikerie, dans la Loire-Inférieure (Cailliaud) ; les Sables d'Olonne (Nob.), île d'Yeu (Servain), dans la Vendée ; Royan, l'île de Ré, l'île d'Oléron (Nob.), dans la Charente-Inférieure (Beltremieux) ; sables à l'entrée de la Gironde, les côtes de la Gironde (Fischer) ; cap Breton, dans les Landes (de Folin) ; embouchure de l'Adour (de Folin), Guéthary (Nob.), dans les Basses-Pyrénées ; etc.

La Méditerranée (Petit, Weinkauff) : le Roussillon, dans les Pyrénées-Orientales (Nob.); Palavas, dans l'Hérault (Dollfus) ; golfe d'Aigues-Mortes, dans le Gard (Clément); Fos, les Martigues (Nob.), Marseille (Ancey), fort Saint-Jean, le Pharo, la Joliette, Pomègue, Roucas-Blanc, Ratonneau, Garlaban, Montredon, Maïré, Méjean, Riou, etc., (Marion) dans les Bouches-du-Rhône ; Saint-Nazaire (Nob.), Saint-Tropez, Saint-Raphaël (Doublier, Gay), dans le Var; Cannes (Dautzenberg), Antibes (Gay), Nice (Verany), dans les Alpes-Maritimes (Risso, Roux) ; etc.

Nucula radiata, Forbes et Hanley.

Nucula radiata, Forbes et Hanley, 1853. *Brit. moll.*, II, p. 220, pl. XLVII, fig. 4-5 ; pl. XLVIII, fig. 7. — Sowerby, 1859. *Ill. ind.*, pl. VIII, fig. 3. — Hidalgo, 1870. *Moll. marin.*, pl. LXXII, fig. 6.

— *nucleus (var. radiata)*, Weinkauff, 1868. *Conch. mittelm.*, I, p. 205. — Jeffreys, 1863-1869. *Brit. conch.*, II, p. 144; V, pl. XXIV, fig. 2, a.

La Manche : Cancale (Nob.), Granville (Servain), dans la Manche ; baie de Saint-Brieuc, dans les Côtes-du-Nord (Nob.); etc.

L'Océan : régions armoricaine et aquitanique (Fischer) ; Landerneau, banc de Saint-Jean, Plougastel, dans le Finistère (Daniel) ; Basse-Kikerie, dans la Loire-Inférieure (Cailliaud, Taslé) ; Arcachon, dans la Gironde (Lafont) ; etc.

La Méditerranée : Fos, les Martigues, dans les Bouches-du-Rhône (Nob.) ; Saint-Nazaire, Porquerolles, dans le Var (Nob.); les Alpes-Maritimes (Roux) ; etc.

Nucula nitida, Sowerby.

Nucula nitida, Sowerby, 1841-45. *Conch. ill.*, n° 20, fig. 31. — Forbes et Hanley, 1853. *Brit. moll*, II, p. 218, pl. XLVII, fig. 8. — Sowerby, 1859. *Ill. ind*, pl. VIII, fig. 4. — Jeffreys, 1863-69. *Brit. conch.*, II, p. 149; V, p. 172, pl. XXIX, fig. 3. — Hidalgo, 1870. *Moll. marin.*, pl. LXXII, fig. 1-3.

La Manche : Granville (Servain), îles Chaussey (Nob.), dans la Manche ; Cancale, dans l'Ille-et-Vilaine (Nob.) ; etc.

L'Océan : régions armoricaine et aquitanique (Fischer) ; îlot des Evains, Pain-Château, dans la Loire-Inférieure (Cailliaud, Taslé); île d'Yeu, dans la Vendée (Servain); sables à l'entrée de la Gironde, bassin d'Arcachon, dans la Gironde (Lafont, Fischer, Taslé); cap Breton, dans les Landes (de Folin); etc.

La Méditerranée : la Joliette, cap Cavaux, Ratonneau, les Goudes, cap Pinède, Méjean, Maïré, Riou, Peyssonnel, dans les Bouches-du-Rhône (Marion); Toulon, dans le Var (Nob.); les Alpes-Maritimes (Roux) ; etc.

Nucula tumidula, Malm.

Nucula tumidula, Malm. — G. O. Sars, 1878. *Moll. arct. Norv.*, p. 33, pl. IV, fig. 5.

L'Océan : le golfe de Gascogne (Jeffreys).

La Méditerranée : Peyssonnel, dans les Bouches-du-Rhône (Marion).

Nucula striatissima, Seguenza.

Nucula striatissima, Seguenza, 1877. *Nuc. terz. merid. Ital.*, *In Accad. Lincei*, p. 6, pl. I, fig. 1.

La Méditerranée : Nice, dans les Alpes-Maritimes (Nob.).

B. — Groupe du *N. tenuis*.

Nucula tenuis, Montagu.

Arca tenuis, Montagu, 1808. *Test. Brit., Suppl.*, p. 56, pl. XXIX, fig. 1.
Nucula tenuis, Turton, 1822. *Dithyra Brit*, p. 177. — Forbes et Hanley, 1853. *Brit. moll.*, II, p. 223, pl. XLVII, fig. 6; pl. P, fig. 5. — Sowerby, 1859. *Ill. ind.*, pl. VIII, fig. 1. — Jeffreys, 1863-69. *Brit. conch.*, II, p. 152; V, p. 172, pl. XXIX, fig. 4.

La Manche : Granville, dans la Manche (Servain) ; etc.

L'Océan : région armoricaine (Fischer) ; Quiberon, dans le Morbihan (Taslé); banc de Basse-Jaune, dans la Loire-Inférieure (Cailliaud, Taslé) ; etc.

Nucula Ægeensis, Forbes.

Nucula Ægeensis, Forbes, 1844. *Rep. Æg. inv.*, p. 192. — Hanley, *Nuculidæ*, p. 56, pl. VI, fig. 154.

L'Océan : le golfe de Gascogne (Jeffreys).

Nucula corbuloides (1), Seguenza.

Nucula corbuloides, Seguenza, 1877. *Nuc. terz. merid. Ital.*, *In Accad. Lincei*, p. 9, pl. I, fig. 3.

La Méditerranée : Nice, dans les Alpes-Maritimes (Nob.).

Genre LEDA, Schumacher

Schumacher, 1817. *Essai syst.*, p. 72, pl. XIX, fig. 4.

A. — Groupe du *L. pella* (2).

Leda pella, Linné.

Arca pella, Linné, 1767. *Syst. nat.*, édit. XII, p. 1141.
— *interrupta*, Poli, 1796. *Test. utr. Sic.*, II, pl. XXV, fig. 4, 5.
Nucula emarginata, Payraudeau, 1826. *Moll. Corse*, p. 65.
Lembulus Rosscanus, Risso, 1826. *Hist. nat. eur. mér.*, IV, p. 326, f. 166.
Nucula pella, Scacchi, 1836. *Cat. Reg. Neap.*, p. 4.
— *fabula*, Sowerby, 1841-45. *Conch. ill.*, p. 3. fig. 13.
Leda emarginata, Forbes, 1844. *Rep. Æg. inv.*, p. 154.
— *pella*, Deshayes, 1848. *Expl. sc. Algérie*, II, pl. CXV. — Hidalgo, 1870. *Moll. marin.*, pl. LXXIV, fig. 9-10.

La Méditerranée (Petit, Weinkauff) : Agde (Petit), Palavas (Dollfus), dans l'Hérault ; le golfe d'Aigues-Mortes, dans le Gard (Clément) ; Maïré, Garlaban, dans les Bouches-du-Rhône (Marion) ; Toulon (Gay), îles de Porquerolles, dans le Var (Nob.) ; les Alpes-Maritimes (Risso, Roux).

Leda fragilis, Chemnitz.

Arca fragilis, Chemnitz, 1784. *Conch. cab.*, VII, p. 199, pl. LV, fig. 546.
Leda fragilis, Jeffreys, 1879. *In Proceed. zool. soc.*, p. 579.

L'Océan : le golfe de Gascogne, depuis Arcachon (Jeffreys) ; le cap Breton, dans les Landes (de Folin) ; etc.

Leda commutata, Philippi.

?*Lembulus deltoideus*, Risso, 1826. *Hist. nat. eur. mérid.*, IV, p. 320.
Nucula minuta (*n.* Gmel.), Scacchi, 1836. *Cat. Reg. Neap.*, p. 4.

(1) Melius : *corbuliformis*.

(2) *Probabiliter : Leda pellax* (*pellax, acis*, trompeur) ; *vel melius : Leda pelliformis* (*pella, æ*, petit vase servant à traire les vaches).

Nucula striata (*n.* L.), Philippi, 1836. *Enum. moll. Sic.*, I, p. 65.
— *commutata*, Philippi, 1844. *In Zeitsch. f. Malak.*, p. 101.
Leda commutata, Hanley, *In* Sowerby, 1842-83. *Thes. conch.*, pl. CCXXVIII, fig. 80, 81.

L'Océan : région aquitanique (Fischer) ; sables à l'entrée de la Gironde, au large en dehors du bassin d'Arcachon; golfe de Gascogne (Lafont, Fischer) ; cap Breton, dans les Landes (Fischer); etc.

La Méditerranée (Petit, Weinkauff) : Montredon, Ratonneau, cap Pinède, Méjean, Maïré, Riou, Garlaban, etc., dans les Bouches-du-Rhône (Marion) ; Toulon, îles de Porquerolles, dans le Var (Nob.) ; les Alpes-Maritimes (Risso, Roux) ; etc.

B. — Groupe du *L. pygmæa.*

Leda pygmœa, Münster.

Nucula pygmæa Münster, 1826-33. *In* Goldfuss, *Petref. Germ.*, p. 157, pl. CXXV, f. 17.
— *tenuis* (*n.* Turt.), Philippi, 1836. *En. moll. Sic.*, I, p. 65, pl. V, f. 9.
— *nitida* (*n.* Broc.), Scacchi, 1836. *Cat. Reg. Neap.*, p. 4.
Yoldia pygmæa, Lovén, 1846. *Ind. moll. Scand.*, p. 189.
Leda tenuis, Jeffreys, 1847. *In Mag. nat. hist.*, XIX, p. 313.
Leda pygmæa, Forbes et Hanley, 1853. *Brit. moll.*, II, p. 230, pl. LXVII, fig. 10. — Sowerby, 1859. *Ill. ind.*, pl. VIII, fig. 7. — Jeffreys, 1863-69. *Brit. conch.*, II, p. 154 ; p. 173, pl. XXIX, fig. 5.
Leda (*yoldia*) *tenuis*, de Monterosato, 1875. *Nuov. rev.*, p. 11.

L'Océan : région aquitanique (Fischer) ; golfe de Gascogne (Fischer, Taslé); sables à l'entrée de la Gironde, au large des passes, à Arcachon dans la Gironde (Fischer, Lafont, Taslé); le golfe de Gascogne (Jeffreys).

La Méditerranée : Peyssonnel, dans les Bouches-du-Rhône (Marion).

Leda Messanensis, Seguenza.

Leda acuminata, Jeffreys, 1870. *In Ann. nat. hist.*, p. 69.
— *Messanensis*, Seguenza, 1877. *Nuc. tert. merid. Ital.*, *in Accad. Linc.*, p. 15, pl. III, fig. 15.
Yoldia Messanensis, de Monterosato, 1878. *Enum. e sin.*, p. 6.

L'Océan : le golfe de Gascogne (Jeffreys).

La Méditerranée : Peyssonnel, dans les Bouches-du-Rhône (Marion).

Leda pustulosa, Jeffreys.

Leda pustulosa, Jeffreys, 1876. *In Ann. nat. hist.*, p. 430. — Seguenza, 1877. *Nuc. tert. merid. Ital.*, *In Accad. Linc.*, p. 17, pl. III, fig. 17.

L'Océan : le golfe de Gascogne (Jeffreys).

Leda pusio, PHILIPPI.

Nucula pusio, Philippi, 1844. *Enum. moll. Sic.*, II, p. 47, pl. XV, fig. 5.
Leda pusio, Jeffreys, 1876. *In Ann. nat. hist.*, 4e sér., XVIII, p. 430.

L'Océan ; le golfe de Gascogne (Jeffreys).

Leda producta, DE MONTEROSATO.

Leda (yoldia) producta, de Monterosato, 1875. *Nuova revista*, p. 11.
Yoldia striolata, Brugnone, 1877. *Misc. malac.*, p. 9, fig. 9.
— *abyssicola* (*n.* Torell), de Monterosato, 1878. *En. e sin.*, p. 6.
— *producta*, de Monterosato, 1880. *In Bull. malac. Ital.*, VI, p. 55.

L'Océan : le golfe de Gascogne (Jeffreys).

Leda lucida, LOVÉN.

Yoldia lucida, Lovén, 1846. *Index moll. Scand.*, p. 34.
Portlandia lucida, G. O. Sars, 1878. *Moll. arct. Norv.*, p. 29, pl. IV, f. 11.
Leda lucida, Jeffreys, 1879. *In Proceed. zool. soc.*, p. 578.

L'Océan : le golfe de Gascogne (Jeffreys).
La Méditerranée : Peyssonnel, dans les Bouches-du-Rhône (Marion).

C. — Groupe du *L. sericea.*

Leda sericea, JEFFREYS.

Leda sericea, Jeffreys, 1876. *In Ann. nat. hist.*, 4e sér., XVIII, p. 431.
— 1879. *In Proceed. zool. soc.*, p. 579, pl. XLVI, fig. 1.

L'Océan : le golfe de Gascogne (Jeffreys).

Leda Jeffreysi, HIDALGO.

Leda lata, Jeffreys, 1876. *In Ann. nat. hist.*, 4e sér., XVIII, p. 431.
— *Jeffreysi*, Hidalgo, *in* Jeffreys, 1879. *In Proceed. zool. soc.*, p. 579, pl. XLVI, fig. 2.

L'Océan : le golfe de Gascogne (Jeffreys).

Leda expansa, JEFFREYS.

Leda expansa, Jeffreys, 1876. *In Ann. nat. hist.*, 4e sér., XVIII, p. 431.
— 1879. *In Proceed. zool. soc.*, p. 580, pl. XLVI, fig. 4.

L'Océan : le golfe de Gascogne (Jeffreys).

Genre LIMOPSIS, Sassi.

Sassi, 1827. *Giorn. Ligust.*

Limopsis aurita, BROCCHI.

Arca aurita, Brocchi, 1814. *Conch. foss. sub.*, II, p. 485, pl. XI, fig. 9.

Limopsis aurita, Jeffreys, 1863-69. *Brit. conch.*, II, p. 161; V, p. 74, pl. XXX, fig. 1.

La Méditerranée : Peyssonnel, dans les Bouches-du-Rhône (Marion).

Limopsis minuta, PHILIPPI.

Pectunculus minutus, Philippi, 1836. *En. moll. Sic.*, I, p. 63, pl. V, f. 3.
Limopsis minuta, de Monterosato, 1884. *Nuova revista*, p. 11.

L'Océan : le golfe de Gascogne (Jeffreys).
La Méditerranée : Peyssonnel, dans les Bouches-du-Rhône (Marion).

Limopsis cristata, JEFFREYS.

Limopsis cristata, Jeffreys, 1876. *In Ann. nat. hist.*, 4e sér., XVIII, p. 434. — 1879. *In Proc. zool. soc.*, p. 585, pl. XLVI, f. 8.

L'Océan : le golfe de Gascogne (Jeffreys).

Limopsis borealis, WOODWARD.

Limopsis borealis, Woodward, *In* Jeffreys, 1869. *Brit. conch.*, V, p. 174, pl. C, fig. 3.

La Méditerranée : Peyssonnel, dans les Bouches-du-Rhône (Marion).

Genre MALLETIA, Des Moulins

Des Moulins, 1832. *In Act. soc. Lin. Bord.*, V, p. 85.

Malletia cuneata, JEFFREYS.

Solenella cuneata, Jeffreys, 1873. *In Rep. Brit. assoc.*, p. 112. — 1879. *In Proceed. zool. soc.*, p. 586, pl. XLVI, fig. 10.
Malletia cuneata, de Monterosato, 1875. *Nuova revista*, p. 11.

L'Océan : le golfe de Gascogne (Jeffreys).
La Méditerranée : Peyssonnel, dans les Bouches-du-Rhône (Marion).

Malletia obtusa, M. SARS.

Yoldia abyssicola, M. Sars, 1858. *In Christ. Vid. Selsk. Förh.*, p. 86.
— *obtusa*, M. Sars, *in* G. O. Sars, 1872. *On some remark. Forms Deeps Norv. Coast*, p. 23, pl. III, fig. 16-20.
Malletia obtusa, G.O. Sars, 1878. *Moll. arct. Norv.*, p. 41, pl. XIX, f. 3.

L'Océan : le golfe de Gascogne (Jeffreys).

MYTILIDÆ

Genre CRENELLA, Brown.

Brown, 1827. *Ill. Conch. Gr. Brit.*

A. — Groupe du *C. rhombea*

Crenella rhombea, Berkeley.

Modiola rhombea, Berkeley, 1827. *In zool. Journ.*, III, p. 229; *suppl.*, pl. XVIII, fig. 1.
— *Prideauxiana*, Brown, 1827. *Ill. conch.*, pl. XXIX, fig. 9.
Crenella rhombea, Forbes et Hanley, 1853. *Brit. moll.*, II, p. 208, pl. XLV, fig. 3. — Sowerby, 1859. *Ill. ind.*, pl. VIII, fig. 16. — Jeffreys, 1863-69. *Brit. conch.*, II, p. 131; V, p. 172; pl. XXVIII, f. 5.
Rhomboidella rhombea, de Monterosato, 1884. *Nom. conch. med.*, p. 13.

L'Océan : région aquitanique (Fischer); banc du Nord, Arcachon, dans la Gironde (Lafont, Fischer, Taslé) ; etc.

La Méditerranée (Petit, Weinkauff) : côtes de Provence (Petit, de Monterosato).

B. — Groupe du *C. arenaria*.

Crenella arenaria, H. Martin.

Modiola arenaria, H. Martin. *Mss.*
Crenella arenaria, de Monterosato, 1875. *Nuov. revista*, p. 10.

La Méditerranée : côtes de Provence (de Monterosato).

Genre DACRYDIUM, Torell.

Torell, 1859. *Bidrag till Spitsb. moll. faun.*, p. 138.

Dacrydium hyalinum, de Monterosato.

Dacrydium hyalinum, de Monterosato, 1875. *Nuova rev.*, p. 10.

La Méditerranée : Garlaban, Peyssonnel, la Cassidagne, dans les Bouches-du-Rhône (Marion).

Dacrydium vitreum, Holböll.

Modiola? vitrea, Holböll, *in* Möller, 1842. *Ind. moll. Groenl.*, p. 19.

Dacrydium vitreum, Torell, 1859. *Spitzb. moll.*, p. 138, pl. I, fig. 2. — G. O. Sars, 1878. *Moll. arct. Norv.*, p. 28, pl. III, fig. 2.

L'Océan : le golfe de Gascogne (Jeffreys).

Genre MODIOLA, de Lamarck.

De Lamarck, 1799. *Prodr.* — 1801. *Syst. anim.*, p. 113.

A. — Groupe du *M. barbata*.

Modiola modiolus (1), LINNÉ.

Mytilus modiolus, Linné, 1767. *Syst. nat.*, édit. XII, p. 1158. — Jeffreys, 1863-1869. *Brit. moll.*, II, p. 111 ; V, p. 171, pl. LXXII, fig. 2.
— *umbilicatus*, Pennant, 1767. *Br. zool.*, IV, p. 112, pl. LXV, f. 76.
— *curtus*, Pennant, 1767. *Loc. cit.*, p. 112, pl. LXIV, fig. 76, *a*.
— *curvirostris*, da Costa, 1778. *Brit. conch.*, p. 220.
— *barbatus* (*n.* Lin.), Pultney, 1799. *Hutchin's Dorset.*, p. 38.
Modiola Papuana (pars), de Lamarck, 1818. *Anim. s. vert.*, p. 116.
— *modiolus*, Turton, 1822. *Dithyra Brit.*, p. 199, pl. XV, fig. 3. — Forbes et Hanley, 1853. *Brit. moll.*, II, p. 183, pl. XLIV, fig. 1-2. — Sowerby, 1853. *Ill. ind.*, pl. VII, fig. 6.
— *vulgaris*, Fleming, 1828. *Brit. anim.*, p. 412.

La Manche : Dunkerque, dans le Nord (de Guerne) ; le Boulonnais, dans le Pas-de-Calais (Bouchard) ; la région normande (Fischer) ; Dieppe, Trouville, le Havre, dans la Seine-Inférieure (Nob.) ; Granville (Servain), îles Chaussey (Nob.), dans la Manche ; Cancale, dans l'Ille-et-Vilaine (Nob.) ; etc.

L'Océan : région armoricaine (Fischer) ; Brest, dans le Finistère (Daniel) ; Quiberon, dans le Morbihan (Taslé) ; la Bernerie, dans la Loire-Inférieure (Cailliaud, Taslé) ; etc.

Modiola barbata, LINNÉ.

Mytilus barbatus, Linné, 1765. *Syst. nat.*, édit. XII, p. 1156. — Jeffreys, 1863-1869. *Brit. conch.*, II, p. 114 ; V, p. 171, pl. XXVII, fig. 3.
Modiola Gibbsii, Leach, 1815. *Zool. miscellany*, II, p. 34, pl. LXXII, f. 2.
— *barbata*, de Lamarck, 1818. *Anim. s. vert.*, VI, I, p. 114. — Forbes et Hanley, 1853. *Brit. moll.*, II, p. 190, pl. XLIV, fig. 4. — Sowerby, 1859. *Ill. ind.*, pl. VII, fig. 9. — Hidalgo, 1870. *Moll. marin.*, pl. LXXV, fig. 3.
Modiolus barbatus, Risso, 1826. *Hist. nat. eur. merid.*, p. 323.

(1) Pléonasme que l'on ne saurait conserver. Le synonyme *Modiola umbilicata* est plus correct.

Mytilus Papuana, Bouchard-Chantereaux, 1835. *Cat. moll. Boulon.*, p. 26.
— *Gibbsianus*, Leach, 1852. *Synopsis*, p. 360.

La Manche : Saint-Valery, dans la Somme (Nob.) ; le Boulonnais (Bouchard); région normande (Fischer) ; Dieppe, Fécamp, le Havre, Trouville, dans la Seine-Inférieure (Nob.); Langrune, Cabourg, dans le Calvados (Nob.) ; baie de la Hougue (Macé), îles Chaussey (Nob.), dans la Manche ; Cancale (Nob.), Saint-Malo (Grube), dans l'Ille-et-Vilaine. baie de Saint-Brieuc, dans les Côtes-du-Nord (Nob.); etc.

L'Océan : régions armoricaine et aquitanique (Fischer) ; Roscoff (Grube), Brest (Daniel), Douarnenez (Nob.), dans le Finistère ; le Morbihan (Taslé); baie de Bourgneuf, la Bernerie, Piriac, le Pouliguen, dans la Loire-Inférieure (Cailliaud) ; les Sables-d'Olonne (Nob.); île d'Yeu dans la Vendée (Servain); Royan, la Rochelle, l'île de Ré, dans la Charente-Inférieure (Beltremieux); Arcachon, Cordouan, dans la Gironde (Lafont, Fischer) ; Biarritz, dans les Basses-Pyrénées (Fischer); etc.

La Méditerranée (Petit, Weinkauff) : le Roussillon, dans les Pyrénées-Orientales (Nob.); Cette (Granger), Palavas (Dollfus), dans l'Hérault, Marseille (Ancey), le Pharo, la Joliette, Montredon, Pomègue, Corbière, Roucas-Blanc, etc., dans les Bouches-du-Rhône (Marion); Toulon, Saint-Tropez, Saint-Raphaël, dans le Var (Doublier, Gay) ; Cannes (Dautzenberg), Nice (Verany), dans les Alpes-Maritimes ; etc.

Modiola phaseolina, Philippi.

Modiola phaseolina, Philippi, 1844. *Enum. moll. Sic.*, II, p. 51, pl. XV, fig. 14. — Forbes et Hanley, 1853. *Brit. moll.*, II, p. 186, pl. XLIV, fig. 3. — Sowerby, 1859. *Ill. ind.*, pl. VII, fig. 5.
Mytilus phaseolinus, Jeffreys, 1863-1869. *Brit. conch.*, II, p. 119; V, p. 171, pl. XXVII, fig. 5.

L'Océan : régions armoricaine et aquitanique (Fischer) ; Brest, dans le Finistère (Daniel) ; Quiberon, dans le Morbihan (Taslé) ; plateau du Four, dans la Loire-Inférieure (Cailliaud, Taslé); sables à l'entrée de la Gironde, Arcachon, dans la Gironde (Lafont, Fischer, Taslé) ; cap Breton, dans les Landes (de Folin); etc.

La Méditerranée (Weinkauff) : la Provence (Weinkauff); Corbière, Mourepiano, Ratonneau, le château d'If, Riou, Marsilli, etc., dans les Bouches-du-Rhône (Marion) ; etc.

Modiola Adriatica, de Lamarck.

Modiola Adriatica, de Lamarck, 1818. *Anim. s. vert.*, VI, I, p. 112. — Hidalgo, 1870. *Moll. marin.*, pl. LXXV, fig. 7 à 9.

Modiola Cavolini, Scacchi, 1836. *Cat. Reg. Neap.*, p. 4. (*Teste* Monterosato.)
— *imberbis*, Brusina, 1866. *Contr. fauna Dalm.*, p. 43.
Mytilus Adriaticus (pars), Jeffreys, 1879. *In Proceed. zool. soc.*, p. 566.

L'Océan : régions armoricaine et aquitanique (Fischer) ; Brest, dans le Finistère (Daniel); Gavre, Groix, Quiberon, dans le Morbihan (Taslé); la Bernerie, dans la Loire-Inférieure (Cailliaud, Taslé); île d'Yeu, dans la Vendée (Servain) ; la Rochelle, dans la Charente-Inférieure (Nob.) ; Arcachon, dans la Gironde (Nob.) ; etc.

La Méditerranée (Petit, Weinkauff) : le golfe d'Aigues-Mortes, dans le Gard (Clément) ; le Pharo, la Joliette, le Prado, dans les Bouches-du-Rhône (Marion) ; la Seyne, Porquerolles, dans le Var (Nob.) ; etc.

Modiola Lamarckiana, Locard.

Modiola tulipa (*n.* Lamarck), *pars auct.* — Forbes et Hanley, 1853. *Brit. moll.*, II, p. 187, pl. XLVIII, fig. 6 ; pl. Q, fig. 6.
— *ovalis* ? Sowerby, 1859. *Ill. ind.*, pl. VII, fig. 7.
Mytilus Adriaticus (var. ovalis), Jeffreys, 1863-1869. *Brit. conch.*, II, p. 117.

La Manche : Granville, dans la Manche (Servain) ; etc.

L'Océan : côtes de Saint-Marc, Landevenec (Daniel), Concarneau, iles de Glénan (de Guerne), dans le Finistère ; le Morbihan (Taslé) ; l'île de Ré, dans la Charente-Inférieure (Nob.) ; etc.

Modiola strangulata, Locard.

Modiola tulipa (*n.* Lamarck), Forbes et Hanley, 1853. *Brit. moll.*, pl. XLV, fig. 7. — Jeffreys, 1869. *Brit. conch.*, V, pl. XXVII, f. 4.
— *radiata* (*n.* Hanley), Sowerby, 1859. *Ill. ind.*, pl. VII, fig. 8.

La Manche : îles Chaussey, dans la Manche (Nob.).

L'Océan : Brest, dans le Finistère (Nob.).

B. — Groupe du *M. sulcata*.

Modiola sulcata, Risso.

Modiolus sulcatus, Risso, 1826. *Hist. nat. eur. mérid.*, VI, p. 324.
Modiola Petagnæ, Scacchi, 1836. *Cat. Reg. Neap.*, p. 4. (*Teste* de Monterosato.)
Modiolus barbatellus, Cantraine, 1835. *Diagn.*, p. 27.
Modiola Petagnæ, Weinkauff, 1862. *In Journ. conch.*, X, p. 327. — Hidalgo, 1870. *Moll. marin.*, pl. LXXV, fig. 4, 5.
Modiolaria Petagnæ, Weinkauff, 1867. *Conch. mittelm.*, I, p. 216.
Gregariella sulcata, de Monterosato, 1884. *Nom. conch. medit.*, p. 11.

L'Océan : régions armoricaine et aquitanique (Fischer) ; îlot du

Four, dans la Loire-Inférieure (Cailliaud, Taslé) ; le bassin d'Arcachon, dans la Gironde (Fischer) ; cap Breton, dans les Landes (de Folin) ; Biarritz, Hendaye, dans les Basses-Pyrénées (Fischer, Taslé) ; etc.

La Méditerranée : Marseille, dans les Bouches-du-Rhône (Nob.) ; les Alpes-Maritimes (Risso, Roux) ; etc.

Modiola gibberula, CAILLIAUD.

Modiola gibberula, Cailliaud, 1865. *Catal. Moll. Loire-Infér.*, p. 109, pl. III, fig. 9 à 12.

Gregariella gibberula, de Monterosato, 1884. *Nom. conch. medit.*, p. 11.

L'Océan : région armoricaine (Fischer) ; les Impairs, à l'entrée du chenal de Pouliguen, dans la Loire-Inférieure (Cailliaud, Taslé, de Monterosato).

Modiola lutea, JEFFREYS.

Mytilus luteus, Jeffreys, 1880. *In Ann. nat., hist.*, 5e sér., VI, p. 315 (sans descr.).

Modiola lutea, Fischer, 1882. *In Journ. conch.*, XXX, p. 52.

L'Océan : le golfe de Gascogne (Jeffreys, Fischer).

Genre MODIOLARIA, Gray.

Gray, 1840. *Syn. Brit. Mus.*

Modiolaria marmorata, FORBES.

Mytilus discors (*non* Linné), da Costa, 1778. *Brit. conch.*, p. 221, pl. XVII, fig. 1.

Modiola discors (*non* Lamarck), Turton, 1822. *Dithyra Brit.*, p. 201, pl. XV, fig. 4, 5.

— *marmorata*, Forbes, 1838. *Malac. Monensis*, p. 44.

— *tumida*, Hanley, 1842-1856. *Recent shells*, I, p. 241, pl. XII, f. 39

— *Poliana*, Philippi, 1844. *In Zeitschr. Malac.*, p. 101.

Crenella marmorata, Forbes et Hanley, 1853. *Brit. moll.*, II, p. 198, pl. XLV, fig. 4. — Sowerby, 1859. *Ill. ind.*, pl. VII, fig. 14.

Modiolaria marmorata, Jeffreys, 1863-1869. *Brit. conch.*, II, p. 122 ; V, p. 171, pl. XXVIII, fig. 1. — Hidalgo, 1870. *Moll. marin.*, pl. LXXV, fig. 1.

La Manche : Dunkerque, dans le Nord (Terquem) ; région normande (Fischer) ; le Havre, Trouville, dans la Seine-Inférieure (Nob.) ; baie de la Hougue, dans la Manche (Macé) ; Cancale, dans l'Ille-et-Vilaine (Nob.) ; etc.

L'Océan : régions armoricaine et aquitanique (Fischer) ; Brest (Daniel),

Concarneau (de Guerne), dans le Finistère (Taslé); plateau du Four, Basse-Kikerie, dans la Loire-Inférieure (Cailliaud); bassin d'Arcachon, crassats d'Eyrac, de la pointe du Sud, dans la Gironde (Fischer); cap Breton, dans les Landes (de Folin); le golfe de Gascogne (Jeffreys); etc.

La Méditerranée : au large de Marseille, dans les Bouches-du-Rhône (Nob.); etc.

Modiolaria discors, Linné.

Mytilus discors, Linné, 1767. *Syst. nat.*, édit., XII, p. 1159.
— *discrepans*, Montagu, 1803. *Test. Brit.*, p. 169.
Modiola discrepans, de Lamarck, 1818. *Anim. s. vert.*, VI, p. 111.
Modiolus discors, Risso, 1826. *Hist. nat. eur. merid.*, p. 326.
Crenella discors, Forbes et Hanley, 1853. *Brit. moll.*, II, p. 195, pl. XLV, fig. 5, 6 ; pl. XLVIII, fig. 5. — Sowerby, 1859. *Ill. ind.*, pl. VII, fig. 13.
Modiolaria discors, Jeffreys, 1863-1869. *Brit. conch.*, II, p. 126 ; V, p. 171, pl. XXVIII, fig. 3.

La Manche : région normande (Fischer); Trouville, dans la Seine-Inférieure ; baie de Cherbourg et de la Hougue, dans la Manche (Macé), Cancale (Nob.), Saint-Malo (Grube), dans l'Ille-et-Vilaine (Nob.) ; etc.

L'Océan : région armoricaine (Fischer) ; le Finistère (Daniel) ; plateau du Four, Basse-Kikerie, dans la Loire-Inférieure (Cailliaud, Taslé) ; etc.

Modiolaria subpicta, Cantraine.

Modiolus subpictus, Cantraine, 1835. *Diagn.*, p. 27.
Modiola discrepans, *pars auct.*
— *discors*, *pars auct.*
Modiolaria subpicta, de Monterosato, 1884. *Nom. conch. medit.*, p. 12.

La Méditerranée (Petit, Weinkauff) : le Roussillon, dans les Pyrénées-Orientales (Nob.); Cette (Granger), Palavas (Dollfus), dans l'Hérault; golfe d'Aigues-Mortes, dans le Gard (Clément) ; la Joliette, Carry, Méjean, dans les Bouches-du-Rhône (Marion); Porquerolles, dans le Var (Nob.) ; Nice (Verany), dans les Alpes-Maritimes (Roux) ; etc.

Modiolaria costulata, Risso.

Modiolus costulatus, Risso, 1826. *Hist. nat. eur. mérid.*, IV, p. 159, fig. 165.
Modiola costulata, Philippi, 1836. *Enum. moll. Sic.*, I, p. 70, pl. XV, f. 10.
Crenella costulata, Forbes et Hanley, 1853. *Brit. moll.*, II, p. 205, pl. XLV, fig. 1. — Sowerby, 1859. *Ill. ind.*, pl. VII, f. 15.
Modiolaria costulata, Jeffreys, 1863-1869. *Brit. conch.*, II, p. 125 ; V, p. 171, pl. XXVIII, fig. 2.

La Manche : région normande (Fischer); Trouville, dans la Seine Inférieure (Nob.); baie de la Hougue, plage de Quinéville, dans la Manche (Macé); baie de Saint-Brieuc, dans les Côtes-du-Nord (Nob.); etc.

L'Océan : régions armoricaine et aquitanique (Fischer); Concarneau, dans le Finistère (de Guerne); Quiberon, dans le Morbihan (Taslé); îlot du Four, tombeau d'Almanzor, dans la Loire-Inférieure (Cailliaud, Taslé); sables à l'entrée de la Gironde, Arcachon, dans la Gironde (Lafont, Fischer, Taslé); Biarritz, dans les Basses-Pyrénées (Fischer, Taslé); etc.

La Méditerranée (Petit, Weinkauff) : le golfe de Marseille, Riou, dans les Bouches-du-Rhône (Marion); Nice, dans les Alpes-Maritimes (Risso, Roux); etc.

Modiolaria subclavata, Libassi.

Modiola subclavata, Libassi, 1859. *In Atti Pan.*, III, p. 13, fig. 7.
Modiolaria subclavata, Jeffreys, 1879. *In Proceed. zool. soc.*, p. 568.

L'Océan : le golfe de Gascogne (Jeffreys).

La Méditerranée : les côtes de Provence (Petit).

Modiolaria cuneata, Jeffreys.

Modiolaria cuneata, Jeffreys, 1880. *In Ann. nat. hist.*, 5e sér., VI, p. 315 (s. descr.). — Fischer, 1882. *In Journ. conch.*, XXX, p. 53.

L'Océan : le golfe de Gascogne (Fischer, Jeffreys).

Genre MYTILUS (Rondelet), Linné.

Linné, 1758. *Syst. nat.*, edit. X, p. 704 et 1767.

A. — Groupe de *M. Galloprovincialis*.

Mytilus Galloprovincialis, de Lamarck.

Mytilus edulis (var.), Poli, 1795. *Test. utr. Sic.*, II, pl. XXXII, fig. 5.
— *galloprovincialis*, de Lamarck, 1818. *Anim. s. vert.*, VI, I, p. 126. — Philippi, 1836. *Enum. moll. Sic.*, I, p. 72, pl. V, fig. 12, 13. — Sowerby, 1859. *Ill. ind.*, pl. VII, f. 20, 21. — Jeffreys, 1859. *In Ann. nat. hist.*, 3e sér., III, p. 39, pl. II, fig. 4.
— *dilatatus*, Gray, 1825. *In Ann. Phil.* (*teste* Forbes et Hanley).
— *ungulatus*, Risso, 1826. *Hist. nat. eur. mér.*, IV, p. 322.
— *edulis*, *pars auct.* — Forbes et Hanley, 1853. *Brit. moll.*, pl. XVIII, fig. 1, 2. — Hidalgo, 1870. *Moll. marin.*, pl. XXV, fig. 1, 2, 4 et 5.

La Manche : Dunkerque, dans le Nord (Terquem); région normande (Fischer); Dieppe, Fécamp, le Havre, dans la Seine-Inférieure (Nob.); Langrune, Cabourg, dans le Calvados (Nob.); îles Chaussey, dans la Manche (Nob.); Cancale, dans l'Ille-et-Vilaine (Nob.); etc.

L'Océan : régions armoricaine et aquitanique (Fischer); le Finistère (Taslé. Daniel); le Morbihan (Taslé); Piriac, dans la Loire-Inférieure (Cailliaud); l'île de Ré, dans la Charente-Inférieure (Nob.); sables à l'entrée de la Gironde, Arcachon, etc., dans la Gironde (Fischer); Biarritz, dans les Basses-Pyrénées (Fischer); etc.

La Méditerranée : le Roussillon, dans les Pyrénées-Orientales (Nob.); la Franqui (Pépratx), la Nouvelle (Nob.), dans l'Aude; Cette (Granger), dans l'Hérault; le Grau-du-Roi, dans le Gard (Clément); Fos, les Martigues (Nob.), Marseille (Ancey), les ports, fort Saint-Jean, la Joliette, le Prado, le Pharo, l'Estaque, etc. (Marion), dans les Bouches-du-Rhône; Toulon, Saint-Tropez (Doublier, Gay), Saint-Nazaire, Hyères, Porquerolles, etc. (Nob.), dans le Var; Cannes (Doublier), Menton Nob.), Nice (Verany), dans les Alpes-Maritimes (Risso, Roux); etc.

Mytilus abbreviatus, DE LAMARCK.

Mytilus abbreviatus, de Lamarck, 1818. *Anim. s. vert.*, VI, I, p. 127. — Delessert, 1841. *Rec. coq.*, pl. XIV, fig. 1. — Potiez et Michaud, 1844. *Moll. Douai*, II, p. 123, pl. LIV, fig. 1.
— *edulis (var.)*, *pars auct.*

La Manche : embouchure de la Somme (de Lamarck, Petit); etc.

L'Océan : côtes du Finistère (Collard, Petit); etc.

Mytilus petasunculinus, LOCARD.

Mytilus edulis (pars), Hidalgo, 1870. *Moll. marin.*, pl. XXVI, fig. 3.
— *petasunculinus*, Locard, 1883. *Mss.*

La Manche : îles Chaussey, dans la Manche; Cancale, Saint-Malo, dans l'Ille-et-Vilaine (Nob.); etc.

B. — Groupe de *M. edulis*.

Mytilus edulis, LINNÉ.

Mytilus edulis, Linné, 1767. *Syst. nat.*, édit. XII, p. 1157. — Brown, 1845. *Ill. conch.*, 2e édit., pl. XXVII, fig. 14-15. — Forbes et Hanley, 1853. *Brit. moll.*, pl. XLVIII, fig. 3, 4. — Sowerby, 1859. *Ill. ind.*, pl. VII, fig. 18. — Jeffreys, 1863-69. *Brit. conch.*, II, p. 104; V, p. 171, pl. XXVII, fig. 1. — Hidalgo, 1870. *Moll. marin.*, pl. XXV, fig. 3.

La Manche : Dunkerque, dans le Nord (Terquem) ; le Boulonnais (Bouchard), Berck, Wimereux (Nob.), dans le Pas-de-Calais ; Saint-Valery, dans la Somme (Nob.); région normande (Fischer); Dieppe, Fécamp, Trouville, le Havre, etc., dans la Seine-Inférieure (Nob.) ; Cabourg, Langrune, dans le Calvados (Nob.); littoral de la Manche (de Gerville, Macé) ; Saint-Malo (Grube), Cancale (Nob.), dans l'Ille-et-Vilaine ; baie de Saint-Brieuc, dans les Côtes-du-Nord (Nob.) ; etc.

L'Océan : régions armoricaine et aquitanique (Fischer); le Finistère (Taslé, Daniel) ; le Morbihan (Taslé) ; la Loire-Inférieure (Cailliaud) ; les Sables-d'Olonne (Nob.), ile d'Yeu (Servain), dans la Vendée; Royan, la Rochelle, les îles de Ré et d'Oléron (Nob.), dans la Charente-Inférieure (Beltremieux) ; embouchure de la Gironde, bassin d'Arcachon, cap Féret, etc., dans la Gironde (Fischer, Lafont); cap Breton, dans les Landes (de Folin) ; Saint-Jean-de-Luz, Biarritz, dans les Basses-Pyrénées (Nob.) ; le golfe de Gascogne (Jeffreys); etc.

Mytilus ungulatus, Linné.

Mytilus ungulatus, Linné, 1758. *Syst. nat.*, p. 705; édit. XII, p. 1156. — Donovan, 1805. *Brit. Shells*, IV, pl. CXXVII, fig. 2.
— *edulis (var.)*, *pars auct.*

L'Océan ; le Boulonnais, dans le Pas-de-Calais (Bouchard) ; Cancale, dans l'Ille-et-Vilaine (Nob.) ; etc.

L'Océan : le Finistère (Daniel) ; golfe du Morbihan (Taslé) ; îlot du Four, dans la Loire-Inférieure (Cailliaud); passes d'Arcachon, dans la Gironde (Lafont) ; etc.

Mytilus pictus, Born.

Mytilus pictus, Born, 1780. *Test. Mus. Cæs. Vind.*, p. 127, pl. VII, fig. 6, 7. — Hidalgo, 1870. *Moll. marin.*, pl. XXVI, fig. 1 ; pl. XXVI, A, fig. 1.
— *Africanus*, Chemnitz, 1785. *Conch. cab.*, VIII, p. 160, pl. LXXXIII, fig. 739 à 741.
— *Afer*, Gmelin, 1789. *Syst. nat.*, édit. XIII, p. 3358.

L'Océan : cap Breton, dans les Landes (de Folin) ; etc.

La Méditerranée : les côtes de France (Petit, Weinkauff) ; Toulon, dans le Var (Nob.) ; etc.

Mytilus incurvatus, Pennant.

Mytilus incurvatus, Pennant, 1767. *Brit. zool.*, IV, p. 111, pl. LXIV, fig. 74. — Maton et Racket, 1804. *In Trans. Lin. soc.*, VIII, p. 105, pl. III, fig. 7.

Mytilus ungulatus (*n.* Lin.), Sowerby, 1859. *Ill. ind.*, pl. VII, fig. 19.
— *edulis (var.)*, *pars auct.*

La Manche : le Boulonnais, dans le Pas-de-Calais (Bouchard); les îlots de la Manche (de Gerville, Petit, Macé) ; etc.

L'Océan : le Toulinguet, Camaret, Pierres-Noires, dans le Finistère (Daniel); Lorient, Quiberon, dans le Morbihan (Taslé); Ker-Cabelec, la Bernerie, dans la Loire-Inférieure (Cailliaud, Taslé); etc.

? Mytilus retusus, de Lamarck.

Mytilus retusus, de Lamarck, 1818. *Anim. s. vert.*, VI, I, p. 127.
— *edulis (var.)*; *pars auct.*

La Manche : le Boulonnais, dans le Pas-de-Calais (de Lamarck, Bouchard, Petit); etc.

C. — Groupe du *M. lineatus*.

Mytilus lineatus, Gmelin.

Mytilus lineatus, Gmelin, 1789. *Syst. nat.*, édit. XIII, p. 3359.
— *confusus*, Chemnitz, 1785. *Conch. cab.*, VIII, pl. LXXXIV, fig. 753. — *Encycl. meth.*, *Vers*, pl. CCXVIII, fig. 4.
— *denticulatus*, Renieri, 1804. *Tav. alfabet. Adriat.*
Mytilaster lineatus, de Monterosato, 1884. *Nom. conch. med.*, p. 10.

La Méditerranée: côtes de Provence (de Monterosato) ; étang de Cette (Weinkauff), Palavas (Dollfus), dans l'Hérault; étang de Berre (Weinkauff), cap Caveaux, Ratonneau, Maïré (Marion), dans les Bouches-du-Rhône; les Alpes-Maritimes (Risso); etc.

Mytilus crispus, Cantraine.

Mytilus crispus, Cantraine, 1835. *Diagn.*, p. 26.
— *Baldi*, Brusina, 1864. *Conch. Dalm. inedit.*, p. 39.

La Méditerranée : étang près de Cette, dans l'Hérault (Weinkauff); étang de Berre, dans les Bouches-du-Rhône (Petit).

Mytilus minimus, Poli.

Mytilus minimus, Poli, 1795. *Test. utr. Sic.*, II, p. 209, pl. XXXII, f. 1.
— Hidalgo, 1870. *Moll. marin.*, pl. XXVI, fig. 4, 5.
Mytilaster minimus, de Monterosato, 1884. *Moll. marin.*, p. 10.

L'Océan : régions armoricaine et aquitanique (Fischer); le Finistère (Daniel); Ker-Cabelec, Mesquer, Piriac, dans la Loire-Inférieure (Cailliaud); le débarcadère d'Eyrac, dans la Gironde (Lafont, Taslé) ; cap Breton, dans les Landes (de Folin); Biarritz, Guéthary, Saint-Jean-de-Luz, dans les Basses-Pyrénées (Fischer, Taslé); etc.

La Méditerranée : le Roussillon, dans les Pyrénées-Orientales (Nob.); Cette (Granger), dans l'Hérault; le Grau-du-Roi, dans le Gard (Clément); les Martigues (de Monterosato), dans les Bouches-du-Rhône; Toulon, Saint-Tropez, dans le Var (Doublier); Cannes (Doublier, Dautzenberg), Nice (Verany), dans les Alpes-Maritimes (Risso, Roux); etc.

Mytilus cylindraceus, Requien.

Mytilus cylindraceus, Requien, 1848. *Cat. coq. Corse*, p. 30.

La Méditerranée : l'étang de Berre, dans les Bouches-du-Rhône (Nob.)

Mytilus solidus, H. Martin.

Modiola solida, H. Martin, *teste*, de Monterosato.
Mytilaster solidus, de Monterosato, 1884. *Nom. conch. medit.*, p. 10.

La Méditerranée : les Martigues, dans les Bouches-du-Rhône (de Monterosato).

Genre LITHODOMUS, Cuvier.

Cuvier, 1817. *Règne anim.*, II, p. 461.

Lithodomus lithophagus, Linné.

Mytilus lithophagus, Linné, 1767. *Syst. nat.*, édit. XII, p. 1156. — Poli, 1795. *Test. utr. Sic.*, II, pl. XXXII, fig. 9, 10.
Lithodomus dactylus, Cuvier, 1817. *Règne anim.*, II, p. 461.
Modiola lithophaga, de Lamarck, 1818. *Anim. s. vert.*, VI, I, p. 115.
Lithodomus lithophagus, Payraudeau, 1826. *Moll. Corse*, p. 68. — Hidalgo, 1870. *Moll. marin.*, II, pl. XXVI, fig. 9.

La Méditerranée (Petit, Weinkauff) : Môle de Frontignan, dans l'Hérault (Granger); golfe d'Aigues-Mortes, dans le Gard (Clément); Morgillet, Ratonneau, Montredon, Pomègue, dans les Bouches-du-Rhône (Marion); Toulon, Saint-Raphaël, dans le Var (Doublier, Gay); Nice (Verany), dans les Alpes-Maritimes (Risso, Roux); etc.

Lithodomus aristatus, Dillwyn.

Mytilus aristatus, Dillwyn, 1817. *Descr. catal.*, I, p. 303.
Modiola caudigera, de Lamarck, 1818. *Anim. s. vert.*, VI, I, p. 116. — *Encycl. meth.*, *Vers*, pl. CCXXI, fig. 8.
Lithodomus caudigerus, Sowerby, 1820-24. *Gen. shells*, fig. 4.
— *aristatus*, Weinkauff, 1867. *Conch. mittelm.*, I, p. 222. — Hidalgo, 1870. *Moll. marin.*, pl. XXVI, fig. 8.

L'Océan : région aquitanique (Fischer), Biarritz, Guéthary, dans les Basses-Pyrénées (Fischer, Taslé).

AVICULIDÆ

Genre AVICULA, de Lamarck.

De Lamarck, 1799. *Prodr.* — 1801. *Syst. anim.*, p. 134.

Avicula Tarentina, de Lamarck.

Mytilus hirundo (pars), Linné, 1769. *Syst. nat.*, édit. XII, p. 1159.
Avicula Tarentina, de Lamarck, 1818. *Anim. s. vert.*, I, VII, p. 148. — Forbes et Hanley, 1853. *Brit. moll.*, II, p. 251, pl. XLII, fig. 1 à 3; pl. S, fig. 4. — Sowerby, 1859. *Ill. ind.*, pl. VIII, fig. 15. — Hidalgo, 1870. *Moll. marin.*, pl. LVII, fig. 3.
— *hirundo*, Turton, 1822. *Dithyra Brit.*, p. 220, pl. XVI, fig. 3, 4. — Jeffreys, 1863-69. *Brit. conch.*, II, p. 93; V, pl. XXV, f. 6,
— *Anglica*, Brown, 1827. *Ill. conch.*, pl. XXXI, fig. 3.
— *Atlantica*, Brown, 1827. *Loc. cit.*, pl. X, fig. 6.— Fischer, 1866. *In Act. soc. Lin. Bord.*, XXV, p. 312.

La Manche : région normande (Fischer) ; îles Chaussey, Cherbourg, dans la Manche (Nob.); etc.

L'Océan : régions armoricaine et aquitanique (Fischer); Brest (Taslé, Daniel), Concarneau (de Guerne), dans le Finistère ; Lorient, dans le Morbihan (Taslé) ; Belle-Isle (Cailliaud), île d'Yeu, dans la Vendée (Servain) ; Royan, l'île de Ré (Nob.), dans la Charente-Inférieure (Beltremieux) ; sables à l'entrée de la Gironde, Arcachon, pointe du Sud, dans la Gironde (Fischer, Lafont, Taslé); cap Breton, dans les Landes (de Folin); etc.

La Méditerranée (Petit, Weinkauff) : Cette, dans l'Hérault (Granger); le golfe d'Aigues-Mortes, dans le Gard (Clément) ; Riou, Peyssonnel, la Cassidagne, dans les Bouches-du-Rhône (Marion); Saint-Raphaël, Toulon, dans le Var (Doublier, Gay) ; Nice (Verany), dans les Alpes-Maritimes (Risso, Roux) ; etc.

Genre PINNA (Aristote), Linné.

Linné, 1758. *Syst. nat.*, édit. X, p. 707 et 1767.

Pinna pectinata, Linné.

Pinna pectinata, Linné, 1767. *Syst. nat.*, édit. XII, p. 1160. — Forbes et Hanley, 1853. *Brit. moll.*, II, p. 255, pl. XLIII, fig. 1-2; pl. LIII, fig. 8. — Sowerby, 1859. *Ill. ind.*, pl. VIII, fig. 16.

Pinna fragilis, Pennant, 1767. *Brit. zool.*, IV, p. 14, pl. LXIX, f. 80.
— *muricata*, da Costa, 1778. *Brit. conch.*, p. 240, pl. XVI, fig. 2.
— *ingens*, Montagu, 1803-08. *Test. Brit.*, p. 180, 583; *Suppl.*, p. 72.
— *lævis*, Donovan, 1803. *Brit. Shells.*, V, pl. CLII.
— *papyracea*, Turton, 1822. *Dithyra Brit.*, p. 224, pl. XX, fig. 3.
— *elegans*, Brown, 1827. *Ill. conch.*, pl. XXX, fig. 2.
— *rudis*, Jeffreys, 1863-69. *Brit. moll.*, II, p. 99, pl. V, p. 190.

La Manche : le Boulonnais, dans le Pas-de-Calais (Bouchard); région normande (Fischer); le Havre, dans la Seine-Inférieure (Nob.); les côtes de la Manche (de Gerville); etc.

L'Océan : régions armoricaine et aquitanique (Fischer); rade de Brest (Taslé, Daniel), Quimper (Collard), Concarneau (de Guerne), dans le Finistère; golfe du Morbihan (Taslé); île Dumet, plateau du Four, Pornichet, dans la Loire-Inférieure (Cailliaud); île d'Yeu, dans la Vendée (Servain); la Rochelle, île de Ré (Fischer), dans la Charente-Inférieure (Beltremieux); bassin d'Arcachon, pointe du Sud, dans la Gironde (Fischer); Gastes, dans les Landes (Fischer); etc.

Pinna truncata, Philippi.

Pinna rudis (*n.* Lin.), Poli, 1795. *Test. utr. Sic.*, II, pl. XXXIII, fig. 3.
— *truncata*, Philippi, 1844. *En. moll. Sic.*, II, p. 54, pl. XVI, f. 1.
— *pectinata*, *pars auct.*

La Méditerranée (de Monterosato) : Cette, dans l'Hérault (Granger); golfe d'Aigues-Mortes, dans le Gard (Clément); Nice (Verany), dans les Alpes-Maritimes (Risso, Verany); etc.

Pinna mucronata, Poli.

Pinna mucronata, Poli, 1795. *Test. utr. Sic.*, II, pl. XXXIII, f. 4.
— *pectinata*, Philippi, 1836. *Enum. moll. Sic.*, I, p. 74.

La Méditerranée : les Alpes-Maritimes (Risso).

Pinna nobilis, Linné.

Pinna nobilis, Linné, 1767. *Syst. nat.*, édit. XII, p. 1160. — Poli, 1791. *Test. utr. Sic.*, II, pl. XXXV, fig. 1 et 2. — Maravigna, 1851. *Mon. Gen. Pinna*, *In Atti acc. Gioenia*, pl. VIII, f. 11 et 12.
— *rotundata*, Gay, 1858. *Cat. moll. Var*, p. 55.

La Méditerranée : Ratonneau, dans les Bouches-du-Rhône (Marion); îles d'Hyères, Cavalaire, Saint-Tropez, dans le Var (Doublier, Gay); les Alpes-Maritimes (Risso); etc.

PECTINIDÆ

Genre LIMA, Bruguière.

Bruguière, 1792. *Encycl. meth.*, *Vers.*, pl. CCVI.

A. — Groupe du *L. squamosa*.

Lima squamosa, DE LAMARCK.

Ostrea lima, Linné, 1767. *Syst. nat.*, édit. XII, p. 1147. — Poli, 1795. *Test. utr. Sic.*, II, pl. XXVIII, fig. 22-24.
Lima squamosa, de Lamarck, 1818. *Anim. s. vert.*, VI, I, p. 156. — Hidalgo, 1870. *Moll. marin.*, pl. LVII, B, fig. 8.

La Méditerranée (Petit, Weinkauff) : le Roussillon, dans les Pyrénées-Orientales (Nob.) ; Cette (Granger), Palavas (Dollfus), dans l'Hérault) ; le golfe d'Aigues-Mortes, dans le Gard (Clément); Fos, les Martigues (Nob.), Garlaban (Marion), dans les Bouches-du-Rhône; Toulon, Saint-Tropez (Doublier, Gay), la Seyne, Saint-Nazaire, îles d'Hyères, Porquerolles (Nob.), dans le Var; Cannes (Dautzenberg, Doublier), Menton (Nob.), Nice (Verany), dans les Alpes-Maritimes (Risso, Roux) ; etc.

Lima inflata, CHEMNITZ.

Pecten inflatus, Chemnitz, 1782. *Conch. cab.*, VII, pl. LXVIII, fig. 649.
Ostrea fasciata, Gmelin, 1789. *Syst. nat.*, édit. XIII, p. 3331.
— *glacialis*, Poli, 1795. *Test. utr. Sic.*, II, pl. XXVIII, fig. 19-21.
— *tuberculata*, Olivi, 1792. *Zool. Adriatica.*
Lima inflata, de Lamarck, 1818. *Anim. s. vert.*, VI, I, p. 156. — Hidalgo, 1870. *Moll. marin.*, pl. LVIII, B, fig. 9.
— *imbricata*, Risso, 1826. *Hist. nat. eur. mérid.*, VI, p. 305.
— *ventricosa*, Sowerby, 1842-83. *Thes. conch.*, I, p. 85, pl. XXI, f. 6, 7.
— *fasciata*, Sowerby, 1842-83. *Loc. cit.*, pl. XXI, fig. 15, 16.
Mantellum inflatum, Chenu, 1859. *Man. conch.*, II, p. 189, fig. 956.

La Méditerranée (Petit, Weinkauff) : le Roussillon, dans les Pyrénées-Orientales (Nob.) ; la Nouvelle, dans l'Aude (Nob.) ; Cette (Granger), Palavas (Dollfus), dans l'Hérault ; golfe d'Aigues-Mortes, dans le Gard (Clément); Fos, les Martigues (Nob.), Marseille (Ancey), la Joliette (Marion), dans les Bouches-du-Rhône ; Toulon (Doublier, Gay), la Seyne, Saint-Nazaire, Porquerolles (Nob.), dans le Var ; Nice (Verany), dans les Alpes-Maritimes (Risso, Roux) ; etc.

Lima hians, Gmelin.

Ostrea hians, Gmelin, 1789. *Syst. nat.*, édit. XIII, p. 3332.
Lima bullata, Payraudeau, 1826. *Moll. Corse*, p. 70.
— *fragilis (pars)*, Fleming, 1828. *Brit. anim.*, p. 388.
— *vitrina*, Brown, 1833. *Conch. text-book*, p. 113, pl. XV, fig. 7.
— *inflata*, Forbes, 1838. *Malac. Monensis*, p. 41.
— *aperta*, Sowerby, 1842-1883. *Thes. conch.*, I, p. 87, pl. XVII, fig. 26 à 29.
— *hians*, Lovén, 1846. *Ind. moll. Scand.*, p. 32. — Forbes et Hanley, 1853. *Brit. moll.*, II, p. 268, pl. LII, fig. 3 à 5; pl. R. — Sowerby, 1859. *Ill. ind.*, pl. VIII, fig. 23. — Jeffreys, 1863-69. *Brit. conch.*, II, p. 87; V, p. 170, pl. XXV, fig. 5.
Mantellum hians, de Monterosato, 1884. *Nom. conch. medit.*, p. 7.

L'Océan : régions armoricaine et aquitanique (Fischer); Brest, Postrein, Launinon (Daniel), dans le Finistère; golfe du Morbihan, Quiberon, dans le Morbihan (Taslé); plateau du Four, dans la Loire-Inférieure (Cailliaud, Taslé); côtes de l'Océan, Arcachon, dans la Gironde (Lafont, Fischer); Saint-Jean-de-Luz, Hendaye, dans les Basses-Pyrénées (Fischer, Taslé); etc.

La Méditerranée : le Roussillon, dans les Pyrénées-Orientales (Nob.); Cette (Granger), Palavas (Dollfus), dans l'Hérault; le golfe d'Aigues-Mortes, dans le Gard (Clément); Fos (Nob.), Marseille (Ancey), dans les Bouches-du-Rhône; Cannes (Dautzenberg), dans les Alpes-Maritimes (Risso); etc.

Lima tenera, Turton.

Lima tenera, Turton, 1826. *In zool. Journ.*, II, p. 362, pl. XIII, fig. 2.
— *hians (var.)*, *pars auctorum*.

La Méditerranée (Petit) : le Pharo, Pomègue, Corbière, Ratonneau, cap Cavaux, dans les Bouches-du-Rhône (Marion); etc.

Lima Loscombii, G. B. Sowerby.

Pecten fragilis (*n.* Chemn.), Montagu, 1808. *Test. Brit.*, *Suppl.*, p. 62.
Ostrea fragilis, Turton, 1819. *Conch. dict.*, p. 131.
Lima bullata (*n.* Born), Turton, 1822. *Dithyra Brit.*, p. 218, pl. XVII, f. 4, 5.
— *Loscombii*, Sowerby, 1820-24. *Genera shells*, *Lima*, fig. 4. — Forbes et Hanley, 1853. *Brit. moll.*, II, p. 265, pl. LIII, fig. 1 à 3. — Sowerby, 1859. *Ill. ind.*, pl. VIII, fig. 24. — Jeffreys, 1863-1869. *Brit. conch.*, II, p. 83; V, p. 170, pl. XXV, fig. 4.
— *fragilis*, Forbes, 1842. *In Mag. nat. hist.*, VIII, p. 594, fig. 65.

L'Océan : régions armoricaine et aquitanique (Fischer); rade de

Brest (Taslé, (Daniel)) ; golfe du Morbihan, Belle-Isle, dans le Morbihan (Taslé); Basse-Kikerie, îlot du Four (Cailliaud, Taslé); sables à l'entrée de la Gironde, banc du Nord, Arcachon, dans la Gironde (Fischer, Lafont, Taslé) ; Hendaye, Saint-Jean-de-Luz, dans les Basses-Pyrénées (Fischer, Taslé) ; etc.

La Méditerranée : Ratonneau, cap Cavaux, Maïré, dans les Bouches-du-Rhône (Marion); Toulon, Saint-Raphaël, dans le Var (Doublier) ; etc.

B. — Groupe du *L. subauriculata.*

Lima subauriculata, Montagu.

Pecten subauriculatus, Montagu, 1808. *Test. Brit.*, *Sup.*, p. 63, pl. XXIX, fig. 2.
Ostrea subauriculata, Turton, 1819. *Conch. diction.*, p. 131.
Lima subauriculata, Turton, 1822. *Dithyra Brit.*, p. 218. — Jeffreys, 1863-69. *Brit. conch.*, II, p. 83 ; V, p. 170, pl. XXV, fig. 3. — Hidalgo, 1870. *Moll. marin.*, pl. LVII, B, fig. 10.
— *sulcata*, Brown, 1827. *Ill. conch.*, pl. XXXI, fig. 4, 5.
— *sulculus*, Lovén, 1840. *Ind. moll. Scand.*, p. 32.

La Manche : Dunkerque, dans le Nord (Terquem).

L'Océan : région aquitanique (Fischer); le golfe de Gascogne (Jeffreys) ; sables à l'entrée de la Gironde, Arcachon, au large des passes, etc., dans la Gironde (Lafont, Fischer, Taslé); etc.

La Méditerranée : Peyssonnel, la Cassidagne, dans les Bouches-du-Rhône (Marion).

Lima nivea, Brocchi.

Ostrea nivea, Brocchi, 1814. *Conch. foss. sub.*, p. 571, pl. XIV, fig. 14.
? *Lima nivea*, Risso, 1826. *Hist. nat. eur. mérid.*, IV, p. 306.
— *subauriculata (pars)*, Forbes et Hanley, 1853. *Brit. moll.*, II, p. 263, pl. LIII, fig. 4, 5. — Sowerby, 1859. *Ill. ind.*, pl. VIII, fig. 22.
— *elliptica*, Jeffreys, 1863-69. *Brit. conch.*, II, p. 81 ; V, p. 70, pl. XXV, fig. 2.
Limea nivea, de Monterosato, 1878. *Enum. e sin.*, p. 5.

L'Océan : le golfe de Gascogne (Jeffreys).

La Méditerranée : Ratonneau, Peyssonnel, Marsilli, etc., dans les Bouches-du-Rhône (Marion) ; etc.

Lima Sarsi, Lovén.

Lima Sarsii, Lovén, 1846. *Ind. moll. Scand.*, p. 32. — Jeffreys, 1863-69. *Brit. conch.*, II, p. 78; V, p. 169, pl. XXV, fig. 1.

L'Océan : le golfe de Gascogne (Jeffreys).

Lima crassa, FORBES (1).

Lima crassa, Forbes, 1843. *Rep. Æg. invert.*, p. 192.
Limea crassa, de Monterosato, 1858. *Enum. e sin.*, p. 5.

La Méditerranée : la Cassidagne, Peyssonnel, etc., dans les Bouches-du-Rhône; cap Sicié, dans le Var (Marion); etc.

Lima Jeffreysi, FISCHER.

Lima Jeffreysi, Fischer, 1880. *In Ann. nat. hist.*, 5e sér., VI, p. 315.
— 1882. *In Journ. conch.*, XXX, p. 52.

L'Océan : le golfe de Gascogne (Jeffreys, Fischer).

Genre PECTEN, (Pline) Müller.

Müller, 1776. *Zool. Dan. Prodr.*, p. XXXI.

A. — Groupe du *P. maximus.*

Pecten maximus, LINNÉ.

Ostrea maxima, Linné, 1767. *Syst. nat.*, édit. XII, p. 1144.
Pecten maximus, Pennant, 1767. *Brit. zool.*, IV, p. 49, pl. LIX, fig. 61. — *Encycl. méth.*, *Vers*, pl. CCIX, fig. 1. — Forbes et Hanley, 1853. *Brit. moll.*, II, p. 296, pl. XLIX. — Sowerby, 1859. *Ill. ind.*, pl. XI, fig. 13. — Jeffreys, 1863-69. *Brit. moll.*, II, p. 72; V, p. 169, pl. XXIV. — Hidalgo, 1870. *Moll. marin.*, pl. XXXIII, fig. 1; pl. XXXIV, fig. 1.
— *vulgaris*, da Costa, 1778. *Brit. conch.*, p. 140, pl. XI, fig. 3.
Vola maxima, Chenu, 1859. *Man. conch.*, II, p. 185, fig. 935-936.
Janira maxima, Fischer, 1878. *In Act. soc. Lin. Bord.*, t. XXXII, p. 179.

La Manche : Dunkerque, dans le Nord (Terquem); le Boulonnais, dans le Pas-de-Calais (Bouchard); région normande (Fischer); Dieppe, le Havre, dans la Seine-Inférieure (Nob.); Granville (Servain), îles Chaussey (Nob.), dans la Manche (Petit, de Gerville); etc.

L'Océan : régions armoricaine et aquitanique (Fischer); le Finistère (Taslé, Daniel); le Morbihan (Taslé); île Dumet, plateau du Four, dans la Loire-Inférieure (Cailliaud); Sables-d'Olonne (Nob.); île d'Yeu (Servain) dans la Vendée ; la Rochelle, Royan, île de Ré (Nob.), dans la Charente-Inférieure (Beltremieux); embouchure du bassin d'Arcachon, dans la Gironde (Fischer) ; etc.

La Méditerranée (Petit, Weinkauff) : golfe d'Aigues-Mortes, dans le Gard (Clément); les Alpes-Maritimes (Risso); etc.

(1) Cette espèce nous paraît bien voisine du *Lima Sarsi*; il est probable que l'on arrivera à réunir ces deux formes en une seule espèce.

Pecten Jacobæus, Linné.

Ostrea Jacobæa, Linné, 1767. *Syst., nat.*, édit. XII, p. 1149. — Poli, 1795. *Test. utr. Sic.*, II, pl. XXVII, fig. 1, 2.
Pecten Jacobi, Chemnitz, 1784. *Conch. cab.*, VII, pl. LX, fig. 588.
— *Jacobæus*, Pennant, 1767. *Brit. zool.*, IV, p. 100, pl. XL, fig. 1. — *Encycl. meth.*, *Vers*, pl. CCIX, fig. 2. — Sowerby, 1842-83. *Thes. conch.*, I, p. 46, pl. XV, fig. 107 et 108; pl. XVII, fig. 153.

La Méditerranée (Petit, Weinkauff) : le Roussillon, dans les Pyrénées-Orientales (Nob.); la Nouvelle (Nob.), la Franqui (Pépratx), dans l'Aude; Cette (Granger), Palavas (Dollfus), dans l'Hérault; le golfe d'Aigues-Mortes, dans le Gard (Clément); Fos, les Martigues (Nob.), Marseille (Ancey), Carry, Méjean (Marion) dans les Bouches-du-Rhône; Toulon, Saint-Tropez, Saint-Raphaël (Doublier, Gay), îles d'Hyères, Porquerolles (Nob.), dans le Var; Nice (Verany), dans les Alpes-Maritimes (Risso, Roux); etc.

B. — Groupe du *P. glaber*.

Pecten glaber, Linné.

Ostrea glabra, Linné, 1767. *Syst. nat.*, édit. XII, p. 1146.
Pecten glaber, Chemnitz, 1784. *Conch. cab.*, VII, fig. 644, 645. — *Encycl. meth.*, *Vers*, pl. CCXIII, fig. 1. — Sowerby, 1842-83. *Thes. conch.*, fig. 169, 170. — Hidalgo, 1870. *Moll. marin.*, p. 122.
Ostrea citrina, Poli, 1795. *Test. utr. Sic.*, II, pl. XXVIII, fig. 15.
Pecten unicolor, de Lamarck, 1818. *Anim. s. vert.*, VI, I, p. 169.
— *distans*, Payraudeau, 1826. *Moll. Corse*, p. 73.
— *sulcatus*, Risso, 1826. *Hist. nat. eur. mérid.*, IV, p 296. — Hidalgo, 1870. pl. XXXIII, fig. 2 à 5; pl. XXXIV, fig. 2; pl. XXXII, A, fig. 7-8.

La Méditerranée (Petit, Weinkauff) : le Roussillon, dans les Pyrénées-Orientales (Nob.); la Nouvelle, dans l'Aude (Nob.); Cette (Granger), Palavas (Dollfus), Agde (Petit), dans l'Hérault; le golfe d'Aigues-Mortes, dans le Gard (Clément); Marseille (Ancey), fort Saint-Jean, la Joliette (Marion), dans les Bouches-du-Rhône; Toulon, Saint-Tropez, Saint-Raphaël (Doublier, Gay), îles d'Hyères, Porquerolles (Nob.), dans le Var; Nice (Verany), dans les Alpes-Maritimes (Risso. Roux); etc.

Pecten griseus, de Lamarck.

Ostrea nebulosa (pars), Poli, 1795. *Test. utr. Sic.*, II, pl. XXVIII, f. 12.
Pecten griseus, de Lamarck, 1818 *Anim. s. vert.*, VI, I, p. 169. — *Encycl. meth.*, *Vers*, pl. CCXIII, fig. 7.
— *glaber (var.)*, *pars auct.*

La Méditerranée : Cette, dans l'Hérault (Granger); golfe d'Aigues-Mortes, dans le Gard (Granger); Toulon (Petit, Doublier), la Seyne, Saint-Nazaire (Gay), Saint-Tropez (Doublier), dans le Var; etc.

C. — Groupe du *P. opercularis.*

Pecten opercularis, Linné.

Ostrea opercularis, Linné, 1767. *Syst. nat.*, édit. XII, p. 1147.
— *subrufa*, Pennant, 1767. *Brit. zool.*, IV, p. 100, pl. LX, f. 3.
Pecten pictus, da Costa, 1778. *Brit. conch.*, p. 144, pl. IX, fig. 1 à 5.
— *opercularis*, Chemnitz, 1784. *Conch. cab.*, VII, p. 341, pl. LXVII, fig. 646. — Forbes et Hanley, 1853. *Brit. moll.*, II, p. 299, pl. L, fig. 3; pl. LIII, fig. 7. — Sowerby, 1859. *Ill. ind.*, pl. IX, fig. 5 et 7. — Jeffreys, 1863-1869. *Brit. conch.*, II, p. 59 ; V, p. 166, pl. XXII, fig. 3. — Hidalgo, 1870. *Moll. marin.*, pl. XXXV, A, fig. 3, 4 ; pl. XXXVI, fig. 1 à 5.
Ostrea sanguinea, Poli, 1795. *Test. utr. Sic.*, II, pl. XXVIII, f. 7, 8.
— *lineata*, Pultney, 1799. *In Hutchin's Dorset.*, p. 36.
Pecten sanguineus, Costa, 1829. *Test. Sic.*, p. 50.
— *subrufus*, Turton, 1822. *Dithyra Brit.*, p. 210, pl. XVII, fig. 1.

La Manche : Dunkerque, dans le Nord (Terquem); le Boulonnais, dans le Pas-de-Calais (Bouchard); Saint-Valéry, dans la Somme (Nob.); région normande (Fischer); Dieppe, Fécamp, Trouville, le Havre, dans la Seine-Inférieure (Nob.); Cabourg, Langrune, dans le Calvados (Nob.); le littoral de la Manche (Macé), Granville (Servain), les îles Chaussey (Nob.), dans la Manche ; Cancale, dans l'Ille-et-Vilaine (Nob.); baie de Saint-Brieuc, dans les Côtes-du-Nord (Nob.) ; etc.

L'Océan : régions armoricaine et aquitanique (Fischer) ; Brest, le Poulmic, etc. (Daniel), Concarneau (de Guerne), dans le Finistère; le Morbihan (Taslé); îlot du Four, Belle-Isle, le Croisic, dans la Loire-Inférieure (Cailliaud) ; les Sables d'Olonne (Nob.), île d'Yeu (Servain), dans la Vendée; la Rochelle, Royan, l'île de Ré, l'île d'Oléron (Nob.), dans la Charente-Inférieure (Beltremieux, Fischer) ; sables à l'entrée de la Gironde, Arcachon, baie du Sud, Vieux-Soulac, dans la Gironde (Lafont, Fischer), cap Breton, dans les Landes (de Folin); Guéthary, Saint-Jean-de-Luz, dans les Basses-Pyrénées (Nob.); etc.

La Méditerranée (Petit, Weinkauff) : le Roussillon, dans les Pyrénées-Orientales (Nob.); la Franqui (Pépratx), la Nouvelle (Nob.), dans l'Aude ; Cette (Granger), Palavas (Dollfus) dans l'Hérault ; golfe d'Aigues-Mortes, dans le Gard (Clément); Fos, les Martigues (Nob.), les Goudes, Montredon, Maïré (Marion), dans les Bouches-du-Rhône; Toulon, Saint-Nazaire, Saint-Tropez, îles d'Hyères (Gay), Porquerolles, etc. (Nob.), dans le Var; Nice (Verany), dans les Alpes-Maritimes (Risso, Roux); etc.

Pecten Audouini, Payraudeau.

Pecten Audouini, Payraudeau, 1826. *Moll. Corse*, p. 77, pl. II, fig. 8-9. Forbes et Hanley, 1853. *Brit. moll.*, pl. XLI, fig. 6. — Sowerby, 1859. *Ill. ind.*, pl. IX, fig. 8.
— *opercularis (var.), pars auct.*

L'Océan : rade de Brest, dans le Finistère (Taslé, Daniel); Pornichet, dans la Loire-Inférieure (Cailliaud, Taslé); etc.

La Méditerranée : Cette (Granger), Agde (Petit), dans l'Hérault; golfe d'Aigues-Mortes, dans le Gard (Clément); Ratonneau, cap Cavaux, les Goudes, cap Pinède, Méjean, Riou, dans les Bouches-du-Rhône (Marion); Toulon, Saint-Tropez (Doublier, Petit), Porquerolles (Nob.), dans le Var; Nice (Verany), dans les Alpes-Maritimes; etc.

Pecten lineatus, da Costa.

Pecten lineatus, da Costa, 1778. *Brit. conch.*, p. 147, pl. X, fig. 8.
— *opercularis (var.), pars auct.* — Forbes et Hanley, 1853. *Brit. moll.*, pl. LI, fig. 5. — Sowerby, 1859. *Ill. ind.*, pl. IX, fig. 6. — Jeffreys, 1869. *Brit. conch.*, V, pl. XXII, f. 3, a.

La Manche : le Boulonnais, dans le Pas-de-Calais (Bouchard); baie de Cherbourg, dans la Manche (Macé); etc.

L'Océan : Brest, île Longue, le Poulmic (Daniel), dans le Finistère; Gavre, dans le Morbihan (Taslé); la Loire-Inférieure (Cailliaud, Taslé); etc.

D. — Groupe du *P. varius*.

Pecten varius, Linné.

Ostrea varia, Linné, 1767. *Syst. nat.*, édit. XII, p. 1146.
Pecten monotis, da Costa, 1778. *Brit. conch.*, p. 151, pl. X, f. 1, 2, 4, 5, 7, 9.
— *varius*, Chemnitz, 1784. *Conch. cab.*, VII, p. 331, pl. LXVI, f. 633 et 634. — Forbes et Hanley, 1853. *Brit. moll.*, II, p. 273, pl. L, fig. 1. — Sowerby, *Ill. ind.*, pl. IX, fig. 2, 3. — Jeffreys, 1863-69. *Brit. conch.*, II, p. 53; V, p. 166, pl. XXII, fig. 2. — Hidalgo, 1870. *Moll. marin.*, pl. XXXV, A, f. 3-4; pl. XXXVI, fig. 1 à 5.

La Manche : Dunkerque, dans le Nord (Terquem); le Boulonnais dans le Pas-de-Calais (Bouchard); Saint-Valéry, dans la Somme; région normande (Fischer); Dieppe, Fécamp, Trouville, le Havre, dans la

Seine-Inférieure (Nob.); Cabourg, Langrune, dans le Calvados (Nob.); le littoral de la Manche (Macé), Granville (Servain), îles Chaussey (Nob.), dans la Manche; Cancale, dans l'Ille-et-Vilaine (Nob.); baie de Saint-Brieuc, dans les Côtes-du-Nord (Nob.); etc.

L'Océan : régions armoricaine et aquitanique (Fischer); Brest, île Longue, le Poulmic (Daniel), Concarneau (de Guerne), dans le Finistère; le Morbihan (Taslé); îlot du Four, Belle-Isle, le Croisic, dans la Loire-Inférieure (Cailliaud); les Sables-d'Olonne (Nob.), île d'Yeu (Servain), dans la Vendée; la Rochelle, Royan, l'île de Ré, l'île d'Oléron, dans la Charente-Inférieure (Beltremieux, Fischer); sables à l'entrée de la Gironde, Arcachon, baie du Sud, Vieux-Soulac, dans la Gironde (Lafont, Fischer); cap Breton, dans les Landes (de Folin); Guéthary, Saint-Jean-de-Luz, dans les Basses-Pyrénées (Nob.); etc.

La Méditerranée (Petit, Weinkauff) : le Roussillon, dans les Pyrénées-Orientales (Nob.); la Franqui (Pépratx), la Nouvelle (Nob.), dans l'Aude; Cette (Granger), Palavas (Dollfus), dans l'Hérault; golfe d'Aigues-Mortes, dans le Gard (Clément); Fos, les Martigues (Nob.), les Goudes, Montredon, Maïré (Marion), dans les Bouches-du-Rhône; Toulon, Saint-Nazaire, Saint-Tropez, îles d'Hyères (Gay), Porquerolles, etc., dans le Var (Nob.); Nice (Verany), dans les Alpes-Maritimes (Risso, Roux); etc.

Pecten pusio (1), Linné.

Ostrea pusio, Linné, 1767. *Syst. nat.*, édit. XII, p. 1146.
— *multistriata*, Poli, 1795. *Test. utr. Sic.*, II, p. XXVIII, fig. 14.
Pecten pusio, Pennant, 1767. *Brit. zool.*, IV, p. 101, pl. LXI, fig. 65.
— Forbes et Hanley, 1853. *Brit. moll.*, II, p. 278, pl. L, fig. 4, 5; pl. LI, fig. 7. — Sowerby, 1859. *Ill. ind.*, pl. XX, fig. 1. — Jeffreys, 1863-69. *Brit. moll.*, II, p. 51; V, p. 166, pl. XXII, fig. 1. — Hidalgo, 1870. *Moll. marin.*, pl. XXXII, A, fig. 3 à 5.
— *distortus*, da Costa, 1778. *Brit. conch.*, p. 148, pl. X, f. 3 à 6.
Ostrea distorta, Pultney, 1790. *In Hutchin's Dorset.*, p. 36.
— *sinuosa*, Maton et Racket, 1804. *In Trans. Linn. soc.*, VIII, p. 99.
Pecten sinuosus, Turton, 1822. *Dithyra Brit.*, p. 210, pl. IX, fig. 5.
Hinites sinuosus, Deshayes, *in* de Lamarck, 1836. *Anim. s. vert.*, VII, p. 149 (note).
— *pusio*, Sowerby, 1838. *Conch. man.*, fig. 173.

(1) Melius : *Pecten pusillus*.

La Manche : région normande (Fischer) ; Dieppe, le Havre, Trouville, dans la Seine-Inférieure (Nob.) ; Cancale, dans l'Ille-et-Vilaine (Nob.) ; baie de Saint-Brieuc, dans les Côtes du-Nord (Nob.) ; etc.

L'Océan : régions armoricaine et aquitanique (Fischer) ; Brest (Daniel), Concarneau (de Guerne), dans le Finistère ; le Morbihan (Taslé) ; plateau du Four, dans la Loire-Inférieure (Cailliaud) ; île d'Yeu, dans la Vendée (Servain) ; Royan, l'île de Ré (Nob.), dans la Charente-Inférieure (Beltremieux, Fischer) ; Arcachon, pointe du Sud, Vieux-Soulac, côtes du Bas-Médoc, dans la Gironde (Fischer) ; cap Breton, dans les Landes (de Folin) ; Saint-Jean de-Luz, Guéthary, dans les Basses-Pyrénées (Nob.) ; etc.

La Méditerranée : le Roussillon, dans les Pyrénées-Orientales (Nob.) ; Palavas (Dollfus), Agde (Petit), dans l'Hérault ; golfe d'Aigues-Mortes, dans le Gard (Clément) ; Marseille (Ancey), la Joliette, Mourepiano, Saint-Henri, Roucas-Blanc, Morgillet, cap Pinède, Méjean (Marion), dans les Bouches-du-Rhône ; Toulon (Petit, Doublier), Saint-Tropez (Doublier), Saint-Nazaire, îles d'Hyères, Porquerolles (Nob.), dans le Var ; Cannes (Doublier, Dautzenberg), Nice (Verany), dans les Alpes-Maritimes (Risso, Roux) ; etc.

Pecten commutatus, de Monterosato.

Pecten gibbus (*n.* Lamarck), Philippi, 1876. *Enum. moll. Sic.*, I, p. 82.
— *Philippii* (*n.* Michelotti), Récluz, 1853. *In Journ. conch.*, IV, p. 52, pl. II, fig. 15. — Hidalgo, 1870. *Moll. marin.*, pl. XXXII, fig. 2.
— *commutatus*, de Monterosato, 1875. *Enum. e sin.*, p. 4.

La Méditerranée : le sud de la France (Récluz, Weinkauff) ; Toulon, dans le Var (Nob.) ; etc.

Pecten Bruei, Payraudeau.

Pecten Bruei, Payraudeau, 1826. *Moll. Corse*, p. 78, pl. II, fig. 10 à 14. — Hidalgo, 1870. *Moll. marin.*, pl. XXXIII, A, fig. 6.
— *leptogaster*, Brusina, 1866. *Contr. fauna Dalm.*, p. 45.

La Méditerranée : la Provence (Petit, Weinkauff) ; la Cassidagne, dans les Bouches-du-Rhône (Marion).

Pecten striatus, Müller.

Pecten striatus, Müller, 1776. *Zool. Dan. Prodr.*, p. 248. — 1788-1806. *Zool. Dan.*, pl. LX, fig. 3, 5. — Forbes et Hanley, 1853. *Brit. moll.*, II, p. 281, pl. LI, fig. 1-4 ; pl. V, fig. 2.

— Sowerby, 1859. *Ill. ind.*, pl. IX, fig. 15. — Jeffreys, 1863-69. *Brit. conch.*, II, p. 69; V, p. 167, pl. XXIII, f. 4. — Hidalgo, 1870. *Moll. marin.*, pl. XXXV, A, fig. 7.

Pallium vitreum (pars), Chemnitz, 1784. *Conch. cab.*, VII, p. 335, pl. LXVII, fig. 637.

Ostrea fuci, Gmelin, 1789. *Syst. nat.*, édit. XIII, p. 3327.

? *Pecten aculeatus*, Jeffreys. *In Conch. Malac. mag.*, I, p. 40.

— ? *Landsburgi*, Smith. *In Wermer. soc.*, VIII, p. 106, pl. II, f. 6.

— ? *fuci*, Thompson. *In Ann. nat. hist.*, XVII, p. 385.

L'Océan : région aquitanique (Fischer); cap Breton, dans les Landes (de Folin) ; etc.

La Méditerranée : au large du cap Cavaux, dans les Bouches-du-Rhône (Marion) ; etc.

E. — Groupe du *P. pes-felis* (1).

Pecten pes-felis, LINNÉ.

Ostrea pes-felis, Linné, 1769. *Syst. nat.*, édit. XII, p. 1146.

Pecten pes-felis, Chemnitz, 1784. *Conch. cab.*. VII, pl. LXIV, f. 612, 613. — Sowerby. *Thes. conch.*, I, p. 67. pl. XVII, fig. 162; pl. XV, fig. 234. — Hidalgo, 1870. *Moll. marin.*, pl. XXXIV, fig. 5, 6.

Ostrea corallina, Poli, 1795. *Test. utr. Sic.*, II, p. 28.

Pecten Borni, Payraudeau, 1826. *Moll. Corse*, p. 36.

L'Océan : région aquitanique (Fischer) ; cap Breton, dans les Landes (de Folin).

La Méditerranée (Petit, Weinkauff) : le golfe d'Aigues-Mortes, dans le Gard (Clément); Marseille (Ancey), la Joliette, cap Cavaux (Marion), dans les Bouches-du-Rhône ; Toulon, Saint-Tropez (Doublier, Gay), îles d'Hyères, Porquerolles (Nob.), dans le Var; Cannes (Doublier), dans les Alpes-Maritimes (Risso, Roux) ; etc.

Pecten pes-lutræ, LINNÉ (2).

Ostrea pes-lutræ, Linné. *Mantissa*, p. 547.

Pecten septemradiatus, Müller, 1776. *Zool. Dan., Prodr.*, p. 2992. — Jeffreys, 1863-69. *Brit. conch.*, II, p. 62; V, p. 166, pl. XXIII, fig. 1, 2.

— *triradiatus*, Müller, 1788-1806. *Zool. Dan.*, p. 25, pl. LX, fig. 1, 2.

Ostrea hybrida (pars), Gmelin, 1789. *Syst. nat.*, édit., XIII, p. 3318.

— *triradiata*, Gmelin, 1789. *Loc. cit.*, p. 3326.

— *septemradiata*, Gmelin, 1789. *Loc. cit.*, p. 3227.

(1) Melius : *felipes*.

(2) Melius : *lutripes*.

Pecten Danicus, Chemnitz, 1795. *Conch. cab.*, XI, p. 265, p. CCVII, fig. 2042. — Forbes et Hanley, 1859. *Brit. moll.*, II, p. 288, pl. LII, fig. 1, 2, 7 à 10. — Sowerby, 1859. *Ill. ind.*, pl. IX. fig. 10.

Pecten (pseudamussium) pes-lutræ, Mörch, 1871. *Syn. moll. Dan.*, p. 65.

La Manche : Dunkerque, dans le Nord (Nob.).

L'Océan : Morgat, île Laber, dans le Finistère (Daniel) ; le golfe de Gascogne (Jeffreys) ; etc.

La Méditerranée : Peyssonnel, dans les Bouches-du-Rhône (Marion) ; Toulon, dans le Var (Gay); etc.

Pecten inflexus, Poli.

Ostrea inflexa, Poli, 1795. *Test. utr. Sic.*, II, p. 160, pl. XXVIII, f. 4, 5.
Pecten adspersus, de Lamarck, 1818. *Anim. s. vert.*, VI, I, p. 167.
— *Dumasii*, Payraudeau, 1826. *Moll. Corse*, p. 75, pl. II, f. 6, 7.
— *inflexus*, Deshayes, 1832. *Exp. scient. Morée*, III, p. 117. — Hidalgo, 1870. *Moll. marin.*, XXXI, fig. 4 à 6.
— *septemradiatus (pars)*, Weinkauff, 1867. *Conch. mittelm.*, I, p. 260.

La Méditerranée (Petit) : au large de Niolan, Riou, Marsilli, dans les Bouches-du-Rhône (Marion) ; Porquerolles, Toulon, dans le Var (Nob.) ; etc.

Pecten flexuosus, Poli.

Ostrea flexuosa, Poli, 1795. *Test. utr. Sic.*, II, pl. XXVIII, fig. 1.
— *plicata*, Poli, 1795. *Loc. cit.*, II, pl. XXVIII, fig. 1-3.
Pecten flexuosus (pars), Weinkauff, 1867. *Conch. mittelm.*, I, p. 257.

? L'Océan : région armoricaine (Fischer); Pornichet, le Croisic, dans la Loire-Inférieure (Cailliaud, Fischer).

L'Océan : Cette (Granger), dans l'Hérault ; le golfe d'Aigues-Mortes, dans le Gard (Clément) ; la Joliette, Carry, Ratonneau, cap Cavaux, Montredon, Méjean, dans les Bouches-du-Rhône, Marion ; Toulon, dans le Var (Nob.) ; les Alpes-Maritimes (Risso) ; etc.

Pecten tigrinus, Müller.

Pecten tigrinus, Müller, 1776. *Zool. Dan., Prodr.*, p. 248, pl. LX, f. 6 à 8. Forbes et Hanley, 1853. *Brit. moll.*, II, p. 285, pl. LI, fig. 8 à 10. — Sowerby, 1859. *Ill. ind.*, pl. IX, fig. 11 et 12. — Jeffreys, 1863-69. *Brit. conch.*, II, p. 65 ; V, p. 167, pl. XXIII, fig. 2.
— *obsoletus*, Pennant, 1767. *Brit. zool.*, IV, p. 102, pl. LXI, f. 66.
— *lævis*, Pennant, 1767. *Loc. cit.*, IV, p. 102.

Pecten parvus, da Costa, 1778. *Brit. conch.*, p. 155.
Ostrea tigrina, Gmelin, 1789. *Syst. nat.*, édit. XIII, p. 3327.
Pecten domesticus, Chemnitz, 1795. *Conch. cab.*, XI, p. 261, pl. CCVII, fig. 2031 à 2036.
Ostrea obsoleta, Maton et Racket, 1804. *In Trans. Lin. soc.*, VIII, p. 101.
— *lævis*, Maton et Racket, 1804. *Loc. cit.*, p. 100, pl. III, fig. 5.

La Manche : région normande (Fischer) ; Cancale, dans l'Ille-et-Vilaine (Nob.) ; etc.

L'Océan : régions armoricaine et aquitanique (Fischer); Belle-Isle, dans le Morbihan (Taslé) ; ilot du Four, Basse-Kikerie, dans la Loire-Inférieure (Cailliaud, Taslé) ; le golfe de Gascogne (Fischer), au large des passes d'Arcachon, sables à l'entrée de la Gironde, en dehors du bassin d'Arcachon, dans la Gironde (Fischer, Lafont, Taslé) ; etc.

Pecten similis, Laskey.

Pecten similis, Laskey. *In Mem. Werner. soc.*, I, p. 387, pl. VIII, f. 8. — Forbes et Hanley, 1853. *Brit. moll.*, II, p. 293, pl. LII, f. 6; pl. S, fig. 1. — Sowerby, 1859. *Ill. ind.*, pl. IX, fig. 14. — Jeffreys, 1863-1869. *Brit. moll.*, II, p. 71 ; V, p. 168, pl. XXIII, fig. 5.
Ostrea tumida, Turton, 1819. *Conch. diction.*, p. 132.
Pecten tumidus, Turton, 1822. *Dithyra Brit.*, p. 212, pl. XVII, f. 3.
— *pygmæus*, Philippi, 1844. *In Zeitch. f. Malac.*, p. 103.

L'Océan : région aquitanique (Fischer) ; le golfe de Gascogne (Fischer) ; sables à l'entrée de la Gironde, au large des passes d'Arcachon, dans la Gironde (Fischer, Lafont, Taslé); le golfe de Gascogne (Jeffreys).

La Méditerranée (Petit, Weinkauff) : Maïré, dans les Bouches-du-Rhône (Marion) ; cap Sicié, dans le Var (Marion) ; etc.

Pecten hyalinus, Poli.

Ostrea hyalina, Poli, 1795. *Test. utr. Sic.*, II, pl. XXVIII, fig. 6.
Pecten virgo, de Lamarck, 1818. *Anim. s. vert.*, VI, I, p. 168.
— *pellucidus*, Payraudeau, 1826. *Moll. Corse*, p. 73.
— *succineus*, Risso, 1826. *Hist. nat. eur. mérid.*, IV, p. 297, f. 153.
— *pulcherrimus*, Risso, 1826. *Loc. cit.*, p. 298, fig. 157.
— *hyalinus*, Philippi, 1836. *Enum. moll. Sic.*, I, p. 40. — Sowerby, 1842-83. *Thes. conch.*, I, p. 58, pl. XVIII, fig. 66 67. — Hidalgo, 1870. *Moll. marin.*, pl. XXXIV, fig. 3, 4.
— *succineus*, Requien, 1848. *Cat. coq. Corse*, p. 32.

La Méditerranée (Petit, Weinkauff) : Agde, dans l'Hérault (Nob.) ; Marseille (Ancey), Corbières, Roucas-Blanc (Marion), dans les Bouches-du-Rhône ; Toulon (Petit, Gay), Saint-Tropez (Doublier, Petit), dans le

Var ; Menton (Nob.), Nice (Verany), dans les Alpes-Maritimes (Risso, Roux); etc.

F. — Groupe du *P. incomparabilis.*

Pecten incomparabilis, Risso.

Pecten vitreus (*non* Chemnitz), Risso, 1826. *Hist. nat. eur. merid.*, IV, p. 303, fig. 156.
— *incomparabilis*, Risso, 1826. *Loc. cit.*, IV, p. 302, fig. 154.
— *Testæ*, Bivona, *in* Philippi, 1836. *Enum. moll. Sic.*, I, p. 81, pl. V, fig. 17. — Jeffreys, 1863-69. *Brit. conch.*, II, p. 67; V, p. 167, pl. XXIII, fig. 3. — Hidalgo, 1870. *Moll. marin.*, pl. XXXV, A, fig. 8-10.
— *aculeatus*, Sowerby, 1842-83. *Thes. conch.*, I, p. 71, pl. XIII, f. 47.
— *furtivus*, Lovén, 1846. *Ind. moll. Scand.*, p. 185.
— *striatus (pars)*, Forbes et Hanley, 1853. *Brit. moll.*, pl. XI, f. 2.
— *furtivus*, Sowerby, 1859. *Ill. ind.*, pl. XI, fig. 16.
Palliolum incomparabilis, de Monterosato, 1884. *Nom. conch. med.*, p. ?.

L'Océan : régions armoricaine et aquitanique (Fischer); Quiberon dans le Morbihan (Taslé) ; îlot du Four, Basse-Kikerie, dans la Loire-Inférieure (Cailliaud, Taslé) ; golfe de Gascogne (Jeffreys) ; sables à l'entrée de la Gironde (Fischer); cap Breton, dans les Landes (de Folin); etc.

La Méditerranée (Petit, Weinkauff) : Mourepiano, cap Cavaux, Pomègue, Ratonneau, Méjean, Maïré, Riou, etc., dans les Bouches-du-Rhône (Marion); Toulon, Saint-Tropez, dans le Var (Doublier, Gay) ; Nice (Verany), dans les Alpes-Maritimes (Risso, Roux) ; etc.

Pecten vitreus, Chemnitz.

Pallium vitreum, Chemnitz, 1782. *Conch. cab.*, VII, p. 335, pl. LXVII, fig. 635.
Pecten vitreus, Gmelin, 1789. *Syst. nat.*, édit. XIII, p. 3328. — Jeffreys, 1869. *Brit. conch.*, V, p. 169, pl. XLVIII, fig. 6.
— *Foresti*, Martin. *Mss*, *in* Gay, 1858. *Cat. moll. Var*, p. 65.
— *Gemmellari-filii*, Biondi, 1857. *Mem.* II, p. 6, fig. 3.
Palliolum vitreum, de Monterosato, 1884. *Mon. conch. medit.*, p. 6.

L'Océan : région aquitanique (Fischer) ; cap Breton, dans les Landes (de Folin); le golfe de Gascogne (Fischer) ; etc.

La Méditerranée : Marsilli, la Cassidagne, dans les Bouches-du-Rhône (Marion) ; Toulon (Doublier, Marion), presqu'île de Gien (Nob.), dans le Var ; Nice (Verany), dans les Alpes-Maritimes (Roux) ; etc.

Pecten abyssorum, Lovén.

Pecten abyssorum, Lovén, 1878. *In* G. O. Sars. *Moll. arct. Norv.*, p. 22, pl. II, fig. 6.
— *vitreus (var. abyssorum)*, Jeffreys, 1880. *In Ann. nat. hist.*, 5e sér., t. VI, p. 315.

L'Océan : le golfe de Gascogne (Jeffreys).

Pecten Groenlandicus, Sowerby.

Pecten Groenlandicus, Sowerby, 1842-83. *Thes. conch.*, I, p. 57, pl. XIII, fig. 40.
— *Groenlandicus*, G. O. Sars, 1878. *Moll. arct. Norv.*, p. 23, pl. II, fig. 4.

L'Océan : le golfe de Gascogne (Jeffreys).

Pecten Biscayensis, Locard.

Pecten fragilis (*n.* Chemn., *n.* Mtg.), Jeffreys, 1876. *In Ann. nat. hist.*, 4e sér., t. XVIII, p. 424. — Jeffreys, 1879. *In Proceed. zool. soc.*, p. 561. pl. XLV, fig. 1.
— *Biscayensis*, Locard, 1884. *Mss.*

L'Océan : le golfe de Gascogne (Jeffreys).

G. — Groupe du *P. fenestratus*.

Pecten fenestratus, Forbes.

Pecten fenestratus, Forbes, 1843. *Rep. Æg. inv.*, p. 146, 192.
— *concentricus*, Forbes, 1843. *Loc. cit.*, p. 146, 192.
— *Philippi* (*n.* Récl.), Acton, 1855. *Ricer. conch.*, p. 8.
— *inæquisculptus*, Tiberi, 1855. *Descr. Test. Nuovi*, p. 12.
— *Actoni*, v. Martens, 1857 (*teste* de Monterosato).
Pleuronectia fenestrata, de Monterosato, 1878. *Enum. e sin.*, p. 5.
Amussium fenestratum, Jeffreys, 1880. *In Ann. nat. hist.*, 5e série, t. VI, p. 315.
Propeamussium inæquisculptus, de Monterosato, 1884. *Nom. conch. medit.*, p. 6.

L'Océan : golfe de Gascogne (Jeffreys).

La Méditerranée : Peyssonnel, Riou, la Cassidagne, Marsilli, dans les Bouches-du-Rhône (Marion); cap Sicié, dans le Var (Marion); etc.

Pecten lucidus, Jeffreys.

Pleuronectia lucida, Jeffreys. *In* Wyville-Thompson, *Depths of the Sea*, p. 464, fig. 78.
Amussium lucidum, Jeffreys, 1876. *In Ann. nat. hist.*, 4e sér., t. XVIII, p. 425.

L'Océan : le golfe de Gascogne (Jeffreys).

Pecten Hoskynsi, Forbes.

Pecten Hoskynsi, Forbes, 1844. *Rep. Æg. invert.*, p. 146, 192. — G. O. Sars, 1878. *Moll. arct. Norv.*, pl. II, fig. 1.
— *imbrifer*, Lovén, 1846. *Ind. moll. Scand.*
Amussium Hoskynsi, Jeffreys, 1879. *In Proceed. zool. soc.*, p. 562.

La Méditerranée : Peyssonnel, dans les Bouches-du-Rhône (Marion).

OSTREIDÆ

Genre SPONDYLUS, (Lister) Linné

Linné, 1758. *Syst. nat.*, édit. X, p. 690 et 1767.

Spondylus gæderopus, Linné.

Spondylus gæderopus, Linné, 1767. *Syst. nat.*, édit. XII, p. 1136. — Poli, 1795. *Test. utr. Sic.*, II, pl. XXI, fig. 20, 21. — Hidalgo, 1870. *Moll. marin.*, pl. V, fig. 1-3.

La Méditerranée (Petit, Weinkauff) : golfe d'Aigues-Mortes, dans le Gard (Clément); Marseille, dans les Bouches-du-Rhône (Ancey); Toulon, Saint-Nazaire, dans le Var (Doublier, Gay) ; Nice (Verany), dans les Alpes-Maritimes (Risso, Roux) ; etc.

Spondylus Gussoni, Costa.

Spondylus Gussonii, Costa, 1829. *Cat. sist.*, p. 42. — Philippi, 1836. *Enum. moll. Sic.*, I, p. 87, pl. V, fig. 16. — Sowerby, 1842-1883. *Thes. conch.*, I, p. 430, pl. LXXXIX, fig. 54.
— *Gussoni*, Weinkauff, 1867. *Conch. mittelm.*, I, p. 271.

L'Océan : le golfe de Gascogne (Jeffreys).

La Méditerranée : côtes de Provence (Petit) ; Marseille, dans les Bouches-du-Rhône (Marion) ; les Alpes-Maritimes (Roux) ; etc.

Genre OSTREA, (Aristote) Linné

Linné, 1858, *Syst. nat.*, édit. X, p. 696 et 1767.

A. — Groupe de l'*O. edulis*

Ostrea edulis, Linné.

Ostrea edulis, Linné, 1767. *Syst. nat.*, édit. XII, p. 1148. — Forbes et Hanley, 1853. *Brit. moll.*, II, p. 307, pl. LIV ; pl. T, f. 1. —

Sowerby, 1859. *Ill. ind.*, pl. VIII, fig. 17. — Jeffreys, 1863-1869. *Brit. conch.*, II, p. 38; V, pl. 165, pl. XXI, fig. 1.

Ostreum vulgare, da Costa, 1778. *Brit. conch.*, p. 154, pl. XI, fig. 6.

Ostrea deformis, de Lamarck, 1818. *Anim. s. vert.*, VI, I, p. 203.

— *parasitica* (*n.* Gmelin), Turton, 1819. *Conch. dict.*, p. 134, f. 81.

— *bicolor*, Daniel, 1883. *In Journ. conch.*, XXXI, p. 260.

La Manche : le Boulonnais (Bouchard) ; région normande (Fischer); Dieppe, Fécamp, le Havre, Trouville, dans la Seine-Inférieure (Nob.) ; Cabourg, Langrune, dans le Calvados (Nob.) ; le littoral de la Manche (de Gerville, Macé); Cancale (Nob.), Saint-Malo (Grube), dans l'Ille-et-Vilaine (Nob.); baie de Saint-Brieuc, dans les Côtes-du-Nord (Nob.).

L'Océan : régions armoricaine et aquitanique (Fischer) ; Saint-Jean, Sainte-Anne, rivière de Landevennec, Lauberlach, Daoular (Daniel), Concarneau (de Guerne), dans le Finistère ; le Morbihan (Taslé); île Dumet, les Baguenauds, les Evains, Pouliguen, etc., dans la Loire-Inférieure (Cailliaud) ; île d'Yeu, dans la Vendée (Servain) ; Royan, la Rochelle, l'île de Ré, etc. (Nob.), dans la Charente-Inférieure (Fischer, Beltremieux) ; embouchure de la Gironde, bassin d'Arcachon, etc., dans la Gironde (Lafont, Fischer) ; cap Breton, dans les Landes (de Folin); Biarritz, dans les Basses-Pyrénées (Fischer) ; etc.

La Méditerranée (Petit, Weinkauff) : côtes du Roussillon, dans les Pyrénées-Orientales (Nob.); Cette (Granger), Palavas (Dollfus), dans l'Hérault ; Toulon, Saint-Nazaire, Bandols, Saint-Tropez, dans le Var (Gay); Cannes, Antibes (Gay) ; Nice, dans les Alpes-Maritimes (Risso) ; etc.

Ostrea hippopus, DE LAMARCK.

Ostrea hippopus, de Lamarck, 1818. *Anim. s. vert.*, VI, I, p. 203.

— *edulis (var.), pars auct.*

La Manche : Dunkerque, dans le Nord (Terquem) ; le Boulonnais, dans le Pas de-Calais (Bouchard) ; la Manche (Petit) ; etc.

L'Océan : Saint-Marc, Saint-Jean, rivière de Landevennec, Sainte-Anne, dans le Finistère (Daniel) ; le Morbihan (Taslé); Piriac, dans la Loire-Inférieure (Cailliaud) ; la Charente-Inférieure (Beltremieux) ; etc.

La Méditerranée : le Roussillon, dans les Pyrénées-Orientales (Nob.); la Franqui, dans l'Aude (Pépratx); Cette, dans l'Hérault (Granger); etc.

Ostrea obesa, SOWERBY.

Ostrea obesa, Sowerby. *In* Reeve, 1871. *Conch. icon.*, pl. XXXIII, f. 84.

La Méditerranée : Cannes, dans les Alpes-Maritimes (de Monterosato).

Ostrea lamellosa, Brocchi.

Ostrea lamellosa, Brocchi, 1814. *Conch. foss. sub.*, II, p. 564.
— *Cyrnusii*, Payraudeau, 1826. *Moll. Corse*, p. 79, pl. III, f. 1,2.

La Méditerranée : golfe d'Aigues-Mortes, dans le Gard (Clément); Toulon, dans le Var (Nob.); Nice (Verany), dans les Alpes-Maritimes (Roux); etc.

Ostrea cristata, Born.

Ostrea cristata, Born, 1780. *Test. Mus. Cæs. Vind.*, p. 112, pl. VII, fig. 3. — Poli, 1795. *Test. utr. Sic.*, II, pl. XXVIII, f. 25-27.

La Méditerranée (Petit, Weinkauff) : côtes de Provence (Petit); Agde, dans l'Hérault (Petit); le golfe d'Aigues-Mortes, dans le Gard (Clément); les Alpes-Maritimes (Risso, Roux); etc.

Ostrea Adriatica, de Lamarck.

Ostrea Adriatica, de Lamarck, 1818. *Anim. s. vert.*, VI, I, p. 204. — Kuster. *Conch. cab.*, 2e édit., VII, pl. XIII, fig. 3.
— *edulis (var. Venetiana)*, Issel, 1882. *Ostr.e Mitil. Genova*, p. 25.
— *edulis (var. Adriatica)*, Gregorio, 1885. *Stud. conch. medit.*, p. 198.

La Méditerranée : les Alpes-Maritimes (Risso).

B. — Groupe de l'*O. Stentina*.

Ostrea Stentina, Payraudeau.

Ostrea Stentina, Payraudeau, 1826. *Moll. Corse*, p. 81, pl. III, fig. 3.
— *curvata*, Risso, 1826. *Hist. nat. eur. mérid.*, IV, p. 228, f. 155.
— *plicatula*, Philippi, 1836. *Enum. moll. Sic.*, I, p. 89.
— *pauciplicata*, Deshayes, 1832. *Exp. scient. Morée*, p. 126, pl. XVIII, fig. 56.
— *plicata*, Weinkauff, 1866. *Conch. mittelm.*, I, p. 276.
— *cristata*, Hidalgo, 1870. *Moll. marin.*, pl. LXXIX, fig. 1, 2.
— *obesa*, Reeve, 1871. *Icon. conch.*, fig. 84.
— *edulis (var. mimetica)*, de Gregorio, 1884. *In Boll. malac. Ital.*, p. 39.
— *edulis (var. Stentina)*, Gregorio, 1885. *Stud. conch. medit.*, p. 37.

La Méditerranée (Petit, Weinkauff) : le golfe d'Aigues-Mortes, dans le Gard (Clément) ; Marseille (Ancey), fort Saint-Jean, la Joliette (Marion), dans les Bouches-du-Rhône; Saint-Tropez, Porquerolles, dans le Var (Nob.); Nice (Verany), dans les Alpes-Maritimes (Risso, Roux); etc.

C. — Groupe de l'*O. cochlearis*.

Ostrea cochlearis, Poli.

Ostrea cochlear, Poli, 1795. *Test. utr. Sic.*, II, p. XXVIII, fig. 28.
Gryphæa cochlear, de Monterosato, 1884. *Nom. conch. medit.*, p. 5.
Ostrea cochlearis, Locard, 1885. *Mss.*

L'Océan : région aquitanique (Fischer) ; la Gironde, au large des côtes (Fischer, Taslé) ; cap Breton, dans les Landes (de Folin) ; etc.

La Méditerranée (Petit, Weinkauff) : Cette, dans l'Hérault (Granger) ; le golfe d'Aigues-Mortes, dans le Gard (Clement) ; Toulon, dans le Var (Gay) ; les Alpes-Maritimes (Risso) ; etc.

Ostrea angulata, de Lamarck.

Ostrea angulata, de Lamarck, 1818. *Anim. s. vert.* VI, I, p. 428. — Hidalgo, 1870. *Moll. marin.*, pl. LXXVI, f. 1-4 ; pl. LXXVIII, p. 3.
Gryphæa angulata, Daniel, 1883. *In Journ. conch.*, XXXI, p. 263.

L'Océan : Brest, dans le Finistère (Daniel) ; Arcachon, dans la Gironde (Lafont) ; etc.

Ostrea Leonica, Freminville.

Ostrea Leonica, Fréminville. *In* Taslé, 1870. *Faune Ouest France*, p. 70.

L'Océan : les côtes du Finistère (Taslé, Daniel).

Genre ANOMIA, Linné

Linné, 1767. *Syst nat.*, édit. XII, p. 1150.

A. — Groupe de l'*A. ephippia*.

Anomia ephippia, Linné.

Anomia ephippium, Linné, 1767. *Syst. nat.*, édit. XII, p. 1150. — Forbes et Hanley, 1853. *Brit. moll.*, II, p. 325, pl. LV, fig. 5. — Sowerby, 1859. *Ill. ind.*, pl. VIII, fig. 18. — Jeffreys, 1863-1869. *Brit. conch.*, II, p. 30, V, p. 165, pl. XX, fig. 1.
— *punctata*, Chemnitz, 1785. *Conch. cab.*, VIII, p. 88, pl. LXXVII, fig. 698.
— *flexuosa*, Gmelin, 1789. *Syst. nat.*, édit. XIII, p. 3749.
— *rugosa*, Gmelin, 1789. *Loc. cit.*, p. 3349.
— *cylindrica*, Gmelin, 1789. *Loc. cit.*, p. 3349.
— *margaritacea*, Poli, 1795. *Test. utr. Sic.*, II, pl. XXX, fig. 11.
— *cymbiformis*, Maton et Racket, 1804. *In Trans. Linn. soc.*, VIII, p. 104, pl. III, fig. 6.
— *patellaris*, de Lamarck, 1818. *Anim. s. vert.*, VI, I, p. 227.
— *pyriformis*, de Lamarck, 1818. *Loc. cit.*, VI, I, p. 227.

Anomia fornicata, de Lamarck, 1818. *Loc. cit.*, VI, I, p. 227.
— *tubularis*, Turton, 1819. *Dithyra Brit.*, p. 234.
— *coronata*, Beau, 1841. *In. Mag. nat. hist.*, VIII, p. 564, fig. 52.
— *polymorpha*, Philippi, 1846. *Enum. moll. Sic.*, II, p. 65.
— *scabrella*, Philippi, 1844. *Loc. cit.*, II, p. 65, pl. XVIII, fig. 1.
— *adhærens*, Clément, 1875. *Cat. moll. Gard*, p. 22.

La Manche : Dunkerque, dans le Nord (Terquem) ; le Boulonnais (Bouchard), Berck, Wimereux, dans le Pas-de-Calais ; Saint-Valery, dans la Somme (Nob.) ; région normande (Fischer); Dieppe, Fécamp, le Havre, Trouville, dans la Seine-Inférieure (Nob.) ; Cabourg, Langrune, dans le Calvados (Nob.) ; littoral de la Manche, Saint-Waast (Macé), îles Chaussey (Nob.), dans la Manche ; Saint-Malo (Grube), Cancale (Nob.), dans l'Ille-et-Vilaine ; baie de Saint-Brieuc, dans les Côtes-du-Nord (Nob.) ; etc.

L'Océan : régions armoricaine et aquitanique (Fischer) ; Brest, Quimper (Daniel), Douarnenez (Nob.), dans le Finistère ; le Morbihan (Taslé) ; Bourgneuf, etc., dans la Loire-Inférieure (Cailliaud) ; les Sables d'Olonne (Nob.), île d'Yeu (Servain), dans la Vendée ; la Rochelle, Royan, l'île de Ré, l'île d'Oléron (Nob.), dans la Charente-Inférieure (Beltremieux); sables à l'entrée de la Gironde, bassin d'Arcachon, Vieux-Soulac, etc., dans la Gironde (Lafont, Fischer) ; cap Breton, dans les Landes (de Folin) ; Guéthary, Saint-Jean-de-Luz, dans les Basses-Pyrénées (Nob.); etc.

La Méditerranée (Petit, Weinkauff) : le Roussillon, dans les Pyrénées-Orientales (Nob.) ; la Nouvelle, dans l'Aude (Nob.) ; Cette (Granger), Palavas (Dollfus), dans l'Aude ; le golfe d'Aigues-Mortes, dans le Gard (Clement) ; Fos, les Martigues (Nob.), Marseille (Ancey), la Joliette, Pomègue, Morgillet, Montredon, Ratonneau, les Goudes, Riou (Marion), dans les Bouches-du-Rhône ; Saint-Tropez (Doublier), cap Sicié, la Seyne, Saint-Nazaire, Porquerolles, etc. (Nob.), dans le Var ; Cannes (Dautzenberg), Menton (Nob.), Nice (Verany), dans les Alpes-Maritimes (Risso, Roux) ; etc.

Anomia electrica, Linné.

Anomia electrica, Linné, 1767. *Syst. nat.*, édit. XII, p. 1150.
— *ephippium (var.), pars auct.* — Forbes et Hanley, 1853. *Brit. moll.*, pl. LV, fig. 7.

La Manche : le Boulonnais, dans le Pas-de-Calais (Bouchard) ; Dieppe, Trouville, le Havre, dans la Seine-Inférieure (Nob.) ; la Manche (Petit) ; Cancale, dans l'Ille-et-Vilaine (Nob.) ; etc.

L'Océan : Brest, dans le Finistère (Daniel); la Loire-Inférieure (Nob.); la Rochelle, Royan, île de Ré, dans la Charente-Inférieure (Nob.); Arcachon, dans la Gironde (Nob.) ; etc.

La Méditerranée : le Roussillon, dans les Pyrénées-Orientales (Nob.); Cette, dans l'Hérault (Granger); le golfe d'Aigues-Mortes, dans le Gard (Clément); les environs de Marseille, dans les Bouches-du-Rhône (Nob.); Toulon (Doublier), Saint-Nazaire (Nob.), dans le Var; Nice (Verany), dans les Alpes-Maritimes (Roux); etc.

Anomia cepa, Linné (1).

Anomia cepa, Linné, 1767. *Syst. nat.*, édit. XII, p. 1151. — Poli, 1795. *Test. utr. Sic.*, II, p. 182, pl. XXX, fig. 8.
— *squamula*, Linné, 1767. *Syst. nat.*, édit. XII, p. 1150.
— *polymorpha (var.)*, Philippi, 1836. *Enum. moll. Sic.*, I, p. 92.
— *ephippium (var.)*, Forbes et Hanley, 1853. *Brit. moll.*, pl. LV, f. 2.

L'Océan : le Boulonnais, dans le Pas-de-Calais (Bouchard); Dieppe, le Havre, dans la Seine-Inférieure (Nob.) ; le littoral de la Manche, Saint-Waast (Macé), îles Chaussey (Nob.), dans la Manche; Cancale, dans l'Ille-et-Vilaine (Nob.) ; etc.

L'Océan : Brest, dans le Finistère (Daniel) ; plateau du Four et de la Bauche, dans la Loire-Inférieure (Cailliaud); la Rochelle, l'île de Ré (Nob.), dans la Charente-Inférieure (Beltremieux); etc.

La Méditerranée : Cette, dans l'Hérault (Granger) ; golfe d'Aigues-Mortes, dans le Gard (Clément); Marseille, dans les Bouches-du-Rhône (Marion); Toulon (Doublier), Porquerolles (Nob.), dans le Var ; Nice (Verany), dans les Alpes-Maritimes (Roux) ; etc.

B. — Groupe de l'*A. patelliformis*.

Anomia patelliformis, Linné.

Anomia patelliformis, Linné, 1767. *Syst. nat.*, édit. XII, p. 1151.
— *pectiniformis*, Poli, 1791. *Test. utr. Sic.*, II, p. 187, pl. XXX, fig. 13. — Forbes et Hanley, 1853. *Brit. moll.*, II, p. 334, pl. LVI, fig. 5-6. — Sowerby, 1859. *Ill. ind.*, pl. VIII, f. 21. — Jeffreys, 1863-69. *Brit. conch.*, II, p. 34; V, p. 165, pl. XX, fig. 2.
Ostreum striatum, da Costa, 1778. *Brit. conch.*, p. 162, pl. XI, fig. 4.
Anomia undulata, Gmelin, 1789. *Syst. nat.*, édit XIII, p. 3346.
Ostrea striata, Pultney, 1799. *In Hutchin's Dorset.*, p. 36.

(1) Melius : *cepiformis*.

Anomia striata, Scacchi, 1836. *Cat. Reg. Neap.*, p. 3.
Monia patelliformis, de Monterosato, 1884. *Nom. conch. medit.*, p. 3.

La Manche : région normande (Fischer); Dieppe, dans la Seine-Inférieure (Nob.); littoral de la Manche, Saint-Waast (Macé), îles Chaussey (Nob.), dans la Manche (de Gerville) ; etc.

L'Océan : régions armoricaine et aquitanique (Fischer); rade de Brest, dans le Finistère (Taslé) ; plateau du Four, Basse-Kikerie, dans la Loire-Inférieure (Cailliaud, Taslé) ; Arcachon, Banc-Blanc, dans la Gironde (Lafont, Fischer, Taslé) ; cap Breton, dans les Landes (de Folin).

La Méditerranée (Petit, Weinkauff) : Cette, dans l'Hérault (Granger); fort Saint-Jean, la Joliette, Montredon, Ratonneau, près Marseille, dans les Bouches-du-Rhône (Marion) ; les Alpes-Maritimes (Risso); etc.

Anomia margaritacea, Poli.

Anomia margaritacea, Poli, 1795. *Test. utr. Sic.*, II, p. 186, pl. XXX, fig. 11.
Monia margaritacea, de Monterosato, 1884. *Nom. conch. medit.*, p. 3

La Méditerranée : les Alpes-Maritimes (Risso).

Anomia aculeata, Müller.

Anomia aculeata, Müller, 1776. *Zool. Dan. Prodr.*, p. 249. — Philippi, 1844. *Enum. moll. Sic.*, II, p. 214, pl. XXVIII, fig. 1. — Forbes et Hanley, 1853. *Brit. moll.*, II, p. 332, pl. LV, f. 4. — Sowerby, 1859. *Ill. ind.*, pl. VIII, fig. 20.
— *striolata (var.)*, Turton, 1822. *Dithyra Brit.*, p. 233.
— *ephippium (var.)*, Jeffreys, 1869. *Brit. moll.*, V, pl. XX, fig 1, c.
Monia aculeata, de Monterosato, 1884. *Nom. conch. medit*, p. 3.

La Manche : Dunkerque, dans le Nord (Nob.); région normande (Fischer) ; littoral de la Manche, Saint-Waast (Macé), Cherbourg (Petit), îles Chaussey (Nob.), dans la Manche; Cancale, dans l'Ille-et-Vilaine (Nob.); etc.

L'Océan : régions armoricaine et aquitanique (Fischer) ; Brest, dans le Finistère (Taslé, Daniel); rivière de la Trinité, dans le Morbihan (Taslé); Piriac, Pointe Castelli, dans la Loire-Inférieure (Cailliaud, Taslé); au large des passes d'Arcachon, dans la Gironde (Lafont, Fischer, Taslé) ; etc.

BRACHIOPODA

TEREBRATULIDÆ

Genre TEREBRATULA (Lhwyd), O. F. Müller

O. F. Müller, 1776. *Zool. Dan. prod.*, p. XXXI.

Terebratula vitrea, Born.

Anomia vitrea, Born, 1780. *Test. Mus. Cæs. Vind.*, *Vign.*, p. 116. — Chemnitz, 1784. *Conch. cab.*, VIII, pl. LXXVIII, f. 707 et 708.
Terebratula vitrea, de Lamarck, 1819. *Anim. s. vert.*, VI, I, p. 245. — Philippi, 1836. *Enum. moll. Sic.*, I, p. 95, pl. VI, f. 6-8. — Sowerby, 1842-83. *Thes. conch.*, I, p. 353, pl. LXX, fig. 56-59. — Hidalgo, 1870. *Moll. marin.*, pl. XIV, f. 1-3.

La Méditerranée (Petit, Weinkauff) : Peyssonnel, la Cassidagne, Marcilli, dans les Bouches-du-Rhône (Marion); Saint-Nazaire (Gay), Toulon (Doublier, Gay), dans le Var; Nice (Verany), dans les Alpes-Maritimes (Risso, Roux) ; etc.

Terebratula subquadrata, Jeffreys.

Terebratula subquadrata, Jeffreys, 1878. *In Proc. Zool. soc.*, p. 402, pl. XXII, fig. 4.

L'Océan : le golfe de Gascogne (Jeffreys).

Terebratula septata, Philippi.

Terebratula septata, Philippi, 1844. *Enum. moll. Sic.*, II, p. 68, pl. XVIII, fig. 7. — Jeffreys, 1878. *In Proceed. zool. soc.*, p. 407, pl. XXIII, fig. 1.
Terebratella septata, Marion, 1882. *Consid. faunes profondes médit.*, p. 31.

La Méditerranée : Peyssonnel, dans les Bouches-du-Rhône (Marion).

Genre TEREBRATULINA, d'Orbigny

D'Orbigny, 1847. *In Comptes rendus acad. sc.*, XXV, p. 268.

Terebratulina caput-serpentis (1), Linné.

Anomia caput-serpentis, Linné, 1767. *Syst. nat.*, édit. XII, p. 1153.
— *retusa*, Linné, 1767. *Loc. cit.*, p. 1151.
— *pubescens*, Linné, 1767. *Loc. cit.*, p. 1153.
Terebratula pubescens, Müller, 1767. *Zool. Dan. Prodr.*, p. 449.
— *caput-serpentis*, de Lamarck, 1819. *Anim. s. vert.*, VI, I, p. 247. — Forbes et Hanley, 1853. *Brit. moll.*, II, p. 353, pl. LVI, fig. 1-4. — Sowerby, 1859. *Ill. ind.*, pl. IX, fig. 20. — Jeffreys, 1863-69. *Brit. conch.*, II, p. 14; V, p. 163-164, pl. XX, fig. 2.
— *costata*, Lowe, 1825. *In Zool. Journ.*, II, p. 105, pl. V, f. 8-9.
— *aurita*, Fleming, 1843. *in Philos. zool.*, II, p. 498, pl. IV, f. 5.
Terebratulina caput-serpentis, d'Orbigny, 1860. *Paléont. franç.*, *Terr. crét.*, IV, p. 58. — Hidalgo, 1870. *Moll. marin.*, pl. XIV, f. 7-9.

L'Océan : régions armoricaine et aquitanique (Fischer); Ouessant, Quimper (Collard, Taslé, Daniel), Concarneau (Fischer), dans le Finistère); Groix, Belle-Isle, dans le Morbihan (Taslé); cap Breton, dans les Landes (de Folin, Fischer); etc.

La Méditerranée (Petit, Weinkauff) : Peyssonnel, la Cassidagne, Marsilli, dans les Bouches-du-Rhône (Marion); Saint-Nazaire, Bandols (Gay), Toulon (Doublier), dans le Var; Nice (Verany), dans les Alpes-Maritimes (Roux); etc.

Genre WALDHEIMIA, King

King, 1850. *Permian fossils.*

Waldheimia cranium (2), Müller.

Terebratula cranium, Müller, 1776. *Zool. Dan. Prodr.*, p. 249. —

(1) Melius : *ophiocephala.*
(2) Melius : *cranioides.*

Forbes et Hanley, 1853. *Brit. moll.*, II, p. 357, pl. LVII, fig. 11. — Sowerby, 1859. *Ill. ind.*, pl. IX, fig. 18. — Jeffreys, 1863-69. *Brit. conch.*, II, p. 11 ; V, p. 163, 164, pl. XIX, fig. 1.

Anomia cranium, Gmelin, 1789. *Syst. nat.*, p. 3347.

Terebratula vitrea (*n.* Born), Fleming, 1827. *In Edinb. encycl.*, VII, p. 96, pl. CCVI, fig. 2.

Waldheimia cranium, Reeve, 1860. *Conch. icon.*, pl. III, fig. 6.

— *euthyra*, Seguenza, 1865. *Paleont. malac.*, *Brach.*, p. 46, pl. V, fig. 6-14.

L'Océan : région aquitanique (Fischer); cap Breton, dans les Landes (de Folin); Hendaye, dans les Basses-Pyrénées (Fischer) ; etc.

Genre MEGERLEIA, King

King, *in* Davidson, 1842. *In Ann. nat. hist.*, IX, p. 369 *(Megerlia)*.

Mergerleia truncata, Linné.

Anomia truncata, Linné, 1767. *Syst. nat.*, édit. XII, p. 1152.

Terebratula truncata, de Lamarck, 1819. *Anim. s. vert.*, VI, I, p. 247. — Philippi, 1836. *Enum. moll. Sic.*, I, p. 95, pl. VI, f. 12.

— *irregularis*, de Blainville, 1824. *Dict. sc. nat.*, LIII, p. 140.

— *monstrosa*, Scacchi, 1836. *Cat. Reg. Neap.*, p. 8.

Productus truncatus, Potiez et Michaud, 1844. *Gal. moll. Douai*, II, p. 28, pl. XLI, fig. 3-5.

Argiope truncata, Forbes, 1844. *Rep. Æg. invert.*, p. 141.

Orthis truncata, Philippi, 1844. *Enum. moll. Sic.*, II, p. 69.

Megerlia truncata, King, *In* Davidson, 1842. *In Ann. mag. nat. hist.*, IX, p. 369. — Hidalgo, 1870. *Moll. marin.*, pl. XIV, fig. 4-6.

Megerleia truncata, Locard, 1865. *Mss.*

L'Océan : régions armoricaine et aquitanique (Fischer); Ouessant, île Tudy près Quimper, dans le Finistère (Taslé, Daniel) ; au large de Gavre, dans le Morbihan (Taslé) ; île Noirmoutiers, dans la Vendée (Petit, Taslé, Fischer) ; cap Breton, dans les Landes (Petit, Taslé, Fischer); embouchure de l'Adour, dans les Basses-Pyrénées (de Folin).

La Méditerranée (Petit, Weinkauff) : le Roussillon, dans les Pyrénées-Orientales (Nob.); Marseille, la Cassidagne, Peyssonnel, dans les Bouches-du-Rhône (Marion) ; Toulon (Doublier, Gay), Saint-Nazaire (Gay), Porquerolles (Nob.), dans le Var ; Nice (Verany), dans les Alpes-Maritimes (Risso, Roux); etc.

Genre PLATIDIA, da Costa

Da Costa, 1852. *Fauna Regn. Neap.*

A. — Groupe du *P. Davidsoni.*

Platidia Davidsoni, E. Deslongchamps.

Morrisia Davidsoni, E. Deslongchamps, 1855. *In Ann. mag. nat. hist.*, pl. X, fig. 20. — Reeve, 1860. *Conch. icon.*, pl. X, fig. 2.
Platidia Davidsoni, Fischer, 1872. *In Journ. conch.*, XX, p. 160, pl. VI, fig. 3-9.

L'Océan : région aquitanique (Fischer); cap Breton, dans les Landes (de Folin, Fischer).

B. — Groupe du *P. anomioides.*

Platidia anomioides, Scacchi.

Terebratula anomioides, Scacchi, 1836. *Cat. Reg. Neap.*, p. 8.
Argiope appressa, Forbes, 1843. *Rep. Æg. invert.*, p. 141.
Orthis anomioides, Philippi, 1844. *Enum. moll. Sic.*, II, p. 69, pl. XVIII, fig. 9.
Morrisia anomioides, Chenu, 1859. *Man. conch.*, II, p. 1208, f. 1064-66.

L'Océan : golfe de Gascogne (Jeffreys).

La Méditerranée : la Cassidagne dans les Bouches-du-Rhône (Marion); Toulon, dans le Var (Nob.) ; etc.

Genre MEGATHYRIS, d'Orbigny

D'Orbigny, 1847. *In Paléont. franç.*, *Terr. crét.* (1860), IV, p. 146.

A. — Groupe de *M. decollata.*

Megathyris decollata, Chemnitz.

Anomia decollata, Chemnitz, 1784. *Conch. cab.*, VIII, p. 96, pl. XCVI, f. 705.
Terebratula aperta, de Blainville, 1824. *Dict. sc. nat.*, t. L, fig. 144.
— *cardita*, Risso, 1826. *Hist. nat. eur. mer.*, IV, p. 389, f. 180.
— *urna-antiqua*, Risso, 1826. *Loc. cit.*, IV, p. 388, fig. 177.
— *dimidiata*, O. G. Costa, 1851. *Faun. reg. Nap.*, *Brach.*
— *pectiniformis*, O. G. Costa, 1851. *Faun. reg. Nap.*, *Brach.*
— *detruncata*, Philippi, 1836. *En. moll. Sic.*, I, p. 96, pl. VI, f. 14.
— *decollata*, Deshayes, 1836. *In* Lamarck. *An. s. vert.*, VII, p. 350.
Argiope detruncata, Forbes, 1844. *Rep. Æg. invert.*, p. 141.
Orthis detruncata, Philippi, 1844. *Enum. moll. Sic.*, II, p. 69.

Argiope decollata, Sowerby, 1859. *Ill. ind.*, pl. IX, fig. 22. — Jeffreys, 1863-69. *Brit. conch.*, II, p. 18; V, p. 164, pl. XIX, f. 4. — Hidalgo, 1870. *Moll. marin.*, pl. LV, fig. 1.

Megathyris decollata, de Monterosato, 1884. *Nom. conch. med.*, p. 1.

L'Océan : régions armoricaine et aquitanique (Fischer); cap Breton, dans les Landes (de Folin) ; etc.

La Méditerranée : côtes de Provence (Petit) ; Morgillet, la Cassidagne dans les Bouches-du-Rhône (Marion); Nice (Verany), dans les Alpes-Maritimes (Risso, Roux) ; etc.

B. — Groupe du *M. cistellula*.

Megathyris cistellula, S. Wood.

Terebratula cistellula, S. Wood, 1840. *In Ann. nat. hist.*, VI, p. 253.

Megathyris cistellula, Forbes et Hanley, 1853. *Brit. moll.*, II, p. 361, pl. LVII, fig. 9.

Argiope cistellula, Sowerby, 1859. *Ill. ind.*, pl. IX, fig. 21. — Jeffreys, 1863-69. *Brit. conch.*, II, p. 19; V, p. 264, pl. XI, f. 4.

La Manche : région normande (Fischer); Etretat dans la Seine-Inférieure (Jeffreys, Fischer); la Manche (Macé) ; etc.

L'Océan : régions armoricaine et aquitanique (Fischer); cap Breton, dans les Landes (de Folin, Fischer) ; etc.

Megathyris capsulata, Jeffreys.

Terebratula capsula, Jeffreys, 1858. *In Ann. nat. hist.*, 3e sér., III, p. 125, pl. V, fig. 4. — *Loc. cit.*, III, pl. II, fig. 7-8.

Argiope capsula, Jeffreys, 1863-69. *Brit. conch.*, II, p. 21; V, p. 164, pl. XIX, fig. 5.

Gwynia capsula, Fischer, 1878. *In Act. Soc. Lin. Bord.*, XXXII, p. 174.

Megathyris capsulata, Locard, 1885. *Mss.*

La Manche : région normande (Fischer) ; Etretat, dans la Seine-Inférieure (Jeffreys, Fischer) ; la Manche (Macé) ; etc.

L'Océan : région armoricaine (Fischer).

Genre CISTELLA, Gray

Gray, 1853. *Catal. Brach. Brit. Mus.*

Cistella cordata, Risso.

Terebratula cordata, Risso, 1826. *Hist. nat. eur. mer.*, IV, p. 389.

— *Neapolitana*, Scacchi, 1833. *Osserv. zool.*, II, p. 18.

Orthis bifida, O. G. Costa, 1851. *Faun. Nap., Brach.*, p. 39, pl. I, f. 3; pl. III, fig. 2.
Argiope Forbesi, Davidson. *Teste*, de Monterosato.
— *Neapolitana*, Weinkauff, 1867. *Conch. mittelm.*, I, p. 290.
Cistella Neapolitana, de Monterosato, 1878. *Enum. e sin.*, p. 3.
— *Cordata*, de Monterosato, 1884. *Nom. conch. med.*, p. 2.

La Méditerranée : côtes de Provence (Petit); la Cassidagne, dans les Bouches-du-Rhône (Marion); les Alpes-Maritimes (Risso, Roux); etc.

Cistella cuneata, Risso.

Terebratula cuneata, Risso, 1826. *Hist. nat. eur. mer.*, IV, p. 388, fig. 179. — Philippi, 1876. *Enum. moll. Sic.*, I, p. 96, pl. VI, fig. 13.
— *soldania*, Risso, 1826. *Loc. cit.*, p. 388, fig. 178.
Anomia pera, von Mühlfeld, 1829. *In Verh. Berl. Ges.*, I, p. 205.
Terebratula detruncata, Scacchi, 1836. *Cat. reg. Neap.*, p. 6.
Argiope cuneata, Forbes, 1844. *Rep. Æg. inv.*, p. 141.
Terebratula scobinata, Cantraine, 1835. *In Bull. Acad. Brux.*, p. 400.
Orthis pera, Philippi, 1844. *Enum. moll. Sic.*, II, p. 69.
Argiope pera, Brusina, 1866. *Contr. fauna Dalm.*, p. 47.
Cistella cuneata, de Monterosato, 1878. *Enum. e sin.*, p. 3.

La Méditerranée : les Alpes-Maritimes (Risso, Roux).

Genre THECIDIUM, G. B. Sowerby

G. B. Sowerby, 1824. *Gen. shells*, fasc. 20.

Thecidium mediterraneum, Risso.

Thecidea mediterranea, Risso, 1826. *Hist. nat. eur. merid.*, IV, p. 384, fig. 182. — Philippi, 1836. *Enum. moll. Sic.*, I, p. 99, pl. V, fig. 17. — Sowerby, 1842-83. *Thes. conch.*, I, p. 371, pl. LXXIII, fig. 30-32.
— *spondylea*, Scacchi, 1836. *Cat. reg. Neap.*, p. 8, fig. 7-10.
Thecidium mediterraneum, de Monterosato, 1872. *Not. conch. medit.*, p. 16.

L'Océan : cap Breton, dans les Landes (de Folin).

La Méditerranée (Petit, Weinkauff) : la Provence (Petit) ; Toulon, dans le Var (Petit, Doublier, Gay) ; Nice (Verany), dans les Alpes-Maritimes (Risso, Roux) ; etc.

CRANIIDÆ

Genre CRANIA, Retzius

Retzius, 1781. *In Schrift. Ges. nat. Berlin*, II, p. 66.

Crania turbinata, Poli.

Anomia turbinata, Poli, 1795. *Test. utr. Sic.*, II, p. 189, pl. XXX, f. 15.
Crania ringens, Hoeninghaus, 1828. *Monogr. Crania*, p. 3, pl. II, a, b.
— Sowerby, 1842-83. *Thes. conch.*, I, p. 367, pl. LXXII, f. 10, 11.
— *personata*, de Blainville, 1811. *Dict. hist. nat.*, V, fig. 2.
Orbicula turbinata, Risso, 1826. *Hist. nat. eur. merid.*, IV, p. 394, f. 181
Crania Norvegica (pars), Potiez et Michaud, 1844. *Gal. Douai*, II, p. 31, pl. XLIII. fig. 1, 2.
— *turbinata*, Weinkauff, 1867. *Conch. mittelm.*, I, p. 291.

La Méditerranée (Petit, Weinkauff) : Cette, dans l'Hérault (Granger); côtes de Provence (Petit); Toulon (Petit, Gay), Saint-Nazaire (Gay), dans le Var; les Alpes-Maritimes (Risso); etc.

Crania anomala, Müller.

Patella anomala, Müller, 1767. *Zool. Dan.*, pl. VI.
— *distorta*, Montagu, 1817. *In Trans. Lin. soc*, XI, p. 195, pl. XIII, fig. 5.
— *turbinata*, Dillwyn, 1827. *Recent shells*, I, p. 286.
Discina ostreoides, Turton, 1822. *Dithyra Brit.*, p. 237.
Crania personata, Sowerby, 1814. *In Trans. Lin. soc.*, XIII, p. 471, pl. XXVI, fig. 1.
Criopus anomala, Fleming, 1846. *In Philos. zool.*, II, p. 499.
Orbicula Norvegica, Forbes et Hanley, 1853. *Brit. moll.*, II, pl. LVI, fig. 7, 8; pl. O, fig. 2.
Crania Norvegica, Sowerby, 1842-1883. *Thes. conch.*, I, p. 368, pl. LXXIII, fig. 15-17.
— *anomala*, Lovén, 1846. *Ind. moll. Scand.*, p. 29. — Forbes et Hanley, 1853. *Brit. moll.*, II, p. 366. — Sowerby, 1859. *Ill. ind.*, pl. IX, fig. 24. — Jeffreys, 1863-69. *Brit. conch.*, II, p. 24; V, p. 165, pl. XIX, fig. 6.

L'Océan : région aquitanique (Fischer) ; cap Breton, dans les Landes (de Folin, Fischer); etc.

NOTES

Genre **Hallia** (p. 3)

Le nom de *Hallia*, proposé par Valenciennes, faisant confusion avec le nom de *Halia* donné antérieurement par Risso à un mollusque Gastropode (1), M. de Rochebrune vient, dans un récent travail (2), de lui substituer le nom de *Hoylea*. On devra donc écrire *Hoylea sepioidea* au lieu de *Hallia sepioidea*.

Opistobranchiata (p. 25) (3)

Pendant l'impression des premières pages de notre *Prodrome*, M. A. Vayssière a fait paraître un mémoire des plus importants sur les Mollusques opistobranches du golfe de Marseille. Il ne nous a pas été possible d'en tenir compte en temps utile. Nous comblerons, dans ces notes, les quelques lacunes qui existent dans notre travail, en renvoyant le lecteur à la publication de M. A. Vayssière, pour l'étude anatomique de celles de nos espèces qui vivent dans le golfe de Marseille.

Genre **Sphærostoma** (p. 39)

Dans la plupart des ouvrages, ce genre, tel que nous le comprenons, est inscrit sous le nom de *Tritonia* (Cuvier, 1798. *Tabl. élém.*, p. 387. —

(1) Risso, 1826. *Hist. nat. Eur. mérid.*, IV, p. 52.

(2) De Rochebrune, 1885. *In Bull. soc. Phil. Paris*, 7e sér., IX, p. 82.

(3) C'est par erreur qu'en tête des Gastropodes, p. 25, on a imprimé le nom d'*Ophistobranchiata*, au lieu d'*Opistobranchiata*.

1802. *Ann. Mus.*, I, p. 480). Quoi qu'il s'agisse ici d'un surnom de Minerve, ce vocable de *Tritonia* n'en dérive pas moins de *Triton*, fils de Neptune. Or, il est incontestable qu'une semblable dénomination prête, par trop à la confusion, avec les nombreux genres créés en histoire naturelle, d'après cette même étymologie (1). Le nom de *Tritonium*, proposé dès 1776 par O. F. Müller *(Zool. Dan. prodr.*, p. xxx), s'appliquant à un testacé univalve operculé, doit seul être conservé dans la méthode; c'est celui dont nous ferons usage plus loin, lorsque nous décrirons le genre qui a pour type le *Tritonium nodiferum* Lamarck. Mais ici, nous substituerons au nom de *Tritonia*, si souvent employé, celui de *Sphærostoma*, déjà créé par Mac-Gillivray (*Moll. Aberd.*, p. 335).

Genre **Lafontia**, Nov. Gen. (p. 58)

Ce que nous venons de dire à propos de l'ancien genre *Tritonia* s'applique également au genre *Actæonia* (de Quatrefages, 1844. *In Comptes, rendus Académie des Sciences*, XVIII, p. 13). Ce nom fait évidemment confusion avec celui plus anciennement adopté pour le genre *Actæon* (*Acteon*, de Montfort, 1810. *Conch. syst.*, II, p. 314). Si ces deux vocables se rapportaient à deux genres voisins, on pourrait les conserver comme impliquant deux idées voisines; tel est le cas, par exemple, des genres *Pleurobranchus* et *Pleurobranchæa* que nous avons conservés. Mais il n'en est pas de même ici. Le nom d'*Acteon* étant le plus ancien, celui d'*Actæonia* doit disparaître; nous avons proposé, pour le remplacer, celui de *Lafontia*, en souvenir d'un des naturalistes qui ont le plus contribué à faire connaître la faune malacologique française.

Genre **Actæon** (p. 68)

Aux trois espèces d'Actæon que nous avons signalées, il convient d'ajouter l'*Actæon globulinus* Forbes, ainsi défini par M. A. Vayssière : « Coquille beaucoup plus solide que celle de l'*A. tornatilis*, plus globuleuse et proportionnellement moins longue. Spire assez proéminente, composée de 5 à 6 tours. Stries transversales, plus fortes que chez l'espèce citée ci-dessus, stries d'accroissement, au contraire, moins

(1) *Tritonium*, 1776 (O. F. Müller), genus Mollusc. — *Triton*, 1767 (Linné), gen. Cirriped. — *Triton*, 1768 (Laur.), genus Reptil. — *Tritonia*, 1798 (Cuvier), gen. Mollusc. — *Triton*, 1810, Montf.), gen. Mollusc. — etc.

accentuées. Bord externe tranchant, légèrement crénelé ; bord externe lisse, avec replis peu marqué. »

Cette espèce n'a été prise dans le golfe de Marseille que deux ou trois fois, à 100 mètres de profondeur.

Scaphander giganteus, Risso (p. 70)

Cette espèce, contestée par plusieurs auteurs, doit être maintenue à la suite du *Scaphander lignarius*. C'est une bonne espèce, bien caractérisée, mais malheureusement assez rare. La description de Risso et sa figuration sont assez complètes. On distinguera le *S. giganteus* du *S. lignarius* : à sa taille assez forte ; à son galbe plus globuleux, plus renflé ; à sa spire plus largement ouverte, surtout dans le bas, de telle sorte que le dernier tour paraît moins enroulé ; à son ouverture, par conséquent, plus large et proportionnellement moins haute ; enfin à son mode d'ornementation.

Cylichna elongata, Nov. Sp. (p. 71)

Coquille enroulée, de petite taille, d'un galbe cylindrique un peu globuleux ; test très brillant, assez mince, d'un blanc nacré (après la mort de l'animal), orné au sommet et à la base de stries transversales extrêmement fines, assez rapprochées ; dernier tour dépassant l'avant-dernier au sommet et à la base ; spire très légèrement ombiliquée au sommet ; ouverture étroite, très allongée, un peu plus large dans le bas que dans le haut ; bord supérieur très légèrement renversé vers le sommet ; bord extérieur largement arrondi, presque parallèle avec le bord externe de la coquille ; bord inférieur, court, arrondi, descendant, légèrement réfléchi vers la columelle. — Dimensions : Hauteur totale, 9 à 10 millim. ; diamètre maxim., 4 millim.

Cette espèce, que nous considérons comme nouvelle, diffère du *Cylichna cylindrica* : par son galbe plus renflé, la coquille ayant toujours un diamètre maximum notablement plus grand pour une même hauteur ; par son ouverture notablement plus large, les tours de la spire étant moins serrés ; par son sommet moins nettement et moins profondément ombiliqué ; par la partie supérieure de son ouverture dépassant toujours le haut de la spire ; etc.

Cylichna truncatella, Nov. Sp. (p. 73)

Coquille de petite taille, fortement enroulée, d'un galbe cylindro-conique allongé ; test très brillant, assez solide, d'un blanc nacré (après la mort de l'animal), orné de stries obsolètes longitudinales, formant vers le sommet de petites canaliculations courtes, assez profondes, irrégulières ; sommet profondément ombiliqué, à profil transversal comme tronqué ; ouverture très étroite dans le haut, dépassant légèrement le plan supérieur du sommet, s'élargissant au dernier tiers de sa hauteur totale, bien arrondie dans le bas, légèrement réfléchie sur le bord columellaire. — Dimensions : hauteur totale, 5 millim. ; diamètre maximum, 1 3/4 millim.

Le *Cylichna truncatella* est très voisin du *Cylichna truncatula* ; comparé avec des échantillons français, il en diffère : par sa taille plus forte ; par son galbe moins cylindrique, plus franchement conique, le diamètre maximum étant presque le double du diamètre minimum au sommet ; par son test plus finement striolé ; par son ouverture proportionnellement encore plus étroite dans le haut, et plus arrondie dans le bas ; par son dernier tour notablement moins allongé à sa naissance ; etc.

Bulla cornea, DE LAMARCK (p. 76)

On confond bien souvent les *Bulla cornea*, *B. hydalis* et *B. elegans*. Il nous paraît cependant facile de distinguer très nettement ces trois formes. Les *Bulla cornea* et *B. hydatis* sont très exactement définis par de Lamarck (1). Le premier est qualifié *ovato-globosa*, tandis que le second n'est que *ovato-rotundula*. En effet, le *Bulla cornea*, quoique souvent de même taille que le *Bulla hydalis*, est toujours plus court, plus renflé, plus ventru ; ses stries sont plus fortes, plus espacées ; son sommet est toujours moins profondément ombiliqué ; enfin l'ouverture, à la base, est plus largement arrondie ; etc. Quant au *Bulla elegans*, M. le Dr Fischer (2) a très bien fait ressortir ses caractères comparatifs : « Il diffère, dit-il, du *Bulla hydalis*, par ses dimensions beaucoup moindres, par son test plus solide, plus étroit, sa bouche moins dilatée, son bord droit plus épais, etc. » Comme distribution géographique, le *Bulla hydalis* paraît être le plus répandu ; on le trouve sur toutes les côtes ; les *Bulla cornea* et *B. elegans* semblent, au contraire, plus particulièrement cantonnés sur les rivages océaniques.

(1) De Lamarck, 1822. *Anim. sans vert.*, VI, II, p. 36. — 2e édit., 1836. VII, p. 671 et 672.

(2) Fischer, 1865. *Faune conch. Gironde*, p. 124.

Acera elegans, Nov. Sp. (p. 79)

Coquille de taille moyenne, d'un galbe globuleux, un peu cylindroïde; test mince, fragile, d'un corné fauve un peu clair, orné de stries longitudinales onduleuses, fines et élégantes, irrégulièrement espacées; spire composée de quatre tours à croissance de plus en plus rapide, séparés par une suture large et profonde; dernier tour très dilaté, à peine descendant à son extrémité, au-dessous du plan supérieur de la coquille; sommet exactement méplan; ouverture très grande, étroite dans le haut, bien large et bien arrondie dans le bas. — Dimensions : hauteur totale, 19 à 21 millim.; diamètre maximum, 13 millim.

Cette coquille ne peut être comparée qu'à celle de l'*Acera bullata:* On la distinguera : par sa taille plus petite; par son test plus mince, plus délicat; par son dernier tour notablement moins decensdant à son extrémité supérieure; par son ouverture moins grande, plus étroite dans le haut, notablement moins allongée et plus arrondie dans le bas; par son profil latéral moins arrondi, donnant par conséquent à la coquille un galbe un peu plus cylindroïde; enfin par l'accroissement des tours plus rapide, de telle sorte que la coquille étant vue en dessous, on distingue bien plus facilement la succession des tours dans leur enroulement, depuis la base jusqu'au sommet.

Genre **Doridium** (p. 84)

M. A. Vayssière (1) n'admet dans le genre *Doridium* que deux espèces : les *D. carnosum* Cuvier, et *D. membranaceum* Meckel. D'après cet auteur, le *D. Meckeli* Delle Chiaje, ne serait qu'un synonyme de l'espèce précédente :

Trivia Jousseaumei, Nov. Sp. (p. 93)

Un assez grand nombre d'auteurs ont cru devoir confondre sous un seul et même nom toutes les petites Cypræidées qui vivent sur les côtes de France. Une étude sérieuse, attentive, de ces élégantes petites coquilles permet cependant de distinguer facilement plusieurs formes bien caractérisées qui méritent d'être élevées au rang d'espèce. Déjà MM. Bucquoy, Dautzenberg et Dollfus ont très bien différencié le *Trivia*

(1) A. Vayssière, 1885. *Recherches sur les Opistobranches*, p. 44.

pullex, « espèce voisine du *C. Europæa*, mais qui s'en distingue par sa taille généralement plus petite, sa forme plus allongée, moins globuleuse, son test plus mince, l'effacement des cordons sur le dos de la coquille, par son aspect luisant, la teinte brune violacée du dos et la coloration plus blanche du péristome » (1). Sous le nom de *T. Jousseaumei*, nous avons détaché des *T. Europæa* une autre forme tout aussi facilement distincte :

Coquille de taille assez forte, d'un galbe globuleux un peu allongé, aplatie, quoique légèrement convexe du côté de l'ouverture, bien convexe du côté opposé ; spire complètement enveloppée par le dernier tour ; test orné de costulations transversales régulières, partant des bords latéraux de l'ouverture, tantôt simples, tantôt bifides, s'arrêtant à la ligne carénale qui passe longitudinalement sur le dos ; ouverture très étroite, à bords sensiblement parallèles ; canal ouvert, peu distinct ; bord columellaire présentant dans l'intérieur une dépression qui est moins accentuée vers son milieu qu'à ses extrémités ; labre faiblement marginé à l'extérieur, réfléchi dans l'intérieur. — Dimensions : hauteur totale, 10 à 12 1/2 millim. ; diamètre maximum, 7 à 8 millim.

Comme on peut le voir par notre description sommaire, le *T. Jousseaumei* diffère du *T. Europæa* : par sa taille plus forte ; par son galbe plus allongé, quoique toujours pourtant bien globuleux ; par ses stries ornementales plus fortes, plus accusées, plus profondément burinées ; par le mode d'insertion de ses stries, qui sont continues sur le dos chez le *T. Europæa*, et toujours discontinues suivant une ligne bien marquée chez le *T. Jousseaumei ;* etc. Si l'on veut tenir compte de l'ornementation épidermique, on remarquera que chez le *T. Jousseaumei*, on observe très souvent les trois taches qui ont donné lieu aux var. *tripunctata* (2), de Requien, et *trimaculata* de M. de Monterosato (3).

Cette espèce nouvelle, que nous sommes heureux de dédier à notre savant ami M. le Dr Jousseaume, auteur d'un travail fort remarquable sur la famille des *Cypræidæ*, semble plus particulièrement océanique. Nous signalerons ici, mais seulement pour mémoire, une forme intéressante de *Trivia* que nous avons reçue à différentes reprises de l'île de Ré, dans la Charente-Inférieure ; son galbe est très globuleux, mais sa taille est celle du *T. Europæa ;* en outre, les stries ornementales, en dessus comme

(1) Bucquoy, Dautzenberg et Dollfus, 1883. *Moll. Rouss.*, p. 130.
(2) Requin, 1848. *Cat. coq. de Corse*, p. 86.
(3) De Monterosato, 1887. *Enum. e sinon.*, p. 49.

en dessous, sont presque obsolètes ; c'est très probablement une autre espèce nouvelle, mais comme nous n'avons pas reçu cette coquille immédiatement après la mort de l'animal, nous ne pouvons pas apprécier le degré d'obsolétéosité des stries, et n'osons dès lors ériger une telle forme au rang d'espèce.

Genres **Monetaria, Luria et Zonaria** (p. 94 et 95)

Quelques auteurs ont contesté l'existence de ces différents genres de la famille des Cypræidées sur les côtes de France. Ils ont prétendu que si on avait pu en rencontrer quelques coquilles, elles avaient dû servir comme monnaie ou comme amulettes à quelques marins revenant de l'étranger. Nous pouvons affirmer de la manière la plus formelle que deux au moins de ces genres, les genres *Luria* et *Zonaria* vivent et se reproduisent sur les côtes de France, dans la Méditerranée. Nous possédons un très bel échantillon de *Monetaria annulus*, recueilli à Cannes en 1884, et qui est tellement frais que l'on croirait que l'animal vient d'en être très récemment enlevé. Nous avons vu dans la collection des Petits-Frères de Marie, à Saint-Genis-Laval (Rhône), plus de dix échantillons de *Luria lurida*, pêchés vivants à Saint-Tropez, dans le Var, à différentes époques ; enfin, nous avons également vu un *Zonaria pyriformis*, pêché vivant en dehors de la rade de Toulon, il y a quelques années. Nous pensons qu'avec de telles preuves, la question est définitivement résolue.

Conus Mediterraneus (p. 99)

Les Cônes de France présentent les formes les plus variables. Nous ne parlerons pas ici, bien entendu, du mode de coloration ou d'ornementation épidermiques qui disparaît rapidement après la mort de l'animal, lequel mode est extrêmement variable. Mais, nous basant uniquement sur le seul galbe de la coquille, il nous a semblé que l'on pouvait, au milieu de ses variations, établir trois formes-types, dignes de constituer de bonnes espèces, et autour desquelles on grouperait facilement toutes les formes affines.

1° *Conus Mediterraneus*. — Forme-type, telle qu'elle a été créée et figurée par Bruguière, dans l'Encyclopédie. C'est une coquille d'un galbe court, trapu, à sept tours de spire, avec une spire peu élevée, à tours peu étagés. Cette forme est très bien figurée dans l'atlas de MM. Bucquoy, Dautzenberg et Dollfus, pl. XIII, fig. 11, 16, 17, 20 et 22.

2° *Conus submediterraneus.* — Coquilles de toutes tailles, mais d'un galbe général plus allongé que celui du *Conus Mediterraneus*; pour une même hauteur totale, le diamètre maximum est notablement moindre; la spire est peu élevée, le dernier tour est au contraire plus développé en hauteur; enfin, on compte dans la spire jusqu'à neuf tours. Plusieurs iconographes donnent de bonnes figurations de cette espèce.

3. *Conus galloprovincialis.* — Coquilles de toutes tailles, mais rarement aussi grosses que celles des espèces précédentes, d'un galbe général encore plus étroit, plus allongé, mais alors avec la spire plus haute, plus acuminée; les tours de la spire, au nombre de neuf, sont plus étagés que dans les deux espèces précédentes. On trouve également de bonnes figurations de cette troisième espèce dans la plupart des iconographies.

Quant au *Conus franciscanum* de Lamarck, ce n'est très vraisemblablement, comme l'a fait observer Deshayes (1), qu'une mauvaise espèce établie avec des individus roulés ou décapés du *Conus Mediterraneus*; elle porte plutôt sur le mode d'ornementation de la coquille que sur son galbe. Il en est de même d'un très grand nombre de prétendues espèces créées par les anciens malacologistes italiens. N'ayant pu les apprécier *de visu*, nous ignorons dans laquelle de nos trois espèces il convient de les faire définitivement rentrer.

Columbella procera, Nov. Sp. (p. 101).

Coquille de taille assez forte, d'un galbe général élancé; test solide, épais, paraissant comme finement tressillé par des stries d'accroissement et des stries décurrentes très rapprochées; spire élevée, conique, acuminée, sensiblement égale aux deux tiers de la hauteur totale du dernier tour à son extrémité; dernier tour allongé, peu ventru dans le haut, atténué à la base; ouverture étroite, allongée, un peu sinueuse; columelle faiblement arquée, denticulée à la base; labre assez épais, légèrement renflé dans sa partie médiane et sur un peu plus du tiers de la hauteur de l'ouverture; finement denticulé sur toute sa hauteur. — Dimensions : hauteur totale, 25 à 28 millim.; diamètre maximum, 10 à 12 millim.

Le *Columbella procera* a été figuré par plusieurs auteurs, mais toujours sous le nom de var. *elongata* du *Columbella rustica*. C'est cependant une forme bien distincte : par sa taille toujours plus grande; par son galbe bien

(1) Deshayes, *in* de Lamarck, 1845. *Anim. s. vert.*, IX, p. 81, note.

plus élancé, bien moins ventru; par sa spire plus haute, plus acuminée, sensiblement égale aux deux tiers de la hauteur totale du dernier tour, tandis que chez le *C. rustica*, cette même spire est toujours plus petite que les deux tiers de la hauteur totale de ce même tour; par son dernier tour bien moins ventru, plus allongé; par son ouverture plus étroite, plus longue, bordée par un labre moins épais dans son milieu, etc. Nous n'avons pu adopter le nom de *elongata* donné à cette espèce à titre de variété, ce nom faisant confusion avec celui d'autres prétendues var. *elongata* qui constituent de bonnes espèce chez d'autres Columbelles.

Columbella lanceolata, Nov. Sp. (102)

Coquille de taille assez grande, d'un galbe général très allongé, étroit, lancéolé; test presque lisse, brillant, avec quelques stries décurrentes, comme obsolètes, visibles seulement à la base; spire très allongée, acuminée; tours à profil presque méplan, séparés par une suture peu profonde; dernier tour sensiblement égal, à son extrémité, à une fois et demie la hauteur de la spire; ouverture étroite, très allongée; labre simple, à peine sinueux, denticulé sur toute sa longueur. — Dimensions : haut. totale, 15 à 18 millim., diam. max., 5 1/2 à 6 millim.

Le *Columbella lanceolata* est voisin du *C. scripta*, avec lequel il a été confondu sous le nom de var. *elongata*. Il s'en distingue : par sa taille plus grande; par son galbe beaucoup plus allongé, bien lancéolé; à diamètres égaux, pour une hauteur de 18 millim. chez le *C. lanceolata*, le *C. scripta* ne mesure que 12 à 13 millim. seulement; par sa spire plus élancée, le dernier tour gardant un galbe à peine proportionnellement plus grand; par son dernier tour égal, à son extrémité, à une fois et demie la hauteur totale de la spire, alors que chez le *C. scripta* le même tour est à peine un peu plus grand que la hauteur de la spire; par son ouverture plus étroite; etc.

Groupe du **Mitra ebenus**, (p. 104)

Sous le nom peu correct de *Mitra ebenus* on confond généralement plusieurs formes bien différentes; nous allons essayer de rétablir un peu de méthode dans les espèces appartenant à ce groupe :

1° *Mitra ebenus*, de Lamarck. — Cette espèce qu'il convient d'appeler *M. ebenina* est ainsi définie par de Lamarck. « *M. testa ovato-acuta, lævigata, basi sub-rugosa, nigra; plicis longitudinalibus obsoletis; anfrac-*

tibus convexis, infra suturas linea albida, obscure cinctis ; columella quadriplicata (1). » Comme l'ont fait observer MM. Bucquoy, Dautzenberg et Dollfus, c'est une telle forme qu'il convient de prendre pour type, et nous avons signalé les figurations qui s'y rattachent.

2° *Mitra Defrancei*, Payraudeau. — L'espèce de Payraudeau est très voisine du type ; mais comme l'indique la figuration de l'auteur, c'est une coquille d'un galbe plus allongé, moins ventru, ovale-fusiforme, comme le dit la diagnose ; les côtes sont un peu plus accentuées ; enfin il n'y a que trois plis à la base de la columelle. La fig. 2 de la pl. XVI de l'atlas des mollusques du Roussillon, nous paraît se rapporter très exactement à cette espèce, et il est facile de voir combien elle diffère, dans son galbe, de la fig. 1 qui se rapporte bien exactement au véritable type.

3° *Mitra plumbea*, de Lamarck. — Le *Mitra plumbea* est ainsi défini par de Lamarck : « *Testa ovato-conica, lævi, nitida, cornea; linea albida transversali, columella triplicata* (2). » C'est donc, comme on le voit, une manière d'être absolument différente de celle des deux coquilles précédentes, puisque le galbe est déjà plus conique, le test privé d'ornementation, et qu'il existe trois plis seulement à la columelle. A ce type lisse, se rattache, à titre de variété, la forme figurée par MM. Bucquoy, Dautzenberg et Dollfus, dans laquelle les premiers tours seulement sont costulés et le reste de la coquille est lisse (3).

4° *Mitra pyramidella*, Brocchi. — Cette forme, connue d'abord à l'état fossile et figurée très exactement par plusieurs paléontologues, se trouve aussi, mais rarement il est vrai, à l'état vivant. Son galbe essentiellement fusiforme, très allongé, ses tours costulés, la forme de sa spire, etc., la font toujours facilement distinguer.

5° *Mitra congesta*, Nov. Sp. — Coquille de même taille que le *Mitra ebenus*, d'un galbe court, ventru, ramassé ; spire peu haute, avec des tours bien étagés, à profil peu convexe, séparés par une ligne suturale bien marquée ; dernier tour sensiblement aussi haut à son extrémité que la spire ; test absolument lisse et brillant sur tous les tours, d'une couleur brune plus ou moins foncée ; bord columellaire orné de quatre plis.

Cette dernière forme se rapproche comme galbe du véritable *Mitra ebenus*, mais elle s'en distingue : par son test absolument lisse et brillant, sans aucune costulation, par ses tours encore plus étagés, etc. Nous

(1) De Lamarck, 1844. *Anim. s. vert.*, 2e édit., X, p. 335.
(2) De Lamarck. *Loc. cit.*, p. 339.
(3) Bucquoy, Dautzenberg et Dollfus, 1883. *Moll. Rouss.*, pl. XVI, fig. 5-7.

avons observé à plusieurs reprises cette forme, dans différentes collections, sous le nom de *Mitra ebenus;* ajoutons qu'il s'agit ici, bien entendu, d'échantillons absolument frais et non roulés.

Groupe du **Mitra corniculata** (p. 106)

Ce groupe a été souvent mal compris; les différentes espèces qu'il comporte sont, en effet, sinon difficiles à reconnaître, du moins faciles à confondre par suite des synonymies souvent mal établies qui ont pu en être donné.

1° *Mitra corniculata,* LINNÉ. — Avec M. Weinkauff, nous admettons la distinction bien nette des *Mitra corniculata* Linné, et des *Mitra cornea* de Lamarck. Le *Mitra corniculata,* tel que nous le comprenons, est une coquille au galbe assez allongé, peu ventru, de taille assez forte ; le *Mitra cornea* est au contraire une coquille de taille généralement plus petite et d'un galbe plus court, plus ventru; chez cette dernière espèce le diamètre maximum est toujours plus grand, par rapport à la hauteur totale de la coquille, que chez le *Mitra corniculata;* en outre, sa spire est proportionnellement moins haute, avec des tours moins étagés, séparés par une ligne suturale moins bien accusée. MM. Bucquoy, Dautzenberg et Dollfus ont figuré deux échantillons (1) dont la taille et le galbe sont différents du véritable *Mitra corniculata.* Peut-être y aurait-il lieu de faire d'une telle forme une espèce à part, intermédiaire entre le *Mitra corniculata* et le *M. zonata.*

2° *Mitra obtusa*, NOV. SP. —La forme figurée par MM. Bucquoy, Dautzenberg et Dollfus dans leur atlas (2) est tellement typique, avec son allure toute particulière, avec une spire courte, relativement obtuse, à croissance bien plus lente que chez les autres espèces de ce même groupe, avec son dernier tour retativement très grand, très développé, etc., qu'il nous a semblé nécessaire d'élever cette coquille au rang d'espèce.

3° *Mitra Philippiana,* FORBES. — C'est là la plus petite espèce du groupe; on la distinguera facilement à sa petite taille, à son galbe court, ramassé, ventru, à sa spire peu acuminée, à peine plus haute que le dernier tour à son extrémité. Elle se rapproche également de notre *Mitra congesta;* on la distinguera à taille égale : à son galbe moins ventru; à ses tours à profil plus méplan ; à sa suture moins bien marquée, moins profonde; à ses plis columellaires; etc.

(1) Bucquoy, Dautzenberg et Dollfus, 1883. *Moll. Rouss.*, pl. XVI, fig. 12, 13.
(2) Bucquoy, Dautzenberg et Dollfus, 1883. *Loc. cit.*, pl. XVI, fig. 10.

Genre **Mitrolumna** (p. 108)

Ce nouveau genre très judicieusement établi par MM. Bucquoy, Dautzenberg et Dollfus, comporte trois formes bien distinctes qui méritent incontestablement d'être classées au rang d'espèces.

1° *Mitrolumna olivoidea*, Cantraine. — Cette première espèce, type du genre, est très bien décrite et très heureusement figurée dans l'ouvrage sur les mollusques du Roussillon.

2° *Mitrolumna major*, Nov. Sp. — Cette forme, dont MM. Bucquoy, Dautzenberg et Dollfus n'ont fait qu'une simple variété, n'est pas à proprement parler une pure amplification du type ; tout en étant de taille plus grande, les caractères de la forme précédente se sont modifiés ; le galbe général devient plus allongé, plus lancéolé ; la spire est plus haute, plus acuminée ; les tours de la spire sont plus étagés, avec un enroulement différent ; le dernier tour est moins renflé ; l'ouverture proportionnellement plus étroite ; etc. En somme c'est là tout un ensemble de caractères suffisants pour constituer une bonne espèce.

3° *Mitrolumina granulosa*, Nov. Sp. — Cette coquille a un galbe très voisin de celui du *M. olivoidea*, quoique de taille plus forte, mais son ornementation est essentiellement caractéristique. Au lieu de présenter une surface finement treillissée par des stries décurrentes nombreuses, fines, et des cordons longitudinaux souvent obsolètes, on distingue, au contraire, de véritables granulations toujours bien accusées, formées, non pas par de simples stries décurrentes, mais bien par de véritables cordons transversaux, recoupés par des côtes longitudinales bien marquées, bien accusées, de telle sorte que le facies de la coquille est absolument différent. Cette forme paraît rare en France ; nous possédons cependant un échantillon bien typique recueilli à Cannes, dans les Alpes-Maritimes.

Genre **Pleurotoma et Raphitoma** (p. 109 et 118)

Comme l'a déjà fait observer le Dr Saint-Lager (1), il y a désaccord entre les malacologistes et les botanistes relativement au genre grammatical des noms génériques terminés en *ma*. Parmi les premiers, il en est quelques-uns qui, à la suite de Lamarck, considèrent ces noms comme étant du genre féminin, et écrivent *Pleurotoma crispata*, *Raphitoma attenuata*, etc. Les botanistes, au contraire, sont presque unanimes

(1) S. Lager, 1880. *Ref. nom. botanique*, p. 107.

à suivre la tradition des Grecs, adoptée par les Romains, d'après laquelle tous les noms d'origine hellénique à terminaison *ma* sont neutres, comme, par exemple : *Alisma*, *Diatoma*, *Onosma*, *Phyteuma*, etc. Les règles grammaticales ne se discutant pas et s'imposant d'elles-mêmes, nous considérerons définitivement, et contrairement à ce que nous avons écrit dans notre *Prodrome*, les noms *Pleurotoma* et *Raphitoma*, comme étant du genre neutre, et nous écrirons : *Pleurotoma crispatum*, *P. Loprestanum*, *P. torquatum*, *P. emarginatum*, *P. incrassatum*, *Raphitoma attenuatum*, *R. nuperrimum*, *R. nebulum*, *R. Ginnanianum*, *R. lævigatum*, *R. striolatum*, *R. costulatum* et *R. brachystomum*.

Pleurotoma anceps, Eichwald (p. 109)

Nous conservons quelques doutes au sujet de cette synonymie que nous empruntons *(pro parte)*, à l'ouvrage de MM. Bucquoy, Dautzenberg et Dollfus sur le Roussillon (1). N'y a-t-il pas confusion entre la forme océanique et la forme méditerranéenne. M. Fischer (2) dit à ce propos : « La plupart des auteurs ont confondu le *Pleurotoma borealis* de Lovén avec le *Pleurotoma teres* de Forbes, découvert dans la Méditerranée et figuré par Reeve *(Conch. icon*, *Pleurotoma*, n° 161). Le *Pleurotoma teres* est remarquable par son canal grêle et allongé ; la même partie est courte chez le *Pleurotoma borealis*, comme Lovén l'avait fait remarquer. Il faut donc adopter pour la coquille figurée par Forbes et Hanley et par Sowerby, le nom proposé par Lovén, à l'exclusion de celui de Forbes, édité antérieurement, mais appliqué à une coquille différente. » Il y a de telles différences entre la figuration donnée par MM. Bucquoy, Dautzenberg et Dollfus, et celles des auteurs qu'ils citent dans leur synonymie que nous n'avons pas osé trancher définitivement la question, faute d'avoir pu nous procurer des matériaux suffisants.

Pleurotoma emarginatum, Donovan (p. 110)

Avec M. Bellardi nous adoptons le nom spécifique de *Pleurotoma emarginatum* de préférence à celui de *Pl. gracile*, puis qu'il est démontré que le premier de ces noms donné par Donovan est certainement antérieur au second proposé par Montagu. Il a en outre le grand avantage d'éviter toute confusion avec les *Murex gracilis* de Brocchi et de Scacchi.

(1) Bucquoy, Dautzenberg et Dollfus, 1883. *Moll. Rouss.*, p. 87.
(2) Fischer, 1869. *Faune conch. Gir.*, *Suppl*, p. 189.

Groupe du **Clathurella purpurea** (p. 112)

On a groupé autour du *Clathurella purpurea* un certain nombre de formes affines, tantôt considérées comme espèces, tantôt envisagées comme simples variétés. Il importe de bien définir ces différentes formes.

1° *Clathurella purpurea*, MONTAGU. — Le *Clathurella purpurea* est une coquille de grande taille, d'un galbe général médiocrement allongé, avec des tours de spire à profil bien arrondi, séparés par une ligne suturale bien marquée ; l'ouverture est peu haute et bien arrondie extérieurement ; la columelle est flexueuse et peu allongée ; les côtes longitudinales sont arrondies, peu élevées, et recoupées par des cordons décurrents bien accusés qui passent sur les côtes, et forment une légère saillie. Nous avons indiqué les principales figurations qui se rapportent à ce type.

2° *Clathurella Philiberti*, MICHAUD. — Cette espèce est toujours de taille plus petite que la précédente, presque moitié moindre ; son galbe est proportionnellement plus mince, plus effilé, plus élancé ; le profil des tours de la spire est toujours bien arrondi, et la ligne suturale encore plus profonde ; l'ouverture, malgré ce galbe élancé, est encore nettement arrondie ; mais la columelle semble plus droite et plus allongée ; les côtes longitudinales sont moins fortes, plus nombreuses, plus rapprochées, plus régulières ; les stries décurrentes sont plus fines et plus déliées ; chez les échantillons bien frais, elles forment comme une petite saillie épineuse en passant sur les côtes.

3° *Clathurella Bucquoyi*, Nov. Sp. — Cette espèce, que nous croyons nouvelle, est intermédiaire comme taille entre les deux précédentes. Son galbe est déjà un peu plus élancé que celui du *Clathurella purpurea*, mais moins effilé que celui du *Cl. Philiberti*. Les tours de la spire sont bien arrondis ; le dernier tour paraît plus développé que chez les deux espèces précédentes ; l'ouverture est proportionnellement plus large ; la columelle est presque droite, quoique assez allongée. Enfin, les côtes longitudinales sont bien plus nombreuses que chez le *Clathurella Philiberti* et partant que chez le *Cl. purpurea*, de telle sorte que, les stries décurrentes restant les mêmes, le test paraît orné d'un élégant réseau très régulier. Cette forme est assez bien figurée dans l'atlas des mollusques du Roussillon, quoique provenant de la Bretagne.

4° *Clathurella contigua*, DE MONTEROSATO. — Cette coquille, à peu près de même taille que la précédente, ou un peu plus petite, se distingue par son galbe tout à fait grêle, très allongé, bien lancéolé. La spire est très acuminée, le dernier tour peu développé, la ligne suturale très oblique. L'ouverture est courte, bien arrondie, plus large que chez les *Clathurella Philiberti* et *Cl. La-Viæ* de taille similaire; la columelle est courte et presque droite; les tours ont un profil plus méplan que chez les espèces précédentes; les côtes longitudinales sont en nombre et en forme intermédiaires entre celles du *Clathurella Philiberti* et *Cl. Bucquoyi*. Nous ne connaissons pas de figuration de cette élégante coquille.

5° *Clathurella La-Viæ*, Philippi. — Le *Clathurella La-Viæ* est une coquille de petite taille, mince, élancée; son galbe est plus fusiforme que celui du *Clathurella Philiberti*, mais moins effilé que celui du *Cl. contigua;* de toutes les espèces de ce groupe c'est celle dont les tours sont le moins arrondis; l'ouverture est petite, peu haute, mais assez large; la columelle peu allongée, presque droite; c'est également, dans ce même groupe, la coquille dont l'ouverture est proportionnellement la plus petite, et celle dont la columelle est la plus courte; comme ornementation, les côtes longitudinales ne sont pas plus nombreuses que chez le *Clathurella purpurea*, mais les cordons décurrents sont sensiblement aussi forts que les côtés, et toujours plus rapprochés; la coquille fraîche présente donc une sorte de treillis à mailles rectangulaires, tandis qu'il est exactement carré chez le *Clathurella Bucquoyi.*

6° *Clathurella corbis*, Michaud. — Nous ne connaissons cette espèce que par la description et la figuration données par Michaud. Quelques auteurs ont cru y voir, par suite de sa petite taille, un jeune individu du *Clathurella Philiberti* ou du *Cl. La-Viæ.*

A titre de comparaison voici les dimensions de ces différentes espèces :

	HAUT. TOTALE	DIAM. MAX.	HAUT. DE L'OUV.	DIAM. DE L'OUV.
Cl. purpurea. .	18—20	8—8 1/4	9	3
Cl. Philiberti. .	9—11	3 3/4—4	5	2
Cl. Bucquoyi. .	11—12	5 1/4—5 1/2	5 1/2	2 1/2
Cl. contigua. .	9—10	3 1/4	4	1 3/4
Cl. La-Viæ. . .	7—9	3 1/2—3 3/4	3 3/4	1 1/2
Cl. corbis. . .	4—5	1—1/12		

Clathurella Dollfusi, Locard (p. 115)

Sous cette dénomination, nous inscrivons une forme bien connue des auteurs anglais, mais que peu de malacologistes français ont cru devoir admettre; nous avons indiqué plusieurs bonnes figurations de cette espèce. On la distingue de ses congénères de même taille : par son galbe bien découpé; les tours sont très posément étagés les uns au dessus des autres, et lorsque la coquille est fraîche, on voit que ces tours, au lieu d'avoir un profil plus ou moins arrondi, présentent au contraire dans la partie supérieure une sorte d'angulosité bien marquée, de telle manière que la suture paraît accompagnée d'une sorte de partie méplane ; l'ouverture est bien arrondie, peu haute ; la columelle assez allongée, presque droite ; l'ornementation est des plus élégantes ; les stries décurrentes sont plus élevées que chez les formes voisines, tout en étant aussi minces ; en passant sur les côtes longitudinales, elles forment comme des sortes de petites imbrications, et donnent à la coquille un facies tout particulier.

Groupe du **Clathurella concinna** (p. 116)

Comme l'ont très judicieusement fait observer MM. de Monterosato, Bucquoy, Dautzenberg et Dollfus, le *Pleurotoma concinna* de Scacchi est une bonne forme méditerranéenne qui doit être maintenue au rang d'espèce. Dans ce même groupe nous rangeons le *Clathurella elegans*, forme bien connue, en donnant la préférence à la dénomination de Donovan par rapport à celle de Montagu, puis qu'il est démontré que cette partie du travail de Donovan est la première en date.

Nous admettons, en outre, dans ce même groupe, à titre d'espèces les *Clathurella horrida*, *Cl. radula*, *Cl. muricoidea* et *Cl. æqualis*.

Clathurella horrida, DE MONTEROSATO. — Cette forme doit prendre rang tout près du *Clathurella concinna;* elle est caractérisée : par sa petite taille, son galbe renflé, sa spire courte, son dernier tour beaucoup moins développé que chez les autres espèces de Clathurelles ; par sa columelle courte et épaisse ; par ses côtes longitudinales peu nombreuses, recoupées par des stries décurrentes assez espacées ; enfin par son test solide et épais. Sa coloration rappelle un peu celle de certaines variétés du *Clathurella Leufroyi*.

Claturella radula, DE MONTEROSATO. — M. le marquis de Monterosato (1) classe à la suite de son *Cordieria horrida* une espèce confondue avec le *Pleurotoma purpureum*, et qu'il désigne sous le nom de *C. radula*. Cette espèce est ainsi définie : « Apice conico sotillissimo con giri angolati. »

(1) De Monterosato, 1884. *Nom. conch. Médit.*, p. 132.

Clathurella muricoidea, DE BLAINVILLE. — Cette petite forme a été confondue avec le *Clathurella elegans ;* elle s'en distingue : par sa taille qui ne dépasse pas 7 à 8 millimètres ; par son galbe plus court, plus ramassé, plus renflé ; par ses côtes longitudinales moins nombreuses et partant plus espacées ; par ses cordons décurrents plus forts, plus élancés, formant sur les côtes des saillies tuberculeuses, comme chez le *Clathurella Dollfusi ;* etc. Cette petite forme est bien décrite par de Blainville.

Clathurella æqualis, DE MONTEROSATO. — Les trois auteurs que nous citons dans notre synonymie ont bien su distinguer cette forme, et nous sommes surpris qu'ils n'en aient pas fait une espèce, alors qu'elle présente avec ses congénères tout autant de différence que les *Clathurella Leufroyi* et *Cl. concinna*, par exemple. Nous ne saurions mieux faire que de transcrire ici la propre définition donnée par MM. Bucquoy, Dautzenberg et Dollfus : « Plus large que la forme typique *(Cl. elegans)*, avec des tours plus arrondis, les côtes plus nombreuses et moins élevées, les cordons décurrents plus serrés et plus fins, cette variété possède aussi une coloration spéciale : le sommet de la spire est jaunâtre, les linéoles décurrentes sont régulièrement espacées et de nuance pâle, ou manquant tout à fait. »

Raphitoma Villiersi, MICHAUD (p. 119)

Après avoir examiné les échantillons de la collection Michaud, nous croyons que sous le nom de *Raphitoma attenuata*, on a souvent confondu deux formes qui peuvent être assez facilement distinguées : l'une, le véritable *Raphitoma attenuata*, de Montagu, espèce océanique et méditerranéenne ; l'autre le *Raphitoma Villiersi*, de Michaud, espèce essentiellement méditerranéenne, et à laquelle il faut joindre le *Pleurotoma gracilis* ou *gracile*, de Scacchi et de Philippi. Cette dernière forme se distingue du *R. Villiersi :* par sa taille un peu plus petite ; par son galbe plus allongé, plus lancéolé ; par sa ligne suturale plus oblique ; enfin par ses costulations longitudinales un peu moins nombreuses. M. de Monterosato (1) a pris le *Raphitoma Villiersi* comme type de son genre *Vielliersia ;* mais, il n'admet encore qu'une seule espèce le *V. attenuata*. Il donne comme synonymes de cette espèce les *Pleurotoma Villiersi* Michaud, *P. vulpina* Bivona, et *P. Vallenciennesii* Maravigna ; ces deux dernières formes ne nous sont pas assez connues pour que nous puissions les apprécier comme nous l'avons fait pour le *R. Villiersi*.

1 De Monterosato, 1884. *Nom. conch. medit.*, p. 128.

Raphitoma Rissoi, Locard (p. 120)

Nous donnons ce nom à l'espèce que Risso a désignée sous le nom de *Mangelia costulata*, ce nom faisant confusion avec le *Pleurotoma costulata* de Blainville, qui est aussi un véritable *Raphitoma*.

Genre **Sphæronassa**, Nov. Gen. (p. 133)

Nous proposons le nom de *Sphæronassa* pour distinguer les anciennes Nasses à test lisse, au galbe globuleux, ayant pour type le *Buccinum mutabile* Linné, des autres formes à test ornementé, avec un galbe plus ou moins allongé.

Sphæronassa globulina, Nov. Sp. (p. 133)

Coquille de petite taille, d'un galbe globuleux, bien renflé ; spire peu élevée, assez acuminée ; tours de spire arrondis dans le haut ; dernier tour très développé, bien arrondi, bien ventru ; ouverture presque droite, bien élargie ; etc.

Cette petite espèce a été bien figurée par MM. Bucquoy, Dautzenberg et Dollfus, sous le nom de *Nassa mutabilis*, var. *minor*. On remarquera que par ses caractères, c'est ici plus qu'une simple var. *minor*. Nous estimons du reste que l'on doit, dans ce groupe, admettre trois espèces : 1° *Sphæronassa mutabilis*, type qui n'est jamais de grande taille, et dont on trouve de bonnes descriptions et de bonnes figurations dans la plupart des iconographies ; 2° *Sphæronassa inflata* de Lamarck, caractérisé : par sa taille toujours beaucoup plus forte ; par sa spire plus courte, plus obtuse ; par son dernier tour très grand, très renflé ; par son ouverture bien dilatée inférieurement, plus oblique, plus évasée ; par son labre légèrement sinueux ; enfin par les plis intérieurs du labre qui sont peu marqués, et tendent parfois même à disparaître complètement ; 3° *Sphæronassa globulina*, toujours de taille plus petite que le *Nassa mutabilis*, avec un galbe plus court, plus renflé même que celui du *Nassa inflata*, mais avec une spire plus pointue, plus acuminée ; avec une ouverture plus arrondie que chez les deux autres espèces, plus régulièrement dilatée transversalement ; etc.

Groupe du **Nassa reticulata** (p. 134)

On peut distinguer dans ce groupe quatre types principaux basés sur leur galbe et sur le mode d'ornementation; chacune de ces espèces comprend, bien entendu, un certain nombre de variétés ; nous les avons classées d'après leur mode de costulation.

1° *Nassa nitida*, Jeffreys. — Espèce courte, ventrue, ramassée, à spire peu élevée, avec le dernier tour moins dilaté, le profil des tours un peu arrondi, et une ligne suturale bien marquée ; côtes longitudinales grosses, fortes, bien accusées, peu nombreuses ; stries décurrentes peu profondes, peu accusées. Cette forme est bien décrite et bien figurée par Jeffreys; elle est absolument typique.

2° *Nassa limata*, Chemnitz. — Coquille de taille plus grande, d'un galbe plus élancé, avec des tours de spire un peu moins arrondis, la ligne suturale plus oblique, le dernier tour, pour un même diamètre maximum, toujours plus haut ; l'ouverture est moins arrondie que chez l'espèce précédente, et proportionnellement plus haute et plus arrondie-dilatée dans le bas; les côtes longitudinales ne sont pas plus nombreuses, mais elles sont un peu moins fortes; les stries transversales ou décurrentes sont plus accusées; etc.

3° *Nassa reticulata*, Linné. — Coquille de toutes tailles, mais en général d'un galbe encore plus élancé que celui du *Nassa limata;* pour un même diamètre maximum, la coquille est toujours plus haute ; spire élevée, dernier tour peu développé en hauteur comme en largeur ; tours supérieurs plus étagés que chez le *Nassa limata*, avec un profil plus droit, une suture moins profonde ; ouverture plus petite, à la fois plus haute et moins large, mais toujours bien arrondie dans le bas ; côtes longitudinales beaucoup plus nombreuses, mais un peu moins accusées, moins hautes ; stries décurrentes semblables à celles des espèces précédentes.

4° *Nassa isomera*, Nov. Sp. — Coquille de taille un peu petite, d'un galbe renflé-globuleux analogue à celui du *Nassa nitida*, montrant des tours moins bien découpés, avec un profil moins arrondi, une ligne suturale moins profonde ; ouverture assez grande, bien arrondie ; costulations extrêmement rapprochées, fines, formant avec les stries décurrentes un réseau rectangulaire absolument régulier, et qui donne à la coquille un faciès tout particulier, comme gemmulé.

Nous avons indiqué les figurations connues de ces différentes espèces, figurations qui, du reste, sont assez incomplètes ; mais nous estimons qu'avec les quelques explications que nous venons de donner, il sera toujours possible de facilement distinguer ces différents types.

Nassa interjecta, Nov. Sp. (p. 136)

Coquille de taille moyenne, d'un galbe ventru-lancéolé ; test solide, épais, orné sur tous les tours de côtes longitudinales presque droites ou très légèrement flexueuses, régulières et régulièrement disposées, assez fortes, laissant entre elles des espaces intercostaux un peu plus petits que leur épaisseur, découpés par des stries décurrentes assez profondes, de manière à former une sorte de quadrillage régulier, dans lequel cependant on distingue surtout les stries longitudinales ; spire assez élevée, composée de tours à profil plus arrondi, mais nettement séparés par une ligne suturale bien marquée ; dernier tour ventru, renflé, bien arrondi ; ouverture assez grande, bien arrondie ; bord extérieur tranchant, épaissi intérieurement, finement denticulé ; columelle très courte, très arquée ; sillon large et profond ; callum peu développé mais assez épais. — Dimensions : hauteur totale, 16 à 18 millim. ; diamètre maximum, 9 à 10 millim.

Nous ne connaissons ni description ni figuration de cette singulière forme ; c'est un véritable type intermédiaire entre le groupe du *Nassa reticulata* et celui du *N. incrassata*. Si l'on pouvait imaginer un produit fécond des *Nassa isomera* et *N. elongata*, on obtiendrait très vraisemblablement notre espèce. Elle s'éloigne du *N. isomera* et par conséquent des espèces de ce groupe : par sa taille bien plus petite ; par sa spire plus haute, plus étagée ; par ses costulations un peu plus marquées ; par ses tours de spire moins arrondis, mais plus nettement détachés ; etc. Elle conserve cependant de ce type le galbe renflé du dernier tour et les caractères aperturaux. On la distingue du *Nassa elongata* et du *Nassa pygmæa :* à sa taille beaucoup plus forte, à son dernier tour plus ventru, plus renflé ; à ses autres tours à profil moins arrondi ; à sa columelle moins forte, moins épaisse ; à ses costulations et à ses stries décurrentes plus fortes, plus grossières ; etc.

Nassa valliculata, Nov. Sp. (p. 137)

Nous donnerons ce nom à l'espèce décrite par Payraudeau, sous le nom de *Buccinum mucula* qu'il ne faut pas confondre avec l'espèce désignée par Montagu sous ce même nom. Cette coquille a un galbe allongé, et mesure jusqu'à 16 et 18 millim. de hauteur, pour un diamètre maximum de 7 1/2 à 8 millim.; sa spire est plus haute, plus acuminée; les tours, à profil moins arrondi, le dernier tour moins renflé et pas plus haut; enfin l'ouverture est plus ronde, et partant plus large dans le haut.

Nassa Lacepedei, Payraudeau (p. 137)

Nous sommes étonné de voir cette espèce reléguée, par plusieurs auteurs, au simple rang de variété. C'est pourtant une forme des plus typiques et des mieux caractérisées, mais malheureusement trop rare. Son galbe, son ornementation, son allure, sont fort exactement représentés dans l'atlas de Kiener.

Nassa Jousseaumei, Nov. Sp. (p. 139)

Coquille de petite taille, d'un galbe court, renflé, obèse; test solide, un peu mince, orné de costulations longitudinales assez élevées, élégantes, rapprochées, un peu atténuées à la base du dernier tour, légèrement obliques, recoupées par des stries transversales fines et rapprochées; spire peu élevée, comme obtuse, avec des tours bien séparés quoique bien arrondis; ouverture assez grande, arrondie, assez large dans le haut; columelle courte, un peu arquée.

Cette petite espèce est peut-être encore plus voisine du *Nassa pygmæa* que du *Nassa incrassata*, lorsqu'on l'envisage dans l'ensemble de ses caractères; on la distinguera facilement de toutes les autres Nasses de ce groupe : à sa petite taille; à son galbe renflé, ventru, avec une courte spire, et un dernier tour bien dilaté; à son élégante ornementation; à son ouverture bien arrondie; à sa columelle courte et également arrondie; etc.

Nassa elongatula, Nov. Sp. (p. 139)

Cette coquille, très bien figurée dans l'atlas de MM. Bucquoy, Dautzenberg et Dollfus, nous paraît devoir mériter d'être élevée au rang d'espèce. Si ses caractères ornementaux se rapprochent beaucoup de ceux du *Nassa pygmæa*, son galbe et son allure en sont bien différents. On la distinguera : à sa taille toujours beaucoup plus grande; à son galbe plus effilé, plus élancé; à sa spire plus haute; à ses tours plus arrondis, plus étagés, séparés par une ligne suturale plus profonde ; à son ouverture proportionnellement plus courte, plus arrondie ; à sa columelle plus épaisse, plus forte, mais plus courte et plus arquée ; etc. Les dimensions comparatives des trois espèces les plus affines de ce groupe sont les suivantes :

	HAUTEUR TOTALE	DIAMÈTRE MAXIM.
Nassa pygmæa.	9—11	6 1/2—7
— *elongatula.*	13—14	7—7 1/4
— *Jousseaumei.*	6 1/2—7	4 1/2—4 3/4

Nassa Guernei, Nov. Sp. (p. 140)

Coquille de taille assez forte, d'un galbe allongé, un peu lancéolé ; test un peu mince, translucide, orné de côtes longitudinales droites, assez fortes vers la suture, s'atténuant un peu au bas de chaque tour, devenant obsolètes sur la partie inférieure du dernier tour, et de quelques stries décurrentes peu profondes, plus fortes au bas qu'en haut ; spire assez élevée, à profil à peine arrondi, avec une ligne suturale peu profonde ; dernier tour un peu plus renflé, brillant ; ouverture médiocre, bien arrondie, surtout dans le bas, à bord assez épais ; columelle courte, un peu arrondie ; canal peu ouvert à sa naissance, profond et large à son extrémité ; callum peu épais. — Dimensions : hauteur totale, 15 à 18 millim. ; diamètre maxim., 8 à 8 1/2 millim.

C'est très probablement cette même coquille que MM. Bucquoy, Dautzenberg et Dollfus ont décrite sous le nom de var. *lanceolata* et var. *pulcherrima* du *Nassa costulata*, et qui est figurée pl. XI, fig. 34 à 36. Notre nouvelle espèce forme le passage entre les espèces du groupe du *Nassa Ferussaci* et celles du *Nassa semistriata*, mais il est incontestable qu'elle se rapproche davantage par son galbe et par son ornementation des espèces du premier de ces deux groupes. On la distinguera du *Nassa Cuvieri* à sa taille beaucoup plus forte, à son galbe plus allongé, à son ouverture plus courte, plus arrondie, etc.

Groupe du **Nassa semistriata** (p. 141)

Ce groupe comporte quatre formes bien distinctes ; la première sert de passage avec les *Amycla*, la dernière avec les autres Nasses du groupe du *Nassa Cuvieri*.

1° *Nassa semistriata*, Brocchi. — Il est aujourd'hui parfaitement reconnu que le véritable *N. semistriata* de Brocchi existe aussi bien à l'état vivant qu'à l'état fossile. Nous ne le connaissons pas vivant sur les côtes de France dans la Méditerranée ; mais nous avons reçu, par les soins de M. le pasteur Ratier, des échantillons de Royan absolument conformes, comme taille, comme galbe, comme ornementation à nos types fossiles du Modenais ou d'Antibes.

2° *Nassa Gallandiana*, Fischer. — L'espèce de M. le Dr Fischer est très bonne ; on la distingue facilement du *Nassa semistriata* : par sa taille un peu plus forte ; par son galbe plus effilé, plus lancéolé ; par sa spire plus haute, avec des tours à profil moins arrondis, moins nettement séparés ; par son dernier tour plus haut mais toujours moins large dans son diamètre maximum ; par son ouverture moins haute et moins arrondie ; par sa columelle plus courte ; etc.

3° *Nassa ovoidea*, Nov. Sp. — Coquille de même taille que le *Nassa semistriata* mais d'un galbe beaucoup plus renflé, presque exactement ovoïde ; spire courte, à tours arrondis, séparés par une ligne suturale bien marquée ; dernier tour très développé surtout en diamètre ; ouverture peu haute, bien arrondie ; columelle courte ; callum très épais. Cette nouvelle espèce diffère du *Nassa semistriata*, comme on peut le voir : par son diamètre beaucoup plus fort ; par sa spire moins haute ; par ses tours plus arrondis, séparés par une ligne suturale plus profonde ; par son ouverture plus grande et surtout proportionnellement plus large, en même temps plus descendante et plus arrondie dans le bas ; par sa columelle plus courte ; par son callum plus épais quoique pas plus étendu ; etc.

4° *Nassa subcostulata*, Nov. Sp. — Coquille de taille assez grande ; test solide, épais, subopaque, brillant, orné dans les premiers tours de petites costulations longitudinales peu marquées, quelquefois encore visibles mais presque obsolètes sur le dernier tour vers la suture ; spire élevée, acuminée, avec des tours à profil un peu arrondi dans le haut, séparés par une ligne suturale bien accusée ; dernier tour médiocre avec des stries transversales très fines, plus fortes en bas qu'en haut ; ouverture peu élevée, arrondie, surtout dans le bas ; columelle très courte.

Cette dernière espèce, par son galbe, se rattache au groupe du *Nassa semistriata*, tandis que par son ornementation elle tiendrait au contraire au groupe du *Nassa Cuvieri*. On la distingue du *N. semistriata* : à sa taille plus forte ; à son galbe plus élancé ; à ses tours plus arrondis, séparés par une ligne suturale plus accusée ; à son ouverture plus petite, plus courte, plus arrondie; à sa columelle plus courte et plus arrondie, etc. On la séparera des différentes formes du groupe du *Nassa Cuvieri :* à sa taille beaucoup plus grande, à son galbe plus allongé, plus élancé ; à ses stries longitudinales apparentes à la base du dernier tour ; à la forme de son ouverture ; etc.

Voici les dimensions comparatives de nos quatre espèces :

	HAUTEUR TOTALE	DIAMÈTRE MAXIMUM
Nassa semistriata	14—17	8—9
— *Gallandiana*	16—18	7—7 1/4
— *ovoidea*	16—17	10—10 1/4
— *subcostulata*	19—20	9—9 1/2

Genre **Amycla** (p. 142)

L'étude de ce genre nous a conduit à distinguer quatre espèces absolument distinctes par leur taille, leur galbe ou leur ornementation.

1° *Amycla varicosta*, Risso. — Coquille toujours de grande taille, obèse, ventrue, à spire peu élevée, avec le dernier tour bien développé; sur tous les tours on distingue des côtes longitudinales plus ou moins nombreuses, assez espacées, s'atténuant à la base du dernier tour.

2° *Amycla corniculata*, Olivi (1). — Coquille de grande taille, souvent même plus grande que la précédente, d'un galbe plus élancé, moins ventru, avec la spire plus haute, plus accusée, sans costulation sur le dernier tour ; à peine remarque-t-on quelques très légères costulations plus ou moins obsolètes sur les premiers tours.

3° *Amycla Monterosatoi*, Nov. Sp. — Coquille de petite taille, plus mince, plus allongée que la précédente, avec la spire encore plus haute, la ligne suturale plus oblique, le profil des tours moins arrondi, le test plus lisse et plus brillant, l'ouverture proportionnellement plus courte, plus arrondie ; etc.

4° *Amycla elongata*, Nov. Sp. — Coquille de grande taille, mais très étroite, très effilée, lancéolée ; sa taille atteint en longueur celle de l'*Amycla cornicula*, tandis que son diamètre maximum ne dépasse pas celui de l'*Amycla Monterosatoi ;* ligne suturale très oblique ; tours à peine

(1) Au substantif *cornicula* proposé par Olivi, nous avons substitué, conformément aux règles de la nomenclature, l'adjectif *corniculata*.

arrondis, séparés par une suture peu profonde ; ouverture peu haute, bien arrondie ; dernier tour proportionnellement peu développé ; etc.

Comme on le voit, ces quatre types sont de plus en plus minces ; chacun d'eux comporte un certain nombre de variétés et de sous-variétés, basées sur la taille, sur la coloration, etc.

Voici leurs dimensions principales comparatives :

	HAUTEUR TOTALE	DIAMÈTRE MAXIMUM
Amycla raricostata	15—19	8—9
— *corniculata*	14—16	8—9
— *Monterosatoi*	8—12	5—6
— *elongata*	15—16	5—6

Groupe du **Purpura hæmastoma** (p. 145)

Il existe au moins deux espèces françaises dans le groupe du *Purpura hæmastoma*. Déjà M. le Dr P. Fischer a distingué deux formes tout à fait typiques (1) : la première, à laquelle nous conservons le nom *P. hæmastoma*, est plus particulièrement méditerranéenne ; elle est caractérisée par un dernier tour médiocrement renflé, portant des rangées de tubercules très peu saillants. La seconde, que nous désignons sous le nom de *P. Oceanica*, est au contraire plus spécialement répandue sur les côtes de l'Océan ; cette dernière espèce est remarquable par sa taille qui devient quelquefois énorme (haut. 10 cent. ; diam. 7 cent.); son dernier tour est plus renflé dans le haut, et il porte deux rangées supérieures de tubercules très proéminents, laissant entre elles une surface déclive et profonde ; les tubercules existent aussi sur les autres tours, mais ils sont moins saillants ; la spire est relativement plus courte que chez le *Purpura hæmastoma ;* la forme générale est massive et très trapue. Chez les coquilles fraîches, l'ouverture est intérieurement d'un beau rouge.

Groupe du **Purpura lapillus** (p. 146)

Il est incontestable que le *Purpura lapillus*, plus correctement qualifié *P. lapillina*, est une coquille des plus polymorphes. Néanmoins nous estimons qu'il importe de distinguer dans ce groupe trois formes spécifiques très nettement établies.

1° *Purpura lapillus*, LINNÉ. — Forme-type bien connue, très poly-

(1) P. Fischer, 1865. *In Act. soc. Lin. Bord.*, XXV, p. 333.

morphe, mais d'un galbe toujours renflé, avec une spire peu élevée, quelle que soit la taille de la coquille ; le test est plus ou moins rugueux, mais non imbriqué. C'est la forme la plus commune, la plus répandue dans la Manche et dans l'Océan.

2° *Purpura imbricata*, DE LAMARCK. — Cette espèce, établie par de Lamarck a été confondue par la plupart des auteurs avec le véritable *Purpura lapillus;* chez cette espèce, quel que soit l'âge de la coquille, il existe sur les cordons décurrents de véritables imbrications squammeuses tout à fait caractéristiques, toujours visibles quand la coquille est fraîche.

3° *Purpura Celtica*, Nov. Sp. — Nous désignons sous ce nom une forme étroite, allongée, à spire haute, à tours plus arrondis, à ouverture plus petite, avec son dernier tour moins renflé, moins développé que chez n'importe quelle variété du type. Une telle forme est constante, et nous avons pu nous assurer qu'elle constitue, comme la précédente, de véritables colonies. Ce n'est donc nullement un fait accidentel. On remarquera, en outre, que comme habitat, le *Purpura imbricata* ne descend pas aussi au sud que le *Purpura lapillus*. Ces trois espèces sont très bien figurées dans les atlas de Kiener et de Forbes et Hanley.

Cassis Adansoni, Nov. Sp. (p. 148)

On confond généralement, sous le nom de *Cassis Saburon*, deux formes spécifiquement distinctes ; la première, plus particulièrement océanique, est courte, ramassée, trapue, avec une spire très peu élevée, des tours peu étagés, croissant lentement ; cette forme est de beaucoup la plus commune ; nous lui conserverons son ancien nom de *Cassis Saburon*, sous lequel elle est le plus ordinairement figurée, ou mieux *C. Saburoni*, si l'on veut se conformer aux règles de la nomenclature. La seconde semble, au contraire, plus spécialement méditerranéenne, quoiqu'elle vive également dans l'Océan ; elle est de taille plus forte, mais surtout d'un galbe plus allongé, moins trapu, moins raccourci ; sa spire est notablement plus haute, plus acuminée, ses tours plus étagés : c'est cette dernière forme que nous désignons sous le nom de *Cassis Adansoni*.

Cassis Gmelini, Nov. Sp. (p. 148)

Il y a également lieu de distinguer deux espèces pour le moins, chez le *Cassis*, que les auteurs désignent sous le nom de *Cassis sulcosa* ou

C. undulata. Déjà M. le Mis de Monterosato, ainsi que MM. Bucquoy, Dautzenberg et Dollfus ont distingué les var. *ampullacea*, *crassa*, *elongata*, *varicosa* et *granulata*. La forme *ampullacea* se rapporte, croyons-nous, à une variété du type du *Cassis undulata* qui est déjà lui-même d'un galbe assez ventru, à spire courte, peu élevée. La var. *crassa* se rattache à toutes les formes *ampullacea* ou *elongata*. La var. *varicosa* n'est qu'un accident appliquable à toutes les espèces comme à toutes leurs variétés. La var. *granulata* est probablement le *Cassis granulata* de Petit de la Saussaye (1).

Reste donc la var. *elongata* qui, selon nous, doit être élevée au rang d'espèce. Sa taille est souvent très forte, son test un peu mince ; enfin sa spire est toujours proportionnellement plus haute, plus acuminée ; son dernier tour est toujours moins renflé, moins ventru par rapport à la hauteur totale. Cette espèce, que nous désignons sous le nom de *Cassis Gmelini*, est bien figurée dans l'atlas de M. Hidalgo ; elle est elle-même également susceptible de présenter un certain nombre de variétés.

Groupe du **Cassidaria echinophora** (p. 149)

Nous avons cru devoir démembrer le *Cassidaria echinophora* en quatre espèces bien distinctes. Déjà MM. Tiberi, de Monterosato, Bucquoy, Dautzenberg et Dollfus ont reconnu que l'on comprenait sous une dénomination unique plusieurs formes bien distinctes. Mais ces auteurs n'ont pas érigé en espèces ces prétendues variétés.

1° *Cassidaria echinophora*, Linné. — Dans le type, le dernier tour de la coquille est garni de nodosités saillantes et espacées ; à ce type, figuré par MM. Bucquoy, Dautzenberg et Dollfus, pl. VIII, fig. 1-2 se rattachent une série de variétés *subnodulosa* (pl. VIII, fig. 3), dans lesquelles il n'existe plus sur le dernier tour que quatre, trois ou deux rangées de tubercules plus ou moins saillants ou obsolètes. C'est en général une forme à spire médiocrement élevée, et dont l'ensemble est assez globuleux.

2° *Cassidaria Bucquoyi*, Nov. Sp. — Le *Cassidaria Bucquoyi* est figuré dans le même ouvrage, pl. IX, fig. 1. C'est une coquille à test toujours très épais, solide, d'un galbe un peu élancé, avec une spire plus haute, un dernier tour moins renflé, plus allongé ; sur ce tour, il n'existe qu'une seule rangée de tubercules situés à la partie supérieure ; enfin le

(1) Petit de la Saussaye, 1852. *In Journ. conch.*, III, p. 196.

péristome est en général très épais et d'un blanc très pur. Cette forme est du reste peu commune, mais toujours très nettement distincte des formes voisines.

3° *Cassidaria mutica*, TIBERI. — Coquille de taille assez forte, d'un galbe un peu allongé, avec une spire médiocre, le dernier tour un peu ventru ; sur ce dernier tour il n'existe aucune trace de tubercule, pas même à la partie supérieure ; il n'y a que des ceintures décurrentes absolument lisses, sans nodosités. Cette forme a été, par suite de son mode d'ornementation, souvent confondue avec le *Cassidaria rugosa, vel C. Tyrrhena*, dont la taille est plus grande, le galbe plus court, plus ventru, plus ramassé, et les cordons décurrents plus réguliers et plus étroits, etc. Nous conservons pour cette espèce le nom de *C. mutica*, proposé par Tiberi, ce nom ayant été adopté en Italie et dans plusieurs collections.

4° *Cassidaria Dautzenbergi*, NOV. SP. — Sous ce nom, nous désignons une forme des plus globuleuses, à spire très courte, avec le dernier tour très développé, sans aucunes traces de nodosités, et portant comme ornementation des cordons décurrents assez larges mais souvent peu saillants. C'est la var. *curta* de MM. Bucquoy, Dautzenberg et Dollfus, figurée pl. IX, fig. 2 de leur atlas. Cette forme se rapproche également du *Cassidaria rugosa*, mais elle est toujours de taille plus petite, et d'un galbe encore plus court et plus raccourci ; enfin ses cordons décurrents sont toujours plus larges.

Cassidaria rugosa, LINNÉ (p. 150)

Avec M. Hidalgo, nous adoptons pour cette espèce le nom de *Cassidaria rugosa*, proposé par Linné, antérieurement à celui de *C. Tyrrhena*, donné à la même espèce par Chemnitz, et nous renvoyons à l'historique savamment écrit par cet auteur à propos de cette espèce.

Tritonium glabrum, NOV. SP. (p. 154)

Cette forme bien typique a été confondue avec le *Tritonium variegatum* de Lamarck, espèce de la mer des Indes. Elle est caractérisée par une taille plus petite que celle du *Tritonium nodiferum*, par un galbe plus mince, plus élancé ; par une spire un peu plus haute ; enfin par l'absence de tubercules sur les tours de la spire. C'est du reste une espèce rare.

Groupe du **Tritonium cutaceum** (p. 155)

Nous admettons dans ce groupe trois espèces bien caractérisées et bien distinctes.

1° *Tritonium cutaceum*, DE LAMARCK. — C'est l'espèce-type bien connue, d'un galbe court, renflé, avec une columelle courte et large, des tubercules saillants, régulièrement espacés, une spire médiocrement élevée, etc. Cette forme est bien décrite et bien figurée chez nombre d'auteurs.

2° *Tritonium Danieli*, Nov. Sp. — Coquille de taille plus petite, d'un galbe beaucoup plus étroit, plus allongé; spire assez élevée ; dernier tour peu renflé; columelle étroite et allongée; tubercules peu saillants, très larges ; cordons décurrents forts et bien marqués; ouverture pyriforme, terminée à la base par un canal étroit et allongé ; ombilic étroit; etc. Cette forme, comme on le voit, est bien distincte de la précédente. Nous en trouvons une bonne figuration dans l'atlas de M. Hidalgo. M. le Dr Daniel nous en a communiqué un très bon type.

3° *Tritonium curtum*, Nov. Sp. — La var. *curta* de MM. Bucquoy, Dautzenberg et Dollfus, constitue plus qu'une simple variété. C'est une forme très courte, très trapue, à spire peu élevée, avec le dernier tour peu développé en hauteur, un profil bien découpé ; etc. On rencontre souvent chez cette espèce des sujets de petite taille qui constituent une var. *minor* bien définie.

Groupe du **Murex brandaris** (p. 158)

De Blainville a très exactement figuré les trois espèces que nous comprenons dans ce groupe.

1° *Murex brandaris*, LINNÉ. — C'est la forme-type si commune, si répandue, avec deux rangées d'épines plus ou moins fortes, plus ou moins développées sur le dernier tour, et un canal très allongé, mais de longueur variable.

2° *Murex trispinosus*, Nov. Sp. — Coquille de taille généralement plus petite que le type, avec le dernier tour court et renflé, terminé par un canal long, très étroit, étranglé brusquement à la base ; spire courte, peu étagée; sur le dernier tour, on observe trois rangées d'épines peu hautes, mais bien distinctes. Linné avait déjà observé cette forme et la désignait sous le nom de *var.* α; elle paraît peu commune.

3° *Murex brandariformis*, Nov. Sp. — C'est la forme de passage entre le groupe du *Murex brandaris* et celui du *M. erinaceus*. Coquille de taille moyenne, à spire un peu élevée ; dernier tour bien développé, assez allongé dans le bas, terminé par un canal assez court, large, un peu recourbé ; dans cette espèce, les épines sont remplacées par des côtes longitudinales qui règnent sur toute la spire et sur le dernier tour, au nombre de six ou sept, régulièrement espacées ; au point de rencontre de chaque côté et de la ligne carénale du haut du dernier tour, il se produit une saillie subépineuse peu élevée, assez large à la base ; sur le canal, il n'existe aucune épine ; enfin, dans cette espèce, les stries décurrentes sont plus fortes, plus rapprochées que chez ses congénères du même groupe. La figuration donnée par de Blainville représente très exactement cette espèce.

Murex decussatus, Brocchi (p. 161)

Le *Murex decussatus* de Brocchi ne doit pas être confondu avec le *Murex erinaceus*. C'est, nous le reconnaissons, une espèce fort voisine, mais qui en est pourtant suffisamment différente. Chez le *M. erinaceus*, le galbe général est plus renflé ; mais en outre, dans l'ornementation, les varices foliacées, à leur rencontre avec les cordons décurrents, forment des saillies plus fortes, plus élevées ; chez le *M. decussatus*, ce sont, au contraire, les cordons décurrents qui sont plus forts, tandis que les varices sont moins lamelleuses et moins saillantes à leur point de rencontre avec les cordons ; le test paraît aussi, chez cette dernière espèce, moins foliacé et plus noueux.

Murex cingulifer, de Lamarck (p. 161)

Le *Murex cingulifer* de Lamarck, tel qu'il est figuré dans l'atlas de Kiener, ne parait différer du *Murex Tarentinus* que par une question de coloration. Cependant nous observerons que chez le *M. cingulifer*, le galbe est toujours élancé, la spire plus haute, le dernier tour plus étroit, plus allongé ; la spire a un profil plus découpé, les tours sont moins empâtés ; l'ornementation est également différente ; les côtes longitudinales sont plus étroites et moins saillantes, tandis que les cordons décurrents sont au contraire un peu mieux accusés et plus étroits ; enfin, l'ouverture paraît plus allongée, plus grande, et le péristome est moins épais. Cette forme, telle que nous venons de la décrire, et qui correspond, croyons-nous, au véritable *Murex cingulifer*, est plus particulièrement océanique.

Groupe du **Murex Blainvillei** (p. 161)

Nous avons établi dans le groupe du *Murex Blainvillei* trois espèces bien distinctes :

1° *Murex Blainvillei*, Payraudeau. — Le type du groupe est très bien figuré dans l'atlas de MM. Bucquoy, Dautzenberg et Dollfus ; c'est le même type que celui de Corse, décrit et figuré par Payraudeau. Dans ce type, la forme est assez élancée, le dernier tour est terminé par un canal allongé et étroit ; l'ouverture est assez grande, légèrement bordée intérieurement, et ornée de petits tubercules saillants ; enfin, le test, assez mince, est orné de plis longitudinaux ou de varices, et de cordons décurrents élevés, chargés d'épines subcanaliculées ou de tubercules noduleux (1).

2° *Murex inermis*, de Monterosato. — Chez cette espèce, le galbe est plus court ; la spire reste tout aussi développée que dans le type, mais le dernier tour est plus ventru et moins allongé ; il est terminé par un canal toujours plus court et très notablement plus large ; le test est plus épais ; l'ouverture, moins large, est bordée intérieurement par un épais bourrelet ; enfin, les épines formées à la rencontre des varices et des cordons décurrents sont toujours plus courtes, moins acuminées, plus tuberculeuses ; etc. Philippi, sous le nom de *Murex cristatus* (var. *inermis*) a donné une figuration qui convient assez bien à cette espèce.

3° *Murex porrectus*, Nov. Sp. — Coquille de taille plus grande que celle des deux espèces précédentes, d'un galbe plus étroit, plus allongé ; spire élevée, acuminée, avec des tours moins bien découpés, mais plus étagés ; dernier tour moins ventru, bien allongé dans le bas ; canal court et large ; ouverture étroite ; tubercules mutiques. Cette forme, bien typique, est constante dans ses caractères ; nous l'avons observée dans plusieurs stations. De Blainville, dans son texte, en fait un Cancellaire, tandis que dans ses planches, il l'inscrit sous le nom de *Murex* ; sa figuration (pl. V, fig. 4) est exacte et se rapproche beaucoup de notre type.

(1) Dans la figuration donnée par Payraudeau, le canal est un peu trop court et surtout trop large. Nous avons pu vérifier le fait d'après de nombreux échantillons soit de France, soit de Corse.

Murex subaciculatus, Nov. Sp. (p. 164)

Coquille de petite taille, d'un galbe court, renflé ; spire peu élevée ; tours à profil bien arrondi, séparés par une ligne suturale peu profonde ; dernier tour très gros, très ventru, terminé par un canal très court, assez large, presque toujours ouvert à la partie supérieure ; ouverture arrondie ; labre plissé intérieurement ; sur le dernier tour on distingue des côtes longitudinales peu saillantes, larges, régulièrement espacées, recoupées par des stries décurrentes assez fortes, formant, par leur rencontre avec les côtes, de petites saillies légèrement squammeuses. Cette espèce est bien figurée par M Hidalgo.

Euthria minor, Bellardi (p. 170)

C'est, croyons-nous, la première fois que cette espèce est citée à l'état vivant dans notre faune française. C'est toujours une espèce rare ; nous n'en possédons qu'un seul échantillon, mais il est parfaitement caractérisé. Si nous le comparons avec la figuration donnée par Bellardi, nous voyons que notre échantillon est un peu plus allongé, avec un canal un peu plus long et un peu plus étroit, mais l'ornementation des tours est absolument la même. Nous ferons de notre coquille une var. *elongata* du type.

Fusus carinulatus, Nov. Sp. (p. 171)

Sous cette appellation, nous comprenons une forme méditerranéenne de *Fusus* qui nous paraît absolument distincte du *Fusus rostratus*. Le *F. rostratus*, tel que l'a décrit Brocchi, est une coquille de taille généralement plus forte que celle du *F. rostratus* d'Olivi ; son galbe est moins allongé, moins effilé ; ses tours ont un profil plus anguleux ; à la partie supérieure de chaque tour, on distingue nettement une carène anguleuse, saillante, ondulée à la rencontre des varices longitudinales ; cette carène est formée par le développement particulier de l'un des cordons décurrents. La présence de cette carène donne à la coquille un faciès tout particulier qui permettra toujours de la distinguer facilement. C'est du reste une forme peu commune.

Groupe du **Cerithium tuberculatum** (p. 178)

Il est facile de dire que le *Cerithium tuberculatum* est très polymorphe, lorsque l'on ne veut pas prendre la peine d'en étudier les différentes variations. Mais il est facile aussi, et cela nous pouvons l'affirmer, de distinguer un certain nombre de formes bien caractéristiques, qui constituent pour nous autant de formes spéciales. MM. Bucquoy, Dautzenberg et Dollfus ont, après Philippi, bien classé les différentes formes de ce groupe. Malheureusement, leur champ d'exploration était un peu restreint; nous allons essayer de l'élargir (1).

1° *Cerithium tuberculatum*, Linné. — Le type, tel que l'a compris Bruguière, est une coquille de grande taille, d'un galbe allongé, mais un peu renflé à la base, ce qui donne à la spire, à partir du milieu du dernier tour jusqu'au sommet, un profil un peu curviligne; les tubercules ornementaux de la carène sont assez rapprochés, saillants et pointus; ceux de la suture sont, au contraire, plus développés, arrondis, obtus; le canal est court et un peu infléchi; cette forme est bien figurée dans nombre d'iconographies.

A côté du type, se rangent de nombreuses variétés. Nous citerons notamment une var. *minor*, de même allure que le type, mais de taille bien plus petite. Nous donnerons plus loin les dimensions comparatives des différentes formes de ce groupe.

2° *Cerithium provinciale*, Nov. Sp. — Nous désignons sous ce nom une coquille qui, pour un même diamètre maximum, a une hauteur totale bien moindre que le type; c'est donc une forme courte, ventrue, ramassée, avec un profil bien curviligne; les tubercules sont plus forts, plus saillants, plus pointus que chez le *C. tuberculatum;* la varice du dernier tour opposée au labre est à peine saillante; le dernier tour est presque exactement arrondi; enfin, le canal est très court et bien infléchi.

3° *Cerithium alucastrum*, Brocchi. — Coquille de grande taille, étroite, allongée, à profil presque exactement rectiligne; tubercules de la carène allongés dans le sens de la hauteur, bien saillants au milieu; tubercules suturaux au contraire peu saillants, très atténués, réduits parfois à de légères saillies; dernier tour bien déprimé vers l'ouverture; plis opposés au labre forts et accentués; canal allongé, presque droit.

(1) Le *C. metulatum*, de Lovén, doit, croyons-nous, être de préférence classé parmi les véritables *Bittium*. C'est par erreur que nous l'avons rangé dans notre *Podrome* parmi les *Cerithium* de ce groupe (*vide*, p. 189).

4° *Cerithium subvulgatum*, Nov. Sp. — Coquille de grande taille, à profil presque rectiligne, ou à peine curviligne ; tubercules carénaux peu nombreux, forts, pointus, peu développés à la base ; tubercules suturaux très atténués, à peine saillants ; dernier tour arrondi ou légèrement déprimé vers l'ouverture ; pli opposé au labre, fort et saillant ; canal très court, un peu infléchi. — MM. Bucquoy, Dautzenberg et Dollfus ont représenté un bel échantillon de ce type (pl. XXII, fig. 7) ; mais on trouve plus fréquemment une variété minor de même allure, de même galbe, mais dont la taille est presque moitié moindre.

5° *Cerithium Bourguignati*, Nov. Sp. — Coquille de taille moyenne, d'un galbe court, ramassé, ventru, à profil bien curviligne ; tubercules carénaux nombreux, bien développés, saillants ; tubercules suturaux obtus, très rapprochés, assez saillants, formant un cordon continu et régulier ; à la base du dernier tour, les cordons décurrents sont très saillants et également mamelonnés ; dernier tour peu aplati vers l'ouverture ; pli opposé au labre long, mais peu saillant ; canal très court, infléchi.

6° *Cerithium Servaini*, Nov. Sp. — Coquille de taille moyenne, d'un galbe régulièrement allongé, à profil très rectiligne ; tubercules carénaux assez nombreux, peu saillants, très allongés, sous forme de varices recouvrant chaque tour presque en entier, et tendant à se confondre avec les tubercules suturaux ; dernier tour arrondi ; pli opposé au labre, nul ou presque nul ; canal très court ; sur le dernier tour, les nodosités sont également très allongées et peu saillantes, tandis que les cordons décurrents de la base sont presque nuls.

7° *Cerithium muticum*, Nov. Sp. — Coquille de taille moyenne, médiocrement renflée, à profil presque rectiligne ou légèrement curviligne ; tubercules obsolètes, réduits à de simples varices courtes, peu saillantes ; cordons décurrents très enfoncés ; dernier tour assez fortement déprimé.

8° *Cerithium stenodeum*, Nov. Sp. — Coquille de taille assez forte, d'un galbe très étroit, très allongé, lancéolé, à profil absolument rectiligne ; tubercules bien développés, déterminant des plis longitudinaux dont plusieurs sont variqueux ; dernier tour peu développé, aplati vers l'ouverture, avec un pli opposé au labre très saillant, très allongé, sous forme de varice, s'étendant sur tout le dernier tour ; canal assez allongé, bien recourbé.

Voici les dimensions comparatives de ces différents types.

	HAUTEUR TOTALE	DIAMÈTRE MAXIMUM (1)
Cerithium tuberculatum	50—60	19—20
— — *var. minor.*	23—35	8—12
— *provinciale*	38—41	16—17
— *alucastrum*	55—58	16—18
— *subvulgatum*	41—44	14—16
— — *var. minor*	30—35	10—11
— *Bourguignati*	28—35	11—12
— *Servaini*	30—32	9—11
— *muticum*	32—34	10—11
— *stenodeum*	38—40	8—10

Groupe du **Cerithium rupestre** (p. 181)

Nous avons admis dans ce groupe trois formes spécifiques distinctes par leur galbe et par leur mode d'ornementation.

1° *Cerithium rupestre*, Risso. — Ce type est bien décrit et figuré par la plupart des auteurs ; l'ornementation est bien expliquée dans l'ouvrage de MM. Bucquoy, Dautzenberg et Dollfus : « tours peu convexes, traversés par des stries décurrentes fines et nombreuses et par deux rangées de tubercules. Les tubercules de la rangée supérieure, situés immédiatement en dessous de la suture, sont petits et peu saillants ; ceux du milieu des tours sont beaucoup plus gros, saillants, pointus et peu espacés. Sur la partie inférieure du dernier tour, on observe plusieurs cordons décurrents qui offrent à peine quelques traces de tubercules. »

2° *Cerithium strumaticum*, Nov. Sp. — Coquille de taille un peu plus forte, mais moins ventrue, d'un galbe effilé, mince, régulièrement conique ; tours à peine convexes, ornés de plis longitudinaux ondulés, saillants, régulièrement espacés, formés par la réunion de deux rangées de tubercules dont la hauteur s'égalise ; sur le dernier tour, on distingue encore pourtant la rangée supérieure des tubercules ; la rangée inférieure est représentée par des plis peu saillants, et qui ne s'étendent pas au delà du milieu du tour.

Cette espèce, dont nous ne connaissons pas de bonne figuration, est pourtant assez répandue ; elle diffère du *Cerithium rupestre* par son galbe notablement plus grêle, plus effilé, plus régulièrement conique, et par

(1) Pour rendre ces diamètres plus comparatifs, nous les avons tous pris au-dessus de l'ouverture, sur le dernier tour.

son mode d'ornementation qui est absolument distinct. Il existe à côté du type une variété *major* et une variété *ventricosa*. Ce sont les deux formes dont MM. Bucquoy, Dautzenberg et Dollfus ont donné la figuration (pl. XXIII, fig. 5 et 6).

3° *Cerithium Massiliense*, Nov. Sp. — Coquille de petite taille, d'un galbe renflé à la base, avec un profil bien curviligne; dans cette espèce, l'ornementation est comme obsolète ; le cordon supérieur des tubercules est réduit à une ligne de granulations, visible surtout sur l'avant-dernier tour et sur le dernier; le cordon inférieur porte des tubercules courts mais distincts, émoussés, atténués dès les premiers tours. Enfin, dans cette espèce, le canal de la base de l'ouverture est proportionnellement un peu plus allongé que chez les espèces précédentes.

Voici les dimensions comparatives de ces différentes espèces et de leurs variétés :

	HAUTEUR TOTALE	DIAMÈTRE MAXIMUM
Cerithium rupestre	22—26	9—10 1/2
— *strumaticum* (type)	20—23	6 1/2—7 1/2
— — *var. major*	24—27	8—9
— — *var. ventricosa*	22—24	10 1/2—11 1/2
— *Massiliense*	14—18	4 1/2—5 1/2

Triforis obesulus, Nov. Sp. (p. 187)

M. le marquis de Monterosato, d'une part, et après lui MM. Bucquoy, Dautzenberg et Dollfus, ont séparé du type du *Triforis perversus*, une forme de taille plus petite et d'un galbe pupoïde, qu'ils ont rangée sous le nom de var. *obesula*. Une telle forme doit être élevée au rang d'espèce. En effet, le *Triforis obesulus* diffère du type : par sa taille toujours petite ; par son galbe court, ventru, obèse à sa base ; par son profil bien plus nettement curviligne ; par le mode d'enroulement de ses tours, qui est nécessairement tout différent par suite du galbe même de la coquille ; etc. Cette petite forme est particulièrement bien représentée dans l'atlas de MM. Bucquoy, Dautzenberg et Dollfus, pl. XXVI, fig. 19 et 20.

Bittium paludosum, DE MONTEROSATO (p. 189)

M. de Monterosato a élevé au rang d'espèce une forme de *Bittium* bien connue et bien distincte, propre aux grands étangs méditerranéens des côtes de France, et qui ne saurait être confondue avec aucune des formes si multiples du *Bittium reticulatum*. Cette forme n'était considérée que comme simple variété par MM. Bucquoy, Dautzenberg et Dollfus qui, les premiers, en ont donné une description sommaire : « Elle est caractérisée par des tours bien courts et une sculpture décurrente fine, dominée par les plis longitudinaux. » Le *Bittium paludosum* diffère du *B. reticulatum*, de même taille : par son galbe plus étroit, plus allongé, plus régulièrement conique ; par ses tours de spire à profil plus arrondi, découpés par une ligne suturale plus profonde ; par son dernier tour plus développé, terminé par une ouverture plus saillante, plus arrondie, plus grande ; par son ornementation constituée par des plis longitudinaux ondulés, et non par des rangées de cordons décurrents formant un treillis tuberculeux régulier ; etc. Ce mode d'ornementation se retrouve un peu chez le *Bittinum Jadertinum*, mais il est moins nettement accusé chez cette dernière espèce. Ces deux coquilles sont du reste très nettement différentes et comme taille et comme galbe ; elles vivent en outre dans des milieux distincts. Il est fort possible que ces deux formes ne soient que les résultats dus à l'influence des milieux dans lesquels elles sont appelées à vivre ; mais comme elles sont parfaitement distinctes et qu'elles se reproduisent dans ces mêmes milieux toujours semblables à elles-mêmes, il convient de les admettre définitivement au rang d'espèces.

Bittium bifasciatum, NOV. SP. (p. 190)

Nous avons également élevé au rang d'espèce la variété *ex forma et colore, bifasciata*, Bucquoy, Dautzenberg et Dollfus, du *Bittium reticulatum*. Cette espèce, beaucoup plus rare que les espèces précédentes, est très nettement caractérisée. Chez cette coquille, les cordons décurrents sont à peine visibles, de telle sorte que le test semble uniquement costulé longitudinalement. Un tel mode d'ornementation ne permet pas de confondre cette espèce avec ses congénères.

Aporrhaidæ (p. 191)

Le genre *Aporrhais* renferme des coquilles d'un galbe extrêmement polymorphe ; si l'on voulait classer les formes multiples que l'on peut observer suivant le mode de digitation du bord apertural, on arriverait facilement à établir une dizaine d'espèces. On peut cependant réduire à trois groupes principaux ces innombrables variétés. Dans le type, les digitations sont au nombre de quatre ; les digitations supérieures et inférieures sont plus ou moins développées, parfois même en partie atrophiées, mais les digitations latérales sont toujours bien saillantes et réunies par une expansion du bord apertural plus ou moins prolongée. Dans l'espèce que nous appelons *A. bilobatus*, du nom proposé par M. Clément pour une simple variété, le galbe de la coquille paraît plus court, plus trapu, plus ramassé ; les digitations supérieure et inférieure sont courtes, souvent presque nulles ; les digitations latérales sont également courtes et réunies vers leur extrémité par une épaisse expansion du bord apertural ; c'est en quelque sorte une grossière ébauche du type. Une telle forme est très commune, très répandue, et si facilement distincte, qu'elle nous semble bien mériter le titre d'espèce. L'*Aporrhais Serresianus* est toujours d'un galbe plus grêle, plus délié, et en outre, ses digitations sont au nombre de cinq. Nous possédons un échantillon dans lequel le nombre des digitations s'élève à six ; outre les deux digitations supérieure et inférieure, on distingue quatre digitations latérales bien distinctes et régulièrement espacées. Nous considérons cette singulière forme, récoltée à Toulon, comme une variété, ou peut-être même une anomalie de l'*Aporrhais Serresianus*, jusqu'au jour où d'autres sujets pareils nous auront été signalés.

Scalaria obsita, Nov. Sp. (p. 196)

Coquille de grande taille, de même galbe ou d'un galbe un peu plus élancé que celui du *Scalaria communis* ; spire turriculée, un peu élancée ; tours bien convexes, séparés par une suture profonde ; côtes longitudinales légèrement arquées, élevées et réfléchies postérieurement ; sur le dernier tour, ces côtes sont au nombre de dix ; espace intercostal presque lisse, à peine très obtusément striolé ; ouverture arrondie, un peu anguleuse dans le haut ; columelle épaisse, un peu arquée. — Longueur : 32-33 millim. ; diamètre ; 11 à 12 millim.

Cette nouvelle espèce, voisine du *Scalaria communis*, en diffère : par sa taille toujours un peu plus grande ; par son galbe plus effilé, plus lancéolé ; par ses costulations un peu plus étroites, au nombre de 10, tandis qu'on n'en compte jamais que 9 dans le *Sc. communis* ; par son ouverture un peu moins arrondie ; etc.

Mesalia subdecussata, Cantraine (p. 194)

C'est par erreur que cette espèce figure parmi les espèces du genre *Scalaria* (p. 194). Il est aujourd'hui démontré que cette forme constitue un genre à part, le genre *Mesalia*, qui doit prendre place à la suite des *Turritella*. Nous l'avons, en effet, inscrit sous ce nom dans notre *Prodrome*.

Eulimidæ, Turbonillidæ, Ptychostomidæ (p. 205)

Les petites coquilles que nous avons rangées dans les trois familles suivantes : *Eulimidæ*, *Turbonillidæ* et *Ptychostomidæ*, ont été groupées de manières bien différentes par les auteurs. Nous ne citerons que les plus récents : Weinkauff (1), n'a point eu à s'occuper du genre *Pherusia* ; il rapproche les *Aclis* des *Scalaria* et range toutes les autres formes dans la famille des *Pyramidelidæ* de Gray. Il admet ainsi les genres *Turbonilla*, *Odontostomia*, *Chemnitzia*, *Eulimella*, *Eulima* et *Aclis*. Jeffreys (2) simplifie encore la classification, en n'admettant que les genres *Aclis*, *Odostomia* et *Eulima*. M. le marquis de Monterosato (3) répartit toutes ces coquilles dans deux familles, les *Pyramidellidæ* et les *Eulimidæ* ; les *Pyramidellidæ* sont subdivisés en vingt-et-un genres, savoir : *Menestho* Möller, *Noemia* de Folin, *Miralda* A. Adams, *Tragula* de Monterosato, *Trabecula* de Monter., *Pyrgulina* A. Adams, *Pyrgisculus* de Monter., *Pyrgolidium* de Monter., *Pyrgostelis* de Monter., *Pyrgostylus* de Monter., *Turbonilla* Risso, *Mumiola* A. Adams, *Odostomia* Fleming, *Megastomia* de Monter., *Brachystomia* de Monter., *Liostomia* G. O. Sars, *Auristomia* de Monter., *Auriculina* Gray, *Doliella* de Monter., *Eulimella* Forbes, et *Anysocycla* de Monter. ; les *Eulimidæ* comprennent les cinq genres suivants : *Eulima* Risso, *Vitreolina* de Monter., *Acicularia* de Monter., *Subularia* de Monter., et *Haliella* de Monter.

(1) Weinkauff, 1867-1868. *Die Conchylien des Mittelmeeres*, II, p. 207.
(2) Jeffreys, 1867-1869. *Brit. conch.*, IV, p. 98.
(3) De Monterosato, 1884. *Nom. conch. Medit.*, p. 84.

Tout récemment, M. le marquis de Folin (1) vient de proposer pour ces mêmes espèces une classification nouvelle ; il en fait une famille unique, celle des *Chemnitzidæ* qu'il divise en deux groupes suivant le galbe, et chaque groupe suivant la présence ou l'absence d'un pli à la columelle ; il obtient ainsi seize genres : *Eulimella, Chemnitzia, Aclis, Dunkeria, Turbonilla, Parthenia, Jaminea, Stylopsis, Oceanida, Salassia, Ondina, Mathilda, Odostomia, Elodia, Odella* et *Noemia*. La classification de M. de Folin est en quelque sorte mathématique, mais ne nous paraît pas toujours d'une application très facile. Chez ces petites espèces, la présence ou l'absence du pli à la columelle n'est pas toujours très nette ; le pli est souvent peu marqué, et dans tels genres des deux groupes à columelles dites lisses, on observe souvent un léger pli chez des sujets bien adultes et bien conservés.

Nous avons essayé de classer ces petites espèces suivant leur galbe et suivant leur mode d'ornementation.

Les *Eulimidæ* comprennent le genre *Eulima*, déjà connu ; ce sont des coquilles d'un galbe très allongé, aciculiforme, à test lisse, brillant, plus ou moins transparent. Toutes les espèces de cette famille sont déjà connues.

Les *Turbonillidæ* renferment des coquilles d'un galbe très allongé, plus ou moins subcylindriforme et diversement ornées. En général, le pli de la columelle est nul, peu saillant ou peu apparent. Dans cette famille, nous avons admis quatre genres :

1° Le genre *Eulimella* de Forbes, comprenant des coquilles très allongées, à columelle droite, sans trace de pli, à test lisse, etc. Ce sont les formes intermédiaires entre les *Eulimidæ* et les *Turbonillidæ*.

2° Le genre *Aclis* Lovén, renfermant des coquillles d'un galbe un peu conique, avec une ornementation spirale plus ou moins marquée. Suivant le profil des espèces, nous avons formé dans ce genre trois groupes renfermant huit espèces seulement.

3° Le genre *Turbonilla* Risso, comporte des coquilles de taille relativement forte, d'un galbe allongé, un peu cylindroïde et toujours orné de côtes longitudinales. Risso, en créant ce genre, a, en effet, admis les *T. plicatula*, *T. costulata* et *T. gracilis*, dont l'ornementation correspond exactement au genre tel que nous l'établissons ici. Nous ne comprenons pas pourquoi M. de Folin n'y fait, au contraire, rentrer que des coquilles lisses.

(1) De Folin, 1885. *Const. méth. fam. Chemnitzidæ.*

4° Le genre *Dunkeria* Carpentier, renferme des espèces d'un galbe voisin de celui des *Turbonilla*, mais chez lesquelles le mode d'ornementation est tout différent. Outre les costulations longitudinales, il existe un régime de stries décurrentes représentant l'ornementation spirale.

Les *Ptychostomidæ* renferment des espèces de taille plus petite, d'un galbe plus court, plus ramassé, à profil plus conique. Nous les avons répartis en sept genres.

1° Le genre *Parthenina* comprend des coquilles de taille assez courte, d'un galbe subcylindroïde plus ou moins ventru, avec une ornementation consistant en costulations longitudinales très apparentes et un système de stries décurrentes nulles ou très effacées. Dans ce genre, nous avons admis plusieurs groupes suivant l'affinité des nombreuses espèces qu'il comporte. Nous comprenons dans ce même genre les deux genres *Salassia* et *Elodia* de M. de Folin, genres dans lesquels l'ornementation est la même que chez nos *Parthenina*, mais dont les caractères columellaires sont par eux-mêmes insuffisamment définis pour constituer de bons genres.

2° Le genre *Ptychostomon* renferme des coquilles à test lisse, sans ornementation ; ce sont les espèces chez lesquelles le pli columellaire est en général le plus développé. Nous n'avons pas cru devoir conserver pour ce genre le nom d'*Odostomia*, créé par Fleming en 1819, nom barbare et contraire à toutes les règles de la nomenclature ; le nom rectifié et plus correct d'*Odontostomia*, proposé par plusieurs naturalistes, fait double emploi avec celui créé en 1841 par d'Orbigny, pour un groupe d'Hélices américaines. Nous avons donc cru devoir faire usage du mot *Ptychostomon*, qui convient mieux aux espèces dont nous nous occupons, car elles ont plutôt un pli qu'une véritable dent sur la columelle.

3° Le genre *Ondina* de Folin, comprend des coquilles de petite taille, d'un galbe ovoïde, chez lesquelles le mode d'ornementation paraît être exclusivement spiral.

4° Le genre *Pyramidella* de Lamarck, renferme une seule espèce des eaux profondes du golfe de Gascogne; il est caractérisé par un test presque lisse et des plis accusés sur la columelle ; à la rigueur, ce genre pourrait constituer une famille à part.

5° Le genre *Mathilda* O. Semper, comprend des coquilles d'un galbe similaire à celui des *Turritella*, et ayant pour type le *Turbo quadricarinatus* de Brocchi.

6° Dans le genre *Menestho* Möller, l'ornementation de la coquille est à la fois longitudinale et spirale, mais de telle façon qu'elle constitue sur la coquille une sorte de véritable quadrillage d'un faciès tout particulier.

7° Enfin, le genre *Pherusa*, créé par Jeffreys pour une espèce, le *Ph. Gulsonæ*, possède un galbe tout particulier, qui ne saurait être confondu avec aucune des formes précédentes. Les *Pherusidæ* peuvent former une famille tout à fait à part, qui pourrait même, à la rigueur, être classée après les *Rissoiidæ*.

Turbonilla terebella, Philippi (p. 217)

Le *Chemnitzia terebella* de Philippi est bien un véritable *Turbonilla*, comme nous l'avons indiqué (p. 217). Il conviendra donc de le supprimer (p. 222), de la série des *Parthenina* et de réunir les deux synonymies.

Parthenina flexicosta, Nov. Sp. (p. 222)

Nous ne connaissons le *Parthenina Jeffreysi* que par la description et la figuration qu'en ont données MM. Bucquoy, Dautzenberg et Dollfus, leur auteur; mais la forme qu'ils indiquent à titre de variété de cette jolie petite espèce, nous paraît tellement distincte du type, par son galbe plus étroit, plus allongé, par son ornementation avec des côtes bien flexueuse et non pas droite, etc., que nous sommes porté à croire qu'il s'agit là d'une espèce voisine de leur type, mais spécifiquement bien distincte.

Parthenina Bucquoyi, Nov. Sp. (p. 227)

Nous ferons pour cette espèce la même observation que pour la précédente ; établie à titre de variété du *Parthenina doliolum*, ses caractères sont très suffisamment tranchés pour qu'elle soit érigée au rang d'espèce. Son galbe, son allure, son ornementation la différencient complètement du type.

Menestho Dollfusi, Nov. Sp. (p. 227

Chez le *Menestho Humboldti* (1), tel qu'il est décrit par Risso, la coquille, toujours de petite taille, a un galbe court, ramassé, trapu ; les tours sont

(1) C'est par erreur que cette espèce a été indiquée une première fois dans notre *Prodrome* (p. 226), parmi les *Parthenina*. Cette indication fait double emploi avec celle qui est inscrite p. 227, et qui seule doit subsister.

bien étagés, la spire plus haute ; le test est orné d'un double réseau de stries longitudinales et spirales qui s'entrecoupent de façon à former une sorte de quadrillage régulier. Chez le *Menestho Dollfusi*, la coquille est un tiers plus grande ; son galbe est allongé, sa spire haute, acuminée, le dernier tour moins ventru, la suture notablement moins profonde, l'ouverture plus étroite, plus pyriforme ; enfin, le régime des stries longitudinales fait défaut, il ne subsiste plus que les stries décurrentes, ce qui donne à la coquille un faciès absolument différent de celui du *Menestho Humboldti*.

Rissoiidæ (p. 238)

Comme pour le groupe précédent, les naturalistes ne sont pas encore d'accord sur le mode de groupement qu'il convient d'adopter pour les très nombreuses espèces qui constituent cette famille. Les uns n'admettent qu'un seul genre, le genre *Rissoia* et le subdivisent en sous-genres qui disparaissent nécessairement dans l'appellation binominale ; d'autres, au contraire, ont pratiqué dans cette famille de nombreuses coupes génériques, basées parfois sur des caractères un peu difficiles à saisir. Nous avons essayé de prendre un terme moyen entre les deux systèmes, en établissant nos genres sur de grande coupes. Nous avons été ainsi conduit à admettre les huit genres suivants :

1. Genre *Alvania*. — Coquille au test solide, épais, d'un galbe court, globuleux, orné d'un double réseau de stries spirales et longitudinales plus ou moins accentuées. Nous avons ensuite subdivisé ce genre, qui ne comprend pas moins de trente-six espèces, en huit groupes, suivant l'affinité plus ou moins grande des espèces qu'il comporte.

2° Genre *Rissoina*. — Nous avons maintenu ce genre tel qu'il avait été admis par d'Orbigny, pour des *Rissoina* turriculées et non globuleuses, à test orné de côtes assez fortes et allongées. Ce petit genre ne comprend que quatre espèces.

3° Genre *Zippora*. — Ce genre, créé par Leach, a été repris par M. le marquis de Monterosato, dans sa nouvelle étude sur les coquilles du littoral méditerranéen. Il comprend des coquilles à test mince, au galbe allongé, chez lesquelles le péristome est plus ou moins dilaté, avec la columelle subdentée. Ce genre comprend six espèces.

4° Genre *Rissoia*. — Nous classons ici les véritable *Rissoia* ayant une coquille médiocrement allongée, à test mince, avec péristome non dilaté et diversement orné. Nous connaissons vingt-huit espèces appartenant à ce genre, réparties dans cinq groupes, suivant leur galbe général. Nous avons admis dans ce genre plusieurs formes nouvelles.

5° Genre *Plagiostyla*. — Ce genre a été créé par M. le Dr Fischer pour des *Rissoia* d'un galbe court, très ramassé, globuleux, à test lisse, translucide, à spire papilleuse, avec un péristome bordé. Nous n'en connaissons encore qu'une seule espèce.

6° Le genre *Cingula*. — Ce genre *Cingula* comprend les petits *Rissoia* pupiformes, d'un galbe plus ou moins court, à test lisse, plus ou moins épais. Il renferme vingt-deux espèces.

7° et 8° Enfin, les genres *Jeffreyssia* et *Barleeia*, sont déjà connus et adoptés par la plupart des auteurs.

Comme on le voit, cette famille comporte plus de quatre-vingt-dix espèces. Il était évidemment nécessaire d'introduire dans une pareille nomenclature quelques coupes génériques d'autant plus faciles à établir que par leur galbe général, par leur allure, par leur ornementation, la plupart de ces espèces se prêtent aisément à un pareil mode de groupement.

Alvania Russinoniaca, Nov. Sp. (p. 248)

Cette forme, distinguée pour la première fois par M. le marquis de Monterosato et figurée par MM. Bucquoy, Dautzenberg et Dollfus, est voisine, comme galbe, de l'*Alvania carinata* de da Costa, mais elle en diffère notablement par son mode d'ornementation. Chez l'*Alvania carinata*, les tours sont nettement étagés les uns au-dessus des autres, et sont découpés par un régime de trois cordons spiraux étroits, saillants, élevés en lamelle ; entre le cordon supérieur et la ligne suturale, il existe une partie méplane toujours plus grande que l'espace compris entre deux cordons consécutifs; c'est précisément ce mode d'ornementation qui donne à la coquille un facies tout particulier. Chez l'*Alvania Russinoniaca*, les cordons s'abaissent, deviennent à peine saillants ; en outre, ils sont régulièrement espacés. Dans ces conditions, les tours paraissent plus arrondis et ne présentent pas le même profil. Il est à remarquer que la première de ces formes est plus particulièrement océanique, tandis que la seconde semble, au contraire, méditerranéenne.

Rissoia variabilis, Megerle von Muhlfeld (p. 255)

Malgré le polymorphisme apparent du *Rissoia variabilis*, on peut facilement ranger toutes ses formes dans trois catégories constituant des espèces bien définies.

1° *Rissoia variabilis.* — Le type, tel que l'a présenté Desmarest, est une coquille de taille moyenne, à spire médiocrement allongée, peu ventrue à la base, composée de huit à neuf tours de spire. Ce type comporte lui-même un certain nombre de variétés basées, soit sur le galbe, soit sur la disposition ornementale. Dans l'atlas de MM. Bucquoy, Dautzenberg et Dollfus, la figure 4 représente très exactement le type, et la figure 5 une variété *elongata.*

2° *Rissoia protensa*, Nov. Sp. — Coquille de taille toujours plus grande que la précédente, d'un galbe général plus étroit, plus allongé, moins ventru à la base ; spire composée de neuf à dix tours, plus hauts, plus étagés, le dernier plus développé en hauteur et terminé par une ouverture un peu moins arrondie. Costulation plus étroite, plus allongée, moins saillante, ayant l'apparence de varices régulières. Cette espèce constitue des colonies méditerranéennes bien distinctes et bien localisées.

3° *Rissoia neglecta,* Nov. Sp. — Coquille de taille plus petite que le type, à spire courte, composée de six à sept tours seulement; dernier tour subglobuleux, ventru ; ouverture bien arrondie ; costulations courtes, bien saillantes, s'étendant sur une grande partie du dernier tour ; etc.

Nous n'avons tenu aucun compte, dans ces trois espèces, de la coloration et du mode d'ornementation épidermique qui sont extrêmement variables et qui, à nos yeux, ne sont susceptibles de constituer que de simples variétés. Bornons-nous à dire que chez le *Rissoia neglecta,* le test est ordinairement plus coloré et plus élégamment ornementé par des linéoles, que chez les deux autres espèces que nous venons de citer.

Cingula glabrata, Megerle von Muhlfeld (p. 268)

L'*Helix glabrata* de Megerle von Mühlfeld, a été envisagé tantôt comme un Odostomia, tantôt comme un Rissoia. Forbes et Hanley, dans le *British mollusca* l'indiquent avec un peu de doute, il est vrai, comme un *Odostomia* et lui donnent pour synonymes les *Rissoa punctulum* et *glabrata* de Philippi. Sowerby, dans son *Index*, figure pl. XVIII, un *Odostomia glabrata* Mühlfeld, et pl. XIV, un *Risso glabrata* Jeffreys, nov. sp. Nous-même, nous avons fait, dans la synonymie de nos *Ptychostomon glabratum* et *Cingula glabrata* quelque confusion. Pour éviter to :te nouvelle erreur, nous substituerons au nom de *Ptychostomon glabratum*, celui de *Ptychostomon Megerlei* (p. 234), et nous conserverons comme synonymie celles de Sowerby, et de Forbes et Hanley. Ce nom s'appliquera ainsi à la forme exclusivement océanique. Nous garderons (p. 268) le nom de *Cingula glabrata* à l'espèce créée par Megerle von Mühlfeld, sous le nom d'*Helix glabrata*, avec les différents synonymes que nous avons indiqués.

Barleeia elongata, Nov. Sp. (p. 272)

Le *Barleeia elongata* est voisin du *Barleeia rubra* ; il en diffère : par sa taille plus forte (4 mill. 1/2 au lieu de 3 mill.) ; par son galbe plus allongé, moins ventru ; par sa spire qui comporte 6 à 7 tours au lieu de 5 à 6 ; par ses tours plus hauts, s'enroulant plus lentement et plus régulièrement; par son dernier tour moins ventru, moins renflé ; par son ouverture moins nettement arrondie, un peu plus transversalement étroite, etc. C'est une forme assez rare, mais qui paraît constituer des colonies bien distinctes de celles où vit le véritable *Barleeia rubra.*

Natica Neustriaca, Nov. sp. (p. 276)

Coquille de même taille que le *Natica Alderi*, à test un peu plus solide, d'un galbe plus court, plus ramassé, plus ventru ; spire très courte, peu élevée ; dernier tour très développé, à profil arrondi ; ouverture semi-lunaire, bien arrondie extérieurement ; columelle droite ; bord columellaire calleux à sa partie supérieure ; ombilic très profond, étroit, dépourvu de funicule. — Cette espèce est voisine du *Natica Alderi*, mais elle s'en distingue très nettement, par son galbe bien plus court, sa spire bien moins haute, son dernier tour bien plus arrondi ; son bord columellaire est plus calleux à sa partie supérieure, l'ombilic plus étroit ; enfin, l'ouverture est plus arrondie extérieurement. C'est très vraisemblablement cette même forme dont M. Jeffreys a fait la variété *ventricosa* de son *Natica Alderi.*

Natica complanata, Nov. Sp. (p. 276)

Coquille de même taille que le *Natica Neustriaca*, à test solide, assez épais, diversement coloré, souvent flammulé comme le *Natica Alderi*, d'un galbe très court, très ventru ; spire à peine saillante ; dernier tour très renflé, terminé en dessus par une large partie méplane qui accompagne la suture et se poursuit proportionnellement sur tous les tours ; ouverture semi-lunaire un peu allongée ; ombilic très étroit, dépourvu de funicule ; callum épais, surtout dans le haut de l'ouverture.

Cette curieuse espèce, que l'on prendrait volontiers à première vue pour un véritable cas tératologique est surtout caractérisée par la dépression régulière et progressive de sa spire, et par la bande méplane qui termine chaque tour à sa partie supérieure vers la suture. De toutes les espèces de ce groupe, c'est, en outre, la plus transversalement ventrue, et celle dont l'ombilic, à taille égale, est le plus étroit.

Natica crassatella, Nov. Sp. (p. 278)

Coquille de taille moyenne (hauteur totale, 15 à 18 mill. ; diam. max., 15 à 17 1/2), à peu près aussi haute que large, d'un galbe très court, très ramassé, très ventru ; test solide, épais, légèrement subopaque ; spire très courte, à peine acuminée ; premiers tours croissant lentement et très régulièrement ; dernier tour extrêmement développé, à profil bien arrondi ; ouverture semi-lunaire ; bord columellaire rectiligne, légèrement épaissi dans le haut ; bord externe bien arrondi ; ombilic très large, muni de deux funicules, séparés par un espace plus large que profond.

Cette espèce est voisine du *Natica intricata* ; elle s'en distingue : par sa taille un peu plus forte ; par son galbe bien plus globuleux ; par son test plus solide, plus épais ; par sa spire moins haute ; par son ouverture plus courte ; enfin par son ombilic notablement plus ouvert ; etc.

Littorina obtusa, Linné (p. 281)

Il est aujourd'hui reconnu que les *Nerita littoralis* de Pennant et *Turbo obtusus* de Linné sont synonymes, et appartiennent au genre *Littorina* de Ferussac. D'après les règles de priorité, il conviendrait donc d'écrire, comme l'ont fait beaucoup d'auteurs, *Littorina littoralis*. Pareil pléonasme n'est pas admissible; en outre, il existe également un *Littorina littorea* de Linné. Nous avons donc cru devoir adopter, avec Menke et Jeffreys, le nom de *Littorea obtusa*, pour la première de ces espèces.

Littorina ustulata, de Lamarck (p. 282)

Le *Littorina ustulata* est une forme voisine du *Littorina obtusa*. Chez cette dernière espèce, la spire est extrêmement courte, presque plane en dessus ; le dernier tour très gros, très ventru, paraît comme subcaréné à sa partie supérieure, précisément par suite de cette dépression de la spire : enfin, le galbe général est essentiellement globuleux, le diamètre maximum est plus grand que la hauteur totale. Dans le *Littorina ustulata*, la spire est moins déprimée et non méplane en dessus ; le dernier tour a un profil arrondi et non pas subcaréné ; le galbe général est bien moins globuleux, et la hauteur totale de la coquille est toujours plus grande que son diamètre maximum ; enfin l'ouverture est moins arrondie, et notablement plus allongée. Cette espèce est plus rare que la précédente, et comporte les mêmes variations quant à la coloration.

Groupe du Littorina rudis (p. 283)

Le groupe du *Littorina rudis* comprend des espèces de taille moyenne d'un galbe variable, et toutes caractérisées par la présence de grosses stries spirales burinant plus ou moins profondément chaque tour. Nous avons admis dans ce groupe les cinq espèces suivantes :

1° *Littorina rudis*, Maton. — C'est la plus grande espèce du groupe : son galbe est globuleux, la spire un peu élevée, le dernier tour très gros, très renflé, les autres tours arrondis, bien détachés ; les stries spirales sont fortes, bien marquées chez les coquilles fraîches, régulièrement espacées ; l'ouverture est arrondie, mais un peu oblongue dans le sens de la hauteur ; le bord inférieur de l'ouverture est patulescent.

2° *Littorina Danieli*, Nov. Sp. — Coquille de même taille que le *L. rudis*, mais d'un galbe notablement plus étroit, plus élancé ; test solide, épais, de coloration très variable ; orné de petites côtes décurrentes, peu profondes, un peu obsolètes, assez régulièrement espacées ; spire composée de cinq et demi à six tours, les premiers à croissance lente et régulière, le dernier à croissance plus rapide ; profil des tours bien arrondi chez les premiers, nettement anguleux sur tout le dernier ; dernier tour bien développé, largement méplan contre la ligne carénale, bien arrondi en dessous, avec un profil tombant à son extrémité ; ouverture à bords très épais, assez étroite, un peu ovalaire, plus haute que large.

Cette nouvelle espèce, que nous dédions au docteur Daniel qui le premier nous l'a fait connaître, sert de passage entre les formes à spire plus ou moins obtuse des *L. obtusa* et *L. ustulata*, et les formes à spire plus ou moins élevée des autres Littorines ; elle est surtout caractérisée par cette bande méplane qui donne au dernier tour un faciès tout particulier ; par ses caractères aperturaux, elle tient encore au *Littorina obtusa*, tandis que par sa spire et par son ornementation, elle se rapproche au contraire davantage des *L. rudis*, *L. tenebrosa*, etc.

3° *Littorina patula*, Jeffreys. — Coquille de taille plus petite que le *L. rudis*, encore plus ventrue au dernier tour, mais avec la spire un peu plus élevée, les tours mieux détachés ; les stries spirales sont fortes et bien marquées ; l'ouverture est plus arrondie, partant, un peu moins haute ; le bord inférieur de l'ouverture est fortement patulescent. Cette forme, qui nous paraît constituer une bonne espèce, est très bien figurée dans l'atlas de Forbes et Hanley. La plupart des auteurs anglais l'ont admise comme espèce, et nous nous rangeons à cet avis.

4° *Littorina tenebrosa*, Montagu. — Coquille de même taille que la précédente, ou un peu plus grosse, mais d'un galbe plus élancé ; spire plus haute, plus acuminée ; tours bien arrondis ; stries spirales un peu plus fines, plus rapprochées ; ouverture un peu plus haute que large, légèrement oblique dans son grand axe. On trouve dans les iconographies anglaises de bonnes figurations de cette élégante coquille.

5° *Littorina jugosa*, Montagu. — Coquille de taille assez petite, mais d'un galbe très ventru ; spire peu élevée ; tours ornés de très grosses stries, profondément burinées, peu nombreuses, régulières et régulièrement espacées ; ouverture bien arrondie. Cette espèce, ainsi que la précédente, sont parfois confondues avec le *L. rudis*. Elles constituent cependant des colonies absolument distinctes.

6° *Littorina saxatilis*, Johnston. — Coquille de petite taille, d'un galbe renflé ; spire peu élevée ; dernier tour médiocrement ventru, à profil un peu arrondi ; tour supérieur peu élevé ; spire peu haute ; ligne suturale profonde ; stries spirales peu profondes, assez rapprochées ; ouverture presque exactement circulaire, faiblement patulescente.

Toutes ces différentes espèces, sauf le *Littorina Danieli*, ont été très bien figurées dans l'atlas de MM. Forbes et Hanley ; ces auteurs, outre les types, ont encore reproduit de nombreuses variétés intéressantes à signaler; voici les dimensions comparatives de ces espèces :

	HAUTEUR TOTALE	DIAMÈTRE MAXIM.
Littorina rudis	17 — 20	12 — 15
— *Danieli*	16 — 17	12 1/2 — 13
— *patula*	12 — 14	11 — 13
— *tenebrosa*	15 — 16	12 — 13
— *jugosa*	10 — 12	9 1/2 — 10
— *saxatilis*	8 — 9	7 1/2 — 8

Groupe du **Littorina littorea** (p. 285).

Comme pour le groupe précédent, nous admettrons ici plusieurs espèces basées sur le galbe de la coquille; quant au mode d'ornementation, il paraît être sensiblement le même chez toutes les formes qui composent ce groupe.

1° *Littorina littorea*, LINNÉ. — Coquille de taille moyenne, d'un galbe renflé, un peu globuleux; spire assez élevée, à tours arrondis, un peu étagés; ouverture arrondie, un peu pyriforme; bord columellaire court, bien arrondi, légèrement patulescent. On trouve dans nombre d'iconographies de bonnes figurations de cette espèce.

2° *Littorina Armoricana*, Nov. Sp. — Coquille de même taille que la précédente, mais d'un galbe notablement plus allongé; spire conique, élevée, composée de tours moins arrondis, bien étagés, séparés par une suture peu marquée; dernier tour renflé, mais allongé dans le bas; ouverture bien arrondie; bord columellaire plus allongé que dans l'espèce précédente, également subpatulescent.

3° *Littorina sphæroidalis*, Nov. Sp. — Coquille de taille moyenne ou de grande taille, d'un galbe esseentiellement globuleux, à spire très courte, très obtuse; premiers tours peu développés en hauteur, médiocrement arrondis, séparés par une suture très peu profonde; dernier tour très gros, très ventru, bien arrondi; ouverture arrondie, un peu subpyriforme; bord columellaire court, un peu patulescent.

Cette dernière forme, plus rare que les précédentes, atteint parfois jusqu'à 32 millimètres de hauteur totale pour un diamètre maximum de 27 à 29 millim. C'est, croyons-nous, la plus forte taille de nos littorines françaises.

Lacuna intermedia, Nov. Sp. (p. 290)

Coquille de petite taille, d'un galbe très renflé, très globuleux ; spire un peu élevée, composée de tours à profil bien arrondi, séparés par une ligne suturale nettement accusée ; dernier tour très développé, terminé par une ouverture grande, arrondie-subpyriforme.

Cette espèce est intermédiaire entre le véritable *Lacuna puteolina* et les espèces du groupe du *L. divaricata*. Elle diffère du *Lacuna puteolina*, et partant des autres espèces du même groupe : par son galbe plus élancé, par sa spire notablement plus haute, plus allongée ; par son dernier tour moins ventru, moins développé ; par son ouverture un peu moins grande ; etc. On la distinguera des espèces du groupe du *L. divaricata :* par sa taille plus petite ; par son galbe plus court, plus ramassé, plus ventru ; par ses tours de spire beaucoup moins allongés, par son dernier tour moins développé, etc. Quant à son ornementation, si l'on veut en tenir compte, on remarquera qu'elle est parfois absolument la même que celle de certaines variétés des *Lacuna puteolina* et *L. divaricata*. On trouvera dans l'atlas de Forbes et Hanley une bonne figuration de cette coquille.

Skeneia trochiformis, Nov. Sp. (p. 299)

Sous ce nom, nous désignons la forme que Jeffreys, et plus tard MM. Bucquoy, Dautzenberg et Dollfus, ont appelé, *Skeneia planorbis (var. trochiformis)*.

Nous sommes surpris de voir une telle forme encore maintenue au rang de variété. Son galbe est cependant bien différent de celui de ses autres congénères. Elle est caractérisée ; par sa taille souvent un peu plus grande ; par son galbe plus élevé, notablement moins planorbique ; par sa spire plus haute ; par ses tours plus étagés, plus distincts ; par sa cavité ombilicale plus étroite, mais plus profonde ; etc. C'est, du reste, une forme qui nous paraît assez rare en France.

A ce propos, on remarquera que nous avons réuni en une seule famille, la famille des *Cyclostremidæ*, une série de coquilles, plus ou moins planorbiques ou subplanorbiques, de taille très petite, et ayant toutes une ouverture arrondie. Nous rapprochons ainsi les genres *Skeneia*, *Homalogyra, etc.*, du genre *Cyclostrema* contrairement à ce qu'ont fait plusieurs auteurs ; dans cet ensemble, le type le plus déprimé est représenté par le genre *Homalogyra* et le plus trochiforme par le genre *Cyclostrema.*

Turbinidæ (p. 303)

La famille des *Turbinidæ* est une de celles qui comportent le plus grand nombre d'espèces ; nous en avons compté cinquante-quatre.

Dans la publication de Kiener, M. le docteur P. Fischer réunit tous les *Trochidæ* en un seul et même genre. M. de Monterosato, dans ses récentes publications, admet, pour ces mêmes *Trochidæ*, dix genres, savoir : *Forskalia*, H. et A. Adams; *Gibbula*, Risso; *Phorcus*, Risso; *Gibbulastra*, de Monterosato; *Caragolus*, de Monterosato; *Zizyphinus*, Leach; *Jujubinus*, de Monterosato; *Clauculus*, Montfort; *Clanculopsis*, de Monterosato ; et *Danilia*, Brusina. Pour ce même auteur, les *Phasianella* rentrent dans la famille des *Turbinidæ*. Il nous semble plus logique de classer à part les Phasianelles qui ont un galbe tout particulier, et de comprendre dans une seule famille les coquilles véritablement turbinées. Mais, sans prétendre multiplier les genres, il nous a paru utile d'en admettre un certain nombre ; outre les *Turbo*, *Danilia*, *Machæroplax*, et *Clanculus*, genres bien connus, nous avons réparti les autres Turbinidées en trois genres :

1° Le genre *Zizyphinus*, Leach, comprenant toutes les coquilles au galbe conique, avec des tours séparés par une suture très peu profonde, et le dernier tour plus ou moins anguleux à sa base ; ces espèces sont toutes sans ombilic; le type du genre est le *Zizyphinus conulus*.

2° Le genre *Gibbula*, Risso, comprenant toutes les coquilles turbinées d'un galbe plus ou moins conoïde et toutes ombiliqués. Le type du genre est le *Gibbula cineraria.*

3° Le genre *Caragolus*, de Monterosato, comprenant des coquilles conoïdes globuleuses non ombiliqués ; le type du genre est le *Caragolus turbinatus*.

Danilia Tinei, Calcara (p. 305)

Cette espèce n'a été longtemps connue sur les côtes de France que par le seul individu, cité par Petit de la Saussaye et « trouvé en mauvais état, dans l'estomac d'un de ces poissons qui vivent par de grands fonds, et qui sont de très grands voyageurs ». Depuis lors, M. Marion paraît l'avoir retrouvé dans ses dragages aux environs de Marseille. C'est donc, comme on le voit, une forme des plus rares. Du reste, si nous nous en rapportons à l'atlas de Kiener, nous voyons qu'il y aurait deux formes, ou plutôt deux espèces bien distinctes, confondues sous une seule dénomination, et nous ignorons à laquelle des deux il convient de rapporter ces rarissimes échantillons.

Pendant l'impression de notre *Prodrome*, MM. Bucquoy, Dautzenberg et Dollfus ont signalé deux exemplaires récoltés l'un dans des intestins de poisson pêchés au Barcares, l'autre rejeté sur la plage à Paulilles dans les Pyrénées-Orientales.

D'après Jeffreys et M. le marquis de Folin, cette même coquille vivrait également dans les eaux profondes du golfe de Gascogne. Reste à savoir si l'on est réellement en droit d'identifier la forme océanique avec la forme méditerranéenne.

Gibbula protumida, Nov. Sp. (p. 315)

MM. Bucquoy, Dautzenberg et Dollfus nous ont fait connaître sous le nom de *Trochus magus* (var. *producta)* une forme que nous avons cru devoir élever au rang d'espèce. C'est en quelque sorte une forme de passage entre les espèces du groupe du *Gibbula maga* et les *Gibbula* des groupes suivants. Le *Gibbula protumida* se distingue du *G. maga :* par sa taille plus petite; par son galbe plus trochiforme, plus conique, plus gibbeux; par le mode d'enroulement de ses tours qui est beaucoup plus serré; par sa suture beaucoup moins profonde, les tours n'étant point aussi étagés les uns au-dessus des autres; par le profil des tours qui est beaucoup plus simple; enfin, par l'ombilic notablement plus étroit.

Gibbula latior, de Monterosato (p. 315)

Coquille voisine du *Gibbula umbilicaris*, mais d'un galbe notablement plus déprimé, à test plus mince, avec le dernier tour presque complètement méplan en dessous, nettement anguleux, orné de cordons décurrents saillants, etc. Cette espèce, peu commune en France, est, comme on le voit, très nettement distincte de ses congénères. M. de Monterosato, d'après MM. Bucquoy, Dautzenberg et Dollfus, l'aurait désignée sous le nom de *Trochus latior*, désignation que nous nous empressons d'adopter.

Genre **Capulus**, DE MONTFORT (p. 328)

Il convient d'admettre deux espèces dans le genre *Capulus;* 1° le *Capulus Hungaricus,* espèce bien connue, décrite et figurée dans nombre de publications ; 2° le *Capulus militaris.* Cette espèce, confondue par Montagu avec le *Patella militaris* de Linné, a été ensuite désignée par de Lamarck sous le vocable de *Pileopsis intorta.* Il en existe une très bonne figuration dans l'atlas de Delessert. Chez cette espèce, le sommet se prolonge et s'enroule plus complètement que chez le *Capulus Hungaricus ;* en outre, cet enroulement est toujours dextre, tandis qu'il est submédian ou sénestre chez le *C. Hungaricus ;* enfin sa taille est notablement moindre, son galbe plus surbaissé et plus étroitement allongé dans la région des sommets, son ouverture moins exactement circulaire, etc. C'est, du reste, une forme rare.

Propilidium aquitanense, Nov. Sp. (p. 346)

Coquille de très petite taille, patelliforme, d'un galbe conique un peu élevé; test mince, assez solide, opaque, un peu rugueux, orné de stries longitudinales très obsolètes, visibles seulement dans le bas; bord inférieur continu, lisse, irrégulièrement méplan, légèrement retroussé aux deux extrémités, plus descendant dans la région médiane; ouverture très largement elliptique, un peu rétrécie en arrière, bien arrondie en avant ; sommet subcentral, un peu antérieur, peu élevé, recourbé vers la région antérieure. — Dimensions : diamètre maximum, 2 millim. ; diamètre minimum, 1 millim. 3/4; hauteur, 1 millim. 3/4.

C'est, croyons-nous, la première fois que le genre Propilidium est signalé dans un catalogue de mollusques français. Nous devons à M. le marquis de Folin la connaissance de cette jolie petite espèce. Le nombre des Propilidium européens est peu nombreux. Parmi les quatre espèces que Jeffreys cite dans son travail sur l'expédition du *Lightning* et du *Porcupine* (1), on peut distinguer deux groupes basés, l'un sur le galbe elliptique allongé de la coquille, l'autre, au contraire, sur le galbe subcirculaire. C'est à ce dernier groupe qu'appartient notre nouvelle espèce; elle doit prendre rang à côté du *Propilidium scabrosum* (2)*;* mais on la distinguera à son galbe moins régulièrement subelliptique, plus allongé ;

(1) Jeffreys, 1882. *In Proceed. zool. soc.*, p. 673.
(2) Jeffreys, 1882. *Loc. cit.*, p. 674, pl. L; fig. 6.

à sa région postérieure plus étroite ; à sa hauteur proportionnellement un peu moins grande par rapport au diamètre maximum ; à son sommet un peu plus antérieur ; à son test moins ornementé ; etc.

Genre **Venerupis** (p. 379)

Les nombreuses formes qui constituent le genre *Venerupis* peuvent être ramenées à cinq types différents, déjà connus et admis par plusieurs auteurs. Il importe cependant de les définir et de les comparer pour les bien distinguer.

1° *Venerupis irus*, Linné. — Coquille de taille assez forte, d'un galbe un peu allongé, bien figurée par la plupart des auteurs que nous avons indiqués. C'est la forme la plus commune et la plus répandue.

2° *Venerupis perforans*, Lamarck. — Coquille de taille plus petite, d'un galbe court, ramassé, presque rhomboïdal ; région antérieure courte, arrondie ; région postérieure avec un profil à angle presque droit et non pas à angle plus ou moins aigu. — Le galbe de cette espèce est, comme on le voit, tout à fait différent de celui de l'espèce précédente ; Montagu en représente une figuration très exacte, et la description donnée pour ces deux formes par de Lamarck en fait très bien ressortir les caractères.

3° *Venerupis nucleus*, Lamarck. — Coquille de taille encore plus petite, d'un galbe plus régulièrement ovalaire, moins allongé que celui du *V. irus*, moins nettement tronqué à la partie postérieure que celui du *V. perforans* ; lamelles transversales notablement plus nombreuses, plus rapprochées, moins hautes, s'évanouissant vers le sommet ; stries longitudinale nulles ou obsolètes. Cette forme, comme la précédente, paraît être exclusivement océanique. Au premier abord, on la prendrait pour un jeune individu du *Venerupis perforans* ; cependant ses caractères sont constants, et ne se modifient pas sensiblement avec l'âge.

4° *Venerupis Lajonkairi*, Payraudeau. — Cette forme, plus commune que les précédentes, est d'un galbe bien distinct ; elle est presque circulaire ; la région antérieure est proportionnellement plus allongée, tandis que la région postérieure, devenant notablement plus courte, est à peine plus grande que la région antérieure ; en même temps, la hauteur totale de la coquille est proportionnellement plus grande. Enfin, chez cette espèce, les stries longitudinales présentent encore plus d'importance que chez les espèces précédentes.

5o *Venerupis substriatus*, Montagu. — Chez cette espèce, le galbe est encore d'un ovale arrondi, mais la coquille est moins régulièrement symétrique ; la région antérieure est beaucoup moins développée que la région postérieure ; ce serait donc, de ce chef, une forme intermédiaire entre les espèces du groupe du *Venerupis irus* et le *V. Lajonkairi ;* mais par son mode d'ornementation, le *V. substriatus* a notablement plus d'affinité avec le *V. Lajonkairi* qu'avec toutes les autres espèces ; en effet, dans cette forme, les stries longitudinales prennent encore plus d'importance, tandis qu'au contraire, les lamelles transversales sont encore moins fortes, moins saillantes, moins régulièrement espacées.

Genre **Petricola** (p. 381)

Bon nombre d'auteurs n'ont voulu voir chez les nombreuses formes du genre *Petricola* qui vivent sur les côtes de France, qu'un seul et même type, le *Petricola lithophaga*. Cependant, pour être logique, il convient d'admettre avec de Lamarck, au moins cinq espèces, toutes basées sur le galbe de la coquille. Il est incontestable que toutes ces formes présentent un certain polymorphisme ; mais lorsque l'on étudie des séries un peu notable, de Pétricoles, on arrive bien vite à admettre le mode de répartition spécifique proposé par de Lamarck, et très bien figuré dans le bel atlas de Delessert.

Mya elongata, Nov. Sp. (p. 383)

Coquille de grande taille, d'un galbe presque régulièrement elliptique allongé ; région antérieure bien développée, à profil bien arrondi, mais proportionnellement peu bombée ; région postérieure allongée, un peu rostrée à son extrémité, à peine moins bombée que la région antérieure ; bord apico-rostral très légèrement arrondi ; bord inférieur presque droit dans son milieu, s'arrondissant dans la partie antérieure, un peu relevé dans la partie postérieure ; test orné de stries d'accroissement concentriques assez marquées, irrégulières ; sommets très rapprochés à leur extrémité, un peu recourbés ; cuilleron de la charnière un peu étroit, allongé, orné d'une légère saillie dans sa partie médiane ; fossette profonde, bien arrondie.

Cette nouvelle espèce ne peut être rapprochée que du *Mya arenaria*. On la distinguera : par son galbe notablement plus allongé, plus elliptique; par sa moindre hauteur par rapport à la largeur totale; par ses valves plus régulièrement bombées, et par conséquent avec la région antérieure moins renflée que chez le *M. arenaria;* par sa région postérieure plus rostrée ; par ses sommets moins saillants ; par son cuilleron plus haut et plus étroit, avec une petite saillie médiane ; par sa fossette plus profonde, etc. A titre de comparaison, nous donnons quelques-unes des dimensions de notre nouvelle espèce en parallèle avec celle d'un *Mya arenaria* de même taille :

	M. ARENARIA	M. ELONGATA
Largeur totale.	94	96
Hauteur maximum.	58	52
Epaisseur maximum.	32	28
Corde apico-rostrale.	56	59

Genre **Corbula** (p. 385)

Nous avons admis quatre espèces pour le genre *Corbula* dont trois sont déjà connues et figurées et dont la quatrième, également figurée, n'était citée qu'à titre de variété. Voici, selon nous, les caractères distinctifs de ces quatre espèces :

1° *Corbula gibba*, Olivi. — Le type a été décrit et figuré par nombre d'auteurs ; c'est une coquille de taille moyenne, un peu allongée transversalement, avec son rostre tronqué, bien développé. C'est, du reste, et de beaucoup, la forme la plus commune et la plus abondamment répandue.

2° *Corbula rosea*, Brown. — Coquille de taille plus petite, d'un galbe plus elliptique ; région antérieure plus développée dans le sens de la longueur, moins haute ; région postérieure assez haute, avec le rostre moins nettement tranché ; dans la valve inférieure ou grande valve, la partie comprise entre le sommet et le rostre, formée d'une part, par la corde apicorostrale, et d'autre part, par la ligne qui suit le contour allant du sommet à l'extrémité du ligament, et de ce point au rostre, présente un triangle plus allongé et bien plus étroit que dans le type ; enfin, chez cette coquille, les deux valves sont, dans leur ensemble, moins différentes.

3° *Corbula ovata*, Forbes. — Coquille de taille similaire à la précédente espèce, aussi haute, mais notablement plus allongée dans le sens transversal, par conséquent plus nettement elliptique ; régions antérieure et postérieure bien développée ; rostre plus large et plus allongé ; triangle apico-rostral plus étroit et plus long, etc. Chez cette espèce comme chez la précédente, nous n'avons pas tenu compte des caractères fournis par la coloration ; nous ajouterons que chez elle, tout le système de la charnière est moins développé, moins fort, moins robuste que chez le *Corbula nucleus* type.

4° *Corbula curta*, NOV. SP. — Cette forme nouvelle est, à l'inverse des deux précédentes, caractérisée par le développement de la coquille dans le sens de la hauteur au détriment de la largeur ; c'est donc une forme essentiellement subcirculaire, en général de taille assez forte, un peu haute, peu développée transversalement ; région antérieure courte, très haute, arrondie ; région postérieure également courte avec un rostre très accusé ; triangle apico-rostral court, mais large ; sommets fortement bombés, charnière forte et puissante ; ligament très solide, très épais ; etc.

Ces quatre espèces sont bien figurées dans l'atlas de Forbes et Hanley ; voici leurs dimensions comparatives.

	C. GIBBA	C. ROSEA	C. OVATA	C. CURTA
Hauteur totale. . .	11—14	9—10	8—9	15—17
Largeur totale. . .	14—16	13—15	13—15	17—18
Épaisseur totale. .	6—8	5 1/2—7 1/2	5—6	9—10
Base du rostre. . .	4—5	3—4	2 1/2—3 1/4	5—6
Corde apico-rostrale.	10—11	11—12	11 1/2—12 1/2	14—15

Genre **Mactra** (p. 399)

Les coquilles appartenant au genre *Mactra* sont en général assez difficiles à bien classer ; aussi la synonymie en est-elle très délicate à établir. Nous avons admis huit espèces divisées en deux groupes caractérisés chacun par des différences de taille très notables.

A. — Groupe du *Mactra solida.*

1° *Mactra triangula*, RENIERI. — Forme essentiellement méditerranéenne, de taille assez petite, d'un galbe bien triangulaire, presque régulier, assez haut, avec des stries fortes, bien marquées ; la région postérieure est à peine plus développée que la région antérieure, et le triangle apicorostral est en général peu large, mais assez allongé. La figuration donnée par Poli est assez défectueuse, nous lui préférons celle de Deshayes et plus encore celle du manuel de Chenu qui est très bonne.

2° *Mactra subtruncata*, DA COSTA. — Coquille de même taille ou un peu plus forte, mais d'un galbe moins régulièrement équilatéral ; chez cette espèce, la région postérieure est notablement plus développée que la région antérieure; la coquille pour une même hauteur est toujours plus large, le rostre est en même temps plus saillant, plus accusé ; le triangle apico-rostral plus large et plus allongé ; sur le test les stries sont moins fortes et plus rapprochées. Cette forme, quoique vivant sur toutes nos côtes, est bien moins commune dans la Méditerranée que dans l'Océan, et dans l'Océan que dans la Manche.

3° *Mactra solida*, Linné. — Coquille de taille plus forte, d'un galbe presque régulièrement triangulaire. Chez cette espèce, la région des sommets est toujours plus bombée que chez les deux espèces précédentes ; en outre, le bord inférieur est arrondi suivant une courbure d'un beaucoup plus petit rayon, de telle sorte que les deux extrémités de la coquille sont plus retroussées ; le rostre est plus saillant, le triangle apico-rostral est large et court ; le triangle apico-antérieur, qui fait pendant au triangle apico-rostral, est presque aussi développé ; le test est plus mince, plus brillant, plus finement strié que chez les deux espèces précédentes ; enfin, les dents de la charnière sont notablement plus fortes et plus allongées.

4° *Mactra truncata*, Montagu. — Coquille de même taille que la précédente ou un peu plus petite, d'un galbe encore plus renflé dans la région du sommet, toujours nettement triangulaire, presque équilatéral, mais proportionnellement plus haute et bien moins large. Chez cette espèce, le bord inférieur à une courbure à plus grand rayon que chez le *Mactra solida;* les deux extrémités antérieure et postérieure sont moins retroussées ; la région des sommets, tout en étant la plus renflée de toutes les espèces de nos Mactres, est plus étroite dans son ensemble ; enfin, le test est toujours solide, épais et orné de stries assez fortes et assez régulières ; le triangle apico-rostral est très haut et assez allongé ; le triangle apico-antérieur, un peu plus court, mais également très haut.

5° *Mactra elliptica*, Brown. — Cette espèce, contestée par plusieurs auteurs, est pourtant très bien caractérisée ; sa taille est un peu moindre que celle des deux espèces précédentes ; son galbe, très régulier, équilatéral, est notablement moins haut, beaucoup plus transverse et bien moins renflé dans la région des sommets ; le bord inférieur est largement arrondi, les triangles apico-rostral et apico-antérieur presque égaux, peu développés, peu hauts ; le test est épais, solide, brillant, finement strié. C'est de toutes les Mactres celle dont la forme est le plus régulièrement elliptique. Le type anglais, tel qu'il est figuré dans l'atlas de Forbes et Hanley, est de taille assez petite ; sur les côtes de France, on trouve non seulement ce même type, mais encore des sujets dont la taille est presque celle du *Mactra solida*. C'est pour nous une simple variété major du type anglais.

B. — Groupe du *Mactra stultorum*.

1° *Mactra stultorum*, LINNÉ. — Le *M. stultorum* et les autres formes de ce groupe ont toutes des coquilles de taille beaucoup plus forte que dans le groupe précédent. Sa synonymie est fort difficile à établir, car la plupart des auteurs ont confondu les deux formes pourtant bien distinctes que nous désignons sous les noms de *Mactra lactea* et *M. stultorum*.

2° *Mactra lactea*, GMELIN. — Grande et belle coquille au test mince, au galbe elliptique, peu renflé dans la région des sommets, assez régulièrement bombé dans son ensemble, transversalement allongé, presque équilatéral; le bord inférieur est largement arqué et le profil des régions antérieure et postérieure bien arrondi; enfin le triangle apico-rostral est étroit et allongé.

Chez le *Mactra stultorum*, le galbe est tout autre : la coquille devient plus nettement trigone, les sommets sont beaucoup plus renflés, et en même temps plus étroits; la coquille elle-même est plus bombée dans son ensemble; pour une même hauteur, sa largeur est toujours moins grande; le bord inférieur est arqué suivant un rayon plus petit, enfin le triangle apico-rostral est plus court et toujours plus haut. Comme galbe, on peut rapprocher le *Mactra lactea* du *M. elliptica*, tandis qu'il existe, au contraire, plus d'affinités entre le *Mactra stultorum* et le *M. truncata*.

3° *Mactra helvacea*, CHEMMITZ. — Quant au *Mactra helvacea*, sa taille est telle qu'on ne peut le confondre avec aucun autre de ses congénères. Pour mieux fixer les idées, nous allons résumer ce que nous venons de dire par quelques cotes comparatives :

Mactra	HAUTEUR	LARGEUR	ÉPAISSEUR	CORDE A (1)	CORDE B
triangula	15—17	18—20	10—11	13—14	14—15
subtruncata	18—20	24—26	11—12	14—16	19—20
truncata (2)	23—25	26—28	15—17	18—19	19—20
solida	39—42	30—32	17—19	27—28	28—30

(1) CORDE A : Corde mesurée depuis l'extrémité des sommets jusqu'au point le plus saillant du rostre antérieur. — CORDE B : Corde mesurée depuis l'extrémité des sommets jusqu'au point le plus saillant du rostre postérieur.

(2) Nous donnons ici les dimensions des formes les plus communes; en Angleterre, cette même coquille devient beaucoup plus grande, tout en conservant le même galbe; elle atteint jusqu'à 35 mil. de hauteur sur 38 de largeur.

	HAUTEUR	LARGEUR	ÉPAISSEUR	CORDE A	CORDE B
elliptica	30—32	33—34	14—15	21—22	22—23
lactea	50—55	40—43	18—22	33—35	36—38
stultorum	55—60	38—44	28—32	36—38	38—40
helvacea	95—110	70—80	42—46	60—66	70—78

Scrobicularia piperata, Gmelin (p. 405)

Quelques auteurs, conformément aux indications données par de Lamarck, ont essayé de séparer les *Scrobicularia (Lutraria) piperata* et *S. compressa*. Pareille distinction ne nous semble pas possible. Selon de Lamarck, son *Lutraria piperata* serait plus aplati et moins arrondi que le *L. compressa*; le premier serait méditerranéen et le second océanique. L'examen d'un grand nombre de sujets des provenances les plus diverses nous a conduit à n'admettre qu'une seule et même espèce plus ou moins polymorphe et qui vit sur presque toutes nos côtes.

Genre **Donax** (p. 411)

Ce genre a été bien souvent mal compris et mal interprété. Nous allons essayer de le rétablir suivant ses véritables limites. Nous avons admis six espèces seulement, divisées en trois groupes.

A. Groupe du *D. politus*. — Ce groupe ne renferme qu'une seule espèce caractérisée par son bord lisse; en même temps le test de la coquille est également lisse et très brillant.

B. Groupe du *D. trunculus*. — C'est ici que la confusion commence. Les espèces méditerranéennes et océaniques sont mélangées, et pourtant plusieurs présentent des caractères particuliers et très précis. Ce groupe renferme des coquilles à bord frangé, mais à test lisse ; il contient trois espèces.

1° *Donax trunculus*, Linné. — De toutes nos Donaces, c'est le *D. trunculus* qui a la plus grande hauteur pour une même largeur ; ce caractère est absolument précis; nous ajouterons les caractères suivants : coquille lisse, brillante, peu renflée, le renflement ayant lieu surtout dans la région des sommets; région antérieure très courte, tronqué; région postérieure largement rostrée, etc. Le *D. trunculus* est une forme essentiellement méditerranéenne.

2° *Donax anatinus*, de Lamarck. — Cette espèce, confondue avec la précédente, en diffère : par son galbe notablement plus allongé, proportionnellement moins haut; par sa taille plus forte; par son galbe plus bombé, le bombement des valves régulièrement réparti dans l'ensemble de la coquille ; par la région antérieure toujours plus allongée, moins brusquement tronquée; par la région postérieure plus étroite, plus rostrée à son extrémité ; par sa ligne apico-rostrale plus tombante, etc. Le *D. anatinus* vit dans la Manche et dans l'Océan.

3° *Donax venustus.* — Cette autre forme méditerranéenne est plus rare; Poli en a donné une description fort complète, son test est lisse comme celui des deux espèces précédentes ; mais elle s'en distingue par son galbe beaucoup plus étroit et plus allongé. Il ne nous semble donc pas possible de confondre ces trois formes.

C. Groupe du *D. semistriatus.* — Ce groupe contient les espèces dont le bord est frangé et dont le test est couvert de stries fines : il ne renferme que deux espèces.

1° *Donax vittatus,* DA COSTA. — De toutes nos Donaces, c'est le *D. vittatus* qui a la forme la moins irrégulièrement triangulaire ; celle, en un mot, dont les régions antérieure et postérieure sont le moins dissemblables. Son test est orné d'un seul régime de stries partant du sommet pour aller à la périphérie. C'est une forme océanique.

2° *Donax semistriatus,* POLI. — Le *D. semistriatus* diffère du *D. vittatus* par son galbe plus étroit, plus allongé ; par sa région postérieure plus rostrée ; par sa ligne apico-rostrale plus tombante et plus longue ; enfin par la présence d'un second régime de stries transversales qui règne sur la région antérieure seulement.

Tellina squalida, PULTNEY (p. 420)

M. Jeffreys a eu parfaitement raison de séparer du *Tellina incarnata* de Linné, le *T. squalida* de Pultney que bien des auteurs pourtant confondent encore ensemble; ce sont deux formes absolument distinctes quoique cependant voisines. Le *Tellina incarnata* de Linné habite, comme il l'indique, la Méditerranée ; c'est une coquille d'un galbe étroit et allongé, avec le bord inférieur arqué, suivant un très grand rayon, la région antérieure peu haute, etc.; le *Tellina squalida*, bien figuré par Forbes et Hanley et par Jeffreys est, au contraire, toujours beaucoup plus haut pour une même largeur, avec le bord inférieur bien plus arqué, la région antérieure plus haute et plus développée, l'ensemble encore plus comprimé, etc.

Groupe du **Tellina exigua** (p. 422)

M. le marquis de Monterosato est le premier auteur qui ait su intelligemment débrouiller les différentes formes trop souvent confondues sous les noms de *Tellina tenuis*, *T. exigua*, etc. Nous comprenons dans ce groupe cinq espèces bien nettement distinctes, et nous les avons classées en partant de la forme la plus subcirculaire pour arriver à la forme la plus elliptique.

1° *Tellina Bourguignati*, Nov. Sp. — Coquille de petite taille, d'un galbe renflé, presque équilatérale, subarrondie; rostre très obtus, très inférieur; ligne apico-rostrale très tombante, etc. Cette forme est toujours petite; on peut établir les var. *rosea*, *albida* et *flavida*. Nous ne la connaissons que dans la Méditerranée.

2° *Tellina tenuis*, da Costa. — Coquille de grande taille, d'un galbe comprimé, subéquilatérale; rostre obtus, un peu relevé; bord inférieur bien arrondi. Cette forme diffère de la précédente : par sa taille bien plus grande; par son galbe plus déprimé; par son rostre plus relevé ; par son bord inférieur plus arrondi, etc. C'est une forme plus septentrionale; très commune dans la Manche et dans la région armoricaine, elle devient plus rare à mesure que l'on descend vers le sud. Forbes et Hanley en ont donné une très bonne figuration. M. de Monterosato la signale dans la Méditerranée, mais nous ne l'avons pas retrouvée sur les côtes de France.

3° *Tellina exigua*, Poli. — C'est la forme la plus commune et la plus répandue; elle est caractérisée par son galbe notablement plus elliptique que celui de l'espèce précédente ; moins abondante dans la Manche, elle devient au contraire, plus commune à mesure que l'on descend le long des côtes de l'Océan. Ses variétés sont très nombreuses: *rosea*, *albida*, *flavida*, *zonata*, *major*, *minor*, etc.

4° *Tellina commutata*, de Monterosato. — Cette espèce diffère de la précédente; par son galbe encore plus elliptique; par sa hauteur toujours moindre, pour une même longueur ; par son bord inférieur plus arrondi; par son rostre toujours plus haut, etc. C'est une forme déjà bien plus méridionale que la précédente; elle est peu commune dans la région armoricaine, devient plus abondante dans le sud et passe dans la Méditerranée.

L'étude d'un grand nombre d'échantillons nous a donné les chiffres suivants qui représentent le rapport de la largeur totale à la hauteur :

Tellina Bourguignati	1,15
— *tenuis*	1,35
— *exigua*	1,45
— *commutata*	1,65

Tellina Neustriaca Nov. Sp. (p. 424)

Cette forme, que nous considérons comme nouvelle, est voisine du *T. Balthica*. Elle est diffère : par son galbe notablement moins renflé dans tout son ensemble ; par sa taille généralement un peu plus petite ; par son profil toujours plus transverse ; par sa ligne apico-rostrale plus allongée et moins tombante ; par son bord inférieur moins arrondi, etc. Cette forme nous paraît localisée dans le nord. Elle comporte les variétés : *rosea*, *libellula*, *zonata*, etc.

Groupe du Dosinia lupinus (p. 426)

Nous avons admis dans ce groupe les espèces suivantes :

1° *Dosinia lupinus*, Poli. — Coquille presque circulaire, d'un galbe très déprimé, ornée de stries très fines, très rapprochées ; sommets fortement rapprochés de la région antérieure ; le point le plus saillant de la région postérieure semble médian par rapport à la hauteur totale de la coquille. Cette jolie forme est bien exactement représentée par Poli et par Römer ; c'est une forme rare sur le littoral méditerranéen en dehors de l'étang de Thau.

2° *Dosinia Rissoiana*, Nov. Sp. — Coquille de même taille que le *D. lupinus*, mais d'un galbe beaucoup plus étroit dans le sens transversal, et toujours beaucoup plus renflée dans son ensemble ; on distingue notre nouvelle espèce : à son épaisseur toujours plus grande pour une même hauteur de la coquille ; à son galbe plus étroit, pour une même hauteur, la largeur étant notablement moindre ; à ses sommets plus saillants, plus acuminés ; à son bord inférieur plus court, plus arrondi ; à sa lunule plus grande, plus allongée ; à son sinus palléal plus étroit et plus infléchi ; etc.

3° *Dosinia lincta*, Pultney. — Cette forme est bien connue et bien décrite chez la plupart des auteurs anglais ; nous n'avons pas besoin d'y revenir.

4° *Dosinia inflata*, Nov. Sp. — Coquille présentant assez de rapport avec le *D. lupinus*, mais s'en distinguant : par sa taille plus petite ; par son galbe encore plus arrondi ; par ses valves beaucoup plus renflées ; par ses sommets plus saillants, plus forts ; par sa ligne apico-rostrale plus courbée, plus infléchie vers le bas ; par ses stries plus accusées ; par sa lunule plus large et moins haute ; par son sinus palléal proportionnellement plus large et plus court, etc. Cette forme n'est pas rare dans le sud-est de la France. Nous n'en connaissons pas de bonnes figurations.

Groupe du **Tapes decussatus** (p. 434)

Sous les noms de *Tapes decussatus* et *T. pullaster*, la plupart des auteurs ont confondu différentes formes bien distinctes. Nous avons admis dans ce groupe cinq espèces :

1° *Tapes decussatus*, Linné. — C'est l'espèce la plus commune et la plus répandue ; elle est caractérisée : par sa taille, toujours plus grande ; par son galbe subrhomboïdal, avec la région antérieure très courte par rapport à la région postérieure ; par le renflement de ses valves, dans la région des sommets ; par son triangle apico-rostral postérieur très développé, avec une ligne apico-rostrale bien marquée, et un bord rostral très haut ; enfin par son régime de stries très accusées, très profondément burinées.

2° *Tapes extensus*, Nov. Sp. — Espèce souvent confondue avec la précédente ; elle possède, en effet, le même régime de stries ornementales, mais son galbe se rapproche de celui du *Tapes reconditus ;* on la distinguera du *Tapes decussatus :* par son galbe beaucoup plus allongé, plus elliptique ; par ses valves plus régulièrement renflées dans leur ensemble ; par ses contours plus arrondis ; par sa région antérieure plus développée ; par ses sommets moins fortement rejetés vers la région antérieure ; par sa ligne apico-rostrale moins accusée ; par son rostre plus émoussé, etc. On la séparera du *Tapes pullaster :* par ses stries plus profondément accusées ; par son galbe moins allongé ; par son ensemble moins renflé ; par sa région antérieure plus développée, moins haute, bien moins retroussée ; par ses sommets plus saillants ; par son bord palléal plus droit ; etc.

3° *Tapes pullaster*, Montagu. — Nous comprenons cette forme, telle qu'elle a été décrite et figurée par son auteur (1). C'est toujours une forme plus petite que le *T. decussatus*, beaucoup plus finement striée, et tou-

(1) Montagu, 1804. *In Linn. Trans.*, VIII, p. 88, pl. II, fig. 7. — *Édition* Chenu, p. 128, pl. XIV, fig. 6.

jours d'un galbe assez allongé. On en trouve de bonnes figurations dans la plupart des iconographies.

4° *Tapes reconditus*, Nov. Sp. — A l'inverse du *T. extensus*, notre nouvelle espèce participe du *T. pulluster* par son ornementation et du *T. decussatus* par son galbe. On distinguera le *Tapes reconditus*, 1° du *T. decussatus :* par son mode d'ornementation, constitué par un régime de stries très fines et peu profondément burinées ; par sa taille ordinairement plus petite ; par ses contours plus arrondis, le galbe étant également subrhomboïdal, les angles sont moins nettement accusés ; par ses sommets plus larges, plus comprimés ; par son triangle apico-rostral postérieur moins développé ; par son rostre plus effacé ; etc. 2° du *Tapes pullaster ;* par son galbe plus court, plus rhomboïdal, proportionnellement plus haut ; par ses valves plus renflées dans la région des sommets ; par sa région postérieure plus courte, plus obtusément rostrée ; etc.

5° *Tapes perforans*, Fleuriau. — Nous avons cru devoir séparer du véritable *Tapes pullaster* les formes particulièrement connues sous le nom de *Tapes perforans*. Il nous semble assez étrange que l'on puisse trouver cette même espèce « tantôt libre, enfoncée dans le sable vaseux et vivant à la manière des autres *Tapes*, tantôt perforante, tantôt logée dans des trous où elle était retenue au moyen de son byssus » (1). Une telle différence dans la manière de vivre doit bien certainement constituer deux types distincts ; et tant qu'il ne sera pas démontré que les individus d'une même portée ont vécu, les uns librement, les autres dans des trous, que les premiers ont eu des coquilles régulièrement et normalement développées, les autres des coquilles plus ou moins difformes et bien différentes des premières, nous nous croirons autorisé à maintenir nos deux espèces.

Tapes floridellus, de Lamarck (p. 437)

La plupart des auteurs ont confondu les *Tapes floridus* avec trois ou quatre espèces plus ou moins affines. Comme l'a très bien dit de Lamarck, le *Tapes floridellus* est une forme bien distincte du *Tapes floridus ;* il est peut-être plus voisin du *Tapes texturatus*, avec lequel M. Hidalgo l'a confondu. Delessert a donné une excellente figuration de ce *Tapes floridellus*, et nous avons plusieurs fois observé ce type.

On le distinguera du *Tapes texturatus* de même taille : à son galbe

(1) Fischer, 1886. *In Act. soc. Linn. Bord.*, XXV, p. 303.

sub-rhomboïdal et non elliptique ; à sa région antérieure plus courte et plus largement arrondie ; à sa région postérieure également plus courte et bien plus haute ; à son angle postéro-dorsal très nettement accusé ; à sa crête apico-rostrale plus large, mieux développée, etc. On le séparera du *Tapes floridus* : à sa taille toujours plus grande ; à son galbe subrhomboïdal et non pas subtrigone ; à ses valves moins renflées ; à son angle postéro-dorsal plus accusé ; à sa crête apico-rostrale plus développée ; etc. Quant au *Tapes nitens* de Philippi, c'est incontestablement une forme très voisine du *Tapes floridellus* ; peut-être n'est-ce même là qu'un simple synonyme. Cette forme ne nous est pas encore suffisamment connue pour que nous puissions définitivement trancher la question.

Tapes bicolor, de Lamarck (p. 438)

Sous ce nom fort mal donné, on peut confondre plusieurs espèces de *Tapes* qui présentent une double coloration. Cependant le véritable *Tapes bicolor* est une espèce bien typique, dont le galbe est absolument distinct de celui des autres *Tapes* du même groupe. On le distinguera du *T. texturatus* dont il affecte le galbe rhomboïdal : par sa taille plus petite ; par son profil plus régulièrement subquadrangulaire ; par sa plus grande largeur pour une même hauteur ; par sa région antérieure moins retroussée, plus bombée ; par la région de ses sommets plus étroite, plus saillante ; par ses stries transversales plus accusées, plus profondes ; etc. Rapproché du *Tapes floridus*, on le reconnaîtra : à son galbe notablement plus allongé, plus transverse ; à ses sommets moins antérieurs, plus étroits et plus renflés ; à son bord inférieur plus droit ; à ses stries plus accusées, etc. Nous faisons dans cette description abstraction de la question de coloration qui, pour nous, n'est qu'un caractère absolument secondaire.

Tapes petalinus, de Lamarck (p. 438)

Lorsque de Lamarck donnait pour synonyme à cette espèce les figures 14 et 15 de la planche XXI de l'atlas de Poli, figures qui représentent le *Donax complanatus*, il était presque dans le vrai. Il n'est dans notre faune, en effet, aucun *Tapes* qui ait plus d'analogie avec le *Donax complanatus*. Le *Tapes petalinus*, forme toujours rare, est caractérisé : par son galbe étroit, très allongé ; par ses valves très déprimées, avec la région des sommets peu saillants; par son test lisse et brillant, à peine orné dans la région antérieure de quelques stries obsolètes ; par son bord inférieur très largement arrondi; par sa région antérieure peu haute, un peu rostrée ; par la position de ses sommets, la perpendiculaire abaissée de ce point sur la base passant assez sensiblement au tiers de la longueur totale de la coquille, etc.

Groupe du **Cardium edule** (p. 450)

Nous avons admis dans ce groupe les quatre espèces suivantes :

1° *Cardium edule*, Linné. — La forme typique, bien représentée dans les différentes iconographies que nous signalons, est caractérisée par son galbe régulier, subtriangulaire, subéquilatéral, bien renflé; la région des sommets est étroite, ce qui donne à la coquille ce galbe subtriangulaire; la région antérieure est un peu plus petite que la région postérieure; elle est cependant toujours un peu moins haute; enfin, dans son ensemble, la coquille paraît notablement épaisse.

2° *Cardium obtritum*, Nov. Sp. — Cette nouvelle espèce diffère de la précédente: par son galbe toujours beaucoup moins renflé, la coquille paraît comme écrasée; par son profil subrectangulaire, et non pas subtriangulaire ; par sa région antérieure plus développée ou à peine égale à la région postérieure; par ses sommets plus larges, plus aplatis, etc. C'est une forme absolument typique, qui constitue des colonies bien distinctes, et qui semble plus particulièrement septentrionale. M. Hidalgo (1) en a donné une bonne figuration sous le nom de *Cardium edule*.

3° *Cardium Lamarcki*, Reeve. — On distinguera le *Cardium rusticum* du *C. edule :* à son galbe subtriangulaire irrégulier; à sa région postérieure beaucoup plus développée que la région antérieure, ce qui donne à la coquille un galbe subtransverse bien accentué ; à son triangle apico-rostral bien marqué, bien développé; etc.

4° *Cardium crenulatum*, Lamarck. — Cette forme bien typique est suffisamment décrite par de Lamarck et figurée par Delessert pour que nous ayons besoin d'y revenir.

Cardita laxa, Nov. Sp. (p. 457)

Coquille de même taille que le *Cardita sulcata*, mais d'un galbe tout à fait différent; chez le *Cardita sulcata*, la hauteur de la coquille est

(1) Hidalgo, 1870. *Moll. marin.*, pl. XXXIX, fig. 4.

très sensiblement égale à sa largeur ; chez le *C. laxa*, cette même hauteur est toujours notablement moins grande que la largeur, de telle sorte que la coquille paraît notablement plus large, plus transverse ; en même temps, ses valves sont moins renflées; le renflement est surtout manifeste dans la région des sommets, et non pas dans l'ensemble de la coquille ; la région antérieure restant sensiblement la même dans les deux espèces, la région postérieure est beaucoup plus développée chez le *C. laxa;* en outre, elle est notablement plus haute et présente un profil plus rectangulaire ; les côtes, quoique étant tout aussi fortes, sont plus espacées ; à l'intérieur, la dent est moins forte et peu allongée, etc. Le *Cardita laxa*, est, comme on le voit, une forme tout à fait distincte du *C. sulcata*, mais c'est une espèce beaucoup plus rare.

Groupe du **Modiola barbata** (p. 491)

On confond souvent les différentes formes qui composent ce groupe. Nous avons admis cinq espèces :

1° *Modiola modiolus*, Linné. — C'est la plus grande de toutes les espèces du groupe ; elle est ornée surtout dans la région postérieure (les sommets étant placés en haut, et la ligne qui correspond au ligament le plus allongé étant sensiblement horizontale) d'un régime de barbes assez court, à bord droit, disposé en quinquonce ; l'angle postéro-dorsal est assez ouvert ; le rostre est allongé, étroit et bien inférieur.

2° *Modiola barbata*, Linné. — Coquille de taille plus petite que la précédente, d'un galbe plus étranglé vers la région des sommets, et au contraire, plus développé vers le rostre ; l'angle postéro-dorsal est moins ouvert ; le rostre plus large, plus arrondi ; la crête apico-rostrale plus développée; enfin le test est orné de barbes plus longues et à bord denticulé.

3° *Modiola phaseolina*, Philippi. — Coquille de taille très petite, ne dépassant pas 1 centimètre et demi environ, mais proportionnellement plus élargie; les valves sont plus régulièrement bombées, l'angle postéro-dorsal moins ouvert; enfin les barbes facilement caduques sont courtes et très étroites. Cette dernière espèce est beaucoup moins répandue que les deux précédentes.

4° *Modiola Adriatica*, Lamarck. — Cette forme, très bien représentée dans l'atlas de M. Hidalgo, a un galbe un peu cylindroïde ; les valves sont très renflées, la crête apico-rostrale peu développée ; l'angle postéro-dorsal extrêmement ouvert ; c'est la forme la plus régulière de toutes nos

Modioles; elle est plus abondante dans la Méditerranée que dans la Manche et dans l'Océan.

Modiola Lamarckiana, Nov. Sp.— Sous le nom de *M. tulipa*, on a confondu plusieurs espèces ; déjà Deshayes (1) en avait fait la remarque. Le véritable *Modiola tulipa* est bien certainement une forme étrangère à la France. Nous désignerons donc sous le nom de *M. Lamarckiana* une forme moins régulièrement cylindroïde que la précédente, avec l'angle postéro-dorsal moins ouvert; avec la crête apico-rostrale plus large, plus développée; avec les sommets plus saillants, plus infléchis; etc. C'est une forme qui ne vit que dans la Manche et dans l'Océan.

Modiola strangulata, Nov. Sp. — M. Jeffreys (2) a figuré sous le nom de *M. Adriatica* une forme absolument distincte et du véritable *M. Adriatica* et de notre *M. Lamarckiana*. Nous avons reçu de M. le docteur Daniel un échantillon absolument conforme à la figuration du savant auteur anglais. C'est, comme on peut le voir dans la figuration de M. Jeffreys, une forme étroite, allongée, comme étranglée, avec les sommets très saillants, et les régions antérieure et postérieure fort peu développées, la crête apico-rostrale mince et étroite, etc. Cette espèce est également exclusivement septentrionale.

Genre **Mytilus** (p. 496)

Le genre *Mytilus* est en général assez mal interprété par la plupart des auteurs. Nons avons admis dans ce genre onze espèces réparties en trois groupes bien distincts. Le 1er groupe renferme des espèces de taille plus ou moins grande, mais d'un galbe non cylindroïde, toujours élargies et dilatées dans la partie rostrale ; tel est le *Mytlus Galloprovincialis*. Le second groupe renferme des espèces de taille également plus ou moins grande, mais d'un galbe cylindroïde; nous prenons pour type de ce groupe le *Mytilus edulis;* enfin dans le troisième groupe, nous rangeons les formes de petite taille. Les espèces de ce dernier groupe sont suffisamment connues; nous nous bornerons à dire quelques mots des espèces des deux premiers groupes.

A. — Groupe du *Mytilus Galloprovincialis*.

1° *Mytilus Galloprovincialis*, Lamarck. — Cette espèce, la plus grande de toutes, est caractérisée : par son galbe de plus en plus comprimé à

(1) Deshayes, 1836. *In* de Lamarck, *Anim. sans vert.*, VII, p. 18.
(2) Jeffreys, 1869. *Brit. conch.*, V, pl. XXVII, fig. 4.

mesure que l'on s'éloigne de la région des sommets; par son bord antérieur presque rectiligne; par sa crête apico-rostrale largement développée, formant un angle postéro-dorsal toujours placé au-dessus ou au plus à la moitié de la ligne apico-rostrale; par son rostre très largement arrondi. Malgré son nom, cette espèce vit également dans la Manche et dans l'Océan, mais elle est plus particulièrement méditerranéenne; en Algérie, elle atteint facilement jusqu'à 12 et 17 centimètres de longueur totale.

2° *Mytilus abbreviatus*, LAMARCK. — Cette espèce diffère de la précédente: par sa taille plus petite; par son angle postéro-dorsal toujours placé au-dessous de la moitié de la ligne apico-rostrale; par sa région antérieure plus curviligne; par son rostre un peu plus obtus; enfin, comme l'ont fait observer Potiez et Michaud, par le système dentaire de la charnière.

3° *Mytilus petasunculinus*, NOV. SP. — Coquille de taille beaucoup plus petite, d'un galbe très déprimé, surtout dans la région du rostre; sommets acuminés, pointus, étroits; région antérieure à profil bien curviligne, mais toujours extrêmement étroite; région postérieure bien développée; rostre très large, très arrondi; crête apico-rostrale large et bien arrondie dans son profil; sommet de l'angle postéro-dorsal un peu inférieur à la moitié de la ligne apico-rostrale; etc. Cette curieuse petite forme dont M. Hidalgo a donné une figuration à peu près exacte (1), affecte tout à fait la forme d'un petit jambonneau; on ne saurait la confondre avec aucune de ses congénères.

B. — Groupe du *Mytilus edulis*.

1° *Mytilus edulis*, LINNÉ — Coquille de grande taille, cylindroïde, étroite, très renflée dans tout son ensemble; région antérieure à profil plus ou moins curviligne; région postérieure peu développée; rostre relativement obtus; crête apico-rostrale étroite, à profil arrondi, rarement anguleuse; angle postéro-dorsal très ouvert, etc. Cette espèce est, comme on le voit, bien distincte du *Mytilus Galloprovincialis*, et malgré les formes prétendues intermédiaires, formes plus ou moins dénaturées sous l'influence de l'élevage, on ne saurait les confondre.

2° *Mytilus ungulatus*, LINNÉ. — Coquille de taille plus petite que la précédente, très renflée dans la région des sommets, très étroite dans son ensemble; bord antérieur à profil bien rectiligne; bord postérieur peu

(1) Hidalgo, 1870, *Moll. marin.*, pl. XXVI, fig. 3.

développé, etc. On distinguera donc le *Mytilus ungulatus* du *M. edulis*: à sa taille plus petite; à ses sommets plus renflés en hauteur, mais plus étroits en largeur; à son bord antérieur dont le profil est toujours beaucoup plus rectiligne; à son angle postéro-dorsal encore plus obtus et plus ouvert; etc.

3° *Mytilus pictus*, Born. — Cette epèce est bien connue et bien figurée dans les ouvrages que nous avons indiqués; son galbe, sa coloration, son mode de fermeture, etc., la feront toujours facilement distinguer.

4° *Mytilus incurvatus*, Pennant. —Cette jolie petite espèce est voisine des *M. ungulatus* et *M. petasunculinus,* dont elle représente la forme de passage, tout en se rapprochant pourtant davantage de la première de ces espèces. On la distinguera du *M. ungulatus*: à son galbe moins rectiligne, moins cylindroïde ; à sa région antérieure un peu moins droite; à sa région postérieure un peu plus dilatée; à ses sommets moins étranglés. Comparée au *M. petasunculinus*, elle en diffère : par son galbe beaucoup moins déprimé, par sa région antérieure à profil plus droit; par sa crête apico-rostrale bien moins large et plus anguleuse. Nous devons observer que, suivant les colonies, cette espèce présente quelques variations.

5° *Mytilus retusus*, Lamarck. — Nous n'indiquerons cette dernière espèce qu'avec un point de doute ; ne la connaissant que par la description très sommaire qu'en a donné de Lamarck, nous nous abstenons de la juger jusqu'à ce que nous ayons pu nous procurer des types suffisants pour l'étudier. C'est dans tous ces cas une forme voisine de la précédente.

Genre **Avicula** (p. 501)

Les auteurs sont loin d'être d'accord sur les espèces appartenant à ce genre. De Lamarck admet deux espèces, les *Avicula Tarentina* et *A. Atlantica*, qui sont incontestablement très voisines. L'*Avicula Atlantica* serait caractérisé par un galbe moins oblique que celui de l'*A. Tarentina*, et en effet, l'auteur cite les figurations de l'*Encyclopédie méthodique* (pl. CLXXVII, fig. 8, 9, 10) dans lesquelles on observe bien ces différences. Malgré cela, nous n'avons pas encore pu trancher définitivement la question de la validité de cette seconde espèce. Il est incontestable pour nous que l'*Avicula Tarentina* existe aussi bien dans l'Océan que dans la Méditerranée, tandis que nous n'avons pas encore observé sur nos côtes, le véritable *A. Atlantica*. M. le docteur P. Fischer (1) signale cependant

(1) P. Fischer, 1865. *Faune Conch. Gironde*, p. 61.

cette espèce dans la Gironde; il ajoute même qu'elle a été indiqué sur les côtes de la Charente-Inférieure et de la Loire-Inférieure; mais il donne comme figuration de son *Avicula Atlantica* les figures 1, 2, 3, de la pl. XLII de l'atlas de Forbes et Hanley qui se rapprochent incontestablement à l'*Avicula Tarentina* de l'*Encyclopédie méthodique*. Nous inscrirons provisoirement une seule espèce d'Avicule dans notre catalogue des mollusques des cotes de France.

Groupe du **Pecten opercularis** (p. 508)

Peu d'auteurs ont bien su distinguer les trois espèces que nous admettons dans ce groupe. Étant donné le *Pecten opercularis*, forme bien définie et bien connue, voici les principaux caractères différentiels des *Pecten Audouini* et *P. lineatus* :

On distinguera le *Pecten Audonini* du *P. opercularis*, à son galbe généralement plus transverse; le *Pecten opercularis* est une coquille à peu près exactement circulaire ou un peu plus haute que large; le *Pecten Audouini* est, au contraire, toujours notablement plus large que haut; enfin, relativement à son mode d'ornementation, nous ne saurions mieux faire que de rappeler ici ce que dit Payraudeau, son auteur, à propos de cette espèce: « elle diffère de toutes les espèces qui me sont connues, par l'arrangement de ses papilles écailleuses, imbriquées, et qui, bien que se continuant d'avant en arrière, forment plusieurs petits rayons longitudinaux, dont trois des plus apparents occupent, l'un le sommet, et les deux autres les parties latérales de chaque côte. »

Quant au *Pecten lineatus*, son galbe est sensiblement le même que celui du *P. opercularis*, mais sa taille est toujours moindre; les côtes longitudinales sont toujours beaucoup plus étroites et à peu près égales à la moitié des espaces intercostaux. Jeffreys (1) a donné une bonne figuration de cette espèce, qui paraît localisée dans la Manche et dans la région armoricaine.

(1) Jeffreys, 1869. *Brit. conch.*, V, pl. XXII, fig. 3, 4.

BIBLIOGRAPHIE

ABEL (J.-C.-A.-M.). — Die Conchylien in den Naturalkabinet seiner hochst gnaden. des H. Fürsten und Bischof von Konstanz, Bregens, 1787, in-12°.

ABILOGUARD (P.-C.). — Om *Cavolina natans*, *Anomia tridentata*, Forsk., *in Skrift. Naturhist. selsk. Kjöbenh.*, 1791. I, II, p. 171, avec fig.

ABRAHAM (P.-S.). — Histology of foot of *Solen*, *in Ann. nat. hist.*, 5e sér., XI, London, p. 214.

ACTON (G.). — Ricerche conchiologiche, Napoli, 1855, in-8°, c. tav.

ADAMS (ARTHUR). — Contributions towards a Monograph of the Trochidæ, *in Proceed. zool. soc.*, XIX, p. 150, London, 1851.

ADAMS (A.). — Monograph of Sphænia, a genus of Lamellibranchiate Mollusca, *in Proceed. zool. soc.*, XVIII, London, 1850, p. 86, avec 1 pl. — *In Ann. nat. hist.*, 2e sér., VII, 1851, p. 420.

ADAMS (A.). — A Monograph of Fossar, a genus of Gasteropodous Mollusca, *In Proceed. zool. soc. London*, XXI, 1853, p. 186.

ADAMS (A). — A Monograph of Puncturella, a genus of Gasteropodous Mollusca, belonging to the family Fissurellidæ, *In Proceed. zool. soc.*, XIX, London, 1851, p. 227. — *In Ann. nat. hist.*, 2e sér., XII, 1853, p. 286.

ADAMS (A.). — Contributions towards a Monograph of the genus Chemnitzia, *In Proceed. zool. soc.*, XXI, p. 178, London, 1853.

ADAMS (A.). — A Catalogue of the species of Emarginata, a genus of Gasteropodous Mollusca, *In Proceed. zool. soc*, XIX, London, 1851, p. 82. — *In Ann. nat. hist.*, 2e sér., XI, p. 146, London, 1853.

ADAMS (A.). — A Monograph of Cerithidea, a genus of Mollusca, etc. *In Proc. zool. soc.*, XXII, London, 1854, p. 83.

ADAMS (A.). — Further contributions towards the natural history of the Trochidæ, *In Proceed. zool. soc.*, XXII, London, 1854, p. 37.

ADAMS (A.). — Monograph of Actæon (Montf.) and Solidula, two genera of Gasteropodous Mollusca, etc., *In Proceed. zool. soc.*, XXII, London, 1854, p. 58.

ADAMS (A.). — On the synonyms and habitats of Cavolina, Diacria and Pleuropus, *In Ann. nat. hist.*, 3e sér., III, London, 1859, p. 44.

ADAMS (C.-B.). — Notice of fractured and repaired *Argonauta Argo*, *in Sillim. Amer. Journ.*, 3e sér., VI, 1848, p. 137.

ADAMS (C.-B.). — Contributions to Conchology, Amherst and New-York, 1849-1852, 1 vol. en XII part., grand in-8o.

ADAMS (HENRY ET ARTUR). — The genera of recent Mollusca arranged according to their organization, London, 1853-1858, 2 vol., roy. in-8o, avec atlas de 178 planches.

ADAMS (H. et A.). — On a new arrangement of Bristish Rissoæ, *in Ann. nat. hist.*, 2e sér., X, p. 358, London, 1852.

ADAMS (H. et A.). — Contributions towards the natural history of the Auriculidæ, *in Proceed. zool. soc.*, XXII, London, 1854, p. 30.

ADAMS (JOHN). — The specific characters of some minute Shells discovered on the coast Pembrokeshire, with an account of a new marine animal, *in Trans. Linn. soc.*, III, London, 1797, p. 64, pl. XII.

ADAMS (J.). — Descriptions of some minute British Shells, *in Trans. Linn. soc.*, V, London, 1800, p. 1, avec 1 pl.

ADANSON (MICHEL). — Histoire naturelle du Sénégal, Coquillages, Paris, 1757, in-4o, avec 19 pl. et une carte. — Édit. anglaise. London, 1759, in-8o.

ADANSON. — Description d'une nouvelle espèce de ver qui ronge les bois, etc., *in Mem. Acad. sc. Paris*, 1759, p. 249.

AGASSIZ (L.). — Mémoire sur les moules des Mollusques vivants et fossiles, 1re partie, moules d'Acéphales vivants, Neuchâtel, 1839, in-4o avec 4 pl.

AGASSIZ (L.). — Iconographie des coquilles tertiaires réputées identiques avec les coquilles vivantes, Neuchâtel, 1845, in-4o avec 15 pl.

AGASSIZ (L.). — Nomenclator zoologicus, continens nomina systematica generum animalium tam viventium quam fossilium, secundum ordinem alphabeticum disposita, adjectis auctoribus, libris in quibus reperiuntur, anno editionis, etymologia et familiis ad quas pertinent, in singulis classibus, Mollusca, Soloduri, 1846, in-4o, p. 98 (nomina systematica generum molluscorum recognoverunt Gray, Menke et Strickland).

AGASSIZ (L.). — MARSCHALL (A. de). — Nomenclator zoologicus (Supplementum op. Agassiz, a 1846-1868 compl.), Vindobonensis, 1873, in-8o.

AGASSIZ (L.). — SCUDDER (S.-H.). — Nomenclator zoologicus (Supplementum, list to Agassiz and Marschall), Washington, 1882, in-8o.

ALDER (JOSHUA). — Observations on the genus Polycera of Cuvier, with descriptions of two new British species, *in Ann. nat. hist.*, VI, London, 1841, p. 337, avec 1 planche.

ALDER (J.). — Remarks on *Lottia virginea*, *in Ann. nat. hist.*, VIII, London, 1842, p. 404.

ALDER (J.). — Descriptions of some new British species of Rissoa and Odostomia, *in Ann. nat. hist.*, XIII, London, 1844, p. 323 avec 1 pl.

ALDER (J.). — Note on Euplocamus, Triopa and Idalia, *in Ann. nat. hist.*, XV, London, 1845, p. 262.

ALDER (J.). — On the animal of *Lepton squamosum*, *in Rep. Assoc. adv. sc.*, XVII, 1847, p. 73.

ALDER (J.). — Catalogue of the Mollusca of Northumberland and Durham, *in Trans. Tynesid. natur. field Club.*, London, 1848, in-8o.

ALDER (J.). — On the animal of *Kellia rubra*, *in Ann. nat. hist.* 2e sér., III, London, 1847, p. 383; IV, 1849, p. 48.

ALDER (J.). — Notes on *Montacuta ferruginosa*, *in Ann. nat. hist.*, V, London, 1850, p. 210, avec fig.

ALDER (J.). — On the genus *Jeffreysia*, *in Ann. nat. hist.*, 2e sér., VII, London, 1851, p. 193.

ALDER (J.). — On the distinction characters of Jeffreysia and Chemnitzia, avec fig., *in Ann. nat. hist.*, 2e sér., VII, London, 1851, p. 193.

ALDER (J.). — Notes on *Sepia biserialis* and *Sepia elegans*, *in Ann. nat. hist.*, 2e sér., XIX, London, 1857, p. 474.

ALDER (J.) ET HANCOCK (A.). — A Monograph of the British Nudibranchiate Mollusca, with fig. of alle Species, VII part., avec 83 pl. col., in-fol., London, 1845-1855.

ALDER (J.) ET HANCOCK (A.). — Sur le Dendronotus, nouveau genre de Nudibranches, *in l'Institut*, XIII, Paris, 1845, p. 338.

ALDER (J.) ET HANCOCK (A.). — On the branchial carreuts of Pholas and Mya, *in Rep. Brit. Assoc. adv. sc.*, 1851, XXII, p. 74. — *In Ann. nat. hist.*, 2e sér., VIII, London, 1851, p. 370 avec 1 pl.

ALDER (J.) ET HANCOCK (H.). — Observations sur les courants branchiaux des Pholades et des Myes, *in Ann. sc. nat. Paris*, 3e sér., XVI, 1851, p. 380.

ALDER (J.) ET HANCOCK (A.). — Notice of a British species of Calliopæa, d'Orb., and of four new species of Eolis, with observations on the developpement and structure of the Nudibranchiate Mollusca, *in Ann. nat. hist.*, London, 1843, XII, p. 233.

ALDER (J.) ET HANCOCK (A). — Remarks on the genus Eolidina of M. de Quatrefages, *in Ann. nat. hist.*, XIV, London, 1844, p. 125.

ALLÈGRE. — De la pêche dans le bassin et sur la côte extérieure d'Arcachon, *in Act. acad. sc. Bordeaux*, 1841.

ALLERY. — Voyez *de Monterosato*.

ALLMAN (G.-J.). — On the anatomy of Actæon, Oken (Elysia, Risso), *in Rep. Brit. assoc.*, 1844, p. 65.

ALLMAN (G.-J.). — On the anatomy of Actæon, with remarks on the orders Phlebentrata, *in Ann. nat. hist.*, XVI, London 1845, p. 146.

ANCEY. — Catalogue des Mollusques marins du cap Pinède, près Marseille, in-8°.

Annals and Magazin natural history London, 1838, in-8° avec pl. (en cours de publication).

Annales de Malacologie, sous la direction de M. le Dr G. Servain, Paris, 1870, in-8° avec pl. (en cours de publication).

Annales du Muséum d'Histoire naturelle, Paris, 1802-1827, 20 vol. in-4° avec pl., 1 vol. tables.

Annales des sciences naturelles, Paris, 1827, in-8° avec pl. (en cours de publication).

Annales de la Société malacologique de Belgique, Bruxelles, 1866, in-8° avec pl. (en cours de publication).

Annals of Philosophy, London, 1813, in-8° avec pl. (en cours de publication).

ANTON (G.). — Anordnung der Gattung Tellina, *in Zeitschr. f. Malak.*, IV, 1847, p. 97.

APPELIUS (F.-L.), — Le conchiglie del mar Tireno, *in Bull. malac. ital.*, II, Pisa, 1879 (tir. à part, 1 vol. in-8°, Pisa, 1879).

ARADAS (ANDR.). — Memorie di Malacologia Siciliana, *in Atti d. Accad. Gioen. Catania*, 1846-1847, in-4° avec pl.

ARADAS (A.). — Osservazioni ed aggiunti alla fauna dei Molluschi della Sicilia del R. A. Philippi, *in Atti d. Accad. Gioen. Catania*, 1847, in-4°.

ARADAS E BENOIT. — Monografia del Genere Coronula e sulle alcune specie di Tritonium e Mactra, 3 part., Catania 1853-1870, in-4°.

ARADAS E BENOIT. — Conchigliologia vivente marina della Sicilia e delle Isole, Catania, 1870, in-4°, con 5 tav.

ARADAS (ANDR.) ET CALCARA (PIETRO). — Monografie dei generi Thracia e Clavagella, *in Atti d'Accad. Gieon. Catania*, XIX, 1842, p. 207.

Archive für Naturgeschichte, hersg. v. Wiegmann, Erichson und Troschel, Berlin, 1836 (en cours de publication), in-8° avec pl.

ARGENVILLE (ANTOINE-JOSEPH-DESALLIER D'). — La Zoomorphose ou représentation des animaux à coquilles, avec leurs explications, Paris, 1757, in-4°, avec 9 pl.

ARGENVILLE (A. J.). — L'histoire naturelle éclaircie dans une de ses parties principales, la Conchyliologie, Paris, 1744-1757, 2 vol. in-4°, avec 33 pl. — 2e édit. Paris, 1757, in-4°, avec 33 et 9 pl.

ARGENVILLE (A. J.). — Voyez FAVANNE.

ARISTOTE. — Opera, ex edit. et cum notis Guill. Duval, Parisiis, 1619, 2 vol. in-fol.

ARISTOTELES. — De Moll. Cephalop. rec H. de Köhler, Riga, 1820, in-8°.

ASBJÖRNSEN. — Bidrag til Christianiafjordens Litoralfauna, Molluska; Christiana, 1854, in-8°.

AUBERT (H.). — Die Cephalopoden bei Aristoteles, Leipzig, 1862, in-8°.

AUCAPITAINE (HENRI). — Observation sur la perforation des roches par les Mollusques du genre Pholas, *in Rev. mag. zool.*, 2e sér., III, p. 486, Paris, 1851.

AUCAPITAINE (H.). — Note sur les moyens qu'emploient les Pholades pour creuser les roches, *in Comptes rendus Institut*, XXXIII, 1851, p. 661. — *In Institut*, XIX, 1851, p. 402.

AUCAPITAINE (H.). — Note sur le *Corbula nucleus*, Lk., *in Ann. sc. nat.*, 3e sér., XVIII, p. 271, Paris, 1852.

AUCAPITAINE (H.). — Note sur la perforation des roches par les Mollusques du genre Pholas, *in Bull. soc. géol., France*, 2e sér., X, p. 389, Paris, 1853.

AUCAPITAINE (H.). — Observation sur les Mollusques perforants, *in Ann. sc. nat.*, 4e sér., II, Paris, 1854.

AUCAPITAINE (H.). — Note sur la *Cypræa moneta*, L., *in Revue et mag. zool.*, 2e sér., X, p. 509, Paris, 1858.

AUCAPITAINE (H.). — Observation sur l'habitat de la *Cypræa moneta*, *in Rev. et mag. zool.*, 2e sér., XI, p. 237, Paris, 1859.

AUCAPITAINE (H.). — Annotation au catalogue des coquilles marines de l'Algérie, *in Journ. conch.*, XI, p. 338, Paris, 1863.

AUCAPITAINE (H.). — Formation huitrière dans l'étang de Diane (Corse), *in Journ. conch.*, XI. p. 389, Paris, 1862.

AUCAPITAINE (H.). — Note sur le développement des Mollusques dans le port de Toulon, *in Journ. conch.*, XII, p. 314, Paris, 1864.

AUCAPITAINE (H.). — Catalogue des Mollusques qui vivent sur le littoral de la Charente-Inférieure, *in Rev. et mag. zool.*, p. 10-21, Paris, 1852.

AUDOUIN (JEAN-VICTOR). — Observations pour servir à l'histoire de la formation des Perles, *in Mem. Mus. Paris*, XVII, 1820, p. 174 (tir. à part., Paris, 1820, in-4° avec 1 pl.).

AUDOUIN (J. V.). — Sur l'animal de la Siliquaria, *in* Feruss. *Bull. sc. nat.*, XVII, p. 310, Paris, 1829.

AUDOUIN (J.-V.). — Ueber Siphonaria, *in Isis*, 1832, p. 360, avec fig.

AUDOUIN (J.-V.). — Ueber Emarginula, Say. *in Isis*, 1832, p. 670, avec fig.

AUDOUIN (J.-V.). — Mémoire sur l'animal de la Glycimère *(Glycimeris siliqua)*, *in Ann. sc. nat.*, XXIX, p. 331, avec 3 pl., Paris, 1833.

AUSCHITZKY. — Notes sur l'Ostréiculture dans le bassin d'Arcachon, *in Assoc. franç.*, I, p. 620, Bordeaux, 1873.

BAER (KARL-ERNEST, VON). — Observations sur la génération des Moules et sur un système de vaisseaux hydrofères dans ces animaux, *in Notiz. aus dem Geb. Nat. und Heilk.*, 1826, n° 265, p. 1.

BAJOT. — Des Huîtres vertes et de la cause de leur coloration, *in Ann. maritimes*, févr. 1821.

BAKER (HENRY). — On account of the sea Polypus *(Octopus)*, *in Philos. Trans.*, L., 1758, p. 777.

BARBUT (JAMES). — The genera Vermium of Linnæus examplified by several of the rarest and most elegant subjects of the orders of the Testacea... London, 1783, gr. in-4° avec 14 pl.

BARFURTH (DIETR.). — Das Glycogen in der Gasteropodenleber, *in Zool. Anz.*, VI, p. 652.

BARFURTH (D.). — Der phosphorsaure kalk der Gasteropodenleber, *in Biolog. Centralbl.*, III, p. 435.

BARLEE (GEORGES). — On some British species of Chemnitzia, *in Ann. nat. hist.*, 2e sér., VII, p. 482, London, 1852.

BARROIS (THÉODORE). — Note sur les glandes à byssus chez la *Saxicava rugosa*, *in Bull. scient. dép. Nord*, p. 314, Lille, 1879.

BARROIS (TH.). — Sur la structure de l'*Anomia ephippium*, *in Bull. scient. dép. Nord*, p. 369, Lille, 1879.

BARROIS (TH.). — Note sur les glandes du pied chez le *Pecten maximus*, *in Bull. scient. dép. Nord*, p. 346, Lille, 1879.

BARROIS (TH.). — Sur l'anatomie du pied des *Lamellibranches*, *in Bull. scient. dép. Nord*, p. 7, avec fig., Lille, 1879.

BARROIS (TH.). — Contribution à l'étude des glandes byssogènes et des pores aquifères chez les *Lamellibranches*, *in Comptes rendus Institut.*, C, p. 188 (tir. à part, in-8°. Lille, 1883).

BARROIS (TH.). — Note sur les glandes du pied dans la famille des Tellinidæ, *in Bull. scient. dép. Nord*, n° 5, p. 193, Lille.

BARROIS (TH.). — Note sur l'embryogénie de la Moule commune, *in Bull. scient. dép. du Nord*, n° 5, p. 137, Lille.

BARROIS (TH.). — Note sur les glandes à byssus chez l'*Arca tetragona*, *in Bull. scient. dep. Nord*, n° 8, p. 278, Lille.

BARROIS (TH.). — Sur l'introduction de l'eau dans le système circulatoire des Lamellibranches et sur l'anatomie du pied des Lucinidæ, Lille, 1884, in-8°, avec 1 pl.

BASTER (JOB). — A dissertation on the Worms which destroy the piles on the coast of Holland and Zealand, *in Philos. Trans.*, XLI, I, p. 276, avec fig. London, 1739.

BASTER (J.). — Opuscula subseciva, Haarlem, 1762, in-4°, avec pl.

BAUDELOT (E.). — Recherches sur l'appareil générateur des Mollusques Gastéropodes, Paris, 1863, in-4°, avec 4 pl.

BAUMHAUER (E. VON). — Mémoire sur l'Histoire naturelle du Taret *(Teredo navalis)*, La Haye, 1866, in-8°, avec 4 pl.

BECK (H.). — Index molluscorum præsentis ævi, Musæi principii augustissimi Christiani Frederici, Hafniæ, 1837, in-4°.

BECKMANN (JOANNES). — Illustris Caroli a Linne Terminologia Conchyliologiæ, Gottingæ, 1772, in-8°, 16 p.

BELL (THOMAS). — Description of a new species of Emarginula, *in Zool. Journ.* I, p. 52 avec fig., London, 1824. — *In* Feruss., *Bull. sc. nat.*, II, p. 305, Paris, 1824.

BELLARDI (LUIGI). — Description des Cancellaires fossiles des terrains tertiaires du Piémont, Turin, 1841, in-4° avec 1 pl.

BELLARDI (L.). — Monografia delle Columbelle fossile del Piemonte, Torino, 1858, in-4° avec 1 pl.

BELLARDI (L.). — Monografia delle Pleurotome fossile del Piemonte, Torino, 1848, in-4° avec 4 pl.

BELLARDI (L.). — Monografia delle Mitre fossile del Piemonte, Torino, 1850, in-4° avec 2 pl.

BELLARDI (L.). — Nuculidi terziarie del Piemonte e della Liguria, Torino, 1875, gr. in-8° avec 1 pl.

BELLARDI (L.). — I Molluschi dei terreni terziari del Piemonte e della Liguria, *in Mem. Acad. Torino*, 1872 à 1885 (tir. à part, 4 vol. in-4°, avec pl.).

BELTREMIEUX (E.). — Faune du département de la Charente-Inférieure, *in Ann. Acad. La Rochelle*, 1864, in-8°; suppl. 1868.

BELTREMIEUX (E.). — Faune vivante de la Charente-Inférieure, *in Acad. La Rochelle*, 1884, in-8°.

BEMMELEN (J.-F., VAN). — Sur l'anatomie des Chitons, *in Arch. Zool. expér.*, 2e sér., I, p. XXVII.

BENEDEN (P.-J., VAN). — Mémoire sur l'Argonaute, *in Nouv. Mem. Acad. Brux.*, II, Bruxelles, 1838.

BENEDEN (P.-J., VAN). — Observation sur l'anatomie des Pneumodermes, *in Ann. sc. nat.*, 3e sér., IX, p. 191, Paris, 1838.

BENEDEN (P.-J., VAN). — Note sur une nouvelle espèce de Pneumodermon (*P. Mediterraneum*), *in Nouv. Mem. Acad. Brux.*, XII, 1838, avec 1 pl.

BENEDEN (P.-J., VAN). — Mémoire sur l'anatomie des genres Hyalea, Cleodora et Cuvieria, *in Nouv. Mem. Acad. Brux.*, XII, Bruxelles, 1837, p. 29 avec fig.

BENEDEN (P.-J., VAN). — Mémoire sur la Cymbulie de Péron, *in Nouv. Mem. Acad. Brux.*, XII, avec fig., Bruxelles, 1837.

BENEDEN (P.-J., VAN). — Recherches sur le développement des Aplysies, *in Bull. Acad. Brux.*, VII, 2, p. 239, Bruxelles, 1840, avec 1 pl. — *In Ann. sc. nat.*, 2e sér., XV, p. 123, avec 1 pl., Paris, 1841.

BENEDEN (P.-J., VAN). — Recherches sur l'embryogénie des Sépioles, *in Nouv. Mém. Acad. Brux.*, XIV, Bruxelles, 1841, avec 1 pl. — *In Isis*, 1844, p. 534.

BENEDEN (P.-J., VAN). — Sur l'hermaphroditisme de l'Huître (*Ostrea hippopus*), *in l'Institut*, XXII, p. 214, Paris, 1855.

BENEDEN (P.-J., VAN). — Sur les organes sexuels des Huîtres (*Ostrea edulis*), *in Bull. Acad. Brux.*, XXI, I, p. 252, Bruxelles, 1855. — *In Comptes rendus instit.*, XL, p. 547, Paris, 1855. — *L'institut*, XXIII, 1855, p. 87.

BENEDEN (P.-J., VAN) et ROBB. — *Aphysia Brugnatellii et Webbii, in Comptes rendus Institut.* p. 230, Paris, 1875.

BENEDEN (P.-J., VAN) et ROBB. — Note sur deux espèces nouvelles d'Aplysies *in Mag. zool.*, VI, avec 1 pl., Paris, 1836.

BENNETT (E.-H.). — Description of an hitherto unpublished species of Buccinum, *in Zool. Journ.*, I, 1824, p 398. — *In* Ferussac, *Bull. sc. nat.*, VII, p. 259, Paris, 1826.

BENNETT (G.). — Der Flying squid oder Calmar *(Loligo vulgaris)*, *in Fror. not.*, XIV, p. 216.

BENOIT (L.) et ARADAS (A.). — Nota su alcune conchiglie di Sicilia publicate come nuove dal. Maravigna, 1869, 1 vol. in-8o.

BERGH (RUD.). — Monog. Marsenidarum, Gastrop. Moll., Kjobenhaven, 1853, in-4o avec 5 pl.

BERGH (R). — Om flere Pleurophyllidiearten og Noyle andre Gasteropode Mollusker, *in Forhandlgr. Skandin. Naturforsk.*, VII. p. 206, Mode, 1857.

BERGH (R.). — Anatom. undersog. a *Fiona atlantica*, Kjöbenhaven, 1859, gr. in-8· avec 2 pl.

BERGH (R.). — Contrib. to a Monogr. of the genus Fiona, Kjöpenh., 1859, in-8° avec 2 pl.

BERGH (R.). — Campaspe Pusilla, ny slaegt af Dendronotidæ, Kjöpenh., 1863, in-8o, avec pl.

BERGH (R.). — Anatom. Aeolididarum., Kjöbenhaven, 1864, in-4· avec 9 pl.

BERGH (R.). — Monogr. af Pleurophyllidæ, 2 part, Kjöbenhaven, 1866, in-8', avec 9 pl.

BERGH (R.). — Bidr. til Kundsk., etc. (Disquisit. anatom. de Phyllidideis), Kjöbenhaven, 1869, in-8o avec 11 pl.

BERGH (R.). — Anatom. Untersuch. d. Pleurophyllidia formosa, Wien, 1869, in-8o, avec 3 pl.

BERGH (R.). — Malakolog. Untersuchgn., Wiss. Result. v. C. Semper's Reisen, in Archipel d. Philippinen, 14 liv. et 2 suppl., Wiesbaden, 1870-1881, gr. in-4o, avec 80 pl.

BERGH (R.). — Beiträge zur Kenntniss der Æolidiaden, *in Verhandl. zool. Ges. Wien*, XXVII, p. 807, avec 3 pl., Wien, 1877. — 1878, p. 553 avec 3 pl.

BERGH (R.). — Ueber die Gattung Idalia, Leach, *in Arch. f. Naturg.*, XLVII, p. 140 avec 3 pl.

BERGH (R.). — Report on the Nudibranchiata dredged by H. M. S. Challenger during the years 1873-1876, *in Rep. scient. Pres. Challeng. Zool.*, X, avec 14 pl.

BERGH (R.). — Neue Chromodoridea, *in Malac. Blätt.*, n. f. I, p. 87, avec 1 pl.

Bergh (R.). — Neue Nacktschnecken der Südsee. Phyllid., Plakobranch., Elysiad., Chromodoris, Doriopsis, 2 part., Hambourg, 1873-1879, gr. in-4°, avec 9 pl.

Bergh (R.). — Neue Beitrage zur Kenntniss d. Phyllidiaden, Wien, 1879, in-8°, avec 1 pl.

Bergh (R.). — Krit. Untersuchung der Ehrenberg'schen Doriden, Frankfurt, 1878, in-8°.

Bergh (R.). — Beitrag zu einer Monographie der Gattung *Mariania*, Vayss., *in Mittheil. zool. Station Naple*, IV, p. 303, avec 1 pl.

Bergh (R.). — Caracters of Marionia, *in Journ. R. microsc. soc.*, 3e sér., III, p. 496.

Bergh (R.). — Sur les affinités des Onchidies, *in Arch. zool. expér.*, 3e sér., III, p. 8. — *In Journ. R. micros. soc.*, 2e sér., IV, p. 870.

Bergh (R.). — Ueber die Verwandtschaftsbeziehungen der Onchidien, *in Morpholog. Jahrb.*, X, p. 172. — *In Ann. nat. hist.*, 5e sér., XIV, p. 259.

Bergh (R.). — Die Doriopsen des Atlantischen Meeres, *in Jahrb. malak.*, VI, p. 42.

Bergh (R.). — Gattungen Nordischer Doriden, *in Arch. f. Naturg.*, XLVI, p. 340, avec 1 pl.

Bergh (R.). — Die Doriopsen des Mittelmeers, *in Jahrb. Deutsch. Malak. Ges.*, VII, 1880, p. 297, avec 2 pl.

Bergh (R.). — Ueber *Pleurophyllidia Loveni;* Neue Chromodoriden, 2 liv., Cassel, 1879, in-8°, avec 1 pl.

Bergh (R.). — On the Nudibranchiate Gasteropod Mollusca of the North Pacific Ocean, with spec. reference to those of Alaska, 2 part., Philadelphia, 1879-80, in-8°, avec 16 pl.

Bergh (R.). — Untersuchung der *Chromodoris elegans* und *Villafranca*, *in Malak. Blätter.*, XXV, 1878, p. 1, avec 2 pl.

Bergh (R.). — Further Researches on Nudibranches, *in Journ. R. microsc., soc. London*, 2e sér., II, p. 38.

Bergh (R.). — Beiträge zu einer Monographies der Polyceraden, Wien, 1880, in-4°, avec 6 pl.

Bergh (R.). — Die Gattung Goniodoris Forb., *in Malak. Blätter*, II, p. 115, avec 1 pl.

Bergh (R.). — Beiträge zu einer Monographie der Polyceraden, *in Verhandl. K. K. Zool. Bot. Ges. Wien*, 1879 à 1883, avec 6 pl.

Berkeley (M.-J.). — A short account of a new species of Modiola, *in Zool. Journ.*, III, 1827, p. 229.

Berkeley (M.-J.). — *Modiola rhombea*, nova species, *in* Feruss., *Bull.*, XV, *sc. nat.*, 1828, p. 316.

Bertin (Victor). — Revision des Tellinides du Muséum d'histoire naturelle, *in Nouv. arch. Muséum*, 2e sér., I, in-8°, avec pl., Paris, 1878.

Berwickshire. — Naturalist's club, Proceedings of Edinburgh, 1835-1842, in-8° avec pl.

Bivona e Bernardi (Antonini). — Nuovi generi e nuovi specie di Molluschi, Palermo, 1832, in-8°.

Bivona e Bernardi (A.). — Caratteri dei Vermeti desunti da cinque specie che abitano nel mare di Palermo, *in Effemer. scient. e litt. per la Sicilia*, I, 1832, p. 50.

Bizio (Bartholomeo). — Ricerche sopra il coloramento in verde delle Branchie delle Ostriche, etc., Venezia, 1845, in-4°.

Bizio (B.). — Formentazione lattica dei corpi delle Ostriche (*Ostrea edulis*), e separazione del principio produttore del acido, chiamato Ostreina, *in Mem. instit. Venet,* VI, 1856, p. 35 (tir. à part, in-8°. Venezia., 1855).

Blainville (Henri-Marie, Ducrotay de). — Mémoire sur le genre Hyale, *in Journ. Phys.*, XCIII, p. 81, 1821.

Blainville (H. D. de). — De l'organisation des animaux, ou principes d'anatomie comparée, Paris, 1822, in-8°.

Blainville (H. D., de). — Sur quelques points de l'organisation des Mollusques bivalves, par Leach, *in Bull. soc. philom.*, Paris, 1818, p. 14.

Blainville (H. D., de). — Différences de la coquille des individus de sexes différents dans les Mollusques Céphalés, *in Journ. Phys.*, 1822, I, p. 92.

Blainville (H. D., de). — Mémoire sur l'organisation d'une espèce de Mollusque nu de la famille des Limacines (*Onchidium*), *in Journ. Phys.*, XCVI, 1823, p. 175.

Blainville (H. D., de). — Mémoire sur les espèces du genre Loligo, Lam., *in Journ. Phys.*, 1823, p. 116. — *in* Feruss., *Bull. sc. nat.*, III, p. 190. Paris, 1824.

Blainville (H. D., de). — Manuel de Malacologie et de Conchyliologie, Paris, 1825, 1 vol. in-8° et 1 atlas (1827) de 87 planches.

Blainville (H. D., de). — Faune française et histoire naturelle et particulière des animaux qui se trouvent en France, Mollusques, Paris, 1826-1830, in-8°, 320 pages et 42 pl. (ouvrage inachevé).

Blainville (H. D., de). — Mollusque, in *Dict. sc. nat.*, XXXII, Paris, 1824 (c'est cet article tiré à part et augmenté qui a paru sous le titre de *Manuel de malacologie et de conchyliologie*).

Blainville (H. D., de). — Sur la classification méthodique des animaux et établissement d'une nouvelle considération pour y parvenir (extrait), *in Bull. Philom.*, Paris, 1814, avec 4 pl.

Blainville (H. D., de). — Disposition méthodique des espèces récentes et fossiles du genre Pourpre, Ricinule, etc., *in Nouv. Ann. Muséum*, I, 1832, p. 189, avec 4 pl.

Blainville (H. D., de). — Quelques observations sur l'animal de la Spirule et sur l'usage du siphon des Coquilles Polythalames, *in Ann. franç. et étrang. d'anat.*, I, 1837, p. 369.

Blainville (H. D., de). — Note sur la Spirule, *in Ann. franç. et étrang. d'anat.*, III, 1839, p. 82 avec fig.

Blainville (H. D., de). — Lettre sur le Poulpe de l'Argonaute, *in Ann. franç. et étrang. d'anat.*, I, 1837, p. 188.

Blacke (J.-F.) — On the Homologies of the Cephalopoda, *in Ann. nat. hist.*, 5e sér., IV, p. 309.

Blanchard (Émile). — Extrait d'une lettre relative à la coquille de l'Argonaute, *in Bull. soc. Lin. Bord.*, III, p. 195, Bordeaux, 1829.

Blanchard (É.). — Observations sur le système nerveux des Mollusques Acéphales, testacés ou lamellibranches, *in Ann. sc. nat.*, 3e sér., III, Paris, 1845, p. 321, pl. XII.

Blanchard (É.). — Sur les yeux des Pecten, *in Soc. Philom.*, procès-verb., 1845, p. 34. — *In l'Institut.*, XIII, 1845, p. 89.

Blanchard (E.). — Recherches sur l'organisation des Mollusques gastéropodes de l'ordre des Opisthobranches, *in. Ann. sc. nat.*, 3e, IX et XI. 1848 et 1849.

Blanchard (É.). — Du système nerveux chez les Invertébrés (Mollusques et Annelés) dans ses rapports avec la classification des animaux, Paris, 1849, in-8o, 12 p.

Blanchard (É.). — Chromatophores of Céphalopodes, *in Journ. R. micr. soc.*, 2e sér., III, p. 352 et 494.

Blanchard (É.). — Sur les Chromatophores des Céphalopodes, *in Comptes rendus Institut.*, XCVI, p. 655. — *In Journ. microgr.*, VII, p. 217. — *In Bull. soc. zool. France*, VII, p. 492.

Blanchère (de la). — Culture des plages maritimes, Paris, 1866.

Blochmann (F.). — Beiträge zur Kenntniss der Entwicklung der Gastropoden, *in Zeitschr. f. Wiss. Zool.*, XXXVIII, p. 392, avec 2 pl.

Blochmann (F.). — Ueber die Drüsen der Mantelrandes bei Aplysies und verwandten Formen, *in Zeitschr. f. Wiss. Zool.*, XXXVIII, p. 411, avec 1 pl.

Blochmam (F.). — Die im Golfe von Neapel vorkommenden Aphysien, *Mittheilungen aus der zoologic. Station zu Neapel. B. V.*, fasc. 1, 1883.

Bohadsch (I.-B.). — De quibusdam animalibus marinis, in-4o avec 12 planches. Dresde, 1761.

Bolten (J.-F.). — Museum Boltenianum, edit. P. F. Röding, 1798. — Edit. alt. J. Noadt, Hamburg, 1819, in-8o, 2 pl.

Bonanni (Philippus). — Museum Kirkerianum, Romæ, 1707.

Bonanni (Ph.). — Observationes circa viventia, quæ in rebus non viventibus reperiuntur..., Romæ, 1691, in-4o, avec 44 pl.

Bonanni (Ph.). — Recreatio mentis et oculi, in observatione animalium testaceorum curiosi naturæ inspectoribus, italio sermone primum proposita, Romæ, in-4°. — Ricreazione dell'occhio e della mente, Roma, 1681, in-4°.

Bonola. — Della bibliografia malacologica italiana, Milano, 1839, in-8°.

Born (Ignatius, A.). — Index rerum naturalium Musei Cæsarei Vindobonensis, Pars prima (Latine et Germanice), Vindobonæ, 1778, gr. in-8° avec pl.

Born (I.-A.). — Testacea Musei Cæsarei Vindobonensis, Vindobonæ, 1780, in-fol., avec 19 pl.

Bortias. — Des coquilles marines employées pour l'amendement des terres, Paris, 1853, in-8°.

Bosc (L.-A.-G.). — Rapport sur des observations relatives aux genres Fissurella et Crepidula par Beudant, *in Nouv. Bull. soc. phil.*, II, p. 237. Paris, 1811.

Bosc (L.-A.-G.). — Histoire naturelle des coquilles, contenant leur description, les mœurs des animaux qui les habitent et leurs usages, avec fig. dessinées d'après nature, 3e édit, Paris, 5 vol. in-18, 41 pl. et 1 tabl.

Bosset (de). — Notice sur la Carinaire de la Méditerranée, *in Mém. soc. sc. nat. Neuchâtel*, II, 1839, avec fig.

Bossuet (François). — De natura aquatilium carmen, in alteram partem universi Rondeletii et historiæ quam de aquatilibus descripsit, Lugduni, 1558, in-4°, avec fig.

Boston journal of natural history, containing papers and communications read to the Boston Society of natural history, 1833 à 1844, 4 vol. in-8° avec pl.

Boubée (Nérée). — Bulletin d'histoire naturelle de France, pour servir à la statistique et à la géographie naturelle de cette contrée, première année, 3e section, Mollusques et Zoophytes, Paris, 1831 à 1833, in-18, 40 p. — Édit. in-8°, 1832-1835, 40 p.

Bouchard-Chantereaux. — Animaux sans vertèbres observés dans le Boulonnais (Précis de l'histoire civile et politique de la ville de Boulogne-sur-Mer, par Bertrand), Boulogne, 1829.

Bouchard-Chantereaux. — Catalogue des Mollusques marins observés jusqu'à ce jour à l'état vivant sur les côtes du Boulonnais, *in Mém. soc. d'agr. Boulogne-sur-mer*, 1835 (tir à part, 1 br. in-8°).

Bouchard-Chantereaux. — Observations sur divers Mollusques marins du Boulonnais, *in Journ. conch.*, XXVII, p. 172, Paris, 1859.

Bouchon-Brandeley. — Sur la sexualité de l'*Ostrea edulis* et de l'*Ostrea angulata*, fécondation artificielle de l'huître de Portugal, *in Comptes rendus Instit.*, XCV, p. 256. — *In Ann. nat. hist.*, 5e sér., X, 328. — *In Journ. microsc. soc. London*, 2e sér., II, p. 605.

Bouchon-Brandeley. — Sur le littoral français de la Méditerranée au point de vue de la pêche, de la pisciculture et de la conchyliculture, Paris, 1880, in-4°.

Bouchon-Brandeley. — Rapport au ministre de la marine sur la génération et la fécondation artificielle des Huîtres portugaises, *in Journ. officiel*, 16 et 17 déc. 1882 (tir. à part, in-8°, 51 p.).

BOUCHON-BRANDELEY. — On the sexuality of the common Oyster and that of the Portuguese Oyster, *in Bull. U. S. Fish. Commiss.*, II, 1882-1883, p. 339.

BOUCHON-BRANDELY. — Rapport relatif à la génération et à la fécondation artificielle des Huîtres, *in Bull. U. S. Fish. Commiss.*, II, 1882-1883, p. 319.

BOUCHON-BRANDELEY. — Rapport sur la fécondation artificielle et la génération des Huîtres, Paris, 1884, in-8° avec fig.

BOURQUELOT (EM.). — Recherches expérimentales sur l'action des sucs digestifs des Céphalopodes sur les matières amylacées et sucrées, *in Arch. zool. expér.*, X, 1882, p. 385 (tir. à part, 1 br. in-8°).

BOURQUELOT (EM.). — Recherches sur les phénomènes de la digestion chez les Mollusques Céphalopodes, Paris, 1884, *in Arch. zool. expér.*, 2e sér., III, p. 1.

BOURQUELOT (EM.). — Digestion in Cephalopodes, *in Journ. R. microsc. soc.*, 2e sér., III, p. 676.

BOURQUELOT (EM.). — Recherches relatives à la digestion chez les Mollusques Céphalopodes, *in Comptes rendus Instit.*, CXV, p. 1174.

BOURQUELOT (EM.). — Recherches relatives à l'action des sucs digestifs des Céphalopodes sur les matières amylacées, *in Comptes rendus Instit.*, XCIII, p. 978.

BOWDICH (T. EDWARD). — Elements of Conchology, including the fossil genera and the animals univalves, Paris, 1822, in-8°, 2e part. en 1 vol. avec 27 pl.

BOWERBANK (J.-S.). — Observations on the structure of the Shells of Molluscous and Conchiferous Animals, *in Trans. soc. microsc. London*, 1844, pl. XIV à XVIII (tir. à part, London, 1844, in-8°, 34 p. et 4 pl.).

BOURY (E.-D.). — Nouvelles observations sur l'*Acirsa subdecussata*, *in Journ. conch.*, XXXIII, p. 96, Paris, 1885.

BOYER-FONFRÈDE. — De la destruction des Huîtres dans le bassin d'Arcachon, des causes qui l'ont amenée, des moyens à employer pour arrêter le mal et arriver au repeuplement, Bordeaux, 1847.

BRACH (JAC.). — De Ovis Ostreorum, *in Ephemer. Acad. nat. Cur.*, VIII, 1689, p. 506.

BRADY (G.-S.). — Reports of deep-sea dredgingon the coats of Northumberland and Durham, *in Trans. nat. hist. North. and Durh*, Newcastle, 1865, in-8°, avec pl.

BREHM (A.-E.). — Les Vers, les Mollusques, etc., édit. française par de Rochebrune, avec fig., in-4°, Paris, 1884.

BROCCHI (G.). — Conchiologia fossile subapennina, Milano, 1843, 2e édit., 2 vol. in-12, avec atlas in-4°, 16 pl.

BROCCHI (P.). — Traité d'Ostréiculture, Paris, 1883, in-18.

BROCHARD. — Les Huîtres vertes de la Tremblade, 1863.

BROCK (J.). — Zur Anatomie und Systematik der Cephalopoden, *in Zeitschr. f. Wiss. Zool.*, XXXVI, p. 343, avec 4 pl.

BROCK (J.). — Ueber homogene und fibrilläre Bindesubstanz bei Mollusken, *in Zool. Anz.*, V, p. 579.

BROCK (J.). — Zur Anatomie und Systematik der Cephalopoden, *in Biolog. Centrabl.*, II, 1883, p. 657.

BROCK (J.). — Die Acclimatisation von *Ostrea* (Gryphaea) *angulata* Lam , an den Französischen Küsten, *in Biolog. Centralbl.*, III, p. 291.

BROCK (J.). — Untersuchungen über die interstitiellen Bindesubstanzen der Mollusken, *in Zeitschr. Wiss. Zool.*, XXXIX, p. 1, avec 4 pl.

BROCK (J.). — Anatomy and Classification of the Cephalopoden, *in Journ. micr. soc. London*, II, 1883, p. 475.

BROCK (J.). — Uber die Geschlechtsorgane der Cephalopoden, *in Zeitschr. f. Wiss. Zool.*, XXXII, I, p. 1, avec 4 pl.

BROCK (J.). — Ueber die Geschlechtsorgane der Dibranchiaten Cephalopoden, *aus den Sitzungsb. phys. med. soc. Erlangen*, 1878.

BRODERIP (W.-J.). — Observations on the Animals, hitherto fond in the Shells of the genus Argonauta, *in Zool. Journ.*, IV, 1828, p. 57, avec 1 pl.

BRODERIP (W.-J.). — Descriptions of a new Land shell from South-America, together with an additional note on Argonauta, *in Zool. Journ.*, IV, 1828, p. 222, pl. XXXI, suppl.

BRODERIP (W.-J.). — On the genus Chama, Brug., *in Trans. Linn. soc.*, I, London, 1834, in-4°, avec 4 pl.

BROOKS (W.-J.). — Developpement of the digestive tract in Mollusks, *in Proc. Boston soc. nat. hist.*, XX, III, p. 325.

BRODERIP. — Neue Conchylien, gen. Triton, *in Arch. f. Naturg.*, I, 1835, p. 389.

BRODERIP AND OWEN. — On the anatomy of Brachiopoda, with description of some new species, 2 mem. London, 1834, in-4°, avec 2 pl.

BRODERIP AND OWEN. — Anatomy and description of some new species of Calyptræidæ and of Clavagella, London, 1835, in-4° avec 5 pl.

BRODERIP AND SOWERBY. — On new Mollusca on the Museum of the Zoologica Society, I, II, London, 1833, in-8° avec pl.

BRONN, GÖPPERT AND H. VON MAYER. — Index palæontologicus, Enumerator und Nomenclator, 2 tomes en 3 vol., Stuttgart, 1848-1849, in-8°.

BRONN UND W. KEFERSTEIN. — Klassen und Ordnungen der Weichthiere, Malacozoa, 2 vol., Leipzig, 1861-1866, gr. in-8° avec atlas de 136 pl.

BROOKES (S.). — Introduction to the study of Conchology, London, 1815, in-4° avec 1 planche.

BROOKES (S.). — Trad. Carus : Anleitung zum Studium der. Conchylienlehre, Leipzig, 1823, in-4°.

BROOKS (W.-K.). — Preliminary observations upon the development of the marine Prosobranhciate Gasteropods, *in Chesapenke zool. laborat.*, 1878, p. 121, avec 1 pl.

BROWN (THOMAS). — Conchology of Britain and Ireland, including marine, land and fresh-water, London, 1839, in-4°, 15 n° avec 4 pl.

BROWN (TH.). — Illustrations of the recent conchology of Great Britain and Ireland, Edinburgh, 1827, in-4°, avec 57 pl. — 2° édit., London, 1844.

BROWN (TH.). — The elements of Conchology, or natural history of Shells according to the Linnæan system, with observations on modern arrangements. London, 1816, in-8° 166 p., 9 pl.

British association (Reports of), London, 1831, in-8° (en cours de publication).

BRUGNONE (G.). — Pleurotomi fossili dei dintorni di Palermo, Palermo, 1861, in-8°, avec 1 pl.

BRUGUIÈRE (JEAN-GUILLAUME). — Encyclopédie méthodique, t. IV, Histoire naturelle des Vers, Paris, in-4°, 1re part, 1789 ; 2e part. 1792. — Voyez DE LAMARCK ET DESHAYES.

BRUGUIÈRE (J.-G.). — Description de deux coquilles, des genres de l'Oscabrion et de la Pourpre, *in Journ. hist. nat.*, I, Paris, 1792.

BRUGUIÈRE (J.-G.). — Sur la formation de la coquille des Porcelaines et sur la faculté qu'ont leurs animaux de s'en détacher et de les quitter à différentes époques, *in Journ. hist. nat.*, I, p. 307 et 321, Paris, 1792.

BRUGUIÈRE (J.-G.). — Note sur la formation des coquilles appelées Cypræa, *in Bull. Soc. Phil.*, I, p. 15, Paris, 1797.

BRUSINA (SPIRIDION). — Conchiglie Dalmate inedite, Vienna, 1865, in-8°.

BRUSINA (SP.). — Contribuzione pella fauna dei Molluschi Dalmati, Vienna, 1866, in-8°, avec 1 pl.

BRUSINA (SP.). — Gastéropodes nouveaux de l'Adriatique, *in Journ. conch.*, t. XVII, p. 230, Paris, 1869.

BRUSINA (SP.). — Prinesci Malakol. Jadranskoj. etc. (Contribution à la Malacologie de l'Adriatique), Zagrebu, 1870, in-8°.

BRUSINA (SP.). — Ipsia Chiereghinii Conchylia, Contribuz. p. Malacologia Adriatica, Pisa, 1870, in-8°.

BRUSINA (SP.). — Saggio della Malacologia Adriatica, *in Bull. malac. Ital.* IV, Pisa, 1871.

BRUSINA (SP.). — Secundo Saggio della Malacologia Adriatica, Pisa, 1872, in-8°.

BUCHANAN (FRED.). — An account of the Onchidium, new genus of the class of Vermes, *in Trans. Lin. soc. Lond.*, V, 1800, p. 132.

BUCQUOY, DAUTZENBERG ET DOLLFUS. — Les Mollusques marins du Roussillon, Paris, 1882 (en cours de publication), in-8°, avec pl. photogr.

BULFINCH. — On *Janthina fragilis, in Proceed. Bost. soc. nat. hist.*, I, 1884, p. 20.

Bulletin de la Société zoologique de France, Paris, in-8°, avec pl. (en cours de publication).

Bullettino malacologico Italiano, 7 vol. in-8° avec fig., Pisa, 1868-1875.

Bolletino della società malacologica Italiana, Pisa, 1875 (en cours de publication), in-8°, avec pl.

Burrow (Rev. E.-J.). — Elements of Conchology according to the Linnæan system, in-8°, illustrated by 28 pl. London, 1815 ; new édit., London, 1844.

Burrow (Rev. E.-J.). — Elementi di Conchiologia Linneana, illustrati da XXVII, tav. in rame, Milano, 1818, in-8°.

Bulwer (S.). — On the *Isocardia cor* of the Irish seas, *in Zool. Journ.*, II, 1825, p. 357. — *In* Feruss., *Bull. sc. nat.*, XIII, 1838, p. 254.

Cailiaud (Fréderic). — Notice sur le genre Gastrochæna, *in Mag. zool.* 1843, avec 3 pl.

Cailliaud (F.). — Note sur les genres Gastrochène et Clavagelle, 2 mém., Paris 1843, avec 7 pl.

Cailliaud (F.). — Mémoire sur les Mollusques perforants, Haarlem, 1856, gr. in-8° avec 3 pl.

Cailliaud (F.). — Nouvelles observations au sujet de la perforation des pierres par les Mollusques, *in Journ. conch.*, I, p. 363, Paris, 1850.

Cailliaud (F.). — Du résultat des recherches faites sur le littoral du département de la Loire-Inférieure, *in Journ. conch.*, II, Paris, 1851, p. 301.

Cailliaud (F.). — Des Tarets et autres perforants, *in Journ. conch.*, II, Paris, 1851, p. 130.

Cailliaud (F.). — Nouveau fait relatif à la perforation des pierres par les Pholades, *in Comptes rendus Instit.*, XXXIII, 1851. — *L'Institut.*, XIX, 1851, p. 355. — Note de M. Robertson, *loc. cit.*, XXXIV, 1852, p. 60. — Réponse, XXXIV, p. 190.

Cailliaud (F.). — Sur un nouveau fait relatif à la perforation des pierres par les Pholades, *in Bull. soc. géol. franç.*, 2e sér., IX, 1852, p. 87.

Cailliaud (F.). — On the perforation of rocks by Pholades, *in Sillim. Amer. Journ.*, 2e sér., XIII, 1852, p. 287.

Cailliaud (F.). — Des Tarets et des autres perforants, *in Journ. conch.*, VI, 1857, p. 130.

Cailliaud (F.). — Catalogue des Radiaires, des Annélides, des Cirripèdes et des Mollusques de la Loire-Inférieure, Nantes, 1865, in-8° avec 5 pl.

Calcara (P.). — Ricerche malacologice; nuove specie del genere Pleurotoma, Lam., Palermo, 1839, in-8°.

Calcara (P.). — Cenno sui Molluschi viventi e fossili della Sicilia, Palermo, 1845, in-8 avec 4 pl.

Cambry. — Voyage dans le Finistère; notes archéologiques, physiques, et flore et faune du département, par de Fréminville, in-8°, Brest, 1836.

Canals y Marti (J.-P.). — Memorias sobre la Purpura de los antiguos, Madrid, 1779, 1 vol., avec fig.

Cantraine (F.). — Observations sur le système nerveux des Myes des mers d'Europe et sur celui de la Moule commune, *in Bull. Acad. Brux.*, III, 1836, p. 243. — *In l'Institut.*, VI, p. 304, Paris, 1836.

CANTRAINE (F.). — Catalogue des coquillages du Musée de Valenciennes, rangés suivant la méthode du chevalier Lamarck, Valenciennes, 1828, 1 feuille in-12.

CANTRAINE (F.). — Diagnoses ou descriptions succinctes de quelques espèces nouvelles de Mollusques, *in Bull. Acad. Brux.*, 1836, p. 380(tir. à part, Bruxelles, 1835, 1 br. in-8°).

CANTRAINE (F.). — Malacologie Méditerranéenne et littorale, ou description des mollusques qui vivent dans la Méditerranée ou sur le continent de l'Italie, *in Nouv. Mém. Acad. Brux.*, XIII, 1840 (tir. à part, Bruxelles, 1840, in-4°, avec 6 pl.).

CANTRAINE (F.). — Rapport sur le mémoire de P.-J. van Beneden, intitulé Recherches sur l'embryogénie des Sépioles, *in Bull. Acad. Brux.*, VIII, 1841, p. 120.

CAPEO-LATRO (G.). -- Me oria sui Testacei di Tarento, Tarento, 1782, 1 vol. in-8°.

CAPELLINI (J.). — Catalogue des Oscabrions de la Méditerranée, suivi de la description de quelques espèces nouvelles, *in Journ. conch.*, VII, p. 320, Paris, 1858 (tir. à part, 1 br. in-8° 12 p. et 1 pl.).

CARAMAGNA (C.). — Colla perforazione nel sasso del *Lithodomus lithophagus*, Linnæo, *in Bull. malac. ital.*, III, Pisa, 1879.

CARBONNEL. — Sur l'Huître des côtes de la France, l'amélioration des parcs, etc., *in Mag. zool.*, 1845, avec 1 pl.

CARPENTER (PHIL. P.). — First stops towards a Monograph of the Cæcidæ, *in Proceed. zool. soc.*, XXVI, p. 413, London, 1858.

CARPENTER (W. B.). — On the development of the embryo of *Purpura lapillus*, *in Rep. Brit. assoc. adv. sc*, XXIV, 1854, p. 101. — *In Trans. act. Micr. soc.*, n. sér. III, 1855, p. 17, avec 2 pl.

CARPENTER (W.-B.). — On the development of *Purpura*, *in Ann. of nat. hist.*, 2e sér., XX, p. 127, London, 1857.

CARPENTER (W.-B.). — Remarks on MM. Koren and Danielessen's Researches on the development of *Purpura lapillus*, *in Ann. nat. hist.* 2e sér., XX, p. 16, London, 1857.

CARPENTER, JEFFREYS AND THOMSON. — On the scientific exploration of the Deep-Sea in the Surv.-Vessel Porcupine, London, 1870, in-8°, avec 4 pl.

CARUS (C.-G.) — Icones Sepiarum in litore maris Mediterranæ collectæ, *in Act., Leop.*, 1824 (tir. à part, 1 br. in-4° avec 5 pl.).

CARUS (C.-G.). — Needhamia expuls. *Sepia officinalis*, *in Act. Leop.*, 1839 (tir. à part, 1 br. in-4° avec 1 pl.).

CARUS (J.-VICTOR). — Zoologischer Anzeiger, in-8°, Cassel, I, 1, 1878 (en cours de publication).

CARRIÈRE (J.-V.). — Podal glands of Mollusca, *in Journ. R. microsc. soc.*, 2e sér., III, p. 639.

CARUS (J.-V.) UND ENGELMANN (W.). — Bibliotheca Zoologica, Verzeichniss der Schriften über Zoologie, 2 vol. in-8°, Leipzig, 1861.

CARRIÈRE (JUST). — Die Drüsen im Fusse der Lamellibranchiaten, *in Arbeit. zool. Wurzb.*, V, p. 56, avec 2 pl.

CASTELIN. — Catalogue des genres et des espèces les plus remarquables, composant la riche collection de M. Castelin, Paris, 1825, 1 br. in-8° (sans nom d'auteur).

CATLOW (AGNÈS). — Popular Conchology, London, 1852, 1 vol. in-8°. — 2e édit. London, 1854, 1 vol. in-8°, avec fig.

CATLOW AND REEVE. — The Conchologist's nomenclator, a catalogue of all the recent species of Shells included under the subkingdom Mollusca, with their authorities, synonymes and references to works where figured or described, London, 1845, 1 vol. in-8°.

CATTANEO (G.). — Le colonie lineari e la morfologia des Molluschi, *in Zool. Anz.*, V, p. 682 (tir. à part, in-8°, 420 p. Milano, 1883).

CATTANEO. — L'individualita dei Molluschi, *in Boll. scientif. Maggi, zoja*, etc., IV, p. 69.

CATTIE (J.-TH.). — De la manière dont les Lamellibranches s'attachent à des corps étrangers, *in Tijdschr. d. Nederl. dierk. Vereenig.*, D, 6, p. 57.

CERTES (A.). — Sur les parasites et les commensaux de l'Huître, Meulan, 1882, in-8°, avec 1 pl.

CERTES (A.). — Notes sur les parasites et les commensaux de l'Huître, *in Bull. soc. zool. France*, V, p. 347, avec 1 pl.

CERTES (A.). — Intestinal Parasites of the Oyster, *in Journ. Microsc. soc*, III, p. 81.

CHAREYRE (JULES). — Notes sur la faune malacologique des îles de la rade de Marseille, *in Bull. soc. études sc. nat. Marseille*, 1878.

CHARLESWORTH (EDW.). — On the power which the animal of the Argonaut has of repairing breaches in its Shell, *in Mag. nat. hist. London*, I, p. 526, avec pl., London, 1837.

CHARLESWORTH (E.). — On the mode of reparation in the animal of Argonauta, *in Proceed. zool. soc.*, V, p. 84. London, 1837.

CHATIN (JOH.). — Des centres nerveux chez les Calmariens, *in Guide. du nat.*, p. 79.

CHATIN (J.). — De la myéline dans les fibres nerveuses des Lamellibranches, *in Bull. soc. Phil. Paris*, 3e sér., VI, p. 198.

CHEMNITZ (JOH.-HIERON). — Von der Verwahrungsmethode der Dänischen Schiffer wider die Verwüstungen der Pfahlwürmer, *in Beschäft. der Berlin. Ges. nat.*, I, 1775, p. 426; II, 1776, p. 560.

CHEMNITZ (J.-H.). — Abhandlung von der Steckmuschel und ihre Seide, wie auch von Pinnenwächter, *in Der Naturforscher*, X, 1777, p. 1.

CHEMNITZ (J.-H.). — Von dem Purpur welcher sich im Buccino (*Purpura lapillus, L.*) befindet, *in Berlin. Beschäft.*, IV, 1779, p. 241.

CHEMNITZ (J.-H.). — Om en Slaegt af de mangeskalle de Conchylier, som bos Linné hedde Chitones, etc., *in Danske selsk. Skrift.*, III, 1788, p. 235.

CHEMNITZ (J.-J.). — Voyez *Kurster (H.-C.)*. — *Martini (F.-H.-G.)*.

CHENU (J.-C.). — Bibliothèque conchyliologique. Paris, gr. in-8°, avec pl. — 1re série : I, 1845, Donovan. — II, 1845, Martyn. — III, Leach, Conrad, Say, Rafinesque. — IV, 1846, Montagu. — 2e sér. : I, 1845. Trans. Soc. Linn. Lond.

CHENU (J.-C.). — Illustrations conchyliologiques ou description et figures de toutes les coquilles connues, vivantes et fossiles, classées suivant le système de Lamarck, Paris, 1843-1850, gr. in-fol., pl. color., 84 livr. (inachevé).

CHENU (J.-C). — Leçons élémentaires sur l'histoire naturelle des animaux, précédées d'un aperçu général sur la Zoologie. Conchyliologie, Paris, 1847, (2 édit), gr. in-8°, avec fig. et 12 pl.

CHENU (J.-C.). — Notice sur le Musée conchyliologique de M. le baron Benjamin Delessert. Paris, 1844, 1 br. in-8°.

CHENU (J.-C.). — Manuel de Conchyliologie et de Paléontologie conchyliologique, Paris, 1859, 2 vol. gr. in-8°, avec fig.

CHERON (J.). — Recherches pour servir à l'histoire du système nerveux des Céphalopodes dibranchiaux, Paris, 1866, in-4°, avec 5 pl.

CHEVREUX (E.). — Une excursion zoologique en baie du Croisic, *in Feuille natur.*, XVI, p. 53, Paris 1886.

CHIAJE (STEFANO DELLE). — Descrizione ed anatomia della Aplisia, *in Atti Acc. sc. Napoli*, IV, p. 25, avec fig., Napoli, 1828.

CIHAJE (DELLE). — Memorie sulla storia e anatomia degli animali senza vertebre del regno di Napoli. Napoli, 4 vol. in-4°, avec atlas de 109 pl. — I et II, 1823; III, 1828; IV, 1829.

CHIAJE (S., DELLE) — Instituzioni di anatomia comparata, Napoli, 1836, 2 vol. in-8°, avec atlas de 64 pl.

CHIAJE (S., DELLE). — Sunto di alcuni Animali senza vertebre delle regno di Napoli, Napoli, in-8°.

CHIAJE (S., DELLE). — Testacea utriusque Siciliæ, t. III et postremus, pars prima posthuma auctore Poli, cum additamentis et annotationibus delle Chiaje; pars altera, auctore delle Chiaje, Parma et Napoli, gr. in-fol. — I, 1826; II, 1827. — Voyez *Poli*.

CHIAJE (S., DELLE). — Sul Doridio, su di una specie di Sifunculo e sulle Pleurofillidia, *in Atti inst. d'Incoraggiam. sc nat. di Napoli*, IV, p. 117, avec fig., Napoli, 1828.

CHIAJE (S., DELLE). — Descrizione e anotomia del *Doridio aplisiforme*, *in Atti Inst. d'incoraggiam. sc. nat. di Napoli*, IV, p. 185. Napoli, 1828. — *In* Feruss. *Bull. sc. nat.*, XVII, p. 309, Paris, 1829.

CHIAJE (S., DELLE). — Nota iconografia intorno alla *Carinaria Mediterranea*, *in Rendicont. Accad. sc. di Napoli*, III, p. 45, Napoli, 1844.

CHIAJE (S., DELLE). — Descrizione della Jautina é del suo Mollusco, *in Mem. soc. ital. fisica*, XXIII, 1844, p. 312.

CHIOCCI (A.). — Museum F. Calceolari Veronæ (Testacea, Crustacea, et alia Animalia marina cont.), Veronæ, 1622, 1 vol. in-fol. avec fig.

CLARK (W.). — Observations sur les animaux de quelques espèces de *Bullæa*, *in* Feruss., *Bull. sc. nat.*, XIV, p. 275, Paris, 1828.

CLARK (W.). — Observations on the animals of some species of *Bullæa* Lam; and on some species of the Annelida, *in Zool. Journ.*, III, 1837, p. 337.

CLARK (W.). — On the animal of *Dentalium Tarentinum*, *in Ann. nat. hist. London*, 2e sér., IV, 1849, p. 321.

CLARK (W.). — On the animals of *Cæcum trachea* and *C. glabrum*, *in Ann. nat. hist. London*, 2e sér., IV, 1849, p. 180.

CLARK (W.). — Observations on the animals of *Kellia rubra*, *in Ann. nat. hist. London*, 2e sér., III, 1849, p. 292 et 452; IV, 1849, p. 142.

CLARK (W.). — Ueber *Kellia rubra*, *in Fror. not.*, 3. Reise, Bd. 9, n° 198, 1849, p. 343.

CLARK (W.). — Observations on the Lacunæ, *in Ann. nat. hist. London*, 2e sér., VI, 1850, p. 29.

CLARK (W.). — Ueber das Thier von *Dentalium Tarentinum*, *in Fror. Tagesber*, n° 57, zool., I, 1850, p. 57.

CLARK (W.). — Observations on the animals of the Bullidæ, *in Ann. nat. hist. London*, 2e sér., VI, 1850, p. 98.

CLARK (W.). — On the Muricidæ, *in Ann. nat. hist. London*, 2e sér., VII, 1851, p. 108.

CLARK (W.). — On the Skeneadæ, *in Ann. nat. hist. London*, 2e sér., VIII, 1851, p. 44.

CLARK (W.). — On the Chemnitziæ, *in Ann. nat. hist. London*, 2e sér., VII, 1851, p. 380, et VIII, p. 108.

CLARK (W.). — On some of the animals of the Chemnitziæ which have not been described, *in Ann. nat. hist. London*, 2e sér., X, 1852, p. 195.

CLARK (W.). — On the *Chemnitzia opalina* and *C. diaphana*, *in Ann. nat. hist. London*, 2e sér., VII, 1851, p. 293.

CLARK (W.) — On the genus Lepton, *in Ann. nat. hist. London*, 2e sér., X, 1852, p. 129.

CLARK (W.). — On a new British species of Lepton (*L. Clarkiæ*), *in Ann. nat. hist. London*, 2e sér., IX, 1852, p. 191. — Further observations, *id.* p. 293.

CLARK (W.). — On the *Venus undata* of authors, *in Ann. nat. hist. London*, 2e sér., IX, 1852, p. 400.

CLARK (W.). — On some undescribed animals of the British Rissoæ, *in Ann. nat. hist. London*, 2e sér., X, 1852, p. 254.

CLARK (W.). — On the *Rissoa rubra*, *in Ann. nat. hist. London*, 2e sér., XII, 1853.

CLARK (W.). — On the Chitonidæ, *in Ann. nat. hist. London*, 2e sér., XI, 1853, p. 274.

CLARK (W.). — On the Janthinæ, Scalariæ, Naticæ, Lamellariæ and Velutinæ, *in Ann. nat. hist. London*, 2e sér., XI, 1853, p. 44.

CLARK (W.). — British marine Testacea mollusca, London, 1855, 1 vol. roy-8o.

CLARK (W.). — On the phænomena of the reproduction of the Chitons, *in Ann. nat. hist. London*, 2e sér., XVI, 1855, p. 446.

CLARK (W.). — On *Scissurella crispata*, *in Ann. nat. hist. London*, 2e sér., XVIII, 1856, p. 269.

CLARK (W.). — On *Rissoa pulcherrima*, *in Ann. nat. hist. London*, 2e sér., XX, 1857, p. 262.

CLAUS (C.). — Gehrörgan der Heteropoden, Bonn, 1876, in-8o avec pl.

CLÉMENT (C.). — Catalogue des Mollusques marins du Gard, *in Bull. soc. étud. sc. nat. de Nîmes*, Nîmes, 1875 (tir. à part, 1 br. in-8o, 44 p.).

CLOQUET (J.). — Du repeuplement des Huîtres sur le littoral de l'Océan et de la Méditerranée, *in Bull. Soc. d'Acclim.*, VIII, p. 75, Paris, 1861.

COATES (REYNELL). — On the floating apparatus and other peculiarities of the genus Janthina, *in Journ. Acad. nat. sc. Phil.*, IV, II, 1825, p. 350. — *In Ann. Philos.*, 2e sér., X, 1825, p, 385.

COHN (E.). — De sanguine ejusque partibus, Berolini, 1842.

COLASANT (G.). — Ricerche anamotiche e fisiologiche sopra il braccio dei Afalopodi, in-4, avec 2 pl., 1876.

COLBEAU (JULES). — Mollusques marins d'Italie; Céphalopodes, Ptéropodes vivants de la Méditerranée, par le docteur N. Tiberi, *in Ann. soc. malac. Belg.*, XIII, p. 52.

COLDSTREAM. — On the ova of *Sepia officinalis* L *in Proceed. zool. soc.*, I, 1833, p. 86. — *In Isis*, 1835, p. 539.

COLDSTREAM. — Ueber den Fötus der *Sepia officinalis*, *in Fror. nat.*, XXXIX, 1833, p. 6.

COLE (WILL.). — Observations on the parple fish *(Purpura)*, *in Philos. Trans.* XV, 1685, p. 1278 avec fig.

COLE (W). — *Purpurea anglicana*; on a fisch found near the Severn, *London*, in-4o, 1689.

COLLARD DES CHERRES. — Catalogue des Testacés marins du département du Finistère, *in Act. soc. Lin. Bordeaux*, 1830, in-8o (tir. à part).

COLUMNA (FAB.). — De Purpura, Roma, 1616, in-4o avec fig. — Edit. major, Kiliæ, 1674, in-4o.

COMTE DE ***. — Catalogue systématique et raisonné du magnifique cabinet de M. le Comte de ***; Conchyliologie, Paris, 1784, 1 vol. in-8o avec 9 pl.

Conchyliologie nouvelle et portative, ou collection de coquilles propres à orner les cabinets des curieux de cette partie de l'Histoire naturelle, Paris, 1767, in-8° petit papier (anonyme, attribué à d'Argenville).

CONRAD, TRYON, CARPENTER. — Catalogue and synonymy of the genera, species and varietis of recent mollusca, 5 part., in-8°, Philadelphia, 1868-1870.

CORDINER (CH.). — Remarkable ruins and romantic prospect of North-Britain, London, 1788-1795, in-4° avec fig.

COSTA (A.). — Illustrazione sull'animale della Jantina, in-8°, avec 1 pl., Napoli, 1841.

COSTA (A.). — Illustrazio di due generi (di Molluschi Nudibranchi) del Golfo d Napoli, 1 br. in-4°, avec pl., Napoli, 1867.

COSTA (EMMANUEL-MENDES DA). — Elements of Conchology, or introduction to the Knowledge of Shells, London, 1776, in-8° avec 7 pl.

COSTA (E.-M. DA). — Historia naturalis Testaceorum Britanniæ, or the British Conchology (en anglais et en français), London, 1778, 1 vol. in-4° avec 17 pl. — 2e édit., London, 1780.

COSTA (ORONZIO-GABRIEL). — Note sur une nouvelle espèce de Mollusque du genre Hiatella, etc. *(H. Polii), in Ann. sc. nat.*, XV, 1828, p. 108 avec fig. — *In* Feruss., *Bull. sc. nat.*, XVIII, p. 128, Paris, 1829.

COSTA (O.). — Catalogo sistematico e ragionato dei Testacei delle due Sicilie, Napoli, 1829, 1 br. in-4° avec 2 pl.

COSTA (O.-G.). — Molluschi del regno di Napoli, figure delle specie nuove o poco noschinte di Pteropodi, Gastropodi, Brachiopodi, ec. Napoli, 1829-1874, in-8° avec 36 pl.

COSTA (O.-G.). — Note sur la Carinaire vitrée *(Carinaria mediterranea), in Ann. sc. nat.*, XVI, Paris, 1829, p. 107, avec 1 pl.

COSTA (O.-G.). — Ueber *Carinaria vitrea, in Isis*, 1833, p. 185, avec 1 pl.

COSTA (O.-G.). — Catalogo sistematico de Testacei viventi del mare di Tarento, Napoli, 1839, in-4°, av c 4 pl.

COSTA (O.-G. — Cenni sulla fauna Siciliana, *in Corrisp. zool.*, I, 1839, p. 150.

COSTA (O.-G.). — Note sur le prétendu parasite de l'*Argonauta Argo, in Ann. sc. nat.*, 2e sér., XVI, p. 184, avec fig., Paris, 1841.

COSTA (O -G.). — Microdoride Mediterranea o descrizione dei poco ben conosciuti od affatto ignoti viventi minuti e microscopici del Mediterraneo, Napoli, 1861, in-8°, avec 13 pl.

COSTA (O.-G.). — Pteropodi della fauna di Napoli, Napoli, 1873, in-4°, avec 5 planches.

COSTA (O.-G.) ET COSTA (A.). — Fauna del Regno di Napoli (en cours de publication), Napoli, 1832, in-8° avec 381 pl.

COSTE. — Voyage d'exploration sur le littoral de la France et de l'Italie, Paris, 1855.

COSTE. — Note sur le repeuplement du littoral par la création d'huîtrières artificielles, *in Comptes rendus Acad. sciences*, Paris, janvier 1861, et 3 nov. 1862.

Couch (Jonath.). — On the occurence of *Specia biserialis* in Cornwall, *in Journ. Proceed. Lin. soc. London*, I, 1857, p. 100.

Coutance (A.). — De l'énergie et de la structure musculaire chez les Mollusques Acéphales, in-8°, Paris, 1878, avec 2 pl.

Craven (Alfred). — Quelques observations sur l'*Hyalæa tridentata*, Lamarck, *in Ann. soc. mal. Belgique*, VIII, Bruxelles, 1873, in-8°, p. 70, avec 1 pl.

Cristofori (de) et Jan. — Catalogus rerum naturalium in Museo existentium, in-8°, 1832.

Crosse (H.). — Étude sur le genre Cancellaire, suivie du catalogue des espèces vivantes ou fossiles actuellement connues, *in Journ. conch.*, IX, p. 220, Paris, 1861.

Crosse (H.). — Sur la *Cypræa moneta*, *in Rev. mag. zool.*, 2e sér., XI, p. 45, Paris, 1859.

Crosse (H.). — Note pour servir à l'histoire naturelle de quelques Mollusques de nos côtes et particulièrement des Céphalopodes, *in Journ. conch.*, XVI, p. 5, Paris, 1868.

Crosse (H.). — Note sur le *Phyllaplysia Lafonti*, Fischer, *in Journ. conch.*, XXIII, p. 101, Paris, 1875.

Crouch (Edmond-A.). — An illustrated introduction to Lamarck's conchology contained in his Histoire naturelle des animaux sans vertèbres, London, 1827, in-4°, avec 22 pl.

Cubières (Le marquis de). — Histoire abrégée des Coquillages de mer, de leurs mœurs et de leurs amours, Versailles, 1799, 1 vol. petit in-4°, avec 21 planches.

Cunningham (J.-T.). — Note on the structure and relations of the Kidney in Aphysia, *in Mittheil. zool. station Neapel.*, IV, p. 420, avec 1 pl.

Cunningham (J.-T.). — The renal organs (nephridia) of Patella, *in Quart. Journ. microsc. sc.*, XXIII, p. 369.

Cuvier (Bon Georges). — Tableau élémentaire de l'histoire naturelle des animaux, Paris, an VI, in-8°, avec 14 pl.

Cuvier (G.). — De la Patelle commune *(Patella vulgata)*, *in Journ. hist. nat.*, II, 1792, p. 82.

Cuvier (G.). — Mémoires sur la *Bullæa aperta*, *in Ann. Museum*, I, p. 156, avec 7 pl., Paris, 1802.

Cuvier (G.). — Sur le genre Tritonia, avec une espèce nouvelle *(T. Hombergi)*, *in Ann. Mus.*, Paris, 1802, p. 480 avec 2 pl.

Cuvier (G.) — Sur l'anatomie de quelques espèces d'Aphysies, *in Bull. soc. Phil.*, III, p. 193, Paris, an II.

Cuvier (G.). — Mémoire sur le genre Aplysia, *in Ann. Mus.*, II, p. 287, Paris, 1803.

Cuvier (G.). — Mémoire sur le grand Buccin de nos côtes (*Buccinum nudatum*, L.), et sur son anatomie, *in Ann. Mus.*, II, p. 447, avec 1 pl., Paris, 1808.

Cuvier (G.). — Mémoire sur la Phyllidie et le Pleurobranche, *in Ann. Mus.*, V, Paris, 1804, p. 266, avec 1 pl.

Cuvier (G.) — Mémoire sur la Dolabella, *in Ann. Mus.*, V, p. 435, avec 1 pl., Paris, 1804.

Cuvier (G.). — Mémoire sur le genre Doris, *in Ann. Mus.*, IV, p. 447, avec 2 pl., Paris, 1804.

Cuvier (G.). — Mémoire sur l'Onchidie, genre de Mollusques nus, etc., *in Ann. Mus.*, V, p. 37, Paris, 1804.

Cuvier (G.). — Mémoire concernant l'animal de l'Hyale, un nouveau genre de Mollusques nus et établissement d'un nouvel ordre, *in Ann. Mus.*, IV, p. 223 avec fig., Paris, 1804.

Cuvier (G.). — Mémoire sur la Scyllée, l'Eolide, le Glaucus, avec des additions au mémoire sur la Tritonie, *in Ann. Mus.*, VI, 1805, p. 416, avec 1 pl.

Cuvier (G.). — Leçons d'anatomie comparée, Paris, 1805, 5 vol., in-8o. — I et II, recueillis et publiés par Dumirel; III, IV et V, par Duvernoy.

Cuvier (G.). — Mémoire sur le Téthis, et son anatomie, *in Ann. Mus.*, XII, p. 257, avec 1 pl., Paris 1808.

Cuvier (G.). —Mémoire sur la Janthina et la Phasianella, *in Ann. Mus.*, XI, p. 121, avec 1 pl., Paris, 1808.

Cuvier (G.). — Mémoire sur l'Onchidie, genre de Mollusques nus voisins des Limaces, et sur une espèce nouvelle *(Onchidium Peronii)*, *in Ann. Mus.*, V., p. 37, Paris, 1801.

Cuvier (G.). — Mémoire pour servir à l'Histoire naturelle et à l'anatomie des Mollusques, Paris, 1817, in-4o, avec 35 pl. —Recueil de 22 Mémoires, la plupart publiés dans les Annales du Muséum.

Cuvier (G.). — Mémoire sur l'Haliotide, ou Oreille de mer; sur le Sigaret, etc.; enfin, sur l'Oscabrion et la Ptérotrachée, *in Mém. pour servir à l'Histoire des Mollusques*, 1817, avec 3 pl.

Cuvier (G.). — Sur l'Hyale, sur un nouveau genre de Mollusques nus (Pneumoderne) et sur l'établissement d'un nouvel ordre de Mollusques (les Ptéropodes), *in Mém. pour serv. à l'Hist. des Mollusques*, 1817, no 3, avec 1 pl.

Cuvier (G.). — Ueber den Schüssel-Schnecken und ihre Verwandten, *in Isis*, 1819, p. 723, avec fig.

Cuvier (G.). — Sur les œufs de Seiche, *in Nouv. Ann. mus.*, I, 1832, p. 153.

Cuvier (G.). — Le règne animal publié par Audouin, Blanchard, Deshayes, Milne-Edwards, Valenciennes, etc., Paris, 1849 et suiv., 11 vol. texte et 11 vol. atlas (Les Mollusques, 1 vol. texte, et 138 pl.).

Dall (W.-H.) — Note on *Gadinia excentrica*, Tiberi, *in Amer. Naturalist.*, XVI, p. 737.

DALL (W.-H.). — On the constitution of some appendages of the Mollusca, *in Amer. natur.*, XVIII, p. 776.

DALL (W.-H.). — On the genera of Chitons, *in Proceed. V. S. nat. mus.*, 1881, p. 279.

DANIEL (Dr.-F.). — Des diverses préparations employées pour la conservation des Mollusques, *in Journ. conch.*, IV, p. 444, Paris, 1853.

DANIEL (Dr.-F.). — Note sur les conditions d'existence de l'*Hinites sinuosus* des côtes de Bretagne, *in Journ. conch.*, XV, p. 144, Paris, 1867.

DANIEL (Dr.-F.). — Faune malacologique terrestre, fluviatile et marine des environs de Brest (Finistère), *in Journ. conch.*, XXXI, p. 223 et 230, Paris, 1883. — Suppl. XXXIII, p. 96, Paris, 1885.

DANIEL (Dr.-F.). — De la récolte des Mollusques dans la région Celtique (particulièrement dans la rade de Brest, et des saisons les plus favorables pour leurs recherches, *in Journ. conch.*, XXXII, p. 81, Paris, 1885.

DAUBENTON (LOUIS-JEAN-MARIE). — Distribution méthodique des coquilles, *in Mem. Acad. sc.*, p. 45, Paris, 1743.

DAUDIN (FRANCOIS-MARIE). — Recueil de mémoires et de notes sur des espèces inédites ou peu connues de Mollusques, de Vers et de Zoophytes, Paris, 1800, in-18, avec 4 pl.

DAUTZENBERG (PH). — Liste des coquilles recueillies à Cannes par MM. E. et Ad. Dollfus, *in Feuille des jeunes naturalistes*, Paris, 1881.

DAVAINE (C.). — Recherches sur la génération des Huîtres, Paris, 1853, 1 br. gr. in-8°, 54 p., avec 2 pl.

DAVAINE (C.). — Recherches sur la génération des Huîtres, *in Journ. conch.*, IV, p. 30, Paris, 1853.

DAVIDSON (TH). — Descript of a few new recent species of Brachiopoda, London, 1852, in-8°, avec 1 pl.

DAVIDSON (TH.). — On the system arrangement of recent and fossiles Brachiopoda, London, 1855, in-8, avec 1 pl.

DAVIDSON (TH.). — Introduction à l'histoire naturelle des Brachiopodes vivants et fossiles, traduit par E. Deslongchamps, Caen, 1856, in-4°, avec 9 pl.

DAVIDSON (TH.). — Sur les genres et les sous-genres des Brachiopodes munis d'appendices spiraux, traduit par L. de Koninck, Liège, 1859, in-8°, avec 2 pl. in-4.

DAVIDSON (TH.). — Liste des principaux ouvrages, mémoires ou notices qui traitent directement ou indirectement des Brachiopodes vivants et fossiles, *in Ann. soc. malac. Belg.*, XII, 1877, p. 55, Bruxelles.

DAVIDSON (TH.). — Extract from Report to professor Sir Wywill Thomson, F. R S., director of the civilian scientific Staff, on the Brochiopoda dredyed by H. M. S. Challenger, Twello, 1877, 1 br. in-4°.

DAVIDSON (TH.). — Report on the scientific results of the voyage of H. M. S.

Challenger during the years 1873-1876, Brachiopoda, London, 1880, 1 br. in-4°, avec 4 pl.

DAVILLA. — Catalogue systématique et raisonné des curosités de la nature et de l'art qui composent le cabinet de M. Davilla, Paris, 1767, 3 vol. in-8°, avec pl. — Le tome Ier contient les coquilles.

DELESSE. — Lithologie des fonds de la mer, dépôts marins littoraux de la France (Mollusques par P. Fischer), Paris, 1871, 2 vol. in-8° et atlas.

DELESSERT (BENJAMIN). — Recueil de coquilles décrites par Lamarck dans son Histoire naturelle des animaux sans vertèbres et non encore figurées, Paris, 1841, gr. in-fol., avec 40 pl.

DELIDON (E.-S). — De la culture de la Moule, *In Ann. soc. Lin. Maine-et-Loire*, II, p. 25, avec 1 pl., Angers, 1856.

DELIDON (E.-S). — La Seiche commune *(sepia communis)*, *in. Ann. soc. Lin. Maine-et-Loire*, XI, p. 109, Angers, 1869.

DESHAYES (GÉRARD-PAUL). — Dictionnaire classique d'Histoire naturelle sous la direction de Bory de Saint-Vincent, articles de Conchyliologie, t. III à fin, Paris, 1823-1830.

DESHAYES (G.-P.) — Mémoires anatomiques sur la Calyptrée, *in Ann. sc. nat.*, t. III, Paris, 1874 (tir. à part, 12 p. in-8°, 1 pl.).

DESHAYES (G.-P.). — Anatomie et monographie du genre Dentale, *in Mém. soc. hist. nat.*, t. II, Paris, 1825 (tir à part, 1 br. in-4°, avec 4 pl.)

DESHAYES (G.-P.). — On the discovery of live cockles *(Cardium edule)*, in a Peat Moss distant from the sea, *in Ann. Phil.*, 2e sér., XI, p. 464, 1836.

DESHAYES (G.-P.).— Histoire naturelle des Vers (Mollusques) de l'Encyclopédie méthodique, Paris, 1830-1832, 4 vol. in-4° et 3 vol. atlas contenant 488 pl.

DESHAYES (G.-P.).— Expédition scientifique de Morée, histoire des Mollusques, Paris, 1832-1835, 1 vol. in-4°, avec atlas in-fol. de 9 pl.

DESHAYES (G.-P.). — Tableaux comparatifs des coquilles vivantes avec celles qui sont fossiles dans les terrains tertiaires de l'Europe, 1 br. gr. in-8°, 52 p., avec 4 pl., *in* Lyell, *Principes of Geology*, London, 1853, t. III.

DESHAYES (G.-P.). — Histoire naturelle des Animaux sans vertèbres par Lamarck, 2e édition, Paris, 1835-1838, 11 vol. in-8°.

DESHAYES (G.-P.). — The Cyclopedia of anatomy and physiology, edited by Robert Todd, article conchifera, London, 1836.

DESHAYES (G.-P.). — Règne animal de Cuvier, les Mollusques, Paris, 1830-49, avec atlas de 152 pl.

DESHAYES (G.-P.). — Traité de conchyliologie, Paris, 1839-1858, 3 vol. in-8° et atlas de 130 pl. (ouvrage inachevé).

DESHAYES (G.-P.). — Exploration scientifique de l'Algérie, Mollusques, livr. 1 à 25, Paris, 1844-48, 1 vol. in-4° et 1 atlas de 150 pl.

DESHAYES (G.-P.).— Sur les yeux des Pectinides, *in Soc. Phil.*, extr. procès verbaux, 1845, p. 8. — *In l'Institut*, XIII, 1845, p. 52.

DESHAYES (G.-P.). — Sur l'organisation des animaux du genre Taret, *in Comptes rendus Instit.*, XXII, 1846, p. 298. — *L'Institut*, XIV, 1846, p. 59.

DESHAYES (G.-P.). — Ueber die Organisation der Gattung Teredo, *in Fror. n. nat.*, XXXVII, 1840, p. 321.

DESHAYES (G.-P.). — Examen anatomique du *Gastrochæna dubia*, *in Comptes-rendus Instit.*, XXII, 1846, p. 37. — *L'Institut*, XIV, p. 2, Paris, 1846.

DESHAYES (G.-P.). — Observations sur la perforation des pierres par les Mollusques, *in Journ. conch.*, t. I, p. 22, Paris, 1850.

DESHAYES (G.-P.). — Catalogus Concharum bivalvium quæ in Museo Britannico asservantur, pars prima, Veneridæ, London, 1853, in-12.

DESHAYES (G.-P.). — Études sur les Lucines, *in Journ. conch.*, IX, p. 317 Paris, 1851 (tir. à part, 1 br. in-8°, 19 p. et 2 pl.).

DESHAYES (G.-P.). — Sur le genre Galeomma, Turton, *in Proceed. zool. soc.*, XXIII, p. 167, London, 1855.

DESHAYES (G.-P.). — Les Mollusques décrits et figurés d'après la classification de G. Cuvier, Paris, 1870, in-8°, avec 72 pl.

DESLANDES. — Observation sur l'organisation des Vers qui rongent les navires, *in Hist. Acad. sc. Paris*, 1720, p. 26.

DESLONGCHAMPS (EUDES). — Mémoire sur l'animal du *Calyptræa Sinensis*, *in Mém. soc. Lin. Calvados*, p. 433, Caen, 1825.

DESLONGCHAMPS (E.). — Sur l'animal du *Calyptræa Sinensis*, Caen, 1825, in-8°, avec 1 pl.

DESLONGCHAMPS (E.). — Catalogue des Cirripèdes, des Mollusques et des Rayonnés, Caen, 1859, in-8°.

DESLONGCHAMPS (E.). — Recherches sur l'organisation du manteau chez les Brachiopodes articulés, Caen, 1865, in-4°, avec 3 pl.

DESLONGCHAMPS (EUGÈNE). — Sur quelques Mollusques marins, Caen, 1868, in-8°.

DESMARETS (A.-G.). — Description des coquilles univalves du genre Rissoa, *in Bull. soc. Phil.*, 1814, p. 7, avec fig.

DICQUEMARE (JACQUES-FRANÇOIS). — Description de la Limace de mer (Doris), *in Rozier, Observ. et Mém. sur la Phys.*, XIV, Paris, 1777, p. 56

DICQUEMARE. — Organisation des parties par lesquelles certains Mollusques saisissent leur proie, *in Journ. Phys.*, Paris, 1784, II, p. 85.

DICQUEMARE. — Sur la faculté locomotive des Huîtres, *in Journ. Phys.*, XXVIII, Paris, 1786, p. 241.

DICQUEMARE. — Beobachtungen über die Austern, *in Voigt's Magaz.*, V, 1788, p. 33.

DILLWYN (LEWIS-WESTON). — A descriptive catalogue of recent Shells, arranged according to the Linnean method, with attention to the synonymy, London, 1817, 2 vol. in-8°.

DILLWYN. — Voyez LISTER.

DOLLFUS (GUST.-F.). — Nomenclature critique du *Trophon antiquatus*, *in Proc. verb. Soc. malac. Belg.*, XII, p. IX, Bruxelles, 1877.

DOLLFUS (G.-F.). — Liste des coquilles marines recueillies à Palavas (Hérault), *in Feuille des jeunes naturalistes*, p. 93, Paris, 1883.

DONATI (V.). — Essai sur l'histoire naturelle de la mer Adriatique, in-4°, La Haye, 1756, avec 11 pl.

DONOVAN (EDWARD). — The natural history of British Shells, London, 1800-05; 5 vol. in-8°, avec pl. — I, 1804; II, 1800; III, 1801; IV, 1805; V, 1803.

DOUMET-ADANSON. — Note sur un Calmar de très grande taille échoué près de Cette, le 4 janvier 1880, *in Rev. sc. nat. Montpellier*, II, p. 293.

DRAPARNAUD (J.). — Observation sur la *Bulla hydalis*, *in Magas. encycl.*, VI, I, 1801, p. 104.

DUBOIS (CHARLES). — An easy and concise introduction to Lamarck's arrangement of the genera of Shells, London, 1823, in-8°.

DUBOIS (CH.). — An epitome of Lamarck's arrangement of Testacea or Shells, with illustrative observations, London, 1823, in-8°.

DUBREUIL (E.). — Promenades d'un naturaliste sur le littoral de Cette à Aigues-Mortes, Conchyliologie, Montpellier, 1877, in-12, avec 10 pl.

DUBREUIL (E.). — Catalogue des Mollusques testacés recueillis sur le littoral français de la Méditerranée, *in Rev. sc. nat. Montpellier*, II, n° 3, p. 403.

DUCHARTRE (P.). — Observations sur le *Trochus Lessoni*, Blainville (*Monodonta Lessonii*, Payr.) et sur son anatomie, Toulouse, 1840, in-8°, 22 p., avec 2 pl.

DUCLOS (P.-L.). — Histoire naturelle des genres Olive et Colombelle, 2e part., Paris, 1835-1840, in-fol., avec 4 pl.

DUCLOS (P.-L.). — Catalogue de la collection des coquilles marines, fluviatiles et terrestres, vivantes et fossiles, composant le cabinet de feu M. Duclos, Paris, 1853, 1 br. in-8°, 18 p.

DUCLOS (P.-L.). — Extrait d'un mémoire sur le genre Pourpre, *in* Feruss., *Bull. sc. nat.*, XXVII, 1831, p. 192. — *In Ann. sc. nat.*, XXV, 1832, p. 90.

DUGÈS (ANTOINE). — Observations sur la structure et la formation de l'opercule chez les Mollusques Gastéropodes Pectinibranches, *in Ann. sc. nat.*, 1re sér., XVIII, Paris, 1829, p. 113, pl. X. — *In Ann. sc. observ.*, III, p. 450, Paris, 1830.

DUGÈS. (A.). — Traité de physiologie comparée de l'homme et des animaux, Montpellier, in-8°, I, 1838, avec 7 pl.; II, 1838, avec 12 pl.; III, 1839, avec portrait de l'auteur.

DUMAS — Voyez PRÉVOST.

DUMERIL (A.-M.-CONSTANT). — Zoologie analytique ou méthode naturelle rendue plus facile à l'aide de tableaux synoptiques, Paris, 1806, in-8°.

DUMERIL (A.). — Rapport fait à l'Académie des sc. sur un mém. de M. Duclos, ayant pour titre : Iconographie du genre Colombelle, *in Ann. sc. nat.* XXVII, p. 160, Paris, 1832.

DUMÉRIL (A.). — Voyez BLAINVILLE-CUVIER.

DUMORTIER (B.-C.). — Mémoire sur l'embryogénie des Mollusques Gastéropodes, *in Ann. sc. nat.*, 2e sér., VIII, 1837, p. 129, pl. III, B et pl. IV. — *In Bull. Acad. sc. Brux.*, 1837 (imprimé d'abord sous le titre de Mémoire sur les évolutions de l'embryon dans les Mollusques Gastéropodes, *in Mem. Acad. sc. Brux.*, 1835, p. 164).

DUNKER (GUILLAUME). — Novitates conchyologiæ, Meeres-conchylien, Cassel, 1858-1871, gr. in-4o, avec 48 pl.

DUPREY (E.). — Shells of littoral zone in Jersey, *in Ann. nat. hist. London*, XVIII, 1876.

DUPREY (E.). — Shells of the littoral zone *in* Jersey, *in Ann. nat. hist. London*, 5e sér., XI, p. 185.

DUTROCHET (N.). — Mémoires pour servir à l'Histoire anatomique et physiologique des Végétaux et des Animaux, Paris, 1837, 2 vol., in-8o, avec atlas de 30 planches.

DUVERNOY (G.-L.). — Mémoires sur le système nerveux des Mollusques Acéphales, *in Comptes rendus Instit.*, Paris, 1844, no 22 et 25 ; 1845, no 8. — *In Mém. Institut*, XXIV, Paris, 1854, p. 3, avec 9 pl. dont 4 pl. doubles.

DUVERNOY (G.-L.). — Sur les yeux des Pectens, *in Soc. Phil.*, *Procès verb.*, 1845, p. 31. — *L'Institut*, XIII, 1845, p. 88.

DUVERNOY (G.-L.). — Résumé d'un mémoire sur le système nerveux des Mollusques Acéphales Lamellibranches ou Bivalves, *in Ann. sc. nat.*, 3e série XVIII, Paris, 1852, p. 65.

DUVERNOY (G.-L.). — Des spermatophores dans la *Sepiola Rondeletii*, et dans le Calmar subulé, et des organes qui les produisent, etc., *in Mém. Acad. sc. Paris*, XXIII, 1853, p. 215, avec 3 pl. — *In Comptes rendus Institut*, XX, 1852, p. 352.

EHRENBAUM (E.). — Structure and formation of the Shell of Lamellibranches, *in Journ. R. microsc. soc.*, 2e sér., V, p. 44.

EYDOUX. — Voyage autour du monde de la *Favorite*, de 1830 à 1832, sous les ordres du capitaine Laplace, Mollusques, Paris, 1839, in-8o (publié *in Mag. zool.*, avec 5 pl., Paris, 1838).

EYDOUX ET SOULEYET. — Note sur l'existence d'une coquille dans quelques Firoles, *in Rev. zool.*, 1840, p. 233.

EYDOUX ET SOULEYET. — Voyage autour du monde de la Bonite, en 1836 et 1837, sous les ordres du capitaine Vaillant, Mollusques, Paris, 1851-1852, 2 vol. in-8o, et en atlas de 100 pl.

EYTON (T.-C.). — A history of the Oyster and the Oyster fisheries, London 1859, in-8o, 1 br.

EYDER (JOHN-A.). — The microscopic sexual characteristies of American, Portuguese, and Common edible Oyster of Europe compared, *in Bull. O. S. Fish. Commis.*, II, 1882, p. 205.

FABRICIUS (OTHON). — Fauna Groenlandica, sistens animalia Groenlandiæ occidentalis hactenus indagata... Hafniæ et Lipsiæ, 1780, in-8°, cum tab. æn., I.

FABRICIUS (O.). — Beskrivning af Ueens-muslingen *(Mytilus discors)*, *in K. Dansk. selsk. skrift. n. samml.*, III, 1788, p. 453, avec fig.

FABRICIUS (O.). — Om tvande Faeröeske Blöddyr, en Doride *(Doris obvelata)*, en Sönelde, *in Skriv. nat. selsk. Kjöben.*, IV, I, 1797, p. 38, avec 1 pl.

FABRICIUS (O.). — Tillaeg til Conchylieslœgterne Pholas, Mya and Solen, *in Skrivt. nat. selsk. Kjöben.*, IV, II, 1798, p. 34, avec fig.

FAVANNE (DE MONCERVILLE DE... PÈRE ET FILS). — Catalogue raisonné du magnifique cabinet appartenant ci-devant à M. le Comte de... (comte de Latour d'Auvergne), par M. de ***, Paris, 1784, in-8°.

FAVANNE (PÈRE ET FILS). — La Conchyliologie ou histoire des coquilles de mer, d'eau douce, terrestres et fossiles (3e édit. de l'ouvrage de d'Argenville), Paris, 1780, 2 vol. in-4°, et 1 atlas de 80 pl.

FAVARD-D'HERBIGNY (L'ABBÉ). — Dictionnaire d'histoire naturelle qui concerne les Testacés ou les coquillages de mer, de terre et d'eau douce, avec la nomenclature, la Zoomorphose et les différents systèmes de plusieurs célèbres naturalistes anciens et modernes, Paris, 1775, 3 vol., in-12.

FEHR (JOH.-MICH.). — De Carina Nautili elegantissima, *in Ephem. Acad. Cur.*, IV, 1685, p. 210, avec 1 pl.

FERUSSAC (PÈRE, J.-J.-P.-A. D'AUDERARD, BARON DE). — Exposé succinct d'un système Conchyliologique tiré des Animaux et du test des Coquillages, *in Mém. Soc. méd. émul. Paris*, IV, 1861, p. 372.

FERUSSAC (A.-E., J.-P.-J.-F. D'AUDEBARD, BARON DE), Tableau systématique des Animaux Mollusques classés en familles naturelles... Paris, sans date (1822), gr. in-4°, p. 192.

FERUSSAC (DE). — Notice sur l'animal du genre Argonauta, *in Mém. Soc. hist. nat.*, II, p. 160, avec 1 pl., Paris, 1825.

FERUSSAC (DE). — Deux nouvelles espèces de Céphalopodes *(Loligopsis Veranyi et Branchia Connellii)*, *in l'Institut*, II, 1834, p. 354.

FERUSSAC (DE). — Note sur deux genres de Céphalopodes encore peu connus, les genres Calmaret et Cranchia, *in Mag. zool.*, V, Paris, 1875, avec 2 pl.

FERUSSAC (DE). — Sur la Seiche à six pattes de Molina et sur deux autres espèces de Seiches, *in Comptes rendus Institut*, 1835, p. 69. — *in Ann. sc. nat.*, 2e sér., IV, 1875, p. 113.

FERUSSAC (DE). — Catalogue de la collection de coquilles formée par feu le Baron Audebard de Ferussac, Paris, 1837, in-8°.

FERUSSAC ET D'ORBIGNY. — Histoire naturelle générale et particulière des Céphalopodes acétabulifères vivants et fossiles, Paris, 1835-1848, 2 vol. in-fol., avec atlas de 144 pl.

Feuille des jeunes naturalistes, fondée à Mulhouse en 1870 (en cours de publication), Paris, gr. in-8°, avec fig.

FEWKES, J. WALTER. — The sucker on the Fin of Heteropods is not a sexual characteristic, *in Amer. natur.*, XVII, p. 206.

FISCHER (JOH.-BERN. DE). — De Krukatiza (Octopus), *in Act. ac. nat. Cur.*, IX, 1752, p. 335.

FISCHER (Dr PAUL). — Sur le Taret noir *(Teredo nigra)*, *in Act. soc. Linn. Bord.*, Bordeaux, 1855, in-8°, avec 2 pl.

FISCHER (P.). — Liste monographique des espèces du genre Taret, *in Journ. conch.*, V, p. 129, 254, Paris, 1856.

FISCHER (P.). — Études sur un groupe de coquilles de la famille des Trochidæ, *in Journ. conch.*, VI, p. 43, 168 et 284, Paris, 1857.

FISCHER (P.). — Études sur les Pholades, *in Journ. conch.*, VII, p. 47, Paris, 1858.

FISCHER (P.). — De l'Hermaphrodisme complet chez les Gastéropodes, *in Journ. conch.*, VII, p. 262, Paris, 1858.

FISCHER (P.). — Note sur le Mollusque désigné sous le nom de *Skenea nitidissima*, *in Journ conch.*, VII, p. 364, Paris, 1859.

FISCHER (P.). — Faune conchyliologique marine du département de la Gironde et des côtes du sud-ouest de la France, *in Act. Soc. Lin. Bord.*, XXV, XXVII et XXIX (tir. à part, Bordeaux, 1867-1874, gr. in-8°).

FISCHER (P.). — Sur l'anatomie des Hipponyx, *in Journ. conch.*, X, p. 5, Paris, 1862.

FISCHER (P.). — Documents sur les globules polaires de l'ovule des Mollusques, *in Journ. conch.*, XI, p. 813, Paris, 1863.

FISCHER (P.). — Note sur quelques points de l'histoire naturelle des Patelles, *in Journ. conch*, XI, p. 320, Paris, 1863.

FISCHER (P.). — Note sur la rapidité de l'accroissement des *Mytilus*, *in Journ. conch.*, XII, p. 5, Paris, 1864.

FISCHER (P.). — Diagnose d'une espèce nouvelle d'Odostomia des côtes de France, *in Journ. conch.*, XII, p. 70, Paris, 1864.

FISCHER (P.). — Note sur une monstruosité de l'animal du *Patella vulgata*, Linné, *in Journ. conch.*, XII, p. 89, Paris, 1864.

FISCHER (P.). — Note sur le genre Fossarus, suivie du catalogue des espèces, *in Journ conch.*, XII, p. 252, Paris, 1864.

FISCHER (P.). — Note sur les mœurs du *Murex erinaceus*, *in Journ. conch.*, XIII, p. 5, 65, Paris, 1865.

FISCHER (P.). — Acclimatation en France de Mollusques exotiques, *in Journ. conch.*, XIII, p. 65, Paris, 1865.

FISCHER (P.). — Description d'une nouvelle Odostomie des côtes de France, *in Journ. conch*, XIII, p. 215, Paris, 1865.

FISCHER (P.). — Catalogue des Nudibranches et des Céphalopodes des côtes océaniques de France, *in Journ. conch.*, XV, p. 5, Paris, 1867; XVII, p. 5 1869; XX, p. 5, 1872; XXIII, p. 204, 1875.

FISCHER (P.). — Sur le byssus du *Pecten varius, in Journ. conch.*, XV, p. 107, Paris, 1867.

FISCHER (P.). — Description d'une nouvelle espèce de Kellia des mers d'Europe, *in Journ. conch.*, XV, p. 194, Paris, 1867.

FISCHER (P.). — Sur l'accouplement du *Littorina rudis, in Journ. conch.*, XVI, p. 15, Paris, 1868.

FISCHER (P.). — Mélanges conchyliologiques, *in Act. soc. Linn. Bord.*, XIX et XX.

FISCHER (P.). — Résultats zoologiques des dragages exécutés dans le golfe de Gascogne, *in Comptes-rendus Institut*, LVII, p. 1004, Paris, 1868.

FISCHER (P.). — Note sur les espèces du genre Fusus, qui habitent les côtes océaniques de la France, *in Journ. conch.*, XVI, p. 35, Paris, 1868.

FISCHER (P.). — Note sur la natation du *Pecten maximus, in Journ. conch.*, XVII, p. 121, Paris, 1869.

FISCHER (P.). — Sur la synonymie du *Loligo vulgaris*, Lamarck, *in Journ. conch.*, XVII, p. 128, Paris, 1869.

FISCHER (P.). — Note sur quelques espèces du genre Doris, décrites par Cuvier, *in Journ. conch.*, XVIII, p. 289, Paris, 1870.

FISCHER (P.). — Observations sur les aphysies, *in Ann. sc. nat.*, XIII Paris, 1870.

FISCHER (P.). — Brachiopodes des côtes océaniques de France, *in Journ. conch.*, Paris, XVIII, p. 377, 1870; XIX, p. 103, 1871; XX, p. 160, 1872.

FISCHER (P.). — Note sur le *Dentalium gracile*, Jeffreys, *in Journ conch.*, XX, p. 295, Paris, 1872.

FISCHER (P.). — Description d'une espèce nouvelle du genre Phyllaphysia, *in Journ. conch.*, XX, p. 295, Paris, 1872.

FISCHER (P.). — Note sur le *Sepia officinalis*, Linné, de la Méditerranée, *in Journ. conch.*, XXII, p. 368, Paris, 1874.

FISCHER (P.). — Essai sur la distribution géographique des Brachiopodes et des Mollusques du littoral océanique de la France, *in Act. soc. Lin. Bord.*, XXXII, Bordeaux, 1878 (tir. à part, 1 br. in-8°).

FISCHER (P.). — Anatomie de l'animal du genre Ringicula, *in Journ. conch.*, XXVI, p. 114, Paris, 1878.

FISCHER (P.). — Note sur la distribution géographique du *Panopæa Aldrovandi, in Journ. conch.*, XXIX, p. 275, Paris, 1881.

FISCHER (P.). — Remarques sur la synonymie du *Bulla dilatata*, Leach, *in Journ. conch.*, XXVII, p. 21, Paris, 1879.

FISCHER (P.). — Sur les conditions d'existence de l'*Ostrea angulata*, Lamarck, *in Journ. conch.*, XXVIII, p. 83, Paris, 1880.

FISCHER (P.). — Sur la faune malacologique abyssale de la Méditerranée, *in Comptes rendus Institut*, XCXIV, p. 1201, Paris, 1882.

FISCHER (P.). — Sur les Mollusques Solénoconques des grandes profondeurs de la mer, *in Comptes rendus Institut*, XCVI, p. 77.

FISCHER (P.). — Diagnoses d'espèces nouvelles de Mollusques recueillis dans le cours des expéditions scientifiques de l'aviso *le Travailleur* (1880-1881), *in Journ. conch.*, XXX, p. 49 et 273, Paris, 1882.

FISCHER (P.). — Sur la classification des Céphalopodes, *in Journ. conch.*, XXX, p. 55, Paris, 1882.

FISCHER (P.). — Note additionnelle sur le *Rimula Asturiana*, *in Journ. conch.*, XXX, p. 278, Paris, 1882.

FISCHER (P.). — Diagnoses d'espèces de Mollusques recueillis dans le cours de l'expédition scientifique du *Talisman* (1883), *in Journ. conch.*, XXXI, p. 391, Paris, 1883.

FISCHER (P.). — Une nouvelle classification des Bivalves, *in Journ. conch.*, XXXII, p. 113, Paris, 1884.

FISCHER (P.). — Note sur l'animal de l'*Adeorbis subcarinatus*, Montagu, *in Journ. conch.*, XXXIII, p. 166, Paris, 1885.

FISCHER (P.). — Manuel de Conchyliologie et de Paléontologie conchyliologique (en cours de publication), Paris, 1 vol., gr. in-8°, avec fig. et atlas de 23 pl.

FLEMING (JOHN). — A history of British animals, Edinburgh, 1828, 2 vol. in-8°. — 2e édit., London, 1842, 1 vol. in-8° ; — Edinb. journ. scienc., VIII, 1828, p. 355.

FLEMING (J.). — Conchology, *in Brewster (David)*, *in Edinb. encycl.*, VII, I, 1814, p. 55, pl. 203.

FLEMING (J.). — Natural history of Molluscous animals, including Shell-fishes... Edinburgh, 1837, in-8°, avec 18 pl.

FLEMING (J.). — Philosophy of Zoology, Edinburgh, 1822, 2 vol. in-8°.

FLEMING (J.). — Remarks on the genus Scissurella d'Orb., with description of a recent British species, *in Mem. Werner nat. hist.*, VI, 1832, p. 384, avec fig.

FLEMING (W.). — Bemerkungen binsichtlich der Blutbahnen und der Bindesubstanz bei Najaden und Mytiliden, *in Zeitschr. f. Wiss. Zool.*, XXXIX, p. 137.

FLEMING (W.). — Uber Organe von Bau der Geschmacksknospen an den Tastern verschiedener Mollusken, *in Arch. mikrosk. Anat.*, XXIII, p. 141, avec 1 pl.

FOLIN (LE MARQUIS DE). — Description d'espèces nouvelles de Cæcidæ, *in Journ. conch.*, XV, p. 44, Paris, 1867.

FOLIN (L. DE). — D'une méthode de classification pour les Coquilles de la famille des Chemnitzidæ, Angers, 1870.

FOLIN (L. DE). — Monographie de la famille des Cæcidæ, Bayonne, 1 br. in-8°, avec 1 pl., *in Bull. soc. Bayonne*, 1874.

FOLIN (L. DE). — Note relative au genre Parastrophia, *in Journ. conch.*, XXV, p. 203, Paris, 1877.

FOLIN (L. DE). — On the Mollusca of H. M. S. Challenger expedition, the Cæcidæ, comprising the genera Parastrophia, Watsonia and Cæcum, *in Proceed. zool. soc. London*, 1879, p. 806.

FOLIN (L. DE). — Méthode de recherches pour recueillir les petits Mollusques, *in Bull. soc. nat. Moscou*, 1879, p. 302.

FOLIN (L. DE) — Constitution méthodique rationnelle et naturelle de la famille des Chemnitzidæ, *in Ann. soc. d'agr. de Lyon*, 3e sér., VII, p. 209, Lyon, 1885.

FOLIN (L. DE) et PERIER (L.). — Les fonds de la mer (en cours de publication), Paris, in-8o, avec pl.; I, 1867-1871 ; II, 1872-1874; III, 1875-1879; IV, 1880.

FOLIN (L. DE) et PERIER (L.). — Notice sur les fonds de la mer, *in Mém. soc. sc. phys. et nat. de Bord.*, Bordeaux, 1878.

FORBES (EDWARD). — Notices of species of Naticidæ, *in Mag. nat. hist. London*, IX, 1836, p. 191, avec fig.

FORBES (E.). — Malacologia Monensis, a catalogue of the Mollusca inhabiting the isle of Man and Neighbouring sea, Edinburgh, 1838, in-8o, 63 p., avec 3 pl.

FORBES (E.). — On the species of Neæra inhabiting the Ægean sea, *in Proceed. zool. soc.*, XI, 1843, p. 75.

FORBES (E.). Report on the Mollusca and Radiata of the Ægean sea, and on their distribution, considered as bearing on geology, *in Rep. Brit. assoc., London*, 1843.

FORBES (E.). — On the connexion between the distribution of the existing fauna and flora of the British Isles, and the geological changes which have affected their area, especially during the epoch of the northern drift, *in Mem. Geol. surv. G. O.*, I, London, 1846, in-8o.

FORBES (E.). — Report on the investigation of British marine zoology, by means of the dredge, *in Rep. Brit. assoc.*, London, 1850, in-8o.

FORBES (E.). — Records of the results of dredging, *in Magaz. nat. hist. London*, VIII, p. 69.

FORBES (E.). — Infra-littoral distribution of marine invertebrata on the coast of Great Britain, London, 1850, in-8o.

FORBES (E.). — Remarks on a species of Sepiola new to Britain *(S. Rondeleti)*, *in Rep. Brit. Assoc. adv. sc.*, XXII, 1852, p. 73. — *In l'Institut*, XX, 1852, p. 353.

FORBES (E.) et HANLEY (S.). — On the geographical distribution and uses of the *Ostrea edulis*, *in Edinb. new. phil. Journ.*, XLVII, 1846, p. 239.

FORBES et HANLEY. — History of British Mollusca, and their Shells, London, 1855, 4 vol. roy. 8o, avec 202 pl.

FORBES (GEO.). — Extract of a Letter relating to the Patella, *in Philos. Trans.*, L, 1758, p. 857.

FORSKAL (PIERRE). — Descriptiones et Icones Animalium, Avium, Piscium... quæ in itinere Orientali observavit, édit. C. Niebuhr, Havniæ, 1775-1776, 2 vol. in-4°.

FOUCHER (LOUIS). — Recherches sur le *Mytilus edulis*, sa composition chimique ses propriétés thérapeutiques, etc., Paris, 1857, in-8°.

FOUGEROUX (DE BONDAROY). — Mémoire sur le Coquillage appelé Datte en Provence, *in Mém. Acad. sciences de Paris*, V, 1768, p. 467.

FOUQUET. — Catalogue des coquilles terrestres, marines et fluviales, qui vivent dans le département du Morbihan, *in Ann. soc. Lin. Maine-et-Loire*, 1859.

FRANCE (C. DE). — Notice des principaux objets composant le cabinet d'histoire naturelle, de chimie et de physique de Cn. C. — D. F*** (Paris), an VII, in-8°, 27 p. (sans nom d'auteur).

FRAISSE (P.). — Ueber Molluskenaugen mit Embryonalenstypus, *in Zeitschr. f. Wiss. Zool.*, XXXV, p. 461, avec 2 pl.

FREDERICQ (LEON). — Recherches sur la physiologie du Poulpe commun, *in Arch. Zool. expér.*, VII, p. 535.

FREDERICQ (L.). — Sur l'innervation respiratoire chez le Poulpe, *in Comptes rendus Instit.*, LXXXVIII, p. 346.

FREDERICQ (L.). — Sur l'hémocyanine, substance nouvelle du sang du Poulpe *(Octopus vulgaris)*, *in Comptes rendus Instit.*, LXXXVII, p. 996.

FREDERICQ (L.). — Sur l'organisation et la physiologie du Poulpe, *in Bull. Acad. Belg.*, XLVI, p. 710.

FRIDOL (ALFRED). — Le Monde de la Mer (par Moquin-Tandon), Paris, 1865, 1 vol. gr. in-8°, avec pl. — 2e édit., Paris.

FRIEDEL (ERNEST). — Austern und Perlen *(Ostrea hippopus* und *edulis)*, *in Nachrichtsbl. Deutsch. malak. Ges.*, XV, p. 46.

FRIELE (HERM.). — Ueber die Variationen der Zahnstrustm bei dem Genus Buccinus, *in Jahrbüch. Malck.*, VI, p. 256, avec 3 pl.

FRIELE (J.). — Bidrage til Vestlandets Mollusk fauna, Christiania, 1875, in-8°, avec 2 pl.

FRIELE (J.). — Mollusca of the Norwege N. Atlant. expedition, I, Buccinidæ, Christiania, 1882, in-fol., avec 6 pl.

FRIELE OG HANSEN. — Bidrage til Kundsk. om Norshe Nudibranchiata, Christiania, 1875, in-8°, avec 6 pl.

FRITSCH (GUST.). — Ueber das Nervensystem von Eledone, *in Sitzungsber. der Ges. naturf. freunde*, 1878, p. 7.

FREMINVILLE (DE). — Voyez *Cambry*.

FRENZ (JOHN). — Ueber die sogenannten Kalkzellen der Gastropodenleb., *in Biolog. Centralbl.*, III, p. 323.

FREY (H.) et LEUCKART (R.). — Beiträge zur Kenntniss wirbelloser Thiere, mit besonderer Berücksichtigung der Fauna der Norddeutschen Meere, Brunswick, 1847, in-4°.

G. DE LA B. — Dissertation sur les Huîtres vertes de Marennes, Rochefort, in-8°, 1821.

GAILLON (B.). — Des Huîtres vertes et des causes de cette coloration, *in Journ. Phys.*, XCXI, 1820, p. 222. — *in Bull. soc. Phil.*, 1820, p. 129.

GAILLON (B.). — Sur la cause de la coloration des Huîtres et sur les animalcules qui servent à leur nutrition, *in Mém. soc. Linn. Calvados*, 1824, p 135.

GAILLON (B.). — Nouvelles observations sur la cause de la coloration des Huîtres *in* Feruss., *Bull. sc. nat.*, II, 1824, p. 312.

GARNER (ROBERT). — On the anatomy of the Lamellibranchiate Conchiferous, animals, *in Proceed. zool. soc.*, IV, 1836, p. 12 ; — *In Isis*, 1838, p. 820.

GARNER (R.). — On the anatomy of the Lamellibranchiate Conchifera, *in Trans. zool. soc. Lond.*, II, p. 87, pl. XVIII à XX, London, 1841.

GAUDION. — Catalogue alphabétique des espèces de la famille des Muricidæ, *in Bull. soc. sc. nat. Béziers*, III.

GAY (L.). — Catalogue des Mollusques du département du Var, *in Bull. soc. sc. dép. du Var*, Toulon, 1858, in-8° (inachevé).

GEGENBAUR (C.). — Larve von Pneumodermon, *in Zeitschr. f. wiss. Zool.*, IV, 1853, p. 309.

GEGENBAUR (C.). — Ueber Penisdrüsen von Littorina, *in Zeitschr. wiss. Zool.*, IV, 1853, p. 233.

GEGENBAUR (C.). — Bemerkungen über die Geschlechtsorgane von Actæon, *in Zeitschr. f. wiss. Zool.*, V, 1854, p. 436.

GENNARI (P.). — Testacei marini delle coste della Sardegna, I, Cephalopodi, Milano, 1866, in-8°.

GERALDEZ. — Disposition croisée des fibres de la rétine chez le *Sepia officinalis*, *in l'Institut*, XIII, 1845, p. 280.

GERSAINT. — Catalogue raisonné des Coquilles et autres curiosités naturelles... Paris, 1736, in-8°, avec 1 pl. (sans nom d'auteur).

GERVAIS (P.). — Liste des Mollusques marins de la France, *in Patria (La France ancienne et moderne)*, I, p. 574, Paris, 1847.

GERVAIS (PAUL) et BENEDEN (P.-J. VAN). — Sur les malacozoaires du genre Sépiole, *in Bull. Acad. Brux.*, V, 1838, p. 420. — Suppl. VI, 1839, p. 38.

GERVAIS (PAUL) et BENEDEN (P.-J. VAN). — Sur les Sépioles, *in l'Institut*, VII, 1839, p. 146.

GERVILLE (DE). — Catalogue des coquilles des côtes de la Manche, Caen, 1825, in-8°, 56 p., *in Mem. Soc. Lin. Calvados*.

GESSNER (CONRAD). — Historia animalium, de piscibus et aquatilibus, Francofurti, 1620, in-fol.

GEVE (NIKOLAUS-GEORG.). — Monatliche Belustigungen in Reiche der Natur, an Conchylien und Seewachsen, Hamburg, 1775, in-4°, avec 24 pl.

GIARD (A.). — Sur l'embryogénie du *Lamellaria perspicua*, *in Comptes rendus Instit.*, 22 mars 1875, Paris, 1875.

GIEBEL. — Ueber die Entdeckung des Mantelausschnittes bei Venus und verwandten Muscheln, *in Fror. Tagsber.*, 1851, p. 47.

GILL. — Arrangement of the families of Mollusks, Washington, 1871, roy. 8°.

Giornale di malacologia, compilato per cura di Pellegrino Strobel di Milano; Pavia, 2 vol. in-8° ; I, 1853; II, 1854.

GIOVENÉ (GIUS.-MARIA). — Notizia sull' *Argonauta argo* del Linneo, *in Mem. soc. Italiana*, XIV, 2, 1809, p. 122.

GINANNI (G.). — Testacei marittimi, paludini e terrestri dell' Adriatica et del, territori di Ravenna, Zoofiti, Spugne et Alghi dell' Adriatica, opere postume, Venezia, 1757, 2 vol. in-fol., avec 93 pl.

GIOENI (E.). — Descrizio di una nuova famiglia e di un nuovo genere di Testacei del littorale di Catania, Napoli, 1783, in-4°, avec pl.

GIRARD (JULES). — Les explorations sous-marines, Paris, 1874, 1 vol. in-8° avec fig.

GIROD (PAUL). — Structure et texture de la poche du noir de la Sepia, *in Comptes rendus Instit.*, XCXI, p. 364.

GIROD (P.). — Structure et texture de la poche du noir, chez les Céphalopodes des côtes de France, *in Comptes rendus Institut*, XCII, p. 966.

GIROD (P.). — Les vaisseaux de la poche du noir des Céphalopodes, *in Comptes rendus Institut*, XCII, p. 1241.

GIROD (P.). — Recherches chimiques sur le produit de sécrétion de la poche du noir des Céphalopodes, *in Comptes rendus Institut*, XCIII, p. 96.

GIROD (P.). — Recherches sur la peau des Céphalopodes, la ventouse, *in Arch. zool. exp.*, 2e sér., I, p. 225; II, p. 379, avec 1 pl.

GIROD (P.). — Recherches sur la poche du noir des Céphalopodes des côtes de France, *in Arch. zool. exper.*, X, p. 1, avec 5 pl.

GIROD (P.). — Recherches sur les Chromatophores de la *Sepiala Rondeleti*, *in Comptes rendus Institut*, XCVI, p. 1375.

GRAELLS (M. DE LA P.). — Exploracion científica de las costas del Ferrol., Madrid, 1870, 1 vol. in-8°, avec fig.

GRAHAM-PONTON (T.). — Sur la famille des Cardiadæ, *in Journ. conch.*, XVII, p. 217, Paris, 1869.

GMELIN (JEAN-FRÉDÉRIC). — Caroli à Linne, Systema naturæ per regna tria naturæ, secundum classes, ordines, genera, species, cum characteribus, differentiis, synonymis, locis, edit. XIII, Leipzig, 1783-1790, 3 vol. en X tomes (réimpr. à Lyon en 1789).

GOSSE (PHIL.-M.). — *Cardium exiguum;* its sphons and its byssus, *in Ann. nat. hist. London*, 2e sér., XVIII, p. 257, London, 1856.

GOULD (A.-A.). — On *Mytilus edulis*, *in Proceed. Bost. Soc. nat. hist.*, I, 1844, p. 72.

GOULD (A.-A.). — On the shells of Lottia and Patella, *in Proceed. Bost. Soc. nat. hist.*, II, 1846, p. 83.

GRANGER (ALBERT). — Catalogue des Mollusques testacés observés sur le littoral de Cette, *in Act. soc. Linn. Bord.*, Bordeaux, 1879 (tir. à part, une broch. in-8°, 42 p.).

GRANGER (A.). — Mollusques du littoral de l'Hérault (inachevé), *in Bull. soc. scient. Béziers*, 4e année, Béziers, 1879.

GRANGER (A.). —Musée scolaire Deyrolle, histoire naturelle de France, 6e partie, Mollusques; Céphalopodes, Gastéropodes, in-8°, avec 20 pl., Paris, 1884 (sans date).

GRANGER (A.). — Disparition de quelques Mollusques des côtes Méditerranéennes de France, *in Act. soc. Linn. Bord.*, XXXIV, 1880, p. 353.

GRANT (R.-E.). — Sur les sous-produits sous l'eau par le *Tritonia arborescens*, *in* Feruss., *Bull. sc. nat.*, IX, 1826, p. 368. — *In Ann. sc. nat.*, IX, 1826, p. 111. — *In Isis*, 1834, p. 898.

GRANT (R.-E.). — On the existence and uses of Ciliæ in the yong of Gasteropodous Mollusca and on the causes of the spiral turn of univalve Shells, *in Edinb. Journ. sc.*, VII, p. 121, Edinburg, 1827.

GRANT (R.-E.). — Ueber *Loligopsis guttata* and *Sepiola vulgaris*, *in Fror. nat.*, XXXIX, 1832, p. 38.

GRANT (R.-E.). — On the structure and characters of Loligopsis and account of a new species, *in Trans. Zool. soc. London*, I, 1835, p. 21. — *In Isis*, 1836, p. 378.

GRANT (R.-E.). — Outlines of comparative anatomy, illustred will 150 woodents, London, 1841, in-8°.

GRATIOLET (Dr P.). — Recherches pour servir à l'histoire des Brachiopodes, *in Journ. conch.*, VI, p. 209 et VII, p. 49 (tir. à part, 1 br. in-8°, avec 4 pl., Paris, 1860).

GRAY (JOHN-EDWARD). — On a recent species of the genus Hinites of Defrance, *in Ann. Philos.*, 2e sér., XII, 1826, p. 103 et 361.

GRAY J.-E.). — New British species of Mollusca, *in Lond. Med. repos.*, XV, p. 239, London, 1821.

GRAY (J.-E.). — On the natural arrangement of the Pulmobranchous Mollusca, *in Ann. Phil.*, 2e sér., VIII, p. 107, London, 1824.

GRAY (J.-E.). — Observations on the structure of Pholades, *in Zool. Journ.*, I, 1824, p. 406.

GRAY (J.-E.). — On the genera Sigaretus and Cryptostoma, *in Zool. Journ.*, I, 1824, p. 427. — *In Fror. Not.*, X, 1825, p. 310. — *in* Feruss., *Bull. sc. nat.*, VIII, 1826, p. 283.

GRAY (J.-E.). — Observations on the synonyma of the genera Anomia, Crania, Orbicula and Discinia, *in Ann. philos.*, 4e sér., X, 1825, 241.

GRAY (J.-E.). — A monograph of the genus Teredo L., *in Philos. Mag.*, II 1837, p. 409. — *In Isis*, 1834, p. 796.

GRAY (J.-E.). — Monograph of the Cypræidæ, *in Zool. Journ.*, I à IV, 1824 à 1828. — Extrait, *in* Feruss., *Bull. sc. nat.*, VII, p. 385, Paris, 1826. — Index, *in Zool. Journ.*, IV, 1828, p. 213.

GRAY (J.-E.). — On the animal fond in the Shells of the genus Argonauta, *in Proc. zool. soc.*, I, p. 107, London, 1831.

GRAY (J.-E.). — On the parasite nature of the animal fond in the Shells of the genus Argonauta, *in Proceed. zool. soc.*, II, p. 120, London, 1832.

GRAY (J.-E.). — Of the emission of a glutinous thread by the animals of *Rissoa parva*, *in Proceed. zool. London*, I, 1833, p. 116.

GRAY (J.-E.). — Some observations on the economoy of Molluscous animals of their Shells, *in Phil. Trans.*, II, p. 771, London, 1833.

GRAY (J.-E.). — Sur l'Argonauta et son parasite, *in l'Institut*, III, p. 199, Paris, 1835.

GRAY (J -E.). — Remarks upon a specimen of Argonauta with an Ocythoë, *in Proceed. zool. soc. London*, IV, 1836, p. 121.

GRAY (J.-E.). — On the boring of Pholades, *in Rep. Brit. Assoc. adv. sc.*, VIII, 1838, p. 111.

GRAY (J.-E.). — On a new British Shells (Næera), *in Rep. Brit. Assoc. adv. sc.*, VIII, 1838, p. 110.

GRAY (J.-E.). — Ueber Familie der Trogmuschen Mactradæ, *in Arch. Naturg.*, IV, 1838, I, p. 86.

GRAY J.-E.). — The animal of *Modiolus discrepans*, *in Ann. nat. hist. London*, XI, 1839, p. 480.

GRAY (J.-E.). — On the animal of Spirula, *in Ann. nat. hist. London*, XV, 1845, p. 257, 1 pl. — *In Sillim. Amer. Journ.*, 2e sér., I, 1840, p. 131.

GRAY (J.-E.). — List of the genera of recent Mollusca, London, 1847, in-8°.

GRAY (J.-E.). — On the genera of the family Chitonidæ, *in Proceed. zool. London*, XV, 1847, p. 63. — *in Ann. nat. hist.*, XX, p. 67 et 131, London, 1847.

GRAY (J.-E.). — On the species Anomiadæ, *in Proceed. zool. soc. London*, XVII, 1849, p. 113. — *In Ann. nat. hist.*, 3e sér., VI, p. 812, London, 1850.

GRAY (J.-E.). — On the structure of Chitons, *in Phil. Trans.*, p. 141, London, 1848.

GRAY (J.-E.). — Catalogue of Pteropoda in the Collection of the British Museum, London, 1851, in-8°.

GRAY (J.-E.). — List of Brachiopodes in the British Museum, London, 1853, in-8°, avec fig.

GRAY (J.-E.). On *Runcina Hancocki*, *in Proc. zool. soc. London*, XXII, London, 1854.

GRAY (J.-E.). — Description of the animals and teeth of Tylodina and other genera of Gasteropodous Mollusca, *in Proceed. zool. soc. London*, XXIV, 1856, p. 41.

GRAY (J.-E.). — Guide to the system distribution of Mollusca in the British Museum, part. I, London, 1857, in-8°.

GRAY (J.-E.). — Observations on the genus Nerita and its Operculum, *in Proc. zool. soc. Lond.*, XXVI, 1858, p. 92. — *in Ann. nat. hist.*, 3e sér., II, 1858, p. 64.

GRAY (J.-E.). — On the habits of Aplysiopterus *(Actæon viridis)*, *in Ann. nat. hist. London*, 3e sér., IV, 1854, p. 239.

GRAY (MARIA-EMMA). — Figures of Molluscous Animals, selected from various authors, London, 4 vol. in-8°, avec 312 pl. ; I, 1842; II à IV, 1850.

GREGORIO (ANTONIO, MARQUIS DE). — Moderne Nomenclature des Coquilles des Gastéropodes et des Pélécypodes, Palerme, 1883, gr. in-8°, avec pl.

GREGORIO (A. DE). — Itorno ad alcuni nomi di conchiglie linneane, 1 br. in-8°, 1884.

GREGORIO (A. DE). — Catalogue synonymique et bibliographique de tous les Amusium vivants et tertiaires, 1 br. in-8° 1885.

GREGORIO (A. DE). — Studi su talune conchiglie mediterranee viventi e fossili, 1 vol in-8° avec 5 pl., Sienna, 1884-1885.

GRENACHER (H.). — Abhandlungen zur vergleichenden Anatomie des Auges; I, die Retina der Cephalopoden, *in Abhandl. Naturf. Ges. Moll.*, XVI, p. 307, avec 1 pl.

GRENACHER (H.).—Retina of Cephalopoda, *in Journ. R. microsc. soc.*, 3e sér., V, p. 41.

GRIESBACH (H.). — Vascular system of Najadæ and Mytilidæ, *in Journ. R. microsc. soc.*, 2e sér., p. 353.

GRIESBACH (H.). — Zur Frage : Wasseraufnahme bei den Mollusken, *in Zool. Anz.*, VII, p. 169.

GRIESBACH (H.). — Die Wasseraufnahme bei den Mollusken, *in Biolog. Centralbl.*, II, p. 573.

GRIFFITH AND PIDGEON. — Mollusca and Radiata of Cuvier's animal Kingdom, London, 1834, roy-8°, avec 60 pl.

GRIMAUD DE CAUX (M.-G.). — Sur l'animal de la pourpre des anciens, Paris, in-8°, 1856, 12 p.

GRIMAUD DE CAUX ET GRUBY. — Description anatomique de l'organe qui fournit, la liqueur purpurigène dans le *Murex brandaris*, *in Comptes rendus Instit.*, XV, 1842, p. 1007.

GROBBEN (CARL). — Morphologische Studien über den Harn- und Geschlechtsapparat sowie die Leibeshöhle der Cephalopoden, *in Arbeit. zool. Instit. Wien*, V. 1884, p. 179, avec 3 pl.

GRONOVIUS (LAURENT-THÉDORE). — Zoophylacium Gronovianum, fasc. I à III, Lugduno Batavorum, 1763, 1764, 1781, in-fol.

GROS (G.). — Sur les Spermatophores de la Seiche, *in Bull. soc. imp. nat. Moscou*, XXI, 1848, I, p. 474.

GRUBE (E.). — Mittheilungen über Saint-Malo and Roscoff, und die dortige Meeresbesonders der Anneliden-fauna.

GUALTIERI (NICOLAUS). — Index testarum Conchyliorum quæ adservantur in Musæo Nicolai Gualtieri, Florentiæ, 1742, in-fol. avec 110 pl.

GUÉRIN-MÉNEVILLE (FÉLIX-EDOUARD). — Iconographie du Règne animal de Cuvier; Mollusques et Zoophytes, Paris, 1829-44, 1 vol. in-8°, avec 63 pl.

GUÉRIN-MÉNEVILLE (F.-E.). — *Pleurobranchus aurantiacus*, Risso, *in Mag. zool.*, I, Paris, 1871, avec 1 pl.

GUÉRIN-MÉNEVILLE (F.-E.). — *Doris purpurea*, Risso, *in Mag. zool.*, 1, Paris, 1831, avec 1 pl.

GUÉRIN-MÉNEVILLE (F.-E.). — *Doris Villafranca*, Risso, *in Mag. zool.*, 1re année, Paris, 1831, avec 1 pl.

GUÉRIN-MÉNEVILLE (F.-E.). — Magazin de Zoologie, Paris, 1831-38, 8 vol. in-8°, avec 636 pl.; 1839-45, 7 vol. in-8°, avec 452 pl.

GUÉRIN-MÉNEVILLE (F.-E.). — Revue et Magasin de Zoologie, Journal mensuel consacré à la publication des travaux de Zoologie, d'Anatomie comparée et de Paléontologie, Paris, 1849 et suiv., in-8° (Réunion du Magasin de Zoologie et de la Revue zoologique).

GUÉRIN-MÉNEVILLE (F.-E.). — Revue zoologique de la Société Cuviérienne, Paris, 1838-48, 11 vol. in-8°.

GUÉRIN-MÉNEVILLE (F.-E.). — Les Mollusques décrits et figurés d'après la classification de Cuvier, 520 fig. des espèces les plus remarquables, Paris, 1868, gr. in-8°, avec 36 pl.

GUERNE (JULES DE). — La rade de Dunkerque, *in Revue scient.*, 1885, V, p. 323.

GUERNE (J. DE) ET BARROIS (TH.). — La Faune littorale de Concarneau, *in Revue scientifique*, janvier 1881.

GUETTARD. — Observations qui peuvent servir à former quelques caractères de coquillages, *in Mém. Acad. sc.*, Paris, 1756, p. 145.

GUIDELON. — Note sur Granville, 1858.

GUILDING (LANDSOOWN). — Observations on the Chitonidæ, *in zool. Journ.*, V, 1829, p. 25. — *In Isis*, 1831, p. 718.

GUILDING (L.). — Observations on Naticina and Dentalium, *in Trans. Linn. soc. Lond.*, XVII, 1833, p. 29, avec 1 pl. — *In Isis*, 1838, p. 405.

HADDON (ALFR.-C.). — Notes on the development of Mollusca, *in Quart. Journ. Microsc. sc.*, XXII, p. 367, avec 1 pl.

HADDON (A.-C.). — On the Generation and Urinary ducts in Chitons, *in Proc. Roy. soc. Dubl.* (tir. à part, in-8°, avec 2 pl.).

HALLER, BELA. — Die Organisation des Chitonen der Adria, II, *in Arbeit. Zool. instit. Wien*, V, p. 29, avec 3 pl.

HALLER, BELA. — Beiträge zur Kenntnis der nerven im Peritoneum von *Doris tuberculata*, Lam., *in Arbeit. zool. Instit. Wien*, V, p. 253, avec 1 pl.

HALLER (GRAF B.). — Vorläufige Mittheilung über das Nerven-system and Mun depithel niederer Gastropoden, *in Zool. Anz.*, IV, p. 92.

HANCOCK (ALBANY). — Notes on *Buccinum undatum*, *in Ann. nat. hist. London*, XIX, 1847, p. 150.

HANCOCK (A.). — Observations on the Olfatory apparatus in the Bullidæ, *In Ann. nat. hist. London*, 3e sér., XIX, 1852, p. 188.

HANCOCK (A.). — Ueber das Geruchsapparat der Bullidæ, *in Fror. Tagsber.*, no 387, p. 101, 1852.

HANCOCK (A.). — On the Nervous system of *Ommastrephes Todarus*, *in Ann. nat. hist. London*, 2e sér., X, 1852, p. 1, avec 2 pl. — *In Fror. Tagsber*, no 397, 1853, p. 113 ; no 602, p. 121.

HANCOCK (A.). — Remarks on the Anatomy of the Brachiopoda, *in Rep. Brit. Assoc. adv. sc.*, 1856.

HANCOCK (A.). — On the Organisation of the Brachiopoda, London, 1857, in-4o, avec 15 pl.

HANCOCK (A) et EMBLETON (D.). — On the Anatomy of Eolis, *in Ann. nat. hist. London*, XV, p. 1 et 77 ; 2e sér., p. 88 ; III, p. 183, London 1845 et 1848.

HANCOCK (A.) et EMBLETON (D.). — On the Anatomy of Scyllæa, *in Rep. Brit. Assoc. adv. sc.*. XVII, 1847, p. 77.

HANCOCK (A.) et EMBLETON (D.). — On the Anatomy of Doris, *in Rep. Brit. Assoc. adv. sc.*, XX, 1850, p. 124.

HANCOCK (A) et EMBLETON (D.). — On the Anatomy of Doris, *in Phil. Trans.*, 1852, p. 207, avec 8 pl. (tir. à part, in-4o avec 8 pl., London, 1854).

HANLEY (SYLVAIN). — A Descriptive Catalogue of recent Shells, London, 1844, in-8o.

HANLEY (S.). — An illustrated and descriptive Catalogue of recent Shells, London, 1842-56, roy-8o, avec 16 pl.

HANLEY (S.). — The Conchologist's book of species, with numerous illustrations, 2e édit., London, 1840, in-8o.

HANLEY (S.). — Enlarged English edition of Lamarck's Species of Shells, London, 1843, p. 1 à 224 (inachevé), avec 3 pl.

HANLEY (S.). — Ipsa Linnæi Conchylia, Linné's Shells, determined from his mss. and collection, London 1835, roy-8o avec 6 pl.

HANLEY (S.). — Description of four new species of Kelliadæ, *in Proceed. zool. soc. London*, XIV, p. 340, 1856.

HANLEY (S.). — On Siphonaria, *in Proceed. zool. soc. London*, XXVI, 1858, p. 152.

HANLEY (S.). — Conchological miscellany, illustration of Pandora, Amphidesma, Ostrea, Melo, etc., London, 1858, roy-4° avec 40 pl.

HARDER (JOSEPH-JACOB). — Antonii Felicis, abbatis Marsilii, de ovis Cochlearum epistola ; Augustæ Vindelicorum, 1684, in-12, avec 2 pl.

HARLEN (EMIL). — Untersuchung der Chromatophoren bei Loligo, *in Arch. f. Naturg.*, 1846, p. 34, avec 1 pl.

HARLESS (E.). — Ueber die Meren der Sepia oder die sogenannten Venenanhänge, *in Arch. f. Naturg.*, XIII, 1837, I, p. 1, avec 1 pl.

HARTING EN VROLIK. — Verslag over den Paalwormen *(Teredo)*, Amsterdam 1860, gr. in-8° avec 4 pl.

HARTMANN (PIETER). — Verhandeling over de Paalwormen, etc., *in Verhandl. van het Genootsch. flor. lib. artes*, D. 1, LIX.

HAWKSHAW (J. CLARKE). — On the action of Limpets (Patella), in sinking pits in and abrading the surface of the chalk at dover, *in Journ. Linn. soc.*, XIV, p. 406.

HEIDE (A. D.). — Experimenta circa sanguinis missionem, fibras mortices, urticam marinam, etc., anatome Mytuli, éd. avec pl., Amstelodami, 1686.

HELLE et REMY. — Catalogue raisonné d'une Collection de coquillages rares et choisis du cabinet de M. L..., Paris, 1757, in-12.

HEMENT (F.). — Visite aux parcs d'Arcachon, *in Petit Journal*, 29 août, Paris, 1865.

HENSEN (V.). — Ueber den Auge einiger Cephalopoden, Leipzig, 1865, gr. in-8° avec 10 pl.

HRNRICH (KARL). — Einiges über Cephalopoden, *in Verhandl. a. Mittheil. d. Siebenbürg.*, XXVIII, p. 28.

HERISSANT (FRANÇOIS-DAVID). — Éclaircissement sur l'organisation jusqu'ici inconnue d'une quantité considérable de productions animales, principalement des coquilles des animaux, *in Mém. Acad. sc. Paris*, p. 508, pl. XIV à XXI, Paris, 1766.

HERKLOTS (J.-A). — De Weekdieren en lagere dieren van Nederland (Fauna molluscorum et Vermium Hollandiæ), 2 fasc., Harlem, 1862, in-8° avec 44 pl.

HERRMANNSEN (A.-H.). — Indicis generum Malacozoorum primordia, nomina subgenerum, generum, familiarum, tribuum, ordinum, classium ; adjectis auctoribus, temporibus, locis, systematicis atque litterariis, etymis, synonymis, Cassel, 2 vol. in-8° et un suppl. ; I, 1846 ; II, 1847 ; suppl. 1855.

HESSE. — Diagnoses de Nudibranches nouveaux des côtes de Bretagne, *in Journ. conch.*, XX, p. 345, Paris, 1872.

HESSE. — Mémoires sur douze Mollusques Nudibranches nouveaux recueillis en rade de Brest, *in Journ. conch.*, XXI, p. 305. Paris, 1873.

HEY (W.-C.). — The Marine Shells of Yorkshire, *in the Naturalist*, n. s., X, p. 129.

HICKSON, SYDNEY (J.). — The Eye of Spondylus, *in Quart. Journ. microsc. sc.*, XXII, p. 362 avec fig.

HICKSON, SYDNEY (J.). — The Eye of Pecten, *in Balfont. Studies morphol. Laborat.*, II, p. 1, avec 2 pl. — *In Quart. Journ. microsc. sc.*, XX, p. 443, avec 2 pl.

HIDALGO (J.-G.). — Catalogue des Mollusques testacés marins des côtes de l'Espagne et des îles Baléares, *in Journ. conch.*, XV, p. 115, 258 et 357, Paris, 1867 (tir. à part, 1 br. in-8°, 163 p. et 1 pl.).

HIDALGO (J.-G.). — Réponse aux observations faites par M. Jeffreys sur mon catalogue des coquilles marines des côtes de l'Espagne et des Baléares, *in Journ. conch.*, XVI, p. 27. Paris, 1868.

HIDALGO (J.-G.). — Mollusques marins d'Espagne, du Portugal et des îles Baléares, *in Journ. conch.*, XVIII, p. 260, Paris, 1878.

HIDALGO (J.-G.). — Moluscos marinos de España, Portugal y los Baleares, 17 liv. en 3 tomes, et atlas de 85 pl. Madrid, 1870-82) (en cours de publication).

HIDALGO (J.-G.). — Catalogo de los moluscos recogidos en Bayona de Galicia, *in Rev. progr. scienc.*, XXI, n° 27, p. 373, Madrid 1886.

HOEK (P.-P.-C.). — Recherches sur les organes génitaux des Huîtres, *in Comptes rendus Instit.*, CXV, p. 869.

HOEK (P.-P.-C.). — Les Organes de la génération de l'Huître, *in Rev. sc. nat. Montpellier*, 3° sér., IV, p. 315; trad. par L. Roule.

HOEK (P.-P.-C.). — Development of the Oyster, *in Journ. R. Microsc. soc.*, 2e sér., V, p. 226.

HOEK (P.-P.C.). — Vergleikend onderzoek van gettweekte en in het wild opgegroeide Oester enz, *in Tijdschr. Nederl. dierk. Vereen.*, suppl., D, II, p. 481.

HOEK (P.-P.-C.). — Overzicht van de Literatuur op du Oester en de Vestercultuur betrekking hebbende, *in Tijdschr. d. Nederland Zool. Vereen. suppl.*, D. I, p. 1.

HOEK (P.-P.C.). — De Voortpluntingsorganen van de Oester, *in Tijdschr. d. Nederland Zool. Vereen.*, p. 113, avec 6 pl.

HOEK (P.-P.-C.). — Researches on the generative organs of the Oyster, *in Bull. U. D. fish Comm.*, 2, 1882-83, p. 343.

HOEK (P.-P.-C.). — Les organes de la génération de l'huître, Leide, 1883, in-8° avec 5 pl.

HOGG (JOHN). — On the nature of the Marine Production called Flustra arenosa (Laich von *Nerita glaucina*), *in Trans. Linn. soc. Lond.*, XIV, 1825, p. 315.

HOGG (J.). — Ueber die natur der Flustra arenosa (Laich von *Nerita glaucina*), *in Isis*, 1829, p. 1116.

HOGG (J.). — The lingual membrane of Mollusca and ist value in classification, *in Trans. R. microsc. Soc.*, VIII, 1868.

HOMBRES-FIRMAS (D'). — Observation sur le *Pecten glaber*, *in Comptes rendus Institut.*, XLII, 1856, p. 612. — *In l'Institut*, XXIV, 1856, p. 144.

HOME (EVER.). — The digestive organs of the *Teredo navalis*, *in Home, Lect. on compar. Anat.*, II, 1814, pl. 80, 81.

HOME (E.). — The digestive organs of the Solen, *in Home, Lect. on compar. Anat.*, 1814, pl. 82.

HOME (E.). — The distinguishing characteres between the ova of the Sepia and those ofthe Vermes Testacea, etc., *in Philos. Trans.*, 1817, p. 297, avec 2 pl.

HOME (E.). — Ueber die unterscheidenden Merkmale zwischen den Eiern der Sepien und der im Wasser lebenden Schalthiere, *in Meckels's Deutsch. Arch. physiol.*, IV, 1818, p. 274. — *In Isis*, 1819, p. 258.

HOME (E.). — The heart and boring Shells of the *Teredo Navalis*, *in Home, Lect. on compar. Anat.*, IV, 1823, pl. 43.

HOME (E.). — On the Propagation of the common Oyster, and the large Fresh-water Muscle, *in Phil. Trans.*, CXVII, p. 39, pl. III à VI, London, 1827.

HOME (E.). — Croonian Lecture (on the mode, by which the propagation of the species in carried on in the common Oyster and the large Fresh-water March), *in Philos. Trans.*, 1827, p. 39 avec 2 pl.

HOME (E.). — Development of the ova of the common Oyster, *in Home, Lect., on comp. Anat.*, VI, 1818.

HOME (E.). — Ueber die Fortpflanzung der Auster und der Flusmuschel, *in Heusinger's Zeitschr. Org. Phys.*, I, 1827, p. 391.

ME (E.). — Sur le mode de propagation de l'Huître et de la grande Anodonte, *in* Feruss., *Bull. sc. nat.*, XIII, 1828, p. 252.

HOME (E.). — The digestive organs of the Oyster, *in Home, Lect. on Comp. Anat.*, II, 1847.

HORST (R.). — Bijdrage tot de Kennis van de Ontwikkelings-Geschiedenis van de Oester *(Ostrea edulis)*, *in Tijdschr. Nederland. dierkdg. Vereen.*, VI, avec 1 pl., p. 25. — *In Journ. Microsc. soc. London*, 3e sér., II, p. 3330.

HORST (R.). — On the developuent of the European Oyster, *Ostrea edulis*, *in Quart. Journ. Microsc. soc.*, XXII, p. 341.

HORST (R.). — De Ontwikkelingsgeschiedenis van de Oester *(Ostrea edulis)*, *in Tijdschr. Nederl. dierk. Vereen.*, suppl., D, 2, p. 215.

HORST (R.). — A contribution to our Knowledge of the development of the Oyster, *in Bull. U. D. fish Comm.*, 1882, p. 159.

HORST (R.). — Embryogénie de l'Huître, *in Rev. sc. nat. Montpellier*, 3e sér., IV, p. 317 (trad. par L. Roule).

HOUSSAY (FRÉD.). — Recherches sur l'opercule et les glandes du pied des Gastéropodes, *in Arch. Zool. expér.*, II, p. 171.

HOUSSAY (F.). — Sur l'opercule des Gastéropodes, *in Comptes rendus Institut*, XCVII, p. 236.

HUBRECHT (A.-A.-W.). — *Proncomenia Sluiteri*, gen. et sp. nov with remarks, upon the Anatomy and Histology, *in Niederländ Arch. f. Zool.*, I, suppl. Bd. 2. — *In Arch. Zool. expér.*, IX, p. XV et XVI.

HUBRECHT (A.-A.-W.). — Note relative aux études sur les Neomenia de MM. Kowalevsky et Marion, *in Zool. Anzeiger.*, V, 1882, p. 84.

HUBRECHT (A.-A.-W.). — Oestercultuur in afgesloten ruimten, *in Tijdschr. Nederl. dierk. Veerenig.*, suppl., D, II, p. 319.

HUBRECHT (A.-A.-W.). — De physische gesteldheid van de Oosterschelde in verbaud mit Oesters en Oester cultur, *in Tijdschr. Nederl. dierk. Vereenig.*, suppl. D, II, p. 369.

HUMBERT (A.). — Note sur la structure des organes génitaux de quelques espèces du genre Pecten, *in Ann. sc. nat.*, 3e sér., XX, 1853, p. 333.

HUMPHREY (GED.). — Account of the Gizzard of the Shell colled by Linneus *Bulla lignaria*, *in Trans. Linn. soc.*, II, p. 15, avec 1 pl., London, 1794.

HUTSCHEK (B.). — Ueber Entwickelungsgeschichte von Teredo, *in Arb. Zool. inst. Wien*, III, p. 1, avec 3 pl. (tir. à part, Wien, 1880).

HUTCHINS (S.). — The history and antiquities of the County of Dorset, interpersed with some remarquable particulars of natural history, London, 1774, in-fol., avec pl.

HUTTON (F.-W.). — Ont some Branchiate Gastropoda, *in Trans. N. Real. Inst.*, XV, p. 118, avec 4 pl.

HUXLEY (TH. H.). — Observation sur la circulation du sang chez les Mollusques des genres Firola et Atlanta, *in Ann. sc. nat.*, 3e sér., XIV, 1850, p. 193.

HUXLEY (TH.-H.). — Ueber die Circulation der Mollusken aus d. Geschlechtern Firola und Atlanta, *in Fror. Tagsber*, 1851, p. 183.

HUXLEY (TH.-H.). — Contribution to the Anatomy of the Brachiopoda, *in Proc. Zool. soc. Lond.*, VIII (1854), 1856, p. 106 et 271; *in Ann. nat. hist.*, 2e sér., XIV, p. 285, London, 1854.

HYNDMAN (G.-C.). — Notice of a curious Monstruosity of form in the *Fusus antiquus*, *in Rep. Brit. assoc. adv. sc.*, XXVII, p. 104, 1857.

IHERING (H. VON). — Ueber Anomia, nebst Bemerkungen zur vergleich. Anatomie der Musculatur bei den Muscheln, *in Zeitch. Wiss. Zool.*, XXX, suppl., 1, p. 13, avec 1 pl.

IHERING (H. VON). — Beiträge zur Kenntnis der Anatomie von Chiton, *in morphol. Jahrb.*, IV, 1, p. 129, avec 1 pl.

IHERING (H. VON). — Bemerkungen über Neomenia und über die Amphineuren in Allgemeinen, *in morphol. Jarhrb.*, IV, 1, p. 147.

IHERING (H. VON). — Beitrage zur Kenntnis der Nudibranchiata des Mittelmeeres, *in Malak. Blatt.*, 3e sér., II, p. 57; VIII, p. 12.

IHERING (H. VON). — Ueber die Verwandtschaftsberichtungen der Cephalopodem, *in Zeitch. f. Wiss. Zool.*, XXXV, p. 1, avec 1 pl.

IHERING (H. VON) Anatomie des Nervensystemes und phylogenie der Mollusken, 1877.

JACOBSON (LUDWIG-L.). — Recherches sur l'absorption des Mollusques, *in Mém. Acad. Copenh.*, Copenhague, 1825.

Jahrbucher der Deutschen Malakozoologischen Gesellschaft, in-8°, avec pl., Francfort, 1874 (en cours de publication).

JARVIS (J.). — On the Teredo or saltwater worm, *in Proceed. nat. inst. Washington*, 2e sér., 1, 1856, p. 60.

JEFFREYS (J. GWYN). — A synopsis of the Testaceous, Pneumobranchous Mollusca of Great Britain, *in Trans. Linn.*, XVI, p. 323, suppl., p. 505, London, 1833.

JEFFREYS (J.-G.) — Reports on dredging, and other communications relating to the Mollusca, *in Rep. Brit. Assoc. — In Mag. nat. hist.*, London, 1842.

JEFFREYS (J.-G.). — A list of Testaceous Mollusca collected in the Shetland isle, *in Ann. nat. hist.*, VIII, p. 165, London, 1842.

JEFFREYS (J.-G.). — Report on the Mollusca and Radiata of the Ægean Sea, 1 br., in-8, London, 1843.

JEFFREYS (J.-G.). — Descriptions and notices of British Shells, *in Ann. nat. hist. London*, XIX, p. 309; XX, p. 16; 2e sér., II, p. 351, London, 1847-48.

JEFFREYS (J.-G.). — On the recent species of Odostomia, etc., of Great Britain and Ireland, *in Ann. nat. hist.*, 2e sér., II, p. 338, *London*, 1848.

JEFFREYS (J.-G.). — Supplementary notes on British Odostomia, *in Ann. nat. hist.*, 2e sér., V, p. 108, London, 1850.

JEFFREYS (J.-G.). — On Chemnitzia and other Mollusca, in Answer to M. Clark, *in Ann. nat. hist.*, 2e sér., VII, p. 465, London, 1851.

JEFFREYS (J.-G.). — Note on the *Chemnitzia Gulsonæ*, of Clark, *in Ann. nat. hist.*, 2e sér., VII, p. 27, London, 1851.

JEFFREYS (J.-G.) — On Scissurella and Schismope, *in Ann. nat. hist.*, 3e sér., XVII, p. 470, *London*, 1856.

JEFFREYS (J.-G.). — On Brocchi's Collection of subapennine Shells, *in Quart. Journ. Geol. soc. London*, XL, p. 28.

JEFFREYS (J.-G.). — Further notices of Piedmontese Mollusca, *in Ann. nat. hist.*, 2e sér., XVII, p. 371, London, 1856.

JEFFREYS (J.-G.). — Contribution to the Conchology of France, *in Ann. nat. hist.*, 2e sér., XVIII, p. 471, London, 1856.

JEFFREYS (J.-G.). — Gleanings in British Conchology, *in Ann. nat. hist.*, 3e sér., I, p. 39, avec 1 pl.; II, p. 117, avec 1 pl., London, 1858.

JEFFREYS (J.-G.) — Further gleanings in British Conchology, *in Ann. nat. hist.*, 3e sér., III, p. 30 et p. 106, avec 1 pl., London, 1859.

JEFFREYS (J.-G.). — Sur la distribution géographique des Mollusques vivants et fossiles, *in Journ. conch.*, VII, p. 269, Paris, 1859.

JEFFREYS (J.-G.). — Observations faites sur l'animal du *Skenea nitidissima*, *in Journ. conch.*, VII, p. 361, Paris, 1859.

JEFFREYS (J.-G.). — Sur le Mollusque désigné sous le nom de *Skenea nitidissima*, par MM. Forbes et Hanley, *in Journ. conch.*, VIII, p. 108, Paris, 1860.

JEFFREYS (J.-G.). — On the Marine Testacea of the Piedmontose Coast, *in Mag. nat. hist.*, London, 1855 et 1856 (tir. à part, 1 br. in-8°, London, 1856 avec 1 pl.). — Trad. par Capellini, 1 br. in-8°, Genova, 1860.

JEFFREYS (J.-G.). — Report on dredging among the Channel Isles, *in Rep. Brit. adv. sc.* 1865.

JEFFREYS (J.-G.). — British Conchology, or an account of the Mollusca which now inhabit the British isle and the surrounding seas, 5 vol. 8°, avec 147 pl. London, 1863-69; I, 1862; II, 1863; III, 1865; IV, 1867, V, 1869.

JEFFREYS (J.-G.). — Observations sur le catalogue des coquilles marines des côtes de l'Espagne et des îles Baléares par M. Hidalgo, *in Journ. conch.*, XV, p. 228, Paris, 1867.

JEFFREYS (J.-G.). — The Deep-sea mollusca of the Bay of Biscays, *in Ann. nat. hist.*, 5e sér., VI, p. 315 et p. 374, London, 1880.

JEFFREYS (J.-G.). — Acclimatization of edible Mollusks, *in Natur.*, XXVII, p. 510.

JEFFREYS (J.-G.). — The Mollusca of Europe compared with those of Eastern North America, avec suppl., *in Mag. nat. hist.*, 1872-73 (tir. à part, 1 br., in-8°.).

JEFFREYS (J.-G.). — Some Remarks on the Mollusca of the Mediterranean, *in Rep. Brit. assoc. adv. sc.*, 1873, London, 1873.

JEFFREYS (J.-G.). — On the Mollusca procured durind the Lightning aud Porcupine Expeditions, 1868-70, *in Proceed. zool. soc.*, London, 1878-84, 9 fascic., avec pl. (inachevé).

JEFFREYS (J.-G.). — Further remarks on the Mollusca of the Mediterranean, *in Rep. Brit. assoc. adv. sc.*, L, p. 601.

JEFFREYS (J.-G.). — Note as to position of the genus Seguenzia among the Gastropoda, *in Linn. soc. Journ. zool.*, XIV, London, 1879, in-8°.

JEFFREYS (J.-G.). — Notes on the Mollusca procured by the Italian Exploration of the Mediterranean, in 1881, *in Ann. nat. hist.*, 5e sér., V, p. 27, *London.*

JEFFREYS, NORMAN, MAC-INTOSH AND WALLER. — Last report on Dredging among the Shetland isles, in-8°, London, 1868.

JEFFREYS (J.-G.) AND CARPENTER. — Biology results of the Walorous Dredging expedition to Davis strait, London, 1876, avec 3 pl.

JEFFREYS AND NORMAN. — Submarine-cable fauna, London, 1825, in-8°, avec pl.

JOANNIS (L.-D.). — Sur la *Natica glaucina*, Lam., *in Mag. zool.*, III, avec 1 pl. Paris, 1833.

JOANNIS (L. DE). — Sur l'animal du *Cassis sulcosa*, Lam., *in Mag. zool.*, IV, avec 1 pl., Paris, 1834.

JOANNIS (L. DE). — Sur l'animal du *Cerithium vulgatum*, Lam., *in Mag. zool.* IV, avec 1 pl., Paris, 1874.

JOANNIS (L. DE). — Sur l'animal du *Columbella rustica*, Lam., *in Mag. zool.*, IV, avec 1 pl., Paris, 1834.

JOANNIS (L. DE). — Sur l'animal du *Dolium galea*, Lam., *in Mag. zool.*, IV, avec pl., Paris, 1834.

JOANNIS (L. DE). — *Purpura hæmastoma*, Lam., (fig. de l'animal) *in Mag. zool.*, IV, Paris, 1834, avec 1 pl.

JOANNIS (L. DE). — Notice sur les Mollusques terebrants, *in Ann. soc. Lin. Maine-et-Loire*, II, p. 28, avec 1 pl., 1856.

JOANNIS (L. DE). — Sur l'animal du *Monodonta fragarioides*, Lam., *in Mag. zool.*, IV, avec 1 pl., Paris, 1874.

JOANNIS (L. DE). — Sur l'animal du *Turbo rugosus*, Lam., *in Mag. zool.*, IV, avec 1 pl., Paris, 1874.

JOANNIS (L. DE). — Sur l'animal du *Fasciolaria Tarentina*, Lam., *in Mag. zool.*, IV, avec pl., Paris, 1834.

JOANNIS (L. DE). — Figure de l'animal du *Buccinum maculosum*, Lam., *in Mag. zool.*, V, avec 1 pl., Paris, 1835.

JONHSTON (GEORGE). — On *Eolis rufibranchialis*, *in Mag. nat. hist.*, V, p. 428, London, 1832.

JONHSTON (G.). — *Pleurobranchus plumula*, *in Mag. nat. hist.*, VII, p. 348, avec fig., London, 1834.

JONHSTON (G.). — *Tritonia pinnatifida*, *in Mag. nat. hist.*, VIII, p. 61, avec fig., London, 1835.

JONHSTON (G.). — *Eolidia papillosa*, *despecta* et *Embletoni*, *in Mag. nat. hist.*, VIII, p. 376, avec fig., London, 1835.

JOHNSTON (G.). — On *Lamellaria tentaculata*, Mtg, *in Mag. nat. hist.*, IX, p. 229, avec fig., London, 1836.

JONHSTON (G.) — A List of the Pulmoniferous Mollusca of Berwickshire and North Durham, *in Trans. Berwick. nat. hist.*, 1838, p. 154.

JONSTON (JOANNES). — Historiæ naturalis de Piscibus et cetis, V vol. in-fol., avec pl., Amsterdam, 1657.

JONSTON (J.). — Historiæ naturalis de exsanguinibus, 4, vol., avec pl., Fancforti, 1657.

JONSTON (J.). — Ichthyologia, in-fol., Amsterdam, 1660.

JOLIET (L.). — Sur les fonctions du sac rénal chez les Hétéropodes, *in Comptes rendus Institut*, XCVII, p. 1078. — *In Journ. R. microsc. soc.*, IV, p. 38, London.

JONES (THOM. WHARTON). — Description of the eye of the Cattle fish *(Sepia officinalis)*, *in Edinb. Journ. Nat. and Geogr. soc.*, III, n. sér., 1831, p. 281.

JONES (T.-W.). — On the retina and pigment of the eye of the common Calamary, *in Lond. et Edinb. Phil. Mag.*, n. sér., VIII, p. 1-4, avec 1 pl., 1836. — *In Isis*, 1878, p. 88.

JOUBERT (D.-E.). — Mémoire sur quelques coquilles nouvellement pêchées dans la Méditerranée, *in Mém. Math. Phys.*, VI, Paris, 1774, p. 83.

JOUBIN. — Sur les organes digestifs et reproducteurs chez les Brachiopodes du genre Crania, *in Comptes rendus Institut*, XCIX, p. 985.

JOUBIN. — Sur l'anatomie des Brachiopodes du genre Crania, *in Comptes rendus Instit.*, C, p. 464.

JOUBIN. — Digestive and reproductive organs of Crania, *in Journ. R. microsc. Soc.*, 2e sér., V, p. 233.

JOUBIN. — Structure et développement de la branchie de quelques Céphalopodes des côtes de France, *in Arch. zool. expér.*, 2e sér., III, p. 75.

JOUBIN. — Sur le développement de la branchie des Céphalopodes, *in Comptes rendus Institut*, XCVII, p. 1076. — *In Ann. nat. hist. London*, 5e sér., XIII, p. 67.

Journal de Conchyliologie, publié sous la direction de Petit de la Saussaye, Fischer, Bernardi et Crosse (en cours de publication), 33 vol. in-8° avec pl., Paris, 1850-85. — Index général et systém. des tomes I à XX, Paris, 1878.

Journal of Conchology, Established in 1874 as the Quarterly Journal of Conchology, London, in-8°, avec pl. (en cours de publication).

JOUSSEAUME (F.-Dr.). — Faune malacologique de la Méditerranée, Remarques, *in Bull. soc. zool. France*, VII, proc. verb., p. XLIV.

JOUSSEAUME (F.). — Coquilles de la famille des Marginelles, *in Rev. Mag. zool.*, 1875, avec 2 pl.

JOUSSEAUME (F.). — Étude des Purpuridæ et description d'espèces nouvelles, *in Rev. zool.*, Paris, 1879.

JOUSSEAUME (F.). — Étude sur la famille des Cypræidæ, *in Bull. soc. zool. France*, XI, Paris, 1884.

JOUSSEAUME (F.). — Monographie des Triforidæ, *in Bull. soc. malac. Fr.*, I, p. 217.

JOUSSET DE BELLESME. — Recherches sur le foie des Mollusques Céphalopodes, *in Comptes rendus Institut*, LXXXVIII, p. 306.

JOUSSET DE BELLESME. — Recherches sur la digestion chez les Mollusques Céphalopodes, *in Comptes rendus Institut*, LXXXVIII, p. 428.

JOYEUX-LAFFUIE (J.). — Organisation et développement de l'*Oncidium celticum*, Cuv., *in Biolog. Centralbt.*, III, p. 370.

JOYEUX-LAFFUIE (J.). — Organisation et développement de l'Oncidie, *in Arch. zool. expér.*, X, p. 225.

JOYEUX-LAFFUIE (J.). — Recherches anatomiques sur l'Oncidie, *in Comptes rendus Institut*, XCI, p. 997 ; XCII, p. 144.

KARSTEN (D.) ET ZSCHACH. — Museum Leskeanum, Regnum animale (sist. Insecta et Conchylia), in-8°, avec 8 pl., Leipsig, 1789.

KELLER (C.). — Zur feineren Anatomie der Cephalopoden, in-8°, avec pl., St. Gallen, 1874.

KELLER (C.). — Colour-sense in Cephalopoden, *in Journ. microsc. soc.*, II, p. 489, London, 1882.

KEMMERER (Dr). — De la graine d'Huître et des collecteurs ciments, Saint-Jean-d'Angély, 1867.

KIENER (L.-C.). — Species général et iconographie des coquilles vivantes, continué par P. Fischer, 12 vol. avec 902 pl., Paris, 1839-79.

KINAHAN (J.-R.). — On the trucing formed on rock surfaces by *Patella vulgaris* and other Mollusca, *in Nat. hist. Review*, VI, 1859. — *In Proceed. zool. sc.*, London, p. 372.

KISSNER (A.). — Ueber der Gasteropoden, I, Lyck., 1850, in-4°.

KLECIAK (BLASIUS). — Catalogus ad rationem synonymiam ordinatus marinorum Molluscorum Dalmatiæ qua ut inter opera artificiaque propolum collocanda ponerentur anno 1873, Vindobonum mit. Spalato, 1873, in-8°.

KLEIN (JACOBUS, THEODORUS). — Tentamen methodi Ostracologicæ sive dispositio naturalis Cochlidum et Concharum, in-4°, Lugduni-Batavorum, 1753.

KLEIN (J.-T.). — Lucubratiuncula de formatione, cremento et coloribus testarum quæ sunt Cochlidum et Concharum, in-4°.

KLEIN (J.-T.). — Commentariolum in locum Plinii, hist. nat., lib. IX, cap. XXXIII, de Concharum differentiis.

KLEMENSIEWICZ (RUD.). — Beiträge zur Kenntnis des farbenwechsch. der Cephalopoden, *in Sitzungsber. der Wien. Akad.*, 1878, avec 2 pl.

KOBELT (Dr W.). — Catalog lebender Mollusken herausgegeben, Francfort, 1877-81, 2 fasc., in-8°.

KOBELT (W.). — Catalog der Gattung Murex, Lamarck, *in Jahrb. Deutsch. malak. Gesells.*, IV, Francfurt, 1877.

KOBELT (W.). — Molluskengeographisches von Mittelmeer, Francfurt, 1881, 1 br., in-8°.

KOBELT (W.). — Zur Synonymie der Nordischer Buccinum, *in Jahrb. Deutsch. Malak. Ges.*, 1881, n° 2, p. 18.

KOBELT (W.). — Catalog der Gattung Trophon, Montfort, *in Jahrb. Deutsch. Malak., Ges.* II, p. 160.

KOBELT (W.). — Catalog des Guttung Neptunea, Bolten, *in Jahrb. Deutsch. Malak. Ges.*, VIII, p. 313.

KOBELT (W.). — Iconographie der Schalentragenden Europäischen Meeresconchylien, in-4° avec pl., Cassel, 1883-85 (inachevé).

KOCH (F.-E.). — Ueber die Classificirung der Pleurotomidæ mit besonderer Berücksichtigung, etc., *in Arch. Naturg. Mecklenb.*, XXXIII, p. 40.

KÖLRENTER (JOS. THEOPH.). — Polypi Marini descriptio (Octopus), *in Nov. comment. Acad. Petropol.*, VII, 1758-59, p. 321.

KÖLLIKER (A.). — Entwicklung der Cephalopoden, in-4°, avec 6 pl., Zurich, 1844.

KÖLLIKER (A) UND GEGENBAUR (C.). — Entwickelung von Pneumodermon, *in Zeitschr. f. Wiss. Zool.*, IV, 1853, p. 333.

KÖLLIKER (A.) UND MÜLLER (HENRI). — Chromatophoren bei Cymbulia, *in Zeitschr. Wiss. Zool.*, IV, 1853, p. 332.

KOLLMANN (J.). — Pori aquiferi und untercellulardgänge, etc., *in Verhandl. Naturf. Ges. Basel.*, VII, p. 325.

KOLLMANN. — Die Cephalopoden der Zoological station zu Neapel, in-8°, Leipzig, 1876.

KOLLMANN. — Die Bindesubstanz der Acephalen, gr. 8°, avec 2 pl., Bonn, 1877.

KONIG (EMMANUEL). — Regnum animale sectionibus tribus, etc., Coloniæ, 1698, in-4°.

KOSSE (J.-F.). — De Pteropodum ordine et novo genere, Hal., 1813, in-4°, avec tabl.

KOWALEVSKY (A.). — Embryogénie du *Chiton Polii* (Philippi) avec quelques remarques sur le développement des autres Chitons, *in Ann. Mus. Mars.*, Marseille, 1883, in-4°, avec 8 pl.

KOWALEVSKY (A.). — Étude sur l'Embryogénie du Dentale, *in Ann. Mus Mars.*, Marseille, 1883, in-8°, avec 8 pl.

KOWALEVSKY (A.) — Weitere Studien über die Entwicklung der Chitonen, *in Zool. Anz.*, n° 113, p. 307.

KOWALEVSKY (A.) ET MARION (A.-F.). — Études sur les Neomenia, *in Archiv. Zool. expérim.*, t. X, p. XXXIII. — *In Zool. Anzeig.*, V, 1882, p. 61.

KNOX (ROB.). — On the limits of the retina in the Eye of the Loligo (Vulgaris), *in Edinb. Journ. of sc.*, III, 1825, p. 143. — *In* Feruss., *Bull. sc. nat.*, XI, 1827, p. 133. — *In Fror. not.*, XII, 1825, p. 181.

KROHN (A.-D.). — Zur nähern Kenntnis der Auges den Cephalopoden, *in Acad. Leop.*, 1835-45, in-4°, avec pl.

KROHN (A.-D.). — Ueber den Vertumnus tethidicula, *in Müller's Arch. f. Anat.*, 1842, p. 418.

KROHN (A.) — Ueber augenähnliche Organ bei Pecten und Spondylus, *in Muller's Arch. f. anat.*, 1840, p. 381, avec fig.

KROHN (A.). — Observations sur deux nouveaux genres de Gastéropodes (Lobiger et Lophocercus), *in Ann. sc. nat.*, 3e sér., p. 52, avec 1 pl., Paris, 1849.

KROHN (A.). — Ueber die Natur der Kuppelförmigen anhanges am Leibe von *Phyllirhoe Bucephalum*, *in Arch. f. Naturg*, 1853, I, p. 178.

KROHN (A.). — Entwicklungsgesch. den Pteropoden und Heteropoden, Leipzig, 1860, in-4°, avec 2 pl.

KROHN (A). — Über die Schale und die larven des *Gasteropteron Meckelii*, *in Arch. f. Naturg.*, XXVI, 1860.

KRÖYER (A.). — Notice om to arten of Slaegten Lima Brug., *in Kröyer's Natur. hist. Tidsskr.*, III, 1841, p. 582.

KRUKENBERG (C.-FR.-W.) — Mangan ohne nachweisbase menger von Eisen in den Concretionem aus den Bojanuischen Organ von *Pinna squamosa*, *in Unters. phys. Inst. Heidelberg*, II, p. 287.

Krukenberg (C.-Fr. W.), — Ueber die Verdaungsvorgänge bei den Cephalopoden, Gastropoden und Lamellibranchiata, *in Unters. phys. Inst. Heidelberg*, II, p. 402, 1882.

Krukenberg (C.-Fr. W.). — Ueber die Stäbchenfarbe der Cephalopoden, *in Untersuch. phys. Inst. Heidelberg*, II, p. 58.

Krukenberg (C.-Fr.-W.). — Die Pendelartigen Bewegungen des Fusses von *Carinaria Mediterranea, in vergl. physiol. Stud.*, III, p. 97.

Krukenberg (C.-Fr.-W.). — Der Mechanismus des Chromatophorenspiel bei *Eledone moschata*, Heidelberg, in-8°, 1879.

Kuster (H.-C.). — Grosses Conchylienwerk von Martini und Chemnitz, nouv. édit., par MM. Philippi, L. Pfeiffer, Dunker, sous la direction de M. C. Küster, Nürnberg, 1840-85 (en cours de publication), in-4°, avec pl.

Lacaze-Duthiers. — Mémoire sur l'organisation de l'*Anomia ephippium in Comptes rendus Institut.*, XXXIX, p. 72, Paris, 1854. — *In Ann. sc. nat.*, 4e sér., II, p. 5, avec 2 pl., Paris, 1854.

Lacaze-Duthiers. — Développement de la Moule comestible et en particulier formation des branchies, *in Comptes rendus Institut.*, XXXIX, p. 148, 1854. — *L'Instit.*, XXII, 1854, p. 263.

Lacaze-Duthiers. — Sur l'embryogénie des Dentales, *in Comptes rendus Institut*, XXXIX, p. 681, Paris, 1854.

Lacaze-Duthiers. — Mémoire sur le développement des Acéphales lamellibranches, *in Comptes rendus Institut*, XXXIX, 1854, p. 103 et 1197.

Lacaze-Duthiers. — Sur le développement des Huîtres, *in L'Institut*, XXIII, 1855, p. 5.

Lacaze-Duthiers. — Sur les monstres doubles de la *Bullæa aperta, in Comptes rendus Instit.*, XLI, p. 1247, Paris. 1855.

Lacaze-Duthiers. — Des organes de la génération des Huîtres, *in Comptes rendus Institut*, XL, 1855, p. 415. — *L'Institut*, XXIII, 1855, p. 71.

Lacaze-Duthiers. — Histoire de l'organisation et du développement du Dentale, *in Ann. sc. nat.*, 4e sér., VI, VII et VIII, Paris, 1856-1857.

Lacaze-Duthiers. — De l'organisation et de l'embryogénie du *Dentalium entalis, in Comptes rendus Instit.*, XLIV, p. 91, Paris, 1857. — *In Mém. Institut*, II, p. 864 et III, p. 1318. — *In l'Institut*, XXV, p. 38 et p. 148, Paris, 1857.

Lacaze-Duthiers. — Sur l'appareil de la circulation du genre Dentale, Paris, 1857, in-8°, avec 3 pl.

Lacaze-Duthiers. — Anatomie du *Gadinia Garnoti*, Payr., *in Comptes rendus Institut*, C, p. 85.

Lacaze-Duthiers. — Histoire naturelle des Brachiopodes vivants de la Méditerranée, Paris, 1868, in-8°, avec 5 pl.

Lacaze-Duthiers. — Otocystes ou capsules auditives des Mollusques Gastéropodes, *in Arch. zool. expér.*, Paris, 1872, in-8°, avec 5 pl.

LACAZE-DUTHIERS. — Histoire et monographie du Pleurobranche orangé, *in Ann. sc. nat.*, 4e sér., XI, 1859, p. 199.

LACAZE-DUTHIERS. — Recherches sur les organes génitaux des Acéphales lamellibranches, *in Ann. sc. nat.*, 4e sér., II, Paris.

LACAZE-DUTHIERS. — Histoire anatomique et physiologique du Pleurobranche orangé, *in Ann. sc. nat.*, 4e sér., XII, Paris.

LACAZE-DUTHIERS. — Mémoire sur la Pourpre, *in Ann. sc. nat.*, 4e sér., XII, Paris.

LACAZE-DUTHIERS. — Mémoire sur l'anatomie et l'embryologie des Vermets, *in Ann. sc. nat.*, 4e sér., XIII, Paris.

LACAZE-DUTHIERS. — Voyage aux îles Baléares, recherches sur l'anatomie et la physiologie de quelques Mollusques de la Méditerranée, 4e part., Paris, 1857, in-8o, avec 11 pl.

LACAZE-DUTHIERS. — Description du gîte des Limes, *in Ann. sc. nat.*, 5e sér., IV, Paris.

LACAZE-DUTHIERS. — Du Système nerveux des Mollusques gastéropodes aquatiques, *in Arch. zool. expér.*, I, Paris 1872.

LAFON (ALEXANDRE). — Note sur une nouvelle espèce de Sepia des côtes de France, *in Journ. conch.*, XVII, p. 11, Paris, 1869.

LAFON (A.). —Note sur les organes de la génération de l'*Ommastrephes sagittatus*, Lamarck, *in Act. soc. Lin. Bord.*, XXVI, p. 532, Bordeaux, 1868.

LAFON (A.). — Note pour servir à la faune de la Gironde, contenant la liste des animaux marins dont la présence à Arcachon a été constatée pendant les années 1867 et 1868, *in Ann. Soc. Lin. Bord.*, 1868.

LAFON (A.). — Note pour servir à la faune de la Gironde, contenant la liste des animaux marins dont la présence a été constatée à Arcachon pendant les années 1869 et 1870, *in Act. Soc. Linn. Bord.*, XXVIII, Bordeaux, 1871.

LAFON (A.). — Description d'un nouveau genre de Nudibranches des côtes de France, *in Journ. conch.*, XXII, p. 369, Paris, 1874.

LAFON (A.). — Note sur les huîtrières du bassin d'Arcachon, Paris, 1874, 1 br. in-8o.

LAFON (O.-P.). — Situation du bassin d'Arcachon; précautions à prendre pour la conservation de sa belle prospérité huîtrière, Bordeaux, 1853.

LAFON (O.-P.) — Reproduction des Huîtres de Graveste dans le beau bassin d'Arcachon, avantages immenses pour la population maritime de ce bassin, etc. Bordeaux, 1855.

LAFON (O.-P.). —Observations sur les Huîtres du bassin d'Arcachon, Bordeaux, 1859.

LAFON (O.-P.). — Réponse aux assertions du *Journal d'Arcachon* sur l'Ostréiculture, Bordeaux, 1861.

LAFON (O.-P.). — Question Huitrière; moyens à prendre pour le rétablissement de nos pêcheries sur les côtes de France, Bordeaux, 1864.

LAFON (O.-P.). — Le bassin d'Arcachon ; sa prospérité, Bordeaux, 1864.

LAFRESNAYE (FRÉD. DE). — Sur la mobilité des taches que l'on remarque sur la peau des Calmar subulé et Sépiole de Lamarck, et sur la coloration spontanée dont les Sépiaires paraissent susceptibles, *in Mém. soc. Linn. Calvados*, 1824, p. 73.

LA JONKAIRE (DE). — Note sur le genre Astarte, Sow., *in Mém. soc. hist. nat. Paris*, I, p. 127, avec 1 pl., Paris, 1823.

LALLEMAND (FRANCOIS). — Observations sur le rôle des Zoospermes dans la génération, *in Ann. sc. nat.*, 2e sér., XV, p. 262, Paris, 1841.

LALLEMAND (F.). — Observation sur l'origine et le mode de développement des Zoospermes, *in Ann. sc. nat.*, 2e sér., XV, p. 30, Paris, 1841.

LAMARCK (JEAN-BAPTISTE MONNET, CHEVALIER DE). — Système des Animaux sans vertèbres ou tableau général des classes, des ordres et des genres de ces Animaux, Paris, an IX, in-8o.

LAMARCK (DE). — Prodrome d'une nouvelle classification de coquilles, *in Mém. soc. hist. nat. Paris*, Paris, prairial, an VII.

LAMARCK (DE). — Mémoires de physique et d'Histoire naturelle établis sur des bases de raisonnement indépendantes de toute théorie, Paris, 1797, in-8o.

LAMARCK (DE). — Philosophie zoologique, Paris, 1809, 2 vol. in-8o.

LAMARCK (DE). — Sur les coquilles et sur quelques-uns des genres qu'on a établis dans l'ordre des vers testacés, *in Journ. hist. nat.*, II, p. 269, Paris, 1792.

LAMARCK (DE). — Mémoire sur la division des Mollusques Acéphales conchylifères, etc., *in Ann. Mus. Paris*, X, p. 387, avec 4 pl. Paris, 1807.

LAMARCK (DE). — Sur les genres Seiche, Calmar et Poulpe, *in Bull. soc. phil.*, I, 2, 1789, p. 129.

LAMARCK (DE). — Description des espèces du genre Conus, *in Ann. Mus.*, XV, Paris, 1810.

LAMARCK (DE). — Description du genre Porcelaine (Cypræa) et des espèces qui le composent, *in Ann. Museum*, XV, p. 443, Paris, 1810. — Suite et genre Ovula, *Loc. cit.*, XVI, p. 89, Paris, 1811.

LAMARCK (DE). — Extrait d'un cours de Zoologie au Muséum d'Histoire naturelle, sur les animaux sans vertèbres, Paris, 1812, in-8o.

LAMARCK (DE). — Histoire naturelle des Animaux sans vertèbres, Paris, 1815 à 1822, 7 vol. in-8o ; I, 1815 ; II et III, 1816 ; IV, 1817 ; V, 1818 ; VI, 1re part 1819, 2e part., 1822 ; VII, p. 1822. — Nouvelle édition, Paris, 1835-1845, 11 vol. in-8o.

LAMARCK (DE). — Classification des Coquillages d'après le système de Lamarque, Nantes, 1836, in-4o, 11 p.

LAMARCK, BRUGUIÈRE, LAMOUREUX. — Histoire naturelle des Vers, des Mollusques, des Coquilles et des Zoophytes, 4 vol. in-4o, avec 488 pl., Paris, 1791-1832.

LAMORIER (L.). — Anatomie de la Seiche et principalement des organes avec lesquels elle lance sa liqueur noire, *in Mém. Acad. Montpellier,* I, 1766, p. 293.

LANG (C.-N.). — Methodus novus et facilis Testacea marinea in suas debitas classes, genera et species distribuendi, Lucernæ, 1721, in-4°.

LANKESTER (E.-R.). — The supposed taking-in and shedding-out of water in relation to the vascular system of Mollusks, *in Zool. Anz.*, n° 170, p. 343.

LANKESTER (E.-R.). — On the originally Bilateral character of the Renal Organ of Prosobranchia, and on the Homologies of the Yelk-sac of Cephalopoda, *in Ann. nat. hist. London*, 5e sér., VII, p. 432.

LANKESTER (E.-R.). — Taking-in of water in relation to the Vascular system of Molluscs, *in Journ. R. Microsc.*, IV, p. 728.

LAPOMMERAYE (BARTHÉLEMY). — Introduction sommaire sur la recherche et la conservation des coquillages et des Mollusques, Marseille, 1854, 1 br. in-8°.

LASKEY (J.). — Elucidation respecting the *Pinna ingens* of Pennant, British Zoology, *in Mem. Werner. nat. hist. Soc.*, I. 1811, p. 102.

LASKEY (J.). — Accout of north British testacea, *in Mem. Wern. Soc.*, I, 1811, p. 370, pl. VIII.

LATREILLE (PIERRE ANDRÉ). — Esquisse d'une distribution générale des Mollusques d'après un ouvrage inédit, intitulé : Familles naturelles du règne animal, *in Ann. sc. nat.*, 1re sér., III, p. 317, avec tabl., Paris, 1824.

LATREILLE (P.-A.), — Familles naturelles du règne animal, exposées succinctement et dans un ordre analytique, avec l'indication de leurs genres, Paris, 1825, in-8°.

LAURENT (J.-L.-M.). — Résultats d'observations faites sur la coquille de l'Huître commune, *in Comptes rendus Institut*, VIII, 1839, p. 135. — *L'Institut*, VII, 1839, p. 34.

LAURENT (J.-L.-M.). — Observations sur la structure de l'Huître commune, *in Ann. franç. et étr. anat.*, III, 1839, p. 53.

LAURENT (J.-L.-M.). — Détermination des organes sexuels des Mollusques androgynes, *in Bull. soc. Phil.*, janv. 1842 et août 1843.

LAURENT (J.-L.-M.). — Sur la coquille de l'Ostrea, *in Soc. phil.*, procès-verb., 1844, p. 51. — *In l'Institut*, XII, 1844, p. 228.

LAURENT (J.-L.-M.). — Remarques sur les Tarets, *in Soc. phil.*, procès-verb., 1848, p. 38 et 54. — *In l'Institut*, XVI, 1848, p. 150 et p. 224.

LAURENT (J.-L.-M.). — Recherches sur l'organisation et les mœurs des Tarets, *in Journ. conch.*, I, 1850, p. 350 et 329, Paris, 1850.

LAURENT (J.-L.-M.). — Appendice aux recherches sur la signification d'un organe nouvellement découvert dans les Mollusques, *in Ann. anat. et phys.*, III, avec 2 pl.

LAVINI (GIUS.). — Essai chimique sur le Byssus de la *Pinna nobilis*, *in Mem. acad. Turin*, XXXVIII, 1835 p. 111.

LEACH (WILLIAM-ELFFORD). — Molluscorum Britanniæ synopsis. A synopsis of the Mollusca of Great Britain, London, 1820, in-8° ined. (imprimé par Gray en 1852, in-8°, avec 13 pl.)

LEACH (W.-E.). — Observations on the genus Ocythoë of Rafinesque, *in Philos. Trans.*, p. 293, 1817, avec 1 pl.

LEACH (W.-E.). — Ueber Ocythoë Raf., *in Isis*, 1819, p. 257, avec 1 pl.

LEACH (W.-E.). — Sur quelques points de l'organisation des Mollusques bivalves *in Bull. soc. phil.*, p. 14, Paris, 1818.

LEACH (W.-E.). — Zoological Miscellany, Descriptive of new or interesting Animals, 2 vol. roy-8°, avec 120 pl., London, 1814-15.

LEACH (W.-E.). — Partie Conchyliologique des Mélanges zoologiques (Zoological Miscellany), traduite par Chenu, gr. in-8°, avec 9 pl., Paris, 1845.

LEBERT (HERMANN). — Beobachtungen über die Mundorgane einiger Gasteropoden, *in Müll. Arch.*, XIII, 1846, p. 435, pl. XII-XIV.

LEBERT (H.). — Recherches sur la formation des muscles dans les animaux vertébrés et sur la structure de la fibre musculaire dans les diverses classes, *in Ann. sc. nat.*, 3e sér., XI, 1849 et XIII, Paris, 1850, avec 6 pl.

LEBERT (H.) ET ROBIN (CH.). — Note sur un fait relatif au mécanisme de la fécondation du Calmar commun, *in Ann. sc. nat.*, 3e sér., IV, p. 95, avec fig., Paris, 1845.

LEBERT (H.) ET ROBIN (CH.). — Sur la fécondation du *Loligo sagittata*, *in Soc. phil.*, procès-verb., 1845, p. 69. — *In l'Institut*, XIII, 1845, p. 233.

LEBERT (H.) ET ROBIN (CH.). — Kurze Notiz über Allgemeine vergleichende Anatomie niederer Thiere, *in Müll. Arch.*, XIII, 1846, p. 120.

LEBERT (H.) ET ROBIN (CH.). — Note sur les Testicules et les Spermatozoïdes des Patelles, *in Ann. sc. nat.*, 3e sér., V, 1846, p. 191.

LEUWENHOËK (ANTONIUS). — Arcana naturæ delecta, Lugduni Batavorum, 1722, in-4°.

LEIBLEIN. — Beitrag zur einer Anatomie des Purpurstachels (*Murex brandaris*), *in Hensinger's Zeitschr. f. org. phys.*, I, 1827, p. 1, avec fig. — *In Ann. sc. nat.*, XIV, 1828, p. 177, avec 2 pl.

LEFEBURE DES HAYES. — Notice concernant le bœuf marin, autrement nommé la bête à huit écailles (Chiton), *in Journ. phys.*, XXX, p. 209, Paris, 1787.

LEHMANN. — Om *Teredo navalis* og et naturligt værn imod summe, *in Forhandl. Skand. naturforsk.*, II, 1840, p. 291. — *In Isis*, 1843, p. 295.

LENTHIUS (R.). — De Ostreis quædam, *in Ephem. nat. cur.*, 1719, p. 450.

LESSER (FRÉDÉRIC-CHRISTIAN). — Testaceo-Theologia, Lipsiæ, 1744, petit in-8°, 984 p., avec 22 pl.

LESSON (R.-P.). — Centurie zoologique ou choix d'animaux rares ou imparfaitement connus, Paris, 1830, in-8°, avec 80 pl.

LESSON (R.-P.). — Illustration de zoologie ou recueil de figures d'animaux, d'après nature, Paris, 1831-33, 1 vol. in-8°, avec 60 pl.

LESSON (R.-P.). — Note sur la propriété locomotrice du Peigne commun des côtes de France, *in* Feruss., *Bull. sc. nat.*, VIII, 1826, p. 400.

LESSON (R. P.). — Sur la Pourpre de Tyr (Janthina), *in* Feruss., *Bull. sc. nat.*, XIII, 1828, p. 441.

LESSON (R.-P.). Voyage autour du monde de la Coquille, de 1822-1825, sous les ordres du capitaine Duperrey, Mollusques, Paris, 1826-33, 2 vol. in-4°, avec atlas de 157 pl.

LESUEUR (C.-A.). — Caracters of a new genus and descriptions of three new species upon which itis formed (Firoloidea), *in Journ. acad. nat. sc. Philad.*, I, 1817, p. 37.

LESUEUR (C.-A.). — Description of six new species of the genus Firola observed by Mrs Lesueur et Peron in the Mediterranean sea, 1809, *in Journ. acad. nat. sc. Philad.*, I, 1817, p. 1, avec 1 pl. — Extr. *in Bull. soc phil.*, 1817, p. 157.

LESUEUR (C.-A.). — Sechs neue Arten Firola im Mittelmeer und Bestimmung der neuen Gattung Firoloides, *in Isis*, 1818, p. 1557.

LEUCKART (F.-S.). — Berichtigung des Genus Idalia, Leach, und des Genus Euplocamus, Phil., betreffend, *in Arch. f. Naturg.*, VII, 1841, I, p. 345.

LEUCKART (RUD.). — Ueber den Bau und die Systematische Stellung des genus Phyllirhoe, *in Arch. f. Naturg.* I, 1851, p. 139, avec fig.

LEUCKART (R.). — Nachträgliche Bemerkungen über den Bau von Phyllirhoe, *in Arch. f. Naturg*, I, 1853, p. 243.

LEUCKART (R.). — Ueber den Bauchsaugenapf und die Copulationsorgane bei Firola und Firoloides, *in Arch. naturg.*, I, 1853, p. 253.

LÉVEILLÉ (J.-B.-T.). — Manuel pour servir à l'Histoire naturelle des Oiseaux, des Poissons... Paris, an VII, in-8°, trad. de l'Enchiridion Historiæ naturali inserviens, de J.-B. Forstier, à laquelle on a ajouté celle d'un Mémoire de Murray sur la conchyliologie (voyez Murray).

LEYDIG (FR.). — Anatomische Bemerkungen über Carinaria, Firola und Amphicora, *in Zeitsch. Wiss. Zool.*, III, 1851, p. 325, avec fig.

LEYDING (FR.). — Hautdecke ueber Schale der Gastropoden, Berlin, 1876, in-8°, avec 8 pl.

LICHTENBERG. — Naturgeschichte der Austern, *in Lichtenberg's Magaz.*, III, 1786, p. 26.

LIGHTFOOT (J.). — An account of some minute British Shells, either not duly observed, or totally annoticed by authors, *in Phil. Trans.*, LXXVI, 1786, p. 160, pl. I à III.

LINDSTRÖM (G.). — Om Gotlands Brachiopoder, Stockholm, 1860, in-8°, avec 3 pl.

LINDSTROM (G.). — Om Gotlands mollusker, Wisby, 1868, in-8°, avec 3 pl.

LINNÉ (CAROLUS-A.). — Fauna Suecica, sistens animalia Sueciæ regni, Holmiæ, 1746, in-8°. — Ed. duplo auctior, Holmiæ, 1761, in-8°.

LINNÉ (C.-A.). — Anomia descripta, *in Nova acta soc. Upsal*, I, p. 39, Upsal, 1773.

LINNÉ (C.-A.). — Museum Ludovicæ Ulricæ reginæ, Holmiæ, 1764, in-8°.

LINNÉ (C.-A.). — Systema naturæ, per regna tria naturæ, secundum classes, ordines, genera, species, cum characteribus, differentiis, synonymis, locis, editio princeps, Lugduni Batavorum, 1735, in-folio max., 7 foll. — Edit. decima, Holmiæ, 1758, 2 vol. in-8°. — Edit. duodecima, Holmiæ, 1766-67, 3 vol. en 4 part. in-8°. — Voyez Gmelin.

LINNÉ (C.-A.). — Principes de Conchyliologie, d'après la méthode de Linné, in-8°, 57 p.

Linnean society of London. — Transactions, London, 1791-1885, 30 vol. avec index, in-8°, avec pl. — Voyez Chenu.

LISTER (MARTIN). — Appendix ad Historiam animalium Angliæ, Eboraci, 1681, in-4°, avec fig. — Londini, 1683, in-8°, avec l'ouvrage de Godart, de insectis. — Londini, 1685, in-8°.

LISTER (M.). — Conchyliorum bivalvium utriusquæ aquæ, Exercitatio anatomica tertia, Londini, 1696, in-4°.

LISTER (M.). — The anatomy of the Scallop (Pecten), *in Phil. Trans.*, XIX, 1697, p. 267, avec 1 pl.

LISTER (M.). — Exercitatio anatomica altera, in qua de Buccinis fluviatilibus et marinis maxime agitur, quorum dissectiones tabulis æneis illustrantur, Londini, 1695, in-12.

LISTER (M.). — Historia animalium Angliæ, très tractatus, Londini, 1678, in-4°, avec pl.

LISTER (M.). — Historiæ seu synopsis methodicæ Conchyliorum, quorum omnium picturæ, ad vivum delineatæ exhibentur, Londini, 1685, in-fol. avec pl. (Les dessins ont été faits par Susanne et Anne, filles de l'auteur.) — 2e édit., Oxoniæ, 1770, in-fol.

LISTER (M.). — Observations concerning the odd turn of some Shells' snails, *in Phil. Trans.*, IV, p. 10.

LISTER (M.). — Tractatus duo, alter de Cochleis tum terrestribus, tum fluviatilibus; alter de cochleis marinis, quibus adjunctus est liber de lapidibus Angliæ ad cochlitarum quandam imaginem figuratis, Londini, 1678, in-4°, avec fig.

LIVORO (C.). — Digestive organs of the Dibranchiate Cephalopoda, *in Journ. R. microsc. soc.*, 2e sér., I, p. 433.

LOCARD (ARNOULD). — Prodrome de Malacologie française, catalogue général des Mollusques vivants de France; mollusques terrestres, des eaux douces et des eaux saumâtres, 1 vol. gr. in-8°, Lyon-Paris, 1882.

LOCARD (A.). — Histoire des Mollusques dans l'Antiquité, Lyon-Paris, 1884, 1 vol. gr. in-8°, avec 1 pl.

LOCARD (A.). — Note sur une faunule malacologique gallo-romaine trouvée dans la nécropole de Trion à Lyon, 1 br, gr. in-8°, Lyon, 1885.

LOCKWOOD (SAM.). — The Life of an Oyster, *in Journ. New York microsc. soc.*, I, p. 60.

LOVELL (M.). — The edible Mollusks of Great Britain and Ireland London, 1867, in-8°, avec 12 pl.

LOVÉN (S.). — Om de Nordiska arterna of Turbonilla, *in Ofvers. K. Vet. Akad. förhandlgr.*, Stockholm, 1840, p. 46.

LOVÉN (S.) — Index Molluscorum Littora Scandinavia occidentalia habitantium *in Ofv. K. Vet. akad. Forh.*, Stockholm, 1846 (tir. à part, 1 vol., in-8°).

LOVÉN (S.). — Om Molluskernas systematik (distrib. syst. mollusc. sec. format. dentium linguæ), Stockholm, 1847, in-8°, avec 5 pl.

LOVÉN (S.). — Om utvecklingen af Mollusca Acephala, Stockholm, 1849, in-8°.

LOVÉN (S.). — Om utveckingen hos slägtet Chiton (*Ch. marginatus*, Pen.), *in Ofvers. vet. akad. Forh.*, p 169, Stockholm, 1855. — *In Ann. nat. hist.*, 2e sér., XVII, p. 413, avec fig., London, 1856.

LOVÉN (S.). — Sur le développement des Chitons, *in Journ. conch.*, VI, p. 144, Paris, 1857.

LOVÉN (S.). — Bidrag to embryology of Mollusca Acephala Lamellibranchiata, Stockholm, 1858, in-8°, avec 6 pl.

LOVÉN (S.). — Om östersjön's fauna, Christiania, 1863, in-8°.

LOVÉN (S.). — Beiträge zur Kenntnis der Entwickelung der Mollusca Acephala Lamellibranchiata, Stockholm, 1879, in-8°, avec 6 pl.

LOVETT (EDW.). — Abnormal shells of *Buccinum undatum*, *in the Zoologist*, VIII, p. 490, avec fig.

LUKIS (FRED.-C.). — On the locomotion and habits of the Limpet, *in Mag. nat. hist. London*, IV, 1831, p. 346.

LUKIS (F.-C.). — On the Molluscous animals of the genus Gastrochæna, *in Mag. nat. hist. London*, VI, 1833, p. 401.

LUND. — Sur le mode de multiplication du Janthina, *in l'Institut*, II, n° 58, p. 200.

MAC-ANDREW (R.). — Notes on the distribution and range in depth of Mollusca and other marine animals observed on the Coasts of Spain, Portugal, Barbary Malta and Southern Italy, in 1849, *in Rep. Brit. Assoc.*, 1850 (tir. à part, 1 br. in-8°).

MAC-ANDREW (R.). — On the Mollusca of Vigo Bay in the north west of Spain, *in Ann. nat. hist.*, 2e sér., III, p. 507, London, 1849.

MAC-ANDREW (R.). — On the geographical distribution of Testaceous Mollusca in the North Atlantic and neighbouring seas, Liverpool, 1854, in 8°.

MAC-ANDREW (R.). — On Testaceous Mollusca of the Gulf of Suez, London, 1870, in-8°.

MAC-ANDREW (R.) ET BARRETT (L.). — Results of dredging researches on the Coast of Norway, London, 1850, in-8°.

MACÉ (J.-A.). — Essai d'un Catalogue des Mollusques marins, terrestres et fluviatiles vivant dans les environs de Cherbourg et de Valogne, 1 br. in-8°, 1860.

MACDONALD (JOHN-DENIS). — Observations on the anatomy and affinities of the *Phyllirrhoe bucephala*, *in Proceed. Roy. soc. Lond.*, VII, 1856, p. 363.

MACDONALD (J.-D.). — Observations sur l'anatomie et les affinités du *Phyllirrhoe bucephala*, Per., *in l'Institut*, XXIII, 1855, p. 446.

MACDONALD (J.-D.). — On the classification of Gasteropoda, *in Journ. Linn. Soc. Lond.*, XV, p. 161 et p. 241.

MACGILLIVRAY (WILLIAM-A.). — A. History of the Molluscous and Cirripedal Animals of Scottland, 2e édit., London, 1844, in-8°.

MACGILLIVRAY (W.-A.). — Conchologist's texts-book, 6e édit., corrected and elarged, Edinburgh, 1845.

MAC-INTOSH (W.-C.). — On the Reproduction of *Mytilus edulis*, L., *in Ann. nat. hist.*, 5e sér., XV, p. 147.

MAC-INTOSH (W.-C.). — On the Nudibranchiate mollusca of S. Andrews, *in Proc. R. S. Edinburgh*, 1865, in-8°.

MACKINTOSH (H.-W.). — Structure of Siphon of *Mya arenaria*, *in Ann. nat. hist.*, 5e sér., VII, p. 340.

MACKINTOSH (H.-W.). — Structure of arms of *Rossia macrosoma*, *in Ann. nat. hist.*, 5e sér., VII, p. 342.

Magazine of natural History and Journal of Zoology, Bot. Geol., by J.-C. Loudon, 9 vol. — New Series by Charlesworth, 4 vol. — Magazine of Zoology and Bot., cout. by Jardine, Selby and Johnston, 2 vol. — London, 1829-40, in-8°, avec fig.

MAGGIORE (GIAC.). — Sull'apparecchio disgestivo in taluni Gasteropodi del genere Bulla, L., *in Atti accad. Gioenia*, XV, 1830, p. 59.

MAGGIORE (G.). — Sulla favagine di Aristotile, *in Atti accad. Gioenia*, XVI, 1841, p. 171.

MAJUS (JOSEPH-HENRICUS). — Historia animalium brevis et accurata, Francofurti, 2 vol. in-12.

Malacological and Conchological Magazine, part I, Londres 1838, in-8°.

MALM (A.-W.). — Zoologisca observationer, Götheborg, 1851.

MALM (A.-W.). — Om Hafs-Mollusker i Götheborgs Skär gard och i Götaelfs mynning, *in Götheborgs K. Vet. och. Vitt. Samh.*, Handl, 1858, in-8°.

Malakozoologische Blätter, als fortsetzung der Zeitschrift für Malacozoologie, in-8°, avec pl. (en cours de publication), Cassel et Berlin, 1854-1885.

MALY (RICH.). — Notizen über die Bildung freier Schwefelsäure und einige andere chemische Verhältnisse der Gastropoden, besonders von *Dolium galea*, *in Sitzgs. Akad. Wiss. Wien, Math.-nat.*, LXXXI, 1850, p. 376.

MANDRALISCA (G.-PIRAJNO, BNE DI). — Monografia del genere Atlante da servire per la fauna Siciliana, *in Effem. di Sicilia*, XXVIII, p. 147, avec 1 pl., Palermo, 1840.

MANFREDI (LUIGI DI). — Le prime fasi dello sviluppo dell' Aplysa, *in Atti R. Acad. Napoli*, IX, app. n° 3, avec 1 pl.

MANGILI (G.). — Nuove ricerche Zootomiche sopra alcuna specie di Conchiglie Bivalvi, Milano, 1804, in-8°, p. 32, avec 1 pl.

MARAVIGNA (C.). — Memorie di Malacologia e di Conchiologia Siciliana, *in Act. Acad. Gioen.*, Catania, 1876, p. 259, in-4°.

MARAVIGNA (C.). — Mémoires pour servir à l'Histoire naturelle de la Sicile, Paris, 1878, in-8°, avec 6 pl.

MARAVIGNA (C.). — Monografia delle specie del genere Pinna, L., alla Sicilia appartenenti, *in Atti Gioenia*, 2e sér., VII, 1850, p. 179, avec 13 pl.

MARC-GRAVE (GEORGIUS). — Historiæ rerum naturalium, Lib. VIII, in-fol.

MARION (A.-F.). — Dragages profonds au large de Marseille, *in Rev. sc. nat. Montpellier*, IV, Paris, 1876.

MARION (A.-F.). — Dragages au large de Marseille, *in Ann. sc. nat.*, 1re sér., VIII, Paris, 1879.

MARION (A.-F.). — Esquisse d'une Topographie zoologique du golfe de Marseille, *in Ann. Mus. Marseille*, I, 1887, in-4°, avec cartes.

MARION (A.-F.). — Considérations sur les faunes profondes de la Méditerranée, *in Ann. Mus. Mars.*, I, Marseille, in-4°.

MARION DE PROCÉ. — Ueber *Mytilus communis*, *in Fror. n. not.*, XXVI, 1843, p. 7, avec fig.

MARRAT (F.-P.). — On the variation of sculpture exhibited in the Shells of the genus Nassa, Liverpool, 1876, 1 br. in-8°.

MARRYAT (FRÉD.). — Descriptions of two Shells *(Mitra zonata*, etc.*)*, *in Trans. Linn. Soc. Lond.*, XII, 1818, p. 338, avec 1 pl.

MARSCHLINS (E.-V. VON SALIS). — Reisen in verschiedene Provinzen des Königreichs Neapel, vol. I, Zurich and Leipzig, 1793, in-8°, avec pl.

MARTENS (G. VON). — Reise nach Venedig, 2e Th., Ulm, 1838, in-8°, avec pl.

MARTENS (E. VON). — Ueber *Pecten glaber*, und *sulcatus*, *in Malak. Blätter*, V, 1858, p. 65.

MARTINI (FR.-V.). — Neues systematisches Conchylien-cabinet, geordnet und beschreibet, Nürnberg, I à III, 1769-77, gr. in-8°, avec pl. — I, 1769; II, 1773; III, 1777. — La suite de IV à XI, 1780-95 par Chemnitz ; IV, 1780, V, 1781 ; VI, 1782; VII, 1784; VIII, 1785; IX, 1786; X, 1788; XI, 1795. — XII, part. I, par G.-H. Schubert et J.-A. Wagner, 1829.

MARTINIUS (GEORGIUS). — De similibus animalibus et animalium colore, Lib. II, Londini, 1740, in-8°.

MARTON (F.). — Natural history of Northamptonshire, London, 1712, in-fol., avec fig.

MARTYN (THOMAS). — The universal Conchologist, London, 1784, 4 vol. in-fol., avec pl. (les deux premiers vol. ont d'abord paru sous le titre de *Figures of non described Shells*).

MATHIOLE (PETRUS-ANDREUS). — Commentarii in sex libros Pedacci Dioscoridis, Venetiis, 1565, in-fol. avec fig.

MATHIOLE (P.-A.). — Commentaires en français, par Antoine du Pinet, etc., Lyon, 1680, in-fol.

MATON (WILLIAM-GEORGES). — On a species of Tellina not described by Linnæus, *in Linn. Trans.*, III, p. 44, pl. XIII, London, 1794.

MATON (W.-G.) ET RACKETT (REV.-THOMAS). — Bibliothèque chronologique et systématique des auteurs testacéologistes, traduite de l'anglais par Boulard, Paris, 1811, in-8°.

MATON (W.-G.) et RACKETT (REV.-TH.). — A descriptive catalogue of the British Testacea, *in Linn. Trans.*, VIII, p. 17 à 250, in-4°, avec 6 pl. London, 1807.

MAURIANI (GIUS.). — Sur l'animal de l'Argonauta, *in* Feruss., *in Bull. sc. nat.*, XI, p. 390, Paris, 1827.

MARVE (J.). — The Shells collector's pilot; pointing out where the best Shells are found in all parts of the world, 4e édit., 1821, in-8°, avec 1 pl.

MARVE (J.). — The Linnean system of Conchology, London, 1823, in-8°, avec 37 lith. col.

MAYO (C.) — Lessons on Shells, as given to Children between the ages of eight and ten, in a Pestalozzian school, London, 1832, in-12, avec 10 pl.

MECKEL (J.-FR.). — Ueber eine neue Art des Geschlechtes Pleurobranchus *(tuberculatus), in Dessen Beitr. z. Vergl. Anat.*, I, I, 1808, p. 26.

MECKEL (J.-FR.). — Anatomie der *Thetis leporina, in Beitr. z. Vergl. Anat.*, I, I, 1808, p. 9, avec 2 pl.

MECKEL (J.-FR.). — Ueber ein neues Geschlecht der Gasteropoden *(Doridium), in Dessen Beitr. z. vergl. Anat.*, I, II, 1809, p. 14, avec fig.

MECKEL (J.-FR.). — Beiträge zur Anatomie des Geschlechts Doris, *in Dessen Beitr. z. vergl. Anat.*, I, II, 1809, p. 1, avec fig.

MECKEL (J.-FR.). — Beschreibung einer neuen Mollusk *(Pleurophyllidia), in Meckel's Deutsch. Arch. f. Physiol.*, VIII, 1823, p. 190.

MECKEL (J.-FR.). — Ueber die Pleurophyllidia, *in Meckel's Deutsch. Arch. f. Physiol.*, 1826, p. 13, avec fig.

MECKEL (J.-FR.). — Sur la Pleurophyllidie, *in* Feruss., *Bull. sc. nat.*, X, 1827, p. 307.

MECKEL (J.-F.). — Deutsches Archiv für die Physiologie, 1814-23, 8 vol. in-8°. — Archiv. für Anatomie and Physiologie, 1826-31, 6 vol. in-8°.

MECKEL (J.-F.). — System der vergleichenden Anatomie, Halle, 1821-23, 6 vol. — Le même traduit en français, par Riester et A. Sanson, Paris, 1829-1838, 10 vol. in-8°.

MEDER (J.-C.). — Catalogue de la collection de coquillages, Anvers, 1852, in-8°.

MENARD DE LA GROYE (F.-J.-B.). — Note sur le *Panopea Aldrovandi, in Ann. Mus.*, XII, 1808, p. 464.

MENARD DE LA GROYE. — Sur un nouveau genre de Coquilles, nommé Panopæa, *in Nouv. Bull. Soc. phil.*, I, 1809, p. 313. — *In Ann. Mus.*, IX, 1807, p. 131, avec 1 pl.

MENARD DE LA GROYE. — Note sur un petit Coquillage de la Méditerranée qui est analogue à des fossiles des environs de Paris (Margin.), *in Ann. Mus.*, XVII, p. 331, Paris, 1811.

MENKE (KARL-THÉODORE). — Catalogus collect., Marburg, 1829.

MENKE (K.-TH.). — Synopsis methodica molluscorum generum omnium et specierum earum quæ in museo Menkeano adservantur, cum synonymia critica et novarum specierum diagnosibus, edit. I, 1828, in-8°. — Ed. alt. auctior et emendatior, Pyrmonti, 1830, in-8°.

MENKE (K.-TH.), — Zeitschrift für Malokozoologie, Hannover, 1844-45, 2 vol. in-8°.

MENKE (K.-TH.). — Zur Familie Bullacea und deren Gattungen und Arten, *in Malak. Blätter*, I, 1854, p. 33.

MENKE (K.-TH.). — Neue Arten der Gattung Bulla, *in Zeitschr. Malak.*, 1853 p. 136.

MENKE (K.-TH.) ET PFEIFFER (L.). — Zeitschrift für Malakozoologie, Cassel, 1846-53, t. III à X, in-8°. avec pl.

MENKE (K.-TH.) ET PFEIFFER (L.). — Malakozoologische Blätter (Fortsetzung der Zeitschrift für Malacozoologie), Cassel, 1854-61, 8 vol. in-8° (continué par L. Pfeiffer, puis par S. Clessin).

MERCIER-DUPATY. — Mémoire sur les bouchots à Moules, *in Rec. Acad. roy. de la Rochelle*, 1752.

MERRET (CHRISTOPHE). — Pinax rerum naturalium Britannicarum, Londini, 1667, in-8°.

METTENHEIMER (C.). — Die Ortsberwegung der *Littorina littorea*, *in Abhandl. nat. Gesellsch.*, I, 1833, p. 19, avec fig.

MEUSCHEN (F.-C.). — Meuscheniana, collection de différents catalogues de coquillages et crustacés, 2 vol. in-8°, Amsterdam, 1766-67.

MEYER (H.-A.) ET MOBIUS (K.). — Fauna des Kieler Bucht., Opisthobranchia, Prosobranchia und Lamellibranchia, 2 vol. Leipzig, 1865-72, in-fol. avec 50 pl.

MICHAUD (ANDRÉ-LOUIS-GASPARD). — Description de plusieurs espèces nouvelles de coquilles vivantes, *in Bull. Soc. Linn. Bord.*, III, 1829, avec 1 pl.

MICHAUD (A.-L.-G.). — Description de nouvelles espèces de coquilles du genre Rissoa, Lyon, 1836, in-8°, avec pl.

MIGHELS (J.-W.). — Catalogue of the marine, fluviatile and terrestrial Shells of the state of Maine and adjacent Ocean, *in Bost. Journ.*, IV, 1843, p. 308.

MIDDENDORFF (A.-TH., VON). — Beiträge zur einen Malacozoologia Rossica 3e part., in-4°, avec 35 pl. Pétersbourg, 1847-1849.

MIDDENDORFF (A.-TH. VON). — Vorläufige Anzeige neuen Arten und Synonymien aus dem Geschlecht Patella, L., *in Bull. phys. acad. Petersb.*, VI, 1848, p. 317.

MIDDENDORFF (A.-TH. VON). — Vorläufige anzeige einiger neuen Konchylien aus den Geschlechtern : Littorina, Tritonium, Bullia, Natica, und Margarita, *in Bull. phys. acad. Péters.*, VII, p. 241, Saint-Petersbourg, 1849.

MILLET (P.-A.). — Defrancia, nouveau genre de coquilles, *in* Feruss., *Bull. sc. nat.*, XVII, p. 135, Paris, 1829.

MILNE-EDWARDS (H.). — Sur l'Anatomie des Carinaires, *in Comptes rendus Institut*, X, p. 779, Paris, 1840. — *L'Institut*, VIII, p. 175, Paris, 1840.

MILNE-EDWARDS (H.). — Organisation des Zoophytes et des Mollusques, *in Proc. verb. Soc. Phil.*, 1841, p. 1.

MILNE-EDWARDS (H.). — Observations sur les Ascidies composées des côtes de la Manche, Paris, 1842, in-4°, avec 8 pl.

MILNE-EDWARDS (H.). — Ueber der Hermaphroditismus von Pecten, *in Fror. n. not.*, XXVI, 1843, p. 65, avec fig.

MILNE-EDWARDS (H.). — Ueber das Vorhandensein eines mit dem Nahrun gesschlauch communicirenden Gefässapparates bei *Calliopæa Rissoana*, *in Fror. n. not.*, XXVI, 1843, p. 97, avec 1 pl.

MILNE-EDWARDS (H.). — Ueber die Organisation der Carinaria des Mittelmeers, *in Fror. n. not.*, XXVI, 1843, p. 1, avec 1 pl.

MILNE-EDWARDS (H.). — De l'appareil circulatoire du Poulpe, *in Ann. sc. nat.*, 3e sér., III, 1845, p. 341, avec 4 pl.

MILNE-EDWARDS (H.). — Observations et expériences sur la circulation chez les Mollusques, *in Ann. sc. nat.*, 3e sér., III, 1845, p. 289.

MILNE-EDWARDS (H.). — De l'appareil circulatoire de la Pinne marine, *in Ann. sc. nat.*, 3e sér., VIII, 1847, p. 77, avec 1 pl.

MILNE-EDWARDS (H.). — De l'appareil circulatoire des Thetis, *in Ann. sc. nat.*, 3e sér., VIII, 1847, p. 64, avec 1 pl.

MILNE-EDWARDS (H.). — De l'appareil circulatoire de l'Aphysie, *in Ann. sc. nat.*, 3e sér., VIII, p. 59, Paris, 1847.

MILNE-EDWARDS (H.). — Mémoire sur la dégradation des organes de la circulation chez les Patelles et les Haliotides, *in Ann. sc. nat.*, 3e sér., VIII, 1847, p. 37, avec 2 pl.

MILNE-EDWARDS (H.). — Ueber die niedere Entwickelung der Circulationsorgane bei den Patellen und Haliotiden, *in Fror. not.*, 3e sér., V, n° 89, 1847, p. 1.

MILNE-EDWARDS (H.). — De l'appareil circulatoire du Calmar *(Loligo vulgaris)*, *in Ann. sc. nat.*, 3e sér., VIII, p. 53, Paris, 1847.

MILNE-EDWARDS (H.). — Note sur la classification naturelle des Mollusques Gastéropodes, *in Ann. sc. nat.*, 3e sér., IX, Paris, 1848, p. 103.

MILNE-EDWARDS (H.). — Note sur les organes auditifs des Firoles, *in Ann. sc. nat.*, 3e sér., XVII, p. 146, Paris, 1852.

MILNE-EDWARDS (H.). — Leçons sur la Physiologie et l'Anatomie comparée de l'homme et des animaux, Paris, 1857-80, 14 vol. in-8o.

MILNE-EDWARDS (H.) ET VALENCIENNES (ACHILLE). — Nouvelles observations sur la constitution de l'appareil circulatoire des Mollusques, *in Ann. sc. nat.*, 3e sér., III, 1845, p. 307.

MILNE-EDWARDS ET VALENCIENNES. — Observations sur la circulation chez les Mollusques, 2 mém., Paris, 1849, in-4o, avec 7 pl.

MITSUKURI (K.). — On the structure and significance of some aberrant forme of Lamellibranchiate Gills, *in Sud. Biolog. Lab. J. Hopkins univ.*, II, p. 257, avec 1 pl.

MITTRE (H.). — Description de quatre coquilles nouvelles, *in Ann. sc. nat.*, 3e sér., XVIII, p. 188, Paris, 1842.

MITTRE (H.). — Notice sur l'organisation des Galeomma, *in Ann. sc. nat.*, 3e sér., VII, p. 169, Paris, 1847.

MITTRE (H.). — Notice sur les genres Diplodonta et Scacchia, *in Journ. Conch.*, I, p. 238, avec 1 pl., Paris, 1850.

MODEER (A.). — Stägtet sjovalp. Scyllæa, *in K. Vet. Akad. Handlgr.*, XXIV, 1803, p. 320.

MÖLLER (H.-P.-C.). — Index Molluscorum Groenlandiæ, Hafniæ, 1842, in-8o, 25 p.

MONTAGU (GEORGES). — Testacea Britannica, or natural history of British Shells, marine, land and freshwater, London, 1803, 2 vol. in-4o, avec 16 pl. et 2 vig. — Suppl. vith additional plates, London, 1808, in-4o, avec 14 pl.

MONTAGU (G.). — An account of some new and rare British Shells and Animals, *in Trans. Linn. soc. London*, 1815, avec 3 pl.

MONTAUGÉ (DE). — Études pratiques sur les ennemis et les maladies de l'Huître dans le bassin d'Arcachon, Bordeaux, 1878, in-8o.

MONTAUGÉ (DE). — Mémoires sur l'hybridation et la fécondation artificielle des Huîtres, Bordeaux, 1880, in-8o.

MONTEROSATO (ALLERY, MARQUIS DE). — Description d'un Dolium mediterranéen nouveau, *in Journ. conch.*, Paris, juillet 1869.

MONTEROSATO (DE). — Description d'espèces nouvelles de la Méditerranée, *in Journ. conch.*, Paris, juillet 1869.

MONTEROSATO (DE). — Testacei nuovi dei mari di Sicilia, Palermo, 1869, in-8o.

MONTEROSATO (DE). — Sulla scoperta del genere Dacrydium nel Mediterraneo, *in Boll. Malac. Italiano*, Pisa, 1870.

MONTEROSATO (DE). — Notizie intorno alle Conchiglie fossili di Monte Pellegrino e Ficarazzi, Palermo, 1872, in 8o.

MONTEROSATO (DE). — Notizie intorno alle Conchiglie Mediterranee, Palermo, Ott. 1872, in-8 .

MONTEROSATO (DE). — Notizie intorno ai Solarii del Mediterraneo, Palermo, Giugno 1873, in-8°.

MONTEROSATO (DE). — Remarks on certain Species of Mollusca described and figured in the « Microdoride » of Prof. O. G. Costa, *in Ann. and Mag. nat. hist. London*, 1873.

MONTEROSATO (DE). — Recherches Conchyliologiques, effectuées au Cap Santo-Vito, en Sicile, *in Journ. conch.*, Paris, 1874.

MONTEROSATO (DE). — Recherches Conchyliologiques, effectuées au Cap Santo-Vito en Sicile, Supplément, *in Journ. conch.*, 1874.

MONTEROSATO (DE). — Nuova rivista delle Conchiglie Mediterranee, *in Atti dell'Acad. Sc. Lettere ed Arti*, Palermo, 1875, vol. V, série 2ª.

MONTEROSATO (DE). — Note critiche ad alcuni articoli di Conchiologia Mediterranea pubblicati dal sig. H. C. Weinkauff e dal Dr Kobelt, *in Boll. Soc. Malac. Ital.*, Pisa, 1875.

MONTEROSATO (DE). — Poche note intorno alla Conchiologia Mediterranea, Palerme, 1875.

MONTEROSATO (DE). — Notizie sulle conchiglie della rada di Civitavecchia, *in Ann. Mus. Civ. Genova*, IX, 1876-77.

MONTEROSATO (DE). — Note sur quelques Coquilles draguées dans les eaux de Palerme, *in Journ. conch.*, Paris, 1878.

MONTEROSATO (DE). — Note sur quelques coquilles provenant des côtes d'Algérie, *in Journ. conch.*, 1877; suppl. 1878.

MONTEROSATO (DE). — Nota sulle conchiglie Pompejane, *in Boll. Malac. Ital.*, V, 1879.

MONTEROSATO (DE). — Enumerazione e Sinonimia, 2 part., *in Giorn. Sc. e lett. Palermo*, vol. XIV, 1879.

MONTEROSATO (DE). — Notizie intorno ad alcune Conchiglie delle coste d'Africa *in Boll. Malac. Ital.*, V, 1879.

MONTEROSATO (DE). — Conchiglie della zona degli abissi, *in Boll. Malac. Ital.*, VI, 1880.

MONTEROSATO (DE). — Nota sopra alcune conchiglie coralligene, *in Boll. Malac. Ital.*, VI, 1830.

MONTEROSATO (DE). — Conchiglie del Mediterraneo, 2 art., *in Naturalista Siciliano*, 1881.

MONTEROSATO (DE). — Conchiglie littorali Mediterrannee, *in Nat. Sic.*, 1883-1885 (inachevée).

MONTEROSATO (DE). — Nomenclatura generica e specifica di alcune Conchiglie Mediterranee, Palermo, in-8°, 1884.

MONTFORT (DENIS DE). — Conchyliologie systématique et classification méthodique des Coquilles, Paris, 2 vol. in-8°, avec fig.; I, 1808; II, 1810.

MONTFORT (D. DE), BOISSY (FÉLIX) ET LÉMAN. — Histoire naturelle des Mollusques, animaux sans vertèbres ou à sang blanc; suite à Buffon de Sonnini, Paris,

1802 à 1805, 6 vol. in-8°, avec pl. ; I à IV, 1802, par de Montfort ; V et VI, 1805, par Boissy et Léman.

MOORE (C.). — On the occurrence of *Teredo navalis* and *Limnoria terebrans*, in Plymouth harbour, *in Charlesworth's Mag. nat. hist.*, n. sér. II, 1838, p. 206.

MORREN (CH.). — Rapport sur le mémoire de P.-J. van Beneden intitulé Recherches sur l'embryogénie des Sépioles, *in Bull. Acad. Brux.*, VIII, I, 1841, p. 14.

MORSE (EDWARD). — On the relation of Anomia, *in Proceed. Boston Soc.*, XIV, Boston, 1871.

MORSE (ED.). — Remarks on the adoptive coloration of Mollusca, Boston, 1871, 1 br. in-8°.

MORSE (ED.). — On the oviducts and embryology of Terebratalina, *in Amer. Journ. scien.*, IV, p. 62, Boston, 1872.

MORSE (ED.). — Embryology of Terebratalina, Boston, 1877, br. in-4°, avec 2 pl.

MOSCARDI (LUDOVICUS). — Museum Venetiis, in-fol., Venetia, 1672.

MOSELEY (H.-N.). — On the geometrical forms of turbined and discoid Shells, *in Phil. trans.*, 1838, p. 351, avec 1 pl. — Extrait, *in Ann. sc. nat.*, 3e sér., XI, p. 317, Paris, 1839. — Traduit *in extenso* par Hugard, *in Ann. sc. nat.* XVII, p. 94, avec 1 pl., Paris, 1842.

MOSELEY (H.-N.). — On the presence of Eyes and other sense-organs in the Shells of the Chitondiæ, *in Ann. nat. hist. London*, 5e sér., XIV, p. 141.

MOSELEY (H.-N.). — On the presence of Eyes in the Shells of certain Chitonidæ, and structure of these organs, *in Quart. Journ. miscrosc. Soc.*, XXV, p. 37, avec 3 pl.

MOULS. — Les Huîtres, *in Congrès scientifiques de France*, 28e session, I, p. 175, Bordeaux, 1862.

MOQUIN-TANDON (ALFRED). — Remarques sur le Capréolus des Gastéropodes, *in Journ. conch.*, Paris, 1852.

MOQUIN-TANDON (A.). — Sur une nouvelle paire de ganglions nerveux chez les Mollusques Acéphales, *in Comptes-rendus Instit.*, Paris, 1854, p. 265.

MOQUIN-TANDON (A.). — Une Huître, *in Journ. instr. prim.*, 1836, I, 3e livr.; et *in Journ. polit. et litt. Haute-Garonne*, 1836, 3 janvier.

MOQUIN-TANDON (A.). — Le Monde de la mer (sous le pseudonyme de A. Fredol), Paris, 1865, gr. in-8°, avec 21 pl. et fig. — 2e édit., Paris, 1866, gr. in-8°, avec 22 pl. et fig.

MOQUIN-TANDON (G.). — Recherches anatomiques sur l'Ombrelle de la Méditerranée, Paris, 1870, gr. in-8°, avec 8 pl.

MÖRCH (Dr O.-A.-L.). — Note sur les genres Capsa, Brug., et Asaphis, Modeer, *in Journ. conch.*, VII, p. 134, Paris, 1859.

MÖRCH (O.-A.-L.). — Note sur les dents linguales du genre Columbella, Lamk, *in Journ. conch.*, VII, p. 254, Paris, 1859.

Mörch (O.-A.-L.). — Etudes sur la famille des Vermets, *in Journ. conch.*, VII, p. 342 et VIII, p. 27, Paris, 1859-60.

Mörch (O.-A.-L.). — Matériaux pour servir à l'histoire de la famille des Janthines, *in Journ. conch.*, VIII, p. 261, Paris, 1860.

Mörch (O.-A.-L.). — Abrégé de l'histoire de la classification moderne des Mollusques, basée principalement sur l'armature linguale, *in Journ. conch.*, XV, p. 232, Paris, 1867.

Mörch (O.-A.-L.). — Description du *Diplopelycia trigonura*, genre nouveau de Mollusque nu, appartenant à la famille des Elysiens, *in Journ. conch.*, XX, p. 125, Paris, 1872.

Mörch (O.-A.-L.). — Faunula molluscorum Insularum Fœroënsium, *in Nat. For. vid. Medd.*, Copenhagen, 1867 (tir. à part, 1 br. in-8°).

Mörch (O.-A.-L.). — Fortegnelse over Grönlands Blöddgr, Copenhagen, 1857, in-8°.

Mörch (O.-A.-L.). — Synopsis Molluscorum marinorum Daniæ, de Danske Have Blöddgr., Copenhagen, 1871, in-8°.

Mörch (O.-A.-L.). — Prodromus faunæ Molluscorum Groenlandiæ, London, 1875, in-8°.

Morlet (L.). — Monographie du genre Ringicula, *in Journ. conch.*, XXVI, p. 113, 251, Paris, 1876; suppl. XXVIII, p. 150, Paris, 1880; et XXX, p. 185, Paris, 1882.

Muhlfeldt (Megerle von). — Entwurf eines neuen Systems Schalthiergehause, *in Mag. Gesells. nat. Freund.*, V, p. 38, avec fig., Berlin, 1811.

Muhlfeldt (M. von). — Beschreibung einiger neuer Conchylien, *in Magaz. Gesel. nat. Freund.*, p. 163, avec 4 pl., Berlin, 1818.

Müller (Fél.). — Untersuchungen über die Bildung und Structur der Schalen bei den Lamellibranchiaten, *in Zool. Anz.*, VIII, p. 70.

Müller (Heinr.). — Note sur les Argonautes mâles et les Hectocotyles, *in Ann. sc. nat.*, 3e sér., XVI, p. 132, Paris, 1851. — *In Ann. nat. hist., London*, 2e sér., IX, p. 492, London, 1852. — *In Nuov. Ann. sc. nat. di Bologna*, 3e sér., VI, 1852, p. 281.

Müller (H.). — Ueber das Hectocotylus Argonautæ, *in Verhandl. Ges. Wurzb.*, II, 1852, p. 334.

Müller (H.). — Ueber das oberste Armpaar von Tremoctopus, *in Verhandl. Ges. in Wurzburg*, III, 1852, p. 48.

Müller (H.). — Ueber das Männchen von *Argonauta Argo* und die Hectocotylen, *in Zeitsch. Zool.*, IV, 1853, p. 1, avec 1 pl. — *In Scient. Mem. nat. hist.*, 1853, p. 52.

Müller (H.). — Notiz über das Männchen von *Argonauta Argo*, *in Verhand. Ges. Wurzb.*, V, II, 1854, p. 332.

Müller (H.). — Bau der Phyllirrhoe, *in Zeitschr. f. Wiss.*, IV, 1853, p. 375.

MÜLLER (H.) UND GEGENBAUR (C.). — Ueber *Phyllirhoe Bucephalum*, *in Zeitschr. f. Wiss.*, V, 1354, p. 355.

MÜLLER (JOHANÈS). — Mémoire sur la structure des yeux chez les Mollusques Gastéropodes et quelques Annélides, *in Ann. sc. nat.*, 1re sér., XXII, p. 3, pl. III et IV, Paris, 1831.

MÜLLER (J.). — Archiv für Anatomie, Physiologie und Wissenschaft, Berlin, in-8°, 1834-54.

MÜLLER (OTHON-FRÉDÉRIC). — Zoologiæ Danicæ prodromus, seu animalium Daniæ et Norvegiæ indigenorum characteres, nomina et synonymia imprimis popularium, Havniæ, 1776, in-8°.

MÜLLER (O.-F.). — Zoologia Danica seu Animalium Daniæ et Norvegiæ rarior minor nat. descript. et hist., 4 t. en 2 vol., avec 160 pl. col. in-fol., Havniæ, 1738.

MÜLLER (TH.). — Synopsis novorum generum, specierum et varietatum Testaceorum viventium, anno 1834, promulgatorum, Berolini, 1836, in-8°.

MURRAY (ADOLPHE). — Fundamenta Testaceologiæ Upsaliæ, 1771, in-4°, avec 2 pl. — *In Linn. Amœn. Acad.*, VIII, in-8°.

MURRAY (ANDREW). — Notice of a marked variety of *Patella vulgata*, found in Guernesey and Jersey, *in Ann. nat. hist. London*, II, sér. XIX, 1857, p. 211.

MUSSET (G.). — De l'état actuel de l'Ostréiculture, etc., *in Assoc. franç. avanc. sc.*, La Rochelle, 1882.

Nachrichtsblatt der Deutschen Malakozoologie Gesellschaft, hrsg. von Heynemann et Kobelt (en cours de publication), Frankfort, 1868, in-8°.

NARDO (G.-D.). — Sinonimia moderna delle specie registrate nell' opera intitolata Descrizione de' Crostacei, de' Testacei e de' Peschi che abitano le lagune e golfo Veneto, dall' abate S. Chiereghini, Venezia, 1847, in-8°.

NAUMANN (C.-F.). — Sur la Conchyliométrie (traduit de l'allemand par F. de Wegmann), *in Ann. sc. nat.*, 2e sér., XVII, p. 129, Paris, 1842.

NAUMANN (C.-F.). — Die Spiralen der Conchylien und über der Cyclocentr. Conchospir, 2 fasc., Leipzig, 1846-52, in-8°.

NECKER (L.-A.). — Note sur la nature minéralogique des Coquilles terrestres, fluviatiles et marines, *in Ann. sc. nat.*, 2e sér., XI, p. 52, Paris, 1879.

NIEDER (XAV.). — *Teredo navalis*, Beobachtung aus Missolunghi, *in Kosmos (Vetter)*, XII, p. 304.

NINNI (A.-P.). — Catalogo dei Cephalopodi dibranchiati osservati nell' Adriatico, Padova, 1884, in-8°, avec 1 pl. — *In Atti soc. Ven.*, Padova, IX, p. 157.

NEUMAYER (M.). — Hinge of the Shells of Bivalves, *in Journ. R. microsc. Soc.*, 2e sér., V, p. 229.

NEUMAYER (M.). — Die Mittelmeer-Conchylien, und i. jungt. Verwandten, Frankfurt, 1878, in-8°.

NEWMANN (EDWARDS). — The system of Nature, an essay, London, 1843, in-8°.

NOBLEVILLE (ARNAULT DE) ET SALERNE. — Histoire des Animaux, Paris, 1756,

6 vol. in-12, formant les tomes XI à XVI du Traité de matière médicale par Geoffroy (E.-F.).

NOBRE (AUG.). — Contribution à la Faune conchyliologique marine du Portugal, Coïmbra, 1884, 1 br. gr. in-8°.

NOBRE (A.). — Molluscos marinhos do Noroeste de Portugal, Porto, 1884, 1 br. in-8°.

NORDENSKIOLD OCH NYLANDER. — Finlands Mollusker, Helsingfors, 1856, in-8°, avec 7 pl.

NORMANN (ALD. DE). — Note sur le système gastro-vasculaire des Eolidiens, *in Ann. sc. nat.*, 3e sér., XIII, p. 237, Paris, 1850.

NORMANN (A.). — The Mollusca of the fjords near Bergen, Norway, *in Journ. of conchol.*, II, p. 6.

NYST (H.-P.). — Tableau synoptique et synonymique des espèces vivantes et fossiles du genre Scalaria décrites par les auteurs, avec l'indication des pays de provenance, ainsi que les dépôts dans lesquels les espèces fossiles ont été recueillies, *in Ann. Soc. malac. Belg.*, VI, Bruxelles, 1871.

ODMANN (JOHN). — Nachrichten von Austern, *in Abhandl. Schwed. Akad.*, VI, 1744, p. 118.

ŒHLERT (D.). — La position systématique des Brachiopodes, *in Journ. conch.*, XXVIII, p. 109 et 216, Paris, 1880.

OKEN (LAURENT). — Isis, encyclopädische Zeitung, Jena, Leipsig et Zurich, 1817-47, 40 vol. in-4°.

OKEN (L.). — Lehrbuch der Zoologie, Leipsig, 1815-21, in-8°, avec 40 pl.

OKEN (L.). — Ueber des G. R. Treviranus abenthenerliche Mennung in Betreff der Zengungs-organe der Teichmuschel (sans nom d'auteur), *in Isis*, XX, p. 752, pl. IX, Leipzig, 1737.

OLIVI (A.-G.). — Zoologia Adriatica, ossia catalogo ragionato degli Animali del golfo et delle lagune di Venezia, proceduto da una dissertazione sulla storia fisica e naturale del golfo, Bassano, 1792, in-4°, avec 14 pl. in-fol.

ORBIGNY (A. D'). — Monographie d'un genre nouveau de Mollusques Gastéropodes de la famille des Trochoïdes, nommé Scissurella, *in Mém. Soc. Hist. Paris*, I, 1823, p. 340, avec 1 pl.

ORBIGNY (A. D'). — Abstract of a monograph on a new genus of Gasteropodous Mollusca, named Scissurella, with notes by G.-R. Sowerby, *in Zool. Journ.* I, 1824, p. 255.

ORBIGNY (A. D'). — Scissurella neue Schneckengattung, *in Isis*, 1830, p. 416.

ORBIGNY (A. D'). — Mémoire sur des espèces et sur des genres nouveaux de Nudibranches, *in Mag. zool.*, 1837, in-8°, avec pl.

ORBIGNY (A. D'). — On the laws which regulate the geographical distribution of littoral Mollusca, *in Ann. nat. hist. London*, XV, 1845, p. 42.

ORBIGNY (A. D'). — Untersuchungen über die Gesetze der geographischen Vertheilung der an der Seeküste lebenden Mollusken, *in Fror. N. not.*, XXXVI, 1845.

ORBIGNY (A. D'). — Recherches sur les lois qui président à la distribution géographique des Mollusques marins-côtiers, *in Comptes rendus Instit.*, XIX, p. 1076, Paris, 1844. — *In Ann. sc. nat.*, 3e sér., III, p. 193, Paris, 1845.

ORBIGNY (D' PÈRE). — Histoire des parcs ou bouchots à Moules des côtes de l'arrondissement de La Rochelle, La Rochelle, 1847.

ODORICI. — Catalogue des coquilles de Bretagne recueillies par M. Daniel, professeur, publié par les soins de M. Odorici, conservateur du Musée, Dinan, 1854.

ÖRSTED (A.-S.). — De regionibus marinis, Copenhagen, 1844, in-8o, avec 2 maps.

OSBORN (HENRY, L.). — The structure and Growth of the Shells of the Oyster, *in Stud. Biolog. Laborat. J. Hopk. Univers.*, II, p. 427, avec 1 pl.

OSLER (E.). — Observations on the anatomy and habits of Marine Testaceous Mollusca, *in Phil. Trans. London*, 1832, avec pl.

OWEN (RICH.). — On the anatomy of *Pholadomya candida*, *in Proceed. zool. soc. London*, X, 1842, p. 150. — *In Ann. nat. hist.*, XII, 1843, p. 138.

OWEN (R.). — Supplementary observations on the anatomy of *Spirula australis*, *in Ann. nat. hist. London*, 5e sér., III, p. 1, avec 3 pl. — *In Arch. zool. exp.*, VIII, p. XX.

OWEN (R.). — On the relative positions to their constructors of the Chambered Shells of Cephalopodes, *in Proceed. zool. soc. London*, 1878, p. 955, avec 1 pl.

OWEN (R.). — Remarks on the reparation of the Shell of Argonauta, *in Proceed. zool. soc.*, V, p. 84, London, 1337.

OWEN (R.). — On the relations existing between the Argonaut Shell and its Cephalopodous inhabitant, *in Mag. nat. hist. London*, n. sér., III, p. 421, 1839.

OWEN (R.). — On the Paper Nautilus (*Argonauta Argo*), *in Proceed. zool. soc. London*, VIII, p. 35, London, 1839.

OWSJANNIKOW UND KOWALEWSKY. — Ueber das Centralnervensystem und den Gehörorgan der Cephalopoden, Petersburg, 1867, gr. in-4o, avec 5 pl.

OZENNE (C.). — Essai sur les Mollusques considérés comme aliments, Paris, 1858, in-4o.

PAETEL (FR.). — Molluscorum systema et catalogus, Dresden, 1869, in-8o.

PAETEL (FR.). — Die bisher veröffentlichten Familien und Gattungsnamen der Mollusken, Berlin, 1875, in-8o.

PAETEL (FR.). — Catalog der Conchylien-Sammlung, Berlin, 1573, gr. in-8o; 2e édit., Berlin, 1883.

PANCERI (P.). — Tre Memorie sulla fisiologia e l'anatomia di diversi Molluschi, Napoli, 1867-72, in-4o.

PANCERI (P.). — Gli organi luminosi e la secrezio dell' acido solforico nei Gasteropodi, Napoli, 1869, in-4°, avec 4 pl.

PANCERI (P.). — Gli organi luminosi e la Luce delle Pirosomi et delle Foladi, Napoli, 1872, in-4°, avec 3 pl.

PANCERI (P.). — Sulla luce della *Phyllirhoe Bucephala*, Napoli, 1872, in-4°, avec pl.

PANETH (JON.). — Beiträge sur Histologie der Pteropoden und Heteropoden, *in Arch. Mikrosk. Anat.*, XXIV, p. 230, avec 3 pl.

PAQUERÉE. — Une visite aux parcs à Moules d'Esnaudes, *in Actes soc. Linn. Bord.*, XXI, p. 511, Bordeaux, 2858.

PASTOR Y LOPEZ (P.). — Apuntes sobre la fauna Asturina, Oviedo, 1859, in-8°.

PATON. — Ueber die Verwüstungen, welche der *Teredo navalis* und andre Bohrwürmer anrichten, *in Fror. Tagsber.*, 1850, p. 252.

PATTEN (W.-M.). — Artificial fecundation in the Mollusca, *in Zool. Anz.*, VIII, p. 236.

PATTERSON (ROB.). — On the common Limpet, considered as an article of food in the north of Ireland, *in Ann. nat. hist. London*, III, 1839, p. 231.

PAYRAUDEAU (B.-C.). — Catalogue descriptif et méthodique des Annélides et des Mollusques de l'île de Corse, in-8°, avec 8 pl. Paris, 1826.

PEACH (CHARLES-W.). — On the nidus and growth of the *Purpura lapillus* and also on the *Patella pellucida* and *P. lævis*, *in Rep. Brit. Assoc. adv. sc.*, XII, 1842, p. 66.

PEACH (CH.-W.). — Observations on the « Sea-leep » (nidi of *Purpura lapillus), in Ann. nat. hist. London*, XI, 1843, p. 28, avec 1 pl.

PEACH (CH.-W.). — On the nidi and young of the *Purpura lapillus* and *Buccinum reticulatum*, *in XII Rep. R. Cornvall polytechn. Soc.*, 1844, p. 61, avec 1 pl. — *in Ann. nat. hist. London*, XIII, 1844, p. 203.

PECK (B.-H.). — Minut structure of the gills Lamellibranche Mollusca, London, 1877, in-8°, avec 4 pl.

PELSENEER (P.). — Tableau dichotomique des Mollusques marins de la Belgique, Bruxelles, 1882, in-8°, 35 p., avec 1 pl.

PELSENEER (P.). — Études sur la faune littorale de la Belgique, *in Ann. soc. malac. Belg.*, XVII, p. 31, Bruxelles, 1832.

PÉPRATX (EUGÈNE). — Mollusques de la plage de la Franqui, *in Soc. Agr. Pyrénées-Orientales*, XXVI, 1884, p. 222-228.

PEREZ (J.-D.). — Recherches sur la génération des Gastéropodes, Bordeaux, 1872, in-8° avec 1 pl.

PERON ET LESUEUR. — Histoire du genre Firola, *in Ann. Mus.*, XV, p. 70, Paris, 1810.

PERRY (GEORGE). — Conchology or the natural history of the Shells, containing a new arrangement of the genera and species,... London, 1811, in-fol. avec 1 pl.

PETERS (WILH.). — Zur Anatomie der Sepiola, *in Muller's Arch. f. Anat.*, 1842, p. 331, avec 1 pl.

PETIT DE LA SAUSSAYE (S.). — Voy. Journal de conchyliologie.

PETIT DE LA SAUSSAYE. — Notice sur l'habitat du *Cardium hians* de Brocchi, *in Rev. zool.*, 1840, p. 169.

PETIT DE LA SAUSSAYE. — Note sur le genre Pleurotoma, *in Rev. zool.*, 1842, p. 295.

PETIT DE LA SAUSSAYE. — Notice sur une coquille trouvée sur les côtes de la Méditerranée par M. Martin, *in Journ. conch.*, II, p. 248, Paris, 1851.

PETIT DE LA SAUSSAYE. — Catalogue des Mollusques marins qui vivent sur les côtes de France, *in Journ. conch.*, II, p. 274 et 373; III, p. 70 et 176, Paris, 1851-52. — Appendice : IV, p. 426; VI, p. 350 ; VIII, 234.

PETIT DE LA SAUSSAYE. — Resultat de recherches faites par M. Cailliaud, de Nantes, sur le littoral du département de la Loire-Inférieure, *in Journ. conch.*, II, p. 301, Paris, 1851.

PETIT DE LA SAUSSAYE. — Note sur le *Pyrula provincialis* de M. Martin, *in Journ. conch.*, III, p. 272, Paris, 1852.

PETIT DE LA SAUSSAYE. — De l'utilité de certains Mollusques marins pour l'alimentation, *in Journ. conch.*, VII, p. 23, Paris, 1856.

PETIT DE LA SAUSSAYE. — Découverte faite par M. G. Jeffreys d'opercules doubles dans des individus du *Buccinum undatum*, *in Journ. conch.*, IX, p. 36, Paris, 1861.

PETIT DE LA SAUSSAYE. — Catalogue des Mollusques testacés des mers d'Europe, 1 vol. gr. in-8°, Paris, 1869.

PETIVER (JACOBUS). — Centuriæ Musæi Petiveriani, London, 1695 à 1703, in-8°.

PETIVER (J.). — Gazophilacii naturæ et artis decades decem, in quibus Animalia Quadrupeda, Aves, Pisces, Reptilia,... descriptionibus brevibus et iconibus illustrantur, London, 1702-10, in-fol.

PETIVER (J.). — Opera omnia, Londini, 1764, in-fol. avec fig.

PFEIFFER (LUD.). — Novitates conchologicæ, Meeres-Conchylien, von W. Dunker, Cassel, 1858-73, 1 vol. gr. in-4° avec 48 pl. — Supplément par Röemer, *Dosinia* et *Venus*.

PFEIFFER (L.). — Notice critique pour servir à une monographie du genre Tritonium, Cuv., *in Rev. zool.*, 1843, p. 134.

PFEIFFER (GEO.). — Beiträge sur Kenntnis des Hermaphroditismus und der Spermatophoren bei nephropneusten Gastropoden, *in Arch. Naturg.*, XLIV, 1878, p. 420, avec 1 pl.

PHILIPPI (R.-A.). — Ueber den Thier der *Solenomya Mediterranea*, *in Arch. Naturg.*, I, 1832, I, p. 271, avec fig.

PHILIPPI (R.-A.). — On two new species of Euplocumus, *in Ann. nat. hist*, IV, London, 1840, p. 88.

PHILIPPI (R.-A.). — On the animal of Galeomma, *in Ann. nat. hist.*, IV, p. 92, London, 1840.

PHILIPPI (R.-A.). — Bemerkungen über einige Arten von Mitra, *in Zeitschr. f. Malak.*, VII, 1850, p. 22.

PHILIPPI (R.-A.). — On the animal of *Pileopsis Garnoti*, Payr., *in Ann. nat. hist.*, IV, p. 90, London, 1840.

PHILIPPI (R.-A.). — Enumeratio Molluscorum Siciliæ, cum viventium, tum tellure tertiaria fossilium, quæ in itinere suo observavit auctor, Berolini, 1836, in-4° avec 12 pl. — Volumen secundum cont. addenda et emendanda, Hallis, 1844, in-4° avec 16 pl.

PHILIPPI (R.-A.). — Nachtrag zum zweiten Band der Enumeratio Molluscorum Siciliæ, *in Zeitsch. f. Malac*, 1844, p. 100-112.

PHILIPPI (R.-A.). — Abbildungen und Beschreibungen neuer oder wenig gekannter Conchylien, Cassel, 1842-47, 3 vol. in-4° avec 144 pl. — I, 1842-45; II, 1845-47; III, 1847.

PHILIPPI (R.-A.). — Handbuch der Conchyliologie und Malakozoologie, Halle, 1853, in-8°.

PHILIPPSSON (LAURENTIUS-MÜNTER). — Dissertatio historico-naturalis, sistens nova Testaceorum genera, Lundæ, 1788, in-8°.

PIET (F. ET J.). — Recherches topographiques, statistiques et historiques sur l'île de Noirmoutier, Nantes, 1863.

PINEL (PHIL.). — Observations anatomiques sur l'*Ostrea edulis*, *in Bull. soc. philom.*, I, 1797, p. 38.

PLANCHUS (JANUS, OU JEAN BIANCHI). — De Conchis minus notis liber, Venetiis, 1739, in-4° avec 5 pl. — Edit. altera, Romæ, 1760, in-4° avec 24 pl.

PLATEAU (FÉL.). — Recherches sur la force absolue des muscles des Invertébrés *in Arch. zool. expér.*, II, p. 145.

PLATEAU (F.). — Recherches sur la force des muscles des invertébrés ; force absolue des muscles adducteurs des Mollusques lamellibranches, *in Bull. Acad. Brux.*, 2e sér., VI, p. 226, avec 1 pl.

PLINE (C.). — C. Plinii secundi historiæ mundi Libri XXXVI, Lugduni, 1553, in-fol. — Nombreuses éditions postérieures.

POIRIER (J.). — Revision du genre Murex, *in Nouv. Arch. Mus.*, 2e sér., V, p. 13, avec 3 pl.

POLI (JOSEPH-XAVIER). — Testacea utriusque Siciliæ, eorum que historia et anatome tabulis æneis illustrata, Parmæ, 1791 à 1827, 3 vol. gr. in-fol. avec 57 pl. I, 1791; II, 1795; III, 1826-76 (le t. III avec des additions de Delle Chiaje).

POLI (J.-X.). — De Pterotrachea observationes posthumæ cum adnotationibus Stef. Delle Chiaje, *in Atti R. inst. incoraggiam. sc. nat. Napoli*, IV, 1828, p. 219.

POLI (G.). — Note sur l'Argonaute ou l'animal du Nautile, *in Ann. sc. nat.*, V, p. 495, Paris, 1825.

POTIEZ (VALÉRY-LOUIS-VICTOR) ET MICHAUD (ANDRÉ-LOUIS-GASPARD). — Galerie des Mollusques, ou catalogue méthodique, descriptif et raisonné des Mollusques ou Coquilles du Muséum de Douai, Paris, gr. in-8°, 2 vol. avec 70 pl. — I, 1838; II, 1844.

PORRO (CH.). — Note sur le *Rissoa oblonga*, *in Rev. zool.*, 1839, p. 106.

POWER (JANNETTE, NÉE DE VILLEPREUX). — Osservazioni fisiche sopra il Polpo dell'Argonauta, *in Atti Ac. Gioenia*, XII, 1837, p. 129.

POWER (J.). — Sull' *Argonauta Argo*, *in Effem. di Sicilia*, XXIV, 1839, p. 95.

POWER (J.). — Observationi on the Poulp of the *Argonauta argo*, *in Mag. nat. hist. London*, n. sér., III, 1839, p. 101 et 149.

POWER (J.). — Continuazione delle osservazioni sul Polpo del Argonauta, *in Giorn. sc. lett. et art.*, 79, 1842, p. 328.

POWER (J.). — Further experiments and observations of the *Argonauta Argo*, *in Rep. Brit. Assoc.*, XIV, 1844, p. 74.

POWER (J.). — Bemerkungen über das Thier von *Argonauta Argo*, *in Arch. Nat. jahrg.*, XI, I, 1845, p. 369.

POWER (J.). — Ueber das Thier von *Argonauta Argo*, *in Isis*, 1845, p. 606.

POWER (J.). — Observations physiques sur le Poulpe de l'*Argonauta Argo*, Paris, 1856, in-8°.

PRADA (T.). — Sulla perforazione delle pietre fatta dai Molluschi litofagi et specialmente dalle Foladi, *in Giorn. malacol.*, I, 1852.

PREVOST. — Des organes générateurs chez quelques Gastéropodes, *in Mem. soc. phys. Genève*, V, 1826. — *In Ann. sc. nat.*, 1re sér., XXX, p. 43, pl. V, Paris, 1833.

PREVOST ET DUMAS. — Observations relatives à l'appareil générateur des animaux mâles, *in Ann. sc. nat.*, 1re sér., I, p. 275, Paris, 1880.

Proceedings of the Boston Society of Nat. hist., Boston, 1841-50, 3 vol. in-8°. — I, 1841 à 1844; II, 1845-47; III, 1848-50.

Proceedings of the Academy of natural sciences of Philadelphia, 1841-56, 8 vol. 2e sér., 1857-77, 22 vol.

Proceedings of the Zoological Society of London, 1re série, 1830-32, London, 2 vol. in-8°. — 2e série (en cours de publication).

PULTNEY (RICHARD). — Catalogues of the Birds, Shells and some of the most rare Plants of Dorsetshire, from the new additions of M. Hutchin..., London, 1799, in-fol. — Edit. de Rackett, London, 1813, in-fol. avec 13 pl.

PUYSÉGUR. — Notice sur la cause du verdissement des Huîtres, *in Rev. maritime et coloniale* (tir. à part, 1 br. in-8°, 11 p., Paris, 1880).

PYLAIE (DE LA). — Manuel de Conchyliologie, Paris, 1826, in-8° avec 18 pl.

QUATREFAGES (ARMAND DE). — Mémoire sur l'Eolidina paradoxale, *in Ann. sc. nat.*, 2e sér., XIX, p. 274, Paris, 1843, avec 1 pl.

QUATREFAGES (A. DE). — Note sur l'Eolidina, *in Soc. Phil. procès-verb.*, p. 61, Paris, 1843. — *In l'Institut*, XI, p. 191, Paris, 1843.

QUATREFAGES (A. DE). — Sur l'*Eolidina paradoxa*, *in Comptes rendus Instit.*, XVI, p. 1123, Paris, 1843. — *L'Institut*, XI, p. 169, Paris, 1843.

QUATREFAGES (A. DE). — Sur les Gastéropodes Phlébentérés *in Voy. en Sicile*, *sc. in Ann. sc. nat.*, 3e sér., Paris, 1844.

QUATREFAGES (A. DE). — Sur l'embryogénie des Tarets, *in Soc. Phil.*, *procès-verb.*, 1848, p. 36. — *In l'Institut*, XVI, 1848, p. 149.

QUATREFAGES (A. DE). — Remarques relatives aux différentes espèces de Tarets, *in Soc. Phil.*, *Procès-verb.*, 1848, p. 47. — *In l'Institut*, XVI, 1848, p. 190.

QUATREFAGES (A. DE). — Note sur le développement de l'œuf et de l'embryon des Tarets, *in Ann. sc. nat.*, 3e sér., IX, 1848, p. 33.

QUATREFAGES (A. DE). — Entwickelung der Bohrmuschel, *in Fror.*, VII, 1848, p. 51.

QUATREFAGES (A. DE). — Sur l'embryogénie des Tarets, *in Comptes rendus Instit.*, XXVIII, 1849, p. 430. — *In l'Institut*, XVII, 1849, p. 105.

QUATREFAGES (A. DE). — Études embryogéniques, Mémoire sur l'embryogénie des Tarets, *in Ann. sc. nat.*, 3e sér., XI, 1849, p. 202, avec 1 pl.

QUATREFAGES (A. DE). — Mémoire sur le genre Taret, *in Ann. sc. nat.*, 3e sér., XI, 1849, 2 pl. (tir. à part, Paris, in-8o, 2 pl.).

QUATREFAGES (A. DE). — Les sexes sont séparés chez les Huîtres, *in Soc. Phil. procès-verb.*, 1849, p. 24. — *In l'Institut*, XVII, 1849, p. 77.

QUEKETT (JOHN). — On some Phenomena connected with the movement of the cilia in the *Mytilus edulis*, *in Trans. microsc. soc.*, II, 1849, p. 7.

QUOY. — Sur l'Animal du Panopé, *in Ann. sc. nat.*, 2e sér. IX, Paris, 1838, p. 379.

QUOY. — Note sur l'Animal de la Panopée, *in Ann. Franc. étr. d'Anat.*, II, 1838, p. 323, avec 1 pl.

QUOY. — *Lutraria compressa*, Lam., *in Mag. zool.*, 1839, avec 1 pl. Paris, 1839.

QUOY ET GAIMARD. — Voyage autour du monde de l'Uranie, de 1817 à 1820, sous les ordres du capitaine Freycinet, Paris, 1824-26, in-4o, avec atlas in-fol, 23 pl.

QUOY ET GAIMARD. — Observations zoologiques faites à bord de l'Astrolabe en mai 1876, dans le détroit de Gibraltar, *in Ann. sc. nat.*, 3e sér., X.

QUOY ET GAIMARD Voyage autour du monde de l'Astrolabe, de 1826 à 1829, sous les ordres du capitaine d'Urville, Paris, 1830-33, Mollusques, 1 vol. avec atlas, in-8o de 95 pl.

QUOY ET GAIMARD. — Sur l'animal de l'Argonaute, *in* Ferussac, *Bull. sc. nat.*, XV, 1828, p. 309.

QUOY ET GAIMARD. — Description de dessins représentant la Carinaire de la Méditerranée, et observations de M. Rang, etc., *in Ann. sc. nat.*, XVI, p. 134, avec 1 pl., Paris, 1879.

Quoy et Gaimard. — Abbildung von *Carinaria Mediterranea, in Isis*, 1833, p. 186.

Rabl (C.).—Beiträge zur Entwicklungeschichte der Prosobranchien, *in Anzeiger K. Akad. Wiss.*, Wien, 1883, n° 3, p. 13.

Rabl (C.). — Contributions to the developpemental History of the Prosobranchiata, *in Ann. nat. hist. London*, 5e sér., XI, p. 222.

Rackett (Rev. J.). — Voyez Maton (W.-G.).

Rang (Al.). — Observations sur le genre Atlanta, *in Mém. soc. hist. nat.*, Paris, III, p. 372, avec 1 pl. Paris, g827. — *In* Ferussac, *Bull. sc. nat.*, XIII, 1828, p. 448. — *In Isis,* 1832, p. 471.

Rang (Al.). — Sur l'*Atlanta Keraudreni* Les., *in Mag. zool.*, II, avec 1 pl., Paris, 1832.

Rang (Sander). — Notice sur quelques Mollusques nouveaux appartenant au genre Cléodore et établissement et monographie du sous-genre Creseis, *in Ann. sc. nat.*, XIII, p. 302, Paris, 1828.

Rang (S.). — Sur l'animal de l'Argonaute, *in* Ferussac, *Bull. sc. nat.*, XVII, 1829, p. 132.

Rang (S.). — Manuel de l'histoire naturelle des Mollusques et de leurs coquilles ayant pour base de classification celle de M. le baron Cuvier, Paris, 1829, in-12, avec 6 pl. — Atlas des Mollusques, Paris, 1830, 51 pl. in-12.

Rang (S.). — Note sur le Ropan d'Adanson *(Modiola caudigera*, L.), *in Ann. sc. nat.*, XXI, p. 352, Paris, 1830.

Rang (S.). — Ueber einige neue zur Gattung Cleodora gehörige Mollusker nebst Aufstellung und Monographie der Untergattung Creseis, *in Isis*, 1830, p. 207, avec fig.

Rang (S.). — Note sur le Poulpe de l'Argonaute, *in Comptes rendus Institut*, IV, p. 117, Paris, 1837. — *In l'Institut*, V, 1837, p. 37. — *In Arch. f. Naturg.* I, 1837, p. 286.

Rang (S.). — On the genus Argonauta, *in Mag. nat. hist. London*, n. sér. III, p. 521 ; IV, 1839-40, p. 8 et 57.

Rang (S.). — Histoire naturelle des Aplysiens de l'ordre des Tectibranches, Paris, 1839, in-4°, avec 25 pl.

Rang et Souleyet. — Histoire naturelle des Mollusques Ptéropodes, Paris, 1852, gr. in-4°, avec 15 pl..

Ranzani (C.). — Sur le genre Eledone de Leach, *in* Feruss., *Bull. sc. nat.*, V, p. 136, Paris, 1825.

Rapp (Wih. von). — Ueber *Argonauta Argo, in Nat. Abhandl. Gesells. in Wurt.*, I, 1826, p. 67.

Rapp (W.). — Ueber das Molluskengeschlecht Doris und Beschreibung einiger neuen Arten desselben, *in Nuov. act. Acad. Leop. nat. cur.*, XIII, II, 1827, p. 513, avec 2 pl.

Rattray (A.). — On the anatomy, physiology and distribution of the Firolidæ, London, 1870, in-4°, avec 2 pl.

RÉAUMUR (RÉNÉ-ANTOINE-FERCHAULT DE). — De la formation et de l'accroissement des Coquilles des animaux, tant terrestres qu'aquatiques, soit de mer, soit de rivière, *in Mém. Acad. sc. Paris*, p. 364, pl. XIV, XV, Paris, 1709.

RÉAUMUR (R.-A.-F.). — Des différentes manières dont plusieurs espèces d'animaux de mer s'attachent au sable, aux pierres, et les uns des autres, *in Mém. Acad. sc. Paris*, p. 100, pl. II, III, Paris, 1711.

RÉAUMUR (R.-A.-F.). — Du mouvement progressif des diverses espèces des Coquillages, orties et étoites de mer, *in Mém. Acad. sc. Paris*, p. 439, pl. IX XII, Paris, 1710.

RÉAUMUR (R.-A.-F.). — Eclaircissement de quelques difficultés sur la formation et l'accroissement des Coquilles, *in Mém. Acad. sc. Paris*, p. 303, Paris, 1716.

RÉAUMUR (R.-A.-F.). — Observations sur le coquillage appelé Pinne marine à l'occasion duquel on explique la formation des perles, *in Mém. Acad. sc. Paris*, 1717, p. 177, avec 2 pl.

READE (J.-B.). — On the Cilia and Ciliary currents of the Oyster, *in Rep. Brit. Assoc. adv. sc.*, XV, 1845, p. 66. — *In l'Institut*, XIII, 1845, p. 338.

RECLUZ (C.-A.). — Description de quelques nouvelles espèces de Nérites vivants, *in Rev. zool.*, Paris, 1841, p. 102, 147 et 172. — 2e part., p. 273, 333. — 1842, p. 73, 177.

RECLUZ (C.-A). — Monographie du genre Poronia, *in Rev. zool.*, Paris, 1843, p. 166.

RECLUZ (C.-A.). — Monographie du genre Syndosmya et examen des genres Ligula, Abra et Amphidesma, *in Rev. zool.*, Paris, 1843, p. 292 et 359.

RECLUZ (C.-A.). — Descriptions of new species of Nerita, *in Proceed. zool. soc. London*, X, p. 1841, p. 162. — *In Ann. nat. hist.*, XII, 1843, p. 376.

RECLUZ (C.-A.). — On new species of Nerita, *in Proceed. zool. soc. London*, XI, 1843, p. 71 et 198. — *In Ann. nat. hist.*, XIII, 1844, p. 385; IV, 1845, p. 251.

RECLUZ (C.-A.). — Catalogue descriptif de plusieurs nouvelles espèces de Coquilles de France, *in Rev. zool.*, Paris, 1843 et 1844.

RECLUZ (C.-A.). — Monographie du genre Ervilia Turt., *in Rev. zool.*, Paris, 1845, p. 85. — *In Mag. zool.*, Paris, 1844, avec 2 pl.

RECLUZ (C.-A.). — Prodrome d'une monographie du genre Erycina, *in Rev. zool.*, Paris, 1844, p. 291 et 325.

RECLUZ (C.-A.). — *Næera cuspidata*, Gray, *in Mag. zool.*, Paris, 1845, avec 1 pl.

RECLUZ (C.-A.). — De la famille des Lithophages de Lamarck et des genres qui la composent, *in Rev. zool.*, Paris, 1846, p. 405

RECLUZ (C.-A.). — Article de Terminologie, *in Journ. conch.*, I, p. 77 et 292 ; II, p. 88 et 304, Paris, 1850-51.

RECLUZ (C.-A). — Catalogue des espèces du genre Sigaret *(Sigaretus*, L.) et description d'espèces nouvelles, *in Journ. conch.*, II, p. 163, Paris, 1852.

RECLUZ (C.-A.). — Notice sur la *Natica canrena* des auteurs, *in Journ. conch*, II, p. 251, Paris, 1851.

RECLUZ (C.-A.). — Description de Natices nouvelles et notice sur quelques espèces du même genre, *in Journ. conch.*, III, p. 168, Paris, 1852.

RECLUZ (C.-A.). — Des Natices propres aux côtes de la France continentale, *in Journ. conch.*, III, p. Paris, 1852.

RECLUZ (C.-A.). — Du genre Rupicole de Fleuriau de Bellevue, des caractères de son Mollusque, et de la place qu'il doit occuper dans la méthode naturelle, *in Journ. conch.*, IV, p. 120, Paris, 1853.

RECLUZ (C.-A.). — Histoire du enre Natice *(Natica,* Adanson), *in Journ conch.*, V, p. 43, Paris, 1854.

RECLUZ (C.-A.). — Note sur la fa ille des Lithophages de Lamarck, *in Journ. conch.*, VI, p. 15, Paris, 1857.

RECLUZ (C.-A.). — Description d'une nouvelle espèce de Kellia des côtes de France et de son Mollusque, *in Journ. conch.*, VI, p. 340, Paris, 1857.

RECLUZ (C.-A.). — Note sur le genre Sphænia, *in Act. soc. Linn. Bordeaux*, XXII, p. 215, Bordeaux, 1858.

RECLUZ (C.-A.). — Sur la place que doivent occuper, dans la méthode, les genres Soleimye, Vénéricarde et Leda, *in Journ. conch.*, X, p. 109, Paris, 1862.

RECLUZ (C.-A.). — Observations sur le genre Fossar *(Fossarus)*, *in Journ. conch.*, XII, p. 247, Paris, 1864.

RECLUZ (C.-A.). — Note sur cette question: la *Tellina Balthica*, L., appartient-elle au genre Telline? *in Journ. conch.*, XIII, p. 401, Paris, 1865.

RECLUS (ELIZEE). — Le littoral de la France, *in Revue des Deux Mondes*, Paris, 1863.

REDI (FRANÇOIS). — Le sue opere, cive osservazioni e esperienze naturali, Firenze, 1684, 1686 et 1724, 3 vol. in-4°.

REDI (F.). — Osservazioni intorno agli Animali viventi che si trovano negli Animali viventi, 1684, in-4°, pl. XIII.

REDFIELD (JOHN-W). — Catalogue of the Marginellidæ, in his Collection, New-York, in-8°, 1851.

REEVE (LOVELL). — Monograph of the genus Tornatella, *in Proceed. zool. soc. London*, X, 1842, p. 52. — *In Ann. nat. hist. London*, XI, 1843, p. 387.

REEVE (L.). — Conchologia systematica, or complete system of Conchology, London, 1841 et 1842, 2 vol. in-4°, avec 300 pl.

REEVE (L.). — Conchologia Iconica, or figures and descriptions of the shells of molluscous Animals, London, 1843-1878, 20 vol. Roy. in-4°, avec 2724 pl.

REEVE (L.). — New species of Pectunculus, *in Proceed. zool. soc. London*, XI, 1843, p. 43, 81 et 188. — *In Ann. nat. hist.*, *London*, XIII, 1844, p. 134, 388; XIV, 1844, p. 302.

REEVE (L.). — On the dissolution and recalcification of the Shells in Cypræa, a genus of Pectinibranchiate Mollusca, *in Ann. nat. hist.* XVI, London, 1845, p. 374.

Reeve (L.). — On the growth and recalcification of the Shell in Cypræa, *in Proceed. zool. soc.* XIII, London, 1845, p. 133.

Reeve (L.). — Descriptions of new species Murex, *in Proceed. zool. soc.*, XIII, 1845, p. 85 et p. 108. — *In Ann. nat. hist.*, XVII, 1846, p. 129 et 290.

Reeve (L.). — Elements of Conchology, London, 3860, 1 vol. in-8°, avec 62 pl.

Reeve (L.). — Revision générale des Térebratules vivantes, *in Journ. conch.*, IX, p. 111, Paris, 1861.

Regenfuss (Fréderic-Michael). — Auserlesne Schnecken Muscheln und andere Schaalthiere, Kopenhagen, 1758, in-fol. avec 12 pl.

Renieri (S.-A.). — Prodromo di osservazioni sopra alcuni esseri viventi, della classe dei Vermi, abitanti nel mare Adriatico, nelle lagune e nei litorali Veneti, tavola alfabetica delle Conchiglie Adriatiche, Venezia, 1804, in-fol.

Renieri (S.-A.). — Osservazioni postume di zoologia Adriatica, 1 vol. in-fol. Venezia, 1847.

Requien (Esprit). — Catalogue des Coquilles de l'île de Corse, Avignon, 1848 (sans date), gr. in-8°.

Retzius (And.-Joh.). — *Venus lithophaga*, n. sp., *in Mem. Acad. Turin*, 1786-87, Corresp., p. 11, avec fig.

Richiardi (S.). — Sulla riproduzione delle bracci dell' *Octopus vulgaris*, Lam., e sulla monstruosita di una Conchiglia della *Sepia officinalis*, Lin., *in Zool. Anz.*, IV. p. 406.

Richiardi (S.). — The Eye in the Cephalopoda, *in Ann. nat. hist. London*, 5e sér., III, p. 243.

Rigacci. — Catalogo delle Conchiglie vivente della sua collezione, Roma, 1865, in-8°. — 2e édit., Roma, 1874, in-4°.

Risso (A.). — Aperçu sur l'histoire naturelle des Mollusques des bords de la Méditerranée et des Coquilles terrestres, fluviatiles et marines,... Paris, 1826, in-8°, avec 11 pl.

Risso (A.). — Histoire naturelle des principales productions de l'Europe méridionale et particulièrement de celles des environs de Nice et des Alpes-Maritimes, Paris, 1826, 5 vol. in-8°, avec pl. et cartes.

Roberts (Mary). — A popular history of the Mollusca, London, 1851, in-12, avec 18 pl.

Roberts (M.). — The Conchologist's companion, 2e édit., London (1834), 1840, in-8°.

Robert. — Sur les Spirules, *in Comptes rendus Institut*, II, 1836, p. 362. — *In l'Institut*, IV, 1836, p. 114.

Robertson (David). — Remarks on the habits af the common Mussel (*Mytil u edulis*), *in Ann. nat. hist.*, 3e sér., I, London 1858, p. 311.

ROBERTSON (D.). — *Saxicava rugosa*, a Byssus-spinner, *in Ann. nat. hist.*, 3e sér., IV, London 1859, p. 80.

ROBERTSON (D.). — Notice sur la perforation des pierres par le *Pholas dactylus*, *in Journ. conch.*, IV, p. 113, Paris, 1853.

ROCHEBRUNE (ALPHONSE, TRÉMEAU DE). — Note sur la culture des Huîtres à Arcachon, *in Assoc. franc. avanc. sciences*, I, p. 624, Bordeaux, 1873.

ROCHEBRUNE (T. DE). — Étude monographique de la famille des Eledonidæ, *in Bull. soc. Phil.*, Paris, 1884 (tir. part, 1 br. in-8°, avec 1 pl.)

ROCHEBRUNE (T. DE). — Étude monographique de la famille des Loligopsidæ, *in Bull. soc. Phil.*, Paris, 1884 (tir. à part, 1 br. in-8°, avec 2 pl.)

ROCHEBRUNE (T. DE). — Étude monographique de la famille des Sepiadæ, *in Bull. soc. Phil.*, Paris, 1884 (tir. à part, 1 br. in-8°, avec 4 pl.)

ROCHEBRUNE (T. DE). — Monographie des formes appartenant au genre Monetaria, *in Bull. Soc. Malac. Fr.*, Paris, 1884 (tir. à part, 1 br. in-8°, avec 1 pl.)

ROCHEBRUNE (T. DE). — De l'emploi des Mollusques chez les peuples anciens et modernes, 2 fasc., Paris, 1883-84, gr. in-8°, avec fig.

ROCHEBRUNE (T. DE). — Note sur un nouveau genre de Céphalopode, *in Bull. Soc. Phil.*, 7e sér., IX, p. 82, Paris 1885.

RÖFSLER (RICH.). — Uber die Bildung der Radula bei den Kopftragenden Mollusken, *in Zool. Anz.*, VII, p. 540.

RÖFSLER (R.). — Die Bildung der Radula bei den Cephaloploden Mollusca, *in Zeitschr. f. Wiss. Zool.*, t. XLI, p. 447, avec 2 pl.

RÜMER (A.). — Familien unter den Kamm-Muscheln, *in Arch. f. Naturg.*, III, 1837, I, p. 379.

RÖMER (Dr EDOUARD). — Monographie der Mollusken Gattung Dosinia *(Artemis*, Poli), Cassel, 1862-64, g. in-4°, avec 16 pl.

RÖMER (E.). — Monographie der Mollusken Gattung Venus, Cassel, 1864-73, gr. in-4°, avec 99 pl.

RÖMER (E.). — Monographie der Mollusken-subgenus Cytherea, Lam., Cassel, 1868-69, gr. in-4°, avec 59 pl.

RÖMER (E.). — Die Tellinen der XII Aufl. der Systema Naturæ von Linné, Cassel, 1871, in-4°.

RONDELET (GUILLELMUS). — Libri de Piscibus marinis, Lugduni, 1554, in-fol. avec fig.

RONDELET (G.). — Histoire entière des Poissons, Lyon, 1558, in-fol., avec fig.

ROPER (F.-C.-S.). — Note on the Occurrence of *Ommatostrephes sagittatus*, Lam., at Eastbourne, *in Ann. nat. hist.*, 5e sér., XI, p. 288.

ROSS (JOHN). — The mode by which the Pholas bore, *in Zoologist.*, 1859, p. 654.

ROUGEMONT (PH. DE). — Note sur le grand Vermet *(Vermetus gigas*, B.), *in Arch. zool. expér.*, IX, p. IV. — *In Bull. Soc. sc. nat. Neuchatel*, XII, p. 94.

ROUSSET. — Aanmerkingen over den Oorsprong, Gesteltheit en aard der Zee-Wormen die de Schepen en Paal-werken doorboren, etc., Leyden, 1733, in-8°.

ROUSSET. — Observations sur l'Origine, la constitution et la nature des Vers de mer... La Haye, 1734, 2 vol. in-fol.

ROUX (JOSEPH). — Statistique des Alpes-Maritimes, 1re partie, Nice, 1862, 1 vol. in-8°.

RUMPH (GEORGES-EVERARD). — De Nautilo velificante et remigante, *in Ephem. Acad. nat. Cur.*, VII, 1688, p.. 8, avec 1 pl.

RUMPH (G.-E.). — Thesaurus imaginum Piscium, Testaceorum..., Ludguni-Batavorum, 1705, in-fol. — 2e édit., 1711, in-fol.

RÜPPEL (E.). — Beitrage zur Naturgeschichte des Papiernautilus (*Argonauta Argo*, L.), etc., *in Arch. f. Naturg.*, XVIII, I, 1852, p. 309.

RUYSCH (FRÉDÉRIC). — Thesaurus Animalium primus, Amstelodami, 1710, 1 vol. in-4°.

RUYSCH (F.). — Theatrum universale omnium Animalium, Amstelodami, 1718, 2 vol. in-fol.

RYCKHOLT (BARON DE). — Note sur le genre Craspedotus, suivie du catalogue des espèces du genre, *in Journ. conch.*, X, p. 410, Paris, 1862.

RYDER (J.-A.). — Notes on some of the early stages of development of the Clam or Mananose (*Mya arenaria*, L.), avec fig., *in App. to Ferguson's Report* 1881.

RYDER (J.-A.). — Rearing oysters from artificially fertilized Eggs, together with notes on Pond-Culture, *in Bull. U. S. Fish. Comm.*, III, p. 281.

RYDER (J.-A). — Notes on the Breeding, food, and green color of the Oyster, *in Bull. U. S. Fish comm.*, 1881, p. 403.

RYDER (J.-A.). — Preliminary notice of some Points in the Minute Anatomy of the Oyster, *in Bull. U. S. Fish Comm.*, II, p. 137.

RYDER (J.-A.). — On the mode of fixation of the fry of the Oyster, *in Bull. U. S. Fish. Comm.*, II, 1882-83, p. 383.

RYDER (J.-A.). — The microscopic sexual characteristics of the American, Portuguese, and common edible Oyster of Europe compared, *in Bull. U. S. Fish. Comm.*, II, 1882, p. 205., *in Ann. nat. hist.*, London, 5e sér., XII, p. 37. — *In Jour. R. microsc. Soc.*, 2e sér., III, p. 640.

RYDER (J.-A.). — On the Green colour of the Oyster, *in Amer. Natur.*, XVII, 1883, p. 186.

RYDER (J.-A.). — Rearing Oysters from artificially impregnated Eggs, *in New. Zeal. Journ. Soc.*, I, 1883, p. 445.

SABATIER (A.). — Étude sur la Moule commune (*Mytilus edulis*), Montpellier, 1877, in-4°, avec 9 pl.

SALVIEN (HIPPOLYTE). — Aquatilium Animalium historiæ, Romæ, 1554, in-fol.

SANDRI (G.-B.) ET DANILLO (F.). — Elenco nominale dei Gasteropodi Testacei marini racolti nei dintorni di Zara, Zara, 1856, in-8°.

SARASIN (P.-B.). — Ueber die Sinnesorgane und die Fassdrüse einiger Gastropoden, *in Biolog. Centralbl.*, III, p. 668.

SARS (M.). — Beskrivelser og Jagttagelser over noyle Mærkelige eller nye ; Havet ved den Bergenske Kyst Levende Dyr, Bergem, 1835, in-4°, avec 15 pl.

SARS (M.). — De artica Molluskenfauna ved Morges Nordl. Kyst., Christiania, 1858, in-8°.

SARS (M.). — Om *Siphonodentalium vitreum*, en ny slaegt af Dentalidernes Familie, Christiania, 1861, in-4°, avec 3 pl.

SARS (M.). — Om de I Norge forekommende fossile dyrelevninger fra Quartærperioden. og bidrag til von Faunas Historiæ, Christiania, 1865, in-4°, avec 4 pl.

SARS (GEORGE-OSSIAN). — Undersogelser over Christianiafjordens Dybvaudsfauna, Christiania, 1869, in-8°.

SARS (G.-O.). — On some remarkable forms of Animals life from the great deeps of the Norwegian coast, Christiania, 1872, in-4°, avec 6 pl.

SARS (G.-O.). — Bidrag till Kundsk. om Norges arktiske fauna (Mollusca regionis Arctica Norvegiæ), Christiania, 1878, gr. in-8°, avec 52 pl. et une carte.

SARS, KOREN ET DANELSSEN. — Fauna littoralis Norvegiæ ; 2 part., Christiania et Bergem, 1846-56, in-fol., avec 22 pl.

SAULMON. — Observations sur les œufs de Sèche en grappe, *in Hist. Acad. sc. Paris*, 1708, p. 53.

SAUVAGE (H.-E.). — Catalogue des Nudibranches des côtes du Boulonnais, dressé d'après les notes de M. Bouchard-Chantereaux, *in Journ. conch.*, XXI, p. 25, Paris, 1873.

SAUVAGE (H.-E.). — Note sur quelques points de l'Histoire naturelle du *Patella vulgaris*, *in Journ. conch.*, XXI, p. 118, Paris, 1873.

SAUVAGE (H.-E.). — Note sur l'accouplement des *Littorina rudis* et *L. littorea*, *in Journ. conch.*, XXI, p. 122, Paris, 1873.

SAY (S.). — Tradescant, mutations of colour in Sepiæ and Coryphaena, *in Zool. Journ.*, V, 1829-30, p. 141.

SAY (TH.). — On the genus Ocythoë, *in Phil. Trans.*, 1819, p. 107.

SCACCHI (ARCHANGELO). — Catalogus Conchyliorum regni Neapolitani, quæ usque adhuc reperit, Neapoli, 1836, in-8°, 1 pl.

SCACCHI (A.) — Notizie intorno alle Conchiglie ed a' Zoofiti fosili che si trovano nelle vicinanze di Gravina in Puglia, *in Ann. civ. Naples*, 1836, in-8°, avec 2 pl.

SCALI (PIERRE-PAUL). — Catalogus omnium Animalium Testaceorum quæ in celeberr. musæo P. P. Scali, Liburnensi, adservantur, Genevæ, 1746, in-4°. — Liburni, 1751, in-4°.

SCHÆFFER (JAKOB-CHRISTIAN). — Erstere Versuche mit Schnecken, Regensburg, 1768, in-4°, avec 3 pl. — Fernere Versuche mit Schnecken, nebst Beantwort.

... Regensburg 1769, in-4°, avec 9 pl. — Erste und fernere Versuche mit Schnecken, nebst eine Nachtrage, 2 aufl., Regensburg, 1770, avec 7 pl.

SCHÆFFER (J.-CHR.). — Proeven op de Slaken, Gravenhage, in-4°, 1776, avec pl.

SCHARFF (ROB.). — History of Shells collected near Bordeaux, *in Journ. of Conchol.*, II, p. 183.

SHARP (BENJ.). — On visual organe in Solen, *in Proc. Acad. nat. sc. Philad.*, 1883, p. 248.

SCHIEMENZ (P.). — Ueber die Wasseraufnahme bei Lamellibranchiaten und Gastropoden, *in Mittheil. zool. station Neapel.*, V, p. 509.

SCHNEIDER (A.). — Ueber die Entwickelung der *Phyllirrhoe bucephalum*, *in Müller's Archiv. f. Anat.*, 1858, p. 35, avec 1 pl.

SCHOBLE (JOS.). — Ueber die Blutgefässe der Auges der Cephalopoden, *in Arch. Mikr. Anat.*, XV, II, p. 215, avec 1 pl.

SCHÖNBERG (ALBR. VON). — Ueber die Pterotrachæa noch Mittheilungen der Prof. Stef. delle Chiaje, *in Heusinger's Zeitschr. f. organ. Phys.*, II, 1829, p. 194.

SCHONNEVELD (STEPHANUS). — Ichthyologia et momenclatura Animalium marinorum ducatur Slesvici et Halsatiæ, Hamburg, 1724, in-4°.

SCHULTZ (A.-W.-F.). — Ueber den Penis der Schnecken, *in Müll. Arch.*, II, 1835, p. 431, pl. VIII, f. 15, 16.

SCHUMACHER (CHRESTIEN-FRÉDÉRIC). — Essai d'un nouveau système des habitations des Vers testacés, Copenhague, 1817, in-4°. avec 22 pl.

SCHWARTZ VON MOHRENSTERN (G.). — Ueber der Familie der Rissoiden (*Rissoina* und *Rissoa*), 2 fasc., Wien, in-4°, avec 15 pl.

SCILLA (A.). — De Corporibus marinis lapidescentibus, Romæ, 1752, in-4°, avec 29 pl.

SEBA (ALBERTUS). — Locupletissimi rerum naturalium Thesauri accurata descriptio, Amstelodami, 1761.

SEDGWICK (ADAM). — On certain points in the Anatomy of Chiton, *in Proceed. zool. soc.*, London, 1782, p. 121, avec fig.

SEGUENZA (G.). — Paleontologia Malacologica dei Terreni Terziarii del discretto di Messina, Milano, 1864, in-4°, avec 2 pl.

SEGUENZA (G.). — Studi paleontologici sulla fauna malacologica dei sedimenti Pliocenici depositati a grandi profondita, *in Bull. soc. malac. Ital.*, I et II, Pisa, 1875-76.

SEGUENZA (G.). — Sui Brachiopodi viventi e terziari, pullicati dal prof. O. G. Costa, *in Bull. malac. Ital.*, III, Pisa, 1879.

SEGUENZA (G.). — Nuculi di Terziari e rinvenute nelle provincie meridionali d'Italia, *in Att. Acc. Lincei sc. fis.*, 3e sér., I, p. 1163, avec 5 pl.

SELLIUS (GODF.). — Historia naturalis Teredinis seu Xylophagi marini, in-4°, avec 2 pl., Trag., 1733.

SELLIUS (G.). — Natuurkundige histori van der Zeehontworm ofte Houtvreeter zynde koker-en meerschelpigh, etc., Utrecht, 1733, in-8°, avec 2 pl.

SELLIUS (G.). —Historia naturalis Teredinis, seu Xilophagi marini, Trajecti ad Rhenum, 1733, in-8°, avec 2 pl.

SERRES (ÉTIENNE, RENAUD, AUGUSTIN). — Anatomie des Mollusques, *in Journ. Instit.*, V, 1837, p. 370.

SERRES (E.-R.-A.). — Recherches sur l'Anatomie comparée des Animaux invertébrés, *in Ann. sc. nat.*, 2e sér., II, 1834, p. 238.

SERRES (E.-R.-A.). — Recherches sur l'Anatomie des Mollusques, comparée à l'ovologie et à l'embryogénie de l'Homme et des Vertébrés, *in Ann. sc. nat.*, 2e sér., VIII, 1837, p. 161.

SERRES (MARCEL DE). — Règne animal, in H. Delessert, statistique du département de l'Hérault (tir. à part, sous le titre de : Essai pour servir à l'histoire des Animaux du midi de la France, Paris et Montpellier, 1822, in-4°, Mollusques, p. 58 à 62).

SERRES (M. DE). — Notice sur le genre Cloisonnaire (*Septaria*, Lam.), *in Act. Soc. Lin. Bord.*, V, 1832, p. 75.

SERVAIN (Dr G.). — Catalogue des Coquilles marines recueillies sur la côte de Granville, *in Ann. malac.*, Paris, 1870, in-8°.

SERVAIN (Dr G.). — Catalogue des Coquilles marines recueillies à l'île d'Yeu, Angers, 1880, in-8°.

SERVAIN (Dr G.). — Annales de Malacologie (en cours de publication), Paris, in-8°, avec pl.; I, 1370; II, 1885.

SEVERINUS (M.-A.). — Zootamia democritea, id est anatome generalis, totius animantium opificii, Nürnberg, 1645, in-4°.

SHARP (B.). — On the visual organs in Lamellibranchiata, *in Mittheil. zool. station Neapel*, V, p. 447.

SHARP (B.). — On visual organs in *Solen*, *in Proceed. Acad. nat. sc. Phil.*, 1883, p. 248.

SHIPLEY (ARTH.-E.). — Ueber das Nervensystem der Argiope, *in Zool. Anz.*, VIII, p. 25.

SHUTTLEWORTH (R.-J.). — Ueber den Bau der Chitoniden, etc., *in Mittheil. nat. Ges. in Bern*, 1853, p. 169.

SIDREN (JONAS). — De materia medica e regno Animali dissertatio, Upsaliæ, 1750, in-4°.

SIEBOLD (CH.-TH.). — Observations sur l'organe auditif des Mollusques. *In Ann. sc. nat.*, 2e sén., XIX, Paris, 1845.

SIMROTH (H.). — Sur le système nerveux et la locomotion des Mollusques, *in Arch. zool. expér.*, X, p. XLIX.

SLUITER (C.-PH.). — Beiträge sur Kenntnis des Baues der Kiemen bei den Lamellibranchiaten, *in Niederl. Arch. f. zool.*, IV, p. 75,

SLUITER (C.-P.). — Bijdrage tot den bouw der Kienwen van Lamellibranchiaten, dissertation, Leiden, 1878, in-8°, avec 2 pl.

SMITH (EDG.-A.). — Observations on the genus Astarte, *in Journ. of Conchol.*, III, p. 225.

SMITH (J.-P.-G.). — On a Living Octopus, *in Proceed. zool. soc.* XXVI, p. 533. — *In Ann. nat. hist.*, 3e sér., IV, London, 1857, p. 144.

SOLGER (BERUH.). — Zur Physiologie der sogenannten Venenanhänge der Cephalopoden, *in Zool. Anz.*, IV, p. 379.

SOLITO (D.). — Descrizione della conchiglia Pinna e cenno storico della città di Tarento, in-8°, 1843.

SOUBEIRAN (LÉON). — De l'Ostréiculture, *in Assoc. Franç. avanc. sciences*, Bordeaux, 1873, p. 614.

SOUBEIRAN (L.). — Rapport sur l'Ostréiculture à Arcachon, *in Bull. soc. imp. Acclim.*, Paris, 1866.

SOUBEIRAN (L.). — Sur les Ganglions médians ou latéro-supérieurs des Acéphales, Paris, 1858, in-4°, avec 2 pl.

SOULYET. — Observations anatomiques et physiologiques sur les genres Acteon, Eolide, Caliopée, Tergipe, etc., *in Comptes rendus Institut*, XX, p. 73, Paris, 1845. — *In l'Institut*, XIII, 1845, p. 23.

SOULYET. — Observations sur les genres Lophocerus et Lobiger, *in Journ. conch.*, I, p. 224, Paris, 1850.

SOULYET. — Mémoire sur le genre Acteon d'Oken, *in Journ. conch.*, I, p. 5, 97 et 217, Paris, 1850.

SOULYET. — Monographie des Ptéropodes, *in Journ. conch.*, II, p. 129, Paris, 1851.

SOWERBY (GEORGES-BRETTINGTON). — A catalogue of the Shells contained in the collection of the Late earl of Tankerville, London, 1825, in-8°, avec 9 pl.

SOWERBY (G.-B.). — On the means of distinguishing between fresh-water from marine shells, independently of the animal inhabitant, *in Ann. Phil.*, 2e sér., II, 1821, p. 309.

SOWERBY (G.-B.). — Sur la *Bulla haliotidea*, *in* Feruss., *Bull. soc. nat.*, VIII, 1826, p. 283.

SOWERBY (G.-B.). — Observations on the Shells of an Acephalous Molluscum o the family of Pectinidæ, for which the generic name of Hinnites has been proposed by M. Defrance, etc., *in Zool. Journ.*, III, p. 67, Paris, 1877.

SOWERBY (G.-B.). — Some observations on the account of the genus Dentalium by M. G. Deshayes, *in Zool. Journ.*, IV, p. 195, London, 1828.

SOWERBY (G.-B.). — On the recent species of the genus Ovulum, *in Zool. Journ.* IV, 1828, p. 145. — *In* Feruss., *Bull. sc. nat.*, XVIII, 1829, p. 124.

SOWERBY (G.-B.). — Characters of new species of Mollusca collected by M. Cuming, *in Proceed. zool. soc.*, I, London, 1833, p. 72 et 123.

Sowerby (G.-B.). — New species of the genus *Eulima* Risso, *in Proceed. zool. soc.*, II, p. 6, London, 1834.

Sowerby (G.-B.). — The Malacological and Conchological Magazine, London, 2 part., 1838, avec 4 pl.

Sowerby (G.-B.). — The Conchological illustrations, London, 1832 et 1841, 2 vol. in-8°, avec 200 pl.

Sowerby (G.-B.). — A Conchological manual, London, 1829, in-8°, avec pl. — 2e édit., 1842.

Sowerby (G.-B.). — Thesaurus Conchyliolorum, or figures and description of recent Shells, London, 1842-83, 4 vol. in-8°, avec 468 pl.

Sowerby (G.-B.). — Descriptions of new species of Scalaria, *in Proceed. zool. soc.*, XII, London, 1844, p. 10 et 26. — *In Ann. nat. hist.*, XIV, 1844, p. 364 et 441.

Sowerby (G.-B.). — British Conchology, London, in-8°, avec 20 pl.

Sowerby (G.-B.). — Illustrated index of British Shells, containig figures of all the recent species, in-4°, avec 24 pl.

Sowerby (G.-B.). — The Aquarium, marine and freshwater animals, London, 1865, in-8°, avec 20 pl.

Sowerby (J.) et Sowerby (G.-B.). — Genera of recent and fossil Shells, London, 1820-24, in-8°, avec 264 pl.

Spengel (J.-W.). — Die Geruchsorgane and die Nieren von Patella, *in Zool. Anz.*, IV, p. 435.

Spengel (J.-W.). — Die Geruchsorgane und das Nervensystem der Mollusken, *in Zeitsch. Wissen. Zool.*, XXXV, 1881.

Spengler (Lor.). — Von der fünfschaaligten Holzpholade, *in Berlin. beschäft.*, IV, 1779, p. 167, avec fig.

Spengler (L.). — Bestkrifning over en ny Slaegt of toskallede Muslinger, som Kankaldes Gastrochæna, *in Dansk. Selsk. Shrift. n. Samml.*, II, 1783, p. 174.

Spengler (L.). — Beskrivning over en meget sielden sexskallet Pholade, tilligemed Dyret, *in Dansk. Selsk. Skrift.*, III, 1788, p. 128.

Spengler (L.). — Om Conchylie-slaegterne Pholas og Teredo, *in Skrift. Naturhist. Selsk. Kjöbenh.*, II, I, 1792, p. 72, avec 2 pl.

Spengler (L.). — Nöjere Bestemmelse og Advidelse of det genus Solen, *in Skrift. Nat. Selsk. Kjöbenh.*, III, II, 1794, p. 81.

Spengler (L.). — Over det toskallede slaegt Cardium, L. *in Skrift. nat. Selsk. Kjöbenh.*, V, I, 1799, p. 1.

Spengler (L.). — Ueber die zweischalige Gattung der Herzmuscheln, Cardium, L., *in Mag. Ges. nat. Berlin*, II, 1808, p. 106.

Spiegazione delle Conchiglie del Mare di Tarento, in-4°, Napoli, 1779.

Stalio (L.). — Notizia storia sulla Malacologia dell'Adriatico, cum elenco sistematico dei Molluschi dell Adriatica, Venezia, 1874, in-8°.

STARK (JOHN). — Observations on two species of Pholas found near Edinburgh, *in Edinb. Journ. of science*, V, 1826, p. 48.

STARK (J.). — Elements of natural history, Edinburgh, 1828, 2 vol. in-8°.

STEARNS (ROBERT E.-C.). — *Mya arenaria* in San-Francisco, *in Americ. Natur.*, Mai, 1881.

STECKER (A.). — Ueber der Furchung und Keimblätterbildg, bei Calyptræa, Leipzig, 1876, in-8°, avec 2 pl.

STEINFENSAND. — Dissertatio inauguralis de Evolutione visus organi in inf. anim. class., Romæ, 1825.

STEWARD (C.). — Elements of Natural history, Edinburgh, 1817, 2 vol. in-8°.

STIEDA (L.). — Studien über der Bau der Cephalopoden, Leipzig, 1874, in-8°, avec 1 pl.

STEENSTRUP (JAPETUS). — Die Hectocotylenbildung bei Argonauta und Tremoctopus, etc., *in Arch. fur Naturg.*, I, 1836, p. 210, avec 2 pl.

STEENSTRUP (J.). — Om Anomia, *in Overs. Dansk. Seslsk. forh.*, 1847, p. 74.

STEENSTRUP (J.). — Hectocotyldannelsen hos Octopodos eacyterne Argonauta og Tremoctopus, etc., *in Dansk. Vidensk.*, IV, 1856, p. 185, avec 2 pl.

STEENSTRUP (J.). — Hectocotylus-formation in Argonauta and Tremoctopus, etc., *in Ann. nat. hist.*, 2e sér., XX, London 1857, p. 81.

STEENSTRUP (J.). — Sepiadarium og Idiosepius, to nye slægter af Sepiernes familie, med Bemærkninger om de to Beslægtede former Sepioloidea d'Orb., og Spirula Lamck, *in Vidensk. Selsk. Skr.*, Copenhague, 1881, in-4°, avec pl.

STEENSTRUP (J.). — Zur Orientirung über die embryonale Entwicklung verschiedener Cephalopoden-Typea, *in Biolog. Centralbl.*, II, 1882, p. 354.

STIMPSON (WILL.). — On the genus Cæcum, *in Proceed. Boston Nat. hist.*, IV, 1852, p. 112.

STRAHL (J.-C.). — Ueber das Chemische verhalten einiger Skelettheile der Sepien, *in Müller's Arch. f. Anat.*, 1848, p. 337.

STOSSICH (A.). — Enumeratio dei Molluschi del golfo di Trieste, Trieste, 1866, in-4°.

STRICKLAND (H.-E.). — On the mode of progression observed in the genus Lima, *in Mag. nat. hist.*, I, London 1837, p. 23.

STROM (H.). — Om purpursneglen *(Buccinum lapillus)*; item on Purpurafavens Beredelse, *in Dansk. Selsk. Skrift.*, XI, 1777, p. 1, avec 1 pl.

SUESS (E.). — Ueber den Brachial-Worrichtung bei den Thecideen, Wien, 1853, in-8°, avec 3 pl. — Traduit et annoté en français par Deslongchamps, Caen, 1855, in-4°, avec 2 pl.

SWAINSON (WILL.). — The specific characters of several undescribed Shells, *in Phil. Magaz. and Journ.*, LXII, 1823, p. 401.

SWAISON (W.). — Zoological illustrations, London, 1820-1821, II; 2e sér., 1831-1832.

SWAINSON (W.). — The elements of modern Conchology, London, 1834, in-12.

SWAINSON (W.). — Observations on the analogies of the Mitranæ, *in Proceed. zool. soc.*, III, London 1835, p. 197.

SWAINSON (W.). — A Treatise on Malacology, or the natural classification of Shells Fisch, London, 1840, in-4°.

SWAMMERDAM (JOANNES). — Biblia naturæ, sive historia insectorum, in classes artes redacta, Lugduni Batavorum, 1737-38, 2 vol. in-fol., avec fig.

SWEDENBORG (EMMANUEL). — Regnum animale, Hagæ et Londini, 1744 et 1745, in-4°.

SYKES (W.). — On the power of leaping to a considerable height possessed by *Loligo sagittata*, Lam., *in Proceed. zool. soc.*, I, London 1833, p. 90.

TAPARONE-CANEFRI (C.). — Indice sistematico dei Molluschi testacei dei dintorni di Spezia e del suo Golfo, Milano, 1870, in-8°.

TARGIONI-TOZETTI (A.). — Commentario sui Cefalopodi Mediterranei del R. Museo di Firenze, Pisa, 1869, in-8°, avec 2 pl.

TASLÉ. — Catalogue des Mollusques observés dans le département du Morbihan, et suppl., *in Bull. Soc. polym. Morbihan*, Vannes, 1864.

TASLÉ. — Histoire naturelle du Morbihan, Zoologie ; Catalogue des Mollusques marins, terrestres et fluviatiles, observés dans le département, Vannes, 1867.

TASLÉ (PÈRE). — Faune malacologique marine de l'Ouest de France, *in Ann. de l'Acad. de la Rochelle*, 1868 (tir. à part, 1 br. in-8°).

TERQUEM (O.). — Essai sur le classement des animaux qui vivent sur la plage et dans les environs de Dunkerque, *in Mém. Soc. Dunkerquoise*, Dunkerque, 1875 et 1877.

TESTA (D.). — Due nove specie di Conchiglie rinvenute nei dintorni die Palermo, Palerme, 1842, in-8°.

THEEL (H.). — Études sur les Géphyriens inermes des Mers de la Scandinavie, etc., *in Bihang, K. Svens. Vet. Akad. Stockholm*, 1875.

THOMPSON (WILLIAM). — On the *Teredo navalis* and *Limnoria terebrans* on the coasts of the British Islands, Edinburg, 1835, in-8°.

THOMPSON (W.). — Contributions towards a knowledge of the Mollusca Nudibranchiata and Mollusca Tunicata of Ireland, *in Ann. nat. hist.*, V, London, 1840, p. 84.

THOMPSON (W.). — Report of the fauna of Ireland, Invertebrata, *in Rep. Brit. Assoc. advanc., sc.*, 1843, p. 245 (tir. à part, London, 1844, in-8°).

THOMPSON (W.). — Note on the *Teredo Norvegica*, *Xylophaga dorsalis*, etc., combined in destroging the submerged wood-work at the harbour of ardrossan of the coast of Ayrshire, *in Ann. nat. hist.*, XX, London 1847, p. 157.

THOMPSON (C.-WYVILLE). — Les abîmes de la mer, récits des expéditions de dragage des vaisseaux de S. M. le Porcupine et le Lightning, traduit par Lortet, Paris, 1875, 1 vol. gr. in-8, avec fig.

THORRENT. — De la perforation des pierres par les Mollusques, *in Journ. conch.*, I, p. 171, Paris, 1850.

TIBERI (NICOLAS). — Notizia historica intorno all' Argonauta, Pisa, 1817, in-8.

TIBERI (N.). — Descrizione di alcuni nuovi testacei viventi nel Mediterraneo, Napoli, 1855, in-8, avec 2 pl.

TIBERI (N.). — Testacea Mediterranei novissima, *in Journ. conch.*, VI, p. 37, Paria, 1857.

TIBERI (N.). — Sur les espèces du genre Cassidaria qui vivent dans la Méditerranée, *in Journ. conch.*, XI, p. 150, Paris, 1863.

TIBERI (N.). — Description d'une espèce nouvelle du genre Xenophora, *in Journ. conch.*, XI, p. 155, Paris, 1863.

TIBERI (N.). — Descriptions d'espèces nouvelles de la mer Méditerranée, *in Journ. conch.*, XI. p. 158, Paris, 1863.

TIBERI (N.). — Des espèces du genre Odostomia, observées jusqu'ici dans la Méditerranée, *in Journ. conch.*, XVI, p. 60, Paris, 1868.

TIBERI (N.). — Des Testacés de la Méditerranée qui doivent être compris dans les genres Lachesis et Nesæa de Risso, *in Journ. conch.*, XVI, p. 68, Paris, 1868.

TIBERI (N.). — Note sur une importante variété de l'*Arca diluvii*, Lamarck, et sur le *Scalaria soluta*, Tiberi, *in Journ. conch.*, XVI, p. 81, Paris, 1868.

TIBERI (N.). — Generi e specie della fam. Solariidæ, viventi nel Mediterraneo et fossili nel terreno pliocenico Italiano, con Remarki di J. Gwin Jeffreys, *in Bull. Malac. Ital.*, V, Pisa, 1872.

TIBERI (N.). — Chitonidi viventi Mediterraneo e fossili terziari Italie, avec 2 append., Pisa, 1877, in-8, avec fig.

TIBERI (N.). — Spigolamenti nella Conchiliologia Mediterranea, *in Bull. Malac. Ital.*, II, Pisa, 1879.

TIBERI (N.). — Molluschi Nudibranchi del Mediterraneo, Pisa, 1880, in-8°.

TILESIUS (W.-G.). — Zergliederung des Tintenwurms *(Sepia officinalis)*, *in Isenflamm and Rosenmüller's Beitr. zur Zerglied*, I, 1800, p. 72 et p. 204.

TILESIUS (W.-G.). — Ueber das ganze Linneische Geschlecht Sepia, *in Abhandl. nat. Gesellsch. zu Görlitz*, II, I, 1836, p. 39.

TODARO (FRANC.). — Sugli organi del gusto degli Eteropodi, *in Atti Accad. Lincei*, III, p. 251.

TORELL (O.). — Bidrag till Spitsbergens Mollusken fauna, Stockholm, 1859, in-8°, avec 2 pl.

Transactions de la Société Linnéenne de Londres, partie Conchyliologique, extraite et traduite par J.-C. Chenu, Paris, 1845, gr. in-8, avec 43 pl.

TREVIRANUS (G.-R.) ET T. (LUD.-CHRIST). — Vermischte Schriften Anatomischen und Physiologischen, 1re sér., 1816-21, 4 vol. in-4°; 2e sér., 1824-1829, 8 vol., in-4°.

TRINCHESE (S.). — Primi momenti dell' evoluzione nei Molluschi, Roma, 1840, in-4°, avec 8 pl.

TRINCHESE (S.). — Memoria sulla struttura del sistema nervoso dei Cefalopodi, Firenze, 1868, in-4, avec 6 pl.

TRINCHESE (S.). — Sulla struttura del sistema nervoso dei Gasteropodi, Pisa, 1871, in-8, avec 5 pl.

TRINCHESE (S.). — Æolididæ e famiglie affini del Porto di Genova, Bologna, 2 partie, in-4 ; part. I, Bologna, 1857-57. avec 40 pl. ; part. II, Roma, 1881, avec 81 pl.

TRINCHESE (S.). — I primi momenti dell' evoluzione nei Molluschi, *in Atti Accad. Lincei*, mem., VII, p. 3, avec 8 pl.

TRINCHESE (S.). — Per la fauna maritima Italiana, Æolididæ e famiglie affini, *in Atti R. Acad. Lincei*, XI, p. 1, avec 80 pl.

TROSCHEL (F.-H.). — Ueber den Speichel von *Dolium galea*, Lam., *in Berlin' Monatsber.*, 1854, p. 486.

TROSCHEL (F.-H.). — Nachträgliche Bemerkung. über die Gattung Scaæurgus, *in Arch. Naturg.*, XXIV, 1858, p. 298.

TRYON (G.-W.). — Manual of Conchology, structural and systematic (en cours de publication), Philadelphia, 1878-85, 6 vol. gr. in-8°, avec pl.

TRYON (G.-W.). — Structural and systematic Conchology, and introduction to the study of the Mollusca, Philadelphia, 1882-84, 3 vol. in-8, avec 140 pl.

TULLBERG (TYCHO). — Neomenia a new genus of invert. anim , *in Bihang. K. Svenska Vetens. Akad. Stockholm*, 1875, avec 2 pl.

TULLBERG (T.). — Ueber die Byssus des *Mytilus edulis*, *in Nova Acta Soc. Upsal*, 1877, avec 1 pl.

TULLBERG (S.-A.). — Ueber Versteinerungen aus den Aucellen schichten novaja semlsjas, *in Svensk. Akad. Handl.*, VI, Stockholm, 1881, in-8°, avec 2 pl.

TURTON (WILLIAM). — A Conchological dictionary of the British Islands, London, 1819, in-12, avec 28 pl.

TURTON (V.). — Conchylia insularum Britanicarum, the Shells of the British Islands, systematically arranged, Exeter, 1822, in-4, avec 20 pl.

TURTON (V.) — Description of new British shells, acompanied by figures from the original specimens, *in Zool. Journ.*, VIII, 1825, p. 361, pl. XIII.

TURTON (V.). — On the genus Lacuna, *in Zool. Journ.*, III, 1827, p. 190. — *In* Feruss., *Bull. sc. nat.*, XV, p. 314, Paris, 1828.

TURTON (V.). — Conchylia Dithyra Insularum Britannicarum. The Bivalve shells of the British Island, systematically arranged, with. 20 pl. Cassel, 1848, in-4°.

UBRECHT (A.-A.-W.). — Note relative aux études sur les Neomenia, *in Arch. zool. exp.*, X, p. XXXV.

USSOW (W.). — Développement des Céphalopodes, *in Arch. de Biol* , II, 1883, p. 553, avec 2 pl.

VAILLANT (LÉON). — Recherches sur la synonymie des espèces placées par de Lamarck dans les genres Vermet, Serpule, Vermille et appartenant à la famille des Tubispira, Paris, 1872.

Valenciennes (Achille). — Description de l'animal de la Panopée australe, et recherches sur les autres espèces vivantes et fossiles de ce genre, Paris, 1839, gr. in-4o, avec 6 pl.

Valenciennes (A.). — Des causes de la coloration des Huîtres vertes, *in Comptes rendus Instit.*, 15 févr., 1841.

Valenciennes (A.). — Sur les causes de la coloration en vert de certaines Huîtres, *in Comptes rendus Instit.*, XII, 1841, p. 345. — *In l'Institut*, IX, 1841, p. 64.

Valenciennes (A.). — Ueber die Ursache der grünen Farbe gevisser austern, *in Fror. n. Not.*, XVIII, 1841, p. 65.

Valenciennes (A.). — Sur l'organisation des Lucines et des Corbeilles, *in Comptes rendus Institut*, XX, p. 1688, Paris, 1845. — *In l'Instiut*, XXII, 1845, p. 213.

Valenciennes (A.). — On the organization of the Lucinæ and Corbis, *in Ann. nat. hist.*, XVI, London, 1845, p. 41.

Valenciennes (A.). — Recherches sur la structure du tissu élémentaire des cartilages des Poissons et des Mollusques, Paris, 1851, gr. in-4, avec 5 pl.

Valentini (J.-E.). — Molluschi Conchigliferi viventi nel bacino del Tronto, Siena, 1879, in-8°, avec fig.

Vayssière (A.). — Sur un nouveau genre de la famille des Tritoniadés, Paris, 1877.

Vayssière (A.). — Description du *Marionia Berghii*, *in Ann. sc. nat.*, Paris, 1879, in-8, avec pl.

Vayssière (A.). — Recherches anatomiques sur les Mollusques de la famille des Bullidés, *in Ann. sc. nat.*, IX, Paris, 1880, in-8, avec 12 pl.

Vayssière (A.). — Note sur les coquilles des différentes espèces de Pleurobranches du golfe de Marseille, *in Journ. conch.*, XXVIII, p. 205, Paris, 1880.

Vayssière (A.). — Note sur l'existence d'une coquille chez le *Notarchus punctatus*, *in Journ. conch.*, XXX, p. 271, Paris, 1882.

Vayssière (A.). — Recherches anatomiques sur les genres Pelta *(Runcina)* et Tylodina, *in Ann. sc. nat. zool.*, XV, 6e sér., Paris 1883 avec 3 pl.

Vayssière (A.). — Recherches zoologiques et anatomiques sur les mollusques Opisthobranches du golfe de Marseille, in *Ann. mus. Marseille*, t. II, in-4o avec 6 pl., Marseille 1885.

Verany (J.-B., le chev.). — Notice sur la Carinaria et description, *in Zool. Journ.*, V, p. 325, 1830-1831.

Verany (J.-B.). — Mémoire sur huit espèces de Céphalopodes, Turin, 1839, in-4, avec 8 pl.

Verany (J.-B.). — Céphalopodes de la Méditerranée. Tableau illustré avec texte descriptif, Turin, 1840, gr. in-fol.

VERANY (J.-B.). — Description de deux genres nouveaux de Mollusques Nudibranches *(Janus* et *Lomanotus), in Rev. zool.*, Paris 1844, p. 302.

VERANY (J.-B.). — *Janus Spinolæ*, n. sp., avec 1 pl., *in Mag. zool.*, p. 136, Paris 1845.

VERANY (J.-B.). — Description d'un nouveau genre et d'une nouvelle espèce de Mollusque *(Lomanotus), in Rev. mag. zool.*, 2e sér., I, Paris, 1849, p. 593, avec fig.

VERANY (J.-B.). — *Lomanotus Genei*, eine neue Gattung und Art Molluske, *in Fror. Tagsber*, no 65, I, 1850, p. 89, avec fig.

VERANY (J.-B.). —Mollusques méditerranéens, 1re part., Céphalopodes, Genova, 1851, in-fol., avec 44 pl.

VERANY (J.-B.). — Catalogue des Mollusques Céphalopodes, Ptéropodes, Gastéropodes, Nudibranches, etc , des environs de Nice, *in Journ. conch.*, IV, p. 375, Paris, 1853.

VERANY (J.-B.). — Zoologie des Alpes-Maritimes, *in Stat. gen. et dép.*, *Nice*, 1862, in-8, avec 2 pl.

VERLOREN (MARG.-CORNELIUS). — Responsio... quæ præmium reportavit... commentatio de organis generationis in Molluscis Gasteropodis Pneumonicis, Lugduni-Batavorum, 1837, in-8°, avec 6 pl.

VERKRÜZEN (T.-A.). — Zusammenstellung der Buccinum der nördlichen Hemisphäre, *in Nachrichtsbl. Deutsch. malak. Ges.*, XIII, 1881, p. 42.

VERKRÜZEN (T.-A.). — *Buccinum undatum* (L.), nachträgliches, *in Jahrb. Deutsch. Malak. Ges.*, IX, p. 221.

VERKRÜZEN (T.-A.). — *Buccinum* (L.), *in Jahrb. Deutsch. Malak. Ges.*, VIII et IX, 1882, p. 279 et 203. — *In Nachr. Malak.*, XVI, p. 98.

VERRILL (A.-E.). — European litoral species of Mollusks in America, *in Amer. Journ. sc.*, XX, p. 250.

VIALLETON (L.). — Sur l'innervation du manteau de quelques Mollusques Lamellibranches, *in Comptes rendus Institut*, XCV, 1883, p. 461. — *In Ann. nat. hist.*, 5e sér., X, London 1882, p. 336.

VIGELIUS (W.-J.). — Over den bouw der nieren bij Cephalopode, *in Tijdschr. Nederl. dierk. Vereen*, IV, p. LIX.

VIGELIUS (W.-J.). — Bijdrage tot de kennis van het excretorisch systeen der Cephalopoden, Leiden, 1879, in-8°, avec 2 pl.

VIGELIUS (W.-J.). — Recherches d'anatomie comparée sur l'organe des Céphalopodes auquel on a donné le nom de Pancréas, *in Arch. zool. expérim.*, 2e sér., I, p. XXXVIII. — Amsterdam, in-8°, 1881, avec 4 pl.

VIGELIUS (W.-J.). — Uber das sogenannte Pancreas der Cephalopoden, *in Zool. Anz.*, IV, p. 431.

VIGELIUS (W.-J.). — Ueber das Excretionssystem der Cephalopoden, *in Niederländ. Arch. f. zool.*, V, p. 115, avec 3 pl.

VIGNAL (W.). — Structure du système nerveux des Mollusques, *in Comptes rendus Institut*, XCV, p. 249.

VOGT (C.). — Sur l'embryogénie des Actéons, *in Comptes rendus Institut*, XXI, p. 821, et XXII, p. 373, Paris, 1845-46. — *In l'Institut*, XIII, p. 352; XIV, p. 76, Paris, 1845-46.

VOGT (C.) — Note sur quelques habitants des Moules, *in Ann. sc. nat.*, 3e sér., XII, London 1849, p. 198, avec 2 pl.

VROLIK (W.). — Sur la question des priorités pour la découverte du mode d'action des Pholades dans la perforation des pierres, *in Comptes rendus Inst.*, XXXVI, 1853, p. 796.

WAARDENBURG (HENRI-GUILLAUME). — Commentatio de Historia naturali animalium Molluscorum regno Belgico indigenorum, Lugduni-Batavorum, 1827, in-8o.

WALKER. — Sur les changements produits dans la passe de Plymouth par le *Saxicava rugosa*, *in l'Institut*, IX, 1841, p. 350.

WARREN (JOHN-C.). — On the animal of the Argonaut Shell, *in Proceed. Boston soc. nat. hist.*, V, 1856, p. 369.

WATSON (R.-BOOG). — Sur l'Animal du *Ringicula auriculata*, *in Journ. conch.*, XXVI, p. 312, avec fig.

WATSON (R. B.). — The Solenoconchia, comprising the genera Deutalium, Siphodentalium et Gadulus, *in Journ. Lin. soc.*, XIV, p. 508.

WATSON (R.-B.). — Note sur le *Rimula Asturiana*, Fischer, *in Journ. conch.*, XXX, p. 278, Paris, 1882.

WATSON (R.-B.). — Mollusca of H. M. S. Challenger Expedition, *in Linn. soc. Journ. zool.*, vol. XIV, XV, XVI, XVII, London, 1879-84.

WEGMANN (HENRI). — Contribution à l'Histoire naturelle des Haliotides, *in Arch. zool. exp.*, 2e sér., II, p. 289, avec 5 pl. — *In Comptes rendus Institut*, XCVIII, p. 1387.

WEGMANN (H.). — Natural history of Haliotis, *in Journ. R. microsc. soc.*, 2e sér., V, p. 47.

WEGMANN (H.). — Sur les cordons nerveux du pied dans les Haliotides, *In Comptes rendus Institut*, XCVII, p. 274.

WEINKAUFF (H.-C.). — Catalogue des Coquilles marines recueillies sur les côtes de l'Algérie ; réponse et additions, *in Journ. conch.*, X, p. 230 ; XI, p. 301 ; XII, p. 7 ; XIV, p. 227, Paris, 1862 à 1865.

WEINKAUFF (H.-C.). — Observations sur quelques espèces de la Méditerranée, *in Journ. conch.*, XII, p. 11, Paris, 1863.

WEINKAUFF (H.-C.). — Diagnoses des espèces nouvelles mentionnées dans le supplément au catalogue des coquilles marines de l'Algérie, *in Journ. conch.*, XIV, p. 246, Paris, 1865.

WEINKAUFF (H.-C.). — Die Conchylien des Mittelmeeres, ihre geographische und geologische Verbreitung, 2 vol. in-8o, Cassel, 1867-68.

WEINKAUFF (H.-C.). — Supplemento alle Conchiglie del Mediterraneo, la loro distribuzione geografica, *in Bull. Malac. Ital.*, III, Pisa, 1870, in-8o.

WEINKAUFF (H.-C.). — Catalog der im Europaischen Faunengebiet lebenden Meeres-Conchylien, Kreuznach, 1873, in-8°.

WEINKAUFF (H.-C.). — Ueber einige Kritiche Arten a. d. gruppe den kleinen Pleurotomen, Frankurt, 1874, in-8°.

WEINKAUFF (H.-C.). — Beiträge zur Classification der Pleurotomen, *in Jahrb Deutsch. Malak. Gesells.*, III, Francfurt, 1876.

WEINKAUFF (H.-C.). — Catalog der Arten des Genus Pleurotoma sensu stricto, *in Jahrb. Deutsch. Malak. Gesells.*, IV, Francfurt, 1877.

WEINKAUFF (H.-C.). — Catalog der Arten der Gattung Marginella, Lamarck, *in Jahrb. Deutsch. Malak. Gesells.*, VII, Francfurt, 1880.

WEINKAUFF (H.-C.). — Catalog der Gattung Cypræa, Lin., *in Jahrb. Deutsch. Malak. Ges.*, VII, p. 133.

WEINKAUFF (H.-C.) — Catalog der Gattung Erato, Risso, *in Jahrb. Deutsch. Malak. Ges.*, VII, 1880, p. 107.

WEINKAUFF (H.-C.). — Catalog der Gattung Ovula, Brug., *in Jahrb. Deutsch. Malak. Ges.*, IX, 1882, p. 171.

WEINKAUF (H.-C.). — Die Gattung Haliotis, Nürnberg, 1880, in-8°, avec 30 pl.

WEST (F.-H.). — Saxicava Byssus-spiner, *in Ann. nat. hist.*, 3e sér., III, London 1859, p. 511.

WILCOX (C.). — Destructive action of *Teredo navalis* or vessel built of Teak Timber, *in Edinb. Journ. of sciences*, VIII, 1828, p. 151. — *In Fror. Not.*, XXI, 1828, p. 17.

WILL (FR.). — Ueber die Begattung der *Tellina planata*, *in Fror. Not.*, XXIX, 1844, p. 57.

WILLIAMS (TH.). — Sur la structure des branchies chez les Pholades, *in l'Inst.* XIX, 1851, p. 367.

WILLIAMS (TH.). — On the structure of the branchiæ and mechanism of breathing in the Pholades and other Lamellibranchiate Mollusca, *in Rep. Brit. Assoc. adv. sc.*, XXI, 1851, p. 82.

WINSLOW (FRANÇ.). — Notes upon Oyster Experiments in 1883, *in Bull. U. S. Fisch., comm.*, IV, p. 354.

WINSLOW (F.). — Breeding Habits of the European as compared with those of the Americain Oyster, *in Amer. nat.*, p. 57.

WINTHER (G.). — On the geographical Distribution of the common Oyster, *in Ann. nat. hist.*, 5e sér., I, p. 185.

WOLTMANN (REINHARD). — Allgemeine Bemerkungen über die Naturgeschichte des Seewurms, nebst Beobachtungen über dessen Beschädignugen der Haven-Gebäude, etc., *in Verhandl. Schrift. Hamburg. Gesell.*, VI, p. 346.

WOOD (S.-V.). — Monography of the Crag Mollusca, with supplement, 5 part. London, 1848-82, in-4°, avec 71 pl.

WOOD (W.). — General Conchology, or a description of Shells, arranged according to the Linnean system, London, 1815, in 8°, avec 5 pl.

Wood (W.). — Index testaceologicus, or a catalogue of Shells, British and Foreign, arranged according to the Linnean system, London, 1818, in-8°. — 2e édit., London, 1828, in-8°, avec 8 pl.

Woodward (S.-P.). — On *Panopæa Aldrovandi*, Lam., *in Proceed. zool. soc.*, XXIII, London, 1851, p. 218.

Woodward (S.-P.). — Another note on Scissurella, *in Ann. nat. hist.* 2e sér., XVII, London 1856, p. 401.

Woodward (S.-P.). — Manual of the Mollusca, treating of recent and fossil Shells, with supplement, London, 1851-56, in-8°, avec 26 pl. — 2e édit., London, 1866. — Traduit en français par Aloïs Humbert, Paris, 1870. — Voyez Fischer.

Yung (E.). — De l'absorption et de l'élimination des poisons chez les Céphalopodes, *in Comptes rendus Institut*, XCI, p. 238.

Yung (E.). — Sur l'action des Poisons chez les Céphalopodes, *in Comptes rendus Institut*, XCI, p. 306.

Yung (E.). — De l'influence des milieux alcalins ou acides sur les Céphalopodes, *in Comptes rendus Institut*, XCI, p. 439.

Yung (E.). — Recherches expérimentales sur l'action des poisons chez les Céphalopodes, *in Mittheil. zool. Station Neapel.*, III, p. 97.

Yung (E.). — De l'innervation du cœur et de l'action des poisons chez les Mollusques Lamellibranches, *in Arch. zool. expér.*, IX, p. 421 et 433. — *In Comptes rendus Institut*, XLIII, p. 562.

Zeitschrift fur Malakozoologie, herausg. von carl Th. Menke und L. Pfeiffer, Cassel, 1847-53, in-8°. — T. Fischer, 1848-1853 (en cours de publication).

TABLE ALPHABÉTIQUE

Nota. — Les caractères *italiques* indiquent les noms des espèces admises dans cet ouvrage les caractères ordinaires sont réservés aux synonymies.

FIN DE LA TABLE ALPHABÉTIQUE

TABLE GÉNÉRALE DES MATIÈRES

CEPHALOPODA

OCTOPODA

ELEDONIDÆ

OCTOPODIDÆ

TREMOCTOPODIDÆ

ARGONAUTIDÆ

DECAPODA

CHIROTEUTHIDÆ

ONYCHOTEUTIDÆ

OMMATOSTREPHIDÆ

SEPIOLIDÆ

LOLIGINIDÆ

SEPIIDÆ

SPIRULIDÆ

PTEROPODA

MALACODERMATA

PNEUMODERMIDÆ

SUBTESTACEA

CYMBULIIDÆ

TESTACEA

SPIRIALIIDÆ

CAVOLINIIDÆ

GASTROPODA

OPISTOBRANCHIATA

NUDIBRANCHIATA

DORIIDÆ

POLYCERIDÆ

PLEUROPHYLLIDIIDÆ

TETHYIDÆ

SPHÆROSTOMIDÆ

DENDRONOTIDÆ

SCYLLÆIDÆ

PHYLLIRRHOIDÆ

JANIDÆ

ÆOLIDÆ

FIONIDÆ

ANTIOPIDÆ

DOTOIDÆ

HERMÆIDÆ

ELYSIIDÆ

LIMAPONTIIDÆ

TECTIBRANCHIATA

APLYSIIDÆ

PLEUROBRANCHIDÆ

RUNCINIDÆ

UMBRELLIDÆ

ACTÆONIDÆ

VOLVULIDÆ

SCAPHANDRIDÆ

BULLIDÆ

RINGICULIDÆ

HOLOSTOMATA

CERITHIADÆ

APORRHAIDÆ

TURRITELLIDÆ

SCALARIDÆ

CÆCIDÆ

VERMETIDÆ

EULIMIDÆ

TURBONILLIDÆ

PTYCHOSTOMIDÆ

GADINIIDÆ

PATELLIDÆ

CHITONIDÆ

CHÆTODERMATIDÆ

NEOMENIIDÆ

SCAPHOPODA

DENTALIIDÆ

LAMELLIBRANCHIATA

SIPHONIDA

SINUPALLEALES

PHOLADIDÆ

LAMELLIBRANCHIATA

ASIPHONIDA

BRACHIOPODA

FIN DE LA TABLE GÉNÉRALE DES MATIÈRES

ERRATA MAJORA

Pages	Lignes	Au lieu de	Lisez
VII	7	rapportant	reportant
25	2	OPHISTOBRANCHIATA	OPISTOBRANCHIATA
59	9	*Laplysia*	*Laplisia*
106	21	fig. 8, 9, 11.	fig. 11
109	23	*polyzronatum*	*polyzonatum*
110	3	**Renieri**, Scacchi	**emendata**, de Monterosato
110	4	Scacchi	(non Scacchi)
110	13	**Loprestina**	**Loprestiana**
114	7	*rudis*	*pupoidea*
121	26 et 27	à supprimer	
181	5 à 11	à supprimer	
199	9 à 12	à supprimer	
220	16	*tulvocincta*	*fulvocincta*
222	24 à 31	à supprimer	
223	35	*Penychnati*	*Penchinati*
226	10 à 15	à supprimer	
234	16	**glabratum**, V. Muhlfeldt	**Megerlei**, Locard
251	6	*Alviania*	*Alvinia*
305	5	**DANILLIA**	**DANILIA**
306	12	*Lizyptinus*	*Zizyphinus*
363	20	*Brugieri*	*Bruguieri*
376	26 et 27	Belleville	Bellevue
384	17	**glycimeria**	**glycymeria**
413	17	à placer après la ligne 25	
422	21	*punilla*	*punicea*
427	1 et 2	*Rissoana*	*Rissoiana*
434	22	Meyerle	Megerle
434	24	*decussata*	*decussatus*
437	8	*texturata*	*texturulus*
437	10	*texturutus*	*texturata*
439	14	*Œnea*	*ænea*
487	13	**pygmœa**	**pygmæa**
520	33	à supprimer	

LYON. — IMPRIMERIE PITRAT AINÉ, RUE GENTIL, 4.

BEAU, De l'utilité de certains Mollusques marins vivant sur les côtes de la Guadeloupe et de la Martinique, 1858, in-8, 16 p. . . . . 1 fr.

BENEDEN (P.-J. Van), Mémoire sur l'Argonaute, 1838, in-4, 24 p., avec 6 pl. . . . . 5 fr.

— **Anatomie du Pneumodermon violaceum**, 1837, in-4, 15 p., avec 3 pl. . 2 fr.

BERNARDI, Genres Galatea et Fischeria, 1860, in-4, 47 p., avec 9 pl. n. et color. . . . . 15 fr.

— **Monographie du genre Conus**. Paris, 1862, in-4, 23 p., avec 2 pl., color. 4 fr.

BLAINVILLE, Mémoire sur les Bélemnites, 1825, in-4, 136 p., avec 5 pl. . 6 fr.

— **Prodrome d'une monographie des Ammonites**, 1840, in-8, 31 p. . 1 fr 50.

BREHM, Les Vers, les Mollusques, les Échinodermes, les Zoophytes, les Protozoaires et les animaux des grandes profondeurs. *Édition française*, par A. T. DE ROCHEBRUNE, aide-naturaliste au Muséum d'histoire naturelle. 1 volume gr. in-8 de 800 p., à 2 colonnes, avec 1,300 fig. et 20 planches hors texte sur papier teinté. Broché. . . . . 11 fr.

— Relié en demi-chagrin rouge, plats en toile, tranches dorées. . . . . . 16 fr.

BUCQUOY (E.), DAUTZENBERG (Ph.) et DOLFUS (G.), Les Mollusques marins du Roussillon. Fascicules 1 à 10 avec 50 pl. photogr. Chaque fascicule. . . 5 fr.

L'ouvrage formera 15 fascicules.

CAILLAUD (Fr.), Mollusques perforants. Harlem, 1856, in-4, 58 p., avec 3 pl. 8 fr.

COTTEAU (G.) et TRIGER, Échinides du département de la Sarthe. Paris, 1857-1869, 1 vol. gr. in 8 de 456 p., avec un atlas de 65 pl. et 10 tabl. . . 67 fr. 50.

CUVIER (Georges), Les Mollusques, décrits et figurés d'après la classsification de Georges CUVIER. Paris, 1860, 1 vol. in-8 de 30 pl., cart. Fig. noires. . . . . 15 fr.

— Fig. color. . . . . 25 fr.

DESHAYES (G.-P.). Description des animaux sans vertèbres découverts dans le bassin de Paris, comprenant une revue générale de toutes les espèces actuellement connues, 1857-1865, 3 vol. in-5 de texte et 2 atlas, in-4 avec 196 pl. 250 fr.

— **Conchyliologie de la Réunion**, 1863, 1 vol. gr. in-8, 144 p., avec 12 pl. col. . . . . 10 fr.

FÉRUSSAC et DESHAYES, Histoire naturelle générale et particulière des Mollusques, tant des espèces qu'on trouve aujourd'hui vivantes que des dépouilles fossiles de celles qui n'existent plus 1820-1851, 4 vol. in-folio dont 2 vol de texte de chacun 400 p., et 2 vol. contenant 547 pl. gravées et coloriées (1250 fr.). . . 490 fr.

— Le même, 4 vol. gr. in-4 avec 247 pl. noires. (600 fr.). . . . . 200 fr.

FISCHER, Monographie du genre Halia Risso, 1859, gr. in-8, 22 pages avec 1 pl.. . . . . 2 fr.

GERBE (Z.), Aptitude qu'ont les Huîtres à se reproduire, 1876, in-8. . . 50 c.

KIENER (L.-C.) et FISCHER (P.), Species général et Iconographie de coquilles vivantes. Paris, 1837-1880, 12 vol. in-8, avec 902 pl. coloriées. . . . . 900 fr.

— Le même, 12 vol. in-4, avec 902 pl. coloriées. . . . . 1. 800 fr.

Ouvrage complet, publié en 165 livraisons. Prix de chaque livraison, comprenant 6 pl. coloriées et 24 p. de texte. In-8, 6 fr. — In-4. . . . . 12 fr.

LAMARCK, Histoire naturelle des animaux sans vertèbres. *Deuxième édition*, par G.-P. DESHAYES et H. MILNE-EDWARDS. Paris, 1835-1845, 11 vol. in-8. . . 60 fr.

MOQUIN-TANDON, Histoire naturelle des Mollusques terrestres et fluviatiles de France, contenant des études générales sur leur anatomie et leur physiologie et la description particulière des genres, des espèces, des variétés, 1855, 2 vol. gr. in-8, ensemble 1062 p., avec un atlas de 54 pl. dessinées d'après nature et gravées. Avec fig. noires, 42 fr. — Avec fig. coloriées. . . . . 60 fr.

POTIEZ et MICHAUD, Galerie des Mollusques, 1838-1844, 2 vol. gr. in-8, avec atlas de 70 pl. . . . . 12 fr.

RANG (SANDER), Histoire naturelle des Aplysiens, 1828, 1 vol. in 4, avec 25 pl., fig. color. . . . . 18 fr.

— Le même, in-folio, avec 25 pl., fig. color. . . . . 40 fr.

RANG (SANDER) et SOULEYET, Histoire naturelle des Mollusques ptéropodes, 1852, 1 vol. gr. in-4, avec 15 pl. color. . . . . 26 fr.

— Le même, in-folio, cartonné. . . . . 40 fr.

ROUX (Polyd.), Iconographie conchyliologique, 1828, in-4, avec 8 pl., color. (tout publié). . . . . 5 fr.

LYON. — IMPRIMERIE PITRAT AINÉ, RUE GENTIL, 4.

www.ingramcontent.com/pod-product-compliance
Lightning Source LLC
Chambersburg PA
CBHW030009220326
41599CB00014B/1754

* 9 7 8 2 0 1 2 7 6 4 4 2 2 *